Advanced!

리눅스
시스템 네트워크
프로그래밍

3rd Edition

김선영 지음

유닉스, 리눅스 역사를 통해 살펴보는 시스템 프로그래밍 API들의 발자취와 미래

POSIX 표준 체계와 리눅스 고유의 기법을 함께 다루는 시스템 프로그래밍 가이드

신뢰성과 성능 향상을 위한 TCP/IP 소켓 프로그래밍 기법

IPv6 인터넷에 대응하는 네트워크 프로그래밍 기법

대용량 메모리 시스템에서 처리 가능한 IPC 및 메모리 최적화 기법

리눅스 커널 파라미터 튜닝과 시스템 프로그래밍 API의 성능 문제

멀티 코어 시대의 스레드 및 비동기 처리 기법

- 좋은 책·알찬 내용
가메출판사

이 책은 2002년에 집필을 시작하여 2006년에 출판된 "Advanced 리눅스 시스템 네트워크 프로그래밍 (1판)", 2012년의 2판에 이은 3판입니다. 2판에서는 그릇된 내용이나 오탈자, 그림의 잘못된 부분을 수정하고, 멀티 코어 시대에 이슈가 되는 멀티 스레드 프로그래밍과 2008년도에 개정된 유닉스 표준(SUSv4-2008)에 대한 부분을 보강하였습니다.

3판에서는 2판의 오류를 수정하고 설명이 부족해서 어렵다는 부분의 내용을 좀 더 쉬운 설명으로 풀어썼습니다. 그 외에는 추가된 내용은 성능 이슈가 되는 비표준 리눅스 전용 부분이 있습니다. 각 판에서 변경된 부분은 다음과 같습니다.

[2판에서 변경된 부분]

2판에서는 유닉스 표준안(UNIX standards)에 대한 이야기와 유닉스 역사를 정리해 두었습니다. 유닉스 역사와 표준안의 관계는 매우 중요한데 초판에서 부록에 넣어두었더니 잘 읽지 않는 분들이 많았습니다. 그래서 2판에서는 앞부분에 꽤 많은 지면을 할애해서 적어두었으니 필독하시기 바랍니다. 또한, 본문 중에 추가된 내용이나 완전히 새롭게 쓴 부분도 있는 관계로 초판을 읽으신 분들을 위해 크게 변경된 항목을 정리해두고자 합니다.

- 1장에 변경된 내용
  fork와 성능 문제에 대한 이슈
  exec의 파일기술자 상속에 대한 이슈
  posix_spawn 함수 추가

- 2장에 변경된 내용
  dprintf : 저수준 파일 처리의 형식화된 출력 기능으로 SUSv4에 추가
  posix_fadvise : 파일 사용 패턴 조언 기능

- 3장에 변경된 내용
  SUSv4의 새로운 문자열 함수들 (stpcpy, stpncpy, strnlen, strndup, strerror_r, getline, getdelim)

- 4장에 변경된 내용 – 없음

- 5장에 변경된 내용
  posix_madvise : 메모리 사용 패턴 조언 기능

- 6장에 변경된 내용
  TCP서버 예제에 stdalsp.h 헤더 추가 (pr_out, pr_err 매크로 포함)
  IPv6로 확장된 소켓 프로그래밍 기법 (기존 IPv4의 구식 기법은 일부 삭제)

getaddrinfo, getnameinfo 함수
TCP_CORK 옵션 추가
sockatmark를 이용한 아웃오브밴드(OOB) 처리 수정 (기존 ioctl은 삭제)

- 7장에 변경된 내용
  poll에 대한 예제 추가
  poller를 통한 OOB 데이터 처리 부분 오류 수정

- 8장에 변경된 내용
  스레드와 병렬 처리의 배경과 역사에 대한 부분 추가
  스레드 안전, 비동기에 대한 SUSv4-2010의 정의 추가
  비표준 기능의 삭제 (비표준 뮤텍스 타입, rwlocks의 비표준 설정)
  스레드 로컬 저장소(TLS) 내용 보완 및 수정
  robust 뮤텍스 내용 추가 (SUSv4-2008)
  OpenMP 표준 추가

- 9장에 변경된 내용
  대체 시그널 스택 : sigaltstack 기능 추가

[3판에서 변경된 부분]

3판에서는 리눅스 고유의 기능을 추가하거나 보강했습니다. 대부분 성능 이슈에 관련이 깊은 부분이 추가되었습니다. 그리고 네트워크 프로그래밍에서 어렵다는 부분의 내용을 보강했습니다.

- 4장에 변경된 내용
  메모리 락(mlock) 기법 내용 보강

- 5장에 변경된 내용
  대용량 페이지(Huge TLB) 지원 및 성능 이슈 추가

- 6장에 변경된 내용
  TIME_WAIT에 대한 내용 보강
  TCP autotuning에 대한 내용 보강
  IPv6의 scope id에 대한 내용 보강
  SO_REUSEADDR 소켓 옵션에 대한 내용 보강
  넌블록킹 모드에 대한 내용 보강

- 9장에 변경된 내용
  시그널에 대한 설명 보강
  waitid 함수 추가

- 10장에 변경된 내용
  단조 시계에 대한 내용 보강
  리눅스의 비표준 시계에 대한 내용 추가

- 11장 (새로 추가된 장)
  timerfd, signalfd, eventfd

[이 책은 누구를 위해 쓰였는가?]

이 책은 C 언어 입문서나 초급 리눅스 프로그래밍 책이 아닙니다. 그래서 C 언어 문법에 대해서는 설명하지 않으며 기초적인 리눅스의 명령어나 사용법에 대한 내용도 언급하지 않습니다. 만일 독자분이 C 언어 문법에 대해 잘 모른다면 책의 내용이 너무 어렵게 느껴질 수 있으므로 다른 좋은 입문서나 초급 서적을 먼저 읽도록 권장합니다.

이 책은 리눅스에서 시스템 프로그래밍을 하고자 하는 독자를 위해 작성된 책입니다. 주로 네트워크 프로그래밍이나 각종 데이터 처리에 필요한 기법들에 대해 많은 지면을 할애하고 있으므로 금융 서비스, 게임 서버, 메신저, 프록시 등등의 네트워크 통신 프로그램들을 작성하고자 할 때 적합한 내용이 대부분입니다.

또한, 단순하게 함수의 사용법을 설명하기보다는 배경적인 부분을 설명하여 해당 함수가 어떤 목적으로 도입되었는지를 설명하려고 했습니다. 이는 단편적인 프로그래밍 스킬 습득을 목적으로 하지 않고 응용하는 측면에서 바라보는 시야를 가질 수 있도록 도움을 주기 위해서입니다.

하지만, 이론적인 부분을 깊게 설명하는 교과서는 아니므로 너무 이론적으로 파고들지는 않았습니다. 따라서 대부분 이론은 교과서나 개론을 설명하는 훌륭한 책들을 참고하시면서 같이 보면 도움이 될 것으로 생각합니다. 결론적으로 이 책의 집필 방향은 이론과 실무에서 응용하기 위한 다리 역할이 되겠습니다.

여기에 한 가지 당부하고 싶은 것은 독자분들이 책에 나오는 이론이나 예제를 꼭 코딩하여 결과를 확인하라는 것입니다. 절대적인 코드 작성량이 풍부하게 충족되지 않으면 프로그래밍은 항상 제자리걸음만 하게 됩니다. 이론이 좋은 도구라면 코딩은 도구를 손에 익히는 과정입니다. 아무리 좋은 스포츠카를 갖고 있다고 하더라도 절대적인 드라이빙 시간을 들이지 않았다면 그 스포츠카를 제대로 몰 수 없습니다.

어떤 유명한 해커는 프로그래밍은 예술(art)이라고 합니다. 이는 코딩이란 예술의 경지이기 때문에 반복해서 사용함으로써 익숙해지고 좋은 경험을 토대로 새로운 것을 깨닫게 해줍니다. 수많은 이론을 머리에 채워넣었다고 하더라도 절대적으로 코딩해본 경험이 적다면 반쪽 프로그래머가 될 수밖에 없습니다. 반대로 엄청난 시간을 들여서 코딩을 많이 했다손 치더라도 이론적 바탕이 없으면 비효율적인 코드를 작성하는 역시 반쪽 프로그래머가 됩니다. 이제 좋은 세월을 만나서 여러분은 리눅스라는 좋은 악기를 지닌 예술가 지망생입니다. 하지만, 좋은 악기를 가지고 있어도 반복해서 연주하는 연습을 게을리한다면, 돼지 목에 진주겠지요.

이론과 코딩의 적절한 조화가 중요한 이유는 이론적인 모델과 현실의 실무 환경이 다를 수 있기 때문이기도 합니다. 건축을 예를 들어 봅시다. 학교에서 배웠던 내용과 현장은 다를 수도 있을 겁니다. 이는 이론적으로 연구된 기법이 도입되면서 산업계의 요구에 따라 변형되거나 현실적인 문제로 다른 기술로 대체될 수도 있기 때문입니다. 이것은 프로그래밍 분야도 마찬가지입니다. 이론이 구현되어 시스템에 도입되는 과정에서 힘있는 벤더들의 헤게모니 싸움이나 패러다임을 바꿔버리는 새로운 트렌드나 요구사항에 따라 변형이 가해집니다. 심지어 표준안에 도입되는 기법조차도 기술적 한계나 현실적인 문제들 때문에 변형되어 도입되기도 하죠.

그래서 이론과 코딩을 균형 있게 연습해야 한다는 것입니다. 그래야 그 둘 사이에 틈새를 메우는 좋은 프로그래머가 될 수 있습니다. 너무 한 가지에 몰입하거나 딱딱하게 외워두면 현실감을 상실할 수 있으니 조심해야 합니다. 더군다나 시스템 프로그래밍은 하드웨어와 소프트웨어 양쪽을 알아야만 하므로 둘 사이의 틈새를 메울 수 있는 이론과 실무 능력을 같이 갖춰야만 합니다.

[이 책을 보기 위해 다뤄야 하는 유틸리티]

앞서 언급했듯이 이 책은 활용서이므로 기본적으로 C 언어 문법을 알고 있어야만 합니다. 또한 리눅스(혹은 유닉스)에서 원활한 프로그래밍을 위해 몇 가지 유틸리티를 필수로 다루어야 합니다. 그중에서도 꼭 다뤄야 하는 최소한의 유틸리티 4가지를 선정해 보았습니다.

- vim 에디터 (혹 vi) : 소스 코드 타이핑을 위해서 꼭 필요하죠.
- gcc : 컴파일/링킹에 필요한 몇몇 옵션이나 사용법은 알아야 하겠죠.
- make : 프로그램 컴파일 작업을 위해서 꼭 필요합니다.
- gdb : 디버거입니다. 문제가 발생하는 경우 디버깅 작업을 위해서 필요하죠.

이외에 꼭 필수적인 것은 아니라고 할지라도 차후에는 다음의 유틸리티도 알아두면 프로그래밍할 때 많은 도움이 됩니다. 프로파일러로는 gprof 외에 인텔 기반에서는 VTune과 같이 좋은 프로그램도 있으니 꼭 경험해보는 것이 좋습니다.

- perf : 프로파일러(profiler)입니다. 성능 측정 및 개선에 필요하죠.
- strace : 시스템 호출을 추적해주는 프로그램입니다.
- ltrace : 라이브러리 함수 호출을 추적해주는 프로그램입니다.
- cscope : 소스 코드 트리를 관리하여 검색 등을 가능하게 합니다.
- ctags : 태그를 생성하여 소스 코드를 편집할 때 편의를 제공합니다.

[책의 내용 구성과 효율적인 학습 방법]

이 책은 되도록 많은 예제를 넣으려고 노력했습니다. 예제가 없으면 매뉴얼 페이지와 다를 바가 없기 때문에 적용하는 예시를 보여주려고 한 것입니다. 그러다 보니 매뉴얼처럼 레퍼런스 식의 구구절절한 설명은 되도록 줄이거나 생략한 부분도 있습니다.

따라서 각 함수의 자세한 옵션 리스트나 에러, 호환성 등은 표준 매뉴얼이나 리눅스 man 페이지를 같이 보기를 권장합니다. 또한, 이 책 1권에 담긴 내용이 리눅스 시스템 프로그래밍의 전부라고 생각하지 말고 다른 좋은 책들과 같이 비교하면서 보는 것을 추천합니다.

그러나 프로그래밍에서 가장 지양해야 할 학습 방법으로 API를 외우는 것이 있습니다. 많은 사람이 프로그래밍을 처음 시작할 때 API를 힘들여 외우는 경향이 있는데 이는 쉽게 지치는 나쁜 학습 방법입니다.

표준안에 지정된 API는 계속 늘어나고 있으며 SUSv4 표준에서 지정한 API만해도 1,100여 개가 넘습니다. 그런데 이것을 딱딱하게 외우는 것은 한마디로 시간 낭비입니다. 물론 한 번쯤 리스트를 훑어보는 것은 좋은 자세입니다. 그러나 자주 쓰이는 함수들은 외워야 합니다. 그런데 예제를 타이핑하고 프로그램을 작성하면서 자연스럽게 외워야 합니다. 코딩하다가도 종종 man 페이지를 보면 자연스럽게 외워지므로 억지로 외우는 것은 피해야 합니다.

실제로 API를 잘 외우는 것은 프로그램을 잘 작성하는 것과는 거리가 멉니다. 프로그램을 작성하는 데 필요한 것은 어떤 기능이 필요하고 그 기능에 가장 걸맞은 API를 어떻게 짜임새 있게 넣는지가 중요합니다. 그리고 이들은 코딩하면서 자연스럽게 익혀집니다. 더군다나 API는 man 페이지에도 잘 나오기 때문에 암기하기보다는 각각의 API가 어떤 특성이 있고 어떤 상황에서 사용할 수 있으며, 피해야 하는 문제는 무엇이 있는지를 알아두는 것이 좋습니다. 또한, 비슷한 기능을 하는 여러 API가 있다면 각각의 특징과 차이점을 알아두는 것이 더 좋습니다.

어떤 기능이 필요한 경우에는 표준안이나 다른 문서를 검색해서 해당 기능이 제공되고 있다면 그 기능을 사용하고 없다면 만들면 됩니다. 특정 상황에서 어떻게 코딩해야 한다는 룰을 만들어 무조건 규칙에 맞추려고 하지 않기 바랍니다. 표준안에서도 새로운 기능을 하는 함수가 계속 추가되거나 수정되기 때문에 어떤 상황에 어떤 함수가 쓰인다는 것을 맹목적으로 외우는 경우 시대에 뒤떨어진 프로그래밍을 할 가능성이 커집니다.

그리고 프로그래밍 기술을 늘리기 위해서는 예전에 짰던 프로그램을 계속 업데이트

해보면 됩니다. 예전 프로그램은 자신의 레벨을 보여주는 척도가 됩니다. 예전에 작성한 프로그램을 보고 허점이 많이 보인다면 그만큼 자신의 레벨이 올라가서 문제점이 보이는 것입니다. 그러므로 예제나 테스트용이라고 할지라도 프로그램을 작성하신 후에는 지워버리지 말고 남겨두고 시간이 날 때마다 계속 업데이트를 해보기 바랍니다.

[언어와 툴의 간극]

프로그래밍 언어란 단순한 표현 도구가 아닙니다. 어떤 언어를 배운다는 것은 단순하게 생각을 표현하기 위해 존재하는 것이 아니라는 뜻입니다. 왜냐하면, 프로그래밍 언어란 만들어질 때의 가장 적합한 쓰임새나 철학이 깃들어 있기 때문입니다. 그래서 각 언어는 비슷한 문법을 가진 경우에도 실제 구현된 작동은 서로 다르게 표현되기도 합니다.

예를 들어 엔진도 쓰임새에 따라서 서로 다르게 만들어지듯이 자동차용 엔진을 전차에 탑재하는 것은 말도 안 되며 제트 엔진을 승용차에 탑재하는 것도 웃긴 일이 되지요. 영어와 같이 현실에서 쓰이는 언어도 어떤 단어들은 비슷한 뜻을 가지고 있지만, 지역이나 문화, 상황에 따라 쓰임새가 다른 경우가 있습니다. 마찬가지로 프로그래밍 언어에도 비슷한 기능이 상황에 따라 다른 목적을 위해 탄생된 경우가 있습니다. 이런 세부적인 구분을 하려면 배경 지식과 역사, 플랫폼에 대한 이해가 선행되어야 합니다.

더군다나 C 언어는 운영체제를 만들면서 탄생한 언어이다 보니 운영체제의 기술과 밀접한 연관이 있습니다. 물론 그중에 많은 기능이 운영체제와 독립적으로 작동하는 경우도 있지만, 시스템 프로그래밍에서 사용하는 함수들은 문법만 C 언어의 형태를 보일 뿐 내부적인 작동은 운영체제에 밀접한 연관이 있습니다.

이런 연유로 시스템 프로그래밍을 한다면 많은 언어를 아는 것보다 한두 가지 언어에 정통하는 것이 더 좋을 수 있습니다. 물론 천재나 수재라면 언어 습득이 쉽다고 느껴서 여러 언어에 정통할 수 있을 겁니다. 그러나 그 정도 레벨의 천재나 수재라면 굳이 이런 수준의 책은 보지 않아도 됩니다. 결국, 이 책을 보는 사람에게는 깊이 있는 하나의 언어가 더 중요합니다. 그리고 어떤 언어를 선택하는지는 어떤 영역에서 프로그래밍하는가에 따라 달라집니다.

예를 들어 OS 영역에서 프로그래밍하는데 Java 언어를 주 언어로 사용한다면 참 웃지 못할 상황이 벌어지겠죠? 반대로 웹 어플리케이션 분야의 프로그래밍을 하는데 어셈블리어나 C 언어를 주로 공부한다면 그것도 웃긴 상황이 됩니다. 결국, 자신의 영역에서 가장 효율적인 언어 한 가지는 어느 정도 마스터하는 것이 좋다는 것입니다.

그렇다고 완벽한 해커나 구루(guru)의 경지에 도달할 때까지 다른 언어를 쳐다보지 말라는 극단적인 이야기는 아닙니다. 다만, 어느 정도는 깊이 있는 수준을 배우는 것이 좋다는 것입니다. 최근에는 C/C++ 프로그래머들이 파이썬(python)을 많이 사용하므로 시간이 날 때 파이썬을 배우는 것도 좋은 경험이 될 것입니다.

그러나 시스템 프로그래밍을 한다면 대체로 C 언어 정도는 깊이 다루는 것이 좋습니다. 왜냐하면, 유닉스나 리눅스 등의 많은 운영체제 내부를 디자인한 언어이기 때문입니다. 간혹 C++가 C 언어의 발전된 형태라고 생각하여 둘을 동일 선상에 두는 경우가 있는데 사실상 둘은 다른 언어입니다. 과거 아주 오래전에는 둘은 공통분모가 많았지만 2000년대에 들어와서는 둘은 급격히 분리되어 많은 부분에서 달라졌습니다. 그래서 2016년을 기준으로 한다면 둘은 문법 형태가 매우 비슷한 다른 언어라고 봐야겠지요.

더군다나 C++는 추상화를 기반으로 하기 때문에 언어적 측면에서는 우수하지만, 운영체제와 동기적, 비동기적 실행을 이해하는 데는 오히려 방해가 되는 경우도 있습니다. 결국, 이런저런 생각을 해보면 현실적으로 운영체제나 시스템 프로그래밍에 가장 적합한 언어는 C 언어가 됩니다. 그렇다고 C++를 배척하라는 것은 아닙니다. 다만, 시스템 프로그래밍에서는 C 언어가 기본이기 때문에 C 언어부터 열심히 하라는 뜻입니다.

참고로 책의 본문은 최대한 딱딱한 교과서적인 흐름보다는 뇌를 풀어주기 위해 우스 갯소리 같은 내용도 조금씩 양념으로 넣었습니다. 너무 내용만 이야기하면 졸음이 쏟아질 수도 있고 개인적으로 딱딱한 느낌을 좋아하지 않아 그런 것이니 양해 바랍니다.

[감사하는 마음]

사랑하는 가족과 친구, 지인들에게 감사합니다. 또한, 가메출판사 대표님과 직원 여러분께도 감사드립니다.

저자 이메일 : sunyzero@gmail.com
저자 블로그 : http://sunyzero.tistory.com/
출판사 : http://www.kame.co.kr
오픈 그룹 플랫폼 : http://www.opengroup.org/platform/

CHAPTER 00 들어가기 전에

CHAPTER 01 프로세스

CHAPTER 02 파일

CHAPTER 03 텍스트 처리

CHAPTER 04 메모리

CHAPTER 05 IPC

CHAPTER 06 I/O 인터페이스

CHAPTER 07 I/O 멀티플렉싱(Multiplexing)

CHAPTER 08   스레드 프로그래밍

CHAPTER 09 시그널

CHAPTER 10 리얼타임 확장

CHAPTER 11 리눅스 비표준 기능

CHAPTER **00** 들어가기 전에

이 책을 읽기 전에 책을 읽는 방법에 대해 알아둘 내용이 있습니다. 이 내용은 이 책에만 해당하는 내용이 아니라 다른 프로그래밍 서적이나 각종 매뉴얼을 읽을 때도 도움이 되는 내용이므로 건너뛰지 않기 바랍니다.

저는 책을 집필하면서 최대한 지면을 아끼려고 노력했습니다. 그래서 머리말에서는 경어체를 사용했지만, 실제 책 내용은 모두 평어체를 사용했습니다. 예전에 경어체를 쓰다 보니 으레 쓰이는 수사 어구가 추가되면서 지면이 늘어났기 때문에 비효율적이라는 생각이 들었습니다.

둘째로 자주 쓰이는 용어나 중요한 개념들은 머리말에서 모아서 설명하고 이후에는 간략하게 표기하도록 했습니다. 물론 흐름상 중요한 경우에는 다시 자세히 설명하는 때도 있습니다.

셋째로 예제 코드의 양을 줄이기 위해 전처리문 중에 #include 지시어는 과감하게 생략했습니다. 따라서 전처리문을 포함한 전체 소스 코드가 필요한 경우에는 필자의 블로그나 출판사 웹 사이트에서 다운로드하여 참고하기 바랍니다. 또한, 한 행에 내용이 별로 없는 코드나 가독성을 높이기 위한 공백 행은 모두 삭제해서 지면을 줄였습니다. 더군다나 다음과 같이 간단한 작업을 하는 여러 행의 코드는 한 행에 연결해서 작성했습니다.

```
if ( … ) {
    perror( "FAIL: … " );          /* 간단한 코드지만 4행을 사용한다. */
    return -1;
}
_____

if ( … ) {    perror( "FAIL: … " ); return -1;    }   /* 간결하게 처리 */
```

[그림 0.1] 예제 코드의 간결한 처리

예를 들어 변수 선언을 하는 부분이라든지 또는 [그림 0.1]과 같이 간단한 코드들은 합쳐서 작성했습니다. 이렇게 헤더 파일 선언부와 간단한 코드들을 합치는 것만으로도 예제 파일의 10~20행 정도를 아낄 수 있었습니다. 하지만, 이는 지면을 줄이려는 방법일 뿐 실제 코딩할 때는 하지 말아야 할 금기시 되는 행동입니다. 따라서 여러분이 예제를 직접 예제 코드를 입력할 때는 [그림 0.1]의 윗부분처럼 행을 분리하여 코드를 작성하는 것이 좋습니다.

그러면 본문에 간결하게 생략된 예제를 제대로 작성하기 위해 알아두어야 하는 것들을 정리해보겠습니다. 먼저 빠진 헤더 파일을 채워넣는 것이 중요합니다. 그냥 채워넣는 것이 아니라 몇몇 헤더 파일은 유닉스 표준 검사 매크로를 동반하므로 이에 대한 이해가 필요합니다. 그래서 유닉스 표준 검사 매크로에 대한 부분을 알아야 합니다.

그다음으로 본문에서 종종 설명되는 원자성(atomicity), 비동기 시그널 안전(async-signal-safe), 재진입 혹은 재진입 함수(reentrancy, reentrant function), 스레드 안전(thread safety) 같은 여러 용어에 대해 알아두어야 합니다. 이들 용어가 본문에 나올 때는 용어에 대한 이해가 필요하므로 혹시라도 기억이 나지 않는다면 머리말의 어디에 있는 지라도 꼭 기억해두시고, 찾아서 읽어두는 것이 흐름을 이해하는 데 도움이 됩니다.

01   헤더 파일과 묵시적 선언

앞서 언급했듯이 책에 등장하는 모든 예제 코드에서는 헤더 파일을 생략했습니다. 이는 지면을 줄이는 목적과 어떤 함수가 어느 헤더에 속하는지를 찾아보게 하려는 의도도 있습니다. 여러분에게 심술부리기 위한 행동은 아니고 문법 검사가 어떤 방식으로 이루어지는지 알려 드리려는 숭고한 목적이 숨어 있습니다.

그러므로 헤더 파일을 누락시킨 채 빌드하는 경우에는 -Wall 옵션(대부분의 경고 메시지 출력)을 더하여 경고(warning) 레벨의 메시지를 보고 헤더 파일을 찾아서 추가해주어야 합니다. 예를 들어 다음과 같이 묵시적 선언(implicit declaration)에 대한 경고 메시지가 나오는 경우가 이에 해당합니다.

```
$ gcc  -Wall  -I../../../include  so_reuseaddr_udp.c  -o so_reuseaddr_udp
so_reuseaddr_udp.c: In function `main':
so_reuseaddr_udp.c:74: warning: implicit declaration of function `inet_ntoa'
so_reuseaddr_udp.c:74: warning: format argument is not a pointer (arg 3)
```

[그림 0.2] gcc의 묵시적 선언 경고 메시지

원래 묵시적 선언으로 간주하는 경우는 임플리먼테이션이 문법 검사를 위해 헤더 파일을 뒤졌으나 함수 원형을 찾지 못하여 함수의 원형을 추정한 경우입니다. 물론 추정된 형과 실제 사용된 형이 일치하는 경우에는 경고 수준에서 넘어가지만, 서로 다른 경우에는 에러가 발생하면서 아예 빌드가 실패할 수도 있습니다. 엄밀히 말해 모든 경고는 제거해주어야 신뢰성 있는 코드가 됩니다. 따라서 작은 경고라 하더라도 없애려고 노력하는 것이 좋습니다.

예를 들어 [그림 0.2]의 경우는 inet_ntoa 함수의 원형을 찾지 못했기 때문에 묵시적 선언으로 처리한 경우입니다. 이를 해결하려면 man 페이지에서 inet_ntoa를 검색해서 SYNOPSIS 부분에 표시된 헤더를 소스 코드에 넣어주면 됩니다. inet_ntoa 함수의 man 페이지를 보면 sys/socket.h 외에 2개의 헤더를 넣어주라고 되어 있으니 이들을 추가해주면 inet_ntoa에 대해 묵시적 선언 경고가 사라지게 될 것입니다. 이런 코딩 방식은 처음에는 불편하고 뭔 예제를 이따위로 적어놓았는지 화가 날 수도 있습니다. 그러나 나중에는 헤더 파일과 시스템 구조를 이해하는 데도 도움이 될 수 있습니다.

```
$ man inet_ntoa

INET(3)                          Linux Programmer's Manual                          INET(3)
NAME
inet_aton,  inet_addr,  inet_network,  inet_ntoa,  inet_makeaddr,  inet_lnaof,  inet_netof
- Internet address manipulation routines

SYNOPSIS
        #include <sys/socket.h>
        #include <netinet/in.h>
        #include <arpa/inet.h>

        int inet_aton(const char *cp, struct in_addr *inp);
        in_addr_t inet_addr(const char *cp);
        in_addr_t inet_network(const char *cp);
        char *inet_ntoa(struct in_addr in);
```

[그림 0.3] inet_ntoa의 man 페이지 화면

02　Feature test macro와 표준

간혹 man 페이지에 있는 헤더를 포함해도 에러나 경고(warning)가 발생하는 때도 있습니다. 이는 해당 함수나 상수, 전역 변수 등이 POSIX 표준안 조건에 영향을 받는 경우입니다. 예를 들어 다음 [그림 0.4]의 컴파일 작업을 봅시다.

```
$ make pthread_barrier
gcc -Wall -g -I../../include   pthread_barrier.c -L../../lib -lpthread -lrt -o pthread_barrier
pthread_barrier.c:25: error: syntax error before 'pt_barrier'
pthread_barrier.c:25: warning: type defaults to 'int' in declaration of 'pt_barrier'
pthread_barrier.c:25: warning: data definition has no type or storage class
pthread_barrier.c: In function 'main':
pthread_barrier.c:44: warning: implicit declaration of function 'pthread_barrier_init'
pthread_barrier.c:58: warning: implicit declaration of function 'pthread_barrier_destroy'
pthread_barrier.c: In function 'start_thread':
pthread_barrier.c:79: warning: implicit declaration of function 'pthread_barrier_wait'
make: *** [pthread_barrier] 오류 1
```

[그림 0.4] feature test macro가 정의되지 않은 헤더로 인한 오류

[그림 0.4]의 메시지를 보면 에러가 1개, 경고는 여러 개가 등장합니다. 경고는 몇 개가 있어도 컴파일이 되지만 에러는 그렇지 않습니다. 물론 웬만하면 경고도 해결하는 것이 좋고 에러는 당연히 해결해야겠죠. 에러가 발생한 pthread_barrier.c의 25행은 다음과 같이 되어 있습니다.

```
pthread_barrier_t   pt_barrier; /* 여기가 25행, 에러가 발생한 곳으로 가정하겠습니다. */
```

25행은 그냥 변수를 선언하는 곳인데 에러가 나는 이유는 pthread_barrier_t 타입이 선언되어 있지 않기 때문입니다. pthread_barrier_t는 POSIX Thread barrier type으로 IEEE std 1003.1-2001 Advanced Realtime Thread 표준안에 포함된 기능입니다. 이런 표준안 조건에 대한 내용은 pthread_barrier_init 맨페이지의 아랫부분에 등장합니다. 실제로 맨페이지를 보면 Advanced Realtime Thread를 포함하는 표준안인 SUSv3 이상을 적용하도록 표준안 테스트 매크로를 정의해주어야 에러가 발생하지 않는다고 적혀 있습니다.

물론 최근의 컴파일러들은 똑똑해져서 매크로를 지정하지 않아도 될 수 있으면 알아서 처리해 줄 때도 있습니다. 하지만, 대다수 컴파일러는 POSIX 표준안 테스트 매크로의 값을 수동으로 지정해주어야 에러가 발생하지 않습니다. 더군다나 구형 컴파일러에서는 매번 매크로 값을 해제하는 코드가 들어 있는 경우가 있기 때문에 [그림 0.5]의 왼쪽처럼 표준안이 적용받는 헤더의 위치가 중요할 때도 있습니다.

```
#define _XOPEN_SOURCE 600
#include <pthread.h>

#include <stdio.h>
#include <stdlib.h>
#include <unistd.h>
#include <string.h>
#include <time.h>
#include <sys/time.h>
#include <errno.h>
```

```
#define _XOPEN_SOURCE 600

#include <stdio.h>
#include <stdlib.h>
#include <unistd.h>
#include <string.h>
#include <time.h>
#include <sys/time.h>
#include <errno.h>
#include <pthread.h>
```

[그림 0.5] _XOPEN_SOURCE 매크로의 지정

[그림 0.5]에서 왼쪽 내용과 오른쪽 내용의 차이점은 표준안을 적용하고자 하는 pthread.h 헤더가 _XOPEN_SOURCE 매크로의 바로 다음 행에 위치하는지 여부입니다. 과거의 GNU C 컴파일러나 몇몇 다른 컴파일러들은 표준안 테스트 매크로를 일회용으로 적용했습니다. 따라서 _XOPEN_SOURCE가 선언되었다고 하더라도 바로 다음 행에 등장하는 헤더에서만 적용되고 헤더의 끝에서 모두 해제(undefine)하는 경우가 있습니다. 그러므로 [그림 0.5]의 오른쪽에서 처럼 선언하면 실제로는 _XOPEN_SOURCE의 영향은 stdio.h에만 적용될 수 있습니다.

물론 여러분이 사용할 최근의 컴파일러는 상당히 똑똑해져서 헤더의 위치나 매크로의 위치에 따라 영향을 받지 않게 되어 있습니다. 특히 GNU C 컴파일러들은 굳이 _XOPEN_SOURCE 같은 표준안 적용 매크로를 지정하지 않아도 될 수 있으면 에러나 경고가 생기지 않도록 처리해줍니다. 그러므로 _XOPEN_SOURCE 같은 매크로를 쓰지 않아도 에러 없이 컴파일된다면 그냥 넘어가도 되지만 만일 에러가 발생한다면 man 페이지의 호환성 관련 부분을 참고하여 표준안 테스트 매크로를 추가해주면 됩니다.

그러면 man 페이지에 호환성 관련 부분이 어떻게 나와 있는지 확인해보아야 하겠지요? 그렇다면 한 번 getaddrinfo에 대한 man 페이지를 살펴보면서 확인을 해보도록 합니다.

[그림 0.6]에 보면 중간에 음영으로 표시된 "Feature Test Macro Requirements ..." 부분에 어떤 표준 매크로가 필요한지 쓰여 있습니다. 그리고 더 아래쪽으로 내려가다 보면 "CONFORMING TO" 란에 어떤 표준안에서 나온 함수인지 적혀 있습니다. 그림에서는 POSIX.1-2001로 적혀 있는데 이는 SUSv3를 의미합니다.

```
GETADDRINFO(3)                 Linux Programmer's Manual                 GETADDRINFO(3)
NAME
       getaddrinfo, freeaddrinfo, gai_strerror - network address and service translation

SYNOPSIS
       #include <sys/types.h>
       #include <sys/socket.h>
       #include <netdb.h>

       int getaddrinfo(const char *node, const char *service,
                       const struct addrinfo *hints,
                       struct addrinfo **res);

       void freeaddrinfo(struct addrinfo *res);

       const char *gai_strerror(int errcode);

       Feature Test Macro Requirements for glibc (see feature_test_macros(7)):

       getaddrinfo(), freeaddrinfo(), gai_strerror():
           _POSIX_C_SOURCE >= 1 || _XOPEN_SOURCE || _POSIX_SOURCE

            ............................ 생략 ............................

CONFORMING TO
       POSIX.1-2001.  The getaddrinfo() function is documented in RFC 2553.
```

[그림 0.6] man 페이지의 feature test macro와 호환성 확인

그리고 SUSv3를 적용하기 위해서는 _XOPEN_SOURCE가 600번 이상이 되어야만 합니다. _XOPEN_SOURCE 600의 의미는 조금 뒤에 유닉스 역사에서 다루고 여기서는 유닉스의 표준에 따라 쓰이는 feature test macro를 정리하고 넘어가도록 하겠습니다.

표 0.1 feature test macro에 쓰이는 표준 매크로

__STRICT_ANSI__	ANSI C 규격으로 작동하게 합니다. (명령행 옵션 대체 가능 : -ansi)
_ISOC99_SOURCE	C99 표준을 지원합니다. (명령행 옵션 대체 가능 : -std=c99)
_POSIX_SOURCE	POSIX 표준 API(IEEE std 1003.1)를 사용합니다.
_POSIX_C_SOURCE	POSIX 표준을 의미합니다. 값에 따라서 다르게 작동합니다. == 1 : _POSIX_SOURCE와 동일 >= 2 : _POSIX_SOURCE에 IEEE std 1003.2 표준 추가 >= 199309L : IEEE std 1003.1a-1993 표준 >= 199506L : IEEE std 1003.1b-1995 표준 >= 200112L : 모든 IEEE std 1003.1-2001 표준 지원
_XOPEN_SOURCE	값이 지정되지 않거나 500보다 작으면 XPG 4.2(SUSv1) 표준 지원 == 500, SUSv2 (UNIX98) 표준 지원 == 600, SUSv3-2001 표준 지원 (2004년 개정) == 700, SUSv4-2008 표준 지원 (2010년 개정)
_LARGEFILE_SOURCE	대용량 파일 지원(LFS)을 위한 함수 사용 가능 (LFS 챕터 참고)
_LARGEFILE64_SOURCE	64bit 파일 처리를 가능하게 함 (LFS 챕터 참고)

_FILE_OFFSET_BITS=N	기본 파일 오프셋을 N bit로 맞춤 (LFS 챕터 참고)
_BSD_SOURCE	ISO C, POSIX, 4.3BSD 표준 지원
_SVID_SOURCE	ISO C, POSIX, SVID 표준 지원
_GNU_SOURCE	지원 가능한 모든 표준과 GNU 확장 지원 (GNU C 임플리먼테이션)
_REENTRANT	재진입성(reentrant) 함수를 사용가능하게 함
_THREAD_SAFE	_REENTRANT와 동일, 몇몇 시스템에서 대신 사용함

위 feature test macro를 모두 알 필요는 없습니다. 가장 중요한 _XOPEN_SOURCE 와 _GNU_SOURCE 정도만 확실하게 알아두면 됩니다. 그리고 _XOPEN_SOURCE 를 지정하는 데 있어 다음 [그림 0.7]처럼 설정하는 경우도 알아둬야 합니다. 왜냐하면, 예제가 아닌 실무에서는 1개의 소스 코드를 사용하는 경우는 거의 없고 여러 개의 소스 파일을 따로 컴파일하여 링킹하기 때문에 전역적으로 _XOPEN_SOURCE 매크로가 정의되는 경우에는 특정 소스 파일에서 문제가 발생할 수 있습니다. 따라서 전역 매크로가 정의되어 있다면 그 값에 영향을 받지 않도록 해제한 뒤에 새롭게 정의하는 방법을 사용하기도 합니다.

```
#ifdef _XOPEN_SOURCE
# if (_XOPEN_SOURCE - 0) < 500
# undef _XOPEN_SOURCE
# endif
#endif
#define _XOPEN_SOURCE 600
```

[그림 0.7] _XOPEN_SOURCE 매크로의 해제와 정의

[그림 0.7]에서는 _XOPEN_SOURCE가 이미 설정되어 있다면 그 값을 검사하여 500보다 작다면 선언을 해제하고 _XOPEN_SOURCE를 600으로 재선언합니다. 따라서 해당 소스 코드가 꼭 어떤 표준 이상을 필요로 한다면 [그림 0.7]처럼 매크로를 재정의하는 부분을 넣어두는 것이 좋습니다.

> **TIP** 표준안과 매크로에 대한 맨페이지
>
> 리눅스에는 standards, posixoptions, feature_test_macros 맨페이지에 표준안과 매크로 사용에 대한 설명이 포함되어 있습니다. 이들은 각각 리눅스에서 유닉스 표준안을 어떻게 적용하고 어떻게 테스트하는지 중요한 정보를 담고 있습니다.

앞서 설명한 _XOPEN_SOURCE는 stdio.h 시스템 표준 헤더에도 등장하므로 열어서 살펴보도록 하겠습니다. 참고로 리눅스 시스템의 표준 헤더는 일반적으로 /usr/include에 있습니다.

---

stdio.h 헤더 파일

```
// 주석문 생략
#ifndef _STDIO_H

#if !defined __need_FILE && !defined __need___FILE
# define _STDIO_H   1
# include <features.h>

__BEGIN_DECLS

# define __need_size_t
# define __need_NULL
# include <stddef.h>
```

리눅스의 stdio.h 헤더 구조를 보면 우선 #ifndef _STDIO_H로 include guard가 보이고, 그다음에 바로 features.h를 포함하고 있습니다. 이 features.h 헤더 파일을 열어봅니다. (vim 에디터라면 헤더 이름에 커서를 두고 gf를 누르면 즉각 해당 파일로 이동할 수 있습니다.)

---

features.h 헤더 파일

```
// 주석문 생략
#ifndef _FEATURES_H
#define _FEATURES_H 1

/* These are defined by the user (or the compiler)
   to specify the desired environment:

   __STRICT_ANSI__   ISO Standard C.
   _ISOC99_SOURCE   Extensions to ISO C89 from ISO C99.
   _ISOC11_SOURCE   Extensions to ISO C99 from ISO C11.
   _POSIX_SOURCE    IEEE Std 1003.1.
   _POSIX_C_SOURCE  If ==1, like _POSIX_SOURCE; if >=2 add IEEE Std 1003.2;
        if >=199309L, add IEEE Std 1003.1b-1993;
        if >=199506L, add IEEE Std 1003.1c-1995;
        if >=200112L, all of IEEE 1003.1-2004
        if >=200809L, all of IEEE 1003.1-2008
   _XOPEN_SOURCE    Includes POSIX and XPG things.  Set to 500 if
        Single Unix conformance is wanted, to 600 for the
        sixth revision, to 700 for the seventh revision.
  ⋮
*/
```

---

features.h 헤더 파일을 보면 앞에서 설명한 내용이 모두 주석문으로 들어가 있습니다. 그리고 _XOPEN_SOURCE가 600이면 sixth revision이라고 설명까지 곁

들여 있습니다. 즉 _XOPEN_SOURCE의 값은 revision 숫자임을 알 수 있습니다. 눈치가 빠른 분들은 600이 6.00을 의미하는 것을 알 수도 있을 것입니다. 사실 _XOPEN_SOURCE 600은 XPG 6.00을 의미하는 것이고, 이는 바로 Single UNIX Specification 3을 의미하기도 합니다. 이런 명칭들은 조금 뒤에 리눅스와 유닉스의 역사에서 다루므로 그때 좀 더 자세하게 설명하겠습니다.

그러나 표준안의 여러 기능 중에는 의무(mandatory)적으로 구현해야 하는 기능과 선택적인(optional) 기능이 섞여 있기 때문에 _XOPEN_SOURCE를 켜두었다고 해서 그 기능이 특정 리눅스에서 꼭 작동한다는 보장은 없습니다. 따라서 세부적으로 특정 기능이 작동하는지 테스트하는 매크로가 또 있습니다. 이게 바로 posixoptions 매크로입니다. man posixoptions로 보면 이들을 확인할 수 있습니다.

POSIX options 테스트 코드 (test_posixopt.c)

```
#include <unistd.h>    /* include posix options */
#include <stdio.h>
int main()
{
#if _POSIX_ASYNCHRONOUS_IO > 0L
    printf("[O] _POSIX_ASYNCHRONOUS_IO\n");  /* support if the macro is positive value */
#else
    printf("[X] _POSIX_ASYNCHRONOUS_IO\n");  /* not support */
#endif
    ... 생략 ...
    return 0;}
```

위의 test_posixopt.c 코드처럼 각각의 매크로 값을 확인하여 현재 시스템의 기능들을 테스트할 수 있습니다. 위의 test_posixopt.c의 완전한 코드는 배포되는 예제 소스 아카이브에 포함되어 있으니 다운로드하여 확인하기 바랍니다.

03   유닉스 역사와 표준안

도대체 왜 이렇게 복잡한 매크로가 필요한지, 왜 특정 표준에 따라 동작하는 기능이 달라지는지 궁금할 것입니다. 궁금하지 않다고 해도 유닉스 프로그래밍 혹은 C 언어를 제대로 배우려면 유닉스가 걸어온 역사를 알아야만 합니다. 또한, 리눅스가 유닉스 호환으로 탄생했기 때문에 유닉스 표준을 이해하는 것이 바로 리눅스를 이해하는 길이 되므로 이 부분을 꼭 읽어두어야만 합니다.

특히 유닉스의 분열과 BSD, SysV의 탄생 및 POSIX 체계와 단일 표준안의 필요성, 호환성에 대한 부분은 잘 기억해두어야만 합니다. 이들은 유닉스, 리눅스에서 프로그 래밍하기 위해서는 상식의 범주에 들어갑니다. 그리고 역사에는 필연적으로 몇몇 중 요한 사람의 이름도 등장하므로 전기물처럼 읽으면 나름 재미도 있을 것입니다.

3.1 멀틱스(Multics)

유닉스는 AT&T의 벨 연구소에서 시작되었습니다만 그 시초부터 유닉스였던 것은 아 니었습니다. 그 유래는 멀틱스(Multics)로부터 기원을 따져야 합니다.

멀틱스는 1964년 GE와 MIT의 MAC 프로젝트에서 개발되었습니다. AT&T의 벨 연 구소는 1965년에 이 프로젝트에 참여하게 되었죠. 멀틱스(Multics : The Multiflexed Information and Computing System)의 개발 목적은 여러 유저가 사용 가능한 강력한 처리 기능을 목표로 만들어졌습니다. 그리하여 시분할, 페이지/세그먼트 메모리 관 리, 프로세스 관리, 주변장치 관리 등의 다양한 기능을 가지게 되었으며 1969년에 개 발을 마치고 당시로는 무지막지한 대형 고성능 컴퓨터인 GE 645에 장착됩니다. 그 러나 그 후에 벨 연구소는 멀틱스의 개발에서 손을 떼고 더 이상의 지원을 하지 않게 됩니다.

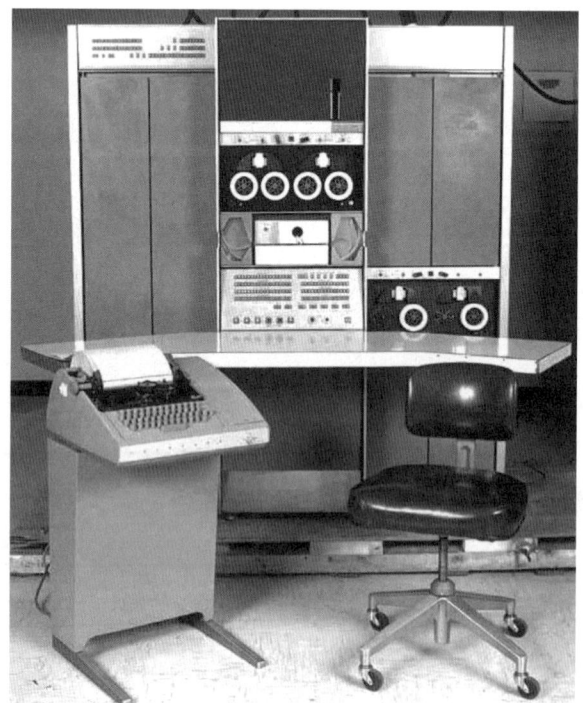

[그림 0.8] DEC PDP-7 머신

이러한 멀틱스에 자신이 즐기던 게임을 포팅 해보고 싶은 바램으로 유닉스가 탄생하게 됩니다. 당시 켄 톰슨(Ken Thompson)은 Space Wars라는 Fortran으로 개발된 게임을 즐기고 있었는데 이를 더 좋은 머신인 GE 645에 이식해보려고 시도하게 됩니다. 그러나 실제로는 운용의 어려움과 비용 문제가 걸림돌이 되어 GE 645보다 작은 DEC PDP-7에 포팅하게 됩니다. 이때 켄 톰슨은 어셈블리어로 포팅 작업을 하면서 시스템 하부에 대한 실무적 지식을 얻게 됩니다. (1969년)

그리고 마침내 게임을 위해 멀틱스를 간소화한 OS가 PDP-7에 이식되어 초기 유닉스의 처음 모습이 드러나게 됩니다. 켄 톰슨의 지인이던 브라이언 커니한(Brian Kernighan; pronounced Ker'-ni-han; the 'g' is silent)은 멀틱스에서 파생되었지만, 최소한 한 가지 일은 제대로 한다는 의미로 유닉스(UNIX)라는 이름을 지어주게 됩니다. 사실은 멀틱스를 거세하여 내시(eunuchs)로 만들었다는 의미의 말장난으로 eunuchs + Multics라는 글자를 조합하여 만들어졌습니다.

2년 뒤인 1971년, 유닉스는 다시 상위 기종인 PDP-11에 포팅됩니다. 당시 유닉스는 16 KiB의 시스템, 8 KiB의 사용자 프로그램, 512 KiB의 하드디스크, 최대 파일 사이즈는 64 KiB의 지금 기준으로 보면 어이없는 크기의 작은 시스템이었습니다. 그러나 이때까지의 유닉스는 어셈블리어로 제작되어 이식성과 호환성이 무척이나 떨어졌습니다. 따라서 다른 기종에 이식할 때마다 대부분을 새로 작업해야만 했습니다.

[그림 0.9] 데니스 리치 : C 언어의 창시자

이식성 문제를 해결하려고 친구인 데니스 리치(Dennis Ritchie)를 끌어들이게 되고 여기에 다시 브라이언 커니한이 합류하게 됩니다.[1] 이들은 고심한 결과 B 언어로부터 새로운 언어인 C 언어를 이끌어내게 됩니다. C 언어는 고급 언어이지만 유닉스 시스템을 제어하기 위해 하드웨어에 쉽게 접근할 수 있는 특징을 지니게 됩니다.

그 후 1973년에 유닉스를 C 언어로 포팅하는데 성공하게 됩니다. 이때부터 유닉스는 하드웨어에 의존이 강한 부분만 어셈블리어로 작성되고 대다수의 부분은 C 언어로 작성되어 이식성과 호환성을 높이는 데 주력할 수 있게 됩니다.

---

1) 브라이언 커니한과 데니스 리치는 ANSI C 책인 The C Programming Language의 저자로도 유명하다. 물론 자신들이 만든 언어이므로 가장 이해를 잘하고 있는 사람이라고 볼 수 있다. 지금도 입문용 서적으로 많은 이의 사랑을 받고 있으며 책 표지가 흰색이기 때문에 일명 하얀책이라고 불리기도 한다.

1974년에는 켄 톰슨과 데니스 리치가 ACM에 유닉스를 알리게 되었으며 이때부터 다른 시스템에 하나 둘 포팅되기 시작합니다. 이 작업에서 C 언어는 빠르게 퍼져 나가게 됩니다. 그러다가 1976년에 파격적인 변모를 겪게 됩니다. 바로 데니스 리치가 스테판 존슨(Stephen Johnson)과 함께 최초로 32bit 머신인 Interdata 8/32에 포팅하는 결과를 얻게 된 것이죠. 드디어 32bit OS의 시대가 열리기 시작한 것입니다.

오픈 시스템이라는 명칭은 이때부터 시작됩니다. 메인 프레임들과 다르게 소스 코드가 배포되어 기존의 폐쇄적인 시스템과 달리 누구나 내부를 살펴보고 호환 기종을 양산할 수 있었기 때문입니다. 결국, 이들은 하나의 소스 코드에서 탄생했기에 나중에 표준안을 탄생시킬 때도 소스 코드 레벨의 호환성을 기준으로 삼게 됩니다.

3.2 유닉스의 분화 : AT&T와 BSD

그러면 다시 초기로 돌아가서 초기 유닉스의 두 진영인 AT&T(System V) 계열과 BSD 계열의 분열 원인을 알아보도록 하죠. 초기에 유닉스가 만들어졌을 때 AT&T사는 회사 내부에서만 사용했습니다. 그 원인은 사용의 편리함과 가격적 메리트 때문이었죠.

그 결과 AT&T의 회선 교환 업무에 주로 사용되다가 1970년대 중반에는 사내 곳곳에 쓰이게 됩니다. 그리고 외부에 배포되기에 이릅니다. 그런데 재밌는 점은 AT&T는 유닉스를 판매할 생각은 전혀 안 했다는 것입니다. 이는 당시의 AT&T가 하드웨어, 소프트웨어의 판매 업무를 하지 않았기 때문이었습니다.

이 때문에 유닉스는 거의 실비 수준에서 배포되었고 소프트웨어에 많은 돈을 치를 여유가 없는 대학에서 큰 환영을 받게 됩니다. 더군다나 대학에 판매할 때에는 소스 코드까지 라이선스로 배포되었기 때문에 교육용으로 안성맞춤이었지요. 그 영향으로 1970년대 후반에는 기업에까지 그 영역이 퍼지기 시작했습니다. 이는 대학에서 유닉스를 가지고 놀았던 학생들이 기업에 진출하면서 자연스럽게 유닉스 진영이 확장된 것이죠.

그러던 중에 버클리(Berkley) 대학 분교의 객원교수로 자리를 옮긴 켄 톰슨은 대학에서 유닉스를 집중적으로 연구했고 획기적인 성과를 올리게 됩니다. 그리고 해당 연구에서 탄생한 유닉스는 BSD(Berkley Software Distribution) 유닉스로 명명되게 됩니다. BSD 유닉스에는 C shell과 가상 기억 장치 및 네트워킹의 도입으로 획기적인 변화를 가져오게 됩니다. 그중 가장 큰 업적으로는 네트워킹의 도입으로서 소켓이라는 API입니다. 지금까지도 표준 소켓 인터페이스는 바로 BSD 파생 소켓 인터페이스를 사용합니다.

켄 톰슨의 BSD 유닉스는 당시 버클리 학생이었던 빌 조이(Bill Joy)를 만나서 공동 작업으로 이뤄졌습니다. 빌 조이는 당시 vi 에디터를 개발했던 뛰어난 개발자이며 후일 자신이 작업한 BSD의 핵심 기술을 가지고 창업하게 됩니다. 이 회사가 바로 썬 마이크로시스템즈(Sun Microsystems)입니다. 자바를 하는 분들은 자바를 만든 회사로 더 잘 알고 있습니다. 지금은 오라클과 합병되어 없어진 회사입니다.

상업용 유닉스를 만드는 회사들도 버클리 대학교에서 BSD가 개발되는 동안 놀고 있지만은 않았습니다. 상업용 유닉스 벤더들은 AT&T로부터 라이선스 받은 소스 코드를 수정하고 발전시키는 데 노력을 쏟게 됩니다. 상용 유닉스 벤더들은 폭발적으로 증가했는데 1970년대 후반에 유닉스 시장의 규모가 수십억 달러에 달했고 기업 입장에서는 아주 매혹적인 조건의 시장이었다는 점이 컸습니다. 더군다나 유닉스 하드웨어까지 제작하던 벤더들은 소스 코드가 오픈되어 있는 유닉스를 얼마든지 특화할 수 있는 능력이 있었고, 이를 통해 고객 맞춤형 운영체제를 납품하게 됩니다. 그러나 이런 고객 맞춤형 특화 탓에 AT&T 계열과 BSD 계열이 서서히 분열되어 집니다.

기업들의 상용 유닉스인 AT&T 계열(System V)은 고객들의 사용 목적에 따른 요구(needs)를 반영하여 데이터 처리와 계산 목적으로 특화시키게 됩니다. 따라서 AT&T 계열의 상용 유닉스는 System V 계열로 발전하면서 좀 더 빠른 데이터 처리에 관련된 IPC 부분의 기능에서 괄목한 만한 발전을 이루게 됩니다.

이에 비해 BSD는 미국방성의 지원을 받으면서 실험적인 여러 기능을 테스트하는 목적으로 발전하게 됩니다. 그러나 BSD의 핵심 개발자였던 빌 조이(Bill Joy)가 회사를 차리면서 BSD도 상용 유닉스 시장으로 뻗어 나가게 됩니다.

썬 마이크로시스템즈사의 상용 유닉스인 Sun OS는 BSD의 뒤를 이어받아 당시 상업 유닉스 벤더들이 잘 받아들이지 않았던 네트워킹 분야에 강한 면모를 보이게 됩니다. 이후 NFS 등 다양한 네트워킹 기능을 선보이며 유닉스 시장의 강자로 떠오르게 됩니다.

그러나 후일 Sun OS는 솔라리스로 재탄생되면서 System V 계열과 통합하게 됩니다. 이는 System V 계열의 현대적이고 상업적인 강점을 받아들인 처사였습니다. SVR4에는 이미 BSD의 장점들이 모두 녹아있었기 때문에 세련된 현대 상업용 유닉스를 따라간 것은 필연의 결과였습니다.

그러나 당시에는 이미 여러 벤더들이 유닉스 시장에 난입하고 서로 호환성을 위한 최소한의 협력도 없었기 때문에 각 벤더들의 유닉스는 마구잡이로 수정되어 초기 유닉스의 형태는 찾아볼 수 없는 상황에 이르게 됩니다.

당시 유닉스 시스템의 벤더로는 버클리의 BSD, Sun microsystems의 Sun OS, HP의 HP-UX, 컴팩(컴팩은 HP와 다시 합병함)과 합병하여 사라진 DEC의 Ultrics, IBM의 AIX, Microsoft의 XENIX 등등이 가장 유명했습니다.

각 회사의 유닉스는 특화 전략으로 호환성이 사라지고 있었지만 때로는 독점적 전략을 사용하여 다른 회사의 시스템으로 바꾸지 못하도록 일부러 호환성을 배제하기도 했습니다. 독점적 전략에는 심지어 각 시스템의 명령어조차 바꿔서 관리자들이 다른 시스템으로 변경하기 어렵게 만들었습니다.

그러나 이는 결국에 서로에게 독이 되어 소프트웨어 업계는 아무리 좋은 프로그램이라고 하더라도 특정 벤더의 유닉스에서만 개발되었고 다른 벤더의 유닉스에 포팅하려면 엄청난 시간과 노력을 투자해야만 하는 문제가 생겨버렸습니다. 이는 소프트웨어 발전의 발목을 잡는 일이 되어버렸고 이 문제를 타개하기 위해 호환성 표준안의 필요성을 느끼기 시작했습니다.

3.3 POSIX의 등장

간략하게 살펴본 대로 1980년도 중반에 유닉스 시장은 각종 벤더들과 버전들이 난립하는 상태였고 사실상 완벽히 다른 시스템이라고 해도 될 정도로 너무나 달랐습니다. 사용자들은 다른 벤더의 유닉스를 쓰기 위해서 새로 사용법을 공부해야 했습니다. 각 벤더들의 차별화 전략이나 추가 기능 때문에 명령어와 옵션들조차도 달랐습니다.

이런 특징은 시스템 프로그래밍에도 영향을 미쳐서 유닉스들은 모두 C 언어에 기반하고 있었지만 서로 지원하는 시스템 콜의 원형이 달라서 소스 코드를 다른 시스템에 가져가서 컴파일하는 것은 엄청난 노력이 필요했습니다.

물론 크게 계파를 따지자면 AT&T 계열과 BSD 계열에서 같은 진영에 속하는 경우에는 서로 호환되어야 하겠지만, 같은 진영의 벤더들끼리도 제각각의 변형을 더하다 보니 잘 호환되지 않았습니다. 그렇게 제각각 변형했던 흔적은 지금 현대적인 유닉스에도 남아 있습니다.

예를 들어 C 언어 함수인 bzero는 BSD에서 유래했고 지금은 memset으로 대체되었지요. 명령어에도 흔적은 남아 있어서 ps의 경우에는 BSD 스타일과 SysV 스타일이 서로 다릅니다. 이런 문제 때문에 현대적인 유닉스 표준은 복잡해지는 결과를 낳기도 했습니다. 또한, 각 벤더는 타사의 제품에 좋은 기능이 도입되면 비슷한 기능을 구현해내면서 이름만 바꾸는 통에 이름만 다른 유사한 기능들이 난립하게 되었습니다.

따라서 이 상태로는 과연 유닉스라고 부를 수 있는가에 대해 의문이 생기기 시작했고 서로의 차이 때문에 호환성이 결여된 시스템의 불편함을 해소하기 위해 1984년에 유닉스 사용자 모임을 발족하게 됩니다. 이들은 표준화 및 사용편의성에 대한 여러 가지를 논의하기 위한 공식적인 첫걸음이었습니다. 이를 계기로 미국의 전기전자공학회(IEEE: The Institute of Electrical and Electronics Engineers)가 유닉스들의 난잡한 시스템 콜을 표준화하기 시작했습니다. 여기에는 미국의 각종 회사와 미국무성의 압

력도 일조하게 됩니다.

드디어 1988년에 POSIX[2] 표준안의 초안인 일명 POSIX 1003.1-1988, 정식 명칭으로는 IEEE std 1003.1-1988이 발표됩니다. 그 후 ISO의 승인을 얻기 위해 몇 번 더 수정되어 1990년에 ISO 승인을 받게 됩니다. 이때 승인받은 버전을 초안과 구

별하기 위해서 POSIX 1003.1-1990(IEEE std 1003.1-1990)이라 부릅니다. 줄여서 POSIX.1이라고도 부릅니다. 그러나 정식 명칭에는 개정 연도가 붙게 됩니다.

예를 들어 이 글을 쓰는 2016년도에는 2013년에 발표된 IEEE std 1003.1-2013 (Single UNIX Specification, version 4)이 마지막 개정판이군요. POSIX에 대해서는 아래의 FAQ에서 더 자세한 정보를 얻을 수 있을 것입니다. 현재 POSIX는 Open Group에서 관리하고 있습니다.

POSIX 1003.1 FAQ : http://www.opengroup.org/austin/papers/posix_faq.html

POSIX 1003.1은 기본적으로 API의 문법의 형식과 그 작동에 대한 의미(semantic)만을 담고 있기 때문에 실제로 내부적인 구현(implementation)과는 별개로 외적인 작동(operation)만 만족하면 문제가 없었습니다. 따라서 표준안에 만족하도록 시스템을 바꾸는 것은 벤더들에게 그다지 어려운 작업이 아니었습니다. 실제 파급 효과 또한 시스템 인터페이스를 완전히 통합한다기보다 포팅하기 쉽도록 해주는 정도였죠. 하지만, 그것만으로도 큰 의미가 있었습니다. 적어도 프로그래머에게는 포팅 작업을 줄여주는 효과가 있었으니까요.

그 후 1992년에는 셸과 유틸리티에 대한 포괄적인 POSIX 표준안인 POSIX 1003.2(줄여서 POSIX.2)가 제정되고 명실상부하게 API와 명령어 모두의 표준안이 만들어지기 시작했습니다. 그리하여 1988년부터 시작된 표준화 작업은 마침내 1995년도에 통합된 형태의 SUS(Single UNIX Specification) 표준을 탄생시키게 됩니다.

따라서 1995년도 이전의 세부적인 표준안과 1995년도 이후 SUS 표준안으로 구별됩니다. 각 표준안의 개괄적인 링크는 위키백과를 참고하기 바랍니다.

표 0.2 POSIX 표준안 (뒤에 연도는 승인된 해당 연도)

IEEE std 1003.1-1988	OS의 기본적인 시스템 호출들을 제정한 초기 표준안
IEEE std 1003.1-1990	IEEE std 1003.1-1988의 개정, 승인안 국제 표준 ISO/IEC 9945-1:1990으로 승인받음

---

2) POSIX(Portable Operating System Interface) – 리차드 스톨만이 이름을 지었으며, pahz-icks라고 읽는다. poh-six라고 발음하지 않을 것을 주의하도록 명시하고 있다. 이는 비영어권에서 46으로 착각하지 않기 위해서이다.

IEEE std 1003.2-1992	셸과 유틸리티 명령어 체계의 표준
IEEE std 1003.1-1996	리얼 타임 표준안이 포함된 개정 IEEE Std 1003.1b-1993, 1003.1c-1995, 1003.1i-1995가 포함됨 국제 표준 ISO/IEC 9945-1:1996으로 승인받음
IEEE Std 1003.1-1998	SUSv2, 통합 유닉스 버전 2
IEEE std 1003.1-2001	SUSv3, 핵심 텍스트의 개정 작업과 1003.2와의 통합 1003.1a, 1003.1d, 1003.1g, 1003.1j, 1003.1q, 1003.2b의 포함
IEEE std 1003.1-2004	SUSv3-2004, SUSv3에 대한 개정
IEEE std 1003.1-2008	SUSv4, 비동기에 대한 정의 및 개정
IEEE std 1003.1-2010	SUSv4-2010, SUSv4에 대한 소폭 개정

POSIX 표준안은 1997년부터 Open Group의 Austin Group이 맡게 되고, 이후 모든 작업을 통합적으로 관리하게 됩니다. 그리고 이때부터 SUS에 POSIX와 X/Open의 모든 표준이 통합 관리되고 있습니다. 그렇다고 POSIX나 X/Open이 사라진 것은 아니고 큰 틀로 합쳐진 것으로 봐야 합니다. 그렇다면 X/Open에 대해서도 알아둬야겠지요.

3.4 X/Open과 SUS의 등장

그런데 POSIX가 제안되기 전인 1987년에 이미 AT&T와 Sun microsystems는 유닉스의 두 진영이 통합되기를 바랐고 서로 공조하기도 합니다.

그러나 시장의 강자인 둘의 통합 논의 소식에 다른 마이너 유닉스 벤더들은 자사의 유닉스가 사장될까 두려워서 OSF(Open Software Foundation)를 조직하여 대항하기 위한 새 표준안을 만들게 됩니다.

원래 유닉스 단일 표준을 만들려고 했던 것이 오히려 더 이상하게 일이 꼬여버리게 된 것이지요. 그럼에도, 1988년도에 AT&T는 마침내 System V의 괄목한 발전을 이룬 System V Release 4(SVR4로 지칭)를 발표합니다.

SVR4는 현대적인 유닉스의 모체가 되는 중요한 발전을 이루었기 때문에 이후로 나오는 대부분의 상용 유닉스는 SVR4의 체계를 계승하거나 베낀 경우가 많았습니다. 그러나 마이너 유닉스 벤더들은 이에 질세라 1992년도에 OSF의 통합 유닉스 첫 버전인 OSF/1을 발표합니다.

사실 OSF/1은 SVR3와 BSD의 혼합으로서 어찌 보면 모호한 유닉스가 되어버리게 됩니다. 물론 지금은 모든 유닉스가 SUS에 의해 단일화되어 가고 있지만 적어도 90년대 초반에는 분명히 경계가 존재하고 있었습니다.

따라서 유닉스의 계열은 BSD, SVR4, OSF/1의 세 형제가 공존하는 형태로 오히려 상황이 악화일로로 치닫고 있었습니다.

그 와중에 1991년에 핀란드 헬싱키 대학에 재학 중이던 학생 신분의 리누즈 토발즈가 Minix[3]의 변종인 Linux를 발표합니다. 당시 그는 값비싼 장비를 대신하여 PC에서 작동시킬 유닉스 클론 운영체제가 필요했기에 작고 제한적인 기능만을 가진 형태로 만들어 발표하게 됩니다. 초기에는 리눅스란 단지 취미 혹은 학습 목적으로 만들어진 불완전한 형태의 운영체제였지만 여기에 GNU가 가세하면서 좀 더 강력해지고 발전 속도가 빨라졌습니다.

[그림 0.10] 리누즈 토발즈 : 리눅스의 창시자

결국, 지금의 리눅스는 GNU가 있기 때문이라고 해도 과언이 아닐 정도로 GNU의 공헌은 컸습니다. 그리고 21세기에 들어와서는 GNU의 영향력은 각종 유닉스에게도 미쳐서 이제는 오픈소스 운동의 도화선을 만들고 있습니다. 그런 측면에서 GNU를 이끄는 FSF(Free Software Foundation)과 그 핵심인 리차드 스톨만(Richard Stallman)에 대해 조사해보기 바랍니다. 여기서는 지면상 이름만 적어두도록 하겠습니다.

이와 별개로 1984년도에 유럽에서 컴퓨터 제조업체들이 모여 X/Open이라는 표준화 단체를 출범시킵니다. X/Open은 이익에 따라 움직이는 단체가 아니었기 때문에 제조업자, 사용자 대표, 소프트웨어 벤더, 기관 등이 가입되어 오픈 시스템의 표준화를 배포하고 퍼트리는 데 주력하게 됩니다.

그리고 북미의 System V 계열도 X/Open에 가입하면서 인터페이스와 시스템 콜, 라이브러리, 유틸리티, 프로그래밍 언어 등을 표준화하는데 일조하게 됩니다. 여기서 시장의 강자였던 System V 계열의 회사들은 자사의 시스템이 표준안에 많이 포함되도록 노력하게 되고 이를 가능하게 하려고 제조업자들과 소프트웨어 벤더, 기관들이 필요로 하는 기능을 발전시키고 수렴하여 오픈 시스템을 더욱더 발전시키는 계기를 만들게 됩니다.

---

3) Minix는 네덜란드의 타넨바움(Tanenbaum) 교수가 운영체제 강의를 위해 만든 UNIX 클론이다. 리눅스를 개발한 토발즈는 Minix를 사용하던 중 불편을 느껴 리눅스를 개발했다.

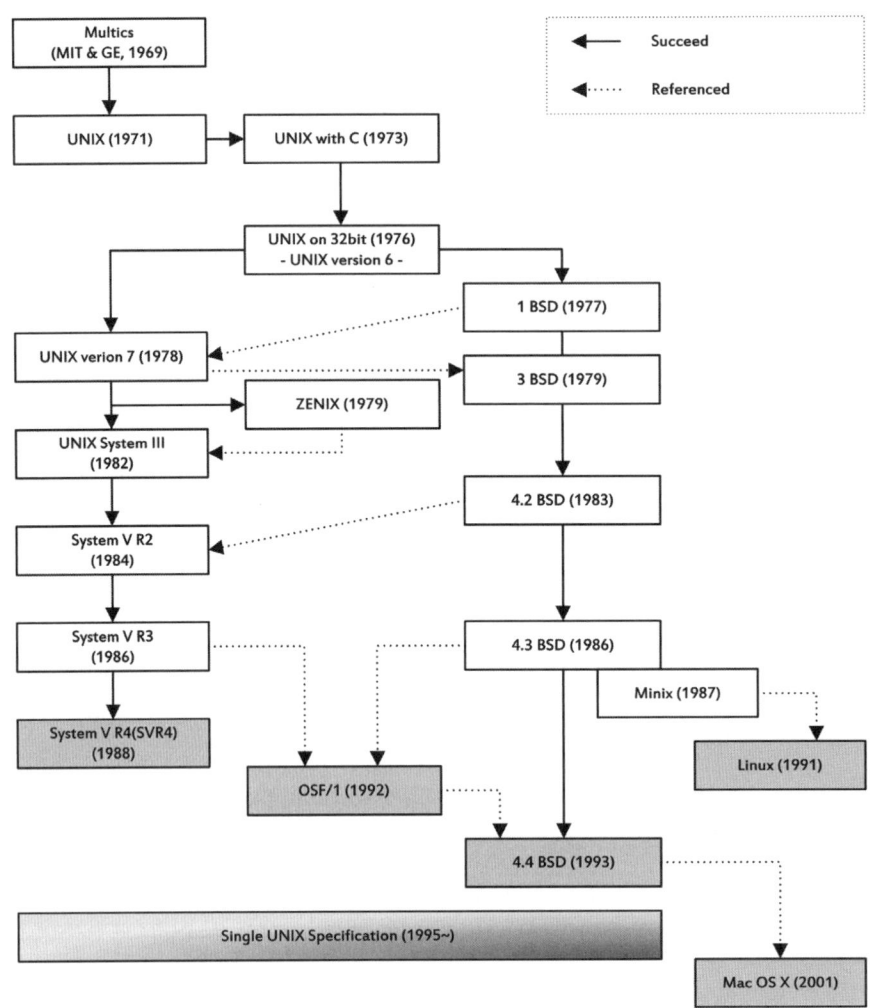

[그림 0.11] 유닉스 시스템들의 주요 계보 (이정표가 되는 버전만 표기)

그런데 이런 유닉스들의 춘추전국 시대는 그렇게 오래가지 못했습니다. 바로 마이크로소프트가 서버용 운영체제를 개발하고 있다는 소식에 어떻게 해서든지 결착을 지어야만 했습니다.

더군다나 마이크로소프트는 과거 VMS를 개발했던 운영체제 개발자 데이빗 커틀러를 영입하면서 가속도를 낸 것이 더더욱 유닉스 통합의 기폭제로 작용했습니다. 90년대 초중반에 마이크로소프트사의 서버용 윈도우즈 운영체제는 마이너 유닉스 벤더들을 막다른 골목으로 몰아갔고 중소형 시장에서 마이너 벤더들의 유닉스를 대체할 것이라는 예측은 더욱더 빠른 통합을 요구하도록 강요하게 됩니다.

여기에 메이저 유닉스 벤더들의 공격적 마케팅으로 결국 마이너 유닉스 벤더들은 손발을 들게 되고 SUS로의 통합으로 끝나게 됩니다. 유닉스 업계들은 갑작스러운 통합 때문에 변변한 통합 매뉴얼도 없어 당시에 이미 존재하던 X/Open의 표준 권고안인 XPG[4](X/Open Portability Guide)를 그대로 채택하게 됩니다.

그리고 1996년 OSF가 X/Open과 합병하여 Open Group이 되었고 단일 유닉스 스펙인 SUS(Single UNIX Specification)가 제정됩니다. 이때 첫 단일 유닉스 스펙인 SUSv1은 통합에 의의를 두었기 때문에 XPG 4.2를 그대로 쓰게 됩니다.

그리고 1998년에 SUSv2가 나오면서 이를 UNIX98이라고 통칭하게 됩니다. 실제 유닉스 진영 간의 합의와 통합에 대해서 심도 있게 논의된 것은 UNIX98부터이므로 진정한 통합 유닉스의 시작을 UNIX98로 보는 견해가 많습니다.

그 후 2001년도에 3판의 초안이 나오고 2002년에 승인되어 SUSv3(혹은 SUS 2002)가 나오게 됩니다. 현재 21세기의 유닉스들은 대부분 SUS 표준안에 근거하여 작성되고 있으며 이를 통해 광범위한 이식성을 보장받을 수 있게 되었습니다. 그리고 AT&T가 가지고 있던 UNIX 상표권은 1993년 노벨에게 팔렸다가 X/Open이 넘겨받게 됩니다. 그 후 Open Group으로 합병되었으니 결국은 Open Group이 유닉스의 상표권도 가지게 되었습니다. 표준안과 상표권 모두를 획득한 Open Group은 명실상부하게 유닉스 진영을 아우르는 컨트롤 타워 역할을 하게 됩니다.

원래 POSIX는 소스 코드 수준의 호환성과 셸, 유틸리티의 표준이었지만 SUS는 이를 포함하면서 더 많은 부분에서의 표준을 가지게 되었습니다. 따라서 로케일이나 캐릭터 세트, 디렉터리 구조, 파일 규칙 등등 많은 현대 유닉스의 표준안을 지정했지요. 따라서 현재 SUS 규격에 맞춘 유닉스는 서로 아주 비슷한 디렉터리/파일 구조를 가지며 여러 로케일 규정도 따르고 있습니다. 물론 리눅스도 이 규정을 좇아가고 있기 때문에 인터페이스는 점점 흡사해지고 있습니다. 또한, SUS는 초기 POSIX보다 더 방대해져서 통일화된 규격의 가닥을 잡아가고 있습니다.

그리고 BSD 진영은 각종 정부나 비영리 단체의 지원이 끊기면서 계속된 자금난에 허덕이다 거의 고사 직전까지 가게 됩니다. 더군다나 BSD는 원래 AT&T로부터 소스 코드를 라이선스 받았기 때문에 내부적으로 같은 코드가 많았고 이는 구식의 코드들이 많았다는 의미도 됩니다.

그래서 새로운 시대에 걸맞게 변화하고 BSD만의 특성도 갖기 위해 내부 핵심 코드를 교체하는 작업을 진행해왔습니다. 하지만, 계속되는 자금난 탓에 오랫동안 이어져 온

---

4) XPG – X/Open 사가 유닉스의 이식성을 규정하고 있는 지침서로서 표준 유닉스 명령어, API, 국제화 규격 등이 포함된다. SVR4와 OSF/1이 모두 XPG 3판에 의거 규정을 준수하고 있다. 이 지침은 매우 폭넓게 지칭되어 있으며 매우 엄격하다. XPG 4.2가 SUSv1(UNIX95)이다.

4.3BSD의 개량을 포기하고 4.4BSD Lite라는 이름으로 불완전한 BSD 버전을 공개하고 공식적인 지원은 끊기고 맙니다.

그러자 BSD가 역사의 뒤안길로 사라져 가는 것을 가슴 아파한 몇몇 개발자들이 자원하여 모이게 되고 이들이 BSD를 계승하여 FreeBSD가 탄생하게 됩니다. 그리고 여기에서 다른 BSD가 파생되어 NetBSD나 OpenBSD 등이 나타나게 됩니다.

현재 가장 활발한 BSD 진영인 FreeBSD는 10.x 대 버전으로 진입하면서 명맥을 이어가고 있습니다. 또한, 애플사의 매킨토시가 버전 10의 Mac OS X(Darwin)를 발표하면서 기존의 시스템과는 완전히 180도 선회하여 BSD 계열의 유닉스로 방향을 바꾸게 됩니다.

이를 통해 BSD 계열에도 활기가 돌아오고 있습니다. 하지만, BSD 계열은 표준 유닉스와 약간 다른 면 때문에 규격화에 어려움을 겪고 있습니다. 이외에 세세한 유닉스의 계보나 특징은 위키백과의 UNIX와 BSD 란을 참고하기 바랍니다.

표 0.3 유닉스 벤더별 특징 및 표준 지원

IBM AIX	SVR4와 4.4BSD, OSF/1을 포함했다. AIX 5L 5.2에서 SUSv2를 지원했으며 5.3부터는 SUSv3을 지원했다.
Sun OS	BSD 계열
Solaris	SVR4 계열 Solaris8부터 SUSv2를 지원했으며 Solaris10부터는 SUSv3을 지원했다.
HP-UX	SVR4 + OSF/1 HP-UX 10.0(1995)부터 SVR4 체계를 지원했으며 11.31(2007)부터 SUSv3을 지원했다.
Mac OS X	BSD + SUSv3 공식적으로는 10.5부터 SUSv3을 지원했다.
Sco	SVR3로부터 SVR4 계승 OpenServer 5는 POSIX.1-1988과 POSIX.2을 지원했으며, UnixWare 7.1.3부터 SUSv1을 지원했다.
Linux	SVID, SVR4, BSD 시스템에서 골고루 영향받음 표준 체계인 SUS를 적극적으로 도입하여 최근 커널에 SUSv4까지 도입되어 있다.
IRIX	System V, BSD 계열의 혼합체

04 용어 및 정의

4.1 임플리먼테이션과 호환성

컴파일러라는 표현은 컴파일 작업을 하는 프로그램을 의미합니다. 하지만, 프로그램을 작성하여 컴파일하고 구동하는 것은 구현된 플랫폼에 따라 다르게 작동할 수도 있기 때문에 실제 코드가 작동하는 구현체는 좀 더 명확한 의미를 가지게 됩니다.

예를 들어 똑같은 소스 코드를 x86 리눅스 GCC로 컴파일하여 실행하는 것과 PowerPC 리눅스의 GCC로 컴파일하여 실행하는 경우를 생각해 봅시다. 두 가지 모두 GCC 컴파일러를 사용했지만, 실행 환경이 달라 차이가 있을 수 있습니다. 이렇게 구현된 실체에 따라 달라지는 것을 임플리먼테이션(implementation)이 다르다고 표현합니다.

따라서 컴파일러는 오브젝트를 만들어내는 프로그램 자체를 의미하고 여러분이 작성한 소스 코드가 컴파일되고 링킹되어 실행되는 환경, 결과에 대해 호환성을 여부를 따질 때는 임플리먼테이션이라는 용어를 사용합니다.

이 책에서도 이를 감안하여 컴파일러라는 표현과 임플리먼테이션이라는 표현을 구분하여 사용하고 있으니 이 차이점을 감안하여 보시기 바랍니다.

4.2 형(type)과 형변환(type casting)

올바르게 형(type)을 표시하는 것은 변수의 형 구분자(type qualifier) 등을 정확하게 기술하는 것을 의미합니다. 예를 들어서 short를 int로 사용한다든지 void *를 long으로 사용한다든지 하는 것들은 잘못된 기술입니다.

또한, 함수의 경우에 입력용 파라미터가 포인터 변수라면 const형 구분자를 사용하여 정확하게 입력용으로만 사용한다는 것을 표시하는 것이 좋습니다. 이런 올바른 형 선언은 실제 임플리먼테이션의 최적화를 할 때 도움이 되거나 여러 오류를 피할 수 있도록 도움을 줄 수 있습니다.

특히 C++ 언어에서는 형과 형변환에서 엄격하지만, C 언어는 많은 부분을 허용하고 있기 때문에 형변환에 관련된 버그는 모르고 넘어가는 경우가 많습니다.

최근 C 언어 표준은 많은 부분에서 이런 문제를 해결하도록 강제하고 있지만 아직은 소프트하게 넘어가는 경우가 많아서 컴파일러 메시지만으로 잡기는 어렵습니다. 물론 컴파일러들은 잠재적인 문제를 일으킬 수 있는 형 선언과 변환에 대해 많은 경고 메시지를 보여주기 때문에 이들만 해결해도 큰 버그는 피할 수 있습니다.

또한, 간혹 C 언어에서 포인터 연산을 위해 복잡한 형변환을 하거나 구조체를 복잡하게 작성하는 경우가 종종 있는데 이런 경우는 잘못된 메모리 정렬(memory alignment)로 인해 몇몇 시스템(특히 이기종 간의 데이터 교환시)에서는 제대로 작동하지 않을 수도 있다는 점을 명심하시기 바랍니다. 이에 대해서는 XDR(External Data Representation)을 논의할 때 다시 언급하도록 하겠습니다.

4.3 에일리어싱과 restrict 포인터

에일리어싱은 어떤 한 공간에 대해 복수 개의 접근 경로가 있는 경우를 의미합니다. 어떤 메모리를 가리키는 포인터 P가 있고 그 객체가 100이라는 길이를 가진다고 가정해봅시다. 이때 P를 S라고 지칭하거나 P + 1의 위치를 Q라고 지칭한다면 이를 에일리어싱 되었다고 합니다.

즉 우리가 사용하는 수많은 포인터 변수는 에일리어싱이 가능한 변수를 의미하는 셈입니다. 예를 들어 int *i_form으로 선언되었다면 int형의 변수를 에일리어싱 하기 위해 사용되는 에일리어스 변수가 되겠죠.

에일리어싱은 C 언어에서 중요한 기능을 담당하고 있으며 가독성 향상이나 형변환(type casting)을 위해 사용되지만 때로는 최적화를 방해하거나 문제를 일으킬 소지도 있습니다. 더군다나 몇몇 함수들은 인수로 받아들이는 주소가 에일리어싱 되었을 때 오류를 방지하기 위해 미리 검사하는 행위 때문에 성능 저하가 발생하기도 합니다.

그래서 함수 인수가 다른 곳에서 참조하지 않음을 보장해준다면 내부적으로 병렬처리하거나 에일리어싱에 대한 검사를 하지 않아도 되므로 상당히 효율적으로 함수를 설계할 수 있게 됩니다. 이를 위해서 restrict 포인터가 도입되었습니다.

restrict 포인터는 최적화와 신뢰성 있는 코드를 위해 도입되었습니다. 예를 들어 어떤 API는 임플리먼테이션에 따라 최적화나 신뢰성을 높이기 위해 독점적으로 인수로 넘어오는 메모리에 접근해야 할 필요성이 있다고 가정해 봅시다.

그런데 이 필요조건을 API를 구현하는 임플리먼테이션측에 강요하게 된다면 내부적으로 락 매커니즘을 넣게 됩니다. 하지만, 이는 싱글 스레디드 프로그램에서는 오히려 오버헤드가 됩니다. 결국, 옳지 못한 설계가 됩니다. 그래서 반대로 사용자에게 강요하도록 바뀐 것입니다.

```
void *memcpy(void *dest, const void *src, size_t n);

void *memcpy(void *restrict s1, const void *restrict s2, size_t n);
```

[그림 0.12] memcpy에 restrict 포인터가 적용된 변화

그 해결책은 바로 restrict 포인터로서 이는 사용자가 코딩하면서 restrict 포인터가 가리키는 객체를 다른 공간에서 에일리어싱 하지 않도록 강제합니다.

이 규약은 해당 주소는 배타적으로 유일한 곳에서만 사용된다는 것을 사용자측에 보장하도록 합니다. 결국, 어떤 함수가 restrict 포인터로 선언된 주소 공간을 사용할 때는 다른 사이드 이펙트(side effect)를 신경 쓰지 않고 사용해도 됩니다. 이에 대한 간단한 예로 memcpy의 변화가 있습니다.

[그림 0.12]의 위쪽의 memcpy는 과거에 사용되던 함수 원형이고 아래쪽 memcpy는 C99 이후에 적용되는 함수 원형입니다. 둘의 차이는 아래쪽에는 restrict 포인터가 적용되었다는 점입니다.

따라서 새롭게 적용된 memcpy에는 사용자가 s1과 s2는 외부에 에일리어싱되지 않은 상태에서 사용해야 함을 전제하였고, 이는 임플리먼테이션이 내부적으로 s1, s2의 접근이 비순차, 비동기적으로 진행되거나 병렬처리 될 수도 있음을 암시하는 것입니다. 따라서 기존의 restrict 포인터가 없다는 가정 하에 에일리어싱 될 수 있다고 가정하면 복사 작업은 비동기적으로 진행할 수 없을 것입니다.

심지어 복사하면서 일일이 메모리의 위치를 확인하는 작업을 추가해야 하므로 심각한 오버헤드가 발생할 수도 있을 겁니다. 만일 에일리어싱을 사용하지 않았다는 것을 확신할 수 없다면 memcpy 대신에 memmove를 사용하도록 강요하고 있습니다.

```
int  *p_num, *p_alias;
p_num = (int *) malloc(sizeof(int) * 100);
p_alias = p_num + 20; /* 에일리어싱 되었음 */
memcpy(p_num, p_alias, sizeof(int) * 50);
```
p_num, p_alias는 에일리어싱 되었으므로 restrict 포인터 룰을 위반한 상태. = 사이드 이펙트의 발생 가능성 있음.

[그림 0.13] restrict 포인터 룰을 어기고 에일리어싱이 적용된 오류

CHAPTER 01 프로세스

01 　프로세스

이번 장에서는 프로세스의 복제에 관련된 내용 중 전통적인 방법인 fork와 exec 그리고 1999년에 추가된 리얼타임 확장의 POSIX 프로세스 생성(posix_spawn)에 대한 내용을 다룰 것이다. 다만, fork나 exec는 기초적인 유닉스 시스템 프로그래밍에서도 다루는 내용이기 때문에 여기서는 뒤의 내용과 보조를 맞추기 위해 성능과 멀티태스킹에 주안점을 두도록 할 것이다. 만일 여기에서 정리한 fork와 exec의 기초적 내용이 너무 적다고 생각된다면 유닉스 시스템 프로그램의 입문서를 참고하는 것이 좋다. 그러면 먼저 각 함수에 대한 배경적인 내용부터 보도록 하자.

1.1 전통적인 프로세스 복제 방법

fork는 유닉스 계열에서 프로세스를 복제하는 전통적인 방법이다. 이때 복제할 원본 프로세스를 부모 프로세스(parent process)라 부르고 새로이 복제된 프로세스는 자식 프로세스(child process)라고 한다.

그러면 프로세스를 복제하는 이유는 뭘까? 바로 멀티 태스킹이다. 다음 [그림 1.1]에서 보듯이 원래 싱글 프로세스에서 3개의 태스크 A, B, C를 실행하는 구조를 멀티 프로세스 구조로 바꾸면 3개의 복제된 자식 프로세스에 일임하는 형식으로 분리할 수 있다.

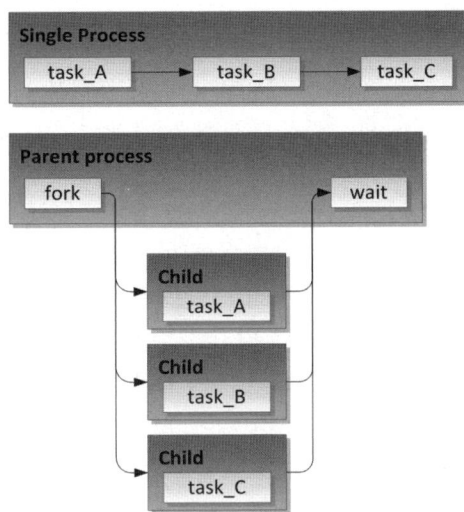

[그림 1.1] 싱글 프로세스 방식(위)과 fork를 이용한 멀티 프로세스 방식(아래)

복제된 자식 프로세스는 부모 프로세스와 독립적으로 작동하기 때문에 복수 개의
CPU가 설치된 경우에는 뛰어난 응답성과 성능을 보여줄 가능성이 크다. 하지만, 단
점도 있다. 예로 복제된 프로세스 사이에 데이터를 주고받는 구조이고 데이터 통신
처리에 드는 비용이 크다면 오히려 성능 하락이 생길 수 있기 때문이다.

따라서 멀티 프로세스 구조에서는 서로 독립적으로 작동하거나 프로세스 간 통신 비
용으로 발생하는 단점이 멀티 프로세싱의 성능 향상보다 적을 때 적합하다. 그러나
개별 프로세스의 데이터 통신 비용이 적다고 해서 엄청난 수의 프로세스를 복제한다
면 어차피 통신 비용의 총합이 너무 커질 수 있으므로 복제할 프로세스의 개수 제한
도 신경 써야만 한다. 그래서 복제된 프로세스들이 공통으로 사용하는 파일이나 I/O
는 mmap을 이용해서 비용을 최소화하는 것도 고려해봐야 한다. 참고로 mmap과 같
은 IPC 기법은 5장에서 다룬다.

프로세스 복제가 많이 쓰이는 경우로 셸(shell)도 있다. 셸에서 ls 명령을 실행한다고
가정하자. 셸은 명령어를 받아들인 뒤에 fork를 해서 자식 프로세스를 만든다. 그 후
에 곧바로 exec를 호출하여 /bin/ls 프로그램 이미지로 교체하게 된다. 이렇게 연달
아서 fork-exec를 호출하는 방식으로 inetd 형식의 프로그램도 있다. 리눅스에서는
xinetd라는 이름으로 존재하는 데몬이 바로 inetd 형식을 처리한다.

여기서 fork-exec 순서의 호출을 더 간단하게 코딩하기 위해 popen이나 system과
같은 함수를 사용할 수도 있다. popen은 부모 프로세스와 자식 프로세스 간에 주고받
을 데이터가 있을 때 파이프를 이용하여 통신할 수 있는 기능이 있으며, system은 어
떤 피드백도 없이 간단히 프로그램을 실행할 때 사용한다. (popen은 6장의 파이프에서
좀 더 자세하게 다룰 것이다.)

1.2 확장된 프로세스 실행 방법

IEEE std. 1003.1d-1999에서는 posix_spawn 계열의 새로운 프로세스 실행 방법을 제안했다. 이 새로운 기능은 기존의 fork-exec를 대체할 수 있는 기능으로서 더 가볍고 빠른 실행을 위해서 제안되었다.

그러면 왜 fork-exec를 대체하는 기능이 필요한지를 알아야 하는 것이 순서일 것이다. 원래 fork는 부모 프로세스를 복제할 때 모든 정적 정보를 복제한다. 여기에는 부모 프로세스의 힙(heap) 메모리, 정적 메모리, IPC 자원 ID, 열린 파일, 시그널 마스크 등이 포함된다. 그런데 fork 후에 곧바로 exec를 호출하는 경우에는 대부분 부모 프로세스의 열린 파일이나 IPC 자원을 쓰지 않는 경우가 많다. 따라서 쓰지도 않는 자원을 복제하는 오버헤드가 존재한다는 것이다.

물론 한두 개의 프로세스가 저런 오버헤드를 가진다고 해도 전체 시스템에는 큰 영향을 주지는 않는다. 하지만, 대형 시스템에서 엄청난 수의 프로세스가 실행된다면 이야기는 다르다.

또한, 실시간 처리(realtime processing)가 중요한 서비스라면 더더욱 큰 문제가 될 수 있을 것이다. 그래서 posix_spawn에는 부모 프로세스의 자원 중 6가지(열린 파일, 프로세스 그룹 ID, 유저 및 그룹 ID, 시그널 마스크, 스케줄링)의 자원을 선택적으로 복제 및 관리할 수 있도록 디자인되었다.

02   fork

```
pid_t fork(void);
```

fork 호출이 성공하면 프로세스가 복제되어 2개가 되고 리턴값으로 정수인 pid_t 타입을 리턴한다. 이 리턴값은 3가지의 반환 형태를 가지며 각각에 따라 처리 방법을 다르게 코딩해야 한다.

표 1.1 fork의 반환값 종류

0	자식 프로세스에게 리턴되는 값
양수	부모 프로세스에게 리턴되며, 자식 프로세스의 PID를 의미함
-1	에러. 복제 실패

[표 1.1]에 따라 fork를 호출한 다음에는 3가지의 케이스에 대해 코딩해야 하는데 0 인 경우에는 자식 프로세스가 실행할 부분을 코딩하고 양수인 부분은 부모 프로세스 가 실행할 부분으로 코딩한다. 이렇게 fork를 사용하면 하나의 소스 코드에 부모와 자식 프로세스의 코드가 같이 들어가게 된다. 그리고 부모 프로세스는 자식 프로세스의 종료를 기다리기 위해 wait나 waitpid를 이용할 수 있다. wait에 대한 것은 시그널 과 관련이 깊기 때문에 시그널을 설명하는 9장에서 다룰 것이다.

[코드 1.1] fork를 사용하는 일반적인 코드 구조

```
01  switch( (ret = fork()) ) {
02      case 0:     /* 자식 프로세스인 경우에 실행될 코드 */
03          do_child();
04          break;
05      case -1:    /* 에러가 난 경우 */
06          do_errorcatch();
07          break;
08      default:    /* 양수는 부모 프로세스이며 ret에 자식 프로세스의 PID가 저장됨 */
09          do_parent();
10          break;
11  }
```

[코드 1.1]에서 01행의 fork가 성공하면 프로세스가 복제되면서 부모 프로세스는 08 행으로 분기하고 자식 프로세스는 02행으로 분기된다. 이때 부모 프로세스의 ret 변 수에는 자식 프로세스의 PID(Process ID)가 저장된다.

여기서 주의할 점은 fork를 통해 자식 프로세스가 분기하는 구조를 제대로 만들지 않 았을 때는 이상한 현상이 발생할 수 있다는 것이다. 그 예를 확인하기 위해서 [코드 1.2]의 예제를 작성하였다.

[코드 1.2] fork 예제   (fork_process.c)

```
01  int main()
02  {
03      int    i=0; pid_t   ret;
04      for (i=0; i<3; i++) {
05          ret = fork();
06          printf("[%d] PID(%d) PPID(%d)\n", i, getpid(), getppid());
07  #ifndef OMIT_SWITCH
08          switch(ret) {
09              case 0:     /* 자식 프로세스인 경우에 실행될 코드 */
10                  pause();
11                  return 0;
12              case -1:    /* 에러가 난 경우 */
13                  break;
```

```
14          default:     /* 양수가 나온 경우에는 부모 프로세스, ret에는 자식 프로세스의 PID가 저장됨 */
15              break;
16      }
17  #endif
18      }
19      wait(NULL); /* 자식 프로세스를 대기 : 문제가 있는 코드 부분 */
20      return 0;
21  }
```

[코드 1.2]는 그냥 컴파일하면 정상적으로 작동하지만, OMIT_SWITCH 매크로를 정의하면 07~17행에 해당하는 부분이 생략되면서 컴파일된다. 이렇게 switch 부분이 생략되면 자식 프로세스들도 재귀적으로 fork를 실행하므로 총 7개의 자식 프로세스가 만들어진다. 왜 7개인지는 [그림 1.2]와 [그림 1.3], [그림 1.4]를 참고하도록 한다.

```
$ gcc  -DOMIT_SWITCH  -Wall  -o  fork_omit_switch  fork_process.c

$ ./fork_omit_switch
[0] PID(24090) PPID(24089)
[1] PID(24091) PPID(24090)
[2] PID(24092) PPID(24091)
[2] PID(24091) PPID(24090)
[1] PID(24090) PPID(24089)
[0] PID(24089) PPID(21180)
[1] PID(24094) PPID(24089)
[1] PID(24089) PPID(21180)
[2] PID(24093) PPID(24090)
[2] PID(24090) PPID(24089)
[2] PID(24094) PPID(24089)
[2] PID(24096) PPID(24089)
[2] PID(24089) PPID(21180)
[2] PID(24095) PPID(24094)
```

[그림 1.2] OMIT_SWITCH 매크로를 정의하여 컴파일 및 실행

[그림 1.2]는 OMIT_SWITCH 매크로를 정의하여 컴파일한 결과로서, switch 문이 생략되었기 때문에 자식 프로세스들도 재귀적으로 fork를 하게 된다.

실행 화면을 보면 부모, 자식 프로세스가 얽혀서 복잡하게 PID와 PPID가 출력되고 있는데 알기 쉽게 보기 위해 트리 형태로 출력되는 pstree -pl로 확인해 본 것이 [그림 1.3]이다. 물론 여러분의 실습 화면에서는 PID와 PPID가 다르게 나올 것이다. 확인을 다 했다면 Ctrl+C를 눌러서 종료하면 된다.

```
$ pstree -pl

… 생략 …

fork_omit_switc(24089) ─┬─fork_omit_switc(24090) ─┬─fork_omit_switc(24091) ──fork_omit_switc(24092)
                        │                          └─fork_omit_switc(24093)
                        ├─fork_omit_switc(24094) ──fork_omit_switc(24095)
                        └─fork_omit_switc(24096)
```

[그림 1.3] pstree 실행 결과

pstree가 보여준 내용을 기초로 쉽게 이해하기 위해 [그림 1.4]를 보면 부모 프로세스
(24089)로부터 3개의 자식 프로세스가 복제되는 것을 볼 수 있다. 하지만, 각각의 자
식 프로세스들도 다시 복제를 하게 되는데, 이때 변수 i의 값이 서로 다르기 때문에 재
귀적으로 fork하는 횟수가 달라진다. 그러므로 [그림 1.4]를 교훈 삼아 fork를 사용할
때는 재귀적으로 발생하지 않도록 분기문을 잘 작성해야만 한다.

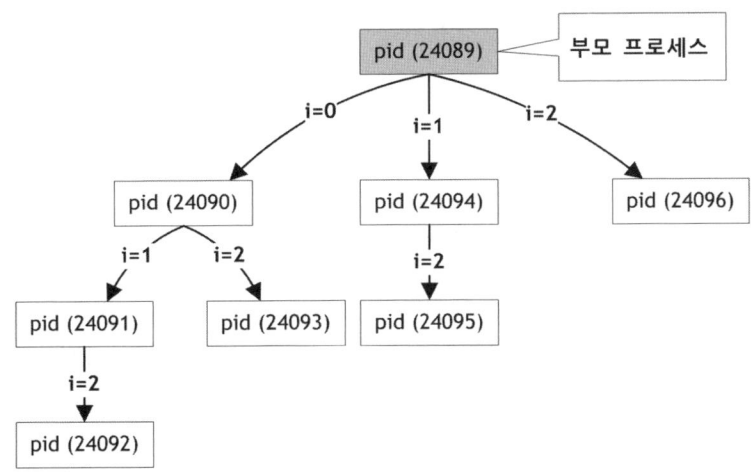

[그림 1.4] 자식 프로세스까지 재귀적으로 fork되는 현상

또한, [코드 1.2]에서 자식 프로세스의 종료를 기다리기 위해 19행에서 wait를 호출
하는데 일반적으로는 종료된 자식 프로세스의 개수만큼 루프를 돌아야 한다. 하지만,
wait는 9장에서 다루기 때문에 여기서는 문제가 있는 그대로 두도록 한다. 혹시라도
이 부분을 보고 예제 프로그램에 오류가 있다고 생각하지 말기 바란다.

2.1 vfork와 성능 문제

간혹 몇몇 구식의 프로그램이나 문서에서는 fork 대신에 vfork를 사용하는 경우도 있
다. 원래 vfork는 fork-exec를 좀 더 가볍게 하려고 지원했던 기능이다. 그러면 왜
fork-exec가 무거운지 알아야 할 것이다.

예를 들어 셸(shell)에서 명령을 내리면 셸이 복제(fork)된 후에 exec 계열 함수가 호출
된다. 이 과정은 전형적인 fork-exec 과정인데 exec가 호출되는 순간 fork로 복제되
었던 페이지 테이블은 모두 해제되는 단점이 있다. 즉 fork-exec에는 쓰지도 않는 자
원들의 복제 때문에 오버헤드가 존재한다. 따라서 fork-exec를 좀 더 가볍게 하려고
페이지 테이블을 복제하지 않는 vfork가 제안되었다.

vfork는 3.0 BSD(1979년)에 소개된 기술이었고 당시에는 성능에 민감한 프로그래머
들이 앞다투어 vfork를 도입했지만, 지금은 fork도 copy-on-write 기능을 도입해

서 vfork와 성능적인 차이가 없다. 그래서 현재 시스템 프로그래밍에서는 vfork를 거의 사용하지 않는다. vfork를 사용하여 코딩한다면 새로운 프로그래밍 공부를 하지 않은 옛날 사람이라는 소리를 들을 가능성이 크다.

copy-on-write란 fork 되었을 때 페이지 테이블을 즉시 복사하지 않고 미뤄두었다가 부모와 자식 프로세스의 페이지 테이블이 달라지는 시점, 예를 들어 부모나 자식 중에 메모리에 쓰기를 하는 시점에 복제를 시작하는 것이다. 이렇게 하면 일반적인 fork에서도 메모리 복제가 지연되므로 fork-exec에서 페이지 테이블을 복제하는 오버헤드를 피할 수 있는 장점이 생긴다.

하지만, fork가 copy-on-write를 도입했어도 페이지 테이블을 제외한 나머지 모든 정적 자원들은 그대로 복제되는 오버헤드가 있었다. 따라서 쓰지 않는 자원을 복제하지 않는 기능이 필요하게 되었다. 또한, fork 후 즉각 exec를 호출하지 않을 때는 페이지가 복제되므로 오버헤드가 발생할 소지도 다분했다. 그래서 표준 위원회는 이런 문제를 해결할 수 있는 posix_spawn 계열의 함수를 추가하게 된 것이다. 그러나 사용방법이 복잡하기 때문에 fork-exec를 모두 다룬 뒤에 알아보도록 할 것이다.

03 exec(3) 계열 함수

```
int execl( const char *path, const char *arg, ...);
int execlp( const char *file, const char *arg, ...);
int execle( const char *path, const char *arg , ..., char * const envp[]);
int execv( const char *path, char *const argv[]);
int execvp( const char *file, char *const argv[]);
int execve( const char *path, char *const argv[] , char * const envp[]);
```

exec 계열 함수는 현재 실행 중인 프로세스의 이미지를 새로운 프로세스 이미지로 대체한다. 즉 쉽게 이야기하면 현재 프로세스에 새로운 프로그램 파일을 로딩한다는 의미이다. 프로세스 이미지가 대체되면 프로세스의 실행 코드는 교체되지만, 기본적인 PID, PPID, 파일기술자 등 프로세스의 정보는 유지된다.

exec 계열의 첫 번째 인수는 실행되어야 하는 프로그램 파일로서 절대경로나 상대경로를 사용할 수 있다. 만일 경로가 생략되고 파일명만 넣으면 execl, execle, execv, execve는 현재 작업 디렉터리에서 실행되어야 하는 프로그램 파일을 찾고, execlp, execvp는 PATH 환경 변수에 등록된 디렉터리를 검색하여 실행되어야 하는 프로그램 파일을 찾는다.

여기서 exec 계열에서 어떤 함수가 파일명만 입력되었을 때 PATH를 검색하는지 일일이 외우는 것보다 한 가지 규칙을 팁으로 알아두면 좋다. 함수 원형에서 첫 번째 인수의 변수명이 path인 경우는 현재 디렉터리를, file인 경우는 PATH를 검색한다는 규칙을 외워두도록 하자. 이 팁은 뒤에서 다룰 posix_spawn에서도 동일하니 꼭 기억해두는 것이 좋다.

exec 계열의 두 번째 인수로는 가변 인수를 사용하는 execl, execlp, execle가 있고, 배열로 1개만 사용하는 execv, execvp, execve가 있다. 여기서도 한 가지 팁이 있다.

execl로 시작하는 함수는 arg라는 이름을 쓰고, execv로 시작하는 함수는 argv를 쓰는 것을 알 수 있다. 이들의 차이는 execl 계열은 실행할 파일의 인수 목록을 리스트로 받기 때문에 가변 인수 리스트를 가진다. 따라서 가변 인수 리스트의 마지막을 알아내기 위해서 맨 끝은 NULL로 끝내야 한다.

이에 비해 execv 계열은 실행할 파일의 인수 목록을 벡터로 받는다. 참고로 execl의 맨 끝의 l은 list의 첫 글자를 따온 것이고, execv의 v는 vector의 첫 글자를 따온 것임을 유추할 수도 있을 것이다. 그러면 이제 execl과 execlp로 ls -al 명령을 실행하는 예를 보겠다.

[코드 1.3] execl 계열을 사용한 예

```
execl( "/bin/ls", "ls", "-al", NULL );
execlp( "ls", "ls", "-al", NULL );
```

execlp로 호출할 때는 첫 번째 인수에 경로를 생략한 파일명만을 사용했다. 물론 절대경로를 사용해서 /bin/ls를 넣어도 결과는 같다. 하지만, 여기서는 execl과 execlp의 차이를 보여주기 위해서 인수를 다르게 했다. 그러면 이번에는 ls -al을 execv와 execvp로 실행하는 것도 살펴보도록 하자.

[코드 1.4] execv 계열을 사용한 예

```
char *argv_exec[] = {"ls", "-al", NULL};
execv( "/bin/ls", argv_exec );
char *argv_exec[] = {"ls", "-al", NULL};
execvp( "ls", argv_exec );
```

이외에 execle나 execve는 맨 끝에 환경 변수를 넣은 벡터를 입력한다. 이 경우에 기존의 환경 변수는 모두 초기화되고 새로 넣은 환경 변수 벡터가 사용된다.

[코드 1.5] exec 계열의 잘못된 사용 예 　　　　　　　　　　　　　　　　　　　(execl.c)

```
01   int main()
02   {
03       if (execl("/bin/ls", "ls", "-al", NULL) == -1) {
04           perror("execl");
05       }
06       printf("+ after execl\n");
07       return 0;
08   }
```

이번에 본 [코드 1.5]는 exec 계열에서 가끔 생기는 실수이다. 이 코드는 작동에는 문제가 없지만, 설계상의 의문이 있는 코드이다.

왜냐하면, 03행의 execl이 실행되면서 ls로 프로세스 이미지를 교체하기 때문에 06행의 "+ after execl" 메시지는 화면에 출력될 리가 없다. 그럼에도, 출력되지 않을 메시지를 왜 예제에 넣어 두었을까? 이쯤 되면 눈치를 챘을 것이다.

반응은 아마 2가지 중 하나일 텐데, 필자가 삽질(shovel works)을 아주 좋아하거나 아니면 일부러 뭔가를 설명하기 위해 저런 짓을 했을 것으로 짐작할 것이다.

아마도 2번째의 이유라고 생각하는 사람이 많을 것이다. 즉 [코드 1.5]의 예제는 exec로 프로세스 이미지를 교체하면 이후로는 기존 코드가 실행되지 않는다는 것을 보여주기 위함이다.

3.1 상속되지 않는 파일기술자

기본적으로 exec는 부모 프로세스의 파일기술자를 복제한다. 하지만, 부모 프로세스가 fork를 하기 전에 특정 파일기술자에 fcntl로 FD_CLOEXEC 플래그를 지정하면 exec가 실행될 때 해당 파일기술자는 닫히게 된다. 이를 close-on-exec라고 부른다. 그러면 테스트를 위해 간단한 프로그램 2개를 작성해보자.

[코드 1.6] fork-exec로 작동하는 부모 프로세스 　　　　　　　　　　　　　　(forkexec_parent.c)

```
01   int main()
02   {
03       pid_t   pid_child;
04       printf("Parent[%d]: Start\n", getpid());
05       int fd = open("forkexec.log", O_WRONLY|O_CREAT|O_APPEND, 0644);
06       if (fd == -1) {
07           perror("FAIL: open");
08           exit(EXIT_FAILURE);
```

```
09        }
10        dprintf(fd, "Parent[%d]: Open log file(fd=%d)\n", getpid(), fd);
11    #ifdef APPLY_FD_CLOEXEC
12        int ret_fcntl;
13        if ( (ret_fcntl = fcntl(fd, F_SETFD, FD_CLOEXEC)) == -1) {
14            perror("FAIL: fcntl(F_SETFD, FD_CLOEXEC)");
15            exit(EXIT_FAILURE);
16        }
17    #endif
18        /* fork-exec 코드*/
19        char *argv_exec[] = { "forkexec_child", (char *)NULL };
20        switch( (pid_child = fork()) )
21        {
22            case 0:     /* child process */
23                execv( argv_exec[0], argv_exec );
24                break;
25            case -1:    /* error */
26                perror("FAIL: FORK");
27                break;
28            default:    /* parent process */
29                wait(NULL);
30                break;
31        }
32        printf("Parent[%d]: Exit\n", getpid());
33        return 0;
34    }
```

[코드 1.7] fork-exec로 작동하는 자식 프로세스   (forkexec_child.c)

```
01    int main()
02    {
03        dprintf(STDOUT_FILENO, "Child[%d]: Start\n", getpid());
04        dprintf(3, "Child[%d]: fd(3): Test fd.\n", getpid());
05        close(3);
06        dprintf(STDOUT_FILENO, "Child[%d]: Exit\n", getpid());
07        return 0;
08    }
```

[코드 1.6]의 부모 프로세스를 먼저 보자. [코드 1.6]에서 05행을 보면 open 함수를 이용해서 forkexec.log 파일을 열고 있다. 그리고 10행에서 열린 파일에 기록한다. 그다음에 나오는 11~17행은 APPLY_FD_CLOEXEC 매크로가 정의되어야만 포함되므로 그냥 컴파일하면 생략될 것이다. 우선은 생략된 상태에서 컴파일한 결과를 볼 것이므로 이 부분에 대한 설명은 조금 뒤로 미루자.

18행부터는 전형적인 fork-exec 구조이다. 자식 프로세스가 실행할 코드인 23행은 execv로 현재 디렉터리의 forkexec_child를 실행한다. 이 자식 프로세스는 [코드 1.7]에 있다.

[코드 1.7]의 내용은 아주 간단하다. 04~05행을 보면 3번 파일기술자에 메시지를 기록하고 곧바로 파일기술자를 닫고 종료한다. 그런데 정작 파일기술자 3번을 여는 코드는 여기에 없다. 바로 이 3번 파일기술자는 부모 프로세스가 열었던 forkexec.log 파일을 상속한 것이다. 그러면 부모 프로세스와 자식 프로세스가 제대로 파일에 기록하는지 보도록 하자.

```
$ ./forkexec_parent
Parent[28844]: Start
Child[28845]: Start
Child[28845]: Exit
Parent[28844]: Exit

$ cat forkexec.log
Parent[28844]: Open log file(fd=3)
Child[28845]: fd(3): Test fd.
```

[그림 1.5] fork-exec 실행 결과

[그림 1.5]는 forkexec_parent를 실행한 뒤에 cat으로 forkexec.log 파일을 확인한 결과이다. 예상한 대로 부모와 자식 프로세스에서 기록한 모든 내용이 있다. 그러면 이번에는 forkexec_parent.c에 APPLY_FD_CLOEXEC 매크로를 정의하여 컴파일하는 것을 보자.

```
$ gcc -DAPPLY_FD_CLOEXEC -o forkexec_parent_fdcloexec forkexec_parent.c

$ ./forkexec_parent_fdcloexec
Parent[28866]: Start
Child[28867]: Start
Child[28867]: Exit
Parent[28866]: Exit

$ cat forkexec.log
Parent[28866]: Open log file(fd=3)
```

[그림 1.6] FD_CLOEXEC 플래그를 적용한 뒤에 실행한 결과

[코드 1.6]의 13행에서 fcntl(fd, F_SETFD, FD_CLOEXEC)는 fd에 해당하는 파일기술자에 exec 계열이 호출될 때 자동으로 닫도록 하는 속성을 부여하는 것이다. 이렇게 하면 자식 프로세스가 exec를 호출할 때 파일기술자의 상속을 막을 수 있다. 이 기능은 SUSv4 issue7(2008년 개정)에 추가된 기능이다.

[그림 1.6]을 보면 APPLY_FD_CLOEXEC 매크로를 정의한 뒤에 컴파일 한 부모 프로세스는 자식에게 파일기술자를 상속하지 않으므로 forkexec.log 파일에 자식 프로

세스의 메시지는 기록되지 않았음을 볼 수 있다.

결론적으로 fork-exec를 이용할 때 자식 프로세스가 쓰지 않는 파일이 복제되는 오버헤드를 피하고 싶다면 FD_CLOEXEC 플래그 사용을 고려하는 것이 좋다. 하지만, 더 근본적으로 방법으로는 fork-exec 대신에 posix_spawn을 사용하는 것이 좋다.

3.2 system 함수

system 함수는 셸을 실행시켜서 명령어를 실행하는 기능으로서 fork-exec를 간단하게 구현한 형태이다. 예를 들어 ls -al을 system으로 실행한다면 system("ls -al")로 간단하게 코딩할 수 있다.

다만, 중요한 차이가 하나 있는데 system은 실행 명령어가 작동되는 동안에 부모 프로세스가 잠시 정지된다는 것이다. 이뿐 아니라 자식 프로세스의 정지, 종료 상태를 통보해주는 시그널인 SIGCHLD도 블록되고 종료 시그널인 SIGINT, SIGQUIT 시그널도 무시된다.

이렇게 system은 중요 시그널이 블록킹이 되어 종종 부모 프로세스가 무한 대기에 빠지는 경우가 발생할 수 있으므로 정말 간단한 경우가 아니라면 fork-exec로 구현하는 것을 권장한다. 실제로 컨설팅을 하면서 system 함수를 사용하던 회사들이 문제를 겪는 경우를 더러 보았기 때문에 웬만한 예제가 아니면 system 함수는 그냥 사용하면 안 되는 기능으로 간주하는 것이 좋다.

04　　posix_spawn 계열 함수

posix_spawn은 fork-exec보다 세밀한 조작을 지원하는 대신에 몇 가지 배경 지식이 필요하다. 여기에는 저수준 파일 처리, 세션과 프로세스 그룹, 시그널 처리, 스케줄링에 대한 것이 포함된다. 만일 위 배경 지식이 없다면 먼저 다른 유닉스 이론 서적과 이 책의 2장, 9장, 10장의 내용을 볼 것을 권장한다.

```
int posix_spawn(pid_t *restrict pid, const char *restrict path,
    const posix_spawn_file_actions_t *file_actions,
    const posix_spawnattr_t *restrict attrp,
    char *const argv[restrict], char *const envp[restrict]);
int posix_spawnp(pid_t *restrict pid, const char *restrict file,
    const posix_spawn_file_actions_t *file_actions,
    const posix_spawnattr_t *restrict attrp,
    char *const argv[restrict], char *const envp[restrict]);
```

앞서 언급했듯이 fork-exec는 부모 프로세스의 자원을 선택적으로 복제할 수 없으므로 성능상의 문제와 추가적인 코딩이 꽤 복잡해지는 문제가 있다.

그래서 posix_spawn 계열에서는 부모 프로세스의 자원을 선택적으로 복제하거나 다룰 수 있는 통합적 인터페이스가 제안되었는데, 이를 가능하게 하는 것이 file_actions, attrp 인수이다. 만일 file_actions, attrp 인수 부분에 NULL을 지정하면 fork-exec와 동일한 작동, 즉 부모 프로세스의 자원을 모두 복제한다.

우선 posix_spawn의 기본적인 형태를 보자. 반환값이 int형이다. 전통적인 유닉스 시스템 함수들은 int를 반환하는 경우 성공할 때는 0을 반환하고 실패할 때는 −1을 반환한다. 그리고 실패한 경우에는 전역 변수인 errno를 읽어서 대처하도록 하고 있다. 하지만, 스레드와 비동기 처리가 사용되기 시작하면서 전역 변수인 errno를 사용하는 구조는 문제가 되었다. (단 pthread 자체는 errno를 스레드별로 분리하므로 큰 문제를 일으키지는 않는다.)

따라서 스레드와 비동기 처리 환경에 대응하여 POSIX에서는 새로 추가된 시스템 함수들은 성공할 때는 0을 반환하고, 실패할 때는 errno가 가지던 EINVAL, EACCESS 같은 매크로 값, 즉 양수를 반환하게 되어 있다.

이런 구조는 posix_spawn에도 마찬가지로 적용되었다. 이렇게 반환값이 errno의 역할을 하였기 때문에 원래 fork에서 쓰이던 반환값(PID)은 포인터 변수로서 첫 번째 인수에 들어가게 되었다. (이런 구조적 특징은 마치 reentrant 함수와 형태가 비슷하며, reentrant의 특징은 8장을 참고하라.)

두 번째 인수는 실제로 생성할 자식 프로세스의 실행 파일 경로가 들어간다. 이 경로는 execl, execv처럼 절대경로나 상대경로, 혹은 경로가 생략된 파일명만 들어갈 수도 있다. 파일명만 있을 때의 처리 방식은 2가지로 나뉘는데, 인수명이 path인 경우(posix_spawn 함수)에는 현재 디렉터리에서 찾고 file인 경우(posix_spawnp 함수)에는 PATH에 등록된 디렉터리를 검색하여 실행한다. 참고로 이렇게 path나 file에 따라서 처리하는 규칙은 exec 계열 함수와 같다.

그리고 세 번째와 네 번째, 여섯 번째 인수를 설명하기 전에 다섯 번째 argv 인수부터 보자. 다섯 번째 인수는 execv에서 사용했던 실행할 명령의 인수 목록을 저장한 벡터로서 [코드 1.4]의 argv_exec 배열에서 이미 보았으니 다시 설명하지는 않겠다.

세 번째 인수인 file_actions는 posix_spawn이 실행하면서 열거나 닫을 파일의 정보를 담은 구조체이다. 기본적으로 posix_spawn도 부모 프로세스가 열었던 파일은 모두 상속받는다. 따라서 추가로 열어야 할 파일이 있거나 아니면 기존에 열은 파일을 닫아야 할 필요가 있는 경우에만 세 번째 인수를 사용한다. 그러면 posix_spawn_file_actions_t 구조체를 다루기 위한 함수부터 살펴보자.

4.1 posix_spawn_file_actions_t 구조체 조작

```
int posix_spawn_file_actions_init(posix_spawn_file_actions_t   *file_actions);
int posix_spawn_file_actions_destroy(posix_spawn_file_actions_t   *file_actions);
int posix_spawn_file_actions_addopen(posix_spawn_file_actions_t   *restrict file_actions,
       int fildes, const char *restrict path, int oflag, mode_t mode);
int posix_spawn_file_actions_addclose(posix_spawn_file_actions_t   *file_actions,
       int fildes);
int posix_spawn_file_actions_adddup2(posix_spawn_file_actions_t   *file_actions,
       int fildes, int newfildes);
```

posix_spawn_file_actions_init는 file_actions 구조체를 초기화한다. 해당 구조체는 사용 전에 반드시 초기화하고 사용해야만 한다. 그렇지 않으면 구조체에 채워진 쓰레기 값 때문에 이상 작동을 할 수도 있으니 조심해야 한다.

posix_spawn_file_actions_addopen은 자식 프로세스가 생성되면서 추가로 오픈할 파일을 지정할 수 있다. 이와 반대로 posix_spawn_file_actions_addclose는 오픈했던 파일기술자를 닫는 close-on-exec 기능을 설정하는 것이다. 그리고 posix_spawn_file_actions_adddup2는 자식 프로세스가 생성되면서 파일기술자를 복제하는 기능으로 작동 방식은 dup2와 동일하다.

마지막으로 file_actions 구조체를 사용한 뒤에는 posix_spawn_file_actions_destroy를 호출하여 연결된 메모리를 해제해야만 메모리 누수가 생기지 않는다.

만일 file_actions 구조체의 메모리를 해제한 뒤에 재사용할 필요가 있다면 다시 posix_spawn_file_actions_init를 호출하여 초기화를 한 뒤에 사용해야 한다. 그러면 이제 간단한 예제를 하나 보도록 하자.

[코드 1.8] posix_spawn과 파일 열기 속성 추가   (pspawn1.c)

```
01   int main()
02   {
03      int     ret_err = 0;    pid_t    pid_child;    char    buf_err[64];
04      posix_spawn_file_actions_t  posix_faction;   /* 파일 액션 구조체 */
05      char    *argv_child[] = {  "forkexec_child", NULL   };
06      printf("Parent[%d]: Start\n", getpid());
07      if ((ret_err = posix_spawn_file_actions_init(&posix_faction)) != 0) { /* 초기화 */
08         strerror_r(ret_err, buf_err, sizeof(buf_err));
09         fprintf(stderr, "Fail: file_actions_init: %s\n", buf_err);
10         exit(EXIT_FAILURE);
11      }
12      if ((ret_err = posix_spawn_file_actions_addopen(&posix_faction,
13            3, "pspawn.log", O_WRONLY|O_CREAT|O_APPEND, 0664)) != 0) { /* 추가 오픈할 파일 */
14         strerror_r(ret_err, buf_err, sizeof(buf_err));
15         fprintf(stderr, "Fail: file_actions_addopen: %s\n", buf_err);
16         exit(EXIT_FAILURE);
17      }
18      ret_err = posix_spawn( &pid_child,
19            argv_child[0],
20            &posix_faction,      /* 파일 액션 구조체 */
21            NULL,
22            argv_child,
23            NULL);
24      if ((ret_err = posix_spawn_file_actions_destroy(&posix_faction)) != 0) { /* 해제 */
25         strerror_r(ret_err, buf_err, sizeof(buf_err));
26         fprintf(stderr, "Fail: file_actions_destroy: %s\n", buf_err);
27         exit(EXIT_FAILURE);
28      }
29      printf("Parent[%d]: Wait for child(%d)\n", getpid(), (int)pid_child);
30      (void)wait(NULL);    /* 자식 프로세스의 종료를 대기 */
31      printf("Parent[%d]: Exit\n", getpid());
32      return 0;
33   }
```

[코드 1.8]은 [코드 1.7]의 예제를 자식 프로세스로 실행시킨다. 그리고 자식 프로세스로 실행될 [코드 1.7]은 3번 파일기술자에 메시지를 기록하게 되어 있다. 위의 [코드 1.8]을 보면 13행에서 3번 파일기술자에 pspawn.log를 설정한 것을 볼 수 있다.

열리는 파일은 쓰기 전용(O_WRONLY), 생성 허가(O_CREAT), 추가 모드(O_APPEND)로 열리게 된다. 만일 생성할 시에는 0664의 권한을 가지게 된다. 이제 컴파일 후에 실행해보면 pspawn.log에 메시지가 기록되는 것을 볼 수 있을 것이다.

또 주의해서 볼 부분은 24행으로 메모리를 해제하는 부분이다. 물론 [코드 1.8]은 한

번 실행되고 곧바로 종료하기 때문에 해제하지 않아도 메모리 누수 문제를 신경 쓸 필요가 없다. 하지만, 연속적으로 실행되는 실무 프로그램에서는 민감한 문제이므로 꼭 메모리 해제에 신경 써야 한다. 그러면 이번에는 나머지 다른 속성을 조작하는 또 다른 구조체를 보도록 하자.

4.2 posix_spawnattr_t 구조체 조작

```
int posix_spawnattr_init(posix_spawnattr_t *attr);
int posix_spawnattr_destroy(posix_spawnattr_t *attr);
int posix_spawnattr_getflags(const posix_spawnattr_t *restrict attr, short *restrict flags);
int posix_spawnattr_setflags(posix_spawnattr_t *attr, short flags);
```

posix_spawnattr_t 구조체는 posix_spawnattr_init로 초기화한 뒤에 사용해야만 한다. 그리고 사용이 끝난 구조체는 posix_spawnattr_destroy로 메모리를 해제해야 누수가 발생하지 않는다. 메모리 해제 후 다시 사용할 필요가 있다면 다시 posix_spawnattr_init로 초기화한 뒤에 사용하도록 한다.

posix_spawnattr_t에는 EUID, 프로세스 그룹, 기본 시그널 작동, 시그널 블록 마스크, 스케줄링 파라미터, 스케줄러를 설정할 수 있다. 이 중에서 EUID 설정을 제외한 나머지 기능들은 해당 속성의 on/off를 의미하는 플래그를 설정하고 개별적으로 속성을 등록하는 함수를 사용해야 한다.

예로 다음의 [표 1.2]에는 bitwise-inclusive OR로 결합 가능한 플래그 중에서 POSIX_SPAWN_RESETIDS를 제외한 나머지 5개의 플래그는 설정 후 상세한 개별 속성을 지정하는 함수를 별도로 사용해야 함을 표시하고 있다.

표 1.2 posix_spawnattr_t에 설정할 때 작동하는 속성(플래그)

플래그	해당 플래그가 설정된 경우에 자식 프로세스의 작동 설명
POSIX_SPAWN_RESETIDS	자식 프로세스의 EUID를 부모 프로세스의 RUID로 설정한다.
POSIX_SPAWN_SETPGROUP	posix_spawnattr_t 구조체의 프로세스 그룹 관련 속성을 활성화한다. 활성화 후 posix_spawnattr_setpgroup으로 속성을 설정한다.
POSIX_SPAWN_SETSIGDEF	posix_spawnattr_t 구조체의 기본 시그널 작동 속성을 활성화한다. 활성화 후 posix_spawnattr_setsigdefault로 속성을 설정한다.
POSIX_SPAWN_SETSIGMASK	posix_spawnattr_t 구조체의 시그널 블록 마스크 속성을 활성화한다. 활성화 후 posix_spawnattr_setsigmask로 속성을 설정한다.

POSIX_SPAWN_SETSCHEDPARAM	posix_spawnattr_t 구조체의 스케줄링 파라미터 속성을 활성화한다. 활성화 후 posix_spawnattr_setschedparam으로 속성을 설정한다.
POSIX_SPAWN_SETSCHEDULER	posix_spawnattr_t 구조체의 스케줄러 정책 속성을 활성화한다. 활성화 후 posix_spawnattr_setschedpolicy로 속성을 설정한다.

먼저 구조체 조작 함수 중에서 posix_spawnattr_setflags와 posix_spawnattr_getflags처럼 설정을 저장하기 위한 set 함수와 구조체의 설정을 읽어오는 get 함수가 짝으로 이뤄져 있다. 나머지 함수들도 이렇게 짝으로 이뤄져 있는데 설명의 간결함을 위해 set쪽 함수만 설명하도록 하겠다. 그러면 [표 1.2]의 플래그를 좀 더 자세하게 보도록 하자.

POSIX_SPAWN_RESETIDS와 POSIX_SPAWN_SETPGROUP는 RUID(Real UID)와 EUID(Effective UID), PGID(Process Group ID)와 관련이 있는 설정이다. 만일 RUID, EUID, PGID, SID의 관계에 대해서 잘 모른다면 유닉스 이론 서적이나 이 책의 9장의 세션과 프로세스 그룹의 내용을 먼저 알아둬야만 한다.

기본적으로 자식 프로세스의 EUID는 부모 프로세스의 EUID를 상속받는다. 하지만, 보안 문제나 권한 때문에 부모 프로세스의 RUID로 상속받아야 하는 경우라면 POSIX_SPAWN_RESETIDS를 세팅하고 자식 프로세스를 생성하면 된다. 다시 말해 POSIX_SPAWN_RESETIDS 플래그가 세팅되면 새로 생성되는 자식 프로세스의 EUID는 부모 프로세스의 RUID로 변경되어 세팅된다.

하지만, 실행될 파일에 SetUID 비트가 설정되어 있다면 POSIX_SPAWN_RESETIDS의 플래그는 무시되고 해당 파일의 소유권자 UID(Owner UID)로 EUID가 설정된다.

4.3 posix_spawnattr_t의 프로세스 그룹 속성 조작

```
int posix_spawnattr_getpgroup(const posix_spawnattr_t *restrict attr, pid_t *restrict pgroup);
int posix_spawnattr_setpgroup(posix_spawnattr_t *attr, pid_t pgroup);
```

POSIX_SPAWN_SETPGROUP은 posix_spawnattr_t 구조체에서 프로세스 그룹 속성을 활성화하는 플래그이다. POSIX_SPAWN_SETPGROUP를 세팅한 뒤에 posix_spawnattr_setpgroup 함수로 생성될 자식 프로세스의 PGID를 변경할 수 있다. 이해를 돕기 위해 간단한 예제를 보도록 하자.

[코드 1.9] posix_spawn과 PGID 속성 설정 (pspawn3.c)

```
01   int main()
02   {
03       int    ret_err = 0;   pid_t   pid_child;   char    buf_err[64];
04       char   *argv_child[] = {   "forkexec_child", NULL   };
05       printf("Parent[%d]: Start\n", getpid());
06       posix_spawnattr_t   posix_attr;
07       if ((ret_err = posix_spawnattr_init(&posix_attr)) != 0) { /* 초기화 */
08           strerror_r(ret_err, buf_err, sizeof(buf_err));
09           fprintf(stderr, "Fail: attr_init: %s\n", buf_err);
10           exit(EXIT_FAILURE);
11       }
12       if ((ret_err = posix_spawnattr_setflags(&posix_attr, POSIX_SPAWN_SETPGROUP)) != 0) {
13           strerror_r(ret_err, buf_err, sizeof(buf_err));
14           fprintf(stderr, "Fail: attr_setflags: %s\n", buf_err);
15           exit(EXIT_FAILURE);
16       }
17       pid_t   pid_pgid = 0; /* 0이면 자식 프로세스는 독립하여 프로세스 그룹 리더가 된다 */
18       if ((ret_err = posix_spawnattr_setpgroup(&posix_attr, pid_pgid)) != 0) {
19           strerror_r(ret_err, buf_err, sizeof(buf_err));
20           fprintf(stderr, "Fail: attr_setpgroup: %s\n", buf_err);
21           exit(EXIT_FAILURE);
22       }
23       ret_err = posix_spawn( &pid_child,
24               argv_child[0],
25               NULL,
26               &posix_attr,         /* attribute */
27               argv_child,
28               NULL);
29       if ((ret_err = posix_spawnattr_destroy(&posix_attr)) != 0) { /* 해제 */
30           strerror_r(ret_err, buf_err, sizeof(buf_err));
31           fprintf(stderr, "Fail: attr_destroy: %s\n", buf_err);
32           exit(EXIT_FAILURE);
33       }
34       printf("Parent[%d]: Wait for child(%d)\n", getpid(), (int)pid_child);
35       (void)wait(NULL);   /* 자식 프로세스의 종료를 대기 */
36       printf("Parent[%d]: Exit\n", getpid());
37       return 0;
38   }
```

[코드 1.9]의 12행에서 posix_spawnattr_setflags에 POSIX_SPAWN_SETPGROUP 플래그를 설정하였다. 플래그를 적용한 뒤에 실제 PGID를 지정하기 위해 18행에서 posix_spawnattr_setpgroup의 2번째 인수에 자식 프로세스에 적용될 PGID로 0을 지정하였다.

PGID가 0이 되면 자식 프로세스는 프로세스 그룹 리더가 되면서 부모 프로세스로부터 탈퇴할 것이다. 만일 같은 세션 내에 다른 프로세스 그룹에 편입되려면 해당 PGID를 넣어주면 된다. 이 기능은 시스템 함수인 setpgid와 동일하므로 프로세스 그룹에 대해 알고 있다면 이해가 쉬울 것이다.

4.4 posix_spawnattr_t의 시그널 관련 속성 조작

```
int posix_spawnattr_getsigdefault(const posix_spawnattr_t *restrict attr,
    sigset_t *restrict sigdefault);
int posix_spawnattr_setsigdefault(posix_spawnattr_t *restrict attr,
    const sigset_t *restrict sigdefault);
int posix_spawnattr_getsigmask(const posix_spawnattr_t *restrict attr,
    sigset_t *restrict sigmask);
int posix_spawnattr_setsigmask(posix_spawnattr_t *restrict attr,
    const sigset_t *restrict sigmask);
```

시그널 관련으로는 2가지 속성을 설정할 수 있다. 첫째는 시그널 처리기를 리셋하여 기본값으로 되돌리는 것이고 둘째는 시그널 블록 마스크에 대한 것이다.

시그널 목록 중에 기본값으로 리셋할 시그널 처리기 목록을 선택하려면 posix_spawnattr_setflags에 POSIX_SPAWN_SETSIGDEF 플래그를 설정하고 posix_spawnattr_setsigdefault를 이용해 세부적인 시그널 목록을 설정해야 한다.

참고로 각 시그널마다 기본 처리기의 행동은 종료(Term), 무시(Ign), 코어 생성(Core), 중지(Stop) 등이 있는데 이에 대한 자세한 내용은 9장의 시그널 처리를 참고하도록 한다.

posix_spawn에서 이 기능이 중요한 이유는 다음과 같다. 먼저 부모 프로세스가 자식 프로세스의 기능을 제어하려면 어떤 방법이 있는지 생각해보자.

간단한 제어 명령은 시그널 처리기를 사용하면 되고 복잡한 제어 명령이 필요하다면 IPC 같은 통신 구조를 탑재하는 것이 정답이다. 상업적으로 사용되는 대부분의 서버 소프트웨어는 이 2가지 기능을 모두 탑재하는 경우가 많다.

그런데 위와 같은 형태의 서버 프로그램에서는 시그널 처리기가 부모와 자식 프로세스가 각각 다르다. 예를 들어 부모 프로세스는 SIGTERM을 무시하고, 자식 프로세스는 SIGTERM을 받으면 종료한다고 하자.

이 기능을 어떻게 구현해야 할까? 여기서 더 나아가 부모 프로세스와 자식 프로세스가 속한 프로세스 그룹에 대해 SIGUSR1 시그널이 전파되면 일부 자식 프로세스만 반응하도록 하고 싶다면 어떻게 프로그래밍해야 할까?

가장 쉽고 신뢰성 있는 코드는 posix_spawn을 실행할 때 목적에 따라 자식 프로세스들이 서로 다른 시그널 처리기와 시그널 마스크를 설정할 수 있도록 부모 프로세스에 코딩해두는 것이다. 만일 이렇게 하지 않으면 부모 프로세스는 일일이 자식 프로세스의 시그널 리스트를 관리해야 하므로 귀찮은 코딩이 많아진다.

그러면 기존 fork-exec에서 위의 기능을 그대로 구현하려면 어떻게 해야 할까? 매번 자식 프로세스를 fork하기 직전에 부모 프로세스의 시그널 처리기와 시그널 마스크를 잠시 교체하고 fork 후에 다시 복구해야 할 것이다. 하지만, 이런 방식은 갑작스런 시그널에 대응하기도 힘들어서 신뢰성이 높지 못한 코드가 생산될 가능성이 크다. 그래서 더 편리하고 좋은 posix_spawn을 사용하도록 강조하는 것이다.

그러면 이해를 돕기 위해서 예제를 볼 시간이다. 앞에서 언급한 대로 자식 프로세스별로 시그널 처리기와 시그널 마스크를 선택적으로 설정하는 예제를 볼 것인데, 두 가지 기능을 섞어서 보면 집중도가 떨어지므로 먼저 시그널 처리기의 선택적 설정부터 보도록 하겠다.

[코드 1.10]은 부모 프로세스로서 SIGUSR1, SIGUSR2, SIGTERM의 시그널 처리기를 무시(Ign)로 동작하도록 되어 있다. 원래 SIGUSR1, SIGUSR2, SIGTERM은 기본값으로 종료(Term)로 동작하지만 무시로 바뀌면 아무 일도 일어나지 않을 것이다. 그런 뒤에 posix_spawnattr_setsigdefault에서 SIGTERM만 기본값으로 리셋하도록 설정하고 자식 프로세스를 생성할 것이다.

[코드 1.11]은 [코드 1.10]에서 실행할 자식 프로세스이다. 물론 단독으로 실행해도 된다. 이 프로그램은 순서대로 SIGUSR1, SIGUSR2, SIGTERM을 발생시키도록 되어 있다. 그러나 [코드 1.10]에 의해서 실행된다면 상속받은 SIGUSR1, SIGUSR2는 무시되고 SIGTERM은 기본값으로 리셋되었기 때문에 종료될 것이다.

[코드 1.10] posix_spawn과 POSIX_SPAWN_SETSIGDEF 설정 (pspawn4.c)

```
01   int main()
02   {
03       int     ret_err = 0;   pid_t   pid_child;   char   buf_err[64];
04       char    *argv_child[] = {   "pspawn4_child", NULL    };
05       printf("Parent[%d]: Start\n", getpid());
06       struct sigaction    sa_usr1, sa_usr2, sa_term;
07       memset(&sa_usr1, 0, sizeof(struct sigaction));
08       sa_usr1.sa_handler = SIG_IGN;
09       sa_term = sa_usr2 = sa_usr1;
10       sigaction(SIGUSR1, &sa_usr1, NULL); // ignore SIGUSR1
```

```
11      sigaction(SIGUSR2, &sa_usr2, NULL); // ignore SIGUSR2
12      sigaction(SIGTERM, &sa_term, NULL); // ignore SIGTERM
13      posix_spawnattr_t   posix_attr;
14      if ((ret_err = posix_spawnattr_init(&posix_attr)) != 0) {
15          strerror_r(ret_err, buf_err, sizeof(buf_err));
16          fprintf(stderr, "Fail: attr_init: %s\n", buf_err);
17          exit(EXIT_FAILURE);
18      }
19      if ((ret_err = posix_spawnattr_setflags(&posix_attr, POSIX_SPAWN_SETSIGDEF)) != 0) {
20          strerror_r(ret_err, buf_err, sizeof(buf_err));
21          fprintf(stderr, "Fail: attr_setflags: %s\n", buf_err);
22          exit(EXIT_FAILURE);
23      }
24      sigset_t    sigset_def;
25      sigemptyset(&sigset_def);
26      sigaddset(&sigset_def, SIGTERM);    // set SIGTERM to default action in the child
27      if ((ret_err = posix_spawnattr_setsigdefault(&posix_attr, &sigset_def)) != 0) {
28          strerror_r(ret_err, buf_err, sizeof(buf_err));
29          fprintf(stderr, "Fail: attr_setsigdefault: %s\n", buf_err);
30          exit(EXIT_FAILURE);
31      }
32      ret_err = posix_spawn( &pid_child,
33              argv_child[0],
34              NULL,
35              &posix_attr,        /* attribute */
36              argv_child,
37              NULL);
38      if ((ret_err = posix_spawnattr_destroy(&posix_attr)) != 0) {
39          strerror_r(ret_err, buf_err, sizeof(buf_err));
40          fprintf(stderr, "Fail: attr_destroy: %s\n", buf_err);
41          exit(EXIT_FAILURE);
42      }
43      printf("Parent[%d]: Wait for child(%d)\n", getpid(), (int)pid_child);
44      (void)wait(NULL);   /* wait for child */
45      printf("Parent[%d]: Exit\n", getpid());
46      return 0;
47  }
```

[코드 1.10]의 04행에서 실행할 자식 프로세스의 인수 리스트를 설정하였다. 여기서 실행할 자식 프로세스인 pspawn4_child의 코드는 [코드 1.11]에 있다.

10~12행에는 SIGUSR1, SIGUSR2, SIGTERM 시그널을 무시하도록 하는 시그널 처리기를 설치하였다. 이후부터 부모 프로세스인 [코드 1.10]에서 위 3개의 시그널은 아무 일도 하지 않게 되었다.

19행의 POSIX_SPAWN_SETSIGDEF 플래그는 시그널 처리기를 리셋하는 기능을 활성화하도록 한다. 그리고 26행에서 SIGTERM만 설정한 뒤에 27행에서 자식 프로세스의 시그널 처리기를 기본값으로 되돌리는 posix_spawnattr_setsigdefault 호출을 했다.

이 코드 때문에 자식 프로세스에는 SIGTERM를 제외한 나머지 시그널 처리기만 상속될 것이다. 그러면 부모 프로세스가 실행할 자식 프로세스(pspawn4_child)도 보도록 하자.

[코드 1.11] 시그널 핸들러 테스트용 자식 프로그램 (pspawn4_child.c)

```c
01  int main()
02  {
03      printf("Child[%d]: Start\n", getpid());
04      printf("Child[%d]: raise(SIGUSR1)\n", getpid());
05      raise(SIGUSR1);
06      printf("Child[%d]: raise(SIGUSR2)\n", getpid());
07      raise(SIGUSR2);
08      printf("Child[%d]: raise(SIGTERM)\n", getpid());
09      raise(SIGTERM);
10      printf("Child[%d]: Exit\n", getpid());
11      return 0;
12  }
```

[코드 1.11]의 05, 07, 09행을 보면 순서대로 자신에게 SIGUSR1, SIGUSR2, SIGTERM 시그널을 보내게 되어 있다. 일반적으로 위 3개의 시그널의 기본 처리는 종료(Term)이므로 04행까지만 출력되고 05행의 SIGUSR1에서 종료될 것이다.

하지만, [코드 1.10]에 의해서 자식 프로세스로 실행된다면 부모 프로세스의 시그널 처리기를 선택적으로 상속받기 때문에 결과는 달라진다. 실제로 그런지 확인을 해보자.

```
$ ./pspawn4
Parent[14410]: Start
Parent[14410]: Wait for child(14411)
Child[14411]: Start
Child[14411]: raise(SIGUSR1)
Child[14411]: raise(SIGUSR2)
Child[14411]: raise(SIGTERM)
Parent[14410]: Exit
```

[그림 1.7] pspawn4를 실행한 결과

[코드 1.10]의 pspawn4를 실행한 결과가 [그림 1.7]이다. 그림에서 출력되는 메시지의 앞부분을 보면 부모인지 아니면 자식인지 확인할 수 있는데 주의 깊게 볼 것은 자식 프로세스의 출력이다.

[코드 1.11]과 메시지를 비교하면서 보면 [코드 1.11]의 10행 출력이 생략된 것을 볼 수 있다. 이는 이미 09행의 SIGTERM이 실행되면서 자식 프로세스가 종료되었기 때문이다. 참고로 [코드 1.10]에서 자식 프로세스 생성시 SIGTERM만 기본 시그널 처리기를 사용하도록 했기 때문이다.

그러면 비교를 위해 pspawn4_child를 단독으로 실행시켜보면 어떻게 될까? 앞서 설명한 대로 SIGUSR1, SIGUSR2, SIGTERM의 기본 시그널 처리기는 종료(Term) 동작이므로 [코드 1.11]의 05행에서 이미 종료 시그널이 전달될 것이다. 그래도 확실히 하도록 실행을 시켜보자.

```
$ ./pspawn4_child
Child[14458]: Start
Child[14458]: raise(SIGUSR1)
User defined signal 1
```

[그림 1.8] pspawn4_child를 따로 실행한 결과

[그림 1.8]을 보면 pspawn4_child에서는 SIGUSR1에서 프로세스가 종료되었다. 종료 메시지에 나오는 "User defined signal 1"은 기본 시그널 처리기가 처리되면서 출력된 메시지이다.

이제 자식 프로세스의 시그널 처리기를 선택적으로 리셋하는 것을 보았으니 이번에는 시그널 마스크의 선택에 대한 부분을 볼 차례다. 시그널 마스크에 대해서는 9장에서 더 자세하게 다루겠지만 간단하게 설명하자면 시그널을 전달하는 통로의 게이트 역할과 같다고 보면 된다. 따라서 마스크가 설정되면 시그널은 프로세스에 전달되지 못하고 막히게 된다. 반대로 마스크가 해제되면 시그널은 프로세스에 전달된다. 기본적으로 시그널 마스크는 모두 해제된 상태이다.

예제는 앞서 설명한 대로 선택적으로 프로세스 그룹에 시그널을 전파하는 기능을 볼 것이다. 이 예제의 부모 프로세스는 X라는 그룹에 속하는 자식 프로세스를 2개 생성하고, Y라는 그룹에 속하는 자식 프로세스를 2개 생성할 것이다.

실상 2개의 자식 프로세스는 동일한 코드이다. 하지만, 생성하면서 X 그룹은 SIGUSR2를 받지 못하도록 시그널 마스크를 설정하고, Y 그룹은 반대로 SIGUSR1을 받지 못하도록 시그널 마스크를 설정할 것이다.

그리고 둘 다 SIGTERM은 받을 수 있게 되어 있다. 그런 뒤에 부모 프로세스에서는 프로세스 그룹 내에 SIGUSR1, SIGUSR2, SIGTERM을 순서대로 전파하도록 할 것이다. 당연히 SIGUSR1을 전파했을 때는 X 그룹의 자식 프로세스들만 시그널 처리기에 반응할 것이고, SIGUSR2를 전파했을 때는 Y 그룹의 자식 프로세스들만 반응할 것이다. 그리고 SIGTERM을 보냈을 때는 모두 반응할 것이다.

[코드 1.12] posix_spawn과 POSIX_SPAWN_SETSIGMASK 설정   (pspawn5.c)

```
01   int main()
02   {
03       int    ret_err = 0, i=0, i_child = 0;
04       pid_t  pid_child[16];
05       char   buf_err[64];
06       char   *argv_child_x[] = {      "pspawn5_child_x", NULL    };
07       char   *argv_child_y[] = {      "pspawn5_child_y", NULL    };
08       printf("Parent[%d]: Start\n", getpid());
09       sigset_t    sigset_block;
10       sigemptyset(&sigset_block);
11       sigaddset(&sigset_block, SIGUSR1);
12       sigaddset(&sigset_block, SIGUSR2);
13       sigaddset(&sigset_block, SIGTERM);
14       sigprocmask(SIG_SETMASK, &sigset_block, NULL);
15       posix_spawnattr_t   posix_attr;
16       if ((ret_err = posix_spawnattr_init(&posix_attr)) != 0) {
17           strerror_r(ret_err, buf_err, sizeof(buf_err));
18           fprintf(stderr, "Fail: attr_init: %s\n", buf_err);
19           exit(EXIT_FAILURE);
20       }
21       short posix_flags = POSIX_SPAWN_SETSIGDEF ¦ POSIX_SPAWN_SETSIGMASK;
22       if ((ret_err = posix_spawnattr_setflags(&posix_attr, posix_flags)) != 0) {
23           strerror_r(ret_err, buf_err, sizeof(buf_err));
24           fprintf(stderr, "Fail: attr_setflags: %s\n", buf_err);
25           exit(EXIT_FAILURE);
26       }
27       sigset_t    sigset_mask;
28       /* 1st group */
29       sigemptyset(&sigset_mask);
30       sigaddset(&sigset_mask, SIGUSR2);   // block SIGUSR2
31       if ((ret_err = posix_spawnattr_setsigmask(&posix_attr, &sigset_mask)) != 0) {
32           strerror_r(ret_err, buf_err, sizeof(buf_err));
33           fprintf(stderr, "Fail: attr_setsigmask: %s\n", buf_err);
34           exit(EXIT_FAILURE);
35       }
36       for (i=2; i--; ) {
37           ret_err = posix_spawn( &pid_child[i_child++],
38                   argv_child_x[0],
39                   NULL,
40                   &posix_attr,        /* attribute */
41                   argv_child_x,
42                   NULL);
43       }
44       /* 2nd group */
45       sigemptyset(&sigset_mask);
```

```
46        sigaddset(&sigset_mask, SIGUSR1);   // block SIGUSR1
47        if ((ret_err = posix_spawnattr_setsigmask(&posix_attr, &sigset_mask)) != 0) {
48            strerror_r(ret_err, buf_err, sizeof(buf_err));
49            fprintf(stderr, "Fail: attr_setsigmask: %s\n", buf_err);
50            exit(EXIT_FAILURE);
51        }
52        for (i=2; i--; ) {
53        ret_err = posix_spawn( &pid_child[i_child++],
54                argv_child_y[0],
55                NULL,
56                &posix_attr,       /* attribute */
57                argv_child_y,
58                NULL);
59        }
60        sleep(1);   /* wait stdio buffering */
61        printf("Parent[%d]: # of Child processes [%d]\n", getpid(), i_child);
62        for (i=0; i<i_child; i++) {
63            printf("\t* Child[%d] : %d\n", i, pid_child[i]);
64        }
65        kill(-getpgid(0), SIGUSR1); /* equivalent to killpg(getpgid(0), SIGUSR1) */
66        kill(-getpgid(0), SIGUSR2);
67        sleep(1);   /* wait stdio buffering */
68        kill(-getpgid(0), SIGTERM);
69        if ((ret_err = posix_spawnattr_destroy(&posix_attr)) != 0) {
70            strerror_r(ret_err, buf_err, sizeof(buf_err));
71            fprintf(stderr, "Fail: attr_destroy: %s\n", buf_err);
72            exit(EXIT_FAILURE);
73        }
74        printf("Parent[%d]: Wait for child\n", getpid());
75        for (i=0; i<i_child; i++)
76            (void)waitpid(-1, NULL, WNOHANG);   /* wait for child */
77        printf("Parent[%d]: Exit\n", getpid());
78        sleep(1);   /* wait for flushing child's stdio buf */
79        return 0;
80    }
```

[코드 1.12]의 14행까지는 시그널 마스크를 설치하는 과정이다. 11~13행을 보면 3
개의 시그널을 선택한 뒤에 sigprocmask를 이용해서 시그널 블록 마스크를 설치하
고 있다. 이후에는 위 3개의 시그널은 더 이상 프로세스 내부로 전달되지 않고 블록
될 것이다.

21~22행에서는 POSIX_SPAWN_SETSIGDEF과 POSIX_SPAWN_SETSIGMASK
를 지정하는 것을 볼 수 있다. 그러나 사실상 예제에서는 시그널 마스크에 대한 부분
만 있으므로 POSIX_SPAWN_SETSIGMASK의 기능만 필요로 한다.

POSIX_SPAWN_SETSIGDEF를 넣은 것은 여러분이 앞서 다루었던 [코드 1.10]과 결합하는 것을 해보라는 의미로 넣어두었다. 예제를 완벽하게 이해했다면 [코드 1.10]과 [코드 1.12]의 기능을 하나로 합쳐서 다양한 기능을 구현해보면 좋겠다.

그리고서 30행을 보면 자식 프로세스에 설정할 시그널 마스크에 SIGUSR2를 설정하였다. 그리고 X 그룹에 포함될 pspawn5_child_x의 자식 프로세스를 2개 실행하였다.

이와 비슷하게 46행에서는 SIGUSR1을 시그널 마스크로 지정하고 Y 그룹에 포함될 pspawn5_child_y의 자식 프로세스를 2개 실행하였다. 60행에서 sleep(1)으로 1초를 쉬는 것은 자식 프로세스가 여러 개이므로 부모 프로세스와 서로 맞물려서 출력이 섞이는 것을 방지하는 것이다.

65행의 kill(-getpgid(0), SIGUSR1)에서 getpgid(0)은 현재 프로세스 그룹 ID를 얻는 것이며, 앞에 마이너스 기호를 붙인 것은 뒤에 시그널을 그룹으로 전파하라는 뜻이다. 즉 65행은 현재 속한 프로세스 그룹의 모든 프로세스에게 SIGUSR1을 전파하도록 한다. 마찬가지로 66, 68행은 현재 프로세스 그룹에 SIGUSR2, SIGTERM을 전파하는 기능이다.

75행과 76행은 자식 프로세스가 모두 종료하기를 기다리는 코드로서 여기서 쓰인 waitpid는 wait 함수와 하는 일은 같다. 다만, 더 다양한 옵션을 제공할 뿐이다. 참고로 여기서 보이는 kill이나 killpg, waitpid 같은 기능은 모두 9장에서 더 자세히 다룬다.

그러면 이번에는 자식 프로세스로 쓰이는 pspawn5_child_x와 pspawn5_child_y에 대해서 살펴보자. 사실 이 두 프로그램은 동일한 프로그램으로서 pspawn5_child_x를 pspawn5_child_y로 복사하면 된다.

[코드 1.13] 시그널 마스크 테스트용 자식 프로그램 (pspawn5_child_x.c)

```
01  char    argv0[64];   /* 자기 자신의 실행 파일 이름을 저장할 버퍼 */
02  void sh_sigusr(int signum)
03  {
04      printf("\t%s[%d]: Signal Handler(%s)\n",
05            argv0, getpid(), signum == SIGUSR1 ? "USR1":"USR2");
06  }
07
08  void sh_sigterm(int signum)
09  {
10      printf("\t%s[%d]: Signal Handler(SIGTERM)\n", argv0, getpid());
11      exit(signum);
12  }
13
14  int main(int argc, char *argv[])
```

```
15  {
16      strncpy(argv0, argv[0], strlen(argv[0]));
17      struct sigaction    sa_usr1, sa_term;
18      memset(&sa_usr1, 0, sizeof(struct sigaction));
19      sa_usr1.sa_handler = sh_sigusr; /* 시그널 처리기 함수 지정 */
20      sigfillset(&sa_usr1.sa_mask);
21      memset(&sa_term, 0, sizeof(struct sigaction));
22      sa_term.sa_handler = sh_sigterm; /* 시그널 처리기 함수 지정 */
23      sigaction(SIGUSR1, &sa_usr1, NULL); /* SIGUSR1에 대한 시그널 처리기 설치 */
24      sigaction(SIGUSR2, &sa_usr1, NULL); /* SIGUSR2에 대한 시그널 처리기 설치 */
25      sigaction(SIGTERM, &sa_term, NULL); /* SIGTERM에 대한 시그널 처리기 설치 */
26      dprintf(STDOUT_FILENO, "%s[%d]: Start\n", argv0, getpid());
27      for (;;) {
28          pause();
29      }
30      dprintf(STDOUT_FILENO, "%s[%d]: Exit\n", argv0, getpid());
31      return 0;
32  }
```

[코드 1.13]의 02행과 08행에 보이는 sh_sigusr, sh_sigterm 함수는 시그널 처리기 함수이다. 따라서 23행과 24행에서 SIGUSR1, SIGUSR2 시그널에는 sh_sigusr 함수가 실행되도록 시그널 처리기를 설치하고 있고, 25행에서는 SIGTERM 시그널에 sh_sigterm 함수가 실행되도록 시그널 처리기를 설치하고 있다.

27~29행은 무한 루프를 돌면서 pause 함수를 호출하고 있다. pause는 시그널을 받을 때까지 블록 상태가 되는 함수로서 시그널을 받으면 깨어나서 리턴한다. 즉 [코드 1.13]은 시그널을 받으면서 계속 27~29행 사이를 돌게 된다. 그러므로 이 프로그램은 외부에서 종료 시그널을 받을 때까지 무한 루프로 작동하게 된다. 이제 [코드 1.12]와 [코드 1.13]을 컴파일한 뒤에 실행해보자. 앞서 언급한 대로 [코드 1.13]은 컴파일한 뒤에 pspawn5_child_y로 이름을 바꿔서 복사해두면 된다.

[그림 1.9]의 실행 결과는 여러분의 호스트 프로세스 스케줄링 결과에 따라서 순서가 조금 다르게 출력될 수도 있다. 따라서 순서가 다르게 나왔다고 해서 고민하지는 말자. 여기서 눈여겨볼 것은 SIGUSR1, SIGUSR2, SIGTERM 시그널 처리기가 출력한 메시지들이다.

```
$ ./pspawn5
Parent[22374]: Start
pspawn5_child_x[22375]: Start
pspawn5_child_y[22377]: Start
pspawn5_child_x[22376]: Start
pspawn5_child_y[22378]: Start
Parent[22374]: # of Child processes [4]
        * Child[0] : 22375
        * Child[1] : 22376
        * Child[2] : 22377
        * Child[3] : 22378
        pspawn5_child_x[22376]: Signal Handler(USR1)
        pspawn5_child_y[22378]: Signal Handler(USR2)
        pspawn5_child_y[22377]: Signal Handler(USR2)
        pspawn5_child_x[22375]: Signal Handler(USR1)
        pspawn5_child_y[22377]: Signal Handler(SIGTERM)
        pspawn5_child_y[22378]: Signal Handler(SIGTERM)
        pspawn5_child_x[22376]: Signal Handler(SIGTERM)
Parent[22374]: Wait for child
        pspawn5_child_x[22375]: Signal Handler(SIGTERM)
Parent[22374]: Exit
```

[그림 1.9] pspawn5를 실행한 결과

우선 실행 파일명이 pspawn5_child_x를 X 그룹이라고 하고 pspawn5_child_y를 Y 그룹이라고 하자. 그렇다면 X 그룹에 속한 자식 프로세스의 PID는 22375, 22376이고, Y 그룹에 속한 자식 프로세스는 22377, 22378이다. 그리고 SIGUSR1의 경우는 22375, 22376만 반응한 것도 볼 수 있다. 반대로 Y 그룹은 SIGUSR2에 대해서만 반응했다. SIGTERM은 모두가 반응해서 4개의 자식 프로세스가 모두 SIGTERM 시그널 처리기가 작동된 것을 볼 수 있다. [코드 1.13]을 보면 SIGTERM의 시그널 처리기 호출 후 프로세스를 종료하게 된다.

4.5 posix_spawnattr_t의 스케줄링 관련 속성 조작

```
int posix_spawnattr_getschedpolicy(const posix_spawnattr_t *restrict attr,
    int *restrict schedpolicy);
int posix_spawnattr_setschedpolicy(posix_spawnattr_t *attr,   int schedpolicy);
int posix_spawnattr_getschedparam(const posix_spawnattr_t
    *restrict attr, struct sched_param *restrict schedparam);
int posix_spawnattr_setschedparam(posix_spawnattr_t *restrict attr,
    const struct sched_param *restrict schedparam);
```

스케줄링 관련해서는 스케줄링 정책과 파라미터 값을 결정할 수 있다. 스케줄링 정책과 스케줄링 파라미터에 대한 것은 리얼타임 확장에 대한 내용이므로 여기보다 10장에서 다룰 것이다.

따라서 여기서는 관련 함수에 대한 원형만 살펴보도록 하자. 이들 함수의 기본적인 사용법은 앞에서 다룬 예제들과 거의 같다.

예를 들어 posix_spawnattr_setschedpolicy를 사용하여 자식 프로세스의 스케줄링 정책을 설정하고 싶다면 POSIX_SPAWN_SETSCHEDULER 플래그를 설정한 뒤 사용하면 된다. 마찬가지로 스케줄링 파라미터를 지정하려면 POSIX_SPAWN_SETSCHEDPARAM 플래그와 posix_spawnattr_setschedparam 함수를 사용하도록 한다. 그리고 이들 함수에 들어가는 세세한 인수들은 10장에서 보도록 할 것이다.

CHAPTER **02** 파일 처리

---

01   파일 처리

유닉스 계열에서는 두 가지의 파일 처리 방식을 제공한다. 저수준 파일 처리(low level file handling)와 고수준 파일 처리(high level file handling)라고 부르며, 가장 큰 차이점으로 저수준 파일 처리는 유닉스 계열에서만 지원되고, 고수준 파일 처리는 C 언어 표준이므로 C 언어가 포팅된 모든 플랫폼에서 지원된다는 점이다. 이외에도 여러 차이점이 있으므로 정리해서 알아두는 것이 좋다.

> **TIP**   파일 시스템의 이벤트를 감시하는 inotify
>
> 최근 리눅스에는 inotify라는 파일 시스템 이벤트를 감시하는 기능이 탑재되었다. 이 기능은 리눅스 전용 기능이므로 유닉스에는 지원되지 않는다. 또한, 구형 리눅스에도 지원되지 않으니 man 페이지를 참고하여 지원 가능한 버전을 확인해야 한다.
>
> inotify 기능의 특징은 특정 파일에 접근, 읽기, 쓰기 등등 다양한 이벤트를 감시할 수 있다는 점이다. 그렇기에 파일 관련 서비스를 해야 하는 프로그램에서 유용하게 사용된다.
>
> 하지만, 본문에서 inotify를 수록하지 않은 이유는 아직 변경될 여지가 있는 기능이고 사용 빈도도 높지 않기 때문에 제외하였다. 혹여 관심이 있는 분들은 inotify의 man 페이지를 참고하면 좋겠다.

1.1 저수준 및 고수준 파일 처리

저수준 파일 처리는 파일기술자(file descriptor)라는 번호를 사용하여 입출력하는 방식으로 소켓이나 디바이스들을 핸들링할 때 사용하는 인터페이스는 모두 저수준 파일 처리와 같은 방식을 사용한다.

저수준 파일 처리처럼 기술자(descriptor)를 사용하는 방식은 비직관적이고 원시적인 형태를 지니고 있지만, 유닉스 계열에서는 보편적으로 사용하므로 꼭 알아두어야만 한다.

예를 들어 [코드 2.1]을 보면 저수준 파일 처리와 POSIX 공유 메모리의 IPC 관련 함수가 서로 비슷한 것을 볼 수 있다. 심지어 사용하는 인수 리스트나 플래그까지 거의 동일하므로 함수를 새로 외울 필요가 없으니 나름 편리한 장점도 있다.

[코드 2.1] 저수준 파일 처리(위)와 POSIX 공유 메모리(아래)의 API 비교

```
int  fd; /* 파일기술자 */
// 저수준 파일 처리의 파일 열기(없는 경우에 생성)
fd = open("lsp.txt", O_CREAT | O_RDWR | O_EXCL, 0644);
int  sem_fd; /* 세마포어 기술자 */
// POSIX 공유메모리 열기(없는 경우에 생성)
shm_fd = shm_open("/pshm_lsp", O_CREAT | O_RDWR | O_EXCL, 0644);
```

이에 비해 고수준 파일 처리는 FILE 구조체를 사용하여 입출력하는 방식이다. C 언어 표준이며 추상화된 FILE 구조체를 사용하기 때문에 유닉스, 리눅스가 아닌 다른 운영체제에도 모두 포팅되어 있다. 그러면 구체적으로 저수준과 고수준 파일 처리의 몇 가지 차이점을 정리해보도록 하자.

표 2.1 저수준 파일 처리와 고수준 파일 처리의 차이점

저수준 파일 처리	비직관적인 함수 형태 유닉스 및 호환 계열에서만 사용 가능 pread, pwrite를 통해 원자적(atomic) 실행을 보장
고수준 파일 처리	직관적이고 사용이 편리한 함수 형태 C 언어를 지원하는 모든 플랫폼에서 사용 가능 라이브러리 레벨의 버퍼링이 있음

먼저 저수준 파일 처리의 특징에서 원자적 실행 부분을 눈여겨보자. 원자(atom)란 특징(기능)을 잃지 않으면서 더는 나눌 수 없는 작은 크기란 의미이다. 같은 의미로 프로그래밍에서 원자적 실행이란 작동을 보장하면서 더 나눌 수 없이 한 번에 실행되는 코드를 의미한다. 이는 스레드나 비동기 프로세싱과 연관되어 있으므로 8장의 스레드에서 더 자세히 설명하고, 여기서는 예를 통해 간단히 파일 입출력의 원자적 실행에 대해 이야기할 것이다.

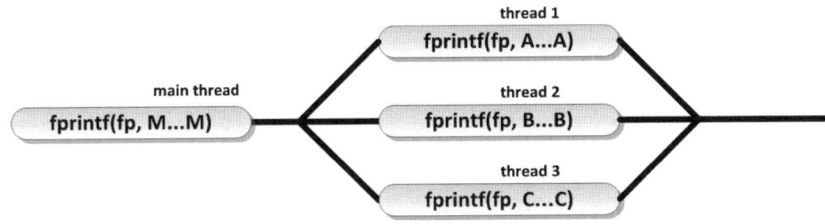

[그림 2.1] 멀티 스레드가 연결된 하나의 파일에 출력하는 경우

[그림 2.1]은 메인 스레드에서 3개의 스레드를 생성해서 하나의 파일에 동시에 쓰기를 실행하는 경우이다. 그렇다면 실제 파일에는 "M…MA…AB…BC…C"나 "M…MC…CA…AB…B"처럼 기록될 것으로 생각할 것이다.

즉 M, A, B, C의 각각의 순서는 조금씩 바뀌겠지만 섞이지는 않으리라고 상상하는 것이 일반적이다. 물론 실제 상황에서도 대부분은 섞이지 않고 제대로 기록되는 경우가 많다. 하지만, 완벽하게 섞이지 않는다고 보장할 수는 없다는 점이 문제다.

왜냐하면, 현대적인 운영체제는 시분할 기법을 이용해서 여러 작업을 거의 동시에 실행되는 것처럼 작동할 수 있기 때문이다. 따라서 [그림 2.1]의 작업에서 실제 기록을 하는 부분이 아주 짧은 시간에 거의 동시에 실행되고 스케줄링에 의해서 MAABMCCCCAABBBMM처럼 섞여버리는 경우가 아주 가끔 생길 수 있다는 점이다.

더군다나 확률적으로 함수가 실행되는 시간이 길어지고 동시에 작업하는 스레드의 개수가 많아질수록 중간에 다른 코드의 실행이 끼어들 가능성은 더욱 커지므로 대형 시스템이거나 과부하일 때 더욱 큰 문제가 된다.

예로 [그림 2.1]의 fprintf가 각각 100바이트를 출력하는 경우는 중간에 끼어들 가능성이 매우 작지만, 100킬로 바이트를 출력하는 스레드가 수십 개가 넘어간다면 중간에 끼어들 가능성은 매우 커진다.

이런 문제는 꼭 파일 출력에만 있는 것은 아니다. 심지어 변수에 값을 대입하는 과정도 원자적인 실행이 중요한 경우가 있다. 하지만, 여기서는 파일 처리 관련 기법을 다루는 장이므로 파일에 관해서만 이야기한 것뿐이다.

그렇다면 파일 출력에 원자적 실행을 가능하게 하려면 어떻게 해야 할까? 파일에 입출력하는 경우라면 pread, pwrite를 사용해야 한다. 이들은 파일의 커서 위치를 사용하지 않고 절대적인 오프셋 주소를 사용하기 때문에 스레드에서 사용해도 안전해진다.

만일 파일이 아닌 파이프에 입출력할 때는 read, write를 PIPE_BUF 이내의 길이로 입출력하는 경우에 원자성을 보장해준다. 여기서 PIPE_BUF는 POSIX 표준에서 _POSIX_PIPE_BUF(512 byte)의 최소 기준을 세우고 있다.

하지만, 대부분의 유닉스 계열에서의 PIPE_BUF는 이보다는 훨씬 큰 값을 지원한다. 예를 들어 현재 필자가 사용하는 리눅스 시스템은 4096이며 다른 유닉스는 이보다 커서 수십 킬로바이트까지 되는 예도 있다. 이 크기는 페이지 단위에 영향을 받는 경우가 많아서 대부분은 4096이나 그 배수가 사용된다.

> **TIP**   파일 출력이 섞이지 않게 하려면 어떻게 해야 할까?
>
> 앞서 파일 출력에 대해 원자적 실행에 대한 내용을 보면 의문점이 생길 수 있다. 예를 들어 복잡한 멀티 스레드를 적용한 네트워크 서버에서 로그 파일을 기록하는 데 있어서 로그 메시지가 서로 섞이지 않게 하려면 어떻게 해야 할까?
>
> 이런 문제점을 해결하려는 방법은 여러 가지가 있으나 보통은 3가지 정도가 주로 쓰인다.
>
> 첫 번째는 출력 함수의 원자적 실행을 보장하는 기능을 사용하는 방법이다. 이 방법은 성능을 해치지도 않고 매우 편리하다. 다만, 저수준의 파일 처리를 사용해야 한다는 단점이 생긴다.
>
> 두 번째는 락(lock)을 이용해서 출력 과정을 보호하는 방법이다. 이 방법은 간단하지만, 성능을 해칠 수 있기 때문에 빈번한 출력에서는 쓰지 않는다.
>
> 세 번째는 직렬화를 이용해서 전문적으로 출력을 도맡아서 하는 프로세스나 스레드를 두는 방법이다. 이 방법은 설계 과정이 복잡하고 무거워질 수 있지만, 신뢰성이 높고 응답이 좋은 장점이 있다.
>
> 이외에 메모리 맵 파일(mmap)을 이용하여 메모리에 쓰고 파일로 동기화하는 방법도 있다.

1.2 형식화된 출력 기능

형식화된 출력(formatted print)이란 간단하게 printf의 기능이다. printf는 프로그래머가 원하는 형태로 데이터의 출력 형식을 바꿀 수 있는 장점이 있다. 숫자, 자리 맞춤, 로케일 등 다양한 기능을 제공한다.

예를 들어 printf("counter : %d", i)라고 하면 i의 값에 따라서 출력의 형태가 결정된다. 이런 형식화된 출력 기능은 매우 편리하여 C 언어 이후에 나온 대부분 언어가 printf의 형식을 따라서 만들어지기도 했다.

그런데 과거에는 printf의 기능을 사용하려면 고수준 파일 처리에서만 가능했다. 만일 저수준 파일 처리에서 앞의 printf(…) 문과 같은 출력을 얻고자 한다면 일단은 snprintf를 사용하고, 그 후에 write 계열 함수를 사용해야만 했다. 마치 다음 [그림 2.2]처럼 해야만 한다는 것이었다.

```
/* 고수준 파일 처리에서 formatted output */
fprintf(fp, "counter : %d", i);
```

```
/* 저수준 파일 처리에서 formatted output */
len = snprintf(buf, sizeof(buf), "counter : %d", i);
write(fd, buf, len);
```

[그림 2.2] 형식화된 출력에서 고수준(위) 및 저수준(아래) 파일 처리의 차이점 (오래된 형태)

[그림 2.2]의 윗부분은 고수준 파일 처리에서 형식화된 출력을 한 것이고, 아래는 같은 작업을 저수준 파일 처리에서 하기 위한 코드이다. 한눈에 봐도 저수준에서는 복잡하고 길어진다는 것을 알 수 있다.

하지만, 2008년도에 개정된 POSIX.1-2008 표준에서는 dprintf 계열의 함수를 추가하였고, 이 함수는 저수준 파일 처리에서도 형식화된 출력을 제공하게 되었다. 따라서 [그림 2.2]의 아랫부분을 단순하게 dprintf(fd, "counter : %d", i)로 처리할 수 있게 되었다. 하지만, 이는 출력에 대한 것이고 fscanf 같은 형식화된 입력은 저수준 파일 처리에서는 아직 지원되지 않는다.

1.3 파일 처리에 관련된 함수 정리

그러면 POSIX.1-2008 표준에서 정의된 저수준, 고수준 파일 입출력 함수들의 중요 리스트를 훑어보겠다. 외울 필요는 없고 한 번 훑어보면서 이런 기능이 있다는 정도로 알아두면 좋겠다. 모든 기능을 다 적기엔 지면이 아깝기 때문에 중요 기능들만 나열했다.

아마도 이 책을 보는 수준이라면 대부분 기능은 알겠지만 가끔은 새로 추가된 표준 함수도 있으니 리스트를 한 번에 봐두는 것도 좋을 것이다. 그리고 몇몇 표준 함수는 구현된 임플리먼테이션에 따라 표준 외의 확장이 존재할 수도 있으니 해당 매뉴얼 페이지를 참고하는 것도 좋다.

표 2.2 저수준 파일 처리 관련 함수

open, openat close, create	파일 열기, 파일기술자를 지정하여 파일 열기 닫기, 생성
fcntl	파일기술자 조작
fsync fdatasync	파일 동기화 메타 정보를 제외한 동기화(access time같은 inode 정보를 제외)
dup, dup2	파일기술자 복제

read, write pread, pwrite	읽기, 쓰기 오프셋을 지정한 읽기, 쓰기 (시그널, 스레드 안전)
readv, writev	벡터 단위 읽기 쓰기
dprintf	형식화된 문자열 출력 (POSIX.1-2008에서 추가)
lseek	파일 위치 변경
truncate	파일 크기 변경
fdopen	파일기술자를 고수준 파일 처리의 스트림으로 변환
renameat	파일명 변경 (POSIX.1-2008에서 추가)
glob	패턴 매칭되는 패스명 찾기
stat, fstat, fstatat	파일 메타 정보 읽기

표 2.3 고수준 파일 처리 관련 함수 (stdio 맨페이지 참조)

fopen, fclose freopen, fdopen	파일 스트림의 열기/닫기 파일 스트림 다시 열기, 파일기술자로부터 열기
setvbuf, setbuf	스트림 버퍼 조작
fflush, fpurge	버퍼를 비움, 버퍼를 삭제
fread, fwrite	읽기, 쓰기
scanf 계열 getc 계열(gets, getw 포함) printf 계열 putc 계열(puts, putw 포함)	형식화된 문자열 입력 버퍼 입력 형식화된 문자열 출력 버퍼 출력
fgetpos, fsetpos fseek, ftell, rewind	파일 스트림의 위치 변경, 보고
clearerr feof ferror	파일 스트림 체크
ftruncate	파일 크기 변경
fileno	스트림을 파일기술자로 변환
fmemopen open_memstream	메모리를 파일 스트림으로 열기 (POSIX.1-2008에서 추가)
getline getdelim	행단위, 구분자 단위로 읽기 (POSIX.1-2008에서 추가)
getc_unlocked getchar_unlocked putc_unlocked putchar_unlocked	getc, getchar, putc, putchar의 넌블럭킹 버전

표 2.4 그 외의 파일 관련 함수들

umask	umask 값 조정
mktemp	임시 파일 생성
remove, unlink	파일 삭제
link	링크 생성
mkdir, rmdir	디렉터리 생성, 삭제
opendir, closedir fdopendir, dirfd	디렉터리 열기, 닫기
readdir, rewinddir seekdir, telldir	디렉터리 읽기, 위치 변경/보고
scandir, alphasort	디렉터리 스캔

02   저수준 파일 처리의 사용

앞에서 개괄적인 파일 처리에 대한 특징을 보았으니 예의상 간단한 예제를 통해서 확인하는 것이 좋을 것이다. 예제에서는 파일기술자와 이를 사용하는 open, close, write 함수는 각각 필요한 헤더가 있다. 이들 헤더는 각 함수의 man 페이지에 표시되어 있으니 생소하다면 man 페이지를 보면서 헤더를 포함시키는 연습을 확실하게 하도록 하자.

[코드 2.2]의 예제에서는 윗부분에 헤더 파일을 적었지만 다음부터는 지면을 아끼기 위해서 헤더 파일이나 생각할 수 있는 #define과 같은 구문은 생략할 것이다. 따라서 예제를 코딩하면서 #include나 #define 구문은 채워넣도록 해야 한다.

[코드 2.2] 저수준 파일 입출력 예제 (open_fd.c)

```
01   #include <unistd.h>
02   #include <stdio.h>
03   #include <stdlib.h>        /* EXIT_SUCCESS, EXIT_FAILURE */
04   #include <sys/types.h>
05   #include <sys/stat.h>
06   #include <fcntl.h>
07   #include <errno.h>
08   #include <string.h>
09   int main()
```

앞으로 나오는 예제에는 불필요한 지면 낭비를 방지하기 위해 헤더 부분을 생략한다.

```
10  {
11      int     fd;
12      char    buf_msg[64];
13      printf("Low lovel file handle\n");
14      if ((fd = open("fd_test.log", O_CREAT|O_WRONLY, 0644)) == -1) {
15          fprintf(stderr, "Fail: open: %d(%s)\n", errno, strerror(errno));
16          exit(EXIT_FAILURE);
17      }
18      dprintf(fd, "PID[%d] Low level file handle\n", getpid());
19      strcpy(buf_msg, "write: Test message\n");
20      write(fd, buf_msg, strlen(buf_msg));
21      close(fd);
22      return EXIT_SUCCESS;
23  }
```

[코드 2.2]의 12행에 나오는 open 함수는 저수준 파일 처리의 핵심인 파일기술자를 얻는 함수이다. 여기서 open 함수는 O_CREAT와 O_WRONLY 옵션 플래그를 사용했기 때문에 파일이 없다면 생성할 것이며, 쓰기 전용으로 열릴 것이다. 예제에서는 추가 모드 플래그(O_APPEND)를 사용하지 않았기 때문에 파일이 존재하는 경우라면 첫 부분부터 덮어쓰게 된다.

만일 예제의 fd_test.log 파일에 이미 100바이트의 데이터가 들어 있다면 앞부분 53 바이트만 덮어 쓰이고 뒤의 47바이트는 그대로 남게 된다. 그러나 원래 파일의 내용을 모두 지우고 빈 파일로 열고자 한다면 O_TRUNC 플래그를 더해서 호출하거나 truncate나 ftruncate를 사용한다.

```
fd = open(FILENAME, O_CREAT|O_TRUNC|O_WRONLY, 0644);
```

열고자 하는 파일이 이미 존재하는 경우에 기존 파일을 백업 받고 새로운 파일을 열고자 하는 경우가 있다. 대부분 로그 파일 같은 경우로, 이를 위해서 open에 O_EXCL(exclusive open) 옵션 플래그가 제공된다. O_EXCL 플래그가 지정되면 열고자 하는 파일이 이미 존재하면 open은 실패(-1 리턴)하고 errno는 EEXIST로 설정된다.

```
fd = open(FILENAME, O_CREAT|O_WRONLY|O_EXCL, 0644);
```

2.1 동기화된 I/O로 열기

저수준 파일 처리에서는 동기화된 I/O(synchronized I/O)를 설정할 수 있다. 이 기능을 알기 위해서는 운영체제에서 I/O 처리와 레이턴시(latency)에 대한 개념을 알아야 하지만 이론서가 아니므로 간단하게 언급할 것이다.

최근의 현대적인 운영체제는 상대적으로 느린 디바이스들(디스크, 네트워크)에 대해서는 좀 더 빠른 디바이스(메모리)에 캐시하고 나중에 좀 더 한가할 때 실제적인 기록을 하여 동기화를 하게 된다. 이렇게 하면 느린 디바이스에 접근하는 작업보다 빠르고 우선순위가 높은 작업부터 처리할 수 있게 되므로 응답성이 좋아진다.

그러나 몇몇 경우는 실제 디바이스에 즉각적으로 기록된 내용이 반영되어야만 하는 경우가 있다. 이를 위해서 동기화 기능이 필요하게 된 것이다.

동기화된 I/O를 사용하면 운영체제는 캐시된 데이터와 느린 디바이스를 최대한 동일하게 유지하려고 노력하게 된다. 하지만 응답성이 떨어지고 시스템의 성능은 떨어질 가능성이 높아지는 단점이 있다.

동기화를 시키는 방법으로는 수동으로 하는 경우와 입출력이 발생할 때마다 자동으로 동기화를 하는 2가지가 있다.

첫째로 수동으로 하려면 동기화가 필요한 시점에 fsync와 fdatasync 함수를 호출하면 된다. 둘째로 자동으로 I/O 관련 함수가 호출될 때마다 동기화를 시키려면 open 함수로 파일을 열 때 O_SYNC나 O_DSYNC 옵션 플래그를 설정하면 된다. 이 두 개의 플래그의 차이점은 [표 2.5]와 같이 부가적인 메타 데이터도 동기화 목록에 포함하느냐 아니냐의 차이이다.

표 2.5 open 함수의 동기화된 I/O 옵션 플래그

O_SYNC	파일 내용과 메타 데이터 모두를 동기화 한다.
O_DSYNC	메타 데이터를 빼고 동기화 한다. (순수한 파일 내용만 동기화하므로 가볍다)
O_RSYNC	읽기 작업에 대해서도 동기화된 I/O를 사용한다.

O_RSYNC는 기존의 동기화에 읽기 작업에 대한 동기화를 추가한다. 읽기 작업의 동기화란 디스크로부터 데이터를 읽어들일 때 밀린 쓰기 작업이 있다면 모두 완료한 뒤에 읽기 작업이 수행되도록 동기화를 진행한다.

따라서 O_RSYNC가 설정되면 지연된 쓰기 작업들이 완료된 뒤에야 읽기 작업이 수행되므로 캐시 효과를 볼 수 없어서 느려지는 단점이 있다. 이에 비해 O_RSYNC를 쓰지 않고 쓰기 작업에만 동기화된 I/O를 사용하는 경우에는 읽기는 캐시를 사용하여 좀 더 빠르게 응답한다. [그림 2.3]은 각각 네 가지 형태의 동기화된 I/O 플래그를 적용한 예를 보여주고 있다.

```
fd = open(path, O_CREAT|O_WRONLY|O_SYNC, 0644);        /* 동기화 I/O 사용 */

fd = open(path, O_CREAT|O_WRONLY|O_DSYNC, 0644);       /* 메타 데이터를 제외한 동기화 */

fd = open(path, O_CREAT|O_RDWR|O_SYNC|O_RSYNC, 0644);     /* 읽기 작업 동기화 추가 */

fd = open(path, O_CREAT|O_RDWR|O_DSYNC|O_RSYNC, 0644);    /* 읽기 작업 동기화 추가 */
```

[그림 2.3] open의 다양한 동기화된 I/O 플래그

2.2 넌블록킹과 비동기적 I/O

저수준 입출력을 사용하는 경우에는 넌블록킹(nonblocking)과 비동기적 (asynchronous) 입출력을 사용할 수 있다. 이 중에서 넌블록킹은 오히려 소켓 네트워 킹에서 광범위하게 사용되므로 여기서 다루지 않고 6장의 네트워킹에서 다룰 것이다.

넌블록킹의 관련 기법은 소켓에 입출력하는 것과 일반 파일에 입출력하는 것이 크게 다르지 않으므로 6장의 내용을 참고하도록 한다.

비동기적 I/O는 리얼타임 확장 표준에 포함되는 내용으로서 AIO(Asynchronous I/O)라고 부른다. 이는 좀 더 고성능 시스템에 적용하기 위한 기능으로서 기본적인 파 일 처리를 다루는 부분에는 적합하지 않다고 판단되어 10장에서 다루도록 하겠다. 또 한, 10장에서는 넌블록킹과 비동기적 처리에 대한 차이점도 다루고 있으므로 꼭 숙지 하면 좋을 것이다.

2.3 close-on-exec로 열기

open을 호출할 때 O_CLOEXEC 플래그를 지정하면 close-on-exec을 설정하게 된 다. 이에 대해서는 1장의 exec를 다룰 때 설명했듯이 exec 계열의 함수 때문에 다른 프로세스 이미지로 교체되면 자동으로 해당 파일기술자를 닫도록 할 수 있다.

그런데 1장에서는 미리 open된 파일기술자에 적용하기 위해 fcntl의 FD_CLOEXEC 플래그를 설정하도록 하였다. 하지만, open할 때 O_CLOEXEC 플래그를 설정해두면 fcntl보다 편리하다.

참고로 open의 O_CLOEXEC 플래그는 2008년도 SUSv4 issue7 표준에 포함 되었다. 따라서 SUSv3나 그 이하의 표준을 지원하는 시스템에서는 fcntl의 FD_ CLOEXEC로 지정해야 한다.

2.4 파일 닫기

파일을 쓰고 나면 항상 닫는 것을 잊지 말아야 한다. 힙 메모리를 사용하고 나면 free 해주는 것처럼 파일도 닫지 않으면 자원 누수가 발생한다.

물론 특정 파일에 계속해서 입출력이 발생할 때는 열고(open) 닫는(close) 오버헤드도 무시할 수 없으므로 열어두고 쓰는 것이 더 효율적이다. 왜냐하면, 파일을 열고 닫는 작업은 파일에 관련된 정보를 읽어오고, 버퍼를 할당하는 과정이 숨겨져 있기 때문이다.

```
$ ./ulimit -a
core file size          (blocks, -c) 0
data seg size           (kbytes, -d) unlimited
scheduling priority             (-e) 0
file size               (blocks, -f) unlimited
pending signals                 (-i) 16375
max locked memory       (kbytes, -l) 64
max memory size         (kbytes, -m) unlimited
open files                      (-n) 1024
pipe size            (512 bytes, -p) 8
POSIX message queues     (bytes, -q) 819200
real-time priority              (-r) 0
stack size              (kbytes, -s) 10240
cpu time               (seconds, -t) unlimited
max user processes              (-u) 1024
virtual memory          (kbytes, -v) unlimited
file locks                      (-x) unlimited
```

[그림 2.4] ulimit -a로 확인한 자원 제한

하지만, 산발적으로 한두 번 쓰는 파일이라면 쓰고 난 뒤에 닫아주는 것이 좋다. 왜냐하면, 특별한 경우를 제외하고는 모든 프로세스에는 최대 열 수 있는 파일의 개수에 제한이 존재하기 때문에 파일을 닫지 않으면 나중에 더는 파일을 열 수 없는 상황이 발생할 수도 있다.

여기서 열 수 있는 파일의 제한에는 소켓이나 파이프 같은 통신용 디바이스도 포함되므로 주의를 기울여야 한다. 참고로 최대 파일 오픈 수(max open files)에 대한 설정은 ulimit −n 명령으로 확인할 수 있다.

2.5 파일 사용 패턴 조언

POSIX에서는 2001년도에 파일 사용 패턴 조언을 추가하였다. 이 기능은 열린 파일 기술자를 앞으로 순차적으로 읽을 것인지 아니면 랜덤하게 접근할 것인지 혹은 한 번만 쓰고 다시는 쓰지 않을 것인지를 알려주는 기능이다.

```
int posix_fadvise(int fd, off_t offset, off_t len, int advice);
```

예를 들어 순차적으로 접근하겠다고 해두면 시스템은 현재 읽은 데이터의 다음 데이터를 프리패칭해서 미리 가져오도록 한다. 이를 통해 최대한 레이턴시를 줄여주기 때문에 대용량 파일을 읽어들일 때 성능이 좋아진다.

그러나 한 번만 읽고 더는 사용하지 않는 파일이라고 시스템에 조언해준다면 시스템은 해당 파일을 읽을 때 사용한 메모리를 퇴출하도록 캐시 정책에 반영할 수 있다. 이는 메모리를 좀 더 효율적으로 사용할 수 있게 한다.

이는 5장에서 다룰 mmap과 관련이 깊으므로 mmap의 메모리 조언 함수인 posix_madvise에서 다룰 것이다. 사실 posix_madvise와 함수 구조와 사용되는 명령 인수가 동일하기 때문이다. 궁금하다면 5장의 mmap 부분을 참고하기 바란다.

이것으로 저수준 파일 입출력에 대한 설명을 줄이고자 한다. 원래 여기서 다루는 파일 입출력에 대한 내용은 초중급 과정이므로 깊이 다루지는 않았다. 다만, 과도한 흡연이나 음주 혹은 교통사고로 인해 저수준 파일 입출력 기법에 대한 옛 기억을 잃어버린 분들을 위해 간단한 예제와 설명을 곁들였을 뿐이다.

따라서 시간이 된다면 앞서 소개한 것 외에도 fcntl, dup나 벡터 입출력인 readv, writev와 같은 것들을 다시 한 번 복습하고 만일 몰랐다면 man 페이지나 POSIX, SUS 표준안 혹은 리눅스/유닉스 기초 프로그래밍 책을 읽기 바란다. 특히 벡터 입출력은 실무에서도 종종 사용되므로 알아두면 많은 도움이 된다.

소켓에서는 이와 비슷하게 recvmsg, sendmsg 함수를 사용하면 코드를 간결화하는데 도움이 된다.

O3 고수준 파일 처리의 사용

고수준 파일 처리는 C 언어 표준이고 추상화된 스트림에 더욱더 가까운 형태로 다뤄지기 때문에 운영체제 레벨의 작업은 몰라도 쉽게 이해할 수 있는 장점이 있다. 더군다나 다양한 포매팅이나 버퍼링을 제공하는 장점이 있다.

하지만, 버퍼링은 사용자 변수와 버퍼 사이의 메모리 복사, 버퍼와 커널 사이의 복사까지 중복되므로 메모리 대역폭을 비효율적으로 사용하는 단점이 되기도 한다. 따라서 저수준 파일 처리보다 비효율적인 면이 있기에 리얼타임 시스템과 같이 응답성과 성능을 중시한다면 고수준 파일 처리를 최소한으로 사용하는 편이 좋다.

그리고 저수준도 일반적인 동기적 I/O보다는 10장에서 다루는 비동기적 I/O(AIO)가 응답성과 성능 효율이 높기 때문에 성능만 따진다면 여러 선택이 존재한다. 그러나 성능에 대한 부분은 사용하는 메모리 형태 및 크기, 입출력 횟수에 따라서 달라지기 때문에 저수준과 고수준을 절대적으로 비교하기는 조금 무리가 따르기도 한다. 심지어 대부분의 작은 입출력에서는 고수준과 저수준이 별 차이가 없는 경우가 많다.

우선 고수준 파일 처리에서는 저수준 파일 처리에서 언급했던 원자적 실행(atomic operation)을 사용할 수 없다. 고수준의 파일 입출력은 C 언어 표준에 포함된 내용이기 때문에 시스템 레벨의 원자적 입출력을 강제하기 힘들기 때문이다. 그래서 유닉스 표준은 C 언어 표준을 포함하지만, 그 반대는 가능하지 않다는 것을 기억해야 한다. 즉 원자적 실행이나 병렬성 등과 같이 유닉스 표준에 영향을 미치는 부분은 모두 C 언어 표준에서 제외되어 있다.

3.1 FILE 구조체와 버퍼링

고수준 파일 처리에서는 FILE 구조체를 사용한다. 표준에는 FILE 구조체를 통해 파일 처리에 관련된 어떤 기능을 제공해야 한다는 것만 있으므로 구조체 내부 구조는 임플리먼테이션별로 다르다.

C 언어에서는 FILE 구조체를 통해서 얻어지는 파일 입출력 매개물을 파일 스트림이라 부르고 이는 가상화된 흐름을 표현하는 장치이다. 즉 데이터가 물처럼 수도관을 타고 흘러다니는 것이라고 이해하면 빠르다.

즉 스트림(stream)의 정의를 내리자면 연속된 공간에서의 가상의 데이터 흐름이라고 할 수 있다. 이는 어떤 데이터가 디스크 공간에 나뉘어 있거나 버퍼 메모리에 캐시되어 있다고 하더라도 사용자는 어디에 어떻게 있는지 상관할 필요없이 항상 하나의 통로를 통한 흐름으로 받아들일 수 있다.

이런 통일된 하나의 흐름으로 인식하면 매우 직관적이므로 쉽게 접근할 수 있게 된다. 더군다나 스트림은 파일의 상대적인 위치로 접근하거나 절대적인 오프셋 위치를 통해서 접근할 때도 직관적으로 계산할 수 있게 되므로 매우 편리해진다. 물론 이런 스트림을 이용하는 입출력은 유닉스의 저수준 파일 처리에서도 동일한 관점을 사용하기 때문에 추상화된 고수준과 크게 다를 바는 없는데 이는 C 언어가 준 영향 때문이라고 생각된다.

[코드 2.3] 고수준 파일 입출력 예제

```
FILE *fp; /* 고수준 파일 처리에서 사용되는 파일 포인터 변수 */
if ( (fp = fopen("streamfile.txt", "w")) == NULL) {
    /* Error handling */
}
...
fclose(fp); /* 파일 닫기 */
```

[코드 2.3]의 예제를 보면 고수준 파일 처리에서 사용되는 함수들은 저수준 파일 처리의 open, close의 함수 앞에 f자를 붙인 것 외에는 별로 다른 것이 없다. 그런데 고수준 파일 처리에는 몇 가지 특징이 있다. printf 또는 scanf와 같이 형식화된 입출력과 버퍼링 기능이다. 하지만, 이 중에서 형식화된 출력은 2008년도 유닉스 표준에서 dprintf 계열 함수를 추가했기 때문에 저수준 파일 처리에서도 가능하다고 언급했었다.

그러나 라이브러리 레벨에서 사용되는 버퍼링은 고수준의 큰 특징 중 하나이다. 이를 제어하기 위해서 fflush와 setvbuf 함수가 제공된다.

fflush는 수동으로 버퍼를 비우는 작업을 하므로 강제로 출력하게 된다. setvbuf 는 버퍼링을 제어하는 방법으로 기본적으로는 완전 버퍼링(Fully buffered, block buffering)이 지정되어 있다.

```
setvbuf(stdout, (char *)NULL, _IOLBF, 0);
```

위의 setvbuf 예는 라인 버퍼링(_IOLBF)을 지정하는 것으로서 개행문자(new line character)가 발견되면 버퍼를 자동으로 비운다. 즉 출력하면서 개행 문자가 나타나면 fflush를 자동으로 실행한다고 생각하면 이해가 빠르다. 이외에 _IONBF은 버퍼링을 하지 않는 것이고 _IOFBF를 사용하면 기본값인 완전 버퍼링을 의미한다.

만일 setvbuf 정책보다 수동으로 버퍼를 비우는 것을 중시한다면 언제 비우는 것이 좋은지를 생각해 볼 필요가 있다.

이에 대한 정답은 없지만 보통 너무 긴 버퍼링을 하면 반응속도나 버퍼 공간의 비효율적인 사용을 하게 되므로 적당한 시간이나 혹은 위와 같이 라인 버퍼링을 이용하거나 혹은 시스템에 맡겨버리거나 하는 방법이 좋다.

하지만, 강제로 fflush를 실행하여 버퍼를 비우는 행위가 필요한 때가 있는데, 바로 fork나 exec 계열의 함수를 사용하는 경우이다. 물론 posix_spawn을 사용할 때도 마찬가지다. 이 경우에는 기존에 버퍼링된 데이터의 순서가 역전되거나 파괴될 수 있기에 미리 버퍼를 비우는 것이 안전하다.

3.2 바이너리 데이터 입출력

고수준 파일 처리에서 텍스트 형식의 데이터를 출력하거나 읽기 위해서는 printf 계열, putc, puts나 scanf, getc, fgets와 같은 다양한 함수를 사용할 수 있다. 하지만, 바이너리 데이터를 사용하려면 fwrite, fread와 같은 함수를 사용한다.

그러나 바이너리 데이터를 써넣을 때는 조심해야 하는 것이 하나 있는데 그것은 구조체를 사용하면 팩화(packed)된 경우나 주소 경계가 정렬되어(aligned) 패딩(padding)이 발생하는 경우가 생길 수 있으므로 읽거나 쓸 때 정확한 위치 경계를 잡는 것이 중요하다는 점이다.

이는 정적 캐스팅(static casting)으로 데이터를 읽어오거나 사용할 때 매우 중요한 문제를 일으킬 수 있다. 실제로 패딩을 고려하지 않은 바이너리 구조체 데이터를 타 플랫폼으로 이식하면 버스 에러 같은 문제점이 발생할 수 있다.

이런 문제를 해결하기 위해 mmap이나 네트워크 소켓을 통한 데이터 전송을 할 때는 XDR 규약(External Data Representation)을 지켜주는 것이 좋다. XDR에 대한 내용은 조금 뒤에 다루도록 할 것이다.

04　저수준과 고수준 파일 처리의 혼용

앞서 저수준과 고수준의 파일 처리 방식과 차이점에 대해 보았다. 이번에는 이 둘을 혼용하면 어떤 문제가 생길 수 있는지, 무엇을 조심해야 하는지 짚고 넘어가도록 할 것이다.

우선 특정한 상황을 하나 가정하도록 하자. 프로그래머가 저수준 파일 처리의 open을 이용해서 fd0라는 파일기술자를 하나 얻었다. 그리고 fd0로부터 dup, dup2를 이용해서 복제된 fd1, fd2라는 파일기술자가 있고, 여기에 다시 fdopen을 이용해서 fp0라는 고수준 파일 처리의 FILE 포인터를 얻어냈다.

fd0, fd1, fd2, fp0는 실제로는 한 개의 파일을 보고 있고 같은 채널에서 복사했기 때문에 fd0의 현재 오프셋 위치를 lseek로 이동하면 공유된 모든 형태가 같이 변경된다. 이렇게 한 개의 입출력 채널을 공유한 형태를 연결된 채널들(linked channels)이라고 부른다. 연결된 채널들이 어떻게 작동하는지 확인하기 위해 간단한 예제를 보는 것이 좋을 것 같다.

[코드 2.4] 연결된 채널에 입출력하는 경우   (linked_ch.c)

```c
01   char file_log[64]; /* 로그를 기록할 파일명 */
02   void cat_logfile(); /* 로그 파일을 출력하는 함수 */
03   int main(int argc, char *argv[])
04   {
05       int     fd0, fd1;
06       FILE    *fp0;
07       char    buf[64];
08       snprintf(file_log, sizeof(file_log), "%s.log", argv[0]);
09       if ( (fd0 = open(file_log, O_CREAT|O_TRUNC|O_RDWR, 0644)) == -1) {
10           /* error */
11       }
12       write(fd0, "1234567890abcdefghij", 20);  /* fd0에 기록 */
13       cat_logfile();  /* 현재 파일의 내용을 출력 */
14       if ( (fd1 = dup(fd0)) == -1) {  /* 파일기술자 복제 */
15           /* error */
16       }
17       write(fd1, "OPQRSTU", 7);       /* 복제된 파일기술자에 출력 */
18       cat_logfile();
19       if ( (fp0 = fdopen(fd1, "r+")) == NULL) {  /* fd로부터 고수준 파일 처리 구조체 생성 */
20           /* error */
21       }
22       printf("\tfd0(%d) fd1(%d)\n", fd0, fd1);
23       lseek(fd1, 2, SEEK_SET); /* fd1의 현재 오프셋 위치를 변경 */
24       write(fd1, ",fd1,", 5); /* fd1에 메시지 기록 */
25       cat_logfile();
26       write(fd0, ",fd0,", 5); /* fd0에 메시지 기록 */
27       cat_logfile();
28       fread(buf, 5, 1, fp0); /* fp0로부터 파일 읽기 */
29       printf("\tread buf=\"%.5s\"\n", buf);
30       fwrite("(^o^)", 5, 1, fp0); fflush(fp0); /* fp0에 파일 쓰기 */
31       cat_logfile();
32       fclose(fp0);
33       close(fd1);
34       close(fd0);
35       return 0;
36   }
37   void cat_logfile()
38   {
39       static int cnt;
40       char    *argv_child[] = {"cat", file_log, NULL};
41       printf("%d={", cnt++);
42       fflush(stdout);
43       posix_spawnp(NULL, argv_child[0], NULL, NULL, argv_child, NULL);
44       wait(NULL);
45       printf("}\n");
```

```
46        fflush(stdout);
47    }
```

먼저 [코드 2.4]는 간단한 작동을 보기 위함이므로 세세한 에러 처리는 하지 않았다. 따라서 기능에 충실하여 코드를 보도록 한다. 프로그램의 개요를 설명하면 open으로 파일을 하나 열고 dup로 복제를 한다. 그리고 fdopen으로 기존에 열린 파일기술자로 부터 고수준 파일 처리의 스트림을 변환하여 얻어낸다.

이렇게 하면 모든 파일은 연결된 채널로 열리게 된다. 이렇게 열린 파일들에 쓰거나 위치를 변경하거나 읽거나 했을 때 동일하게 파일의 오프셋 위치가 변하는지 확인할 것이다.

[코드 2.4]에서 눈여겨볼 것은 write, lseek, fread, fwrite가 나오는 행만 주의해서 보면 된다. 사실 나머지 코드들은 큰 의미가 없다. 왜냐하면, 모든 파일이 연결된 채 널이기 때문에 fd0, fd1, fp0는 모두 같은 곳을 보고 있기 때문이다. 먼저 컴파일 후 실행을 해보자.

```
$ ./linked_ch
0={1234567890abcdefghij}
1={1234567890abcdefghijOPQRSTU}
        fd0(3) fd1(4)
2={12,fd1,890abcdefghijOPQRSTU}
3={12,fd1,,fd0,cdefghijOPQRSTU}
        read buf="cdefg"
4={12,fd1,,fd0,cdefg(^o^)QRSTU}
```

[그림 2.5] 연결된 채널들을 확인하기 위한 예제 실행

[그림 2.5]에서 중요한 부분은 음영으로 표시해두었다. 첫 번째 음영인 OPQRSTU는 [코드 2.4]에서 17행의 수행 결과이다. 17행은 dup로 복제된 fd1에 출력을 한 것인데 도 기존 파일의 맨 끝에 추가되었다. 즉 기존 파일의 위치 오프셋을 동일하게 사용하 고 있다는 뜻이다.

그런데 23행에서 lseek로 파일의 오프셋 위치를 2로 바꾸었다. 그런 뒤에 ",fd1,"라는 메시지를 출력했으니 기존 파일에 덮어쓰게 된다. 그리고 26행에서 fd0에 ",fd0,"을 썼는데 앞서 fd1에 출력한 5바이트 뒤로 이동해서 덮어쓰여지는 것을 볼 수 있다. 즉 fd0와 fd1은 서로 같은 위치 오프셋을 공유하는 것이 확실해진 것이다.

28행은 고수준 파일 처리의 스트림으로부터 fread를 통해서 5바이트를 읽어 들었다. 이 파일 스트림도 fdopen으로 얻어진 연결된 채널이므로 앞의 fd0, fd1의 오프셋 위 치를 공유한다. 따라서 읽어 들인 데이터는 "cdefg"로 나오고 그다음에 fwrite를 하는 것도 fread로 읽은 5바이트 만큼 뒤로 이동한 뒤에 쓰여지게 된 것이다.

이렇게 연결된 채널들 사이에는 오프셋 위치가 공유되지만 좀 다른 케이스가 생길 수도 있다. 예를 들어 fdopen(fd1, "a+")로 열게 되면 추가(append) 모드로 열리게 되는데, 이 경우에는 채널에 추가 모드의 플래그가 설정된다.

따라서 자동으로 모든 연결된 채널이 추가 모드로 작동하게 되며 그 차이는 [그림 2.6]처럼 나타나게 된다. [그림 2.6]은 [코드 2.4]에서 19행의 fdopen을 추가 모드로 바꾼 뒤에 실행한 결과이다.

```
$ ./linked_ch
0={1234567890abcdefghij}
1={1234567890abcdefghijOPQRSTU}
        fd0(3) fd1(4)
2={1234567890abcdefghijOPQRSTU,fd1,}
3={1234567890abcdefghijOPQRSTU,fd1,,fd0,}
        read buf="■■s■"
4={1234567890abcdefghijOPQRSTU,fd1,,fd0,(^o^)}
```

[그림 2.6] 추가 모드로 작동되는 연결된 채널들

[그림 2.6]을 보면 중간에 read buf 메시지 부분은 깨진 문자가 나오는 것을 볼 수 있다. 이는 당연히 쓰레기 값이 출력되었기 때문이다. 왜냐하면, 추가 모드로 열렸기 때문에 항상 파일의 끝을 보고 있을 테고 당연히 읽은 내용이 없을 것이므로 버퍼에는 쓰레기 값이 들어가 있는 것이다. 실제로 [코드 2.4]의 28행에서 fread의 리턴값을 살펴보면 읽은 데이터가 없으므로 0이 나오게 된다.

그러면 같은 파일을 여러 번 열어도 같은 일이 발생할까? 결론부터 이야기하면 아니다. 연결된 채널을 사용하거나 저수준과 고수준 파일 처리를 혼용하더라도 매번 파일을 새로 열게 되면 각각의 파일은 독립된 채널들(independent channels)로 열리게 된다.

이렇게 독립된 채널들은 각각 따로 관리되므로 앞서 언급한 것과 같이 파일 위치 오프셋이나 옵션 플래그의 공유 문제는 발생하지 않는다. 하지만, 각각 버퍼가 존재하고 채널들을 생성하기 때문에 메모리 관련 오버헤드가 발생할 수 있다.

하지만, 독립된 채널이라고 해도 여전히 하나의 파일에 여러 프로세스나 스레드가 입출력하면 순서 역전 문제는 남는다. 이는 독립된 채널들이라고 하더라도 거의 동시에 동일 파일에 입출력한다면 실제 디스크로부터 읽거나 쓰는 시점이 미묘하게 역전될 가능성이 존재하기 때문이다.

더군다나 이런 역전 현상에는 운영체제의 스케줄링 영향을 받기 때문에 프로그래머가 예측할 수 없다. 물론 이를 막기 위해 파일 락이나 fflush 혹은 동기화된 I/O를 사용할 수도 있지만 성능 면에서도 불이익이 생기고 문제도 백퍼센트 해결할 수 없는 경우가 많이 생긴다.

따라서 독립된 채널이든 연결된 채널이든 간에 하나의 파일에 복수의 채널을 만드는 것은 지양해야 한다는 결론에 도달하게 된다. 앞서 팁에서 제공했듯이 쓰기 처리에 대한 부분은 직렬화를 시켜주는 것이 가장 성능과 신뢰성이 좋을 수 있다.

> **TIP**   fflush(stdin)
>
> 관습적으로 DOS나 MS Windows 패밀리 환경에서는 입력 채널(stdin) 버퍼를 비울 때 fflush를 사용하여 fflush(stdin)를 호출하는 경우가 있다. 하지만, 이는 표준에 정의되지 않은 행동이며 각 플랫폼에 따라서 어떻게 작동할지 예측할 수 없기 때문에 지양하는 것이 좋다.

마지막으로 [코드 2.4]의 예제를 독립된 채널로 바꾼 예제와 실행 결과를 보도록 하겠다. [코드 2.5]에서 바뀐 부분은 기존 [코드 2.4]의 14, 19행의 2줄뿐이므로 지면을 아끼기 위해 해당 부분이 포함된 부분만 적고 나머지는 생략하도록 하겠다.

[코드 2.5] 독립된 채널에 입출력하는 경우   (ind_ch.c)

```
14    if ( (fd1 = open(file_log, O_RDWR, 0644)) == -1) { /* 독립된 채널로 열기 */
15        /* error */
16    }
17    write(fd1, "OPQRSTU", 7);
18    cat_logfile();
19     if ( (fp0 = fopen(file_log, "r+")) == NULL) { /* 고수준 파일 처리로 열기 */
20        /* error */
21    }
22    printf("\tfd0(%d) fd1(%d)\n", fd0, fd1);
```

[코드 2.5]를 실행하면 [그림 2.7]과 같이 전혀 별개로 오프셋들이 작동하는 것을 알 수 있다.

```
$ ./ind_ch
0={1234567890abcdefghij}
1={OPQRSTU890abcdefghij}
        fd0(3) fd1(4)
2={OP,fd1,890abcdefghij}
3={OP,fd1,890abcdefghij,fd0,}
        read buf="OP,fd"
4={OP,fd(^o^)abcdefghij,fd0,}
```

[그림 2.7] 독립된 채널들을 확인하기 위한 예제 실행

O5 패딩(padding)/팩(pack)과 XDR

CPU는 메모리에 접근할 때 특정 바이트의 배수로 정렬된 주소로 접근하면 더 효율적으로 작동하게 된다.[1] 더군다나 효율 문제를 떠나 많은 종류의 CPU는 정렬되지 않은 주소에 접근하면 버스 오류(bus error)를 일으키며 프로세스를 종료시키기까지 한다.[5] 그래서 CPU의 특성 때문에 대부분의 임플리먼테이션은 구조체와 같이 다양한 크기의 멤버 변수가 모이는 경우는 각 멤버 변수의 시작하는 주소를 특정한 짝수 바이트의 배수로 주소 경계를 맞춘다. 간단한 예로 [그림 2.8]을 보도록 하자.

```
struct my_st_a {                    struct my_st_b {
    char    str[9];                     char    str[9];
    char    cnt[4];                     int     cnt;
}                                   }
            9 + 4 = 13 byte                     9 + (3) + 4 = 16 byte
```

[그림 2.8] 패딩의 유무에 따라 달라지는 구조체 크기

[그림 2.8]의 두 구조체는 왼쪽이 13바이트, 오른쪽은 16바이트 크기를 가진다. 사실 두 구조체에서 멤버 변수들의 자체 크기만을 합산해보면 둘 다 13바이트로 같지만, 실제 구조체 크기는 서로 달라지는 것이다.

이런 차이가 나는 이유는 오른쪽 구조체에는 str과 cnt 사이에 숨겨진 3바이트가 존재하기 때문이다. 숨겨진 3바이트가 들어간 이유는 "int cnt"의 오프셋 주소를 4바이트 경계에서 시작할 수 있도록 하기 위함이다. 이렇게 4바이트 단위의 경계에 모든 변수의 시작 주소가 놓일 때 CPU는 더욱 빠르게 접근할 수 있을 것이다.

그리고 이렇게 주소 경계를 특정 단위의 배수로 정렬하기 위한 규칙이 있는데 바로 XDR(External Data Representation)이라고 하며 Sun Microsystems에서 요구하여 RFC로 제출되었다. (RFC 1014에서 RFC 1832로 개정됨)

5.1 XDR, RFC 1832

앞서 언급한 대로 XDR의 목적은 서로 다른 아키텍처 간에 데이터 교환을 할 때 버스 오류 같은 현실적인 문제나 성능이 떨어지는 것을 최소화하기 위해 정의된 데이터 표현 방식이다.[6] 그러므로 이 XDR 프로토콜은 특정 언어나 아키텍처에 종속적인 내용

---

5) 버스 오류(bus error)가 발생하면 SIGBUS 시그널을 발생시키면서 프로세스는 종료된다. 시그널에 대한 자세한 설명은 9장의 시그널 처리 부분을 참조하도록 한다.

6) Intel은 2000년 초반부터 정렬되지 않은 메모리(misaligned memory) 접근에 대한 패널티를 개선하였다. 현재는 Intel 프로세서에 패널티가 없다. 그러나 다른 벤더의 프로세서들은 작동에 실패하거나 패널티가 큰 경우가 있으니 주의해야 한다.

은 아니다. 또한, 언어 중립적인 프로토콜이기 때문에 이 책에서는 C 언어를 기준으로 만 설명하지만 다른 프로그래밍 언어를 사용한다 하더라도 동일한 규칙이 적용된다.

먼저 통신을 위한 규칙 중에 이 책에서 설명하는 부분은 2가지 정도이다. 첫 번째는 바이트 정렬에 대한 것으로 통신 데이터는 기본적으로 빅엔디안(big-endian)을 사용한다는 점이다. 빅엔디안과 리틀엔디안에 대한 자세한 이야기는 소켓 통신에서 다루므로 해당 부분을 참고하는 것이 좋다. 두 번째는 메모리 정렬, 즉 주소 경계에 대한 이야기로서 XDR은 기본 유닛의 크기를 4바이트 경계를 권고한다는 점이다.

여기서 메모리 정렬이 된 경우와 정렬되지 않은 경우를 비교해보자. 예로 "1234567890abc"라는 문자열 데이터와 long형 123456을 송수신하는 경우가 있다. 실제 송수신을 하게 되면 예제가 복잡해지고 소켓 통신 부분과 엔디안 규칙까지 모두 적어야 하므로 예제가 지저분해진다.

따라서 여기서는 간단하게 메모리 버퍼에 문자열 13바이트와 long형 1개를 버퍼에 저장하는 곳까지만 작성해보겠다. 그래서 이 기능만 구현하면 [코드 2.6]의 예제처럼 작성할 수 있다. 하지만, 이 코드는 대다수의 RISC CPU를 탑재한 유닉스 시스템에서는 버스 오류(bus error)를 발생시킬 수 있다. 물론 PC에서 사용하는 x86 계열 CPU에서는 문제가 발생하지 않는다. 이는 x86 계열에서는 정렬 검사(alignment check) 기능이 비활성화되어 있기 때문이다.

[코드 2.6] 정렬되지 않은 메모리 출력   (xdr_fmt.c)

```
01  int main() {
02      char *p_buf;
03      if ((p_buf = (char *)malloc(sizeof(char) * 65536)) == NULL) {
04          return EXIT_FAILURE;
05      }
06      memcpy(p_buf, "1234567890abc", 13);  /* 문자열 13바이트 저장 */
07      p_buf += 13;                         /* p_buf의 주소를 13바이트 뒤로 이동 */
08      *((long *)p_buf) = 123456;           /* 정수형 데이터 저장 */
09      return EXIT_SUCCESS;
10  }
```

[코드 2.6]의 07행은 문자열을 기록한 뒤에 long을 기록하기 위해 오프셋을 13바이트 뒤로 이동한 것이다. 그리고 08행의 long형을 저장했다. 32bit 운영체제라면 4바이트의 long까지 저장하여 실제로 기록한 바이트는 17바이트일 것이다.

하지만, 이 코드는 분명히 버스 오류의 위험이 있다고 하였다. 심지어 정렬 검사를 하지 않는 x86 CPU라고 하더라도 다음 [코드 2.7]의 내용을 [코드 2.6]의 02행쯤에 삽입해 넣으면 버스 오류를 발생시켜서 프로세스가 종료된다.

[코드 2.7] x86 계열의 Alignment check 활성화 어셈블리 코드　　　　　　　　(xdr_fmt.c)

```
01  #if defined(__GNUC__)
02  # if defined(__i386__)
03    __asm__("pushf\norl $0x40000,(%esp)\npopf"); /* Enable Alignment Checking on x86 */
04  # elif defined(__x86_64__)
05    __asm__("pushf\norl $0x40000,(%rsp)\npopf"); /* Enable Alignment Checking on x86_64 */
06  # endif
07  #endif
```

그러면 XDR에서 권고하는 4바이트 단위로 메모리를 정렬해보도록 하자. 이를 위해서 [코드 2.7]의 07행에서 13바이트를 건너뛰는 것이 아니라 long형의 배수에 주소 경계를 맞추기 위해 16바이트를 건너뛰면 된다. 즉 p_buf += 16;으로 수정하면 된다.

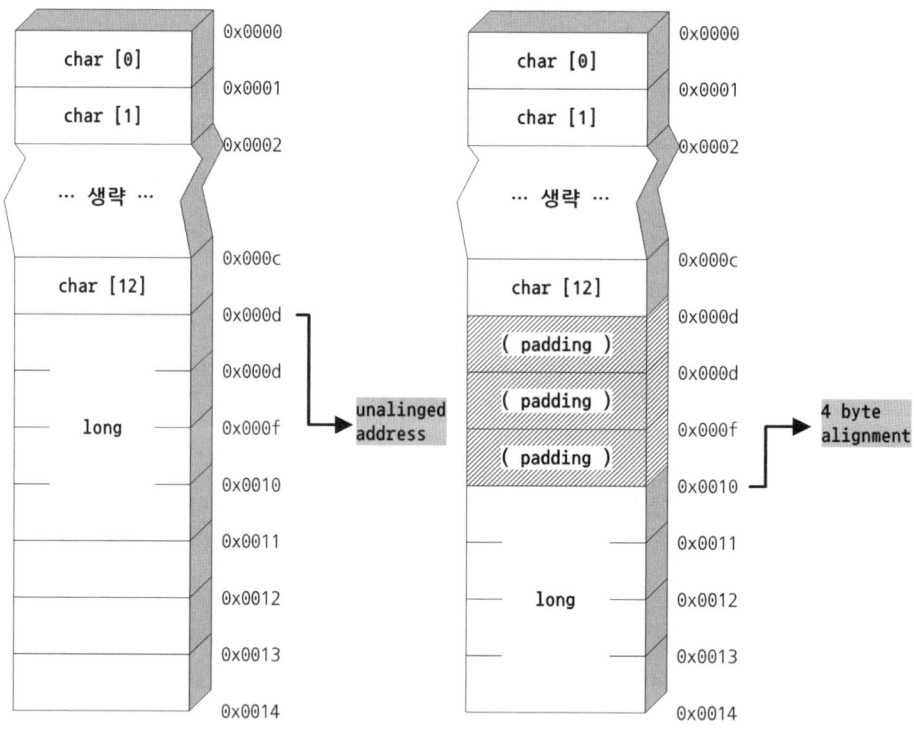

[그림 2.9] 정렬되지 않은 경우(좌)와 정렬된 경우(우)

[그림 2.9]는 [코드 2.6]의 정렬되지 않는 주소에 접근하는 경우와 16바이트를 건너뛰어서 정렬된 주소로 시작하는 것을 오프셋 주소로 비교한 그림이다. 별다를 것도 없지만, 오른쪽의 정렬된 경우는 시작 주소가 32bit나 64bit의 배수로 되어 있다는 점이다.

그런데 위와 같이 서로 다른 데이터 형을 복합적으로 사용하는 경우라면 구조체를 사용하는 편이 더 편할 것이다. 그러나 구조체의 경우는 [그림 2.8]처럼 주소 경계를 맞추기 위해 숨겨진 패딩이 생길 수도 있다는 것을 보았다.

그렇다면 임플리먼테이션이 구조체에 패딩을 넣는 규칙과 프로그래머는 패딩을 어떻게 처리해야 하는지 생각해보자.

> **TIP**   XDR은 왜 4바이트 유닛을 기준으로 했을까?
>
> XDR (RFC 1832)은 1995년도에 만들어졌다. 당시에는 32bit 운영체제가 대부분이었기 때문에 가장 보편적인 메모리 정렬 기준을 32bit를 word로 하여 정렬하는 것이 유리했다. 물론 당시도 Cray와 같은 경우는 64bit로 정렬했지만, 이는 대중적인 시스템이 아니므로 XDR은 4바이트 주소 체계에 가장 적합하도록 만들어진 것이다.

5.2 묵시적인 패딩과 명시적인 패딩

C 언어에서 구조체를 사용할 때는 임플리먼테이션들이 정렬된 주소 경계를 만들기 위해 정렬 패딩을 넣어주는 경우가 있다. 앞서 본 [그림 2.8]의 my_st_b 구조체는 중간에 3바이트 패딩이 숨겨져 있는 것이다.

이렇게 숨겨져 있는 공간을 묵시적인 패딩(implicit padding)이라 부르는데 얼마만큼의 패딩이 숨겨져 있는지 혼란을 일으킬 수 있다. 따라서 명시적인 패딩(explicit padding)으로 수정하는 것이 좋다. 즉 [그림 2.10]의 오른쪽 코드처럼 작성하는 것이 좋다.

```
struct my_st_b {              struct my_st_b {
    char    str[9];               char    str[9];
    int     cnt;                  char    pad[3];
}                                 int     cnt;
                              }              " explicit padding "
```

[그림 2.10] 묵시적인 패딩(좌)과 명시적인 패딩(우)

[그림 2.10]의 좌우 구조체는 멤버의 개수가 다르지만 두 가지 모두 16바이트의 크기를 가진다. 하지만, 오른쪽의 명시적인 패딩을 넣은 쪽이 훨씬 명확하다. 더군다나 구조체의 멤버가 다양할 때는 각 멤버들의 순서에 따라 패딩의 크기나 개수도 달라진다.

```
struct my_st_b {              struct my_st_b {
    char    str[9];               long    cnt;
    char    pad1[3];              long    time;
    long    cnt;                  char    str[9];
    char    comment[10];          char    comment[10];
    char    pad2[2];              char    pad;
    long    time;             } st_b;              " 28B "
}              " 32B "
```

[그림 2.11] 구조체 멤버 변수의 순서에 따른 크기 변화

[그림 2.11]을 보면 좌우의 구조체는 패딩을 제외한 의미 있는 변수들의 개수는 동일하다. 하지만, 그 배치 순서에 따라서 왼쪽은 32바이트, 오른쪽은 28바이트로 다르게

나온다.

일반적인 경우라면 오른쪽의 28바이트 구조체가 훨씬 메모리를 절약할 수 있지만, 캐시 라인(cache line)의 크기에 정렬시켜 성능 향상을 꾀하는 경우라면 좌측의 32바이트 구조체를 더 선호할 수도 있다.

더군다나 몇몇 통신용 데이터 구조체의 경우는 차후의 프로토콜 확장을 위해 곳곳에 명시적 패딩을 더 추가해서 넣는 경우도 있다. 하지만, 여기서는 이런 성능이나 확장을 위한 팁이 아니라 묵시적인 패딩이 어떻게 추가되는지를 알아두는 것이 먼저일 것이다.

이를 위해 구조체에 다양한 데이터 타입을 조합해서 묵시적인 패딩이 어떻게 추가되는지 예제를 하나 작성해 볼 필요가 있다. 참고로 [코드 2.8]의 offset는 stddef.h에 선언되어 있으므로 이를 참조하도록 한다.

[코드 2.8] 묵시적인 패딩을 확인하기 위한 예제 (struct_padding.c)

```
01  #define pr_struct(pfix_name)    printf("sizeof(MY_ST_"#pfix_name")=%ld ", \
02          sizeof(MY_ST_##pfix_name)); \
03          printf("offsetof(...,cnt)=0x%04lx\n", offsetof(MY_ST_##pfix_name,cnt))
04  typedef struct my_st_a {
05      char        str[7];
06      char        cnt[4];
07  } MY_ST_A;
08  typedef struct my_st_b {
09      char        str[7];
10      int         cnt;
11  } MY_ST_B;
12  typedef struct my_st_c {
13      char        str[7];
14      short       cnt;
15  } MY_ST_C;
16  typedef struct my_st_d {
17      char        str[9];
18      double      cnt;
19  } MY_ST_D;
20
21  int main()
22  {
23      pr_struct(A);
24      pr_struct(B);
25      pr_struct(C);
26      pr_struct(D);
27      return 0;
28  }
```

컴파일 후에 실행하면 4개의 서로 다른 구조체의 크기와 cnt 멤버의 오프셋 주소가 출력된다. 이는 Intel IA32에서 실행했다. [그림 2.12]를 보면 각 구조체의 크기는 11, 12, 10, 20으로 각각 다르게 출력된다. 그런데 cnt 멤버의 오프셋은 각각 7, 8, 8, 12로 나온다.

```
$ ./struct_padding
sizeof(MY_ST_A) = 11,    offsetof(…,cnt) = 0x0007
sizeof(MY_ST_B) = 12,    offsetof(…,cnt) = 0x0008
sizeof(MY_ST_C) = 10,    offsetof(…,cnt) = 0x0008
sizeof(MY_ST_D) = 20,    offsetof(…,cnt) = 0x000c
```

[그림 2.12] 묵시적인 패딩 확인

직감이 빠른 프로그래머라면 [그림 2.12]의 결과로부터 임플리먼테이션의 묵시적인 패딩 규칙을 볼 수 있다. 즉 구조체 내에 2바이트 멤버가 있다면 2바이트 경계로 패딩을 넣고, 4나 8바이트 멤버가 있다면 4바이트 경계로 패딩을 넣어서 맞추는 것이다. 이런 묵시적인 패딩 규칙은 아키텍처에 따라 다를 수 있다.

그러므로 묵시적인 패딩만 믿고 있다가는 문제가 생길 수도 있으니 프로그래머는 구조체를 설계할 때 명시적인 패딩을 넣거나 애초에 주소 경계에 들어맞는 크기로 정의하는 것이 좋다. 이때 기준은 4나 8바이트를 쓰는 것이 좋다. 앞서 예는 대부분 4바이트 경계를 사용했으나 이는 일반적인 32bit 아키텍처의 경우이고 64bit 아키텍처와 호환성을 가지려면 8바이트 경계에 맞추는 것이 좋다.

명시적인 패딩은 코드의 성능을 최적화하기 위해 캐시 라인 크기에 맞춰서 정렬시키는 용도로도 사용된다. 예를 들어 캐시 라인의 크기가 64바이트라면 의도적으로 구조체의 크기를 64바이트나 128바이트 같이 캐시 라인 크기로 딱 떨어지도록 만든다.

이렇게 하면 멀티 스레드나 시그널 관련 프로그래밍에서 가짜 공유(false sharing)와 같은 캐시 미스를 상당수 줄일 수 있어서 성능 향상에 도움이 된다. 이에 대해서는 8장의 성능을 고려한 프로그래밍 부분에서 자세히 다룰 것이다.

5.3 팩화 구조체

팩(pack)은 묵시적인 패딩을 제외하고 모든 구조체의 멤버를 붙이는 경우를 말한다. 이 기법은 하드웨어 레벨의 프로그래밍에서 사용하는 경우가 많으며 임플리먼테이션에 따라서 비표준화 예약어를 사용한다. 예를 들어 gcc에서 팩을 사용하려면 두 가지 방법이 제공된다.

- source code 내의 특정 struct 에 __attribute__ ((packed)) 지시자를 사용
- gcc 컴파일시에 --pack-struct 를 사용

```
[코드 2.9] gcc의 팩 예약어 사용                                    (struct_packed.c)

01  #define pr_struct(pfix_name)    printf("sizeof(MY_ST_"#pfix_name")=%d ", \
02          sizeof(MY_ST_##pfix_name)); \
03          printf("offsetof(...,cnt)=0x%04x\n", offsetof(MY_ST_##pfix_name,cnt))
04  typedef struct my_st_a {
05      char        str[7];
06      char        cnt[4];
07  } MY_ST_A;
08  typedef struct my_st_b {
09      char        str[7];
10      int         cnt;
11  } __attribute__((packed)) MY_ST_B;
```

[코드 2.9]는 [코드 2.8]을 약간 수정한 것이라서 12행 이후는 생략했다. 11행에 보면 구조체 타입을 선언하면서 팩화 속성을 지정했다. 이렇게 되면 묵시적인 패딩을 넣지 않는다. 모든 구조체에 팩화를 지정하려면 --pack-struct 옵션을 추가하면 된다.

모든 구조체를 팩화한 뒤의 실행 결과를 보면 예상한 대로 패딩이 제외되었기 때문에 [그림 2.13]처럼 사이즈와 오프셋 주소에 홀수가 나온다.

```
$ ./struct_packed
sizeof(MY_ST_A)=11 offsetof(...,cnt)=0x0007
sizeof(MY_ST_B)=11 offsetof(...,cnt)=0x0007
sizeof(MY_ST_C)=9 offsetof(...,cnt)=0x0007
sizeof(MY_ST_D)=17 offsetof(...,cnt)=0x0009
```

[그림 2.13] 팩화 구조체의 사이즈와 오프셋 확인

팩화 구조체를 지정할 때 사용했던 __attribute__ 지시어는 정렬 기준을 지정하는 용도로 사용할 수도 있다. 예를 들어 __attribute__((aligned(#))) 지시자를 이용하면 # 바이트 단위로 정렬한다. 만일 64바이트 캐시 라인에 맞춰 64바이트 단위로 정렬하고 싶다면 #에 64를 넣으면 된다.

이외 GCC의 옵션들은 GCC 매뉴얼 (http://gcc.gnu.org/onlinedocs)에서 찾아볼 수 있다.

5.4 호환성을 위한 설계

XDR의 메모리 정렬과 구조체의 패딩은 아키텍처에 관련되기 때문에 서로 다른 시스템이라면 필히 고민해야 하는 것들이다. 또한, 프로그래밍 언어별로 구조체를 지원하는 경우도 있고 정수형 타입도 지원 범위가 다를 수 있기 때문에 자료를 교환할 때는 아키텍처 외에 개발에 사용되는 언어도 생각해야 한다.

왜냐하면, 누구나 C나 C++만 사용하는 것은 아니기 때문이다. 실무에서는 C 언어로 개발된 어플리케이션이 비주얼 베이직이나 자바 언어로 개발된 어플리케이션과 통신하는 일도 비일비재하다.

그런데 XDR은 이런 호환성에 큰 걸림돌이 되기 때문에 약간의 오버헤드는 있지만 가장 확실한 방법으로 텍스트 기반의 통신이 있다. 텍스트는 바이트 단위이므로 패딩과 정렬에서 벗어날 수 있기 때문이다.

예를 들어 자바에서 구조체나 멀티 바이트 데이터 타입을 처리하려면 바이트 단위로 읽어서 변환해야 하므로 패딩 처리를 하다가 오류가 생길 가능성이 있다. 따라서 굳이 구조체를 통해서 통신한다면 묵시적인 패딩이 존재하는지 확인 절차를 거쳐야 한다.

06 대용량 파일 지원(LFS)

일반적으로 파일을 다루는 함수들은 32bit 머신의 어드레싱 공간 제한인 2 GiB 영역 (사인비트 제외시 2^31이므로)까지만 지원한다.[7] 따라서 open, read, write와 같은 함수를 이용해서 파일을 다루는 경우라면 2 GiB 영역 이상을 사용할 수 없다. 따라서 이 이상의 대용량 파일을 다루기 위해서는 LFS에 대해서 알아둬야 한다. 다만, 64bit 시스템은 기본적으로 대용량 파일을 사용하므로 해당 사항이 없다.

대용량 파일 지원(Large File Summit/Support : LFS)을 사용하려면 2가지를 체크해봐야 한다. 먼저 파일 시스템 포맷이 LFS를 지원해야만 하고 그다음으로는 라이브러리(glibc)가 LFS를 지원해야 한다.

리눅스의 ext2, ext3, ext4는 다행히도 LFS를 지원한다. 또한, glibc는 2.1.3 이상이라면 LFS 지원이 된다. glibc 2.1.3은 1999년 9월 7일에 릴리즈 되었으므로 아마도 지금 사용하는 대부분 시스템은 훨씬 높은 버전을 쓰고 있을 것이다.

---

7) kibi, mebi, gibi, tebi, pebi, exbi(kilobinary, megabinary, terabinary, petabinary, exabianry)는 IEC에서 제정한 2의 승수에 대한 명칭이다. (1998년) 2의 10승씩 올라가므로 kibi는 2^10, mebi는 2^20승을 의미한다. 이들 2승수 표기는 Ki, Mi, Gi, Ti, Pi, 티로 표기하며 10승수 표기인 K, M, G …등과는 표기부터 서로 구별된다. 예로 K는 1000이고 Ki는 1024이다. 따라서 하드웨어는 일반적으로 10의 승수로 표기되고 소프트웨어에서는 2의 승수로 표기되므로 수치에 차이가 생길 수 있다.[1]

심지어 필자가 사용하는 시스템 중에 꽤 오래된 호스트에도 glibc 2.11을 사용하고 있으니 말이다. 이 두 가지가 만족한다면 두 가지 방식으로 64bit LFS를 사용할 수 있다. 그러면 왜 두 가지 방식인가? 그것은 기존 32bit 파일 시스템과 호환성 때문이다.

6.1 32bit와 64bit 파일 관련 함수를 따로 사용하기

이 방식은 기존의 open, read, write, lseek 등의 파일 관련 함수는 그대로 32bit의 한계를 가지도록 두고 새로운 open64, read64, write64, lseek64와 같은 64bit 버전의 함수를 따로 쓰는 방식이다. 이 방식을 사용하기 위한 방법과 32 bit 버전과의 차이점을 보도록 하다.

- off_t는 32bit 한계를 가지고 off64_t는 64bit 한계를 가지므로 따로 사용할 것.
- 저수준 입출력은 open64, read64, write64, lseek64 등을 사용하고 고수준 입출력의 경우는 fopen64 ... 처럼 뒤에 64가 추가된 함수들을 통해 64bit LFS를 사용한다.

이 방식을 사용하려면 2개의 매크로를 정의해야 한다. 소스 코드 내에 #define 전처리문을 이용해도 되고 gcc의 명령행에 −D 옵션을 통해 정의해도 된다. [코드 2.10]의 윗부분은 소스 코드 내에 전처리문을 정의한 것이고, 아랫부분은 gcc 명령행에 옵션을 추가한 것이다.

[코드 2.10] 32bit 와 64bit의 파일 관련 함수를 같이 사용하기

```
#define _LARGEFILE_SOURCE
#define _LARGEFILE64_SOURCE
gcc ... (생략) -D_LARGEFILE_SOURCE -D_LARGEFILE64_SOURCE ...(생략)
```

표 2.6 32/64bit를 동시 사용하는 LFS 매크로

_LARGEFILE_SOURCE	ftello와 fseeko 함수를 사용 가능해진다.
_LARGEFILE64_SOURCE	함수명 뒤에 64가 붙은 64bit 버전의 함수와 open 함수에서 대용량 파일 가능 플래그인 O_LARGEFILE를 사용가능케 한다.

6.2 32bit 함수를 64bit로 모두 변환하기

이 방식이 가장 간단하게 LFS를 지원하는 방식이다. 이 방식을 사용하면 기존의 open, read, write 함수를 전혀 수정할 필요 없이 컴파일할 때 모두 64bit 버전으로 변환된다. 따라서 open을 사용해도 _FILE_OFFSET_BITS=64 매크로를 통해 자동으로 open64로 확장된다. 마찬가지로 off_t는 off64_t가 된다는 점에서 따로 코딩할 필요가 없어진다.

[코드 2.11] 32bit 함수를 64bit로 모두 변환하기 위한 매크로

```
#define _LARGEFILE_SOURCE
#define _FILE_OFFSET_BITS   64

gcc ... (생략) -D_LARGEFILE_SOURCE -D_FILE_OFFSET_BITS=64 ...(생략)
```

표 2.7 모든 파일 관련 기능을 64bit로 업그레이드하는 LFS 매크로

_LARGEFILE_SOURCE	ftello와 fseeko 함수를 사용가능해진다.
_FILE_OFFSET_BITS=64	32 bit 기준의 파일 관련 함수와 변수 타입이 64bit 버전으로 변경됨. off_t 타입도 자동으로 off64_t 로 교체됨.

개인적으로는 두 번째 방식인 모든 32bit 파일 관련 함수를 64bit로 변환하는 것이 좋다고 본다. 하지만, 필요에 따라서 두 가지를 구분해야 하는 경우도 있기 때문에 두 가지 방식이 지원되고 있다. 각 플랫폼이나 파일 시스템별로 LFS 지원 여부와 그 한계는 Andreas Jaeger 〈aj@suse.de〉의 리눅스의 LFS에 대한 글에 정리되어 있으니 참고하도록 한다.[2]

마지막으로 ftello와 fseeko는 SUSv2 (UNIX98)에서 승인된 함수이므로 glibc에서 이를 다루려면 이 표준에 맞도록 매크로를 선언해주어야 한다. UNIX98은 _XOPEN_SOURCE가 500인 경우를 의미하므로 500이나 그 이상을 지정해야만 한다. 이에 대한 내용은 매뉴얼 페이지의 "Confirming to" 란에 나와 있다고 머리말에 적어둔 것을 잊지 말기 바란다.

* 참고 문헌
[1] Prefixes for binary multiples. http://physics.nist.gov/cuu/Units/binary.html
[2] Andreas Jaeger. Large File Support in Linux. http://www.suse.de/~aj/linux_lfs.html

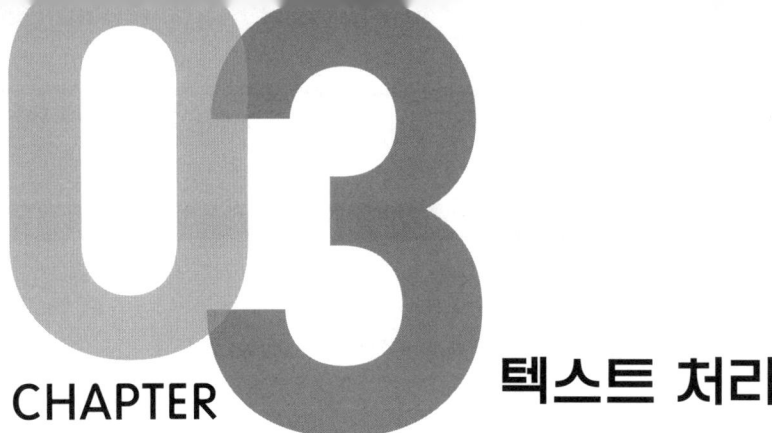

CHAPTER **03** 텍스트 처리

01 텍스트 처리

텍스트 처리는 시스템 프로그래밍의 일부라고 하기에는 조금은 모호하지만, 어떤 경우라도 많이 사용되므로 기초 서적에서 잘 다루지 않는 중요한 부분만을 다루고 넘어가기로 한다. 텍스트 처리에 관련된 함수는 크게 텍스트를 읽어내는 입력 함수와 복사 및 출력 형태를 결정하는 함수들로 이루어져 있다.

먼저 입력에 관련된 함수를 보면 텍스트 데이터를 읽어내는 함수들과 이를 해석하는 함수들로 이루어져 있다. 이 중에서 텍스트 데이터를 해석하는 함수들은 특정 문자열이나 구분자를 찾는 등의 기능을 제공하고 있다. 하지만, 문자열이나 구분자를 찾는 작업들은 정적인 텍스트 형태만 찾게 되므로 패턴이라든지 다양한 형태로 변하는 텍스트는 전혀 건드릴 수 없다.

실무 환경에서 텍스트 데이터를 처리하여 특정한 패턴을 찾는다든지 하는 작업은 얼마든지 볼 수 있는데, 대표적으로 데이터베이스나 소켓으로부터 전송된 텍스트를 전처리하는 작업이 대표적이다. 예를 들어 문자열의 중간에 이메일 주소라든지 URL 주소(http://로 시작하는)를 따로 추출하는 것이 있다. 이런 기능을 구현할 때 어떤 방법을 쓸 수 있을까? 한 바이트씩 읽어서 분석하는 것이 좋을까?

보통 텍스트를 처리할 때 일일이 한 바이트씩 읽어서 비교하거나 memchr, strchr 계열의 함수를 이용해서 찾는 방법은 제대로 작성되었을 때 매우 빠를 수 있다. 하지만, 이런 하드 코딩 방식은 입력 텍스트의 규격이나 형태가 약간만 변해도 재작성해야 하는 부분이 상당히 많아진다. 심지어 완벽히 새로 작성해야 하는 문제가 발생할 수도 있다.

이런 제약은 입력뿐 아니라 출력 부분도 마찬가지다. 예를 들어 어떤 프로그램이 다른 스크립트 언어와 호환하는 구조로 만들어져야 한다든지 혹은 실시간으로 재컴파일 없이 어떤 입출력을 수정할 필요가 있다면 하드 코딩은 선택하기 꺼려질 것이다.

이때 사용 가능한 기법이 바로 정규 표현식(REGEX)이다. 정규 표현식을 사용하면 다음과 같은 작업을 쉽게 할 수 있다.

〈예1〉 전역 환경(Global Configuration)으로 사용되는 파일이 있는데 이 파일의 규격은 셸(shell) 형식이며, 다른 스크립트 언어에서도 사용하는 구조로서 각 언어에 맞게 쉽게 추출, 변환될 수 있어야만 한다.

〈예2〉 데이터베이스에서 넘겨받은 데이터에 특정 문자열이나 데이터가 있는지 검색해야 하는 경우가 생겼다. 그런데 검색어가 지정된 문자열이 아니라 메일 주소, URL, 욕설 패턴 같은 동적으로 바뀔 수 있는 형태이다.

02 정규 표현식(REGEX)의 이용

만일 처리해야 하는 텍스트가 아주 단순하고 정형화된 규격이라면 memchr, strchr, strtok 같은 함수를 이용하거나 직접 버퍼에 접근해서 바이트 단위로 처리하는 것은 괜찮은 방법이다. 하지만, 입력 데이터가 종종 변하거나 규격이 추가된다든지 하는 경우라면 매번 코딩을 바꿔야 하기 때문에 비효율적일 수 있다.

따라서 이런 경우라면 직접 데이터를 해석하는 코드를 만드는 것보다 정규 표현식을 이용하는 방법이 훨씬 효율적이다. 물론 직접 비교하는 방식보다 속도가 느릴 가능성도 있지만, 원체 빠른 C 언어이므로 이 정도의 속도 저하로는 큰 문제가 발생하는 경우는 없을 것이다. 그래서 약간의 성능을 희생하더라도 좀 더 편리하고 강한 정규 표현식이 훨씬 유용할 것이다.

C 언어에서 정규 표현식의 구현은 BSD 방식과 POSIX 방식이 존재한다. 보통은 호환성 문제 때문에 역시 POSIX 정규 표현식을 사용하는 함수가 더 나은 경우가 많다. 따라서 이 책에서도 POSIX 기준의 함수를 설명하도록 할 것이다.

참고로 이외에 PCRE(Perl Compatible Regular Expression)라는 매우 강력한 확장 정규 표현식 기능이 있으므로 POSIX 스타일로 해결되지 않는다면 PCRE를 고려해보는 것도 좋은 방법이다.

PCRE의 새로운 버전에서는 POSIX 스타일의 랩핑 함수도 제공되니 pcre2 관련 패키지 설치 후 pcre2posix 매뉴얼 페이지를 읽어보기를 권장한다.

표 3.1 POSIX 정규 표현식 관련 함수

regcomp	정규 표현식 패턴 문자열을 패턴 버퍼로 컴파일
regexec	컴파일된 패턴 버퍼를 검색할 문자열에 적용
regfree	패턴 버퍼에 할당된 메모리를 해제
regerror	에러 보고

[표 3.1]의 함수들은 정상적인 경우라면 순서대로 regcomp, regexec, regfree의 순으로 사용된다. regerror는 regcomp가 에러를 발생시켰을 때 에러의 원인을 찾기 위해서만 사용된다.

정규 표현식을 알고 있다면 바로 예제를 보면서 사용법을 익히는 것이 빠르다. [코드 3.1]의 예제는 HTML의 일부분을 떼어내는 작업을 하는 코드이다.

[코드 3.1] POSIX 정규 표현식 예제   (posix_regex.c)

```
01  #define MAX_EXPR_SUB_MATCH  5
02  #define DEFAULT_REGEX_STR   "(</.+>).*<br>"
03  #define DEFAULT_DEST_STR    "<center>align to center</center> \
04  align to left <br>New Line<br><br><p>"
05  int main(int argc, char **argv) {
06      int i, ret;
07      char *p_regex_str; /* 패턴 문자열 */
08      char *p_dest_str;  /* 검색할 문자열 (HTML코드) */
09      regex_t re_expr;   /* POSIX 정규 표현식 패턴버퍼 */
10      regmatch_t rm_matchtab[MAX_EXPR_SUB_MATCH]; /* 패턴 버퍼의 검색 결과를 받아올 구조체 */
11      char errbuf[0xff]; /* 에러 발생시 에러 메시지를 저장할 버퍼 */
12      if (argc != 3) {
13          printf("Using default string!!\n"); printf("* Dest str : %s\n", DEFAULT_DEST_STR);
14          printf("* Regex str: %s\n", DEFAULT_REGEX_STR);
15          p_dest_str = strdup(DEFAULT_DEST_STR);
16          p_regex_str = strdup(DEFAULT_REGEX_STR);
17      } else {
18          p_dest_str = strdup(argv[1]);
19          p_regex_str = strdup(argv[2]);
20      }
21      if ((ret = regcomp(&re_expr, p_regex_str, REG_EXTENDED|REG_NEWLINE))) {
22          regerror(ret, &re_expr, errbuf, sizeof(errbuf));
23          printf("Error regcomp() : %s\n", errbuf);
24          exit(EXIT_FAILURE);
25      }
26      printf("regcomp : %s\n", p_regex_str);
```

```
27      memset(rm_matchtab, 0x00, sizeof(rm_matchtab));
28      if (regexec(&re_expr, p_dest_str, MAX_EXPR_SUB_MATCH, rm_matchtab, 0)) {
29          printf("fail to match\n");
30      } else {
31          printf("* All Match offset : (%d -> %d), len(%d) : %.*s\n",
32                  rm_matchtab[0].rm_so, rm_matchtab[0].rm_eo,
33                  rm_matchtab[0].rm_eo - rm_matchtab[0].rm_so,
34                  rm_matchtab[0].rm_eo - rm_matchtab[0].rm_so,
35                  &p_dest_str[rm_matchtab[0].rm_so]);
36          for (i=1; i<MAX_EXPR_SUB_MATCH; i++) {
37              if (rm_matchtab[i].rm_so == -1) break;
38              printf("* Submatch[%d] offset : (%d -> %d), len(%d) : %.*s\n", i,
39                      rm_matchtab[i].rm_so, rm_matchtab[i].rm_eo,
40                      rm_matchtab[i].rm_eo - rm_matchtab[i].rm_so,
41                      rm_matchtab[i].rm_eo - rm_matchtab[i].rm_so,
42                      &p_dest_str[rm_matchtab[i].rm_so]);
43          }
44      }
45      regfree(&re_expr); /* freeing pattern buffer memory */
46      return 0;
47  }
```

우선 21행의 패턴 버퍼로 컴파일 하는 regcomp를 보자. 여기서 컴파일 한다는 의미에 거부감을 느끼고 감이 잘 안 오는 때도 있을 것이다. 대개 컴파일이란 소스 파일을 오브젝트 파일로 만드는 과정이라고 딱딱하게 외웠다면 이해하기 힘들 것이다.

하지만, 컴파일이란 데이터를 수집, 처리하여 다른 형태로 만들어내는 과정이다. 즉 여기의 패턴 컴파일이란 정규 표현식을 사용하기 위해서 기계가 읽기 위한 형태로 데이터를 수집하고 공간을 확보하는 것이다.

2.1 패턴 버퍼의 컴파일과 실행

```
int regcomp(regex_t *restrict preg, const char *restrict pattern, int cflags);
```

regcomp 함수의 원형을 보면 두 번째 인수인 pattern은 정규 표현식 문자열로서 이를 해석해서 regex_t 타입의 패턴 버퍼인 preg로 컴파일하는 구조로 되어 있다.

그리고 플래그인 int cflags는 어떤 방식의 정규 표현식 패턴으로 인식할 것인지를 지정한다. cflags에 지정할 수 있는 플래그를 [표 3.2]에 정리해두었는데 각 플래그는 bitwise-inclusive OR로 결합할 수 있다.

표 3.2 regcomp의 옵션 플래그

REG_EXTENDED	POSIX 확장 정규 표현식 문법을 적용
REG_ICASE	대소문자 구분을 무시
REG_NOSUB	서브 스트링 기능을 무시 즉 ()괄호 부분만을 떼어 보고하는 작업을 하지 않는다.
REG_NEWLINE	.나 […], [^…] 등의 요소들이 new line과는 매칭하지 않는다.

행 단위로 문자열 매칭 작업을 할 때는 REG_NEWLINE 플래그가 꼭 필요하다. 만일 이를 지정하지 않으면 문서 전체에 대해서 매칭 작업을 하게 된다. 그러므로 보통은 REG_EXTENDED와 REG_NEWLINE을 많이 사용한다.

regcomp는 실패했을 때 regerror로 에러의 원인을 찾을 수 있게 도와준다. [코드 3.1]의 22행을 보면 regerror를 사용하는 법이 나와 있다. 만일 성공하면 regcomp의 첫 번째 인수에는 메모리가 할당된 패턴 버퍼가 리턴되고 이를 다시 regexec에 넣어서 문자열을 검사하면 된다.

```
int  regexec(const regex_t *restrict preg, const char *restrict string,
    size_t nmatch, regmatch_t pmatch[restrict], int eflags)
```

regexec의 첫 번째 인수는 regcomp에서 컴파일했던 패턴 버퍼를 넣고, 두 번째는 검사할 문자열을 넣는다. 그리고 3~5번째 인수는 매칭 결과를 보고할 매칭 테이블의 개수와 매칭 테이블 변수의 배열, 옵션 플래그 순으로 넣어준다. 여기서 옵션 플래그인 eflag에는 다음과 같은 것들이 있다. 만일 특별한 옵션이 필요 없다면 0을 넣고 매칭을 시작한다.

표 3.3 regexec의 옵션 플래그

REG_NOTBOL	(not beginning-of-line) 라인의 시작 패턴인 ^를 사용하지 못한다.
REG_NOTEOL	(not end-of-line) 라인의 마지막 패턴인 $를 사용하지 못한다.

regexec는 성공하면 0을 리턴하고 실패하면 REG_NOMATCH를 리턴한다. 만일 성공하였다면 4번째 인수인 매치 테이블 pmatch 배열 인수에 매칭에 성공한 문자열의 오프셋 위치를 저장하여 리턴한다. 그래서 매칭 테이블 구조체인 regmatch_t에는 단 두 개의 정수형을 가지고 있고 시작 오프셋, 끝 오프셋을 가리킨다.

```
typedef  struct {
    regoff_t rm_so;  /* 매칭에 성공한 시작 오프셋 */
    regoff_t rm_eo;  /* 매칭에 성공한 끝 오프셋 */
} regmatch_t;
```

매칭 테이블이 배열로 지정되는 이유는 0번째 배열에는 전체 매칭된 오프셋을 저장하고 1번째부터는 소괄호인 ()로 지정한 오프셋 주소를 저장하기 때문이다.

그러므로 [코드 3.1]에서 기본으로 사용되는 정규 표현식을 "(〈/.+〉).*〈br〉"라고 한다면 rm_matchtab[0]에는 "(〈/.+〉).*〈br〉"의 전체 매칭된 결과의 오프셋이 저장되고 rm_matchtab[1]에는 전체 매칭 중에 ( ) 괄호로 서브스트링된 "(〈/.+〉)"에 매칭된 결과가 저장된다. 그러면 예제를 작동시킨 결과인 [그림 3.1]을 보면서 확인해보자.

```
$ ./posix_regex
Using default string!!
* Dest str : <center>align to center</center> align to left<br>New Line<br><br><p>
* Regex str: (</.+>).*<br>
regcomp : (</.+>).*<br>
* All Match offset : (23 -> 66), len(43) : </center> align to left<br>New Line<br><br>
* Sub Match offset : (23 -> 62), len(39) : </center> align to left<br>New Line<br>
```

[그림 3.1] 패턴 매칭 예제 실행 결과

All Match offset 출력 부분을 보면 〈/center〉…〈br〉〈br〉까지 매칭되었고 바로 아래 서브 스트링된 부분, 즉 소괄호로 묶였던 패턴 부분은 〈br〉이 하나 빠진 채로 매칭되었다. 이는 원래 정규 표현식이 greedy 매칭으로 작동하여 최대한 많은 수와 매칭하려 하기 때문에 생긴 결과이다.

regexec의 매칭을 위해서 사용되었던 패턴 버퍼(regex_t 타입)는 계속 재사용할 수 있지만, 더 사용되지 않는다면 regfree로 메모리 해제를 해야만 메모리 누수를 막을 수 있다.

2.2 패턴 버퍼 컴파일 에러 처리

마지막으로 regcomp로 패턴 버퍼를 컴파일할 때 에러가 발생하면 REG_BADRPT, REG_BADBR … 등의 에러 코드를 리턴하게 된다. 이 값들이 의미하는 바는 man 페이지에 나와 있으니 참고하고 에러 발생 후 regerror로 자세한 메시지를 얻어낼 수 있다.

```
size_t regerror(int errcode, const regex_t *restrict preg,
        char *restrict errbuf, size_t errbuf_size);
```

regerror의 첫 번째 인수는 앞서 regcomp가 실패했을 때 리턴한 값이다. 앞서 [코드 3.1]의 22행을 보면 그 사용법이 나와 있다. 에러 메시지에는 정규 표현식이 잘못된 경우라면 구체적으로 어느 부분에서 문제가 생겼는지 밑줄로 표시해주므로 쉽게 교정할 수 있다.

03 새롭게 추가된 문자열 관련 함수

2008년도에 개정된 SUSv4 표준에는 문자열이나 바이너리 데이터를 다루는 몇 가지 함수가 추가되었다. 전혀 새로운 것이라고는 할 수 없지만, 기존 함수들보다 편리한 몇 가지가 추가되었으므로 간략하게 소개해두겠다.

표 3.4 **문자열 관련 새로운 함수 (SUSv4 기준)**

stpcpy	문자열 복사 후 마지막 위치의 주소값을 넘겨준다.
stpncpy	최대값을 지정할 수 있는 stpcpy의 대체 함수
strnlen	최대값을 지정할 수 있는 strlen 대체 함수 (2006년 개정안에서 포함됨)
strndup	최대값을 지정할 수 있는 strdup 대체 함수
strerror_r	strerror의 재진입 가능한 쓰레드 안전(thread-safe) 버전
getline	행 단위로 파일 읽기 (고수준 파일 처리 기능)
getdelim	구분자 단위로 파일 읽기 (고수준 파일 처리 기능)

stpcpy는 과거 GNU 확장으로 제공되던 비표준 함수이다. 하지만, 이제 POSIX.1에 반영되어 표준 함수가 되었다. stpcpy는 복수 개의 문자열을 붙일 때 꽤 유용한 함수로서 문자열을 복사한 뒤에 마지막 위치, 즉 널 종료 부분의 주소값을 넘겨준다.

얼핏 보면 기능이 strncat과 비슷하지만, 매번 문자열의 끝을 계산하기 위해 메모리를 탐색해야 하는 strncat보다 더 좋은 성능을 가진다. 더군다나 문자열의 끝이 넘어오기 때문에 코드를 중복해서 호출하여 쉽게 더할 수 있는 장점이 있다.

예를 들어 아래처럼 ice-cream을 붙일 때 연속으로 호출하여 쉽게 코딩할 수 있다. (아래 코드는 SUSv4에 포함된 예제이다.) 참고로 stpcpy와 비슷하게 바이너리 데이터를 복사하고 마지막 위치의 주소값을 넘겨주는 memccpy도 있다.

```
char buffer [10];
char *name = buffer;
name = stpcpy (stpcpy (stpcpy (name, "ice"),"-"), "cream");
```

그리고 주목할 함수로 strnlen도 있다. 과거에 사용되던 strlen은 널 종료를 발견하지 못하면 메모리 한계를 넘어 탐색하여 성능면에서의 불이익이나 오류를 발생시킬 가능성이 있었다. 그래서 종종 GNU 확장으로 제공되던 strnlen을 사용했으나 이젠 표준 함수로 확정되었다.

CHAPTER **4** 메모리

01 메모리

C 언어는 메모리의 관리를 전적으로 프로그래머에게 맡기는 편이다. 이건 양날의 검과도 같아서 잘 쓰면 편리하고 좋은 성능을 뽑아낼 수 있지만 잘못 쓰면 오히려 해악이 크다. 따라서 C 언어를 사용하면 세밀하게 메모리의 사용과 해제를 신경 써야만 한다.

또한, 메모리는 순차적으로 접근할 것인지 아니면 랜덤으로 접근할 것인지 메모리 조언 기능(5장에서 다룰 것이다)을 사용하는 방법에 따라서도 성능 차이가 발생한다. 그래서 시스템 프로그래머들은 메모리를 효율적으로 다루기 위해 지역성의 원리(Principle of Locality)에 최대한 충실하게 메모리를 다루려고 노력한다.

그러나 지역성의 원리나 메모리 조언 같은 기능을 제대로 이해하기 위해서는 먼저 메모리를 나누는 기준부터 알아야만 한다.

메모리를 나누는 기준은 여러 가지가 있는데 스코프에 따라 프로그램에 속한 가상 메모리, 시스템 영역에 속하는 IPC의 공유 메모리 등으로 나눌 수도 있고, 쓰임새에 따라 각종 처리를 위해 저장해야 하는 데이터 영역, 실행 코드를 담은 텍스트 영역 등등 다양하게 나눌 수 있다.

그래서 이번 장에서는 시스템 프로그래밍을 하는 데 꼭 필요한 프로세스의 다양한 메모리와 적재되는 위치, 기능에 대해서 간략하게 다룰 것이다.

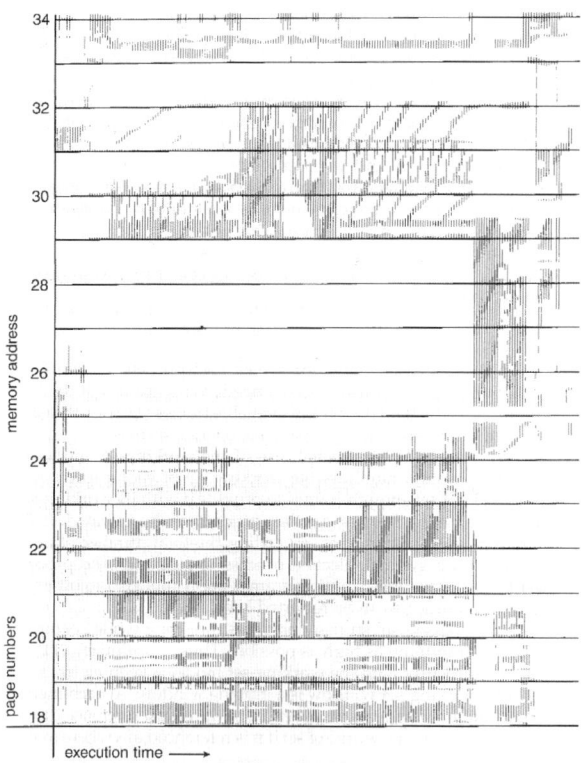

[그림 4.1] 지역성의 원리 : IBM Journal [1]

1.1 프로세스의 메모리

프로그램은 실행을 위해서 메모리에 로딩되어야만 하는데 기능에 따라 몇 가지로 나눌 수 있다. 여기서는 가장 기초적인 분류로서 4가지를 살펴볼 것인데, 각각 텍스트, 데이터, 스택, 힙 정도로 분류해서 보도록 하겠다.

● 텍스트 (.text)

일반적으로 프로그램의 실행 코드가 존재하는 영역이다. 소스 코드를 컴파일해서 만들어진 기계어 코드가 실행을 위해 적재되는 곳을 의미한다.

가끔은 특수한 때에만 데이터 영역에 코드를 포함하여 컴파일할 수도 있지만 흔한 일은 아니다. 보통 보안 관련(security & cracking) 프로그래밍이 이런 기법을 사용한다.

● 데이터

데이터 영역은 주로 전역 변수나 정적 심볼들이 사용되는 영역인데, 사용되는 용처에 따라서 세분화하고 더 많은 영역으로 나눌 수도 있지만, 기본적으로 알고 있어야 하는 3가지 부분을 [표 4.1]에 정리해보았다.

표 4.1 데이터 영역의 분류

.rodate	읽기 전용으로 초기화되는 영역
.data	읽기/쓰기가 가능한 영역으로 초기화되는 영역
BSS	초기화되지 않는 영역

.rodata는 읽기 전용으로 초기화된 영역으로 const로 선언되는 변수들이 들어간다. 그 외에 시스템에서 사용된 각종 문자열 등이 이곳에 위치한다. 예를 들어 printf 문의 포맷 스트링이나 상수 문자열 등이 이에 해당한다.

그리고 두 번째로 읽기/쓰기가 가능한 영역으로 .data 영역은 전역 변수 중에 초기값을 가지는 경우이다.

세 번째의 초기화되지 않은 영역은 BSS(Block Started by Symbol) 영역이라고 불리는 곳으로 초기화되지 않은 전역 변수나 static으로 선언된 변수가 여기에 위치한다. BSS 영역은 C의 startup 함수가 main 함수를 실행하기 전에 0(NULL)으로 초기화를 하게 된다.

● 스택 (stack)

스택 영역은 로컬 자동 변수, 즉 임의로 메모리를 잡지 않아도 함수의 시작에서 자동으로 생성되고 파기되는 변수를 말한다. 일반적으로 함수나 블록 내에서 사용되는 auto 변수를 의미한다.

C 언어에서 auto 지시어는 생략하므로 블록에서 "int x"라고 선언한다면 여기에 해당한다. 스택 공간의 자동 변수는 해당 스코프 영역을 벗어나면 스택의 프레임에서 해제되므로 자연적으로 파기된다.

● 힙 (heap)

힙은 malloc이나 calloc 같은 메모리 할당 함수를 사용하여 얻는 공간으로 프로세스 어디서든 접근 가능하다. 또한, 프로세스가 종료하지 않는 한 자동으로 파괴되지 않으므로 할당과 해제, 경계면의 검사를 프로그래머가 전적으로 해야만 한다. 보통은 메모리 반환을 체크해주는 유틸리티를 이용하여 검사하는 경우가 많다.

● 변수의 메모리 위치와 특성

[표 4.2]는 전역 변수의 선언 방식에 따라 어떤 메모리에 적재되는지 보여주고 있다. 이와 같이 변수의 선언되는 위치나 형태, 한정어(qualifier)에 따라서 다른 공간에 적재된다는 점을 알아두도록 하자.

표 4.2 전역 변수들의 형태에 따른 메모리 위치

int num;	bss에 위치
int num=1;	data에 위치
char str[] = "hello";	data에 위치 (읽기/쓰기 가능)
char *p_str = "hello";	문자열 hello는 .rodata에, p_str 포인터 변수는 data에 위치
const char str[] = "hello";	문자열 hello는 .rodata에, str 변수는 data에 위치
static int i_val;	bss에 위치

그러면 메모리의 종류를 알았으니 이번에는 메모리의 성능과 용량 제한에 대해 살펴보도록 하겠다. 우선 스택과 힙의 차이부터 보도록 하자.

일반적으로 스택은 할당과 해제가 매우 빠르다고 알려졌다. 그러나 실제로는 스택은 할당만 할 뿐 해제를 하지 않는다. 스택은 필요에 따라 할당을 하면서 계속 키워나가는데 사용 후 반환해도 여전히 스택 크기를 계속 유지하면서 재사용하게 된다.

이런 특징 때문에 프로세스가 매우 큰 스택 메모리를 한 번이라도 사용하게 되면 프로세스가 종료하기 전까지는 메모리가 낭비될 수 있는 요지가 있다. 그래서 유닉스 계열에서는 스택 크기를 제한하는 설정이 존재한다.

```
$ ./ulimit -a
core file size          (blocks, -c) 0
data seg size           (kbytes, -d) unlimited
scheduling priority             (-e) 0
file size               (blocks, -f) unlimited
pending signals                 (-i) 16375
max locked memory       (kbytes, -l) 64
max memory size         (kbytes, -m) unlimited
open files                      (-n) 1024
pipe size            (512 bytes, -p) 8
POSIX message queues      (bytes, -q) 819200
real-time priority              (-r) 0
stack size              (kbytes, -s) 10240
cpu time               (seconds, -t) unlimited
max user processes              (-u) 1024
virtual memory          (kbytes, -v) unlimited
```

[그림 4.2] ulimit로 스택 제한 확인

[그림 4.2]에서 보면 ulimit로 확인한 스택 제한이 10240 kbytes의 제약이 있음을 알 수 있다. 이 한계 수치를 넘어가려고 하면 시스템은 프로세스를 종료시켜 버린다. 이를 확인하기 위해 [코드 4.1]을 작성하여 실행해보면 된다. 이 코드는 지면을 아끼기 위해 main 함수는 적지 않았다.

[코드 4.1] 스택 소모 예제 (stack_heap.c)

```
01   #define SZ_BUFFER   1024 * 1024
02   int exhaust_stack(int count)
03   {
```

```
04      char buffer[SZ_BUFFER]; /* 1 MiB stack = 1024 KiB */
05      if (count <= 0) {
06          printf(">> reach break position, stop recursive function!!\n");
07          return 0;
08      }
09      sprintf(buffer, ">> exhaust 1MiB stack(addr:%p), will more %d MiB...\n", buffer, count-1);
10      printf(buffer);
11      exhaust_stack(count-1);
12      return 0;
13  }
```

만일 [그림 4.2]와 같은 제약이 있다면 스택 크기가 10 MiB를 넘어갈 때 오류가 발생하므로 main 함수에서 [코드 4.1]의 함수를 11번 재귀호출하도록 하면 된다. 즉 exhaust_stack(11)로 호출하면 SEGV(segmentation violation) 오류가 발생하게 될 것이다.

SEGV 오류로 발생하는 이유는 정해진 메모리 세그먼트를 벗어났기 때문이다. 그렇다면 1 MiB짜리 전역 변수도 같이 사용된다면 영향을 미칠까? 정답은 "No"다. 전역 변수는 앞서 언급한 대로 .data나 .bss 영역 같은 곳에 들어가기 때문에 스택과는 별도로 관리된다.

그러면 스택의 크기는 적당한 것인지 고민해봐야 한다. 일반적인 경우라면 10 MiB 이상의 스택을 소모하는 경우는 거의 없을 것이다. 왜냐하면, 함수에서 10 MiB짜리 로컬 변수를 쓰는 경우가 흔치 않을 테니 말이다.

그러나 스레드를 사용하면 동시에 함수가 실행될 수도 있을 테니 의구심을 가질 수 있을 것이다. 하지만, 안심해도 좋다. 스레드의 경우라면 스레드의 별도 스택 공간과 크기 설정을 가지므로 위의 설정과는 다르게 작동한다.[8] 따라서 main에서 시작하는 함수와 재귀 함수 그리고 라이브러리들의 스택 크기를 신경 써야 된다.

1.2 VLA 배열

스택은 빠르지만, 정적인 크기로 선언되기 때문에 데이터의 크기가 가변인 경우 힙으로 대체되는 경우가 많았다. 하지만, 최근 C99 표준(ISO/IEC-9899:1999)에 추가된 VLA(Variable Length Array)는 가변 길이로 배열을 선언할 수 있도록 하였다.

VLA를 사용하면 힙처럼 메모리 누수를 신경 써서 할당과 해제를 주의 깊게 살필 필요도 없고 속도 면에서도 뛰어나기 때문에 최근에는 많이 사용되고 있다.

---

8) 스레드의 스택 공간은 별도의 메모리 공간을 할당받아서 관리된다. 예로 리눅스의 경우 스레드는 힙 공간에 별도의 가상 스택을 만들게 되므로 프로세스의 스택과는 연관이 없다.

다만, C99는 해당 표준을 지원하는 임플리먼테이션을 사용해야 한다. gcc는 3.0부터 이를 지원하기 시작했으니 2011년도에 사용되는 대부분의 gcc 4.x대에서는 기본으로 지원하고 있다. 현재 시스템에서 gcc의 C99 표준 지원 현황을 보고자 한다면 http://gcc.gnu.org/c99status.html에서 볼 수 있다.

[코드 4.2] VLA 배열 예

```
01   int exam_vla(int vlen)
02   {
03       char buffer[vlen];  /* Using VLA */
04       printf("sizeof VLA = %d\n", sizeof(buffer));
05       … codes …;}
```

VLA의 주의할 점으로는 struct, union의 멤버로는 선언될 수 없으며 전역 변수도 안된다. 즉 블록이나 함수 스코프 안에 존재해야 한다. 따라서 static이나 extern 같은 경우나 const, volatile로 선언한 경우에도 VLA를 사용할 수 없다. 왜 그런지는 앞서 각종 변수가 존재하는 위치에 대해 생각해보면 이해가 갈 것이다.

앞서 다뤘던 메모리들이 배치되는 위치는 실행 파일을 분석하면 알 수 있는데 objdump나 readelf를 사용하면 된다. 예를 들어 "objdump −x 실행파일"로 명령하면 실행 파일의 헤더를 분석해서 보여준다.

02   메모리 락(memory lock)

메모리 락은 실시간 확장 표준(POSIX 1003.1b−1995)에서 추가되었으며 페이징 락(paging lock) 기능을 제공한다.

페이징 락이란 메모리 페이지에 대해 페이징[9]을 금지하는 기능을 의미한다. 이는 바꿔 말하면 해당 메모리 공간을 항상 램에만 있도록 강제하는 것을 의미한다. 그러면 이 기능은 어디에 활용도가 있을까?

첫째로 실시간 처리가 중요한 어플리케이션이 메모리에 접근할 때 지연을 방지할 수 있게 된다. 일반적으로 프로세스에서 사용하는 가상 메모리는 운영체제의 정책에 의

---

9) 페이징은 가상 메모리를 효율적으로 사용하기 위해 디스크의 일부와 메모리를 교환(swap)하는 것을 말한다. 디스크로 저장하는 것을 paging out, 그 반대로 불러오는 것을 paging in이라고 한다.

해 디스크로 스왑 될 수 있다. 그러나 페이징이 발생하면 실제 처리는 I/O 요청이 끝날 때까지 지연된다. 이런 문제는 실시간성을 중시하는 고성능의 어플리케이션에 대해서 심각한 위협이 될 수 있다. 따라서 메모리 락을 이용해서 페이징을 금지해야 할 필요가 있다.

둘째로 보안이 중요한 데이터가 디스크에 저장되는 것을 방지할 수 있게 된다. 예를 들어 보안용 암호나 키, 테이블 같은 데이터가 페이징되어 디스크에 스왑 아웃되면 프로세스가 종료한 뒤에도 디스크에 쓰레기 데이터로 남아 있을 가능성이 있다. 이런 때 해킹을 통해 외부에 노출될 가능성도 존재하므로 보안 데이터는 메모리 락을 이용해서 프로세스 종료와 함께 사라지도록 할 필요가 있다.

표 4.3 메모리 락 관련 함수

mlock	특정 위치의 메모리 페이지를 잠근다.
mlockall	현재 프로세스의 모든 페이지를 잠근다.
munlock	특정 위치의 메모리 페이지 잠금을 해제한다.
munlockall	모든 페이지 잠금을 해제한다.

메모리 락 관련 함수는 [표 4.3]과 같이 총 4개의 함수이며 2개는 잠그는 용도, 2개는 해제하는 용도로 사용된다. 우선 메모리 락을 설정하는 함수부터 보도록 하자.

```
int mlock(const void *addr, size_t len);
int mlockall(int flags);
```

mlock은 addr 주소 위치부터 len만큼의 공간에 대해 메모리 락을 설정한다. 이 함수를 사용할 때 주의할 점은 addr가 페이지 크기[10]의 경계에서 시작되도록 하는 것이다. 왜냐하면, 대부분 아키텍처에서 페이지 크기의 경계, 즉 페이지 크기의 배수가 아닌 주소라면 오류를 발생시킬 수 있기 때문이다.

mlockall은 특정 주소 위치를 지정하지 않고 프로세스의 메모리 전체에 대해 메모리 락을 설정하는 함수이다. 단 flags를 지정하여 메모리 락의 정책을 결정할 수 있다. 지정 가능한 플래그는 [표 4.4]와 같이 2개가 제공되며 bitwise-inclusive OR로 결합할 수 있다.

표 4.4 mlockall의 flags 인수

MCL_CURRENT	현재 프로세스에 할당된 페이지 전체에 대해 메모리 락을 설정한다.
MCL_FUTURE	앞으로 할당되는 모든 페이지에 대해 메모리 락을 설정한다.

10) 시스템의 페이지 크기는 sysconf(_SC_PAGESIZE)로 확인할 수 있다. 참고로 일반적인 시스템은 4 KiB 페이지를 사용한다.

mlockall은 메모리맵(mmap), 공유 메모리, 힙, 스택 등 모든 공간에 대해 메모리 락을 설정하므로 대부분 경우에는 시스템 한계(ulimit −l로 확인)를 초과하여 ENOMEM 에러로 실패할 가능성이 크다. 따라서 특이한 경우가 아니라면 mlockall은 사용하지 않는 것이 좋다. 그러나 매우 높은 실시간성을 가져야 하는 프로세스이고 메모리 사용이 크지 않은 경우라면 mlockall로 프로세스가 사용하는 전체 메모리에 대해 페이징 금지를 거는 때도 있다.

메모리 락은 같은 주소 공간에 대해서 여러 번 호출한다고 하더라도 중복되어 잠금이 걸리지는 않는다. 따라서 mlock으로 서로 겹치는 주소 공간을 설정했거나 mlockall을 여러 번 호출했다고 하더라도 메모리 락은 중복된 부분을 다시 잠그거나 하지 않으므로 빡빡하게 크기를 계산하거나 할 필요는 없다.

```
int  munlock(const void *addr, size_t len);
int  munlockall(void);
```

메모리 락을 해제할 때는 해제할 주소를 지정할 수 있는 munlock과 현재 설정된 메모리 락 전체를 해제하는 munlockall이 있다. 참고로 앞서 메모리 락이 중복되지 않는 것처럼 여러 번 메모리 락을 설정했다고 하더라도 같은 주소 공간에 대해서는 여러 번 munlock을 호출할 필요가 없다. 마찬가지로 munlockall도 한 번만 호출하면 모든 메모리 락은 해제된다.

[코드 4.3] mlock 예제   (memory_lock.c)

```c
01   int main(int argc, char *argv[]) {
02      if (argc < 2) {
03          printf("Usage : %s <# of pages>\n", argv[0]);
04          return EXIT_SUCCESS;
05      }
06      int    ret, sz_mem;
07      printf("pgsize = %ld (%d)\n", sysconf(_SC_PAGESIZE), getpagesize());
08      sz_mem = atoi(argv[1]) * getpagesize();
09      char   *p_str = (char *)malloc(sizeof(char) * sz_mem);
10      if (p_str == NULL) {
11          perror("Fail: malloc");
12          exit(EXIT_FAILURE);
13      }
14      printf("* malloc = %p\n", (void *)p_str);
15      if ((ret = mlock(p_str, sz_mem)) == -1) {
16          perror("Fail: mlock");
17          exit(EXIT_FAILURE);
18      }
19      sleep(30);
```

```
20      free(p_str);
21      return EXIT_SUCCESS;
22  }
```

위의 예제를 수퍼 유저의 권한으로 실행해보면 mlocked 메모리가 증가하는 것을
볼 수 있다. 예제를 실행하면서 페이지 100개에 대해 mlock을 요청한 경우 /proc/
meminfo를 확인해보면 400 kB만큼 Mlocked 영역이 증가한 것을 볼 수 있다.

```
[root@fdev 4.memory]# grep -i mlock /proc/meminfo
Mlocked:           32 kB
[root@fdev 4.memory]# ./memory_lock 100 &
pgsize = 4096 (4096)
* malloc = 0x7f4600969010
[1] 12425
[root@fdev 4.memory]# grep -i mlock /proc/meminfo
Mlocked:          436 kB
```

메모리 락은 시스템의 자원이나 한계에 위협적인 설정이 될 수도 있기 때문에 수퍼
유저의 권한으로 실행하거나 특정 능력(capabilities)을 설정한 경우에 가능하다. 따라
서 일반적으로 mlock을 사용하는 프로그램은 sudo나 setcap으로 능력을 설정하는
경우가 많다.

다음은 memory_lock 예제 프로그램의 실행 파일에 CAP_IPC_LOCK 능력을 부여하
여 일반 유저의 권한으로 mlock이 가능하도록 하는 예이다.

```
[root@fdev 4.memory]# setcap cap_ipc_lock=ep ./memory_lock
[root@fdev 4.memory]# getcap ./memory_lock
./memory_lock = cap_ipc_lock+ep
```

* 참고 문헌
[1] D. Hatfield, "Experiments on Page Size, Program Access Patterns, and Virtual
    Memory Performance," IBM Journal of Research and Development, no. 26 Aug.,
    1972.

CHAPTER **05** IPC

---

01   IPC(Inter-Process Communication)

IPC(Inter-Process Communication)는 프로세스 사이에서 통신을 가능케 하는 메커니즘의 통칭으로 이론적으로 따지면 매우 폭넓은 기술을 아우르고 있다. 예로 일반 파일, mmap, 세마포어, 공유 메모리, 메시지 큐, 파이프, 소켓 등의 모든 통신 기법이 이에 해당한다.

하지만, 유닉스 계통에서 보통 IPC라고 하면 초기 SysV 유닉스 계열에서 IPC를 구현하면서 만들어진 3가지 기법을 말하는 경우가 많다. 그것은 바로 공유 메모리, 세마포어, 메시지 큐로서 SysV 형식을 따르는 경우 SVIPC(SysV IPC) 혹은 XSI IPC라고 명명된다. 현재 표준안에서는 XSI(X System Interface) 명칭을 더 많이 사용하고 있다.

그리고 POSIX 표준에서 새로이 제정된 IPC도 있는데 이를 POSIX IPC라고 부른다. 이렇듯 현대적인 유닉스, 리눅스에서는 XSI, POSIX 방식의 IPC 기법이 표준 내에서 공존하고 있다. XSI는 옛날부터 사용되어 왔고 아직 많은 DB 서버나 각종 서비스에서 사용되고 있으나 점점 POSIX 방식으로 대체되어 가고 있다.

이 책은 교과서가 아니므로 IPC의 사전적 의미보다는 역사적 배경과 구현, 그리고 사용법에 중점을 두고 설명할 것이다.

1.1 IPC와 유닉스의 역사

원래 유닉스 초창기 시절에 사용되던 컴퓨터(메인프레임 등)는 물리적으로 서로 다른 호스트가 통신하는 경우가 흔치 않았기 때문에 각각의 작업을 처리하는 프로세스 단위에서 데이터를 가공했다. 물론 현재의 컴퓨터는 다양하고 고성능의 통신 기능을 제공하기 때문에 당시와 지금은 환경 자체가 달랐다.

그리하여 각 작업을 처리하는 데 필요한 데이터는 주로 종이나 카드, 외부 마그네틱 매체에 저장했다가 필요에 따라 수동으로 입력하는 방식을 사용했다. 지금도 옛날 세대의 사람들은 천공 카드, 자기 테이프, 플로피 디스켓 같은 것들에 대한 추억이 있을 것이다.

그래서 처리되는 데이터 대부분은 일반 파일(regular file)의 형태로 사용했다. 파일에 저장된 데이터를 프로세스가 읽어 들이도록 하고 다시 가공된 데이터를 파일에 저장하는 것도 하나의 통신이라고 할 수 있다. 따라서 당시에는 파일이 데이터의 입출력을 위한 매개체이며 통신 방식이었다. 그러나 실시간성을 지니지 못하므로 여러 가지 제약이 있을 수밖에 없었다.

그 후 1980년대에 들어오면서 System V 인터페이스 표준이 만들어지게 되었고 실시간으로 프로세스에 이벤트를 전달하기 위해 다양한 시그널(signal) 기능이 확장되었다.

원래 시그널의 목적은 프로세스의 상태를 감시하고 종료시키는 용도로 사용되었지만, 처리 가능한 시그널의 종류가 늘어감에 따라서 이벤트 통지(event notification)나 상태 변환 기능을 가능하게 했고 시그널 처리기를 프로그래밍 할 수 있게 됨에 따라 다양한 데이터 처리를 할 수 있게 되었다. 또한, 최근에는 통신을 위한 리얼타임 시그널 기법이 추가되면서 더 많은 이벤트를 사용할 수 있게 되었고, 시그널 이벤트에 간단한 데이터도 같이 전송할 수 있는 기능까지 추가되었다.

파이프(pipe)는 80년대 중반 SVID 3에서 등장했다. 파이프는 두 개의 프로세스의 출력과 입력을 연결하여 하나의 공유 페이지를 제공하였는데, 이는 프로세스의 입출력을 직렬 연결할 수 있는 획기적인 기능을 제공하였다.

예를 들어 "ps -ef | grep sunyzero | cut -b 49 -"라는 명령을 실행하면 ps의 출력 페이지와 grep의 입력 페이지가 파이프로 연결되고 다시 grep의 출력과 cut의 입력이 연결되어 데이터가 순서대로 ps, grep, cut을 거치면서 가공된다. 이를 가능케 하는 것이 바로 파이프이다.

이때 생성된 파이프는 경로(path)가 없고, 생성한 프로세스가 종료되면 소멸하므로 익명 파이프(anonymous pipe)라고 불리게 되었다. 이에 비해 경로(path)가 존재하여 외부 프로세스가 특정한 파일 경로로 인식할 수 있는 명명된 파이프(named pipe)도 제공하여 직렬 통신에서 다양한 기능을 수행하였다.

나중에 파이프에서 파생된 소켓은 원격 통신을 가능케 하면서 다양한 통신 기법을 제공하였기 때문에 파이프 자체는 명령어의 직렬 연결 기능이나 이벤트 전달용으로만 사용하고, 데이터 전달용으로의 사용 빈도는 줄어들고 있다.

1.2 공유 자원과 IPC

80년대에는 멀티 태스킹이 이슈가 되면서 통신에 필요한 다양한 기법들이 추가되었는데 대표적으로 SVID 2에서 추가된 공유 메모리(shared memory), 세마포어(semaphore)[11], 메시지 큐(message queue) 등이 있다.

이 세 가지 기법들은 초기 SysV 계열 유닉스에서 표준화시켰기 때문에 후일 SysV IPC라고 불리게 되었다. 그러나 후에 유닉스가 통합되어 POSIX의 X/Open 시스템 인터페이스(XSI)에 SysV IPC도 통합되었고 XSI IPC라고 명명되었다.

그래서 공식적으로는 XSI IPC라고 부르나 SVIPC, SysV IPC라고 표기된 곳도 많아 다 같이 알아두어야 한다. 그러나 기존의 IPC 방식과는 별도로 POSIX가 새롭게 IPC 표준화 작업을 진행하여 새로운 POSIX 방식의 세마포어, 공유 메모리, 메시지 큐가 도입되었다.

POSIX가 기존의 SysV 방식을 사용하지 않고 별개의 표준 함수를 만든 이유는 SysV 형식이 기존 POSIX API의 통일된 인터페이스와 너무나 달랐기 때문이다. 이러한 인터페이스의 다름에 대한 이야기는 공유 메모리를 다루면서 좀 더 자세히 다루도록 하겠다. 그래서 현재는 세마포어, 공유 메모리, 메시지 큐는 XSI 표준과 POSIX 표준 방식의 2가지가 두루 쓰이고 있다. 각 기법의 상세한 이야기는 뒤의 각 챕터에서 따로 다루도록 하겠다.

이후 SVR4에서는 공유 메모리 기능을 확장하여 파일과 메모리 페이지를 맵핑하여 성능을 높이기 위한 IPC 기법으로 mmap이 갖춰지게 되었다. mmap은 원래 여러 프로세스가 파일과 메모리를 1:1로 대응시키는 기술로서 파일을 직접 주고받는 것보다 훨씬 더 세련된 데이터 교환을 가능케 했다.

더군다나 파일의 복사본이 페이징되어 속도를 저하시키는 것도 방지할 수 있기 때문에 현재도 많이 사용되는 기법의 하나다. 결국, 정적으로 저장하고 통신 매개체로 써야 하는 경우에는 공유 메모리나 mmap과 같은 기법이 많이 사용되고, 동적으로 흘러가는 데이터를 처리하는 경우에는 메시지 큐나 소켓 같은 기법이 주로 사용되기 시작했다.

---

11) 세마포어는 1968년 다익스트라의 Cooperating sequential processes 논문에서 동기화 개념과 그 해결책으로서 제안되었다.

참고로 두 IPC 표준 중에 전통적인 프로그램들이 오랫동안 XSI IPC를 더 많이 사용해왔기 때문에 널리 알려진 것은 POSIX 표준보다 XSI IPC이다. 물론 각종 지원이나 참고 자료도 XSI쪽이 더 많다.

하지만, POSIX IPC는 pthread(POSIX thread)와 혼용할 때 더 편리하다는 장점이 있기에 점점 사용자가 늘어나는 추세이다. 현재 개발되는 시스템이라면 미래의 호환성과 확장성을 생각하여 POSIX 방식을 사용하는 것이 더 좋다고 판단된다.

1.3 원격 호스트와의 네트워크 통신

컴퓨팅 기술이 날로 발전하다 보니 처리해야 하는 데이터가 다른 호스트에 있는 경우도 생기게 되었다. 그러나 기존의 IPC 기술들은 하나의 호스트 안에서만 통신할 수 있었기 때문에 새로운 통신 메커니즘이 필요하게 되었다. 그러던 중에 네트워킹 기법으로서 학술적인 연구에 강점을 보였던 BSD 계열 유닉스에서 소켓(socket)을 제안했던 것이다. 그리고 1983년 4.2BSD에서 소켓 관련 API가 확정되었다.

이후 AT&T의 SysV도 TLI(Transport Layer Interface)를 내놓으면서 주도권 경쟁을 시작했다. 이후 SysV의 표준에 포함되면서 TLI는 XTI(X/Open Transport Interface/Transport Layer Interface)로 명명되지만, 최후의 승리자는 BSD 계열의 소켓으로 결정되었다.

결국, 현재 사용되는 TCP/IP 네트워크 프로그래밍은 BSD 소켓 인터페이스가 표준이다. 물론 XTI/TLI도 네트워크 통신의 논리적 개념을 충실히 구현했기 때문에 BSD 소켓과의 통신이 가능하다. 하지만, 함수 원형의 통일, 즉 소스 코드 레벨의 호환을 위해 현재 POSIX 계열은 BSD 소켓 인터페이스를 사용하게 되어 있다. 그러나 IPv6로 들어오면서 BSD의 몇몇 기능은 구식으로 지정되어(deprecated) 새로운 기능으로 바뀐 경우가 있다. 이에 대해서는 6장의 IPv6 부분에서 다루도록 할 것이다.

그러면 소켓을 사용하면 무조건 외부로 통신해야 할까? 답은 아니다. 물론 루프백(loopback) 장치로 통신하면 주소 자체가 로컬이 되지만, 애초에 외부 통신을 하지 않고 내부 통신 전용으로 사용하는 소켓도 있다. 이를 유닉스 도메인 소켓(UNIX domain socket)이라고 한다. 유닉스 도메인 소켓은 나중에 외부 통신이 가능한 네트워크 도메인 소켓(network domain socket)으로 쉽게 전환할 수 있다는 장점이 있다.

그렇다면 여기서 생각해볼 것은 통신 메커니즘으로 확장성이 가장 뛰어난 소켓이 최선이냐는 것이다. 이에 대한 답은 '아니요'라고 할 수 있다. 왜냐하면, 어떤 기술이든지 확장성과 성능은 트레이드 오프(trade off) 관계에 있다는 점이다.

즉 소켓은 뛰어난 확장성을 가지기 위해 상당히 복잡한 구조의 데이터 처리 과정을 거치기 때문에 상대적으로 다른 IPC보다 무겁다. 이에 비해 외부 통신 기능 자체가 없는 IPC는 소켓보다 가볍다. 따라서 외부 통신을 할 필요성이 없다면 소켓을 제외한 다른 IPC나 파이프를 고려하는 것이 현명하다. 또한, IPC의 경우에는 수신측이 없는 경우에도 데이터를 넣을 수 있다는 장점도 있다. 예를 들어 공유 메모리, 메시지 큐는 수신 프로세스가 없어도 데이터를 기록하거나 송신할 수 있다. 이에 비해 소켓은 연결되지 않는 경우 데이터를 미리 버퍼링하는 것은 불가능하다.

참고로 일반적인 테스트에서는 가장 응답이 빠른 IPC 메커니즘은 공유 메모리이며, 그다음으로 메시지 큐가 빠르다고 보고되고 있다. 소켓은 IPC 용도로 사용하는 경우 가장 응답이 늦을 가능성이 크다.

하지만, 이것도 상대적이므로 소켓 자체가 엄청 느리다는 것은 아니다. 다만, 다른 IPC 기법들이 엽기적으로 빠르다고 표현해야 맞을 것이다.

02   mmap(memory mapped I/O)

mmap은 장치나 파일을 메모리와 대응시키는 기법이다. 이론적으로는 memory mapped I/O라고 불리고 SysV 유닉스 시스템에서 구현되어 도입된 것은 mmap, 혹은 메모리맵 줄여서 엠맵이라고 불린다.

메모리맵은 파일처럼 권한 속성에 rwx(read, write, execute)를 가지며, 공유 방식에 따라 shared mmap, private mmap으로 나뉜다. 이들의 특징은 조금 뒤에 설명하고, 먼저 mmap의 작동 방식을 보도록 하자.

- **mmap의 권한** : 읽기, 쓰기, 실행
- **mmap의 공유 방식** : shared mmap, private mmap

POSIX 시스템에서 mmap의 구현은 파일기술자(file descriptor)를 포인터 변수에 대응시키는 방법을 사용한다. 따라서 먼저 파일을 열고, 거기서 얻어진 파일기술자를 mmap에 넘기는 방식을 사용한다. mmap 대응이 완료되면 파일의 내용에 접근할 때 read, write 관련 명령을 사용할 필요 없이 포인터 변수를 이용하여 접근할 수 있다. 이론적인 부분을 설명하기 전에 간단한 예시 코드를 보면서 mmap의 작동 방식을 살펴보자. 자세한 함수 사용법은 뒤에서 다룰 테니 지금은 코드의 흐름만 살펴보자.

```
int fd = open("/tmp/myfile", O_RDWR, 0664);
char *p_map = mmap((void *)0, 8192, PROT_READ¦PROT_WRITE, MAP_SHARED, fd, 0);
close(fd);
```

예시를 보면 파일을 오픈하고, mmap 함수를 호출하는 2단계를 거친다. 예시 코드를 보면 먼저 open 함수로 /tmp/myfile 파일을 열고 있고, 성공하면 fd에는 파일기술자가 리턴된다. 그 후 mmap 함수를 호출해서 fd에 메모리맵을 대응시키고 있다. mmap 호출이 성공하면 p_map에는 파일과 대응된 가상 메모리 주소가 리턴된다. 이후에는 p_map에 데이터를 쓰면 /tmp/myfile도 변경된다. 반대로 파일의 내용을 수정하면 p_map의 내용도 변경된다.

만일 복수의 프로세스가 같은 파일에 대해 mmap을 호출하면 가상 주소가 달라도 실제로 가리키는 물리적인 주소는 동일하게 되어 공유의 효과를 가진다. 즉 복수의 프로세스가 메모리맵을 사용하고 있다면 모든 프로세스는 자동으로 변경된 내용을 보게 되는 것이다.

메모리맵의 장점은 블록 장치에 접근할 때 시스템 호출(system call)을 거치지 않기 때문에 좀 더 가볍다. 그리고 lseek 같은 함수를 쓰지 않고도 메모리맵의 특정 주소 번지로 이동하여 원하는 오프셋에서 읽거나 쓸 수 있는 장점도 생긴다. 또한, 메모리맵에 쓰기를 시도하는 경우 일반 파일보다 더 오랜 시간 동안 더티 페이지(dirty page)로 유지될 가능성이 커서 I/O 처리가 빈번한 파일이라면 메모리맵을 사용하는 편이 성능 측면에서도 유리해진다. 읽기용으로만 사용하는 데이터일 경우에도 지역성의 원리에 의해 캐시 히트될 가능성이 커진다. 마지막으로 뒤에서 다룰 posix_madvise(혹은 madvise) 기능을 사용하면 미리 읽기(prefetching) 같은 기능도 사용할 수 있다. 이는 TLB 최적화 등의 이점을 가진다.

03 mmap의 속성

mmap은 파일과 맵핑되는 것이므로 똑같은 개념의 권한으로 rwx(read, write, execute)가 존재하고, 공유 방식에 따라서 공유 메모리맵(shared mmap)과 사설 메모리맵(private mmap)이 존재한다. 따라서 mmap을 제대로 사용하려면 권한과 공유 방식에 대한 이해가 수반되어야 한다.

3.1 mmap의 권한

mmap에는 rwx 권한이 존재하는데 앞에서는 mmap의 개념적인 부분을 설명하기 위해 권한에 대해 명확한 설명을 하지 않았다. 원래 유닉스 계열에서는 파일에 UNIX mode에 rwx 권한이 존재한다. 그런데 mmap은 그 자체가 파일과 맵핑되는 사본의 개념이므로 같은 개념의 권한이 존재한다. 다만, mmap은 파일이 아니라 페이지, 즉 메모리 영역이므로 보호하기 위한 개념이 되어 용어가 달라진다. mmap에서는 rwx 에 대응하는 권한 부분을 프로텍션(protection)이라고 부른다.

예를 들어 실행 영역의 mmap은 읽기, 실행 프로텍션 허용으로 작동하는 경우이다. 다음의 [그림 5.1]을 보면 음영으로 칠해진 세 번째 mmap이 실행될 때 사용하는 PROT_READ|PROT_EXEC가 바로 그것이다. 만일 자주 실행되는 파일이면 활성 메모리(active) 영역의 file-backed 메모리[12]로 유지될 가능성도 커진다.

```
$ strace ls
execve("/bin/ls", ["ls"], [/* 43 vars */]) = 0
brk(0)                                  = 0x16e1000
mmap(NULL, 4096, PROT_READ|PROT_WRITE, MAP_PRIVATE|MAP_ANONYMOUS, -1, 0) =
0x7ff4ffb1e000
access("/etc/ld.so.preload", R_OK)      = -1 ENOENT (No such file or directory)
open("/etc/ld.so.cache", O_RDONLY)      = 3
fstat(3, {st_mode=S_IFREG|0644, st_size=90009, ...}) = 0
mmap(NULL, 90009, PROT_READ, MAP_PRIVATE, 3, 0) = 0x7ff4ffb08000
close(3)                                = 0
open("/lib64/libselinux.so.1", O_RDONLY) = 3
read(3, "\177ELF\2\1\1\0\0\0\0\0\0\0\0\0\3\0>\0\1\0\0\0\200Y ]=\0\0\0"..., 832) =
832
fstat(3, {st_mode=S_IFREG|0755, st_size=124984, ...}) = 0
mmap(0x3d5d200000, 2221976, PROT_READ|PROT_EXEC, MAP_PRIVATE|MAP_DENYWRITE, 3, 0) =
0x3d5d200000
mprotect(0x3d5d21d000, 2093056, PROT_NONE) = 0
mmap(0x3d5d41c000, 8192, PROT_READ|PROT_WRITE, MAP_PRIVATE|MAP_FIXED|MAP_DENYWRITE,
3, 0x1c000) = 0x3d5d41c000
mmap(0x3d5d41e000, 1944, PROT_READ|PROT_WRITE, MAP_PRIVATE|MAP_FIXED|MAP_ANONYMOUS,
-1, 0) = 0x3d5d41e000
close(3)                                = 0
```

[그림 5.1] strace로 ls 실행 추적

file-backed 메모리는 뒤에 mmap과 가상 메모리의 페이징 시스템의 관계를 설명해 두었으니 참조하도록 하자. 이보다 더 깊은 내용은 운영체제론에 등장하므로 관련 전공 서적을 살펴보아야만 한다. 시스템 프로그래밍은 단순한 프로그래밍이 아니라 운영체제와 연관성이 깊으므로 꼭 이론적인 부분을 알고 있어야만 한다.

[그림 5.1]의 두 번째 음영 부분의 mmap은 PROT_READ로 실행되는 읽기 전용이다. 보통 데이터나 환경 설정에 관련된 파일을 읽어 들이는 경우 사용된다.

---

12) 페이지 중에 사본이 블록 장치에 있는 경우를 file-backed 메모리라고 한다. file-backed 메모리는 /proc/meminfo에서 Active(file), Inactive(file) 영역에 표시된다.

만일 mmap에 쓰기 프로텍션을 허용하는 경우에는 공유 방식의 차이에 따라서 다르게 작동된다. 공유 방식이 shared mmap인 경우는 다수 프로세스가 공유하는 경우이며, private mmap은 쓰기가 발생하기 전까지는 공유하고 쓰기가 발생하면 COW(copy-on-write)로 특정 프로세스에게 전용되는 페이지이다.

즉 shared mmap은 쓰기가 발생했을 때도 mmap을 보고 있는 모든 프로세스가 변경된 내용을 같이 보게 되며, private mmap은 쓰기가 발생하기 전까지는 공유되다가 쓰기가 발생하면 공유가 끊어지고 COW가 발생하여 mmap에 쓰기를 실행한 프로세스의 전용 페이지로 전환된다. COW가 발생한 private mmap은 더는 공유 페이지가 아니므로 추가적인 메모리를 요구하게 된다.

이는 마치 fork에서 COW가 발생하면 부모 프로세스와 자식 프로세스가 공유하던 페이지가 복제가 일어나 각각의 고유의 페이지로 전환되는 것과 개념적으로 같다. 이런 연유로 private mmap에서 대응할 원본 파일의 내용은 읽기 전용일 경우에는 읽기를 빠르게 할 공유의 목적이 있으나 쓰기가 가능한 경우에는 초기값의 의미만 가지고 있을 뿐이고 공유의 목적은 없다.

3.2 mmap과 가상 메모리

가상 메모리에 기반을 둔 현대적인 운영체제는 물리 메모리의 크기보다 더 큰 공간을 사용하기 위해 블록 장치(주로 디스크)의 일부를 물리 메모리와 교환할 수 있다. 이 과정을 스왑(swap)이라고 부른다. 스왑에서 물리 메모리에 있는 페이지를 블록 장치로 보내는 경우를 페이지 아웃(page out) 혹은 스왑 아웃(swap out)이라고 부른다. 반대의 과정은 페이지 인(page in) 혹은 스왑 인(swap in)이라고 한다.

스왑을 위해 운영체제는 블록 장치에 스왑을 위한 공간을 미리 확보해두는데, 리눅스에서는 주로 스왑 파티션을 사용하고, MS 윈도 계열의 경우는 페이지 파일이라는 특수 파일을 사용한다.

운영체제가 물리 메모리를 좀 더 확보하기 위해 페이지 아웃을 하게 되면, 물리 메모리에 있던 페이지는 블록 장치로 내려가게 된다. 이 페이지 아웃의 목적은 백업이다. 다시 말해 페이지 아웃된 부분은 나중에 해당 페이지를 필요로 하는 프로세스가 활성화되면 물리 메모리로 페이지 인(page in)하기 위한 백업본이다.

그런데 애초에 읽기 전용의 파일 권한으로부터 만들어진 읽기 전용 페이지라면 군이 스왑 영역으로 페이지 아웃시킬 필요가 없다. 왜냐하면, 해당 파일의 내용, 즉 사본이 이미 특정 파티션에 존재하기 때문이다. 따라서 이 경우에는 페이지 아웃이 생략된다. 만일 나중에 페이지 인이 필요한 경우에는 원본 파일을 다시 읽어 들이면 되기 때문이다. 이렇게 페이지 중에 특정 경로에 이미 원본이 존재하는 경우를 file-backed 메모리라고 부른다.

file-backed 메모리의 대표적인 예로는 실행 파일이나 동적 라이브러리의 로딩이 해당된다. 혹은 몇몇 프로그램에서 공통으로 사용하는 데이터, 이미지 파일도 같은 방식으로 로딩하는 경우가 많다.

앞서 언급한 대로 리눅스에서 /proc/meminfo를 확인해보면 Active(file), Inactive(file) 항목에서 file-backed 메모리의 양을 알아볼 수 있다. 여기서 퀴즈를 하나 풀어보자. 힙 메모리는 file-backed에 속하는가? 제대로 이해했다면 너무 간단해서 바로 맞출 수 있을 것이다.

그러면 이제 mmap의 주요 특징과 사용되는 함수 리스트를 정리해보자. 함수 사용법은 이론을 모두 다룬 뒤에 예제를 보면서 살펴볼 것이다.

- 대응된 메모리 맵은 포인터로 접근하므로 사용이 쉽다.
- 시스템 호출을 통하지 않고도 파일의 내용에 접근할 수 있다.
- 메모리와 파일 사이의 동기화는 운영체제가 담당하므로 편리하다.
- 공유된 mmap을 사용할 때는 크리티컬 섹션 보호에 신경 써야 한다.
- 대응된 메모리 맵의 크기를 넘어서는 경우 파일에 영향을 주지 않는다.

표 5.1 mmap 관련 함수들

mmap	메모리를 파일(혹은 장치)에 대응시킨다.
munmap	mmap을 해제한다.
msync	메모리와 파일을 동기화한다.
mprotect	mmap을 접근 권한을 변경한다.
mremap	mmap을 재조정한다. (리눅스 고유 함수이므로 _GUN_SOURCE 매크로 필요)

mmap으로 파일과 메모리를 대응시키려면 먼저 대상 파일을 열어야 한다. 중요한 점은 대응시킬 대상 파일은 대응하고자 하는 메모리의 크기보다 커야만 한다. 만일 파일의 크기가 작다면 ftruncate를 이용해서 키우든지 해야 한다. 그러나 익명 mmap(anonymous mmap)이라고 해서 램 디스크의 용도로 사용되는 경우에는 원본 파일이 필요 없다. 다만, 익명 mmap은 리눅스 전용이며 표준안에 반영된 기술은 아니다.

3.3 mmap의 공유 방식 : 공유, 사설 방식

앞서 언급한 대로 mmap은 공유(shared)나 사설(private) 방식 중에 선택해서 생성할 수 있다. 공유 방식인 shared mmap은 대응된 파일과 mmap이 지속적으로 동기화된다는 점이고 사설 방식인 private mmap은 처음 생성할 때만 파일 내용이 mmap에 복사된 뒤에 동기화가 끊어진다는 점이다. 앞서 mmap의 권한에서 설명했듯이 사설 방식은 쓰기가 가능한 경우에 쓰기가 발생하면 COW로 인해 프로세스 고유의 메모리 공간으로 전환된다.

공유 방식은 여러 개의 프로세스가 하나의 메모리와 파일을 사용하는 것처럼 작동한다. 어떤 한 프로세스가 mmap을 변경하면 동일한 mmap을 보는 다른 모든 프로세스도 변경된 내용을 보게 된다. 물론 파일도 같이 변경된다. 다만, 파일의 동기화에는 시간차가 있을 수 있기 때문에 mmap으로 대응된 원본 파일을 다른 프로세스에서 직접 읽을 때는 최신의 데이터가 아닐 수도 있다.

공유 방식의 mmap은 항상 원본 파일이 블록 장치에 존재하기 때문에 스왑 아웃의 대상이 되지 않는 장점이 있다. 더군다나 직접 write 함수를 사용하는 것보다 성능도 좋다.

이에 비해 사설 방식은 처음 mmap이 생성된 뒤에 프로세스가 독자적으로 사용하는 메모리 공간으로 전용할 수 있다. 사설 방식 mmap은 생성 후에 내용을 변경하더라도 대응했던 파일에는 아무런 변화가 생기지 않는다. 그러나 내용이 변경된 사설 방식의 mmap 페이지는 해당 프로세스 고유의 메모리 공간으로 전환되므로 스왑 아웃이 가능한 페이지로 전용된다. 이에 따라 메모리가 낭비되거나 성능상의 이점이 사라질 수도 있다.

사설 mmap을 사용하면서 성능을 위해 스왑 아웃을 금지하고자 한다면 mlock으로 페이징 금지를 걸어두어야만 한다. 이외에 메모리 조언(posix_madvise)을 이용해서 좀 더 효율적으로 작동하도록 하는 방법도 있다. 이에 대해서는 조금 뒤에 자세히 보도록 할 것이다.

기본적으로 mmap은 스레드 안전(thread-safety)을 만족하고 있다. mmap이 스레드 안전을 만족한다는 것은 멀티 프로세스나 스레드가 서로 공유된 mmap에 쓰기를 시도하더라도 안전하다는 것이다. 물론 크리티컬 섹션의 보호는 필요하다. 하지만, 공유된 mmap과 대응된 파일이 항상 같다고는 보장할 수 없어서 여러 프로세스가 mmap과 파일에 대해 읽기, 쓰기를 병행하는 경우에는 msync로 동기화를 마치고 읽어 들이는 것이 좋다.

mmap 사용을 끝낸 뒤에는 munmap으로 해제를 할 수 있다. 하지만, 다른 프로세스에서도 계속 사용하고 있다면 해제를 하지 않는다. 또한, 공유 방식으로 생성된 mmap이라면 대응을 풀기 전에 msync로 동기화를 마치고 푸는 것이 좋다.

04 mmap의 사용법

앞에서는 주로 mmap의 이론적 기반에 대해서 다뤘다. 이제 mmap의 간단한 예제를 보면서 각 함수의 기능을 살펴보자.

[코드 5.1] 메모리맵 예제 1 (mmap_ex1.c)

```
01  fd = open(argv[1], O_RDWR|O_CREAT, 0664);  /* mmap에 대응할 파일 열기 */
02  … ( 생략 ) …;
03  p_map = mmap((void *)0, 64, PROT_READ|PROT_WRITE, MAP_SHARED, fd, 0);
04  if (p_map == MAP_FAILED) {
05      /* 에러 : mmap 실패 */
06  }
07  close(fd);   /* mmap만을 이용한다면 기존 파일은 닫아도 됨 */
08  /* 쓰기나 읽기에 관련된 코드는 여기에 들어간다. */
09  if (msync(p_map, 64, MS_SYNC) == -1) {
10      /* 에러 : 동기화 실패 */
11  }
12  if (munmap(p_map, 64) == -1) {
13      /* 에러 : mmap 해제 실패 */
14  }
```

mmap을 만들고 사용하는 순서는 [코드 5.1] 예제와 같다. 먼저 01행에서 open으로 파일기술자를 얻어낸다. 그리고 03행에서 mmap을 호출하여 파일기술자에 메모리 맵을 대응시킨다.

예제에서 보는 mmap은 읽기, 쓰기 프로텍션 권한의 공유 방식(shared mmap)이며 크기는 64바이트이다. 그러면 mmap의 함수 원형을 보도록 하자.

```
void * mmap(void *start, size_t length, int prot, int flags, int fd, off_t offset);
```

mmap은 성공하면 할당된 메모리 주소 번지가 리턴되고 실패하면 MAP_FAILED가 리턴된다. 일반적으로 포인터를 리턴하는 함수들은 NULL이 실패인데 mmap은 다르므로 주의해야 한다.

인수에서 start는 mmap으로 리턴받기 원하는 가상 주소 시작 번지이다. 보통 0을 설정하면 자동으로 알맞은 주소를 할당한다. 만일 고정된 주소를 할당받고자 한다면 flags에 MAP_FIXED를 세팅하고 start에는 페이지 크기의 경계에 맞도록 입력한다. [13]

---

13) 시스템의 페이지 크기는 sysconf(_SC_PAGESIZE)로 확인할 수 있다. mmap은 페이지 단위로만 할당되므로 시작 주소는 항상 페이지 크기의 배수가 되는 경계여야 한다.

length는 mmap을 생성할 메모리 크기로서 대응할 대상 파일이 mmap의 최소 length보다는 커야 한다. 만일 파일 크기가 더 작다면 에러가 발생한다. proto는 메모리 보호(protection) 권한을 설정하는 플래그로서 bitwise inclusive OR로 결합할 수 있다. 가능한 플래그는 [표 5.2]와 같다.

다만 mmap의 proto는 먼저 오픈된 파일, 즉 대응하고자 하는 파일기술자의 권한과 맞춰주는 것이 좋다. 만일 파일기술자가 읽기 전용으로 열렸는데 PROTO_WRITE를 설정하면 오류가 발생한다. 그러나 파일이 읽기, 쓰기로 열렸을 때 mmap을 PROTO_READ로 더 적은 권한을 설정하면 오류는 발생하지 않는다.

표 5.2 mmap의 proto 인수 플래그

PROTO_READ	해당 데이터는 읽기 가능하다.
PROTO_WRITE	해당 데이터는 쓰기 가능하다.
PROTO_EXEC	해당 데이터는 실행 가능하다.
PROTO_NONE	해당 데이터는 접근이 불가능하다.

flags에는 작동에 관련된 설정을 할 수 있다. flag의 종류는 [표 5.3]에 정리하였다. flag들은 bitwise inclusive OR로 결합할 수 있으나 MAP_SHARED와 MAP_PRIVATE는 동시에 쓸 수 없다. 이외에도 몇 가지 플래그들은 같이 사용할 수 없는 때도 있다. MAP_SHARED, MAP_PRIVATE, MAP_FIXED는 유닉스 표준인 SUS에 있는 표준이고 나머지는 리눅스 확장 기능이다.

mmap은 각 유닉스나 리눅스별로 일부분 확장 기능이 있으므로 항상 사용하는 유닉스, 리눅스의 매뉴얼 페이지를 한 번은 봐두는 것이 좋다. (매뉴얼 페이지는 항상 영문 버전의 최신 매뉴얼을 보는 것이 좋다.)

표 5.3 mmap의 flags 인수 플래그

MAP_SHARED	공유 가능한 메모리 맵으로 지정한다. 파일과 메모리는 동기화된다.
MAP_PRIVATE	사설 메모리 맵으로 지정한다. 생성할 때는 파일 내용과 동일한 메모리 맵이 생성되지만, 이후로는 동기화되지 않는다. 읽기 전용일 때 사용한다.
MAP_FIXED	원하는 메모리 시작 번지를 지정하고자 할 때 사용한다.
MAP_ANONYMOUS	장치와 연결되지 않은 익명 mmap을 생성한다. 임시 페이지에 쓰인다.
MAP_HUGETLB	HugeTLB를 사용하여 대용량 데이터 처리를 할 수 있도록 한다.
MAP_LOCKED	페이지 락을 이용한다. mlock에서 제공하는 기능과 같다.
MAP_UNINITIALIZED	익명 mmap으로 할당된 공간을 초기화하지 않는다.(성능을 중시하는 경우에 유용)

MAP_SHARED는 shared mmap으로 만들어주고, MAP_PRIVATE은 private mmap을 만들 때 사용한다. 둘의 차이는 앞서 살펴보았다.

MAP_ANONYMOUS는 임시로 장치와 연결되지 않은 mmap을 생성한다. 즉 어떤 파일과도 연결되지 않은 mmap을 생성할 때 사용하는 것이다. 이는 특정 주소에 페이지를 끼워 넣을 필요가 있거나 순서대로 페이지를 배열할 필요가 있을 때 사용한다. 이 옵션을 사용하면 mmap 함수의 5, 6번째 인수(fd, offset)는 무시되지만 fd는 과거 코드와의 호환성을 위해 보통 −1로 설정한다.

MAP_HUGETLB는 mmap으로 대용량 데이터를 취급할 때 TLB hit rate가 떨어져서 메모리 접근 성능이 떨어지는 것을 해결하기 위해 사용한다. 일반적인 시스템은 4,096바이트의 페이지 크기를 사용하는데 엄청 큰 파일을 mmap으로 사용한다면 TLB 히트될 가능성이 줄어들고 PTE도 커지기 때문에 시스템의 전반적인 성능 하락을 피할 수 없게 된다.

이런 단점을 해결하기 위해 현대적인 아키텍처에는 대용량 데이터를 표현하기에 적합하도록 2, 4MiB 혹은 1GiB처럼 huge page를 사용하는 경우가 있다. 주로 대용량 데이터베이스 시스템이나 복수 개의 프로세스가 협업하는 시뮬레이션이나 네트워크 서버에서 이 기능을 사용하면 효과를 볼 수 있다. MAP_HUGETLB 기능은 커널 설정도 필요하므로 mmap 기본 예제를 다룬 뒤에 살펴보도록 할 것이다.

MAP_LOCKED는 mlock의 페이지 잠금 기능을 제공한 것이다. 과거에는 mmap의 페이징을 금지하려면 mlock을 사용해야 했는데 리눅스에서는 mmap을 호출할 때 한 번에 해결할 수 있도록 플래그 옵션으로 제공한다. 하지만, 다른 유닉스 시스템에도 포팅하고자 한다면 과거 방식처럼 mmap 후에 mlock을 사용하는 것이 좋다.

MAP_UNINITIALIZED는 익명(anonymous) mmap을 할당하면서 초기화를 하지 않는 기능이다. 앞서 설명한 MAP_ANONYMOUS와 같이 쓰이는 옵션이며 초기화가 필요없는 경우에 이 옵션을 이용하면 메모리 접근을 최소화하므로 성능을 좀 더 올릴 수 있다. 이 옵션이 없는 경우 기본적으로 익명 mmap은 0(zero)으로 초기화된 페이지를 반환한다.

```
int msync(void *start, size_t length, int flags);
```

msync는 앞에서 메모리맵 주소값 start로부터 length 길이만큼을 동기화한다. flags에는 [표 5.4]와 같은 기능을 사용할 수 있다. 단 MS_ASYNC와 MS_SYNC는 동시에 사용할 수 없다.

표 5.4 msync의 flags 인수 플래그

MS_ASYNC	msync 함수는 바로 리턴되며, 동기화는 비동기로 진행된다. 따라서 함수 리턴 뒤에도 동기화는 예약될 뿐 보장할 수는 없다.
MS_SYNC	msync 함수는 동기화를 마칠 때까지 리턴되지 않는다. 동기화는 바로 진행되며 리턴과 동시에 동기화의 완료가 보장된다.
MS_INVALIDATE	메모리에 쓰인 값을 무효화하고 파일에서 다시 데이터를 로딩하여 메모리에 덮어쓰게 된다.

mmap을 더는 필요로 하지 않는다면 munmap으로 해제할 수 있다. munmap은 현재 프로세스가 더 사용하지 않는 경우 연결을 끊는 의미일 뿐 실제로 시스템 어딘가에 있는 mmap 세그먼트를 삭제하는 것을 의미하지는 않는다. 시스템에 있는 어떤 프로세스도 mmap을 쓰지 않는 경우에만 시스템은 mmap을 퇴출시키게 된다.

```
int munmap(void *start, size_t length);
```

이제 메모리맵이 여러 프로세스에서 공유되는지 확인하기 위해 공유된 mmap을 사용하는 예제인 [코드 5.2]를 보도록 할 것이다. 이 예제는 현재 디렉터리에서 mmapfile.dat 파일을 공유하게 될 것이다.

[코드 5.2] 메모리맵 예제 2   (mmap_ran.c)

```c
01  #define MMAP_FILENAME   "mmapfile.dat"
02  #define MMAP_SIZE       64
03  char    contents[128];
04  int main(int argc, char *argv[])
05  {
06      int     fd, n_write, flag_mmap = MAP_SHARED;
07      char    *p_map, a_input[100];
08      if ((fd = open(MMAP_FILENAME, O_RDWR¦O_CREAT, 0664)) == -1) { /* 파일기술자 얻기 */
09          printf("Fail: open(): (%d:%s)\n", errno, strerror(errno));
10          return EXIT_FAILURE;
11      }
12      if (ftruncate(fd, MMAP_SIZE) == -1) { /* 파일 크기를 최소 mmap 크기로 늘린다. */
13          printf("Fail: ftruncate(): (%d:%s)\n", errno, strerror(errno));
14          return EXIT_FAILURE;
15      }
16      if ((p_map = mmap((void *)0, MMAP_SIZE, PROT_READ¦PROT_WRITE, flag_mmap, fd, 0)) /* mmap 생성 */
17          == MAP_FAILED) {  /* 실패시 MAP_FAILED를 리턴한다. */
18          printf("Fail: mmap(): (%d:%s)\n", errno, strerror(errno));
19          return EXIT_FAILURE;
20      }
21      close(fd);
22      printf("* mmap file : %s\n", MMAP_FILENAME);
```

```
23    while (1) {
24        printf("'*' print current mmap otherwise input text to mmap. >>");
25        if (fgets(a_input, sizeof(a_input), stdin) == NULL) {
26            /* error */
27        }
28        if (a_input[0] == '*') {
29            printf("Current mmap -> '%.*s'\n", MMAP_SIZE, p_map);
30        } else {
31            a_input[strlen(a_input)-1] = 0; /* 개행문자(newline) 제거 */
32            memcpy(p_map, a_input, strlen(a_input));
33            if (msync(p_map, MMAP_SIZE, MS_SYNC) == -1) { /* 동기화 */
34                printf("Fail: msync(): (%d:%s)\n", errno, strerror(errno));
35                return EXIT_FAILURE;
36            }
37        }
38    }
39    return EXIT_SUCCESS;
40 }
```

공유된 mmap을 테스트하기 위해서는 적어도 2개 이상의 터미널을 열고 [코드 5.2]를 실행해야 한다. 한 터미널에서 프로그램을 실행한 뒤에 아무 내용이나 타이핑해서 입력한다. 그런 뒤에 다른 터미널에서 별표(asterisk)를 입력하면 이전 터미널에서 입력한 내용이 보일 것이다.

이는 하나의 mmap을 공유하고 있기 때문이다. 만일 [코드 5.2]의 06행에서 MAP_SHARED 대신에 MAP_PRIVATE로 수정하고 컴파일하여, 실행하면 2개 이상의 터미널에서 각자 실행된다고 하더라도 내용은 공유되지 않는 것을 볼 수 있다. 당연히 MAP_PRIVATE로 만든 mmap은 파일의 내용을 변경시키지 않는다.

O5 메모리 사용 패턴 조언(memory advice)

mmap이나 공유 메모리에는 프로그래머의 의도에 따라 메모리를 어떻게 사용할 것인지 힌트를 줄 수 있는 기능이 있다. 이를 메모리 조언 기능이라고 부르며 1999년 POSIX.1d-1999에서 표준으로 제정되었다.

메모리 조언 함수는 posix_madvise와 madvise가 있다. 참고로 파일용으로는 posix_fadvise가 있다. posix_madvise와 madvise의 차이점은 표준의 차이로서 madvise는

BSD 함수이며 이 함수가 차후 POSIX 표준화를 거치면서 posix_madvise가 되었다. 표준화가 되면서 최소한의 기능만 취합하기 때문에 기능은 오히려 축소되었다. 이런 연유로 성능을 중시하는 시스템에서는 아직도 madvise를 사용하는 경향이 있다.

madvise는 과거 BSD에서 도입된 함수로서 리눅스나 다른 유닉스에서도 대부분 지원한다. 하지만, 1999년에 POSIX에서 표준화를 거치면서 이를 대체한 posix_madvise를 제공했다.

물론 둘은 기능면에서 거의 동일하다. 몇몇 임플리먼테이션에서는 내부적으로 동일하게 구현되어 있다. 그러나 엄밀하게 보면 둘은 장단점이 있다. madvise 함수는 POSIX 체계보다 더 많은 기능을 제공하고 있는 경우가 많다. 이에 비해 posix_madvise는 호환성이 좋다는 장점이 있다.

필자는 최대한 표준안을 설명하고자 하기 때문에 이 책에서는 POSIX 표준만을 언급할 테지만, 두 함수는 기능이나 함수 원형이 매우 비슷하다. 그러나 실무에서는 조금 더 많은 기능을 제공하는 madvise를 더 많이 사용하므로 꼭 madvise의 매뉴얼을 봐 두기 바란다.

또한, posix_fadvise는 파일을 대상으로 한다는 점만 다를 뿐 posix_madvise와 기능적으로는 같다.

메모리 조언 기능의 목적을 알려면 지역성(Principle of locality)과 메모리 체계(memory hierarchy)의 기본 개념부터 알아야 한다.

보통 어떤 프로그램을 실행하기 위해서는 디스크로부터 실행 파일을 로딩해야 한다. 실행 파일의 로딩 과정은 mmap을 사용한다고 이미 설명했다. 그렇다면 실행 파일이 다른 데이터 파일을 읽어 들이는 경우는 어떻게 할까? 역시 성능을 위해서 mmap을 사용할 수 있다. 그러나 mmap을 이용하더라도 운영체제가 파일을 읽어 들이는 과정이 보이지 않을 뿐 여전히 내부적으로 파일의 내용을 메모리로 읽어 들이는 작업이 존재한다. (물론 이미 읽은 적이 있는 경우라면 메모리에 캐시되어 있을 수 있다. 하지만, 처음 읽는 파일이거나 메모리에서 퇴출당한 경우라면 다시 디스크에 접근해야만 한다.)

그런데 디스크에 있는 파일을 읽을 때 프로그래머가 꼭 파일의 처음부터 순서대로 읽는다는 보장이 없으므로 운영체제는 함부로 프리패치(prefetch)할 수 없다. 만일 무턱대고 파일의 처음 부분을 미리 읽었는데 하필이면 사용자가 파일의 다른 부분을 액세스하면 쓸데없는 짓을 한 셈이 되고 오히려 성능에 마이너스 요인이 될 수 있다.

그래서 사용자가 파일에 접근하기 전까지 운영체제는 디스크에 접근하지 않는다. 즉 가장 안전하고 보수적인 방식으로 I/O 처리를 하는 것이다. 그러나 이런 보수적인 접근은 대용량 입출력을 하는 고성능 시스템에서는 불합리한 것이다.

이런 문제를 해결하기 위해 제안된 것이 사용자가 읽기 원하는 곳이 순차적으로 있는 지 아니면 랜덤하게 있는지, 혹은 더 이상 쓰이지 않는 메모리인지 운영체제에게 힌 트를 건네주도록 한 기능이다.

예를 들어보자. 파일의 용량이 2GiB라고 하고 순차적으로 파일을 읽어 들이는 작업 이 있다고 가정하자. 디스크의 파일에 접근하는데 최소 10ms의 레이턴시(latency)가 생긴다고 가정하자. 순차적으로 파일을 10MiB씩 읽어 들여서 처리한다고 가정하면 중간에 계속해서 10ms씩 레이턴시가 발생할 수 있다. (실제 환경에서는 하드웨어/운영 체제 레벨에서 예측하는 프리페치가 있을 수 있으므로 특별한 기능을 사용하지 않아도 일정 부분 효율 개선이 있을 수 있다.)

그러나 사용자(프로그래머)가 미리 순차적으로 읽을 것이라고 명시적인 조언 기능을 사용하면 운영체제는 사용자가 다른 작업을 하는 중에도 액세스할 부분을 미리 프리 페치한다. 이런 기능을 제공하는 함수가 바로 posix_madvise, madvise이다.

참고로 메모리 조언 기능은 현재 대부분 서버나 데스크톱 운영체제에는 모두 적용되 어 있다. 그러나 산업용 임베디드 시스템이나 구형 시스템인 경우는 메모리 조언 기 능이 아무런 일도 하지 않게 되어 있는 경우도 있다. 그러면 배경 이야기는 이만 끝마 치고 함수 원형에 대해 살펴보자.

```
int posix_madvise(void *addr, size_t len, int advice);
```

posix_madvise는 addr부터 len까지의 메모리 공간에 대해 advise 용도로 사용됨을 운영체제에 알려준다. 여기서 addr은 꼭 mmap의 시작 주소가 아니어도 되지만 일반 적으로 페이지 경계에서만 작동하므로 4KiB 페이지라면 4,096의 배수여야만 한다. advise에 사용 가능한 힌트는 [표 5.5]에 정리해보았다.

표 5.5 posix_madvise의 advise 인수

POSIX_MADV_NORMAL	해당 메모리에는 아무런 권고 사항이 없다. (기본값)
POSIX_MADV_SEQUENTIAL	해당 메모리를 순서대로 접근할 것이다.
POSIX_MADV_RANDOM	해당 메모리를 랜덤으로 접근할 것이다.
POSIX_MADV_WILLNEED	해당 메모리를 가까운 미래에 사용할 것이다.
POSIX_MADV_DONTNEED	해당 메모리를 앞으로 사용하지 않을 것이다.

POSIX_MADV_SEQUENTIAL이 설정되면 운영체제는 시작 주소부터 순서대로 프 리페칭(prefetching)을 해주려고 노력한다. 따라서 이 기능은 순차적으로 데이터를 읽

어야 하는 대용량 파일을 사용할 때 주로 쓰인다.

POSIX_MADV_WILLNEED는 특정 위치의 작은 페이지들을 읽어야 할 필요가 있거나 이미 사용되었지만, 다시 사용될 가능성이 큰 페이지에 사용된다. 이 조언 기능이 설정되면 운영체제는 최대한 해당 페이지를 활성 메모리(Active memory)에 두려고 노력하므로 빠르게 접근할 수 있게 해준다.

POSIX_MADV_RANDOM은 랜덤으로 접근할 수 있도록 최적화 해준다. 그리고 더는 사용되지 않는 메모리는 POSIX_MADV_DONTNEED 힌트를 주면 퇴출시켜 메모리를 탄력적으로 쓸 수 있게 해준다. 즉, POSIX_MADV_DONTNEED는 TLB의 효율을 높이는 기능이라고 생각하면 이해하기 쉬울 것이다.

```
int posix_fadvise(int fd, off_t offset, off_t len, int advice);
```

mmap을 거치지 않고 직접적으로 파일에 대해 조언 기능을 적용하려면 posix_fadvise 함수를 사용한다. 디스크에 접근하는 행위는 시스템을 엄청나게 지연시키기 때문에 대용량의 데이터 파일이거나 복수의 파일을 읽어온다면 미리미리 조언 기능을 이용하는 것이 좋다.

예를 들어 수많은 데이터 파일을 읽어서 시뮬레이션을 돌려야 한다면 계산을 하기 전에 미리 다음 파일에 대한 조언을 시스템에 전달하여 미리 읽어오도록 할 수 있다. 또한, 읽고자 하는 오프셋이 파일의 중간 부분일 때는 미리 posix_fadvise로 준비시킬 수 있다.

그리고 더는 사용되지 않는 파일이라면 메모리에서 퇴출시켜 캐시나 버퍼를 좀 더 탄력적으로 쓸 수 있게 하는 것이 좋다. 함수의 인수나 형태는 앞서 posix_madvise와 거의 동일하다.

표 5.6 posix_fadvise의 advise 인수

POSIX_FADV_NORMAL	해당 파일에는 아무런 권고 사항이 없다. (기본값)
POSIX_FADV_SEQUENTIAL	해당 파일을 순서대로 접근할 것이다.
POSIX_FADV_RANDOM	해당 파일을 랜덤으로 접근할 것이다.
POSIX_FADV_WILLNEED	해당 파일을 가까운 미래에 사용할 것이다.
POSIX_FADV_DONTNEED	해당 파일을 앞으로 사용하지 않을 것이다.

06   mmap의 대용량 페이지 기능 : Huge Page

현대적인 운영체제는 메모리 관리의 편리성을 위해 페이지 단위를 사용한다. 예를 들어 메모리를 커다란 종이라고 생각해보자. 좀 더 쉽게 이해할 수 있게 가로 길이가 200m, 세로 길이가 100m인 종이에 소설이 쓰여 있다고 가정하자. 무려 한 행의 길이가 200미터이다. 한 행만 하더라도 한 챕터가 될 수도 있을 것이다. 이러면 소설을 읽다가 잠시 덮고 나중에 읽으려면 어디까지 읽었는지 어떻게 살펴볼 수 있을까? 아마 찾기 어려울 것이다.

차라리 종이를 작은 크기로 잘라서 몇 권의 책으로 만들어 두면 몇 번째 권의 몇 페이지라는 식으로 찾아보기 쉬울 것이다. 그런데 책으로 만들 때 각 페이지의 크기가 들쭉날쭉하면 문제가 생길 수 있다. 따라서 책을 만들 때 페이지 크기는 통일해야 한다.

이런 현실적인 문제와 컴퓨터 공학에서 사용하는 개념은 매우 흡사하다. 운영체제에서 사용하는 메모리 페이지는 커다란 종이를 페이지 단위로 잘라서 책으로 만드는 것과 개념적으로 같다. 즉 거대한 메모리를 일정 크기로 잘라놓고 번호를 매겨서 찾기 편리하게 해두는 것이다. 그래서 메모리도 페이지라는 용어를 사용하는 것이다.

예를 들어 어떤 프로세스가 페이지 9.4장 분량의 메모리가 필요하다면 앞서 큰 종이를 단위 규격으로 잘라낸 페이지 10개를 뽑아다가 분철을 해서 소책자로 만들어 주는 것과 같다. 이렇게 페이지를 조합해서 만들어 낸 비규격화된 크기의 메모리를 세그먼트(segment)라고 부른다.

여기서 중요한 개념 중 하나가 바로 페이지의 규격이다. 현실에서 A4, A3, B4, Letter Size 같은 규격을 사용하듯이 운영체제의 페이지 크기에도 규격이 있다. 일반적으로 MMU가 관리하는 페이지 사이즈는 고정값이며 하드웨어적으로 관리되는 경우가 많다. (몇몇 플랫폼에서는 소프트웨어적으로 구현되어 변경 가능한 예도 있다.)

그러면 페이지 크기는 얼마나 될까? 대다수 시스템은 4KiB~64KiB 사이를 사용한다. x86 시스템은 4,096바이트의 페이지 크기를 사용하는데 이는 오랜 시간 동안 축적된 경험과 연구에 의해서 정해진 합리적인 크기이다. 그런데 최근에 대용량 데이터들이 늘어나면서 과거 경험에 의해 정해진 페이지 크기가 더는 합리적이지 않은 상황을 맞게 되었다.

예를 들어 어떤 시스템에서 10GiB 크기의 페이지를 구성했다면, 4,096바이트 페이지를 사용하는 시스템에서는 10GiB를 위한 PTE(Page Table Entry)의 개수는 10 ×

$2^{30} / 4096 = 2,621,440$이 된다. 무려 2백 62만여 개의 페이지가 생성되는 것이다. 이렇게 되면 PTE를 검색하는 것만으로도 상당한 부담이 된다. PTE가 늘어나기 때문에 당연히 TLB miss가 높아져서 성능에 악영향을 미칠 수밖에 없다.

10GiB를 예를 들었지만 10GiB 크기의 페이지가 30개가 되어 300GiB라면 어떻게 될까? 무려 7천 8백만여 개의 페이지가 생성된다. 설마 그렇게 큰 시스템이 있을까 하지만 필자가 작업하는 시스템들도 총합이 수백 기가가 넘는 경우가 다반사였다. 또한, 상업형 대용량 데이터베이스 시스템에서는 이런 일들이 비일비재하다.

그래서 등장한 것이 Large Page 혹은 Huge Page라고 불리는 기능이다. 이는 일반적인 4,096바이트의 페이지보다 더 큰 크기를 가지며, 이를 위해 시스템은 이원화된 메모리 관리 체계를 가지게 되었다. x86 시스템은 4,096과 2MiB의 2가지 페이지를 지원하는데 위의 10GiB를 2MiB 페이지로 만들면 1/500 수준으로 페이지 개수가 줄어들어 2백62만 개의 페이지가 단 5,120개의 페이지로 할당할 수 있게 된다. 당연히 TLB miss도 줄어들어 성능 향상으로 연결된다.

현재 우리가 사용하는 상업용 데이터베이스나 프레임워크에서는 Huge Page를 지원하는 경우가 많다. 이는 대용량에서 TLB의 성능 때문에 필수가 되어가고 있다. 혹시 궁금한 독자는 데이터베이스 중에 Huge Page나 Huge TLB로 검색해보면 관련 기능의 설정을 볼 수 있다.

이 책은 프로그래밍 서적이므로 사용법이 아닌 Huge page를 다루는 법을 설명할 것인데, 리눅스에서 Huge Page를 사용하는 방법은 2가지이므로 각각 설명할 것이다. 하나는 명시적으로 Huge Page를 사용하는 방법이고, 다른 하나는 묵시적으로 사용하는 THP(Transparent Huge Page)를 사용하는 방법이다.

전자는 커널 설정으로 Huge Page로 전용할 공간을 확보하고 프로그램 소스 코드에 명시적으로 Huge Page를 사용하겠다고 지정하는 방법이며 이렇게 할당된 메모리는 일반 페이지로 사용할 수 없어 과다하게 Huge Page로 할당하면 메모리 부족을 겪을 수 있다.

따라서 이런 문제를 해결하기 위해 후자인 THP가 제안되었다. THP는 사용자가 Huge Page로 지정하지 않아도 일정 크기 이상이 되면 자동으로 Huge Page로 전환해서 할당해주는 기능이다. 최근에는 THP를 주로 사용하는 편이다. THP는 kernel 2.6.38 이후에 정식으로 포함되었다.

원래 이전 판에서는 Huge page를 간단하게 소개했는데, 그 이유는 표준적인 기능이 아닐뿐더러 차후 변경될 가능성도 있기 때문이었다. 하지만, 대용량 시스템을 다루는 경우가 점차 늘고 있어서 리눅스 비표준 기능임에도 자세한 사용법을 소개하기로 했다.

여기서는 먼저 명시적으로 Huge Page를 사용하는 방법을 다루고 그다음에 THP를
살펴보도록 하겠다. 그리고 성능 차이를 테스트해볼 수 있도록 예제를 구성했으니 꼭
예제를 통해 테스트해보기 바란다.

6.1 Huge Page

명시적으로 Huge page를 사용하기 위해 먼저 kernel 설정이 필요하다. 현재 Huge
page 상태를 보기 위해 /proc/meminfo를 살펴보면 HugePages_Total이 0으로 되
어 있으므로 현재 시스템에는 설정되어 있지 않은 것이다. 만일 Huge page가 설정되
면 HugePages_Total에 페이지의 개수가 나타난다. 그리고 Hugepagesize를 보면
현재 2MiB 크기의 Huge page를 사용할 수 있다고 나온다.

```
# grep -i hugepages /proc/meminfo
AnonHugePages:          0 kB
HugePages_Total:        0
HugePages_Free:         0
HugePages_Rsvd:         0
HugePages_Surp:         0
Hugepagesize:        2048 kB
```

Huge page의 설정은 hugeadm 명령을 사용한다. hugeadm은 뒤에 팁 박스에 쓰인
hugepage 관련 패키지가 설치되어야 하므로 패키지부터 설치하자. 추후 시스템에
따라서 패키지 이름이나 명령어 및 설정 방법이 달라질 수도 있으므로 혹시라도 아래
방법에서 문제가 발생한다면 버전 관련 문서 및 관련 매뉴얼을 살펴보아야 한다.

```
# hugeadm --page-sizes-all
2097152
# hugeadm --pool-pages-min 2M:1G
# hugeadm --pool-pages-max 2M:10G
# hugeadm --pool-list
    Size  Minimum  Current  Maximum  Default
 2097152     512      512     5120       *
```

우선 hugeadm 명령으로 사용 가능한 Huge page 규격을 조회해보면 시스템에서 지원
하는 사이즈가 출력된다. 앞서 /proc/meminfo에서 보였듯이 2MiB(2,097,152)로 나
온다. 따라서 2MiB짜리 Huge page의 pool을 최소 1GiB, 최대 10GiB로 입력하였다.

그리고 Huge pages pool을 확인해보면 Minimum에 512개의 페이지로 1GiB
가 현재 잡혀 있는 것으로 보인다. 현재는 Huge page를 사용하는 프로세스가 없
으니 Current는 최소값으로 되어 있다. /proc/meminfo를 살펴보면 마찬가지로

HugePages_Total에 512가 잡혀 있게 된다. 그런 다음에 free 명령으로 확인했을 때 Used 영역이 1G가 늘어나는 것을 볼 수 있다. 즉 Huge page로 전용되어 예약된 상태이므로 이미 사용한 페이지로 구분하는 것이다.

그리고 Maximum 부분을 보면 5,120개의 페이지이므로 10GiB까지 사용 가능하도록 풀이 구성되었다.

> **TIP**
>
> hugeadm은 레드햇 계열(Fedora, CentOS, RHEL 등)에서는 libhugetlbfs-utils 패키지에 있으며, 데비안 계열(Debian, Ubuntu 등)에서는 hugepages에 있다. 따라서 레드햇 계열이면 yum, dnf를 사용하는 시스템이므로 yum install libhugetlbfs-utils라고 명령하고, 데비안 계열이면 apt나 aptitude를 사용하므로 apt-get install hugepages로 명령하면 된다.

이제 간단한 예제로 Huge page를 사용해 보도록 하겠다. Huge page를 사용할 때 hugeadm으로 설정하지 않으면 SIGBUS 시그널이 발생하여 프로세스가 종료될 수 있으니 만일 Bus error가 발생하면 hugeadm으로 다시 설정해주면 된다.

[코드 5.3] 메모리맵 Huge page　　　　　　　　　　(mmap_hugepage.c, 1/2 번째)

```
01   typedef struct elem_data {
02       int num; /* 4B */
03       char str[28]; /* 28B */
04   } ELEM_DATA; /* 32B */
05   int n_elem;
06   ELEM_DATA *p_array; /* base address of linear array */
07   void print_elem(const ELEM_DATA *dest);
08   char *get_deltatimespec_str(struct timespec *ts_now, struct timespec * const ts_prev);
09   struct timespec diff_timespec(struct timespec ts_now, struct timespec ts_prev);
10   int main(int argc, char *argv[]) {
11       int i, idx, ret;
12       long n_array;
13       int cnt_randomwalking = 800000000; /* 800 million */
14       if (argc != 3) {
15           printf("%s < huge | normal > <# MiB>\n", argv[0]);
16           return EXIT_FAILURE;
17       }
18       int flags;
19       if (argv[1][0] == 'h') {
20           flags = MAP_PRIVATE|MAP_ANONYMOUS|MAP_NORESERVE|MAP_HUGETLB; /* Huge page */
21       } else {
22           flags = MAP_PRIVATE|MAP_ANONYMOUS|MAP_NORESERVE;
23       }
24       n_array = atoi(argv[2])*(1024*(1024/sizeof(ELEM_DATA)));
25       struct timespec ts0, ts1, ts2;
```

```
26        clockid_t  clock_cpu;
27        if ((ret = clock_getcpuclockid(0, &clock_cpu)) != 0) { /* 시간 측정을 위해 CPU 시계를 얻음 */
28            return EXIT_FAILURE;
29        }
30        clock_gettime(clock_cpu, &ts0);
31        printf("# of Array=%ld, Tot. size of mmap=%ld, # of test-count=%d \n",
32                n_array, n_array * sizeof(ELEM_DATA), cnt_randomwalking);
33        size_t sz_map = n_array * sizeof(ELEM_DATA);
34        p_array = mmap(NULL, sz_map, PROT_READ¦PROT_WRITE, flags, -1, 0);
35        if (p_array == MAP_FAILED) {
36            perror("mmap");
37            exit(EXIT_FAILURE);
38        }
39        for (i=0; i<n_array; i++) { /* mmap 페이지에 데이터를 쓴다. */
40            p_array[i].num = i;
41            stpncpy(p_array[i].str, "test", 4);
42        }
43        printf("[Phase 1] init mmap. elapsed cpu time = %s\n", get_deltatimespec_str(&ts1, &ts0));
44        printf(">> Random walking : %d iterations\n", cnt_randomwalking);
45        srandom(time(NULL));
46        for (i=0; i<cnt_randomwalking; i++) {
47            idx = rand() % n_array;
48            p_array[idx].num += 2; /* update */
49        }
50        printf("[Phase 2] elapsed cpu time = %s\n", get_deltatimespec_str(&ts2, &ts1));
51        printf("Press any key to exit.\n");
52        getchar();
53        return 0;
54    }
```

[코드 5.3]의 예제는 실행할 때 일반 페이지와 Huge page를 선택해서 mmap을 만들 수 있게 되어 있다. 따라서 19~23행을 보면 mmap의 플래그에 MAP_HUGETLB를 선택적으로 넣을 수 있도록 되어 있다.

27행의 clock_getcpuclockid는 CPU를 사용한 시간을 측정하기 위해 CPU 시계를 얻는 코드이다. 이 기능은 원래 10장에서 다룬다. 여기서는 그냥 CPU 시간을 측정하여 성능 비교를 위한 코드라는 흐름만 알아두면 된다. 혹시라도 관련 기능을 알고자 한다면 10장의 리얼타임 시계를 보도록 하자.

30행에서는 앞서 얻은 CPU 시계를 이용해서 현재 CPU 시간을 얻은 것이다. 실제 시간을 쓰지 않고 CPU 시계를 이용해야만 정확하게 CPU가 소모한 시간 측정이 가능하다. 성능 측정을 위해 CPU 시간 측정은 총 3번을 할 것이다. 첫 번째는 프로그램 구동을 시작할 때, 두 번째는 메모리맵 페이지 할당 후 초기화를 마친 뒤, 세 번째는 메모리맵을 랜덤 워킹한 뒤에 종료 전에 측정할 것이다. 이렇게 하면 초기화 구간과 랜덤 워킹한 구간의 구간별로 걸린 시간을 측정할 수 있다. 시간을 측정할 때 사용하는 함수인 get_deltatimespec 코드는 뒤에 따로 적어두었다.

34행에서는 익명 메모리맵을 생성하고 있다. 원래 Huge page는 익명 메모리맵만 가능하다. shared 방식으로 사용하려면 뒤에서 Huge page로 마운트된 가상 파티션을 사용하는 방법으로 가능하다. 이는 조금 뒤에 다루도록 할 것이다.

39~42행은 메모리맵에 초기 데이터를 쓰는 작업이다. 초기 데이터가 들어가지 않으면 실제 메모리 할당이 이뤄지지 않을 수 있기 때문에 초기 데이터를 쓰는 작업을 해야 한다.

43행에서는 초기화에 걸린 CPU 시간을 출력하고 있다. 그리고 45~49행은 랜덤으로 메모리맵을 업데이트하고 있다. 이렇게 랜덤으로 액세스하면 페이지가 크면 클수록 TLB miss가 높아진다. 이 예제는 성능 테스트가 목적이므로 일부러 TLB miss가 발생할 수 있는 가학적인 코드로 작성되었다.

[코드 5.3] 메모리맵 Huge page   (mmap_hugepage.c, 2/2 번째)

```
55   char *get_deltatimespec_str(struct timespec *ts_now, struct timespec * const ts_prev) {
56       static char str_ts[16];
57       clock_gettime(CLOCK_PROCESS_CPUTIME_ID, ts_now); /* CPU 시간 측정 */
58       if (ts_prev != NULL) {
59           struct timespec ts_diff = diff_timespec(*ts_now, *ts_prev);
60           snprintf(str_ts, sizeof(str_ts), "%ld.%09ld", ts_diff.tv_sec, ts_diff.tv_nsec);
61       }
62       return str_ts;
63   }
64   struct timespec diff_timespec(struct timespec ts_now, struct timespec ts_prev) {
65       struct timespec t;
66       t.tv_sec = ts_now.tv_sec - ts_prev.tv_sec;
67       t.tv_nsec = ts_now.tv_nsec - ts_prev.tv_nsec;
68       if (t.tv_nsec < 0) {
69           t.tv_sec--;
70           t.tv_nsec += 1000000000;
71       }
72       return t;
73   }
```

55행부터는 CPU 시간을 계산하여 출력하는 부분이다. ts_now에는 현재 CPU 시간이 기록되고, ts_prev에 이전 CPU 시간이 들어오면 ts_now – ts_prev로 수행에 걸린 시간을 계산하여 문자열로 출력해준다. 자 이제 실제로 작동시켜 보도록 하겠다.

```
# ./mmap_hugepage huge 8192
# of Array=268435456, Tot. size of mmap=8589934592, # of test-count=800000000
[Phase 1] init mmap. elapsed cpu time = 2.241020846
>> Random walking : 800000000 iterations
[Phase 2] elapsed cpu time = 41.933478483
Press any key to exit.
```

Huge page를 8192MiB 할당했으므로 2MiB 페이지 4,096개가 할당된다. 그런데 예제를 실행하면 마지막에 getchar() 함수로 인해 키를 누를 때까지 멈추는데, 이는 다른 터미널에서 mmap의 사용으로 메모리 사용 상태가 어떻게 변하는지 관찰하기 위함이다. 따라서 예제 실행 후 'Press any key to exit' 메시지가 나오면 다른 터미널을 열어서 hugeadm으로 풀 상태와 /proc/meminfo를 살펴보자.

```
# hugeadm --pool-list
      Size  Minimum  Current  Maximum  Default
   2097152      512     4096     5120        *
# grep -i hugepage /proc/meminfo
AnonHugePages:         0 kB
HugePages_Total:    4096
HugePages_Free:        0
HugePages_Rsvd:        0
HugePages_Surp:     3584
Hugepagesize:       2048 kB
```

hugeadm으로 풀을 살펴보면 Huge page의 현재 수치(Current 부분)에 4,096이 보인다. 그리고 /proc/meminfo 파일의 HugePages_Surp 부분(surplus)과 Minimum 수치를 더하면, 3,584+512=4,096으로 표시되어 딱 들어맞음을 알 수 있다. HugePages_Surp는 최소 Huge page에서 추가로 할당된 부분이다.

그리고 예제 실행 후 출력된 CPU 시간을 보면 초기화에 약 2.24초, 랜덤 워킹에 약 41.93초가 소요되었다. 그러면 이번에는 Huge page를 사용하지 않는 경우에 성능이 얼마나 차이 나는지 살펴보도록 하자.

```
# hugeadm --pool-pages-min 2M:0
# hugeadm --thp-madvise
# cat /sys/kernel/mm/transparent_hugepage/enabled
always [madvise] never

$ ./mmap_hugepage normal 8192
# of Array=268435456, Tot. size of mmap=8589934592, # of test-count=800000000
[Phase 1] init mmap. elapsed cpu time = 3.364549298
>> Random walking : 800000000 iterations
```

```
[Phase 2] elapsed cpu time = 69.307473370
Press any key to exit.
```

먼저 hugeadm으로 풀 사이즈 조정하여 최소값을 0GiB로 변경했다. 이는 사실상 Huge page는 최소한으로 사용하도록 한 것이다.

그다음에 hugeadm --thp-madvise 명령을 내렸는데 이는 THP(Transparent Huge Page) 기능의 옵션을 madvise로 설정할 경우에만 활성화되도록 변경한 것이다. 그리고 cat으로 /sys/kernel/mm/transparent_hugepage/enabled를 보면 설정이 보이는데, 기본값은 always이지만 madvise로 변경된 것을 볼 수 있다. THP는 일정 크기 이상에서는 자동으로 Huge page를 쓰도록 하는 기능이므로 이 기능을 쓰지 않도록 해야만 제대로 성능 비교 측정이 된다.

이제 예제를 수행하면 초기화에 약 3.36초, 랜덤 워킹에 약 69.3초가 소요되었다. 성능 차이가 발생한 것을 볼 수 있다. 생각보다 Huge page의 성능 효과가 미미하다고 생각할 수도 있다. 하지만, 페이지의 수가 늘어나고 프로세스의 개수가 늘어나면 성능 차이는 더 크게 벌어진다.

6.2 THP(Transparent Huge Page)

THP는 묵시적으로 일정 크기가 넘어가는 대용량 메모리맵에 대해 자동으로 Huge page를 적용하는 기능이다. 보통 Huge page size의 일정 배수를 넘어가면 THP에 할당한다. THP 기능은 커널 2.6.38 이후로 적용되어 있다.

THP 설정은 /sys/kernel/mm/transparent_hugepage/enabled에서 볼 수 있으며, 3가지 값(always, madvise, never) 중에 1개를 선택할 수 있다. 설정된 값은 대괄호로 묶여서 보인다.

표 5.7 THP 설정

always	THP 사용 (기본값)
madvise	madvise 함수를 적용한 mmap에 대해서만 사용함
never	THP 사용 안함

THP의 설정은 hugeadm을 사용하거나 부팅할 때 커널 파라미터로 넘기는 방법을 주로 사용한다. THP는 기존 프로그램의 소스 코드를 수정하지 않고도 Huge page를 쓸 수 있게 해준다. 실제로 대부분 프로그램은 THP만 적용해도 성능이 개선된다.

하지만, 몇몇 데이터베이스 시스템에서는 madvise나 never 설정을 권고하는 때도 있다. 이는 데이터베이스의 내부 자료구조의 문제거나 THP의 스왑 아웃할 때 성능 하락 문제가 발생하는 경우가 있기 때문이다. 그러나 특별한 케이스를 제외하고 대부분은 THP를 사용하여 얻는 이점이 크므로 THP의 무조건적인 사용 금지는 조심스럽게 선택하는 것이 좋다.

우선 성능 테스트를 위해 앞서 Huge Page 예제를 THP를 always로 설정 후 작동시켜보도록 하자.

```
# hugeadm --thp-always
# cat /sys/kernel/mm/transparent_hugepage/enabled
[always] madvise never

$ ./mmap_hugepage normal 8192
# of Array=268435456, Tot. size of mmap=8589934592, # of test-count=800000000
[Phase 1] init mmap. elapsed cpu time = 2.242987316
>> Random walking : 800000000 iterations
[Phase 2] elapsed cpu time = 41.746212433
Press any key to exit.
```

THP를 사용하도록 설정하고 예제를 실행했을 때 CPU 시간 측정에서 초기화에 2.24초, 랜덤 워킹에 41.74초로 Huge page를 사용한 경우와 성능이 비슷하다. 즉 Huge page가 자동으로 설정되어 작동한 것이다.

THP가 적용된 사실은 /proc/meminfo에서 더 확실하게 살펴볼 수 있다.

```
# grep -i hugepage /proc/meminfo
AnonHugePages:   8386560 kB
HugePages_Total:     512
HugePages_Free:      512
HugePages_Rsvd:        0
HugePages_Surp:        0
Hugepagesize:     2048 kB
```

meminfo 파일에 AnonHugePages 영역이 약 8GiB가 잡힌 것을 볼 수 있는데 이것이 바로 THP로 쓰인 페이지 용량이다. 이 영역이 늘어났다는 것은 THP를 사용한 프로세스가 있다는 뜻이 된다. watch -d -n 1 grep -i hugepage /proc/meminfo로 터미널에 띄워두고 예제를 다른 터미널에서 실행해보면 THP 사용량이 증가하는 것을 시각적으로 쉽게 볼 수 있다.

또한, perf 퍼포먼스 체크 툴이 있다면 좀 더 확실하게 TLB miss가 얼마나 발생하는지 살펴볼 수도 있다. 예를 들어 perf 툴로 dTLB와 iTLB의 miss를 체크하려면 다음과 같이 명령하면 된다.

```
# perf stat -e dTLB-load-misses,dTLB-store-misses ./mmap_hugepage normal 8192
```

참고로 보수적인 시스템에서 THP를 madvise로 설정할 수 있다고 했었는데, 이런 경우는 mmap을 사용할 때 madvise 함수에 MADV_HUGEPAGE 플래그를 사용하는 경우만 THP를 적용하게 된다.

madvise는 앞서 다룬 메모리 사용 패턴 조언 기능인 posix_madvise의 POSIX 표준화 이전의 BSD 버전용이므로 이름만 다를 뿐 사용법은 같다. 따라서 posix_madvise를 학습했다면 madvise 매뉴얼만 살펴봐도 쉽게 프로그래밍할 수 있다.

madvise 관련 THP 예제는 너무 간단하기 때문에 지면에서는 생략하고, 따로 배포하는 소스 코드에 넣어두도록 하겠다.

6.3 Huge Page filesystem

앞에서는 주로 익명 메모리맵으로만 다뤘다. 만일 다수 프로세스가 공유해야 하는 페이지라면 아무래도 익명보다는 공유 메모리맵이 더 유용하다.

그러나 Huge page에서 공유 메모리맵을 사용하려면 일반적으로는 불가능하고 특수한 파일 시스템으로 마운트 된 곳에서만 가능하다. 왜냐하면, 일반적인 파일 시스템은 페이지 교환에 2MiB처럼 큰 사이즈를 지원하지 않기 때문이다.

그래서 공유 가능한 Huge page 메모리맵을 위해 hugetlbfs라는 메모리 파일 시스템을 제공하는데, 메모리 기반이라 재부팅되면 사라지며 스왑 아웃되지 않는 특징을 가진다. 공통 데이터를 저장할 램 디스크가 필요하다면 편리한 기능 중에 하나이다.

```
# hugeadm --pool-pages-min 2M:1G
# hugeadm --pool-pages-max 2M:10G
# hugeadm --pool-list
     Size  Minimum  Current  Maximum  Default
  2097152      512      512     5120        *
```

먼저 Huge page의 풀을 만들어 두어야 한다. 앞에서 예제를 작성하면서 이미 만들어 두었다면 생략해도 된다.

그다음에는 hugetlbfs를 마운트해야 하는데, 직접 mount 명령을 사용해도 되지만 hugeadm의 명령어에도 mount 옵션이 있다. 여기서는 명령어 체계의 통일성을 위해 hugeadm을 사용하도록 하겠다. (몇몇 리눅스 배포판은 /dev/hugepages에 hugetlbfs가 미리 마운트되어 있는 경우도 있다.)

```
# hugeadm --create-mounts
# mount | grep -i hugetlbfs
...
none on /var/lib/hugetlbfs/pagesize-2MB type hugetlbfs (rw,relatime,seclabel,pagesi
ze=2097152)
```

hugeadm --create-mounts 명령은 /var/lib/hugetlbfs에 Huge page 메모리를
마운트 해준다. 수동으로 다른 디렉터리를 마운트할 수도 있지만 여기서는 기본값인
/var/lib/hugetlbfs를 사용했다. 이제 hugetlbfs의 사용 방법은 mmap을 위한 파일
을 마운트된 위치인 /var/lib/hugetlbfs 이하에 페이지 파일을 생성하면 된다. 방법
은 앞서 MAP_SHARED 플래그를 사용한 공유 메모리 예제와 같은데 ftruncate를 하
지 않아도 된다는 점만 다르다. (왜냐하면 hugetlbfs는 메모리 자체에 만들어진 공간이므
로 디스크 사본이 필요 없기 때문이다.)

또한, mmap 함수를 호출할 때 플래그에 MAP_HUGETLB를 쓰지 않아도 된다. 예제
는 너무 간단하므로 지면에서는 open, mmap 부분만 간략하게 보여주도록 하겠다.
전체 코드 부분은 배포되는 소스 코드를 참조하도록 하면 된다.

[코드 5.4] 메모리맵 hubetlbfs 사용　　　　　　　　　　　　　　(mmap_hugetlbfs.c)

```
01   /* 앞 부분 생략 */
02     int flag_mmap = MAP_SHARED; /* mmap 플래그 */
03     int flag_open = O_RDWR|O_CREAT|O_EXCL; /* mmap 파일을 exclusive open으로 열려고 한다 */
04     if ((fd = open(path, flag_open, 0664)) == -1) {
05       if (errno == EEXIST) { /* mmap 파일이 이미 있다면 O_CREAT|O_EXCL 플래그를 제외한다 */
06           flag_open &= ~(O_CREAT|O_EXCL);
07           fd = open(path, flag_open); /* 이미 있는 파일을 오픈 */
08       }
09     }
10     if (fd == -1) {
11       perror("open");
12       return EXIT_FAILURE;
13     }
14     p_array = mmap(NULL, sz_map, PROT_READ|PROT_WRITE, flag_mmap, fd, 0);
15     if (p_array == MAP_FAILED) {
16       perror("mmap");
17       exit(EXIT_FAILURE);
18     }
19     close(fd);
```

[코드 5.4]는 mmap용으로 파일을 오픈할 때 생성하는 경우와 구분하기 위해 O_
EXCL(exclusive open)을 사용했다. 위에는 나타나지 않지만, 실제 코드의 뒤쪽 부분
에서 생성할 때에는 초기화 코드가 있기 때문에 구분한 것이다.

14행에서 mmap을 생성하면서 플래그에 MAP_HUGETLB를 지정하지 않는 것을 볼 수 있다. 이렇게 해도 실제로 Huge page에 잡히게 되므로 예제를 실행하고 다른 창에서 hugeadm --pool-list로 상태를 확인해보면 차이를 볼 수 있다.

07 SysV와 POSIX의 IPC

앞서 이 장을 들어오기 전에 유닉스의 전통적인 IPC의 3가지 구현에 대해 언급했었다. 바로 세마포어, 공유 메모리, 메시지 큐이다. 또한, IPC 구현에는 XSI(SysV)와 POSIX 형식이 따로 존재하는 것을 언급했었는데, 여기서는 두 IPC 형식의 구조적 차이에 대해 먼저 알아보도록 하겠다.

7.1 XSI IPC 형식의 특징

XSI IPC는 SVID[14]에 의해 정의된 구식 유닉스로부터 유래한 기능이지만 아직도 활발하게 쓰이고 있으므로 소홀히 하면 안 된다. 왜냐하면, SysV 유닉스는 현대적인 32bit 유닉스의 모태였기 때문에 이후 파생된 모든 유닉스 계열 운영체제들은 XSI IPC를 기본으로 지원하게 되었고, 80년대 초반에 개발되었던 수많은 서버용 소프트웨어는 XSI IPC를 사용하여 개발되었다.

이런 이유로 각 유닉스 벤더들은 새로운 버전을 내놓을 때 기존 서버용 소프트웨어가 사용하는 XSI IPC를 개량해야 성능 향상을 가져올 수 있었기 때문에 꾸준히 XSI IPC 기능을 개량했었다. 심지어 지금까지도 유명한 데이터베이스나 미들웨어에서는 XSI IPC를 사용하고 있는 경우가 많다.

XSI IPC는 특이하게 표준화된 함수들 외에 외부 유틸리티로 ipcs, ipcrm이란 명령어를 제공하고 있다. 이들은 시스템에 존재하는 XSI IPC 자원들의 상태나 관리를 위해서 쓰인다. 참고로 최근 버전의 리눅스에서는 XSI IPC 매뉴얼 페이지(man svipc)를 제공하므로 꼭 봐두는 것이 좋을 듯하다.

표 5.8 **XSI IPC 유틸리티**

ipcs	IPC status, 시스템의 XSI IPC 자원 리스트를 출력한다.
ipcrm	IPC remove, 시스템의 XSI IPC 자원을 제거한다.
lsipc	list of IPC, XSI IPC 설정을 출력한다.(리눅스 전용)

---

14) SVID(System V Interface Definitions) - 80년대 초반 AT&T사가 유닉스를 표준화하면서 독자적으로 추진한 것으로서 시스템 전반에 걸쳐서 상세한 명세서를 정의하였다.

모든 XSI IPC 자원들은 공통적으로 IPC key, IPC ID, 소유권자, 소유권한(mode)의 속성이 있다. 여기서 IPC key는 IPC 자원에 접근하기 위해 사용하는 해시키 역할을 하여 이를 이용해서 IPC 자원의 ID 값을 얻어오는 구조로 되어 있다.

IPC ID는 고정된 값이 아니므로 IPC key를 통해서 얻어오는 과정을 거쳐야만 한다. 이 과정은 마치 파일에 접근하는 것과 비슷해서 파일 경로를 통해 파일기술자를 얻어오는 것과 흡사하다. 그러나 IPC key 중에는 사설 IPC라는 것도 있는데 이는 IPC_PRIVATE라는 의미 없는 IPC key를 사용해서 랜덤한 IPC ID를 생성하는 기능이다. 따라서 외부에서 사설 IPC로 접근하려면 IPC ID를 알고 있어야만 가능하다.

이런 과정이 좀 복잡해 보이지만 XSI IPC가 어떤 함수들을 순서대로 호출하는지 개괄적으로 이해할 수 있도록 [그림 5.2]에 정리해 보았다.

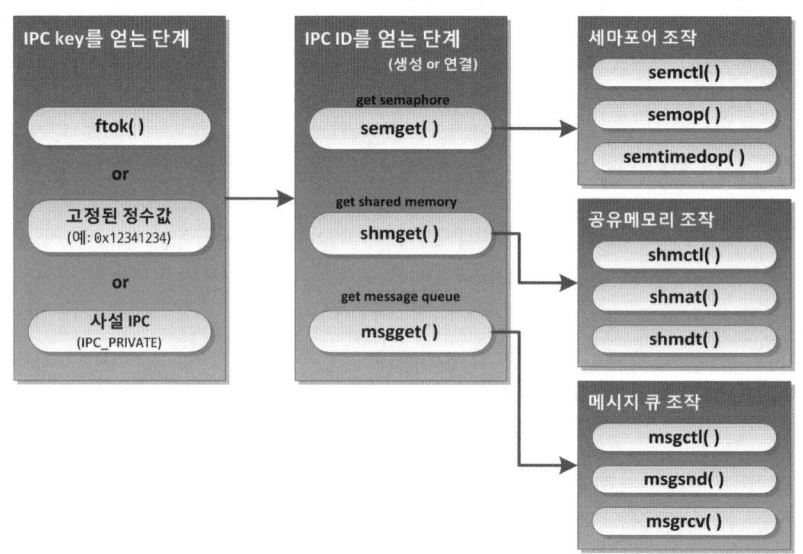

[그림 5.2] XSI IPC 함수 호출 흐름

[그림 5.2]를 볼 때 일반적으로 XSI IPC는 3단계의 함수들을 거치게 되지만 사설 IPC를 사용하는 경우에는 곧바로 semget, shmget, msgget에 IPC_PRIVATE 플래그만 지정하는 것이기 때문에 2단계가 되겠다.

여기서 semget, shmget, msgget은 IPC 자원을 생성하기도 하지만 접근하고자 하는 IPC key에 해당하는 자원이 이미 생성되어 있다면 해당 IPC 자원의 IPC ID만을 알려주는 역할만 한다. 이제 뒤에서 XSI IPC의 각 기능의 함수들을 볼 때도 [그림 5.2]를 생각하면서 보면 XSI IPC 호출 구조를 쉽게 이해할 수 있을 것이다.

7.2 XSI IPC key 관리

XSI IPC key는 공유 메모리, 세마포어, 메시지 큐 모두에 공통적인 부분이므로 미리 다루고자 한다. SysV에서 키를 사용하는 경우는 외부에서 IPC 자원에 접근할 수 있도록 한 경우이다.

이렇게 외부에서 접근 가능한 경로나 식별 가능한 이름을 가진 IPC를 명명된(named) IPC라고 부른다. IPC key는 key_t형으로 표현되며 정수형이다. 일반적으로 32bit나 64bit OS에서는 64bit로 사용되기도 한다.

이 키값은 [그림 5.2]에서 표시한 대로 ftok에서 해시키를 계산해서 만들어지거나 아니면 고정된 정수형 값을 사용한다. 보통은 중복을 막기 위해 ftok를 이용한 해시 키값이나 사설 IPC(IPC_PRIVATE)를 사용하는 경우가 많다.

[코드 5.5] ftok의 파일 경로를 토큰으로 IPC key 생성 예

```
key_shm = ftok("/usr/local/bin/ipc_daemon", 101);
```

---

ftok 함수로 /usr/local/bin/ipc_daemon과 101이라는 숫자를 조합해서 IPC key를 계산해내는 것을 볼 수 있다. ftok를 사용하지 않고 고정된 정수, 예를 들어 0x123400이라는 키를 쓰겠다고 해도 되겠지만, 이 경우에는 다른 프로그램이 사용하지 않는 키를 사용해야 하므로 중복되는 경우에 다른 키를 쓸 수 있도록 해야 한다.

> **TIP** ▌ IPC key는 유일한(unique) 값이 되어야 하는가?
>
> 일반적으로 IPC key는 유일해야 한다. 서로 다른 형태의 IPC 자원이라고 하더라도 동일한 키를 쓸 수 없다. 예를 들어 공유 메모리와 세마포어는 서로 다른 형태의 IPC 자원이라고 해도 같은 키를 사용할 수는 없다.
>
> 하지만, 리눅스의 경우 서로 다른 IPC 자원은 따로 관리되어 동일한 키가 허용되는 차이가 있기도 하다. 그러나 일반적으로는 IPC key는 유일한 값이 되어야 하므로 서로 다른 IPC 자원이라고 해도 다른 키값을 사용하도록 권장한다.

IPC 키를 구했다면 semget, shmget, msgget 등을 호출하여 XSI IPC ID를 얻어 올 수 있다. 항상 같은 IPC 키를 넣는다면 동일한 IPC ID를 리턴하게 된다. 이때 IPC ID는 해당 자원이 생성되면서 리턴되기도 하며 이미 생성되어 있다면 해당 ID가 리턴된다.

만일 임시로 사용되는 IPC 자원이라면 고정된 키 대신에 IPC_PRIVATE 매크로를 사용하면 된다. 이를 사설 IPC라고 부르며 리눅스에서 사설 IPC의 키값은 0으로 처리되고 호출할 때마다 IPC ID가 랜덤하게 생성된다.

그러나 사설 IPC라고 해서 외부에서 접근하지 못할 것이라고 착각하면 안 된다. XSI IPC는 생성할 때 지정하는 접근 권한(mode)으로 외부 접근을 결정하는 것이며 IPC key와는 상관이 없다. 즉 접근 권한이 가능하고 IPC ID만 알면 접근할 수 있다.

그러면 이해를 돕기 위해 ftok를 이용해서 공유 메모리를 구하는 방법과 사설 IPC의 공유 메모리를 구하는 코드를 비교해서 보도록 하자. 여기서 공유 메모리를 구하기 위해 사용하는 shmget 함수는 이후에 더 자세하게 배울 테니 여기서는 ftok로 생성된 키와 IPC_PRIVATE를 쓰는 코드의 차이점만 간략하게 보도록 하자.

```
key_t key_shm = ftok("/usr/local/bin/ipc_daemon", 101);
int id_shm = shmget(key_shm, size_shm, flag_shm);          /* ftok의 키 사용 */


int id_shm = shmget(IPC_PRIVATE, size_shm, flag_shm);      /* 사설 IPC키 사용 */
```

[그림 5.3] ftok로 구한 키와 IPC_PRIVATE로 구하는 키

[그림 5.3]의 첫 번째는 ftok로 키값을 구한 뒤에 shmget을 호출한 것이고, 두 번째는 IPC_PRIVATE 키를 사용하여 사설 IPC로 shmget을 바로 호출하는 경우이다. 여기서 가장 중요한 것은 마지막에 얻어지는 id_shm에 저장되는 IPC ID 값이며 이 값은 시스템 전역에서 유일한 기술자이므로 이 값만 알고 있다면 굳이 shmget을 쓰지 않고도 바로 접근할 수 있다.

7.3 ipcs와 ipcrm

생성된 XSI IPC 자원들은 ipcs(IPC Status) 명령어로 리스트와 상태를 확인할 수 있다. 단 모든 자원을 볼 수 있는 것은 아니고 명령어를 내리는 유저의 권한, 즉 euid가 허용되는 자원들의 리스트만 볼 수 있다. 만일 권한이 없다면 리스트에 나타나지 않는다.

예를 들어 여러분이 IPC 자원을 생성할 때 0660의 권한으로 생성했다면 동일 유저와 속한 그룹에서는 ipcs로 해당 IPC 자원을 볼 수 있지만, 그 외의 유저는 ipcs를 실행해도 나타나지 않게 된다. 물론 슈퍼 유저라면 모든 권한을 초월하기 때문에 전부 볼 수 있다.

```
$ ipcs -a
------ Shared Memory Segments --------
key        shmid      owner     perms      bytes      nattch     status
0x00000000 38109184   sunyzero  600        393216     2          dest
… (생략)…
0x00000000 48398355   sunyzero  600        393216     2          dest

------ Semaphore Arrays --------
key        semid      owner     perms      nsems
0x12340001 0          sunyzero  660        1

------ Message Queues --------
key        msqid      owner     perms      used-bytes messages
0xd20501a2 32768      sunyzero  664        960        27
```

[그림 5.4] ipcs 실행 화면

[그림 5.4]를 보면 ipcs -a 명령어로 모든 XSI IPC 자원이 출력된 것을 볼 수 있다. 자원별로 보여주는 정보는 조금씩 다르다. 물론 공통 항목으로 key, id, owner, permission은 동일하게 출력된다.

하지만, 공유 메모리는 메모리 크기(bytes 항목)와 공유 메모리에 연결된 프로세스 개수(nattch 항목) 그리고 현재 상태(status 항목)를 보여주지만, 세마포어는 개수(nsems 항목), 메시지 큐는 큐에 저장된 데이터의 총 크기(used-bytes 항목), 저장된 메시지 개수(messages 항목)가 출력된다. 이 모든 정보는 ipcs로도 볼 수 있지만, 각각 shmctl, semctl, msgctl 함수를 이용해서 알아낼 수도 있다.

참고로 [그림 5.4]에서 key 부분이 0x00000000으로 표현되는 경우는 IPC_PRIVATE, 즉 고정키가 없이 사설 IPC로 만들어진 경우이다. 이 경우에는 키값은 존재하지 않고 id 부분만 의미가 있게 된다.

ipcrm은 XSI IPC 자원을 삭제하는 명령어로 ipcs와 마찬가지로 권한이 허용되는 경우에만 삭제할 수 있다. 그러나 일반적으로 ipcrm으로 삭제하는 경우보다 프로그래머는 자신이 관리하는 IPC 자원을 삭제하는 관리 기능을 구현하는 경우가 많다. 삭제 기능은 shmctl, semctl, msgctl 함수를 이용해서 구현한다.

7.4 POSIX IPC

XSI IPC에서 사용되었던 기술들은 표준화를 거치면서 POSIX에서 새로운 API로 따로 만들어졌다. 이들은 리얼타임 확장 표준(POSIX.1b-1993)에서 제정되었는데 POSIX는 시멘틱 위주의 느슨한 스펙으로 정의하기 때문에 XSI IPC처럼 관리툴(ipcs, ipcrm)과 같은 기능은 정의되지 않았다.

따라서 대부분의 OS 벤더들도 표준에 없는 관리툴을 구현할 필요가 없었기 때문에

POSIX IPC는 전적으로 프로그래머가 관리툴을 구현해야만 한다.

사실 이는 POSIX의 IPC API만 해당하는 것은 아니다. 원래 POSIX 표준화에서는 의미(semantic)만을 중시하여 정의하기 때문에 성능이나 속도, 편의성을 위한 툴은 정의하지 않는다. 이런 분위기는 결국 POSIX IPC가 XSI IPC보다 덜 쓰이게 되는 단초를 제공하기도 했다.

하지만, 점점 스레딩 기법이 도입되면서 pthread를 사용하는 경우에는 같은 POSIX 표준에 속한 POSIX IPC를 사용하는 것이 포팅에 더 유리하고 표준에 더 들어맞기 때문에 사용이 늘어나는 추세이다. 따라서 새로 개발해야 하는 플랫폼이 POSIX IPC를 지원하고 있다면 될 수 있으면 POSIX 계열을 사용하는 것이 더 좋다.

> **TIP** 리눅스의 리얼타임 확장 라이브러리 : librt
>
> 리눅스에서 리얼타임 확장 표준(POSIX.1b-1993)의 기능을 사용하면 rt 라이브러리를 링킹해야 한다. 본문에 언급한 대로 POSIX IPC는 리얼타임 확장의 기능이므로 -lrt로 rt 라이브러리를 링킹 해주어야 한다. 이외에 스레드 관련 기능을 포함하는 경우도 있으므로 -lpthread도 링킹해주어야 한다.

08 공유 메모리(shared memory)

공유 메모리는 주소 번지에 직접 접근하므로 따로 함수 콜을 할 필요가 없다. 입출력을 할 때 바로 주소 번지를 기억하는 포인터 변수에 직접 접근하므로 가장 빠른 성능을 보여준다.

그러나 양지가 있으면 음지도 있는 법, 여러 프로세스나 스레드가 공유 메모리에 직접 접근할 때 배타적 접근을 보장하는 것은 프로그래머의 몫이다. 이를 위해 락(lock) 메커니즘이 같이 사용된다. 대표적인 락 메커니즘으로는 세마포어(semaphore)나 뮤텍스(MUTEX), rwlock, spinlock 등이 있으며 세마포어는 조금 뒤에 다루고 나머지는 8장의 스레드와 함께 다루도록 할 것이다.

공유 메모리는 구현 방식에 따라 SysV 형식과 POSIX 형식이 서로 다르다. 먼저 POSIX란 리눅스 및 유닉스가 근간으로 삼고 있는 표준 체계로서 장치나 자원을 구분할 때 정수형의 기술자(descriptor)를 사용하는 형태를 보인다.

예를 들어 파일, 파이프, 소켓, 메모리 등 많은 장치가 정수형(integer)의 기술자로 표현되고 있다. 앞서 보았던 저수준 파일 처리나 뒤에서 다룰 파이프나 소켓도 같은 스타일의 기술자(descriptor) 인터페이스를 사용하고 있다. 물론 우리가 볼 때는 그냥 정수형이지만 내부적으로 식별자로서 처리된다.

이렇게 기술자를 이용한 인터페이스를 쓰는 이유는 비슷한 형태 때문에 직관적으로 쉽게 배울 수 있고 옵션이나 여러 매크로를 동일하게 사용할 수 있다는 장점이 생긴다. 따라서 POSIX 체계를 잘 배워두면 추가되는 함수들도 대충 형태만 봐도 직관적으로 이해할 수 있게 된다.

간단한 예를 들어보자. 원래 write 함수는 파일기술자에 연결된 파일에 쓰기를 하는 함수이다. 하지만 기술자(descriptor) 인터페이스를 사용하는 또 다른 자원인 소켓이나 파이프에 사용해도 동일하게 작동한다.

사용자는 소켓이나 파이프에 쓰기를 하는 전용 함수를 따로 배울 필요가 없어 직관적으로 쉽게 배울 수 있고 다른 개념을 확장할 때도 적은 노력만으로 배울 수 있다. 마찬가지로 뒤에서 나올 POSIX 공유 메모리를 얻는 shm_open 함수도 저수준 파일 처리의 open 함수와 형태가 비슷하고 작동하는 옵션도 같이 사용한다.

심지어 shm_open의 리턴값, 즉 POSIX 공유 메모리의 기술자에도 write나 read 함수를 사용할 수 있다. 물론 mmap으로 맵핑해서 주소로 접근할 수도 있다. 결국, POSIX 체계에서는 파일이나 공유 메모리나 같은 방식으로 사용 가능하도록 일관성을 지니게 된다.

물론 POSIX 표준은 의미(semantic)만 정의하고 있기 때문에 각 유닉스나 리눅스의 내부적인 구현 방식은 차이가 있을 것이다. 그렇지만 POSIX 표준 API의 의미는 동일하게 지키고 있기 때문에 함수 자체의 작동은 매뉴얼에 적힌대로 호출하면 동일한 결과를 얻을 수 있다.

그러면 이번에는 SysV 체계의 공유 메모리를 생각해보자. SysV의 모든 자원은 IPC ID를 얻어서 접근하는 방식을 사용한다. 실제 모든 자원은 시스템의 어딘가에 숨겨져 있고 투명해서 실체가 보이지는 않는다. 마치 캡슐화되어 있는 것과 같다.

그러므로 XSI IPC 자원에 접근하려면 전용 API 함수만을 이용해서 다뤄야 한다. 특히 공유 메모리의 경우 시스템 내부에 존재하는 실제 공간을 프로세스의 가상 메모리 주소로 맵핑하는 과정(이를 연결, 즉 attach한다고 표현한다)을 거쳐서 사용하게 된다. 어찌 보면 상당히 복잡해 보이기 때문에 투명성과 일관성은 좀 떨어진다고 볼 수 있다.

09 XSI 공유 메모리

XSI 공유 메모리는 일반적으로 shmget, shmat를 순서대로 호출하여 얻게 된다. 공유 메모리와의 대응을 해제하는 경우는 shmdt를 사용하고, 시스템에서 제거하거나 공유 메모리의 메타 정보를 얻어올 때는 shmctl을 사용한다.

표 5.9 XSI 공유 메모리 관련 함수

shmget	공유 메모리의 IPC ID를 얻는다. (없는 경우에 생성하면서 ID가 반환된다.)
shmat	지정한 IPC ID에 해당되는 공유 메모리와 연결한다. 성공시 공유 메모리와 연결된 주소 번지를 반환한다.(attach)
shmdt	공유 메모리와의 연결을 해제한다. (detach)
shmctl	공유 메모리를 조작한다.(제거, 메타 데이터 얻기)

shmget은 공유 메모리를 생성하면서 새로 만들어진 IPC ID를 반환한다. 하지만, 동일한 고정키를 갖는 공유 메모리가 이미 존재한다면 이미 생성된 IPC ID를 알려주게 되어 있다.

IPC ID를 얻게 된 후에 실제 공유 메모리에 연결하는 작업은 shmat로 한다. 즉 기존에 생성된 공유 메모리에 접속하는 과정에서 IPC ID를 모른다면 shmget으로 알아내면 되고 이미 알고 있다면 곧바로 shmat를 호출하면 된다.

그러면 본격적으로 공유 메모리 관련 함수들을 다루기 전에 종종 만날 수 있는 하나의 상황을 가정해보겠다. 만일 다른 프로세스에서 연결하고 사용 중인 공유 메모리를 제거하면 어떻게 될까? 이에 대한 답은 리눅스와 유닉스의 경우가 다를 수 있다.

먼저 리눅스에서는 연결(attach)된 프로세스가 1개 이상인 공유 메모리가 삭제되면 일단은 삭제 예약으로 설정되고 실제로 삭제되지는 않는다. 삭제 예약 상태가 되면 연결이 모두 끊어질 때까지 삭제는 유예되고, 모든 연결이 끊어지면 제거된다. ipcs로 보면 삭제 예약이 된 공유 메모리는 status 부분에 dest(destroyed)라고 표시되므로 쉽게 확인할 수 있다.

예를 들어 앞 챕터에서 보았던 [그림 5.4]의 공유 메모리들은 모두 dest가 표시되었으니 삭제 예약된 상태이다. 하지만, 이런 삭제 예약은 리눅스만의 기능이고 유닉스는 다를 수 있다. 왜냐하면, 삭제 예약에 대한 규약이 표준에 없어서 각 유닉스 벤더들이 리눅스처럼 구현할 필요는 없다.

공유 메모리 연결 횟수(nattch)란 당연히 살아 있는 프로세스들이 공유 메모리에 연결한 횟수이다. 만일 프로세스가 종료되면 프로세스의 모든 자원이 해제되므로 공유 메모리 연결도 시스템에서 해제시켜 버린다. 그러면 연결 횟수가 0이 된 공유 메모리의 내용은 어떻게 될까? 예상한 대로 공유 메모리의 내용은 누군가가 건드리지 않는 한 계속 보존된다. 물론 시스템이 재부팅되면 사라진다.

9.1 XSI 공유 메모리의 생성 및 연결

일반적으로 공유 메모리를 얻는 부분은 라이브러리로 작성하는 경우가 많아 여기서도 간단한 라이브러리 형태로 예제를 만들어 보겠다. 먼저 IPC ID를 얻는 부분, 즉 공유 메모리를 생성하거나 기존의 공유 메모리의 IPC ID를 읽어오는 부분을 만들어보자.

[코드 5.6] 공유 메모리에 연결하는 기능의 함수 예제 (lib_sysv_shm.c)

```
01   int sysv_shmget(void **ret, char *tok, key_t shm_fixkey, int size, int user_mode)
02   {
03       key_t shm_key;   int shm_id;   char buf_err[128];
04       if (ret == NULL || size < 0)   /* error */
05           return -1;
06       if (tok != NULL) {            /* 파일 경로가 토큰으로 주어지면 키값을 생성 */
07           if ((shm_key = ftok(tok, 1234)) == -1) {
08               return -1;
09           }
10       } else {
11           shm_key = shm_fixkey;      /* 토큰이 없는 경우는 고정된 키값을 사용 */
12       }
13       if ((shm_id = shmget(shm_key, size, IPC_CREAT|IPC_EXCL|user_mode)) == -1) {
14           if (errno == EEXIST) {  /* 이미 공유 메모리가 존재하는 경우는 키를 통해 ID를 가져옴 */
15               shm_id = shmget(shm_key, 0, 0);
16           }
17       }
18       if (shm_id == -1) {
19           strerror_r(errno, buf_err, sizeof(buf_err));
20           fprintf(stderr,"FAIL: shmget():%s [%d]\n", buf_err, __LINE__);
21           return -1;
22       }
23       if ((*ret = shmat(shm_id, 0, 0)) == NULL) {   /* error */
24           strerror_r(errno, buf_err, sizeof(buf_err));
25           fprintf(stderr,"FAIL: shmat():%s [%d]\n", buf_err, __LINE__);
26           return -1;
27       }
28       return shm_id;
29   }
```

위의 sysv_shmget 함수는 shmget과 shmat 함수를 쓰기 좋게 랩핑(wrapping)한 것이다. 이 함수는 얻고자 하는 XSI IPC 공유 메모리의 정보로 파일 경로의 토큰이나 고정 키값, 크기, 권한을 입력하면 ret 인수에 공유 메모리의 주소를 넘겨주게 된다.

세세한 설명을 위해 이 함수의 07행을 보면 토큰으로 쓰일 파일명이 지정되면 ftok를 이용해서 키값을 얻는 것을 볼 수 있다. 만일 토큰이 없다면 인수로 전달된 키값을 사용하게 된다. 키값이 정해졌으면 이제 shmget과 shmat를 순서대로 호출하게 된다. 먼저 이들의 함수 원형부터 보고 넘어가도록 하자.

```
int  shmget(key_t key, int size, int shmflg);
void * shmat(int shmid, const void *shmaddr, int shmflg);
int  shmdt(const void *shmaddr);
```

shmget 함수부터 살펴보자. 미리 XSI IPC 구조를 설명하면서 *get 형태의 함수는 IPC 자원을 생성하면서 ID를 리턴하거나 이미 생성된 IPC 자원의 ID 값을 알려주는 역할을 한다고 했다.

그중에서 shmget은 3개의 키값을 사용하는데 순서대로 키값, 공유 메모리 크기, 옵션 플래그 순이다. XSI IPC의 키값은 앞서 ftok를 설명할 때도 설명했으니 여기서는 생략하도록 하겠다. 두 번째 인수인 size에는 생성할 공유 메모리 크기로서 최소 크기에 대한 커널 설정이 존재하는 경우에는 너무 작다면 에러가 발생한다. 원래 공유 메모리의 최소 크기는 SHMMIN이라는 이름으로 존재했으나 현재 리눅스에서는 1바이트로 되어 있으므로 유명무실한 설정이 되었다.

하지만, 몇몇 구형 유닉스에서는 SHMMIN 설정이 존재하므로 너무 작은 크기에서 에러가 발생한다면 매뉴얼을 참고하여 SHMMIN 설정을 찾아봐야 한다. 이외에도 공유 메모리의 각종 시스템 설정이 몇 가지 있으나 조금 뒤에 살펴볼 것이다.

세 번째 인수인 shmflg에는 공유 메모리를 얻을 때 쓰이는 플래그로서 파일기술자를 얻는 open 함수의 플래그들과 비슷하다. [표 5.10]에 사용 가능한 플래그를 정리해두었는데 다른 XSI IPC 자원, 즉 세마포어나 메시지 큐를 얻는 함수인 semget, msgget에도 동일하게 사용되므로 한 번만 봐두면 1타 3피의 효과가 있다.

표 5.10 shmget의 플래그

IPC_CREAT	해당 IPC 자원이 존재하지 않으면 생성한다.
IPC_EXCL	해당 IPC 자원이 이미 존재하면 에러(EEXIST)를 발생시킨다.
SHM_HUGETLB	SHM에 Huge page를 사용한다. 리눅스에서만 지원하는 기능이다.

[표 5.10]의 플래그들은 inclusive bitwise OR로 결합할 수 있으며 생성할 때에는 접근 권한(rwx mode)도 같이 연산할 수 있다. 예를 들어 "IPC_CREAT | 0660"처럼 사용할 수 있다.

SHM_HUGETLB 플래그는 리눅스 고유의 기능이며, 앞서 mmap에서 다룬 대용량 페이지를 XSI 공유 메모리에 사용할 때 쓰인다. 이 기능을 사용하려면 앞서 mmap의 대용량 페이지 기법을 먼저 확실하게 배워야만 한다. 만일 대용량의 공유 메모리를 사용한다면 TLB miss를 줄이기 위해 SHM_HUGETLB 기능을 사용하는 것도 좋은 선택이다.

shmget으로 얻어진 공유 메모리에 실제로 접근하기 위해서는 가상 메모리 주소에 맵핑해야 한다. 이 맵핑 과정을 연결(attach)한다고 표현한다. 이때 사용하는 함수가 shmat이고 반대로 연결을 해제하는 함수가 shmdt이다.

shmat 함수는 3개의 인수를 사용하며 순서대로 IPC ID, 맵핑을 원하는 가상 메모리 시작 주소, 플래그이다. 첫 번째 인수는 shmget에서 얻어진 IPC ID를 넣고, 두 번째 인수 shmaddr에는 맵핑을 원하는 주소가 있다면 넣어준다. 만일 NULL을 지정하면 시스템에서 알아서 적절한 주소로 맵핑해준다.

그런데 여기까지 보면 왠지 shmat 함수가 메모리맵을 만드는 함수인 mmap과 상당히 비슷한 것을 알 수 있다. 실제로 두 함수는 맵핑하는 대상만 다를 뿐 인터페이스는 상당히 비슷하다.

세 번째 인수인 플래그에는 SHM_RND와 SHM_RDONLY를 사용할 수 있다. 여기서 SHM_RND는 두 번째 인수, 즉 맵핑을 원하는 시작 주소가 페이지 경계가 아니면 반내림으로 가까운 페이지 경계로 주소를 계산해주는 기능을 한다. 만일 SHM_RND를 사용하지 않으면 프로그래머가 직접 페이지 경계를 계산해야만 한다.

SHM_RDONLY는 플래그 이름에서 연상할 수 있듯이 읽기 전용으로만 공유 메모리에 연결할 때 사용한다. 이 플래그는 공유 메모리를 쓰는 프로세스와 읽어가는 프로세스가 분리되어 있을 때 유용하다.

9.2 XSI 공유 메모리의 시스템 설정

앞서 shmget을 설명하면서 공유 메모리의 시스템 설정에 대해 언급했었다. 그래서 리눅스에서 사용 가능한 공유 메모리 설정을 [표 5.11]에 정리했다.

표 5.11 XSI 공유 메모리 관련 전역 설정

kernel.shmmni	시스템에 생성 가능한 공유 메모리의 최대 개수 (Max. number of identifier)
kernel.shmmax	공유 메모리 1개의 최대 크기 (단위: 바이트)
kernel.shmall	시스템에서 할당 가능한 전체 공유 메모리 페이지 개수 설정 (단위: 페이지)

shmmni는 생성 가능한 XSI 공유 메모리의 IPC ID 개수 제한이다. 즉 ID의 제한은 생성할 수 있는 개수의 제한과 같은 의미가 된다. 참고로 뒤에서 다룰 SysV의 세마포어나 메시지 큐에도 비슷한 설정이 존재한다.

shmmax는 공유 메모리 1개의 최대 크기로 단위는 바이트이다. 이에 비해 shmall은 시스템에서 할당 가능한 공유 메모리의 공간의 최대치로서 단위는 페이지이다. 두 설정은 단위가 다르므로 세심하게 다루어야 한다.

생각해보면 3개의 설정은 연관성을 가지고 있다. 예를 들어 shmmni × shmmax의 값은 shmall보다 크거나 같아야 한다. 그렇지 않고 이보다 shmall을 더 크게 설정하면 shmmax의 크기로 shmmni의 개수만큼 공유 메모리를 만든다고 하더라도 제한에 걸릴 일이 없게 된다. 그렇다면 shmall 설정의 의미가 퇴색될 것이다.

이외에도 앞서 mmap에서 언급했듯이 최근 리눅스에는 huge TLB를 공유 메모리에 사용할 수 있도록 하는 기능이 포함되어 있으니 대용량 트랜잭션에 공유 메모리를 사용한다면 매뉴얼 페이지를 참고하여 huge TLB를 사용하는 것이 좋다.

그러면 앞서 언급했던 리눅스 시스템의 XSI 공유 메모리 설정을 실제로 살펴보자.

```
$ sysctl -a | grep shm
kernel.shmmax = 33554432
kernel.shmall = 2097152
kernel.shmmni = 4096
vm.hugetlb_shm_group = 0
```

[그림 5.5] sysctl로 본 XSI 공유 메모리 관련 설정

[그림 5.5]는 sysctl에서 공유 메모리 관련 설정만 뽑아낸 것으로 이해를 돕기 위해 [표 5.11]과 같이 보자. 그림에서 shmmax는 32MiB이고 shmall의 페이지 개수 제한은 2,097,152개이므로 기본 페이지 크기인 4,096 바이트를 곱해보면 최대 8GiB의 제한값을 가지고 있음을 알 수 있다.

앞서 shmmni, shmmax, shmall에 대해서 설명했는데 과거에는 이보다 더 많은 설정이 존재했었다. 예를 들어 SHMSEG 같은 경우가 대표적이다. 하지만, 지금은 대부분 사라져가는(deprecated) 추세이다.

왜냐하면, 최근의 리눅스나 유닉스 계열들은 과거보다 더 똑똑해져서 사용자가 직접 설정하는 것보다 시스템의 가용 자원의 크기나 하드웨어의 특징에 따라서 탄력적으로 작동하는 경우가 많아지고 있기 때문이다. 그러므로 [그림 5.5]의 설정들도 언젠가는 쓸모없는(obsolete) 설정이 될 수 있으니 항상 최신의 매뉴얼을 참고하는 것이 좋다. 참고로 한글 매뉴얼보다는 영문 매뉴얼이 더 최신이므로 항상 영문 매뉴얼을 참고하도록 하자.

9.3 XSI 공유 메모리의 제거

공유 메모리의 제거는 외부 명령어인 ipcrm이나 코드 내에서 shmctl 함수를 사용한다. shmctl은 주어지는 인수의 값에 따라 제거하는 기능 외에 공유 메모리의 정보를 읽어오는 기능도 가지고 있다. 그러면 shmctl과 함수에서 사용하는 관련 구조체를 보도록 하자.

```c
int shmctl(int shmid, int cmd, struct shmid_ds *buf);
struct shmid_ds {               /* 패딩 필드는 생략했다 */
    struct   ipc_perm shm_perm; /* 퍼미션 */
    size_t   shm_segsz;         /* 세그먼트의 크기(bytes) */
    time_t   shm_atime;         /* 마지막으로 shmat()를 호출한 시간 */
    time_t   shm_dtime;         /* 마지막으로 shmdt()를 호출한 시간 */
    time_t   shm_ctime;         /* 공유 메모리의 생성 시간 */
    pid_t    shm_cpid;          /* 공유 메모리를 생성한 프로세스의 pid */
    pid_t    shm_lpid;          /* 마지막으로 연결한 프로세스의 pid */
    shmatt_t shm_nattch;        /* 현재 접근한 프로세스의 수 (연결 개수) */
};
```

shmctl는 3개의 인수를 사용하며 순서대로 IPC ID, 동작 명령, 출력 버퍼이다. 이 중에 마지막 인수는 두 번째 인수인 cmd에 따라서 사용하지 않고 NULL을 지정하기도 한다. 그러면 cmd에 사용 가능한 동작 명령 목록부터 보도록 하자.

표 5.12 shmctl의 cmd 명령어

IPC_STAT	IPC 자원의 정보(생성자, 생성 시각, 접근 권한 등등)을 읽어온다.
IPC_SET	IPC 자원의 정보(권한)를 변경한다.
IPC_INFO	IPC 자원의 시스템 설정 값을 읽어온다. (리눅스 전용 기능)
IPC_RMID	IPC 자원을 제거한다.

[표 5.12]에 정리된 4개의 명령어는 다른 XSI IPC 자원을 제어하는 함수인 semctl, msgctl에서도 동일하게 사용되므로 여기서만 설명하고 뒤에서는 생략할 것이다. 따라서 여기서 제대로 기억해 두도록 하자.

IPC_STAT 명령은 IPC 자원(여기서는 공유 메모리를 의미)의 정보를 세 번째 인수인 shmid_ds 구조체에 저장해준다.

IPC_INFO는 관련된 시스템 전역 설정 값을 읽어오며 shmid_ds 대신에 shminfo 구조체를 사용한다.

시스템 설정을 읽어 들일 때는 IPC ID가 필요하지 않으므로 shmid 인수의 값은 무시되므로 NULL을 넣어도 된다. 또한, IPC_INFO는 리눅스 전용 명령어이므로 다른 유닉스에서는 작동되지 않는다. IPC_INFO로 읽어올 수 있는 시스템 설정 값은 앞서 다뤘던 shmmni, shmmax, shmall 같은 것들이며 세부적인 필드는 관련 헤더 파일에서 shminfo 구조체의 항목을 참고하도록 한다.

[코드 5.7] 공유 메모리에 대해 IPC_STAT, IPC_INFO의 사용 예

```
01  struct shmid_ds   shm_ds;    /* 공유 메모리 정보 구조체 */
02  struct shminfo   shm_info;  /* 공유 메모리의 시스템 설정 값 구조체 */
03  if ( (shmctl(shm_id, IPC_STAT, &shm_ds) |
04      shmctl(shm_id, IPC_INFO, (struct shmid_ds *)&shm_info) ) == -1) {
05      /* 에러 */
06  }
07  printf("SHM: size(%d) # of attach(%ld)\n",
08                      shm_ds.shm_segsz, shm_ds.shm_nattch);
09  printf("SHM: shmmni(%ld) shmmax(%ld) shmall(%ld)\n",
10                      shm_info.shmmni, shm_info.shmmax, shm_info.shmall);
```

[코드 5.7]은 IPC_STAT와 IPC_INFO를 이용해서 해당 공유 메모리와 시스템 전역 설정을 읽어오는 예를 보여주고 있다. 그러면 이번에는 shmctl에 IPC_RMID 명령을 사용하여 IPC 자원을 제거하는 랩핑 함수를 보도록 하겠다.

[코드 5.8] 공유 메모리 삭제 기능의 라이브러리 함수   (lib_sysv_shm.c)

```
30   int sysv_shmrm(int shm_id)
31   {
32     int    ret;
33     if ((ret = shmctl(shm_id, IPC_RMID, NULL)) == -1) {
34        fprintf(stderr,"FAIL:shmctl():%s [%s:%d]\n", strerror(errno), __FUNCTION__, __LINE__);
35        return -1;
36     }
37     return ret;
38   }
```

[코드 5.8]의 sysv_shmrm 함수는 IPC ID 값에 해당하는 공유 메모리를 제거한다. 그러면 이제 앞에서 만든 랩핑 함수들을 라이브러리로 만들어 보겠다. 뒤에서 다른 XSI

IPC 자원들인 세마포어나 메시지 큐도 라이브러리로 만들어서 사용하도록 할 것이다.

물론 배포되는 예제 소스에는 make 유틸리티를 이용해서 한 번에 이뤄지게 되어 있다.

```
$ make
gcc -c -Wall -g -I../../../include  lib_sysv_shm.c -o lib_sysv_shm.o
ar ruv libsysvipc.a lib_sysv_shm.o
ar: creating libsysvipc.a
a - lib_sysv_shm.o
```

[그림 5.6] SysV 랩핑 함수의 정적 라이브러리 제작

9.4 XSI 공유 메모리 예제

공유 메모리의 라이브러리를 제작했으니 본격적인 공유 메모리 예제를 보도록 하겠
다. 이 예제는 공유 메모리를 생성하거나 이미 생성된 공유 메모리에 연결하게 되어
있다. 따라서 공유되는지 확인하려면 2개 이상의 터미널에서 실행해봐야 한다.

[코드 5.9] XSI 공유 메모리 사용 예제   (sysv_shm.c)

```
01  #define SZ_SHM_SEGMENT    4096
02  int main()
03  {
04     int    shm_id;
05     char   *shm_ptr;
06     int    n_read = 0; size_t  n_input = 128;
07     char   *p_input = (char *) malloc(n_input);
08     printf("c : Create shared memory without key.\n");
09     printf("number : attach shared memory with IPC id number.\n>>");
10     if ( (n_read = (int) getline(&p_input, &n_input, stdin)) == -1) { /* error */
11        return -1;
12     }
13     if (p_input[0] == 'c') {
14        shm_id = sysv_shmget((void **)&shm_ptr, NULL, IPC_PRIVATE, SZ_SHM_SEGMENT, 0664);
15        if (shm_id == -1) {    /* error */
16           exit(EXIT_FAILURE);
17        }
18     } else {
19        shm_id = atoi(p_input);
20        if ((shm_ptr = (char *)shmat(shm_id, 0, 0)) == (char *)-1) {    /* error */
21           exit(EXIT_FAILURE);
22        }
23     }
24     printf("* SHM IPC id(%d), PID(%d)\n", shm_id, getpid());
25     printf("'*' Print current shm.\n'.' Exit. Otherwise input text to shm.\n");
26     printf("'?' print shm info\n");
27     while (1) {
```

```
28          printf("\n>>");
29          if ( ( n_read = (int) getline(&p_input, &n_input, stdin)) == -1) {   /* error */
30             return -1;
31          }
32          if (p_input[0] == '.') {   /* 루프 종료 */
33             break;
34          } else if (p_input[0] == '?') {    /* 공유 메모리 정보 출력 */
35             struct shmid_ds shm_ds;
36             if (shmctl(shm_id, IPC_STAT, &shm_ds) == -1) {
37                /* error */
38             }
39             printf("size(%d) # of attach(%ld)\n", shm_ds.shm_segsz, shm_ds.shm_nattch);
40             printf("shm_cpid(%d) shm_lpid(%d)\n", shm_ds.shm_cpid, shm_ds.shm_lpid );
41          } else if (p_input[0] == '*') {    /* 현재 공유 메모리 내용 출력 */
42             printf("shm -> '%.*s'\n", SZ_SHM_SEGMENT, shm_ptr);
43          } else {
44             memcpy(shm_ptr, p_input, n_read);     /* 공유 메모리에 입력 텍스트 복사 */
45          }
46       }
47       printf("* Would you remove shm (IPC id : %d) (y/n)", shm_id);
48       if ( (n_read = (int)getline(&p_input, &n_input, stdin)) == -1) {   /* error */
49          return -1;
50       }
51       if (p_input[0] == 'y') {
52          sysv_shmrm(shm_id); /* remove shm */
53       }
54       return 0;
55    }
```

예제는 컴파일 후 링킹 과정에 앞서 제작한 라이브러리인 libsysvipc.a를 링킹해야 한다. 물론 배포되는 예제 소스는 make로 간단하게 이뤄질 것이다. 그러나 여러분이 직접 명령을 내린다면 링킹 관련 옵션인 "-L. -lsysvipc"를 더해 주어야 함을 잊지 말아야 한다.

예제 코드의 10행을 보면 c를 입력하면 공유 메모리를 생성하고 숫자(IPC ID)를 입력하면 이미 생성된 공유 메모리에 연결하게 된다. c를 입력한 경우라면 14행에서 sysv_shmget 랩핑 함수를 호출하여 공유 메모리를 생성하며 숫자를 입력한 경우라면 20행으로 내려와 shmat을 사용하여 연결만 한다. 물론 shmat 대신에 sysv_shmget 랩핑 함수로 대체해도 된다.

하지만, 예제는 다양한 사용방법을 보여주려고 일부러 shmat을 사용했다. 그런 뒤에 무한 루프를 돌면서 사용자의 입력에 따라서 공유 메모리의 내용을 출력하거나, 종료하거나, 정보를 보여주게 된다.

```
$ ./sysv_shm
c : Create shared memory without key.
number : attach shared memory with IPC id number.
>>c
* SHM IPC id(1081360), PID(31519)
'*' Print current shm.
'.' Exit. Otherwise input text to shm.     * 첫 번째 터미널에서의 작업
'?' print shm info                          (1) 공유 메모리 생성
                                            (2) 정보 확인
>>?                                         (3) 공유 메모리에 메시지 복사
size(4096) # of attach(1)
shm_cpid(31519) shm_lpid(31519)

>>Hello SysV IPC!!!
```

[그림 5.7] XSI 공유 메모리 예제의 실행 - 첫 번째 터미널

[그림 5.7]은 첫 번째 터미널에서 예제를 실행한 모습이다. 실행 후 c를 입력하여 공유 메모리를 생성했고, 생성된 공유 메모리의 IPC ID는 1081360으로 확인되었다.

그다음에 ?를 입력하여 현재 공유 메모리에 정보를 확인한 다음에 "Hello SysV IPC!!!"라는 메시지를 복사해 넣었다.

```
$ ./sysv_shm
c : Create shared memory without key.
number : attach shared memory with IPC id number.
>>1081360
* SHM IPC id(1081360), PID(31524)
'*' Print current shm.
'.' Exit. Otherwise input text to shm.     * 두 번째 터미널에서의 작업
'?' print shm info                          (1) 공유 메모리에 연결
                                            (2) 정보 확인
>>?                                         (3) 공유 메모리의 내용 확인
size(4096) # of attach(2)                   (4) 종료하면서 삭제(예약으로)
shm_cpid(31519) shm_lpid(31524)

>>*
shm -> 'Hello SysV IPC!!!'

>>.
* Would you remove shm (IPC id : 1081360) (y/n)y
```

[그림 5.8] XSI 공유 메모리 예제의 실행 - 두 번째 터미널

두 번째 터미널은 이미 생성된 공유 메모리에 연결하므로 IPC ID 숫자를 입력하면 된다. 그리고 내용을 확인해보면 첫 번째 터미널에서 복사한 "Hello SysV IPC!!!" 메시지가 보일 것이다.

그리고 종료하면서 공유 메모리를 삭제하도록 하면 첫 번째 터미널의 프로세스가 살아 있으므로 삭제 예약으로 잡힌다. 실제로 "ipcs -m"으로 확인해보면 1081360 공유 메모리의 상태 필드에 dest라고 표시된 것을 볼 수 있다. [그림 5.9 참고]

```
$ ipcs -m

------ Shared Memory Segments --------
key        shmid     owner    perms    bytes    nattch    status
0x00000000 0         root     777      135168   2
0x00000000 1081360   sunyzero 664      4096     1         dest
```

[그림 5.9] 삭제 예약된 공유 메모리의 확인

이로써 XSI 공유 메모리에 대한 것을 살펴보았다. 공유 메모리 연결을 파일기술자처럼 fork를 통해서 자식 프로세스에게 상속되므로 pre-fork 방식의 서버 모델에서도 많이 사용되고 있다.

주로 서버 간에 공유되어야 하는 세션 정보라든지 모니터링이나 관리 정보에 영향을 미치게 된다. 단 주의할 것은 여러 프로세스가 공유하게 되면 캐시 히트율을 높이기 위해서 공유 메모리와 CPU 캐시의 크기, TLB를 다각도로 고려해야 한다.

이 중에서 TLB에 대한 이야기는 앞서 huge TLB에서 잠깐 이야기했고 캐시 크기와 성능에 대한 이야기는 스레드를 다룰 때 다시 살펴보도록 할 것이다.

10   POSIX 공유 메모리

이번에는 POSIX 표준화를 거쳐서 만들어진 POSIX 공유 메모리에 대해 살펴보자. 그 전에 간단하게 POSIX 표준과 XSI의 차이점과 장단점에 대해 알아봐야 할 것이다. 보통 리눅스나 일반적인 유닉스에서 POSIX 공유 메모리와 XSI 공유 메모리는 서로 다른 기능으로 구현되어 있다. 이는 서로 구조가 너무 달라서 한쪽이 다른 기능의 랩핑으로 구현하기 어렵기 때문이었다.

POSIX 표준의 가장 큰 장점은 앞서 언급했듯이 직관적이고 일관된 인터페이스이다. 기술자(descriptor)를 사용하는 인터페이스는 함수의 형태와 옵션까지 일관된 형태를 가지고 있음을 기억해야 할 것이다. 이런 장점은 매뉴얼을 보지 않아도 형태만으로 함수의 기능을 유추하고 이해할 수 있게 도와준다. 더군다나 POSIX의 다른 표준들과의 호환성도 좋기 때문에 pthread라든지 다른 POSIX의 새로운 기술들과도 조합이 쉽다.

10.1 POSIX 공유 메모리의 생성

POSIX에서 공유 메모리는 열기(혹은 생성)하는 것과 제거하는 것 두 가지로 이루어진다. 마치 파일을 열듯이 접근하기 때문에 매우 직관적이다. 다만, 앞서 언급했듯이 리눅스에서 POSIX 공유 메모리는 리눅스 리얼타임 라이브러리인 "-lrt"로 링크를 해주는 것을 잊으면 안 된다.

rt 라이브러리를 사용하는 것은 뒤에 나오는 다른 POSIX IPC들도 동일하다. 하지만, 다른 POSIX IPC의 기능 중에는 리눅스 버전에 따라 POSIX 스레드 라이브러리를 사용하는 경우도 있기 때문에 이에 대한 부분은 항상 매뉴얼 페이지를 참고하는 것이 좋다.

표 5.13 POSIX 공유 메모리에서 사용하는 함수들

shm_open	POSIX 공유 메모리의 기술자를 얻음(생성 포함)
mmap	공유 메모리 기술자를 메모리 맵으로 맵핑
close	공유 메모리 기술자를 닫음
shm_unlink	POSIX 공유 메모리를 제거

먼저 POSIX 공유 메모리의 기술자를 얻는 shm_open의 함수 원형을 보도록 할 것이다. 이 함수 원형은 저수준 파일 처리의 open 함수와 같기 때문에 매우 직관적이다.

```
int  shm_open(const char *name, int oflag, mode_t mode);
```

shm_open이 저수준 파일 처리 함수인 open과 비슷한 것은 나름 이유가 있다. 이는 POSIX 표준화 위원회에서 공유 메모리를 표준화할 때 기존의 유닉스 파일 처리 개념을 확장하면서 만들었기 때문이다.

이는 유닉스의 파일이란 장치나 데이터를 구별하는 이름이기 때문이었다. 예를 들어 /dev에 있는 파일들을 생각해보면 쉽게 이해가 갈 것이다.

그러므로 POSIX 위원회는 공유 메모리를 표준화하면서 하드디스크 공간이 아닌 메모리에 일부를 파티션 공간처럼 만들어놓고 여기에 파일을 만들고 이 페이지 주소를 공유하는 방식으로 설계했다. 다시 말해서 램 디스크에 파일을 만들면 그 주소만으로 쉽게 공유가 될 수 있다는 점에서 착안한 것이다.

이 방법은 매우 직관적이고 투명해서 사용자는 해당 램 디스크가 마운트 된 곳에서 얼마든지 파일을 볼 수도 있고 직접 유닉스 명령어로 열어볼 수도 있게 된다. 실제로 뒤에서 실습한 공유 메모리를 vim으로 열어본다면 안의 메시지를 그대로 볼 수 있을 것이다.

그런데 단지 공유 메모리 파일을 램 디스크에 만든 것에서 끝나지 않고 여기에 mmap을 대응시키면 메모리 주소값으로 변환된다. 하지만, POSIX 공유 메모리 파일은 원래 램 디스크, 즉 메모리에 올라와 있는 내용이므로 따로 메모리 복사가 일어나지는 않는다.

결국, 여러분이 기억할 것은 파일이라는 것은 무조건 하드디스크에 존재하는 파일만 의미하는 것이 아니라는 점이다. 더 나아가서 파일기술자를 사용하는 것도 일반 파일에만 사용되는 기술이 아니라 공유 메모리, 파이프, 소켓, 캐릭터 장치 등 수많은 곳에서 장치를 다루는 추상화된 ID라는 점이다.

그러므로 사용자 입장에서는 일반 파일이든 공유 메모리 파일이든 mmap으로 대응시켜서 똑같이 사용할 수 있다.

[그림 5.10]를 보면 일반 파일과 공유 메모리 파일에 대해 mmap을 사용한 것을 비교해보았다. 사실 함수만 조금 다를 뿐이지 mmap을 대응시킨 이후에는 같은 기능을 수행하게 된다. 그림에서 /dev/shm는 리눅스에서 POSIX 공유 메모리를 구현하기 위해 메모리 디스크를 마운트 해두는 저장공간이므로 다른 유닉스에서는 다를 수 있다.

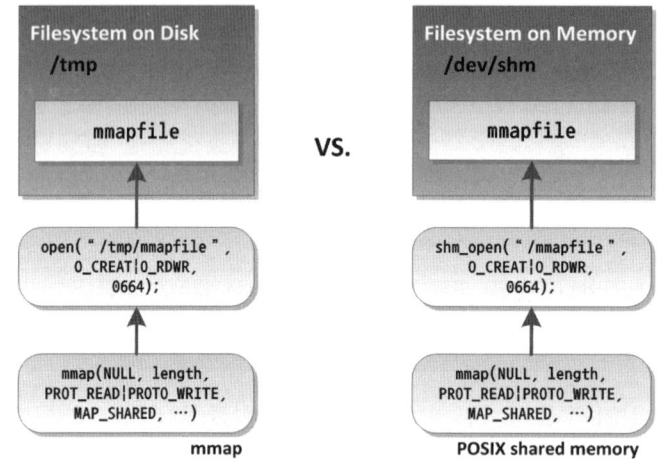

[그림 5.10] mmap을 위한 open과 POSIX 공유 메모리의 shm_open의 차이

그러므로 프로그래머는 기존에 mmap으로 대응하는 파일 시스템을 필요하다면 쉽게 POSIX 공유 메모리 방식으로 전환할 수도 있고 그 반대도 가능해진다.

항상 POSIX 표준화 위원회는 이렇게 과거에 개발된 코드와의 접목이나 지속적인 확장성을 고려하여 신기술을 도입하므로 기존 프로그래머는 최소한의 노력으로 새로운 기술을 기존 코드에 적용할 수 있게 된다.

이것이 유닉스/리눅스 분야의 가장 큰 장점이 아닐까 생각된다. 과거에 배운 것을 계속 되새김질하면서 써먹고 완숙해질 수 있다는 것은 바쁜 프로그래머에게 정말 고마운 것임을 여러분도 동의할 것이라 믿는다.

앞서 언급한 대로 open과 동일한 형태의 shm_open에 대해서는 open과 중복되는 내용은 생략할 것이다. 생략할 내용은 open과 동일한 2번째 인수, 즉 oflag 인수 부분이다. oflag에는 open과 동일하게 O_RDONLY, O_RDWR, O_CREAT, O_EXCL, O_TRUNC 등이 그대로 사용되며 기능도 똑같다.

그러면 open과 shm_open이 차이를 보이는 파일명인 name 인수에 대해 이야기해 보겠다. 이 차이는 리눅스에 국한된 것이므로 다른 유닉스 벤더와는 다를 수 있다는 점을 미리 말해두고자 한다.

리눅스에서 구현한 shm_open은 /dev/shm이라는 가상 메모리 디스크 영역을 사용하기 때문에 파일 경로에서 "/"로 시작하는 루트 경로의 실제 위치는 /dev/shm에 생성되는 공유 메모리의 루트 디렉터리가 된다. 만일 shm_open("/mmapfile", …)이라면 실제로는 /dev/shm/mmapfile을 접근하게 된다.

shm_open이 성공하면 파일기술자와 같은 정수형이 리턴되는데 여기에 read, write의 저수준 파일 입출력 함수를 사용해도 된다. 하지만, 편리하게 사용하려면 아무래도 메모리맵으로 맵핑해서 사용하는 것이 편리할 것이다. 단 주의할 점은 메모리맵처럼 POSIX 공유 메모리 파일도 mmap으로 맵핑하려면 파일 크기를 늘려야 한다. 따라서 ftruncate 함수나 write를 이용해서 파일에 쓰기를 해야 한다.

10.2 POSIX 공유 메모리의 삭제

삭제는 shm_unlink를 사용하며 공유 메모리가 생성된 곳의 파일을 삭제하는 기능으로 작동된다. 파일을 삭제하는 unlink 함수와 사용법은 동일하다.

```
int  shm_unlink(const char *name);
```

그렇다면 POSIX 공유 메모리는 작동 중에 삭제하면 어떻게 될까? 사실 공유 메모리에 연결된 프로세스가 존재하는 상태에서 삭제하는 행위는 표준안에 규약으로 명시되어 있지 않으므로 각 임플리먼테이션마다 다르게 구현했을 가능성이 있다.

그러나 리눅스의 경우를 알아둘 필요는 있다. 리눅스에서는 공유 메모리가 삭제되면 더는 새로운 프로세스가 공유 메모리에 연결할 수 없게 되지만, 기존에 연결된 프로세스들끼리는 공유가 허용된다. 그러면 예제를 통해 이 차이를 알아보도록 하자.

10.3 POSIX 공유 메모리 예제

[코드 5.10] POSIX 공유 메모리 사용 예제   (posix_shm.c)

```
01  #define NAME_POSIX_SHM      "/mmapfile"
02  #define SZ_SHM_SEGMENT      4096
03  int main()
04  {
05      int     shm_fd; /* POSIX 공유 메모리의 기술자 */
06      char    *shm_ptr; /* POSIX 공유 메모리를 mmap으로 맵핑할 변수 */
07      int     n_read = 0; size_t  n_input = 128;
08      char    *p_input = (char *) malloc(n_input);
09      printf("* SHM Name : %s\n", NAME_POSIX_SHM);
10      if ((shm_fd = shm_open(NAME_POSIX_SHM, O_RDWR|O_CREAT|O_EXCL, 0660)) > 0) { /* 생성 */
11          printf("* Create SHM : /dev/shm/%s\n", NAME_POSIX_SHM);
12          if (ftruncate(shm_fd, SZ_SHM_SEGMENT) == -1) /* 새로운 파일의 크기를 늘린다 */
13              exit(EXIT_FAILURE);
14      } else {
15          if (errno != EEXIST) { /* EEXIST외의 에러 상황 */
16              exit(EXIT_FAILURE);
17          }
18          if ((shm_fd = shm_open(NAME_POSIX_SHM, O_RDWR, 0)) == -1) {   /* 기존 파일 열기 */
19              exit(EXIT_FAILURE);
20          }
21      }
22      shm_ptr = (char *)mmap(NULL, SZ_SHM_SEGMENT, PROT_READ|PROT_WRITE,
23          MAP_SHARED, shm_fd, 0); /* 공유 메모리이므로 MAP_SHARED로 mmap 생성 */
24      if (shm_ptr == MAP_FAILED) {    /* 에러 */
25          exit(EXIT_FAILURE);
26      }
27      printf("'*' PRint current shm.\n'.' Exit.\n");
28      printf("otherwise change shm to your input.\n");
29      while (1) {
30          printf("\n>>");
31          if ( (n_read = (int) getline(&p_input, &n_input, stdin)) == -1) { /* error */
32              return -1;
33          }
34          if (p_input[0] == '.') { /* 종료 */
35              break;
36          } else if (p_input[0] == '*') { /* 공유 메모리 내용 확인 */
37              printf("shm -> '%.*s'\n", SZ_SHM_SEGMENT, shm_ptr);
38          } else {
39              memcpy(shm_ptr, p_input, n_read); /* 공유 메모리에 텍스트 복사 */
40          }
41      }
42      munmap(shm_ptr, SZ_SHM_SEGMENT);  /* 메모리맵 해제 */
43      printf("* Would you remove shm (name : %s) (y/n)", NAME_POSIX_SHM);
```

```
44      if ( (n_read = (int)getline(&p_input, &n_input, stdin)) == -1) { /* error */
45          return -1;
46      }
47      if (p_input[0] == 'y') {
48          shm_unlink(NAME_POSIX_SHM); /* 공유 메모리 제거 */
49      }
50      return 0;
51  }
```

전체적인 구조는 XSI 공유 메모리 예제와 같다. 다만, 사용하는 메커니즘이 POSIX 공유 메모리로 바뀌었을 뿐이다. 따라서 구조적인 설명은 생략하도록 하겠다.

공유되는 과정을 테스트하기 위해서 3개 이상의 터미널에서 실행해야 한다. 첫 번째 터미널에서는 공유 메모리에 파일을 생성하는 부분으로 분기하기 때문에 "Create SHM" 메시지가 출력되지만, 두 번째와 세 번째는 공유 메모리에 파일을 생성하지 않고 바로 오픈하게 될 것이다.

모든 프로세스가 서로 메모리를 공유하는지 확인하기 위해 한 터미널에서 메시지를 입력한 뒤에 다른 터미널에서 확인을 해보도록 한다.

그런 뒤에 공유 메모리를 삭제하면 어떤 결과가 생기는지 확인해보자. 이를 위해 프로세스 하나를 종료하면서 공유 메모리를 삭제해보자. 그런 뒤에 남아 있는 프로세스끼리 서로 공유되는지를 확인해보도록 한다.

11   세마포어(semaphore)

세마포어는 다익스트라(Dijkstra)가 고안한 상호배제의 개념에서 출발했으나 지금은 하나의 동기화 및 락 메커니즘의 구현한 도구를 가리키는 의미로도 사용된다. 리눅스에서 주로 사용되는 락 메커니즘은 몇 가지를 정리해보도록 하겠다.

표 5.14 리눅스에서 제공되는 일반적인 락 메커니즘의 종류

카운팅 세마포어	복수 개의 자원 카운팅이 가능한 세마포어
이진 세마포어	1개의 자원 카운팅이 가능한 세마포어
뮤텍스(MUTEX)	독점적인 획득을 가능하게 하는 특수한 형태의 락
스핀락	문맥 교환을 막기 위해 사용되는 매우 빠른 특수한 형태의 락
Reader/Writer락(rwlock)	읽기, 쓰기가 서로 다르게 적용되는 특수한 형태의 락

[표 5.14]에 리눅스에서 주로 사용되는 일반적인 락 메커니즘을 간단하게 정리해두었다. 이 중에서 세마포어와 뮤텍스는 광범위하게 쓰이는 메커니즘이므로 그 차이와 특징에 대해서 알아둬야만 한다.

각각의 락 메커니즘에 대한 자세한 내용은 8장의 스레드에서 다룰 것이다. 여기서는 관련성이 깊은 세마포어에 대해서만 다룰 것이다.

카운팅 세마포어(counting semaphore)란 n개의 한정된 자원이 있다고 가정할 때 자원을 가져갈 때마다 표시해두는 카운터의 원리이다. 이 카운터는 n에서 자원을 가져간 숫자만큼 빼는 기능과 자원을 반환하면 그 숫자만큼 더하는 기능이 있다.

이때 숫자를 빼는 작업, 즉 세마포어의 값을 감소시키는 것을 P 오퍼레이션(wait 또는 pend)이라고 하며 반대로 숫자를 더하는 작업, 즉 세마포어의 값을 증가시키는 것을 V 오퍼레이션(signal 또는 post)라고 부른다.

> **TIP** 왜 P, V 오퍼레이션이라고 불렀을까?
>
> P, V는 네덜란드어인 probeer te verlagen(try to reduce)와 verhogen(increase)에서 따왔기 때문이다. 이는 상호 배제의 원리를 처음으로 언급했던 다익스트라(Dijkstra)가 네덜란드인이었고 이후에 대부분 문서에서 이를 그대로 차용한 연유에서 비롯되었다. 현재는 P는 wait, V는 signal이라고 부르는 경우가 많아지고 있다.

그러므로 n개의 카운팅 세마포어에서 첫 번째 프로세스가 자원을 하나 가져가면서 P 오퍼레이션을 행하면 n−1로 변경되게 된다. 이렇게 하나씩 계속 가져가면 n−2, n−3,…으로 줄어들다가 결국 0이 될 것이다.

세마포어의 값이 0이 되면 더는 가져갈 자원이 없다는 표시이므로 이때부터는 P 오퍼레이션으로 진입하는 프로세스들은 대기 큐에서 잠들게 된다.

이후에 자원을 가져갔던 프로세스가 자원을 반환하면서 V 오퍼레이션으로 세마포어의 값을 증가시키면 세마포어는 대기큐에 시그널을 보내게 된다. 만일 대기큐에서 잠든 프로세스가 있다면 즉시 깨어나서 세마포어의 값을 다시 감소시키면서 진입하게 된다.

이런 방식으로 세마포어는 자원을 가져가고 반환하는 구간의 게이트 역할을 할 수 있게 된다. 굳이 예를 들자면 카운팅 세마포어는 은행의 창구 서비스와 비슷하다. 은행에 갔을 때 VIP가 아니라면 번호표를 뽑고 대기하게 될 것이다.

번호표를 뽑았을 때 비어 있는 창구가 있다면 세마포어가 양수인 상태이므로 고객은 바로 서비스를 받을 수 있다. 하지만, 모든 창구에 고객이 있다면 놀고 있는 창구가 없다는 뜻이므로 세마포어가 0인 상태와 같다.

그렇다면 고객은 대기큐 역할을 하는 딱딱한 은행 의자에 앉아서 자신의 순서가 오기만을 기다려야 할 것이다. 그리고 시그널 역할을 하는 딩동 소리의 차임벨이 울리면 해당 창구로 가서 서비스를 받으면 될 것이다.

이것이 바로 카운팅 세마포어의 전체적인 구조이다.

이진 세마포어(binary semaphore)란 카운팅 세마포어에서 카운터 n이 1로 제한된 경우를 의미한다. 특별하게 이진 세마포어를 따로 이야기하는 이유는 상호 배제(Mutual Exclusion)의 락 메커니즘에 사용되는 기법이기 때문이다.

이를 이용하면 독점적으로 접근해야 하는 자원을 보호할 수 있다. 하지만, 상호 배제에 사용 가능한 락 기법에는 세마포어 외에도 뮤텍스나 스핀락 등 다양한 기법들이 있다.

그래서 생길 수 있는 의문이 뮤텍스(MUTEX: Mutual Exclusion)나 스핀락 등과 같은 다른 락 기법과 세마포어의 차이점이다. 여기서 뮤텍스란 자원의 독점적 사용 권한을 부여하는 기능이다.

하지만, 이렇게 이야기하면 이진 세마포어와 별다른 것이 없어 보인다. 그러나 세마포어와 뮤텍스는 미묘한 차이가 있어서, 이진 세마포어로 가능한 일 중에는 뮤텍스로 대체할 수 있는 경우도 있고 아닌 경우도 있다. 또한, 대체 가능한 경우에도 좀 더 많은 작업이 필요한 경우가 있으므로 두 가지의 차이를 알고 있는 것이 좋다.

11.1 세마포어 vs 뮤텍스

세마포어는 원래 동기화를 목표로 하고 뮤텍스는 독점적(exclusive) 사용 권한을 획득하는 것을 목표로 하고 있다. 따라서 세마포어에는 동기화를 위한 큐를 만들기 위한 기능들이 제공되며 뮤텍스는 독점적인 사용 권한을 구현하기 위해 소유권(ownership)이 존재한다.

이런 차이가 생긴 이유는 목표로 했던 기능이 서로 달랐기 때문이다. 앞서 소개한 스핀락이나 rwlock도 모두 목표로 하는 기능들이 약간씩 달랐기 때문에 서로 다른 차이를 가지고 있다. 그렇다면 그 목표로 했던 기능을 알아두는 쪽이 프로그래밍하는 데 도움이 될 것이다.

세마포어란 어떤 숫자를 더하고 빼는 기능을 제공한다. 이 숫자의 최소값은 0이며 숫자를 더하고 빼는 작업은 원자적(atomic)으로 진행되므로 동시에 여러 프로세스나 스레드가 시도해도 오류가 발생하지는 않는다.

숫자가 더는 뺄 수 없는 0이 되면 숫자를 빼는 작업은 대기상태로 빠지도록 설계된다. 이 개념을 실생활로 확장하면 입구와 출구가 따로 있는 극장과 같다고 보면 된다. 극장에는 정해진 수의 좌석이 있을 터이니 입구에서 들어간 사람만큼 빈 좌석은 줄어들 것이다. 그리고 출구로 나간 사람만큼 빈 좌석은 늘어날 것이다. 빈 좌석이 더 없다면 사람들은 대기하게 될 것이니 결국 정해진 숫자 이상으로는 들어갈 수 없게 된다.

이 세마포어의 개념을 프로그래밍에 그대로 적용하면 좌석수는 최대 진입 가능한 프로세스나 스레드의 개수가 된다. 그런데 여기서 입구와 출구 이야기를 다시 해보자. 입구에서 입장한 고객의 수만큼 빈 좌석수에서 빼는 작업을 P 오퍼레이션이라고 하고 출구에서 나간 고객의 수만큼 빈 좌석수를 더하는 작업을 V 오퍼레이션이라고 하자.

이 두 작업을 하는 직원은 꼭 같아야만 하는가? 아마 달라도 큰 문제가 없을 것이다. 이것이 세마포어의 특징 중 하나이다. 따라서 작업 노드의 전후 동기화가 필요한 경우라면 전위 노드가 V 오퍼레이션을 하고 후위 노드는 P 오퍼레이션을 하고 있으면 된다. 이것을 응용하면 환형큐(circular queue), 그래프 노드별 동기화도 쉽게 구현할 수 있다.

실제로 우리가 알고 있는 다양한 예약 시스템은 구조적으로 세마포어의 개념이나 혹은 직접 세마포어를 사용해서 구현된다.

참고로 세마포어에서 큐를 제어할 때 순서를 보장하는 경우, 즉 FIFO같은 규칙을 사용하는 경우를 strong semaphore라고 하고 큐의 순서를 제어하지 않는 경우를 weak semaphore라고 한다.

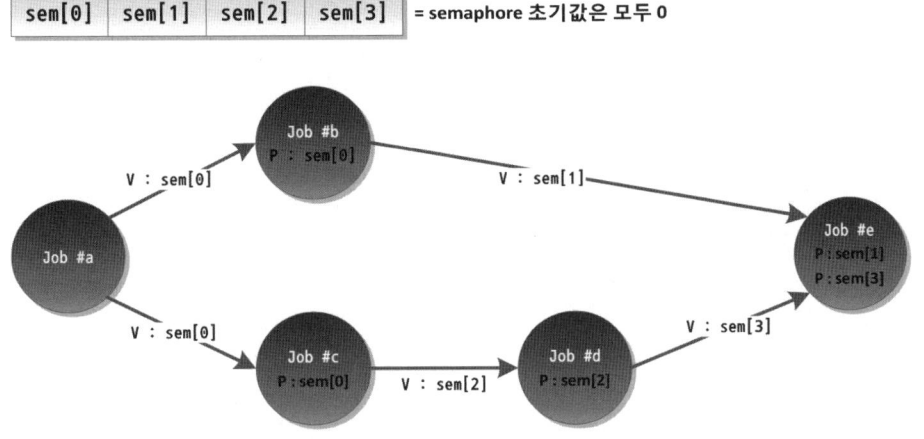

[그림 5.11] 세마포어로 작업 순서를 동기화하는 경우

이에 대한 예로 [그림 5.11]과 같은 경우를 생각할 수 있다. 이는 다섯 개 작업의 동기화를 세마포어 4개를 이용해서 구성하는 예다. 작업 #a부터 시작해서 작업 #e에서 끝나야 하므로 #a가 방아쇠 역할을 하게 된다.

그러므로 #a의 후위 작업들인 #b, #c, #d, #e는 모두 P 오퍼레이션을 하면서 대기상태에 있어야 한다. 이를 위해 세마포어의 초기값을 모두 0으로 설정해두면 된다. 그런 뒤에 프로세스 #a가 작업을 마치면서 sem[0]에 V 오퍼레이션을 2번 하게 되면 대기하고 있던 작업 #b, #c가 깨어나게 된다.

이렇게 세마포어를 신호로 사용할 수 있는 이유는 P와 V 오퍼레이션을 서로 다른 프로세스나 스레드가 할 수 있기 때문이다. 물론 이런 것들은 뮤텍스와 조건 변수로도 구현할 수 있지만, 꽤 복잡해진다. [그림 5.11]에 대한 부분은 배포되는 소스 코드에 간단하게 예제로 작성해두었으니 참고하기 바란다.

또한 P와 V 오퍼레이션을 분리하여 네트워크 서버에서 최대 접속수를 제어할 수도 있다. 예를 들어 세마포어 초기값을 256으로 설정한 카운팅 세마포어를 만들었다고 생각하자. 그리고 새로운 접속을 받아들일 때마다 P 오퍼레이션을 한 뒤에 서비스를 담당하는 클라이언트를 fork하거나 스레드를 만들어서 넘겨준다.

이후 접속이 끊어지거나 해당 프로세스나 스레드가 종료하면서 V 오퍼레이션을 하도록 구현하면 된다. 이와 같은 형태를 이용하면 최대 생성 가능한 자식 프로세스나 스레드의 개수를 제한하는 구조를 쉽게 만들 수 있다.

바이너리 세마포어는 독점적인 자원을 보호하는 구조를 만들 때 사용된다. 이런 각각의 경우는 조금 뒤에 XSI 세마포어를 이용해서 구현한 예제에서 볼 수 있다. 참고로 위에서 노드별 동기화나 최대 접속수 카운터도 뮤텍스로 구현할 수는 있다.

하지만, 좀 더 복잡한 코드가 될 수 있기 때문에 굳이 필요한 경우가 아니라면 세마포어를 사용하면 편리한 곳에 뮤텍스를 사용할 필요는 없다. 그러면 정리를 위해 리눅스에서 구현된 XSI 세마포어, POSIX 세마포어가 그리고 POSIX 뮤텍스의 특징을 표로 비교해보자.

표 5.15 리눅스의 세마포어와 뮤텍스 특징 비교

	XSI 세마포어	POSIX 세마포어	POSIX 뮤텍스
최대 카운터	semvmx 시스템 설정 (SUS 표준에서는 32767)	SEM_VALUE_MAX	1
독점적 소유권	불가능	불가능	가능
동작 취소(undo)	가능	불가능	가능[15]
타이머 설정	가능(비표준 함수)	가능	가능

[표 5.15]에서 보이는 동작 취소(undo)란 세마포어나 뮤텍스를 잠근 프로세스나 스레드가 종료하면서 데드락에 빠진 것을 복구할 수 있는 기능을 말한다. 여기서 복구한다는 의미는 세마포어의 P 오퍼레이션이나 뮤텍스의 잠금 행위를 한 뒤에 해제하지 않고 프로세스나 스레드가 종료했을 때 이전 동작을 취소하는 기능이다. 이 기능을 사용하면 약간의 성능 하락은 있지만, 신뢰성을 높일 수 있기 때문에 매우 중요하게 사용된다.

그런데 여기서 이야기하는 뮤텍스는 POSIX 구현(POSIX.1c)을 중점으로 이야기하는 것이므로 이를 염두에 두고 읽어야 한다. 물론 뮤텍스의 구현 중에 가장 많이 쓰이는 것이 POSIX 뮤텍스다보니 유닉스 계열에서 그냥 뮤텍스라고 하면 POSIX 구현을 의미하는 경우가 많기에 여기서도 평소엔 그냥 뮤텍스라고 부를 것이다.

뮤텍스의 가장 큰 특징은 소유권으로서 세마포어에는 없는 기능이다. 뮤텍스의 소유권은 마지막으로 뮤텍스를 잠근 스레드의 ID만 뮤텍스를 해제할 수 있다는 권한을 말한다.

여기서 뮤텍스를 잠근다는 것은 다른 의미로는 뮤텍스의 소유권을 획득했다고 표현할 수 있다. 그러나 소유권은 데드락(deadlock) 문제를 염두에 두고 사용해야 한다. 가장 흔한 뮤텍스의 데드락은 두 가지가 있는데 중복으로 잠금을 한 경우와 뮤텍스를 획득한 스레드가 잠금을 풀지 않고 종료한 경우이다.

첫 번째 경우는 데드락을 감지하는 에러 체크 뮤텍스 타입을 사용하여 해결하고 두 번째 경우는 뮤텍스를 획득한 스레드가 죽었을 때 잠금을 취소(undo)하고 소유권을 이전하는 robust mutex 기능으로 해결한다. 하지만, robust mutex는 IEEE std 1003.1-2008 개정 7판에서 추가된 기능으로 몇몇 구형 시스템에서는 지원하지 않을 수도 있다.

---

15) POSIX 뮤텍스의 동작 취소 기능은 2008년도 개정판인 IEEE std 1003.1-2008(POSIX.1-2008, SUSv4)에서 추가된 기능이다. 이 기능은 robust mutex로 구현되어 있다. 자세한 내용은 8장을 참고하도록 한다.

물론 바이너리 세마포어의 경우에는 약간의 조작으로 뮤텍스와 같은 기능을 구현할수 있다. 예를 들어 마지막으로 세마포어에 접근했던 프로세스나 스레드의 ID를 확인하는 절차를 만들어주면 되는 것이다. 하지만 굳이 뮤텍스가 제공된다면 세마포어로다시 구현할 필요는 없을 것이다.

> **TIP** 뮤텍스는 세마포어보다 더 빠르다.
>
> 일반적으로 뮤텍스는 카운터와 대기열의 정교한 구현이 필요 없기 때문에 세마포어보다 가볍고 더 빠른 경우가 많다. 더군다나 최근 시스템에서는 하드웨어 레벨에서 뮤텍스의 구현을 도와주기 때문에 많이 가벼워지고 있다.
>
> 결론적으로 코드가 심각하게 복잡해지지 않고 논리적인 흐름에 영향이 없다면 성능의 이점을 위해 세마포어보다는 뮤텍스를 사용하는 편이 좋다.

11.2 XSI 세마포어 vs POSIX 세마포어

앞서 공유 메모리와 마찬가지로 세마포어도 SysV 표준과 POSIX 표준의 2가지가 제공된다. 포괄적인 차이점은 앞서 XSI IPC와 POSIX IPC 다룰 때 설명했고, 세부적인부분에서 차이점을 보도록 하겠다.

우선 구현과 인터페이스 측면에서 볼 때 XSI 세마포어는 오래된 표준이라서 대부분시스템에 적용되어 있다. 실제로 오래전부터 사용되어 온 오라클 데이터베이스의 경우 XSI 세마포어, XSI 공유 메모리 등을 이용해서 구현되어 있다. 이외에도 90년대부터 사용되어 온 대부분 데이터베이스나 서버 소프트웨어는 대부분 XSI 세마포어를사용한 경우가 많다.

이에 비해 POSIX 세마포어는 90년대 초에 표준화되었기 때문에 실질적인 도입은 그보다 더 늦은 90년대 중후반에 도입되었다. 따라서 현재 새로이 개발되는 시스템이아닌 경우에는 대부분 XSI 세마포어를 사용하는 경우가 많다.

이는 앞서 [표 5.13]에서 언급했듯이 XSI 세마포어는 상태 취소(undo) 기능이 탑재되어 있기 때문에 신뢰성 있는 시스템을 구성할 때 좀 더 유리한 측면이 있기 때문이기도 했다. 이외에 XSI 세마포어에는 wait-for-zero 오퍼레이션이라고 부르는 기능도제공하고 있다. 이 기능은 기존 세마포어와는 역으로 작동하여 세마포어 값이 0이면깨어나고 양수면 잠복하게 된다. 이런 다양한 기능으로 인해 XSI 세마포어는 아직도많이 사용되는 기능이다.

또한, 대부분의 경우 XSI 세마포어는 strong semaphore로 구현되는 경우가 많고POSIX 계열은 weak semaphore로 구현되는 경우가 많다. 하지만, 강제성이 있는 구현규약은 아니므로 세마포어 순서가 중요한 경우라면 랩핑을 하여 구현하는 것이 좋다.

성능면에서는 오히려 POSIX가 점점 좋아지는 추세에 있다. 현재 POSIX의 2008년
도 개정판이 나온 뒤로 실질적으로 리눅스나 유닉스에서 POSIX 세마포어는 XSI 세
마포어보다 가볍다.

그 이유는 앞서 설명한 SysV의 상태 취소 기능과 wait-for-zero 같은 다양한 기능
이 오히려 더 무겁게 만들기 때문이다. 프로그래밍에 있어서 사용편의성이나 확장성
은 성능과 항상 반비례하기 때문이다. 그래서 별다른 기능을 제공하지 않는 POSIX
세마포어는 오히려 더 빠르다.

12   XSI 세마포어

XSI 세마포어는 세마포어 세트라는 배열 단위로 할당된다. 세마포어 세트에는 최소
1개 이상의 세마포어가 포함되어야 하며 [표 5.14]과 같은 정보를 가지고 있다. 하지
만, 세마포어는 커널 객체이므로 [표 5.16]의 값들에 직접 접근할 수는 없고 관련 시
스템 호출 함수로만 가능하며 관련 함수는 [표 5.17]에 정리해두었다.

표 5.16 XSI 세마포어의 중요 값들

semval	현재 세마포어 값
sempid	마지막으로 세마포어에 접근했던 프로세스의 PID
semcnt	세마포어 카운트(semval)가 양수가 되기를 대기하는 프로세스의 개수
semnzcnt	세마포어 카운트(semval)가 0이 되기까지 대기하는 프로세스의 개수

semval은 자원의 개수를 의미하는 세마포어 카운터로 P 오퍼레이션은 semval을
하나 감소시키도록 작성하고 V 오퍼레이션은 하나 증가시키도록 작성하면 된다.
semval의 증감은 semop 함수로 이용하면 된다.

semncnt는 세마포어의 값이 양수가 되기를 기다리는 프로세스의 개수, 즉 세마포어
대기열에서 기다리고 있는 프로세스 개수를 의미한다. 반대로 semzcnt는 semval의
값이 0(zero)이 되기를 기다리는 프로세스의 개수이다. 이 값은 wait-for-zero 오퍼
레이션에서 사용한다. 그러면 세마포어를 조작하는 함수들을 살펴보자.

표 5.17 **XSI 세마포어 함수들**

semget	세마포어 세트의 IPC ID를 얻는다. (없는 경우에 생성하면서 ID를 반환 할 수 있다.)
semctl	세마포어를 조작한다. (제거, 메타 데이터 읽기, 초기화 등)
semop	세마포어 값을 증감시킨다.
semtimedop	semop에 타임아웃 기능이 추가된 함수이다. (이 함수는 리눅스 전용이므로 2016년 기준으로는 비표준 함수이다.)

semget은 성공할 때 세마포어 세트의 IPC ID를 반환한다. 이때 새로운 세마포어를 생성하면서 IPC ID를 반환한 경우라면 필히 semctl로 초기화를 해야만 한다. 하지만, 이미 만들어진 세마포어에 접근하는 경우에 다시 semctl로 초기화하면 안 된다.

semop는 P나 V 오퍼레이션을 하기 위해서 사용하는 함수인데 리눅스의 경우라면 타임아웃을 지정할 수 있는 semtimedop도 사용 가능하다. semctl은 세마포어를 제거하거나 정보를 불러 올 때도 사용된다. 물론 XSI IPC 유틸리티인 ipcrm 명령어로 외부에서 제거할 수도 있다.

12.1 XSI 세마포어의 생성 및 삭제

먼저 세마포어를 생성, 삭제하는 기능을 다루고 랩핑 함수를 만든 다음에 예제를 통해서 사용법을 보도록 하겠다.

세마포어의 생성이나 기존의 생성된 세마포어의 IPC ID를 얻는 데는 semget을 사용하며 앞서 XSI 공유 메모리의 shmget과 인수가 거의 비슷하다.

```
int  semget ( key_t key, int nsems, int semflg );
```

semget의 첫 번째 인수(key)와 세 번째 인수(semflg)는 shmget의 경우와 같다. 같은 설명을 또 하면 지겨울 테니 여기서는 생략하도록 하겠다. 특히 세 번째 인수인 semflg 플래그는 shmget을 설명할 때 사용했던 [표 5.7]의 플래그가 그대로 사용된다. 그러므로 차이가 있는 것은 두 번째 인수인 nsems로서 세마포어 세트 내에 생성될 개별 세마포어의 개수이다. semget이 세마포어를 생성하는 경우라면 nsems 세마포어 개수를 가지는 세마포어 세트가 시스템에 만들어지고 그 IPC ID값을 넘겨주게 되지만, 이미 생성된 세마포어 세트의 IPC ID만 알아내기 위해서는 호출할 때는 nsems와 semflg가 모두 무시되므로 0으로 지정해도 된다.

```
int  semctl(int semid, int semnum, int cmd, ...);
```

semctl 함수는 세마포어의 수치를 알아내거나 XSI IPC 세마포어 자원의 시스템 설정값을 알아내거나 조작하는 함수이다. 또한, 세마포어를 시스템에서 삭제할 때도 semctl을 이용한다. 이렇게 설명하면 앞서 XSI 공유 메모리의 정보를 알아냈던 shmctl과 비슷하지만 semctl에는 세마포어를 초기화하는 기능도 들어 있다는 점이 가장 큰 차이다.

semctl의 인수 리스트를 순서대로 세마포어 세트의 IPC ID, 세트 내의 세마포어 인덱스(0번부터 시작), 동작 명령 그리고 네 번째 이후는 동작 명령에 따라서 필요할 수도 있고 아니면 생략될 수도 있는 가변 인수가 되겠다. semctl의 cmd에 들어가는 명령어는 표로 정리해 두었다.

표 5.18 semctl에 쓰이는 cmd 인수값 (특별히 리턴값을 표시하지 않는 명령은 성공시 0을 리턴)

SETVAL	세마포어 세트 중에 semnum 위치의 세마포어의 값을 초기화한다.
SETALL	세마포어 세트의 모든 세마포어를 배열을 이용해서 한꺼번에 초기화한다.
GETVAL	세마포어 세트 중에 semnum 위치의 세마포어의 값을 리턴한다.
GETALL	세마포어 세트의 모든 세마포어를 배열을 이용해서 한꺼번에 읽어온다.
GETNCNT	세마포어 세트 중에 semnum 위치의 세마포어의 semncnt 정보를 리턴한다.
GETZCNT	세마포어 세트 중에 semnum 위치의 세마포어의 semzcnt 정보를 리턴한다.
GETPID	세마포어 세트 중에 semnum 위치의 세마포어의 sempid 값을 리턴한다.
IPC_STAT	IPC 자원의 정보(생성자, 생성시각, 접근 권한 등등)을 읽어온다.
IPC_SET	IPC 자원의 정보(권한)를 변경한다.
IPC_INFO	IPC 자원의 시스템 설정 값을 읽어온다. (리눅스 전용 기능)
IPC_RMID	IPC 자원을 제거한다.

semctl은 cmd 값에 따라 네 번째 가변 인수의 사용 여부가 결정된다. 여기서 SETVAL, SETALL, GETALL, IPC_STAT, IPC_SET, IPC_INFO 등은 세마포어를 조작할 입출력 정보로 네 번째 가변 인수를 전달하지만 GETVAL, GETNCNT, GETZCNT, GETPID, IPC_RMID는 네 번째 인수가 없이 3개의 인수만으로 호출된다.

semctl이 네 번째 인수를 사용하게 되면 세마포어 조작 공용체인 semun 타입을 사용하는데 SUS 표준에 의하면 semun 공용체는 임플리먼테이션에서 사용자가 선언해서 (caller-defined) 사용하라고 되어 있다. 다만, 구형 리눅스 시스템에서는 편의를 위해 미리 sem.h에 선언되어 있던 적이 있어서 호환성을 위해 [코드 5.11]처럼 선언하여 사용하도록 권고하고 있다.

[코드 5.11] 세마포어 조작 공용체의 선언 (ipcalsp.h)

```
01  #include <sys/sem.h>
02  #if defined(__GNU_LIBRARY__) && !(_SEM_SEMUN_UNDEFINED)
03  /* union semun is defined by including <sys/sem.h> */
04  #else
05  /* according to X/OPEN we have to define it ourselves */
06  union semun {
07      int val;                    /* value for SETVAL */
08      struct semid_ds *buf;       /* buffer for IPC_STAT, IPC_SET */
09      unsigned short int *array;  /* array for GETALL, SETALL */
10      struct seminfo *__buf;      /* buffer for IPC_INFO */
11  };
12  #endif
```

semun 공용체의 구조를 보면 각 semctl의 cmd 명령어(3번째 인수)에 따라 사용하는 멤버가 다른 것을 볼 수 있다. 예를 들어 SETVAL은 int val 멤버를 사용하며 SETALL은 unsinged short int *array 멤버를 사용한다.

이런 차이가 생기는 이유는 SETVAL은 세마포어 1개의 값을 조작하기 때문에 int 한 개만 필요로 하지만 SETALL은 세마포어 세트 내의 모든 세마포어의 값을 조작하기 때문에 배열을 필요로 한다.

그러므로 GETALL과 SETALL을 사용하면 세마포어 세트 내에 생성된 세마포어 개수에 맞춰 unsigned short int형 배열을 만들고 그 주소를 semun.array에 지정해야 한다. 이때는 세마포어 세트의 몇 번째 세마포어인지를 가리키는 두 번째 인수 semnum은 무시된다.

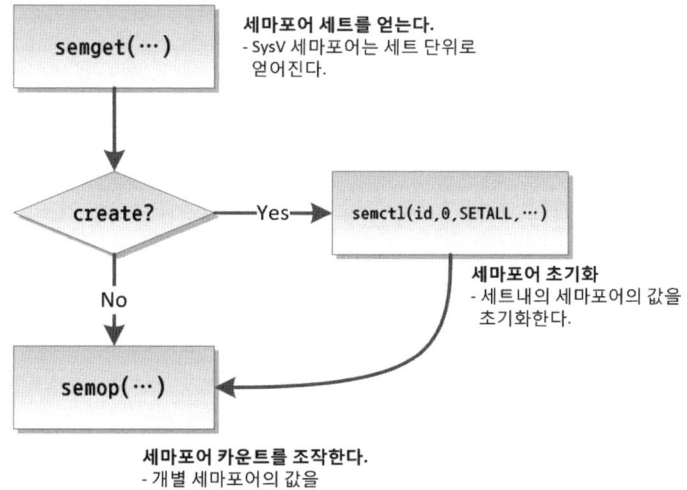

[그림 5.12] XSI 세마포어의 함수의 생성 및 초기화, 작동

IPC_STAT나 IPC_SET 명령은 struct semid_ds (semaphore id data structure)의 구조체를 사용하는데, 이 구조체에는 세마포어의 대한 메타 데이터를 다룰 수 있도록 시간이나 권한 관련 정보가 포함되어 있다. 쉽게 말하자면 ipcs 명령어에서 세마포어의 정보는 이곳에서 가져온다. [코드 5.12]를 보면 구조체 내에 어떤 멤버가 있는지 볼 수 있다.

[코드 5.12] 세마포어 ID 데이터 구조체

```
01   /* Data structure describing a set of semaphores.  */
02   struct semid_ds { /* 패딩 필드는 생략했습니다 */
03     struct ipc_perm sem_perm;        /* operation permission struct */
04     time_t sem_otime;                /* last semop() time */
05     time_t sem_ctime;                /* last time changed by semctl() */
06     unsigned long int sem_nsems;     /* number of semaphores in set */
07   };
08   struct ipc_perm { /* 패딩 필드는 생략했습니다. */
09     key_t __key;          /* Key. (리눅스 only) */
10     uid_t uid;            /* Owner's user ID.  */
11     gid_t gid;            /* Owner's group ID.  */
12     uid_t cuid;           /* Creator's user ID.  */
13     gid_t cgid;           /* Creator's group ID.  */
14     unsigned short int mode;     /* Read/write permission.  */
15     unsigned short int __seq;    /* Sequence number. (리눅스 only) */
16   };
```

IPC_SET은 EUID(effective user id)가 root이거나 소유권자(owner)여야 한다. 주의할 점은 IPC_SET으로 항목을 수정하기 위해서는 먼저 IPC_STAT로 정보를 읽어온 뒤에 특정 필드를 변경하고 IPC_SET으로 갱신하도록 한다.

그러면 semid_ds 구조체의 각 멤버를 자세하게 살펴보자. 당연히 변수명 앞에 밑줄(underscore)이 있는 __key와 __seq는 리눅스 고유의 정보이므로 SUS 표준에서 통용되는 변수는 아니다. 따라서 SUS 표준에서 승인한 값은 uid, gid, cuid, cgid, mode의 5개 필드이다. 각 필드는 순서대로 소유권자의 UID와 GID, 생성자의 UID, GID, 권한(mode)을 의미한다. 리눅스 고유 필드인 __key는 IPC key이며 __seq는 생성된 순서대로 붙는 시퀀스 번호이다.

12.2 XSI 세마포어의 시스템 설정

semctl에서 IPC_INFO 명령은 세마포어의 시스템 설정을 seminfo 구조체로 읽어온다. 시스템 설정이란 리눅스 커널 설정을 의미하므로 IPC_INFO는 리눅스 고유의 기능이다. 시스템 설정을 읽을 때는 IPC ID는 필요로 하지 않으므로 semctl의 첫 번째 인수는 무시되므로 널을 넣어도 된다.

사실 프로그래머의 입장에서는 seminfo의 커널 파라미터의 값을 몰라도 프로그래밍을 할 수 있다. 하지만, 각 설정이 어떤 역할을 하는지 알아두어야만 시스템 관리자에게 요구사항을 이야기할 수도 있고 튜닝이나 시스템 오류를 잡아낼 수 있다. 특히 데이터베이스 전용 서버들은 세마포어를 엄청나게 사용하므로 데이터베이스 관련 코딩을 한다면 필히 알아둬야만 한다. 그렇다면 seminfo 구조체가 어떻게 선언되어 있는지 [코드 5.13]을 보면서 확인해보자.

[코드 5.13] 세마포어 리눅스 커널 파라미터 구조체

```
01  struct seminfo {
02    int semmap;   /* entries in semaphore map (max : 2Gi) */
03    int semmni;   /* max number of semaphore identifiers (max : 64Ki) */
04    int semmns;   /* total number of semaphores in system (max : 2Gi) */
05    int semmnu;   /* total number of undo structure in system (max : 2Gi) */
06    int semmsl;   /* max number of semaphores per semaphore id (max : 64Ki) */
07    int semopm;   /* max operations for semop call (max : 2Gi) */
08    int semume;   /* max undo entries per process */
09    int semusz;   /* total bytes required for undo structure in system (max : 2Gi) */
10    int semvmx;   /* max value of semaphore (max : 64Ki) */
11    int semaem;   /* max adjust on exit value (max : 32Ki) */
12  };
```

seminfo에는 무려 10개나 되는 필드가 있는데 이들 전부가 사용되고 있는 것은 아니나 각 설정이 뜻하고 있는 것은 알아둘 필요가 있기에 [표 5.19]에 정리해 보았다. 이 구조체는 리눅스의 세마포어 관련 헤더들을 파헤치다 보면 만날 수 있다.

표 5.19 리눅스의 XSI 세마포어 커널 파라미터

semmap	세마포어 맵의 엔트리 제한. 즉 세마포어 정보를 저장하는 엔트리 맵 개수 (일반적으로 10 ~ 2147483647 (2Gi-1) 개로 제한됨)
semmni	시스템 내에 최대로 만들 수 있는 세마포어 세트의 개수(IPC ID의 개수) (max. number of identifier, 일반적으로 10~65,535 개로 제한)
semmns	(max. number of semaphore, 일반적으로 60~2,147,483,647 개로 제한됨) 시스템 내에 만들 수 있는 세마포어의 최대 개수
semmnu	(max. number of undo, 일반적으로 30~2,147,483,647 개로 제한됨) 시스템 내에 만들 수 있는 undo 구조체의 최대 개수 – undo의 의미는 뒤에 semop 함수에서 다룬다.
semmsl	한개의 세마포어 세트 내에 만들 수 있는 세마포어의 개수(IPC ID당 세마포어 개수) (일반적으로 25~2,147,483,647 개로 제한됨, 단 smemns 보다 클 수 없다.)
semopm	semop 콜의 최대값. 즉 semop 함수의 세 번째 인수의 최대값을 제한
semume	프로세스당 최대 undo 엔트리의 개수
semusz	undo 구조체가 사용하는 메모리 크기

semvmx	세마포어 값의 최대값. 세마포어는 최대값에 따라 동시 진입 개수를 한정할 수 있다.
semaem	프로세스의 종료시 복구 될 수 있는 undo의 최대값

[표 5.19]의 모든 설정 정보를 이해할 필요는 없다. 또한, 모든 설정을 변경할 수 있는 것도 아니다. 리눅스에서는 현재 semmni, semmns, semmsl, semopm만 설정할 수 있다. 나머지 정보들은 시스템 소스 코드에 설정되어 있거나 나머지 설정을 통해서 계산되는 읽기 전용인 경우가 많다. 따라서 사용자는 중요한 값 몇 가지만 알아두면 된다.

먼저 semmni의 값부터 보도록 하자. semmni는 세마포어 세트의 최대 개수이므로 시스템은 세마포어 세트 정보를 저장하는 semid_ds 구조체를 semmni만큼 메모리에 준비해둔다.

따라서 semmni가 너무 크면 시스템에 부담되고 너무 작으면 세마포어를 사용하는 프로그램들이 제대로 작동하지 못하게 된다. 참고로 공유 메모리에도 shmmni 설정이 있었던 것을 기억할 것이다. 이렇게 XSI IPC에서는 mni로 끝나는 설정값들은 커널 영역에 메모리에 영향을 준다.

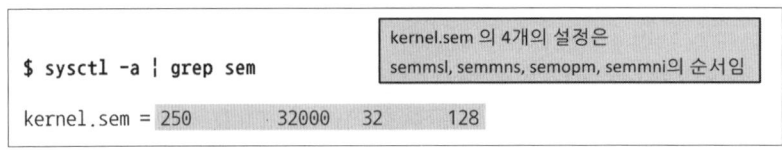

[그림 5.13] XSI 세마포어의 리눅스 시스템 설정

semmns는 시스템에 생성할 수 있는 세마포어의 최대 개수이므로 semmni와 semmsl의 곱보다는 작거나 같아야 한다. (semmns <= semmni × semmsl) 그러면 어느 정도가 적당할까? 이에 대해서는 다른 수치도 같이 생각해 봐야 한다.

만일 semmsl이 semmns에 근접하면 할수록 몇 개의 세마포어 세트가 전체 가용할 수 있는 세마포어의 총합을 독식할 수도 있으므로 시스템의 각종 설정과 개발 방향에 따라 조정을 해주어야 한다. 참고로 [그림 5.14]는 기본값의 페도라 리눅스의 설정인데 semmni × semmsl = semmns로 설정된 것을 볼 수 있다.

```
$ ./sysv_sem_info
* SysV semaphore : IPC_INFO
  semmap = 32000
  semmni = 128                    ┌────────────────────────┐
  semmns = 32000                  │ Fedora Linux 15 (x64)의 │
  semmnu = 32000                  │ SysV 세마포어 기본값 설정 │
  semmsl = 250                    └────────────────────────┘
  semopm = 32
  semume = 32
  semusz = 20
  semvmx = 32767
  semaem = 32767
```

[그림 5.14] XSI 세마포어의 리눅스 시스템 설정을 IPC_INFO로 확인

semmnu는 시스템 내의 UNDO 구조체의 최대 개수인데 UNDO 기능은 세마포어로 잠금을 한 상태에서 프로세스가 종료되었을 때 잠금 상태를 취소하고 되돌리는 기능이다. 이 기능은 semop 함수 실행시 SEM_UNDO 옵션을 추가했을 경우만 작동된다. 여기까지 XSI 세마포어의 설정을 살펴보았는데 아무런 변경도 하지 않은 페도라 15 데스크탑 버전에서 semctl(… IPC_INFO …)로 커널 설정을 읽어보면 [그림 5.14]처럼 나타났다. 소스 코드는 semctl 호출과 printf만으로 이뤄져 있기 때문에 너무 간단해서 생략하도록 하겠다.

또한, 여기서 출력된 커널 설정은 리눅스 버전별로 다를 수도 있고 몇몇 설정은 큰 의미가 없는 경우도 있으니 참고만 하도록 한다.

이렇게 XSI 세마포어의 시스템 설정을 살펴보았는데 **XSI 공유 메모리의 경우처럼 최근에는 점점 사라지거나 의미가 퇴색**되고 있다. 예로 몇몇 최신 버전의 유닉스에서는 semmns, semmnu, semume, semvmx, semmap 등은 사라지고 있다.

물론 하위 호환성을 위해 설정값은 남겨두고 있지만 아무런 영향을 주지 않고 있거나 최대값으로 고정된 경우도 많다. 당연히 리눅스에서도 이런 변화가 보이고 있으며 장래에 이들 수치는 자동으로 조정되거나 다른 커널 파라미터로 대체될 수도 있다.

12.3 랩핑 함수의 제작

앞서 XSI 공유 메모리 때와 같이 semget과 semctl을 이용해서 세마포어를 만들고(혹은 연결) 초기화를 하는 기능을 라이브러리로 제작해보겠다.

라이브러리용 랩핑 함수인 sysv_semget은 토큰이나 키값, 그리고 세마포어 개수, 초기화할 semval 초기값, 접근 모드를 입력받으면 세마포어의 IPC ID값을 반환하도록 설계되어 있다. 물론 이전에 세마포어가 생성되지 않았다면 생성하고 초기화를 하며, 이미 생성되어 있다면 기존의 세마포어 IPC ID를 알려준다. 이때 기존의 세마포어의 ID를 알려주는 경우는 초기화를 하지 않는다.

[코드 5.14] XSI 세마포어 생성 라이브러리 함수 예제   (lib_sysv_sem.c)

```
01  int sysv_semget(char *tok, key_t sem_fixkey, int n_sem, int sem_value, int user_mode)
02  {
03      int sem_id, i;
04      union semun semun;
05      unsigned short int  *arr_semval = NULL;    /* 세마포어 값 초기화를 위한 포인터 */
06      key_t   sem_key;
07      if (tok != NULL) {
08          if ((sem_key = ftok(tok, 1234)) == -1) {    /* 토큰 생성 */
09              return -1;
10          }
11      } else {
12          sem_key = sem_fixkey;
13      }
14      if ((sem_id = semget(sem_key, n_sem, IPC_CREAT|IPC_EXCL|user_mode)) == -1) {
15          if (errno == EEXIST) { /* 이미 존재하는 경우는 IPC ID 만 가져오고 리턴 */
16              sem_id = semget(sem_key, n_sem, 0);
17              return sem_id;
18          }
19      }
20      if (sem_id == -1) {
21          fprintf(stderr,"FAIL: semget [%s:%d]\n", __FUNCTION__, __LINE__);
22          return -1;
23      }
24      /* 세마포어를 초기화 하기 위해 사용할 배열을 힙으로 할당 */
25      if ((arr_semval = (unsigned short int *)malloc(sizeof(short int) * n_sem)) == NULL){
26          fprintf(stderr, "FAIL: malloc [%s:%d]\n", __FUNCTION__, __LINE__);
27          return -1;
28      }
29      for (i=0; i<n_sem; i++)  arr_semval[i] = sem_value;
30      semun.array = arr_semval;      /* 앞에서 할당한 힙 영역의 주소를 지정 */
31      if (semctl(sem_id, 0, SETALL, semun) == -1) {
32          fprintf(stderr, "FAIL: semctl [%s:%d]\n", __FUNCTION__, __LINE__);
33          free(arr_semval);
34          return -1;
35      }
36      free(arr_semval);
37      return sem_id;
38  }
```

07-13행   파일 경로 토큰이 NULL이 아니면 ftok를 호출하여 IPC 키를 생성한다. 만일 토큰이 입력되지
                   않으면 직접 IPC 키를 입력하는 경우이므로 sem_fixkey 인수를 IPC 키로 사용한다. 그러므로
                   사설 IPC를 사용하려면 sysv_semget(NULL, IPC_PRIVATE, …)으로 호출하면 된다.

14-23행 주어진 인수로 semget을 호출하여 세마포어의 IPC ID를 얻는다. 14행의 semget 플래그 옵션에 IPC_CREAT, IPC_EXCL를 지정하였기 때문에 세마포어가 존재하지 않는다면 생성하고 이미 존재한다면 IPC_EXCL에 의해 에러로 리턴하면서 errno를 EEXIST로 설정한다. 그래서 16행에서는 EEXIST 에러인 경우 기존 세마포어의 IPC ID를 알아내기 위해 semget(id, 0, 0)으로 호출하고 있다.

25-35행 25행부터는 이제 막 생성한 세마포어라면 초기화를 하기 위한 코드이다. 만일 기존에 생성된 세마포어였다면 앞서 17행에서 바로 리턴하게 된다. 세마포어의 초기화는 semctl의 SETALL로 할 예정이므로 초기화에 사용될 short int형의 힙 메모리를 할당한다. 그리고 여기에 사용자가 지정한 초기 세마포어 값인 sem_value로 초기화 한다.

     30행을 보면 초기화에 사용될 메모리를 semun 공용체의 array 멤버에 지정한 뒤에 semctl에 넘겨주는 것을 볼 수 있다.

     그런데 31행에서 사용한 semctl의 SETALL 명령어는 SETVAL을 사용해서 구현해도 동일한 결과를 가진다. 예를 들어 [코드 5.14]의 25~35행의 코드는 아래 [코드 5.15]처럼 바꿔서 사용해도 된다. 다만, [코드 5.15]와 같은 방법은 함수 호출 횟수가 늘어나므로 그다지 좋은 방법이 아니다.

[코드 5.15] semctl의 SETVAL 명령으로 초기화하는 코드

```
24      semun.val = sem_value;      /* 초기화할 정수값을 지정 */
25      for (i=0; i<n_sem; i++) {
26          if (semctl(sem_id, i, SETVAL, semun) == -1) {
27              fprintf(stderr, "FAIL: semctl [%s:%d]\n", __FUNCTION__, __LINE__);
28              return -1;
29          }
30      }
31      return sem_id;
32  }
```

그러면 이번에는 세마포어 세트를 삭제하는 랩핑 함수인 sysv_semrm과 특정 위치의 세마포어 값(semval)을 읽어오는 랩핑 함수인 sysv_semval을 만들어 보겠다. [코드 5.16]에 보이는 것처럼 매우 짧고 굳이 설명이 필요한 수준이 아니니 코드만 적어 놓도록 하겠다.

[코드 5.16] XSI 세마포어 세트 삭제와 semval 랩핑 함수 예제   (lib_sysv_sem.c)

```
39  int sysv_semrm(int sem_id)
40  {
41      if (semctl(sem_id, 0, IPC_RMID) == -1) {
42          fprintf(stderr, "FAIL: semctl() 'IPC_RMID' [%s:%d]\n", __FUNCTION__, __LINE__);
43          return -1;
44      }
45      return 0;
46  }
47  int sysv_semval(int sem_id, int sem_idx)
48  {
```

```
49      int semval;
50      if ((semval = semctl(sem_id, sem_idx, GETVAL)) == -1) {
51          fprintf(stderr, "FAIL: semctl() 'GETVAL' [%s:%d]\n", __FUNCTION__, __LINE__);
52          return -1;
53      }
54      return semval;
55  }
```

12.4 XSI 세마포어의 사용 : P, V 동작

시스템에 생성된 세마포어는 semop나 semtimedop 함수를 이용해서 P, V 오퍼레이션을 할 수 있다. P 오퍼레이션일 때는 semop로 세마포어의 값을 감소시키고 V 오퍼레이션일 때는 증가시켜주면 된다.

물론 semop는 한 번에 꼭 −1, +1만 가능한 것은 아니다. 이는 설계자의 의도에 따라 한 번에 −n, +n 할 수도 있다. 그리고 타임아웃이 존재하는 semtimedop는 GNU 확장 함수이므로 리눅스에서는 잘 지원되나 유닉스에서는 지원하지 않는 경우도 있다. (GNU 확장 함수 중에는 후일 POSIX 표준에 포함되는 경우가 있으므로 글을 쓰는 시점과 달리 SUS 표준안에 포함되었는지 확인하는 것이 필요하다.)

```
int  semop(int semid, struct sembuf *sops, unsigned nsops);
int  semtimedop(int  semid, struct sembuf *sops, unsigned nsops,
                struct timespec *timeout);
```

semop의 인수는 순서대로 IPC ID, 세마포어 작동 버퍼 구조체의 주소, 버퍼 구조체의 개수이다. 세마포어 작동 버퍼 구조체는 struct sembuf형으로서 각 세마포어의 정보를 지정하게 된다. [코드 5.17]을 보면 struct sembuf에 어떤 멤버가 있는지 볼 수 있다.

[코드 5.17] semop에서 사용하는 struct sembuf 구조체

```
01  struct sembuf {
02      unsigned short sem_num;   /* 세마포어 세트내의 개별 세마포어의 인덱스 번호, 0 부터 시작함 */
03      short  sem_op;            /* 세마포어에 더할 값(음수, 양수 혹은 0) */
04      short  sem_flg;           /* 작동 옵션 플래그 */
05  };
```

sem_num은 세마포어 세트의 몇 번째 세마포어를 조작할 것인지를 지정한다. 인덱스는 0부터 시작하므로 세트 안에 있는 첫 번째 세마포어를 지정하려면 0을 저장한다. sem_op에는 세마포어에 얼마만큼의 숫자를 −n, +n 할 것인지를 지정한다.

이 값에 음수를 지정하면 P 오퍼레이션이 되고 양수를 지정하면 V 오퍼레이션이 되는 것이다. 만일 0을 지정하면 wait-for-zero라는 특별한 오퍼레이션도 가능한데 이는 뒤에서 다루도록 하겠다. 마지막으로 sem_flg는 작동 옵션으로 표로 정리해두었다.

표 5.20 sem_flg에 가능한 옵션 플래그

SEM_UNDO	세마포어를 조작한 프로세스가 종료되었을 때 조작된 작업은 취소되고 대기하던 다음 세마포어 오퍼레이션이 실행된다.
IPC_NOWAIT	사용 가능한 자원이 없는 경우(세마포어 값이 0인 경우)에 기다리지 않고 바로 에러 리턴한다. 그리고 errno는 EAGAIN으로 세팅된다.

SEM_UNDO 플래그는 세마포어 작동의 신뢰성을 높여주는 매우 중요한 플래그이다. 앞서 UNDO 기능을 설명했는데 SEM_UNDO가 바로 그 기능을 가능하게 하는 플래그이다. 따라서 SEM_UNDO가 세팅되면 프로세스가 잠금을 한 채로 종료를 했을 때 바로 이전의 세마포어 잠금을 취소해준다.

예를 들어 만일 SEM_UNDO를 사용하지 않은 경우는 프로세스가 오류로 종료되면 대기하던 프로세스들이 무한 대기상태에 빠질 수도 있으므로 시스템의 안전성을 생각한다면 SEM_UNDO는 쓰는 것이 좋다. 다만, 성능면에서 약간의 불이익이 있다.

IPC_NOWAIT는 semop 동작을 넌블럭킹으로 작동하게 한다. 넌블럭킹으로 작동하는 semop 함수는 P 오퍼레이션을 했을 때 세마포어 값(semval)이 0이라면 대기열로 가지않고 -1로 에러 리턴하면서 errno는 EAGAIN로 세팅한다. 따라서 크리티컬 섹션으로 진입할 수 없는 경우에 대기열로 가지 않고 다른 작업을 하도록 설계할 때 사용된다.

[코드 5.18] semop를 이용해서 세마포어 값을 변경하는 예제 코드

```
01  struct sembuf  sem_buf[2];
02  ...생략...
03  sem_buf[0].sem_num = 0;   /* 0번 인덱스의 세마포어를 지정 */
04  sem_buf[0].sem_op = -1;   /* P operation with decreasing one */
05  sem_buf[0].sem_flg = SEM_UNDO;
06  sem_buf[1].sem_num = 4;   /* 4번 인덱스의 세마포어를 지정 */
07  sem_buf[1].sem_op = 1;    /* V operation with increasing one */
08  ...생략...
09  if (semop(sem_id, sem_buf, 2) == -1) {
10      /* error */
11  }
```

[코드 5.18]을 보면 sembuf 구조체를 2개를 선언하여 동시에 2개의 세마포어에 대해 semop를 실행하는 것을 볼 수 있다. 그리고 semop로 변경할 세마포어는 세트 내에

0번과 4번 인덱스를 지정했으므로 실제로는 첫 번째와 다섯 번째 세마포어를 조작하게 될 것이다. 첫 번째 세마포어는 −1을 더하므로 P 오퍼레이션을 실행할 것이고 다섯 번째 세마포어는 1을 더하므로 V 오퍼레이션을 행하는 것이다.

12.5 XSI 세마포어의 사용 : wait-for-zero 동작

semop를 호출할 때 −1, +1을 더하는 것이 아니라 0을 더하도록 하면 wait-for-zero 오퍼레이션이라는 특별한 작동을 한다. wait-for-zero는 기존 작동방식과 반대로 세마포어 값(semval)이 양수면 대기하고 0이 되면 깨어나게 된다.

물론 semop를 호출할 때 IPC_NOWAIT 플래그를 설정했다면 넌블럭킹으로 작동하므로 semval이 양수여도 에러로 −1을 리턴하면서 errno는 EAGAIN으로 세팅한다.

[코드 5.19] wait-for-zero 오퍼레이션 예제

```
01   struct sembuf   sem_buf;
02   ...
03   sem_buf.sem_num = 1;  /* 1번 인덱스의 세마포어를 지정 */
04   sem_buf.sem_op = 0;   /* wait-for-zero 동작을 지정 */
05   ...
06   if (semop(sem_id, &sem_buf, 1) == -1) {
07       /* error */
08   }
```

앞서 설명한대로 wait-for-zero는 세마포어의 값(semval)이 0이 되기만을 관찰하고 실제 세마포어 값에는 어떤 변경도 가하지 않는다. 그러면 왜 wait-for-zero가 필요할까? 이는 거꾸로 생각해보면 쉽게 이해할 수 있다.

wait-for-zero가 관찰하고자 하는 조건, 즉 semval이 0이 된다는 의미는 사용 가능한 자원이 없다는 의미이고 이후에 P 오퍼레이션을 시도하는 프로세스는 대기열에서 대기해야 한다는 것을 의미한다.

결국, wait-for-zero는 사용 가능한 자원이 없을 때 해야만 하는 작업이 있을 때 사용한다. 이 기능은 로드 밸런싱을 모니터링하거나 대기큐의 혼잡을 막는 배리어 역할을 할 때도 사용된다. 그러면 구체적으로 wait-for-zero에서 대기하던 프로세스가 깨어나는 4가지 이벤트에 대해서 정리해보도록 하자. 참고로 semzcnt 값은 wait-for-zero에서 깨어난 프로세스 수만큼 감소한다.

① 세마포어 값(semval)이 0이 된다.
② 대기하던 프로세스가 시그널을 받는 경우 : 시스템콜은 실패하고 errno는 EINTR으로 설정된다.

③ 세마포어 세트가 시스템에서 제거된 경우 : 시스템콜은 실패하고 errno는 EIDRM으로 설
정된다.

④ 타임아웃이 지정된 호출(semtimedop 함수)를 사용한 경우에 타임아웃 만료에 의해 깨어난
경우 : 시스템콜은 실패하고 errno는 EAGAIN으로 설정된다.

그러면 앞서 XSI 세마포어에 대한 작동과 자세한 내용을 모두 봤으니 이제 실습을 할
차례이다. 실습은 앞서 다뤘던 XSI IPC의 공유 메모리처럼 먼저 라이브러리를 제작
하고 그 뒤에 예제를 만드는 식으로 진행할 것이다.

이를 위해 semop 함수로 P, V, wait-for-zero 오퍼레이션을 라이브러리 함수로 만들
도록 할 것이다. P 오퍼레이션을 sysv_semwait로 V 오퍼레이션을 sysv_sempost라
고 이름 붙여서 만들어 볼 것이며 wait-for-zero는 sysv_semzwait로 만들 것이다.

[코드 5.20] XSI 세마포어 P, V 오퍼레이션 랩핑 함수 예제　　　　　　　(lib_sysv_sem.c)

```
56   int sysv_semwait(int sem_id, int sem_idx)
57   {
58       struct sembuf   sem_buf;
59       sem_buf.sem_num = sem_idx;
60       sem_buf.sem_flg = SEM_UNDO;
61       sem_buf.sem_op = -1;    /* P operation */
62       if (semop(sem_id, &sem_buf, 1) == -1) {
63           fprintf(stderr, "FAIL: semop() 'P' operation [%s:%d]\n", __FUNCTION__, __LINE__);
64           return -1;
65       }
66       return 0;
67   }
68   int sysv_sempost(int sem_id, int sem_idx)
69   {
70       struct sembuf   sem_buf;
71       sem_buf.sem_num = sem_idx;
72       sem_buf.sem_flg = 0;
73       sem_buf.sem_op = 1;    /* V operation */
74       if (semop(sem_id, &sem_buf, 1) == -1) {
75           fprintf(stderr, "FAIL: semop() 'V' operation [%s:%d]\n", __FUNCTION__, __LINE__);
76           return -1;
77       }
78       return 0;
79   }
80   int sysv_semzwait(int sem_id, int sem_idx)
81   {
82       struct sembuf   sem_buf;
83       sem_buf.sem_num = sem_idx;
84       sem_buf.sem_flg = 0;
```

```
85        sem_buf.sem_op = 0;    /* wait-for-zero operation */
86        if (semop(sem_id, &sem_buf, 1) == -1) {
87            fprintf(stderr, "FAIL: semop() 'WFZ' operation [%s:%d]\n",__FUNCTION__,__LINE__);
88            return -1;
89        }
90        return 0;
91    }
```

[코드 5.20]에 설명한 랩핑 함수는 모두 struct sembuf 구조체를 이용하여 빼고 더하는 작업뿐이라서 특별히 설명할 부분이 없다.

코드 자체가 워낙 간단하기 때문에 앞서 설명한 semop 함수 원형을 제대로 기억하고 있다면 술술 읽힐 것이다. 다만, 주의해서 볼 것은 SEM_UNDO 플래그를 사용하여 프로세스가 종료되면 세마포어 동작을 취소(undo)하도록 했다는 점만 주의 깊게 봐두면 좋겠다.

> **TIP** semop의 블록킹/넌블럭킹 작동과 semtimedop의 사용
>
> semop는 기본적으로 블록킹 모드로 작동하기 때문에 과부하 때에는 대기 시간이 길어질 가능성이 있다. 따라서 빠른 응답이 중요한 몇몇 서버 시스템에서는 차라리 과부하로 대기하는 것보다 넌블럭킹으로 설계하여 EAGAIN 에러 처리 코드를 넣는 경우가 많다. 하지만, 간단하게 EAGAIN 에러가 발생했을 때 재시도를 한다든지 실패로 처리하는 경우도 있는데 오히려 몇몇 경우에는 더 큰 시스템 과부하 상황을 연출하기도 한다.
>
> 예를 들어 넌블럭킹 실패(EAGAIN 에러)가 발생하고 일정 횟수나 시간 동안 재시도하도록 코딩한다면 잠정적으로 무한 루프에 빠지면서 EAGAIN의 semop 시스템 콜 횟수가 엄청나게 증가할 수 있다. 이 경우 잠깐 CPU 사용률이 치솟다가 떨어지는 경우가 발생할 수 있다.
>
> 하지만, 횟수가 증가 할수록 CPU 사용률이 치솟는 현상은 점점 심해질 수 있으므로 넌블럭킹 모드에서 재시도는 시스템 전체의 밸런스를 유지할 수 있도록 반드시 무한 루프나 빠른 루프를 피할 수 있도록 해야 한다.
>
> 이에 대한 해결책으로 EAGAIN인 경우에는 일정 시간 뒤에 재시도하도록 타이머 작업 큐를 구현하거나 쉽게는 semtimedop로 간단하게 타임아웃이 지나면 실패하는 구조로 만드는 경우가 많다.

그런데 한 가지 짚고 넘어갈 것이 있다. [코드 5.20]에서는 semop를 이용하는 P, V, wait-for-zero의 동작을 성능이나 기타 상황을 고려하지 않고 랩핑 함수로 만들었다.

이는 책의 예제에서 반복되는 코드의 양을 줄여서 가독성을 높이기 위함이었다. 하지만, 랩핑 함수 자체의 오버헤드가 생기기 때문에 실무에서 성능이 중요한 부분이라면 인라인으로 넣거나 직접 semop를 호출하는 방식으로 작성하는 것을 고려하는 경우도 있다.

또한, 예제에서는 화면에 출력하는 행위를 하는데 이는 테스트나 디버깅에만 사용하고 실무에서는 모두 제거하는 편이 좋다. 여기서는 세마포어에 대해서만 언급했지만 뮤텍스나 다른 락 메커니즘의 경우에도 랩핑 함수를 만들 때는 높은 비용을 유발하는 입출력을 지양하거나 설정에 따라 피할 수 있도록 하는 것이 좋다.

그러면 이제 위의 세마포어 관련 코드를 이용하여 자식 프로세스를 fork하고 임계 영역으로 진입하도록 예제를 작성해보자. 예제에서는 임계 영역에 진입하는 순서를 확실하게 차이가 나게 하려고 usleep과 sleep으로 약간의 지연을 주었다.

[코드 5.21] XSI 세마포어 작동 예제   (sysv_sem.c)

```
01  int handle_criticalsect(int, int);
02  int main(int argc, char *argv[])
03  {
04      int i, n_child, status, sem_id;
05      if (argc != 2) {
06          printf("%s [# of child]\n", argv[0]);
07          exit(EXIT_FAILURE);
08      }
09      n_child = atoi(argv[1]);
10      sem_id = sysv_semget(NULL, 0x12340001, 1, 1, 0660);    /* 바이너리 세마포어 1개를 얻음 */
11      for(i=0; i<n_child; i++) {
12          switch ( fork() ) {
13              case 0:    /* child */
14                  handle_criticalsect(sem_id, i);
15                  exit(EXIT_SUCCESS);
16              case -1:    /* error */
17                  fprintf(stderr, "FAIL: fork() [%s:%d]\n", __FUNCTION__, __LINE__);
18                  exit(EXIT_FAILURE);
19              default:    /* parent */
20                  break;
21          }
22          usleep(100000); /* 0.1 sec */
23      }
24      for(i=0; i<n_child; i++) {    /* 자식 프로세스들이 종료하기를 기다림 */
25          waitpid(-1, &status, 0);
26      }
27      if (sysv_semrm(sem_id) == -1) { /* remove sem from system */
28          perror("FAIL: sysv_semrm");
29          return EXIT_FAILURE;
30      }
31      return EXIT_SUCCESS;
32  }
33  int handle_criticalsect(int sem_id, int idx_child)
34  {
```

```
35    printf("[Child:%d] #1: semval(%d) semncnt(%d)\n",  idx_child,
36          semctl(sem_id, 0, GETVAL),
37          semctl(sem_id, 0, GETNCNT));
38    sysv_semwait(sem_id, 0);    /* atomically decreased */
39    if (idx_child == 2) abort(); /* SEM_UNDO 테스트를 위해 중간에 프로세스 1개를 강제 종료시킨다. */
40    sleep(2);
41    printf("[Child:%d] #2: semval(%d) semncnt(%d)\n",  idx_child,
42          semctl(sem_id, 0, GETVAL),
43          semctl(sem_id, 0, GETNCNT));
44    sysv_sempost(sem_id, 0);    /* atomically increased */
45    printf("\t[Child:%d] Exiting\n\n", idx_child);
46    return 0;
47  }
```

[코드 5.21]의 예제를 실행할 때 "sysv_sem 5"라고 실행했다면 5개의 자식 프로세스를 생성한다. 그리고 각각의 자식 프로세스는 33행의 handle_criticalsect 함수를 호출하는데 이 함수는 내부에 세마포어로 보호되는 크리티컬 섹션이 있다. 특별한 일을 하는 것은 아니고 그냥 2초를 쉬고 크리티컬 섹션에서 빠져나오게 되어 있다.

그러나 39행을 보면 2번 인덱스를 갖는 자식 프로세스, 즉 3번째 자식 프로세스는 abort를 호출하여 강제 종료시킨다. 이는 SEM_UNDO의 기능이 제대로 작동하는지 확인하기 위해서이다.

정상적으로 SEM_UNDO가 작동한다면 이전 세마포어 작업이 취소되고 나머지 자식 프로세스들이 크리티컬 섹션으로 진입하게 될 것이다. 만일 SEM_UNDO를 사용하지 않는 경우는 무한 대기에 빠질텐 데 이를 실험해보기 위해 라이브러리의 sysv_semwait 함수에서 SEM_UNDO 옵션 플래그를 제거하고 예제를 다시 컴파일하여 실행해보는 것도 좋을 것이다.

```
$ ./sysv_sem 5
[Child:0] #1: semval(1) semncnt(0)
[Child:1] #1: semval(0) semncnt(0)
[Child:2] #1: semval(0) semncnt(1)
[Child:3] #1: semval(0) semncnt(2)
[Child:4] #1: semval(0) semncnt(3)
[Child:0] #2: semval(0) semncnt(4)
        [Child:0] Exiting
[Child:1] #2: semval(0) semncnt(3)
        [Child:1] Exiting
[Child:3] #2: semval(0) semncnt(1)
        [Child:3] Exiting
[Child:4] #2: semval(0) semncnt(0)
        [Child:4] Exiting
```

[그림 5.15] XSI 세마포어 예제의 실행

[그림 5.15]는 [코드 5.21]의 예제를 실행한 결과로서 중요한 부분에 음영으로 칠해두었다. 첫 번째 음영 부분을 보면 semval이 1이라고 표시되고 있는데 예제가 바이너리 세마포어를 사용하고 있고 즉시 사용 가능한 상태임을 알 수 있다.

하지만, 이후에는 0번째 자식 프로세스가 P 오퍼레이션으로 진입했으므로 전부 0으로 출력되고 있다. 이에 따라 대기하는 프로세스의 개수인 semncnt도 증가하는 것을 확인할 수 있다. 중간에 두 번째 음영 부분은 SEM_UNDO에 의해 종료된 프로세스의 P 오퍼레이션이 취소되고 진입하는 부분이다.

이번에는 wait-for-zero에 대한 예제를 보겠다. 이번 예제는 새로 작성하기보다 [코드 5.19]에 wait-for-zero를 호출하는 자식 프로세스를 하나 더 추가하도록 수정할 테니 기존 예제를 복사한 뒤에 수정하여 작성하면 쉬울 것이다.

책의 지면을 아끼기 위해 [코드 5.21]과 중복되는 부분인 handle_criticalsect 함수 부분은 생략하니 혹시 [코드 5.22]를 처음부터 작성한다면 [코드 5.21]을 참고하여 추가하도록 한다.

[코드 5.22] XSI 세마포어의 wait-for-zero 예제　　　　　　　(sysv_sem_waitforzero.c)

```
01   int handle_criticalsect(int, int);
02   int handle_waitforzero(int);
03   int main(int argc, char *argv[])
04   {
05       int i, n_child, status, sem_id;
06       if (argc != 2) {
07           printf("%s [# of child]\n", argv[0]);
08           exit(EXIT_FAILURE);
09       }
10       n_child = atoi(argv[1]);
11       sem_id = sysv_semget(NULL, 0x12340001, 1, 2, 0660); /* 카운터가 2인 카운팅 세마포어 1개를 얻음 */
12       if (fork() == 0) {     /* wait-for-zero를 담당할 자식 프로세스 */
13           handle_waitforzero(sem_id);
14           exit(EXIT_SUCCESS);
15       }
16       sleep(1);
17       for(i=0; i<n_child; i++) {
18           switch ( fork() ) {
19               case 0:     /* child */
20                   handle_criticalsect(sem_id, i);
21                   exit(EXIT_SUCCESS);
22               case -1:    /* error */
23                   fprintf(stderr, "FAIL: fork() [%s:%d]\n", __FUNCTION__, __LINE__);
24                   exit(EXIT_FAILURE);
25               default:    /* parent */
```

```
26              break;
27          }
28          usleep(100000);  /* 0.1sec */
29      }
30      for(i=0; i<n_child+1; i++) {
31          waitpid(-1, &status, 0);
32      }
33      if (sysv_semrm(sem_id) == -1) { /* remove sem from system */
34          perror("FAIL: sysv_semrm");
35          return EXIT_FAILURE;
36      }
37      return  EXIT_SUCCESS;
38  }
39  int handle_waitforzero(int sem_id)
40  {
41      printf("<WFZ> Wait-for-zero.. semval(%d)\n", semctl(sem_id, 0, GETVAL));
42      sysv_semzwait(sem_id, 0);    /* semval가 0이 될 때까지 대기한다. */
43      printf("<WFZ> Wake-up.. semval(%d)\n", semctl(sem_id, 0, GETVAL));
44      return 0;
45  }
```

[코드 5.22]는 앞서 [코드 5.21]과는 다르게 카운터가 2인 카운팅 세마포어를 사용하고 있다. 그리고 12행에서 생성된 첫 번째 자식 프로세스는 handle_waitforzero 함수를 호출하도록 되어 있는데 이는 39행에서 볼 수 있다.

이 함수는 42행에서 sysv_semzwait를 호출하여 semval이 0이 될 때까지 대기하도록 한다. 따라서 카운터가 2인 카운팅 세마포어가 0이 되는 시점은 2개의 자식 프로세스가 진입하는 시점일 테고 이때 wait-for-zero에서 깨어나는 자식 프로세스의 메시지를 볼 수 있을 것이다.

```
$ ./sysv_sem_waitforzero 5
<WFZ> Wait-for-zero.. semval(2)
[Child:0] #1: semval(2) semncnt(0)
[Child:1] #1: semval(1) semncnt(0)
<WFZ> Wake-up.. semval(0)
[Child:2] #1: semval(0) semncnt(0)
[Child:3] #1: semval(0) semncnt(1)
[Child:4] #1: semval(0) semncnt(2)
[Child:0] #2: semval(0) semncnt(3)
        [Child:0] Exiting
[Child:1] #2: semval(0) semncnt(1)
        [Child:1] Exiting
[Child:3] #2: semval(0) semncnt(0)
        [Child:3] Exiting
[Child:4] #2: semval(1) semncnt(0)
        [Child:4] Exiting
```

[그림 5.16] XSI 세마포어의 wait-for-zero 예제 실행

[그림 5.16]은 [코드 5.22]의 예제를 실행한 화면으로 음영 부분은 wait-for-zero가 작동하는 부분의 메시지가 출력된 것이다. 이제 일반적인 세마포어와 SysV 구현에 대해서 다뤘으니 이번에는 POSIX 표준 세마포어에 대해서 알아볼 차례이다.

13   POSIX 세마포어

POSIX 세마포어는 접근 방법에 따라 명명된 세마포어(named semaphore)와 익명 세마포어(nameless / anonymous semaphore)의 2가지 형식을 제공한다. 둘의 차이는 named가 붙으면 외부에서 접근 가능한 인터페이스 경로를 가지는 경우를 의미하고 nameless나 anonymous가 붙으면 외부에서 접근 가능한 경로가 없으며 일반적으로 임시로 사용하기 위해 생성된 경우를 말한다.

이는 6장에서 다루는 파이프(pipe)에도 해당하여 명명된 파이프(named pipe)와 익명 파이프(anonymous pipe)에서도 동일한 의미로 사용되니 규칙을 잘 기억해두면 좋을 것이다.

표 5.21 POSIX 세마포어 함수들

sem_init	익명 세마포어를 생성 후 초기화 한다.
sem_open	명명된 세마포어를 생성 후 초기화하거나 오픈한다.
sem_wait	세마포어 값을 1 감소시킨다. (P 오퍼레이션)
sem_trywait	sem_wait의 넌블럭킹 기능이 추가된 함수이다. (P 오퍼레이션)
sem_timedwait	sem_wait의 타임아웃 기능이 추가된 함수이다. (P 오퍼레이션)
sem_post	세마포어 값을 1 증가시킨다. (V 오퍼레이션)
sem_getvalue	세마포어 카운터 값을 읽어온다.
sem_destroy	익명 세마포어를 제거한다.
sem_close	명명된 세마포어와의 연결을 해제한다. (제거하지는 않는다.)
sem_unlink	명명된 세마포어를 시스템에서 제거한다.

[표 5.21]에서 정리한 POSIX 세마포어 함수는 총 10개이다. 하지만, 이는 2015년도 기준이고 차후 변경될 가능성도 있으니 책 내용이 쓰인 2015년도에서 한참 지났을 때 이 책을 읽고 있다면 SUS 표준의 semaphore.h 헤더 매뉴얼에서 변경할 점이 없는지 꼭 확인하는 것이 좋다.

참고로 POSIX 세마포어 함수들은 비동기 시그널 안전(async-signal-safe) 규격을 만족하고 있다. 따라서 스레드나 시그널 핸들러 함수에서 사용해도 안전한 함수들이다.

13.1 POSIX 세마포어의 생성

POSIX 세마포어의 생성은 익명 세마포어의 경우에는 sem_init, 명명된 세마포어의 경우에는 sem_open을 사용한다. 먼저 각 함수의 원형부터 살펴보자.

```
int  sem_init(sem_t *sem, int pshared, unsigned int value);
sem_t *sem_open(const char *name, int oflag, ...);
```

함수 원형에서 볼 수 있듯이 POSIX 세마포어는 sem_t 타입을 사용한다. 이렇게 특정한 메모리 타입을 사용하는 것은 매우 직관적이고 투명해서 프로그래머는 객체의 주소를 넘기면서 제어를 할 수 있게 된다.

그러나 sem_t 객체가 실제로 가리키는 세마포어는 sem_init와 sem_open의 함수에 따라 익명 세마포어가 될 수도 있고 명명된 세마포어가 될 수도 있다. 그러면 두 방식에 대해서 자세히 알아보도록 하자.

첫째로 익명 세마포어(anonymous semaphore)란 메모리 기반 세마포어라고 부르며 기본적으로 해당 세마포어를 생성 및 초기화한 프로세스에서만 유효하다. 다시 말해 생성한 프로세스가 종료되면 파괴되는 임시 세마포어이다.

하지만, 특별한 조작을 통해 다른 프로세스까지 공유할 수 있도록 할 수는 있으나 잘 쓰이지는 않는다. 이에 대한 이유는 익명 세마포어를 생성, 초기화하는 sem_init 함수의 구조에 나타나 있다.

그러면 구조적 특징을 보도록 하자. sem_init의 함수 원형을 보면 3개의 인수를 사용하는데 순서대로 sem은 초기화 후 리턴받을 세마포어 객체, pshared는 다수의 프로세스에서 서로 공유할 것인지를 결정하는 플래그, value는 세마포어 초기값이다.

sem_init가 성공하면 0을 리턴하면서 첫 번째 인수인 sem의 주소를 사용 가능한 세마포어로 구조로 초기화해준다. sem_init를 호출할 때 pshared가 0이면 현재 프로세스에서만 사용 가능하도록 만들어지고 0이 아닌 값으로 설정하면 다수의 프로세스에서 공유 가능한 세마포어가 된다.

하지만, sem_init가 초기화하는 sem 인수가 프로세스의 로컬 메모리(전역 혹은 힙)라면 공유는 불가능해진다. 따라서 익명 세마포어를 공유하려면 sem 인수로 넘어오는 객체 자체가 공유 메모리 공간[16]에 위치해야 한다.

그러므로 공유 가능한 익명 세마포어를 만들려면 먼저 공유 메모리를 얻고 sem_t 타입의 공간으로 캐스팅하고 sem_init에 넘겨주면서 pshared에 0이 아닌 값을 지정해야 한다. 하지만, 애초에 이런 방식으로 설계된 것이 명명된 세마포어이므로 차라리 sem_open 함수를 사용하는 것이 낫다.

[코드 5.23] sem_init로 익명 세마포어를 생성, 초기화하는 예제 코드

```
01  sem_t    sem_anon;   /* 모든 스레드가 접근 가능한 위치에 선언되어야 한다.(i.e. 전역 변수) */
02  ...생략...
03  if ( sem_init( &sem_anon, 0, 1) == -1) {
04      /* error */
05  }
```

둘째로 명명된 세마포어(named semaphore)란 프로세스 외부의 노출된 위치에 생성되는 세마포어로서 이름을 알고 있다면 다른 프로세스에서도 접근 가능한 방식이다. sem_open 함수 원형에서 name 인수가 바로 식별 가능한 외부의 위치로 파일명을 작성하는 규칙과 비슷하다.

사실 sem_open 함수는 저수준 파일 처리의 open 함수와 인수조차도 흡사하니 예제 코드를 보면서 얼마나 비슷한지 보는 편이 이해가 더 빠를 것이다.

[코드 5.24] sem_open으로 명명된 세마포어를 얻는 예제 코드

```
01  sem_t    *p_psem;   /* 명명된 세마포어는 시스템 공간이므로 주소만 저장하는 포인터 변수로 선언 */
02  ...생략...
03  p_psem = sem_open("/my_sem", O_CREAT|O_EXCL, 0600, 1);   /* 바이너리 세마포어 */
04  if (p_psem == SEM_FAILED) {
05      if (errno != EEXIST) {
06          fprintf(stderr, "FAIL: sem_open()\n");
07          exit(EXIT_FAILURE);
08      }
09      p_psem = sem_open(NAME_POSIX_SEM, 0);  /* 이미 시스템에 존재하는 경우는 오픈만 한다. */
10      printf("Attach to an existed sem\n");
11  } else {
12      printf("Create new sem\n");
13  }
```

[코드 5.24]의 03행을 보면 마치 일반 파일을 여는 open 함수와 몸서리쳐질 정도로 비슷한 것을 볼 수 있다. 심지어 O_CREAT나 O_EXCL같은 옵션도 같다. 실제 원리도 비슷한데 이 글을 쓰는 시점에서 리눅스의 sem_open은 /dev/shm위치에 name

[16] 익명 세마포어를 프로세스 간에 공유할 때 sem_t 객체가 위치하는 공간은 XSI 형식이나 POSIX 형식이든 상관은 없다.

인수와 같은 이름의 메모리 파일을 만들고 이를 초기화하여 세마포어로 사용한다.

즉 [코드 5.24]는 /dev/shm/my_sem이라는 파일로 만들어진다는 것이다. 앞서 POSIX 공유 메모리를 설명하면서 리눅스에서 /dev/shm 공간을 메모리 디스크처럼 사용한다고 했었으니 어떻게 세마포어 공유되는지 직관적으로 알 수 있을 것이다.

결론적으로 명명된 세마포어는 공유 가능한 메모리 위치에 사용자가 입력한 이름과 같은 파일을 만드는 방식이다. 하지만, 파일 이름에는 제약이 존재해서 이름(name 인수)에 슬래시를 포함하여 디렉터리 구조로 만드는 것은 허용되지 않는다.[17]

> **TIP 구형 리눅스의 POSIX 세마포어 지원**
>
> 구형 리눅스 2.4 버전에서는 POSIX 세마포어가 완벽하게 지원되지 않고 있었던 적이 있었다. 특히 sem_init의 프로세스 간의 공유나 sem_open의 경우 제대로 지원되지 않았었다. 따라서 sem_init의 pshared에 0이 아닌 값을 넣으면 EINVAL 에러가 발생하던 적이 있었으니 구형 리눅스에 POSIX 세마포어를 적용하려면 꼭 man 페이지를 참고하는 것이 좋다.

13.2 POSIX 세마포어의 사용 : P, V 동작

```
int  sem_wait(sem_t * sem);
int  sem_trywait(sem_t * sem);
int  sem_timedwait(sem_t *sem, const struct timespec *abs_timeout);
int  sem_post(sem_t * sem);
struct  timespec {
    time_t tv_sec;      /* Seconds */
    long   tv_nsec;     /* Nanoseconds [0 .. 999999999] */
};
```

POSIX 세마포어는 한 번에 −1, +1만 가능하도록 디자인되어 있다. P 오퍼레이션을 하는 sem_wait는 세마포어의 값에 −1의 변화를 주는데 세마포어 값이 0이라면 당연히 대기상태가 된다.

당연히 대기상태에서 깨어나려면 세마포어 값에 V 오퍼레이션이 있거나 시그널 인터럽트로 인해서 깨어나는 방법밖에 없다. 시그널 인터럽트인 경우 EINTR 에러가 발생하니 이에 대한 처리를 꼭 해야 한다.

하지만, sem_wait는 무한 대기에 빠질 가능성도 있기 때문에 넌블럭킹 버전의 sem_trywait나 타임아웃 기능을 가진 sem_timedwait를 사용하도록 하는 것이 더 신뢰성을 높일 수 있다.

---

17) POSIX의 명명된 세마포어의 이름(name 인수)은 NAME_MAX−4 (i.e. 251)의 길이까지 가능하다. 이름이나 규칙에 대한 제약 사항은 sem_overview(7) 매뉴얼을 참고한다.

모든 넌블럭킹 모드의 함수들이 그렇듯이 사용 가능한 상태가 아니라면 에러로 리턴되며 errno는 EAGAIN로 설정한다. 그러나 앞서 언급했듯이 넌블럭킹의 EAGAIN 상태를 재시도하는 구조로 만들면 잠정적인 무한 루프에 빠질 수 있으니 타이머나 지연을 주는 것을 고려해야 한다.

타임아웃을 사용하는 sem_timedwait는 struct timespec 구조체를 사용한다. 이 구조체는 초수와 나노초의 2개 멤버를 가지는데 주의할 점은 유닉스 표준 시간(UNIX Epoch)으로 표시된 절대시간이라는 점이다.

따라서 현재시간에서 10초의 타임아웃을 주고 싶다면 현재시간에 +10을 더하는 작업을 해야 한다. [코드 5.25]는 이에 대한 예제 코드이다.

[코드 5.25] sem_timedwait에 10초 후 타임아웃을 지정하는 예제 코드

```
01  struct timespec ts_timeout;
02  ts_timeout.tv_sec = time(NULL) + 10; /* 현재 유닉스 시각에 10을 더한다 */
03  ts_timeout.tv_nsec = 0; /* 미세하게 제어하려면 나노초 부분도 계산해야 하지만 여기서는 생략했다 */
04  if ( sem_timedwait(p_psem, &ts_timeout) == -1 ) {
05      if (errno == ETIMEOUT) {
06          /* 타임아웃 발생 */
07      } else {
08          /* 그 외의 에러 처리 */
09      }
10  }
```

sem_post는 세마포어 값을 1 증가시킨다. 세마포어 값을 증가시키는 행위는 대기상태가 없으므로 즉시 성공, 실패 여부를 알 수 있다. sem_post가 실패하고 EOVERFLOW 에러인 경우는 세마포어 최대값(SEM_VALUE_MAX)를 넘어가는 경우이니 어딘가 계속 세마포어 값을 증가시키는 구간이 있는지 검사가 필요하다.

13.3 POSIX 세마포어의 제거

```
int sem_destroy(sem_t * sem);
int sem_close(sem_t *sem);
int sem_unlink(const char *name);
```

익명 세마포어는 프로세스의 메모리 기반으로 작동하므로 프로세스가 종료되면 자연스럽게 해제된다. 하지만, 굳이 작동 중에 제거해야 하는 상황이라면 sem_destroy 함수로 제거한다.

명명된 세마포어는 메모리 디스크에 존재하는 파일을 공유하는 방식이므로 일반 파일과 개념 자체가 동일하다. 따라서 오픈된 세마포어를 닫는 행위와 세마포어 파일을 삭제하는 행위가 서로 분리되어 있다.

이때 닫는 함수는 sem_close이고, 삭제하는 함수는 sem_unlink이다. 세마포어를 닫는 행위는 현재 프로세스와의 연결이 끊어질 뿐 시스템에는 여전히 남아 있기 때문에 다른 프로세스들이 사용할 수 있다.

따라서 시스템에서 제거하려면 sem_unlink로 삭제해야만 한다. 물론 당연한 말이지만 전원을 차단하여 재부팅해도 제거된다.

그런데 눈치가 빠른 분들은 sem_open이나 sem_close, sem_unlink는 접두어인 sem_를 빼면 저수준 파일 처리 함수인 open, close와 unlink 함수와 동일하다는 것을 알아챘을 것이다. 실제 구조적인 부분도 비슷하므로 POSIX 체계를 이해할 때는 함수 이름이든 메커니즘이든 연관지어서 생각하는 습관을 갖는 것이 여러모로 도움된다.

13.4 POSIX 세마포어 예제

POSIX 세마포어는 익명 세마포어와 명명된 세마포어가 존재하므로 예제도 2개를 살펴볼 것이다. 먼저 명명된 세마포어를 보도록 할 것인데, 앞의 XSI 세마포어에서는 바이너리 세마포어를 이용한 크리티컬 섹션 처리만 다뤘으니 이번에는 카운팅 세마포어로 동시 fork 개수를 제한하는 예를 살펴보겠다.

다음 [코드 5.26]의 예제는 30회의 루프를 돌면서 fork를 하는데 실행할 때 입력받은 숫자만큼 동시에 fork할 개수를 제한할 것이다. 즉 입력받은 숫자의 카운팅 세마포어를 만들고 fork할 때마다 P 오퍼레이션을 할 것이다. 이렇게 하면 입력받은 숫자만큼 fork하면 세마포어가 0이 되면서 대기상태에 빠지게 될 것이다. 예를 들어 실행할 때 카운터가 4인 카운팅 세마포어를 만들었다면 30회의 루프 중에 4번 돌고 대기하게 될 것이다.

예제에는 fork된 자식 프로세스가 2초 뒤 종료하면서 V 오퍼레이션을 하도록 되어 있다. 따라서 V 오퍼레이션으로 신호가 전달되면 즉시 대기하던 부모 프로세스는 다시 fork를 할 수 있게 된다. 구조를 알았으니 코드를 보면서 확인해보자.

[코드 5.26] POSIX 명명된 세마포어 예제   (posix_named_sem_cnt.c)

```
01   #define NAME_POSIX_SEM  "/my_psem"
02   const int   max_child = 30;
03   sem_t   *p_psem;
04   int process_child(int);
05   int main(int argc, char *argv[])
06   {
07       int i, n_count, sem_value, status;
08       if (argc != 2) {
09           printf("%s [counter]\n", argv[0]);
10           exit(EXIT_FAILURE);
11       }
12       n_count = atoi(argv[1]);  /* 생성할 세마포어의 카운터 */
13       p_psem = sem_open(NAME_POSIX_SEM, O_CREAT¦O_EXCL, 0600, n_count);  /* 명명된 세마포어 생성 */
14       if (p_psem == SEM_FAILED) {
15           if (errno != EEXIST) {
16               perror("FAIL: sem_open");
17               exit(EXIT_FAILURE);
18           }
19           p_psem = sem_open(NAME_POSIX_SEM, 0);    /* 기존의 생성되어 있는 세마포어인 경우 */
20           printf("[%d] Attach to an existed sem\n", getpid());
21       } else
22           printf("[%d] Create new sem\n", getpid());
23       sem_getvalue(p_psem, &sem_value);
24       printf("[%d] sem_getvalue = %d\n", getpid(), sem_value);
25       for(i=0; i<max_child; i++) {
26           printf("[%d] iteration(%d) : Atomically decrease\n", getpid(), i);
27           sem_wait(p_psem);        /* EINTR 처리가 필요하지만 여기서는 간략함을 위해 생략했음 */
28           switch ( fork() ) {
29               case 0:    /* child */
30                   process_child(i);
31                   sem_post(p_psem);   /* atomically increase */
32                   exit(EXIT_SUCCESS);
33               case -1:    /* error */
34                   fprintf(stderr, "FAIL: fork() [%s:%d]\n", __FUNCTION__, __LINE__);
35                   exit(EXIT_FAILURE);
36               default:    /* parent */
37                   break;
38           }
39           usleep(10000);
40       }
41       for(i=0; i<max_child ; i++) {
42           pid_t   pid_child;
43           if ((pid_child = waitpid(-1, &status, 0)) == -1) {
44               /* err */
45           }
```

```
46        }
47        sem_getvalue(p_psem, &sem_value);
48        printf("[%d] sem_getvalue = %d\n", getpid(), sem_value);
49        if (sem_unlink(NAME_POSIX_SEM) == -1) { /* remove sem */
50            /* 에러상황 */
51        }
52        return EXIT_SUCCESS;
53  }
54  int process_child(int i) {
55        if (i == 11) abort();   /* terminate 12th child */
56        printf("\t[Child:%d] sleep(2)\n", i);
57        sleep(2); /* sleep 2 sec */
58        return 0;
59  }
```

13–22행   예제의 13행을 보면 sem_open으로 세마포어를 오픈하고 있는데 O_CREAT와 O_EXCL 옵션을 사용했으므로 이미 세마포어 파일이 존재하면 생성을 실패하고 EEXIST 에러로 리턴하게 되어 있다. 이미 존재하는 세마포어 파일을 열기 위해서는 권한이나 초기값이 필요 없으므로 sem_open은 단 2개의 인수만으로 호출된다.

25–40행   27행의 P 오퍼레이션은 부모 프로세스가 fork 하기 전에 하지만 31행의 V 오퍼레이션은 자식 프로세스가 종료하기 직전에 하게 된다. 따라서 자식 프로세스가 종료 직전에 세마포어 카운터를 증가시키면 부모 프로세스는 대기하고 있다가 즉시 새로운 자식 프로세스를 fork하게 된다.

               이 과정 때문에 자식 프로세스의 개수는 항상 일정하게 유지된다. 예제에서는 sem_wait를 사용하여 자칫 잘못하면 무한 대기에 빠질 수도 있지만 앞서 언급했듯이 실무에서는 sem_trywait나 sem_timedwait를 이용하여 좀 더 신뢰성 있는 코드를 짜는 것이 좋다.

54–59행   55행을 보면 12번째 자식 프로세스는 abort를 호출하여 V 오퍼레이션을 하지 못하고 종료하도록 되어 있다. 따라서 12번째 자식 프로세스가 반환하지 않은 세마포어 카운터 때문에 이후로는 동시에 fork되는 자식 프로세스의 개수는 1개가 줄어들게 된다.

세마포어를 사용하면 이렇게 반환되지 못하는 경우를 감안하여 안전장치를 꼭 마련해야 한다. 따라서 주기적으로 확인하는 기능이나 반환되지 못하는 경우 시그널 핸들러(예를 들어 SIGCHLD) 같은 것을 이용해서 강제 반환하도록 하는 것도 좋은 방법이다. 그러면 예제를 컴파일하고 실행해보자.

```
$ ./posix_named_sem_cnt 4
[2057] Create new sem
[2057] sem_getvalue = 4
[2057] iteration(0) : Atomically decrease
        [Child:0] Proccessing - sleep(3)
[2057] iteration(1) : Atomically decrease
        [Child:1] Proccessing - sleep(3)
[2057] iteration(2) : Atomically decrease
        [Child:2] Proccessing - sleep(3)
[2057] iteration(3) : Atomically decrease
        [Child:3] Proccessing - sleep(3)
… 생략 …
```

[그림 5.17] POSIX 명명된 세마포어 예제 실행

[그림 5.17]처럼 실행해보면 4개가 실행된 뒤에 2초간 정지하는 것을 볼 수 있다. 그 이후 또 4개의 자식 프로세스가 fork되고 다시 2초 정지, 이런 식으로 실행되다가 12번째부터는 자식 프로세스 하나가 V 오퍼레이션을 하기도 전에 종료했으므로 3개씩 실행될 것이다.

즉 복구가 안 되는 것이다. 만일 실무라면 이런 경우를 대비하기 위해 자식 프로세스가 죽으면서 V 오퍼레이션을 했는지 아닌지 검증하는 절차가 필요하다. 자식 프로세스의 종료는 SIGCHLD 시그널과 waitpid 함수로 파악할 수 있으니 이를 이용하면 된다.

앞서 posix_named_sem_cnt를 실행하면 교착상태에 빠지기 때문에 교착상태를 해결하는 프로그램이 필요해진다. 이 프로그램에는 명명된 세마포어의 이름을 입력하면, 이를 제거하거나 sem_post로 세마포어 값을 증가시키는 기능이 있어야 한다. 이는 여러분의 숙제로 남겨두겠다.

그러면 이제 교착상태에 빠지지 않도록 [코드 5.24]의 55행을 제거하여 정상 작동시켜 보자. 정상 작동할 때 서로 다른 프로세스가 세마포어를 공유하는지 확인도 해봐야 한다.

그렇다면 이번에는 터미널을 2개를 열고 예제를 동시에 2개 실행시키면 어떻게 될까? 당연히 먼저 실행된 예제는 [그림 5.17]처럼 생성하면서 진행되겠지만 두 번째 실행된 예제는 연결(attach)만 했다는 메시지가 나오고 진행될 것이다.

그리고 마지막에 가서는 먼저 실행된 예제가 sem_unlink로 세마포어를 삭제하여 에러가 발생하는 것을 볼 수 있다. 꼭 한 번 해보기 바란다. 그러면 이번에는 익명 세마포어를 볼 차례다.

익명 세마포어 예제는 로컬 메모리 기반 세마포어로 만들 것이므로 프로세스 내에서 메모리 주소를 공유할 수 있는 멀티 스레드 모델로 작성했다. 하지만, 스레드 프로그래밍을 모르는 경우라면 그냥 개념만 익히고 8장의 스레드를 본 뒤에 예제를 익히면 되겠다.

예제의 구조는 빠른 이해를 돕기 위해 [코드 5.26]의 명명된 세마포어 예제를 기반으로 조금만 수정했다. 수정된 부분은 sem_open 대신에 sem_init를 사용하고 fork로 자식 프로세스를 만드는 것 대신에 스레드를 만드는 것으로 대체했다.

[코드 5.27] POSIX 익명 세마포어 예제　　　　　　　　　(posix_nameless_sem.c)

```
01  #define MAX_CHILD_THREAD      30
02  sem_t   psem;
03  typedef struct thread_arg {
```

```
04      pthread_t   tid;
05      int         idx;
06  } thread_arg;
07  thread_arg thr_arg[MAX_CHILD_THREAD];
08  void *start_child(void *);
09  int main(int argc, char *argv[])
10  {
11      int i, n_count, sem_value;
12      if (argc != 2) {
13          printf("%s [counter]\n", argv[0]);
14          exit(EXIT_FAILURE);
15      }
16      n_count = atoi(argv[1]);
17      if (sem_init(&psem, 0, n_count) != -1) {
18          /* error */
19      }
20      sem_getvalue(&psem, &sem_value);
21      printf("[%d] sem_getvalue = %d\n", getpid(), sem_value);
22      for(i=0; i<MAX_CHILD_THREAD; i++) {
23          printf("[%d] iteration(%d) : Atomically decrease\n", getpid(), i);
24          sem_wait(&psem);    /* todo: EINTR handling */
25          thr_arg[i].idx = i;
26          if (pthread_create(&thr_arg[i].tid, NULL, start_child, &thr_arg[i]) != 0) {
27              /* error */
28              exit(1);
29          }
30          usleep(10000);
31      }
32      for(i=0; i<MAX_CHILD_THREAD ; i++) {
33          pthread_join(thr_arg[i].tid, NULL);
34      }
35      sem_getvalue(&psem, &sem_value);
36      printf("[%d] sem_getvalue = %d\n", getpid(), sem_value);
37      if (sem_destroy(&psem) == -1) { /* remove sem */
38          perror("FAIL: sem_destroy");
39          return EXIT_FAILURE;
40      }
41      return EXIT_SUCCESS;
42  }
43  void *start_child(void *arg) {
44      thread_arg  *t_arg = (thread_arg *)arg;
45      if (t_arg->idx == 11) return NULL;  /* terminate 12th child */
46      printf("\t[Child thread:%d] sleep(2)\n", t_arg->idx);
47      sleep(2); /* sleep 2 sec */
48      sem_post(&psem);    /* atomically increase */
49      return 0;
50  }
```

[코드 5.27]은 구조적으로 [코드 5.26]과 동일하므로 구조적인 측면을 다시 설명하지는 않을 것이다. 다만, 차이점을 이야기하자면 현재 프로세스에서만 유효한 익명 세마포어이므로 다른 프로세스의 영향을 받지 않는다는 점이다.

예를 들어 앞의 명명된 세마포어 예제인 [코드 5.26]은 복수의 터미널에서 여러 개를 실행시키면 서로 세마포어가 공유되면서 작동된다. 하지만, [코드 5.27]은 아무리 여러 개를 실행시켜도 각 프로세스는 독립적으로 작동하게 된다.

14   메시지 큐

메시지 큐는 1~2KiB 이하의 짧은 메시지를 주고받는데 매우 효율적인 통신 메커니즘이다. 통신 메커니즘에서 많이 사용되는 소켓과 비교하면 소켓은 더 큰 메시지를 전송하는데 유리하고 작은 데이터를 빈번하게 전송할 때는 메시지 큐가 더 유리하다. 또한, 수신 측이 접속하지 않은 경우에도 데이터를 넣을 수 있다는 장점도 있다.

물론 소켓에는 물리적으로 멀리 떨어진 원격 호스트와 통신할 수 있다는 장점도 있다. 그러나 성능 면에서 차이가 생기는데 소켓은 기본적으로 더 무거운 통신용 헤더와 각종 에러 처리가 필요하다. 따라서 메시지 큐보다 오버헤드가 존재한다.

메시지 큐를 사용할 때는 큐가 가득 차는 경우에 대비하도록 프로그래밍해야 한다. 만일 메시지 큐가 가득 차면 메시지를 더는 송신할 수 없는데 이때 송신 측은 송신하지 못한 메시지를 저장할 것인지 아니면 버릴 것인지를 결정하여 프로그래밍해야 한다.

일반적으로 메시지 큐의 크기는 생각보다 작아서 송신 측이 수신 측보다 빠르다면 큐가 가득 차는 문제가 자주 발생할 소지가 있다. 따라서 이에 대한 대비가 충분치 않는 경우 프로그램의 심각한 구조적 문제가 된다. 이를 해결하기 위해 메시지 큐를 복수 개로 만들어 사용하거나 수신 측을 멀티 프로세스나 멀티 스레드 모델로 빠르게 처리할 수 있도록 하는 경우가 많다.

메시지 큐도 앞서 다른 IPC와 동일하게 XSI IPC와 POSIX 계열이 존재한다. XSI 메시지 큐는 기능 면에서 메시지 타입을 선택할 수 있는 장점이 있어서 채널을 분리하거나 우선순위 용도로 사용된다.

이에 비해 POSIX 메시지 큐는 POSIX.1b의 리얼타임 시그널 확장(Realtime Signal

Extension) 기능을 이용한 이벤트 통지(event notification) 기능을 쓸 수 있는 장점이 있다. 이 기능은 데이터가 수신되었을 때 시그널을 발생시키거나 콜백 스레드를 생성하는 등의 작동이 가능하다. 따라서 I/O 수신에 따른 비동기적 구조로 작동시킬 때 매우 편리해진다.

참고로 POSIX 리얼타임 시그널 확장 기능은 시그널 처리나 스레드와 같은 비동기 기법의 일부이므로 8장의 스레드, 9장의 시그널, 10장의 리얼타임 확장을 모르는 상태에서는 이해가 잘되지 않을 수 있다. 따라서 이벤트 통지 기능은 8~10장을 본 뒤에 다시 보는 것이 좋다고 생각된다.

> **TIP** 메시지 큐 관련 함수는 모두 스레드 안전 함수이다.
>
> 메시지 큐는 XSI든 POSIX 규격이든 모두 스레드 안전(thread-safety)을 만족하고 있다. 그런데도 불구하고 간혹 메시지 큐로 송수신하면서 뮤텍스나 세마포어로 보호하는 경우가 있는데 안 해도 될 작업이다. 모든 메시지 큐의 임플리먼테이션은 내부에 락으로 보호하고 있다.

15 XSI 메시지 큐

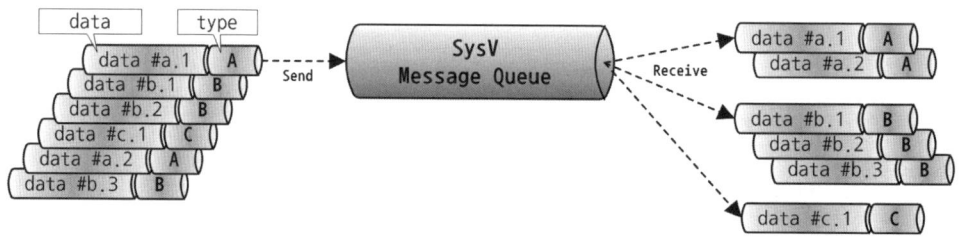

[그림 5.18] XSI 메시지 큐

XSI 메시지 큐는 POSIX 메시지 큐보다 일찍 도입되어 오랫동안 유닉스 진영에서 사용되어 왔다. 지금도 금융권의 각종 프로세스나 통신 업체들이 사용하고 있을 정도로 보편적인 기술이다.

XSI 메시지 큐의 특징으로는 [그림 5.18]처럼 송신 측에서 메시지 분류 타입을 붙여서 전송할 수 있다는 점이다. 메시지 타입은 long형으로 구별되는 숫자이며 수신 측에서는 타입별로 수신할 수도 있고 무시하고 송신 순서대로 받을 수도 있다. 이 기능을 이용해서 메시지를 분류해서 비동기로 처리하는 로직을 설계할 수도 있다.

표 5.22 XSI 메시지 큐 함수들

msgget	메시지 큐의 IPC ID를 얻는다. (없는 경우에 생성하면서 ID를 반환 할 수 있다.)
msgsnd	메시지 큐에 데이터를 송신한다. (쓰기 작업)
msgrcv	메시지 큐로부터 데이터를 수신한다. (읽기 작업)
msgctl	메시지 큐를 조작한다. (제거 및 설정 읽어오기)

15.1 XSI 메시지 큐의 생성 및 삭제

```
int msgget( key_t key, int msgflg );
int msgctl(int msqid, int cmd, struct msqid_ds *buf);
```

XSI 메시지 큐의 IPC ID를 얻는 함수는 msgget이다. 이 함수는 앞의 다른 XSI IPC의 두 형제인 XSI 공유 메모리와 세마포어의 shmget, semget과 거의 비슷하다. key에는 고정된 정수형 키나 아니면 IPC_PRIVATE을 쓸 수 있으며 msgflg에는 옵션 플래그와 접근 권한(rwx mode)을 inclusive bitwise OR로 지정할 수 있다. 예를 들어 "IPC_CREAT|0600"처럼 사용할 수 있다. 이미 생성되어 있다면 플래그에 0을 지정하고 호출한다.

표 5.23 msgget의 플래그

| IPC_CREAT | 해당 IPC 자원이 존재하지 않으면 생성한다. |
| IPC_EXCL | 해당 IPC 자원이 이미 존재하면 에러(EEXIST)를 발생시킨다. |

메시지 큐를 새로 생성하는 경우 특별하게 크기를 명시해서 생성하는 것은 없다. 생성되는 메시지 큐의 공간에 대한 설정은 시스템에 있는 설정을 사용하기 때문이다. 시스템에는 메시지 큐가 사용하는 메모리 크기, 메시지 개수 등등이 있다.

만일 메시지 큐에 제한된 크기 이상의 메시지가 들어가면 당연히 에러가 발생한다. 이에 대해 자세한 내용은 메시지 큐의 시스템 설정 부분에서 보도록 할 것이다.

메시지 큐의 제거는 XSI IPC의 다른 형제들과 마찬가지로 뒤에 ctl이 붙는 함수에서 할 수 있다. 따라서 msgctl로 메시지 큐를 제거할 수 있는데 제거 외에 개별 자원의 정보, 시스템 설정을 읽을 수 있다.

[코드 5.28] msgctl의 메시지 큐 제거 예제

```
01  if (msgctl(msg_id, IPC_RMID, NULL) == -1) {
02      /* 에러 */
03  }
```

[코드 5.28]을 보면 msgctl에 IPC_RMID 명령으로 메시지 큐를 제거하는 것을 볼 수 있다. 아마도 앞에서 다른 XSI IPC의 자원 제거도 IPC_RMID 명령을 사용하는 것을 기억하고 있을 것이다.

예를 들어 shmctl이나 semctl에도 IPC_RMID로 공유 메모리나 세마포어를 제거하는 것을 봐왔으므로 연관지어서 기억해두면 좋을 것이다.

15.2 XSI 메시지 큐의 송수신

```
int  msgsnd( int msqid, const void *msgp, size_t msgsz, int msgflg );
int  msgrcv( int msqid, void *msgp, size_t msgsz, long msgtyp, int msgflg );
struct msgbuf {
    long mtype;     /* message type, must be > 0 */
    char mtext[1]; /* message data array */
};
```

XSI 메시지 큐에 송수신하는 함수는 msgsnd와 msgrcv이다. 이들 함수의 인수는 1~3번째까지는 거의 동일하기 때문에 한꺼번에 설명하도록 할 것이다. 먼저 msqid는 당연히 IPC ID 값이다. 2번째 msgp는 송수신할 버퍼로서 msgsnd는 송신할 데이터, msgrcv는 수신할 데이터가 담기는 곳이 되겠다. 3번째 msgsz는 2번째 인수였던 msgp의 크기이다.

여기서 주의해야 할 것이 바로 msgp가 void *라고 생각해서 그냥 char 배열형으로 선언해서 사용하면 안 된다는 점이다. 위에 적어놓은 struct msgbuf가 실제로 사용될 송수신할 버퍼 구조체이고 msgsnd나 msgrcv를 호출할 때만 void *로 캐스팅을 해야 한다.

msgbuf 구조체에는 2개의 멤버가 있고 long mtype은 메시지 타입, char mtext[1]은 보낼 메시지 내용이 된다. 여기서 메시지 타입은 0보다 큰 정수형 숫자를 사용하며 [그림 5.18]에서 A, B, C로 분류했던 타입이 바로 이 부분이다.

그림에서는 눈에 확 띄게 하려고 영문자로 적어두었지만 실제로는 long형의 숫자로 분류된다. mtext는 캐릭터 1개의 배열만 선언되어 있는데 정말로 1개짜리 배열로 선언하는 것은 아니고 저런 구조로 만든다는 것을 보여준 것뿐이다. 실제로는 메시지가 들어갈 충분한 크기의 배열로 선언하면 된다.

주의할 것은 이 배열크기는 무한대가 아니다. 메시지 큐에는 여러 제약이 있어서 이 제약에 근거해서 메시지 배열의 크기를 생각해야 한다. 만일 너무 큰 mtext 배열을 msgbuf 구조체에 선언해서 사용하면 msgsnd, msgrcv 함수는 실패하게 된다. 이 제약에 대해서는 조금 뒤에 메시지 큐의 시스템 설정을 다루면서 설명할 것이다.

세 번째 인수인 msgsz는 두 번째 인수인 버퍼의 텍스트 크기인데 msgsnd의 경우는 실제 보낼 데이터의 크기이므로 굳이 배열 전체의 크기를 지정하지 않아도 된다. 하지만, msgrcv의 경우에는 얼마만큼의 데이터가 수신될지 모르기 때문에 배열의 크기가 지정되어야 한다.

표 5.24 msgsnd와 msgrcv의 사용 가능한 msgflg

msgsnd	IPC_NOWAIT	msgsnd를 넌블럭킹 모드로 작동하게 한다.
msgrcv	IPC_NOWAIT	msgrcv를 넌블럭킹 모드로 작동하게 한다.
	MSG_NOERROR	수신받은 메시지가 지정한 msgsz 인수보다 클 때 에러를 내지 않고 초과된 부분을 잘라버린다.
	MSG_EXCEPT	메시지 타입 인수(msgtyp)를 초과하는 메시지만 수신한다.(GNU 확장)

msgflg에 지정할 수 있는 플래그는 msgsnd와 msgrcv가 약간 차이가 있으므로 [표 5.24]에 정리해두었다. IPC_NOWAIT는 msgsnd와 msgrcv가 동일하게 사용되며 앞서 다른 XSI IPC에서도 보았으니 친숙할 것이다. msgrcv는 복수 개의 플래그를 OR 연산으로 결합할 수 있다.

IPC_NOWAIT가 지정되면 넌블럭킹 모드로 작동하므로 msgsnd는 메시지 큐의 저장 공간이 꽉 찼을 때 기다리지 않고 곧바로 −1로 리턴하면서 errno를 EAGAIN으로 설정한다.

msgrcv의 경우에는 반대로 메시지 큐가 텅텅 비었다면 메시지가 도착하기를 기다리지 않고 −1로 리턴하고 errno를 EAGAIN으로 설정한다. 그러면 간단하게 msgsnd로 메시지를 전송하는 예제 코드를 보도록 하자.

[코드 5.29] msgsnd의 호출 예

```
01   struct mq_buf {
02       long mtype;
03       char mtext[512];   /* 배열은 시스템 설정의 메시지 큐 크기를 감안하여 적당한 크기를 사용한다. */
04   };
05   … (codes) …;
06   mq_buf.mtype = mtype;   /* 송신할 메시지 타입 */
07   memcpy(mq_buf.mtext, a_buf, len_buf);    /* 송신할 메시지 복사 */
08   if (msgsnd(msg_id, (void *)&mq_buf, len_buf, IPC_NOWAIT) == -1) {   /* error */   }
```

[코드 5.29]처럼 프로그래머는 따로 구조체를 만들어서 값을 채우고 msgsnd에 넘겨 주게 된다. msgsnd는 모두 설명했지만 msgrcv는 좀 더 인수가 남아 있다. 바로 4번째 인수인 msgtyp로서 수신받을 메시지 타입을 지정하는 값이다.

수신 측에서는 송신 측에서 보낸 메시지 중에서 특정 메시지 타입만 받을 수도 있고 아니면 전부 받을 수도 있다. 그것을 결정하는 것이 바로 msgtyp 인수다. msgtyp은 0, 양수, 음수 세 가지로 지정할 수 있으며 각각의 작동을 [표 5.25]에 정리해두었다.

표 5.25 msgrcv의 msgtyp 인수의 값

양수	해당 양수와 일치하는 메시지 타입만 수신한다.
0	메시지 타입을 무시하고 큐에 있는 메시지를 입력된 순서대로 수신한다.
음수	해당 음수의 절대값과 같거나 작은 숫자의 메시지 타입을 순서대로 수신한다.

[코드 5.30]은 msgrcv를 호출하는 예를 보여주고 있다. 여기서 메시지 타입 부분에 −2를 입력했는데 이렇게 하면 2보다 작은 메시지 타입을 불러오므로 1, 2인 경우를 수신할 것이다.

[코드 5.30] msgrcv의 호출 예

```
01  #define  LEN_MQ_MTEXT    512
02  struct mq_buf {
03      long mtype;
04      char mtext[LEN_MQ_MTEXT];
05  };
06  struct mq_buf mq_buf;
07  mtype = -2;
08  … (codes) … ;
09  n_recv = msgrcv(msg_id, (void *)&mq_buf, LEN_MQ_MTEXT, mtype, 0);
```

15.3 XSI 메시지 큐의 시스템 설정

msgctl에는 메시지 큐의 정보를 보거나 변경하는 기능, 시스템 설정을 읽는 기능, 메시지 큐를 삭제하는 기능이 있다. 삭제에 대한 것은 앞에서 보았고 이번에는 메시지 큐의 정보와 시스템 설정을 읽어 들이는 것에 대해 살펴보도록 하겠다.

```
int msgctl(int msqid, int cmd, struct msqid_ds *buf);
```

msgctl은 XSI IPC의 다른 자원들을 조작하는 함수인 shmctl이나 semctl과 거의 비슷하다. msqid에는 조작하고자 하는 메시지 큐의 IPC ID값을 넣는다. 두 번째 인수는 [표 5.26]에 정리한 대로 4가지 중 하나를 사용한다. 이 중에서 IPC_STAT, IPC_SET

의 경우는 인수인 buf를 필요로 한다.

표 5.26 msgctl에 쓰이는 cmd 인수값

IPC_STAT	IPC 자원의 정보(생성자, 생성시각, 접근 권한 등등)을 읽어온다.
IPC_SET	IPC 자원의 정보(권한)를 변경한다.
IPC_INFO	IPC 자원의 시스템 설정 값을 읽어온다. (리눅스 전용 기능)
IPC_RMID	IPC 자원을 제거한다.

IPC_STAT나 IPC_SET 명령은 msqid_ds구조체를 사용하지만, IPC_INFO는 msginfo 구조체를 사용한다. 따라서 IPC_INFO 명령을 사용할 때는 msginfo를 msqid_ds구조체로 캐스팅해서 넘겨줘야 한다. 두 구조체의 구조는 [코드 5.31]에 정리해두었다.

참고로 msqid_ds의 ipc_perm 구조체는 앞서 XSI 세마포어의 semctl을 설명하면서 적어두었으니 그 부분을 참고하면 된다.

[코드 5.31] msqid_ds 구조체와 msginfo 구조체의 구조

```
01  struct msqid_ds {           /* 패딩용 필드는 생략했음 */
02    struct ipc_perm msg_perm; /* 접근 권한 */
03    time_t msg_stime;         /* 마지막으로 msgsnd()를 호출한 시간 */
04    time_t msg_rtime;         /* 마지막으로 msgrcv()를 호출한 시간 */
05    time_t msg_ctime;         /* 마지막으로 큐가 바뀐 시간 (생성) */
06    unsigned long int msg_cbytes; /* 현재 큐에 있는 바이트 수 */
07    msgqnum_t msg_qnum;       /* 현재 큐에 존재하는 메시지 개수 */
08    msglen_t msg_qbytes;      /* 큐에 넣을 수 있는 최대 바이트 */
09    pid_t msg_lspid;          /* 마지막으로 msgsnd를 호출한 프로세스의 PID */
10    pid_t msg_lrpid;          /* 마지막으로 msgrcv를 호출한 프로세스의 PID */
11  };
12  struct msginfo {
13      int msgpool;
14      int msgmap;
15      int msgmax;   /* 메시지 한개의 최대 크기, 이 크기를 넘어서면 EINVAL 에러를 리턴한다 */
16      int msgmnb;   /* 메시지 큐 한개의 용량. 큐에 들어있는 모든 데이터의 합의 크기는 이것을 넘을 수 없다 */
17      int msgmni;   /* 생성가능한 메시지 큐의 최대 개수, 즉 메시지 큐 IPC ID 의 최대 개수 */
18      int msgssz;
19      int msgtql;
20      unsigned short int msgseg;
21  };
```

[코드 5.31]에서 보이듯이 msqid_ds는 특정 메시지 큐의 정보들이 보이고 msginfo 구조체에는 시스템 설정, 즉 커널 설정값들이 보이고 있다. 그리고 msqid_ds 구조체

와 msginfo에서 보이는 설정은 연관이 있으므로 둘을 같이 놓고 봐야 한다.

참고로 msginfo에 주석을 표시하지 않은 설정들은 사용되지 않거나 의미가 없는 설정으로 현대적인 다른 유닉스에서도 거의 사라지거나 자동 조정되는 값들이다.

그러면 시스템 설정인 msginfo 구조체부터 보도록 하자. 구조체 멤버 중에 시스템 관리자가 조작 가능한 의미 있는 것은 msgmax, msgmnb, msgmni의 3개뿐이다. msgmni는 mni가 max number of identifier이므로 최대 생성 가능한 메시지의 IPC ID 개수가 된다. 즉 시스템에 생성 가능한 메시지 큐 개수와 같은 의미다.

이와 비슷하게 공유 메모리에는 shmmni, 세마포어에는 semmni가 있었음을 기억할 수 있을 것이다. msgmax는 메시지 큐에 넣을 수 있는 메시지 1개의 최대 크기이다. 그리고 msgmnb는 메시지 큐 한 개에 저장 가능한 메시지 용량의 최대값이며 메시지 큐가 생성될 때 초기값이기도 하다. 여기서 초기값이라는 의미는 msqid_ds의 msg_qbytes의 초기값이라는 뜻이다. 그러면 sysctl로 시스템에 어떻게 설정되어 있는지 확인해보도록 하자.

```
$ sysctl -a | grep kernel.msg
kernel.msgmax = 1024
kernel.msgmni = 1990
kernel.msgmnb = 32768
```

[그림 5.19] XSI 메시지 큐의 커널 설정

[그림 5.19]는 필자의 시스템인데 기본값과는 다르니 독자분의 시스템과는 차이가 있을 수 있다. 하지만, 수치가 중요한 것이 아니므로 그 의미를 보도록 하자. 먼저 msgmax가 1024이므로 메시지 1개의 크기는 1KiB를 넘을 수 없다.

그리고 msgmnb가 32,768이니 메시지 큐 1개의 최대 용량은 32KiB로 생성되며 이 안에서만 조절 가능하다. 그러면 메시지 큐를 생성한 뒤에 8KiB로 메시지 큐의 크기를 줄이려면 어떻게 해야 할까? 바로 IPC_SET을 이용해서 msqid_ds의 msg_qbytes를 줄이면 된다.

[코드 5.32] msgctl의 IPC_SET 명령으로 메시지 큐 크기를 변경하는 예

```
01   int  msg_id;
02   struct msqid_ds  mq_ds;  /* MSG-Q Data structure */
03   if ( (msg_id = msgget(0x123456, IPC_CREAT|0660)) == -1) {
04       /* error */
05   }
06   if ( msgctl(msg_id, IPC_STAT, &mq_ds) == -1 ) {  /* 현재 메시지 큐 상태를 읽어들인다. */
07       /* error */
08   }
```

```
09    mq_ds.msg_qbytes = 8192;
10    if ( msgctl(msg_id, IPC_SET, &mq_ds) == -1 ) {   /* 새로운 메시지 큐 상태를 저장한다. */
11        /* error */
12    }
```

[코드 5.32]은 먼저 msgctl의 IPC_STAT로 현재 상태를 읽어온 뒤에 여기서 msg_qbytes만 수정하고 IPC_SET 명령으로 다시 저장하는 것을 보여주고 있다. 여기서 주의할 점은 msg_qbytes는 msgmnb 이상의 크기로는 조절할 수 없다는 것이다.

만일 더 큰 용량의 메시지 큐를 사용하고자 한다면 sysctl 명령으로 [그림 5.19]에 보이는 커널 설정을 바꿔줘야 한다. 그리고 재부팅되었을 때도 변경된 설정을 계속 적용시키려면 /etc/sysctl.d 디렉터리에 파일을 만들어서 저장해두면 된다. (구형 리눅스의 경우 /etc/sysctl.conf 파일을 직접 수정한다.) [그림 5.20]은 2개의 설정을 sysctl.conf 파일에 저장한 예이다.

```
# Kernel sysctl configuration file
··· 생략 ···
kernel.msgmax = 1024                          * /etc/sysctl.conf 파일
kernel.msgmnb = 1048576
```

[그림 5.20] sysctl.conf에 XSI 메시지 큐 설정

15.4 XSI 메시지 큐 예제

XSI 메시지 큐도 앞서 다른 XSI IPC처럼 편리하게 사용할 수 있는 라이브러리 함수로 제작할 것이다. sysv_msgget은 메시지 큐를 생성하거나 이미 생성된 메시지 큐의 IPC ID를 알아내는 함수이고 sysv_msgremove는 메시지 큐를 제거하는 함수이다. 이들의 구조는 앞서 다른 XSI IPC의 라이브러리 함수와 같으니 별다른 설명은 필요가 없을 것 같다.

[코드 5.33] XSI 메시지 큐의 라이브러리 함수들 (lib_sysv_msg.c)

```
01    int  sysv_msgget(char *tok, key_t msg_fixkey, int user_mode) {
02        key_t    msg_key;   int     msg_id;
03        char    buf_err[128];
04        if (tok != NULL) {
05            if ((msg_key = ftok(tok, 1234)) == -1) {
06                return -1;
07            }
08        } else {
09            msg_key = msg_fixkey;
10        }
11        if ((msg_id = msgget(msg_key, IPC_CREAT|IPC_EXCL|user_mode)) == -1) {
```

```
12          if (errno == EEXIST) {
13              msg_id = msgget(msg_key, 0);
14          }
15      }
16      if (msg_id == -1) {
17          strerror_r(errno, buf_err, sizeof(buf_err));
18          fprintf(stderr,"FAIL: msgget(%s) [%s:%d]\n", buf_err, __FUNCTION__, __LINE__);
19      }
20      return msg_id;
21  }
22  int  sysv_msgrm(int msg_id) {
23      if (msgctl(msg_id, IPC_RMID, NULL) == -1) {
24          fprintf(stderr,"FAIL: msgctl [%s:%d]\n", __FUNCTION__, __LINE__);
25          return -1;
26      }
27      return 0;
28  }
```

라이브러리 함수가 작성되었다면 이를 이용해서 메시지 큐 테스트 프로그램을 작성해 볼 것이다. 예제 프로그램은 송신 측과 수신 측 코드를 모두 넣어 간결하게 만들었다.

따라서 예제 프로그램은 실행시에 'r 타입'이라고 인수를 주면 특정 타입에 해당하는 메시지를 수신하도록 작동하고, 's 파일명'이라고 인수를 주면 지정한 데이터 파일을 열어서 읽어들인 뒤에 메시지를 송신하도록 되어 있다. 그러면 여기서 송신 측이 보낼 데이터 파일을 먼저 보자.

[코드 5.34] 메시지 큐에 전송할 데이터 파일 내용   (sysv_msg.txt)

```
3,University of Alberta          3915
1,Simon Fraser University        5984
2,University of Victoria         4980
1,University of Manitoba         4925
3,University of Calgary          3590
2,Dalhousie University           6804
2,McMaster University            6260
3,Arizona State University Main          6453
1,Massachusetts Institute of Technology          8710
```

[코드 5.34]에 보이는 데이터 파일의 구조는 각 행의 맨 앞에 1바이트는 메시지 타입 번호, 그 바로 뒤에는 구분자로 쓰이는 콤마, 그다음에 전송할 데이터가 있다. 예를 들어 첫 행을 보면 3이 메시지 타입이고 "University of Alberta   3915"가 전송할 메시지이다. 그러면 이번에는 예제 프로그램을 보도록 하자.

[코드 5.35] XSI 메시지 큐 예제 프로그램 (sysv_msg.c)

```
01  #define LEN_MQ_MTEXT    512
02  int msg_id;
03  struct mq_buf {
04      long mtype;
05      char mtext[LEN_MQ_MTEXT];
06  };
07  int start_msq_sender(char *srcfile);
08  int start_msq_receiver(long mtype);
09  int main(int argc, char *argv[])
10  {
11      if (argc != 3) {
12          printf("Usage : %s <sender | receiver> <filename or mtype>\n", argv[0]);
13          exit(EXIT_FAILURE);
14      }
15      if ((msg_id = sysv_msgget(argv[0], 0, 0664))  == -1) {
16          exit(EXIT_FAILURE); /* 에러 */
17      }
18      printf("* Message queue test program (ID:%d)\n", msg_id);
19      switch(argv[1][0]) {
20          case 's':            /* 송신용으로 작동 */
21              printf("+ Sender start with file(%s)\n", argv[2]);
22              (void) start_msq_sender(argv[2]);
23              printf("+ Finished. (Ctrl-C:Exit) (Press any key:Remove MQ)\n");
24              getchar();
25              break;
26          case 'r':            /* 수신용으로 작동 */
27              printf("+ Receiver start with type(%s)\n", argv[2]);
28              (void) start_msq_receiver(atol(argv[2]));
29              break;
30          default:
31              fprintf(stderr, "* Unknown option, use sender or receiver\n");
32              return 1;
33      }
34      sysv_msgrm(msg_id);
35      return 0;
36  }
37  int  start_msq_sender(char *srcfile) {          /* 송신용으로 작동할 때 호출되는 함수 */
38      FILE   *fp_srcfile;   char    rbuf[LEN_MQ_MTEXT];
39      struct mq_buf mq_buf;   int     len_mtext;
40      if ((fp_srcfile = fopen(srcfile, "r")) == NULL) {
41          perror("FAIL: fopen()");   return -1;
42      }
43      while (!feof(fp_srcfile)) {
44          if (fgets(rbuf, sizeof(rbuf), fp_srcfile) == NULL)   break;  /* error or EOF */
45          mq_buf.mtype = (long) (rbuf[0] - '0');        /* 첫 번째 캐릭터는 메시지 타입이다. */
```

```
46        len_mtext = strnlen(rbuf, LEN_MQ_MTEXT) - 3;  /* 실제 전송될 데이터는 3바이트가 적다 */
47        memcpy(mq_buf.mtext, (char *)&rbuf[2], len_mtext);
48        printf("\t- Send (mtype:%ld,len:%d)-(mtext:%.*s)\n",
49             mq_buf.mtype, len_mtext, len_mtext, mq_buf.mtext);
50        if (msgsnd(msg_id, (void *)&mq_buf, len_mtext, IPC_NOWAIT) == -1) {
51            perror("FAIL: msgsnd()");  break;
52        }
53    }
54    fclose(fp_srcfile);   /* close file */
55    return 0;
56 }
57 int start_msq_receiver(long mtype) {  /* 수신용으로 작동할 때 호출되는 함수 */
58    int    n_recv;    struct mq_buf mq_buf;
59    while (1) {                        /* 블록킹 모드에서 메시지 수신을 기다린다. */
60        if ((n_recv = msgrcv(msg_id, (void *)&mq_buf, LEN_MQ_MTEXT, mtype, 0)) == -1)    break;
61        printf("+ Recv (mtype:%ld,len:%d)-(%.*s)\n",
62             mq_buf.mtype, n_recv, n_recv, mq_buf.mtext);
63    }
64    return 0;
65 }
```

[코드 5.35] 예제를 작성하고 컴파일하여 실행해보도록 하자. 실행 순서는 먼저 송신 측 프로그램을 실행시키고 그다음에 수신 측 프로그램을 실행시킬 것이다. 다음의 [그림 5.21]을 보면 송신 측에서 파일을 읽어서 메시지 타입 번호를 달아 송신하는 것을 볼 수 있다.

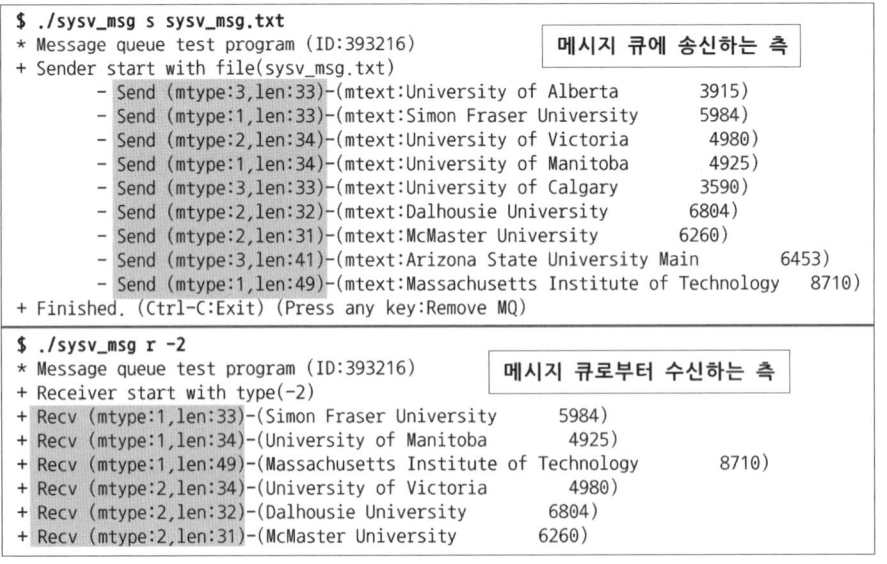

[그림 5.21] XSI 메시지 큐 예제 실행 - 송신 측(위) 수신 측(아래)

수신 측에서는 수신할 때 메시지 타입을 -2로 지정했으므로 1, 2번의 메시지 타입만 수신되고 있다. 만일 0을 지정했다면 메시지 타입은 무시되고 순서대로 수신되었을 것이다.

예제의 수신 측 결과를 보면 메시지 큐의 또 다른 편리한 특징이 보인다. 보통 우리는 송신을 3번 하면 수신 측도 3번에 걸쳐서 데이터를 받는 것을 당연하게 여긴다.

하지만, 자주 쓰이는 TCP 소켓의 경우 송신 측에서 보낸 데이터 경계를 보존하지 않기 때문에 송신 측에서 500, 400, 700바이트를 3번에 걸쳐 송신했다고 해도 수신 측이 1번에 다 받을 수도 있고 아닐 수도 있다.

그래서 TCP 소켓을 이용한 네트워크 프로그래밍에서는 어플리케이션 헤더나 구분자를 이용해서 메시지를 잘라내는 추가적인 작업이 필요해진다. 그런데 이 작업이 생각보다 복잡하므로 이 부분을 어떻게 처리하느냐에 따라서 네트워크 프로그래밍의 명암이 갈린다.

메시지 큐는 메시지 자체를 그대로 전달하는 메커니즘이므로 송신된 데이터의 경계가 그대로 보존되어 수신 측에 전달된다. 데이터의 개수와 길이가 정확하게 전달되므로 사용자가 데이터를 교환하는 메커니즘을 작성할 때 단순해지는 장점이 있다.

그러면 마치기 전에 메시지 큐에 앞서 다뤘던 정규 표현식(REGEX) 기능을 접목하는 예제를 하나 더 보도록 하겠다. [코드 5.35] 예제는 송신 측이 읽어들이는 데이터 파일의 메시지 규격이 고정된 길이를 가진다고 가정하고 작성되었다.

그러나 실무에서 이런 경우는 흔치 않다. 오히려 가변적인 길이나 중간에 데이터가 깨져서 에러가 있는 행도 있을 수 있다. 하지만, 이 모든 경우를 가정하고 프로그래밍하다 보면 상당히 힘들어진다. 더군다나 가끔 데이터 포맷이 변하기까지 한다면 더 골치 아파진다. 그래서 변화에 빠르게 대처할 수 있는 우아한 방법으로서 REGEX를 사용하는 경우가 많다.

예제는 [코드 5.35]에서 start_msq_sender 함수의 메시지를 읽는 부분을 수정할 것이다. 수정된 예제는 결과는 같지만, 나중에 메시지 형태가 변한다든지 중간에 이상한 깨진 데이터가 있다면 쉽게 대처할 수 있다.

예제는 [코드 5.35]를 복사한 뒤에 수정해서 작성하면 빠르다. 책에서도 [코드 5.35]와 중복되는 부분은 모두 생략하고 새롭게 추가된 매크로 부분과 송신 측 함수인 start_msq_sender에 대한 부분만 적어두도록 하겠다.

[코드 5.36] 정규 표현식을 적용한 버전의 메시지 큐 프로그램　　　　　　(sysv_msg_regex.c)

```
01  #define MAX_EXPR_SUB_MATCH  5
02  #define DEFAULT_REGEX_STR   "^([0-9]+),([a-zA-Z ]+[0-9]{4})"
03  /* 정규 표현식 매칭테이블로부터 메모리 복사를 간단하게 하는 매크로 */
04  #define COPY_RMTAB(dest, src, matchtab) memcpy(dest, &src[matchtab.rm_so], \
05          matchtab.rm_eo - matchtab.rm_so); \
06          dest[matchtab.rm_eo - matchtab.rm_so] = 0x0
07  ... 생략 ...
08  int start_msq_sender(char *srcfile) {
09      int     ret, len_mtext;
10      FILE    *fp_srcfile;
11      char    rbuf[LEN_MQ_MTEXT];
12      struct mq_buf mq_buf;
13      char    *p_regex_str;   /* 정규 표현식 문자열 변수 */
14      regex_t re_expr;        /* 정규 표현식 패턴 버퍼 */
15      regmatch_t rm_matchtab[MAX_EXPR_SUB_MATCH];  /* 매칭 테이블 */
16      char    errbuf[0xff], mbuf[0xa];   /* 에러메시지 버퍼, 임시 버퍼 */
17      p_regex_str = strdup(DEFAULT_REGEX_STR);
18      if ((ret = regcomp(&re_expr, p_regex_str, REG_EXTENDED|REG_NEWLINE))) {
19          regerror(ret, &re_expr, errbuf, sizeof(errbuf));
20          printf("Error regcomp() : %s\n", errbuf);
21          return -1;
22      }
23      if ((fp_srcfile = fopen(srcfile, "r")) == NULL) {
24          perror("FAIL: fopen()");
25          return -1;
26      }
27      while (1) {
28          if (fgets(rbuf, sizeof(rbuf), fp_srcfile) == NULL) { /* error or EOF */
29              break;
30          }
31          if ((ret = regexec(&re_expr, rbuf, MAX_EXPR_SUB_MATCH, rm_matchtab, 0))) {
32              if (ret == REG_NOMATCH)
33                  continue;
34              else
35                  perror("Fail: regexec()");
36              break;
37          }
38          COPY_RMTAB(mbuf, rbuf, rm_matchtab[1]);   /* 첫 번째 서브 매칭 부분(메시지타입) 복사 */
39          mq_buf.mtype = (long) atol(mbuf);
40          COPY_RMTAB(mq_buf.mtext, rbuf, rm_matchtab[2]); /* 두 번째 서브 매칭 부분(메시지) 복사 */
41          len_mtext = rm_matchtab[2].rm_eo - rm_matchtab[2].rm_so;
42          printf("\t- Send (mtype:%ld,len:%d)-(mtext:%.*s)\n",
43              mq_buf.mtype, len_mtext, len_mtext, mq_buf.mtext);
44          if (msgsnd(msg_id, (struct msgbuf *)&mq_buf, len_mtext, IPC_NOWAIT) == -1) {
45              perror("FAIL: msgsnd()");
```

```
46              break;
47          }
48      }
49      fclose(fp_srcfile); /* close file */
50      return 0;
51  }
```

16 POSIX 메시지 큐

POSIX 메시지 큐는 가볍고 직관적인 인터페이스를 가지고 있어서 점점 사용 추세가 늘어가는 기법이다. 이와 비교되는 XSI 메시지 큐는 더 빨리 도입되었기 때문에 최근까지도 XSI 메시지 큐가 더 많이 사용되고는 있지만, 지금은 점점 POSIX 쪽으로 무게 추가 기울고 있다.

과거 2000년도 초반만 하더라도 POSIX 메시지 큐는 지원되지 않는 플랫폼도 많았고 성능적인 면에서도 불이익이 많았는지 지금은 대부분 시스템에서도 지원되고 있으며 성능적인 면에서도 불이익이 거의 없어졌다.

또한, 비동기적 처리 기법들인 리얼타임 시그널과 스레드와 궁합이 잘 맞기 때문에 병렬 처리가 강조되는 최근 추세에서는 POSIX 메시지 큐의 사용이 점점 늘어나고 있는 편이다. 그리고 POSIX 표준화가 이루어진 뒤부터는 새로운 기능의 추가도 POSIX 메시지 큐에 적용되기 때문에 미래를 생각한다면 POSIX 메시지 큐를 사용하는 편이 좋다고 생각된다.

앞서 SysV와 POSIX 메시지 큐의 비교에서 둘의 가장 큰 차이점으로 이벤트 통지 기능을 언급했었다. 이 기능은 POSIX 메시지 큐가 데이터를 수신했을 때 리얼타임 시그널을 발생시키거나 콜백 스레드를 생성하도록 하는 기능이다.

이는 mq_notify 함수에 의해서 제공되며 POSIX.1b 리얼타임 확장의 일부분이다. 따라서 10장의 리얼타임 확장의 리얼타임 시그널 확장(Realtime Signal Extension)편에서 더 자세하게 다루므로 mq_notify를 볼 때는 10장의 리얼타임 시그널 확장편과 같이 보았으면 한다.

표 5.27 POSIX 메시지 큐 함수들

mq_open	메시지 큐의 객체를 얻는다. (없는 경우에 생성하면서 반환 할 수 있다.)
mq_close	메시지 큐를 닫는다. (닫기만 할 뿐 시스템에는 남아 있다.)
mq_unlink	메시지 큐를 시스템에서 제거한다.
mq_send	메시지 큐에 데이터를 송신한다. (쓰기 작업)
mq_timedsend	mq_send에 타임아웃 기능이 추가된 함수이다. (쓰기 작업)
mq_receive	메시지 큐로부터 데이터를 수신한다. (읽기 작업)
mq_timedreceive	mq_receive에 타임아웃 기능이 추가된 함수이다. (읽기 작업)
mq_setattr	메시지 큐의 속성을 설정한다.
mq_getattr	메시지 큐의 속성을 읽어온다.
mq_notify	메시지 큐에 데이터가 도착했을 때 통지 기능을 이용한다. (시그널, 스레드 작업)

16.1 POSIX 메시지 큐의 생성 및 삭제

POSIX 메시지 큐는 mqd_t 타입의 식별자를 사용하며 실제로는 정수형이다. 따라서 mqd_t 타입의 식별자를 메시지 큐 기술자(message queue descriptor)라고 부른다. 이쯤 되면 눈치가 빠른 분들은 벌써 감을 잡았을 것이다.

앞서 다뤘던 POSIX 공유 메모리도 공유 메모리 기술자(shared memory descriptor)를 사용했으며 저수준 파일 처리의 기법과 동일한 메커니즘을 사용했다는 것을 기억할 것이다.

마찬가지로 POSIX 메시지 큐는 FIFO 파이프, 소켓(socket)과 같은 형식에서 기술자를 쓰는 것과 동일한 메커니즘을 쓴다. 따라서 유닉스 표준은 아니지만, 리눅스에서는 POSIX 메시지 큐의 데이터 송수신을 감시하기 위한 poller로서 select, poll, epoll 같은 것도 사용할 수 있다.[18]

7장의 I/O 멀티플렉싱을 설명하면서 이들 poller에 대해 다룰 터인데 그 때 POSIX 메시지 큐도 적용시켜보면 꽤 재밌는 실습이 될 것이다.

앞서 언급한 대로 POSIX 메시지 큐는 특정 파일기술자처럼 작동하기 때문에 생성 혹은 열기, 닫기, 삭제가 저수준 파일 처리와 비슷하다. 함수명도 mq_open, mq_close, mq_unlink인데 앞의 mq_ 접두어만 빼면 저수준 파일 처리와 완벽히 같다.

---

18) 리눅스의 POSIX 메시지 큐의 전반적 내용은 mq_overview 맨페이지를 참고한다.

```
mqd_t mq_open(const char *name, int oflag, ...);
int mq_close(mqd_t mqdes);
int mq_unlink(const char *name);
```

mq_open은 메시지 큐 파일을 생성하거나 열고 메시지 큐 기술자를 리턴하는 함수이다. 사용 방식은 앞서 다룬 open 함수나 shm_open과 다를 바가 없다.

실제로 open처럼 가변 인수로 되어 있어서 4개를 사용할 때도 있고 2개를 사용할 때도 있다. 공통적으로 사용되는 2개의 인수는 메시지 큐 파일명을 나타내는 name과 플래그인 oflag가 있다. name은 앞서 살펴본 POSIX 공유 메모리의 파일명 규칙과 같다. 보통 '/'문자로 시작하며 중간에 슬래시가 없는 널 종료 문자열로 지정한다. 두 번째 인수인 oflag에는 O_RDONLY, O_WRONLY, O_RDWR, O_CREAT, O_EXCL, O_NONBLOCK 등등이 지정 가능하다. 이들 플래그는 open 함수와 완전히 같은 의미로 사용되므로 여기서 설명은 생략하도록 하겠다.

mq_open이 4개의 인수를 사용할 때는 메시지 큐를 생성하는 경우이다. 이때 3번째 인수는 생성할 때 메시지 큐의 권한(mode)으로 당연히 open과 똑같이 mode_t 형의 인수가 사용되며 0644, 0660처럼 입력해준다. 4번째 인수는 생성할 때 지정할 메시지 큐 속성으로 struct mq_attr 구조체를 사용한다.

[코드 5.37] POSIX 메시지 큐 속성 구조체 (mq_attr)

```
struct mq_attr {
  long int mq_flags;    /* 메시지 큐 플래그 (O_NONBLOCK)  */
  long int mq_maxmsg;   /* 메시지 큐의 최대 메시지 개수 제한  */
  long int mq_msgsize;  /* 메시지 1개의 최대 용량 바이트 */
  long int mq_curmsgs;  /* 현재 큐에 저장된 메시지 개수  */
};
```

[코드 5.37]에 mq_attr 구조체 중에 mq_open에서 지정 가능한 멤버는 mq_maxmsg, mq_msgsize 뿐이다. 직관적으로 생각했을 때 mq_flags에 넌블럭킹 플래그(O_NONBLOCK)도 지정 가능하지 않을까 하고 생각하는 분들이 있다.

하지만, O_NONBLOCK은 mq_open의 2번째 인수인 oflag에 지정하므로 이 구조체에는 지정하지 않는다. 이미 생성된 메시지 큐의 속성을 변경하는 mq_setattr 함수에서는 O_NONBLOCK 플래그를 구조체에 지정하여 변경할 수 있으니 이 차이점을 기억하고 있어야 한다.

```
$ sysctl -a | grep mqueue
fs.mqueue.queues_max = 256
fs.mqueue.msg_max = 10
fs.mqueue.msgsize_max = 8192
```

[그림 5.22] POSIX 메시지 큐의 커널 설정

그러나 중요한 점이 하나 있는데 mq_attr 속성에서 mq_maxmsg와 mq_msgsize의 수치는 커널 설정의 제한치에 영향을 받으므로 이를 초과하지 않아야 한다는 점이다.

예를 들어 [그림 5.22]에서 보이는 fs.mqueue.msg_max는 mq_maxmsg의 제한값이고 fs.mqueue.msgsize_max는 mq_msgsize의 제한값이다. 만일 이 값보다 큰 값을 설정하여 mq_open을 호출하면 EINVAL 에러가 발생한다.

fs.mqueue.queues_max는 시스템 내에 만들 수 있는 메시지 큐의 개수를 의미한다. 뒤에서 나올 예제는 더 많은 메시지를 송신 가능하게 만들 예정이니 fs.mqueue.msg_max를 100개쯤으로 설정해두도록 하자. 만일 재부팅할 때도 적용되도록 하고자 한다면 /etc/sysctl.d 아래에 파일을 만들어 저장해두면 된다. (구형 리눅스에서는 /etc/sysctl.conf 파일을 직접 수정한다.)

이제 설명을 했으니 mq_open을 호출하는 예제를 보도록 할 것이다. 먼저 메시지 큐를 생성하는 방법으로 mq_attr 속성 구조체를 사용하는 경우와 사용하지 않고 기본값으로 사용하는 경우의 코드의 차이를 [그림 5.23]에 나타내 보았다.

```
mqd_t mq_fd;
struct mq_attr mq_attrib = { .mq_maxmsg = 40, .mq_msgsize = 10240 };
… 생략 …
if ((mq_fd = mq_open("/my_mq", O_RDWR|O_CREAT, 0660, &mq_attrib)) == (mqd_t)-1) {
    /* error */
}
                                            속성 구조체를 지정하는 경우

mqd_t mq_fd;
… 생략 …
if ((mq_fd = mq_open("/my_mq", O_RDWR|O_CREAT, 0660, NULL)) == (mqd_t)-1) {
    /* error */
}
                          속성을 사용하지 않는 경우 = 시스템 설정값 사용
```

[그림 5.23] 메시지 큐를 생성하기 위한 mq_open 호출 예

하지만, 생성이 아닌 경우에는 mq_open은 2개의 인수만 사용하므로 mq_open ("/my_mq", O_RDWR)처럼 간단하게 호출할 수도 있다. POSIX 메시지 큐 기술자를 닫기 위해서는 mq_close로 하지만 아직 시스템에는 남아 있다. 만일 시스템에서 제거하고자 한다면 mq_unlink로 하면 된다.

16.2 POSIX 메시지 큐의 송수신

```
int mq_send(mqd_t mqdes, const char *msg_ptr, size_t msg_len, unsigned msg_prio);
int mq_timedsend(mqd_t mqdes, const char *msg_ptr, size_t msg_len, unsigned msg_prio,
        const struct timespec *abs_timeout);
struct timespec {
    time_t tv_sec;       /* Seconds */
    long   tv_nsec;      /* Nanoseconds [0 .. 999999999] */
};
```

메시지 큐에 송신하는 함수로는 mq_send와 mq_timedsend가 있다. 둘의 차이는 mq_send는 그냥 전송하는 함수이고, mq_timedsend는 타임아웃을 지정할 수 있다는 점이다.

타임아웃을 나타내는 인수명에서 abs 접두어가 있는 것으로 봐서 눈치가 빠른 분들은 절대시간임을 알 것이다. 책을 순서대로 보았다면 앞서 POSIX 세마포어의 sem_timedwait에서도 동일한 구조를 보았을 것이다. 절대시간을 사용하는 타임아웃은 먼저 현재시간을 구한 뒤에 여기에 더하여 설정하는 방식을 사용한다. 이런 타임아웃 코드는 sem_timedwait에서도 다뤘으니 여기서는 생략하도록 하겠다.

다시 mq_send로 돌아가서 인수 리스트를 살펴보자. mqdes는 메시지 큐 기술자, msg_ptr은 보낼 메시지, msg_len은 메시지의 길이로서 msg_ptr의 실제 문자열 길이이다.

마지막 인수인 msg_prio는 우선순위(priority)로 0 ~ MQ_PRIO_MAX-1 사이의 값을 쓴다. 큰 값일수록 큐의 앞쪽에 배치되어 빨리 읽혀 진다. MQ_PRIO_MAX는 시스템마다 다르므로 헤더 파일을 참조하도록 한다. 주의할 점은 메시지 큐가 꽉 차있을 때는 우선순위 기능을 쓸 수 없다.

메시지 큐가 넌블럭킹 모드로 열려 있을 때는 타임아웃이 의미가 없어지므로 mq_timedsend는 일반 송신 함수인 mq_send와 동일하게 작동한다. 넌블럭킹 모드에서 메시지 큐가 꽉 찼을 때는 EAGAIN 에러가 발생한다.

```
ssize_t mq_receive(mqd_t mqdes, char *msg_ptr, size_t msg_len, unsigned *msg_prio);
ssize_t mq_timedreceive(mqd_t mqdes, char *restrict msg_ptr, size_t msg_len,
        unsigned *restrict msg_prio, const struct timespec *restrict abs_timeout);
```

메시지 큐로부터 수신하기 위한 함수도 일반 함수와 타임아웃을 제공하는 함수로 나뉘어 있다. 형태는 앞서 설명한 송신 함수와 거의 비슷하다. 하지만, 주의할 점이 2가지 있다. 첫째는 수신 버퍼의 최소 크기가 있다는 점이다.

앞서 mq_open에 메시지 큐 속성 구조체인 mq_attr을 다뤘다. 여기에 보면 POSIX 메시지 큐에 저장할 수 있는 메시지 최대 용량(mq_msgsize)이 있는데 메시지 1개만으로도 이 용량까지 사용할 수 있으므로 mq_receive는 최소 이보다 큰 버퍼를 지정해야만 한다.

만일 버퍼 크기가 작으면 mq_receive는 EMSGSIZE 에러를 리턴한다. 두 번째 주의점은 수신이 성공하면 데이터를 저장하는 msg_ptr와 송신할 때 지정한 우선순위가 msg_prio에 저장되어 온다는 점이다. 만일 우선순위가 필요 없다면 여기에 그냥 NULL을 넣으면 된다.

이외에는 송신 함수와 동일한 형태와 직관적으로도 알 수 있는 간단한 것들이므로 나머지 설명은 생략하도록 하겠다.

16.3 POSIX 메시지 큐 예제

앞서 XSI 메시지 큐처럼 이번 예제도 송신 측과 수신 측을 하나의 프로그램에 작성해 넣었다. 더군다나 XSI 메시지 큐 예제와 구조도 동일하기 때문에 구조적인 부분의 설명은 생략하도록 하겠다. 따라서 여러분은 XSI 메시지 큐와 쓰이는 함수만 다른 것에 중점적으로 초점을 맞추면 된다.

[코드 5.38] POSIX 메시지 큐 예제   (posix_msq.c)

```
01   #define NAME_POSIX_MQ   "/my_mq"
02   #define LEN_RBUF        512
03   mqd_t mq_fd;
04   int start_msq_sender(char *srcfile);
05   int start_msq_receiver();
06   int main(int argc, char *argv[])
07   {
08      char    buf_err[128];
09       struct mq_attr  mq_attrib = {.mq_maxmsg = 40, .mq_msgsize = 1024 };
10      if (argc < 2) {
11          printf("Usage : %s <sender filename | receiver | unlink>\n", argv[0]);  exit(EXIT_FAILURE);
12      }
13      printf("* POSIX Message queue test program\n");
14      if (argv[1][0] == 'u') {    /* unlink MQ */
15          printf("\tRemove MQ : %s\n", NAME_POSIX_MQ);
16          mq_unlink(NAME_POSIX_MQ);
17          exit(EXIT_SUCCESS);
18      }
19      if ((mq_fd = mq_open(NAME_POSIX_MQ, O_RDWR|O_CREAT|O_EXCL, 0660, &mq_attrib)) > 0) {
20          printf("* Create MQ\n");
```

```
21      } else {
22         if (errno != EEXIST) {
23             strerror_r(errno, buf_err, sizeof(buf_err));
24             printf("FAIL: mq_open(): %s\n", buf_err);
25             exit(EXIT_FAILURE);
26         }
27         if ((mq_fd = mq_open(NAME_POSIX_MQ, O_RDWR)) == (mqd_t)-1) { /* 이미 존재하는 경우 */
28             strerror_r(errno, buf_err, sizeof(buf_err));
29             printf("FAIL: mq_open(): %s\n", buf_err);
30             exit(EXIT_FAILURE);
31         }
32      }
33      switch(argv[1][0]) {
34         case 's':
35             printf("+ Sender start transaction with the file(%s).\n", argv[2]);
36             (void) start_msq_sender(argv[2]);
37             printf("+ Finished. Press any key will exit.\n");
38             getchar();
39             break;
40         case 'r':
41             printf("+ Receiver waiting for message.\n");
42             (void) start_msq_receiver();
43             break;
44         default:
45             fprintf(stderr, "* Unknown option, use sender or receiver\n");
46             return 1;
47      }
48      mq_close(mq_fd);
49      return 0;
50  }
51  int start_msq_sender(char *srcfile) {
52      FILE   *fp_srcfile;   char   rbuf[LEN_RBUF];   int   len_rbuf;
53      if ((fp_srcfile = fopen(srcfile, "r")) == NULL) { /* 송신할 데이터 파일 */
54         perror("FAIL: fopen()"); return -1;
55      }
56      while (!feof(fp_srcfile)) {
57         if (fgets(rbuf, sizeof(rbuf), fp_srcfile) == NULL) { /* error or EOF */
58             break;
59         }
60         len_rbuf = strnlen(rbuf, sizeof(rbuf)) - 1; /* last one byte is CR. */
61         printf("\t- Send (text:%.*s)\n", len_rbuf, rbuf);
62         if (mq_send(mq_fd, rbuf, len_rbuf, 0) == -1) {
63             perror("FAIL: mq_send()");
64             break;
65         }
66      }
67      fclose(fp_srcfile);
```

```
68      return 0;
69  }
70  int start_msq_receiver() {
71      int    n_recv;   struct mq_attr mq_attrib;   char    *p_buf;
72      mq_getattr(mq_fd, &mq_attrib);
73      if ( (p_buf = malloc(mq_attrib.mq_msgsize)) == NULL) { /* 수신 버퍼는 mq_msgsize 보다 커야함 */
74          return -1;
75      }
76      while (1) {
77          if ((n_recv = mq_receive(mq_fd, p_buf, mq_attrib.mq_msgsize, NULL)) == -1) {
78              perror("FAIL: mq_receive()");
79              return -1;
80          }
81          printf("+ Recv(%.*s)\n", n_recv, p_buf);
82      }
83      return 0;
84  }
```

송신할 데이터 파일은 XSI 메시지 큐에서 사용했던 sysv_msg.txt 파일을 그대로 사용하여 실행해보겠다. 예제를 보면서 주의할 점은 73행에서 mq_receive에서 사용할 수신 버퍼의 크기를 최소 mq_msgsize로 할당하는 점이다. 그러면 송신 측과 수신 측이 실행된 [그림 5.24]를 보자.

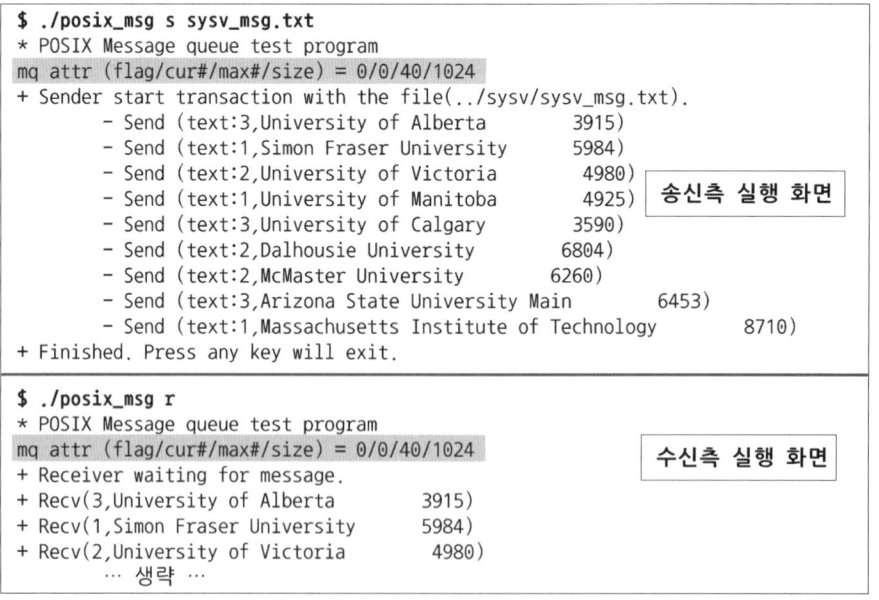

[그림 5.24] POSIX 메시지 큐의 예제 실행 - 송신 측(위) 수신 측(아래)

만일 예제를 실행했는데 mq_open 부분에서 Invalid argument 에러가 발생했다면 커널 설정이 잘못된 경우인지 확인해야 한다. 왜냐하면, 예제에서는 메시지 최대 개수를 40으로 설정했는데 기본값은 10이라서 필자가 [그림 5.22]에서 설명하면서 fs.mqueue.msg_max 시스템 제한값을 100정도로 늘려두라고 했는데 이를 깜빡했다면 확인하고 수정해보기 바란다.

16.4 POSIX 메시지 큐의 이벤트 통지

```
int mq_notify(mqd_t mqdes, const struct sigevent *notification);
```

mq_notify는 메시지 큐가 비어 있는 상태에서 데이터가 도착했을 때 sigevent 구조체에 지정한 이벤트를 자동으로 실행하는 기능이다.

sigevent 구조체는 10장의 리얼타임 시그널 확장에서 자세히 다루며 여기서는 이미 10장의 내용을 알고 있다고 가정하고 설명할 것이다. 만일 10장의 내용을 아직 읽어보지 못했다면 여기는 그냥 가볍게 훑고 넘기는 것이 좋다.

mq_notify의 이벤트의 주의점은 일회성 이벤트 핸들러라는 점이다. 따라서 설치하고 난 뒤에 메시지 큐에 데이터가 도착하여 이벤트가 발생했다면 핸들러는 제거된다. 그러므로 프로그래머는 이벤트를 통지받기 원한다면 다시 mq_notify를 호출하여야 한다.

또한, 이벤트 핸들러는 중복해서 설치할 수는 없다. 만일 이미 설치되어 있는데 다른 이벤트 핸들러를 설치하려고 하면 EBUSY 에러가 발생한다. 따라서 다른 이벤트 핸들러를 설치하려면 꼭 기존의 이벤트 핸들러를 제거해야 한다. 제거는 sigevent 구조체 부분에 NULL을 넣고 mq_notify를 호출하면 된다.

그러면 앞에서 작성한 예제인 [코드 5.38]에 mq_notify를 적용해보도록 하자. 메시지 큐가 비어 있다가 메시지가 채워지는 순간에 SIGRTMIN+2 시그널이 생성되고 전송할 데이터는 루프 횟수를 넣도록 하겠다.

예제는 지면을 아끼기 위해 [코드 5.38]과 중복되는 부분은 생략하고 다른 부분만 넣도록 하겠다. 전체 코드는 따로 받은 소스 코드 파일에서 확인하고, [코드 5.39]에는 수신 측 함수인 start_msq_receiver에는 mq_notify에 관한 코드와 SIGRTMIN+2에 대한 시그널 핸들러 함수인 chk_rt 함수만 싣도록 하겠다.

[코드 5.39] mq_notify의 리얼타임 시그널 설치 예제   (posix_msg_sigev.c)

```c
01    ... 생략 ...
02    void chk_rt(int sig, siginfo_t *si, void *data) {
03        printf("[SIGRT] si_code(%d) si_band(%lx) si_value(%d)\n",
04                si->si_code, si->si_band, si->si_value.sival_int); /* 저장된 데이터 si_value 출력 */
05    }
06    int start_msq_receiver() {
07        int    n_recv, i = 0;    char    *p_buf;
08        struct sigevent sigev_noti;
09        struct sigaction sa_rt;
10        struct mq_attr  mq_at;
11        sa_rt.sa_sigaction = chk_rt;
12        sigemptyset(&sa_rt.sa_mask);
13        sa_rt.sa_flags = SA_SIGINFO|SA_RESTART;
14        sigaction(SIGRTMIN + 2, &sa_rt, NULL);   /* 시그널 핸들러 함수 설치 */
15        memset(&sigev_noti, 0, sizeof(struct sigevent));
16        sigev_noti.sigev_notify = SIGEV_SIGNAL;  /* 이벤트 통지는 시그널로 한다. */
17        sigev_noti.sigev_signo = SIGRTMIN + 2;   /* 통지 시그널 번호는 SIGRTMIN + 2로 한다. */
18        mq_getattr(mq_fd, &mq_at);
19        if ((p_buf = malloc(mq_at.mq_msgsize)) == NULL) {  /* 수신 버퍼는 mq_msgsize 보다 커야함 */
20            return -1;
21        }
22        while (1) {
23            i++;
24            mq_getattr(mq_fd, &mq_at);
25            printf("+---- MQ status size/cur#/max# = (%ld/%ld/%ld)\n",
26                    mq_at.mq_msgsize, mq_at.mq_curmsgs, mq_at.mq_maxmsg);
27            sigev_noti.sigev_value.sival_int = i; /* si_value에 저장할 데이터 (특별한 의미는 없다) */
28            if (mq_notify(mq_fd, &sigev_noti) == -1) {
29                if (errno == EBUSY) {
30                    perror("FAIL: mq_notify(): EBUSY");
31                } else {
32                    perror("FAIL: mq_notify()");
33                    return -1;
34                }
35            }
36            if ((n_recv = mq_receive(mq_fd, p_buf, mq_at.mq_msgsize, 0)) == -1) {
37                perror("FAIL: mq_receive()");           return -1;
38            }
39            printf("+[%02d] Recv(%.*s)\n", i, n_recv, p_buf);
40        }
41        return 0;
42    }
```

[코드 5.39]에서 02행의 chk_rt는 시그널 핸들러 함수이다. 하지만, 리얼타임 시그널을 사용하기 때문에 추가적인 정보를 받는 siginfo_t를 사용한다. 이 확장된 시그널 핸들러는 si_value라는 공용체를 이용해서 시그널을 발생시킨 이벤트에 대한 데이터를 읽어올 수 있다.

여기서는 si_value를 통해 특별히 전송할 데이터가 없으나 사용법을 보이기 위해 27행에서 메시지 큐를 읽는 루프의 횟수를 기록한 번호를 넣어 두었다.

28행에서는 mq_notify를 호출하여 sigevent 구조체의 이벤트를 등록하는데 앞서 언급했듯이 이벤트가 등록된 상태에서 다시 등록하면 EBUSY 에러가 발생한다. 이를 확인하기 위해 수신 측으로 예제 [코드 5.39] 프로그램을 먼저 작동시킨 뒤에 송신을 시도해보면 수신 측에서는 메시지 큐가 비었다가 채워졌으므로 통지 시그널이 발생한다.

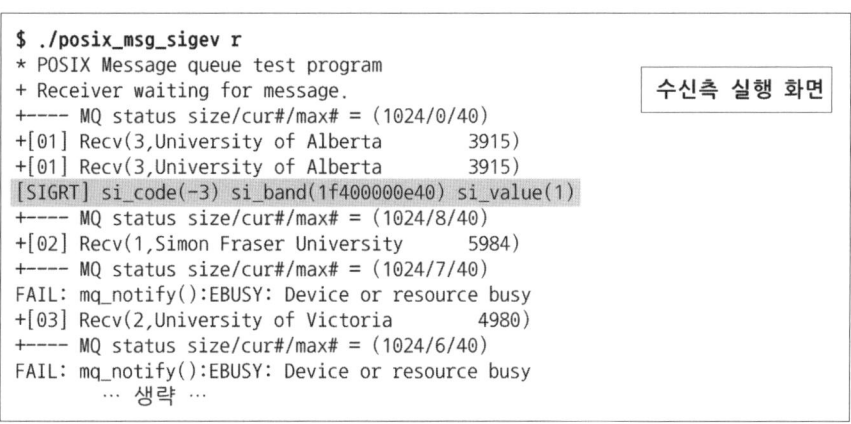

```
$ ./posix_msg_sigev r
* POSIX Message queue test program
+ Receiver waiting for message.                     수신측 실행 화면
+---- MQ status size/cur#/max# = (1024/0/40)
+[01] Recv(3,University of Alberta          3915)
+[01] Recv(3,University of Alberta          3915)
[SIGRT] si_code(-3) si_band(1f400000e40) si_value(1)
+---- MQ status size/cur#/max# = (1024/8/40)
+[02] Recv(1,Simon Fraser University        5984)
+---- MQ status size/cur#/max# = (1024/7/40)
FAIL: mq_notify():EBUSY: Device or resource busy
+[03] Recv(2,University of Victoria          4980)
+---- MQ status size/cur#/max# = (1024/6/40)
FAIL: mq_notify():EBUSY: Device or resource busy
           … 생략 …
```

[그림 5.25] mq_notify 예제의 수신 측 실행 화면

[그림 5.25]에서 보면 중간에 음영된 부분이 바로 시그널 통지에 의해 chk_rt 핸들러 함수가 실행된 모습이다. si_value에도 i의 값이 확실하게 들어 있는 것을 볼 수 있다. 하지만, 중간에 계속에서 mq_notify가 EBUSY 에러로 발생하는 것이 나와 있다.

따라서 사용자는 mq_notify를 사용할 때 EBUSY가 발생하지 않도록 구조적인 설계를 하는 것이 필요하다.

하지만, 가장 큰 걸림돌은 이벤트 통지가 설치되어 있는지를 알기 어렵다는 점이다. 현재 유닉스 표준안에는 POSIX 메시지 큐의 상태를 알 수 있는 방법이 없다.

물론 앞으로 언제가 될지는 모르겠지만 이에 대한 기능이 추가될 가능성은 있다. 그때까지 기다리면 된다고 하고 싶지만 사실 리눅스라면 이에 대한 것을 확인할 수 있는 방법이 이미 존재하고 있다.

리눅스에서는 /dev/mqueue라는 특별한 디스크를 마운트 해두는데 이곳에 시스템의 POSIX 메시지 큐에 대한 정보를 담고 있는 메모리 파일을 만들어 둔다. 이 파일에는 메시지 큐의 현재 사용된 메시지 용량, 통지 방법(시그널 또는 스레드), 통지 시그널 번호, 통지할 프로세스의 PID가 기록되어 있다.

```
$ cat /dev/mqueue/my_mq
QSIZE:338        NOTIFY:0      SIGNO:36      NOTIFY_PID:7267
```

[그림 5.26] /dev/mqueue의 메시지 큐 상태

[그림 5.26]은 예제가 사용했던 /my_mq 메시지 큐의 상태를 확인해 본 것이다. 여기서 QSIZE가 현재 사용된 메시지 용량이며 NOTIFY_PID는 통지가 설치되어 있다면 통지를 받을 프로세스의 PID이다.

NOTIFY_PID가 0이 아니면 NOTIFY와 SIGNO를 통해 다른 정보를 더 알아낼 수 있다. 예를 들어 NOTIFY가 0이면 시그널 통지, 1이면 통지하지 않음, 2이면 콜백 스레드 생성을 사용한다는 뜻이다. 그리고 NOTIFY가 0이면 시그널 통지이므로 SIGNO에 시그널 번호가 의미를 가지게 된다.

16.5 POSIX 메시지 큐의 속성

```
int  mq_setattr(mqd_t mqdes, const struct mq_attr *restrict mqstat,
           struct mq_attr *restrict omqstat);
int  mq_getattr(mqd_t mqdes, struct mq_attr *mqstat);
```

이미 앞서 중요한 함수와 기능은 모두 설명했는데 이미 생성된 메시지 큐의 속성을 변경하거나 읽어들이는 함수에 대해서는 설명을 하지 않고 넘어왔다. 특히 mq_getattr은 이미 예제에서 사용까지 해왔다. 하지만, mq_getattr은 너무 직관적이고 쉬운 내용이니 여기서는 그래도 약간의 설명이 필요한 mq_setattr만 설명하도록 하겠다.

mq_setattr의 mqstat는 새로 설정할 속성이고 omqstat는 백업 받을 이전 설정이다. 이전 설정을 백업 받을 필요가 없다면 omqstat를 NULL로 지정하도록 한다. mq_setattr에서 설정 가능한 항목은 [코드 5.37]에서 보이는 구조체 멤버 중에 mq_flags, mq_maxmsg, mq_msgsize 등이다.

특히 mq_flags는 현재 표준안에서는 O_NONBLOCK만 지원되고 있지만, 리눅스 임플리먼테이션에서 확장으로 지원하는 다른 플래그가 있다면 OR 연산으로 결합할 수 있다.

CHAPTER **I/O 인터페이스**

---

01   I/O 인터페이스

I/O 인터페이스는 외부와 자료를 교환하기 위한 기능을 의미하는데 앞에서 소개한 IPC도 포함된다. 그러나 IPC는 좀 특별한 기능과 상징성을 갖기 때문에 앞에서 따로 정리했다.

여기서는 범용적으로 사용되는 파이프(pipe)와 소켓(socket)에 대해 중점적으로 다룰 것이다. 먼저 많이 사용되는 I/O 인터페이스들을 정리해보자.

- 파일(Regular file)
- FIFO, 파이프(pipe)
- 소켓(socket) : raw socket, unix domain socket, network socket 등
- mmap, 공유 메모리, 세마포어, 메시지 큐
- 캐릭터 장치(Character device)
- eventfd, signalfd, timerfd : 비표준(리눅스 전용)

일반적으로 프로세스의 덩치가 커지면(하는 일이 많아지면) 프로세스의 일부 로직을 쪼개서 이를 담당하는 전용 프로세스로 작성한다. 이때 기존의 프로세스가 쪼개진 새로운 프로세스에게 데이터(일감)를 건네주기 위해 I/O 인터페이스가 추가된다.

기존의 같은 프로세스 내에 있을 때는 메모리 공간을 공유했기에 특별히 I/O 처리가 필요치 않았지만 서로 다른 프로세스가 되면 데이터를 교환하기 위한 외부 장치가 필연적으로 필요하기 때문이다.

최근에는 1개의 프로세스 내에서 비동기적 요소(스레드나 리얼타임 시그널)를 도입하여

IPC를 쓰지 않고도 작업할 수 있다. 하지만, 비동기적 요소를 도입하면 프로세스가 복잡해진다. 또한, 물리적으로 원격에 있는 호스트와 통신하려면 여전히 소켓 네트워크 통신밖에 없다.

특히 소켓 통신을 사용하는 경우에는 통신을 위한 절차와 규칙이 꽤 까다롭다. 소켓 프로그래밍을 제대로 하려면 운영체제의 네트워크 설정에서부터 네트워크 이론까지 필요로 한다.

소켓을 이용한 TCP/IP 네트워킹은 서로 다른 운영체제끼리 통신하는 경우도 많아서 운영체제에 영향을 받지 않는 중립적인 통신 이론과 프로토콜에 대한 이해가 필수적이다.

프로토콜에 대한 이해가 부족한 경우에는 서로 다른 운영체제에서 개발되는 네트워킹 프로그램, 인터페이스를 작성하는 협동 프로젝트에서 큰 곤란을 겪을 수 있다.

특히 쉬운 네트워크 프로그래밍을 표방하는 서적이나 간단한 예제 한두 개만 해보고 네트워크 프로그래밍을 하는 경우에는 큰 사고를 치거나 문제를 일으키는 경우가 많아서 개발자들 간에도 기피대상이다.

따라서 이번 장에서는 네트워크 프로그래밍의 이론적인 부분도 조금 다룰 것이다. 그러나 암기보다는 이해가 중요하므로 다른 네트워크 교과서나 바이블 책과 함께 보기를 권한다.

권장도서로는 대학교 교재로 많이 사용되는 Richard Stevens의 네트워크 책을 추천한다. R. Stevens의 네트워크 관련 저서를 읽지 않으면 기본기가 부족할 수 있기 때문에 실무 환경에서 제대로 된 프로그래머로 인정받지 못한다. 가능하다면 원서로 읽는 편을 추천하지만 그게 힘들다면 번역서를 먼저 보고, 그다음에 원서를 보기 바란다. 원서를 추천하는 이유는 국제적으로 사용되는 표준 용어를 제대로 알아야 나중에 stackoverflow 같은 곳을 검색할 수 있기 때문이다.

- TCP/IP Illustrated
- UNIX Network Programming (줄여서 UNP라고도 부른다.)

그리고 리눅스 전용 기능으로 eventfd, signalfd, timerfd의 경우는 비표준 기능이라 2판에서 다루지 않았다. 하지만, 해당 기능에 대해 질의하는 경우가 많았기에 이번 3판부터는 비표준 기능을 일부 다루기로 했다. 그러나 이들 기능은 시그널 및 POSIX1.b의 확장 기능에 대한 이해가 필요하기 때문에 배경 이론을 다룬 9장, 10장의 이후에 다루도록 할 예정이다.

02 파이프(pipe)와 FIFO

파이프란 현실 세계에서 사용되는 파이프와 비슷하다. 파이프의 한쪽에서 물을 흘려보내면 다른 한쪽에서 물이 흘러나오는 것과 같이 한쪽에서 데이터를 흘려보내면 다른 한쪽에서 데이터를 받을 수 있는 것과 같다. 따라서 기본적으로 half duplex 통신이다. 만일 양방향으로 통신이 필요하다면 2개의 파이프를 만들어야 한다.

파이프에는 2가지 방식이 있다. 익명 파이프(anonymous pipe)와 명명된 파이프(named pipe)이다.

- 익명 파이프(anonymous pipe)
- 명명된 파이프(named pipe)

익명 파이프란 unnamed pipe 혹은 nameless pipe라고도 불리며 임시로 생성되었다가 사라진다. 따라서, 임시로 생성한 프로세스만 접근 가능하며 외부의 다른 프로세스는 접근할 수 없다. 이에 비해 명명된 파이프는 외부에서 접근 가능한 인터페이스를 갖춘 경우를 의미한다.

명명된 파이프는 유닉스에서 구현되면서 FIFO라고 이름을 붙였다. 이는 FIFO(First In First Out)으로 작동하기 때문인데 이론적인 작동방식인 FIFO와 이름이 겹치므로 문맥에 따라서 유닉스에서 구현된 named pipe로서 FIFO를 말하는 것인지 아니면 FIFO 작동방식을 의미하는 것인지 판단할 수 있어야만 한다.

또한, 이름을 명시하지 않고 그냥 파이프(pipe)라고만 부르는 경우는 일반적으로 익명 파이프를 이야기하는 경우가 많다. 그러나 문맥에 따라서 소켓 연결도 파이프라고 부르는 경우가 있기 때문에 문맥에 따라서 판단해야 한다.

익명 파이프는 셸 프롬프트에서도 쉽게 접할 수 있다. 셸(shell)에서 명령을 내릴 때 '|' 문자를 사용하는 것이 바로 익명 파이프이기 때문이다. 셸에서 익명 파이프는 두 개의 프로세스 사이에서 출력과 입력을 연결해주는 통로로 작동한다.

예를 들어 'ps -ef | grep ... '의 명령을 쓴다면 익명 파이프가 만들어지면서 ps -ef의 표준 출력과 grep의 입력 부분을 연결해준다. 따라서 자연스럽게 ps -ef의 출력은 자동으로 grep으로 흘러들어 가게 된다.

이 연결 과정을 자세히 살펴보면 시스템은 먼저 공유 데이터 페이지를 하나 생성한다. 그리고 ps와 grep은 각각 이 공유 페이지에 연결된 가상 파일의 inode와 연결하게 된다. 그리고 한쪽에서 쓴 데이터는 다른 한쪽에서 읽히게 된다. 물론 이 과정에는 데이터가 순서대로 전달될 수 있도록 동기화 메커니즘이 포함되어 있다.

이외에 익명 파이프는 프로세스가 자식 프로세스를 fork할 때 서로 통신하는 간단한 방법으로도 사용된다. 일반적으로 간단한 신호를 주고받거나 초기 입력 데이터를 전달하는 용도로 사용되고, 복잡한 통신 프로토콜에는 사용하지 않는다. 통신 프로토콜이 송신 후 응답을 수신받아야 하는 구조라면 다른 통신 방법을 사용하는 편이 더 낫다.

명명된 파이프(named pipe)는 외부에서 접근 가능한 이름, 즉 경로명(path)이 있는 경우를 의미한다. 명명된(named) 형태의 이름을 가지는 자원들은 경로명, 즉 파일명과 디렉터리명으로 구성된 위치를 가진다.

유닉스에서는 명명된 파이프를 구현하면서 FIFO라고 불렀는데 선입선출(First-In-First-Out)로 작동하기 때문이었다. 하지만, 뒤이어 등장한 다른 I/O 인터페이스들도 대부분 FIFO 규칙을 따르므로 꼭 명명된 파이프만 FIFO의 기능을 가지는 것은 아니다. 다만, 처음에 그렇게 이름 붙여졌기 때문이므로 이름 자체에 큰 의미를 둘 필요는 없다. (이름을 잘못 붙인 케이스 중의 하나이다.)

유닉스 진영의 FIFO 파이프는 쓰기를 원하는 프로세스와 읽기를 원하는 프로세스가 양쪽에서 오픈하는 시점에 공유 페이지가 생성되면서 통신이 된다. 양쪽의 어느 하나라도 열기가 완료되지 못하면 블록킹에 걸리게 된다. 이는 예제를 다룰 때 자세히 볼 것이다.

이로써 파이프에 대한 분류와 기본적인 작동에 대해 이야기를 했다. 성능면에서 파이프 자체는 가볍지만 앞서 언급한 대로 정교한 프로토콜 작성에는 적합하지 못하므로 이벤트 통지용이나 리다이렉션(redirection)으로 사용되는 경우가 많고, 일반적인 데이터 통신에는 IPC나 소켓이 더 많이 선호된다. 그러나 파이프가 선호되는 경우도 가끔 있으므로 꼭 배워두어야만 한다.

2.1 익명 파이프

```
int   pipe(int filedes[2]);
FILE  *popen(const char *command, const char *type);
int   pclose(FILE *stream)
```

익명 파이프를 생성하는 방법은 pipe와 popen 함수가 있다. pipe 함수는 성공하면 2개의 파일기술자를 생성하여 배열로 리턴한다. 두 파일기술자 중에 filedes[0]는 읽기용이고 filedes[1]는 쓰기용으로 만들어진다. 즉 단방향 통신으로 입력은 쓰기용인

filedes[1]이고, 출력은 읽기용으로 열린 filedes[0]이 된다.

이런 구조적 특징 때문에 pipe는 fork를 통해 부모, 자식 프로세스 사이에 데이터를 교환할 필요가 있을 때 사용한다. 사용이 끝나면 일반 파일기술자를 닫는 것처럼 close해주면 된다.

popen은 단방향 파이프를 생성하여 사용자가 지정한 명령을 실행한다. 파이프는 목적에 따라서 읽기용이나 혹은 쓰기용으로 생성할 수 있다. 읽기용으로 생성되는 경우는 command 명령의 표준 출력(stdout)에 파이프를 연결하여 출력 결과를 읽어올 수 있으며, 쓰기용으로 생성되는 경우는 command 명령의 표준 입력(stdin)에 파이프를 연결하여 데이터를 입력시킬 수 있다.

하지만, popen은 command에 해당하는 명령을 실행하면서 fork를 하는데 환경 변수나 여러 가지 외부 요인에 의해서 크래킹될 수 있으므로 보안에 취약한 단점이 있다.

popen의 type은 fopen의 mode 인수와 비슷하다. type에 "r"을 지정하면 읽기용으로 생성되고 "w"를 지정하면 쓰기용으로 생성된다. 그리고 popen으로 생성한 파이프는 사용이 끝나면 pclose로 닫아야 한다. popen으로 열린 파이프가 FILE *타입이라서 실수로 fclose로 닫는 경우가 있는데 이를 조심해야 한다.

pclose는 fclose와 달리 wait4(2)를 이용해서 파이프를 위해 생성한 서브셸의 안전한 종료를 보장하는 기능이 있으므로 좀비 프로세스를 생성하고 싶지 않다면 pclose를 사용해야 한다.

[코드 6.1] 읽기용으로 생성하는 파이프 : 소스 코드와 실행 예　　　　　　　　　　　(popen_ex1.c)

```
FILE *fp_popen;
... (codes) ...;
if ((fp_popen = popen("ls -l", "r")) == NULL) {
    /* 에러 */
}
while (!feof(fp_popen)) {
    if ((n_read = fread(a_buf, sizeof(char), sizeof(a_buf), fp_popen)) == -1) { /*
error */ }
    if (n_read == 0)  break; /* EOF */
    printf("[%1$d byte] %2$.*1$s\n", (int)n_read, a_buf);
}
pclose(fp_popen);
```
```
$ ./popen_ex1
[820 byte] total 132
-rw-r--r-- 1 sunyzero sunyzero 1424 Aug  9 12:56 Makefile
-rw-rw-r-- 1 sunyzero sunyzero 1114 Jul 25 02:29 fifo_read.c
-rw-rw-r-- 1 sunyzero sunyzero  892 Jul 25 01:29 fifo_write.c
lrwxrwxrwx 1 sunyzero sunyzero   15 Aug  9 12:32 ipc -> ../3.memory/ipc
```

[코드 6.2] 쓰기용으로 생성하는 파이프 : 소스 코드와 실행 예   (popen_ex2.c)

```
FILE *fp_popen;
... (codes) ...;
if ((fp_popen = popen("sort", "w")) == NULL) {
    /* 에러 */
}
for(i=0; i<5; i++) {
    if ((rc_getline = getline(&p_buf, &len_buf, stdin)) == -1) {    /* error */
        return EXIT_FAILURE;
    }
     if ((rc_write = fwrite(p_buf, sizeof(char), rc_getline, fp_popen)) == -1) {/*
error */}
    if (rc_write == 0) break; /* broken pipe */
    free(p_buf);
    p_buf = NULL;
}
printf("* Sorting data ->\n");
pclose(fp_popen);
```

```
$ ./popen_ex2
* waiting for your input :
lilo
grub
redhat
GNU/linux
gcc
* Sorting data ->
GNU/linux
gcc
grub
lilo
redhat
```

[코드 6.1]에서 fp_popen은 읽기용으로 생성된 파이프는 "ls -l" 명령의 표준 출력과 연결되어 있으므로 그 결과를 읽어오는 용도로 사용된다. 이와는 반대로 [코드 6.2]는 쓰기용으로 생성된 파이프로서 sort 명령의 표준 입력에 데이터를 넣는 용도로 사용된다.

예제에서는 파이프에 lilo, grub, redhat, GNU/linux, gcc를 넣었고 sort가 이를 받아서 실행하는 과정을 보여주고 있다.

2.2 명명된 파이프 : FIFO

```
int mkfifo(const char *pathname, mode_t mode);
int mkfifoat(int fd, const char *path, mode_t mode);
```

mkfifo는 pathname의 파일 경로에 mode의 접근 권한을 가지는 FIFO를 생성하는 함수이다. mkfifo로 FIFO 파일이 만들어진 뒤에 open을 이용해서 파일을 열면 된다.

이때 FIFO로부터 읽어 들이는 작업을 하는 수신 측은 O_RDONLY로 open을 호출하고, FIFO에 데이터를 쓰는 작업을 하는 송신 측은 O_WRONLY로 open을 호출해야 한다. 일반적으로 FIFO는 수신 측이 먼저 open을 하는데 반대편 송신 측이 open할 때까지 블록된다. 마침내 송신 측에서 FIFO에 open을 호출하여 열게 되면 그다음 코드로 진행된다. 즉 FIFO는 송신, 수신 양측에서 모두 열린 뒤에 정상적으로 쓰거나 읽을 수 있게 된다.

FIFO가 열린 다음에는 일반 파일기술자와 똑같이 read나 write를 이용해서 읽고 쓰면 된다. 만일 수신 측에서 FIFO를 닫았다면 송신 측의 write는 SIGPIPE 시그널을 통보받게 된다. 반대로 송신 측에서 FIFO를 닫았다면 수신 측은 EOF가 수신되어 read는 0을 반환하게 된다. 하지만, 송신 측 프로세스가 여러 개라면 모두가 닫혀야만 수신 측에 EOF가 전달된다.

mkfifoat은 mkfifo와 같지만 파일기술자 fd가 가리키는 위치에서 상대경로로 파일을 열어준다. 이때 fd는 일반 파일이 아니고 디렉터리이다. 이 함수는 SUSv4−2008에서 새롭게 추가된 함수로서 절대경로를 이용할 수 없거나 매번 바뀌는 임시 디렉터리에 FIFO를 생성할 때 유용하다. 그러면 이제 FIFO 예제를 보도록 하자.

[코드 6.3] FIFO 수신 측 예제   (fifo_read.c)

```
01  #define PATH_FIFO  "/tmp/my_fifo"
02  int main()
03  {
04      int    fd, n_read = 0;
05      char   a_buf[0xff];
06      if (mkfifo(PATH_FIFO, 0644) == -1) {   /* FIFO 파일을 생성 */
07          if (errno != EEXIST) { /* 에러 */
08              exit(EXIT_FAILURE);
09          }
10      }
11      if ((fd = open(PATH_FIFO, O_RDONLY, 0644)) == -1) {   /* 읽기용으로 FIFO 오픈 */
12          exit(EXIT_FAILURE); /* 에러 */
13      }
14      while (1) {
```

```
15        if ((n_read = read(fd, a_buf, sizeof(a_buf))) == -1) {
16            /* error */
17        }
18        if (n_read == 0) { /* pipe가 깨짐 (반대 측에서 닫힘) */
19            printf("broken pipe\n");   exit(0);
20        }
21        printf("[%1$d byte] %2$.*1$s\n", n_read, a_buf);
22    }
23    return (EXIT_SUCCESS);
24 }
```

[코드 6.3]의 수신 측 FIFO 예제는 실행하면 11행의 open 함수에서 블록킹 된다. 이는 앞서 언급했듯이 반대편의 송신 측 FIFO 프로그램이 파이프를 열지 않았기 때문이다. 이를 strace 유틸리티를 이용하여 추적해보면 open에서 리턴되지 않고 있는 것을 볼 수 있다.

```
$ strace ./fifo_read
... 생략 ...
munmap(0xf6fec000, 79863)              = 0
mknod("/tmp/my_fifo", S_IFIFO|0644)    = 0
open("/tmp/my_fifo", O_RDONLY
```

[그림 6.1] strace로 FIFO 수신 측 예제의 실행 추적

반대편 송신 측 프로그램이 FIFO를 오픈하면 그때야 수신 측의 open은 블록킹에서 빠져나가서 진행된다. 따라서 [코드 6.4]의 fifo_write 프로그램이 실행된다.

[코드 6.4] FIFO 송신 측   (fifo_write.c , fifo_write_sigpipe.c)

```
01 #define PATH_FIFO  "/tmp/my_fifo"
02 int main()
03 {
04    int    fd, rc_write, rc_getline;
05    char   *p_buf = NULL;
06    size_t len_buf = 0;
07    if ((fd = open(PATH_FIFO, O_WRONLY, 0644)) == -1) {  /* 쓰기용으로 FIFO을 열음 */
08        exit(EXIT_FAILURE);
09    }
10    while (1) {
11        printf("To FIFO >>");
12        fflush(stdout);
13        if ((rc_getline = getline(&p_buf, &len_buf, stdin)) == -1) {    /* error */
14            return EXIT_FAILURE;
15        }
16        if (p_buf[rc_getline - 1] == '\n') rc_getline--;    /* 개행문자 제거 */
17        if ((rc_write = write(fd, a_input, strlen(a_input))) == -1) {   /* error */  }
```

```
18        printf("* Writing %d bytes...\n", rc_write);
19        free(p_buf);
20        p_buf = NULL;
21    }
22    return (EXIT_SUCCESS);
23 }
```

모든 I/O 인터페이스가 기본적으로 블록킹 모드를 사용하듯이 FIFO도 기본적으로 블록킹 모드로 작동한다. 따라서 FIFO 파일기술자에 read하는 작업도 블록킹으로 작동하지만, 때에 따라서 넌블록킹이 필요한 경우도 있을 것이다.

따라서 리눅스에서는 FIFO에 넌블록킹 모드를 사용할 수 있지만, 문제는 POSIX 표준에서는 FIFO의 넌블록킹 모드를 정의하지 않고(undefined) 있다는 점이다. 그러므로 범용적으로 대부분의 유닉스에서 데이터 수신에서 블록킹을 피하려면 select, poll과 같은 poller를 이용하여 수신할 데이터가 있는지 검사하는 방식을 사용한다.

익명 파이프와 FIFO에 대해서 어느 정도 설명했지만, 실제 프로그래밍 환경에서 이들은 많이 쓰이지는 않기에 그냥 이런 기능이 있구나 하는 정도로만 이해하고 넘어가도 된다. 다만, 나중에 혹시라도 쓰이게 될 때를 대비하여 작동 방식과 예제 정도를 실행해보고 넘어가면 좋을 듯하다.

03   소켓(socket)

소켓은 가장 많이 사용되는 I/O 인터페이스로서 네트워크 프로그래밍의 기본적인 부분을 담당한다. 흔히 소켓이라는 것은 버클리 소켓의 구현(Berkeley-derived IPv4 socket implementation)을 말하는데 이는 소켓이 버클리대의 BSD 유닉스로부터 만들어졌기 때문에 붙여진 이름이다.

BSD 소켓의 영향은 실로 막강해서 현대 유닉스뿐만 아니라 대부분 운영체제가 BSD 소켓의 인터페이스를 따르고 있다. 심지어 윈도우즈 계열도 BSD 스타일의 소켓 인터페이스를 지원하고 있다.

개념적으로 소켓에 대해서 어렵게 생각할 필요는 없다. 그냥 외부와 통신 가능한 장치에 입출력할 수 있는 파일을 꽂는(그리하여 소켓이라 부름) 것으로 생각하면 된다.

유닉스 계열에서는 이렇게 입출력하는 통로를 통칭하여 파이프라고 부르기도 한다. 이는 앞서 다루었던 파이프로부터 데이터 통신이 시작되었기 때문에 이후에 나온 대부분 기술도 파이프의 확장 또는 연장선에 있다고 생각하기 때문이다. 실제로 소켓을 쓰더라도 파이프에 입출력하는 함수인 read, write, close를 그대로 사용한다.

소켓을 통해 네트워크 프로그래밍을 할 때는 TCP/IP를 사용하는데 여기서 주소를 관장하는 IP 프로토콜은 2가지 버전이 있다. 과거의 IPv4와 IPv6가 바로 그것이다. 지금은 과도기이기 때문에 두 가지 기법이 혼용되고 있다.

따라서 이 책에는 IPv4의 구식 프로그래밍 방법과 IPv6에 대응하는 새로운 방식을 모두 적어둔다. 물론 마구잡이로 IPv4, IPv6를 섞어서 사용하지는 않고, 먼저 IPv4의 전통적인 프로그래밍 방법을 다루고 그 뒤에 IPv4와 IPv6를 모두 아우를 수 있는 IPv6 시대의 새로운 함수들을 다룰 것이다. 물론 새로 개발되는 경우라면 IPv6를 포함하는 새로운 함수로 작성해야만 한다.

다만, IPv4 같이 구식 방법도 다루는 이유는 과거에 개발된 IPv4 레거시 코드를 새로운 IPv6 시대의 함수로 대체하는 방법도 알아야 하기 때문이다.

소켓에서 사용되는 함수나 코드 작성법은 심플한 편이다. 하지만, 제대로 소켓을 사용하려면 네트워크 프로그래밍의 이론적 기반을 잘 알아야만 한다. 물론 단순하게 코드 작성법만 익히면 좀 더 쉽게 갈 수도 있는 길이지만, 나중에 큰 문제를 일으킬 수 있으므로 여기서는 좀 느리게 가더라도 이론적인 부분을 확실하게 이해하면서 학습하길 바란다.

이 책에서는 소켓과 네트워크 프로그래밍의 세부적인 부분을 최대한 풀어서 설명하겠지만 그래도 잘 이해가 가지 않을 때는 앞서 언급한 레퍼런스 책들도 같이 읽으면서 보완하면 좋을 것이다.

3.1 소켓 도메인과 타입, 프로토콜

소켓은 기본적으로 도메인과 타입, 프로토콜 속성을 가진다. 3가지 속성의 조합되는 규칙에 따라 추가적인 속성이 존재하지만, 기본적으로 앞의 3가지 속성은 공통적이다.

여기서 소켓 도메인(socket domain)이란 소켓으로 통신할 수 있는 범위(domain)의 분류로서 유닉스 도메인 소켓(unix domain socket)과 네트워크 도메인 소켓(network domain socket)으로 분류한다.

여기서 범위의 분류 기준은 소켓으로 접근할 수 있는 위치로서 유닉스 도메인 소켓은 로컬 유닉스 시스템 내에서만 접근할 수 있는 것을 말한다. 따라서 유닉스 도메인 소켓은 로컬 시스템의 특정 파일에 파이프를 연결하여 데이터를 전송할 수 있는 방식이다. 즉 유닉스 도메인 소켓은 FIFO와 상당히 비슷하다.

이름에서 연상할 수 있듯이 유닉스 도메인 소켓은 유닉스 계열에서만 사용 가능한 방식이다. 이에 비해 네트워크 도메인 소켓은 네트워크의 계층 내에 특정 네트워크 주소에 연결 가능한 것을 말한다. 일반적인 네트워크 통신은 대부분 네트워크 도메인 소켓을 의미하는 경우가 많다.

표 6.1 소켓 도메인 비교

	유닉스 도메인 소켓	네트워크 도메인 소켓
외부 인터페이스	파일 경로	네트워크 주소(IP, port 등)
원격지 연결	불가능	가능
유닉스 계열 외 OS 지원	불가능	가능

더 쉽게 말하면 물리적으로 하나의 호스트 내에서만 통신이 이루어진다면 유닉스 도메인 소켓을 사용하면 되고 로컬 호스트나 혹은 네트워크를 통해서 다른 원격의 호스트에게도 전송하려면 네트워크 도메인 소켓을 사용하면 된다. 일반적으로 부를 때는 도메인만 살짝 빼고 유닉스 소켓, 네트워크 소켓이라고도 부른다.

소켓 타입은 전송할 때 어떤 방법을 사용하여 주고받을 것인지에 대한 분류이다. 일반적으로 데이터그램 소켓(datagram socket)과 스트림 소켓(stream socket)이 주로 사용된다. 그 외에 로 소켓(raw socket)도 있으나 자주 사용되는 타입은 아니다.

데이터그램이란 데이터 단위별로 포장하는 방식을 의미한다. 예를 들어 킬로그램(kilogram)이 무게를 의미하는 것과 같은 맥락이다. 뒤에서 유저 데이터그램이라는 말은 바로 사용자가 정한 데이터그램 단위로 전송하겠다는 의미이다.

스트림이란 파이프에 흘러들어 가는 물처럼 데이터가 흘러가는 방식을 말한다. 따라서 스트림 방식에서는 데이터의 단위가 존재하는 것이 아니라 흘러갈 수 있는 통로가 연결되면 전송이 가능해지고 끊기면 더는 전송을 할 수 없는 구조이다.

이런 구조적인 특징으로 인해 데이터그램 방식은 지속적인 연결이 없이도 전송할 수 있으나 스트림 방식은 통로를 연결하는 과정, 즉 지속적인 연결을 맺은 뒤에 전송할 수 있다.

이런 개념에 따라서 데이터그램 소켓 타입은 연결이 필요 없고 스트림 소켓은 연결이 필요하게 된다. 이해를 돕기 위해 물(water)를 전달해야 하는 작업이 있다. 이를 작은 병에 하나하나 포장해서 부치는 방식이 데이터그램 소켓이고, 송신지에서 수신지까지 파이프나 호스를 연결하고 수도꼭지를 달아서 틀면 바로 물이 나오는 방식이 바로 스트림 소켓이다.

표 6.2 데이터그램 소켓과 스트림 소켓의 비교

	데이터그램 소켓	스트림 소켓
데이터 경계	파일 경로	보존 안 됨
데이터 크기 제한	보존됨	없음
데이터 순서	보존 안 됨	보존됨
연결 과정	필요 없음 (1:n 통신 가능)	필요함 (1:1 통신)
신뢰성	낮음 (데이터 유실시 복구 없음)	높음 (데이터 유실시 재전송)

현실 세계에서도 우편물이 한두 개쯤 유실되는 것처럼 데이터그램도 유실될 수 있으며 송신지에서는 특별하게 확인 과정을 거치도록 하지 않는 한 유실된 사실을 알 수는 없다. 따라서 데이터그램 소켓은 유실되면 안 되는 데이터에서는 사용을 권장하지 않는다.

그렇다고 엄청나게 신뢰성이 떨어지는 것은 아니다. 대부분의 LAN 구간에서는 데이터그램도 유실이 거의 없다. 하지만, 극도의 데이터 신뢰성이 필요한 경우에는 대부분 스트림 소켓을 사용하며 실무 대부분을 차지하므로 이에 대한 부분을 더 많이 다루게 될 것이다.

참고로 스트림 소켓의 구현이 TCP인데 얼마나 많이 사용되면 네트워크 프로그래밍의 대부분을 TCP/IP 프로그래밍이라고 부를까 생각해보는 것도 곱씹어 볼 일이다. (사실 네트워크 프로그래밍에는 TCP/IP말고 다른 기법도 있지만 아주 특수한 경우에만 사용한다.)

로 소켓(raw socket)은 억지로 번역하면 날 소켓, 생짜 소켓이라고 불리기도 하는데 오히려 이해를 해칠 수 있어서 원문 그대로 로 소켓이라고 하였다. 로 소켓은 가공하지 않은 그대로의 데이터를 다룰 때 사용한다. 따라서 패킷의 통신 헤더를 다루는 경우 주로 사용된다.

프로토콜은 앞서 소켓 타입에 의존적이다. 일반적으로 소켓 타입이 결정되면 프로토콜은 자동 결정되지만, 선택사항이 있는 경우 특정 프로토콜을 지정할 수도 있다. 우리가 실제로 사용하는 TCP, UDP, ICMP, IP 등등의 프로토콜이 바로 이 부분을 의미한다.

소켓의 3가지 기본 속성과 이론적 배경에 대해서 설명했다. 이제 socket 함수에서 3 가지 속성을 어떻게 설정하는지 살펴볼 차례다.

3.2 소켓의 생성

소켓 도메인과 소켓 타입이 결정되었다면 socket 함수로 소켓을 생성할 수 있다. 소 켓 생성에 성공하면 빈 소켓의 파일기술자(file descriptor)가 생성된다. 소켓 생성에 실패했을 때 −1이 리턴되고 errno에 에러 코드가 저장된다.

소켓 생성에는 3개의 인수가 필요한데 소켓 도메인, 소켓 타입, 프로토콜이 바로 그것 이다. 이들에 대해서는 앞에서 살펴보았다.

생성된 소켓은 빈 소켓이라서 socket 함수를 호출할 때 인수로 전달한 소켓 도메인과 소켓 타입의 속성만 가지고 있을 뿐 실질적인 입출력은 할 수 없다.

따라서 시스템의 장치를 통해 입출력할 수 있도록 장치에 소켓을 꼽는 행동을 해야 한다. 이때 시스템 장치에 소켓을 꼽는 행동을 부착(bind)한다고 표현하고 bind 이후 부터 소켓은 입출력 인터페이스를 가질 수 있게 된다. bind에 대해서는 소켓 생성 이 후에 살펴볼 것이다.

```
int  socket(int domain, int type, int protocol);
```

표 6.3 socket의 주요 가능 인수

domain	AF_UNIX	유닉스 도메인 소켓 (AF_LOCAL으로도 가능)
	AF_INET	IPv4 네트워크 도메인 소켓
	AF_INET6	IPv6 네트워크 도메인 소켓
type	SOCK_STREAM	스트림 소켓
	SOCK_DGRAM	데이터그램 소켓
	SOCK_RAW	raw 소켓
protocol	IPPROTO_IP	IP 프로토콜 사용
	IPPROTO_TCP	TCP 프로토콜 사용 (SOCK_STREAM에서 사용)
	IPPROTO_UDP	UDP 프로토콜 사용 (SOCK_DGRAM에서 사용)
	IPPROTO_ICMP	ICMP 프로토콜 사용

[표 6.3]에 socket 함수의 주요 인수들을 정리했다. 가능한 인수는 더 많지만 주로 쓰 이는 것들만 정리했다. 따라서 꼭 한 번쯤은 socket의 man 페이지를 살펴보기를 권 장한다. 소켓 man 페이지에는 domain만 하더라도 표에 없는 AF_X25, AF_IPC,

AF_IRDA 등등과 type에도 SOCK_SEQPACKET나 SOCK_PACKET 등등 다양한 값들의 설명이 있다. 이들은 많이 쓰이지는 않지만 그래도 목록과 어떤 기능들이 있는지는 알아두는 편이 좋다.

● 소켓 도메인

소켓의 domain 인수는 AF_의 접두어를 사용하는데 이는 Address Family의 의미로서 표준적으로 사용되는 용어이다. 하지만, 오래된 책이나 매뉴얼을 보면 AF 대신에 PF라고 쓰인 것도 볼 수 있는데 이는 Protocol Family의 의미로서 BSD 계열에서 사용되어 왔다. 현재는 AF_INET 대신에 PF_INET을 쓰더라도 둘은 동일한 의미이며 어느 것을 써도 무방하다. 하지만, 표준화를 통해 명명된 AF 접두어를 쓰는 것을 권장하는 편이다.

AF_UNIX는 앞서 설명했던 유닉스 도메인 소켓을 의미하므로 로컬 호스트에서만 접근 가능한 범위의 인터페이스를 가진다. 실제로 유닉스 도메인 소켓은 파일로 생성되므로 원격지의 호스트와는 통신할 수 없는 인터페이스이다.

이에 비해 AF_INET은 IPv4 네트워크 도메인 소켓으로서 원격지까지 통신할 수 있다. 물론 AF_INET도 로컬 호스트와의 통신을 위해 로컬 루프백의 주소(예를 들면 127.0.0.1)에 연결할 수도 있다. 만일 IPv6를 사용하려면 AF_INET6를 사용하면 된다. IPv6에 대한 것은 뒤에서 따로 정리할 것이다.

● 소켓 타입

소켓 타입을 의미하는 type 인수에는 SOCK_STREAM과 SOCK_DGRAM이 가장 많이 사용된다. 이외에 SOCK_RAW는 프로토콜 헤더를 포함한 원시적인 패킷을 볼 수 있는 raw socket을 사용할 때 지정한다. 주로 프로토콜 헤더가 있어야 하는 모니터링 프로그램이나 패킷에 변경을 가해야 하는 일이 발생하는 경우에 사용한다.

SOCK_STREAM 소켓 타입의 특징은 연결 지향형(connection oriented)이라는 점이다. 즉 연결을 맺고 1:1로 통신을 한다. 또한, 데이터 순서와 재전송을 해주는 등의 특징이 있는데 앞서 [표 6.2]에서 간단히 정리했었다. 이에 대한 자세한 기능은 뒤에서 다시 정리할 것이다.

연결 지향형인 SOCK_STREAM 소켓 타입을 구현한 프로토콜로서 TCP(Transmission Control Protocol)가 있다. 따라서 일반적으로 스트림 소켓 타입을 사용하는 경우는 TCP 프로토콜을 사용한다는 것으로 생각해도 무방하다.

TCP 프로토콜은 현재 사용되는 대부분의 네트워크 프로그래밍을 차지할 정도로 내용이 많고 기능도 많으므로 앞으로 배울 네트워크 프로그래밍의 대부분을 차지한다고 생각해도 된다.

[코드 6.5] 스트림 소켓과 데이터그램 소켓의 생성 예

```
01  if ((sd_stream = socket(AF_INET, SOCK_STREAM, IPPROTO_IP)) == -1) { /* 스트림 소켓 */
02      /* error */
03  }
04  if ((sd_dgram = socket(AF_INET, SOCK_DGRAM, IPPROTO_IP)) == -1) { /* 데이터그램 소켓 */
05      /* error */
06  }
```

SOCK_DGRAM 소켓 타입의 특징은 비연결(connectionless) 방식으로서 초기 연결이나 해제, 제어에 관련된 절차가 없어 상대적으로 오버헤드가 적다. 따라서 일회성 데이터나 응답이 필요 없는 작은 데이터 조각들을 전송할 때는 유리한 점이 있다.

또한, 1:n의 통신이 가능하다는 장점도 있다. 따라서 데이터그램 소켓은 하나의 소켓을 가지고 여러 원격지로 송신하거나 여러 원격지로부터의 데이터를 수신할 수 있다. 하지만, 단점으로는 패킷 유실이 발생하는 경우 재전송 메커니즘을 제공하지 않는다. 따라서 송신 측과 수신 측의 통신구간이 멀거나 상태가 좋지 않아서 유실이 발생하는 경우 이를 감수할 수 있도록 하거나 프로그래머가 직접 재전송 기능을 작성해야 한다.

SOCK_DGRAM 소켓 타입을 구현한 프로토콜로서 UDP(User Datagram Protocol)가 있다. 우리가 보통 무게를 이야기할 때 gram 단위를 쓰듯이 네트워크 통신에 사용되는 단위인 데이터그램을 사용자가 정한다는 의미이다. 데이터그램 크기는 최대값이 존재하며 이는 UDP 헤더를 공부할 때 설명하도록 하겠다.

UDP를 이용하여 송수신할 때 데이터그램을 통째로 사용자가 정한 단위로 전송하는 것은 아니다. 송신 과정에서 데이터그램은 여러 개의 조각으로 쪼개져서 전송되고 수신 측에 도착한 조각들을 재조합(reassembly)하여 원래 데이터그램으로 만들어진다. 이는 UDP에서 가능한 최대 데이터그램 크기가 하위 프로토콜의 제한보다 크기 때문에 쪼개지고(fragmentation) 이후 재조합 되는 것이다. 하지만, 데이터그램이 쪼개지고 합쳐지는 과정은 커널 레벨에서 처리하므로 응용 계층에서 보이지는 않는다. 따라서 패킷의 재조합에 관한 내용은 이론적 기반만 잘 알고 있으면 된다.

● 소켓 프로토콜

세 번째 인수인 protocol은 전송에 사용될 프로토콜 타입을 의미한다. 이는 어떤 프로토콜 헤더를 사용하고 어떤 방식으로 패킷을 처리할지 결정한다. 과거에 소켓 프로그래밍을 해봤거나 혹은 다른 매뉴얼 페이지를 보면 이 부분에 0이나 IPPROTO_IP를 지정한 경우를 보았을 것이다.

그런데 사실 IPPROTO_IP는 0으로 지정되어 있어서 둘 중 아무거나 사용해왔다. 가독성과 표준 체계를 위해서는 IPPROTO_IP를 사용하는 것이 좋지만, 타이핑이 적다는 이유는 대부분의 고급 레벨 프로그래머들은 0을 선호한다.

IPPROTO_IP의 의미는 지정된 소켓 타입에 의거하여 인터넷 프로토콜을 자동으로 세팅해주는 것이다. 따라서 SOCK_STREAM에 IPPROTO_IP를 사용하면 자동으로 TCP를 선택하고, SOCK_DGRAM에 IPPROTO_IP를 사용하면 자동으로 UDP를 사용한다. 물론 프로토콜을 직접 지정하여 UDP의 경우에는 IPPROTO_UDP, TCP의 경우에는 IPPROTO_TCP를 사용해도 된다.

표 6.4 socket의 주요 조합 (소켓 도메인, 소켓 타입, 프로토콜 순)

AF_UNIX	SOCK_STREAM	0
	SOCK_DGRAM	0
	SOCK_RAW	0, IPPROTO_ICMP
AF_INET	SOCK_STREAM	0(혹은 IPPROTO_TCP 지정)
	SOCK_DGRAM	0(혹은 IPPROTO_UDP 지정)
	SOCK_RAW	IPPROTO_RAW, IPPROTO_ICMP, IPPROTO_UDP, IPPROTO_TCP
AF_INET6	SOCK_STREAM	0(혹은 IPPROTO_TCP 지정)
	SOCK_DGRAM	0(혹은 IPPROTO_UDP 지정)
	SOCK_RAW	IPPROTO_RAW, IPPROTO_ICMPV6, IPPROTO_ICMP, IPPROTO_UDP, IPPROTO_TCP

참고로 X.25 프로토콜을 사용할 때는 AF_X25 소켓 도메인과 SOCK_SEQPACKET 소켓 타입을 사용한다. 이외에 AF_NETLINK나 다양한 소켓 도메인이 지원된다.

X.25는 메시지의 순서와 경계를 보존해주며 신뢰성을 가지고 있는 특성 때문에 과거 금융권이나 통신사에서 사용되었다. 하지만, 지금은 빠르게 TCP/IP로 대체되어 범용적이지 않은 기법이므로 자세한 설명은 생략한다.

마지막으로 알아야 할 것은 앞서 살펴본 소켓 도메인, 소켓 타입, 프로토콜은 아무렇게나 조합할 수 있는 것은 아니라는 점이다. 일반적으로 많이 쓰이는 소켓 인수의 조합은 [표 6.4]를 참조하도록 한다.

04 바이트 순서(byte order) : 빅 엔디안, 리틀 엔디안

소켓 통신을 하기에 앞서 바이트 순서에 대해 알아둬야 한다. 포커 게임을 하려면 카드 순서 규칙을 알아야 제대로 할 수 있듯이 바이트 순서는 원격 호스트와 데이터 통신할 때 꼭 지켜야만 하는 표현 규칙이다.

바이트 순서 규칙은 1바이트를 초과하는 단위의 데이터 타입을 전송할 때 사용되는 규칙으로서 프로세서, 즉 CPU에 의존적이다.

원래 데이터 전송의 최소 단위는 1바이트로서 다른 말로 1 옥텟(octet) 혹은 8비트라고 표현할 수 있다. 8비트는 2진수 8개이므로 숫자로 표현하면 0~255까지의 의미가 있으므로 이보다 더 큰 수를 표현하려면 short, long 같은 멀티 바이트 데이터 타입을 사용해야 한다.

문제는 short, long 같은 타입이 프로세서에 따라 표현 방식이 달라진다는 점이다. 만일 이 차이를 이해하지 못하고 무작정 short 또는 long을 그냥 전송하면 엉뚱한 숫자로 읽힐 수 있다.

[그림 6.2] 바이트 순서 (빅 엔디안 vs 리틀 엔디안)

프로세서가 short 또는 long과 같은 멀티 바이트 데이터를 표현할 때 높은 주소의 바이트부터 시작하는 방식과 낮은 주소의 바이트부터 시작하는 2가지 방식의 표현법 중 하나를 사용한다. 이해를 돕기 위해서 [그림 6.2]를 보도록 하자.

[그림 6.2]는 4바이트의 long (32bit OS인 경우) 타입에 0x00124F80(10진수 1200000)을 저장하는 2가지 방식을 보여주고 있다.

그림의 왼쪽은 빅 엔디안(big endian)이라고 부르는 방식으로 숫자의 큰 자릿수 부분(big-end)부터 시작하므로 오프셋 주소로 보면 낮은 곳에 큰 숫자 자릿수가 저장된다. 그러므로 당연히 MSB(Most Significant Bit)가 낮은 주소에 위치하게 된다.

빅 엔디안 방식은 네트워크 전송에서 사용되는 기본 방식이며 대부분의 RISC 프로세서(Sparc, Motorola CPU)들이 채택하고 있는 방식이다.

빅 엔디안 방식의 장점은 가독성이 좋으며 가장 큰 값이 낮은 주소에 있으므로 값의 크기 비교에 유리하다. 하지만, 자릿수가 다른 숫자와 덧셈을 하려면 모든 바이트가 오른쪽으로 이동해야 하는 경우가 생길 수 있다. 이는 변수의 크기가 확장될 때도 마찬가지인데, 예를 들어 빅 엔디안에서 short형으로 저장된 데이터를 long으로 확장하기 위해서는 모든 바이트를 오른쪽으로 이동시켜야 한다.

리틀 엔디안(little endian)은 빅 엔디안과 반대로 저장하는 방식이다. 따라서 숫자의 제일 작은 자릿수 부분(little-end)부터 시작하므로 오프셋 주소로 보면 낮은 곳에 작은 숫자 자릿수가 저장된다. 그러므로 MSB는 높은 주소 번지인 마지막 바이트에 존재하게 된다. 이 방식은 PC에 주로 사용되는 인텔 호환 계열 CPU에서 사용되는 방식이다.

리틀 엔디안은 사람은 읽기는 어렵지만, 컴퓨터가 덧셈이나 자릿수 계산하는 데는 더 편리하다는 장점이 있다. 예로 short에 저장된 0xF134를 long으로 확장하기 위해서는 뒤에 0x00으로 채워진 2바이트를 더 붙여주어 0x34, 0xF1, 0x00, 0x00 순서로 저장하면 된다.

[코드 6.6] CPU의 엔디안 검사 코드   (chk_endian.c)

```
01  union byte_long {
02      long    l;
03      unsigned char   c[4];
04  };
05  int main() {
06      union byte_long     bl;
07      bl.l = 1200000L;
08      printf("(%02x-%02x-%02x-%02x)\n", bl.c[0], bl.c[1], bl.c[2], bl.c[3]);
09      bl.l = htonl(bl.l);
10      printf("(%02x-%02x-%02x-%02x)\n", bl.c[0], bl.c[1], bl.c[2], bl.c[3]);
11      return 0;
12  }
```

[코드 6.6]은 엔디안을 검사하는 코드로서 long에 숫자를 1200000(0x124f80)을 넣고 이를 한 바이트씩 출력한 것이다. 그리고 나서 htonl을 호출하는데 이는 네트워크 통신에 적합한 빅 엔디안으로 데이터를 바꿔준다.

만일 이전에 출력된 값과 htonl를 호출한 뒤의 값이 동일하다면 현재 CPU는 빅 엔디안을 사용하는 시스템일 것이고 뒤집혀서 출력된다면 현재 시스템은 리틀 엔디안일 것이다. 만일 인텔 호환 CPU를 사용한다면 분명히 뒤집혀서 출력될 것이다.

참고로 미들 엔디안이라는 방식도 있는데 주로 임베디드에서 사용되는 프로세서가 사용하는 방식이다.

4.1 바이트 순서 변환 매크로

네트워크 통신에서는 빅 엔디안을 사용하도록 결정이 나면서 빅 엔디안은 다른 말로 네트워크 바이트 순서(network byte order)라고 부른다. 이와 반대로 로컬 호스트에서 사용하는 바이트 순서를 호스트 바이트 순서(host byte order)라고 부른다. 호스트 바이트 순서는 빅 엔디안 혹은 리틀 엔디안, 미들 엔디안 등 다양한 기법이 사용될 수 있다.

따라서 여러분이 멀티 바이트 단위의 데이터 타입을 송수신하는 경우라면 모두 변환을 거쳐야 한다. 물론 이는 멀티 바이트 데이터 타입에 대한 경우이며 char형을 2바이트 보내는 경우라면 변환할 필요가 없다.

즉 바이트 순서 변환이 필요한 데이터는 데이터 타입이 2바이트 이상인 경우이다. 구조체를 사용하는 경우라면 멤버 중에 멀티 바이트인 요소는 전부 바이트 순서를 변환해야 한다.

하지만, 간혹 자바처럼 CPU에 종속적이지 않은 가상 머신(virtual machine)을 사용한다면 이런 문제를 고민할 필요가 없다. 왜냐하면 자바 가상 머신은 기본적으로 빅 엔디안 표현을 사용하도록 설계되어 있기 때문이다.

표 6.5	바이트 순서 변환 함수
ntohs	2바이트 short형의 데이터를 네트워크 바이트 순서에서 호스트 바이트 순서로 변환
ntohl	4바이트 long형의 데이터를 네트워크 바이트 순서에서 호스트 바이트 순서로 변환
htons	2바이트 short형의 데이터를 호스트 바이트 순서에서 네트워크 바이트 순서로 변환
htonl	4바이트 long형의 데이터를 호스트 바이트 순서에서 네트워크 바이트 순서로 변환

[표 6.5]에는 2바이트와 4바이트 데이터 타입의 바이트 순서를 변환하는 함수를 소개하고 있다. 이 함수들을 사용했을 때 로컬 CPU가 리틀 엔디안을 사용한다면 실제로 변환이 일어나지만, 로컬 CPU가 빅 엔디안을 사용하고 있다면 실제 변환은 발생하지 않는다.

여기서는 short를 2바이트, long을 4바이트로 지정하지만, 이는 과거 32비트 유닉스 시절에 크기 제약이므로 현재도 long의 크기가 4바이트라고 보장할 수는 없다. 오히려 LP64를 따르는 유닉스/리눅스 64비트에서는 long이 64비트이다. 이런 연유로 실제로 표기할 때는 정확성을 나타내기 위해 ntohl, ntohs는 다음과 같이 선언되어 있다.

```
uint32_t htonl(uint32_t hostlong);
uint16_t htons(uint16_t hostshort);
uint32_t ntohl(uint32_t netlong);
uint16_t ntohs(uint16_t netshort);
```

uint32_t는 unsigned integer 32bit 타입을 의미한다. 이렇듯 크기를 고정해 두었다. 만일 8바이트 정수를 바이트 순서 변환을 하려면 비표준 매크로를 사용하여야 한다. 실수형인 float나 double형의 경우 표준 함수가 없으므로 스왑 매크로를 만들어서 사용해야만 한다.

보통 대부분의 임플리먼테이션에서는 바이트 스왑 매크로를 제공하고 있으며 리눅스의 경우에는 endian.h를 보면 참고할 위치가 명시되어 있다.

O5 TCP 소켓의 기초(SOCK_STREAM 소켓)

앞서 소켓 생성의 기본적인 부분을 다루었으니 이번에는 TCP 소켓을 이용한 스트림 통신의 기초적인 부분을 살펴보자.

네트워크 통신에 필요한 함수는 크게 2가지로 나뉜다. 소켓이나 연결을 제어하는 함수들과 데이터를 입출력하는 함수들로 나뉜다.

그러나 이들 함수는 많은 기능이 있기 때문에 세부적인 기능을 전부 파헤치기보다는 먼저 큰 틀에서 주요 기능을 훑어 보고 나중에 더 자세히 다루는 방식으로 설명할 것이다.

이는 처음부터 함수들의 기능을 전부 파헤치다 보면 네트워크 프로그래밍에 질려버릴 수 있기 때문이다. 따라서 몇몇 중요한 기능을 가진 함수들은 뒤에서 여러 번에 걸쳐 조금씩 더 깊은 내용을 다룰 것이다.

표 6.6 TCP 소켓 및 연결을 제어하는 함수

bind	소켓을 시스템에 부착한다. 소켓은 이때부터 외부로부터의 연결점을 가진다.
listen	외부로부터 TCP 연결을 받아들일 수 있도록 접속 연결큐를 만들고 대기한다
connect	listen()하고 있는 서버 측 소켓에 연결한다.
close	해당 프로세스 내에서 소켓 ID를 닫는다.
shutdown	소켓에 EOF를 보내어 연결된 모든 소켓을 닫는다.

표 6.7 TCP 데이터 입출력(송수신) 함수

recv, read	소켓으로부터 데이터를 수신한다.
write, send	소켓을 통해 데이터를 송신한다.
readv	소켓으로부터 데이터를 수신하되 벡터를 구성하여 수신한다.
writev	소켓을 통해 데이터를 송신하되 벡터를 구성하여 송신한다.

TCP 소켓을 사용하기 위해 서버 측은 socket, bind, listen 순서로 함수를 호출하면 준비 단계가 끝나게 된다. 클라이언트 측은 socket, bind를 호출하면 준비 단계가 끝난다. (bind는 생략 가능)

준비 단계가 완료되면 서버는 대기상태가 되고, 클라이언트 측은 connect를 호출하여 서버 측에 접속 요청을 하게 된다. 서버 측은 클라이언트의 접속 요청을 받아들

이기 위해 accept를 호출하고, accept가 성공되면 클라이언트와 1:1로 연결된 파일
기술자가 리턴된다. TCP 연결이 수립된 후에는 서로 데이터를 송수신하기 위해 [표
6.7]의 함수들을 사용할 수 있다.

정상적인 송수신을 하다가 서버나 클라이언트 측 중에 누구라도 연결을 끊으려면
close나 shutdown을 호출하면 된다. 이 두 함수의 차이는 조금 뒤에 살펴보도록 하
겠다.

연결을 끊기 위해 먼저 close나 shutdown을 호출한 행위를 active close라고 부른다.
[그림 6.3]에서는 클라이언트 측에서 active close 하는 것으로 묘사되어 있는데 이는
일반적인 상황을 표시한 것일 뿐이고 서버 측도 active close 할 수 있다. 이 관계는
개별 함수를 설명할 때 자세히 살펴볼 것이다.

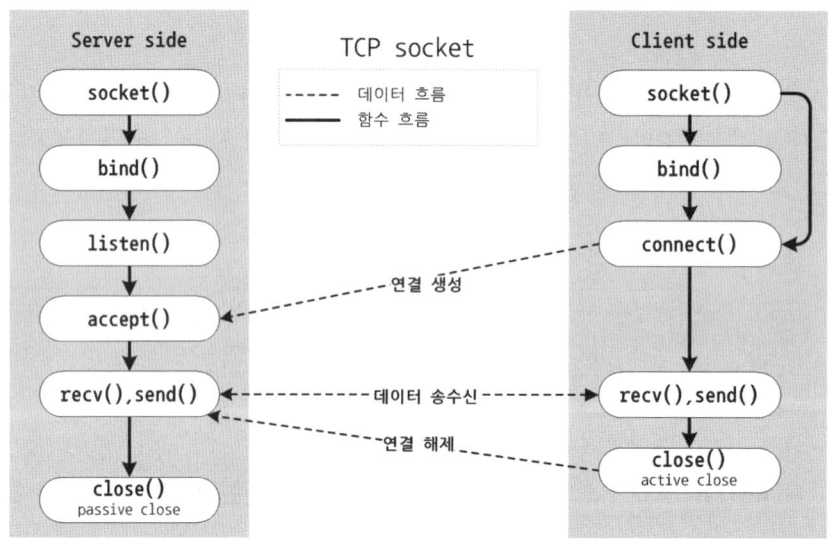

[그림 6.3] TCP 소켓의 함수 호출 순서 - 서버 측(좌)과 클라이언트 측(우)

TCP 연결과 종료 과정을 간단한 그림으로 도식화하면 [그림 6.3]처럼 그릴 수 있다.
개괄적인 흐름을 보았으므로 이번에는 각각의 함수들에 대해 좀 더 자세히 알아볼 차
례이다.

먼저 서버 측에서 사용되는 함수들을 설명하고 클라이언트 측은 서버 측과 중복되지
않은 connect 함수를 따로 알아볼 것이다. 함수들을 살펴보면서 네트워크 통신에 필
요한 관련 구조체들도 등장할 터인데 특히 bind나 connect에서 사용되는 IP 주소 체
계를 저장하는 sockaddr 구조체에 대해서는 주의 깊게 봐두어야만 한다.

5.1 TCP 소켓 생성

통신을 위해서는 우선 빈 소켓을 생성해야 한다. TCP 네트워크 소켓이라면 다음과 같이 생성할 것이다. 소켓 생성시 사용되는 함수인 socket에 대해서는 앞에서 자세히 다뤘으니 따로 설명하지는 않겠다.

```
int sockfd = socket(AF_INET, SOCK_STREAM, IPPROTO_IP);
```

AF_INET은 IPv4의 네트워크 도메인 소켓이며, SOCK_STREAM은 스트림 소켓 타입을 의미한다. IPPROTO_IP로 프로토콜을 설정했으니 자동으로 스트림 소켓 타입에 맞는 IP 프로토콜인 TCP 프로토콜이 설정될 것이다.

물론 IPPROTO_IP 대신에 그냥 숫자 0을 넣거나 IPPROTO_TCP를 사용해도 결과는 같다. 소켓 생성이 성공하면 sockfd에는 파일기술자가 리턴된다. 실패하면 −1이 리턴되고 errno에 에러 코드가 설정된다.

만일 IPv6를 사용하는 경우라면 AF_INET 대신에 AF_INET6가 사용된다. 하지만, IPv6는 뒤에서 다루기 때문에 여기서는 IPv4를 기준으로 설명할 것이다.

그리고 참고로 여기서는 네트워크 도메인의 TCP 소켓에 대해서만 설명할 것이다. 이는 네트워크 관련 기능만 먼저 설명하여 복잡함을 피하기 위함이며 유닉스 도메인 소켓은 뒤에서 따로 설명할 것이다.

5.2 소켓의 부착 : bind와 sockaddr, sockaddr_storage

bind는 빈 소켓이 시스템 장치와 통신할 수 있도록 이름을 부여하는 과정이다. 빈 소켓은 외부 연결점이 없는 상태이므로 이름이 부여될 때까지는 통신할 수 없다. 이름을 부여하는 과정을 거쳐야만 외부 인터페이스와 연결되고 이후 통신이 가능해진다.

소켓의 외부 인터페이스는 도메인에 따라서 달라진다. 네트워크 도메인에서는 외부와 소통할 수 있는 인터페이스란 IP 주소와 포트 번호를 의미한다. 그러나 유닉스 도메인 소켓이라면 소켓의 파일 경로가 인터페이스가 된다.

즉 bind는 어떤 소켓 도메인을 사용하느냐에 따라 세부 작업이 달라지는 것이다. 앞서 소켓 생성에서 IPv4 기반 네트워크 도메인 소켓(AF_INET)을 사용했으므로 bind에는 IP, 포트 번호를 부여하는 작업을 하게 될 것이다.

bind는 외부 인터페이스를 연결하는 과정이므로 클라이언트 측과 서버 측 모두 다 할 수 있지만, 클라이언트 측에서는 connect 과정에서 bind를 내포하기 때문에 주로 생략한다. connect가 bind를 내포하는 경우에는 시스템에서 비어 있는 포트를 지정해주는데 대부분 쓰이지 않은 포트 중에 순서대로 지정하거나 랜덤하게 지정한다. connect 이전에 bind를 하는 경우 특정 IP 주소와 포트 번호를 사용하도록 지정할 수 있다.

몇몇 서적이나 인터넷의 출처가 불명확한 문서에는 서버만 bind를 한다고 쓰여 있는데 이는 틀린 내용이므로 주의해야 한다.

```
int bind(int sockfd, const struct sockaddr *addr, socklen_t addrlen);
```

bind의 인수 리스트를 보면 sockfd는 앞서 생성한 소켓의 파일기술자이고 addr은 바인드할 외부 인터페이스의 정보를 담고 있는 구조체이다. 그러나 함수 원형에 나오는 struct sockaddr 구조체는 실제로 사용하지 않고 캐스팅할 때만 사용한다.

따라서 소켓 도메인에 따라 [표 6.8]에 보이는 sockadr_* 이름의 구조체를 사용하고 bind 함수에 인수로 전달할 때는 문법 검사를 통과하기 위해 (struct sockaddr *) 타입으로 캐스팅을 해줘야 한다. 즉 bind 함수에서 (struct sockaddr *) 타입으로 캐스팅해야 하는지에 대한 답은 소켓 도메인에 따라 addr 인수 부분에 넣는 구조체의 형태가 다르기 때문에 발생하는 문법 오류를 피하기 위함이다.

표 6.8 소켓 도메인에 따른 sockaddr_* 구조체

AF_INET	struct sockaddr_in
AF_INET6	struct sockaddr_in6
AF_UNIX	struct sockaddr_un

예를 들어 AF_INET의 소켓 도메인을 사용한다면 sockaddr_in으로 선언된 구조체를 사용하되 bind할 때만 sockaddr 구조체로 캐스팅해야 한다. 코드로 표현하면 다음과 같다.

```
struct sockaddr_in saddr;
...생략...
int ret = bind(sockfd, (struct sockaddr *) &saddr, sizeof(saddr));
```

소켓 도메인에 따라 sockaddr_* 구조체의 크기도 다르기 때문에 bind의 세 번째 인수인 addrlen에 원래 구조체의 크기를 넘겨주도록 되어 있다. 이렇게 하지 않으면 구현체에 따라 메모리 침범이 발생할 수 있기 때문이다. 이런 bind의 구조적인 문제는 초기 설계에서 비롯되었지만, 지금은 하위 호환성 때문에 어쩔 수 없이 계속 쓰이고 있다.

그러면 sockaddr_in과 sockaddr_in6[19] 그리고 캐스팅할 때 쓰이는 랩핑용 구조체인 sockaddr과 sockaddr_storage[20]의 구조체 구조를 봐두도록 하자. sockaddr은 앞서 설명한 대로 문법 검사를 통과시키기 위한 랩핑 구조체임을 설명했다. sockaddr_storage는 IPv6 시대에 맞춰 확장한 것으로 조금 뒤에 설명하도록 하겠다. 참고로 이들 네트워크 구조체는 필드명 정도는 외워두는 편이 좋다.

[코드 6.7] sockaddr_in, sockaddr_in6, sockaddr, sockaddr_storage 구조체

```
struct  sockaddr_in {                        struct  sockaddr_in6 {
   sa_family_t sin_family; /* AF_INET */        sa_family_t  sin6_family; /* AF_INET6 */
   in_port_t  sin_port;    /* uint16_t */       in_port_t  sin6_port;    /* uint16_t */
   struct in_addr  sin_addr;/* IPv4 (32 bits) */ uint32_t sin6_flowinfo;
   char sin_zero[8];       /* Not used */       struct in6_addr  sin6_addr;/* IPv6 (128 bits) */
};                                               uint32_t  sin6_scope_id;
struct  in_addr {                            };
   in_addr_t  s_addr /* uint32_t */          struct in6_addr {
};                                               uint8_t  s6_addr[16];
                                             };

struct sockaddr {  /* 과거 IPv4 전용의 구식 구조체형 */
   sa_family_t  sa_family;  /* Address family (e.g. AF_INET, AF_UNIX) */
   char sa_data[];          /* socket address (variable-length data) */
};
struct sockaddr_storage {   /* IPv4, IPv6 모두 포함하는 새로운 구조체형 (RFC2553) */
   sa_family_t  sa_family; /* Address family (e.g. AF_INET, AF_INET6, AF_UNIX) */
   ... 정렬을 고려한 패딩 ...;
};
```

구조체 내에서 사용되는 포트와 IPv4 주소를 저장하는 in_port_t와 in_addr_t는 각각 16bit, 32bit형으로 선언되어 있다. in_addr 구조체는 32bit의 IPv4 주소체계를 저장하기 때문에 32bit형으로 되어 있는 것이다. 이에 비해 IPv6에서 사용되는 in6_addr 구조체는 128bit 주소체계를 저장할 수 있도록 되어 있다.

참고로 간혹 sockaddr_in, sockaddr_in6, sockaddr, sockaddr_storage의 앞쪽에 sin_len, sin6_len, sa_len, ss_len과 같은 구조체 길이가 포함된 임플리먼테이션도 있는데, 이는 SUSv4 표준안에서는 사용하지 않는 멤버이다. 이들은 BSD 유닉스 계열이나 IBM 호스트에서 사용되던 시스템에 정의된 표현이었는데 전체 유닉스나 리눅스에서 호환성을 가지려면 사용하지 않는 편이 좋다.

[코드 6.7]에 소개된 sockaddr_* 구조체들은 SUSv4 2013 edition 표준의 netdb.h 헤더에 근거하여 작성하였다. 간혹 다른 책이나 문서에서 이들 구조체의 내부가 다르

---

19) sockaddr_in과 sockaddr_in6는 netinet/in.h에 정의되어 있고 이는 netdb.h에 의해 포함된다.
20) sockaddr과 sockaddr_storage는 sys/socket.h에 정의되어 있다.

게 소개되는 예도 있는데 표준 이전의 옛날 형식이거나 추가적인 임플리먼테이션의 비표준 확장을 포함하는 경우이므로 사용하지 않는 것이 좋다.

그러면 sockaddr과 sockaddr_storage의 관계에 대해서도 알아보자. 원래 sockaddr 은 sockaddr_in과 sockaddr_un을 감싸기 위해 만들어지다 보니 크기 자체가 매우 작다. 하지만, IPv4와 IPv6를 같이 사용하는 경우라면 IPv6 주소 체계를 담기엔 sockaddr 구조체와 sockaddr_in의 작은 크기가 걸림돌이 되었다.

그렇다고 기존에 사용되던 구조체를 변경해 버리면 하위 호환성에 문제가 생기기 때문에 기존 구조체의 형태를 포함하면서 확장된 부분을 추가하는 sockaddr_storage 가 만들어졌다. 이 구조체는 RFC2553에서 제안되었다.[21]

물론 기존의 IPv4만 사용한다면 예전부터 사용해 온 sockaddr 구조체만으로도 문제가 생기지는 않는다. 이에 대한 자세한 이야기는 IPv6 프로그래밍에서 따로 다루도록 하겠다.

sockaddr* 관련 구조체들은 전부 네트워크 통신에 직접 사용되는 정보이므로 멀티바이트 데이터 타입인 in_port_t, in_addr_t와 같은 정보는 네트워크 바이트 순서인 빅 엔디안으로 저장되어야 함을 잊지 말아야 한다.

참고로 in_port_t는 16bit이므로 htons로 변환하면 된다. in_addr_t도 빅 엔디안으로 저장되어야 하는데 뒤에서 배울 IP 주소를 얻는 함수들이 애초에 빅 엔디안으로 만들어주니까 직접 변환할 필요는 없다. 이들은 예제 코드를 보면서 확인하게 될 것이다.

5.3 bind 예제

앞서 sockaddr_in 구조체를 보았으니 이번에는 이를 이용해서 bind를 호출하는 방법을 살펴보겠다. 먼저 [코드 6.8]을 살펴보자. 일단 함수 호출 구조만 보기 위해 에러 처리 분기문은 넣지 않았다. 실제 작성할 때는 socket이나 bind 함수의 리턴값을 검사하는 코드가 있어야 한다.

그리고 [코드 6.8]의 형태는 구식 방법이고 현재는 getaddrinfo를 사용하는 방법으로 대체하도록 권고되고 있다. 그럼에도, 구식 방법을 설명한 이유는 구식 코드를 먼저 알아야만 나중에 새로운 코드로 교체하기 쉽기 때문이다. getaddrinfo를 사용하는 새로운 방식은 IPv6를 다루는 곳에서 배울 것이다.

---

21) RFC2553 Basic Socket Interface Extensions for IPv6. http://www.faqs.org/rfcs/rfc2553.html

---

[코드 6.8] sockaddr_in을 이용한 bind 호출 예

```
01    struct sockaddr_in saddr_s = {};
02    port_listen = 8080;
03    saddr_s.sin_family = AF_INET;          // IPv4 네트워크 도메인 소켓 사용
04    saddr_s.sin_port = htons(listen_port); // 빅 엔디안으로 변환
05    saddr_s.sin_addr.s_addr = INADDR_ANY;  // 로컬 호스트의 모든 주소 (0.0.0.0)
06    sd = socket(AF_INET, SOCK_STREAM, IPPROTO_IP);
07    bind(sd, (struct sockaddr *)saddr_s, sizeof(struct sockaddr_in)); // 소켓 파일기술자 sd에 바인드
```

[코드 6.8]에서 04행의 sin_port는 바인드할 포트 번호인데 16bit이므로 htons로 변환해서 저장하고 있다. 만일, 포트 번호를 0으로 지정하면 bind는 시스템에서 할당해주는 가용할 수 있는 랜덤 포트 번호를 받게 된다. 그리고 0일 때는 굳이 htons를 사용하지 않아도 된다. 0을 뒤집어 봐야 여전히 0이니 말이다. 간혹 0도 htons를 하는 코드를 볼 수 있는데 사실은 쓸모없는 행위다.

05행의 sin_addr의 s_addr은 in_addr_t 타입으로 32bit의 길이를 가진다. 이 부분이 IPv4 주소체계를 의미하여 8비트씩 4개로 된 x.x.x.x 형태의 주소로 인식된다. 예제처럼 INADDR_ANY (0으로 정의됨)를 넣으면 해당 호스트에 지정된 모든 IP 주소와 매칭된다. 만일 "192.168.0.10"처럼 특정 IP 주소를 넣을 때는 사람이 읽을 수 있는 문자열을 시스템에서 사용하는 바이너리 주소로 변환해야 한다.

예를 들어 바이너리 주소란 IPv4의 struct in_addr나 IPv6의 struct in6_addr과 같은 형태를 말한다. 이를 위해 inet_addr이나 inet_pton, getaddrinfo와 같은 형태의 함수들이 지원된다. 주소 변환에 대한 함수는 뒤에 클라이언트 프로그램을 다루는 곳과 소켓 관련 함수들, IPv6를 설명하는 곳에서 배울 것이다.

여기서 모두 설명하면 bind를 설명하다가 삼천포로 빠지는 느낌이 있어서 줄이도록 하겠다. 그러면 inet_addr을 사용하여 bind하는 예만 보도록 하자.

[코드 6.9] inet_addr을 사용한 bind의 예

```
01    struct sockaddr_in saddr_s = {};
02    char *addrstr_listen = "192.168.0.10";
03    saddr_s.sin_family = AF_INET;     // IPv4 네트워크 도메인 소켓 사용
04    saddr_s.sin_addr.s_addr = inet_addr(addrstr_listen); // 로컬 호스트의 IP주소
05    sd = socket(AF_INET, SOCK_STREAM, IPPROTO_IP);
06    bind(sd, (struct sockaddr *)saddr_s, sizeof(struct sockaddr_in)); // 소켓 파일기술자 sd에 바인드
```

여기서 inet_addr은 192.168.0.10의 문자열을 변환하여 in_addr_t형으로 리턴한다. 예제에서는 간단한 설명을 위해 구식 함수인 inet_addr를 사용했지만 차후 IPv6 호환성을 위해서 사용을 자제해야 한다.

inet_addr의 문제는 리턴값으로 에러 코드 검사가 힘들다는 점이다. 따라서 최근에 작성되는 새로운 프로그램은 inet_addr은 사용을 지양하고 getaddrinfo 함수를 이용하는 방식이 낫다. 그러나 기존에 만들어진 구식 코드를 이해하고 수정하는 방법도 알아야 하므로 sockaddr_in 구조체를 직접 다루는 방식인 [코드 6.8]이나 [코드 6.9]의 예제를 기억해두어야 한다.

이들에 대한 자세한 언급은 IPv6를 다루는 곳에서 다시 설명하도록 할 것이다. 그전까지는 inet_addr이나 inet_pton의 구식 함수를 사용하는 예제를 보게 될 것이다.

5.4 서버 측 연결큐 준비 : listen

TCP 서버 측 프로세스는 socket, bind까지 성공하면 클라이언트로부터 연결을 받기 위한 큐(backlog)를 만들어야 한다. 이는 TCP가 연결 지향형 프로토콜이므로 연결이 오면 차례차례 처리하기 위해 쌓아두는 공간이 필요하기 때문이다. 이를 가능하게 하는 함수가 listen이며 호출이 성공하면 앞서 bind 했던 주소(포트 포함)는 LISTEN 상태가 된다.

```
int  listen(int socket, int backlog);
```

listen 함수의 첫 번째 인수인 socket은 소켓의 파일기술자로서 bind까지 성공한 파일기술자여야 한다. 두 번째 인수인 backlog는 연결 대기큐, 즉 백로그의 길이로서 128, 256, 512, 1024를 많이 사용하는 편이다. 백로그는 2의 승수를 사용하지 않아도 상관없지만, 일반적으로는 2의 승수를 많이 사용한다.

연결과 해제가 빈번한 구조를 가진 웹 서버처럼 특별한 경우를 제외하고는 listen 백로그를 크게 잡을 필요는 없다. 만일 백로그를 크게 늘려도 연결을 처리하는 함수인 accept 관련 작업을 빨리 처리하지 못한다면 결국엔 백로그가 다 차게 되고 연결이 거부되므로 백로그를 늘리는 것은 근본적인 해결책이 될 수 없다.

따라서 접속 거부나 지연이 발생하지 않도록 TCP 네트워크 서버 프로그래밍은 접속 처리, 즉 accept를 하는 부분을 빠르게 처리할 수 있어야 한다. 거기에 더해 DoS(Denial of Service) 공격에 대비할 수 있도록 작성되어야만 한다. 물론 리눅스를 포함하여 최근의 운영체제는 커널 레벨에서 DoS 방어나 접속 처리를 도와주는 기능이 일부 포함되어 있으므로 이런 기능을 잘 이해하는 것도 중요하다. 그리고 나서 어플리케이션 레벨에서도 보안이나 신뢰성을 위한 기능을 구현하는 것이 좋다.

listen 백로그는 net.core.somaxconn 커널 설정에 영향을 받으므로 관련 설정 기능에 대해서도 알아두어야 한다. 이에 대해 이야기까지 하면 너무 길어지므로 일단은 여기서 줄이도록 하겠다.

이제 listen까지 성공하였다면 TCP를 사용하는 서버 측의 준비 과정은 끝나게 된다. 이때 접속을 위한 서버 측 연결 소켓을 보통 리스너 소켓(listener socket)이라고 부른다. 리스너 소켓에는 클라이언트가 connect를 호출하여 접속할 수 있으며 서버 측은 접속을 받아들이기 위해 accept를 호출하면 된다.

SUS 표준에는 지정되어 있지 않지만, 리눅스에서는 이미 listen을 성공한 소켓에 다시 listen 함수를 호출하면 listen 백로그 수치를 변경할 수 있는 기능이 있다. 예를 들어 초기에 listen(sd, 32)로 호출했다고 가정하자. 이후 listen(sd, 512)로 다시 호출하면 512가 적용된다. 물론 이렇게 해도 커널의 net.core.somaxconn에 영향을 받지만 백로그 크기를 변경할 수 있는 기능이 있다는 것만 기억해두자.

5.5 서버 측 연결 수락 : accept

서버 측에서 listen 함수까지 성공하면 이제 클라이언트의 접속을 받을 수 있는 준비가 끝나게 된다. 하지만, listen 함수는 시스템 레벨에서 접속을 받을 수 있는 상태를 만드는 것이고, 서버 측 프로세스가 실제 통신을 하려면 accept 함수를 호출해야 한다.

원래 클라이언트가 접속을 요청하는 connect 함수를 호출하면 서버 측에서는 listen 백로그에 여유가 있는 경우 시스템 레벨에서 접속 요청을 받아들이게 된다.[22]

그리고 이렇게 받아들여진 접속은 일단 listen 백로그 큐에 넣어두므로 연결된 상태지만 커널 레벨에만 존재하므로 실제 데이터 통신은 할 수 없는 상태이다. 실제 통신이 가능하도록 하기 위해서는 accept 함수를 호출하여야 하는데 이는 listen 백로그에 있는 연결을 꺼내서 프로세스의 파일기술자로 리턴하는 기능이다. 이때 accept 함수가 리턴하는 파일기술자는 1:1로 클라이언트 측 소켓과 연결된 상태이며 이를 통해서 통신이 가능해진다.

여기서 주의할 점은 listen 함수에서 사용한 리스너 소켓 파일기술자는 연결을 받아들이기 위한 소켓이므로 실제 통신용은 아니라는 점이다. 간혹 TCP를 잘못 이해하여 리스너 소켓 파일기술자에 recv, send를 하면 안 된다.

accept 함수는 기본적으로 블록 모드로 작동한다. 따라서 accept 함수를 호출하면 listen 백로그에 있는 연결을 빼와서 새로운 파일기술자로 반환하기도 하지만, listen 백로그가 비어 있다면 새로운 연결이 도착할 때까지 블록된다. 즉 새로운 연결이 없다면 listen 백로그는 계속 비어 있을 테니 줄곧 accept 함수에서 리턴되지 않고 대기

---

22) 시스템 레벨에서 TCP 연결을 수립하는 과정을 TCP three way handshaking이라고 한다. TCP 상태 전이를 다룰 때 자세히 다룰 것이다.

할 것이다.

```
int accept(int sockfd, struct sockaddr *restrict address, socklen_t *restrict address_len);
```

accept의 첫 번째 인수인 sockfd는 리스너 소켓의 파일기술자이다. 두 번째 인수인 address는 접속을 시도한 클라이언트의 주소 정보가 리턴되는 변수다. 중요한 점은 bind에서처럼 address 부분은 항상 sockaddr 구조체로 캐스팅해주어야 한다는 점이다.

세 번째 인수인 address_len는 호출할 때는 입력하는 두 번째 인수의 길이이고 리턴할 때는 실제 address 인수의 길이가 반환된다. 이렇게 입력과 실제 길이를 반환하는 이유는 bind에서 설명했듯이 sockaddr 구조체가 다양한 형태로 캐스팅되어 각각 구조체의 실제 크기가 달라질 수 있기 때문이다.

그런데 accept를 호출할 때 클라이언트의 sockaddr 정보가 필요 없다면, 두 번째, 세 번째 인수를 NULL로 지정하면 된다.

참고로 accept 함수를 호출할 때 두 번째 인수인 sockaddr 구조체를 사용하지 않아도 나중에 클라이언트의 주소를 읽고자 한다면 getnameinfo나 getpeername 함수를 사용하면 된다. 따라서 accept를 호출할 때 상대의 주소를 읽어서 저장해두거나 할 필요는 없다.

그러면 accept 함수를 사용하는 간단한 예제를 살펴보자. 온전한 예제는 뒤에서 따로 살펴볼 테니 여기서는 함수 호출의 흐름만 먼저 살펴보자.

[코드 6.10] accept 함수의 구식 코드 예 #1

```
01  struct sockaddr_storage ss_client; /* sockaddr_storage 사용 */
02  socklen_t len_ss_client = sizeof(ss_client);
03  // fd_listen는 리스너 소켓이다.
04  fd_client = accept(fd_listener, (struct sockaddr *)&ss_client, &len_ss_client);
05  if (fd_client == -1) { /* error */ }
06  printf("IP:Port (%s:%d)\n",
07      inet_ntoa( ((struct sockaddr_in *)&ss_client)->sin_addr ),
08      ntohs( ((struct sockaddr_in *)&ss_client)->sin_port ) );
```

[코드 6.10]을 보면 모든 주소를 저장할 수 있는 크기를 가진 sockaddr_storage 구조체를 선언한 뒤에 이를 캐스팅해서 쓰는 것을 볼 수 있다. 그리고 02행에서 이 입력 길이를 넣는데 일반적인 경우 이 길이는 128바이트가 된다. 하지만, 04행에서 accept가 성공하면 IPv4의 경우는 sockaddr_in 구조체로 리턴하므로 16바이트가 리턴된다.

따라서 accept가 계속해서 루프를 도는 경우라면 매번 len_ss_client의 값을 새로 세팅해서 넣어줘야 하는 점을 잊으면 안 된다. 특히 IPv4와 IPv6를 모두 사용할 수 있도록 설계하는 경우라면 특별히 주의해야 한다.

그러나 둘 중 한 가지만 쓰는 경우, 예를 들어 IPv4만 쓰는 경우라면 sockaddr_in 구조체를 직접 사용해도 된다. 예를 들어 IPv4만 사용한다면 [코드 6.11]처럼 애초부터 sockaddr_in으로 선언하고 len_ss_client도 한 번만 설정해주면 된다. 참고로 옛날 IPv4 전용 프로그램들은 [코드 6.11]과 비슷한 형태로 작성되어 있다.

[코드 6.11] accept 함수와 sockaddr_in을 사용한 구식 코드 예 #2

```
01  struct sockaddr_in sin_client;  /* IPv4 전용 */
02  socklen_t  len_sin_client = sizeof(sin_client);
03  // fd_listen는 리스너 소켓이다.
04  fd_client = accept(fd_listener, (struct sockaddr *)&sin_client, &len_sin_client);
05  if (fd_client == -1) { /* error */ }
06  printf("IP:Port (%s:%d)\n",
07      inet_ntoa( sin_client.sin_addr ),
08      ntohs( sin_client.sin_port ) );
```

그리고 중요한 참고 사항으로 [코드 6.10]과 [코드 6.11]에 사용된 inet_ntoa나 port 번호를 ntohs로 변환하여 출력하는 것은 이제 구식 코드이다.

앞으로는 getnameinfo로 대체하도록 권고되고 있는데 여기서는 기존에 작성된 코드를 이해할 수 있도록 구식 코드를 먼저 다루었다. 새로운 코드에서 사용하는 getnameinfo는 역시 IPv6를 다루는 곳에서 배우도록 할 것이다.

5.6 클라이언트 측 연결 시도 : connect

서버 측 준비가 끝났으면 클라이언트 측은 서버가 LISTEN하고 있는 주소로 접속할 수 있다. 이때 사용하는 함수가 바로 connect이다.

클라이언트 측은 connect를 하기 전에 소켓을 생성해두어야 하며 connect는 bind 기능을 내포하고 있기 때문에 socket, connect 순서로 호출하면 자동으로 적당한 임의의 주소와 포트 번호로 bind 된다. 이렇게 내부적으로 bind가 일어나는 작업을 implicit binding이라고 한다.

그러나 connect 호출 전에 직접 bind를 호출하면 원하는 주소를 지정하여 사용할 수 있는데 이를 explicit binding이라고 한다. explicit binding은 클라이언트가 여러 개의 IP 주소를 가지고 있는데 특정 IP 주소를 사용해야 하는 경우나 특정 포트 번호를 사용해야 하는 경우 사용된다. explicit binding은 connect 호출 전에 직접 bind를 하는 것만 다를 뿐 일반적인 사용방법은 같다. 이에 대한 자세한 사용법은 소켓 옵션인 SO_REUSEADDR과도 관련이 있으므로 소켓 옵션에서 다루도록 하겠다.

connect가 성공하면 해당 소켓은 통신 가능한 상태가 되어 recv, send를 사용하여 서버 측과 데이터를 주고받을 수 있다. 함수 형태는 이전에 보았던 bind와 매우 비슷하므로 이제는 직관적으로 이해할 수 있을 것이다.

```
int  connect(int socket, const struct sockaddr *address, socklen_t address_len);
```

첫 번째 인수는 socket 함수로 생성한 빈 소켓이다. 앞서 언급한 대로 미리 bind를 해도 되고 안 해도 된다.

두 번째 인수인 address는 접속할 서버(목적지)의 주소를 담고 있는 구조체로서 함수 원형에 선언된 타입은 sockaddr 구조체이지만 이는 호출할 때 캐스팅만 하는 타입임을 이미 알고 있다.

따라서 실제로는 IPv4를 사용한다면 sockaddr_in 구조체를 작성해야 하고 IPv6라면 sockaddr_in6 구조체로 작성해야 한다.

그리고 세 번째 인수인 address_len은 두 번째 인수의 실제 크기가 된다. 예를 들어 IPv4의 192.168.0.100의 주소를 가지는 서버의 1080 포트에 접속한다고 하면 다음 과 같은 코드가 될 것이다.

[코드 6.12] 클라이언트 측의 connect 함수의 구식 코드 예

```
01   struct sockaddr_in saddr_c = {};
02   char  a_ipaddr[INET_ADDRSTRLEN];  /* 문자열로 표시된 IPv4의 최대 길이 (16바이트) */
03   ... (생략) ...
04   if ((fd_client = socket(AF_INET, SOCK_STREAM, IPPROTO_IP)) == -1) { /* error */ }
05   snprintf(a_ipaddr, sizeof(a_ipaddr), "192.168.0.100");
06   saddr_c.sin_family = AF_INET;
07   saddr_c.sin_addr.s_addr = inet_addr(a_ipaddr);
08   saddr_c.sin_port = htons( (short)atoi("1080") ); /* 목적지의 포트 번호는 1080 */
09   if (connect(fd_client, (struct sockaddr *)&saddr_c, sizeof(saddr_c)) == -1) { /* error */ }
```

TCP 클라이언트 측 코드도 구식 코드의 형태로 살펴보았다. 온전히 작동되는 예제는 뒤에서 따로 살펴볼 테니 지금은 connect 함수를 호출하기 위해 구조체 변수들이 어떻게 쓰이는지만 알아두자.

5.7 데이터 송수신 : send, recv

정상적으로 연결에 성공한 소켓은 send나 recv를 통해서 데이터를 보내거나 받을 수 있다. 여기서 연결에 성공했다는 것은 서버 측에서는 accept가 성공하여 소켓 파일기술자 리턴받은 것을 말하고, 클라이언트 측은 connect가 성공한 경우를 말한다.

TCP 소켓에 송수신할 때는 send, recv를 주로 사용하지만, 소켓 파일기술자는 저수준 파일 입출력의 파일기술자와 같은 의미로 사용되므로 write, read도 사용 가능하다. 하지만, write, read를 사용하면 소켓 고유의 작동 플래그를 사용할 수 없으므로 특별한 이유가 아니라면 send, recv를 사용하는 편이 좋다.

```
ssize_t  send(int sockfd, const void *buffer, size_t length, int flags);
ssize_t  recv(int sockfd, void *buffer, size_t length, int flags);
```

send 함수의 인수는 차례대로 sockfd는 유효한 소켓 파일기술자, buffer는 보낼 데이터가 들어 있는 버퍼, length는 버퍼에 담긴 데이터의 크기이다.

마지막 인수인 flags는 작동 플래그로서 send나 recv에 작동을 제한하는 여러 가지 기능을 지정할 수 있다. send는 성공했을 때는 양수가 리턴되는데 이는 소켓의 송신 버퍼에 복사된 데이터의 바이트 수를 의미한다.

복사된 데이터 바이트는 send를 호출할 때 지정한 length와 같거나 작을 수 있다. 이때 length보다 작은 숫자가 리턴되었다면 나머지 복사되지 않은 부분을 계산하여 재전송해야만 한다.

재전송에 관련된 부분을 여기서 다루면 너무 복잡해지므로 이에 대한 자세한 언급은 넌블록킹 모드를 다룰 때 살펴볼 것이다. 만일 send가 실패하면 −1이 리턴된다.

표 6.9 send 함수의 주요 작동 플래그 : 더 많은 옵션은 맨페이지를 참고하라.

MSG_OOB	아웃오브밴드(Out-of-band)데이터를 송신한다.
MSG_NOSIGNAL	반대편 소켓 연결이 끊어졌을 때에 SIGPIPE 시그널을 발생시키지 않는다. 단 EPIPE 에러 설정은 여전히 작동한다.
MSG_DONTWAIT	넌블록킹으로 작동한다.
MSG_EOR	레코드의 끝을 알리는 EOR을 지정한다.(X.25와 같이 프로토콜에서 지원하는 경우)
MSG_MORE	1회성으로 TCP_CORK 옵션 기능을 사용한다. (리눅스 전용 기능이며 소켓 옵션 제어의 TCP_CORK 부분의 설명을 참고하라)

[표 6.9]에 send의 주요 플래그들을 정리해두었다. 여기서 MSG_OOB, MSG_ NOSIGNAL, MSG_EOR은 표준안에 의한 옵션이다. man 페이지에는 표준안과 주로 쓰이는 옵션 외에도 많은 플래그가 있지만, 리눅스 전용이 많아 호환성이나 멀티 플랫폼을 지원해야 하는 경우라면 배제하거나 혹은 포팅하려는 플랫폼에서 해당 옵션을 지원하는지 확인해야 한다.

아웃오브밴드(OOB) 데이터는 보통 긴급 데이터를 의미한다. 하지만, TCP 연결에서 OOB는 긴급 데이터를 의미하는 것은 아니다. 다만, URG 포인터를 이용하여 OOB 데이터가 구현되어 있을 뿐이다. OOB는 다뤄야 할 내용이 많기 때문에 뒤에서 OOB를 다룰 때 자세히 알아보도록 할 것이다. 따라서 여기서는 MSG_OOB 플래그가 있다는 정도만 기억해두고 넘어가도록 하자.

MSG_DONTWAIT는 해당 소켓이 1회성으로 넌블록킹 작동을 하도록 한다. 영속적으로 소켓의 넌블록킹 모드 설정은 fcntl로 설정하며 이는 복잡한 이론적 배경도 알아야 하므로 뒤에서 넌블록킹 모드를 알아보는 곳에서 자세히 다룰 것이다.

반대편 소켓에서 연결을 끊었는데 이를 모르고 send를 호출하면 SIGPIPE 시그널이 발생한다. 하지만, 시그널 처리기를 쓰지 않는다면 굳이 시그널을 발생시킬 필요가 없다. 이때 MSG_NOSIGNAL을 사용하면 된다.

표 6.10 send의 주요 에러 코드 : 더 많은 에러는 맨페이지를 참고하라.

EAGAIN EWOULDBLOCK	넌블록킹 모드로 세팅된 소켓에서 소켓 버퍼에 더 이상 공간이 없는 경우 (참고 : EAGAIN과 EWOULDBLOCK은 같은 의미이다.)
EINTR	인터럽트가 발생하여 전송이 중단되었다.
EPIPE	반대편 소켓의 연결이 끊어졌다.
ECONNRESET	반대편에서 연결을 강제로 끊었다.

send가 실패하면 −1을 리턴한다고 하였는데 그럴 때 주요 발생하는 에러 코드는 [표 6.10]과 같다. 그러나 사실은 이보다 더 많은 에러가 있으며 맨페이지를 참고해야 한다.

일반적으로 EAGAIN이나 EINTR의 경우는 대부분 재전송을 하게 되며 EPIPE의 경우는 연결이 끊어졌으므로 연결을 닫고 정리하는 과정을 하게 된다.

여기서 EAGAIN인 경우에는 무작정 재전송을 하면 계속 같은 에러로 실패하는 수가 있으므로 넌블록킹 모드로 설계한 경우에는 좀 더 조심해서 다뤄야 한다. 이에 대해서는 뒤에서 넌블록킹 모드를 다룰 때 설명할 것이니 그때 연관지어서 꼭 알아두기 바란다.

recv 함수의 인수는 send와 거의 비슷하다. sockfd는 소켓 파일기술자, buffer는 수신할 데이터를 저장할 버퍼, length는 buffer의 크기, flags는 작동 플래그이다.

그리고 recv가 사용 가능한 주요 옵션 플래그는 [표 6.11]과 같으며 MSG_OOB, MSG_PEEK, MSG_WAITALL은 표준에 지시된 플래그이다.

표 6.11 recv 함수의 주요 작동 플래그 : 더 많은 옵션은 맨페이지를 참고하라.

MSG_OOB	아웃오브밴드(Out-of-band)데이터를 수신한다.
MSG_PEEK	recv가 성공한 뒤에도 소켓 수신 버퍼큐에서 데이터를 제거하지 않는다.
MSG_WAITALL	버퍼 크기가 다 채워질 때까지 대기한다. 단 시그널 개입이나 연결이 끊어지면 함수는 에러로 리턴된다.
MSG_TRUNC	recv 호출시 사용한 버퍼보다 큰 데이터를 수신해야 하는 경우 초과분은 모두 삭제한다.

recv 함수는 성공했을 때 수신한 데이터의 바이트 크기를 리턴한다. 당연히 입력된 버퍼의 크기인 length보다 작거나 같은 값이 수신된다. 만일 length와 같은 값이 리턴되면 수신된 데이터가 버퍼의 크기와 정확하게 일치하거나 혹은 남아 있는 데이터가 있을 수도 있다. 이런 경우에는 recv를 여러 번 호출해서 소켓으로부터 나머지 데이터를 읽어야 하는 경우가 생길 수도 있다. 이런 경우를 매끄럽게 처리하려면 보통 7장의 I/O 멀티플렉싱 기법을 사용한다.

recv의 리턴값이 0인 경우에는 반대편에서 연결 종료를 요구했다는 의미이므로 이 요구에 응하여 이쪽의 연결을 닫는 작업인 close를 호출해야 한다. 소켓 연결을 닫는 작업은 매우 중요하므로 TCP 상태 전이에서 좀 더 자세히 살펴볼 것이다.

send, recv 함수에 옵션 플래그를 설정하지 않은 경우, 즉 플래그에 0을 넣으면 write, read 함수와 완전히 동일하게 작동한다. 따라서 플래그를 특별하게 지정하지 않는다면 앞에서 언급했듯이 소켓에 대해서도 파일기술자와 동일하게 write, read 함수를 사용할 수도 있다.

주의할 점은 TCP는 데이터의 경계를 보존하지 않는다는 점이다. 예를 들어 send를 3번 호출했고 각각 300, 500, 100바이트를 전송했다고 가정한다. 하지만, 수신 측에서 recv를 할 때 상당한 시간이 흘렀다면 300, 500, 100은 전부 하나의 수신 버퍼에 들어가 있어서 버퍼 크기가 충분하다면 한 번에 다 읽힐 수 있다. 예를 들어 앞의 예시에서 recv할 때 버퍼 크기가 900(300+500+100) 이상이라면 한 번에 900바이트를 모두 읽을 수 있다. 반대로 recv를 호출할 때 수신 버퍼 크기가 256바이트라면 수신된 총 데이터가 900바이트이므로 4번에 걸쳐서 읽어들여야만 한다.

TCP가 레코드의 경계를 보존하지 않는 점 때문에 프로그래머는 따로 어플리케이션 헤더를 만들든지 아니면 레코드 경계를 구별할 수 있는 구분자를 사용해야만 한다. 이와 반대로 UDP는 데이터 경계를 보존하는 특징이 있다. 이런 특징에 대해서는 뒤에서 이야기할 것이다.

5.8 연결 종료 : close, shutdown

TCP 소켓의 연결을 닫기 위해서 제공되는 함수는 close와 shutdown의 두 가지가 존재한다. 이 두 함수의 차이는 연결을 닫는 범위가 다르다. 먼저 close는 함수를 호출한 프로세스에서 연결된 소켓의 파일기술자 ID만 닫는다.

만일 같은 소켓을 다른 프로세스가 공유하고 있다면 (예: fork로 상속된 소켓 연결) 소켓 연결은 끊어지지 않게 된다. 실제로 소켓의 연결이 끊어지는 시점은 공유하고 있는 다른 프로세스들이 모두 close했을 경우이다.

그러나 shutdown은 즉시 모든 연결을 닫는 작업을 한다. 즉 shutdown 함수가 실행되면 다른 프로세스가 해당 소켓을 공유하고 있더라도 즉시 연결은 해제된다. 따라서 소켓을 공유하고 있던 다른 프로세스들이 recv를 하고 있었다면 EOF가 전달되어 0이 리턴되고 send를 하고 있었다면 쓰기가 실패하며 SIGPIPE 시그널이 발생한다.

그러므로 shutdown을 하면 소켓을 공유하고 있던 다른 프로세스들은 전부 close를 호출하여 파일기술자 자체를 닫는 작업을 해야 한다.

즉 close는 소켓 계층보다 상위 계층인 파일기술자 레벨에서 닫는 작업을 하므로 소켓 계층과 연결된 파일기술자 ID가 모두 닫힌 뒤에 실제로 소켓 계층에서 채널이 닫힌다. 하지만, shutdown은 소켓 계층 자체에 채널을 닫는 명령을 내리기 때문에 연결된 모든 파일기술자 ID에도 닫는 작업을 하게 된다.

```
int  close(int filedes);
int  shutdown(int socket, int how);
```

close는 이미 저수준 파일 처리에서 보았던 그대로 사용되므로 별로 설명할 것이 없다. shutdown은 소켓 파일기술자 외에 how라는 소켓의 어떤 채널을 닫을 것인지 방법을 지정할 수 있다.

표 6.12 shutdown의 how 인수 값

SHUT_RD	읽기 채널을 닫는다. 해당 소켓에 읽기 행동(예: recv)을 할 수 없다.
SHUT_WR	쓰기 채널을 닫는다. 해당 소켓에 쓰기 행동(예: send)을 할 수 없다. 이 명령이 성공하면 상대방에게 소켓을 닫기 위한 신호를 보낸다.(FIN 명령)
SHUT_RDWR	소켓을 즉시 닫는다.

소켓에는 원래 읽기 채널과 쓰기 채널이 존재한다. 바꿔 말하면 수신 버퍼와 송신 버퍼가 따로 있다는 의미가 된다. 이 중에서 SHUT_RD는 읽기 채널만을 닫는 것으로서 수신 버퍼를 제거한다는 의미가 된다.

따라서 이후에는 recv와 같은 읽기 작업은 할 수 없고 send와 같은 작업만 가능해진다. SHUT_WR은 쓰기 채널만을 닫기 때문에 그 반대로 작동한다. 이렇게 한쪽 채널만 닫는 작업은 TCP half-close라고 부르며 몇몇 특수한 경우에 사용한다. SHUT_RDWR은 둘 다 닫으므로 소켓은 즉시 닫히게 되며 공유하고 있는 다른 프로세스들을 무시하고 닫을 때 사용한다.

예를 들어 쓰기 채널을 닫는 경우는 상대편에게 더는 보낼 데이터가 없고 수신할 데이터만 남은 경우이다. 이 경우에는 상대편은 데이터는 다 보낸 뒤에 recv를 해보면 0이 리턴되므로 close나 shutdown을 시도하면 된다.

반대로 읽기 채널을 닫는 경우는 상대편에게서 오는 데이터는 모두 무시하고 송신할 데이터만 보내고 끊는 경우에 사용한다. 그러나 TCP half-close보다는 어플리케이션 레벨에서 데이터의 끝을 의미하는 메시지를 주고받는 편이 더 좋으므로 shutdown을 이용한 TCP half-close는 제한된 경우에만 사용하는 것이 좋다.

참고로 close 함수를 호출하면 즉시 리턴하게 되지만 바로 연결이 해제되는 것은 아니다. 일반적으로 시스템은 미처 전송이 완료되지 못한 데이터가 소켓 버퍼에 남아 있으면 이를 백그라운드에서 처리하고 연결을 끊는 작업을 하기 때문이다.

하지만, 시스템이 처리하는 것을 사용자가 프로그램 내에서 처리하고자 할 때 SO_LINGER 옵션을 사용할 수 있다. 이 옵션을 사용하면 close를 호출할 때 백그라운드에서 처리하지 않도록 할 수 있다. 자세한 것은 뒤에 소켓 옵션에서 다룰 것이다.

5.9 TCP 서버 예제

이제 앞서 다뤘던 함수들을 이용해서 TCP 소켓을 이용한 서버 예제를 작성하도록 하자. 예제는 pre-fork 방식의 TCP 서버를 제작할 것이다.

pre-fork 방식은 서버 측에서 미리 몇 개의 자식 프로세스를 생성하는 방식이다. 예제를 간단하게 작성하기 위해 각각의 자식 프로세스는 accept에서 블록킹되어 접속을 기다리게 된다.

이제 새로운 접속이 있으면 그 중 한 개의 프로세스만 accept를 성공하게 된다. 물론 나머지는 그대로 블록킹 상태로 대기할 것이다. 물론 이는 예제이므로 자식 프로세스 개수를 고정된 풀(pool)로 구성하고 있지만, 실무에서 사용되는 pre-fork 방식은 동적 크기의 풀을 사용하는 경우가 많다. 예를 들어 웹서버인 apache 1.3.x가 그 대표적인 예이다.

apache의 pre-fork 방식은 MPM(Multi-Processing Model)의 최대 풀 개수가 있고, 그 안에서 현재 가용 프로세스의 개수를 "최소 풀 크기(apache에서 MinSpareServers 설정) ~ 최대 풀 크기(apache에서 MaxSpareServers 설정)"의 내에서 유지되도록 한다.

따라서 최소 풀 크기보다 적으면 fork를 해서 가용 가능한 유휴 자식 프로세스(idle process)를 최소 풀 크기에 맞추고 반대로 최대 풀 크기보다 더 많은 유휴 프로세스가 있다면 프로세스를 강제 종료시켜 최대 풀 크기에 맞추도록 한다.

이런 기능은 이 장을 다 배운 뒤에 여러분이 예제를 뜯어고쳐서 한 번 만들어 보면 좋은 연습이 될 것이다. 이외에 안전한 I/O 처리를 위한 시그널 처리라든지 다수의 프로세스가 I/O 멀티플렉서를 다루는 방법은 각각 9장과 7장에서 다룰 것이다.

특히 다수의 프로세스에서 경쟁적으로 작동하는 썬더링 허드 문제(thundering herd problem)[23]라고 하며 이 문제를 해결하기 위해 앞서 팁 박스에서 언급한 세마포어나 뮤텍스와 같은 락(lock)을 도입할 수 있다.

[코드 6.13] 예제의 메시지 출력 매크로　　　　　　　　　　　　　　　　　　(stdalsp.h)

```
01   #define print_msg(io, msgtype, arg...) \
02       flockfile(io); \
03       fprintf(io, "["#msgtype"] [%s/%s:%03d] ", __FILE__, __FUNCTION__, __LINE__); \
04       fprintf(io, arg); \
05       fputc('\n', io); \
06       funlockfile(io);
07   #define pr_err(arg...) print_msg(stderr, ERR, arg)
08   #define pr_out(arg...) print_msg(stdout, REP, arg)
```

---

23) thundering herd problem : 어떤 자원을 필요로 하는 다수의 프로세스(혹은 스레드)가 서로 자원을 확보하기 위해 경쟁하는 과정에서 생기는 문제이다. 예를 들어 자원을 필요로 하는 대기 프로세스들이 자원이 사용 가능해졌을 때 모두 깨어나서 경쟁적으로 선점하려 하는 구조일 때 발생한다.

이 과정에서 자원 확보를 실패한 프로세스들은 CPU 시간만 소모하고 다시 대기상태로 돌아가게 되는 데 실패한 프로세스의 비율이 높을수록 비효율적인 구조가 된다. 참고로 이 문제는 번개가 치면(thundering) 소떼(herd)가 번개라는 이벤트(thrashing event)에 의해서 뛰어다닌다는 것에 유래한다.

먼저 예제를 설명하기 전에 앞으로 사용하게 될 간단한 매크로를 정의하고 넘어가자. 이는 매번 printf 구문을 자세하게 쓰는 것은 지면 낭비이자 타이핑 낭비이기 때문에 메시지나 에러를 출력하는 몇 개의 매크로를 정리한 것이다.

이를 예제에서 사용되는 공통 헤더에 포함해 두면 편리하게 사용할 수 있을 것이다. [코드 6.14]에서 사용되는 pr_err이나 pr_out은 이후에는 설명하지 않으니 여기서 봐두기 바란다.

[코드 6.14] TCP 소켓을 이용한 pre-fork 형태의 서버   (inet_tcp_serv1.c, 1/2 번째)

```
01  #define LISTEN_BACKLOG  20
02  #define MAX_POOL    3
03  int fd_listener;
04  void start_child(int fd, int idx);
05  int main(int argc, char *argv[])
06  {
07      int     i;
08      short port;
09      socklen_t len_saddr;
10      struct sockaddr_in  saddr_s = {};
11      pid_t   pid;
12      if (argc > 2) {
13          printf("%s [port number]\n", argv[0]);        exit(EXIT_FAILURE);
14      }
15      if (argc == 2) {
16          port = (short) atoi((char *)argv[1]);
17      } else {
18          port = 0;   /* random port */
19      }
20      if ((fd_listener = socket(AF_INET, SOCK_STREAM, IPPROTO_IP)) == -1) { /* 리스너용 소켓 생성 */
21          pr_err("[TCP server] : Fail: socket()");        exit(EXIT_FAILURE);
22      }
23      saddr_s.sin_family = AF_INET;          /* IPv4 */
24      saddr_s.sin_addr.s_addr = INADDR_ANY;   /* 0.0.0.0 */
25      saddr_s.sin_port = htons(port);
26      if (bind(fd_listener, (struct sockaddr *)&saddr_s, sizeof(saddr_s)) == -1) { /* 바인드 */
27          pr_err("[TCP server] Fail: bind()");        exit(EXIT_FAILURE);
28      }
29      if (port == 0) {
30          len_saddr = sizeof(saddr_s);
31          getsockname(fd_listener, (struct sockaddr *)&saddr_s, &len_saddr);
32      }
33      pr_out("[TCP server] Port : #%d", ntohs(saddr_s.sin_port));
34      listen(fd_listener, LISTEN_BACKLOG);
35      for(i=0; i<MAX_POOL; i++) {
36          switch(pid = fork()) {
```

```
37              case 0:      /* Child process */
38                  start_child(fd_listener, i);
39                  exit(EXIT_SUCCESS);
40                  break;
41              case -1:     /* Error */
42                  pr_err("[TCP server] : Fail: fork()");
43                  break;
44              default:     /* parent */
45                  pr_out("[TCP server] Making child process No.%d", i);
46                  break;
47          }
48      }
49      for(;;)     pause();
50      return 0;
51  }
```

[코드 6.14]는 예제의 main 함수 부분으로서 리스너 소켓을 만들고 fork하는 기능이 있다. 먼저 20행을 보면 TCP 소켓을 생성하는 것을 볼 수 있는데 이 소켓은 리스너 소켓으로 사용될 것이다.

그런 뒤에 23~25행은 sockaddr_in 구조체에 리스너 소켓이 바인드할 주소를 넣고 있다. IPv4 주소는 INADDR_ANY를 사용했으므로 로컬에 있는 모든 주소가 해당하고, 포트는 사용자가 입력했다면 그 주소를 넣고 아니라면 0을 넣어서 랜덤하게 받도록 한다. 26행에서 바인드가 성공하면 29행으로 내려온다.

bind할 때 포트 번호를 0번으로 설정하면 랜덤 포트 번호가 할당되므로 실제로 할당된 포트 번호가 몇 번인지 알아내기 위해 소켓 파일기술자로부터 정보를 읽어오는 getsockname을 호출한다. 이 함수는 소켓 파일기술자로부터 sockaddr 구조체의 정보를 뽑아올 때 사용한다.

이렇게 실제 전송과 관련 없는 소켓 함수들은 뒤에서 한꺼번에 정리할 테니 여기서는 간단하게 코드만 이해하고 넘어가도록 하자.

그런 뒤에 listen까지 호출하면 서버 측 작업은 끝나게 된다. 그리고 자식 프로세스를 fork하게 된다. 자식 프로세스는 부모 프로세스의 파일기술자를 복제하므로 실제로 각 자식 프로세스는 부모 프로세스의 리스너 소켓의 파일기술자를 모두 공유하게 된다. 그러면 실제 자식 프로세스가 작업하게 되는 start_child 함수 부분을 마저 보자.

[코드 6.14] TCP 소켓을 이용한 pre-fork 형태의 서버   (inet_tcp_serv1.c, 2/2 번째)

```
52  void start_child(int sfd, int idx) {
53      int    cfd, ret_len;   char   buf[40];    /* small buf */
54      socklen_t  len_saddr;    struct sockaddr_storage saddr_c;
55      for(;;) {
56          len_saddr = sizeof(saddr_c);
57          cfd = accept(sfd, (struct sockaddr *)&saddr_c, &len_saddr);
58          if (cfd == -1) {
59              pr_err("[Child] Fail: accept()");
60              close(cfd);
61              continue;
62          }
63          if (saddr_c.ss_family == AF_INET) {
64              pr_out("[Child:%d] accept (ip:port) (%s:%d)", idx,
65                  inet_ntoa( ((struct sockaddr_in *)&saddr_c)->sin_addr ),
66                  ntohs( ((struct sockaddr_in *)&saddr_c)->sin_port ) );
67          }
68          for(;;) {
69              ret_len = recv(cfd, buf, sizeof(buf), 0);
70              if (ret_len == -1) { /* 에러 상황 */
71                  if (errno == EINTR) continue;
72                  pr_err("[Child:%d] Fail: recv(): %s", idx, strerror(errno));
73                  break;
74              }
75              if (ret_len == 0) { /* 연결이 끊긴 상황 */
76                  pr_err("[Child:%d] Session closed", idx);
77                  close(cfd);
78                  break;;
79              }
80              pr_out("[Child:%d] RECV(%.*s)", idx, ret_len, buf);
81              if (send(cfd, buf, ret_len, 0) == -1) {
82                  pr_err("[Child:%d] Fail: send() to socket(%d)", idx, cfd);
83                  close(cfd);
84              }
85              sleep(1); /* 별 의미없이 1초 쉰다. */
86          } /* packet recv loop */
87      } /* main for loop */
88  }
```

각각의 자식 프로세스들이 호출한 start_child 함수는 바로 accept에서 접속을 기다리게 된다. 이는 기본적으로 모든 I/O 입출력 함수는 블록킹 모드를 사용하기 때문이다.

만일 새로운 접속 요청이 있게 되면 accept는 클라이언트와 연결된 소켓을 반환하게 된다. 그런데 여기 코드에서는 IPv4, IPv6에 모두 사용할 수 있는 sockaddr_storage 구조체를 accept에 사용했다는 것을 주의 깊게 봐두기 바란다.

따라서 63행에서 sockaddr_storage 구조체의 ss_family 필드를 통해 IPv4인지 확인하고 IPv4 주소와 포트 번호를 문자열로 출력하고 있다.

만일 ss_family가 AF_INET6이면 IPv6인데 여러분이 연습하라고 IPv6의 주소와 포트 번호를 문자열로 출력하는 기능은 넣지 않았다. 힌트를 주자면 inet_ntoa 대신에 inet_ntop를 사용하면 되는데 이는 뒤에서 소켓 관련 함수들을 설명하는 부분에 나와 있으니 나중에 연습 삼아 추가해보면 좋을 것이다.

새로운 접속을 받아들인 다음에 68행부터는 데이터를 읽고 바로 에코하는 루프이다. 그리고 접속이 끊어지면 루프를 나와서 다시 57행의 accept에서 대기하는 구조를 가지고 있다.

이런 예제에서는 겨우 몇 개의 접속을 받아들이지만, 실무에서 사용되는 MPMT(Multi-Processes and Multi-Threads) 환경을 생각해보자. MPMT에서는 여러 자식 프로세스에 여러 스레드가 속한 경우이므로 빠르게 접속이 일어나는 경우 특정 프로세스에 접속이 몰릴 수도 있다. 이런 문제 외에 데이터 송수신에 블록킹이 생길 수도 있으므로 로드 밸런싱을 위해 7장의 I/O 멀티플렉싱과 넌블록킹 모드 등 여러 가지 기법들을 함께 사용해야 한다.

하지만, 첫술에 배부를 수는 없으니 천천히 예제를 보면서 하나하나 습득하도록 하고 나중에 이를 합치는 연습을 하면 좋을 것이다.

각설하고 위의 TCP 서버 예제 프로그램을 테스트하기 위해서 TCP 클라이언트 프로그램을 작성해도 되지만 TCP를 테스트할 때 가장 기본적이고 간단한 프로그램으로서 텔넷(telnet) 클라이언트 프로그램을 사용할 수도 있다. 따라서 여기서는 그냥 텔넷으로 테스트해보자.

```
$ ./inet_tcp_serv1
[REP] [inet_tcp_serv1.c/main:063] [TCP server] Port : #46689          TCP 서버 측
[REP] [inet_tcp_serv1.c/main:076] [TCP server] Making child process No.0
[REP] [inet_tcp_serv1.c/main:076] [TCP server] Making child process No.1
[REP] [inet_tcp_serv1.c/main:076] [TCP server] Making child process No.2
[REP] [inet_tcp_serv1.c/start_child:108] [Child:0] accept (ip:port) (192.168.0.100:47921)
[REP] [inet_tcp_serv1.c/start_child:124] [Child:0] RECV(> Hello Linux!)
[ERR] [inet_tcp_serv1.c/start_child:119] [Child:0] Session closed

$ telnet 192.168.0.100 46689
Trying 192.168.0.100...
Connected to 192.168.0.100.
Escape character is '^]'.
> Hello Linux!
> Hello Linux!^]
telnet> quit                          클라이언트 측 : telnet으로 접속
Connection closed.
```

[그림 6.4] TCP 서버 예제 - 서버 측(위)과 클라이언트 측(아래)

[그림 6.4]를 보면 서버 측이 할당받은 포트 번호는 46689임을 알 수 있다. 필자가 테스트용으로 사용하는 리눅스 호스트의 IP 주소는 192.168.0.100이므로 telnet 192.168.0.100 46689로 접속하였다. 그리고 Hello Linux! 메시지를 타이핑하였더니 받은 상태 그대로 돌려주는 것을 볼 수 있다.

이후 telnet의 이스케이프 문자인 ^] ((Ctrl)+(]))를 치고 quit를 하면 접속을 끊긴다. 접속이 끊기면 서버 측의 recv는 0을 리턴 받을 것이고 이는 곧 접속을 해제하는 작업을 해야 함을 의미한다. 따라서 close를 호출하여 접속이 닫히게 된다.

이때 클라이언트 측의 telnet이 먼저 접속을 끊었으므로 이를 active close라고 부르며 연결 해제를 통보받고 뒤이어서 끊는 작업을 하는 서버 측을 passive close라고 부른다.

이렇게 TCP에서는 접속을 연결하고 해제하는 순서가 있고 이 과정을 제대로 이해하지 못하면 네트워크 프로그래밍에 오류가 생기므로 자세하게 알아보아야 할 것이다.

> **TIP**
>
> pre-fork 방식을 실무에서 사용할 때는 세밀한 제어를 위해 세마포어로 1개나 혹은 일정 개수만 accept를 할 수 있도록 한다. 세마포어를 이용한 accept 직렬화 기법은 간단하게 만들 수 있으므로 앞서 다룬 TCP 서버 예제에서 fork 개수를 늘린 뒤에 세마포어를 적용하도록 예제를 수정해보면 좋은 연습이 될 수 있을 것이다.

5.10 TCP 상태 전이에 대한 이해

TCP는 연결 지향(connection oriented)이므로 상태(state) 속성을 가진다. TCP 상태는 제어 관련 함수들을 호출하는 순서에 따라 전이(transition)되는데 올바르지 못한 함수를 호출하면, 전이 과정에서 오류가 발생한다. 따라서 TCP 상태 전이의 이론을 완벽하게 이해해야만 오류를 발생시키지 않을 수 있다.

TCP 상태 전이를 완벽하게 이해해야 하는 이유는 협업 때문이기도 하다. 원래 TCP 소켓 네트워크 프로그래밍이란 서로 다른 두 개의 프로세스(클라이언트/서버)가 통신하는 구조를 가진다. 그런데 개발할 때 혼자서 서버, 클라이언트를 모두 만드는 경우보다 둘 중 하나를 만드는 경우가 대부분이다.

물론 학습을 위한 예제 수준에서는 둘 다 만들겠지만, 실제로 일할 때는 매우 작은 프로젝트가 아니고서야 서버나 클라이언트 중에 한 쪽만 작성하게 된다. 이때 둘 중 어느 한 쪽이 TCP 통신의 연결을 맺고 끊는 방법을 정확하게 구현하지 않으면 크나큰 문제가 발생한다. 또한, 둘 중에 누가 잘못 작성했는지 원인을 규명하기 위해서는 TCP 상태에 대한 이해가 수반되어야 한다.

예를 들어 클라이언트가 TCP 연결을 닫으려 할 때는 서버 측에서도 같이 닫아주어야만 한다. 만일 그렇지 않으면 언젠가는 서버 측에 열려 있는 파일 개수[24]가 제한에 걸려서 더는 소켓 접속을 받을 수 없게 될 수도 있다.

이런 경우가 발생하면 안 되겠지만, 뜻밖에 TCP 상태 전이를 이해 못 하는 경우를 자주 경험했다. 실제로 TCP 상태 전이를 이해 못 하여 TIME-WAIT나 FIN_WAIT2, CLOSE_WAIT 상태에 대해 질문하는 경우가 많다. 당장 구글로 검색만 해봐도 많은 내용이 나올 것이다. 또한, 인터넷에 이에 관련되어 틀린 내용도 많다. 따라서 이 챕터를 읽고도 TCP 상태 전이가 이해되지 않는다면 그냥 넘어가지 말고 앞서 추천한 R. Stevens의 책을 같이 읽어서라도 확실하게 이해하도록 해야만 한다.

```
$ netstat -nt
Active Internet connections (w/o servers)
Proto Recv-Q Send-Q Local Address          Foreign Address        State
tcp        0      0 127.0.0.1:32769        127.0.0.1:39618        ESTABLISHED
tcp        0    134 192.168.0.3:23         192.168.0.2:3728       ESTABLISHED
tcp        0      0 127.0.0.1:39618        127.0.0.1:32769        TIME_WAIT
tcp        0      0 192.168.0.3:23         192.168.0.2:3741       ESTABLISHED
```

[그림 6.5] netstat를 통한 TCP 상태 확인

우선 TCP에서 연결 상태를 표시하는 용어에 대해 알아두어야 한다. 일반적으로 TCP에서 사용하는 연결 상태는 LISTEN, SYN_SENT, SYN_RCVD, ESTABLISHED, CLOSE_WAIT, FIN_WAIT1, FIN_WAIT2, LASK_ACK, TIME_WAIT, CLOSED 등등 여러 가지가 있다. TCP 연결 상태를 보는 방법은 간단하게 netstat나 ss 명령으로 확인할 수 있다. [그림 6.5]를 살펴보자.

> **TIP**
>
> 최근의 리눅스에서는 netstat 대신에 ss를 더 많이 사용하는 편이다. ss는 좀 더 다양한 기능이 있으니 사용법을 익혀두는 것이 좋다.

netstat 출력에서 State 부분을 보면 ESTABLISHED나 TIME_WAIT 등의 TCP 연결 상태를 알 수 있다. 직관적으로 ESTABLISHED는 현재 연결된 상태를 의미하고 TIME_WAIT는 끊어진 상태 중 하나이다. 그러면 각각의 상태가 어떻게 변하는지 알아야 할 것이다.

● LISTEN 상태와 연결

서버 측에서 bind에 이어 listen 함수까지 호출하면 비로소 리스너 소켓은 LISTEN 상태를 가지게 된다. 따라서 TCP 소켓이 LISTEN 상태를 보인다는 것은 접속 가능한 소켓이라는 의미가 된다. 그런 뒤에 클라이언트 측은 LISTEN 하고 있는 서버 측 주

---

24) 소켓도 파일기술자를 사용하므로 오픈 파일 개수 제한에 영향을 받는다. 현재 오픈 파일 개수 제한은 ulimit −n 명령으로 쉽게 확인할 수 있다.

소에 connect를 시도할 수 있다.

그리고 클라이언트가 호출한 connect 함수는 서버 측에 SYN(synchronization) 플래그가 세팅된 패킷을 보내고, 이를 받은 서버에서 마찬가지로 SYN과 ACK(acknowledgement) 플래그를 세팅하여 응답을 보내게 된다. 그런 뒤에 클라이언트에서 SYN/ACK를 제대로 받았다면 다시 서버로 응답 ACK를 보내면 연결이 완료된다. 이 과정까지 성공적으로 끝나면 connect 함수는 0을 리턴한다.

이때 TCP 연결을 맺기 위해 클라이언트와 서버 간에 SYN, SYN/ACK, ACK를 주고받는 3번의 트랜잭션을 TCP three-way handshaking이라고 부른다. 그리고 먼저 SYN을 송신한 측을 active connect라고 부른다.

여기서 간단한 TCP의 기본 규칙 두 가지를 기억해두자. 그것은 바로 TCP의 연결을 제어하는 플래그(예: SYN, FIN)들은 받은 것과 동일한 제어 플래그를 응답으로 보낸다는 점과 받은 패킷에 대해 올바르게 수신했다는 확인 응답(ACK)을 한다는 점이다. 따라서 앞서 연결 과정을 보면 SYN를 송신했으니 똑같은 SYN를 수신해야 하며, 여기에 더해 송신했던 SYN를 제대로 받았다는 확인으로 ACK를 받아야 하는 것이다. 이 규칙은 연결을 해제할 때 사용하는 FIN(Finishment) 플래그에도 동일하게 적용된다.

그러면 각 함수가 주고받는 플래그, TCP의 상태 전이를 그림으로 보도록 하자. 참고로 이 그림은 외워두는 것이 좋다.

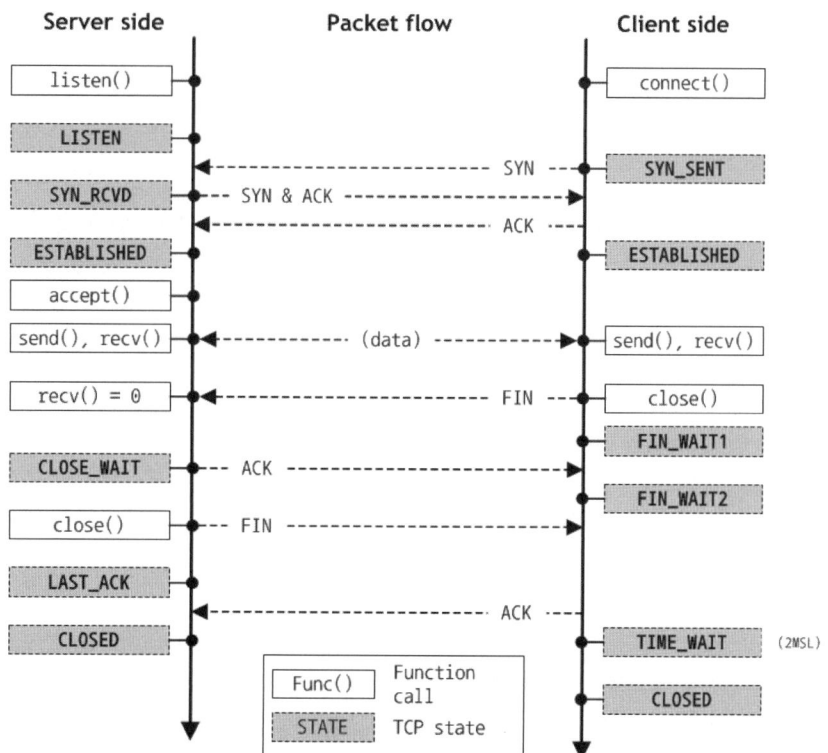

[그림 6.6] TCP 소켓 관련 함수와 TCP 상태 전이

[그림 6.6]에서 흰색의 박스는 소켓 관련 함수를 호출하는 것이고 색이 칠해진 박스는 TCP 상태를 보여주는 것이다. 예를 들어 서버 측이 listen 함수를 호출하면 해당 소켓의 상태는 LISTEN으로 변한다.

● SYN_SENT와 SYN_RCVD 상태

클라이언트 측이 connect를 호출하면 TCP 헤더에 SYN 플래그를 세팅하여 송신한 뒤에 SYN_SENT로 변한다. 그 후 SYN & ACK를 수신하고 다시 ACK를 보내면 연결이 완료된다. 이후에는 해당 소켓은 ESTABLISHED 상태가 되고 send, recv를 통해서 데이터를 주고받을 수 있게 된다. 물론 앞서 send, recv 설명할 때 언급했듯이 write, read 혹은 여러 개의 버퍼를 한꺼번에 입출력하기 위한 벡터용 함수인 writev, readv를 사용할 수도 있다.

반대로 서버 측에서 SYN를 수신하면 SYN_RCVD (SYN received)로 상태가 변하는데 이후 SYN & ACK를 송신하고 ACK를 받기까지는 매우 짧은 시간 내에 이루어지기 때문에 사용자는 특별한 문제가 있지 않고서는 SYN_RCVD 상태를 보기는 어렵다.

● FIN_WAIT1, FIN_WAIT2, CLOSE_WAIT 상태

TCP 소켓을 통해 데이터를 송수신하다가 더는 쓸모가 없다면 TCP 연결을 닫아야 하는 순간이 온다. 이때 사용되는 함수가 close나 shutdown이다. 이 둘에 대한 차이는 앞서 이야기했다.

그런데 여기서 중요한 것은 누가 먼저 닫느냐이다. 보통은 접속을 시도한 클라이언트 측에서 close를 먼저 호출한다. 물론 반대인 경우도 있는데 예를 들어 서버 측에서도 특별한 이유(예:타임아웃)가 있으면 먼저 close를 호출한다.

온라인 게임을 해본 사람이라면 이 메커니즘을 쉽게 이해할 수 있을 것이다. 만일 여러분이 게임 클라이언트 프로그램으로 접속했다면 게임을 끝마치고 접속을 종료할 때도 게임 클라이언트 측에서 종료할 것이다. 물론 타임아웃 기능이 있거나 접속 상태가 안 좋아서 강제로 쫓겨나는 경우라면 서버 측이 먼저 연결을 끊는 경우도 있을 것이다.

만일 서버 측이 먼저 접속을 끊게 되면 [그림 6.6]의 close() 함수를 호출하는 아랫부분의 그림은 좌우가 바뀌게 된다. 따라서 앞의 그림을 외우더라도 접속을 끊는 부분은 바뀔 수 있음을 염두에 두어야 한다.

서버든 클라이언트든 누구라도 먼저 연결을 끊기 위해서는 close를 호출해야 한다. 그리고 close를 호출하면 실제로는 FIN 플래그가 설정된 패킷을 송신하는 작업이 일어난다. 이때 먼저 FIN을 보내는 측에서 능동적으로 연결을 종료시키는 작업을 행하므로 이를 active close라고 부른다. 그리고 active close를 시도한 측은 FIN을 보낸 후에 FIN_WAIT1의 상태로 전이된다. 그리고 상대편에게서 ACK 응답을 받으면 FIN_WAIT2로 넘어간다.

ACK 응답은 시스템 레벨에서 자동으로 이뤄지므로 FIN_WAIT1은 거의 보기 어렵고 FIN_WAIT2는 일반적인 TCP 예제를 조금만 수정하면 쉽게 볼 수 있다. 그러면 왜 FIN_WAIT1과 FIN_WAIT2로 나뉘어 있는지 자세히 생각해보자.

앞서 언급한 대로 TCP의 연결 제어 플래그는 수신한 종류를 그대로 돌려준다는 점이다. 즉 상대편이 FIN을 보냈다면 나도 FIN을 보내야 한다. 또한, FIN의 수신 확인 목적으로 ACK를 돌려줘야 한다. 이는 연결 과정인 three way handshaking에서도 살펴보았다.

즉 active close 측에서 수신 받아야 하는 패킷은 순서대로 ACK, FIN의 2개로서 각각의 수신 단계를 나누어서 FIN_WAIT1과 FIN_WAIT2를 가리키는 것이다. 다시 말해 FIN_WAIT1은 FIN 이후 대기하는 첫 번째 단계로서 ACK의 수신을 기다리는 단계이다. ACK가 먼저 수신되는 이유는 ACK는 시스템 레벨에서 응답하기 때문에 즉각 응답되기 때문이다. FIN_WAIT2는 FIN 이후 대기하는 두 번째 단계로서 상대의 FIN을 수신하는 것인데, 상대편이 FIN을 보내기 위해서는 passive close를 해야 하므로 상대 프로그램의 반응 속도에 따라서 약간의 시차가 있을 수 있다. 접속을 끊는 과정에서는 이렇게 4번 왔다 갔다 하므로 Four-way handshaking이라고도 한다.

그러면 반대로 passive close를 하는 측에서 살펴보자. 이는 먼저 close를 하는 것이 아니라 수동적으로 하기 때문에 붙여진 이름이다. passive close를 하는 측이 상대의 FIN 요청을 알아내는 방법은 보통 2가지 방법으로 알아낸다. FIN이 수신되면 recv나 read에는 EOF가 전달되고 0(zero)이 리턴된다. 혹은 send, write를 할 때 에러인 −1이 리턴되고 errno 에러 코드에 EPIPE가 발생한다. 혹은 send, write시에 SIGPIPE 시그널이 발생할 수도 있다. SIGPIPE에 대한 이야기는 9장의 시그널 처리에서 다루도록 하겠다.

passive close 측의 시스템이 FIN을 수신하면 먼저 ACK가 자동으로 송신되고 자신의 소켓은 CLOSE_WAIT 상태로 바뀐다. 이 상태의 의미는 close 함수를 호출하는 것을 기다린다는 의미이다. 따라서 passive close 측의 프로세스에서 close가 호출되어야만 FIN이 송신되고 연결이 닫히는 단계로 진행할 수 있다.

참고로 이 과정이 빠르게 진행되면 ACK와 FIN이 동시에 같은 패킷에 설정되어 전송될 수도 있다. 즉 ACK, FIN이 따로 전송될지 각각 전송될지는 프로세스의 작동 속도에 따라 달라진다. 여기까지 처리된 뒤에 passive close 측은 LAST_ACK로 전이되는데 이는 마지막으로 보냈던 FIN에 대한 ACK를 기다린다는 의미이다. 그리고 나서 마지막 ACK가 수신되면 passive close 측의 소켓도 완전히 닫히게 된다.

그러나 passive close 측과 달리 active close 측은 완전히 닫히기 전에 TIME_WAIT 라는 과도기적 단계를 하나 더 가지게 된다. 이는 네트워크상에서 상실되거나 지연되어 도착하지 못한 데이터 패킷들을 처리하는 데 필요한 것이다.

active close 측이 FIN_WAIT2 상태에서 FIN을 수신하면 ACK를 보내주고 자신은 TIME_WAIT 상태로 바뀌게 된다. 그리고 TIME_WAIT 상태에서 MSL(Maximum Segment Lifetime)의 2배의 시간만큼 기다리면서 해당 포트를 점유하게 된다. 이 시간 동안 해당 TCP 주소, 즉 IP와 포트 번호로 구성된 주소는 사용할 수 없게 된다.

MSL 시간은 각 벤더의 플랫폼마다 다르고 시스템 설정으로도 바꿀 수 있는 경우도 있지만, 일반적으로는 30초에서 120초 이하의 시간을 사용한다. 그리고 2배의 시간을 지정하는 것은 패킷이 왕복하기 때문이다. 리눅스의 경우는 60초로 고정된 값을 사용한다.

TIME_WAIT는 좀 더 자세하게 알아야 하므로 뒤에서 따로 다시 보도록 하고 TCP 상태 전이는 여기서 마치도록 하겠다.

마지막으로 TCP 상태 전이에서 중요한 것을 요약해보도록 하겠다. 특히 접속 해제 과정은 매우 중요한데 FIN_WAIT1, FIN_WAIT2, CLOSE_WAIT 상태에 대해 이해한 뒤에 암기해야 한다.

만일 내가 작성한 프로세스에서 FIN_WAIT2가 발생한다면 이는 상대편 프로세스가 passive close 코드를 넣지 않았으므로 상대편의 잘못이다. 반대로 내 시스템에서 CLOSE_WAIT가 발생한다는 것은 내가 passive close 관련 코드를 제대로 작성하지 않았거나 버그가 있다는 증거이므로 심각한 오류라는 것을 인지해야 한다.

다시 말해 내 시스템에 CLOSE_WAIT가 발생하면 나의 잘못이니 쥐도 새도 모르게 빨리 패치해야 되고, 내 시스템에 FIN_WAIT2가 발생하면 상대편 잘못이므로 상대편에게 친절하게 알려줘야 한다. 물론 이 과정에서 상대편이 TCP 상태 전이를 잘 모르는 경우라면 [그림 6.6]을 복사해서 보여주는 편이 더 빠를 것이다.

의외로 CLOSE_WAIT에 관련된 버그는 흔히 보이는 실수이므로 항상 주의하도록 하자.

5.11 TIME_WAIT 상태

네트워크 프로그래밍을 하다 보면 TIME_WAIT 상태를 자주 보게 된다. 특히 빈번한 연결과 해제를 하는 HTTP 프로토콜 관련 프로그래밍을 하면 엄청나게 많이 볼 수 있다. 따라서 네트워크 프로그래머라면 TIME_WAIT 상태에 대한 이해가 필요하다.

우선 터미널에서 watch ss -tano 명령을 내려놓고 웹 브라우저를 띄워 웹 페이지 접속을 해보자. 아마도 화면에 수많은 TIME_WAIT 상태와 타이머를 볼 수 있을 것이다.

TIME_WAIT는 앞서 [그림 6.6]의 설명에서 보았듯이 active close를 행한 측에서 발생하는 정상적인 상황이다. 하지만, HTTP 프로토콜을 사용하는 경우처럼 빠른 속도로 연결과 해제를 반복하는 경우라면 TIME_WAIT 상태는 엄청나게 늘어난다. 혹은 서버 측의 프로세스가 오류로 종료했다면 시스템에서 강제로 접속을 끊게 되므로 서버 측에 다수의 TIME_WAIT가 발생할 수도 있다.

원래 이 과정은 정상적인 과정으로 아무런 문제가 되지 않는다. 하지만, active connect와 active close를 자주 해야 하는 네트워크 프로그램이라면 가용할 수 있는 포트 번호가 부족해지거나 TIME_WAIT 상태를 저장하는 메모리 부분에서 오버헤드가 발생할 수도 있다. 물론 이런 경우는 흔한 상황은 아니다. 이럴 때 행할 방법으로는 소켓 옵션 중에 SO_LINGER을 이용해서 접속을 강제 해제시키는 방법을 사용할 수 있다.

그러나 SO_LINGER를 사용하려면 TCP의 상태에 대해 충분히 이해한 뒤에 사용하는 것이 좋다. 무작정 SO_LINGER를 쓰라는 인터넷 글만 보고 쓰는 것은 좋지 않은 결과를 가져올 수도 있다. 소켓 옵션은 뒤에서 다루니 나중에 뒤에서 자세히 살펴보도록 하겠다.

간혹 서버가 오류로 종료되거나 강제로 접속을 해제하는 방식의 프로토콜을 사용한다면 서버 측에서도 TIME_WAIT가 발생한다. 하지만, 서버 측은 고정된 주소와 포트 번호를 사용하기 때문에 포트 번호가 부족해지는 문제가 발생되지는 않는다.

```
$ ss -tn state established 'sport = :22'
Recv-Q Send-Q      Local Address:Port       Peer Address:Port
0      0           192.168.110.121:22       192.168.110.135:2138
0      0           192.168.110.121:22       192.168.110.161:39169
0      0           192.168.110.121:22       192.168.110.161:39170
0      0           192.168.110.121:22       192.168.110.161:39171
```

예를 들어 앞의 그림은 ssh 클라이언트가 4개 접속한 화면인데, 이런 경우 클라이언트 포트 번호는 달라져도 서버(local address)는 리스너 포트인 22번만 사용하게 된다.

그러면 다시 원점으로 돌아가 TIME_WAIT가 필요한 이유를 생각해보자. TIME_WAIT 상태의 목적은 세그먼트의 유실이나 지연으로 인해서 종료 후 비정상적인 패킷을 받을 때를 대비하는 것이다.

이미 닫힌 소켓의 주소에 지연된 패킷이 도착하는 경우를 생각해보자. 예를 들어 passive close 측이 LAST_ACK 상태에 놓여 있다고 가정하자. 정상적인 경우라면 active close 측에서 보낸 마지막 ACK가 도착하고 연결은 종료될 것이다.

하지만, 중간에 네트워크 오류라든지 이런저런 문제로 ACK가 도착하지 못하면 passive close 측은 FIN을 재전송하게 된다. 그러나 클라이언트 측은 이미 ACK 보낸 후에 연결을 종료했다고 생각하고 있으니 FIN을 수신할 소켓이 없는 상태다.

이렇게 되면 서버 측은 제한된 수치까지 재전송을 계속하는 문제가 발생할 수 있다. 이런 비효율적인 통신 상태를 해결하기 위해 active close 측에서는 닫힌 소켓을 잠깐 TIME_WAIT 상태로 두고 지연된 패킷이나 재전송된 패킷들을 처리하도록 하는 것이다.

따라서 TIME_WAIT 상태에서는 재전송된 패킷을 받으면 적절한 응답을 하거나 버린다. 예를 들어 앞서 LAST_ACK 상태에서 FIN이 재전송되었다면 TIME_WAIT 상태에서는 ACK를 재전송해서 passive close 측의 LAST_ACK 상태가 해소될 수 있도록 도와준다.

결론적으로 active close하는 측에서 TIME_WAIT가 발생하는 것은 자연스러운 상태이다. 하지만, 네트워크 프로그램이 active open과 active close를 하는 구조를 가지면서 짧은 시간에 너무 많은 접속을 연결하고 해제하는 기능이 있다면 가용할 수 있는 포트 번호가 전부 TIME_WAIT에 빠져서 시스템에 악영향을 끼칠 수 있다.

이를 고려하여 위와 같은 구조의 네트워크 프로그램을 개발할 때는 과도한 접속과 해제를 하지 않도록 설계하거나 뒤에서 다루는 SO_REUSEADDR이나 SO_LINGER 옵션을 사용하는 것을 고려해봐야 한다.

이외에 리눅스 서버는 커널 기능에 TIME_WAIT 상태를 재활용할 수 있는 파라미터가 제공되고 있으니 참고하면 된다. 이 기능은 다음과 같은 리눅스 커널 파라미터를 제어하는 sysctl 명령어로 확인할 수 있다.

```
# sysctl -a |grep tcp_tw
net.ipv4.tcp_tw_recycle = 0
net.ipv4.tcp_tw_reuse = 0
```

위에 net.ipv4.tcp_tw_reuse와 net.ipv4.tcp_tw_recycle이 바로 그것이며 기본값

은 0(disabled) 상태이다. TIME_WAIT가 너무 빈번하게 발생하는 웹 서버 구조나 다중 접속/해제 기능을 가진 클라이언트를 작성할 때는 net.ipv4.tcp_tw_reuse를 켜두는 경우가 많다.

그러나 TIME_WAIT 상태를 재사용하는 것은 TCP의 timestamp 기능(RFC 1323)[25]을 사용하므로 클라이언트나 서버 측의 어느 쪽이라도 timestamp 기능을 꺼두었다면 제대로 작동되지 않는다. 따라서 TIME_WAIT를 재사용하지 못해서 오류가 발생한다면 TCP 헤더를 캡처해서 양쪽에서 timestamp 기능을 켜는지 확인해야 한다.

06   UDP 소켓의 기초(SOCK_DGRAM 소켓)

UDP 소켓은 연결 과정이 없고 매우 가볍다. 따라서 실시간성을 요구하는 데이터인 음성/화상 데이터에 많이 사용되며 일회성으로 응답받는 서비스에서도 UDP를 사용하고 있다.

이외에 브로드캐스트, 멀티캐스트와 같이 한 번의 전송으로 여러 호스트에게 데이터를 보낼 수 있으므로 같은 데이터를 여러 곳에 전송할 때도 편리하다. 이에 비해 단점으로는 전송이 제대로 되었는지 확인하지 않고 재전송 메커니즘도 존재하지 않기 때문에 신뢰성이 떨어지는 면이 있다.

그러나 네트워크가 엄청나게 불안한 경우가 아니라면 유실되는 비율이 매우 낮으니 걱정하지 않아도 된다.

또한, 데이터 경계면을 보존하여 주기 때문에 TCP보다 사용도 편리하다. 예를 들어 100, 200, 500의 3번의 데이터를 송신했다면 수신 측도 정확하게 3번을 수신하게 된다. 하지만, 수신할 때 순서는 뒤집힐 수 있다. 이는 TCP와는 정반대의 특징이다.

그러면 이제 UDP를 사용하기 위한 함수들을 나열해보도록 하자. 앞서 사용되었던 TCP 소켓 관련 함수들의 축소판이라고 생각될 정도로 몇 개의 함수는 공통으로 사용하고 나머지 부분은 매우 적은 함수를 가지고 있다. UDP 소켓에서도 제어관련 함수들과 데이터 입출력하는 함수들로 분류할 수 있다.

---

25) RFC 1323 TCP Extensions for High Performance. Section 3.2.

표 6.13 UDP 소켓을 제어하는 함수

bind	소켓을 시스템에 부착한다. 소켓은 이때부터 외부로부터의 연결점을 가진다.
close	해당 프로세스 내에서 소켓 ID를 닫는다.
shutdown	소켓에 EOF를 보내어 연결된 모든 소켓을 닫는다.

표 6.14 UDP 데이터 입출력(송수신) 함수

sendto	UDP 소켓을 통해 데이터를 송신한다.
recvfrom	UDP 소켓으로부터 데이터를 수신한다.

사실 UDP는 비연결 방식이므로 서버 측에서 bind를 하게 되면 클라이언트로부터 데이터를 수신할 수 있다. 하지만, 연결이 없으므로 데이터를 송신할 때는 목적지의 주소를 지정할 수 있는 sendto 함수를 사용해야 한다.

마찬가지로 데이터를 수신할 때는 recvfrom 함수를 사용하여 송신자의 정보를 sockaddr 구조체로 받을 수 있다. 따라서 recvfrom에서 알아낸 sockaddr 구조체를 그대로 sendto에 사용하면 응답을 하는 구조가 된다.

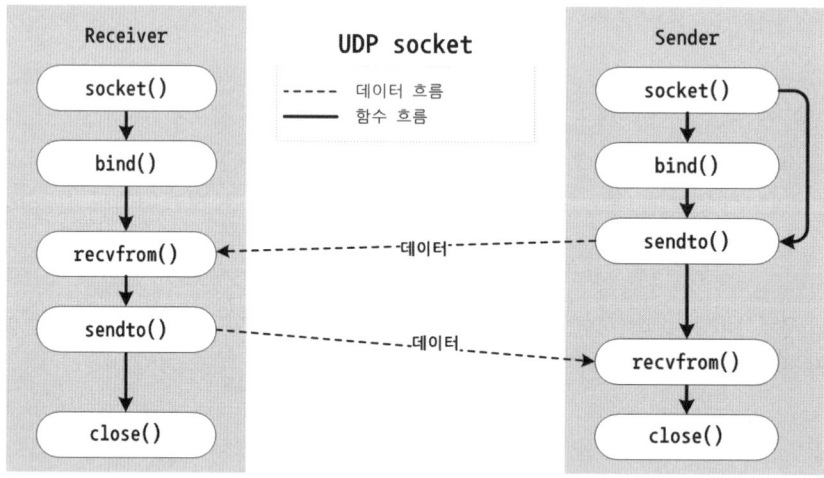

[그림 6.7] UDP 소켓의 함수 호출 순서

UDP의 경우에는 서버와 클라이언트의 관계라고 부르기보다 송신 측, 수신 측이라고 부른다. 왜냐하면, 연결이 존재하지 않으므로 일방적으로 한 쪽이 먼저 접속하지 않고 서로 똑같은 포트 번호를 사용하여 데이터를 주고받기도 하기 때문이다. 물론 데이터 송신을 먼저 하는 경우에는 sendto를 호출하면서 bind 작업이 발생할 수도 있다.

```
ssize_t sendto(int socket, const void *message, size_t length, int flags,
    const struct sockaddr *dest_addr, socklen_t dest_len);
ssize_t recvfrom(int socket, void *restrict buffer, size_t length, int flags,
    struct sockaddr *restrict address, socklen_t *restrict address_len);
```

sendto 함수의 인수를 보면 socket, message, length, flags까지는 send 함수와 동일하다. 그러나 dest_addr은 목적지 주소이고 dest_len은 실제로 사용된 dest_addr 구조의 크기이다. 만일 IPv4라면 sockaddr_in 구조체의 길이를 넣으면 된다.

recvfrom 함수의 인수도 socket, buffer, length, flags까지는 recv 함수와 동일하다. 여기서 중요한 것은 5, 6번째 인수로서 address에는 recvfrom이 성공했을 때 상대편의 주소를 저장해주는 공간이다.

address_len에는 바로 앞의 인수인 address의 실제 입력 크기로서 리턴할 때 IPv4인지 아니면 IPv6인지에 따라서 실제 길이가 다르게 리턴된다. 따라서 recvfrom을 IPv4와 IPv6를 포함할 수 있게 하려면 address 인수에 sockaddr_storage 구조체를 사용하고 리턴되었을 때 ss_family를 참고하여 구조체를 적절하게 캐스팅해서 사용해야 한다. 이처럼 sockaddr_storage에 대한 예제는 앞서 TCP 소켓의 accept 함수의 예제 코드에서 살펴보았다.

그런데 간혹 UDP에서도 connect 함수를 사용하는 경우가 있는데 이때는 sendto를 사용하지 않고 send나 write를 써도 connect에서 설정한 주소로 UDP 패킷이 전송된다. 하지만, 이는 프로토콜 상에서 연결을 의미하는 것은 아니고 단지 sendto를 할 때 마지막 sockaddr 구조체에 관련된 부분을 자동으로 채워주는 정도의 의미가 있다.

6.1 UDP 소켓 예제

그러면 UDP를 이용하는 예제를 보도록 하자. 먼저 수신 측 프로그램, 즉 서버용으로 사용되는 예제를 볼 것이다. 사실 UDP는 수신 측이나 송신 측이 큰 차이가 없다. 다만, 송신 측에서는 sendto를 먼저 하는 구조일 뿐이다.

따라서 여기서는 송신 측 프로그램은 파이썬(python)으로 작성한 코드를 볼 것이다. 파이썬은 쉽고 강력한 스크립트 언어이므로 알아두면 간단한 프로토타이핑을 하는 데 편리한 면이 많다.

본문에는 파이썬으로 작성된 UDP 송신 프로그램을 실었지만 배포하는 소스 코드에는 C 언어로 작성된 예제 코드도 포함했으니 참고하기 바란다.

```
01   int main(int argc, char *argv[]) {
02      struct sockaddr_in  saddr_s, saddr_c;
03      int     sd, len_recv, len_send;
04      socklen_t len_saddr;   short   port;   char   rbuf[1024];
05      memset(&saddr_s, 0x00, sizeof(saddr_s));
06      memset(&saddr_c, 0x00, sizeof(saddr_c));
07      if (argc > 2) {
08         printf("%s <port>", argv[0]);   exit(EXIT_FAILURE);
09      }
10      if (argc == 2)
11         port = (short) atoi((char *)argv[1]);
12      else
13         port = 0;   /* random port */
14      if ((sd = socket(AF_INET, SOCK_DGRAM, IPPROTO_IP)) == -1) {
15         pr_err("[UDP Receiver] : Fail: socket()");   exit(EXIT_FAILURE);
16      }
17      saddr_s.sin_family = AF_INET;        /* IPv4 */
18      saddr_s.sin_addr.s_addr = INADDR_ANY;   /* 0.0.0.0 */
19      saddr_s.sin_port = htons(port);
20      if (bind(sd, (struct sockaddr *)&saddr_s, sizeof(saddr_s)) == -1) {
21         pr_err("[UDP Receiver] : Fail: bind()");   exit(EXIT_FAILURE);
22      }
23      if (port == 0) {
24         len_saddr = sizeof(saddr_s);
25         getsockname(sd, (struct sockaddr *)&saddr_s, &len_saddr);
26      }
27      pr_out("[UDP Receiver] : Port : #%d", ntohs(saddr_s.sin_port));
28      while (1) {
29         len_saddr = sizeof(saddr_c); /* 구조체 실제 크기 계산 */
30         len_recv = recvfrom(sd, rbuf, sizeof(rbuf), 0,
31            (struct sockaddr *)&saddr_c, &len_saddr);
32         if (len_recv == -1) {
33            pr_err("[UDP Receiver] : Fail: recvfrom()");
34         }
35         pr_out("[recvfrom] (%d byte) (%.*s)", len_recv, len_recv, rbuf);
36         pr_out("[sendto  ] (%s:%d)",
37            inet_ntoa(saddr_c.sin_addr),ntohs(saddr_c.sin_port));
38         len_send = sendto(sd, rbuf, len_recv, 0,
39            (struct sockaddr *)&saddr_c, sizeof(saddr_c));
40         if (len_send == -1) {
41            pr_err("[UDP Receiver] : Fail: sendto()");
42         }
43      }
44      return 0;
45   }
```

[코드 6.15]의 예제는 IPv4를 기준으로 만들어졌다. 만일 IPv6를 만들고자 한다면 뒷부분의 IPv6 부분을 보아야 할 것이다. 예제는 별다른 것이 없으나 29행은 잘 봐둬야 한다.

여기서 recvfrom을 호출하기 전에 sockaddr 구조체에 실제로 들어가는 구조체의 크기를 매번 설정해주고 있다. 하지만, 간혹 이 부분을 실수하여 상대편의 주소값을 제대로 받아오지 못하는 경우가 종종 있으니 실수하지 않기 바란다.

그러면 이번에는 송신 측 프로그램을 파이썬으로 작성한 스크립트를 보도록 하자. 주의할 점은 파이썬은 들여쓰기로 블록 구분을 하므로 꼭 들여쓰기를 맞춰줘야만 한다. 임의로 들여쓰기를 바꾸면 제대로 작동하지 않을 수 있다.

[코드 6.16] 송신 측 UDP 파이썬 스크립트 예제   (inet_udp_snder.py)

```python
01  #!/usr/bin/env python2
02  # -*- coding: utf-8 -*-
03  import socket
04  import sys
05  import string
06  import time
07  HOST = sys.argv[1]
08  PORT = int(sys.argv[2])
09  print "Destination Address :", HOST, PORT
10  s = socket.socket(socket.AF_INET, socket.SOCK_DGRAM)
11  while 1:
12      sbuf = 'Time:' + str(time.time())
13      s.sendto(sbuf, 0, (HOST, PORT))
14      print "[Send] (" + str(len(sbuf)) + ") ", sbuf
15      rbuf = s.recvfrom(2048)
16      print "[Recv] Addr" + str(rbuf[1]) + " Len(" + str(len(rbuf[0])) + ")"
17      print "      Buff(" + rbuf[0] + ")" # rbuf[0] is data, [1] is address
18      time.sleep(2)
19  s.close()
```

파이썬 예제는 타이핑을 마친 후 실행 권한을 주거나 python을 앞에 붙여서 실행해야 한다.

코드를 잠깐 설명하자면 06~07행은 프로그램을 실행할 때 argv[1]에 해당하는 부분은 HOST 변수에, argv[2]에 해당하는 부분은 int로 변환하여 PORT에 넣는다. 그리고 09행에서 UDP 소켓을 생성한다.

11행은 현재 유닉스 타임을 포함한 문자열을 sbuf에 저장하고 12행에서 sendto를 이용해서 송신한다. 14~16행은 데이터를 수신하고 그것의 주소와 길이, 실제 내용을 출력한다.

그리고 sendto와 recvfrom을 2초마다 반복하도록 되어 있다. 따라서 종료하려면 Ctrl+C를 누르면 된다. 이를 실행한 화면은 [그림 6.8]처럼 보일 것이다.

```
$ ./inet_udp_rcver                                          UDP 서버 측
[REP] [inet_udp_rcver.c/main:053] [UDP Receiver] : Port : #49758
[REP] [inet_udp_rcver.c/main:061] [recvfrom] (18 byte) (Time:1321797015.02)
[REP] [inet_udp_rcver.c/main:062] [sendto  ] (192.168.0.100:54705)

$ ./inet_udp_snder.py 192.168.0.100 49758
Destination Address : 192.168.0.100 49758
[Send] (18)   Time:1321797015.02
[Recv] Addr('192.168.0.100', 49758) Len(18)
        Buff(Time:1321797015.02)
                                                   적당할 때 CTRL-C로 종료
^CTraceback (most recent call last):
  File "./in_dgram_snder.py", line 32, in <module>
    time.sleep(2)
KeyboardInterrupt
```

[그림 6.8] UDP 소켓 예제 실행 - 수신측(위) 송신측(아래)

참고로 UDP 수신 측 프로그램을 실행시킨 뒤에 netstat -una로 확인해보면 bind된 UDP 소켓의 포트 번호를 확인할 수 있다. [그림 6.8]과 같은 경우라면 0.0.0.0:49758 주소가 보일 것이다.

07   유닉스 도메인 소켓

유닉스 도메인 소켓이란 도메인 범위가 유닉스 머신, 즉 로컬 호스트에 국한되므로 외부에서 접속할 수 있는 인터페이스가 없다. 따라서 유닉스 소켓은 IPC(Inter-Process Communication)의 일종으로 주로 쓰이며 메시지 큐와 성격이 비슷하여 같은 용도로 많이 사용된다. 다만, 유닉스 도메인 소켓은 네트워크 도메인 소켓으로 쉽게 전환할 수 있기 때문에 이를 염두에 두고 사용되는 경우가 많다.

만일 메시지 큐를 사용했다가 네트워크 도메인 소켓으로 변경한다고 생각하면 작업량이 만만치 않을 것이다. 따라서 나중에라도 외부 네트워킹이 필요할지 모른다고 판단된다면 유닉스 도메인 소켓을 사용하는 것이 좋다.

물론 조금만 수고하면 유닉스 도메인과 네트워크 도메인을 설정 파일이나 옵션으로

선택하여 사용할 수 있게 작성할 수도 있다. 실제로 실무의 많은 프로그램도 그렇게 작성된다.

유닉스 도메인 소켓은 socket 함수를 AF_UNIX로 생성한 뒤에 bind를 호출하면 소켓과 맵핑된 유닉스 도메인 소켓 파일이 만들어진다. 이 파일의 경로가 유닉스 도메인 소켓의 이름이 된다. 소켓 파일은 "ls –l"로 확인해보면 맨 앞에 속성 부분이 "s"로 나타난다.

[코드 6.17] sockaddr_un 구조체

```
struct  sockaddr_un {
    sa_family_t  sun_family; /* AF_UNIX */
    char sun_path[];          /* 캐릭터 길이는 시스템마다 다를 수 있다. (e.g. 리눅스는 108) */
};
```

유닉스 도메인 소켓은 bind 할 때 sockaddr 구조체의 실제 형태로 sockaddr_un을 사용하는데 이는 sys/un.h 헤더에 포함되어 있다. 따라서 코드를 작성할 때 #include sys/un.h를 인클루드해야 한다.

sockaddr_un 구조체는 소켓 타입을 지정하는 sun_family와 유닉스 도메인 소켓의 파일 경로인 sun_path만 가지고 있다. sun_path의 길이는 시스템마다 조금씩 다르나, 대부분 100바이트 근방이다. 예를 들어 리눅스는 108바이트이지만 몇몇 BSD 시스템은 126바이트를 가지고 있다. 그러면 소켓 타입 외에는 별로 다른 것이 없으므로 바로 예제부터 보도록 하겠다.

[코드 6.18] 유닉스 도메인의 UDP 소켓 예제   (unix_udp.c)

```
01  #define PATH_UNIX_SOCKET    "/tmp/my_alsp_socket"
02  int main(int argc, char *argv[])
03  {
04      int     ufd, sz_rlen;
05      socklen_t   len_saddr;
06      struct sockaddr_un  saddr_u;
07      int     flag_recver;    /* 0:receiver, otherwise:sender */
08      char    a_buf[256];
09      ssize_t n_read = 0;   size_t  n_input = 256;
10      char    *p_input = (char *) malloc(n_input);
11      memset(&saddr_u, 0x00, sizeof(saddr_u));
12      if (argc != 2) {
13          printf("%s <receiver | sender>\n", argv[0]);  exit(EXIT_FAILURE);
14      }
15      if (argv[1][0] == 'r')
16          flag_recver = 1;
```

```
17      else
18          flag_recver = 0;
19      ufd = socket(AF_UNIX, SOCK_DGRAM, IPPROTO_IP);
20      if (ufd == -1) {
21          pr_err("[UNIX_Socket] : Fail: socket()"); exit(EXIT_FAILURE);
22      }
23      saddr_u.sun_family = AF_UNIX; /* 유닉스 도메인 소켓 */
24      snprintf(saddr_u.sun_path, sizeof(saddr_u.sun_path), PATH_UNIX_SOCKET);
25      printf("[UNIX Domain] socket path: %s\n", PATH_UNIX_SOCKET);
26      if (flag_recver) { /* receiver */
27          if (remove(PATH_UNIX_SOCKET)) {  /* 이미 소켓 파일이 존재한다면 삭제 */
28              if (errno != ENOENT) {
29                  pr_err("[UNIX Socket] : Fail: remove()");
30                  exit(EXIT_FAILURE);
31              }
32          }
33          len_saddr = sizeof(saddr_u); /* 구조체 실제 크기 계산 */
34          if (bind(ufd, (struct sockaddr *)&saddr_u, sizeof(saddr_u)) == -1) {
35              pr_err("[UNIX Socket] : Fail: bind()");
36              exit(EXIT_FAILURE);
37          }
38          while (1) {
39              sz_rlen = recvfrom(ufd, a_buf, sizeof(a_buf), 0,
40                      NULL, NULL);
41              if (sz_rlen == -1) {
42                  pr_err("[UDP Socket] : Fail: recvfrom()");
43              }
44              pr_out("[recv] (%d byte) (%.*s)", sz_rlen, sz_rlen, a_buf);
45          }
46      } else {   /* sender */
47          while (1) {
48              if ((n_read = getline(&p_input, &n_input, stdin)) == -1) { /* error */
49                  return -1;
50              }
51              len_saddr = sizeof(saddr_u);
52              sz_rlen = sendto(ufd, p_input, n_read-1, 0,
53                      (struct sockaddr *)&saddr_u, len_saddr);
54              if (sz_rlen == -1) {
55                  pr_err("[UDP Socket] : Fail: sendto()");
56              }
57              pr_out("[send] (%d byte) (%.*s)", sz_rlen, sz_rlen, p_input);
58          } /* loop: while */
59      }
60      return 0;
61  } /* end: main */
```

예제는 수신 측과 송신 측을 모두 담당할 수 있도록 작성되어 있다. 실행할 때 인수를 r을 주면 수신용으로 실행되고 그 외에는 송신용으로 실행된다.

그러나 유닉스 도메인 소켓 파일을 생성하는 bind 작업은 서버 역할을 하는 수신 측에서 하도록 작성되어 있다. 여기서 주의 깊게 봐둬야 할 부분은 bind 할 때 사용하는 sockaddr 구조체가 실제로는 sockaddr_un 구조체를 사용한다는 점과 여기에는 sun_path의 파일 경로 필드가 있다는 점이다.

만일 기존에 같은 파일이 있다면 bind가 실패하므로 에러 코드를 검사해야 한다. 그 외에 예제 코드에서 전체적인 함수 호출의 흐름은 앞서 살펴본 네트워크 도메인의 UDP 소켓 예제와 거의 동일하다.

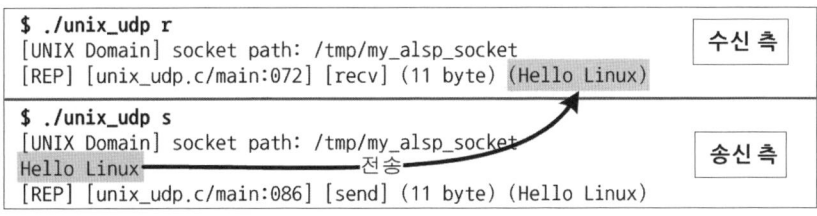

[그림 6.9] 유닉스 도메인 UDP 소켓 예제 실행 - 수신 측(위) 송신 측(아래)

[그림 6.9]는 예제를 수신 측과 송신 측으로 실행한 모습이다. 먼저 예제를 수신 측 기능으로 실행시키면 유닉스 도메인 소켓 파일이 /tmp/my_alsp_socket 경로에 생성된다. 다른 터미널에서 ls −l /tmp로 확인해보면 유닉스 도메인 소켓 파일이 생성된 것을 볼 수 있을 것이다.

소켓이 생성된 뒤에 송신 측을 실행하고 "Hello Linux"를 입력하면 수신 측에서 받아서 화면에 출력되는 것을 볼 수 있다.

위에는 UDP에 대한 예제이고 이번에는 TCP를 이용하는 예제를 보도록 하자. TCP를 사용하는 경우도 앞서 네트워크 도메인 TCP 서버 예제와 구조가 같다.

[코드 6.19] 유닉스 도메인의 TCP 소켓 예제   (unix_tcp_serv.c)

```
01   #define MAX_POOL    3
02   #define PATH_UNIX_SOCKET    "/tmp/my_socket"
03   int fd_listener;
04   void start_child(int fd, int idx);
05   int main(int argc, char *argv[])
06   {
07       int    i; pid_t    pid;
08       struct sockaddr_un  saddr_u = {};
09       if ((fd_listener = socket(AF_UNIX, SOCK_STREAM, IPPROTO_IP)) == -1) {
10           pr_err("[TCP server] : Fail: socket()");    exit(EXIT_FAILURE);
```

```
11        }
12        if (remove(PATH_UNIX_SOCKET)) {
13            if (errno != ENOENT) {
14                pr_err("[TCP Socket] : Fail: remove()");    exit(EXIT_FAILURE);
15            }
16        }
17        saddr_u.sun_family = AF_UNIX;              /* 유닉스 도메인 */
18        snprintf(saddr_u.sun_path, sizeof(saddr_u.sun_path), PATH_UNIX_SOCKET); /* 경로 */
19        if (bind(fd_listener, (struct sockaddr *)&saddr_u, sizeof(saddr_u)) == -1) {
20            pr_err("[TCP server] : Fail: bind()");    exit(EXIT_FAILURE);
21        }
22        pr_out("[UNIX Domain] : PATH : #%s", PATH_UNIX_SOCKET);
23        listen(fd_listener, 10);
24        for(i=0; i<MAX_POOL; i++) {
25            switch(pid = fork()) {
26                case 0:     /* Child process */
27                    start_child(fd_listener, i);
28                    exit(EXIT_SUCCESS);
29                    break;
30                case -1:    /* Error */
31                    pr_err("[TCP server] : Fail: fork()");
32                    break;
33                default:    /* parent */
34                    pr_out("[TCP server] Making child process No.%d", i);
35                    break;
36            }
37        }
38        for(;;) pause();
39        return 0;
40    }
41    void start_child(int sfd, int idx) {
42        /* 코드 6.14 : TCP 서버 예제의 start_child 함수 부분과 동일하므로 생략한다. */
43    }
```

사실상 서버 프로그램을 작성하는 것과 클라이언트 프로그램을 작성하는 방법은 동일하다. 따라서 지면도 아낄 겸 클라이언트 프로그램은 다시 파이썬으로 만들어 보도록 할 것이다. 참고로 연습문제 삼아서 파이썬으로 작성된 코드를 C 언어로 재작성 해보면 좋을 것이다.

[코드 6.20] 유닉스 도메인의 TCP 클라이언트 예제   (unix_tcp_cli.py)

```
01    #!/usr/bin/env python
02    # -*- coding: utf-8 -*-
03    import socket
04    import sys
05    import string
```

```
06  import time
07  def usages():
08      print "Usage :", sys.argv[0], "<path>"
09      sys.exit()
10  if len(sys.argv) != 2:
11      usages()
12  PATH = sys.argv[1]
13  print "UNIX Domain Socket : ", PATH
14  s = socket.socket(socket.AF_UNIX, socket.SOCK_STREAM)
15  s.connect((PATH))
16  while 1:
17      sbuf = 'Time:' + str(time.time())
18      s.send(sbuf, 0)
19      print "[Send:" + str(len(sbuf)) + "] ", sbuf
20      rbuf = s.recv(2048)
21      print "[Recv:" + str(len(rbuf)) + "] ", rbuf, "[Echo Msg]"
22      time.sleep(1)
23  s.close()
```

파이썬으로 작성된 클라이언트는 실행할 때 유닉스 소켓의 경로를 입력받게 되어 있다. 만일 경로가 입력되지 않으면 10행에서 argv의 개수를 검사한 뒤에 2개가 안 되면 usages 함수를 실행하고 종료한다.

제대로 실행되면 유닉스 도메인 소켓을 생성한 뒤에 지정한 경로로 접속하게 된다. 접속 후에는 16행 이하의 루프문을 돌면서 1초마다 현재 시각을 보내고 응답 메시지를 받게 된다.

실행 결과를 보기 위해 먼저 수신 측 프로그램을 띄워서 리스너 소켓을 생성해둬야 한다. 그런 뒤에 클라이언트 프로그램을 실행시키면 데이터가 송수신 되는 것을 볼 수 있다.

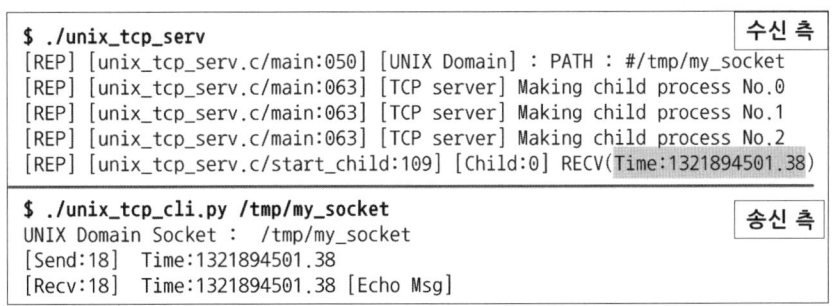

```
$ ./unix_tcp_serv                                                   수신 측
[REP] [unix_tcp_serv.c/main:050] [UNIX Domain] : PATH : #/tmp/my_socket
[REP] [unix_tcp_serv.c/main:063] [TCP server] Making child process No.0
[REP] [unix_tcp_serv.c/main:063] [TCP server] Making child process No.1
[REP] [unix_tcp_serv.c/main:063] [TCP server] Making child process No.2
[REP] [unix_tcp_serv.c/start_child:109] [Child:0] RECV(Time:1321894501.38)

$ ./unix_tcp_cli.py /tmp/my_socket                                  송신 측
UNIX Domain Socket :  /tmp/my_socket
[Send:18]  Time:1321894501.38
[Recv:18]  Time:1321894501.38 [Echo Msg]
```

[그림 6.10] 유닉스 도메인 TCP 소켓 예제 실행 - 수신 측(위) 송신 측(아래)

08 TCP와 UDP 네트워크 비교

앞서 간단하게 TCP와 UDP 소켓을 이용한 예제를 다루었다. 소켓 관련 함수를 익히는 것을 목표로 했기 때문에 함수의 호출 순서, 네트워크 상태(TCP의 경우) 변화 등을 살펴보았다. 이렇게 예제와 함수 구조를 살펴본 것은 실무적인 코딩 테크닉을 위해서였다. 하지만, 에러 상황에 대한 대처나 응용을 위해서는 이론적인 부분을 알고 있어야만 한다.

원래는 이 부분을 제일 먼저 다뤘어야 하지만 본문 내용이 지루해지는 것을 방지하기 위해 중간 부분에 넣어두었다. 또한, 이 책은 이론 서적이 아니므로 최소한의 필요한 만큼과 이론 서적에서 조금 부족한 코딩과 관계된 부분만 다룰 것이다.

따라서 자세한 것은 대학에서 네트워크 교과서로 사용되는 책들을 참고하는 것이 좋다. 특히 교과서로 사용되는 책들은 기본이 충실하기 때문에 꼭 봐둬야만 한다.

이론 설명에 앞서 몇 가지 용어부터 확실하게 정의하고 그에 따른 특성들을 정리하도록 하겠다.

8.1 데이터 vs 패킷

용어의 정의를 명확하게 해두어야 헷갈리지 않기에 이미 알고 있고 사용해 왔지만, 다시 한 번 정의하고 넘어가도록 하겠다. 먼저 데이터(data)라고 부르는 것은 사용자가 실제로 전달하고자 하는 내용을 말한다.

패킷(packet)은 여기에 통신 및 제어용으로 사용되는 헤더가 더해진 경우이다. 즉 패킷은 헤더와 데이터로 구성되는데 헤더에 딸려가는 것이라 페이로드(payload)라고 부르기도 한다. 그러나 페이로드와 데이터는 온전히 같은 의미는 아니다.

왜냐하면, 페이로드의 앞에 있는 헤더는 통신 계층에 따라 중첩되기 때문이다. 예를 들어 TCP/IP 통신에서는 IP+TCP가 헤더가 되고 뒤에 붙은 데이터가 페이로드지만, 어플리케이션 프로토콜 측면에서 보면 데이터의 앞부분은 또다시 어플리케이션 프로토콜 헤더가 되고 뒷부분은 어플리케이션 프로토콜의 페이로드가 될 수 있기 때문이다.

패킷은 통신 계층에 따라 전송 크기에 제한이 있다. 따라서 전송할 데이터는 종종 여러 개의 패킷으로 분할되어 전송되었다가 목적지에서 합쳐지기도 한다. 이 때 분할 과정을 세그먼테이션과 프래그먼테이션이라고 부르는 데 차이점이 있으니 잘 알아둬야 한다.

데이터그램이란 전송하고자 하는 데이터가 일정한 단위를 가진 경우를 말한다. 그램 (gram)이란 단어가 무게 단위에서 자주 사용되었다는 것과 연관 지으면 쉽게 이해할 수 있다. 따라서 UDP의 User Datagram은 데이터의 단위를 사용자가 나누었다고 해서 붙여진 이름이다.

8.2 세그먼트 vs 프래그먼트

세그먼트(segment)는 데이터들을 조각으로 나눈 분절이다. 단 주의할 점은 나누어진 분절 조각들은 원본 데이터의 정확한 경계와 부분 집합의 속성을 가지지 않는다는 점이다. 예를 들어 30, 40, 50의 액체를 한 곳에 담았다가 15씩 나눈다면 8개의 분절이 생성된다.

손실된 것은 없지만, 여기에는 원본 덩어리 단위였던 30, 40, 50의 크기는 아무런 의미가 없게 되었다. 즉 15씩 나누어진 분절들을 모아 놓는다고 해도 원래 30, 40, 50의 3개였는지 알 방법이 없다는 것이다. 이것이 바로 세그먼트이다. 따라서 세그먼테이션(segmentation)은 세그먼트를 만드는 행위, 즉 그냥 구획을 나누는 행위 자체를 말한다.

프래그먼트(fragment)와 프래그먼테이션(fragmentation)은 데이터의 조각과 그 조각을 만드는 행위를 의미하므로 세그먼트와 세그먼테이션과 의미상으로는 비슷해 보인다.[26] 하지만 차이점이 있는데 그것은 데이터의 원형을 보존한다는 점이다. 즉 프래그먼트(단편)란 완성된 원본 데이터의 일부분으로서 부분 집합의 형태를 보인다. 그러므로 재조합을 통해서 원본 형태를 재현해낼 수 있다.

이와 비슷한 예로 1,000 피스 퍼즐의 경우가 대표적이다. 1,000 피스 퍼즐은 조각이 유실만 되지 않는다면 정확하게 원본 형태를 재현할 수 있다.

따라서 프래그먼테이션은 원본을 재현하기 위해서 나누는 작업이지만 세그먼테이션은 재현할 형태에는 전혀 관심이 없고 구획을 나누기만 한다. 이 차이를 명확하게 알아두어야 하는 이유는 TCP는 세그먼테이션을 하고 UDP는 프래그먼테이션을 하기 때문이다. 이에 대한 자세한 내용은 각각의 헤더를 살펴볼 때 다시 설명하겠다.

8.3 재조합과 MTU

앞서 패킷을 설명하면서 패킷에는 담을 수 있는 데이터의 최대 크기 제한이 있다고 했다. 만일 제한값을 넘긴 데이터는 쪼개져서 제한값의 단위별로 나누어지고 목적지

---

26) 프래그먼트는 단편, 프래그먼테이션은 단편화라고도 한다. 그러나 간혹 세그먼트도 단편으로 번역하므로 원문을 그대로 쓰는 것이 좋다.

에 도착한 뒤에는 합쳐져서 복구된다.

이에 대한 간단한 예를 하나 들어보자. 초등학교 교과서에 자주 등장하는 철수와 영희가 있다. 철수는 일주일을 꼬박 고생해서 퍼즐을 맞추었다. 무려 3제곱미터에 이르는 퍼즐이며, 조각이 수천 개가 넘는 퍼즐이다.

철수는 이것을 영희에게 가져가 자랑하려 했으나 퍼즐판의 크기는 방문조차 통과할 수 없을 정도로 컸다. 그렇다고 완전히 다시 조각내서 가져가 영희 집에서 일주일 동안 다시 맞추는 것은 비현실적이다.

따라서 수십 개씩 맞춰진 조각 덩어리로 떼어내고 각각에 번호를 붙여서 가져가기로 했다. 그렇게 방문을 통과할 정도의 크기로 조각내고 번호까지 붙여두면 영희 집에 가서 약간의 수고로 재현할 수 있을 것이다.

네트워크 전송에서도 위의 원리는 똑같이 적용된다. 우리가 수백 MiB에 이르는 데이터를 상대편에 한 번에 던져 줄 수는 없다.

CD나 DVD에 구워서 준다면 가능하겠지만, 네트워크에서는 그것이 불가능하므로 데이터를 잘게 쪼개서 상대편에게 보낸다. 이때 쪼개진 데이터들은 일련의 번호를 붙여서 상대편으로 전송한다.

데이터를 쪼개는 과정을 프래그먼테이션(fragmentation)이라고 한다. 데이터 조각들을 수신한 뒤에 다시 조립하는 과정을 재조합(reassembly)이라고 한다. 이때 프래그먼트 조각들은 원본 덩어리의 모양을 재현하는 것이라고 했으므로 위의 퍼즐 예는 그것을 설명하기 위해 든 예이다.

그러면 프래그먼트를 나누는 기준인 MTU(Maximum Transfer Unit)에 대해서 살펴보자. 네트워크를 통해 전송할 데이터가 MTU보다 크다면 MTU 크기에 맞춰서 자르게 된다. MTU의 일반적 크기는 전송 규약에 따라 다르지만 이더넷(ethernet)의 경우에는 1,500바이트가 일반적이며 이것이 사실상 이더넷의 최대값이다.

즉 MTU 사이즈는 데이터링크 계층에서 주고받는 데이터그램의 최대 단위라고 보면 된다. 그러므로 이더넷 위에서 작동되는 모든 프로토콜은 기본적으로 이더넷의 MTU 크기를 따르며 통신하는 두 호스트 사이에 존재하는 수많은 네트워크 장비 중에 항상 가장 작은 MTU에 영향을 받게 된다. 이때 경로상의 가장 작은 MTU를 path MTU라고 부른다.

그러므로 우리가 주로 다룰 트랜스포트 계층의 TCP와 UDP 프로토콜은 당연히 상위 프로토콜이므로 데이터링크 계층의 MTU 값의 영향을 받게 된다. 이보다 크면 당연히 쪼개진다. 이것을 단편화(fragmentation)이라고 하지만, TCP의 경우는 단편화가 발생하지 않는다. 그 이유는 미리 세그먼테이션을 하기 때문이다. 따라서 프래그먼테이션은 UDP에서만 발생하게 된다.

8.4 IP, TCP, UDP 헤더

통신 프로토콜의 헤더를 알아보는 이유는 헤더의 정보가 각 프로토콜의 제약에 영향을 미치기 때문이다. 예를 들어 프래그먼테이션이 발생하는 이유는 링크 계층의 MTU와 UDP 헤더의 데이터 길이 필드가 다르기 때문에 발생하는 것이다.

그리고 각 헤더의 크기를 알아야만 헤더가 조합되면서 실제 데이터와 패킷의 크기가 달라지는 크기와 비율을 알 수 있기 때문이다.

또한, 헤더의 구조는 프로그래밍에서 발생하는 문제를 해결하는데도 상당히 도움을 준다. 의외로 네트워크 전문가라고 자칭하는 사람 중에 통신 헤더를 제대로 알지 못하거나 실제로 어떻게 처리되는지 알지 못해서 문제 해결을 못 하는 경우가 많다. 따라서 독자분들은 헤더와 각 필드의 부분이 의미하는 바를 정확하게 이해해서 문제가 발생했을 때 쉽게 해결할 수 있길 바란다.

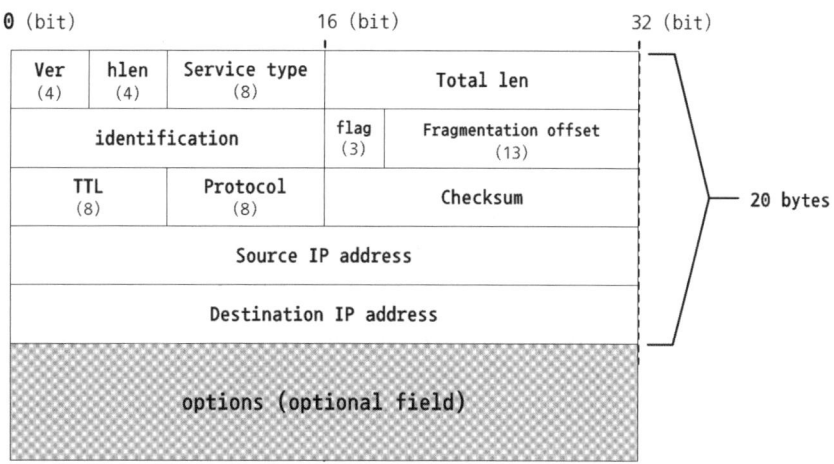

[그림 6.11] IPv4 프로토콜 헤더

[그림 6.11]은 IPv4 헤더로서 일반적으로 IP 헤더라고 부르는 녀석이다. IP는 OSI 7 레이어로 분류하는 경우 3계층인 네트워크 계층을 표현하므로 네트워크상의 위치 정보가 가장 중요한 부분이다.

헤더의 크기는 항상 워드(word)[27]의 배수로 지정된다. 이는 정렬 때문에 벌어지는 일

---

27) 현대적인 컴퓨팅 시스템에서 워드(word)는 32bit, 즉 4바이트를 의미한다.

이다. 앞서 XDR(External Data Representation)에서 배웠듯이 이기종끼리 데이터를 성능 저하 없이 주고받으려면 워드 단위로 정렬되어야만 하기 때문이다.

IP 헤더의 기본 크기는 20바이트이지만 옵션 필드를 사용하는 경우에는 가변적이다. 그러나 옵션 필드가 없는 경우가 많으므로 그냥 20바이트로 외워둬도 큰 문제는 없다.

IP의 필드 중에 처음 4비트는 버전을 의미한다. 현재 사용되는 IPv4의 경우는 4가 기록된다. 만일 IPv6의 경우는 이 부분에 6이 기록되며, 이후에 따라오는 모든 필드는 IPv6의 형태로 읽혀져야 한다. 참고로 IPv4와 IPv6는 헤더 구조가 완전히 다르다.

그다음에 헤더의 길이를 나타내는 4비트가 위치한다. 단위는 워드(word)이므로 기본 20바이트 크기인 경우라면 5라고 지정된다.

서비스 타입은 특정한 규칙에 따라서 패킷을 처리하도록 하는데 통신 품질을 위한 목적으로 주로 사용한다. 일반적으로 사용되지 않는 경우가 많다. 다만, RFC 3168에서는 IP 계층에서 혼잡제어를 위해 ECT, CE의 2개의 비트를 제안했는데, 이 기능은 라우터와 관련 스택 기능까지 이해하고자 할 때 필요하므로 관련 공부를 하고자 한다면 RFC 3168을 참고하여 살펴보기 바란다.

그다음에 나오는 패킷 길이는 16비트로 IP 패킷의 길이는 2의 16승인 65,535의 제약을 받게 된다. IP 패킷의 길이가 MTU보다 크다면 단편화(fragmentation)가 발생하므로 뒤의 식별자(identification) 정보가 필요하게 된다. 식별자 정보는 라우팅에서 중복 검사에도 사용된다.

플래그값은 DF(Don't Fragment)와 MF(More Fragmentation)가 있다. DF는 단편화 작업을 하지 않으라는 것이므로 만일 패킷의 크기보다 MTU가 작은 구간을 만나면 더는 전송되지 못하고 패킷이 버려진다.

MF는 추가로 단편화된 서브 패킷이 있는 것을 의미한다. 단편화 오프셋 (fragmentation offset)은 MF 플래그가 세팅된 경우에 단편화된 상대적인 위치 정보를 가리킨다. 이 위치 정보를 통해 단편화된 데이터들을 순서에 맞게 재조합할 수 있게 된다. 단편화된 마지막 서브 패킷은 플래그에 0이 세팅된다.

TTL(Time To Live)은 네트워크상에서 패킷의 수명을 의미한다. 원래 RFC 791에서는 TTL의 단위를 초(second)로 규정하지만, 한 개의 노드(node, hop)를 지날 때마다 1초 미만이라고 해도 1씩 감소된다. 이 기능의 목적은 패킷이 오랫동안 살아남아서 네트워크를 어지럽히는 것을 방지하는 용도이다.

표 6.15 트랜스포트 계층의 프로토콜들

ICMP	1 , Internet Control Message Protocol
IGMP	2, Internet Group Management Protocol
TCP	6, Transaction Control Protocol
UDP	17, User Datagram Protocol

프로토콜을 규정하는 부분은 전송되는 패킷이 사용하는 트랜스포트 계층의 프로토콜을 의미한다. 주로 사용되는 몇몇 프로토콜은 [표 6.15]와 같다. 숫자는 각 프로토콜을 나타내는 값이다. 예를 들어 TCP라면 6이 기록되어 있게 된다.

체크섬은 데이터의 오류를 발견하기 위해서 존재한다. 최근에는 체크섬 부분을 소프트웨어 레벨이 아닌 하드웨어 레벨에서 대신하는 checksum offload 기능이 NIC에 탑재된 경우가 많다.

마지막으로 송신 측 IP 주소와 수신 측 IP 주소는 각각 IPv4의 주소인 32비트씩이다. 뒤에 옵션 필드들은 추가되는 사항이 있다면 헤더 길이를 변경시켜서 넣어주면 되고 바이트 정렬은 워드 단위로 한다.

이번에는 TCP와 UDP 헤더에 대해서 살펴보도록 하자. 이들은 트랜스포트 계층의 헤더이므로 포트 번호와 같은 정보를 포함한다. 일반적으로 TCP 헤더는 20바이트, UDP 헤더는 8바이트의 크기를 사용하지만, TCP의 경우는 옵션 필드를 사용하면 늘어날 수도 있다.

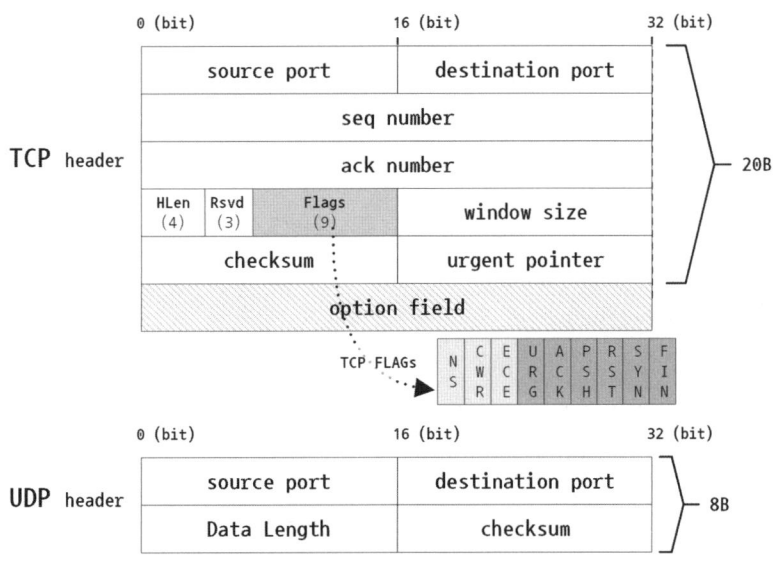

[그림 6.12] TCP vs UDP 프로토콜 헤더 (Rsvd = Reserved)

TCP 헤더의 첫 32비트에는 각각 16비트씩 송신 측 포트 번호와 수신 측 포트 번호가 있다. TCP는 트랜스포트 계층이므로 포트 번호만 존재하고 앞서 IP 헤더는 네트워크 계층이므로 주소만 존재한다. 이 차이점을 잘 기억해야 한다.

그다음에 TCP 패킷의 시퀀스(SEQ) 번호와 애크날리지먼트(ACK) 번호가 각각 32비트씩 위치한다.

HLen은 헤더 길이로서 4비트이며 단위는 IP 헤더와 마찬가지로 워드 단위로 기록된다. 보통 20바이트인 경우에는 5라고 기록된다. 만일 옵션 필드로 5개의 워드가 추가되면 HLen은 10이 되고 이는 총 40바이트를 의미한다.

그다음에 아직 사용하지 않는 3비트의 예약 영역이 있으며 그 뒤로 TCP 제어 플래그 9비트가 있다. 9개의 제어 플래그 기능은 [표 6.16]에 요약해두었다. 예를 들어 어떤 TCP 헤더에 FIN, ACK, PSH가 설정되어 있다면 접속을 끊는 작업(FIN)과 받은 데이터에 대한 응답(ACK)이 설정되었고, PSH가 설정되었으니 해당 세그먼트는 지연되지 않고 즉시 전달된다.

참고로 과거에는 제어 플래그가 6비트로서 URG, ACK, PSH, RST, SYN, FIN가 있었다. 그러나 2001년 RFC 3168에서 CWR, ECE가 제안되었고 2003년 RFC 3540에 NS가 제안되어 필드가 총 9개가 되었다. CWR, ECE, NS의 3개의 플래그는 혼잡 제어를 위해서 추가된 기능이다.

혼잡 제어 기능은 리눅스에서는 2004년도에 처음 적용되었고, 대부분 운영체제는 2000년대 중후반에 해당 기능이 구현되었다.

표 6.16 TCP 헤더의 제어 플래그

URG	Urgent, 뒤의 urgent pointer 필드를 사용함 (긴급 데이터)
ACK	acknowledgement, 앞의 ack number 필드를 사용함
PSH	push, 현재 세그먼트 데이터는 즉시 전달되어야 함
RST	reset, 현재 연결을 재설정함
SYN	synchronization, 새로운 연결 설정 요구함
FIN	finish, 연결의 종료를 요구함
NS	ECN-nonce concealment protection
CWR	Congestion Window Reduced, 혼잡제어 윈도우 크기를 축소함
ECE	ECN-echo

윈도우 사이즈는 TCP의 슬라이딩 윈도우를 이용하기 위해서 사용되는 윈도우 크기이다. 이는 흐름 제어를 위해 사용된다.

체크섬은 데이터 패킷의 오류를 판별하며 NIC의 checksum offload 기능으로 대신하는 경우가 많다. 긴급 포인터(urgent pointer)는 긴급 데이터를 전송할 때 해당 데이터의 위치 정보를 가진다.

TCP의 긴급 데이터는 더 빠르게 전송되는 데이터 채널이 따로 있는 것은 아니다. 다만, 전송되는 데이터 중에 빨리 처리하기를 바라는 데이터가 스트림 중에 어느 위치에 있는지만을 가리키는 포인터일 뿐이다.

따라서 수신 측에서는 URG 플래그가 세팅된 세그먼트가 수신되면 긴급 포인터가 가리키는 위치를 따로 읽을 수 있을 뿐이다. TCP에서 이렇게 긴급 포인터를 이용하는 전송을 아웃 오브 밴드(OOB, Out-Of-Band) 데이터라고 부른다. 이는 뒤에서 OOB 데이터 처리를 다룰 때 자세히 보도록 할 것이다.

여기까지가 일반적인 TCP 헤더이고 용도에 따라서 옵션 필드를 추가할 수 있다. 당연히 바이트 정렬은 워드 단위이고 각 옵션은 고정된 위치를 가진다.

UDP 헤더는 TCP와 달리 간단한 형태를 보이고 있다. 원래 기능도 별로 없으니 당연한 것인지도 모른다. UDP 헤더도 TCP와 같이 시작 부분에는 16비트씩 송신 측과 수신 측 포트 번호가 있다.

그다음에는 헤더를 포함한 UDP 데이터그램의 길이를 16비트로 지정한다. 이 길이는 앞의 IP, TCP의 헤더에 있는 길이와 달리 데이터그램 전체(헤더 포함)의 길이이며, 단위도 워드 단위가 아닌 바이트 단위로 기록된다. 따라서 UDP의 최대 전송 가능 길이는 16비트의 최대값인 65,535가 최대이다. 그런데 여기서 UDP 헤더 길이인 8바이트를 제외하면 실제 전송이 가능한 데이터그램은 65,527이 된다. 체크섬은 데이터그램의 오류를 판별하기 위해서 사용되며 checksum offload가 지원되는 경우에는 NIC 카드가 대신한다.

여기까지 IP와 TCP, UDP 프로토콜의 헤더를 살펴보았다. 물론 헤더 내용을 몰라도 뒤의 프로그래밍에는 지장이 없다. 하지만, 패킷 검출을 통해서 에러를 검증한다든지 혹은 디버깅을 할 때도 패킷의 구조를 알면 매우 쉽게 일이 해결되기에 굳이 설명을 해두었다.

8.5 소켓 레이어와 IP 레이어의 전송 시나리오

이번에는 소켓에 실제 입출력을 할 때 TCP와 UDP에 따라 IP 레이어를 지나면서 어떤 현상이 발생하는지 살펴볼 것이다. 이는 세그먼테이션과 프래그먼테이션을 이해하고 MSS나 MTU가 어떤 효과를 갖는지를 설명하기 위함이다.

일단 소켓에는 소켓 버퍼라는 것이 있다. 파일도 마찬가지로 실제로 디스크에 쓰이기 전에 버퍼에 저장되듯이 소켓도 전송하기 전에 버퍼 메모리에 저장된다. 소켓의 버퍼 메모리는 2가지가 존재하는데 송신용 버퍼와 수신용 버퍼가 바로 그것이다.

응용 프로그램에서 소켓에 send나 sendto, write 등의 쓰기 요청은 소켓 송신 버퍼로 데이터를 복사하는 것을 의미한다. 따라서 send나 sendto, write의 리턴값이 양수인 경우는 전송한 바이트 수가 아니라 소켓의 송신 버퍼에 복사가 성공한 바이트 수를 의미한다.

이렇게 소켓 버퍼에 복사된 데이터는 TCP인 경우는 소켓 레이어에서 MTU 크기에 맞추기 위해 미리 세그먼테이션을 한다. 이때 기준이 되는 크기가 바로 MSS(Maximum Segment Size) 이다.

MSS는 MTU보다는 작으므로 MSS 크기로 세그먼테이션되어지면 IP 계층에서 다시 프래그먼테이션하는 일은 없을 것이다. 그러나 UDP의 경우에는 세그먼테이션 작업 없이 그대로 IP 계층으로 내려간다.

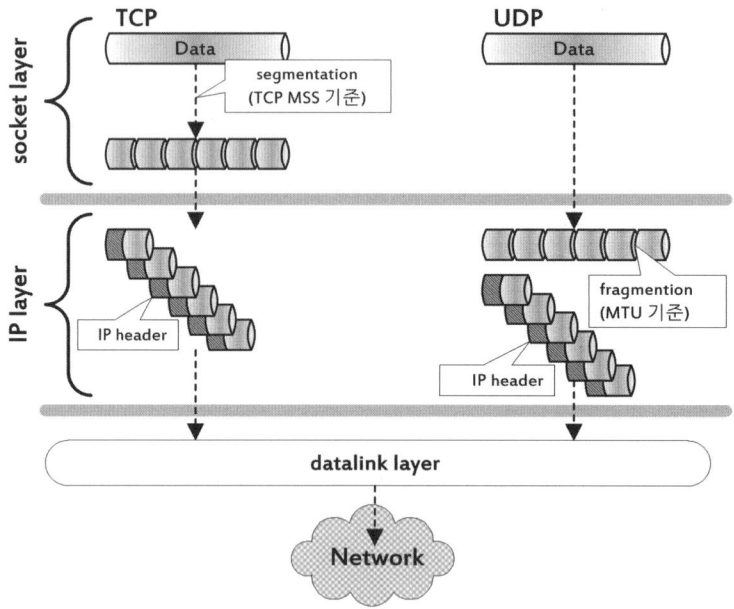

[그림 6.13] TCP와 UDP 그리고 IP 계층

IP 계층에서는 MTU 크기와 전송을 요청한 데이터의 크기를 비교하여 MTU보다 큰 경우는 MTU 크기로 프래그먼테이션을 한다. 여기서 TCP와 UDP의 차이가 발생한다. TCP는 앞서 MSS 크기로 세그먼테이션했기 때문에 MTU보다 작으므로 프래그먼테이션이 발생하지 않는다.

하지만, UDP는 MTU보다 큰 경우가 생길 수 있으므로 프래그먼테이션이 발생한다. 결국 IP 레이어에서는 TCP는 IP 헤더만 붙어서 내려가고 UDP는 프래그먼테이션이 필요하다면 단편으로 조각낸 뒤에 IP 헤더를 붙이게 된다. 프래그먼테이션이 생기면 IP 헤더의 프래그먼테이션 관련 플래그와 오프셋이 지정된다. 물론 UDP도 MTU보다 작은 경우에는 프래그먼테이션없이 IP 헤더만 붙이게 된다.

그리고 나서 데이터 링크 계층으로 내려가게 되는데 이 계층은 네트워크 인터페이스가 직접 관장하는 계층이다. 여기서 다시 MTU 크기에 맞는지 검사한 후에 디바이스 출력 대기열에 패킷으로 포장하여 등록을 해두고 네트워크라는 넓은 바다로 패킷을 보낸다.

패킷의 목적지가 로컬 네트워크가 아니라면 WAN으로 나가기 위해 게이트웨이를 거치게 된다. 그리고 이후로 몇 개의 라우터를 거치면서 패킷들은 수신처에 도착하게 된다. 마침내 수신처의 LAN에 도착하면 송신처에서 했던 과정을 역으로 거치게 된다.

즉 수신처의 데이터링크 계층에서는 링크 계층의 헤더를 벗겨서 IP 계층으로 올려주고 IP 계층에서는 프래그먼테이션 되었는지 확인하고 필요하다면 재조합(reassembly)을 하게 된다. TCP의 경우에는 세그먼트의 순서를 맞추면서 데이터를 완성해간다.

이때 TCP 세그먼트 순서는 송신처에서 MSS로 잘린 순서일 뿐이므로 응용 프로그램에서 기록한 데이터의 경계는 보존되지 않는다. 따라서 응용 프로그램 계층에서 사용하는 각 데이터의 레코드 경계는 프로그래머가 구현해야 할 몫이다.

이 경계를 자르는 부분의 정확한 구현이 어렵고 복잡하기 때문에 상대적으로 TCP 프로그래밍이 UDP보다 어려운 편이다. 왜냐하면, UDP의 경우는 송신처에서 보낸 형태 그대로 경계를 보존하여 수신되므로 따로 수신 버퍼를 읽을 때 경계를 자르는 처리를 할 필요가 없다.

만일 UDP 데이터그램이 MTU보다 큰 경우라면 단편화되기 때문에 수신처는 재조합(reassembly)을 거쳐서 완전한 데이터그램이 되어야만 읽어들일 수 있다.

예를 들어 1.5리터 PET 병에 담긴 물이 10통이 있다면 목적지까지 연결된 파이프에 이들을 부어서 상대편에 송신하는 것은 TCP의 방식이고 하나하나 포장해서 택배로 부치는 것이 UDP라고 이해하면 되겠다.

그러므로 TCP는 스트림 통신이라고 부르며 사용자의 측면에서는 파이프를 통해 흘러가는 물과 같은 것으로 보인다. 스트림에 대해서는 고수준/저수준 파일 입출력 부분에서 이미 살펴보았다.

소켓은 바로 원격지에 연결된 파일과 같은데 그중에서 TCP 스트림은 진짜 파일을 읽어들이는 것과 똑같은 인터페이스를 가진다. 물론 시스템 측면에서 보면 연결된 공간이 아닐 수도 있지만, 사용자는 가상의 공간에서 연결된 것처럼 보이므로 논리적으로 연결된 데이터의 흐름으로 인식할 수 있게 된다.

따라서 TCP 스트림은 데이터의 크기에 제한이 없다는 장점이 있다. 하지만, 이것은 단점이기도 해서 데이터의 시작과 끝을 알 수 있는 구분자(seperator)를 사용하거나 응용 프로그램의 통신용 헤더를 구성하여 페이로드의 크기를 알려주도록 프로그래밍해야 한다.

8.6 UDP 오버플로우

연결이 없는 UDP는 TCP와 다르게 간단하게 쓸 수 있다. 연결에 소요되는 오버헤드가 없으며 1:1 뿐만 아니라 1:n의 통신도 가능하다. UDP는 한 번의 전송으로 복수의 호스트에 데이터그램을 보낼 수 있는 브로드캐스팅과 멀티캐스팅이 가능하다.

또한, 데이터를 전달함에 있어서 복잡한 흐름 제어를 하지 않으므로 수신 측 응용 프로그램이 있든 말든 무작정 데이터를 송신하게 된다. 그러나 수신 측 포트가 열려 있지 않아도 데이터가 송신될 수 있으므로 이런 경우에는 수신 측에서 버려지게 된다.

이런 특성 때문에 실시간성이 강하고 순서대로 전송되는 것을 보장하지 않는다. 그렇다고 해서 무조건 무질서하게 전송되는 것은 아니다. 대체로 순서대로 도착하기는 하지만 라우팅 경로의 변화에 따라 순서가 뒤바뀌는 경우가 생길 수도 있다는 것이다.

UDP를 사용할 때는 몇 가지 중요한 특성을 알아둬야만 한다. 먼저 UDP와 소켓 버퍼 크기의 관계이다. UDP를 사용할 때 소켓 버퍼의 크기는 전송하는 데이터그램의 크기보다는 크거나 같아야 한다.

예를 들어 어떤 프로그램이 한 번에 보내는 유저 데이터그램의 최대 크기가 16KiB라면 적어도 송신 버퍼와 수신 버퍼는 최소 이보다는 커야 한다. 이는 송신 측 응용 프로그램뿐 아니라 수신 측 응용 프로그램도 마찬가지이므로 개발자가 서로 다른 경우에는 데이터그램의 최대 크기를 합의해야 한다.

그런데 약간의 예외가 하나 있는데 수신 버퍼의 크기가 유저 데이터그램보다 작은 경우에는 항상 실패하지만, 송신 버퍼가 작은 경우에는 전송이 가능할 수도 있다. 이는 해당 OS의 구현에 따라 다르다.

참고로 리눅스는 송신 버퍼는 데이터그램보다 작아도 프래그먼테이션을 하면서 전송하기 때문에 송신 버퍼가 다소 작아도 문제가 발생하지 않는다.

이렇게 UDP는 소켓 버퍼에 의존적이기 때문에 UDP 소켓의 수신 버퍼가 오버플로우되면 수신된 데이터그램은 버려지게 된다. 이때 버려진 패킷은 간단하게는 "netstat -s" 명령으로 확인할 수 있다.

만일 어떤 시스템에서 UDP 유실이 심한 경우에는 이를 통해 확인하고 어떤 UDP 프로그램이 오버플로우를 일으키는지 확인하여 수신 버퍼를 늘리거나 처리할 데이터그램을 분산처리할 수 있도록 여러 개의 프로세스로 나누는 것이 좋다.

예를 들어 25000번 포트만 사용했다면 25000, 25001, 25003 세 개로 분산시킨다든지 하는 방법을 사용할 수 있다.

그러나 UDP 데이터그램의 오버플로우를 막기 위해서는 최대 크기를 작게 하는 것이 좋다. 앞서 언급했듯이 UDP는 재전송을 하지 않기 때문에 단편화된 조각 중 하나라도 유실되면 데이터그램 전체를 대기열에서 삭제한다. 이는 마치 수신처에서는 전송이 안 된 것처럼 보이게 된다.

더군다나 매우 큰 데이터그램은 수십 조각으로 단편화되어 나뉠 수도 있는데 이들이 멀리 떨어진 WAN 구간을 거치게 되면 조각 중에 하나라도 유실될 가능성이 커진다.

물론 가까운 LAN 구간에서는 거의 유실이 발생하지 않는다. 따라서 가장 좋은 것은 단편화되지 않도록 MTU보다 작은 크기의 데이터그램을 사용하는 것이 좋다. 몇몇 응용 프로그램은 처음 구동시에 UDP 데이터그램의 크기를 다르게 전송하면서 유실률을 확인하거나 실시간으로 데이터그램의 크기를 변경하면서 최적의 값으로 적응할 수 있도록 설계하기도 한다.

```
$ netstat -s
... (생략) ...
Udp:
    8567 packets received
      32 packets to unknown port received.
      67 packet receive errors
    9567 packets sent
```

[그림 6.14] UDP 오버플로우 검사(netstat -s 명령)

8.7 TCP와 UDP의 비교

앞에서는 TCP와 UDP의 전송하는 과정과 소켓 버퍼와 같은 것들에 대해서 설명했으니 이번에는 두 프로토콜을 차이점에 대해서 총체적으로 정리하도록 하자. 이 특징과 차이를 잘 이해하고 넘어가는 것이 이번 단원의 하이라이트가 될 것이다.

표 6.17 TCP와 UDP의 차이

	TCP	UDP
연결 상태	연결 상태를 알 수 있음. 연결을 맺거나 끊기 위한 과정에서 약간의 오버헤드가 있다.	알 수 없음. (연결이 없으므로) 가볍게 사용 가능하며 연결에 따른 부담에서 해방되어 빠름.
데이터 크기	바이트 스트림으로 처리되므로 크기 제한은 없다. 송신 버퍼에 있는 데이터는 MSS 크기로 세그먼테이션되어 전송된다.	UDP 프로토콜 상의 제한(65527 = UDP 헤더를 제외한 크기)이나 소켓 버퍼 크기에 영향을 받는다.
단편화	MSS 크기로 세그먼테이션하므로 프래그먼테이션은 발생하지 않는다.(MSS는 MTU보다 작다) 수신처의 수신 대기큐는 들어오는 세그먼트를 처리하여 재조합을 하며 누락되면 재전송 되어 도착할 때까지 재조합은 보류된다.	IP 계층에서 단편화가 일어난다. UDP는 자체적으로 MTU에 대응하여 세그먼테이션을 하지 않으므로 IP 계층의 단편화 작업에 의해 조각난 단편 중 하나가 유실되거나 체크섬에 실패한 데이터그램은 삭제된다. 그러나 재전송은 없다.
흐름제어	슬라이딩 윈도우를 사용하여 흐름제어를 보장한다.	흐름제어를 하지 않으므로 전송이 요청되면 곧바로 송신하게 된다. 따라서 수신처에서 오버플로우 될 수도 있다.
에러 처리	체크섬으로 검증. 실패시 TCP 프로토콜 상에서 재전송을 한다.	체크섬으로 검증. 실패시 재전송은 없다.

[표 6.17]에서 보이는 TCP와 UDP의 특징은 이해하고 기억해야만 한다. 특히 TCP의 경우에는 흐름제어(flow control)를 하기 때문에 통신이 실시간적으로 일어나지 않을 수도 있다. 간혹 수신 측이 느리게 처리하면 송신 측에서 더이상 전송할 수 없는 상태가 될 수도 있기 때문이다. 이런 연유로 TCP는 수신을 정교하고 빠르게 처리하는 것이 매우 중요하다.

그리고 TCP는 타임아웃뿐만 아니라 패킷이 유실되거나 체크섬이 실패하는 경우에도 재전송을 하여 신뢰성 있는 통신을 보장한다. 하지만, UDP는 실패하거나 오버플로우 되는 경우에도 재전송하는 일이 없다. 만일 UDP에서 재전송이 필요하다면 프로그래머가 따로 구현해야 한다. 실제로 UDP를 사용하는 몇몇 통신 프로그램은 따로 재전송을 하는 방법을 고안해서 사용하고 있다. 이렇게 재전송을 포함한 신뢰성과 성능을 고려한 UDP 전송 방법은 네트워크 프로그래밍에서 좋은 연습 과제이기도 하니 관심이 있다면 새로운 UDP 기반 어플리케이션 프로토콜을 구현해보는 것도 추천한다.

09   TCP의 효율적인 기법들

TCP는 계속해서 발전해가고 있기 때문에 각 운영체제에는 새로운 형태의 알고리즘 이 계속 추가되고 있다. 더군다나 물리적인 장치들이 고속화되어가고 대역폭이 증가 함으로 인해서 운영체제에도 변화가 생기기 시작했다. 그중에서 최신은 아니지만 몇 몇 부분은 TCP 프로그래밍에서 꼭 알아야 하는 부분이 있기 때문에 여기서는 중요한 몇 가지를 설명하고 넘어가도록 할 것이다.

9.1 네이글 알고리즘, 지연 ACK

우선 너무 작은 데이터그램(tinygram)의 흐름은 네트워크 구간에서 혼잡을 일으킬 수 있다는 사실에 대해 생각해보자. 예를 들어 1바이트짜리 데이터들이 전송된다면 실 제로는 여기에 IP, TCP 헤더가 붙어서 41바이트짜리 패킷이 된다.

물론 데이터링크 계층으로 내려가면 해당 계층의 헤더가 추가되나 계산이 복잡하 니 논외로 치자. 이렇게 1바이트짜리 데이터를 1,000개를 보낸다면 실제 데이터는 1,000바이트이지만 IP, TCP 헤더만 붙는다고 쳐도 41,000바이트가 된다. 이쯤 되면 실제 전달 내용보다 헤더의 크기가 더 커지는 비효율이 발생한다.

송신 측에서 이렇게 작은 패킷을 전송할 때 비효율적인 문제를 피하려고 짧은 시간 내에 전송되는 작은 패킷들은 모아두었다가 ACK가 수신되면 전송하도록 하였다. 이 를 네이글 알고리즘(RFC 896, 1994 Nagle's algorithm)이라고 한다.

물론 상대편이 빨리 응답해서 ACK가 빨리 수신되면 그만큼 빨리 송신될 것이다. 따 라서 흐름제어 역할도 한다. 하지만, ACK가 늦게 수신된다고 하더라도 무작정 기다 리는 것은 아니고 타임아웃이 존재한다.

이 시간은 약 200msec도 안 되는 작은 시간인데 이는 지연 ACK(Delayed ACK)의 효 과 때문이다. 그러면 지연 ACK가 어떤 효과를 내는지를 같이 보아야 할 것이다.

지연 ACK는 수신 측에서 작은 ACK 패킷들의 혼잡을 피하기 위한 것인데 네이글 알 고리즘과 관련이 있다. 먼저 ACK란 TCP 프로토콜에서 수신 측이 패킷을 잘 받았음 을 응답하는 기능이다.

그런데 수신 측에서 송신 측에 응답해야 하는 데이터가 있다면 응답 패킷을 포장하면 서 ACK 번호를 실어서 보내면 따로 ACK 패킷을 보낼 필요가 없어진다. 이렇게 보낼 데이터가 생길 때까지 약간 기다렸다가 ACK를 같이 보내는 피기백(piggybacking)을 노린 것이 바로 지연 ACK이다.[28]

하지만, 일방적으로 수신만 하는 통신 방식이라면 어떻게 될까? 이런 경우에 수신 측은 헤더만으로 구성된 패킷에 ACK 필드를 채워서 보내게 된다. 그러나 작은 패킷들에 대해 일일이 ACK를 보내면 오히려 ACK 패킷들이 혼잡을 일으킬 수 있다. 그래서 지연 ACK를 통해 일정 시간 동안 ACK 패킷을 보류하여 응답하도록 한 것이다.

그러면 보류된 ACK가 전송되는 조건을 알아야 할 것이다. 첫 번째는 타임아웃이 지나면 전송된다는 점이다. 이때 타임아웃으로 사용되는 지연 시간은 RFC에 의하면 500 msec 이내를 권고하고 있다.

하지만, 대부분 운영체제는 200msec 이내의 시간을 사용한다. 혹은 탄력적으로 매우 짧은 시간을 동적으로 사용하는 경우도 있다. 그러면 네이글 알고리즘에서 왜 200msec 이내의 송신 지연이 발생하는지 이해가 될 것이다.

즉 네이글 알고리즘이 송신하는 조건인 ACK를 수신하는 것은 지연 ACK에 의해 보통 200msec 정도까지 지연될 수 있기 때문이다. 하지만, 지연되는 ACK가 있다고 하더라도 송신 측으로 보내는 데이터가 있다면 ACK 필드를 채워 보내기 때문에 200msec보다 더 적은 시간의 지연이 발생하는 경우가 대부분이다.

두 번째는 수신 측이 recv와 같은 읽기 요청으로 버퍼가 비워지는 경우이다. 보통 슬라이딩 윈도우의 절반 이상이나 MSS 크기의 두 배 이상의 데이터를 읽어들이면 송신 측에 슬라이딩 윈도우 크기를 조정하기 위해 응답 패킷을 보내게 되며 여기에는 ACK 필드도 채워져서 나가게 된다.

9.2 슬라이딩 윈도우

슬라이딩 윈도우는 패킷의 연속 전송과 흐름제어에 가장 중요한 요소이다. 수신 측은 송신 측에게 윈도우 크기를 알려주는데 이는 수신 측의 버퍼 수준을 의미한다.

일반적으로 TCP와 같이 신뢰성이 있는 프로토콜은 수신 확인으로 ACK를 받는데 매번 송신하고 ACK를 수신할 때까지 기다리면 ACK의 응답이 느릴수록 데이터 전송 속도는 줄어들 가능성이 커진다.

따라서 송신 측은 미리 수신 측 버퍼의 크기를 알고 그 값만큼은 응답이 없어도 보낼

---

28) 수신 측에서 응답하는 데이터의 크기가 작은 경우에는 네이글 알고리즘의 영향을 받아서 약간의 지연이 발생할 수도 있다. 따라서 응답 데이터가 빨리 전송되기를 바라는 경우에는 네이글 알고리즘을 끄기도 한다. 이를 TCP Nodelay 기능이라고 하며 뒤에 소켓 옵션에서 다루도록 할 것이다.

수 있도록 하여 전송 속도를 높이게 되었다. 이 값이 바로 윈도우 크기이며 송신 측은 데이터를 보낼 때마다 미리 알고 있는 윈도우 크기를 감소시키면서 연속으로 송신할 수 있게 되었다.

그러므로 윈도우 크기가 0보다 큰 상태라면 계속해서 데이터를 송신할 수 있다. 수신 측은 데이터를 수신하면서 일정 시간마다 ACK를 보낼 때 윈도우 크기도 같이 보내서 송신 측의 윈도우 크기를 업데이트 하게 된다.

```
▷ Frame 17 (62 bytes on wire, 62 bytes captured)
▷ Ethernet II, Src: Asiarock_78:c1:30 (00:19:66:78:c1:30), Dst: Giga-Byt_9d:6e:88 (00:1a:4d:9d:6e:88)
▷ Internet Protocol, Src: 192.168.0.5 (192.168.0.5), Dst: 192.168.0.50 (192.168.0.50)
▽ Transmission Control Protocol, Src Port: cas-mapi (3682), Dst Port: http (80), Seq: 0, Len: 0
      Source port: cas-mapi (3682)
      Destination port: http (80)
      Sequence number: 0    (relative sequence number)
      Header length: 28 bytes
   ▷ Flags: 0x02 (SYN)
      Window size: 65535
   ▷ Checksum: 0x85b7 [correct]
   ▽ Options: (8 bytes)
         Maximum segment size: 1460 bytes
         NOP
         NOP
         SACK permitted
```

[그림 6.15] TCP 패킷 캡처(wireshark)

[그림 6.15]는 패킷 캡처 툴인 wireshark로 TCP 패킷을 잡은 것이다. 그림을 보면 접속을 위한 SYN 필드가 있으며 윈도우 크기가 65,535로 잡혀 있는 것을 볼 수 있다. 이렇게 되면 ACK가 돌아오지 않아도 상대편에게 65,535바이트까지 데이터를 보낼 수 있다. 이는 통신 구간의 속도가 빠를수록 유리해진다.

하지만, 반대로 오류가 발생하거나 수신처에서 느리게 데이터를 읽어가게 되면 윈도우 크기를 줄여서 응답해 줌으로써 속도 조절(clocking)이 가능해진다. 즉 흐름을 제어하는 목적으로 사용된다는 것이다.

9.3 TCP autotuning

몇몇 현대적인 운영체제에서는 TCP 소켓 버퍼의 크기를 전송량에 비례하여 자동으로 조정하는 기능이 제공되는데 리눅스에서는 이를 TCP autotuning이라고 부른다.

TCP autotuning 기능은 2001년 리눅스 2.4.16, 2.6.8 이후 버전에는 기본적으로 제공하고 있으며 윈도우즈는 비스타/7 버전부터 도입되었다. Mac OSX는 10.5 이후부터 제공하고 있다.

이 기능이 제공되는 운영체제에서는 초기에는 소켓 버퍼를 작게 시작했다가 전송량에 비례해서 늘리거나 줄이거나 한다. 이는 고대역폭에서 뛰어난 속도 적응력을 가져올 수 있다.[29]

---

29) http://www-didc.lbl.gov/TCP-tuning/linux.html

http://www.psc.edu/networking/projects/tcptune/historical.php

표 6.18 리눅스 커널의 TCP autotuning 설정

net.ipv4.tcp_moderate_rcvbuf	수신 버퍼에 TCP autotuning을 적용한다. (Boolean: 0=disable, 1=enable)
net.ipv4.tcp_rmem net.ipv4.tcp_wmem	송수신 버퍼의 최소, 기본, 최대 값을 지정 (Integer: byte 크기 지정)
net.core.rmem_max net.core.wmem_max	TCP 소켓 송수신 버퍼의 제한값 (Integer: byte 크기 지정)

리눅스는 송신 버퍼에 대해서는 기본적으로 TCP autotuning을 적용한다. 수신 버퍼에 대해 적용하려면 [표 6.18]에 보이는 tcp_moderate_rcvbuf 커널 설정에 따라서 작동한다. 대부분의 배포판에서 이 수치는 기본적으로 활성(1)으로 설정되어 있다. 만일 이 설정 값이 비활성(0)으로 설정되면 자동 조정이 안 되고 고정된 소켓 버퍼값을 가지게 된다.

그러나 TCP autotuning을 사용하는 경우라고 하더라도 setsockopt 함수의 SO_RCVBUF 옵션을 이용해서 소켓 수신 버퍼의 크기를 수동 설정하면 고정된 값을 사용할 수 있다. 소켓 옵션을 변경하는 setsockopt 함수는 뒤에 소켓 옵션 제어에서 자세히 다루게 될 것이다.

```
$ sysctl net.ipv4.tcp_rmem net.ipv4.tcp_wmem
net.ipv4.tcp_rmem = 4096        87380     4018176
net.ipv4.tcp_wmem = 4096        16384     4018176

$ sysctl net.core.rmem_max net.core.wmem_max
net.core.rmem_max = 131071
net.core.wmem_max = 131071
```

[그림 6.16] 리눅스 커널의 TCP autotuning 설정

[그림 6.16]에서 보면 커널 설정값을 출력해보고 있다. 먼저 그림 위쪽은 소켓의 수신 버퍼와 송신 버퍼의 최소, 기본, 최대값이다. 따라서 소켓이 생성되면 수신 버퍼는 87380, 송신 버퍼는 16384가 기본값으로 설정된다. 이후에 RTT(Round Trip Time)와 윈도우 사이즈와 같은 정보를 통해 예측하여 4096 ~ 4,018,176 바이트 사이에서 조정될 것이다.

[그림 6.16]의 아랫부분은 수동으로 설정할 수 있는 소켓 버퍼의 최대 수치이다. 이는 소켓 옵션을 설정하는 setsockopt 함수로 SO_RCVBUF(수신 버퍼 크기), SO_SNDBUF(송신 버퍼 크기)를 수동 설정할 때 최대값이다. 따라서 net.core.rmem_max (이하 rmem_max 표기)가 SO_RCVBUF 옵션으로 지정할 수 있는 최대값이며, net.core.wmem_max (이하 wmem_max 표기)는 SO_SNDBUF 옵션으로 지정할 수 있는 최대값이다.

만일 setsockopt를 이용해서 rmem_max나 wmem_max보다 큰 값으로 수신 버퍼, 송신 버퍼의 크기를 설정하면 무시되고 rmem_max, wmem_max에 지정된 값으로 조정된다.

이들 rmem_max, wmem_max 커널 파라미터가 필요한 이유는 과거 네트워크 프로그램의 비효율적인 소켓 메모리 관리 때문이었다. TCP autotuning이 도입된 2000년대 초반 이전에 개발된 네트워크 프로그램들이나 그 이후에 개발되었다고 하더라도 90년대 유닉스 네트워크 프로그래밍에서 사용하던 방식을 고수했던 프로그램들은 수동으로 SO_RCVBUF, SO_SNDBUF를 조정하는 경우가 많았다.

그러나 당시엔 1M~1,000M 등 네트워크 대역폭이 다른 시스템들이 너무 많아서 100M를 기준으로 한다든지 혹은 50M를 기준으로 한다든지 해서 대충 소켓 버퍼의 크기를 정하는 경우가 많았다. 혹은 응답 시간을 샘플링해서 소켓 버퍼를 스로틀링을 하는 경우도 있었는데 효율은 좋지 못했다.

여기서 가장 큰 문제는 애초에 최대 속도를 간주하고 몇 메가바이트나 되는 소켓 버퍼를 일률적으로 고정 할당하도록 프로그래밍한 경우였다. 이렇게 대용량 소켓 버퍼를 사용하는 프로세스가 많은 수의 소켓을 생성할 경우 시스템 메모리가 비정상적으로 많이 할당되는 문제가 발생한다. 이런 상황에서는 서버형 네트워크 프로그램의 최대 접속 개수에 영향도 주고, 심지어 메모리 부족 때문에 다른 프로세스의 성능에도 영향을 줄 수 있게 된다.

이런 문제를 해결하기 위해 rmem_max나 wmem_max가 도입되었으나 상대적으로 단점도 있다. 앞서 언급했듯이 TCP autotuning 이전에 개발된 프로그램 중에 수동으로 소켓 버퍼를 설정하는 프로그램의 경우에는 최근의 리눅스에서 유독 네트워크 대역폭이 제대로 나오지 않는 경우가 발생한 것이다. 당연히 원인은 rmem_max, wmem_max이다. 따라서 어떤 프로그램의 FAQ에는 네트워크 성능을 높이기 위해 무조건 커널의 rmem_max, wmem_max를 크게 잡도록 권고하는 경우도 있다.

하지만, 커널 설정을 변경하면 해당 서버에서 작동하는 다른 구형 프로세스가 소켓을 많이 생성하는 경우라면 서로 영향을 줘서 오히려 성능이 더 떨어지는 경우도 있다.

그래서 이런 경우는 보통 2가지 정도의 해법을 사용한다. 첫째는 소켓을 많이 생성하는 프로세스와는 같은 호스트에서 구동되지 않도록 분리하여 운영하는 방법이다. 요새는 가상화를 많이 사용하기 때문에 별로 어렵지 않게 이 방법을 사용하기도 한다. 둘째는 소스 코드를 직접 수정할 수 있는 경우라면 TCP autotuning이 적용된 시스템에서는 setsockopt로 SO_RCVBUF, SO_SNDBUF를 설정하는 부분을 on, off 할 수 있도록 수정하는 방법이다.

만일 학습 목적이라면 7장의 I/O 멀티플렉싱을 공부한 뒤에 대용량 소켓을 사용하는 서버 프로그램을 작성하면서 TCP autotuning의 on, off 여부에 따라 성능 차이를 확인해보는 것도 좋다.

그리고 rmem_max, wmem_max의 설정과 setsockopt의 SO_RCVBUF, SO_SNDBUF를 수동 설정하는 경우에는 대역폭 사용이나 메모리 사용량이 어떻게 달라지는지 확인해보는 것도 좋은 공부가 될 것이다.

10 IPv6로 확장된 소켓 프로그래밍

IPv6는 부족해진 IPv4를 확장하기 위해 만들어졌다. 따라서 IPv4의 주소를 포함하고 있으며 앞으로 늘어날 유비쿼터스나 각종 휴대 단말기 등 다양한 장치에 맵핑할 수 있을 만큼 양적으로 팽창했다.

그 외에 주소 설정이나 보안 같은 여러 가지 기능이 추가되었기 때문에 IPv4는 점점 IPv6로 대체되어가고 있다. 물론 현재는 압도적으로 IPv4가 많고 IPv6로의 이전이 많아지려면 전문가들이 짧게 잡아도 십수 년 이상 걸릴 것이라고 하기에 당분간은 IPv4와 IPv6를 모두 포함하도록 하여야 한다.

이에 대해 SUS 표준을 관리하는 Austin Group은 IPv6를 도입하면서 기존 IPv4를 사용하는 코드에 되도록이면 변화를 주지 않으려고 노력했다. 그 결과 IPv6를 사용하더라도 socket, bind, accept, send, recv 등 수많은 소켓 관련 함수들은 그대로 사용되며 몇몇 함수는 플래그가 추가되는 정도의 변경만 주었다. 그렇다면 IPv6를 사용하면서 어떤 부분에서 변화가 있는지 하나하나 살펴보도록 하자.

IPv6의 주소체계에 대한 자세한 이야기는 이론서에도 나오고 이 책을 보는 독자들은 대부분 기본적인 지식을 알고 있을 테니 여기서는 복습 차원에서 IPv4와의 관계만 살펴보겠다.

IPv6는 IPv4 주소를 포함하고 있고 이를 IPv4-mapped IPv6 주소라고 부른다. 규칙은 "::ffff:IPv4주소"의 형식을 가지므로 IPv4의 58.232.1.100이라면 IPv4-mapped IPv6는 ::ffff:58.232.1.100이 된다.

따라서 IPv6로 만든 리스너 소켓에 접속하려면 IPv4-mapped IPv6 주소를 사용하게 된다. 또한, 책에서는 특별하게 예제로 지정된 IPv6 주소인 "2001:DB8::/32" 주소를 사용하고 있으니 참고하기 바란다.

표 6.19 IPv6까지 포함하는 새로운 네트워크 정보 관련 함수 (RFC 2553)

getaddrinfo	호스트 이름, IP 주소 관련 정보를 얻는 함수
getnameinfo	주소를 해석하는 함수
freeaddrinfo	할당된 addrinfo 메모리를 해제하는 함수
gai_strerror	getaddrinfo, getnameinfo의 에러 코드를 문자열로 해석

이번에는 함수에 대한 부분을 살펴보자. 먼저 socket, bind, accept, send, recv 등 전송이나 소켓 제어에 관련된 함수 원형은 그대로 사용하며 최소한 변화만 주었다. 하지만, IPv6는 IP 주소에 대한 부분이므로 주소를 출력하거나 변환하는 함수들은 상당한 변화가 있었다.

예를 들어 과거 IPv4용으로만 사용될 수 있던 gethostbyname, gethostbyaddr은 더 이상 사용하지 않도록 권고되었고 이윽고 표준에서 퇴출되었다는 점이다.[30] 퇴출된 함수들은 특히 문제가 심각한 앞의 함수 2개뿐이지만 나머지 기존에 쓰이던 함수들도 새로운 getaddrinfo, getnameinfo 함수를 사용하도록 권고하고 있다.

따라서 과거에 쓰이던 함수들은 [표 6.20]에 보이는 것처럼 새로운 함수로 대체해야 한다. 앞서 예제에서는 새로운 함수를 다루기 이전이었기 때문에 과거 함수를 사용했지만, 이후로는 예제에서도 새로운 함수를 사용하도록 할 것이다. 참고로 새로운 getaddrinfo, getnameinfo는 비동기 안전 함수이므로 스레드에서 사용해도 괜찮은 함수들이다.

표 6.20 네트워크 정보 관련 새로운 함수(좌)와 구식 함수(우) 비교

getaddrinfo	gethostbyname	문자열 호스트 이름으로 호스트 정보를 얻는다.
	getservbyname	서비스 이름(문자열)으로 서비스 정보를 얻는다.
	inet_addr inet_aton inet_pton	문자열 주소를 바이너리 주소 형태로 변환한다.
getnameinfo	gethostbyaddr	바이너리 IP 주소로 호스트 정보를 얻는 함수
	getservbyport	포트(port) 번호로 서비스 정보를 얻는다.
	inet_ntoa inet_ntop	바이너리 주소를 문자열 주소 형태로 변환한다.

30) gethostbyname과 gethostbyaddr은 SUSv3-2003까지 있다가 이후 SUSv4-2008부터 표준안에서 삭제되었다.

[표 6.20]에서 볼 수 있듯이 getaddrinfo는 gethostbyname에서 inet_pton까지 5개 함수가 가진 기능을 하나로 통합하였다.

마찬가지로 getnameinfo는 gethostbyaddr부터 inet_ntop까지의 기능이 통합되어 있다. 여기서 과거에 사용되던 구식(obsolete) 함수들은 더이상 사용하지 않거나 미래에 폐기될지도 모르는 함수이므로 이후부터는 사용하지 않을 것이다.

물론 이전에 IPv4 전용의 소켓 프로그래밍에서는 구식 함수들을 사용했었다. 이는 과거 코드를 수정하는 경우도 있기 때문이었다. 하지만, 이제 getaddrinfo, getnameinfo으로 대체하는 코드만을 선보일 것이다. 따라서 설명하지 않은 구식 함수들에 대해서는 맨페이지를 참고하기 바란다.

BSD 계열에서는 getifaddrs나 freeifaddrs라는 함수가 getaddrinfo의 기능을 대신했었던 적이 있었고 이들 함수는 리눅스에도 포팅되어 있다. 그러나 SUS 표준에서는 지원하지 않는 함수이므로 모든 유닉스 계열과의 호환성을 가지지는 않는다. 따라서 getaddrinfo를 사용하는 것을 권장한다.

10.1 getaddrinfo, freeaddrinfo

먼저 getaddrinfo와 freeaddrinfo를 사용법과 관련된 구조체인 addrinfo를 살펴보도록 하자.

getaddrinfo는 리턴값이 0이면 성공이고 0이 아니면 에러로서 리턴값 자체가 에러코드의 의미를 갖는다. 하지만, 기존 errno의 에러와는 다른 의미를 가지고 있기 때문에 이를 해석하기 위해 gai_strerror 함수에 리턴값을 넣으면 해석된 문자열이 나온다는 차이점이 있다.

```
int  getaddrinfo(const char *restrict nodename , const char *restrict servname,
     const struct addrinfo *restrict hints , struct addrinfo **restrict res);
void  freeaddrinfo(struct addrinfo *ai);
const char  *gai_strerror(int ecode);
```

getaddrinfo에서 앞의 3개의 인수는 입력용이고 리턴 받을 출력용은 마지막 4번째 인수인 res이다. getaddrinfo의 인수 중에 nodename은 주소를 의미하고 servname은 포트 번호이다. 만일 서버 측의 리스너 소켓을 위한 와일드카드 주소를 얻으려면 nodename에는 NULL을 넣는다.

hint에는 얻고자 하는 주소의 세부적인 규격과 플래그를 설정한다. res는 리턴값이며 내부에서 힙 메모리를 할당하여 연결 리스트(linked list) 형태로 리턴된다. 따라서 res는 사용 후에 freeaddrinfo로 해제해야만 메모리 누수가 발생하지 않는다.

이들은 모두 restrict 포인터로 선언되어 있으므로 에일리어싱에 대해 주의해야 한다. restrict qualifier에 대해 이해가 없다면 책의 0장의 C99의 특징 부분을 살펴보고 부족하다면 C99에 대해 좀 더 학습해야 할 것이다.

그러면 hints 인수에 사용되는 addrinfo 구조체의 특징과 사용방법을 보기 위해서 간단한 예제를 보자. 예제에서 중요한 부분에는 음영을 해두었으니 주의해서 살펴보자.

[코드 6.21] getaddrinfo의 주소 얻기 예제   (getaddrinfo.c)

```c
01  int main(int argc, char *argv[]) {
02      struct addrinfo  ai, *ai_ret, *ai_cur;
03      int  i, rc_gai, ni_flag = NI_NUMERICHOST | NI_NUMERICSERV;
04      char    *addr, *port;
05      char    addrstr[INET6_ADDRSTRLEN], portstr[8];
06      if (argc !=3 ) {
07          printf("%s <address | null> <port | null>\n", argv[0]);  exit(EXIT_FAILURE);
08      }
09      if (!strncmp(argv[1], "null", 4))    /* nodename */
10          addr = NULL;     /* null은 리스너에 사용하는 와일드카드 주소용 */
11      else
12          addr = strdup(argv[1]);
13      if (!strncmp(argv[2], "null", 4))    /* servname */
14          port = NULL;     /* 임의의 포트 번호를 받는 경우 */
15      else
16          port = strdup(argv[2]);
17      memset(&ai, 0, sizeof(ai));
18      ai.ai_family = AF_UNSPEC;   /* IPv4와 IPv6 모두 선택한다. */
19      ai.ai_socktype = SOCK_STREAM; /* TCP 소켓 */
20      ai.ai_flags = AI_ADDRCONFIG;   /* 플래그 지정 */
21      if (addr == NULL)
22          ai.ai_flags |= AI_PASSIVE | AI_V4MAPPED; /* 리스너 소켓인 경우 */
23      else
24          ai.ai_flags |= AI_CANONNAME;
25      if ((rc_gai = getaddrinfo(addr, port, &ai, &ai_ret)) != 0) {
26          fprintf(stderr, "Fail: getaddrinfo():%s\n", gai_strerror(rc_gai)); exit(EXIT_FAILURE);
27      }
28      for (i=0, ai_cur = ai_ret; ai_cur != NULL; i++, ai_cur = ai_cur->ai_next) {
29          printf("[idx %d] (family=%d) (socktype=%d) (protocol=%d)\n", i,
30              ai_cur->ai_family, ai_cur->ai_socktype, ai_cur->ai_protocol);
31          rc_gai = getnameinfo(ai_cur->ai_addr, ai_cur->ai_addrlen,
32              addrstr, sizeof(addrstr), portstr, sizeof(portstr), ni_flag); /* 문자열로 변환 */
33          if (rc_gai) {
34              fprintf(stderr, "Fail: getnameinfo():%s\n", gai_strerror(rc_gai));
35              exit(EXIT_FAILURE);
36          }
37          if (ai_cur->ai_family == AF_INET) { /* IPv4 address */
```

```
38              printf("\t(IPv4=%s) (addrlen=%d)\n", addrstr, ai_cur->ai_addrlen);
39              printf("\t(port=%s)\n", portstr);
40              if (ai_cur->ai_flags & AI_CANONNAME)
41                  printf("\t(canonname=%s)\n", ai_cur->ai_canonname);
42          } else if (ai_cur->ai_family == AF_INET6) { /* IPv6 address */
43              printf("\t(IPv6=%s) (addrlen=%d) (scope_id=%d)\n",
44                      addrstr, ai_cur->ai_addrlen,
45                      ((struct sockaddr_in6 *)ai_cur->ai_addr)->sin6_scope_id);
46              printf("\t(port=%s)\n", portstr);
47              if (ai_cur->ai_flags & AI_CANONNAME)
48                  printf("\t(canonname=%s)\n", ai_cur->ai_canonname);
49          } else {
50              printf("ai_family (%d)\n", ai_cur->ai_family);
51          }
52      }
53      freeaddrinfo(ai_ret); /* 메모리 해제 */
54      return 0;
55  }
```

[코드 6.21]의 예제는 IP 주소와 포트 번호를 받아서 getaddrinfo 함수로부터 sockaddr 구조체를 가져오는 것이다. 이렇게 하면 개별적으로 sockaddr_in이나 sockaddr_in6 구조체를 직접 조작하는 방식을 대체할 수 있다. 일단 예제가 작동하는지 확인하기 위해 [그림 6.17]처럼 실행해 보자.

```
$ ./getaddrinfo null 0
[idx 0] (family=2) (socktype=1) (protocol=6)
        (IPv4=0.0.0.0) (addrlen=16)
        (port=0)
[idx 1] (family=10) (socktype=1) (protocol=6)
        (IPv6=::) (addrlen=28) (scope_id=0)
        (port=0)
```

[그림 6.17] getaddrinfo를 통한 와일드카드 주소 얻기

[그림 6.17]에서 보이듯이 getaddrinfo는 nodename에 NULL을 지정하면 리스너 소켓으로 사용할 수 있는 와일드카드 주소를 리턴해 준다. 소켓 타입을 SOCK_STREAM으로 지정했으니 프로토콜은 6번(TCP)으로 리턴되었다.

그리고 특이점으로는 IPv4의 0.0.0.0과 IPv6의 :: 로서 두 가지 와일드카드 주소를 리턴한 것이다. 이는 어드레스 패밀리에 AF_UNSPEC을 지정했기 때문이고 IPv4나 IPv6의 한쪽만 받기 원한다면 [코드 6.21]의 18행에서 AF_INET이나 AF_INET6를 선택하면 된다.

AF_UNSPEC 상태에서 nodename 인수에 NULL이 아닌 IP 주소를 넣는다면 주소 문자열의 형식에 따라 주소 체계는 IPv4인지 IPv6인지 자동으로 판별된다. 그에 대

한 예를 다음 [그림 6.18]에서 볼 수 있다.

소스 코드를 좀 더 살펴보자. getaddrinfo가 리턴한 addrinfo 구조체에는 sockaddr 구조체가 담겨 있는데 이는 바이너리 데이터이므로 사람이 읽으려면 getnameinfo로 문자열로 변환해야 한다.

따라서 앞의 코드에서 31행을 보면 getnameinfo는 addrstr에 IP 주소를, portstr 에는 포트 번호를 넣어주게 되어 있다. getnameinfo도 중요한 함수지만 여기서는 getaddrinfo를 중점적으로 보고 있으므로 getnameinfo의 자세한 사용법은 조금 뒤에 따로 살펴보도록 할 것이다.

```
$ ./getaddrinfo 192.168.0.100 80
[idx 0] (family=2) (socktype=1) (protocol=6)
        (IPv4=192.168.0.100) (addrlen=16)
        (port=80)

$ ./getaddrinfo fe80::a00:27ff:fe4d:19fc 0
[idx 0] (family=10) (socktype=1) (protocol=6)
        (IPv6=fe80::a00:27ff:fe4d:19fc) (addrlen=28) (scope_id=0)
        (port=0)
        (canonname=fe80::a00:27ff:fe4d:19fc)
```

[그림 6.18] getaddrinfo를 통한 IPv4, IPv6 주소 얻기

[그림 6.18]을 보면 getaddrinfo에서 nodename을 IPv4나 IPv6로 지정한 것에 따라서 다르게 출력되고 있다. 물론 [그림 6.17]처럼 NULL을 지정하면 와일드카드 주소가 나오기 때문에 리스너 소켓의 주소를 만들 때는 NULL을 지정하면 된다.

포트 번호는 사용할 포트 숫자나 서비스 이름을 직접 지정하거나 NULL을 지정할 수 있다. NULL은 임의의 포트를 의미하는 0과 같다. 주의할 점은 nodename이나 servname 중에 하나는 NULL이 아니어야 한다.

그리고 nodename에 DNS가 인식하는 호스트명을 설정해서 "./getaddrinfo www. daum.net http"처럼 실행하면 해석된 IP 주소도 볼 수 있을 것이다.

그러면 이번에는 hints 인수에 들어가는 addrinfo 구조체를 자세하게 살펴보자.

[코드 6.22] addrinfo 구조체 구조 (netdb.h 헤더)

```
struct  addrinfo {
  int  ai_flags;        /* Input flags.  */
  int  ai_family;       /* Protocol family for socket.  */
  int  ai_socktype;     /* Socket type. (SOCK_STREAM or SOCK_DGRAM)  */
  int  ai_protocol;     /* Protocol for socket.  */
  socklen_t  ai_addrlen;    /* Length of socket address.  */
  struct sockaddr *ai_addr; /* Socket address for socket.  */
  char *ai_canonname;       /* Canonical name for service location.  */
  struct addrinfo *ai_next; /* Pointer to next in list.  */
};
```

addrinfo 구조체는 getaddrinfo의 입력, 출력값으로 사용되는 구조체이다. getaddrinfo에서 입력용으로 사용되는 hints 인수는 구조체의 멤버 중에 ai_family, ai_flags, ai_socktype을 설정하여 사용한다.

ai_family는 가져오고자 하는 IP 주소 체계를 의미하며 AF_UNSPEC, AF_INET, AF_INET6 중 하나를 지정한다.

표 6.21 addrinfo 구조체의 ai_family 인수

AF_UNSPEC	IPv4, IPv6를 개의치 않고 IP 정보를 가져온다.
AF_INET	IPv4를 가져온다.
AF_INET6	IPv6를 가져온다.

ai_flags는 요청 주소나 기능에 대한 옵션 플래그를 지정할 수 있는데 AI_PASSIVE, AI_CANONNAME, AI_NUMERICHOST, AI_NUMERICSERV, AI_V4MAPPED, AI_ALL, AI_ADDRCONFIG의 옵션을 OR 연산으로 결합할 수 있다.

표 6.22 addrinfo 구조체의 ai_flags 인수

AI_PASSIVE	와일드카드 주소를 가져온다.
AI_CANONNAME	완전한 이름을 ai_canonname 필드에 저장한다. (alias 해석에 사용된다.)
AI_NUMERICHOST	nodename에 숫자로 된 IP주소만 받도록 한다.
AI_NUMERICSERV	servname에 숫자로 된 포트 번호만 받도록 한다.
AI_V4MAPPED	AF_INET6를 사용할 때 IPv6를 가져오지 못하면 IPv4 mapped address 주소를 대신 가져온다.
AI_ALL	AI_V4MAPPED와 사용하며 가능한 IP주소 모두를 가져온다.
AI_ADDRCONFIG	시스템에 설정된 주소만 가져온다.

AI_PASSIVE는 와일드카드 주소를 가져올 때 사용한다. 따라서 서버 측에서 listen을 위해 bind하는 주소라면 이 플래그를 사용하고 connect를 하는 용도로 사용할 때는 이 플래그를 사용하지 않는다.

AI_CANONNAME이 설정되면 리턴된 addrinfo 구조체 리스트의 첫 번째에 호스트명의 canonical name을 ai_canonname 필드에 저장해준다. 이는 DNS 서비스에 근거하여 실제 호스트명을 질의할 때 사용한다. 관련된 내용은 DNS 서비스를 이해해야만 하므로 canonical name 부분을 살펴보기 바란다.

AI_NUMERICHOST는 숫자로 된 nodename, 즉 IP 주소만을 받는 경우이다. 이 경우에는 DNS 이름으로 된 호스트명을 nodename에 지정하면 에러가 발생한다. 즉 inet_addr과 inet_ntoa의 기능을 대체하는 용도로 getaddrinfo를 사용할 때 유용하다. [31]

AI_NUMERICSERV는 숫자로 된 서비스 번호, 즉 포트 번호만을 받는 경우이다. 이 경우에는 http나 ssh, echo 같은 서비스 이름을 servname에 사용할 수 없다. [32]

AI_V4MAPPED는 ai_family에 AF_INET6를 지정하였으나 IPv6 주소를 가져올 수 없다면 IPv4 mapped 주소로 지정된 IPv4를 대신 가져오도록 한다. 이때 ai_addrlen이 IPv4용인 16으로 설정되므로 리턴 결과가 IPv4인지 IPv6인지 쉽게 구별할 수 있다.

AI_ALL은 AI_V4MAPPED와 같이 쓰이며 가져올 수 있는 모든 IP주소를 가져온다.

AI_ADDRCONFIG는 사용하려는 주소 체계를 시스템에서 지원하고 있고 설정된 경우에만 가져온다. 만일 IPv6 주소를 가져오는데 시스템에서 IPv6를 지원하지 않거나 설정된 IPv6 주소가 존재하지 않는다면 IPv6를 가져오지 않는다.

IPv4의 경우에도 마찬가지이다. 이는 시스템이 지원하지 않거나 설정되지 않은 IP 주소를 가져와서 패킷을 송수신하지 못하는 문제를 예방하기 위해 사용한다. 따라서 대부분 경우에 기본으로 사용하는 플래그이다.

10.2 getnameinfo

```
int getnameinfo(const struct sockaddr *restrict sa, socklen_t salen,
    char *restrict node, socklen_t nodelen,
    char *restrict service, socklen_t servicelen,  int flags);
```

[31] 숫자로 된 IP 주소만 사용하도록 하는 경우는 보안이 취약하여 /etc/hosts 파일이 변조되거나 호스트명 해석기(resolver) 관련 설정이 해킹될 가능성이 있을 때 최소한의 안전장치로 IP주소만을 사용하도록 하는 시스템에서 사용된다.

[32] 서비스 이름 해석은 /etc/services 파일을 참조하게 된다. 서비스명을 사용하지 않고 직접 숫자를 입력하도록 강제하는 경우는 서비스명이 불분명하거나 보안상 /etc/services 설정 파일이 조작될 가능성을 배제하고자 할 때 사용한다.

getnameinfo는 sockaddr 구조체를 해석하여 IP 주소와 서비스 포트 번호를 읽을 수 있는 문자열로 변환하는 함수이다. 따라서 입력 값으로는 첫 번째 인수인 sockaddr 구조체와 두 번째 인수인 salen에 첫 번째 인수의 실제 크기를 넣어준다.

그리고 문자열로 변환된 IP 주소와 포트 번호를 받을 인수가 3번째, 5번째 인수인 node와 service이다. nodelen은 node의 배열 길이, servicelen은 service 배열 길이가 된다. 마지막 인수인 flags는 리턴할 node나 service 문자열을 어떤 포맷으로 리턴할 것인지를 결정하는 플래그이다.

표 6.23　getnameinfo 함수의 flags 인수

NI_NOFQDN	node에 FQDN이 아닌 호스트명 부분만 저장하도록 한다. (도메인 주소 부분 생략)
NI_NUMERICHOST	항상 node에 숫자로 된 IP 주소를 저장한다.
NI_NAMEREQD	항상 node에 호스트명만 리턴한다. 호스트명이 없는 경우는 에러로 간주한다.
NI_NUMERICSERV	항상 service에 숫자로 된 포트 번호를 저장한다.
NI_NUMERICSCOPE	IPv6 주소일 때 scope_id를 저장한다. IPv4 주소라면 플래그는 무시된다. (scope_id는 IPv6 주소 끝에 "%번호"로 붙는다.)
NI_DGRAM	데이터그램 서비스 이름을 사용한다.

getnameinfo은 기본값으로 FQDN(Fully Qualified Domain Name)을 저장하려고 한다. 하지만, NI_NOFQDN이 지정되면 도메인 부분은 생략되고 호스트명 부분만 저장한다. 예를 들어 dev.daum.net이라면 dev까지만 저장하는 것을 의미한다.

NI_NUMERICHOST와 NI_NUMERICSERV는 숫자로 된 주소와 포트 번호로 저장하도록 한다. 예를 들어 node에 212.123.123.10과 같은 숫자로 된 IP 주소만을 저장할 것을 지정한다. 포트 번호도 웹서비스라면 http 대신에 항상 80을 사용하도록 한다.

NI_NAMEREQD는 숫자가 아닌 주소, 즉 호스트명만 저장할 것을 지정한다. 만일 호스트명이 없는 경우라면 getnameinfo는 EAI_NONAME 에러값을 리턴한다. 이 값은 gai_strerror로 해석해보면 된다.

NI_NUMERICSCOPE는 node에 IPv6 주소를 저장하면서 scope id를 같이 저장해 달라고 요청하는 것이다. 따라서 getnameinfo의 첫 번째 인수인 sockaddr 구조체가 sockaddr_in6인 경우에만 유효하다. 만일 sockaddr_in이 입력된 경우라면 이 플래그는 설정되어 있더라도 무시된다.

IPv6에서 scope id는 %로 구분되므로 예를 들어 "fe80::a00:27ff:fe4d:19fc%2"처럼 출력된다. scope id는 인터페이스 번호를 지칭하는 것으로서 조금 뒤에 IPv6 주소와 인터페이스 지정하는 부분에서 다시 살펴보도록 하겠다.

10.3 TCP 서버 예제(IPv6 적용)

이번에는 예제에서 보인 getaddrinfo를 기존 IPv4 형식으로 개발했던 코드에 적용하는 예제를 살펴보자. 목표는 앞서 다뤘던 TCP 서버 예제를 getaddrinfo 함수를 사용하는 형태로 변경하는 작업이다.

수정되기 전 [코드 6.14]와 비교하면서 살펴보면 훨씬 이해가 빠를 것이다. 변경되는 코드는 socket, bind까지이며 listen부터는 main 함수의 나머지 코드와 같다. 먼저 main 함수 부분부터 보도록 하자.

[코드 6.23] TCP 소켓을 이용한 pre-fork 형태의 서버, IPv6 버전   (inet6_tcp_serv1.c)

```
01   #define LISTEN_BACKLOG  512
02   #define MAX_POOL    3
03   int fd_listener;
04   void start_child(int fd, int idx);
05   int main(int argc, char *argv[]) {
06      int    i;   char   *port;
07      socklen_t len_saddr;
08      pid_t   pid;
09      if (argc > 2) {
10         printf("%s [port number]\n", argv[0]);        exit(EXIT_FAILURE);
11      }
12      if (argc == 2)
13         port = strdup(argv[1]);
14      else
15         port = strdup("0"); /* random port */
16      struct addrinfo ai, *ai_ret;
17      int    rc_gai;
18      memset(&ai, 0, sizeof(ai));
19      ai.ai_family = AF_INET6;        /* IPv6 */
20      ai.ai_socktype = SOCK_STREAM;   /* TCP 소켓 */
21      ai.ai_flags = AI_ADDRCONFIG | AI_PASSIVE;
22      if ((rc_gai = getaddrinfo(NULL, port, &ai, &ai_ret)) != 0) {
23         pr_err("Fail: getaddrinfo():%s", gai_strerror(rc_gai));
24         exit(EXIT_FAILURE);
25      }
26      if ((fd_listener = socket(
27                  ai_ret->ai_family, ai_ret->ai_socktype, ai_ret->ai_protocol)) == -1) {
28         pr_err("[TCP server] : Fail: socket()");
```

```
29          exit(EXIT_FAILURE);
30      }
31      if (bind(fd_listener, ai_ret->ai_addr, ai_ret->ai_addrlen) == -1) {
32          pr_err("[TCP server] Fail: bind()");        exit(EXIT_FAILURE);
33      }
34      if (!strncmp(port, "0", strlen(port))) {
35          struct sockaddr_storage saddr_s;
36          len_saddr = sizeof(saddr_s);
37          getsockname(fd_listener, (struct sockaddr *)&saddr_s, &len_saddr);
38          if (saddr_s.ss_family == AF_INET) {     /* IPv4인 경우 */
39              pr_out("[TCP server] IPv4 Port : #%d",
40                      ntohs(((struct sockaddr_in *)&saddr_s)->sin_port));
41          } else  if (saddr_s.ss_family == AF_INET6) {    /* IPv6인 경우 */
42              pr_out("[TCP server] IPv6 Port : #%d",
43                      ntohs(((struct sockaddr_in6 *)&saddr_s)->sin6_port));
44          } else {
45              pr_out("[TCP server] (ss_family=%d)", saddr_s.ss_family);
46          }
47      }
48      listen(fd_listener, LISTEN_BACKLOG);
49      for(i=0; i<MAX_POOL; i++) {
50          switch(pid = fork()) {
51              case 0:     /* Child process */
52                  start_child(fd_listener, i);
53                  exit(EXIT_SUCCESS);
54              case -1:    /* Error */
55                  pr_err("[TCP server] : Fail: fork()");
56                  break;
57              default:    /* parent */
58                  pr_out("[TCP server] Making child process No.%d", i);
59                  break;
60          }
61      }
62      for(;;) pause(); /* 무한 루프 */
63      return 0;
64  }
```

[코드 6.23]에서 주의 깊게 봐둬야 하는 부분에 음영을 칠해두었다. 먼저 19~21행을 보도록 하자. 여기에서는 getaddrinfo의 hints로 쓰일 addrinfo 구조체를 세팅하고 있다.

ai_family에 AF_INET6를 지정하였으므로 IPv6 주소를 가져올 것이며, ai_socktype에는 SOCK_STREAM을 지정했으므로 TCP 소켓 타입으로 주소를 만들어준다.

그리고 ai_flags에는 AI_ADDRCONFIG, AI_PASSIVE를 지정했으니 시스템에서 IPv6를 지원하지 않는다면 실패할 것이며, 성공한다면 리스너 소켓을 위한 와일드카드 주소인 ::을 가져올 것이다.

23행을 보면 getaddrinfo가 실패했을 때 리턴값을 gai_strerror를 통해 문자열로 해석하고 있다. 이렇게 errno가 아닌 리턴값 자체를 해석하는 이유는 getaddrinfo가 멀티스레드나 시그널 핸들러의 영향을 받지 않고 에러 코드를 받아올 수 있는 비동기 시그널 안전 함수[33]로 설계되었기 때문이다.

26행에서 socket 함수를 호출하면서 getaddrinfo에서 받아온 값을 사용하도록 하고 있다. 이렇게 하면 IPv4를 사용할 때도 getaddrinfo에 입력값만 바꿔주면 나머지 코드는 그대로 사용할 수 있게 된다.

마찬가지로 31행의 bind 함수를 호출할 때도 getaddrinfo에서 리턴한 sockaddr 구조체인 ai_addr과 길이인 ai_addrlen을 그대로 사용하도록 하고 있다. 즉 과거에 sockaddr 구조체를 직접 조작하는 것을 getaddrinfo로 대체한 것 외에는 크게 바뀐 것이 없다.

그러면 이번에는 자식 함수가 호출하는 start_child 함수 부분을 살펴보도록 하자.

[코드 6.23] TCP 소켓을 이용한 pre-fork 형태의 서버, IPv6버전   (inet6_tcp_serv1.c)

```
65   void start_child(int sfd, int idx) {
66       int    cfd, ret_len, rc_gai;    socklen_t len_saddr;
67       char   buf[40], addrstr[INET6_ADDRSTRLEN], portstr[8];    struct sockaddr_storage saddr_c;
68       for(;;) {
69           len_saddr = sizeof(saddr_c);
70           if ((cfd = accept(sfd, (struct sockaddr *)&saddr_c, &len_saddr)) == -1) {
71               pr_err("[Child] Fail: accept()");
72               close(cfd);
73               continue;
74           }
75           rc_gai = getnameinfo((struct sockaddr *)&saddr_c, len_saddr, addrstr, sizeof(addrstr),
76                   portstr, sizeof(portstr), NI_NUMERICHOST|NI_NUMERICSERV);
77           if (rc_gai) {
78               pr_err("Fail: getnameinfo():%s", gai_strerror(rc_gai));    exit(EXIT_FAILURE);
79           }
80           if (saddr_c.ss_family == AF_INET) {
81               pr_out("[Child:%d] accept IPv4 (ip:port) (%s:%s)", idx, addrstr, portstr );
82           } else if (saddr_c.ss_family == AF_INET6) {
83               pr_out("[Child:%d] accept IPv6 (ip:port,scope) (%s:%s,%d)", idx, addrstr, portstr,
84                       ((struct sockaddr_in6 *)&saddr_c)->sin6_scope_id );
85           }
```

---

33) 비동기 시그널 안전(async-signal-safe) 함수는 스레드 안전을 만족한다.

```
86          for(;;) {
87              ret_len = recv(cfd, buf, sizeof(buf), 0);
88              if (ret_len == -1) {
89                  if (errno == EINTR) continue;
90                  pr_err("[Child:%d] Fail: recv(): %s", idx, strerror(errno));
91                  break;
92              }
93              if (ret_len == 0) {
94                  pr_err("[Child:%d] Session closed", idx);
95                  close(cfd);
96                  break;
97              }
98              pr_out("[Child:%d] RECV(%.*s)", idx, ret_len, buf);
99              if (send(cfd, buf, ret_len, 0) == -1) {
100                 pr_err("[Child:%d] Fail: send() to socket(%d)", idx, cfd);
101                 close(cfd);
102             }
103         } /* packet recv loop */
104     } /* loop: for */
105 }
```

[코드 6.23]의 75~85행이 새롭게 작성된 부분인데 예제는 IPv6만 사용하는 코드이므로 사실상 IPv4용 코드인 80~81행은 사용되지 않는다. 하지만, IPv4와 같이 쓰이는 코드를 작성하는 분들을 위해 참고용으로 분기 부분을 넣어두었다.

그 외에 start_child 함수 구조는 처음 TCP 서버로 작성했던 [코드 6.14]와 동일하다. 다만, getnameinfo를 이용하는 부분이 조금 다를 뿐이니 이 부분만 중점적으로 살펴보면 된다.

getnameinfo가 해석할 sockaddr 구조체인 saddr_c는 accept가 반환한 것으로 sockaddr_storage 타입으로 선언되어 있다. 따라서 getnameinfo를 호출할 때는 sockaddr 구조체로 캐스팅해 주었다.

getnameinfo 함수가 리턴하는 문자열 주소인 addrstr 변수는 IPv4와 IPv6를 모두 커버할 수 있도록 IPv6의 최대 주소 길이인 INET6_ADDRSTRLEN 길이만큼 지정하였다. portstr에 들어갈 포트 번호는 원래 16bit이므로 6바이트면 충분하지만, 그냥 딱 맞아떨어지는 8바이트를 주었다.

10.4 IPv6 주소와 인터페이스 지정

IPv6 주소는 주소 체계에 따라서 어떤 용도로 사용하는지 나누어져 있다. 따라서 in6_addr 구조체를 테스트하는 매크로가 제공되는데 이를 [표 6.24]에 정리해두었다.

표 6.24 IPv6 주소(in6_addr 구조체) 테스트 매크로

IN6_IS_ADDR_UNSPECIFIED	주소가 할당되지 않았다.
IN6_IS_ADDR_LOOPBACK	루프백 주소이다. (::1 주소)
IN6_IS_ADDR_MULTICAST	멀티캐스트 주소이다. (ff:: 주소)
IN6_IS_ADDR_LINKLOCAL	유니캐스트 링크로컬 주소이다.
IN6_IS_ADDR_SITELOCAL	유니캐스트 사이트로컬 주소이다.
IN6_IS_ADDR_V4MAPPED	IPv4 mapped address이다.
IN6_IS_ADDR_V4COMPAT	IPv4-compatible address이다.
IN6_IS_ADDR_MC_NODELOCAL	멀티캐스트 노드로컬 주소이다.
IN6_IS_ADDR_MC_LINKLOCAL	멀티캐스트 링크로컬 주소이다.
IN6_IS_ADDR_MC_SITELOCAL	멀티캐스트 사이트로컬 주소이다.
IN6_IS_ADDR_MC_ORGLOCAL	Multicast organization-local address이다.
IN6_IS_ADDR_MC_GLOBAL	Multicast global address이다.

그렇다면 주소를 테스트하는 예제를 하나 보도록 하자.

예제는 [코드 6.21]의 getaddrinfo 부분에 약간의 코드를 추가하여 주소를 테스트해 보도록 할 것이다. 지면을 아끼기 위해 기존 코드와 중복되는 01~41행은 생략하였다.

[코드 6.24] in6_addr의 IPv6 주소 테스트 매크로   (getaddrinfo.c)

```
42          } else if (ai_cur->ai_family == AF_INET6) { /* IPv6 address */
43              printf("\t(IPv6=%s) (addrlen=%d) (scope_id=%d)\n",
44                      addrstr, ai_cur->ai_addrlen,
45                      ((struct sockaddr_in6 *)ai_cur->ai_addr)->sin6_scope_id);
46              printf("\t(port=%s)\n", portstr);
47              if (ai_cur->ai_flags & AI_CANONNAME)
48                  printf("\t(canonname=%s)\n", ai_cur->ai_canonname);
49              struct sockaddr_in6 *sa6 = (struct sockaddr_in6 *)ai_cur->ai_addr;
50              printf("IN6_IS_ADDR_LOOPBACK (%d)\n", IN6_IS_ADDR_LOOPBACK (&sa6->sin6_addr) );
51              printf("IN6_IS_ADDR_LINKLOCAL (%d)\n", IN6_IS_ADDR_LINKLOCAL (&sa6->sin6_addr) );
52              printf("IN6_IS_ADDR_V4MAPPED(%d)\n", IN6_IS_ADDR_V4MAPPED(&sa6->sin6_addr) );
53          } else {
54              printf("ai_family (%d)\n", ai_cur->ai_family);
55          }
56      }
57      freeaddrinfo(ai_ret);
58      return 0;
59  }
```

중요하게 살펴봐야 하는 부분은 49~52행이다. 예제에서는 루프백, 링크로컬, IPv4 mapped 주소만 테스트하도록 하였다. 여러분은 원한다면 다른 주소 테스트 매크로도 사용해보면 좋을 것이다. 그러면 이제 예제를 수정한 뒤 컴파일하고 각각 서로 다른 주소로 테스트해보도록 하자.

```
$ ./getaddrinfo ::1 0
[idx 0] (family=10) (socktype=1) (protocol=6)
        (IPv6=::1) (addrlen=28) (scope_id=0)
        (port=0)
        (canonname=::1)
IN6_IS_ADDR_LOOPBACK (1)
IN6_IS_ADDR_LINKLOCAL (0)
IN6_IS_ADDR_V4MAPPED(0)

$ ./getaddrinfo fe80::a00:27ff:fe4d:19fc 0
[idx 0] (family=10) (socktype=1) (protocol=6)
        (IPv6=fe80::a00:27ff:fe4d:19fc) (addrlen=28) (scope_id=0)
        (port=0)
        (canonname=fe80::a00:27ff:fe4d:19fc)
IN6_IS_ADDR_LOOPBACK (0)
IN6_IS_ADDR_LINKLOCAL (1)
IN6_IS_ADDR_V4MAPPED(0)
```

[그림 6.19] IPv6 주소 테스트 매크로

[그림 6.19]처럼 IPv6의 로컬 루프백 주소인 ::1을 지정하면 IN6_IS_ADDR_LOOPBACK 매크로가 1을 리턴하는 것을 볼 수 있다. fe80으로 시작하는 링크로컬 주소에 대해서는 IN6_IS_ADDR_LINKLOCAL 매크로가 1을 리턴하는 것도 보인다.

그리고 IPv6로 들어오면서 scope id라는 기능이 생겼는데 이는 어떤 인터페이스 장치를 사용할 것인지를 지정한다. IPv6에서 복수 개의 NIC를 가지고 있다면 링크로컬 같은 특정한 상황에서는 어떤 장치를 사용할 지 판단하기 어려울 수 있다. 링크로컬 주소는 유일한 주소가 아니기 때문이다. 따라서 이런 경우를 해결하기 위해 어떤 NIC를 통해 데이터를 전송해야 하는지 지정할 필요가 있을 때 scope id를 사용한다.

IPv6가 사용하는 sockaddr_in6에는 인터페이스를 지정하는 sin6_scope_id 필드가 있으며 시스템의 네트워크 인터페이스를 알아내거나 보내는 함수들이 추가되었다.

표 6.25 인터페이스 관련 함수

if_nameindex	시스템에 존재하는 모든 인터페이스 리스트를 가져온다.
if_indextoname	인터페이스 인덱스를 인터페이스 이름으로 변환한다.
if_nametoindex	인터페이스 이름을 인터페이스 인덱스 번호로 변환한다.
if_freenameindex	인터페이스 리스트에 할당된 메모리를 해제한다.

인터페이스 관련 함수는 총 4개로서 시스템의 모든 인터페이스를 가져오는 if_nameindex는 내부에서 메모리 할당이 이뤄지므로 사용이 끝나면 if_freenameindex로 메모리 해제를 해야만 한다. 그러면 각 함수의 원형과 이들이 사용하는 if_nameindex 구조체를 살펴보자.

```c
struct if_nameindex *if_nameindex(void);
char *if_indextoname(unsigned ifindex, char *ifname);
unsigned  if_nametoindex(const char *ifname);
void  if_freenameindex(struct if_nameindex *ptr);
struct  if_nameindex {
    unsigned  if_index;  /* Numeric index of the interface. */
    char     *if_name;    /* Null-terminated name of the interface. */
};
```

if_nameindex는 if_nameindex 구조체의 연속된 공간을 리턴한다. 구조체에서 if_index의 값은 무조건 0보다 큰 양수이므로 반대로 구조체의 끝은 if_nameindex 구조체의 if_index 필드가 0, if_name이 NULL인 경우이다. 이들 함수의 형태는 매우 간단하므로 간단한 예제를 통해 사용하는 방법만 보도록 하자.

[코드 6.25] if_nameindex를 이용한 인터페이스 검색   (if_nameindex.c)

```c
01  int main()  {
02      int     i;
03      struct if_nameindex *ifnames;
04      if ((ifnames = if_nameindex()) == NULL) {
05          perror("Fail: if_nameindex");
06          exit(EXIT_FAILURE);
07      }
08      for (i=0; ifnames[i].if_index != 0 && ifnames[i].if_name != NULL; i++) {
09          printf("if_nameindex[%d] : if_index(%d) if_name(%s)\n", i,
10                  ifnames[i].if_index, ifnames[i].if_name);
11      }
12      if_freenameindex(ifnames);
13      return 0;
14  }
```

[코드 6.25]의 예제는 시스템의 인터페이스 리스트를 출력하는 기능으로서 일반적인 시스템이라면 최소 2개 이상의 리스트가 나올 것이다. 왜냐하면, 최소한 로컬 루프백과 기본 네트워크 인터페이스가 있을 것이기 때문이다.

```
$ ./if_nameindex
if_nameindex[0] : if_index(1) if_name(lo)
if_nameindex[1] : if_index(2) if_name(enp2s0)
```

[그림 6.20] if_nameindex로 인터페이스 리스트 출력

[그림 6.20]을 보면 2개의 인터페이스가 출력된 예를 볼 수 있는데 if_index 번호는 1 부터 시작하는 것을 볼 수 있다. scope id가 세팅되는 것은 링크로컬 주소에서 볼 수 있으므로 실습을 위해서는 외부 호스트에서 링크로컬 주소를 이용해서 접속해보면 된다.

IPv6의 링크로컬 주소로 접속한 경우 accept 함수에서 리턴해준 클라이언트의 sockaddr_storage 구조체를 sockaddr_in6로 캐스팅해서 살펴보면 스코프 정보 (sin6_scope_id) 부분에 인덱스 값이 바로 인터페이스 이름이다.

그래서 링크로컬 주소에는 fe80::20c:29ff:fe98:372%2 처럼 표시되는 경우가 있는데 뒤의 %2가 바로 2번 if_index를 의미하는 것이다. 이렇듯 스코프 정보를 필요로 하는 주소가 있어야만 접속이 가능하다.

```
$ ./inet6_tcp_serv1 5000
[REP] [inet6_tcp_serv1.c/main:095] [TCP server] Making child process No.0
[REP] [inet6_tcp_serv1.c/main:095] [TCP server] Making child process No.1
[REP] [inet6_tcp_serv1.c/main:095] [TCP server] Making child process No.2
[REP] [inet6_tcp_serv1.c/start_child:151] [Child:0] accept IPv6 (ip:port,scope) (::ffff:192.168.110.121:45717,0)
[ERR] [inet6_tcp_serv1.c/start_child:162] [Child:0] Session closed
[REP] [inet6_tcp_serv1.c/start_child:151] [Child:2] accept IPv6 (ip:port,scope) (fe80::20c:29ff:fe98:372%enp2s0:59138,2)
[ERR] [inet6_tcp_serv1.c/start_child:162] [Child:2] Session closed

$ ./tcp_cli 192.168.110.121 5000
[REP] [tcp_cli.c/main:089] [TCP client] : 1:ordinary data  0:Exit program
^C
$ ./tcp_cli fe80::20c:29ff:fe98:372 5000
[ERR] [tcp_cli.c/main:055] [TCP client] : Fail: connect()
$ ./tcp_cli fe80::20c:29ff:fe98:372%2 5000
[REP] [tcp_cli.c/main:089] [TCP client] : 1:ordinary data  0:Exit program
```

[그림 6.21] IPv6 서버(위)에 IPv6 링크 로컬 주소에 scope id 사용하는 경우(아래)

[그림 6.21]은 [코드 6.23]의 IPv6 기반 TCP 서버를 실행한 예제이다. 그리고 아래는 IPv6가 가능한 TCP 클라이언트 프로그램이다. IPv6 기반 클라이언트 코드는 따로 배포하는 소스 코드에 첨부해두었다.

해당 서버는 IPv4 주소는 192.168.110.121이고 IPv6 링크로컬 주소는 fe80::20c:29ff:fe98:372이다. 그리고 클라이언트 프로그램에서 IPv4 주소인 192.168.110.121로 접속했을 때 그림의 윗부분인 서버 측에는 IPv4-mapped IPv6 주소인 ::ffff:192.168.110.121에 접속했음을 볼 수 있다.

그러나 fe80::20c:29ff:fe98:372로 접속하면 connect가 실패했는데 이는 scope ID 부분에 사용할 인터페이스 인덱스를 넣지 않아서이다. 따라서 [그림 6.20]에서 보았던 2번째 if_index를 스코프 정보에 넣어 fe80::20c:29ff:fe98:372%2로 시도해야

접속에 성공하게 된다. 이렇듯이 IPv6에서는 스코프 정보를 필요로 하는 경우가 있으니 주의해야 한다.

여기까지 IPv6에 대한 프로그래밍 기법을 살펴보았는데 이제부터는 전부 IPv6를 포함할 수 있는 형태로 프로그래밍해야 한다. 이외에 여기서는 다루지 않은 IPv6 소켓 옵션은 뒤에 소켓 옵션 제어에서 다루도록 할 것이다.

11 UDP 브로드캐스팅

UDP에는 TCP에 없는 기능으로 데이터를 송신할 때 1:n 대응으로 보낼 수 있는 브로드캐스팅이나 멀티캐스팅이 가능하다. 단 브로드캐스팅은 IPv4용이라는 것이다. IPv6에는 IPv6 멀티캐스트가 브로드캐스팅 기능을 대신한다.

우선 브로드캐스팅을 하려면 소켓을 생성한 뒤에 브로드캐스팅 옵션을 설정해야 한다. 이때 사용되는 함수가 setsockopt 함수이며 기능이 대단히 많은데 자세한 것은 뒤에 소켓 옵션 제어에서 다루고 여기서는 딱 브로드캐스트 기능에 대한 부분만 다루도록 하겠다.

[코드 6.26] UDP 브로드캐스트 옵션 켜기

```
int  sockopt = 1;
socklen_t  len_sockopt = sizeof(sockopt);
if (setsockopt(fd, SOL_SOCKET, SO_BROADCAST, &sockopt, len_sockopt) == -1) { /* error */ }
```

브로드캐스트 주소는 자신이 속한 네트워크 주소의 맨 마지막 주소이거나 255.255.255.255로 지정한다. 둘 중 어느 것을 지정해도 상관은 없지만, 일반적으로 255.255.255.255를 지정하면 호스트가 속한 네트워크 설정에 정의된 모든 브로드캐스트 주소를 사용한다.

255.255.255.255는 INADDR_BROADCAST라고 정의되어 있으며 32bit의 unsigned long int 값인 0xffffffff로 정의되어 있다. 따라서 주소 변환 함수로 255.255.255.255 문자열을 변환할 필요는 없다.

그러나 복수의 IP 주소를 가졌다면 복수의 로컬 네트워크 주소를 가지고 있을 테고, 특정 네트워크에만 브로드캐스팅하려면 해당 로컬 네트워크의 브로드캐스트 주소를 사용해야 한다.

예를 들어 A라는 호스트가 2개의 IP 주소를 가지며 각각 192.168.1.100과 192.168.2.200이라고 하자. 그렇다면 브로드캐스트 주소는 192.168.1.255, 192.168.2.255를 가질 것이다. 그런데 INADDR_BROADCAST 주소로 데이터를 보내면 위 2개의 브로드캐스트 주소 전부로 데이터가 전송된다.

따라서 특정 네트워크로만 브로드캐스팅하려면 192.168.1.255와 같이 해당 네트워크의 브로드캐스트 주소를 넣어주어야 한다. 그럼 이해를 돕기 위한 예제를 보도록 하자. 예제는 3초마다 UDP 소켓에 브로드캐스팅하는 프로그램이다.

수신 측 프로그램은 앞서 UDP 소켓을 이용한 반향(echo) 프로그램을 만들었던 것을 재활용하도록 하자. 브로드캐스트는 IPv4 전용이므로 굳이 getaddrinfo를 이용하지 않았으나 연습 삼아서 getaddrinfo를 사용하도록 변경해보는 것을 추천한다.

[코드 6.27] UDP 브로드캐스팅 송신측 프로그램   (inet_udp_bcast.c)

```c
int main(int argc, char *argv[])
{
    struct sockaddr_in  saddr_s;
    int     udp_fd, sockopt, sz_slen;
    char    a_sbuf[50];
    memset(&saddr_s, 0x00, sizeof(struct sockaddr_in));
    if (argc != 2) {
        printf("%s <port>", argv[0]);    exit(0);
    }
    udp_fd = socket(AF_INET, SOCK_DGRAM, IPPROTO_IP);
    if (udp_fd == -1) {
        pr_err("[UDP broadcast] : Fail: socket()");    exit(0);
    }
    sockopt = 1;
    socklen_t len_sockopt = sizeof(sockopt);
    if (setsockopt(udp_fd, SOL_SOCKET, SO_BROADCAST, &sockopt, len_sockopt) == -1) {
        pr_err("[UDP broadcast] : Fail: setsockopt()");    exit(0);
    }
    saddr_s.sin_family = AF_INET;        /* AF_INET, PF_INET are same */
    saddr_s.sin_addr.s_addr = INADDR_BROADCAST;
    saddr_s.sin_port = htons(((short)atoi(argv[1])));
    sprintf(a_sbuf, "%s", "UDP broadcasting test");
    pr_out("- Send broadcasting data every 3 sec");
    while(1) {
        sz_slen = sendto(udp_fd, a_sbuf, strlen(a_sbuf),
                    0, (struct sockaddr *) &saddr_s, sizeof(saddr_s));
        if (sz_slen == -1) {
            pr_err("[UDP broadcast] : Fail: sendto()");
        } else { printf("<< send broadcasting msg\n"); }
        sleep(3);
    }
    return 0;
}
```

프로그램은 기본적으로 앞서 나왔던 UDP 클라이언트 예제와 동일하다. 다만 setsockopt 함수를 이용해서 브로드캐스팅이 가능한 옵션을 주었고 sockaddr_in 구조체의 IP 주소에 브로드캐스트 주소인 INADDR_BROADCAST 주소를 넣은 것만 달라졌다.

브로드캐스트를 사용해도 해당 소켓은 데이터를 수신할 수 있다. 하지만, 대부분 경우는 브로드캐스팅이나 멀티캐스팅은 일방적으로 데이터를 송신하는 것이 목적이다. 또한, 반향되는 메시지가 있다고 하더라도 브로드캐스트를 사용하는 소켓이 아닌 다른 소켓을 하나 더 열어서 수신하는 것이 보통이다.

브로드캐스트를 설명했으니 멀티캐스트에 대한 것도 잠깐 언급해둘까 한다. 멀티캐스트도 1:n으로 데이터를 송신할 수 있지만 브로드캐스트처럼 무조건 송신하는 것이 아니라 데이터를 받기 위해 멀티캐스트 그룹에 가입한 경우에만 송신된다.

이는 브로드캐스트보다 효율적이고 IPv6에서는 멀티캐스트만 지원하기 때문에 이에 대한 빈도가 더 높아지는 추세이다. 하지만, 멀티캐스트는 이 책의 기술하는 방향으로 볼 때 중요도가 그다지 높지 않아서 생략하고 넘어가도록 하겠다. 사실 이 책의 6, 7장을 다 배울 즈음이면 멀티캐스트 정도는 간단한 예제를 찾아서 쉽게 작성할 수 있는 실력이 될 것이다.

12 소켓 옵션 제어

앞에서는 주로 실제 통신에 사용되는 함수들, 즉 socket이나 bind, connect 같은 접속 관련 함수들이나 send, recv, sendto, recvfrom 같은 송수신 관련 함수들을 다루었다. 이들은 가장 기본적인 기능들을 담당했으나 세부적으로 소켓의 정보를 읽어오거나 설정을 바꾸는 작업은 할 수 없었다.

따라서 이번 장에서는 소켓 옵션을 제어하는 방법으로 getsockopt, setsockopt 함수와 이들이 다루는 소켓의 옵션들을 한꺼번에 다룰 것이다.

```
int getsockopt(int socket, int level, int option_name,
    void *restrict option_value, socklen_t *restrict option_len);
int setsockopt(int socket, int level, int option_name,
    const void *option_value, socklen_t option_len);
```

getsockopt과 setsockopt의 첫 번째 인수 socket은 옵션을 읽어오거나 지정할 소켓 파일기술자이다. 두 번째 인수인 level은 옵션을 읽어오거나 지정할 프로토콜 레벨을 의미한다.

레벨에는 소켓 레벨(SOL_SOCKET), IP 레벨(IPPROTO_IP), TCP 레벨(IPPROTO_TCP), IPv6 레벨(IPPROTO_IPV6) 등이 사용된다. 세 번째 인수인 option_name에는 옵션의 세부 대상을 지정한다. 그리고 네 번째 인수인 option_value를 보면 void 포인터 타입인데 이는 옵션별로 사용하는 타입을 다르게 넣을 수 있다.

예를 들어 SO_BROADCAST는 int 타입의 option_value를 사용하지만, SO_RCVTIMEO는 시간을 의미하는 struct timeval 구조체를 사용한다. 이 중에서 int 타입은 불리언(boolean) 타입이거나 크기를 의미하는 용도로 사용된다.

그러면 주요 옵션들을 간단하게 살펴보도록 할 것인데 먼저 주로 사용되는 옵션들을 일목요연하게 표로 정리하고 그 후 세부적인 내용을 살펴보도록 할 것이다. 먼저 SUS 표준안에 정의된 SOL_SOCKET 레벨의 옵션들을 정리해두었다.

표 6.26 SOL_SOCKET 레벨의 옵션 (SUS 표준 기준)

option_name	인수 타입	설명
SO_ACCEPTCONN	int	리스너 소켓인지 검사 (읽기 전용)
SO_BROADCAST	int	브로드캐스팅의 허용 여부 (UDP)
SO_DEBUG	int	프로토콜의 디버깅 여부
SO_DONTROUTE	int	라우팅 하지 않도록 함
SO_ERROR	int	소켓의 에러 상태를 검사 (읽기 전용)
SO_KEEPALIVE	int	TCP 연결 유지를 검사하는 모드 작동 (TCP)
SO_LINGER	struct linger	소켓을 어떤 방식으로 종료할지 결정 (TCP)
SO_OOBINLINE	int	OOB 데이터를 일반 데이터와 같이 취급
SO_RCVBUF	int	수신 버퍼 크기 지정 (바이트 단위, 리눅스는 2배로 보임)
SO_RCVLOWAT	int	수신할 최소 지정 바이트(워터마크) 지정
SO_RCVTIMEO	struct timeval	블로킹 모드에서 recv 계열 함수들의 타임아웃 지정
SO_REUSEADDR	int	포트를 재사용하도록 함
SO_SNDBUF	int	송신 버퍼 크기 지정 (바이트 단위, 리눅스는 2배로 보임)
SO_SNDLOWAT	int	송신할 최소 지정 바이트(워터마크) 지정
SO_SNDTIMEO	struct timeval	블로킹 모드에서 send 계열 함수들의 타임아웃 지정
SO_TYPE	int	소켓의 타입을 알아낼 때 사용

SOL_SOCKET 레벨에서 사용할 수 있는 옵션 중에는 읽기 전용으로 쓰이거나 혹은 TCP나 UDP 전용으로 쓰이는 옵션들이 혼재해 있다. 따라서 자세히 보고 사용해야 한다.

[표 6.26]은 정리를 위해서 간략하게 보인 것이며 각각의 기능은 조금 뒤에 자세하게 살펴볼 것이다. 이번에는 TCP 레벨 옵션들도 살펴보자.

표 6.27 IPPROTO_TCP 레벨의 옵션

option_name	인수 타입	설명
TCP_NODELAY	int	Nagle 알고리즘을 사용하지 않음
TCP_MAXSEG	int	TCP의 MSS 크기 지정
TCP_CORK	int	부분적인 프레임을 보내지 않도록 함.
TCP_KEEPCNT	int	keepalive에서 이 횟수만큼 응답하지 않으면 연결 해제
TCP_KEEPINTVL	int	keepalive 패킷을 송신할 간격 초수
TCP_LINGER2	int	FIN_WAIT2의 타임아웃
TCP_SYNCNT	int	SYN 패킷의 재시도 최대 횟수

TCP 레벨의 옵션은 netinet/tcp.h에 선언되어 있으므로 사용할 때 해당 헤더를 포함해 주어야 한다. 그리고 주의할 점으로 TCP 옵션은 시스템 의존적인 기능들이므로 표준안과 상관이 없는 옵션들이다. 물론 몇몇 옵션들은 대부분 시스템에도 존재하지만 그렇지 않은 기능들도 있으므로 이식성이 중요한 프로그램이라면 리눅스의 tcp 맨페이지를 확인하기 바란다.

이외에 IPPROTO_IP 레벨이나 IPPROTO_IPV6 레벨의 옵션도 있지만, 멀티캐스트나 TTL 같은 일반적으로 잘 쓰이지 않는 분야이고 이 책에서 다루지 않고 생략한 내용이므로 궁금하다면 리눅스의 ip와 ipv6의 맨페이지(7번 섹션)를 참고하기 바란다.

그러면 위에서 정리한 옵션 중에 주로 사용되는 중요한 옵션들을 좀 더 자세하게 살펴보도록 하겠다. 직관적으로 이해가 가능한 옵션들은 굳이 설명하지 않고 넘어가도록 할 것이다.

12.1 SO_REUSEADDR 옵션

SO_REUSEADDR은 스트림 소켓이나 데이터그램 소켓 모두 가능하며 0이면 off, 0이 아니면 on을 의미한다. 소켓이 생성되었을 때 기본값은 off이다. SO_REUSEADDR 옵션은 TCP와 UDP가 서로 다르게 작동하는데 TCP의 경우는 TIME_WAIT 상태에 빠진 주소(포트 번호 포함)를 강제로 bind하여 재사용할 수 있도록 한다.

이 기능이 사용되는 것은 주로 TCP 서버 측으로 서버가 강제로 종료하거나 예기치 못한 오류로 종료했다면 시스템은 서버 측 프로그램에 접속해있던 클라이언트 연결을 모두 끊어버린다.

이때 서버 측이 먼저 접속을 종료하기 때문에 리스너 소켓이 사용했던 LISTEN 포트는 전부 TIME_WAIT 상태에 걸리게 된다. 물론 2MSL 시간이 지나면 TIME_WAIT는 해제되겠지만 기다리지 않고 당장 서버를 재시작하면 어떻게 될까?

일반적인 경우라면 서버 측은 리스너 소켓을 bind하려 할 때 이미 사용 중인 주소라는 에러가 발생하게 된다. 하지만, SO_REUSEADDR 옵션이 켜져 있다면 TIME_WAIT 상태라고 하더라도 강제로 해제시키고 bind를 할 수 있게 된다. 따라서 대부분의 서버 측 프로그램은 서버의 안전한 재실행을 위해 이 옵션을 사용한다.

```
int        sockopt;
socklen_t  len_sockopt = sizeof(sockopt);
if (getsockopt(fd, SOL_SOCKET, SO_REUSEADDR,
        &sockopt, &len_sockopt) == -1) {    /* error */    }

int       sockopt = 1;
if (setsockopt(fd, SOL_SOCKET, SO_REUSEADDR,
        &sockopt, sizeof(sockopt)) == -1) {    /* error */    }
```

[그림 6.22] SO_REUSEADDR 소켓 옵션 사용 예

그러나 클라이언트 측에서도 SO_REUSEADDR을 사용하는 경우가 있다. 이는 connect 이전에 특정 주소로 explicit binding을 하는 경우에 사용된다. 예를 들어 클라이언트가 항상 5015 포트를 사용하여 active open으로 접속하는 경우가 있다고 가정하자. 그리고 클라이언트가 연결을 끊고 재접속을 하려면 분명 실패할 것이다. 왜냐하면, 해당 주소는 TIME_WAIT 상태이기 때문이다.

그렇다고 해서 2MSL을 기다렸다가 재접속을 해야 할까? 그건 너무 이상한 구조가 된다. 따라서 이런 경우에는 클라이언트 측이 함수를 호출할 때 socket, setsockopt(SO_REUSEADDR 설정), bind, connect 순서로 함수를 호출하게 된다.

그러면 클라이언트측에서 SO_REUSEADDR을 사용하는 예제를 작성해서 흐름을 살펴보자.

● TCP 클라이언트측의 SO_REUSEADDR 옵션 사용

[코드 6.28] 클라이언트측의 SO_REUSEADDR 사용 예제   (tcp_cli_reuseaddr.c)

```
01   int main(int argc, char *argv[]) {
02       int    fd, rc_gai, flag_once = 0;
03       struct addrinfo ai_dest, *ai_dest_ret;
04       if (argc != 4) {
05           printf("%s <hostname> <port> <SO_REUSEADDR off(0) on(non-zero)>\n", argv[0]);
```

```
06          exit(EXIT_FAILURE);
07        }
08        struct sockaddr_storage sae_local; /* 로컬 주소를 읽어올 구조체 */
09        socklen_t   len_sae_local = sizeof(sae_local);
10        char addrstr[INET6_ADDRSTRLEN], portstr[8]; /* 로컬 주소를 표현할 문자열 */
11        for (int i=0; ;i++ ) {
12          memset(&ai_dest, 0, sizeof(ai_dest));
13          ai_dest.ai_family = AF_UNSPEC;
14          ai_dest.ai_socktype = SOCK_STREAM; /* TCP 소켓 */
15          ai_dest.ai_flags = AI_ADDRCONFIG;
16          if ((rc_gai = getaddrinfo(argv[1], argv[2], &ai_dest, &ai_dest_ret)) != 0) { /* 목적지 주소 */
17            pr_err("Fail: getaddrinfo():%s", gai_strerror(rc_gai));
18            exit(EXIT_FAILURE);
19          }
20          if ((fd = socket(ai_dest_ret->ai_family,
21                    ai_dest_ret->ai_socktype,
22                    ai_dest_ret->ai_protocol)) == -1) {
23            pr_err("[Client] : Fail: socket()");
24            exit(EXIT_FAILURE);
25          }
26          if (argv[3][0] != '0') { /* SO_REUSEADDR 옵션 적용 여부 */
27            int sockopt = 1;
28            if (setsockopt(fd, SOL_SOCKET, SO_REUSEADDR, &sockopt, sizeof(sockopt)) == -1) {
29              exit(EXIT_FAILURE);
30            }
31            printf("Socket option = SO_REUSEADDR(on)\n");
32          } else {
33            printf("Socket option = SO_REUSEADDR(off)\n");
34
35          }
36          if (flag_once) { /* 두번째 접속부터는 explicit binding을 사용한다. */
37            if (bind(fd, (struct sockaddr *)&sae_local, len_sae_local) == -1) {
38              pr_err("Fail: bind():%s", strerror(errno));
39              exit(EXIT_FAILURE);
40            }
41          }
42          if (connect(fd, ai_dest_ret->ai_addr, ai_dest_ret->ai_addrlen) == -1) { /* active open */
43            pr_err("Fail: connect()");
44            exit(EXIT_FAILURE);
45          }
46          if (flag_once == 0) { /* 처음 접속인 경우는 로컬의 IP, Port를 알아내서 저장해둔다. */
47            if (getsockname(fd, (struct sockaddr *)&sae_local, &len_sae_local) == -1) {
48              pr_err("Fail: getpeername()");
49              exit(EXIT_FAILURE);
50            }
51            if ((rc_gai = getnameinfo((struct sockaddr *)&sae_local, len_sae_local,
52                      addrstr, sizeof(addrstr), portstr, sizeof(portstr),
```

```
53                        NI_NUMERICHOST|NI_NUMERICSERV))) {
54                    pr_err("Fail: getnameinfo()");
55                    exit(EXIT_FAILURE);
56                }
57            }
58            flag_once = 1; /* 처음 접속이 일어난 뒤에 플래그 설정 */
59            printf("Connection established\n");
60            printf("\tLocal(%s:%s) => Destination(%s:%s)\n", addrstr, portstr, argv[1], argv[2]);
61            printf(">> Press any key to disconnect.");
62            getchar();
63            close(fd);
64            printf(">> Press any key to reconnect.");
65            getchar();
66        }
67        return 0;
68    }
```

[코드 6.28]의 예제는 서버에 접속 후 엔터를 치면 접속을 끊고, 다시 엔터를 치면 재접속을 하는 프로그램이다. 바로 61행이 접속을 끊기 전에 키보드 입력을 기다리는 부분이고, 64행이 재접속 전에 키보드 입력을 기다리는 부분이다.

예제 [코드 6.28]은 앞서 배웠던 함수들을 가져다가 작성했으므로 코드가 술술 읽혀야만 한다. 만일 코드에서 사용된 함수들의 사용법이나 구조가 이해가 되지 않는다면 앞서 배운 함수들을 다시 복습해야만 한다.

11~65행은 루프 문으로 되어 있어서 계속해서 재접속을 하도록 되어 있다. 그리고 45~56행을 보면 처음 접속할 때 IP, 포트 번호를 알아낸 뒤에 재접속할 때는 이전에 사용했던 포트를 재사용하도록 작성되어 있다. 이는 클라이언트 측에서 TIME_WAIT에 빠진 주소를 재사용할 수 있는지를 테스트하기 위함이다.

따라서 35~40행은 수동으로 bind하는 explicit binding 기법인데 flag_once가 켜지는 처음 접속 이후부터만 실행되도록 해두었다. 처음 접속할 때 35~40행은 실행되지 않으므로 connect 호출시에 implicit binding이 일어나서 임의의 포트(port) 번호를 받게 된다. 그러나 두 번째 이후로는 35~40행이 실행되므로 이전에 할당받은 포트를 계속해서 재사용하게 된다.

그런데 26~34행을 보면 argv[3]의 값에 따라 setsockopt의 SO_REUSEADDR 옵션을 적용할지를 결정할 수 있게 되어 있다. 만일 SO_REUSEADDR를 사용하지 않는다면 분명 재접속시 TIME_WAIT에 빠진 주소를 재사용할 수 없으므로 에러가 발생할 것이다. 그러나 SO_REUSEADDR을 사용하도록 명령한다면 에러가 발생하지 않고 해당 주소를 재사용할 수 있게 될 것이다.

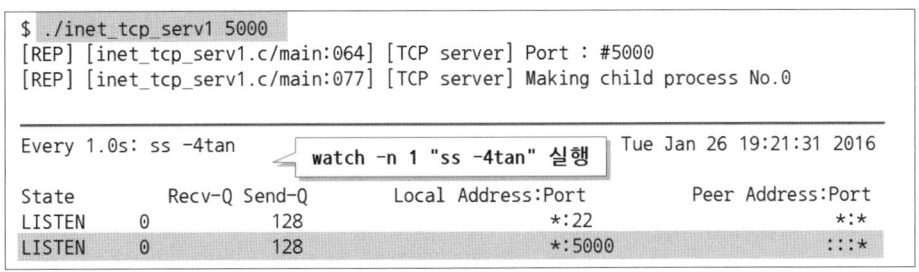

```
$ ./inet_tcp_serv1 5000
[REP] [inet_tcp_serv1.c/main:064] [TCP server] Port : #5000
[REP] [inet_tcp_serv1.c/main:077] [TCP server] Making child process No.0


Every 1.0s: ss -4tan        watch -n 1 "ss -4tan" 실행    Tue Jan 26 19:21:31 2016

State          Recv-Q Send-Q        Local Address:Port        Peer Address:Port
LISTEN      0        128                  *:22                      *:*
LISTEN      0        128                  *:5000                    :::*
```

[그림 6.23] TCP 서버 실행 화면 (위), 소켓 상태 확인 명령 화면 (아래)

이제 실행을 시켜서 확인을 해보도록 하자. 서버는 앞서 TCP 서버 예제 [코드 6.14]를 사용하도록 하겠다. 중간에 커널 설정을 바꾸면서 확인해봐야 하기 때문에 관리자 계정이나 sudo로 실습하는 편을 추천한다. 터미널은 서버용, 클라이언트용, 접속 주소 감시용으로 최소 3개를 열어야 한다. 혹은 물리적으로 서로 다른 호스트에서 하나는 서버, 다른 하나는 클라이언트로 역할을 분담해서 테스트해도 된다.

[그림 6.23]의 윗부분은 [코드 6.14]의 inet_tcp_serv1 예제에 5000번 포트를 사용하도록 실행한 것이다. 그리고 아랫부분은 소켓 상태를 확인하는 명령인 ss −4tan (IPv4, TCP, All, Numeric 옵션)을 1초마다 갱신하도록 watch로 실행한 것이다.

서버가 준비된 뒤에 또 다른 터미널에서 [코드 6.28]의 클라이언트 소스를 실행시켜 서버에 접속하면 된다. 예제에서 사용된 호스트의 IP 주소가 192.168.110.121이므로 [그림 6.24]에서는 해당 IP 주소를 사용하였다.

```
$ ./tcp_cli_reuseaddr  192.168.110.121  5000  1
Socket option = SO_REUSEADDR(on)
Connection established
        Local(192.168.110.121:45599) => Destination(192.168.110.121:5000)
>> Press any key to disconnect.

Every 1.0s: ss -4tan                        Tue Jan 27 20:00:47 2016

State          Recv-Q Send-Q        Local Address:Port        Peer Address:Port
LISTEN      0        128                  *:22                      *:*
LISTEN      0        128                  *:5000                    :::*
ESTAB       0        0            192.168.110.121:45599     192.168.110.121:5000
ESTAB       0        0            192.168.110.121:5000      192.168.110.121:45599
```

[그림 6.24] SO_REUSEADDR 적용 클라이언트(위), 소켓 상태 ESTABLISHED 화면(아래)

tcp_cli_reuseaddr의 인수는 순서대로 IP 주소, 포트 번호, SO_REUSEADDR 옵션 사용 여부다. 따라서 [그림 6.24]은 192.168.110.121:5000으로 접속하고 SO_REUSEADDR을 on하는 것을 의미한다. 동일한 호스트에서 접속했기 때문에 [그림 6.24]의 아래를 보면 ss −4tan의 모습에서 서버, 클라이언트 2개의 소켓이 ESTAB(established)로 출력되었다. 그중에서 음영으로 색칠된 부분의 Local Address를 보면 이것이 클라이언트 측의 소켓임을 알 수 있다.

이제 tcp_cli_reuseaddr에서 엔터 키를 누르면 active close를 하면서 접속이 끊어지므로 해당 소켓 상태는 TIME_WAIT가 된다. [그림 6.25]를 보면 active close를 했던 클라이언트 측 소켓이 TIME_WAIT이 되는 것을 볼 수 있다.

```
$ ./tcp_cli_reuseaddr  192.168.110.121  5000  1
Socket option = SO_REUSEADDR(on)
Connection established
          Local(192.168.110.121:45599) => Destination(192.168.110.121:5000)
>> Press any key to disconnect.
>> Press any key to reconnect.
Every 1.0s: ss -4tan                              Tue Jan 27 20:01:43 2016

State       Recv-Q Send-Q      Local Address:Port        Peer Address:Port
LISTEN      0      128              *:22                     *:*
LISTEN      0      128              *:5000                   :::*
TIME-WAIT   0      0          192.168.110.121:45599     192.168.110.121:5000
```

[그림 6.25] SO_REUSEADDR 적용 클라이언트(위), 소켓 상태 TIME_WAIT 화면 (아래)

tcp_cli_reuseaddr에서 다시 엔터 키를 누르면 TIME_WAIT 상태인 192.168.110.121:45599를 재사용해서 접속하게 된다. 계속 엔터를 치면 재접속을 통해 소켓의 주소가 재사용 되는 것을 확인해 볼 수 있다.

그러면 이번에는 SO_REUSEADDR을 끄고 접속하기 위해 tcp_cli_reuseaddr 마지막 인수를 0으로 하여 실행해보자. [그림 6.26]의 실행 화면을 보면 접속 후 엔터 키를 계속 누르다 보면 재접속 하기 전에 bind 요청에서 실패하고 종료되는 것을 볼 수 있다.

```
$ ./tcp_cli_reuseaddr  192.168.110.121  5000  0
Socket option = SO_REUSEADDR(off)
Connection established
          Local(192.168.110.121:45601) => Destination(192.168.110.121:5000)
>> Press any key to disconnect.
>> Press any key to reconnect.
Socket option = SO_REUSEADDR(off)
[ERR] [tcp_cli_reuseaddr.c/main:062] Fail: bind():Address already in use
```

[그림 6.26] SO_REUSEADDR를 적용하지 않은 클라이언트의 bind 오류

이번에는 timestamp 커널 설정을 변경하고 다시 확인해보자. 커널 설정 변경은 수퍼유저의 권한으로만 가능하므로 su - 로 유저를 변경하거나 sudo로 실행하기 바란다.

```
# sysctl net.ipv4.tcp_timestamps
net.ipv4.tcp_timestamps = 1
# sysctl net.ipv4.tcp_timestamps=0
net.ipv4.tcp_timestamps = 0
# ./tcp_cli_reuseaddr 192.168.110.121 5000 1
Socket option = SO_REUSEADDR(on)
Connection established
         Local(192.168.110.121:45602) => Destination(192.168.110.121:5000)
>> Press any key to disconnect.
>> Press any key to reconnect.
Socket option = SO_REUSEADDR(on)
[ERR] [tcp_cli_reuseaddr.c/main:068] Fail: connect()
```

[그림 6.27] RFC1323 TS(TimeStamp) off인 경우 클라이언트의 SO_REUSEADDR의 bind 오류

[그림 6.27]을 보면 root 계정으로 net.ipv4.tcp_timestamps의 설정을 0(off)으로 변경한 뒤에 실행한 결과를 보여주고 있다. net.ipv4.tcp_timestamps는 RFC 1323 의 TCP TS(Timestamp) 기능을 의미하며 기본값은 켜져 있으나, [그림 6.27]에서는 이를 껐을 때 SO_REUSEADDR에 미치는 영향을 보여주는 것이다.

net.ipv4.tcp_timestamps이 꺼지면 소켓에 SO_REUSEADDR을 적용해도 TIME_ WAIT 상태의 소켓을 재사용하지 못한다. 리눅스 및 대다수 유닉스는 기본값으로 RFC1323이 켜져 있다. 하지만, 간혹 RFC1323의 TS 기능을 관리자가 끄는 경우가 있는데 이런 경우에는 포트 재사용에 실패할 수도 있고 HTTP와 같은 서비스에서는 성능에 치명적일 수도 있으니 주의해야만 한다.

앞서 TCP TIME_WAIT 상태를 설명하는 곳에서도 언급했었지만, SO_REUSEADDR 을 적용할 수 없는 경우, 즉 소스 코드를 직접 수정할 수 없는 경우에는 커널의 net. ipv4.tcp_tw_reuse 설정으로 비슷한 효과를 낼 수 있다.

하지만, 소스 코드를 직접 수정할 수 있는 경우라면 tcp_tw_reuse와 상관없이 주소 를 재사용할 수 있게 해주는 SO_REUSEADDR 옵션을 적용하는 편이 훨씬 더 안정 적인 기법이다.

따라서 TCP 기반의 네트워크 프로그램에서 잦은 접속, 해제가 발생할 수 있는 경우라 면 서버 측이든 클라이언트 측이든 SO_REUSEADDR 설정을 적용하는 편이 좋다.

실무에서 개발되는 기업형 네트워크 프로그램에서는 SO_REUSEADDR을 선택적으 로 사용할 수 있도록 환경 설정 파일에 옵션으로 넣어두는 경우가 많은 이유는 이런 TCP의 특징을 고려한 것이다.

이론적인 기반이 탄탄한 네트워크 프로그래머라면 SO_REUSEADDR을 잘 사용할 수 있어야만 한다. 그리고 이것뿐만 아니라 TCP의 다른 이론적인 배경에 대한 이해는 매우 중요하니 코딩 연습뿐만 아니라 RFC로 발표된 TCP 관련 권고사항도 주의해서 읽어보는 것을 권장한다.

● UDP에서의 SO_REUSEADDR 옵션의 역할

UDP의 경우에는 SO_REUSEADDR 옵션이 켜지면 복수 개의 프로세스가 같은 포트를 bind 할 수 있도록 해준다. 하지만, 이는 맨 마지막에 사용된 UDP 프로세스가 포트를 bind하게 되어 실제로는 항상 마지막 프로세스만 포트를 점유할 수 있다.

따라서 UDP 소켓에 대해 SO_REUSEADDR을 사용하는 것은 큰 의미가 없다. 하지만, 브로드캐스트나 멀티캐스트 환경에서는 포트를 공유하기 때문에 같이 데이터를 받을 수 있다.

일반적인 환경에서는 마지막에 해당 포트를 점유한 UDP 프로세스가 죽었을 때 같은 포트에서 대기하던 UDP 프로세스가 패킷을 받아서 처리할 수 있도록 할 수 있다.

마지막으로 SO_REUSEADDR과 비슷한 SO_REUSEPORT가 있는데 현재 지원하지 않는 경우가 많다. 이 옵션은 BSD 계열에서 파생된 옵션이며 현재 유닉스 계열과의 호환을 위해 SO_REUSEADDR로 대체되는 경우가 많다.

12.2 SO_RCVBUF, SO_SNDBUF 옵션

SO_RCVBUF, SO_SNDBUF은 모든 타입의 소켓에 가능한 옵션이다. 인수는 32bit int 타입을 사용하며 소켓 버퍼의 크기(바이트 단위)를 의미한다. SO_RCVBUF는 수신 버퍼 크기를 의미하며 SO_SNDBUF는 송신 버퍼의 크기를 의미한다.

주의할 점은 리눅스에서 소켓 버퍼 크기를 설정한 뒤에 그 값을 다시 읽어보면 2배의 수치로 설정된 것을 볼 수 있다. 이는 리눅스에서 사용하는 소켓 버퍼 구조체가 부가적인 정보를 저장하기 때문이다. 그러므로 리눅스에서 소켓 버퍼 크기를 읽어들일 때는 이를 고려하여야 한다.

예를 들어 128KiB를 지정한다면 리눅스는 256KiB를 확보하게 된다. 그러나 소켓 버퍼 구조체의 부가적인 데이터를 포함하므로 실제로는 256KiB 보다 작은 크기의 버퍼를 사용하게 된다. 간혹 소켓 버퍼 크기를 테스트하는 독자분들이 있는데 128KiB를 지정했는데 약 210KiB까지 수신 버퍼가 할당되었다고 의구심을 품는 분들이 있었는데 이는 소켓 버퍼 구조체의 오버헤드를 포함하는 리눅스의 특징이라는 점을 기억해두기 바란다.

그러나 몇몇 유닉스에서는 setsockopt로 SO_RCVBUF, SO_SNDBUF를 설정하더라도 무시하는 경우가 있다. 이는 시스템에서 동적으로 버퍼 크기를 자동 조정하거나 기본값으로 강제하는 경우이다. 따라서 모든 시스템에서 버퍼 크기를 조절할 수 있는 것은 아니라는 점을 기억해두기 바란다.

```
int    sockopt;
socklen_t    len_sockopt = sizeof(sockopt);
if (getsockopt(fd, SOL_SOCKET, SO_RCVBUF,
        &sockopt, &len_sockopt) == -1) {    /* error */    }

int    sockopt = 32768;
if (setsockopt(fd, SOL_SOCKET, SO_RCVBUF,
        &sockopt, sizeof(sockopt)) == -1) {    /* error */    }
if (setsockopt(fd, SOL_SOCKET, SO_SNDBUF,
        &sockopt, sizeof(sockopt)) == -1) {    /* error */    }
```

[그림 6.28] SO_RCVBUF, SO_SNDBUF 소켓 옵션 사용 예

그러면 이제 소켓 버퍼와 성능 및 작동 방식에 대해 살펴보자. 소켓 버퍼는 socket 함수가 성공하면 곧 생성되며 수신 버퍼와 송신 버퍼로 이루어져 있다. 그리고 TCP나 UDP에 따라 소켓 버퍼가 가지는 의미와 사용되는 방식이 조금 다르다.

일반적으로 소켓 버퍼의 크기는 전송 속도나 의미가 있는 데이터 분절(chunk)의 최대 크기에 영향을 미친다. 그렇다면 소켓 버퍼 크기는 큰 편이 좋을까? 물론 전송 속도나 안정성을 생각한다면 큰 편이 좋을 수도 있다.

하지만, 반대로 큰 소켓 버퍼는 성능을 갉아먹는 주범이 될 수도 있다. 첫째로 큰 소켓 버퍼를 사용하면 소켓의 개수가 늘어날수록 가용할 수 있는 메모리는 빠르게 고갈된다. 둘째로 매우 빈번하게 소켓을 생성하고 파괴하는 구조의 네트워크 프로그램이라면 큰 버퍼 메모리의 할당과 해제가 빈번해지면서 오버헤드가 발생한다.[34]

그렇다면 소켓 버퍼로 얼마만큼의 메모리를 사용할 수 있을까? 최근 유닉스나 리눅스 등의 현대적 운영체제는 시스템에 손상을 가할 정도의 메모리가 네트워킹에 할당되면(대부분 시스템이 가용할 수 있는 메모리의 70~85% 이하 수준에서 설정됨) 기존 소켓의 버퍼 메모리를 줄이거나 새로운 소켓 생성을 거부하게 된다.

또한, 현대적인 운영체제에서는 앞서 언급한 것처럼 TCP autotuning 같은 기능을 이용해서 동적 크기의 버퍼를 가질 수 있으므로 기존에 생성된 소켓의 버퍼 크기를 줄여서 시스템이 가용할 수 있는 메모리를 확보한다.

물론 이렇게 되면 줄어든 소켓 버퍼 크기만큼 전송 속도는 줄어드는 단점이 생긴다. 따라서 시스템에 소켓의 개수가 늘어나면서 전송 속도가 줄어든다면 메모리의 확충이 필요한지 검사해볼 필요가 있다. 이와 관련된 내용은 네트워크 프로그래밍을 하다 보면 자연적으로 관련 커널 파라미터도 알게 되므로 차차 알게 될 것이다.

---

34) 예를 들어 웹 서버의 경우는 잦은 소켓의 생성 및 파괴가 발생한다. 이런 경우에는 저용량 데이터만 담당하는 서버와 고용량을 담당하는 웹 서버를 분리하여 소켓 버퍼 수준을 다르게 하는 경우가 있다.

● TCP에서 소켓 버퍼의 의미

그러면 이번에는 프로토콜 수준에서 소켓 버퍼의 상관관계를 생각해보자. 먼저 TCP의 소켓 버퍼는 각 데이터 세그먼트들이 저장되는 스트림 메모리 공간이며, 수신 버퍼의 경우는 윈도우 크기와 비례하거나 동일하기 때문에 흐름 제어에 의해 전송 속도를 빠르게 하려면 수신 버퍼의 크기를 늘리는 경우가 많다.

하지만, 상대적으로 송신 버퍼는 수신 측 수신 버퍼의 완충 역할이므로 작아도 크게 문제가 생기지 않는다. 왜냐하면, TCP는 송신 측의 송신 버퍼와 수신 측의 수신 버퍼는 서로 연결된 스트림처럼 인식되기 때문이다.

[그림 6.29]를 보면 연결된 소켓은 서로 상대편의 송수신 버퍼와 연결된 공간을 버퍼로 사용한다.

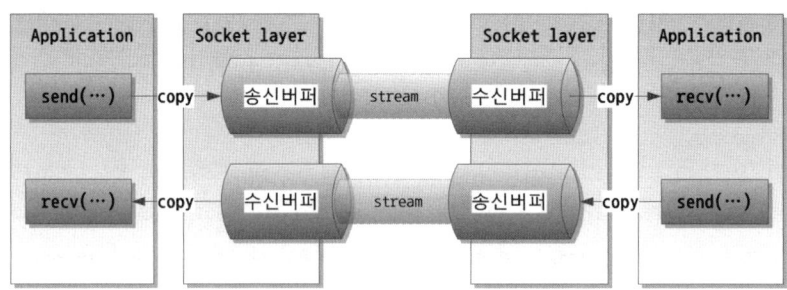

[그림 6.29] TCP의 송신측 송신 버퍼와 수신측 수신 버퍼의 관계

그러므로 send를 하는 행위는 사실 로컬의 송신 버퍼에 데이터를 복사하는 작업이고 송신 버퍼에 복사된 데이터는 네트워크를 통해 상대편의 수신 버퍼에 도착하게 된다. 하지만, 상대편의 프로그램이 recv로 버퍼를 읽어가는 속도가 더 느리다면 어떻게 될까?

점점 수신 버퍼에는 데이터가 쌓여 갈 테고 언젠가는 꽉 차게 될 것이다. 이렇게 되면 수신 측의 슬라이딩 윈도우 크기는 0이 된다. 그리고 송신 측은 더 이상 데이터를 전송하지 않고 로컬의 송신 버퍼에 복사만 해두는 상태가 된다. 그러다가 언젠가는 송신 버퍼조차도 포화 상태가 될 것이다.

이런 상태가 되면 send 함수는 블록킹 모드라면 블록되어 버퍼가 비워질 때까지 리턴되지 않을 것이다. 만일 넌블록킹 모드라면 실패로 리턴하며 errno는 EAGAIN으로 설정된다. 그렇다면 소켓 버퍼를 큰 값으로 조절하면 해결이 될까? 위처럼 버퍼가 포화 상태에 이르는 시간이 조금 늦춰질 뿐 근본적인 해결은 될 수 없다.

결국, 핵심 포인트는 대용량 소켓 버퍼보다 데이터를 수신하는 부분을 좀 더 고성능의 구조로 설계하고 만드는 것이 중요하다는 것이다. 따라서 대부분의 네트워크 프로그램은 데이터를 수신하는 부분은 최소한의 작업만 하여 가볍게 만들거나 비동기적으로 만들어둔다. 만일 수신 후 데이터를 가공해야 하는 경우라면 따로 스레드에서 처리하거나 우선은 쌓아두고 조금 뒤에 처리하는 방식을 사용하기도 한다.

그렇다고 TCP에서 소켓 버퍼의 크기가 의미가 없다는 것은 아니다. 다만, 최근의 운영체제는 리눅스의 TCP autotuning처럼 자동으로 버퍼의 수준을 조절하기 때문에 수동으로 조절할 필요가 없다는 것뿐이다.

하지만, 예외적으로 로컬 네트워크에서 서비스하는 경우라면 대부분 지연이 없고 대역폭도 넓어서 소켓 버퍼가 작아도 큰 문제가 발생하지 않는다. 따라서 이런 경우에는 수동으로 작은 버퍼를 사용하도록 강제하여 메모리를 좀 더 적게 사용하는 구조로 작성하기도 한다.

예를 들어 SMB 프로토콜을 이용하여 윈도우즈와 통신을 하게 해주는 리눅스/유닉스의 SMB 랜매니저 서버인 삼바(samba)의 경우는 주로 로컬 네트워크에서만 사용하므로 8, 16KiB 등의 작은 크기의 소켓 버퍼를 사용하도록 작성했었다.

● UDP에서 소켓 버퍼의 의미

UDP의 소켓 버퍼에 대해서도 생각해보자. 먼저 UDP 수신 버퍼는 커널이 단편화(fragmentation)된 조각들을 모아 데이터그램을 완성하여 넣어주는 곳이므로 완성된 데이터그램이 들어갈 수 있는 충분한 크기가 요구된다.

만일 16KiB의 수신 버퍼를 지정했다면 3KiB의 데이터그램을 받는다면 최대 5개까지만 저장할 수 있는 공간이 된다. 물론 recvfrom으로 수신 버퍼의 데이터그램을 읽어가면 데이터그램은 삭제된다. 하지만, 송신 측에서 수신 측이 읽는 속도보다 더 빠르게 데이터그램을 보낸다면 언젠가는 수신 측의 수신 버퍼는 포화 상태가 된다.

더군다나 UDP의 경우에는 흐름제어가 없기 때문에 수신 측의 버퍼가 포화 상태인지 알 방법이 없으므로 송신 측은 계속해서 데이터를 보내게 되고 수신 측은 포화 상태에서 도착한 데이터그램을 오버플로우로 처리하여 버려버린다.

이에 대해서는 앞서 TCP와 UDP 네트워크의 비교에서 다뤘고 netstat −s로 쉽게 확인할 수 있었다. 그렇다면 데이터그램의 크기가 10KiB인데 수신 측 수신 버퍼의 크기가 8KiB라면 어떻게 될까?

이런 경우는 완성된 데이터그램을 저장할 수 없으므로 버리게 된다. 따라서 UDP 통신을 하려면 데이터그램의 최대 크기를 작게 하고 어느 정도의 빈도수로 보낼 것인지 약속을 하여야 한다.

그러면 이번엔 UDP의 송신 버퍼를 생각해보자. UDP의 송신 버퍼가 송신할 데이터그램의 크기보다 작은 경우에는 어떻게 될까? 구현된 운영체제별로 다르지만 대부분 버퍼에 출력하면서 IP 계층으로 동시에 내려보내기 때문에 송신 버퍼가 데이터그램보다 작더라도 전송 자체가 안 되는 경우는 흔치 않다.

하지만, 전송은 가능하더라도 송신 버퍼가 너무 작으면 데이터그램이 프래그먼테이션 처리되면서 전송되기를 기다려야 하므로 sendto의 응답속도가 떨어질 수 있다.

마지막으로 당부하고 싶은 것은 TCP autotuning 기능을 적극적으로 사용하라는 것이다. TCP autotuning 관련 설정을 켜두고 autotuning에서 관리하는 버퍼 수준(net.ipv4.tcp_rmem)을 튜닝하는 것이 더 좋은 결과를 가져온다. 단 TCP autotuning, 슬라이딩 윈도우, 소켓 버퍼의 의미에 대해서는 확실한 이해가 바탕이 되어야 한다.

만일 setsockopt의 SO_RCVBUF 설정으로 소켓 버퍼 크기를 수동으로 관리하다 보면 오히려 성능은 떨어지고 메모리를 과도하게 사용할 가능성만 커진다. 만일 과거에 수동 설정으로 개발된 네트워크 프로그램이라면 setsockopt(SO_RCVBUF) 기능을 비활성화하는 것이 더 좋은 결과를 가져오는 경우가 많다.

그러나 setsockopt(SO_RCVBUF 또는 SO_SNDBUF)를 사용하도록 코딩된 프로그램의 코드에 접근할 수 없거나 수정 권한이 없다면 차선책으로 net.core.wmem_max, net.core.rmem_max를 튜닝하는 방법밖에 없다. 이에 대해서는 TCP autotuning에서 언급했으니 참고하기 바란다.

12.3 SO_RCVTIMEO, SO_SNDTIMEO 옵션

SO_RCVTIMEO, SO_SNDTIMEO은 스트림 소켓과 데이터그램 소켓 모두 가능하며 struct timeval 구조체를 인수로 사용한다. 이 옵션들은 송수신 관련 함수들이 블록킹 모드에서 작동할 때 타임아웃 시간을 지정할 수 있다. 기본값은 사용하지 않는다.

따라서 SO_RCVTIMEO는 recv, recvfrom, accept와 같이 수신을 목적으로 하는 함수가 블록되었을 때 타임아웃 시간을 지정하는 용도이고, SO_SNDTIMEO는 send, sendto, connect 같은 송신을 목적으로 하는 함수가 블록되었을 때 타임아웃 시간을 지정한다. 만일 타임아웃 시간이 지나도록 함수가 성공적으로 리턴되지 않는다면 블록된 함수는 에러로 리턴되고 errno는 EAGAIN으로 설정된다.

```
struct timeval  tv_timeo;
socklen_t    len_sockopt = sizeof(tv_timeo);
if (getsockopt(fd, SOL_SOCKET, SO_RCVTIMEO,
        &tv_timeo, &len_sockopt) == -1) {  /* error */  }

struct timeval tv_timeo = { 3, 500000}; /* 3.5sec */
if (setsockopt(fd, SOL_SOCKET, SO_RCVTIMEO,
        &tv_timeo,, sizeof(tv_timeo)) == -1) {  /* error */ }
```

[그림 6.30] SO_RCVTIMEO 소켓 옵션 사용 예

[그림 6.30]을 보면 SO_RCVTIMEO 옵션을 읽어오는 것과 설정하는 것을 보여주고
있는데 특히 아래쪽 그림에서는 3.5초의 타임아웃을 설정하는 것을 보여주고 있다.

소켓에 타임아웃을 설정하면 시그널에 의한 EINTR 에러에 주의해야 한다. 따라서 타
임아웃을 사용하는 경우라면 9장의 EINTR 부분을 참고하여 프로그래밍해야 한다.

12.4 SO_LINGER 옵션

SO_LINGER 옵션은 TCP 소켓만 가능하며 인수로는 struct linger 구조체를 사용한
다. 이 기능은 TCP 연결을 끊을 때 송신 버퍼에 데이터가 완전히 전송되었는지 확인
하기 위해서 사용되거나 연결을 강제로 취소하여 TIME_WAIT 상태를 만들지 않는
용도로 사용된다.

```
struct linger {
    int  l_onoff;    /* 0 = off, nonzero = on */
    int  l_linger;    /* linger timeout (sec) */
}
```

linger 구조체의 l_onoff는 linger 옵션의 on/off를 결정하며 0이 아닌 경우에 on이
고 0인 경우는 off를 의미한다. 기본값은 0이므로 off 상태이다.

linger 옵션이 on인 상태라면 뒤의 l_linger 멤버를 사용하게 되는데 이는 연결을 끊
고자 할 때 데이터를 보내기 위해 대기하는 시간을 의미하므로 close나 shutdown 함
수가 블록될 타임아웃을 말한다. 그러나 linger 옵션이 off이면 l_linger는 무시되고
운영체제 레벨에서 끊는 작업을 백그라운드로 처리하게 된다.

linger가 on이고 l_linger를 0으로 주면 대기하지 않겠다는 의미이므로 연결을 끊을
때 즉시 버퍼를 파괴한다. 즉 close를 호출하면 송신 버퍼에 데이터가 있다 해도 즉시
파괴되므로 상대편 피어(peer)에게 전달되지 않는다.

그리고 나서 연결을 강제로 취소하기 위해 RST 세그먼트를 보내게 된다. 따라서

active close를 하더라도 TIME_WAIT 상태가 생기지 않는다.

이렇게 버퍼에 있는 데이터 전송을 완료했는지 확인하지 않고 불완전하게 연결을 강제 취소하는 것을 aborty shutdown나 aborty close, aborty release라고 부른다. 물론 어플리케이션 프로토콜 레벨에서 종료 메시지를 주고받도록 설계되어 있다면 이 방식을 사용해도 문제가 없다.

l_linger를 0보다 큰 값을 지정하면 연결을 끊을 때 해당 초 수만큼 기다리게 된다. 즉 close와 같은 함수를 호출했을 때 송신 버퍼에 보내지 못한 데이터가 남아 있다면 해당 시간 동안 블록킹되면서 전송을 마치도록 한다.

만일 시간 내에 전송이 완료되었다면 일반적인 연결 해제와 같이 작동되므로 TIME_WAIT 상태로 가게 된다. 하지만, l_linger에 지정한 시간을 초과하여도 전송을 완료하지 못했다면 소켓은 강제로 닫히고 버퍼는 파괴되어 전송 완료를 보장할 수 없게 된다.

몇몇 플랫폼은 l_linger 타임아웃이 지나도 완료되지 못한 데이터를 끝까지 처리하는 경우도 있으므로 전송의 완료 여부는 장담할 수 없게 된다. 이렇게 일정 시간을 두고 데이터를 전송하도록 해주고 연결을 닫는 것을 graceful shutdown나 graceful close, orderly release라고 부른다.

```
struct linger so_linger = {.l_onoff = 1, .l_linger = 0};
if (setsockopt(fd, SOL_SOCKET, SO_LINGER,
        &so_linger, sizeof(so_linger)) == -1) {  /* error */  }
```

[그림 6.31] SO_LINGER 소켓 옵션 사용 예

기억해야 할 점은 graceful shutdown은 전송이 완료되었는지 보장하지 않는다는 점이다. 더군다나 l_linger 타임아웃 시간 내에서 close 함수를 블록킹 시킬 수도 있기 때문에 프로세스의 진행이 잠시 멈출 수도 있다. 원래 close를 호출하면 일반적으로는 즉시 리턴을 받고 실제 접속을 끊는 작업은 커널 레벨에서 진행한다.

그러나 graceful shutdown은 접속을 끊는 작업을 프로세스 레벨에서 블록킹 시켜서 진행하므로 재수가 없다면 linger 타임아웃 동안 블록킹이 발생할 수도 있다. 물론 이렇게 close에서 블록킹되는 것은 흔한 일은 아니지만, 예외 상황이 연달아 발생하면 네트워크 서버 프로그램에서는 심각한 지연이 발생할 수 있다.

따라서 l_linger 타임아웃을 사용하는 경우는 흔치 않으며 오히려 사용을 피하라고 권장하는 편이다. 대용량 접속을 처리하는 서버에서는 거의 필수로 graceful shutdown 사용을 금하고 있다.

이에 비해 aborty shutdown 기능은 TIME_WAIT를 만들지 않는 목적으로 특별한 상황에서 종종 사용되고 있고, 네트워크 서버 프로그램에서 타임아웃에 의한 접속 거부 공격(DoS)이 의심되는 접속을 끊을 때도 종종 사용된다.

명심할 것은 데이터 전송이 완료되었는지 확인하는 것은 앞서 설명했던 shutdown 함수의 half-close하는 방법이나 l_linger 타임아웃을 이용하는 것은 불완전하다는 점이다.

데이터의 전송은 꼭 어플리케이션 프로토콜 레벨에서 응답 메시지를 주고받도록 설계하는 것이 좋다. 한쪽에서 일방적으로 데이터를 송신하고 연결을 종료하는 방법은 매우 위험한 행동이란 것을 명심해야 한다. 일방적인 접속 종료는 예외 처리용으로만 쓰기를 권장한다.

12.5 SO_KEEPALIVE 옵션

SO_KEEPALIVE 옵션은 스트림 소켓만 가능하며 0이면 off, 0이 아니면 on을 의미한다. 이 기능은 일정 시간마다 TCP 연결 상태를 검사하는 기능이다. 따라서 이 기능이 설정되면 프로그래머가 아무런 데이터를 전송하지 않아도 일정 시간마다 상태 확인용 패킷을 보내어 통신 구간이 문제가 없는지 확인한다. 기본값은 off이다.

이 시간은 시스템마다 다르지만 대부분 2시간에서 30분 사이가 기본값이며 동적으로 조절되는 경우도 있다. 리눅스에서는 IPPROTO_TCP 레벨의 TCP_KEEPIDLE과 TCP_KEEPINTVL 옵션으로 조정할 수 있다.

```
int    sockopt = 1;
if (setsockopt(fd, SOL_SOCKET, SO_KEEPALIVE,
        &sockopt, sizeof(sockopt)) == -1) {    /* error */    }
```

[그림 6.32] SO_KEEPALIVE 소켓 옵션 사용 예

SO_KEEPALIVE가 사용되는 목적은 일정 시간마다 통신 구간의 라우터가 문제가 생겼는지 알아야 할 필요가 있거나 상대 호스트가 갑자기 전원이 나간 경우를 감지할 필요가 있을 때이다.

간혹 TCP 접속을 맺어두고 오랜 시간 동안 데이터 전송이 없을 때 L4나 L7 스위치의 방화벽이 해당 연결을 문제가 있다고 판단하여 삭제하는 경우가 있다. 이런 경우는 막상 데이터를 보내고자 할 때 에러가 발생하게 되는데 이를 방지하기 위해 SO_KEEPALIVE를 사용하기도 한다.

L4 스위치나 방화벽에서 타이머를 통해 정기적으로 idle 연결을 삭제하는 경우라면 타이머에 걸리지 않도록 작은 수치의 TCP_KEEPIDLE 설정을 잡아주는 것이 좋다.

따라서 대부분의 telnet이나 ssh 클라이언트처럼 통신 구간에 오랫동안 패킷 전송이 없을 가능성이 있는 프로그램들은 SO_KEEPALIVE 기능을 사용하고 있다. 이에 대한 확인은 watch netstat -tno로 상태 확인 창을 띄워놓고 접속해보면 볼 수 있다.

그러나 프로토콜에 독립적으로 구현할 필요가 있는 네트워크 프로그램은 SO_KEEPALIVE를 사용하지 않고 어플리케이션 프로토콜 레벨에서 일정 시간마다 데이터를 송신하고 응답을 받는 기능을 구현하기도 한다.[35]

12.6 SO_OOBINLINE 옵션

SO_OOBINLINE 옵션은 스트림 소켓만 가능하며 int 타입의 인수를 사용한다. 옵션은 0이면 off, 0이 아니면 on을 의미한다. 이는 아웃오브밴드(Out-of-band) 채널을 일반 채널에 합쳐서 수신할 수 있도록 한다. 기본값은 off이다.

보통 아웃오브밴드는 노멀밴드인 일반 데이터보다 빠르게 전송하기를 원하는 데이터를 수신하는 기능이지만 이 옵션이 켜지면 무시하고 일반 노멀밴드로 취급하게 된다. 따라서 송수신 함수인 send, recv에 MSG_OOB를 써도 일반 데이터로 취급된다.

아웃오브밴드 데이터 통신은 TCP에서도 지원하고 있기는 한데 완벽한 지원을 하는 편은 아니다. 왜냐하면, TCP에서는 아웃오브밴드를 사용하여 노멀밴드보다 빠르게 전송할 수 있는 분리된 채널이 없기 때문이다. 따라서 TCP의 OOB 기능은 긴급 포인터라는 기능으로 구현되며 이에 대해서는 이야기가 길어서 뒤에 따로 설명할 것이다.

12.7 SO_RCVLOWAT, SO_SNDLOWAT 옵션

SO_RCVLOWAT, SO_SNDLOWAT는 스트림 소켓에 지정할 수 있으며 int형 인수를 사용한다. 이 옵션은 워터마크로 사용할 크기를 지정할 수 있으며 단위는 바이트이다. 사전적 의미의 워터마크(watermark)란 함선이 물 위에 뜰 때 수위를 측정하기 위해 만들어놓은 표시로서 함선에 얼마만큼의 하중이 실렸는지 표시하는 용도이다.

이와는 다르게 디지털 저작물의 복제를 금지하기 위한 표시를 디지털 워터마크라고 부르는데 소켓 옵션에서는 그 뜻과는 무관하다.

```
int   sockopt = 100;
if (setsockopt(fd, SOL_SOCKET, SO_RCVLOWAT,
        &sockopt, sizeof(sockopt)) == -1) {   /* error */   }
```

[그림 6.33] SO_RCVLOWAT 소켓 옵션 사용 예

---

35) 어플리케이션 프로토콜 레벨에서 상대편에게 일정 시간마다 패킷을 송신하고 응답을 받는 형식의 기능을 하트비트 (heartbeat)라고 부른다.

소켓 옵션에서 워터마크는 I/O를 발생시킬 최소 단위를 지정하는 것으로 기본값은 1
이다. 예를 들어 SO_RCVLOWAT를 100으로 지정했다면 recv를 호출했을 때 100바
이트 이상 버퍼에 쌓여야지만 recv가 리턴된다.

마찬가지로 SO_SNDLOWAT는 송신 함수인 send의 송신할 워터마크 크기이다. 하
지만, 일반적으로 send 함수는 요청된 버퍼가 송신할 때까지 대기상태이므로 별 의미
가 없고 넌블록킹 모드에서는 의미가 있다.

넌블록킹에서는 송신 소켓 버퍼의 빈 공간 크기가 SO_SNDLOWAT 워터마크
크기 이상이 되어야만 송신 가능 상태가 되어 데이터를 전송한다. 그러나 SO_
RCVLOWAT, SO_SNDLOWAT 옵션은 시스템에 따라서 지원하지 않는 경우도 많으
니 꼭 확인을 거쳐야 한다. 참고로 리눅스 시스템에서는 SO_SNDLOWAT는 지원하
지 않는다.

12.8 TCP_NODELAY 옵션

TCP_NODELAY 옵션은 당연히 TCP 레벨의 옵션이므로 TCP 소켓에만 사용 가능하
며 int 인수를 사용한다. 네이글 알고리즘의 사용 여부로서 0이면 사용하는 것이며 0
이 아니면 사용하지 않는다. 기본값은 0으로 네이글 알고리즘의 사용이다.

기본값은 0이므로 기본적으로 TCP 소켓은 네이글 알고리즘을 사용하도록 되어 있다.
네이글 알고리즘에 대해서는 앞서 TCP의 효율적인 기법들을 설명하면서 다루었으니
그 부분을 참고하기 바란다.

```
int    sockopt = 1;
if (setsockopt(fd, IPPROTO_TCP, TCP_NODELAY,
        &sockopt, sizeof(sockopt)) == -1) {    /* error */    }
```

[그림 6.34] TCP_NODELAY 소켓 옵션 사용 예

보통 TCP_NODELAY를 사용하는 대표적인 경우는 마우스 움직임을 감지해야 하는
X 윈도우의 경우나 원격 터미널 혹은 LAN 구간에서 인터랙티브한 데이터를 주고받
는 경우에 사용하는 경우가 많다.

작은 패킷들이 부담을 주는 경우는 WAN 구간이기 때문에 LAN에서만 통신하는 경
우에는 응답성을 높이는 데 있어 네이글 알고리즘이 오히려 방해가 되는 경우도 있기
때문이다.

물론 WAN 구간에서도 응답성이 중요한 실시간 게임이라든지 채팅 프로그램의 경우
는 TCP_NODELAY를 사용하는 경우가 많다. 하지만, 대용량 데이터를 전송할 때는

오히려 방해될 수도 있다.

12.9 TCP_MAXSEG 옵션

TCP_MAXSEG 옵션은 TCP 레벨의 옵션으로서 int 인수를 사용한다. TCP가 데이터 를 세그먼테이션 하는 크기인 MSS를 설정하는 옵션으로 단위는 바이트이다.

세그먼테이션에 대해서 TCP와 UDP 네트워크 비교에서 다루었기 때문에 기억이 나 지 않는다면 앞부분을 다시 살펴 보자. MSS 옵션 설정은 TCP 연결을 맺을 때 서로 주 고받기 때문에 연결을 맺기 전에 이 옵션을 세팅해야만 반영할 수 있다.

일반적으로 MSS 크기를 직접 조정해야 하는 경우는 거의 드물지만, 특별히 먼 구간 을 통신하여 에러를 최소화하는 용도나 작은 패킷을 빠르게 전달해야 하는 경우에 응 답성을 중시하는 네트워크 튜닝 목적으로 사용되는 경우가 있다.

리눅스나 대부분의 운영체제에서는 MSS 옵션을 세팅하지 않았을 경우에 MTU 값에 서 TCP, IP 헤더를 뺀 크기로 정해진다. 예를 들어 MTU가 1500 바이트[36]라면 MSS 는 여기서 TCP 헤더 20바이트와 IP 헤더 20바이트를 제외한 1460가 된다.

물론 TCP 헤더에 옵션 필드를 사용하면 이 길이도 빼고 계산된다. 예를 들어 RFC1323 TCP timestamp를 사용하는 경우에는 옵션 필드 12바이트가 늘어나므로 MSS는 1448이 되기도 한다. 그러나 일반 패킷을 전송하는 경우라면 상관이 없으므 로 MTU보다 큰 값을 MSS로 지정하면 무효처리 된다.

12.10 TCP_CORK 옵션

TCP_CORK는 TCP 레벨의 옵션으로서 int 인수를 사용하며 0이면 off, 0이 아니면 on을 의미한다. TCP_CORK은 작은 데이터를 모아두었다가 전송하는 기능으로 대용 량 전송에 유리하도록 통신하는 기능이다. 기본값은 off이다.

예를 들어 MSS가 1460이고 400바이트씩 send를 5번을 호출한다면 실제 전송량은 어떻게 될까? 중요한 것은 네이글 알고리즘을 사용하는지와 ACK가 얼마나 빠르게 수신되느냐에 달려 있다.

먼저 네이글 알고리즘을 사용한다고 가정해보자. ACK가 빠르게 수신된다면 send 를 호출하는 그 순간 바로 송신하여 400바이트씩 5번 전송될 수도 있고 ACK가 약간 느리면 4번 혹은 모아두었다가 3번, 2번에 나눠서 전송될 수도 있다. 따라서 한 번에

---

36) 일반 이더넷(ethernet)의 MTU 최대값은 1500이다. 기가 이더넷에서는 Jumbo frame 기법을 이용해서 9000을 사용하는 경우도 있다.

800, 1200, 1460 등등 어떤 사이즈로 전송될지는 ACK의 수신 속도에 따라서 결정되므로 알 수 없다.

그렇다면 5번 나눠서 전송되는 경우와 2번 또는 1번에 모아서 전송되는 경우에 실제 패킷 전송량은 어떻게 되는지 살펴보자.

먼저 400바이트씩 나눠서 전송된다면 실제 패킷은 IP 헤더와 TCP 헤더가 더해지므로 440바이트의 패킷이 5번 전송되므로 총 전송량은 2200이 된다. (헤더에 옵션이 없다고 가정한다.) 하지만 2번에 나눠서 800, 1200으로 전송된다면 헤더를 포함하면 840, 1240이 되어 2080이 된다.

이 수치는 얼마 차이 나지 않는 것처럼 보이지만 퍼센트로 보면 5번에 각각 전송되는 경우와 모아서 840, 1240으로 전송되는 경우의 차이는 약 6% 정도의 오버헤드가 있다. 만일 이처럼 10 GiB를 전송한다면 약 600 MiB의 오버헤드가 있는 셈이다. 물론 이는 과장된 수치긴 하지만 일반적인 통신에서 작은 패킷들로 인한 오버헤드는 약 1~2% 내외 정도 생길 수 있다고 한다.

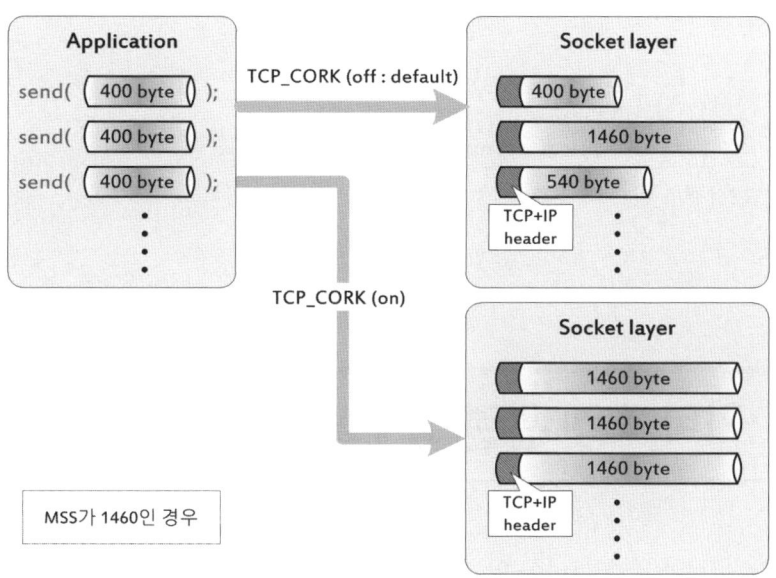

[그림 6.35] TCP_CORK의 영향

따라서 효율적으로 통신하기 위해 MSS보다 작은 데이터는 모아두었다가 MSS 크기 이상이 되어야만 MSS에 맞춰서 잘라 송신하도록 하는 기능이 필요했고 이를 TCP_CORK라 한다. 이 옵션이 켜지면 ACK 응답이 빠르게 오더라도 MSS에 맞춰서 프레임 크기가 다 채워질 때까지 대기시킨다.

물론 TCP_CORK가 설정되어도 MSS 크기가 안 된다고 무한정 기다리는 것은 아니다. 보통은 MSS 프레임 크기가 다 채워지지 않아도 200ms 정도의 시간이 지나면 전송되므로 크게 걱정할 필요는 없다. 이 옵션은 TCP_NODELAY와도 같이 사용할 수 있다.

참고로 리눅스에서는 TCP_CORK 옵션을 지정하지 않아도 send 함수를 호출할 때 MSG_MORE 옵션 플래그를 주면 똑같은 효과를 볼 수 있다. 따라서 일회성으로 TCP_CORK 기능을 사용할 때는 굳이 소켓 옵션을 바꾸기보다는 send에 MSG_MORE 옵션을 사용하는 편이 좋다.

12.11 IPV6_V6ONLY 옵션

IPV6_V6ONLY는 IPPROTO_IPV6 레벨의 옵션으로 int형의 인수를 사용하며 소켓을 IPv6 전용으로 사용할지를 설정한다. 0이면 IPv4와 IPv6 모두 사용 가능하며 0이 아니면 IPv6 전용으로 사용하도록 한다. 기본값은 0이다.

IPv6 전용으로 사용할 때는 IPv4-mapped 주소도 사용할 수 없으며 무조건 IPv6 주소로만 접근할 수 있게 된다.

```
int    sockopt = 1;
if (setsockopt(fd, IPPROTO_IPV6, IPV6_V6ONLY,
        &sockopt, sizeof(sockopt)) == -1) {    /* error */    }
```

[그림 6.36] IPV6_V6ONLY 소켓 옵션 사용 예

13   기타 소켓 관련 함수들

앞에서는 통신과 직접 관련이 있는 함수들을 주로 다루고 기능과 옵션 플래그들을 다루었다. 하지만, 이외에도 소켓과 관련된 여러 함수가 있다. 예로 앞서 사용되었던 htons, htonl과 같은 함수라든지 주소를 변환하는 inet_ntoa 같은 경우가 대표적이다.

그러나 앞서 IPv6에 대해 언급하면서 getaddrinfo와 getnameinfo에 통합되어 이제는 사용하지 않는 gethostbyname, gethostbyaddr 외에 inet_ntoa나 그 외의 함수들은 여기서 다루지 않을 것이다. 여기서는 앞서 다뤘던 몇몇 함수들에 대한 분류를 기억하고 설명하지 않고 지나쳤던 소켓 관련 함수들을 정리하고자 한다.

표 6.28 기타 소켓 관련 함수들

소켓 관련	getsockopt setsockopt	소켓 옵션을 읽거나 저장한다.
	getsockname	소켓의 로컬 주소 정보를 읽어온다.
	getpeername	소켓의 원격 주소 정보를 읽어온다.
바이트 변환	htonl htons	호스트 바이트 순서를 네트워크 바이트 순서로 변환
	ntohl ntohs	네트워크 바이트 순서를 호스트 바이트 순서로 변환
주소 변환	getaddrinfo	문자열로 된 주소, 서비스로 바이너리 주소를 가져온다.
	getnameinfo	바이너리로 된 주소 구조체를 문자열로 변환한다.
	freeaddrinfo	getaddrinfo에서 할당한 메모리를 해제한다.
	gai_strerror	getaddrinfo, getnameinfo의 에러(리턴값이 0이 아닌 경우)를 문자열로 해석한다.

[표 6.28]에 있는 함수들은 대부분 앞서 다루었기 때문에 여기서는 다시 설명하지는 않는다. 다만, 아직 설명하지 않은 함수로서 getpeername이 있으니 이에 대해 설명만 할 것이다. 이 함수는 getsockname과 한 짝이므로 같이 설명하도록 할 것이다.

```
int getsockname(int socket, struct sockaddr *restrict address,
    socklen_t *restrict address_len);
int getpeername(int socket, struct sockaddr *restrict address,
    socklen_t *restrict address_len);
```

일반적으로 네트워크 소켓이 bind되면 로컬 인터페이스에 부착되므로 로컬 주소를 가지게 된다. 여기에는 IP 주소나 포트 번호가 해당 된다. 이 소켓의 로컬 이름을 읽어오는 것이 getsockname 함수이다.

따라서 앞서 예제에서 bind 할 때 포트 번호를 0을 넣으면 랜덤으로 포트 번호가 할당되는데 실제로 할당된 포트 번호를 알아내기 위해서는 getsockname을 사용했다. 그리고 TCP에서 상대편과 연결이 되면 소켓에는 send 할 때 사용되는 상대편 주소도 소켓에 저장된다. 이 과정은 내부에서 이뤄지므로 사용자는 알 수가 없다.

그러나 나중에라도 사용자가 소켓에서 상대편(peer) 주소의 정보를 읽으려 할 때 사용하는 함수가 getpeername이다. 따라서 getsockname과 getpeername은 서로 반대의 기능이 있는 셈이다. 따라서 함수 원형을 보면 getsockname과 getpeername은 사용하는 인수의 형태가 동일하다.

TCP는 로컬 주소, 원격 주소가 쌍(pair)으로 되어 있음을 생각해보면 getsockname, getpeername의 쓰임새에 대해 쉽게 기억할 수 있을 것이다.

14   넌블록킹 모드

대부분의 I/O 처리는 기본값으로 블록킹 처리를 한다. 하지만, 예제나 간단한 수준의 프로그램을 작성할 때만 블록킹 모드를 사용하고, 실무에서는 대부분 넌블록킹 모드를 사용한다. 그러나 넌블록킹 모드를 제대로 사용하기 위해서는 다음의 세 가지를 중점적으로 기억하고 이해해야 한다.

첫째로 넌블록킹에 대한 정확한 정의와 이론적 배경을 갖춰야만 한다. 인터넷에 돌아다니는 내용 중에는 넌블록킹에 대해 틀린 내용도 많다. 그러다 보니 인터넷의 잘못된 내용을 대충 배우면 나중에 큰 사고를 칠 수 있다.

둘째로 넌블록킹 모드를 사용하는 데 있어 흔한 논리적 버그인 잠정적 무한루프 문제이다. 실제로 이 문제를 발생시키면 시스템의 성능은 예상보다 훨씬 느리게 작동한다. 업계에서 상당히 이름이 있는 사람조차도 이런 문제를 일으켜서 잘못된 벤치마킹 보고서를 올리는 경우도 있을 정도로 이 문제는 중요한 이슈다.

이런 실수를 하는 것은 넌블록킹과 시스템 콜, 운영체제의 스케줄러의 작동 방식에 대한 정확한 이해가 없기에 발생하는 문제이다. 따라서 조금 뒤에 잠정적 무한 루프를 설명할 때 꼭 예제를 작성해서 실험해 보기를 권장한다.

셋째로 넌블록킹과 동기(synchronous), 비동기(asynchronous)를 혼동하는 경우다. 이는 코드 작성에는 큰 문제를 일으키지는 않지만 운영체제론과 시스템 프로그래밍의 내용을 아울러서 공부할 때 방해를 줄 수 있는 개념적인 부분이다. 따라서 이 책이 이론서는 아니지만 운영체제론에 등장하는 동기, 비동기에 대한 부분도 설명할 테니 부족하다면 꼭 운영체제론 개론서[37]와 같이 공부하기를 바란다.

실제로 시스템 프로그래밍을 잘하려면 운영체제에 대한 깊은 이해가 수반되어야 한다. 여기에 더해 네트워크, 자료구조, 알고리즘도 중요하기 때문에 시스템 프로그래밍으로 작성된 소스 코드를 보면 프로그래머의 자질과 수준을 알 수 있는 좋은 척도

---

37) 운영체제론은 "Operating system concepts, Abrahm Silberschatz 외 2인 저", "Operating systems – Internals and Design Principles, Willam Stallings 저"를 주로 추천한다.

가 된다.

특히 시스템 프로그래밍 코드를 볼 때 하수는 고수를 못 알아보지만, 고수는 하수의 코드만 봐도 운영체제나 네트워크, 자료구조에 대해 어느 정도 이해하는지 감을 잡을 수 있다. 이런 연유로 독자분이 이 책을 보면서 이론적인 부분에 혼동이 온다면 꼭 이론서나 학교에서 배웠던 교과서를 복습하면서 같이 보기를 권장한다.

14.1 블록킹, 넌블록킹 vs 동기, 비동기의 차이점

먼저 넌블록킹(nonblocking) 혹은 비봉쇄라고 부르는 모드의 정의(definition)부터 이해하고 넘어가도록 하자. 많은 사람이 블록킹, 넌블록킹, 동기(synchronous), 비동기(asynchronous)에 대해 헷갈리는 경우가 많은데, 이들은 중요한 개념이므로 정리를 하고 넘어가야 할 것 같다.

분류가 발생하는 것은 기준이 있기 때문이다. 따라서 블록킹, 넌블록킹, 동기, 비동기를 분류하는 기준부터 확실하게 알아두는 것이 좋다.

블록킹, 넌블록킹의 분류 기준은 대기(waiting, sleeping) 여부이고, 동기, 비동기의 분류 기준은 순서(order)이다.

● 블록킹 vs 넌블록킹

블록킹은 대기가 존재하는 경우로서 실패가 없는 한 요청한 작업이 완료될 때까지 리턴하지 않는 모델이다. 따라서 블록킹 모드에서는 제어를 처리할 수 있을 때까지 대기하는 경우가 발생할 수 있다. 블록킹 모드는 성공, 실패할 때까지 대기하므로 항상 성공 아니면 실패의 2가지의 리턴 상태가 존재한다.

예를 들어 블록킹 모드에서 send 함수를 호출하면, 대기가 발생하는 경우와 즉시 처리되거나 할 수 있다. 그리고 함수가 리턴되는 순간 성공인지 실패인지를 알 수 있게 된다.

넌블록킹은 대기가 존재하지 않는 경우로서 작업이 요청되면 성공이든 실패든 무조건 즉시 처리하고 리턴한다. 따라서 넌블록킹 모드에서는 제어를 처리할 수 있을 때까지 대기하지 않으므로 성공, 실패, 부분 성공(partial success)의 3가지 반환 패턴이 존재할 수 있다. 기능에 따라서 부분 성공은 지원하지 않는 경우도 있다.

예를 들어 넌블록킹 모드에서 send 함수를 호출했다고 가정하자. 소켓의 송신 버퍼에 빈 공간이 하나도 없다면 즉시 실패를 할 것이다. 만일 블록킹 모드였다면 실패가 아니라 버퍼에 빈 공간이 확보될 때까지 대기하게 된다. 그러면 송신 버퍼의 빈 공간이 존재하는데 송신 요청된 크기보다 작다면 어떻게 될까? 이런 경우에 넌블록킹은 부분 성공으로 리턴한다. 만일 블록킹 모드였다면 빈 공간이 더 확보되어 요청된 크기를 담을 수 있을 때까지 대기하게 된다.

이번에는 공통점을 살펴보자. 블록킹, 넌블록킹의 공통점으로는 함수가 리턴한 시점 에서 성공, 실패를 알 수 있다는 점이 있다.

● 동기 vs 비동기

이번에는 동기, 비동기에 대해 이야기해보자. 먼저 동기란 순서로 처리되는 것, 즉 in-order로 처리되는 형태를 동기(synchronous) 모델이라고 부른다.

반대로 순서가 보장되지 않는 것, 즉 out of order로 처리되는 형태를 비동기 (asynchronous) 모델이라고 부른다.

그러면 블록킹, 넌블록킹은 어떤 모델일까? 우리가 앞서 다른 send, recv 등 모든 함 수는 동기 모델이다. 왜냐하면, send, send, send로 송신을 3번 호출했다고 치자. 첫 번째 send 호출이 처리되기 전에 뒤에 send가 처리될 수 있는가? 3번의 send는 분명 한 순서대로 처리되므로 동기식이다.

즉 첫 번째 send가 리턴되면 즉각 성공, 실패를 알 수 있고 두 번째 send는 첫 번째 send가 리턴되기 전에 실행될 수는 없다.

이에 비해 비동기는 처리 순서가 바뀔 수 있기 때문에 리턴 시점에서 성공, 실패를 알 수는 없는 구조로 작성된다. 예를 들어 비동기로 작동하는 입출력 요청 함수가 3번 호 출되었다면 이는 요청만 할 뿐이고 처리되어 성공, 실패를 확인하는 것은 따로 확인 을 위한 함수를 호출하거나 시그널이나 다른 방법으로 통지(notification)를 받는 구조 여야만 한다.

동기, 비동기는 아직 개념이 조금 어려울 수 있는데, 이는 비동기 요소를 아직 다루지 않았기 때문이다. 비동기 요소는 8장의 스레드, 9장 시그널, 10장의 리얼타임 확장 기능에서 나오기 때문에 나중에 배우고 나면 좀 더 직관적으로 이해할 수도 있다.

일반적으로 시스템 프로그래밍에서 입출력 함수는 모두 동기 모델이다. 1~6장 까지 배운 기능은 전부 동기 모델이다. 비동기로 작동하는 것은 시그널, 스레드, AIO(Asynchronous I/O) 뿐인데 아직 다루지 않았다. 게다가 스레드는 태스크 레벨에 서만 비동기일 뿐 함수 자체로 보면 동기적으로 작동하므로 동기, 비동기 분류 기준 의 시점이 약간 다르다.

그래서 동기, 비동기를 엄격하게 분류할 때는 시점을 명시하는 것도 중요하다. 앞서

send 같은 경우에는 시스템 프로그래밍 레벨에서는 동기로 작동하지만, 커널 레벨에서는 비동기로 처리되기 때문이다.

왜냐하면, 시스템 프로그래밍에서 사용하는 send 함수는 하나의 프로세스 내부에서 처리될 때는 블로킹, 넌블로킹이든 간에 순서대로 처리된다. 그래서 이들은 기본적으로 동기적으로 처리되는 것처럼 보인다. 하지만, 커널 레벨에서는 서로 다른 여러 개의 프로세스가 요구하는 제어를 취합한 뒤에 스케줄링하여 처리하므로 시간 순서대로 처리된다는 보장이 없다.

쉽게 예를 들어 어떤 서버에 웹서버, ftp 서버, ssh 서버가 작동하고 있는데 이들이 각각 소켓 입출력을 한다고 가정하자. 시스템 프로그래밍 레벨에서는 각 서버 프로세스는 독립적이므로 프로세스 안에서는 순서를 지켜주는 것으로 보인다. 하지만, 커널 레벨에서 보면 각 서버 프로세스의 작업을 순차적으로 처리할 이유가 없다. 먼저 준비되는 것부터 처리해주므로 순서가 보장되지 않는다. 즉 커널 레벨에서는 비동기로 처리하는 것이다.

그래서 동기, 비동기를 엄격하게 구분해야 할 때는 꼭 어느 레벨인지 시점을 명시하거나 글의 문맥에서 시점을 명확하게 알 수 있도록 해야 한다. 심지어 어떤 라이브러리 레벨에서 비동기 처리가 가능하다고 이야기했더라도 시스템 프로그래밍 레벨에서는 동기 처리로 작성되었을 테니 말이다.

실제로 소켓 입출력을 편리하게 해주는 몇몇 라이브러리나 프레임워크에서는 비동기로 작동하는 이벤트 기반 비동기 입출력 라이브러리를 제공한다는 표현을 쓰는데 내부 구현은 동기 모델이다. 그러나 이런 경우에는 문맥상 비동기라고 적어둬도 올바르게 개념을 이해한 사람들은 라이브러리 레벨의 비동기, 시스템 프로그래밍 레벨의 동기 모델이라고 받아들이게 된다.

그러나 문맥으로 구별하기 어렵고 시점이 생략되면 일반적으로는 시스템 프로그래밍 레벨로 간주하여 동기, 비동기를 구분한다. 즉 시점이 생략된 경우에 블로킹, 넌블로킹을 이야기한다면 모두 동기 모델이 되고, 커널 레벨이라고 명시한다면 블로킹이든 넌블로킹든지 상관없이 모두 비동기 모델로 처리된다고 말할 수 있다.

● 블로킹 모드의 약점

일반적으로 파일과 소켓, IPC 등 모든 I/O 함수는 블로킹 모드가 기본값이다. 예를 들어 블로킹 모드의 소켓에 recv 함수를 호출했다면 에러가 발생하지만 않는다면 소켓 수신 버퍼에 있는 데이터를 가져올 것이다. 그런데 만일 소켓 수신 버퍼가 비어 있다면 수신 버퍼에 데이터가 들어올 때까지 recv는 대기상태에 머무르며 리턴되지 않는다. 이렇게 블록되는 특징 때문에 블로킹 모드라고 하는 것이다.

블록킹 모드는 사실상 치명적인 단점이 있다. 그것은 바로 대기시간이 기약 없이 길어질 수 있다는 점이다.

앞서 예를 든 recv의 경우를 생각해보자. recv를 호출했는데 상대방이 아무런 데이터를 보내지 않아 소켓 수신 버퍼가 비어 있다면 recv가 언제 리턴될지 알 수 없게 된다.

따라서 해당 프로그램은 더 이상 다른 작업을 할 수 없고 오로지 recv에서 대기하고 있게 된다. 더 큰 문제는 통신하는 소켓이 2개 이상이고 루프를 돌면서 데이터를 읽어야 하는 경우라면 첫 번째 소켓의 recv에서 블록킹되면 그 이후 소켓들은 데이터가 도착했어도 실제로는 recv 하지 못하는 것이다. 재수가 좋아서 첫 번째 소켓의 recv에서 몇 초 만에 수신에 성공했다고 하더라도 두 번째 소켓은 그만큼 지연이 발생한다.

그렇다고 블록킹 모드가 무조건 나쁘다는 것은 아니다. 왜냐하면, 1:1 통신이나 외부 개입이 없는 프로그램이라면 큰 문제가 아니기 때문이다. 하지만, 책에 있는 간단한 예제를 제외하고는 그런 구조로 설계하는 경우를 만나는 것은 희박하다.

따라서 여러 개의 소켓을 가지고 통신을 한다면 처리할 데이터가 없는 경우에는 recv에서 바로 빠져나와서 다른 소켓을 처리할 수 있는 구조를 설계하도록 도와주는 방식이 바로 넌블록킹 모드이다.

넌블록킹이란 요청한 작업이 가능하지 않다면 즉시 에러로 리턴하고 대부분 EAGAIN으로 errno를 설정해준다. 여기서 요청한 작업이란 소켓에 recv한다면 소켓 수신 버퍼에 데이터가 들어오기를 기다리는 작업이고 send일 경우라면 소켓 송신 버퍼에 복사하는 작업이 될 것이다.

14.2 넌블록킹 모드로 열기 및 전환하기

소켓이든 일반 파일이든 파일기술자는 기본값으로 블록킹 모드로 만들어진다. 처음부터 넌블록킹 모드로 파일기술자를 얻고자 하는 경우는 일반 파일만 가능하며 소켓은 일단 파일기술자를 생성하고나서 fcntl 함수를 호출해서 넌블록킹으로 전환한다.

단, 넌블록킹 모드는 파이프에는 정의되지 않았기 때문에 어떤 작동을 할지 예측할 수 없다. 따라서 파이프에 넌블록킹 모드를 적용하는 것은 피해야 한다.

```
flag_old = fcntl(fd, F_GETFL);
if (fcntl(fd, F_SETFL, flag_old | O_NONBLOCK) == -1) {  /* error */  }
```

fcntl에 F_GETFL 인수를 사용하면 기존 플래그 값을 읽어올 수 있다. 여기에 O_NONBLOCK 옵션 플래그를 OR 연산으로 더한 뒤에 F_SETFL로 파일기술자에 플래그를 적용하면 넌블록킹 모드로 전환된다. 이렇게 하는 이유는 기존의 플래그를 보존하면서 넌블록킹 모드를 더하기 위해서이다.

그러나 리눅스에서는 이렇게 하지 않고 fcntl(fd, F_SETFL, O_NONBLOCK)으로 바로 호출하기도 한다. 그 이유는 리눅스는 fcntl의 F_SETFL을 호출할 때 O_ASYNC, O_APPEND, O_NONBLOCK만 영향을 받도록 설계되어 있기 때문이다.

넌블록킹에서 다시 블록킹으로 돌아가려면 앞의 과정을 반대로 O_NONBLOCK을 빼고 파일기술자 플래그 속성을 설정하면 된다. 비트 마스크를 사용하면 간단하므로 따로 설명하지는 않겠다.

```
fd = open(path_loc, O_APPEND | O_NONBLOCK );
```

일반 파일에 대해 처음부터 넌블록킹 모드로 열고 싶다면 open 함수에 O_NONBLOCK 옵션을 더해서 호출하면 된다. 이 경우에는 fcntl로 전환할 필요가 없다는 점에서 간결해진다. 하지만, 소켓에는 이 방법이 지원되지 않는다.

주의할 점은 디스크에 입출력하는 데 있어 넌블록킹 모드는 쓰거나 읽는 작업의 자체가 빨라지는 것은 아니라는 점이다. 특히 디스크에 발생하는 I/O는 네트워크보다 반응이 빠르기 때문에 일반적으로 빠른 I/O 처리로 간주하여 지연이 발생할 가능성이 적다. 물론 이는 일반적인 경우이고 특별한 경우에는 네트워크가 더 빠를 수도 있다. 하지만, 예외적인 상황을 제외하면 디스크 쪽이 더 빠르다.

더군다나 디스크 입출력은 mmap으로 입출력하는 경우도 많으므로 디스크 I/O에 넌블록킹 모드를 사용하는 경우는 사용 빈도가 낮은 편이다.

또한, 2000년대에 들어서는 AIO(Asynchronous I/O)라는 좋은 기능이 도입되어 사용되고 있기 때문에 더더욱 넌블럭킹 디스크 I/O 는 드물다. 그래서 넌블록킹 모드는 네트워크 I/O에서 더 많이 사용하는 편이다.

그렇다면 넌블록킹으로 전환하는 fcntl 함수는 어느 시점에 호출해야 하는가 하는 물음이 있을 수도 있다. 사실상 넌블록킹 모드로 전환하는 것은 언제든지 가능하다. 혹은 넌블록킹에서 다시 블록킹 모드로 전환하는 것도 전혀 문제가 없기 때문에 몇몇 프로그램들은 에러 처리를 하면서 넌블록킹 모드와 블록킹 모드를 왔다 갔다 하도록 설계하기도 한다.

14.3 넌블록킹 모드의 connect

넌블록킹 모드에서 TCP 연결을 위한 connect 함수 호출에 대해서 알아보도록 할 것이다. 먼저 블록킹 모드에서 connect 함수가 실패했을 때의 상황과 넌블록킹 모드에서 connect 함수를 사용하는 경우가 어떻게 다른지 알아보도록 할 것이다.

대부분의 I/O 관련 함수들은 시그널에 의해 인터럽트 된 경우에는 요청된 작업을 취소하게 된다. 물론 몇몇 함수들은 자동으로 재시작하지만 EINTR 에러로 리턴된 경우라면 프로그래머가 취소된 작업을 재호출하도록 작성해두어야 한다.

하지만, connect의 경우는 문제가 좀 복잡해진다. 예를 들어 블록킹 모드에서 connect 함수를 호출했는데 시그널에 의해서 인터럽트되어 취소되었다고 치자. 이 경우에 connect는 취소되었겠지만, 실제 TCP에서는 이미 SYN를 보냈을 경우도 있을 것이다.

connect 함수의 호출이야 로컬에서 커널이 취소해버리면 그만이지만 이미 전송되어 나간 패킷을 되돌릴 수는 없는 노릇이 아닌가?

이런 이유로 블록킹 모드에서 connect는 시그널 인터럽트 되더라도 시스템은 당연히 자동으로 재시작해주지 않고 사용자도 재시작하면 안 된다. 실제로 사용자가 인터럽트된 connect를 바로 재시작하면 connect 함수는 EALREADY 에러가 발생하게 된다.

만일 이 부분을 에러로 처리하지 않으면 무분별하게 마구 SYN 패킷을 보낼 테고 상대편은 많은 연결 시도를 받게 되어 공격을 받게 되는 꼴이 된다. 물론 재접속을 하기 위해 일정 시간을 쉬고 재시도하는 방법도 있겠지만 애초에 인터럽트되어도 문제가 생기지 않도록 넌블록킹 모드를 사용하는 방법이 더 좋다.

넌블록킹으로 connect를 하는 경우에는 먼저 fcntl로 파일기술자를 넌블록킹 모드로 전환해 두어야 한다. 그 뒤에 connect를 호출하면 항상 −1이 리턴된다. 보통 connect가 −1을 리턴하면 실패를 의미하지만 넌블록킹의 경우는 조금 다르다.

넌블록킹 모드에서 connect는 2가지의 상태를 지니는데 첫째는 연결이 진행 중이지만, 넌블록킹이므로 바로 리턴된 경우로 errno가 EINPROGRESS로 설정된 경우이다. 이때는 지극히 정상적인 상황으로서 select나 poll 함수를 이용해서 쓰기 가능한 상태, 즉 연결이 완전히 이루어졌는지 확인하는 경우가 일반적이다.

그 뒤에 getsockopt 함수에서 SO_ERROR 옵션으로 연결상의 에러가 생겼는지 확인해본 뒤에 사용하면 된다. 둘째는 진짜 에러가 난 경우이며 errno가 EINPROGRESS가 아닌 값으로 설정된다.

따라서 getsockopt 함수에서 SO_ERROR 옵션으로 연결상의 에러가 생겼는지 확인하여야 한다. 물론 getsockopt를 쓰지 않고 바로 recv나 send의 함수를 사용해도 연결상의 문제가 있다면 에러가 발생하므로 쉽게 인지할 수 있다.

그런데 넌블록킹 connect에서 사용하는 select나 poll은 I/O 멀티플렉싱 기능이므로 7장에서 자세히 다루도록 할 것이니 여기서는 흐름만 익혀두고 나중에 다시 보면 더 좋을 것으로 생각한다.

그러면 앞서 설명한 대로 connect 후에 select로 확인하고 getsockopt의 SO_ERROR를 사용하는 코드 예제를 살펴보도록 할 것이다.

배포되는 예제에는 완성된 코드가 들어 있지만, 본문에서 필요한 부분은 연결을 만드는 부분까지이므로 연결이 완성된 후에 데이터를 send하는 부분은 생략하도록 할 것이다.

[코드 6.29] 넌블록킹 모드에서의 connect   (tcp_cli.c)

```
01    int main(int argc, char *argv[]) {
02        int     fd, rc_gai;
03        struct addrinfo ai, *ai_ret;
04        if (argc != 3) {
05            printf("%s <hostname> <port>\n", argv[0]);    exit(EXIT_FAILURE);
06        }
07        memset(&ai, 0, sizeof(ai));
08        ai.ai_family = AF_UNSPEC;
09        ai.ai_socktype = SOCK_STREAM;
10        ai.ai_flags = AI_ADDRCONFIG;
11        if ((rc_gai = getaddrinfo(argv[1], argv[2], &ai, &ai_ret)) != 0) {
12            pr_err("Fail: getaddrinfo():%s", gai_strerror(rc_gai));         exit(EXIT_FAILURE);
13        }
14        if ((fd = socket(ai_ret->ai_family, ai_ret->ai_socktype, ai_ret->ai_protocol)) == -1) {
15            pr_err("[Client] : Fail: socket()");    exit(EXIT_FAILURE);
16        }
17        if (fcntl(fd, F_SETFL, O_NONBLOCK | fcntl(fd, F_GETFL)) == -1) {  /* 넌블록킹 모드로 전환 */
18            /* error 처리 */
19        }
20        (void)connect(fd, ai_ret->ai_addr, ai_ret->ai_addrlen); /* 넌블록킹이므로 리턴값을 취하지 않음 */
21        if (errno != EINPROGRESS) {
22            /* error 처리 */
23        }
24        fd_set  fdset_w;
25        FD_ZERO(&fdset_w);  /* 감시할 파일기술자 세트를 초기화 */
26        FD_SET(fd, &fdset_w);
27        if (select(fd+1, NULL, &fdset_w, NULL, NULL) == -1) {
```

```
28        /* error 처리 */
29     }
30     int    sockopt;
31     socklen_t  len_sockopt = sizeof(sockopt);
32     if (getsockopt(fd, SOL_SOCKET, SO_ERROR, &sockopt, &len_sockopt) == -1) {
33        /* error 처리 */
34     }
35     if (sockopt) {
36        /* connect중에 에러 발생한 경우는 sockopt에 errno에 해당하는 번호가 기록됨*/
37        pr_err("SO_ERROR: %s(%d)", strerror(sockopt), sockopt);
38     }
39  /* 이후에 send를 호출하여 송신을 하는 부분은 본문과 관련이 없으므로 생략되었다. */
```

[코드 6.29]의 17행을 보면 fcntl로 O_NONBLOCK 플래그를 설정하는 것을 볼 수 있다. 이로써 소켓 파일기술자는 넌블록킹 모드로 작동하게 된다. 이후에 connect를 호출할 때 항상 −1이 리턴되므로 (void)로 캐스팅하여 리턴값을 확인하지 않음을 명시적으로 표시했다.

이렇게 리턴값을 사용하지 않음을 명시적으로 표시하면 다음에 해당 코드를 보는 동료도 에러 처리가 안 된 것이 아니라 일부러 하지 않았음을 알 수 있으므로 불필요한 코드를 삽입하지 않게 된다.

24~29행은 select를 이용해서 쓰기 가능 상태인지 검사하는 코드이다. 그런데 [코드 6.28]은 간단하게 예제를 보여주고 넌블록킹 connect가 어떤 흐름으로 작성되는지를 보이는 것이 목적이므로 타임아웃이라든지 에러 처리는 하지 않았다.

하지만, 실무에서는 타임아웃인 경우를 처리해야 한다. 보통은 잠시 쉬고 재시도를 한다든지 아니면 접속 연결을 처리하는 타이머 큐를 관리하는 스레드를 만드는 구조를 사용하는 경우가 많다.

그리고 예제에서는 select를 사용했지만 7장에서 소개하는 pselect, poll, epoll 등을 사용해도 무방하다. 예제는 단지 select가 가장 간단하기 때문에 사용하였다.

쓰기 가능 상태가 되면 select 함수는 리턴하게 되는데 정상적으로 연결이 성공했는지 아니면 에러가 발생한 상태인지 확인하기 위해 getsockopt에 SO_ERROR 옵션으로 소켓 상태를 검사해야 한다.

14.4 넌블록킹 모드의 accept

표 6.29 넌블록킹 모드에서 accept의 리턴값의 의미

양수	성공	연결된 소켓 파일기술자
-1	백로그 비어 있음	errno가 EAGAIN으로 설정됨
	에러 발생	EAGAIN이 아닌 errno가 설정됨

넌블록킹 모드에서 accept를 하는 경우는 리스너 소켓을 넌블록킹 모드로 바꿨을 때를 의미한다. 따라서 접속 요청이 백로그(backlog) 안에 대기하고 있는 경우는 accept가 성공하여 연결을 받아들이는 작업이 이루어지고 양수값이 리턴된다. 이때 리턴된 양수값은 새로운 소켓의 파일기술자를 의미한다.

하지만, 넌블록킹 모드에서 accept가 -1을 리턴한 경우에는 errno가 EAGAIN인지 아니면 다른 에러인지 판단해야 한다. EAGAIN인 경우라면 백로그가 비어 있는 경우로서 새로운 접속이 없는 경우이기 때문이다.

14.5 넌블록킹 모드에서 송수신

넌블록킹 모드에서 입출력을 하기 위해서는 색다른 함수를 사용하는 것이 아니라 기존에 사용하는 입출력 함수를 그대로 사용한다. 따라서 수신을 하려면 read, recv, recvfrom과 같은 함수를 사용하고 송신을 하려면 write, send, sendto와 같은 함수를 사용한다.

본문의 설명에는 대표적으로 recv와 send에 대해서 설명할 것이나 이외에 다른 함수들도 동일하게 작동한다.

표 6.30 넌블록킹 모드에서 recv의 리턴값의 의미

양수	성공	소켓 수신 버퍼로부터 읽어들인 바이트 수
-1	읽을 데이터가 없음	errno가 EAGAIN으로 설정됨
	에러 발생	EAGAIN이 아닌 errno가 설정됨

먼저 읽기 작업, 즉 수신을 하는 recv 관련 함수를 생각해보자. 넌블록킹 모드에서는 파일기술자에 recv를 호출했을 때 성공하면 양수가 리턴된다. 하지만 -1이 반환되는 경우는 2가지로 크게 나뉜다.

먼저 읽어들일 데이터가 없어서 빠져나오는 경우로서 소켓 수신 버퍼가 비어 있는 경우가 있다. 이때는 errno가 EAGAIN으로 설정된다. 다른 또 하나는 EAGAIN이 아닌

오류가 발생한 경우이다. 따라서 넌블록킹일 때는 이 2가지 상황을 다르게 처리해야 한다.

표 6.31 넌블록킹 모드에서 send의 리턴값의 의미

양수	성공	소켓 송신 버퍼에 복사한 바이트 수
-1	소켓 송신 버퍼의 공간 부족	errno가 EAGAIN으로 설정됨. 이는 사용가능한 윈도우 크기를 모두 소모하고 로컬의 송신 버퍼도 모두 소모한 경우를 의미한다.
	에러 발생	EAGAIN이 아닌 errno가 설정됨

쓰기 작업, 즉 송신을 하는 send 관련 함수는 성공했을 때 양수가 리턴되고 이는 송신 버퍼에 복사한 바이트 수를 의미한다. 그런데 넌블록킹 모드의 send는 양수가 나왔을 때 더 조심스럽게 처리해야 한다.

왜냐하면, 전송 요청한 바이트 수와 실제 전송 성공한 바이트 수가 차이 날 수 있기 때문이다. 일반적으로 블록킹 모드에서는 전송 요청한 크기가 전부 소켓 송신 버퍼에 복사될 때까지 리턴되지 않는다. 하지만, 넌블록킹 모드에서는 부분적으로라도 소켓 송신 버퍼에 복사할 수 있다면 일부분만 복사하고 리턴하게 되어 있다.

예를 들어 소켓 송신 버퍼의 크기가 1MiB이고 현재 남아 있는 공간이 10KiB가 있는 상황이라고 가정하자. 이때 send로 50KiB를 전송 요청하면 어떻게 될까? 블록킹 모드라면 50KiB를 전부 복사할 때까지 send가 리턴되지 않으나 넌블록킹 모드에서는 10KiB는 비어 있으니 일단 10KiB만 복사하고 리턴된다. 따라서 일부 10KiB만 복사되었다면 send의 리턴값은 10240이 나올 것이다.

따라서 프로그래머는 아직 전송하지 못한 나머지 40KiB에 대한 부분을 다시 전송해야 한다. 그런데 무작정 무한 루프를 돌면서 재전송하면 심각한 문제가 생길 수 있다. 따라서 TCP 소켓은 미전송된 부분을 전송하는 메커니즘을 작성하는 것이 핵심이기도 하다. 이에 대해서는 조금 뒤에 다시 언급하도록 하겠다.

넌블록킹 모드에서 send 함수가 -1을 반환하는 경우는 2가지로 나누어진다. 먼저 소켓 송신 버퍼에 공간이 전혀 없는 경우로서 errno가 EAGAIN 에러로 나타난다. 다른 또 하나는 EAGAIN이 아닌 오류가 발생한 경우로서 적절한 처리를 해줘야 한다.

여기서 send 함수가 성공했다는 의미는 실제로는 상대편에게 전송된 것을 의미할 수도 있고 아닐 수도 있다. 왜냐하면, send의 양수 리턴값은 소켓의 송신 버퍼에 복사한 바이트 수인데, 시스템은 송신 버퍼에 들어온 데이터를 즉시 송신했을 수도 있고 아닐 수도 있기 때문이다.

즉시 송신하지 못하고 송신 버퍼에 복사만 해둔 경우는 상대편 수신 측이 recv를 호출하여 데이터를 읽어가는 속도가 느린 경우를 의미한다. 왜냐하면, 수신측이 소켓 수신 버퍼에 쌓인 데이터를 느리게 읽어가면 결국 수신 버퍼가 꽉 차게 될 것이고 그때부터는 송신 측의 소켓 송신 버퍼에 데이터가 쌓일 것이기 때문이다.

그러다가 송신 버퍼가 꽉 차게 되면 송신 측의 send 함수는 종종 −1을 리턴하고 EAGAIN 에러로 설정되는 경우가 증가할 것이다. 그러면 송신 측은 보내지 못한 데이터를 계속해서 재전송을 해야 할까? 이에 대해서는 바로 다음에 잠정적 무한 루프 문제를 다루면서 알아보도록 하겠다.

14.6 넌블록킹의 잠정적 무한 루프 문제

넌블록킹 모드를 사용하게 되면 몇 가지 주의해야 할 점이 있다. 그중에 가장 주의해야 할 점은 논리적으로 잠정적 무한 루프에 빠질 가능성이 있는 코드를 배제해야 한다는 점이다. 여기서 그 대표적인 한 가지 예를 들어보겠다.

아래의 read_nbyte() 함수는 지정한 바이트만큼 읽어들이는 함수이다. 따라서 지정한 크기에 도달하지 않으면 계속해서 recv를 호출하는 루프를 가지고 있다. 하지만, 이런 구조의 설계에는 잠재적인 문제가 도사리고 있다.

[코드 6.30] TCP 소켓으로부터 지정한 크기만큼 읽어들이는 함수

```
01   int  recv_nbyte(int sd, char *rbuf, int len) {
02       int ret, len_recv = 0;   /* len_recv : 현재까지 읽어들인 누적 바이트 수 */
03       while (len_recv < len) {
04           if ((ret = recv(sd, &rbuf[len_recv], len − len_recv, 0)) == 0) {
05               return 0;        /* recv가 0을 리턴하면 연결 종료를 의미 */
06           }
07           if (ret == -1) {
08               if (errno == EAGAIN || errno == EINTR) {
09                   continue;    /* EAGAIN or EINTR의 경우는 재시도 */
10               } else {
11                   perror("Fail: recv"); /* EAGAIN, EINTR 외의 에러 */
12               }
13           }
14           len_recv += ret;    /* len_recv에 수신된 데이터 바이트 수를 누적시킴 */
15       }
16       return len_recv;
17   }
```

[코드 6.30]에 보이는 recv_nbyte 함수는 블록킹 모드인 경우와 넌블록킹 모드인 경우에 서로 다른 문제점을 가지고 있다. 우선 블록킹 모드에서는 원하는 크기만큼 수

신받지 못한 경우에는 무한 대기상태에 빠질 수 있다는 점이다.

예를 들어 5,000바이트를 수신받기 위해서 recv_nbyte(fd, rbuf, 5000)로 호출했다고 가정하자. 송신 측 프로그램이 보내는 데이터 원본이 잘못되었거나 애초에 착각해서 4,999바이트만 보냈다면 recv_nbyte는 무한 대기상태에 빠지게 된다. 혹은 나머지 1바이트를 10초 뒤에 보냈다면 적어도 10초 동안은 대기상태에 빠지게 된다.

하지만, 넌블록킹 모드인 경우는 더 복잡한 문제를 일으킨다. 앞서 든 예처럼 5,000바이트를 요청했는데 송신 측이 4,999바이트만 보낸 경우에 수신 측의 recv 호출은 더 이상 읽을 데이터는 없는데 계속해서 1바이트를 더 읽기 위해 EAGAIN 에러 루프를 돌게 될 것이다.

만일 10초 뒤에 1바이트를 보냈다면 적어도 10초 동안은 recv는 반복해서 EAGAIN 에러로 리턴되고 다시 호출하는 잠정적인 무한 루프를 반복하게 된다. 그러면 이게 무슨 문제냐고 하는 분들도 있을 것이다.

겨우 몇 초 무한 루프 도는 것은 큰 문제가 아니라고 생각할 수도 있다. 그렇다면 과연 1초 동안 시스템은 몇 번의 루프를 돌면서 EAGAIN으로 리턴되는 recv를 처리할 것인지 상상해보자. 1000번? 10000번? 그 정도의 작은 수치가 아니다.

CPU는 적어도 수십만 번 이상의 EAGAIN을 처리하게 된다. 서버의 경우는 최소 4~16개 이상의 CPU를 탑재한 경우가 많으므로 개발 과정에서 잠정적인 무한 루프는 눈에 띄지 않고 넘어가기도 한다.

하지만, 실제 서비스에서 저런 무한 루프를 도는 프로세스가 수십 개가 넘어가기 시작하면 재앙 같은 결과가 발생할 수 있다. 이런 상황은 필자가 문제를 해결하기 위해 투입되었던 프로젝트에서 실제로 생겼던 일이다.

이런 연유로 수신하는 부분을 블록킹 모드로 작성할 때는 SO_RCVTIMEO를 지정하여 무한 블록킹을 방지하는 경우도 많다. 심지어 리스너 소켓에도 타임아웃을 적용하여 accept 함수가 블록킹 되는 것을 막는 경우도 있다. 그러나 이런 방식을 사용하는 것은 임시방편일 뿐 좋은 구조는 아니다.

왜냐하면, 타임아웃을 설정하였다 하더라도 블록킹 모드는 여전히 다른 작업과 병행할 때 빠른 응답이 힘든 구조이다. 물론 타임아웃 시간을 1ms 정도의 작은 숫자로 준다면 어느 정도 빠른 응답을 가능하게 할 수는 있다.

하지만, 세밀한 인터벌 타임아웃을 사용하면 오버헤드가 심할 수 있다는 단점도 존재한다. 그래서 대다수 프로그래머는 넌블록킹 모드를 이용한 이벤트 방식을 더 선호하는 편이다.

즉 넌블록킹 모드에서 recv_nbyte와 같은 잠정적인 무한 루프를 문제를 피하려면 수신 메커니즘을 정교하게 작성해야 한다. 애초 recv_nbyte 같이 예측한 사이즈를 읽기 위해 루프를 도는 구조를 만들면 안 된다. 그 대신에 수신 데이터를 보관하는 버퍼 큐를 만들고 수신될 때마다 버퍼 큐에 넣고 처리 가능한 데이터 크기(chunk size)가 되었을 때 후속 핸들러를 발생시키는 경우를 생각해 볼 수 있다.

여기서 더 나아가 성능 향상을 위해 버퍼큐 부분과 핸들러 부분을 독립적인 스레드로 설계할 수도 있다. 하지만, 수신 버퍼 큐와 핸들러, 타이머를 구현하기 위해서는 뒤에 7장에서 배울 I/O 멀티플렉서의 select, poll, epoll가 필수이다. 또한, 여기에 스레드를 적용하려면 8~10장에서 등장하는 비동기 작업에 대한 깊은 이해가 필요해진다.

그래서 이런 어려운 작업을 대신할 수 있도록 네트워크 처리 부분의 비동기 작업, 버퍼큐, 콜백 구조를 제공하는 것이 미들웨어들이 하는 일이고 그만큼 어려운 작업이기 때문에 비싼 가격에 팔리는 것이다. 유명한 오픈소스 미들웨어들도 상당히 많으니 이들의 코드를 분석해보면 네트워크 프로그래밍 공부에 큰 도움이 될 수 있다.

앞에서는 넌블록킹 모드에서 recv를 할 때 주의해야 하는 문제점들을 살펴보았다. 이번에는 송신 작업, 즉 send를 할 경우에 대해 살펴보도록 하자. 일반적으로 블록킹 모드에서 send를 호출하면 송신 요청된 데이터가 로컬의 소켓 버퍼로 복사 완료될 때까지 블록킹 된다.

이는 내부적으로 소켓 송신 버퍼의 공간을 감시하고 있다가 송신 요청된 크기 이상이 확보되었을 때 작동하는 방식이다. 그러나 넌블록킹 모드에서 send의 호출은 일부분이라도 소켓 송신 버퍼에 복사할 수 있다면 일부분을 복사한 뒤에 리턴할 수 있다.

이런 상황에 대해서는 앞에서 50KiB를 send 했는데 부분적으로 성공하여 10240이 리턴될 수 있다고 예를 든 적이 있다. 이런 경우에는 나머지 40KiB를 다시 추려서 send해야 한다.

쉽게 풀어서 말하자면 넌블록킹 모드에서 send를 호출했다면 성공으로 리턴되었더라도 전송 요청된 양과 리턴값을 매번 비교하여 다르다면 미전송된 부분을 처리하도록 작업해야 한다는 점이다.

이때 재전송 메커니즘으로 2가지 정도의 선택을 할 수 있다. 하나는 바로 루프를 돌면서 재시도를 하는 방법이고 다른 하나는 전송 버퍼 큐를 따로 관리하는 방법이다.

여기서 첫 번째 방법인 재시도하는 방법은 아주 원시적이고 문제가 있는 해결 방법이므로 실무에서는 꼭 두 번째 방법인 전송 버퍼 큐를 사용하도록 설계해야 한다.

그러면 첫 번째 방법인 루프를 돌면서 재시도하는 send_nbyte라는 함수의 예제를 살펴보자. 이 함수는 앞서 recv_nbyte에서 살펴본 문제와 일맥상통한다. 다만, 이번에는 수신이 아닌 송신이 문제되는 경우이다.

참고로 이런 문제가 발생하면 CPU 사용량을 그래프로 표현했을 때 불특정 시간대에 직각사각형 형태로 오르락내리락하는 모습을 보이므로 비슷한 증상을 보인다면 의심해봐야 한다.

물론 함수의 비정상적인 호출 횟수로도 확인할 수 있기 때문에 프로파일러로도 측정할 수 있지만, 대용량 서비스를 하는 시스템에서는 프로파일러의 오버헤드가 간섭현상을 일으켜 해당 상황을 재현하기 어려운 경우도 많다.

따라서 근본적으로 이런 문제를 발생시키지 않으려면 루프문이 일으키는 비정상적인 상황에 대해 미리 알아두는 것이 좋다고 생각되어 recv_nbyte, send_nbyte 같은 예시 코드를 적어두었다.

[코드 6.31] TCP 소켓에 지정한 크기만큼 송신하는 함수

```
01   #define MAX_SEND_PER_CALL   16384
02   int  send_nbyte(int sd, const char *buf, int len) {
03      int    ret, len_sent = 0;          /* len_sent = 보낸 데이터 크기 */
04      char   *p_buf = (char *)buf;      /* 송신할 데이터 */
05      while (len > 0) {
06         ret = send(sd, &p_buf[len_sent],
07            len > MAX_SEND_PER_CALL ? MAX_SEND_PER_CALL : len, 0);
08         if (ret == -1) {
09            if (errno == EAGAIN) {        /* 소켓버퍼 공간 부족, 재시도 혹은 적절한 처리 */
10               continue;
11            }
12            if (errno == ECONNRESET) {
13               return -1;
14            }
15            /* 그외의 에러 처리. e.g.) EPIPE ... */
16         } else {  /* 성공이므로 요청된 크기와 성공한 크기를 업데이트한다. */
17            len -= ret;
18            len_sent += ret;
19         }
20      }
21      return len_sent;
22   }
```

[코드 6.31]의 예시 코드는 이해를 돕기 위해 최대한 간단하게 작성한 경우이다. 실무에서는 이보다 에러 처리도 잘하고 예쁘게 작성하겠지만, 구조적인 흐름이 비슷하다면 오십보백보로써 비슷한 허점을 지닌 코드가 될 것이다.

간단하게 위 코드에 대해 설명하자면 송신 요청된 buf 데이터를 루프를 돌면서 송신하는데 남은 데이터가 MAX_SEND_PER_CALL보다 큰 경우는 이 크기로 잘라서 send하도록 되어 있다.

일단 위의 코드도 블록킹 모드와 넌블록킹 모드일 때 서로 다른 문제점을 가진다. 먼저 블록킹 모드일 때는 잠정적으로 무한 대기상태에 빠질 가능성이 있다. 이는 상대편 수신 측 프로그램이 오류를 일으켜 데이터를 수신하지 않는다면 발생하는 문제이다.

넌블록킹인 경우에는 계속 무한 루프를 돌면서 send 함수를 재시도할 가능성이 있다. 그렇다면 한 가지 상황을 가정해보자. 수신 측 프로그램이 recv하는 속도가 느린데 송신 측에서 send_nbyte를 호출하여 대용량 데이터를 송신하는 경우를 생각해보자.

넌블록킹에서 send가 EAGAIN 에러가 발생한다는 것은 이미 수신 측 소켓의 수신 버퍼가 꽉 차고 그 여파로 로컬의 송신 측 소켓의 송신 버퍼까지 꽉 찬 경우이다. 보통은 수신 측 프로그램의 문제이거나 아니면 네트워크 라인의 속도가 충분하지 못한 경우이다.

수신 측이 송신 측보다는 느리지만 그래도 계속해서 데이터를 읽다 보면 언젠가는 슬라이딩 윈도우가 업데이트 될 것이고, 확보된 윈도우 크기만큼 송신 측 버퍼는 비워지게 될 것이다.

따라서 송신 측에서 계속해서 send를 재시도 하다 보면 언젠가는 모두 전송을 할 수 있을 것이다. 그렇다면 문제가 없다고 생각할 수도 있다. 하지만, 앞서 recv_nbyte와 비슷한 문제가 생긴다.

그것은 바로 CPU가 위의 send_nbyte 안의 재전송 코드 안에서 루프를 도는 것이 빠를까 아니면 수신 측이 데이터를 수신하여 TCP 윈도우를 업데이트 하도록 응답 패킷을 보내주는 것이 빠를지를 비교해보면 알 수 있는 문제이다.

아마 구시대의 유물을 사용하지 않는다면 네트워크 구간의 응답속도보다 CPU가 루프문을 돌면서 send를 호출하여 EAGAIN 에러를 계속 내는 것이 훨씬 빠를 것이다. 왜냐하면, 1초만 루프를 돌아도 CPU는 send를 수만 번에서 수십만 번 이상 호출할 수 있기 때문이다.

그런데 간혹 웃기는 코드도 있는데 이런 무한 루프 문제를 해결해보겠다고 루프 횟수에 제한을 걸어서 100번만 재시도 하도록 만드는 경우가 있다.

하지만, 앞서 언급했듯이 응답이 오기까지 CPU는 최소한 수천 번 이상 돌 수 있을 정도로 빠르기 때문에 100번의 재시도는 항상 실패할 가능성이 크다. 즉 100번만 재시도할 바엔 차라리 아예 재시도를 안 하는 것과 같다.

따라서 두 번째 방법인 버퍼 큐를 통해서 전송하는 구조로 작성해야 한다. 이 방식은 일반적으로 7장에서 다루는 select, poll과 같은 기능을 사용한다. 즉 넌블록킹에서 send가 EAGAIN 에러로 리턴된다면 나머지 전송 예정 데이터를 버퍼 큐에 등록해두고 해당 소켓 파일기술자는 select, poll의 쓰기 가능을 감시하는 이벤트에 등록시켜둔다.

또한, 무한정 버퍼 큐에 대기시켜두는 것은 DoS(Denial of Service) 공격의 빌미를 제공하기 때문에 대부분 타임아웃 시간을 정해두고 이를 초과하면 소켓을 닫는 작업을 하도록 구현하는 것이 일반적이다.

이때 해당 버퍼 큐를 관리하고 select나 poll, epoll 등을 통해 감시하는 작업은 대부분 스레드로 하는 경우가 많기 때문에 8장의 스레드 기법도 잘 알아두는 것이 좋다.

이렇게 recv나 send를 넌블록킹으로 사용할 때는 잠정적으로 무한 루프를 돌 가능성이 있으므로 코드 내에서 루프문을 구성할 때는 무한 루프를 돌 가능성이 있는지 확인해야 한다. 또한, 재시도하는 경우는 꼭 연속적으로 함수가 실패할 가능성을 염두에 두어야 한다.

이를 고려하지 않으면 비정상적으로 CPU의 사용률이 늘어나거나 DoS 공격에 취약한 코드가 될 수 있다. 결론적으로 재전송과 수신 메커니즘은 최대한 루프문을 배제하도록 설계해야 한다.

15 TCP 소켓의 아웃 오브 밴드(Out-Of-Band) 처리

TCP에는 아웃 오브 밴드(Out-Of-Band, RFC 721)라는 채널이 있다. (이후 OOB로 명명) 이는 TCP 헤더의 제어 플래그에 URG가 세팅될 때 사용되는 것으로서 데이터 레코드의 경계를 구분자로 구별하는 어플리케이션 프로토콜을 설계할 때 쓰인다.

그런데 원래 OOB의 사전적 의미는 데이터를 전송하는 노멀 밴드와 달리 제어나 인터 럽트, 긴급 처리 등을 위해 할당되는 우선순위가 높은 대역이다. 따라서 TCP의 OOB 도 긴급으로 우선순위가 높은 데이터를 전송할 수 있다고 생각할 수 있는데 사실은 그렇지 않다.

TCP의 OOB는 단지 헤더에 URG 플래그와 URG 포인터를 세팅할 뿐 긴급 전송을 위 한 어떤 추가적인 행동을 하는 것은 아니다. 참고로 SO_OOBINLINE 소켓 옵션을 setsockopt로 설정하면 OOB 데이터는 무시되고 모두 노멀 밴드에서 취급하게 된다.

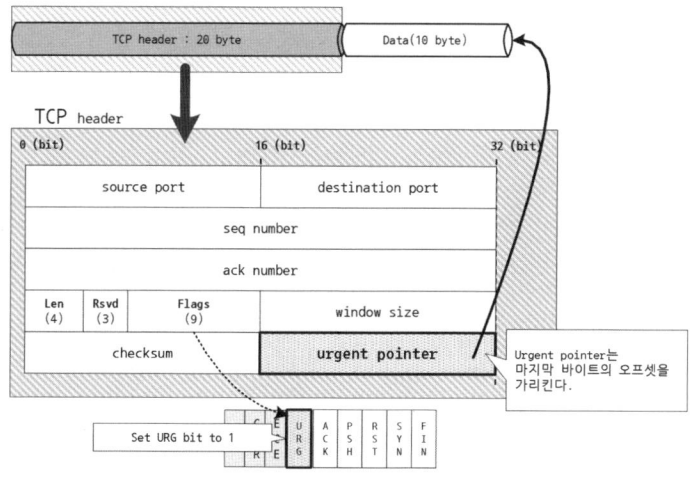

[그림 6.37] OOB 전송과 TCP 헤더의 Urgent pointer

TCP에서 OOB 데이터를 다루는 것을 이해하려면 TCP 헤더에 어떤 변화가 생기는지 알아두는 것이 좋다. 먼저 송신 측에서 send를 호출할 때 MSG_OOB 플래그를 설정 하면 TCP 헤더에는 URG 제어 플래그가 세팅되고 urgent pointer 필드에 데이터의 마지막 바이트 위치가 기록된다. 따라서 수신하는 측에 recv에 MSG_OOB 플래그를 설정하여 호출하면 urgent pointer 부분이 가리키는 곳을 읽어온다.

그런데 중요한 점은 send와 달리 recv의 경우는 OOB를 수신할 때 urgent pointer가 가리키는 위치의 1바이트만 읽어들인다는 점이다. 따라서 프로그래머는 OOB 데이터 를 수신할 때는 앞의 일반 데이터를 먼저 읽어들인 다음에 마지막에 OOB 데이터 1바 이트를 읽어야만 데이터 순서의 역전을 방지할 수 있다.

예를 들어 [그림 6.37]을 보면 송신 측이 10바이트의 데이터를 OOB로 보내기 위해 send를 호출했을 때 TCP 헤더의 상태를 보여주고 있다. 이를 위해 송신 측은 send(파 일기술자, 버퍼, 10, MSG_OOB)로 호출했을 것이다.

그리고 수신 측은 OOB 데이터가 역전되는 것을 방지하기 위해 recv를 2번 호출해서 데이터를 수신해야 한다. 첫 번째는 recv(파일기술자, 버퍼, 버퍼크기, 0)으로 호출하고 두 번째는 recv(파일기술자, 버퍼, 1, MSG_OOB)로 호출해야 한다. 이렇게 송신하는 측과 수신하는 측의 코드를 그림을 살펴보면 [그림 6.38]과 같다.

```
/* 실제로는 마지막 1바이트는 OOB로 설정된다 */
if ((ret = send(sd, (char *)sbuf, len_send, MSG_OOB)) == -1) {
    /* error */
}

/* OOB를 수신할 때는 일반 데이터를 먼저 읽는다. */
if ((ret1 = recv(sd, (char *)rbuf, sizeof(rbuf), 0)) == -1) {
    /* error */
}
/* 마지막 1바이트만 OOB로 읽어야 한다. */
if ((ret2 = recv(sd, (char *)rbuf + ret1, 1, MSG_OOB)) == -1) {
    /* error */
}
```

[그림 6.38] OOB 데이터를 송신하는 코드(위)와 수신하는 코드(아래)

그런데 여기서 2가지 문제가 발생한다. 첫째는 수신 측에서는 OOB 데이터가 수신되었는지 아닌지 어떻게 알 수 있는가이며, 둘째는 OOB가 수신되었다는 것을 알았다고 쳐도 어디까지가 일반 데이터라서 얼마만큼의 일반 데이터를 읽고 난 뒤에 OOB를 읽을 것인지의 판단 여부이다.

예로 앞서 제시한 OOB 송수신 예제 코드에서 수신 측의 rbuf 크기가 1,000바이트인데 송신 측에서 보낸 sbuf에 담긴 데이터는 1,500이라면 수신 측은 1,000바이트를 읽고 난 뒤에도 여전히 일반 데이터가 499바이트 남아 있으니 recv를 다시 한 번 한 뒤에 MSG_OOB를 더해서 읽어야 한다. 만일 이를 무시하고 그냥 대충 읽어들이면 순서가 엉망이 되어서 "1,000바이트 + OOB로 수신된 맨 마지막 데이터 1바이트 + 중간의 499바이트"로 수신될 가능성도 있다.

따라서 OOB를 사용하면 수신 측에서는 위의 두 가지 문제를 해결하기 위해 OOB의 수신 감지에 select나 poll 같은 함수를 이용한다. 하지만, select, poll 기법은 7장에서 다루기 때문에 여기서는 임시변통으로 sockatmark를 이용하는 방법을 살펴볼 것이다.

sockatmark 함수는 현재 읽어야 하는 데이터가 일반 데이터인지 OOB인지 확인하는 기능을 가진다. 그러나 원래대로라면 select나 poll을 이용하는 것이 훨씬 깔끔하고 문제를 일으키지 않는다.

여기서는 그냥 예제와 흐름만 알아두고 실무에서 OOB를 수신한다면 무조건 select나 poll과 같은 기능을 사용하는 방식을 권장한다. 그럼 이제 OOB 데이터의 몇 가지 특징을 정리하고 예제를 보도록 하겠다.

- TCP의 OOB 통신은 URG 플래그를 사용하는 방식으로 구현되었다.
- TCP의 OOB 송신시 네이글 알고리즘은 사용되지 않는다.(TCP_NODELAY의 효과 발생)
- OOB 송신시 실제 OOB 데이터로 지칭되는 것은 전송된 바이트의 마지막 1바이트이다.
- OOB 수신시에는 OOB 데이터로 지정된 마지막 바이트 앞의 일반 데이터를 먼저 읽어야 역전 현상을 방지할 수 있다.
- TCP에서 OOB 데이터가 중복되어 수신되면 마지막 수신된 OOB 데이터의 정보로 덮어 쓰이기 때문에 이전의 OOB 데이터 위치는 읽을 수 없다. 따라서 이전에 수신된 OOB 데이터는 일반 데이터로 읽힌다.

15.1 OOB 수신 처리 예제

OOB 데이터를 읽는 예제는 TCP 수신 서버로 사용된 inet_tcp_serv1.c에서 start_child 함수만 수정하면 된다. 따라서 inet_tcp_serv1.c과 중복되는 main 함수 부분은 생략하고 start_child 부분만 살펴보겠다.

[코드 6.32] TCP의 OOB 데이터 수신을 위한 구조　　　　　　　　(inet_tcp_serv1_OOB.c)

```
01   void start_child(int sfd, int idx)
02   {
03       int    cfd, rc_gai, ret_recv, cum_recv, ret_sockatmark;  /* cum_recv = 수신된 누적 바이트 */
04       socklen_t len_saddr;
05       char   buf[0xff], addrstr[INET6_ADDRSTRLEN], portstr[8];
06       struct sockaddr_storage saddr_c;
07       for(;;) {
08           ret_recv = cum_recv = 0;
09           len_saddr = sizeof(saddr_c);
10           if ((cfd = accept(sfd, (struct sockaddr *)&saddr_c, &len_saddr)) == -1) {
11               pr_err("[Child] Fail: accept()");
12               close(cfd);
13               continue;
14           }
15           for(;;) {
16               ret_sockatmark = sockatmark(cfd);   /* 현재 수신 버퍼의 맨 앞이 OOB 인지 확인 */
17               if (ret_sockatmark == 0) { /* normal band */
18   WAIT_RECV:
19                   pr_out("[normal band] cum_recv (%d byte)", cum_recv);
20                   if ((ret_recv = recv(cfd, buf+cum_recv, sizeof(buf)-cum_recv, 0)) == -1) {
21                       pr_err("[Child:%d] Fail: recv(): %s", idx, strerror(errno));
22                   }
23                   if (ret_recv == 0) {    /* closed */
24                       pr_err("[Child:%d] Session closed", idx);
25                       close(cfd);
26                       break;
27                   }
28                   cum_recv += ret_recv;
```

```
29              } else if (ret_sockatmark == 1) { /* OOB */
30                  pr_out("ret_sockatmakr = %d", ret_sockatmark);
31                  if ((ret_recv = recv(cfd, buf+cum_recv, 2, MSG_OOB)) == -1) {
32                      if (errno == EINVAL) {    /* normal-band를 기다려야 한다. */
33                          pr_err("goto recv(norm-inband)");
34                          goto WAIT_RECV;
35                      }
36                      pr_err("ERR: OOB:ret_recv (%s)\n", strerror(errno));
37                      continue;
38                  }
39                  cum_recv++;
40                  pr_out("Recv(with OOB,%d byte) [%.*s]\n", cum_recv, cum_recv, buf);
41                  cum_recv = 0;      /* reset cumulative counter */
42              } else {    /* == -1 */
43                  pr_err("Fail: sockatmark : %s", strerror(errno));
44              }
45          } /* packet recv loop */
46      } /* main for loop */
47  }
```

[코드 6.32]에서 눈여겨 봐둘 함수는 sockatmark으로 과거에는 ioctl(fd, SIOATMARK, &flag)으로 이 기능을 대신하였으나 SUS에서 표준화를 거치면서 sockatmark로 대체되었다. 따라서 옛날 코드에는 아직도 ioctl로 작성되어 있는 경우도 있을 것이다. 그러나 sockatmark나 ioctl이나 어느 것을 써도 문제가 없으니 굳이 옛날 코드를 새로운 함수로 대체할 필요는 없다.

실제로 몇몇 임플리먼테이션에서는 랩퍼 함수로 ioctl로 다시 재구현 되어 있는 경우도 많다.

```
int  sockatmark(int socket);
```

sockatmark는 인수로 소켓 파일기술자를 넣으면 현재 소켓 버퍼의 맨 앞부분, 즉 바로 읽어야 하는 부분이 OOB 데이터인지 아니면 일반 데이터인지를 판별해준다. 만일 리턴값이 0이면 일반 데이터, 1이면 OOB 데이터인 것이다.

즉 0이라면 아직은 현재 소켓 버퍼의 앞에 일반 데이터들이 있다는 의미이므로 그냥 recv로 읽어들이면 되고 1인 경우에는 recv에 MSG_OOB 플래그를 더하여 호출하면 된다.

하지만, OOB 데이터를 읽어들인 후에도 sockatmark는 여전히 OOB가 있다고 판별하는 문제가 있기 때문에 sockatmark로 판별하여 읽는 방식은 예제의 경우에만 사

용하고 실무에서는 7장에서 다룰 I/O 멀티플렉싱의 select, poll의 OOB 감지 기능을
사용한다.

예제 [코드 6.32]는 연습 삼아 작성한 OOB를 select, poll을 사용하지 않은 코드로서
일반 데이터를 읽을 때마다 cum_recv에 수신한 데이터 바이트를 누적시켰다가 OOB
가 수신되면 마침내 데이터를 출력하도록 되어 있다.

그러나 OOB를 읽은 뒤에도 여전히 sockatmark는 1을 리턴하므로 recv에서 MSG_
OOB가 EINVAL 에러를 발생시킬 때 일반 데이터를 읽는 recv로 점프하도록 해두었
다. 따라서 위의 코드는 1바이트짜리 OOB 데이터가 연속으로 도착하면 읽지 못하는
문제점이 있다. 하지만, 예제 외에는 쓰지 않을 코드이니 그냥 심심풀이로 봐두도록
하자.

이제 OOB 데이터를 수신하는 예제 [코드 6.32]를 테스트하기 위해 OOB 데이터를
송신할 수 있는 클라이언트 프로그램도 하나 만들어 두겠다. 이 클라이언트는 [코드
6.28]의 tcp_cli.c를 약간 수정한 형태이다.

[코드 6.33] OOB 데이터 송신을 위한 클라이언트   (tcp_cli.c)

```
01  #define str_ordinary    "1.abcde"
02  #define str_OOB         "2.fghij"
03  int main(int argc, char *argv[]) {
04      int    fd, rc_gai;   struct addrinfo ai, *ai_ret;
05      if (argc != 3) {
06          printf("%s <hostname> <port>\n", argv[0]); exit(EXIT_FAILURE);
07      }
08      memset(&ai, 0, sizeof(ai));
09      ai.ai_family = AF_UNSPEC;
10      ai.ai_socktype = SOCK_STREAM;
11      ai.ai_flags = AI_ADDRCONFIG;
12      if ((rc_gai = getaddrinfo(argv[1], argv[2], &ai, &ai_ret)) != 0) {
13          pr_err("Fail: getaddrinfo():%s", gai_strerror(rc_gai));   exit(EXIT_FAILURE);
14      }
15      if ((fd = socket(ai_ret->ai_family, ai_ret->ai_socktype, ai_ret->ai_protocol)) == -1) {
16          pr_err("[Client] : Fail: socket()");   exit(EXIT_FAILURE);
17      }
18      if (connect(fd, ai_ret->ai_addr, ai_ret->ai_addrlen) == -1) {
19          pr_err("[TCP client] : Fail: connect()");   exit(EXIT_FAILURE);
20      }
21      pr_out("[TCP client] : 1:ordinary data  2:OOB data  0:Exit program");
22      int    rc_getline, rc_send, flag_send;
23      char   *p_sbuf, *p_buf = NULL;   size_t  len_buf;
24      while (1) {
25          if ((rc_getline = getline(&p_buf, &len_buf, stdin)) == -1) {   /* error */
```

```
26              exit(EXIT_FAILURE);
27          }
28          switch(atoi(p_buf)) {
29              case 0:
30                  exit(EXIT_SUCCESS);
31                  break;
32              case 1:
33                  p_sbuf = str_ordinary;    flag_send = 0;
34                  printf(">> will send ordinary msg: data = [%s]\n", p_sbuf);
35                  break;
36              case 2:
37                  p_sbuf = str_OOB;        flag_send = MSG_OOB;
38                  printf(">> will send OOB msg: data = [%s]\n", p_sbuf);
39                  break;
40              default:
41                  printf(">> Error : (%s)\n", p_buf);
42                  continue;
43          }
44          free(p_buf);
45          p_buf = NULL;
46          if ((rc_send = send(fd, p_sbuf, strlen(p_sbuf), flag_send)) == -1) {
47              pr_err("[TCP client] : Fail: send()");
48          }
49      }
50      return 0;
51  }
```

[코드 6.33]의 클라이언트 프로그램은 실행할 때 IP 주소와 포트 번호를 명령행 인수로 지정하여 실행하면 접속을 하게 된다.

그런 뒤에 1번을 선택하면 일반 데이터로 "1.abcde" 문자열이 전송되고, 2번을 선택하면 OOB로 "2.fghij"가 전송된다. 하지만, 서버 측 예제인 [코드 6.32]는 OOB가 전송될 때까지 일반 데이터를 누적해서 가지고 있으므로 1번을 몇 번 전송하고 2번을 전송하면 마침내 화면에 보이게 된다.

15.2 OOB 데이터와 응용 계층 프로토콜 설계

대부분의 경우 TCP의 OOB 데이터 전송은 특정한 경우 외에 널리 쓰이는 기법은 아니다. 그 이유는 구현의 복잡성과 중복해서 도착한 OOB 마크가 사라지는 문제로 인해 양방향 통신이 어렵기 때문이다.

그래서 구현을 복잡성을 줄이기 위해 OOB를 무시하고 노멀 밴드로 읽을 수 있도록 소켓 옵션(SO_OOBINLINE)을 사용하는 경우가 많다. 특히 SO_OOBINLINE 옵션을 설정하여 일반 데이터 채널로 합치면 recv 호출시 MSG_OOB를 붙이지 않아도 OOB 데이터를 읽을 수 있다.

하지만, 하나의 특징이 있는데 OOB 마크가 있는 부분에서 끊어서 수신된다는 점이다. 이 현상을 예를 들어 설명하자면 send로 "2.fghij"라는 메시지를 OOB로 송신했다고 가정하자.

수신 측에서는 그냥 recv하고 있다 보면 "2.fghi"까지만 먼저 수신된다. 그 후에 두 번째 recv를 호출하면 OOB였던 j만 따로 수신된다는 것이다. 따라서 1바이트만 따로 읽히는 경우에 특별한 구분자 캐릭터인지 확인하도록 하는 방식을 사용할 수도 있다.

그러면 여기서 OOB 데이터를 이용한 응용 계층의 프로토콜 설계에 대해 한 가지 언급하도록 넘어가겠다. TCP는 스트림 통신이므로 데이터 레코드의 경계가 존재하지 않음을 이미 알고 있다.

따라서 응용 계층에서 분절(chunk) 단위의 데이터를 주고받으려면 크게 2가지 방식을 사용하여 데이터 스트림을 잘라낸다. 대개 TCP 네트워크 프로그래밍에서 가장 중요한 것이 바로 이 응용 계층에서 사용할 프로토콜을 디자인하고 구현하며 그 성능을 극대화하는 것이므로 잘 기억해야 할 부분이기도 하다.

먼저 첫 번째는 고정된 형식과 크기를 가지는 응용 계층 프로토콜의 헤더를 사용하는 방식이다. 이 방식은 헤더에 뒤따라올 데이터 분절(chunk)의 크기를 담고 있으므로 헤더를 파싱하고 뒤따라오는 데이터를 읽고, 그 뒤엔 다시 헤더, 데이터 순으로 계속 수신하는 방식이다.

따라서 수신된 데이터가 헤더 크기에 미치지 못하면 보류하였다가 최소한 헤더보다 큰 데이터가 수신된 뒤에 데이터 크기를 판단할 수 있다.

이 방식은 가장 보편화된 형식으로 대부분의 TCP를 사용하는 어플리케이션이 사용하고 있다. 일반적으로는 데이터의 형태나 헤더 형식을 구분하기 위한 매직 넘버(magic number)[38]와 뒤따르는 길이 정보가 제일 앞에 오는 편이다.

예를 들어 [코드 6.34]은 매직 넘버와 데이터 길이가 포함된 헤더 정보의 예시이다. 여기서 중요하게 봐둘 것은 XDR 규격에 맞춰서 바이너리 데이터를 사용할 경우에는 4나 8바이트 정렬을 해줘야 한다는 점이다. 최근에는 64bit 환경에서 유리하도록 8바이트 정렬을 많이 사용한다.

---

38) 매직 넘버 – 혹은 매직키. 데이터의 특정 위치에 일정한 크기의 표시를 해놓고 이를 토대로 데이터 특성이나 유효성 (validation)을 판단한다. 예를 들어 파일 스트림의 경우 앞의 몇 바이트를 매직 넘버를 위한 공간으로 예약하는 경우가 많다. 리눅스는 /usr/share/file/magic에 매직 정보를 가지고 있다.

[코드 6.34] 고정된 형식을 가지는 TCP 어플리케이션 헤더 예시

```
01  struct  alsp_ex_header { /* 40 bytes */
02      uint32_t    magic;
03      uint32_t    len;
04      uint16_t    service1;
05      uint16_t    service2;
06      unsigned char   rsvd[28];
07  };
```

[코드 6.34]처럼 구성하면 먼저 40바이트의 alsp_ex_header 구조체를 읽어들인 뒤에 magic을 검사하고 그다음에 len을 통해 헤더 다음에 읽어들일 데이터의 크기를 결정하게 된다. 그런데 헤더의 정보들도 바이너리 데이터이므로 네트워크 바이트 순서로 전송되기 때문에 읽을 때는 로컬의 호스트 바이트 순서로 변환하는 것을 잊으면 안 된다.

만일 정렬과 변환이 복잡하고 부담된다면 모든 정보를 텍스트로 송수신해도 된다. 실무에서 사용되는 몇몇 프로토콜 헤더도 텍스트로 정의된 경우가 꽤 있다.

두 번째로는 유동 길이의 데이터를 전송할 때 구분자를 사용하여 메시지를 분리하는 방식이다. 이 방식은 따로 헤더를 쓰지 않고 메시지를 스트림 형태 그대로 전송하므로 대용량 데이터를 전송할 때 유리한 방법이다.

주로 텍스트 기반의 데이터로서 데이터나 헤더의 길이, 형식이 자유로운 경우에 이 방식이 더 유리하다. 예를 들어 통신할 데이터가 [그림 6.39]처럼 메시지의 각 필드나 구분의 크기가 일정하지 않은 경우를 가정하자. 따라서 메시지들의 경계를 구별하기 위해 구분자를 사용하기로 했다.

하지만, 이 경우에는 읽어들이는 모든 데이터를 계속 비교할 가능성이 커져서 불필요한 오버헤드를 낳을 수 있다. 이를 해결하기 위해 구분자 표시를 TCP에서 제공하는 OOB의 긴급 포인터를 이용하는 방식이 주로 사용된다.

```
MessageType : Control
ServiceCode : Registration
Encoding : UTF-8
MIME : application/json


{
    "ID" : [ "sunyzero", "SY Kim", "GP-01002", "AP-00001" ],
    "SUPPLEMENT" : {
        "A" : "None"
    }
}
```

[그림 6.39] 구분자가 유리한 헤더와 데이터 형태

그러나 고정된 형식의 헤더를 사용하는 경우에도 OOB를 같이 사용하는 경우가 있다. 이는 연결된 통신의 메시지를 취소하고 새로운 메시지를 보내고자 하는 경우나 먼저 처리되어야 하는 긴급 데이터를 보내고자 하는 경우이다.

예를 들어 어떤 메신저 시스템이 있다. 클라이언트가 서버 측에 어떤 파일을 송신했는데 그 크기가 1GiB라고 가정하자. 이들이 [코드 6.34]와 같은 헤더를 사용한다면 len 필드에 1,073,741,824의 값을 넣어서 보낸 뒤에 헤더 뒤에 데이터를 붙여서 계속 전송할 것이다.

따라서 서버 측은 뒤따라오는 데이터를 연속으로 계속 받기만 할 것이다. 그런데 문득 클라이언트가 이 전송을 취소하고 싶다면 어떻게 할까? 취소 명령이 담긴 다른 패킷을 보낸다고 하더라도 수신 측은 1GiB를 먼저 받고 나서야 헤더를 읽으려고 하는 문제를 어떻게 해결할까?

물론 쉽게 하는 방법으로 TCP 연결을 끊고 새로 연결하는 방법이 있다. 아니면 이를 쉽게 구현하기 위해 별도의 데이터 통신을 위한 TCP 연결을 하나 더 만드는 경우도 있다.

실제로 FTP나 대부분의 메신저 프로그램은 파일 전송은 메시지나 제어 데이터를 전송하는 연결을 분리해서 복수의 TCP 연결을 사용하기도 한다. 그러나 방화벽 문제를 피하기 위해 하나의 TCP 연결만을 고집하는 경우라면 구현이 복잡해진다.

이에 대한 간단한 해결 방법으로 OOB를 사용할 수 있다. 예를 들어 데이터를 수신하다가도 OOB가 발견되면 즉시 현재 수신받던 작업을 보류하거나 취소하도록 설계하고 OOB를 수신하면 메시지 데이터가 아닌 헤더가 온다고 규약을 정해두는 것이다.

앞서 예처럼 1GiB 데이터를 수신하는 도중에 OOB가 수신되면 현재 데이터 수신 작업은 잠시 보류해두고 OOB 다음에 새로운 헤더를 읽어서 긴급하게 처리해야 할 작업부터 처리하도록 하면 된다. 그리고 나중에 파일 재전송을 개시하면 기존에 받았던 오프셋(offset) 이후부터 전송하도록 하면 된다.

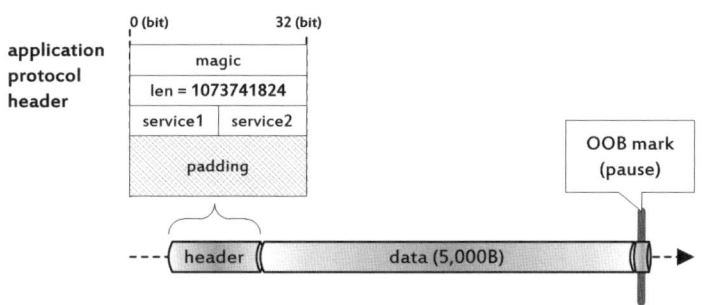

[그림 6.40] OOB를 이용한 긴급 중단 예

[그림 6.40]처럼 1GiB를 보내겠다고 했지만, 송신 측은 5,000바이트를 보내다가 현재 작업을 보류하도록 OOB를 보내어 멈추도록 할 수 있다. 이런 처리가 OOB의 응용 방향이기도 하다.

긴급 데이터를 처리하고 나면 다시 원래 수신 작업을 이어서 할 수 있도록 재시작(resume) 메시지를 주고받도록 하면 된다. 물론 데이터 수신 작업을 재시작하지 않고 취소시킬 수도 있고 프로토콜의 다양한 설계는 프로그래머의 구현에 따른다.

하지만, TCP의 OOB는 중복되면 사라지므로 OOB를 받은 경우에는 핑퐁처럼 꼭 반이중(half duplex) 형태로 주고받도록 해야 한다. 물론 OOB 데이터를 처리한 뒤에 일반 데이터를 주고받을 때는 꼭 상호응답이 필요한 것은 아니다.

이렇듯이 어플리케이션 프로토콜에서는 헤더 크기나 파싱이 가지는 전송 오버헤드와 처리 방식을 고려해야 한다.

특히 데이터를 주고받는데 있어 논리적 오류로 인해 데이터 크기를 오판한다든지 아니면 데이터 파싱에 문제가 생겨 동기화가 제대로 되지 않았다면 세션의 잘못된 정보를 복구하거나 재시작 하는 방식에 OOB를 쓰는 경우가 있다.

만일 복구가 제대로 되지 않고 무조건 순서대로 데이터를 처리하는 경우라면 논리적으로 데이터가 문제가 되는 경우가 많다.

실제로 필자가 살펴봤던 어떤 온라인 게임 회사에서는 논리적으로 데이터가 밀리거나 잘못되었을 때 복구를 제대로 못해서 먹통이 되는 문제를 일으킨 경우도 있었다.

더군다나 몇몇 어플리케이션 프로토콜은 TCP 연결이 끊어져도 세션을 해제하지 않고 일정 시간 이내에 재접속을 하면 복구할 수 있도록 하는 경우도 있기 때문에 세션별 타이머의 구현이나 여러 가지 기법들이 중요하게 사용되기도 한다.

16   I/O 인터페이스의 선택 기준에 대해

여기까지 주로 사용되는 I/O 인터페이스 기술들을 다루어왔는데 이번에는 어떤 기준으로 각각의 기술을 선택해야 하는지 간단하게 정리하고자 한다. 먼저 성능에서 양적인 측면에서 생각을 해보자.

대부분의 경우에는 소켓보다 IPC의 메시지 큐나 공유메모리가 더 빠른 경우가 많다. 하지만, 그 속도 차이라는 것은 사실상 큰 의미가 없다.

예를 들어 1KB의 메시지를 소켓으로 보내면 최대 초당 몇 건을 처리할 수 있을까? 그것은 어떤 프로그램을 작성하는가와 하드웨어에 따라서 다르지만 대개 그 한계는 수십만 건 이하일 것이다. 그렇다면 이보다 더 빠르다는 메시지 큐는 얼마나 빠를까?

아마 몇만 건을 더 처리할 수 있을지도 모른다. 그러면 간단하게 비교하기 위해 어떤 I/O 인터페이스가 각각 최대 초당 10만 건과 11만 건을 처리한다고 하면 어떤 기술을 선택해야 할까?

이는 이들 자체의 속도보다 백그라운드에서 비지니스 로직을 담당하는 부분이 과연 이 많은 건수를 처리할 수 있는 용량이나 응답속도가 되는지에 더 신경을 써야 한다. 아무리 빨라도 백그라운드에 있는 비지니스 로직이 초당 5천 건만 처리 가능하다면 10만 건이나 11만 건이나 어차피 의미가 없기 때문이다.

따라서 소켓보다 단지 빠르다는 이유로 메시지 큐를 쓴다든지 하는 것은 별 의미가 없다. 특히 테스트 환경에서 개별적인 상황만 염두에 두는 것은 전체 시스템의 처리량(throughput)과는 갭이 있을 수 있기 때문에 꼭 한 가지 기준만 염두에 두는 것은 나쁜 결과를 가져올 수 있다.

하지만, 양적으로 처리 가능한 속도와는 달리 응답성을 기준으로 보면 어떤 기술을 쓰든지 세부적으로 블록킹 모드보다 넌블록킹 모드가 훨씬 효과적이다. 이는 소켓이든 IPC든 모든 경우에 해당한다.

또한, I/O 멀티플렉싱을 사용하는 경우라면 더더욱 그렇다. 따라서 예제에서 배운 모든 내용은 전부 넌블록킹으로 구현할 수 있도록 해야 한다.

특히 응답성이 극도로 요구되는 상황에서는 특히 I/O 처리하는 부분을 따로 격리시켜 (isolated) 비동기적으로 구현하는 경우도 많다. 이때 사용되는 대부분 기법은 I/O 멀티플렉싱과 스레드, 시그널이므로 결국 이 책의 뒷부분까지 모든 내용이 연결되어 있는 셈이다.

또한, 코딩 외에 프로그래머가 알아야 하는 커널 설정 값이나 특정 플랫폼에서만 가지는 특징들도 중요한 경우가 많다.

왜냐하면, 여러분들이 오로지 리눅스 플랫폼에서만 프로그래밍한다면 상관이 없을지도 모르겠지만, 리눅스 프로그래머라면 필연적으로 유닉스 프로그래머가 될 수도 있기 때문에 각 벤더나 머신의 특성도 어느 정도 알아두는 편이 좋기 때문이다.

07

CHAPTER

I/O 멀티플렉싱(Multiplexing)

01 I/O 멀티플렉싱(Multiplexing)

I/O 멀티플렉싱의 사전적 의미는 다중 입출력 통신을 한다는 뜻이다. 일차적으로 프로그램을 설계할 때는 대부분 순차적으로 작업을 처리하도록 디자인한다. 따라서 플로우차트에서도 논리적으로 데이터가 어떤 작업을 거쳐서 가공되는지 흐름을 보기위해서 한 번에 한 개의 데이터 흐름만 있다고 가정하고 단순화시키게 된다.

그러나 실제 구현에서도 한 번에 한 개의 데이터 흐름만 있다고 가정하면 문제가 생기게 된다. 예를 들어 중간에 bottleneck으로 인해 지연이 발생하면 뒤따르는 모든 작업은 이때 지체된 만큼의 레이턴시(latency)를 가지게 된다. 따라서 지연을 해결할수 있는 구조를 도입해야 한다.

실생활의 간단한 예를 하나 들어보자. 은행의 창구 서비스를 받을 때는 번호표를 뽑고 자신의 차례를 기다리게 된다. 예를 들어 10번 번호를 가진 사람의 차례가 되었는데, 이 사람이 화장실에 가버렸다고 하자. 만일 창구 작업자가 10번 번호 고객이 올때까지 기다린다면 그 때문에 지연된 시간만큼 11번, 12번, ... 고객들은 레이턴시 시간을 가지게 된다.

따라서 레이턴시를 최소화하려면 창구 작업자는 10번 고객을 기다리지 않고 그다음 11번 고객을 바로 처리하도록 전환하도록 해야 한다. 그리고 나중에 10번 고객이 화장실에서 나와 창구로 오면 그때 처리해주면 된다.

그러면 이런 구조를 소켓에 적용해보자. 10번 소켓과 11번, 12번 소켓으로부터 데이터를 읽어들이려고 한다. 만일 10번 소켓의 버퍼에 수신된 패킷이 없는데 recv를 하면 어떻게 될까? 블록킹 모드라면 무한 대기에 빠지고 넌블록킹 모드라면 EAGAIN 에러로 빠져나올 것이다.

따라서 넌블록킹으로 해두고 11번, 12번 소켓을 순서대로 읽어보면 될 것으로 생각할 수 있을 것이다. 사실 모든 소켓을 넌블록킹 모드로 바꾸고 순서대로 recv를 시도하는 방법은 논리적으로는 가능한 구조다. 하지만, 이왕이면 소켓 버퍼에 수신된 경우만 recv하면 EAGAIN 에러를 피할 수 있으니 좀 더 효율이 높을 것이다. 이를 가능하게 하는 것이 바로 I/O 멀티플렉싱 기법이 되겠다.

I/O 멀티플렉싱에서 가장 중요한 것은 I/O 이벤트를 감지하는 것이다. 이를 위해서 select와 poll 같은 함수들이 지원되고 있다. 아마도 여러분 중에는 이미 select를 사용해본 경험이 있을 수도 있을 것이다. 물론 몰라도 여기서 배우니 상관은 없다.

이들 함수는 여러 개의 소켓이나 입출력 장치들에 입력 및 출력 이벤트를 감지하는 기능이 있어서 이벤트가 발생했을 때만 처리하도록 설계할 수 있다. 반대로 입출력 이벤트가 없다면 다른 작업을 하도록 설계할 수 있다.

예를 들어 500개의 소켓을 등록시켜두고 수신 이벤트가 있는지 감시한다면 그중에서 몇 개의 소켓의 수신 버퍼에 데이터가 들어 있는지 알려준다.

이렇게 특정 이벤트를 감지하기 위해서 폴링(polling)하면서 대기하므로 I/O poller 혹은 I/O 멀티플렉서라고 부른다. 최근에는 개선된 방식의 I/O 멀티플렉싱 메커니즘으로서 리눅스의 epoll, BSD의 kqueue, 솔라리스의 /dev/poll과 같은 것이 제공되는데 이들은 고성능 네트워크 서버를 만들 때는 거의 필수라고 볼 수 있다.

참고로 윈도우즈 계열에서는 고성능 네트워크 서버를 위해 IOCP라는 기법을 사용하는데 IBM AIX에도 4.3 이후 버전에서 IOCP가 지원된다. 그러면 각 I/O 멀티플렉서 매커니즘들에 대해서 간단하게 정리를 하고 넘어가자.

- select는 가장 큰 번호의 소켓 파일기술자가 크면 오버헤드가 발생한다. (구식 기법이다)
- poll은 더욱 정교한 핸들링이 가능하며 중급규모(약 500~1000개 이하)에서 주로 쓰인다.
- epoll, /dev/poll, kqueue는 select, poll보다 더 좋은 성능을 가지고 있으나 표준안에 명시된 표준 기술이 아니므로 이식성이 떨어진다.
- select와 poll은 레벨 트리거만을 지원하며 epoll은 레벨/엣지 트리거를 지원한다.

select가 가장 큰 번호의 파일기술자에 의해 오버헤드가 발생하는 것은 구조적인 특징으로 인한다. 왜냐하면, select는 호출할 때 인수로 파일기술자 번호 중에 가장 큰 값에 1을 더해서 넣는 부분이 있는데 이는 내부 루프 횟수를 의미한다.

따라서 다수 소켓을 감시할 때 파일기술자의 최대값이 클수록 성능상의 불이익이 있어서 적은 수의 소켓을 감시하거나 예제 수준인 경우를 제외하고는 실무에서 사용하는 경우가 줄어들고 있는 기법이다. 그래서 select 대신에 poll을 주로 사용하는데 poll은 구조적으로 select의 코딩 상의 복잡함이나 오버헤드를 약간 개선한 것이며 성능상에서 큰 차이가 나지는 않는다.

그러나 90년대 초반에는 대용량 네트워크 프로그래밍을 할 필요가 없었기 때문에 성능상의 문제가 이슈화된 적이 별로 없었다. 하지만, 90년대 중반부터 웹 서비스가 폭발적으로 증가하면서 대용량 네트워크 서비스의 성능 문제가 표면으로 떠오르기 시작했다.

90년대 말경에 유닉스의 표준화가 이뤄지고 있었을 때는 이미 네트워크 서비스의 성능 문제가 심각한 수준이어서 성능 문제를 해결해줄 표준 기술 도입을 기다릴 시간조차 없었다.

그래서 각 벤더는 select, poll보다 더 나은 비표준 함수들을 개발하여 도입했고, 그 결과 접속 수가 늘어나도 O(1)에 가까운 응답을 보여주는 고성능 I/O 멀티플렉서인 epoll, kqueue, /dev/poll 등이 도입되었다. 물론 이 책은 리눅스 관련 개발 서적이므로 epoll만 설명할 것이다.

epoll의 가장 큰 특징은 stateful 함수라는 점과 엣지 트리거를 지원한다는 점이다. 그러나 여기서 stateless, stateful과 트리거의 특징을 언급하면 내용이 과도하게 길어지기 때문에 미리 언질만 해두고 자세한 설명은 뒤에서 천천히 하도록 하겠다.

따라서 구식 기법이지만 유닉스 표준인 select, poll 기법들을 먼저 살펴보고 난 뒤에 이들의 문제점들을 설명하고 이를 해결하기 위해 제안된 epoll을 살펴볼 것이다.

참고로 I/O 멀티플렉서들은 다양한 장치에 사용할 수 있으나 이 책의 집필 목적과 6장과의 연계를 위해서 소켓에 국한된 이야기만 할 것이다. 하지만, 플랫폼이나 목적에 따라 IPC, 파이프, 일반 파일, USB, IrDA와 같은 다양한 곳에 사용될 수 있음을 언급해 둔다.

02   select, pselect의 사용

select, pselect를 소켓에 사용하면 버퍼의 수준(level = amount)을 감시하는 기능을 가진다. 여기서 버퍼 수준이란 감지할 바이트 크기로 보통은 1바이트 기준을 말한다. 예를 들어 읽기 이벤트를 감지한다면 소켓 수신 버퍼에 1바이트라도 쌓여 있는 상황을 말한다. 이렇게 수준을 감시하는 기능을 레벨 트리거(level trigger)를 사용한다고 부른다. 뒤에서 설명할 poll도 레벨 트리거를 사용하는 기법이다.

select는 I/O 멀티플렉싱을 사용하는 구조와 개념을 배우는 데는 괜찮지만, 실무에서는 점점 사라지는 추세이다. 왜냐하면, 함수의 원형 자체가 직관적이지 못하고 상당히 불편한 매크로를 사용하는 구조이기 때문이다.

더군다나 감시할 파일기술자들의 리스트를 프로그래머가 따로 저장하고 관리해야 하기 때문에 코드 작성에 귀찮은 부분이 많아진다. 또한, 파일기술자 번호 중에 가장 큰 값을 인수에 사용하므로 프로그래머가 따로 계산까지 해야 한다.

이런 제약점 때문에 간단한 예제 코드나 혹은 디바이스 장치 몇 개를 감시하는 경우에만 사용한다. 만일 실무에서 좀 복잡한 구조를 사용한다면 select보다 poll을 사용하는 것이 좋다.

select와 pselect의 차이점으로는 2가지가 있다. 첫째로 select는 타임아웃을 struct timeval 구조체를 사용하며 정밀도를 마이크로(10E-6)초 단위까지 지정할 수 있다.

이에 비해 pselect는 타임아웃을 struct timespec 구조체를 사용하며 나노(10E-9)초 단위까지 지정 가능하다. 이는 POSIX에서 리얼타임 확장(POSIX.1b) 이후에 timespec 구조체를 사용하는 방식으로 통일하기 때문이다. 따라서 최근에는 select 대신에 pselect 사용을 권장하고 있다.

둘째로 select는 블록킹 중에 시그널이 발생하면 에러로 리턴하고 빠져나가기 때문에 시그널 핸들러를 사용한다면 전역적인 시그널 블록 마스크를 프로그래밍해야 한다. 이를 위해 sigprocmask나 스레드에서는 pthread_sigmask 함수로 추가적인 코딩을 해야 한다. 이런 구조는 코드를 매우 지저분하게 만들고 예외 처리를 힘들게 한다.

이에 반해 pselect는 시그널 블록 마스크를 인수로 사용하여 함수 호출시 블록할 시그널을 지정할 수 있다. 이는 신뢰성 있고 깔끔한 코드 작성을 도와준다. 이제 특징과 배경에 대해서 알았으니 함수 원형과 관련 매크로를 살펴보자.

```
int pselect(int nfds,
      fd_set *restrict readfds,
      fd_set *restrict writefds,
      fd_set *restrict errorfds,
      const struct timespec *restrict timeout,
      const sigset_t *restrict sigmask);
int select(int nfds,
      fd_set *restrict readfds,
      fd_set *restrict writefds,
      fd_set *restrict errorfds,
      struct timeval *restrict timeout);
void FD_CLR(int fd, fd_set *fdset);
void FD_SET(int fd, fd_set *fdset);
void FD_ZERO(fd_set *fdset);
int  FD_ISSET(int fd, fd_set *fdset);

struct timeval {                              struct timespec {
   long    tv_sec;    /* Seconds */              time_t   tv_sec;   /* Seconds. */
   long    tv_usec;   /* Microseconds */         long int tv_nsec;  /* Nanoseconds. */
};                                            };
```

기능적인 측면에서 설명할 때 select가 간단하므로 select 위주로 설명하도록 할 것이다. 원래 실무에서는 신뢰성 있는 pselect를 사용해야 맞지만 시그널 블록 마스크는 9장에서 다루기 때문에 여기서는 잠시 미뤄두도록 할 것이다.

그러나 9장에서 시그널 블록 마스크를 배운 뒤에는 pselect를 사용하도록 해야 한다. 참고로 pselect는 시그널 처리를 제외하면 select와 동일하므로 sigmask 인수에 NULL을 지정하면 select와 동일하게 작동한다. 물론 타이머의 정밀도는 다르지만, 이는 결정적인 큰 차이는 아니다.

select는 총 5개의 인수를 받아들이는데 2, 3, 4번째 인수에서 fd_set 구조체를 사용한다. fd_set 구조체 인수 중에 순서대로 readfds, writefds, errorfds는 읽기 가능 이벤트, 쓰기 가능 이벤트, 예외 상황 이벤트를 감시하는 데 사용된다. 이들이 감지할 수 있는 이벤트 조건은 [표 7.1]과 같다.

표 7.1 select의 소켓 감지 가능 이벤트

fd_set 인수	감지 가능 이벤트
읽기 가능 (readfds)	소켓 수신 버퍼에 데이터가 도착한 경우 소켓 수신 버퍼에 접속연결 해제요청(FIN)이 발생한 경우 리스너 소켓에 새로운 접속(SYN)이 있는 경우
쓰기 가능 (writefds)	소켓 송신 버퍼에 빈공간이 생긴 경우 반대편에서 연결을 끊은 경우 TCP 스트림에 데이터를 전송 가능한 경우(e.g 넌블럭킹 connect)
예외 상황 (errorfds)	TCP의 OOB 데이터(URG 플래그)가 수신된 경우

[표 7.1]은 select가 소켓과 stdin을 다룰 때에 대해 설명한 것이나 시스템별로 파이프나 다른 장치의 이벤트를 감지할 수도 있다. 예를 들어 읽기 가능 이벤트는 stdin의 키보드 입력 발생 이벤트를 감지할 수도 있다.

모든 이벤트는 소켓이 블록킹이든 넌블록킹 모드이든 상관없이 감지된다. 하지만, 이벤트 감지 후에 recv나 send를 할 때 블록되지 않도록 넌블록킹 모드를 쓰는 경우가 많을 뿐이다.

인수로 쓰이는 fd_set들 중에 원하는 이벤트를 선택적으로 지정할 수 있다. 예를 들어 읽기 가능 이벤트와 예외 상황 이벤트를 설정하고자 한다면 readfds, errorfds를 지정하면 된다.

이때 fd_set 구조체를 세팅하기 위해서 사용되는 매크로가 4종류가 있는데 [표 7.2]에 정리해 두었다. 이들 매크로는 fd_set 구조체를 하나의 긴 비트 단위 공간으로 인식하여 특정 위치의 비트를 0이나 1로 세팅하는 기능이 있다.

표 7.2 select의 fd_set 변경 매크로

FD_ZERO(fd_set *set);	set을 초기화 한다.
FD_SET(int fd, fd_set *set);	set에 파일기술자 fd를 등록한다.
FD_CLR(int fd, fd_set *set);	set에서 파일기술자 fd를 해제한다.
FD_ISSET(int fd, fd_set *set);	set에 파일기술자 fd가 등록되어 있는지 확인한다.

예를 들어 FD_SET(0, &fds)이라고 호출한다면 fds의 첫 번째 비트에 해당하는 부분을 1로 수정하는 것이다. [그림 7.1]은 fd_set 구조체를 FD_ZERO로 초기화한 뒤에 FD_SET(0, ...), FD_SET(8, ...)를 호출한 것이다. 따라서 0번째와 8번째 비트만 1로 변한 모습이다.

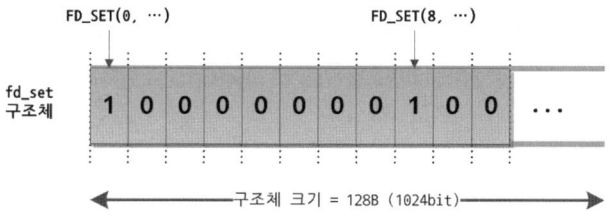

[그림 7.1] fd_set 구조체와 FD_SET 매크로

중요한 점은 fd_set은 입력 값이면서 동시에 출력 값이기도 하다는 점이다. 즉 select 함수가 성공하면 입력된 fd_set 구조체들은 이벤트가 발생한 파일기술자에 해당하는 비트만 켜져서 리턴된다는 점이다. 그러므로 select가 성공으로 리턴되었다면 입력한 fd_set을 FD_ISSET 매크로로 확인하는 절차를 거쳐야 한다.

그리고 다시 select를 호출할 때면 fd_set을 다시 설정해야 한다. select는 이렇게 fd_set을 매번 설정해야 하므로 비효율적인 면이 존재한다.

select의 첫 번째 인수인 nfds는 입력받는 fd_set에 등록된 파일기술자 중에 가장 큰 수에 +1을 한 값을 넣어주면 된다. 이는 select 내부에서 루프를 돌기 위해서 입력받는 최대값이다.

그리고 마지막 인수는 이벤트가 감지되지 않았을 때 타임아웃이다. 만일 NULL을 입력하면 타임아웃은 존재하지 않으며 감시하는 이벤트가 발생할 때까지 무한 대기한다. 예제를 제외하고는 무한 대기는 잘 사용되지 않는다.

select의 리턴값은 성공했을 때는 양수, 실패했을 때는 −1, 그리고 타임아웃이 존재하는 경우 타임아웃까지 이벤트가 없었다면 0이 리턴된다.

성공했을 때 리턴한 양수는 발생한 이벤트의 개수, 즉 몇 개의 파일기술자에 이벤트가 생겼는지를 의미한다. 그리고 타임아웃이 설정되어 있다면 남은 타임아웃이 기록된다.

예를 들어 5초의 타임아웃을 설정했는데 select가 호출되고 2초 뒤에 이벤트가 발생했다면 timeval 구조체에는 3초가 기록되어 리턴된다. 그러면 간단하게 select를 사용하는 예시를 보도록 하자.

[코드 7.1] select 함수의 사용 예시

```
fd_set  fds_read;        /* 수신 이벤트를 감시할 목적의 fd_set 구조체 */
int     fd_biggest;      /* 가장 큰 fd 값 */
int     fd_socket[MAX_FD_SOCKET]; /* 외부에서 관리할 fd 배열 */
int     cnt_fd_socket;           /* fd_socket 배열안에 파일기술자 개수 */
        /* ... 생략 ... */
FD_ZERO(&fds_read);      /* 초기화 */
FD_SET( ... , &fds_read);  /* 입력용 fd_set 설정 */
        /* ... 생략 ... */
ret_select = select(fd_biggest + 1, &fds_read, NULL, NULL, NULL);
        /* ... 생략 ... */
for (i=0; i<cnt_fd_socket && ret_select > 0; i++) {
   if (FD_ISSET(fd_socket[i], &fds_read)) {  /* 읽을 데이터가 존재하는 경우 */
      if ((n_recv = recv(fd_socket[i], buf, sizeof(buf), 0)) == -1) {
         /* error */
      }
      --ret_select;
   }
}
```

[코드 7.1]은 불완전한 코드이므로 그냥 대충 보도록 하자. select를 사용하려면 몇 가지 변수 선언과 매크로 함수를 사용해야 하는데 [코드 7.1]에 있는 음영 처리된 부분이 바로 그 부분들이다. 먼저 필요한 변수부터 살펴보자.

fds_read와 fd_biggest는 select 호출에 직접적으로 사용되는 변수들이다. 그리고 fds_read에 채워넣을 파일기술자의 배열로서 fd_socket이 필요하고 배열에 저장된 실제 파일기술자 개수를 파악하기 위해 cnt_fd_socket이 필요하다.

이렇게 여러 개의 변수가 선언되어야 하고 FD_* 매크로를 사용해야 하므로 select를 사용하면 코드가 지저분해진다.

표 7.3 예시 코드에 사용된 select 관련 변수들

fd_set fds_read	읽기 이벤트 감시용 파일기술자 세트
int fd_biggest	파일기술자 세트에 지정된 파일기술자 중에 가장 큰 번호
int fd_socket[]	현재 시스템에서 관리하는 파일기술자들 배열
int cnt_fd_socket	fd_socket[] 배열에 저장된 파일기술자의 개수

fd_set 구조체는 항상 FD_ZERO 매크로로로 초기화해야 한다. 그리고 나서 FD_SET으로 감시하고자 하는 파일기술자를 등록해야 한다. 이와 반대로 파일기술자를 빼는 것은 FD_CLR 매크로를 사용한다.

[코드 7.1]에서 예시한 구조라면 fd_socket 배열에 파일기술자 번호가 있다고 가정하고 cnt_fd_socket만큼 루프를 돌면서 FD_SET 매크로를 호출하면 될 것이다. 참고로 매크로를 호출하면서 파일기술자 중에 가장 큰 번호도 알아내야 한다. 그런 뒤에 select가 성공적으로 리턴되면 fds_read에 루프를 돌면서 FD_ISSET로 파일기술자 이벤트를 검사해야 한다.

ret_select는 성공시 이벤트가 발생한 파일기술자의 개수이므로 FD_ISSET으로 검사 후 이벤트를 처리하면 1개씩 감소시킨다.

select를 사용할 때 주의할 점은 첫 번째 인수가 감시할 파일기술자 세트들이 가지는 파일기술자 번호 중에 가장 큰 번호에 1을 더한 값이라는 점과 마지막 매개변수인 timeout을 0초로 지정하면 바로 리턴하게 되므로 잠정적인 무한 루프에 빠질 가능성이 있다는 점이다.

2.1 select를 사용한 TCP 서버 예제

이제 select를 이용해서 TCP 서버를 만들어 보도록 할 것이다. 앞서 6장에서 만들었던 pre-fork 방식의 TCP 서버와 기능 측면에서는 동일하다.

6장에서는 I/O 멀티플렉서가 적용되지 않았기 때문에 프로세스 1개당 하나의 소켓만 담당했었으나 이번에는 I/O 멀티플렉서를 사용하였으므로 프로세스 1개에서 다수의 소켓을 입출력할 수 있는 효율적인 구조가 가능해졌다. 따라서 이전에 6장에서 처리한 기본적인 TCP 서버와 어떤 점이 다른지 구조적인 측면을 주의해서 살펴보도록 하자.

참고로 [코드 7.2]의 예제는 I/O 멀티플렉서를 다루는 것이 목적이므로 리스너 소켓이 바인딩할 주소를 재사용할 수 있도록 SO_REUSEADDR 옵션을 설정하는 등의 중요한 기능은 생략된 상태이다. 하지만, 여러분이 실제로 코딩할 때는 이렇게 앞 장에서 다뤘던 것들을 반영하여 코딩하면 좋을 듯하다.

[코드 7.2] select를 사용한 TCP 서버 예제   (io_select.c 1/2 번째)

```
01    #define LISTEN_BACKLOG  256
02    #define MAX_FD_SOCKET   0xff
03    #define MAX(a, b)   a > b ? a : b
04    int    fd_socket[MAX_FD_SOCKET];      /* 소켓 파일기술자를 저장할 배열 */
05    int    cnt_fd_socket;                 /* fd_socket 배열에 실제 들어있는 파일기술자 개수 */
06    /* I/O multiplexing var */
07    fd_set  fds_read;
08    int     fd_biggest;
09    int  add_socket(int fd);
10    int  del_socket(int fd);
```

```
11   int mk_fds(fd_set *fds, int *a_fd_socket);
12   int main(int argc, char *argv[]) {
13       socklen_t   len_saddr;
14       int     fd, fd_listener, ret_recv, ret_select, i;
15       char    *port, buf[1024];
16       for (i=0; i<MAX_FD_SOCKET; i++)
17           fd_socket[i] = -1;
18       if (argc != 2)
19           printf("%s [port number]\n", argv[0]);
20       if (argc == 2)
21           port = strdup(argv[1]);
22       else
23           port = strdup("0"); /* random port */
24       struct addrinfo ai, *ai_ret;
25       int     rc_gai;
26       memset(&ai, 0, sizeof(ai));
27       ai.ai_family = AF_INET;
28       ai.ai_socktype = SOCK_STREAM;
29       ai.ai_flags = AI_ADDRCONFIG | AI_PASSIVE;
30       if ((rc_gai = getaddrinfo(NULL, port, &ai, &ai_ret)) != 0) {
31           pr_err("Fail: getaddrinfo():%s", gai_strerror(rc_gai));    exit(EXIT_FAILURE);
32       }
33       if ((fd_listener = socket(ai_ret->ai_family,
34                   ai_ret->ai_socktype, ai_ret->ai_protocol)) == -1) {
35           pr_err("Fail: socket()");    exit(EXIT_FAILURE);
36       } /* bind 이전에 SO_REUSEADDR을 적용하는게 좋다. */
37       if (bind(fd_listener, ai_ret->ai_addr, ai_ret->ai_addrlen) == -1) {
38           pr_err("Fail: bind()");      exit(EXIT_FAILURE);
39       }
40       if (!strncmp(port, "0", strlen(port))) { /* 무작위 포트가 지정된 경우 */
41           struct sockaddr_storage saddr_s;
42           len_saddr = sizeof(saddr_s);
43           getsockname(fd_listener, (struct sockaddr *)&saddr_s, &len_saddr);
44           if (saddr_s.ss_family == AF_INET) { /* IPv4인 경우 */
45               pr_out("bind : IPv4 Port : #%d", ntohs(((struct sockaddr_in *)&saddr_s)->sin_port));
46           } else  if (saddr_s.ss_family == AF_INET6) { /* IPv6인 경우 */
47               pr_out("bind : IPv6 Port : #%d",
48                       ntohs(((struct sockaddr_in6 *)&saddr_s)->sin6_port));
49           } else {
50               pr_out("getsockname : ss_family=%d", saddr_s.ss_family);
51           }
52       } else {
53           pr_out("bind : %s", port); /* 포트를 지정한 경우 */
54       }
55       listen(fd_listener, LISTEN_BACKLOG);
56       add_socket(fd_listener);    /* 감시할 소켓 배열인 fd_socket 에 리스너 소켓 추가 */
57       while (1) {
```

```
58        /* mk_fds()함수는 fds_read를 설정한다. select함수는 리턴하면서fds_read 구조체(fd_set타입)를
59           변경시키므로 매번 호출할 때마다 재작성해야 한다. 간혹 효율적인 코드작성을 위해
60           fds_read의 복사본을 만들어 select에 넘길때 복사본을 사용하는 경우도 있다.
61           이런 방법을 생각하는 것은 여러분의 몫이다. */
62        fd_biggest = mk_fds(&fds_read, fd_socket); /* fd_set 구조체와 가장 큰 fd값을 반환 */
63        if ((ret_select = select(fd_biggest+1, &fds_read, NULL, NULL, NULL)) == -1) {
64            /* error */
65        }
66        if (FD_ISSET(fd_listener, &fds_read)) { /* 리스너 소켓에 이벤트가 있는가? */
67            /* 현재 리스너 소켓은 블록킹 모드이므로 accept를 한번씩만 호출하여 접속을 받아들인다.
68               백로그에 복수의 접속 요청이 있어도 매번 루프를 돌면서 접속을 받는다.
69               이는 비효율적이므로 리스너 소켓을 넌블럭킹으로 하고 루프를 돌면서 처리하는 것이 좋다. */
70            len_saddr = sizeof(saddr_c);
71            fd = accept(fd_listener, (struct sockaddr *)&saddr_c, &len_saddr);
72            if (fd == -1) {
73                pr_err("Error get connection from listen socket");
74                continue;
75            }
76            if (add_socket(fd) == -1) {
77                /* 에러 처리는 생략 */
78            }
79            pr_out("accept : add socket (%d)", fd);
80            continue;  /* 새로운 소켓이 추가되었으므로 다시 select를 호출하는 곳으로 간다 */
81        }
82        for (i=1; i<cnt_fd_socket; i++) { /* fd_socket[1]부터 일반 소켓의 읽기 가능 이벤트이다. */
83            if (FD_ISSET(fd_socket[i], &fds_read)) {
84                pr_out("FD_ISSET: normal-inband");
85                if ((ret_recv = recv(fd_socket[i], buf, sizeof(buf), 0)) == -1) {
86                    pr_err("fd(%d) recv() error (%s)", fd_socket[i], strerror(errno));/*에러처리*/
87                } else {
88                    if (ret_recv == 0) {        /* closed */
89                        pr_out("fd(%d) : Session closed", fd_socket[i]);
90                        del_socket(fd_socket[i]); /* fd_socket 배열에서 제거 */
91                    } else {                /* 데이터를 정상적으로 수신하였다. */
92                        pr_out("recv(fd=%d,n=%d) = %.*s",
93                                fd_socket[i], ret_recv, ret_recv, buf);
94                    }
95                }
96            }
97        } /* loop: for(i) */
98    } /* loop: while */
99    return 0;
100 }
```

55행의 listen을 호출할 때까지는 6장에서 다뤘던 TCP 서버 예제와 동일하다. getaddrinfo로 IPv4의 TCP 주소를 얻고 socket으로 TCP 소켓을 생성하고 있다. 그

리고 bind와 listen을 하는 과정이다. 정작 중요한 것은 56행부터이다.

56행에서 호출하는 add_socket 함수는 사용자 정의 함수로서 인수로 건넨 소켓 파일 기술자를 int 배열인 fd_socket 변수에 저장해둔다.

이 배열은 select를 호출할 때 사용하는 파일기술자 번호의 최대값, fd_set 구조체를 세팅하기 위해 사용되며 예제에서는 mk_fds 함수가 이 작업을 하게 된다. 즉 mk_fds는 fd_socket 배열을 가지고 루프를 돌면서 FD_SET를 호출하여 fd_set 구조체에 등록하고 그중에서 가장 큰 값의 파일기술자를 리턴하도록 되어 있다. 이는 조금 뒤 소스 코드의 나머지 부분에서 다룰 것이다.

62행의 mk_fds에서 리턴된 최대 파일기술자 번호와 fd_set을 가지고 select를 호출한다. 타임아웃 부분에 NULL을 지정했으므로 입력 이벤트가 발생할 때까지 무한 대기한다. 처음에는 리스너 소켓만 등록되어 있으니 새로운 접속이 생겨야만 select가 리턴하게 될 것이다.

select가 양수를 리턴하면 이벤트가 발생한 소켓의 개수를 의미하므로 FD_ISSET을 이용해서 몇 번 파일기술자에 이벤트가 발생했는지 확인해야 한다. 그런데 예제의 구조는 리스너 소켓과 클라이언트와 연결된 일반 소켓의 2종류를 나눠서 검증한다. 66~81행은 리스너 소켓인 경우에 처리하는 부분이고 82~97행은 일반 클라이언트와 연결된 소켓일 경우이다.

리스너 소켓인 경우에는 accept를 호출하여 접속을 받아들이고 add_socket 함수를 호출해서 새롭게 받아들인 소켓을 fd_socket 배열에 추가해둔다. 그리고 continue하여 select를 다시 호출한다.

만일 리스너 소켓에 이벤트가 발생한 경우가 아니라면 일반 소켓의 이벤트이다. 그런데 for 문에서 i가 1부터 검사하는 이유는 0번째 배열 원소는 리스너 소켓이기 때문이다. 리스너 소켓은 앞에서 이미 검사했으므로 fd_socket[1]부터 시작한다. 루프문을 돌면서 검사할 때 최악의 경우는 이벤트가 발생한 파일기술자가 배열의 맨 끝에 있는 경우이다.

이 문제는 select와 poll 둘 다 가지고 있는 비효율적인 인터페이스이다. 뒤에서 다룰 epoll에서는 이런 문제가 획기적으로 제거되어 이벤트가 발생한 소켓만 정확하게 알아낸다. 그러면 이제 프로그램의 나머지 부분인 add_socket()과 del_socket(), mk_fds()를 보도록 하자.

[코드 7.2] select를 사용한 TCP 서버 예제 (io_select.c , 2/2 번째)

```
101  int add_socket(int fd) {
102      if (cnt_fd_socket < MAX_FD_SOCKET) {
103          fd_socket[cnt_fd_socket] = fd;
104          return ++cnt_fd_socket;
105      } else {
106          return -1;
107      }
108  }
109  int del_socket(int fd) {
110      int  i, flag;
111      flag = 0;    /* 1:found, 0:not found */
112      close(fd);
113      for (i=0; i<cnt_fd_socket; i++) { /* 루프를 돌면서 제거할 파일기술자 번호를 찾는다 */
114          if (fd_socket[i] == fd) {
115              if (i != (cnt_fd_socket-1)) fd_socket[i] = fd_socket[cnt_fd_socket-1];
116              fd_socket[cnt_fd_socket-1] = -1;
117              flag = 1; /* 찾은 경우 */
118              break;
119          }
120      }
121      if (flag == 0)
122          return -1; /* 못찾은 경우는 -1 로 리턴 */
123      --cnt_fd_socket;
124      return i;
125  }
126  int mk_fds(fd_set *fds, int *a_fd_socket) {
127      int i, fd_max;
128      FD_ZERO(fds);      /* 파일기술자 세트 초기화 */
129      for (i=0, fd_max = -1; i<cnt_fd_socket; i++) {
130          fd_max = MAX(fd_max, a_fd_socket[i]);
131          FD_SET(a_fd_socket[i], fds);
132      }
133      return fd_max; /* 파일기술자 중에 가장 큰 번호를 리턴 */
134  }
```

add_socket, del_socket, mk_fds는 앞서 설명했던 기능을 구현했을 뿐이다. 코드 자체는 간단하다. add_socket은 fd_socket 배열에 추가하고 cnt_fd_socket을 +1 시킨다.

del_socket은 반대의 기능을 하되 파일기술자를 닫는 close를 추가하는 부분만 조금 다르다. 다만, 효율성을 위해 배열에서 삭제한 파일기술자의 위치가 배열 중간에 있다면 유효한 배열 값 중에 맨 끝의 값으로 덮어쓰기를 한다.

이렇게 하면 항상 처음부터 끝까지 cnt_fd_socket 개수만큼만 유효한 파일기술자 번호로 유지할 수 있다. 자 그러면 이제 예제를 컴파일하고 실행한 뒤에 telnet으로 접속을 해보자. telnet 접속은 6장에서도 많이 했으니 여기서는 따로 예제 그림을 보여주지는 않으려고 한다.

```
$ ./io_select 5000
[REP] [io_select.c/main:099] bind : 5000
[REP] [io_select.c/main:110]    select = (1)
[REP] [io_select.c/main:126] accept : add socket (4)
[REP] [io_select.c/main:110]    select = (1)
[REP] [io_select.c/main:149] FD_ISSET: normal-inband
[REP] [io_select.c/main:160] recv(fd=4,n=5) = Hello
[REP] [io_select.c/main:110]    select = (1)
[REP] [io_select.c/main:126] accept : add socket (5)
[REP] [io_select.c/main:110]    select = (1)
[REP] [io_select.c/main:149] FD_ISSET: normal-inband
[REP] [io_select.c/main:160] recv(fd=5,n=11) = Hello Linux
[REP] [io_select.c/main:110]    select = (1)
[REP] [io_select.c/main:149] FD_ISSET: normal-inband
[REP] [io_select.c/main:155] fd(4) : Session closed
```

[그림 7.2] select를 사용한 TCP 서버 예제 실행

[그림 7.2]는 2개의 telnet 연결을 한 것으로 접속할 때마다 accept가 일어나고 telnet 클라이언트에서 타이핑하면 서버 측에서 recv를 한 결과가 출력되고 있다. 그리고 복수의 telnet 접속을 select를 이용해서 하나의 프로세스에서 처리하는 것을 볼 수 있다.

그림에서는 2개 클라이언트가 접속했으므로 파일기술자 4, 5번이 accept되고 있다. telnet에서 접속을 끊으면 recv에서 0이 리턴되어 passive close되는 것을 볼 수 있다.

예제를 다 보았으니 마지막으로 select에 대해 나쁜 소리를 좀 해야겠다. 앞서 select 함수가 비효율적이라고 험담을 늘어놨는데 그 이유에 대해 명확한 증거를 하나 제시하겠다.

예를 들어 2개의 파일기술자를 감시해야 하는 상황을 가정하자. 첫 번째 파일기술자의 번호는 4이고 두 번째는 850이다. 그러므로 fd_set에 FD_SET(4, ...), FD_SET(850, ...)으로 구조체를 설정하고 select(851, fd_set 구조체, ...)의 식으로 호출하게 될 것이다. 문제는 select 내부에서는 0번부터 순서대로 850번까지 루프를 돌면서 입력된 fd_set 구조체의 비트 마스크 상태를 검사할 것이라는 점이다. 그 결과 쓸데없이 루프를 많이 돌게 된다는 점이다.

따라서 최악의 경우를 생각하면 효율이 높지 못하다. 이런 상황이 초당 수백, 수천 번 발생한다면 select가 도는 루프문의 총합은 수십만 번 이상이 될 수도 있다.

만일 대용량 서버 프로그램이라면 이런 서버 프로세스가 여러 개 실행될 텐데 그렇다

면 최악에는 초당 수천만 번의 루프문이 무의미하게 돌 수도 있다는 것이다. 최악이 아니라고 하더라도 관리하는 소켓 파일기술자가 늘어날수록 루프의 횟수가 늘어나는 것은 자명하므로 웬만하면 select는 피하는 것이 좋다.

이런 비효율적인 루프 횟수를 가진 인터페이스를 개선한 것이 바로 poll 함수이므로 특별한 경우가 아니라면 poll을 사용하는 것이 좋다. 하지만, poll도 비효율적이므로 epoll을 써야만 한다. 그러나 epoll이 지원되지 않는 시스템들도 있을 수 있으므로 poll까지 모두 배워둬야만 한다.

03   poll의 사용

앞서 다뤘던 select는 성능상의 불이익과 인터페이스의 복잡함 때문에 실무에서는 사용 빈도가 낮다. 여러분 중에는 아뿔싸 사기당했다, 괜히 배웠다라는 생각이 들 수도 있겠지만 제대로 쓰이지도 않는 select를 설명한 이유는 과거에 작성된 코드를 분석하여 poll이나 epoll로 변경하려면 알아야 하기 때문이다. 궁색한 변명이라고 생각할 수도 있지만, 필자의 경험으로는 아직 실무에 적용된 코드 중에 select를 쓰는 코드가 많이 있기에 어쩔 수 없다.

poll의 특징은 select의 복잡한 인수 리스트를 정리하고 외부에 저장해야 하는 파일기술자 번호를 poll 함수에서 사용하는 구조체에 넣어 그대로 사용할 수 있도록 한 것이다.

덕분에 코딩이 깔끔해지고 세련되어졌지만, 실제 성능상의 큰 향상은 없는 편이다. 다만, 최악의 경우에 조금 더 나은 면이 있는데 이는 앞서 select가 가진 최악의 경우에 늘어나는 루프 횟수를 줄일 수 있다는 점이다.

참고로 poll도 pselect처럼 시그널 블록 마스크 기능이 있는 ppoll이 존재한다. 하지만, 이는 SUS 표준은 아니고 GNU 리눅스 확장이라는 점을 알아둬야 한다.

루프 횟수를 줄일 수 있는 해결책으로 poll은 감시할 파일기술자 번호를 struct pollfd 구조체에 넣어서 관리하였다. 따라서 시스템 콜은 내부적으로 pollfd 구조체의 개수만큼만 루프를 돌기 때문에 감시하지 않는 파일기술자들을 검사하는 일은 생기지 않는다.

따라서 앞서 select의 비효율을 설명할 때처럼 4와 850번의 파일기술자를 감시하는 경우라고 하더라도 단 2번의 루프로 해결된다. 하지만, 파일기술자의 개수가 늘어나면 늘어날수록 select의 비효율적인 측면과 큰 차이를 보이지 않으므로 대용량 네트워크 프로그램에 도입할 때는 오십보백보라고 할 수 있다.

```
int ppoll(struct pollfd *fds, nfds_t nfds,
          const struct timespec *timeout_ts, const sigset_t *sigmask);
int poll(struct pollfd fds[], nfds_t nfds, int timeout);
struct pollfd {
    int fd;           /* 파일기술자 */
    short events;     /* 요구된 이벤트 */
    short revents;    /* 반환된 이벤트 */
};
```

poll이 받아들이는 첫 번째 인수인 pollfd 구조체는 감시할 파일기술자와 이벤트의 정보를 담고 있는 주소이다. pollfd 구조체의 fd 멤버는 감시할 파일기술자 번호이며 events는 해당 fd에 대해서 감시할 이벤트 마스크이다.

따라서 events 마스크에는 이벤트의 종류에 따라서 읽기나 쓰기, 예외 상황들을 감시하도록 비트 마스크를 지정할 수 있다. select의 fd_set가 3개로 나누어져 있던 것이 events 마스크 하나로 해결되었기 때문에 매우 깔끔해졌다.

revents에는 events 마스크에서 지정한 이벤트 중에 발생한 것이 있다면 여기에 결과를 저장해준다. 따라서 revents에 AND 매스킹으로 검사해보면 이벤트 발생을 확인할 수 있다. 가능한 이벤트는 [표 7.4]와 같다.

표 7.4 poll의 이벤트 종류

POLLIN	읽기 버퍼에 데이터가 있다. (cf. TCP의 연결 요청도 읽기 데이터에 포함됨)
POLLPRI	우선순위 데이터를 사용한다. (e.g. TCP의 OOB 데이터가 감지됨)
POLLOUT	쓰기 버퍼가 사용가능한 상태 (e.g. 버퍼가 비워졌거나 넌블럭킹 connect가 완료된 상태)
POLLERR	연결에 에러가 발생함
POLLHUP	닫힌 연결에 쓰기 시도 감지
POLLNVAL	무효한 파일기술자를 지정한 에러 (연결되지 않은 파일기술자를 지정함)

기본적으로 지원되는 poll의 이벤트는 6개로서 [표 7.4]에 정리한 대로다.

POLLIN과 POLLPRI는 데이터를 수신하기 위한 이벤트이며 POLLOUT는 쓰기가 봉쇄되지 않은 상태, 즉 쓰기가 가능해졌는지 확인하는 이벤트이다.

따라서 POLLOUT은 넌블록킹으로 connect를 호출했을 때 연결이 완료되었는지 확인하는 용도로 사용할 수 있다. 또한, 소켓 송신 버퍼가 꽉 차서 더 이상 데이터를 보내지 못하다가 마침내 비워져서 send를 호출할 수 있는 공간이 확보되었는지 확인하는 이벤트로도 사용된다. 이 기능은 송신 가능 타이머를 지정하는 구조를 설계할 때 주로 사용된다.

POLLERR은 연결에 에러가 발생한 경우이다. POLLHUP는 연결이 닫혔음에도 쓰기를 시도하는 경우에 발생한다. 마지막으로 POLLNVAL는 무효한 파일기술자를 지정하여 poll을 호출한 경우이다.

여기서 POLLIN, POLLPRI, POLLOUT은 events 마스크에 사용자가 지정한 경우에만 revents에 수신되며 POLLERR, POLLHUP, POLLNVAL과 같은 에러 처리 이벤트는 마스크에 지정해주지 않더라도 수신되는 revents 전용의 마스크 값이다.

그리고 [표 7.4]에 나온 것 외에 XPG 4.2에서 지정한 이벤트 종류가 4가지가 더 있으나 소켓에는 사용되지 않고 캐릭터 장치 같은 경우에만 사용한다.[39]

그리고 poll의 두 번째 인수에는 pollfd 구조체의 실제 감시할 파일기술자 정보를 채워넣은 배열의 개수이다. 세 번째 인수인 timeout은 밀리 초 단위의 타임아웃 시간을 지정한다.

주의할 점은 간혹 무한대기를 하기 위해 select처럼 timeout에 NULL을 넣으면 0으로 캐스팅 인식되어 즉시 poll이 리턴될 수 있다. poll에서는 타임아웃을 지정하지 않고 무한 대기를 시키려면 −1을 넣어야 한다. 그러면 이제 poll을 어떻게 사용하는지 간단한 예시를 보도록 하자.

[코드 7.3] poll 함수의 사용 예시

```
struct pollfd pollfds[512];
int n_fds;
pollfds[0].fd = 8;
pollfds[0].events = POLLIN;  /* 읽기 가능 이벤트 감지 */
pollfds[1].fd = 10;
pollfds[1].events = POLLIN | POLLPRI; /* 읽기 가능 이벤트 감지, 예외 상황 감지 */
pollfds[2].fd = 15;
pollfds[2].events = POLLIN; /* 읽기 가능 이벤트 감지 */
n_fds = 3;
n_ret = poll(pollfds, n_fds, -1);
    /* ... 생략 ... */
```

---

39) XPG 4.2에서 추가된 poll의 이벤트 마스크는 POLLRDNORM, POLLRDBAND, POLLWRNORM, POLLWRBAND가 있다. 이들은 각각 일반 밴드와 우선순위 밴드를 나눌 수 있다.

```
        for (i=0; i<n_fds && n_ret > 0; i++) {
            if (pollfds[i].revents & POLLIN) {
                /* 읽기 가능 이벤트가 감지되었다. */
            } else if (pollfds[i].revents & POLLPRI) {
                /* 예외 상황(예를 들어 TCP의 OOB)이 감지되었다. */
            } else if (
            /* ... 생략 ... */
        } /* loop : for(i) */
```

[코드 7.3]의 예는 흐름만 보기 위해 간단한 예시를 든 것이다. select 함수의 예시와 비교하면 코드 자체가 상당히 깔끔해졌다. 변수는 단지 pollfd 구조체와 n_fds의 pollfd 구조체의 카운터 변수만 있으면 된다.

예제 [코드 7.3]은 3개의 파일기술자를 감시하며 각각 POLLIN, POLLIN|POLLPRI, POLLIN 이벤트를 감시하도록 되어 있다. poll의 리턴값은 select와 마찬가지로 입력된 파일기술자 중에 이벤트가 발생한 파일기술자의 개수이다. 그러면 앞서 select를 사용했던 TCP 서버 예제를 poll을 사용한 버전으로 변경해보자.

3.1 poll을 사용한 TCP 서버 예제

poll 예제의 구조는 앞서 select를 사용했던 TCP 서버 예제와 동일하다. 왜냐하면, select에서 poll로 I/O 멀티플렉서만 변경했기 때문이다.

최소한의 변경만으로 poll로 대체하는 것을 보여주기 위해 기존에 사용되던 사용자 함수들인 add_socket, del_socket의 이름과 인수도 그대로 유지하였다.

[코드 7.4] poll을 사용한 TCP 서버 예제   (io_poll.c 1/2 번째)

```
01   #define LISTEN_BACKLOG  256
02   #define MAX_FD_SOCKET   0xff
03   struct pollfd pollfds[MAX_FD_SOCKET];  /* poll에 쓰이는 인수 구조체 */
04   int    cnt_fd_socket;
05   int  add_socket(int fd);
06   int  del_socket(int fd);
07   int  main(int argc, char *argv[]) {
08       socklen_t      len_saddr;
09       int    i, fd, fd_listener, ret_recv, ret_ionread, ret_poll;
10       char   *port, buf[1024];
11       if (argc != 2)
12           printf("%s [port number]\n", argv[0]);
13       if (argc == 2)
14           port = strdup(argv[1]);
15       else
```

```
16          port = strdup("0"); /* random port */
17      struct addrinfo ai, *ai_ret;
18      int     rc_gai;
19      memset(&ai, 0, sizeof(ai));
20      ai.ai_family = AF_INET;
21      ai.ai_socktype = SOCK_STREAM;
22      ai.ai_flags = AI_ADDRCONFIG | AI_PASSIVE;
23      if ((rc_gai = getaddrinfo(NULL, port, &ai, &ai_ret)) != 0) {
24          pr_err("Fail: getaddrinfo():%s", gai_strerror(rc_gai));    exit(EXIT_FAILURE);
25      }
26      if ((fd_listener = socket(ai_ret->ai_family,
27                  ai_ret->ai_socktype, ai_ret->ai_protocol)) == -1) {
28          pr_err("Fail: socket()");    exit(EXIT_FAILURE);
29      }
30      if (bind(fd_listener, ai_ret->ai_addr, ai_ret->ai_addrlen) == -1) {
31          pr_err("Fail: bind()");    exit(EXIT_FAILURE);
32      }
33      if (!strncmp(port, "0", strlen(port))) { /* random port인 경우 */
34          struct sockaddr_storage saddr_s;
35          len_saddr = sizeof(saddr_s);
36          getsockname(fd_listener, (struct sockaddr *)&saddr_s, &len_saddr);
37          if (saddr_s.ss_family == AF_INET) { /* IPv4의 경우 */
38            pr_out("bind : IPv4 Port : #%d",
39                  ntohs(((struct sockaddr_in *)&saddr_s)->sin_port));
40          } else  if (saddr_s.ss_family == AF_INET6) { /* IPv6의 경우 */
41            pr_out("bind : IPv6 Port : #%d",
42                  ntohs(((struct sockaddr_in6 *)&saddr_s)->sin6_port));
43          } else {
44              pr_out("getsockname : ss_family=%d", saddr_s.ss_family);
45          }
46      } else {
47          pr_out("bind : %s", port); /* 포트 번호를 지정한 경우 */
48      }
49      listen(fd_listener, LISTEN_BACKLOG);
50      add_socket(fd_listener);
51      while (1) {
52          if ((ret_poll = poll(pollfds, cnt_fd_socket, -1)) == -1) {
53              /* error */
54          }
55          pr_out("\tpoll = (%d)", ret_poll);
56          if (pollfds[0].revents & POLLIN) { /* 0th pollfds에는 listener */
57              struct sockaddr_storage saddr_c;
58              len_saddr = sizeof(saddr_c);
59              if ((fd = accept(pollfds[0].fd, (struct sockaddr *)&saddr_c, &len_saddr))
60                      == -1) {
61                  pr_err("Error get connection from listen socket");
```

```
62                    /* 에러 처리 */
63                    continue;
64                }
65                if (add_socket(fd) == -1) {
66                    /* error : force to disconnect. */
67                }
68                pr_out("accept : add socket (%d)", fd);
69                continue;
70            }
71            for (i=1; i<cnt_fd_socket && ret_poll > 0; i++) {
72                if (pollfds[i].revents & POLLIN) {
73                    pr_out("POLLIN : normal-inband");
74                    if ((ret_recv = recv(pollfds[i].fd, buf, sizeof(buf), 0)) == -1) {
75                        pr_err("fd(%d) recv() error (%s)", pollfds[i].fd, strerror(errno));
76                    } else {
77                        if (ret_recv == 0) {    /* closed */
78                            pr_out("fd(%d) : Session closed", pollfds[i].fd);
79                            del_socket(pollfds[i].fd);
80                            i--;    /* del_socket에 의해 파일기술자 개수가 감소했으므로. */
81                        } else {    /* normal */
82                            pr_out("recv(fd=%d,n=%d) = %.*s", pollfds[i].fd, ret_recv, ret_recv, buf);
83                        }
84                    }
85                    ret_poll--;
86                } else if (pollfds[i].revents & POLLERR) { /* error */
87                    ret_poll--;
88                } else if (pollfds[i].revents & POLLNVAL) { /* invalid fd */
89                    ret_poll--;
90                } else {
91                    pr_out("> No signal:fd(%d)", pollfds[i].fd);
92                }
93            } /* loop : for(i) */
94        }
95        return 0;
96    }
```

전체적인 구조는 이미 io_select.c 예제에서 보았기 때문에 조금 다른 부분만 음영처리로 강조했으니 음영 처리된 부분을 중점으로 살펴보도록 하자. 55행에서 poll을 호출할 때 인수로 사용하는 pollfds는 struct pollfd 구조체의 배열로 선언되어 있다.

이 배열 구조체의 fd, events 멤버는 입력용이고 revents 멤버는 출력용으로 사용된다. 이 부분이 가장 큰 차이점으로 select는 매번 호출하고 리턴될 때마다 fd_set 구조체의 값이 변경되어 fd_set 구조체에 값을 다시 채워넣어야 한다.

하지만, poll이 사용하는 pollfd 구조체는 입력용과 출력용 멤버가 분리되어 있으므로 새로운 파일기술자가 추가된 경우가 아니라면 구조체에 값을 다시 채워넣을 필요가 없다.

poll 예제의 add_socket과 del_socket은 전역변수로 선언된 pollfd 구조체 배열에 파일기술자를 추가하거나 삭제하는 기능으로 변경되었다.

[코드 7.4]의 예제도 poll이 성공적으로 리턴했을 때 pollfds[0].fd는 리스너 소켓이므로 accept를 한다. pollfds[1]부터는 일반 소켓이므로 recv를 한다. 그러면 나머지 add_socket, del_socket의 코드를 살펴보자.

[코드 7.4] poll을 사용한 TCP 서버 예제   (io_poll.c 2/2 번째)

```c
 97  int  add_socket(int fd) {
 98      if (cnt_fd_socket < MAX_FD_SOCKET) {
 99          pollfds[cnt_fd_socket].fd = fd;
100          pollfds[cnt_fd_socket].events = POLLIN; /* 수신 이벤트 감지 */
101          return ++cnt_fd_socket;
102      } else {
103          return -1;
104      }
105  }
106  int  del_socket(int fd) {
107      int  i, flag = 0; /* 1:found, 0:not found */
108      close(fd);
109      for (i=0; i<cnt_fd_socket; i++) {
110          if (pollfds[i].fd == fd) {
111              if (i != (cnt_fd_socket-1)) {
112                  pollfds[i] = pollfds[cnt_fd_socket-1]; /* replace pollfd to last one */
113              }
114              pollfds[cnt_fd_socket-1].fd = -1;
115              flag = 1; /* 찾은 경우 */
116              break;
117          }
118      } /* loop: for(i) */
119      if (flag == 0) { /* 못 찾은 경우 */
120          return -1;
121      }
122      --cnt_fd_socket;
123      return i;
124  }
```

---

add_socket 함수에서는 pollfd 구조체에 fd와 events를 채워넣고 cnt_fd_socket의 값을 +1 증가시킨다. events에는 POLLIN만을 넣었으나 OOB 데이터를 감지하려면

POLLPRI도 OR 연산해서 넣어주면 된다.

그러면 이번에는 OOB 데이터를 poll을 이용해서 감지하는 방법을 살펴볼 차례다. 6장에서는 I/O 멀티플렉서를 다루지 않았기 때문에 sockatmark 같은 원시적인 방법을 사용했지만, 이제는 세련된 방법으로 OOB를 처리할 수 있다.

3.2 poll의 TCP OOB 데이터 감지

여기서는 poll을 이용해서 OOB 데이터를 감지하고 처리하지만, select를 이용해서 작업해도 동일한 결과를 가진다. 그러나 select는 사용 빈도가 떨어지므로 poll을 사용한 예제만 다룰 것이다.

TCP의 OOB(Out-Of-Band) 데이터 도착을 감지하는 것은 2가지 방법이 있다. 첫째는 select나 poll과 같은 poller를 이용하여 감지하는 방법이고 둘째는 SIGURG 시그널로 감지하는 방법이 있다.

둘 중 어떤 방법을 사용하는지는 프로그래머의 마음이지만 대부분은 poller를 사용하는 방법이 더 세련된 방법이다. SIGURG 시그널 핸들러를 이용하는 방법은 9장의 시그널 처리를 배우면 자연히 알게 될 것이다.

예제는 앞서 다뤘던 [코드 7.4]에서 OOB 처리 부분을 추가할 것이다. 변경되는 부분은 10여행이 채 안 되기 때문에 기존 코드와 중복되는 대부분 코드는 생략되었다. 예제 코드는 기존 행과 비교하도록 ENABLE_MSG_OOB 매크로를 정의한 경우에 새롭게 수정된 부분을 포함하도록 작성하였으니 #ifdef ENABLE_MSG_OOB로 시작하는 부분을 중점적으로 살펴보자.

[코드 7.5] poll을 사용하여 OOB를 감지하는 TCP 서버 예제   (io_poll.c)

```
71      for (i=1; i<cnt_fd_socket && ret_poll > 0; i++) {
72        if (pollfds[i].revents & POLLIN) {
73          pr_out("POLLIN : normal-inband");
74          if ((ret_recv = recv(pollfds[i].fd, buf, sizeof(buf), 0)) == -1) {
75            pr_err("fd(%d) recv() error (%s)", pollfds[i].fd, strerror(errno));
76          } else {
77            if (ret_recv == 0) {    /* closed */
78              pr_out("fd(%d) : Session closed", pollfds[i].fd);
79              del_socket(pollfds[i].fd);
80              i--;    /* del_socket에 의해 파일기술자 개수가 감소했으므로. */
81            } else {    /* normal */
82              pr_out("recv(fd=%d,n=%d) = %.*s", pollfds[i].fd, ret_recv, ret_recv, buf);
83            }
```

```
 84                            }
 85                        ret_poll--;
 86  #ifdef ENABLE_MSG_OOB
 87                } else if (pollfds[i].revents & POLLPRI) {  /* POLLPRI 이벤트 수신 = OOB 감지 */
 88                    pr_out("POLLPRI : Urgent data detected");
 89                    if ((ret_recv = recv(pollfds[i].fd, buf, 1, MSG_OOB)) == -1) { /* OOB 데이터 읽기 */
 90                        /* error (에러 처리 생략됨) */
 91                    }
 92                    pr_out("recv(fd=%d,n=1) = %.*s (OOB)", pollfds[i].fd, 1, buf);
 93  #endif
 94                } else if (pollfds[i].revents & POLLERR) { /* error */
 95                    ret_poll--;
 96                } else if (pollfds[i].revents & POLLNVAL) { /* invalid fd */
 97                    ret_poll--;
 98                } else {
 99                    pr_out("> No signal:fd(%d)", pollfds[i].fd);
100                }
101          } /* loop : for(i) */
102      }
103      return 0;
104  }
105  int add_socket(int fd) {
106      if (cnt_fd_socket < MAX_FD_SOCKET) {
107          pollfds[cnt_fd_socket].fd = fd;
108  #ifdef ENABLE_MSG_OOB
109          pollfds[cnt_fd_socket].events = POLLIN | POLLPRI;   /* POLLPRI 이벤트도 같이 감시 */
110  #else
111          pollfds[cnt_fd_socket].events = POLLIN;
112  #endif
113          return ++cnt_fd_socket;
114      } else {
115          return -1;
116      }
117  }
```

중요하게 살펴봐야 하는 부분은 음영 처리된 부분이다. 추가된 86~93행을 보면 POLLPRI 이벤트가 수신된 경우에 recv 호출시 MSG_OOB 플래그를 더해서 읽도록 하고 있다.

그런데 poll 함수가 POLLPRI를 수신하려면 add_socket에서 POLLPRI 이벤트를 감시하도록 마스크를 설정해야 한다. 따라서 109행에서 pollfd 구조체의 events에 POLLPRI 이벤트를 OR 연산으로 추가하는 것을 볼 수 있다.

3.3 accept의 넌블록킹 모드

앞서 select와 poll을 이용한 TCP 서버 예제에서는 리스너 소켓에 블록킹 모드를 적용하였다. 하지만, 실무에서는 리스너 소켓의 이벤트를 감시할 땐 대부분 넌블록킹 모드를 사용한다.

왜냐하면, 블록킹 모드를 사용한다면 select나 poll이 백로그에 복수의 연결 요청이 쌓여 있더라도 한 번만 accept해야 하기 때문이다. 몇 개의 연결 요청이 쌓여 있는지 모르는 상황에서 accept를 여러 번 호출하다가는 블록되어 프로세스가 잠복 상태로 빠질 수 있기 때문이다.

예를 들어 백로그에 3개의 연결 요청이 있었는데 4번째 accept를 하게 되면 블록이 된다. 그러나 넌블록킹 모드라면 백로그가 비어 있을 때 accept는 에러로 리턴되고 errno가 EAGAIN이 되므로 프로세스는 다른 일을 할 수 있도록 설계할 수 있다.

그러므로 앞서 리스너 소켓에 블록킹 모드를 사용한 [코드 7.2]의 io_select.c와 [코드 7.4]의 io_poll.c는 넌블록킹 모드로 변경해야 한다.

그런데 왜 poller를 통해 리스너 소켓을 감지할 때 넌블록킹 모드를 사용해야 하는지 의구심을 가지는 사람들도 있을 것이다. 한 번씩 accept하는 것도 논리적으로 아무런 문제가 없다고 생각하는 사람도 있기 때문이다.

물론 논리적으로는 문제가 없지만, select나 poll과 같은 구식 poller는 생각보다 성능이 좋지 못하기 때문에 자주 호출하는 것은 될 수 있으면 피해야 하기 때문이다. 따라서 리스너 소켓을 넌블록킹으로 전환하고 리스너 소켓에 이벤트가 감지되면 루프를 돌면서 모두 accept 할 수 있도록 변경해야 한다.

변경할 예제는 [코드 7.4]의 io_poll.c이고 소켓을 넌블록킹으로 변경하기 위해 fcntl을 호출하는 부분이 추가될 것이다. 그리고 나서 리스너 소켓으로부터 accept하는 부분을 while 루프로 수정할 것이다.

중복되는 부분들은 위치를 파악할 수 있는 부분을 제외하고는 대부분 생략하였다. 왜냐하면, 기존 코드에서 어떤 것들이 바뀌었는지를 중점적으로 보는 것이 목적이기 때문이다.

[코드 7.6] poll을 사용하는 TCP 서버 예제에 넌블록킹 모드 accept 적용　　(io_poll_nb.c)

```
/* ... 생략 ... */
if ((fd_listener = socket(ai_ret->ai_family,
            ai_ret->ai_socktype, ai_ret->ai_protocol)) == -1) {
    pr_err("Fail: socket()");
    exit(EXIT_FAILURE);
}
if (fcntl(fd_listener, F_SETFL, O_NONBLOCK) == -1) { /* 넌블록킹 모드로 변경 */
    /* error (에러 처리 생략 ) */
    exit(EXIT_FAILURE);
}
if (bind(fd_listener, ai_ret->ai_addr, ai_ret->ai_addrlen) == -1) {
    pr_err("Fail: bind()");    exit(EXIT_FAILURE);
}
/* ... 생략 ... */
while (1) {
    if ((ret_poll = poll(pollfds, cnt_fd_socket, -1)) == -1) {
        /* error */
    }
    pr_out("\tpoll = (%d)", ret_poll);
    if (pollfds[0].revents & POLLIN) { /* 0th pollfds에는 listener */
        struct sockaddr_storage saddr_c;
        while (1) {
        len_saddr = sizeof(saddr_c);
        if ((fd = accept(pollfds[0].fd, (struct sockaddr *)&saddr_c, &len_saddr))
            == -1) {
                if (errno == EAGAIN) { /* 더 이상 백로그에 연결 요청이 없다. */
                    break;
                }
                pr_err("Error get connection from listen socket");
                /* 에러 처리 */
                break;
            }
            if (add_socket(fd) == -1) {
                /* error : force to disconnect. */
            }
            pr_out("accept : add socket (%d)", fd);
        } /* loop-end : while */
        continue;
    }
/* ... 생략 ... */
```

[코드 7.6]을 보면 socket과 bind 함수 사이에 fcntl(…, F_SETFL, O_NONBLOCK)을 호출하였다. 하지만, fcntl로 넌블록킹 모드로 전환하는 것은 socket 함수를 호출하여 소켓을 얻은 다음에는 소스 코드 어디서 하든지 상관이 없다.

따라서 listen 바로 앞에 하든, listen 뒤에 하든 심지어 루프 중간에 하든지 상관이 없으므로 적당한 곳에 넣기만 하면 된다. 사실 넌블록킹, 블록킹 모드의 전환은 언제든지 가능하기 때문에 꼭 어느 함수 전에 지정해야 한다는 법칙은 없다.

중간에 내려오다 보면 리스너 소켓인 pollfds[0] 배열의 파일기술자에 POLLIN 이벤트가 발생하면 accept를 하도록 되어 있는 데 while로 루프를 돌면서 계속해서 받아들이고 있다. 그리고 accept가 실패했을 때 errno가 EAGAIN이라면 더 이상 백로그에 연결 요청이 없는 것이므로 루프를 빠져나가도록 수정되었다. 이외에 나머지 부분은 기존 [코드 7.4]와 동일하다.

코드 작성이 끝나면 [코드 7.6]의 서버를 실행하고 6장에서 만든 OOB 클라이언트로 접속해서 메시지를 전송해보면서 테스트를 하기 바란다.

04 고성능 I/O 멀티플렉서

2016년 1월을 기준으로 최신 표준인 SUSv4-2013의 I/O 멀티플렉서 함수는 select, pselect, poll이 있다. 그러나 이들은 성능과는 담을 쌓은 기법이므로 대부분의 네트워크 서버는 고성능 비표준 기능을 사용한다.

리눅스의 비표준 I/O 멀티플렉서로는 ppoll과 epoll이 제공된다. 여기서 ppoll은 pselect처럼 시그널 블록 마스크를 지정할 수 있는 기능인데 pselect가 표준안에 정의된 것처럼 ppoll도 표준안에 추가될 가능성은 있다. 그러나 이는 중요한 것은 아니다.

여기서 중요한 것은 epoll이다. epoll은 리눅스에서 select나 poll을 대체할 수 있도록 만들어진 고성능 I/O 멀티플렉서이다. epoll은 리눅스 커널 2.5.44부터 제공되었으며 glibc는 2.3.2 이상에서 지원된다.

2003년도 12월에 커널 2.6이 공식 릴리즈 되었으므로 사실상 현재 사용되는 대부분의 리눅스에서는 epoll이 지원된다. 물론 임베디드 리눅스의 경우에는 드물게 2.4가 쓰이는 경우가 있지만, 대부분 2.6 이상이므로 지원에 대해 크게 염려할 필요는 없다.

그러면 본격적으로 epoll을 다루기 전에 왜 기존의 select, poll의 한계가 왔는지 역사적 배경과 새로운 고성능 I/O 멀티플렉서가 왜 더 뛰어난 성능을 보이는지 이야기를 해보겠다.

4.1 고성능 네트워킹 모델

인터넷은 과거에도 있었지만 실제로 수요가 증가하기 시작한 것은 90년대 초중반이었다. 그 이전에는 대학교, 연구소, 국가기관, 대기업들을 제외하고는 일반 사용자들은 거의 미미하였다.

왜냐하면, 90년대 초반에 일반 사용자가 인터넷에 접속하려면 모뎀을 사용했는데 속도가 수백에서 수천 bps 수준이었기 때문에 다중 접속에서 시스템에 부담을 줄 가능성은 매우 적었다.

그러던 중에 고속 모뎀 및 xDSL 회선 서비스들이 시작되면서 90년대 말경에 웹 서비스에서 폭발적인 수요가 생기기 시작했다. 더군다나 일반 사용자뿐만 아니라 기업들도 인터넷을 업무에 적극적으로 적용하기 시작한 것이다.

이렇게 폭발적인 네트워크 서비스 수요의 증가는 필연적으로 기존의 네트워크 프로그래밍 모델의 근본적인 문제를 건드리기 시작했다. 그중에서 많이 알려진 대표적 이슈가 바로 C10K 문제였다.[1]

C10K란 클라이언트(client) 접속이 10K인 경우, 즉 1만 개의 소켓에서 발생하는 입출력을 다루는 문제를 말한다. 이를 위해서 여러 가지 방법과 모델이 제안되었고 fork를 통해서 프로세스를 다중화하거나 멀티 스레드를 사용하거나 여러 가지 방법이 고안되었다.

그러나 가장 큰 걸림돌이 되었던 것은 I/O 입출력 속도보다 응답속도였다. 다루는 소켓의 개수가 늘어날수록 이벤트가 발생한 소켓을 찾아내는데 얼마나 빠르게 반응하느냐가 중요한 이슈로 부상한 것이다. 그러기 위해서 기존에 사용되던 poller 호출을 더 효율적으로 만들 필요가 있었는데 기존 인터페이스로는 한계가 있었다.

그래서 아예 새로운 poller의 도입을 요구하는 목소리가 커졌다. 그 결과 각각의 벤더는 epoll, kqueue, /dev/poll 등을 경쟁적으로 도입하여 기존에 사용되던 select, poll 함수를 대체하기 시작했다.

여기에 더 높은 가용성을 확보하기 위해 스레드의 다양한 활용이 연구되었고 SEDA(Staged Event Driven Architecture)와 같은 디자인도 테스트 되었고 네트워킹 모델을 심각하게 고민하면서 발전을 가져왔다.[4]

```
C10K problems URL : http://www.kegel.com/c10k.html
```

POSIX 표준에서는 새로운 poller를 도입하지는 않았지만 그렇다고 놀고 있던 것은 아니었다. POSIX에서도 리얼타임 확장(Realtime Extensions) 표준을 제정하면서 지속적으로 기본적인 I/O 성능에 걸림돌이 될 수 있는 것들을 하나하나 제거해 나갔다.

대표적인 예로 메모리 조언, 비동기 I/O(AIO)의 확장 기법, 시그널 확장 등이 대표적이었다. 이들은 직접적으로 소켓의 입출력을 향상시키는 것은 아니지만, 프로그램이 메모리나 디스크에 입출력하기 위해 소모하는 시간을 최대한 줄여주는 것으로 간접적인 도움을 주었다.

4.2 select와 poll 그리고 epoll의 차이

select와 poll은 과거에 개발된 API로서 select는 4.2BSD(1983)에 선보였던 함수이므로 2016년을 기준으로 하면 어언 33년이나 된 오래된 함수이다. poll은 select를 수정하여 XPG4(1992)에 선보였지만 이도 2016년을 기준으로 보면 24년이나 된 오래된 함수이다.

이들 함수가 개발되던 시절에는 메모리 칩의 용량이 작고 비쌌으며 컴퓨팅 파워라고 해봐야 지금과 비교하면 천지차이였다.

이해를 돕기 위해 1984년 IBM이 발표한 16비트의 PC/AT는 6MHz의 CPU와 256KB 혹은 512KB의 램과 20MB의 하드디스크를 사용했으니 당시에 개발되던 함수들은 어떤 제약을 가져야 했는지 상상할 수 있을 것이다.

먼저 1980년대에 가장 중요하게 생각했던 메모리 용량에 대해 생각해보자. 기껏해야 1MiB도 되지 않는 작은 메모리에서 구동되도록 하려면 API는 최대한 메모리를 아껴야만 했다.

따라서 대부분의 API 함수들은 커널 내부의 메모리를 소모하지 않도록 설계해야만 했다. 즉 시스템 콜 함수들은 호출될 때 필요한 정보를 인수로 넘겨 커널에 복사하고 모든 작업을 완료하면 커널에서 유저 영역으로 모든 정보를 다시 복사하고 이전의 정보들은 전부 폐기했다.

즉 동일 시스템 콜을 계속 호출한다고 하더라도 커널은 이전 호출에서 받았던 정보를 기억하지 않으므로 매번 같은 내용을 계속 복사해야만 한다. 물론 메모리를 적게 사용한다는 점에서 장점은 확실하다.

하지만, 단점도 확실해지는데 이런 방식에서는 시스템 콜 횟수가 늘어날수록 복사하는 메모리 용량이 비례하여 늘어나므로 대역폭을 많이 소모한다는 점이다.

이렇게 커널 내부에 어떠한 상태도 저장하지 않는 경우를 stateless API라고 부른다.

select 함수도 stateless API이므로 select는 매번 호출할 때마다 필요한 모든 정보를 유저 영역에서 커널 영역으로 복사해야 하고 리턴될 때는 반대로 커널 영역에서 유저 영역으로 모든 정보를 복사해야만 한다. 그러면 select가 어떤 메모리를 복사하는지 select 함수의 원형을 다시 살펴보자.

```
int select(int nfds,
     fd_set *restrict readfds, fd_set *restrict writefds, fd_set *restrict errorfds,
     struct timeval *restrict timeout);
```

함수 원형을 보면 readfds, writefds, errorfds, timeout에 const가 붙지 않았으므로 리턴 가능한 인수임을 추측할 수 있다. 따라서 select는 호출할 때마다 fd_set 3개와 timeval 구조체 1개 분량의 메모리를 2번 복사하게 된다.

x64 리눅스를 기준으로 볼 때 fd_set은 128바이트, timeval은 16바이트이므로 기껏 해야 400바이트의 작은 메모리를 복사하는 것이므로 성능에 큰 차이가 없다고 생각 할 수 있다. 하지만, 메모리 복사는 잠시나마 CPU가 메모리에 접근하는 시간 동안 대 기하게 되므로 빈도수가 높아질수록 응답속도가 떨어진다.

새롭게 감시해야 할 소켓의 개수나 이벤트 목록에 어떠한 변화도 없다고 해도 매번 같은 인수를 복사해야 하므로 사실상 select는 쓸데없는 메모리 복사가 심각한 편이 다. 그러면 조금 개선되었다던 poll은 어떨지 생각해보자.

```
int  poll(struct pollfd fds[], nfds_t nfds, int timeout);
```

poll의 함수 원형을 보면 fds 배열에 const가 붙어 있지 않으므로 리턴 가능한 인수임 을 알 수 있다. 그런데 앞서 select와 달리 복사할 메모리의 종류가 1개이므로 부담이 줄었을까? 그것은 그때그때 다르다.

왜냐하면, 뒤에 배열의 개수를 의미하는 nfds가 있기 때문이다. pollfd 구조체는 임플 리먼테이션마다 약간씩 용량이 다르지만, x64 리눅스를 기준으로 한다면 8바이트를 차지한다.

물론 변경을 가하는 부분은 pollfd 구조체 중에 revents 부분만 해당하지만, 메모리 에 접근할 때는 순서대로 전부 읽어오므로 메모리에 접근하고 쓰는 작업에 대한 부담 은 크게 다르지 않다. 따라서 구조적인 면에서 성능을 올릴 수 있는 변화가 요구되기 시작했다.

비효율적인 구조의 근본적 원인은 select나 poll이 감시 대상인 파일기술자 정보를 커 널 내부에 보관하지 않기 때문에 매번 함수 호출이 있을 때마다 파일기술자 정보를 복사했다는 점에 주목하게 되었다.

다행스럽게도 90년대 후반에서 2000년대에 넘어오면서 하드웨어 기술의 발전으로 메모리 칩의 가격이 대폭 하향되어 겨우 몇 백 바이트의 메모리를 아껴야 할 필요성도 사라지게 되었다. 따라서 메모리를 절약하기보다는 성능을 높일 수 있다면 메모리를 소비하는 방향으로 프로그래밍 패러다임이 변경되었다.

요약하면 select, poll은 stateless API로서 함수 호출이 있을 때마다 커널 영역과 유저 영역 사이에 모든 파일기술자 정보 리스트와 부가적인 정보를 복사해야 하는 오버헤드가 있다.

그리고 이에 대한 해결책으로 커널 내부에 따로 파일기술자 정보 리스트와 부가적인 정보를 관리하는 영역을 만들어 두는 API, 즉 상태를 저장하는 stateful API의 새로운 함수가 요구된 것이다. 그 결과 새롭게 제안되는 함수는 감시할 파일기술자 정보에 변화가 있을 때만 파일기술자 정보를 복사하도록 설계되었다.

처음 구현된 것은 FreeBSD 프로젝트의 Jonathan Lemon이 stateful API로 설계한 kqueue로 커널과 유저 영역 사이에 메모리 복사가 드물게 일어나고 매번 루프를 돌 필요가 없기 때문에 상당히 효율적인 결과를 보여주었다.[2] 그리고 이후 리눅스에서도 비슷한 형태로서 epoll이 개발되어 도입되었다.

05   epoll(event poll)

앞서 언급했듯이 select와 poll을 비교하면 poll이 좀 더 낫다고 하였다. 하지만, 감시할 파일기술자의 개수가 적다면 그 차이가 크지 않다. 그래도 select 함수는 단지 배운다는 목적 외에는 별로 사용을 권하지 않는 편이다.

이에 비해 poll은 일반적으로 500~1,000개 미만의 적은 개수의 파일기술자를 감시할 때는 나름 쓰이는 편이다. 하지만, 역시 관리하는 파일기술자의 개수가 늘어날수록 비선형적으로 응답속도가 느려지는 단점이 있다. 따라서 리눅스에서 I/O 멀티플렉서를 활용한 네트워크 프로그래밍을 한다면 epoll이 필수적인 요소로 자리 잡아가고 있다.

앞에서는 select를 말하고 다시 poll을 언급하더니 이제는 둘 다 쓰지 말고 epoll을 쓰라고 사기친다는 생각이 들 수도 있을 것이다. 하지만, 아직은 많은 유닉스 시스템에서 호환성을 위해 poll을 사용하는 경우가 있으므로 여러 플랫폼에 포팅을 하는 경우라면 유닉스에서는 poll을 쓰더라도 리눅스에서는 epoll을 선택할 수 있도록 프로그래밍하는 것이 좋다. 실제로 많은 수의 네트워크 관련 프레임워크나 라이브러리가 이렇게 poller를 선택할 수 있도록 프로그래밍 되어 있다.

epoll의 특징은 크게 2가지가 있다. 첫째는 stateful 함수로서 select와 poll과 달리 호출할 때마다 파일기술자 정보를 입력할 필요가 없다. 따라서 epoll은 파일기술자를 등록, 해제, 변경하는 함수와 이벤트를 감시하는 함수가 분리되었고 메모리 복사의 부담이 많이 줄어들었다. 이로써 성능적인 면에서 크게 향상되었다.

둘째는 엣지 트리거(edge trigger)의 지원이 추가된 점이다. 이로써 이벤트 기반의 설계가 좀 더 쉬워졌다. 참고로 과거에 사용되던 select나 poll은 레벨 트리거(level trigger)만 지원했었다. 물론 epoll도 기본값으로는 레벨 트리거로 작동한다.

그러면 먼저 첫 번째 특징인 stateful 함수 형태로서 분리된 epoll의 각 함수를 간단하게 살펴보도록 하자.

```
int epoll_create(int size);
int epoll_create1(int flags);
int epoll_ctl(int epfd, int op, int fd, struct epoll_event *event);
int epoll_wait(int epfd, struct epoll_event *events, int maxevents, int timeout);
```

위에 보면 epoll을 위한 커널 객체 공간을 확보하는 epoll_create와 epoll_create1, epoll에 파일기술자와 감시할 이벤트를 등록 및 해제하는 epoll_ctl, epoll로부터 발생하는 이벤트를 리턴받는 epoll_wait로 함수들이 나누어져 있다. 여기서 epoll_ctl은 커널에 있는 epoll 객체에 파일기술자와 이벤트를 등록, 해제하는 함수이므로 감시할 조건에 변화가 있을 때만 호출한다.

따라서 실제로 이벤트를 감시하기 위해 사용되는 epoll_wait는 쓸데없이 커널에 데이터를 복사하는 작업이 없으므로 매우 가벼워진다.

● epoll의 엣지 트리거와 레벨 트리거

epoll의 특징인 트리거에 대해서 살펴보자. 만일 전기, 전자 전공이거나 해당 분야의 지식이 있다면 트리거(trigger)를 정의할 때 사용되던 이 용어를 쉽게 이해할 수 있을 것이다.

아날로그 트리거(analog trigger)에는 +, −의 전위차를 이용해서 값을 정의하는데 여기서 레벨(level)과 엣지(edge)를 감지할 수 있게 된다. 엣지 트리거란 전위차가 발생하는 엣지 부분에서 상태 변화를 감지하는 것을 의미하고 레벨 트리거란 상태의 변화가 어떤 일정한 전위 수준(voltage level)을 넘었는지를 감지한다.

결론적으로 엣지 트리거는 이전 상태(previous state)에서 변화가 생겼는지를 감시하고 레벨 트리거는 일정 기준치 이상에 도달했는지를 감시한다.

이 두 가지 트리거의 차이를 이해하면 왜 select, poll의 레벨 트리거와 epoll의 엣지 트리거를 분별하여 사용 해야하는 지에 대해서 알 수 있다. 먼저 레벨 트리거를 생각해보자. poller가 레벨 트리거를 사용하여 소켓 수신 버퍼를 감시하는 경우라면 1바이트 이상의 데이터가 있다면 감지하게 된다.

예를 들어 poll이 1을 리턴했고 검사해보니 4번 소켓에 POLLIN 이벤트가 있었다고 가정하자. 만일 4번 소켓에 recv를 하지 않고 다시 poll을 호출하면 어떻게 될까? 레벨 트리거를 사용하는 poll은 다시 4번 소켓의 수신 버퍼에 데이터가 있으므로 또 POLLIN 이벤트를 보고하게 될 것이다.

그런데 epoll의 엣지 트리거를 사용하면 위와 똑같은 설정에서 recv를 하지 않고 epoll을 다시 호출해도 이전 상태에서 추가로 수신된 내용이 없다면 보고하지 않는다. 또한, 수신 버퍼에서 일부를 읽어들였다고 하더라도 수신 버퍼에 새로운 추가가 있지 않은 한 엣지 트리거는 보고하지 않는다.

예를 들어 수신 버퍼에 7바이트가 도착했고 2바이트만 읽었다고 가정하자. 아직 5바이트가 수신 버퍼에 남아 있지만, 엣지 트리거인 경우에는 다음번 epoll을 호출했을 때 다시 보고하지 않는다. 즉 epoll이 감지한 마지막 상태 전위에서 변화가 없으므로 새로운 데이터가 도착하여 상태가 변할 때까지 엣지 트리거가 감지하지 않게 되는 것이다.

엣지 트리거를 이용하면 TCP 통신에서 프로그래머들은 종종 괴롭혔던 문제 하나를 쉽게 해결할 수 있다. 예를 들어 6장의 끝 부분에서 설명했던 어플리케이션 헤더 설계 중에 고정된 크기의 헤더를 사용하는 경우를 생각해보자.

어플리케이션 헤더가 40바이트인데 ioctl(fd, FIONREAD, ...)로 확인해보니 수신 버퍼에 30바이트만 도착했다고 가정하자. 40바이트 이상이 도착해야만 헤더가 완성되므로 프로그래머는 30바이트를 읽어서 다른 곳에 저장해두고 다음번 데이터와 결합해야 한다.

왜냐하면, 40바이트보다 작다고 해서 소켓 버퍼를 읽지 않는다면 poll과 같은 레벨 트리거는 계속해서 이벤트를 보고하기 때문이다. 따라서 레벨 트리거를 사용한다면 데이터 분절(chunk)이 원하는 크기가 안 될 때 다른 곳에 버퍼를 복사해두고 크기를 계속 비교해야 하는 작업을 해야 한다.

문제는 이 작업이 상당히 민감한 부분이라서 TCP 프로토콜을 설계할 때 매우 까다롭다는 점이다. 그러나 엣지 트리거를 사용한다면 데이터가 불충분한 경우라면 그냥 다음번 호출까지 놔둬도 된다.

예를 들어 40바이트가 필요한데 30바이트만 소켓 수신 버퍼에 있다면 recv하지 않고 epoll의 엣지 트리거로 다시 호출하여 추가 데이터가 도착하는 것만 감시하면 되기 때문이다. 이는 어플리케이션 헤더에서 다음번 페이로드 데이터(payload data)의 길이를 추출하여 읽어들일 때도 훨씬 간단해진다.

왜냐하면, 헤더 뒤에 뒤따르는 페이로드 데이터 길이만큼만 버퍼를 할당하거나 특정 크기별로 프래그먼테이션 시킨 버퍼로 읽어들이면 되기 때문이다. 이는 내부적으로 TCP 수신 구조를 매우 간단하게 함과 동시에 원하는 데이터의 크기가 충족된 경우에만 메모리 복사가 이뤄지도록 할 수 있기 때문에 성능적인 면에서도 융통성이 생긴다. 실제로 많은 수의 네트워크 프로그래밍에서 이런 기법을 사용한다.

이외에 엣지 트리거를 사용하여 비동기적인 소켓 프로그래밍을 하는 경우에도 유용한 면이 많다. 왜냐하면 epoll_wait를 호출하여 이벤트를 감지하는 부분과 실제로 소켓으로부터 데이터를 수신하는 디스패처(dispatcher) 부분을 스레드로 분리하게 되면 이벤트를 감지 후 디스패처에게 통지하고 난 뒤에 다음번 epoll_wait를 호출할 때 디스패처가 소켓 버퍼를 읽었는지 확인할 필요가 없기 때문이다.

만일 레벨 트리거를 사용한다면 이벤트를 통지하고 epoll_wait를 다시 호출하는 순간 아직 소켓 버퍼가 비워지지 않았다면 이벤트가 중복해서 통지될 수 있기 때문이다.

따라서 과거에는 이 작업을 하는 부분이 매우 까다로워서 이벤트 지향(event driven) 모델을 만들 때 매우 정교한 프로그래밍이 필요했었다.

하지만, 엣지 트리거로 인해 이벤트를 감지하는 스레드와 디스패치하는 스레드 간에 동기화나 시간 차이로 인해 문제가 발생하는 부분이 상당 부분 쉽게 해결된다.

결론적으로 소켓 프로그래밍에서 I/O 멀티플렉서의 루틴까지 비동기적인 프로세싱으로 설계하고 구현할 수 있으므로 더 직관적인 이벤트 지향 시스템을 만들 수 있다.

5.1 epoll API

epoll에서 사용되는 함수는 총 3개로서 epoll_create, epoll_ctl, epoll_wait가 있다. 최근에는 각 함수의 기능을 약간 수정하거나 보완한 epoll_create1, epoll_pwait가 있다.

epoll_create1은 epoll의 작동 플래그를 추가한 버전으로서 2010년 12월 기준으로 close-on-exec 기능만 추가되어 있다.[40] epoll_pwait는 시그널 블록 마스크가 추가된 함수로서 select와 pselect의 관계와 같다. 즉 시그널에 의해서 epoll_wait가 실패하는 것을 막고자 할 때 사용된다.

표 7.5 epoll API 함수

epoll_create epoll_create1	epoll 파일기술자를 생성한다. (커널 내부에 epoll 객체 생성)
epoll_ctl	epoll에 파일기술자와 이벤트를 등록하거나 변경, 제거한다.
epoll_wait epoll_pwait	epoll의 이벤트를 읽어온다. poller 이벤트를 기다리면 블록되는 함수이다.

epoll_create는 성공하면 epoll 파일기술자를 리턴한다. 이 파일기술자는 일반적인 파일이나 소켓의 파일기술자와는 달리 시스템 내부에 만들어진 epoll 자원을 지칭하는 ID일 뿐이다. 다만, epoll을 제거할 때는 일반 파일이나 소켓을 닫는 것처럼 close 함수를 그대로 사용한다.

epoll 파일기술자가 생성되면 epoll_ctl로 소켓 파일기술자와 감시할 이벤트를 등록 혹은 변경, 제거할 수 있다. 그리고 등록된 파일기술자에 이벤트가 발생했는지 감시하고 실제 이벤트를 리턴받는 함수는 epoll_wait이다.

여기서 주의할 점은 epoll_create로 생성되는 epoll 파일기술자에 대한 것이다. 가끔 용어가 비슷하니 일반 파일, 소켓 같은 것과 혼동할 수도 있는데 전혀 다르다.

epoll 파일기술자라는 것은 epoll을 구분할 수 있는 하나의 ID로서 epoll이 관리하는 소켓 파일기술자들이 저장되는 리스트를 대표하는 ID와 비슷하다. 군이 비교하자면 마치 IPC에서의 IPC id (세마포어 id 나 공유메모리 id와 같은)와 비슷하다고 생각하면 된다.

---

40) close-on-exec는 1, 2장에서 다루었다. 이는 exec 계열 함수의 호출에서 상속되지 않는 파일기술자임을 설정한다.

5.2 epoll의 생성

```
int  epoll_create(int size);
int  epoll_create1(int flags);
```

epoll_create의 인수인 size는 epoll에 등록할 수 있는 파일기술자들의 개수 제한으로 커널이 파일기술자와 이벤트 정보를 담아둘 메모리의 크기를 결정한다. 하지만, 커널 2.6.8부터는 이 값은 무시되고 커널이 동적으로 메모리를 관리하도록 되어 있다.

하지만, 무시되는 인수라고 하더라도 양수를 지정하도록 되어 있다. 따라서 최근에는 그냥 1을 주는 경우가 많다. 그러나 동적으로 관리한다고 하더라도 제한이 없는 것은 아니다. 커널의 fs.epoll.max_user_watches 값의 제한을 받는데 이는 유저별로 epoll이 감시 가능한 파일기술자의 최대 개수이다.

이 값의 기본값은 시스템의 Low memory의 4% 수준을 사용하는 것으로 결정되는데 epoll이 1개의 파일기술자를 감시하는데 약 90~160바이트[41]를 사용하므로 x86 32bit 시스템이라면 대략 free low memory × 0.04 / 90 정도가 된다. 64bit 커널은 low memory, high memory를 나누지 않으므로 Total Free memory로 계산된다.

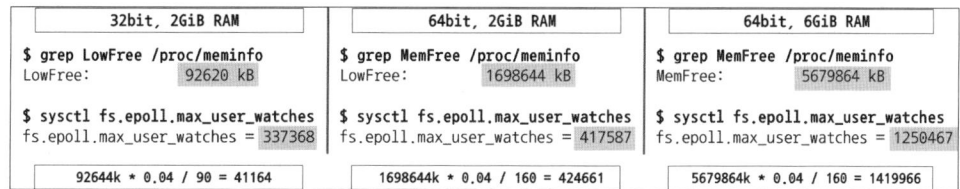

[그림 7.3] 메모리에 따른 epoll.max_user_watches 커널 제한 값

[그림 7.3]은 3가지 시스템의 메모리 상태와 커널 제한값을 살펴본 것이다. 내부적으로 가용 메모리 외에 몇 가지 수치를 더 확인하기 때문에 정확하게 수치가 맞는 것은 아니지만 대략 비슷하게 나온다.

epoll_create1은 epoll_create의 size가 의미가 없어졌기 때문에 플래그만 지정할 수 있도록 새롭게 제안된 함수다. 2011년 11월 기준으로 지원되는 플래그는 EPOLL_CLOEXEC이 있으며 close-on-exec 기능을 의미한다.

close-on-exec는 fork에서 다뤘던 기능으로서 exec 계열 함수가 실행되면 자동으로 epoll 파일기술자를 닫는 기능을 의미한다. 멀티 프로세스에서 epoll을 사용하는 경우 자식 프로세스는 epoll을 사용하지 않기를 원한다면 close-on-exec 기능을 사

---

41) epoll은 파일기술자 1개를 감시할 때 32bit 커널은 대략 90B, 64bit 커널은 160B를 소모한다. 자세한 내용은 epoll 맨페이지를 참고하라.

용하면 된다. 물론 이 기능을 쓰지 않고 수동으로 닫아도 문제는 없다.

5.3 epoll의 제어

```
int epoll_ctl(int epfd, int op, int fd, struct epoll_event *event);

struct epoll_event {                    typedef union epoll_data {
    uint32_t   events; /* Epoll events */    void  *ptr;
    epoll_data_t data; /* User data */       int    fd;
} __attribute__ ((__packed__));              uint32_t u32;
                                             uint64_t u64;
                                        } epoll_data_t;
```

epoll에 파일기술자를 등록하거나 삭제, 교체하는 작업은 epoll_ctl로 하게 된다. 4개의 인수를 사용하는데 순서대로 epoll_create로 생성된 epoll 파일기술자, 조작할 작업(operation), 적용 대상 파일기술자, 이벤트 구조체가 된다.

표 7.6 epoll_ctl 함수의 op 인수

EPOLL_CTL_ADD	해당 파일기술자와 이벤트를 epoll에 등록한다.
EPOLL_CTL_DEL	해당 파일기술자의 정보를 epoll에서 제거한다. (감시 목록에서 삭제)
EPOLL_CTL_MOD	해당 파일기술자의 이벤트를 교체한다.

EPOLL_CTL_ADD는 epoll에 새롭게 감시할 파일기술자를 등록한다. 따라서 3번째 인수에 해당하는 fd 파일기술자와 4번째 인수인 event를 필요로 한다.

만일 같은 파일기술자를 중복하여 추가하면 에러가 발생한다. EPOLL_CTL_DEL은 epoll에 등록된 파일기술자를 제거하므로 4번째 인수인 event를 사용하지 않으므로 NULL을 입력한다. EPOLL_CTL_MOD는 등록된 파일기술자의 감시 이벤트를 교체한다.

epoll_ctl이 사용하는 4번째 인수는 epoll_event 구조체로서 등록하거나 교체할 때 사용하는 멤버는 2개다. 첫째는 감시 대상인 파일기술자로서 data.fd 멤버로서 data는 epoll_data_t 타입인데 공용체로 선언되어 있다.

둘째로 감시할 이벤트는 events에 지정하는데 32bit int로 되어 있다. 이벤트에 사용되는 것은 poll에서 사용했던 이벤트와 상당히 흡사해서 앞에 대문자 E만 붙이면 된다. 이해를 돕기 위해 표준 입력(stdin)의 입력을 체크하는 예를 보도록 하자.

[코드 7.7] epoll_ctl로 stdin의 입력을 감시하는 예시

```
struct epoll_event  ev;
ev.events = EPOLLIN ;    /* 입력을 감지한다. poll의 POLLIN과 흡사하다. */
ev.data.fd = 0;          /* 0 번 파일기술자는 표준 입력을 의미한다. */
    /* efd는 epoll_create()에 의해 생성된 epoll 파일기술자라고 가정하자. */
if (epoll_ctl(efd, EPOLL_CTL_ADD, fd, &ev) == -1) {
    /* 에러 처리 */
}
```

[코드 7.7]에서 볼 수 있듯이 events와 data.fd 멤버만 세팅해주면 된다. 그리고 events에 세팅하는 이벤트 플래그는 poll에서 사용하는 이벤트 리스트의 앞에 대문자 E를 추가한 것과 동일하다. 추가된 것은 엣지 트리거용의 EPOLLET과 '이벤트는 한 번으로 족해'라는 뜻의 EPOLLONESHOT은 epoll에만 있다.

그리고 poll에서 사용되던 POLLNVAL은 epoll에서는 자취를 감추게 되었다. 왜냐하면, epoll은 잘못된 파일기술자가 애초에 epoll_ctl로 등록될 리가 없기 때문이다. 그럼 예의상 epoll의 이벤트 리스트를 표로 정리해 보겠다.

표 7.7 epoll의 events 종류 (TCP 기준)

EPOLLIN	읽기 버퍼에 데이터가 있다.
EPOLLPRI	우선순위 데이터를 사용한다. (e.g. TCP의 OOB 데이터가 감지됨)
EPOLLOUT	쓰기 버퍼가 사용가능한 상태 (e.g. 버퍼가 비워졌거나 넌블럭킹 connect가 완료된 상태)
EPOLLERR	연결에 에러가 발생함
EPOLLHUP	닫힌 연결에 쓰기 시도 감지
EPOLLONESHOT	이벤트 감시를 일회용으로 사용한다. 한번 감지된 후에는 해당 파일기술자의 이벤트 마스크를 비활성화 시키므로 epoll_ctl로 이벤트 마스크를 재설정할 때까지(EPOLL_CTL_MOD 행동) 이벤트를 감지하지 않는다.
EPOLLET	이벤트를 엣지 트리거로 작동시킨다.

이외에 poll처럼 XPG의 이벤트인 EPOLLRDNORM, EPOLLRDBAND, EPOLLWRNORM, EPOLLWRBAND 등이 있지만, TCP에서는 별로 사용되지 않기에 정리하지 않았다. 소켓이 아닌 다른 장치들에 대한 통신을 감지할 경우라면 맨페이지를 참고하도록 한다.

5.4 epoll의 이벤트 수신

epoll_ctl까지 했다면 남은 것은 poller의 이벤트를 수신하는 함수를 호출하여 블럭킹 상태에서(혹은 넌블럭킹) I/O 입출력을 기다려주는 것만 남아 있다. epoll_wait, epoll_pwait가 이 기능을 수행하는 함수이다.

```
int epoll_wait(int epfd, struct epoll_event *events,
                int maxevents, int timeout);
int epoll_pwait(int epfd, struct epoll_event *events,
                int maxevents, int timeout,
                const sigset_t *sigmask);
```

epfd는 epoll 파일기술자이며 두 번째 인수인 events에는 감지된 이벤트를 반환할 메모리 공간으로 그 크기를 maxevents에 지정해줘야 한다. 공간이 부족한 경우에는 감지된 이벤트의 일부만 반환될 수도 있다.

네 번째 timeout은 밀리 초 단위의 타임아웃으로 음수를 주면 무한으로 대기하게 된다. 만일 0으로 주면 넌블록킹으로 작동하여 바로 리턴하게 되어 있다.

epoll_pwait는 시그널 블록 마스크 기능을 가진 신뢰성 있는 함수이므로 웬만하면 epoll_pwait를 사용하는 편이 좋다. 시그널 핸들러와 시그널 블록 마스크에 대한 내용은 9장에서 다룬다.

epoll_wait 함수는 성공하면 이벤트가 발생한 파일기술자의 개수를 리턴한다는 점에서 poll이나 select와 리턴값의 의미는 같다. 하지만, 중요한 차이점이 하나 있는데 epoll은 stateful API로 설계되었기 때문에 events 인수에는 이벤트가 발생한 파일기술자만 콕 집어서 리턴한다는 점이다.

이는 select, poll 처럼 루프를 돌면서 일일이 검사할 필요가 없다는 점에서 획기적이다. 따라서 epoll_wait의 리턴값이 3이라면 0~2번째까지인 events[0], events[1], events[2]까지만 검사하면 된다는 것이다.

이것은 프로그램의 루프를 획기적으로 줄여주기 때문에 대규모 소켓을 감시하는 경우에 효율이 높아진다.

겨우 루프 횟수를 줄여주기 때문에 효율이 얼마나 높아지겠느냐고 생각하는 분들도 있겠지만, 실제 TCP 소켓을 사용하는 메신저나 각종 통신 서비스 중에 리얼타임으로 poller가 감지하는 이벤트는 등록된 소켓 중에 약 5% 미만이 대부분이라는 통계가 있다.

즉 1,000개의 소켓을 감시하고 있다면 겨우 50개 미만의 소켓을 찾기 위해 최악의 경우에는 1,000번째 소켓까지 루프를 돌 수 있다는 것이다. 1ms 미만의 응답속도를 보이는 경우라면 초당 1,000회니까 최악의 경우에는 100만 회까지 루프를 돌 수도 있다는 점에서 기존의 stateless API의 poller는 성능이 많이 처진다.

5.5 epoll을 사용한 TCP 서버 예제

이제 본격적으로 poll을 사용한 TCP 서버 예제를 epoll로 바꿔보도록 하자. 기존 코드에서 변경점을 쉽게 알아내기 위해 구조는 최소한으로 수정하였다.

[코드 7.8] epoll을 사용한 TCP 서버 예제 (io_epoll.c, 1/4번째)

```
01  #define LISTEN_BACKLOG  256
02  #define ADD_EV(a, b)    if (add_ev(a, b) == -1) { pr_err("Fail: add_ev"); exit(1); }
03  #define DEL_EV(a, b)    if (del_ev(a, b) == -1) { pr_err("Fail: del_ev"); exit(1); }
04  const int   max_ep_events  = 256;
05  int epollfd;        /* epoll 파일기술자 */
06  int add_ev(int efd, int fd);    /* 파일기술자 fd를 epoll에 추가 */
07  int del_ev(int efd, int fd);    /* 파일기술자 fd를 epoll에서 제거 */
08  int fcntl_setnb(int fd);        /* 파일기술자를 넌블록킹 모드로 변경 */
```

epollfd는 epoll 파일기술자로 쓰일 변수이고 max_ep_events는 epoll_wait에서 사용하는 구조체의 개수를 지정한 상수다. add_ev와 del_ev는 epoll 파일기술자에 소켓 파일기술자를 등록하거나 해제하는 용도로서 poll 예제에서의 add_socket, del_socket을 대신한다.

그리고 fcntl_setnb는 파일기술자를 넌블록킹 모드로 변경하는 랩핑 함수다. 코드를 간결하게 하기 위해 fcntl을 호출하는 코드를 따로 함수로 만들어뒀다.

[코드 7.8] epoll을 사용한 TCP 서버 예제 (io_epoll.c, 2/4번째)

```
09  int main(int argc, char *argv[]) {
10      socklen_t   len_saddr;
11      int     fd, fd_listener;
12      int     i, ret_recv, ret_poll;
13      char    *port, buf[1024];
14      struct epoll_event *ep_events;  /* epoll_wait에서 사용하는 구조체 */
15      if (argc > 2) {
16          printf("%s [port number]\n", argv[0]);   exit(EXIT_FAILURE);
17      }
18      if (argc == 2)
19          port = strdup(argv[1]);
20      else
21          port = strdup("0"); /* random port */
```

```
22    struct addrinfo ai, *ai_ret;
23    int    rc_gai;
24    memset(&ai, 0, sizeof(ai));
25    ai.ai_family = AF_INET;
26    ai.ai_socktype = SOCK_STREAM;
27    ai.ai_flags = AI_ADDRCONFIG | AI_PASSIVE;
28    if ((rc_gai = getaddrinfo(NULL, port, &ai, &ai_ret)) != 0) {
29        pr_err("Fail: getaddrinfo():%s", gai_strerror(rc_gai));    exit(EXIT_FAILURE);
30    }
31    if ((fd_listener = socket(ai_ret->ai_family,
32                    ai_ret->ai_socktype, ai_ret->ai_protocol)) == -1) {
33        pr_err("Fail: socket()");
34        exit(EXIT_FAILURE);
35    }
36    fcntl_setnb(fd_listener);  /* 넌블록킹 모드로 변경 */
37    if (bind(fd_listener, ai_ret->ai_addr, ai_ret->ai_addrlen) == -1) {
38        pr_err("Fail: bind()");    exit(EXIT_FAILURE);
39    }
40    listen(fd_listener, LISTEN_BACKLOG);
41    if ((epollfd = epoll_create(1)) == -1) { /* epoll 생성, 사이즈는 의미가 없다. */
42        exit(EXIT_FAILURE);
43    }
44    if ((ep_events = calloc(max_ep_events, sizeof(struct epoll_event))) == NULL) {
45        exit(EXIT_FAILURE);
46    }
47    ADD_EV(epollfd, fd_listener);
```

47행까지는 기존의 poll을 사용한 예제와 별다른 것이 없다. 41행은 epoll_create로 epoll 파일기술자를 생성한다. 여기서 epoll_create의 인수를 1을 주었지만, 이는 커널 2.6.8 이상에서만 문제가 없고 만일 커널 버전이 낮다면 열 수 있는 파일 개수 제한값을 구해서 넣어주면 된다.

예를 들어 sysconf(_SC_OPEN_MAX)의 값을 구하면 파일 개수 제한값을 알 수 있다. 과거 초판에서는 이와 같은 코드로 되어 있었다.

44행에서 epoll_wait가 사용할 struct epoll_event 구조체 메모리를 할당받고 있다. 그리고 47행에서는 리스너 소켓을 epoll에 등록하였다. 이때 사용한 ADD_EV 매크로는 위의 02행에서 볼 수 있듯이 add_ev 함수를 호출하도록 되어 있다. 그리고 add_ev 함수는 뒤에서 설명할 테지만 미리 언질을 해두자면 epoll_ctl에 EPOLL_CTL_ADD 동작을 하도록 작성되어 있다.

[코드 7.8] epoll을 사용한 TCP 서버 예제 (io_epoll.c , 3/4번째)

```
48   while (1) {
49       pr_out("Epoll waiting ...");
50       if ((ret_poll = epoll_wait(epollfd, ep_events, max_open_files, -1)) == -1) {
51           /* error */
52       }
53       pr_out("EPoll return (%d)", ret_poll);
54       for (i=0; i<ret_poll; i++) {
55           if (ep_events[i].events & EPOLLIN) {
56               if (ep_events[i].data.fd == fd_listener) {  /* 리스너 소켓인지 확인 */
57                   struct  sockaddr_storage  saddr_c;
58                   while(1) {
59                       len_saddr = sizeof(saddr_c);
60                       fd = accept(fd_listener, (struct sockaddr *)&saddr_c, &len_saddr);
61                       if (fd == -1) {
62                           if (errno == EAGAIN) { /* 더 이상 새로운 연결이 없는 경우 */
63                               break;
64                           }
65                           pr_err("Error get connection from listen socket");
66                           break;
67                       }
68                       fcntl_setnb(fd);  /* 넌블록킹 모드 */
69                       ADD_EV(epollfd, fd);  /* 새로운 연결을 epoll에 등록 */
70                       pr_out("accept : add socket (%d)", fd);
71                   }
72                   continue;  /* 접속을 모두 받았다면 다시 epoll_wait로 */
73               } /* if 블록 : 리스너 소켓 확인 블록 */
74               if ((ret_recv = recv(ep_events[i].data.fd, buf, sizeof(buf), 0)) == -1) {
75                   /* error 발생 */
76               } else {
77                   if (ret_recv == 0) {          /* passive close 루틴 */
78                       pr_out("fd(%d) : Session closed", ep_events[i].data.fd);
79                       DEL_EV(epollfd, ep_events[i].data.fd);
80                   } else {
81                       pr_out("recv(fd=%d,n=%d) = %.*s",
82                               ep_events[i].data.fd, ret_recv, ret_recv, buf);
83                   }
84               }
85           } else if (ep_events[i].events & EPOLLPRI) { /* OOB 데이터를 수신한 경우 */
86               pr_out("EPOLLPRI : Urgent data detected");
87               if ((ret_recv = recv(ep_events[i].data.fd, buf, 1, MSG_OOB)) == -1) {
88                   /* error 발생 */
89               }
90               pr_out("recv(fd=%d,n=1) = %.*s (OOB)", ep_events[i].data.fd, 1, buf);
91           } else if (ep_events[i].events & EPOLLERR) {
92               /* error 발생 */
```

```
93              } else {
94                  pr_out("fd(%d) epoll event(%d) err(%s)",
95                          ep_events[i].data.fd, ep_events[i].events, strerror(errno));
96              }
97          }
98      } /* loop : while */
99      return 0;
100 } /* main 함수 종료 */
```

48행부터는 루프를 돌면서 epoll_wait로 이벤트를 수신하고 새로운 연결을 받거나 일반 데이터를 수신하는 부분이다. 이를 위해 epoll_wait가 양수를 리턴했다면, for 루프를 돌면서 epoll_events 구조체 타입으로 선언된 ep_events를 리턴된 개수만큼 처리한다.

54행의 루프문에서는 epoll_wait가 리턴한 이벤트 개수만큼 루프를 돌면서 처리를 하게 된다. 이때 EPOLLIN 이벤트가 수신된 경우라면 파일기술자가 리스너 소켓인지 일반 소켓인지 확인해야 한다. 리스너 소켓이라면 연결을 받고 아니라면 74행으로 내려와서 소켓 수신 버퍼를 읽기 위해 recv를 호출한다. 85~90행의 EPOLLPRI 이벤트는 OOB 데이터를 수신하는 루틴이다.

[코드 7.8] epoll을 사용한 TCP 서버 예제   (io_epoll.c , 4/4번째)

```
101  int add_ev(int efd, int fd) {
102      struct epoll_event ev;
103      ev.events = EPOLLIN | EPOLLPRI; /* 일반 데이터, OOB 데이터를 감지한다 */
104      ev.data.fd = fd;
105      if (epoll_ctl(efd, EPOLL_CTL_ADD, fd, &ev) == -1) {
106          pr_out("fd(%d) EPOLL_CTL_ADD  Error(%d:%s)", fd, errno, strerror(errno));
107          return -1;
108      }
109      return 0;
110  }
111  int del_ev(int efd, int fd) {
112      if (epoll_ctl(efd, EPOLL_CTL_DEL, fd, NULL) == -1) {
113          pr_out("fd(%d) EPOLL_CTL_DEL Error(%d:%s)", fd, errno, strerror(errno));
114          return -1;
115      }
116      close(fd);
117      return 0;
118  }
119  int fcntl_setnb(int fd) {
120      if (fcntl(fd, F_SETFL, fcntl(fd, F_GETFL) | O_NONBLOCK) == -1) { /* 넌블럭킹 모드로 전환 */
121          return errno;
122      }
123      return 0;
124  }
```

마지막 부분에는 add_ev, del_ev, fcntl_setnb 함수 코드이다. 먼저 add_ev는 epoll_ctl을 이용해서 epoll에 파일기술자를 등록하도록 되어 있고, del_ev는 epoll_ctl을 이용해서 epoll에 등록되어 있는 파일기술자를 해제한다. 사실 마지막 부분은 앞서 함수별로 설명할 때 언급했던 것들이므로 설명할 부분이 없다고 판단되어 세세한 설명을 생략하도록 하겠다.

epoll은 고성능 네트워크 서버 프로그래밍에서 필수로 쓰이지만, 호환성을 위해 과거의 기법인 select나 poll을 이용하는 코드들을 작성하거나 포팅하는 경우를 위해 여러분은 select, poll, epoll을 이용해서 만들어지는 구조와 어떤 부분을 어떻게 변경해야 하는지 알아 두어야만 한다. 물론 다른 운영체제의 효율적인 비표준 I/O 멀티플렉서의 사용 방법을 알아두는 것도 좋다.

06 참고 문헌

[1] D. Kegel. The C10K problem. http://www.kegel.com/c10k.html.

[2] J. Lemon. Kqueue: A generic and scalable event notification facility. http://people.freebsd.org/~jlemon/papers/kqueue.pdf

[3] L. Gammo, T. Brecht, A. Shukla, and D. Pariag. Comparing and evaluating epoll, select, and poll event mechanisms. In Proceedings of the 6th Annual Ottawa Linux Symposium, July 2004.

[4] M. Welsh. SEDA: An Architecture for Highly Concurrent Server Applications. http://www.eecs.harvard.edu/~mdw/proj/seda/

CHAPTER 08 스레드 프로그래밍

스레드 프로그래밍이 등장한 지는 어언 30여 년이 넘어가고 있지만 실제로는 2000년대 중반 이후에 주목받기 시작했다. 2000년대 초반만 하더라도 스레드 프로그래밍은 고가의 엔터프라이즈 유닉스에서 사용되던 사치스런 기술이었다. 하지만, 2000년대 중반을 넘어가면서 PC 환경에서도 보편적으로 쓰이기 시작했는데 그 이면에는 컴퓨팅 패러다임의 변화가 있었다.

그러면 왜 예전에는 잘 쓰이지 않던 스레드가 최근에 많이 쓰이기 시작한 것일까? 이에 대한 답은 복합적이며 여러 가지가 있겠지만 가장 큰 이유를 꼽으라고 한다면 하드웨어 기술의 한계와 시장의 요구에 의해 촉발된 그린 IT라 불리는 컴퓨팅 생태계의 변화가 있다.

그린 IT에는 저전력 기술뿐 아니라 와트당 성능(Performance Per Watt) 효율 같은 기술적 내용이 포함되어 있는데 이들은 얼핏 보면 별 상관관계가 없어 보이지만 실제로는 밀접한 관계가 있다. 물론 스레드 프로그래밍 API나 세부 구현 기술이 밀접한 관계가 있는 것은 아니다. 하지만, 큰 틀 안에서 컴퓨팅 역사의 흐름과 스레드의 발전 방향을 이해하기 위해서는 둘을 접목해서 알아둬야 하므로 지루하지만, 역사적 배경과 하드웨어 벤더들의 입장을 이야기하고자 한다.

그러면 이번 장에서 어떤 내용을 다루게 될지 개략적으로 살펴보자. 처음은 역사 시간으로서 프로세서, 특히 CPU 쪽의 역사를 다룰 것이다. 그리고 최근 인텔이나 AMD와 같은 대형 벤더들이 어떤 기술적 한계에 봉착했는지와 그 난관을 해결하기 위해 멀티 코어로 진화한 흥미진진한 이야기를 다룰 것이다.

그리고 David Patterson 교수가 이야기한 Three walls에 대해서도 잠시 살펴볼 것이다. 기술적 한계와 경제적, 정치적 이슈가 시장을 어떻게 변화시키는지 주목해보면 나름 미래 IT 기술을 바라보는 안목과 철학적 소견도 생기므로 재미있을 것으로 생각한다.

이런 배경적인 부분을 설명한 뒤에는 기술적인 이슈인 멀티 스레딩이 성능 향상을 가져오는 이유, 병렬 처리를 위한 패턴을 살펴볼 것이다. 그리고 스레드 프로그래밍을 하기 위해 알아둬야 하는 기술 용어로서 스레드 안전, 재진입성, 비동기 시그널 안전, 비동기 스레드 취소, 원자성 등에 대해 살펴볼 것이다.

역사적인 배경이나 이론적 내용은 프로그래밍 기술보다는 숲을 보는 안목을 갖추는 데 도움이 되므로 당장 큰 도움이 되는 것은 아니겠지만 언젠가는 부족한 5%를 메워주는 상식이 될 수 있으니 꼭 읽기 바란다.

01   무임승차했던 성능 문제

우선 앞서 제기했던 문제, 스레드 프로그래밍이 많이 쓰이는 이유가 무엇인지에 대한 답안은 중앙 처리 프로세서, 즉 CPU의 성능과 효율에 기술적 한계가 보이기 시작했기 때문이다. 과거에는 프로그래머가 비효율적인 코드를 작성하더라도 새로 개발된 CPU 및 주변 장치로 교체해주면 성능 문제가 해결되는 경우가 많았다. 이는 반도체 기술이 빠르게 발전하여 CPU와 주변 장치의 성능이 개선될 여지가 충분했기 때문이었다.

예로 반도체의 회로 집적도는 2년마다 두 배씩 늘어났고(무어의 법칙 [1]) 이에 맞춰서 프로세서의 작동 클록(Hz)도 빠르게 증가했다. 그래서 성능이 좀 떨어지는 비효율적인 코드라고 할지라도 1~2년 뒤에 신형 하드웨어로 교체하기만 하면 쉽게 성능을 올릴 수 있었던 것이었다. 바꿔 말하면 90년대의 프로그래머나 사용자는 반도체 기술 발전에 무임승차 해왔던 셈이다.

표 8.1 인텔 CPU의 발전 (Silicon Technology from Intel [2])

구분	80년대 초반	90년대 후반
반도체 미세 공정 능력	0.18μm	65nm
트랜지스터 집적 능력	약 9,500,000개	약 291,000,000
클록 (Hz)	500MHz	3.2GHz

예를 들어 인텔의 트랜지스터 집적 능력과 클록 속도를 보면 [표 8.1]과 같이 15년 만에 트랜지스터의 집적수가 약 30배, 클록은 약 6.5배로 증가했다. 정말 그 시절에는 1~2년마다 하드웨어를 교체하지 않으면 뒤처질 정도로 빠르게 발전을 해 왔었다.

1.1 프로세서 성능의 둔화

1990년대 후반부터 프로세서의 성능 발전이 슬럼프에 빠질 기미가 보이기 시작했는데 그 시발점이 된 것은 클록 속도 경쟁의 둔화였다. 당시 인텔은 AMD와 클록 속도 경쟁을 벌이고 있었고 경쟁사를 자극하기 위해 10GHz의 CPU가 개발될 날이 머지않았다고 호언장담을 했다.

하지만, 막상 클록 속도를 4GHz 이상 올리기 시작하자 의외의 복병이 등장하기 시작했다. 복병은 바로 비효율적인 전력 소비 현상으로 개발단계에서 실험적으로 5GHz 이상으로 올린 제품에서는 심각한 전력 소비 현상과 더불어 발열 문제가 뒤통수를 치기 시작한 것이었다.

원래 CPU의 성능을 올리기 위한 기초적인 방법은 작동 클록을 올리는 것이다. 하지만, 클록의 한계점이 보이기 시작하자 벤더들은 고민에 빠지기 시작했다. 물론 전력 소비를 무시하고 발열 문제도 질소 냉각까지 사용한다면 문제가 없지 않냐고 반문할 수 있다. 그러나 대규모 IT 자원을 사용하는 기업이라면 발열 문제와 소모되는 전력 에너지 비용은 회사가 망할 수도 있는 심각한 문제가 된다.

간단한 상상을 한 번 해보자. 회사에 있는 IT 자원의 CPU 총합이 1만 장이라고 할 때 각 CPU가 50와트씩 전력을 더 소모한다면 얼마나 많은 전력요금이 지출될까? 더군다나 더 많은 발열 때문에 냉각을 위한 쿨링 에너지의 소모도 같이 증가하므로 전력 소비량은 더욱 커진다.

물론 90년대 중반에는 이런 전력요금 문제를 대수롭지 않게 여겼다. 왜냐하면, 닷컴 기업들의 호황이던 당시에는 엔젤 투자로 인해 엄청난 투자를 받는 것이 가능했기 때문이었다. 그래서 흥청망청 써도 끊임없이 투자를 받을 수 있었다. 하지만, 닷컴 붕괴로 인해 신기루가 사라지자 IT 자원의 채산성에 대해 고민하게 되었다. 또한, 교토의 정서처럼 환경 보호에 대한 규약이 흥청망청 써오던 에너지 소비에 제동을 걸기 시작한 것이다.

따라서 기업들은 채산성 문제와 정치적 문제로 그린 IT 캠페인에 동참할 수밖에 없는 상황을 맞게 되었다. 그 결과 연중 내내 가동되어야 하는 서버나 인터넷 관련 장비들은 저전력화 기술을 강요받게 되었다. 나아가 PC나 각종 모바일 기기까지 저전력화 기술을 강요받으면서 프로세서 생산 업체들도 고 클록(high clock) 경쟁의 덧없음을 깨닫게 되었다.

게다가 RISC 칩의 선구자이면서 컴퓨터 구조론의 교과서로 유명한 Computer Organization and Design의 공동 집필자로서 프로세서 분야의 석학인 David Patterson 교수가 2006년에 공개적으로 세 가지 장벽(Three walls)이 발전을 가로막고 있음을 이야기하였다. 패터슨 교수는 여기서 과거 프로세서 분야의 통념이 새로운 패러다임을 맞아서 변경되었음을 이야기했다. 여기서 세 가지 장벽이란 Power wall, Memory wall, ILP wall을 의미하며 전력의 문제, 메모리 대역폭의 문제, 병렬성의 문제를 의미한다.

결국, 정치적인 문제와 벤더들의 기술적 한계가 서로 맞아떨어지면서 클록 경쟁은 막을 내리게 되었고 고성능 프로세서에 대한 통념도 바뀌게 되었다. 그 대신에 새로운 화두로서 멀티 코어라는 새로운 개념이 떠오르게 되었다.

1.2 멀티 코어 CPU로의 진화

클록 경쟁의 한계를 통해 프로세서 벤더들은 발전 방향에 대해 심각한 고민을 하게 되었고 이를 해결하기 위해 분업의 원리를 적용한 멀티 코어가 등장했다. 이는 프로세서 1개의 성능 향상이 한계에 부딪히자 2개 이상의 프로세서가 작업을 나눠서 실행하도록 하는 병렬 처리 힌트에서 파생된 것이다. 어차피 공정 기술의 향상으로 인해 미세 공정이 가능해졌고 이는 프로세서 코어를 더 작게 만들 수 있게 하였다. 따라서 프로세서를 추가할 수 있는 공간을 확보할 수 있게 되었다.

이렇게 한 개의 칩에 복수 개의 CPU 코어를 넣은 것을 CMP(Chip Multi Processor)라고 부른다. 최근에 집적도가 더 높아지면서 그래픽 칩셋이나 멀티미디어, 네트워크 관련 칩까지 CPU 내부에 넣는 경우도 생겼다.

[그림 8.1] 4개의 코어와 그래픽 칩셋이 들어 있는 인텔 2세대 코어(CMP)

프로세서 벤더들이 CMP로 방향을 바꾸게 되자 소프트웨어 산업, 특히 프로그래밍 생태계에 의외의 파장을 불러오게 되었다. 그것은 이전에는 큰 고민을 하지 않았던 코드의 성능 효율이라는 이슈였다.

CMP는 개별 프로세서의 성능이 기존 싱글 코어 CPU보다 체감할 정도로 빠르지 않다는 약점이 있다. 오히려 몇몇 제품들은 기존 제품보다 성능이 떨어지는 코어를 여러 개 붙이는 경우도 있었다.

기존의 직렬로 실행되는 코드는 성능이 올라가지 않거나 심지어 성능이 떨어지는 경우도 있었다. 결국 신제품 CPU를 구매해도 기존 프로그램의 성능이 높아지지 않는 현상이 발생하기 시작한 것이다. 이는 하드웨어 및 소프트웨어 업계 모두에게 충격적인 사건이었다.

하드웨어 업계 입장에서는 기존 제품과의 차별화가 힘들었고 소프트웨어 업계는 새로운 CPU를 어떻게 사용해야 하는지 고민해야 하는 상황이 온 것이었다. 즉 멀티 코어는 IT 업계의 화두가 되어 소프트웨어 업계와 비즈니스 모델까지도 뒤흔들어 버리게 되었다.

그러면 이야기를 더 진행하기 위해서는 CMP의 성능 효율이 어떤지 살펴보는 것이 순서일 것이다.

일반적으로 시스템에 다수의 프로세서가 존재하면 운영체제에서 실행되는 수많은 프로그램이 각각 개별적인 프로세서를 할당받아 작동할 수 있게 된다. 따라서 시스템 전체의 성능이 올라갈 가능성이 커진다. 이것이 바로 옛날에 비싼 서버, 워크스테이션들이 SMP(Symmetric Multi Processor)를 사용했던 이유다.

그러나 시스템 전체의 성능과 개별 프로그램의 성능은 또 다른 형태의 문제다. 만일 개별 프로그램에 스레드나 비동기 처리가 포함되어 있지 않았다면 CMP나 SMP를 장착한들 프로세스 자체의 성능은 개선되지 않는다. 물론 시스템 전체의 부하가 줄거나 새로운 기능으로 인해 약간의 향상은 있겠지만 눈에 띄게 향상되지는 않는다.

이러한 배경 때문에 개별 프로그램 1개의 처리 성능이나 응답을 높이기 위해 멀티 스레드와 같은 비동기적 처리(asynchronous processing) 기법의 당위성이 주목받기 시작했다. 물론 실무에서는 복합적으로 멀티 프로세스 방식과 멀티 스레드를 결합하여 MPMT(Multi Processes and Multi Threads)로 만들 수도 있고, 그 안에서도 시그널 처리로 이벤트 통지를 한다든지 하는 기법도 쓰일 수 있다.

하지만, 이 중에서도 스레드가 제일 각광받는 이유는 자유도가 높고 얻을 수 있는 성능 효과가 크기 때문이다. 왜 성능 향상이 생기는지는 조금 뒤에 나오는 2절에서 병렬 처리, 레이턴시에 대한 부분을 참고하기 바란다.

1.3 다양한 스레드 프로그래밍

현재 많이 사용되는 스레드 기법으로는 POSIX 스레드, OpenMP, TBB, Cilk, Cilk+ 등등 다양한 기법이 있지만 여기서는 리눅스에서 사용할 수 있는 기법 중 대표적인 2 가지만 다룰 것이다. 바로 POSIX 스레드, OpenMP이다. 물론 이들은 유닉스나 윈도 에서도 사용 가능한 표준 기법이므로 다른 운영체제에서도 사용할 수 있다.

POSIX 스레드는 약어로 pthread라고 불리며 책의 맨 앞에서 설명했던 IEEE std. 1003.1b-1995 표준으로 승인되었다. 이후 2001년도에 확장되어 몇 가지 기능이 추가되었다. pthread의 특징으로는 C 언어의 API로 되어 있으며 POSIX 계열의 운영 체제 대부분에서 지원된다는 점이다. POSIX를 지원하는 윈도 계열에도 포팅되어 있 다. 다만, 윈도의 경우에는 비표준인 윈도 네이티브 스레드의 성능이 뛰어나기 때문 에 범용성이 중요한 경우를 제외하고는 pthread를 거의 사용하지 않는다.

그리고 최근에 각광받기 시작한 OpenMP가 있다. OpenMP는 스레드 프로그래밍의 난해한 기법과 이기종의 포팅이 어렵다는 점을 해결하기 위해서 만들어졌는데 스레 드 기법 중에 몇 가지를 단순화한 형태로 제공된다. 따라서 배우기가 쉽고 포팅도 쉽 다는 장점이 있다.

OpenMP의 특징은 C, C++, 포트란 등 다양한 언어를 지원하는 점과 함수나 메서드 의 원형을 직접 호출하지 않고 지시어(directive)를 선언하는 방식을 사용한다는 점이 다. [코드 8.1]의 02행에 보면 #pragma omp로 시작하는 지시어 부분이 OpenMP 병 렬 처리 코드이다. 이런 지시어 사용 방식은 전처리기에서 처리할 수 있기 때문에 높 은 이식성을 부여할 수 있다.

[코드 8.1] OpenMP의 사용 예제　　　　　　　　　　　　　　　　　　(hello_omp.c)

```
01   int main() {  // 컴파일 시 -fopenmp 옵션을 필요로 한다.
02   #pragma omp parallel
03      {
04          printf("Hello  OpenMP\n");
05      }
06      return 0;
07   }
```

OpenMP는 리눅스에서 사용되는 gcc, clang 뿐 아니라 마이크로소프트의 비주얼스 튜디오에도 적용되어 있다. OpenMP는 문법이나 의미가 운영체제에 영향을 받는 구 조가 아니기 때문에 컴파일러에 큰 영향을 받지 않는다.

하지만, 각 회사의 컴파일러에서 OpenMP를 구현하는 방식에 따라 추가적인 라이브 러리나 옵션이 필요하기 때문에 OpenMP를 사용한다면 컴파일러와 해당 운영체제의 지원 여부를 확인해야만 한다.

gcc의 경우에는 4.2부터 OpenMP 2.5를 지원하기 시작했고 4.4에서는 OpenMP 3.0을 지원했다. 최근에 발표된 OpenMP 3.1은 4.7부터 지원하고 있다. 2016년을 기준으로 대부분의 컴파일러는 OpenMP 3.1 이상을 지원하고 있다.

OpenMP 외에 운영체제별로 지원되는 다른 스레딩 기법들도 있다. 예를 들어 앞서 언급한 윈도 운영체제의 네이티브 스레드가 있고, 솔라리스의 경우에도 pthread 외에 독자적인 스레드 기법을 제공하고 있다. 또한, C++의 경우에는 인텔에서 제공하는 TBB나 Cilk, Cilk+ 같은 스레딩 기법도 있다. 특히 C++의 경우는 TBB나 Cilk+뿐만 아니라 boost에서 제공하는 스레딩 기법이나 C++11의 스레드도 있어 다양한 기법들이 혼합되어 사용되는 경우도 있다.

O2   멀티 스레딩과 성능 향상

병렬 처리(parallel processing)란 동시에 복수의 작업을 처리하는 것이고, 동시 처리(concurrent processing)는 복수의 작업을 짧은 간격으로 번갈아 가면서 처리하는 방식을 의미한다.

일반적으로 CPU는 한 번에 한 개의 작업만 가능하기 때문에 싱글 코어에 CPU가 1개라면 병렬 처리를 할 수 없다.[42] 그러면 CPU의 개수가 1개라면 멀티 스레드가 소용없는 것일까? 그렇지는 않다. CPU의 개수가 1개라도 멀티 스레드를 사용하면 효과를 볼 수 있는 경우도 있다.

2.1 병렬 처리와 동시 처리

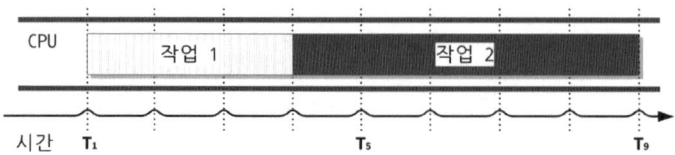

[그림 8.2] 1개의 CPU에서 2개의 작업을 동기적으로 진행하는 예

---

42) SMT(Simultaneous Multi-Thread)가 가능한 경우에는 하나의 CPU에서 동시에 여러 개의 스레드 작업을 유지할 수 있다.

먼저 [그림 8.2]를 보면, 2개의 작업이 순서대로 진행되는 흐름을 보여주고 있다. 이 작업이 하나의 함수가 실행되는 것으로 생각하면 이해가 쉬울 것이다. 이해를 돕기 위해 그림에 표기한 단위 시간으로 환산하면, 작업 1은 3칸, 작업 2는 5칸이 걸렸으므로 총 8칸의 시간이 소요되었다. 하지만, 멀티 스레드를 도입하여 각각의 작업을 독립적으로 실행한다면 달라진다.

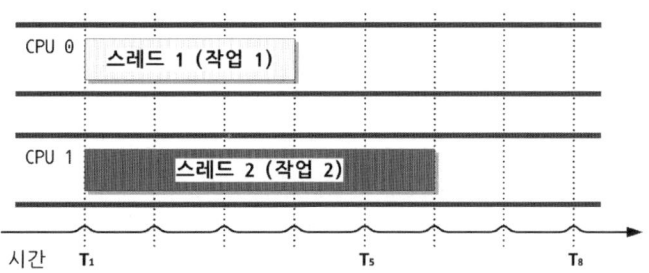

[그림 8.3] 2개의 CPU에서 작동되는 멀티 스레드의 예시

[그림 8.3]처럼 CPU의 개수가 스레드의 개수와 같거나 많으면 동시 작업이 가능해지므로 예시 그림처럼 전체 실행 시간이 줄어들 수 있다. 즉 수행 시간을 측정해보면 크게 향상되는 것을 볼 수 있게 된다. 이렇게 [그림 8.3]처럼 완전히 동시에 실행되는 것이 병렬 처리다. 물론 실제 환경에서는 [그림 8.3]처럼 완벽하게 따로 작동하지는 않을 수 있다. 또한, 병렬 처리를 하더라도 로드 밸런싱에 실패하여 한쪽 스레드에 일이 몰리게 되면 성능 향상이 없을 수도 있다.

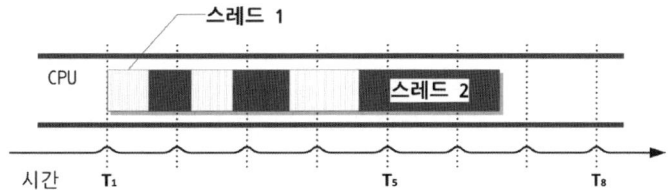

[그림 8.4] 1개의 CPU에서 작동되는 멀티 스레드의 예시

CPU의 개수가 스레드의 개수보다 적은 경우에도 [그림 8.4]처럼 운영체제는 멀티태스킹을 위해 작은 단위 시간으로 작업을 쪼개어 작동할 수 있다. 이렇게 시분할로 쪼개진 작업이 번갈아가면서 실행되면 거의 동시에 실행되는 것처럼 느낄 수 있다.

이처럼 실제로는 동시에 실행되지는 않지만, 번갈아가면서 실행하여 마치 동시에 작동되는 것처럼 하는 것을 동시 처리(concurrent processing)라고 할 수 있다. 그리고 멀티 스레드를 사용하여 동시 처리를 하게 되면 레이턴시 하이딩(latency hiding) 효과에 의해 성능 향상이 있을 수 있다.

물론 CPU만 집중적으로 사용하는 시뮬레이션이나 수식 계산 작업 같은 경우에는 물리적인 CPU 개수가 적다면 체감 성능 향상은 거의 없다.

2.2 레이턴시 하이딩

[그림 8.2]와 [그림 8.4]를 비교해보면 둘 다 CPU 개수가 1개로 같은 환경이라고 볼 수 있다. 하지만, 전체 실행 시간은 멀티 스레드를 적용한 [그림 8.4]의 경우가 더 줄 어들 가능성이 있다. 즉 전체 수행 성능이 향상될 가능성이 있다는 것이다. 이는 레이 턴시 하이딩(latency hiding) 효과가 있기 때문이다.

레이턴시란 요청 후 실제 응답이 오기까지 걸리는 대기 시간으로 장치들 간의 처리 속도 차에 의해 발생한다. 예를 들어 CPU의 응답속도가 메모리나 하드디스크와 비교 하면 훨씬 빠르기 때문에 레이턴시가 발생하는 것이다. 그러므로 CPU의 처리 속도 보다 느린 I/O 처리를 기다리는 시간을 효율적으로 다른 작업에 분배하면 CPU 사용 률이 높아져서 전체적으로는 성능 향상을 가져올 수 있다. 이해를 돕기 위해서 [그림 8.2]를 좀 더 자세하게 보도록 하자.

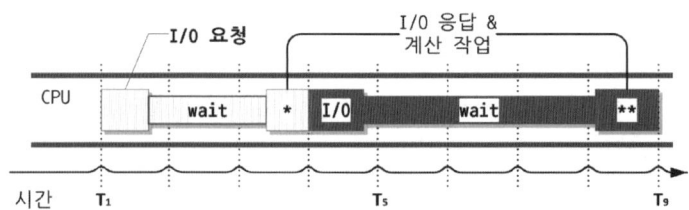

[그림 8.5] 레이턴시가 포함된 작업 시간

[그림 8.2]의 작업을 다시 그린 것이 [그림 8.5]이다. 각 작업이 하나의 함수이고 어떤 I/O 입출력을 사용하는 경우라고 가정하자. 조금 큰 직사각형이 실제 CPU 작업이고, 작은 직사각형이 대기 시간이라고 볼 수 있다. 이 경우를 살펴보면 I/O 요청 이후 실 제 응답이 오기 전에 대기하는 시간을 바로 레이턴시라고 부른다. CPU와 입출력하는 I/O 장치의 응답 시간 차이가 클수록 레이턴시는 커질 수 있다. 그림은 간격이 얼마 크지 않지만, 디스크라면 수백만 클록의 레이턴시가 존재하기도 한다.[43]

그러나 [그림 8.4]처럼 멀티 스레드가 도입되면 "CPU 개수 < 스레드 개수"인 상황이 라도 입출력 작업을 하여 레이턴시가 발생할 때 CPU는 대기하지 않고 다른 스레드의 작업을 할 수 있게 된다. 즉 비동기적으로 작업을 처리할 수 있게 되는 것이다.

이렇게 결과적으로 레이턴시가 다른 작업에 의해 숨겨지는 것처럼 보이기 때문에 레 이턴시 하이딩이라고 부른다. 이 때문에 네트워크 입출력이나 디스크 입출력 빈도가

---

43) 일반적인 경우에 캐시, 메모리(RAM), 플래시 메모리, 하드디스크 혹은 네트워크의 순으로 레이턴시가 크다. 일반적으 로 네트워크 장치의 응답이 가장 늦다.

높은 경우에는 멀티 스레딩의 효과가 꽤 높아진다.

> **TIP** ▶ 장치별 레이턴시는 얼마나 될까?
>
> 장치별 레이턴시가 얼마나 되기에 성능 차이가 생길까? 최근 사용되는 DDR3 램의 JEDEC 표준 모듈들은 약 10ns 전후의 레이턴시를 가진다. 하지만, 이는 램 모듈 자체의 레이턴시일 뿐이고 실제 환경에서는 CPU와 램 사이의 캐시와 컨트롤러, 버스의 병목 현상 때문에 수백 나노 초(ns) 이상 소요되기도 한다. 더 느린 하드디스크는 수 밀리 초 이상이 소요되며 네트워크 장치는 통신 구간의 왕복을 생각해야 하므로 수십 밀리 초까지도 응답이 지연될 수 있다.
>
> 그러면 이제 CPU와 응답속도를 비교하기 위해 CPU의 클록을 생각해 보자. 예를 들어 1GHz의 클록을 가지는 CPU라면 약 1 나노 초마다 클록이 발생한다. 램에 접근할 때 평균 100 나노 초가 지연되는 경우에도 순차적으로 캐시, 램으로 접근하기 때문에 실제로는 수백 나노 초 이상 지연될 수 있다.
>
> 그러면 밀리 초의 레이턴시를 가지는 하드디스크의 경우는 어떨까? 1 밀리 초는 1,000,000 나노 초를 의미하므로 1ms만 지연되어도 CPU의 입장에서는 엄청난 사이클이 지연된다. 따라서 아무리 적게 잡아도 디스크에 접근하게 되면 거의 수백에서 수천만 단위의 사이클이 낭비된다.

그러나 스레드 개수를 늘릴 때마다 레이턴시 하이딩으로 성능 향상 생기는 것은 아니다. 이미 CPU 사용률이 포화상태이거나 스레싱(thrashing)에 가까울 정도의 메모리 교체가 잦은 경우라면 오히려 오버헤드가 발생하여 더 느려질 수도 있다.

즉 스레드를 적용하는 것은 시스템 부하와 연동하여 적절한 개수와 로드 밸런싱이 중요하다는 것이다. 로드 밸런싱은 실행 환경에 영향을 받기 때문에 설계 시점에서 판단하기보다는 동적으로 변경할 수 있도록 설계하고 프로파일링 기능이나 모니터링을 통해 맞춰나가는 것이 좋다.

2.3 멀티 스레드 vs 멀티 프로세스

멀티 스레드와 멀티 프로세스의 차이점과 장단점을 알아보자. 성능을 올리기 위해 멀티 스레드나 멀티 프로세스를 도입하는 기본 원리는 분업이라고 할 수 있다. 과거 스레드가 쓰이지 않던 시절에도 유닉스 계열에서는 fork를 통해 프로세스 단위의 멀티 태스킹을 구현해 왔다. 즉 프로세스 단위의 분업을 해왔던 것이다.

그렇다면 전통적인 프로세스 단위의 멀티 태스킹이 있음에도 멀티 스레드가 나온 이유를 알아야 할 것이다. 결론부터 이야기하자면 프로세스 단위의 분업은 시스템 전체의 효율은 올릴 수 있지만, 프로세스 1개의 성능 향상에는 연관이 없기 때문이다.

다시 말해 프로세스의 내부 성능을 향상하려면 프로세스 내부에 분업을 도입해야 하고 이를 위해 멀티 스레딩이 필요하게 된 것이다. 그런데 멀티 스레딩이라고 항상 좋은 것만은 아니다. 오히려 멀티 프로세스는 각각 독립된 프로세스로 작동하기 때문에 메모리 영역이 보호되는 장점이 있고 동기적 프로그래밍 모델을 사용하므로 디버깅의 편리함 같은 많은 장점이 있다.

그러면 멀티 스레딩의 장점은 무엇일까? 결론부터 이야기하자면 I/O 처리에 강점을 가진다. 앞서 레이턴시 하이딩을 설명할 때 CPU에 비해 메모리나 하드디스크가 느리다는 것을 강조했었다. 여기서 느리다는 성능의 기준은 응답속도였다. 그러나 I/O의 성능은 2가지 부분이 존재하는데 바로 응답속도와 대역폭(bandwidth)을 이용한 처리량(throughput)이다.

예를 들어 보일러 온수에 빗대어 설명하면 틀자마자 온수가 나온다면 응답속도가 빠른 것이고, 얼마나 많은 양을 공급할 수 있는지는 대역폭에 해당한다. 즉 응답속도가 빠르면 그만큼 데이터에 빨리 접근할 수 있지만 많은 양의 데이터를 전달하려면 대역폭이 커야 한다.

그런데 CPU는 응답도 빠르고 대역폭도 크지만, 램이나 하드디스크는 응답도 느리고 대역폭도 작다. 따라서 병목 현상이 발생할 수밖에 없다.

그러므로 병목을 발생시키지 않으려면 메모리나 디스크로의 입출력을 줄여야 한다. 그런데 멀티 프로세스로 설계하면 프로세스 사이에 데이터를 주고받기 위해 IPC 같은 외부 통신 방법을 사용해야 한다.

이때 메모리 쓰기와 읽기가 이뤄지므로 I/O 대역폭을 소모할 수밖에 없다. 물론 하드웨어 업계는 이 문제를 해결하기 위해 듀얼 채널이니 트리플 채널이니 하는 여러 가지 방식으로 대역폭을 늘리고 있지만, 근본적인 문제를 해결하기에는 역부족이다. 결국, 현실적으로 프로그래머는 I/O 대역폭을 소모하지 않도록 최소의 I/O를 사용하도록 설계해야 한다.

그렇지만 멀티 프로세스 방식은 IPC를 사용할 수밖에 없기 때문에 분업을 위해 작업을 쪼개면 쪼갤수록 지속적으로 I/O 대역폭을 소모하게 되어 한계 성능에 부딪히는 시점이 오게 된다. 그래서 기존의 멀티 프로세스 방식은 일정 수준의 성능 이상을 올리는데 한계를 가질 수 있다.

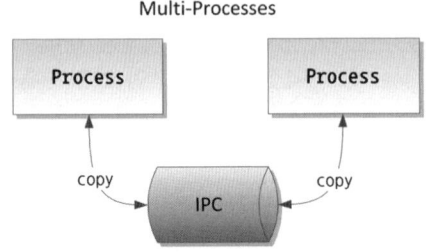
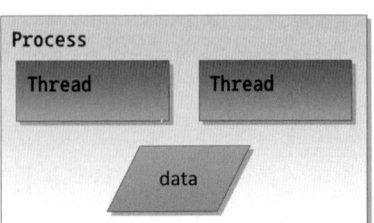

[그림 8.6] 멀티 프로세스 vs 멀티 스레드

그러나 멀티 스레드 방식은 각 스레드가 통신하는 비용을 획기적으로 줄일 수 있다. 왜냐하면, 각 스레드는 프로세스 내부에서 메모리 주소 공간을 공유하기 때문이다. 따라서 굳이 IPC를 쓰지 않아도 데이터의 주소만 넘겨주어도 통신할 수 있다. 더군다나 이런 방식은 TLB hit rate를 높은 수준으로 유지할 수 있기 때문에 메모리를 중점적으로 사용하는 시스템에서 더욱 유리해진다.

결론만 놓고 보면 작은 차이라고 할 수 있지만 실제로는 큰 성능 차이를 보일 수 있다. 따라서 I/O 처리량이 큰 경우나 빈도수가 높은 경우라면 멀티 스레드를 사용하는 편이 성능 향상을 가져온다.

2.4 최적화와 멀티 스레딩의 문제점

최적화(optimization)란 성능 향상을 위해서 행해지는 모든 것을 총칭한다. 따라서 멀티 스레딩도 최적화의 일종이라고 할 수 있다. 그러나 멀티 스레딩은 다른 최적화 기법으로 더 이상 성능 향상을 얻을 수 없을 때 사용하는 것이 좋다.

앞에서는 멀티 스레딩의 좋은 점만 부각해서 이야기했지만, 멀티 스레딩을 도입하지 않아도 요구 성능을 충족한다면 굳이 쓰지 않는 것이 좋다.

그 이유는 멀티 스레딩을 적용하게 되면 개발, 테스트, 디버깅이 매우 복잡해지기 때문이다. 특히 비동기적 처리의 특성상 설계나 개발 단계에서는 예측하지 못했던 문제점이 발견될 수도 있다. 그리고 더 큰 문제는 버그를 발견했어도 디버깅하기 어렵다는 점이다. 멀티 스레드는 비동기적으로 작동하기 때문에 디버깅 타임에 관찰을 위해 버그를 재현하기가 어렵다.

오히려 프로그래머가 관찰을 위해 개입하는 순간, 비결정적인(non-deterministic) 결과를 나타내어 버그가 사라지는 현상도 발생할 수 있다. 그래서 오죽하면 멀티 스레드 버그를 하이젠버그(Heisen-Bug)라고 부를까?[4] 그럼에도 불구하고 멀티 스레드를 써야 하는 경우라면 먼저 몇 가지를 체크해봐야 한다.

- I/O 측면에서 병목(bottleneck)이 제거된 상태인가?
- 멀티 스레드 도입 전에 다른 최적화 방법을 적용해 보았는가?
- 멀티 스레드 도입 전에 시스템에 가용할 수 있는 CPU나 관련 유휴 자원은 충분한가?
- 효율을 극대화하려면 스레드의 숫자를 어떻게 결정해야 하는가?

일단 멀티 스레드를 도입하기 전에 프로파일링을 해서 보틀넥의 제거와 다른 최적화 방법을 시도해보는 것이 좋다. 또한, 시스템에 가용할 수 있는 여유 자원이 있는지도 확인해야 한다.

여유 자원 중에는 구체적으로 CPU 사용률과 대역폭(bandwidth)을 확인한다. 특히 네트워크 프로그램이라면 메모리나 네트워크와 장치의 대역폭을 잘 살펴야 한다. 만일 대역폭이 극단적으로 부족한 상황이라면 멀티 스레딩을 도입하더라도 병목(bottleneck)이 생기므로 충분한 성능 향상을 낼 수 없게 된다.

그다음으로 스레드의 개수도 중요한 조건이 된다. 무작정 많은 스레드를 생성한다면 문맥 교환(context switching)의 오버헤드가 멀티 스레드로 얻는 효율을 깎아 먹을 수 있기 때문이다.

물론 최근의 SMT 기법이 적용된 CPU는 2개 이상의 스레드 문맥을 유지할 수 있어서 문맥 교환 오버헤드를 줄일 수 있다. 하지만, SMT가 지원되더라도 엄청난 수의 스레드를 생성하면 무용지물이 될 수 있다. 따라서 적당한 개수의 스레드를 생성하고 로드 밸런싱을 잘해야 한다.

여기서 적당한 개수란 고정된 숫자나 공식이 있는 것이 아니라 하드웨어적으로는 CPU의 SMT 지원 여부, 파이프라인 크기도 고려해야 하고, 소프트웨어적으로는 동시에 작업하는 스레드의 평균 개수와 부하도 참고해야 한다.

과거에는 CPU 개수 × 파이프라인 × SMT의 2~4배수를 적용했지만, 지금은 시작할 때 참고하는 수치일 뿐 동적으로 조절하는 경우가 많다. 따라서 동적으로 감시하고 스레드로 인한 성능 향상을 실시간 모니터링 할 수 있는 설계가 필요하다.

주의할 점은 모니터링의 오버헤드가 크지 않도록 조심해야 한다. 완벽한 데이터를 모니터링하는 것보다 러프하게라도 추이를 살펴볼 수 있는 기능이 중요할 때가 잦다.

이런 것들은 말로는 간단하지만, 실제 구현에서는 상당히 복잡하고 연륜이 쌓여야 가능해진다. 따라서 많은 프로그래밍 실습과 프로파일링을 통한 연습이 필요하다. 이는 코딩과 각종 관리 툴을 사용하면서 고급 이론 서적, 논문을 함께 읽는 것도 중요하다는 뜻이다.

> **TIP** 자주 사용되는 최적화 기법들
>
> 일반적으로 자주 사용되는 최적화로는 루프(loop) 최적화, 분기 및 스케줄링 최적화, 스트렝스 리덕션(strength reduction), 캐시 및 메모리 최적화, 비동기 I/O 등이 많이 사용된다.
>
> 이 중에서 루프 최적화나 분기 최적화의 경우에는 컴파일러 옵션으로도 간단하게 할 수 있고, 캐시 및 메모리 최적화의 경우는 프로파일러를 이용하여 최적화 한다. x86 계열에서는 인텔의 유명한 VTune 이라는 프로파일러가 있으며, 공개용으로는 Oprofile, perf가 사용된다.

03 병렬 처리 패턴

앞서 프로세서 기술의 난제로 인해 멀티 코어가 나왔고, 여기에 멀티 스레딩을 적용하면 왜 성능이 향상되는지 설명했다. 그래서 이번에는 실제적으로 멀티 스레드 프로그래밍을 어떻게 해야 하는지 패턴에 관해 얘기해 보자.

병렬 처리를 하기 위해서는 어디에, 어떻게 적용할 것인지를 정해야 한다. 이때 판단의 기준이 되는 패턴 2가지를 소개하겠다. 물론 이런 패턴을 몰라도 스레드 API를 사용해서 프로그래밍할 수 있다. 하지만, 영어 공부에 비유하자면 API는 단어 암기라고 볼 수 있고, 이론적 배경은 문법이라고 볼 수 있다. 단어를 많이 알면 도움은 되겠지만 멋있는 작문을 하려면 문법의 도움 없이는 불가능할 것이다.

우선 병렬 처리 프로그래밍을 하려면 무엇에 중점을 두고 병렬 처리할 것인지를 초점을 맞출 대상을 결정해야 한다. 이때 작업의 단위나 순서의 흐름에 중점을 두면 태스크 분해(task decomposition) 형식으로 설계하게 되고 작업할 데이터의 형태나 크기에 중점을 두면 데이터 분해(data decomposition) 형식을 설계하게 된다.[5]

분해 방식은 더 세분화되기도 하고 다른 형태로 분류하기도 하는데, 세세한 이론서가 아니므로 여기서는 작업과 데이터에 초점을 두어 살펴볼 것이다.

표 8.2 **분해 방식의 차이**

태스크 분해	서로 다른 형태를 보이는 작업을 각각 병렬 처리할 때 유리하다. 스레드는 서로 다른 형태를 전담하거나 다양한 처리가 가능한 형태여야 한다.
데이터 분해	동일한 혹은 비슷한 데이터의 형태를 나눠서 분업하는데 유리하다. 모든 스레드들은 같은 기능을 가진 경우가 많다.

3.1 태스크 분해 방식

태스크 분해 방식은 처리해야 하는 데이터나 행위(activity)가 매번 달라지거나 연속적인 흐름을 띄는 경우에 적합하다. 예를 들어 입력되는 데이터나 문제의 형태에 따라 콜백(callback)이나 트리 구조, 혹은 파면(wavefront)으로 분기한다든지, 혹은 파이프라인(pipeline)으로 연속된 흐름을 처리한다든지 하는 경우가 대표적이다.

태스크 분해 방식은 병렬 처리를 위해 분해된 태스크들을 스레드가 실행하는 구조이므로 스레드는 마치 태스크를 실어 나르는 껍데기와 같은 역할로 간주된다. 또한, 규모가 큰 태스크는 하위 태스크로 분해되어 다른 스레드가 담당하기도 한다.

이렇게 하위 태스크로 분해되는 경우에는 선후관계나 의존성에 영향을 받기 때문에 배리어, 세마포어와 같은 동기화 처리가 필요해진다. 실제 프로그래밍에서는 서로 다른 형태의 태스크를 처리할 수 있는 스레드 풀을 만들고 각각의 스레드 풀에 정해진 시나리오에 따라서 태스크를 분배하는 방식으로 구현된다. 따라서 분배를 담당하는 디스패처나 스케줄러의 역할에 따라 성능이 크게 갈릴 수 있다.

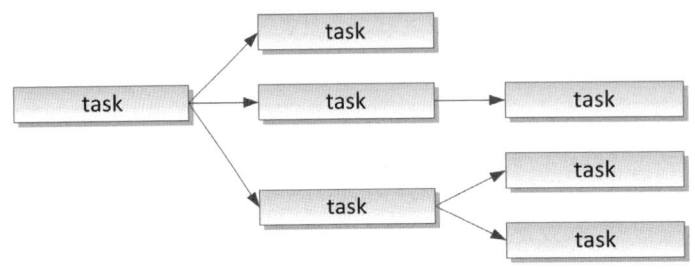

[그림 8.7] 트리 구조의 태스크

태스크 분해를 적용한 대표적인 예로는 GUI 방식의 웹 브라우저를 들 수 있다. 최근 대부분의 포털 사이트를 웹 브라우저로 접속해보면, 실시간으로 검색어를 보여주면서도 커서 트래킹을 감지하거나 클릭에 따라서 동영상이나 팝업, 플러그인 등 다양한 기능들이 실행된다. 이들은 특정 행위에 대해서 태스크가 분기되어 실행되는 구조로 구현한 것이다.

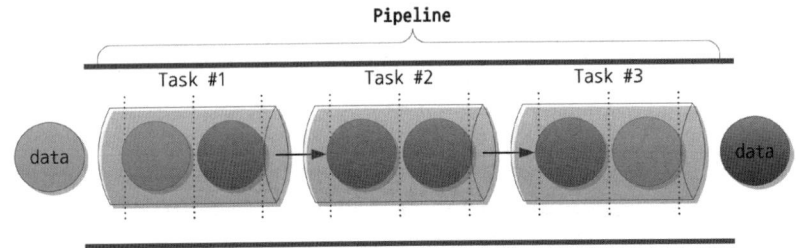

[그림 8.8] 파이프라인 구조의 태스크

파이프라인 방식은 어떤 한 태스크에서 처리된 출력 데이터가 다른 태스크의 입력으로 들어가는 방식이다. 이 방식에서는 데이터가 각 태스크를 순서대로 거치면서 연속적으로 가공되어진다.

즉, 각 태스크는 컨베이어 벨트 같은 분업 형태와 같다. 이렇게 데이터가 흘러가는 구조를 가지게 되므로 데이터 흐름(data flow) 분해 방식으로 분류하기도 한다. 이 방식의 대표적인 모델로는 생산자와 소비자(producer & consumer) 문제가 있다.[6]

태스크 방식은 최종 처리 단계 이전에 사용자의 개입이나 에러로 중단되는 경우가 발생할 수 있는데, 이때 적절한 처리를 할 수 있도록 설계해야만 한다. 여기서 적절한 처리란 태스크의 단계를 복구하거나 롤백하는 것을 말한다.

3.2 데이터 분해 방식

데이터 분해 방식은 동일한(혹은 비슷한) 작업을 하는 복수의 태스크를 생성하여 분업으로 효율을 높이는 구조를 말한다. 처리할 데이터는 다수의 독립적인 분절(chunk) 단위로 쪼개어질 수 있어야만 한다.

만일 원본 데이터가 적절한 단위로 쪼개지지 않는다면, 전처리(preprocessing)를 하여 병렬 처리에 유리한 형태로 변환한 뒤에 적용하기도 한다. 이렇게 전처리나 후처리를 이용할 때는 앞서 언급한 파이프라인 방식과 결합하여 사용할 수도 있다.

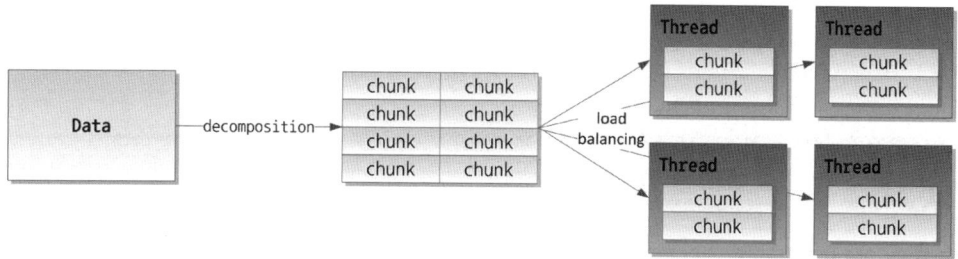

[그림 8.9] 데이터 분해 방식

데이터 분해 방식을 적용할 수 있는 대표적인 예는 압축, 이미지 프로세싱 같은 데이터의 인코딩이나 디코딩 작업이 많다. 혹은 대규모 시뮬레이션, 행렬 계산 등도 데이터 분해 방식에 적합하다.

그러나 이 방식은 적절한 로드 밸런싱이 되지 않으면 효율이 낮아서, 밸런스를 맞춰서 청크를 할당하는 스케줄링 문제의 해결이 중요하다. 또한, 데이터 분해 방식에서는 따로 처리된 분절들을 합치는 과정(reduction)이 필수적이다. 이 과정에서 효과적인 자료구조 설계를 못한 경우에는 오히려 비효율적일 수 있다.

3.3 태스크 분해 vs 데이터 분해

병렬 처리 구조로 바꿀 때, 앞의 두 방식 중에 어떤 방식을 적용하는 것이 좋은지 어떻게 판단할 수 있을까? 항상 맞는 정답은 아니지만, 분해 구조를 선택하는 데 도움이 되는 힌트는 루프의 형태이다.

병렬 처리를 하고자 하는 구조가 루프를 주로 사용하는 구조라면 데이터 분해 방식이 적합한 경우가 많다. 이에 반해 특정 함수나 모듈을 거칠 때마다 데이터가 가공되는 흐름이나, 데이터의 입력 형태에 따라서 분기(branch)가 발생하는 구조라면 태스크 분해 방식이 적합한 경우가 많다.

그러나 지역적으로는 특정 분해 방식을 주로 사용하지만, 현업에서는 작은 규모의 프로그램을 제외하고는 다양한 패턴을 섞어서 적용하는 경우가 많다. 예를 들어 전체적인 구조는 트리 구조의 태스크 분해 패턴을 사용하되 각 태스크의 안에서 계산이나 처리는 데이터 분해 방식을 사용하는 경우가 있을 수 있다는 것이다.

그러므로 패턴을 파악하거나 적용하는 데 있어 어떤 법칙이나 공식에 따라 특정 패턴이나 고정된 형태를 적용해야 한다는 고정 관념을 깨는 것이 필요하다. 이 책에 나온 내용도 딱 들어맞는 경우는 없을 것이다. 따라서 대부분의 경우는 각각의 패턴이 수정된 형태로 적용될 가능성이 더 커진다. 즉 여러분이 구현할 때 변형을 하거나 선택적으로 적용하는 열린 사고가 중요하다.

04 스레드 안전

스레드 프로그래밍을 하기 위해서는 몇 가지 중요한 개념을 알아야 한다. 첫 번째로 스레드 안전이라는 것인데 스레드 안전을 획득하는 방법은 몇 가지 다양한 개념이 있어서 그 차이에 대해 자세히 알아야만 한다.

스레드 안전에 대한 내용은 최근에 용어와 개념의 혼돈 때문에 많은 진통을 겪어왔다. 그래서 SUSv4 2008 표준에서는 몇 가지 규칙을 재정립하였고 특히 재진입(reentrancy)에 대한 내용을 스레드 안전에 포함시키고 재진입 용어 자체는 삭제했다. 따라서 재진입에 대한 내용은 2004년도 SUSv3까지만 사용되었고 이후 표준안에서는 스레드 안전으로 대체되었다.[44]

스레드 안전(thread-safe)이란 스레드에서 사용해도(invoked) 안전하게 수행되는 코드를 의미한다. 전통적으로 유닉스 진영에서는 스레드 환경에서 사용해도 안전하지만, 프로세스를 중단시킬 정도의 오류가 없다는 뜻인지 거기에 더해서 성능적인 면에서 병렬 처리도 가능한지 혹은 시그널에서 사용해도 안전한지에 대해 자세한 분류를 해왔었다.

하지만, 이러한 세세한 분류가 오히려 스레드 안전의 본질적 개념에 혼란을 주면서 SUSv4에서는 스레드 안전에 대해 복잡한 체계를 통합하려고 노력해왔다. 그래서 최근에는 스레드 안전에 대해 일반적이고 직관적인 정의만 남겨두고 복잡한 정의는 제거되었다.

---

44) IEEE Std 1003.1, 2013 Edition, Rational B.2 General Information : Thread-Safety
   http://pubs.opengroup.org/onlinepubs/9699919799/xrat/V4_xsh_chap02.html

이 책에서도 SUSv4에 따라 재진입이라는 용어를 되도록 지양하려고 하지만 아직도 유닉스 벤더들은 내부적으로 병렬성에 따라 체계를 나누고 있기 때문에 여전히 재진입, 원자적 실행 등의 용어와 차이점을 알아두는 편이 좋다. 따라서 각각의 용어에 대한 정의를 다루고 넘어갈 것이다.

스레드 안전(thread-safe)에서 안전하다는 의미는 2가지 조건을 충족하는 경우를 말한다. 첫째로는 해당 함수를 사용했을 때 프로세스의 치명적인 중단을 일으키지 말아야 한다. 둘째로는 함수가 가진 의미, 즉 기능을 제대로 수행한다는 뜻이다. 따라서 프로세스를 죽이지는 않지만, 결과가 분명하지 않은(undefined) 경우는 스레드 안전에 위배된다.

참고로 스레드 안전을 만족하는 함수는 TSF(Thread-safe Function)라고 부른다. 그러나 TSF라고 하지 않더라도 스레드 안전은 함수 단위를 말하는 경우가 많다. 물론 라이브러리나 코드가 수행되는 전체 구간에서 스레드 안전을 의미하기도 한다.

예를 들어 어떤 특정 함수만 떼어놓고 보면 스레드 안전으로 보이지만 그 함수를 사용했을 때 코드 전체로는 스레드 안전이 되지 않을 수 있다. 이런 경우에 대해서는 조금 뒤에 살펴보도록 할 것이다.

표준안에서 제공되는 함수 리스트 중에 스레드 안전 함수 목록은 스레드 항목 페이지 표시되어 있다. 하지만, 리눅스 환경이라면 간단하게 pthreads 맨페이지에 해당 함수의 리스트가 쓰여 있으니 스레드 프로그래밍을 하려고 한다면 꼭 한 번쯤은 목록을 읽어두기 바란다. 간혹 몇몇 유닉스 매뉴얼에는 MT-Safe로 표기되기도 하는데 Multi Thread Safe의 약자이며 스레드 안전과 같은 의미로 사용된다.

4.1 스레드 안전하지 않은 코드

스레드 안전을 이해하기 위해서는 스레드 안전하지 않은 코드부터 알아두어야 한다. 스레드 안전하지 않은 필요조건은 복수의 스레드가 해당 코드를 실행했을 때 예측할 수 없는 부작용(side effect)의 가능성이 있는 경우를 말한다. 여기서 예측할 수 없는 부작용이란 심각한 오류로 중단되는 것일 수도 있고 작동은 되었지만, 결과가 분명하지 경우도 포함된다.

따라서 스레드 안전하지 않은 코드 중에는 심각한 중단을 일으키거나 중단되지 않았지만, 함수의 기능적인 부분에 문제가 있는 경우가 있다. 먼저 심각한 중단을 일으키지는 않지만, 기능적인 문제가 있는 코드부터 살펴보자.

[코드 8.2] 스레드 안전하지 않은 함수 (sum_strnum.c)

```
01   char *sum_strnum(const char *s1, const char *s2)
02   {
03       static char buf_sum[16];
04       snprintf(buf_sum, sizeof(buf_sum), "%d", atoi(s1) + atoi(s2));
05       return buf_sum;
06   }
```

[코드 8.2]의 sum_strnum은 문자열 2개를 숫자로 인식해서 그 결과를 다시 문자열로 리턴하는 함수이다. stdio 함수들은 스레드 안전을 만족하기 때문에 snprintf 함수도 스레드 안전을 만족한다.

그러나 snprintf가 스레드 안전을 만족한다고 해서 이를 사용하여 제작된 sum_strnum이 스레드 안전을 만족할 것인지는 별개의 문제다. 오히려 예제의 sum_strnum은 스레드 안전에 위배된다.

그 이유는 buf_sum 변수가 정적(static)으로 선언되었기 때문이며 복수의 스레드가 buf_sum에 접근하면 그 결과는 알 수 없게 된다. 이해를 돕기 위해 [코드 8.2]의 sum_strnum을 2개의 스레드가 동시에 실행한 경우를 [그림 8.10]에 표시해보았다.

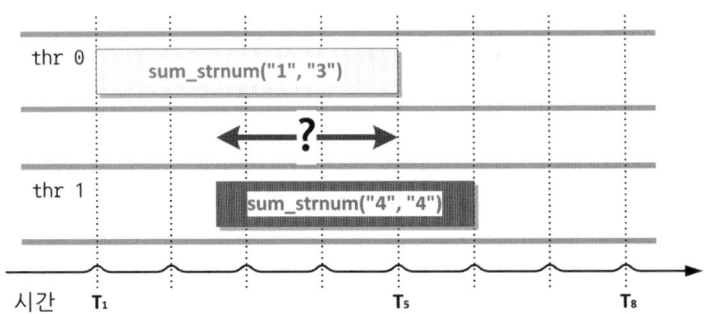

[그림 8.10] 스레드 안전하지 않은 함수의 동시 호출

[그림 8.10]처럼 하필이면 2개의 스레드 실행이 겹치는 약 $T_{2.5}$ ~ T_5까지의 구간에서는 buf_sum에 어떤 값이 쓰여 있을지 판단할 수 없다. 또한, T_5 이후라고 할지라도 스레드0(thr0) 입장에서는 이미 다른 스레드에 의해 buf_sum의 값이 변경되어 신뢰할 수 없게 된다.

또한, 임플리먼테이션에 따라 정적 공간을 멀티 스레드가 접근하게 되면 중단될 가능성도 있을 수 있기 때문에 [코드 8.2]는 스레드 안전에 위배되는 함수 코드라고 할 수 있다.

물론 실제 멀티 스레드 환경에서 sum_strnum 함수를 사용해도 [그림 8.10]처럼 겹쳐서 실행될 확률은 낮다. 왜냐하면, CPU가 엄청 빠르기 때문에 호출 빈도수가 엄청 많다면 모를까 가끔 호출되는 함수라면 겹칠 가능성이 적기 때문이다.

하지만, 만에 하나라도 겹쳐서 실행되어 오류가 발생한다면 신뢰성에 큰 타격을 줄 수 있다. 그런 고로 스레드 환경에서 안전하지 않은 코드는 꼭 사전에 차단해야만 한다.

그러면 sum_strnum 함수의 기능을 스레드 안전한 함수로 바꾸려면 어떻게 해야 할까? 함수 내부에 뮤텍스 락을 설치하여 snprintf가 값을 쓸 때 보호해주면 될까? 예를 들어 [코드 8.3]처럼 바꾸면 어떻게 될까?

[코드 8.3] 뮤텍스 락으로 보호된 sum_strnum

```
01    char *sum_strnum(const char *s1, const char *s2)
02    {
03        static char buf_sum[16];
04        lock_strnum(...);          /* lock을 잠그는 함수 */
05        snprintf(buf_sum, sizeof(buf_sum), "%d", atoi(s1) + atoi(s2));
06        unlock_strnum(...);        /* lock을 해제하는 함수 */
07        return buf_sum;
08    } /* 뮤텍스 락을 사용했지만 여전히 문제가 많은 코드이다. */
```

[코드 8.3]의 lock_strnum에 뮤텍스 잠금 구현을 넣고 unlock_strnum에는 뮤텍스를 해제하는 구현을 넣었다고 가정하자. 이렇게 뮤텍스 잠금으로 보호하면 [그림 8.10]처럼 동시에 호출된 경우에 겹치는 부분은 [그림 8.11]처럼 직렬 처리로 바뀌게 된다. 이는 스레드 0(thr 0)이 unlock을 해주는 시점에 스레드 1(thr 1)이 깨어나기 때문이다.

이것은 함수 1개만 놓고 봤을 때는 스레드 안전을 획득했다고 생각할 수 있지만, 근본적으로 buf_sum이 다른 코드에서 쓰이는 시점을 보호할 수 없기 때문에 스레드에 안전하지 않은 코드로 볼 수 있다.

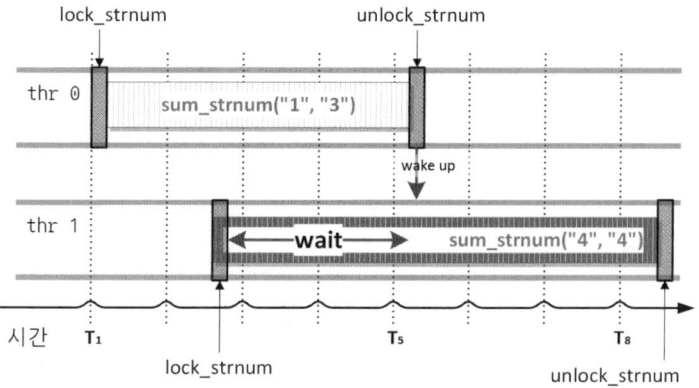

[그림 8.11] 뮤텍스 락으로 보호된 sum_strnum 함수

풀어서 설명하자면 스레드0(thr0) 입장에서 sum_strnum이 리턴한 문자열을 실제로 사용하려고 해도 T_9 이후의 시점이라면 스레드1이 이미 변경해버린 값을 읽을 수도 있기 때문에 buf_sum의 값은 신뢰할 수 없는 값이 된다.

그러므로 sum_strnum에 뮤텍스 락을 적용하여 스레드 안전을 획득하는 것은 힘들다. 이런 경우의 함수는 뮤텍스 락을 사용하여 스레드 안전한 코드를 만들 수 없으므로 재진입 가능한 함수 형태로 바꿔야만 한다.

4.2 재진입성

재진입성(reentrancy)이란 병렬 실행을 보장하도록 작성된 형태로 기본적으로 스레드 안전을 충족하게 된다. 병렬 실행을 보장한다는 의미는 해당 코드를 실행하다가 다른 스레드가 동일한 함수를 호출하여도 각각의 스레드에서 호출한 작업은 서로 독립적이라는 뜻이다.

이는 같은 프로세스 내에서 재귀 호출되어도 문제가 없다는 된다는 뜻이다. 이런 구현을 가능하게 하려면 함수는 내부에서 어떤 의존 관계도 포함하면 안 되므로 정적(static) 공간이나 공유 객체를 사용하지 않는 구조로 작성되어야만 한다.

따라서 재진입 가능한 함수는 모두 스레드 안전을 만족하지만, 그 역은 성립하지 않는다. 그러나 재진입성은 스레드 안전의 일부가 되므로 SUSv4에서 스레드 안전으로 흡수된 것이다.

그렇다면 재진입이 나오게 된 역사적 배경을 살펴보자. 과거 유닉스가 개발될 때는 스레드나 비동기적인 요소들을 생각하지 않고 시스템 함수들을 설계했다. 70~80년대 당시에는 스레드라는 것 자체가 없었기 때문에 크게 이상할 것도 없었다.

그렇게 스레드가 없는 환경을 기본으로 전제하고 만들다 보니 함수의 인수 리스트를 가볍게 하려고 정적 공간, 전역 변수를 사용하던 형태로 만드는 경우가 많았다. 대표적인 예로 strtok나 rand와 같은 함수들이 있다.

```
char *strtok(char *str, const char *delim);
char *ctime(const time_t *timep);
struct hostent * gethostbyname(const char *name);
int rand(void);
void srand(unsigned int seed);
```

예를 들어 strtok는 처음 호출할 때만 첫 번째 인수에 토큰을 분해할 문자열을 넣고 두 번째 호출부터는 인수에 NULL을 넣어서 호출한다. 인수에 NULL을 넣었음에도

strtok는 처음 호출 때 넣었던 문자열로부터 분해된 토큰을 리턴할 수 있다. 이렇게 함수를 호출할 때 인수를 넘기지 않아도 이전에 실행했던 함수의 상태를 기억할 수 있는 이유는 함수가 사용했던 특정 변수의 값을 정적 공간에 저장해두기 때문이다.

ctime의 경우도 리턴된 문자열이 정적 공간에 존재하기 때문에 프로그래머는 따로 메모리를 할당하지 않아도 문자열을 읽을 수 있다. gethostbyname도 리턴하는 호스트 엔트리 구조체가 정적 공간에 존재한다. 참고로 6장을 혹시 건너뛴 독자들은 모를 수도 있기 때문에 말해두지만 gethostbyname은 SUSv4 표준안에서 퇴출된 비표준 함수이므로 앞으로는 사용을 지양해야 하는 함수이다. 위에서는 예를 들기 위해 쓴 것일 뿐 퇴출된 함수는 사용하지 않도록 하자.

rand와 srand의 경우도 전역 변수를 사용하므로 스레드 안전하지 않은 함수이다. 참고로 윈도의 경우에는 멀티 스레드 환경에서 rand 함수가 스레드 안전하므로 플랫폼에 따라 조금 다를 수도 있다. 유닉스 진영에서 rand가 문제가 되는 이유는 srand가 난수 시드 값을 전역 변수에 두기 때문이다. 따라서 rand는 인수를 받지 않는 void 인수 타입 함수지만 매번 호출할 때마다 전역 변수를 읽고 변경하면서 다른 난수를 가져올 수 있다.

앞서 살펴본 대로 strtok나 rand는 멀티 스레드 환경에서 안전하지 않으므로 정적 공간이나 전역 변수를 사용하지 않는 대체 함수가 추가되었는데 예전 호환성 때문에 기존 함수도 그대로 남겨두었다.

```
char *strtok_r(char *str, const char *delim, char **saveptr);
char *ctime_r(const time_t *timep, char *buf);
int rand_r(unsigned int *seedp);
```

새로운 함수에서는 기존에 사용되던 정적 공간이나 전역 공간을 외부 메모리를 대체하기 위해 인수 리스트에 대체할 외부 메모리의 주소를 받도록 하였다. 이런 형태로 바뀐 함수를 재진입 가능 함수라고 부르며 기존 함수들과 구별하기 위해 뒤에 "_r"을 붙여놓았다. 참고로 rand_r도 SUSv4에서 삭제된 함수이므로 위에서는 예를 든 것일 뿐 이제는 사용하지 않도록 한다.

이렇게 재진입 가능 함수는 외부 변수로만 작동하므로 순수 함수(pure function)나 혹은 그에 가까운 형태를 취하게 되었는데 재귀 호출이나 멀티 스레딩 환경 혹은 시그널 핸들러에서도 사용할 수 있다.

결론적으로 재진입 가능하다면 스레드 안전을 만족하게 된 것이다. 하지만, 스레드 안전한 함수는 재진입 가능한 함수가 아닐 수 있다. 그런데 이는 과거의 분류이고 SUSv4 2008년도 표준부터는 스레드 안전의 일종으로 재진입 가능한 함수 형태를 포함하였기 때문에 따로 재진입 함수로 분류하지는 않는다.

즉 스레드 안전이라는 큰 범주로만 표시하므로 SUSv4에는 재진입 함수(reentrant function)에 대한 용어 자체가 삭제되었다. 하지만, 이 책에서는 재진입이라는 용어를 간혹 사용할 수도 있는데 이에 대해서는 스레드 안전한 함수로 이해하면 되겠다.

참고로 재진입 가능한 함수를 사용하기 위해서 어떤 특별한 조치가 필요하지는 않다. 그러나 간혹 구형 컴파일러들은 _REENTRANT를 선언해줘야 하는 경우도 있다. 따라서 C 컴파일러 명령행 옵션으로 −D_REENTRANT를 넣던가 아니면 소스 코드 내부에 #define _REENTRANT를 적어주어야 하는 경우도 있음을 적어둔다.

그러면 앞서 다뤘던 sum_strnum을 재진입 가능한 형태로 바꿔보자. 앞의 strtok와 strtok_r의 차이를 보면 유추할 수 있을 것이다. buf_sum 공간은 외부에서 인수로 받아들이도록 하면 된다.

재진입 함수를 작성하기 전에 재진입 함수의 규칙을 정리해보자. 재진입 함수의 규칙은 강제성은 없지만 대부분 관습적으로 사용하는 규칙이다. 우선 첫째로 데이터 저장 부분은 외부 공간을 사용하여 순수 함수의 형태를 따르도록 한다. 즉 전역, 정적 공간은 사용하지 않도록 한다. 둘째로 함수의 리턴 타입은 int로 하고 성공시 0, 실패시 0이 아닌 값을 리턴하도록 한다. 주로 실패시에는 −1을 리턴하거나 errno를 의미하는 양수를 리턴하도록 만든다. 셋째로 재진입 함수는 기존 함수와 구별하기 위해 접미사로 _r을 붙인다. 여기서는 원래 함수명이 sum_strnum이므로 접미사를 붙이면 sum_strnum_r이 될 것이다. 그러면 위 관습에 근거해서 함수를 재작성하면 다음과 같아진다.

```
char *) sum_strnum(const char *s1, const char *s2)
{
    static char buf_sum[16];    /* BSS memory */
    snprintf(buf_sum, sizeof(buf_sum), "%d", atoi(s1) + atoi(s2));
    return buf_sum;
}

                    reentrant function

int sum_strnum_r(char **buf_sum, size_t sz_buf, const char *s1, const char *s2)
{
    snprintf(*buf_sum, sz_buf, "%d", atoi(s1) + atoi(s2));
    return 0;   /* 0:success  non-zero:fail */
}
```

[그림 8.12] 재진입 함수로 변환하는 방법

새롭게 변경된 sum_strnum_r은 정적 객체를 사용하지 않고 외부에서 buf_sum의 주소를 인수로 받는다. 그리고 buf_sum의 실제 길이를 알기 위해 len을 같이 받는다.

여기서 인수 목록의 buf_sum이 char **형인 이유는 리턴해야 하는 데이터 타입이 char *이므로 그 주소인 char **을 인수로 받은 것이다. 만일 int 타입을 주소로 받아야 하는 경우에 int *가 되는 것을 생각하면 이해가 빠를 것이다.

[코드 8.4] 재진입이 가능한 스레드 안전 버전의 sum_strnum_r

```
01    int sum_strnum_r(char **buf_sum, size_t sz_buf, const char *s1, const char *s2)
02    {
03        if (*buf_sum == NULL) {
04            /* error 처리 */
05            return EINVAL;
06        }
07        snprintf(*buf_sum, sz_buf, "%d", atoi(s1) + atoi(s2));
08        return 0;   /* 0: success  non-zero: fail */
09    }
```

참고로 재진입 가능한 형태가 아니라도 스레드의 TLS(Thread Local Storage)를 이용하는 방법을 사용하는 경우도 있다. 이는 같은 이름이라고 해도 스레드별로 다른 공간을 바라볼 수 있도록 하는 방법인데 pthread의 TLS는 뒤에 pthread_getspecific, pthread_setspecific를 설명하는 곳에서 살펴볼 것이다.

4.3 뮤텍스를 통한 스레드 안전

앞서 재진입 구조로 스레드 안전을 만족하는 코드를 살펴보았다. 그러나 재진입은 정적 객체를 사용하는 경우나 극히 제한적인 코드에만 적용할 수 있다. 만일 전역 변수로 선언된 공간이나 객체를 사용해야 하는 경우라면 재진입 함수 형태로는 만들 수 없다. 따라서 이 경우에는 뮤텍스를 통해서 스레드 안전을 획득해야만 한다. 간단한 예를 몇 개 들어보도록 하겠다.

전역으로 선언된 큐가 있고 여러 개의 스레드가 큐에 아이템을 넣거나 빼는 작업을 하는 경우를 생각해보자.

이때 큐에 접근하는 스레드들이 큐를 변경시키는 모든 행위는 배타적으로 진행되어야 하므로 뮤텍스로 보호되어야만 한다. 사실 이렇게 뮤텍스를 도입하는 데 있어 전역 변수 자체를 보호하는 방법은 설계만 잘하면 그다지 어려울 것은 없다.

하지만, 공유 자원을 보호하는 데 있어서 뮤텍스를 적용하는 것이 능사만은 아니다. 뮤텍스를 적용했을 때 좋지 못한 예로 외부와 통신하는 네트워크나 파일 입출력 모듈에 뮤텍스를 적용하는 예가 있다.

TCP/IP 네트워크 통신을 하는 코드에 멀티 스레드를 도입한 경우를 생각해보자. 복수의 스레드가 하나의 파일기술자에 send를 시도한다면 출력 데이터가 섞일 수도 있기 때문에 뮤텍스로 보호했다고 가정하자.

만일 첫 번째 스레드가 send를 하다가 블록킹된다면 어떻게 될까? 이 경우에 즉시 뮤텍스를 풀어주지 못하기 때문에 잠시나마 데드락에 걸릴 수 있다. 이런 문제를 막기 위해 넌블록킹 모드로 파일기술자를 변경하면 될까?

오히려 일부 데이터만 송신되고 send가 리턴했을 때 다른 스레드가 중간에 데이터를 출력하지 못하도록 막아야 하기 때문에 뮤텍스 관련 로직이 매우 복잡해진다. 뮤텍스를 사용하는 로직이 복잡해지면 필히 어디선가 데드락 버그가 존재할 가능성이 커질 수 있는 위험도 커진다.

따라서 응답이 바로 오지 않을 가능성이 있는 외부 통신에는 뮤텍스를 직접 걸지 않는 것이 일반적이다. 또한, 오랜 시간 동안 뮤텍스 락을 획득할 가능성이 있는 파일 입출력에도 뮤텍스를 직접 걸지 않는 것이 좋다.

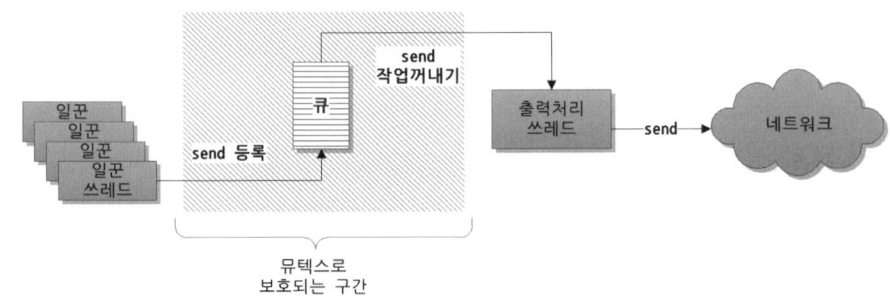

[그림 8.13] 입출력을 담당하는 큐와 스레드

그래서 이런 입출력에 멀티 스레드를 도입할 때는 I/O를 도맡아서 처리하는 작업 큐를 만들어두고 큐를 검사하면서 실제로 출력을 하는 스레드는 1개나 혹은 몇 개의 그룹으로 직렬화 시키고 나머지 스레드들은 입출력 작업을 큐에 등록만 해두는 분리된 I/O(isolated I/O) 형식을 사용하는 경우가 많다.

이렇게 하면 각각의 개별적인 스레드 입출력 작업은 큐에 등록되고 입출력을 전담하는 스레드가 처리하게 되므로 뮤텍스는 단지 큐에 등록, 해제하는 부분에만 제한적으로 적용할 수 있게 된다. 참고로 입출력을 위한 큐를 감시하는 방법으로는 7장에서 다뤘던 poll, epoll 기법이나 10장에서 다룰 리얼타임 시그널을 사용하면 된다.

결론적으로 뮤텍스를 사용하여 공유 자원을 보호하려면 뮤텍스로 보호하는 구간을 최소화하여야 하는데 이는 성능적인 패널티를 최소화하는 동시에 보호되는 구간을 단순화하여 데드락이나 각종 문제를 피하는데 도움을 주기 때문이다.

4.4 비동기 시그널 안전, 비동기 취소 안전

시그널은 언제 발생할지 모르는 대표적인 비동기 요소이다. 그래서 유닉스 계열에서는 함수가 시그널에 의해 인터럽트 되면 EINTR 에러로 리턴되도록 설계된 경우가 많다.

프로그래머들은 시그널 마스크를 설치하여 시그널을 방지하는 방법을 사용하는 경우도 있고, 아니면 EINTR 에러가 발생하면 재시도하거나 지연시키는 방식을 주로 사용했다.

그러나 EINTR을 제대로 처리하지 않는다 해도 프로세스가 중단되거나 하는 경우는 흔치 않기 때문에 이에 대한 처리가 미흡한 경우가 많았다. 하지만 스레드 환경에서는 좀 다른 고민이 생긴다.

왜냐하면, 어떤 스레드가 크리티컬 섹션에서 작업하는 과정이 시그널 개입으로 실패해버리면 데드락에 빠질 가능성이 있기 때문이다. 즉 스레드 프로그래밍을 하다 보면 스레드에는 안전하지만 시그널 인터럽트에 대해서는 안전하지 않은 경우가 있다는 것에 대해 고민해야 한다는 것이다.

예를 들어 sem_wait 함수를 생각해보자. 이 함수에 대해서는 5장에서 다뤘는데 세마포어 값을 감소시키는 작업을 한다.

IEEE std 1003.1b의 규격에 속한 함수들은 모두 스레드 안전을 만족하기 때문에 sem_wait로 스레드 안전한 함수이다. 하지만, sem_wait의 맨페이지를 보면 EINTR 에러 코드가 존재하고 있다. 즉 시그널에 의해서 인터럽트 될 가능성이 있는 함수이다.

예를 들어 sem_wait로 블록하고 있다가 시그널 인터럽트가 발생하면 sem_wait는 실패하면서 EINTR로 빠져나온다는 것이다. 그래서 프로그래머는 EINTR로 빠져나오는 경우인지 테스트해서 재시도하든지 해야 한다. 물론 모든 함수를 처리해야 하는 것은 아니다. 시그널 핸들러 설정에 따라 자동으로 재시작하는 함수도 있다. 어떤 함수가 EINTR에 의해 실패하는지 아니면 재시작하는지는 7번 섹션의 signal 맨페이지를 참조하거나 책의 9장을 학습하기 바란다.

그렇다면 sem_wait나 sem_post는 EINTR이 발생했을 때 재시도로 처리하면 문제가 없을까? sem_post는 세마포어 값을 증가시키는데 이 함수가 시그널에 의해 인터럽트 되어 실패하면 어떻게 될까? 그리고 해당 스레드가 외부의 취소 요청으로 종료되면 어떻게 될까? 만일 바이너리 세마포어로 쓰고 있는 경우라면 영영 증가되지 못한 세마포어 값으로 인해 데드락에 빠질 수도 있다는 것이다.

이 문제를 어떻게 해결해야 하는지 고민을 해보면 머리가 복잡해지겠지만, 사실은 걱정할 필요는 없다. 왜냐하면, sem_post는 sem_wait와 달리 비동기 시그널 안전 (async-signal-safe) 함수로서 시그널에 의해 실패하지 않는다. 그래서 sem_post의 맨페이지에는 EINTR 에러가 없을 것이다.

그리고 sem_post의 설명에는 비동기 시그널 안전(async-signal-safe) 함수라고 적혀 있을 것이다. 이 말인즉 내부적으로 시그널 처리기에 의해 인터럽트 되지 않도록 설계되어 있다는 뜻이다. 이들은 심지어 시그널 처리기 내부에서 사용해도 다른 시그널에 의해 인터럽트 되지 않으므로 안전하게 사용가능하다. 그리고 직관적으로 시그널 안전 함수는 스레드 안전도 만족함을 알 수 있을 것이다.

하지만, 몇몇 비동기 시그널 안전 함수들은 EINTR이 존재하는 경우도 있다. 대부분 I/O 관련 비동기 시그널 안전 함수들로서 이들은 내부에서 본격적으로 I/O가 실행되기 전에는 EINTR로 실패하지만 일단 시작되면 안전하게 끝마치도록 설계되어 있다.

따라서 비동기 시그널 안전 함수들은 대부분 짧은 시간에 I/O를 처리하는 경우나 이미 큐에 들어있는 I/O를 처리하는 함수들이 대부분이다. 대표적으로 accept 함수가 있는데 블록되어 있을 때는 EINTR로 리턴하지만 이미 상대편으로부터 접속 요청을 받아서 소켓 파일기술자를 리턴하는 처리가 진행되고 있다면 시그널에 의해 실패되지 않는다.

이와 비슷하게 비동기 취소 안전(async-cancel-safe) 함수라는 것도 존재한다. 이는 스레드를 취소시켰을 때도 안전하게 실행되는 경우를 의미한다.

예를 들어 pthread_cancel 함수는 특정 스레드를 취소시킬 수 있는데 비동기 취소 (asynchronous cancellation) 요청을 받으면 스레드가 갑작스럽게 중단될 수 있다. 그런데 문제는 해당 스레드가 비동기 취소 지시를 받은 시점에서 어떤 함수를 수행 중이라면 어떻게 될까?

이에 대한 답은 비동기 취소 안전한 규격의 함수라면 맡은바 작업을 안전하게 완료할 것이고 그렇지 않다면 알 수 없다(undefined)이다. 그래서 실제 대부분의 임플리먼테이션에서는 비동기 취소시 async-cancel-safe 함수가 아니라면 에러로 실패하게 된다.

물론 리턴받을 스레드가 취소되었으니 제대로 종료되었는지 알기도 어렵다. 그러므로 코드의 신뢰성을 높이기 위해 비동기 취소는 잘 쓰이지 않고 대부분 지연된 취소 (deferred cancellation)를 사용하는 것이 좋다.

이쯤 되면 POSIX의 모든 시스템 관련 함수들을 비동기 시그널 안전이나 비동기 취소 안전으로 만들면 시스템 프로그래밍이 쉬웠을 텐데 하면서 표준화 그룹을 비난하거나 바보들이라고 생각하는 사람도 있을 것이다.

하지만, 비동기 요소에 안전한 구조로 함수를 만드는 데는 꽤 복잡한 설계가 필요하기 때문에 이에 따른 오버헤드가 존재하게 된다. 그러나 멀티 스레드나 시그널 핸들러에서 사용하는 경우가 전체 프로그래밍의 몇 퍼센트나 될까? 오히려 비동기적인 특수한 상황 때문에 모든 함수에 오버헤드를 주는 것은 현명하지 못한 행동이 된다.

그래서 표준화 그룹은 중요한 비동기적인 요소를 제어하는 함수들만 비동기 요소에 안전한 함수로 만들었던 것이다. 예를 들면 sem_post같은 경우처럼 말이다.

4.5 원자적 실행

컴퓨팅에서 원자적 실행(atomic operation)이란 더는 쪼갤 수 없는 단위로 실행되는 연산을 의미한다. 즉 원자성(atomicity)이란 가장 작은 단위, 더는 쪼개지지 않는 성질을 의미하는데 가장 작은 단위는 분야에 따라서 애매한 표현이 될 수 있다.

왜냐하면, 분야에 따라서 하드웨어 레벨에서 사용되는 마이크로 명령어 단위인지 아니면 기계어 단위인지 고급 언어의 코드 레벨의 단위인지 혼돈이 있을 수 있기 때문이다.

따라서 문서를 볼 때는 해당 분야에서 명령어 단위를 기준으로 하는 것이 옳다. 그러므로 이 책에서 다루는 시스템 프로그래밍에서는 원자적 실행이란 멀티 스레드가 실행되는 환경에서 다른 스레드가 끼어들 수 없는 실행 단위를 의미한다고 볼 수 있다.

예를 들어 다음과 같은 경우를 생각해보자. 스레드 2개와 char buf[…] 가 있다. 첫 번째 스레드가 buf의 처음부터 끝까지 1을 채워 넣고 있고 두 번째 스레드가 2를 채워 넣는 작업을 하고 있다.

여기에는 어떠한 동기화도 없다고 할 때 buf에는 어떤 값이 들어갈까? 정답은 "알 수 없다.(undefined)"이다. buf에 이상한 값이 들어갈 수도 있고 아니면 수행하다가 프로세스가 죽을 수도 있다. 왜냐하면, buf 배열에 접근하는 작업에 복수의 스레드가 끼어들 수 있기 때문이다. 그러면 이번에는 buf 배열 대신에 sig_atomic_t 타입의 정수형 변수 1개에 값을 채워 넣는 경우를 생각해보자.

SUS 표준에서는 sig_atomic_t 정수를 접근할 때의 작업은 원자적으로 실행하도록 보장하고 있다. 이 값은 SIG_ATOMIC_MIN ~ SIG_ATOMIC_MAX 크기를 가지는데 대부분 4바이트 영역을 가지고 있다. [45]

---

45) sig_atomic_t는 signal.h에 SIG_ATOMIC_MIN, SIG_ATOMIC_MAX는 stdint.h 헤더에 있다.

따라서 sig_atomic_t 정수에 값을 넣는 행위나 읽어들이는 행위는 다른 스레드가 끼어들지 못하는 원자적 실행이다. 함수 중에 락을 잠그거나 해제하는 작업들도 대표적인 원자적 실행 함수이다. 하지만, 락을 잠그기 위해 대기하는 경우에는 원자적 실행이 되는 것이 아니라 시그널에 의해 인터럽트 되면 내부에서 시그널 처리기가 먼저 실행된 뒤에 재실행하게 되어 있다.

물론 read, write의 경우는 PIPE_BUF보다 작은 크기의 데이터를 파이프나 FIFO에 입출력할 때는 원자적 실행으로 보장해준다. 하지만, 그 외에 대부분 함수는 원자적 실행을 허용하지 않는 편이므로 공유된 자원이나 전역 변수, 정적 공간에 접근할 때는 락 메커니즘으로 보호해야만 한다.

4.6 파일 입출력

멀티 스레딩을 도입하면 가장 골치 아픈 것이 I/O 처리 부분이다. 만일 복수의 스레드가 하나의 파일기술자에 읽기나 쓰기를 시도하면 어떻게 될까? read, write 자체는 스레드 안전한 함수이므로 멀티 스레드가 입출력을 한다고 해서 오류로 프로세스를 죽이는 일은 없다. 하지만, 실행 순서에 따라서 원하지 않는 결과가 나올 가능성은 존재한다. 그런데 프로세스를 죽일 수 있는 오류는 쉽게 인식할 수 있지만, 실행 순서에 따라 다른 결과를 만드는 논리적 오류는 더 큰 문제를 가질 수 있다.

예를 들어 3개의 스레드가 하나의 파일에 데이터를 기록한다고 가정하자. 특별히 스레드가 기록하는 순서를 정해주지 않는다면 파일 내용은 엉망진창이 될 것이다. 따라서 파일의 블록 구간을 나눠서 1구간은 첫 번째 스레드, 2구간은 두 번째 스레드, 3구간은 세 번째 스레드가 기록하도록 나눠준다면 문제가 발생하지 않을 것이다.

그런데 write를 사용하면 순차적으로 기록해야 하므로 대신에 pwrite를 사용해야 한다. 여기에 특정 스레드가 파일 입출력을 전담하도록 하면 더욱더 효율이 높아질 수 있다.

그러나 pwrite를 10장의 리얼타임 확장에서 다루는 비동기적 입출력 방식인 AIO로 대체하면 스레드 안전은 물론이고 성능도 더 뛰어난 구조로 설계할 수 있다. 그런데 중요한 점은 pwrite나 AIO와 같은 기능은 디스크나 블록 장치에 존재하는 파일일 경우에만 적용할 수 있는 기술이라는 것이다.

소켓은 [그림 8.13]처럼 직렬화를 통해 입출력 전담 스레드를 만들어두는 경우가 많다. 물론 파일 입출력도 [그림 8.13]처럼 직렬화로 구성해도 큰 문제가 없으며 성능 향상도 존재한다. 하지만 고성능을 추구하는 경우에는 반드시 몇 개의 그룹으로 묶고 각각의 스레드가 AIO를 병행해서 사용하는 경우가 많다.

05 POSIX 스레드(pthread)

POSIX thread는 줄여서 pthread라고 부른다. pthread 표준안은 IEEE std. 1003.1c-1995로 정의되었으며 2001년도에 SUSv3에 통합되면서 몇몇 기능이 확장되었다.

POSIX는 API의 의미(semantic)만 정의하기 때문에 세부적인 구현은 운영체제나 라이브러리별로 다를 수 있다. 하지만, 작동 결과와 인터페이스는 표준에 규정된 의미를 따르기 때문에 프로그래머가 운영체제별로 개별적인 코드를 작성할 필요는 없다.

즉 이식성이 뛰어난 것이 POSIX 표준의 장점이 되겠다. 물론 이 책은 리눅스 프로그래밍을 기준으로 하므로 리눅스에서 gcc나 clang으로 표현하는 것을 기준으로 한다. 하지만, 리눅스의 gcc 외에 다른 환경이라도 대부분 큰 문제없이 이식될 것이다. 참고로 리눅스의 pthread는 NPTL로 구현되어 있다.[6]

이 책은 스레드만 다루는 것이 아니므로 스레드에 대한 내용은 사용빈도가 높고 실수를 피하기 위해 꼭 알아둬야 하는 내용에 초점을 맞출 것이다. 그리고 스레드의 활용에 대해서 설명하기 위해 예시를 많이 설명했다.

하지만, 모든 예시를 예제로 작성한 것은 아니므로 몇몇 예시는 상상해서 작성해보면 도움이 될 것이다. 그리고 스레드의 다양한 기능을 모두 다루고 싶다면 반드시 스레드 전문 서적을 함께 보는 것이 좋다.

왜냐하면, 스레드 프로그래밍은 방대하고 pthread, OpenMP, TBB, 병렬처리 등등 다양한 분야 및 언어, 툴이 있기 때문에 한 책에 모든 내용을 담으려 하다가는 백과사전이 되어버린다. 더군다나 스레드에 대한 내용은 점점 새로운 내용이 나오고 있기 때문에 새로운 서적을 보거나 표준안 관련된 문서들을 살펴보는 것도 중요하다.

하지만, pthread의 경우는 새로운 기능이 거의 나오기 어려울 정도로 정형화되었기 때문에 잘 익혀두면 오랫동안 쓸 수 있는 카드가 될 것이다. 물론 현재까지 나온 스레드 기법 중에 가장 복잡하다는 단점도 있다.

5.1 pthread의 특징

일반적인 시스템 호출 함수들의 원형을 보면 정수형을 리턴하는 구조일 때 -1은 실패로 정의되어 있고, 포인터형을 리턴하는 경우에는 NULL이면 실패로 정의되어 있다.

그리고 실패의 원인은 errno를 확인하도록 되어 있다.

그러나 pthread는 함수는 성공하면 0을 리턴하고 실패하면 errno에 해당하는 값을 직접 리턴하도록 되어 있다. 이는 pthread 함수가 에러가 발생했는데 에러 처리를 위해 다른 함수들을 사용하다가 에러 번호를 덮어쓰지 않도록 하려고 만들어진 것이다.

하지만, 서로 다른 스레드가 errno를 덮어쓰지나 않을까 염려할 필요는 없다. 왜냐하면, 스레드는 서로 다른 스택 공간을 확보하는데 이곳에 각 스레드가 사용하는 errno 공간이 생긴다. 따라서 서로 다른 스레드라면 errno의 위치가 다르기 때문에 서로 덮어쓰지나 않을까 하는 염려는 필요 없다.

그런데 간혹 pthread 함수 중에 포인터형을 리턴하는 경우도 있다. 이 경우에는 실패 자체가 없는 함수이므로 실패했을 때 에러 코드를 어떻게 읽어야 할지 신경 쓸 필요가 없다. 예를 들어 TLS를 가져오는 pthread_getspecific이 있는데 이 함수는 실패 코드 자체가 없다.

또 다른 특징은 pthread 함수들은 시그널에 의해 인터럽트 되지 않는다. 즉 다른 말로 하면 EINTR 에러가 발생하지 않는다는 점이다. 이는 SUSv3-2001에서 pthread 표준을 확장하면서 시그널에 대해 스레드가 인터럽트 되면 데드락이나 우선순위 역전 같은 복잡한 문제가 발생할 수 있으므로 pthread 함수는 EINTR을 발생시키지 않도록 하였다.

그러므로 스레드를 생성하다가 시그널에 의해 실패하지나 않을까 고민할 필요는 없다. 다만, 내부적으로 pthread 함수들은 시그널에 의해서 인터럽트 되었다가 재시작하도록 설계된 경우가 많다.

하지만, pthread 함수들이 시그널에 의해 실패하지 않는다고 해서 시그널 핸들러와 같은 곳에서 사용해도 된다는 의미는 아니다. 오히려 pthread 함수들은 시그널 핸들러에서는 사용을 금해야 한다.

결론적으로 pthread 함수들은 시그널 인터럽트에 대해 자유롭지만 시그널 핸들러에서 사용할 수 있는 비동기 시그널 함수는 아니라는 것이다.

마지막으로 멀티 스레드 환경에서는 main 함수를 main 스레드라고 부른다. main 스레드는 모든 프로세스의 정보를 가지고 있는 부모 역할을 하는 스레드로서 main 스레드가 종료되면 파생된 모든 스레드는 즉시 종료된다. 하지만, 편의상 부모 역할이라고 설명할 뿐 main 스레드와 파생된 스레드들 사이에는 부모, 자식과 같은 수직 관계를 맺고 있지는 않다.

5.2 pthread의 생성 및 종료, 취소

표 8.3 pthread의 생성 및 종료 관련 함수

pthread_create	스레드를 생성한다.
pthread_exit	스레드를 종료한다.
pthread_join	스레드를 프로세스에 병합한다.
pthread_detach	스레드를 프로세스에서 분리한다.
pthread_cancel	스레드를 취소한다.

```
int pthread_create(pthread_t *restrict thread,
        const pthread_attr_t *restrict attr,
        void *(*start_routine)(void*),
        void *restrict arg);
void pthread_exit(void *value_ptr);
```

pthread_create가 실행되려면 최소한 2개의 인수가 필요하다. 첫 번째 인수인 thread와 3번째 인수인 start_routine이 해당한다.

첫 번째 인수인 thread에는 생성된 스레드의 ID를 리턴 받을 공간으로서 스레드 고유의 ID를 의미한다. 프로세스에는 PID가 있듯이 스레드 ID는 TID라고 부른다. TID는 프로세스 내에서만 의미가 있기 때문에 다른 프로세스의 스레드 TID는 서로 중복될 수도 있다.

세 번째 인수인 start_routine 인수는 스레드가 구동할 함수로서 리턴 타입은 void *, 인수는 void *형 1개를 받는 형태로 선언되어 있어야 한다.

두 번째와 네 번째 인수는 선택적으로 사용되는 인수로서 필요없는 경우에는 NULL을 지정한다. 두 번째 인수인 attr은 스레드의 속성을 지정할 수 있는데 NULL을 지정하면 기본값으로 작동된다. 속성을 지정하는 방법은 뒤에서 따로 다룰 것이다. 우선은 기본값으로 구동하는 것만 사용하자. 네 번째 인수인 arg에는 스레드 함수인 start_routine가 구동될 때 넘겨줄 인수를 지정한다.

> **TIP** 스레드 ID(pthread_t)는 정수 타입일까?
>
> pthread_t는 일반적으로 정수를 사용하며 gcc도 정수형으로 구현되어 있다. 하지만, 간혹 임플리먼테이션에 따라 추가적인 정보를 넣어서 구현하기 위해 pthread_t가 구조체로 구현될 수도 있다.
>
> 따라서 구조체인 경우에는 직접 "==" 연산자로 비교하는 것이 불가능하므로 pthread_t의 값을 비교하는 pthread_equal 함수가 추가되어 있다. 그러므로 여러 플랫폼에 포팅을 해야 하는 경우가 있다면 꼭 pthread_equal 함수를 사용해야만 한다.
>
> 다만, 이 책에서는 리눅스 운영체제에서 프로그래밍하기 때문에 pthread_t를 정수형이라고 가정하고 코딩해두었다. 만일 리눅스 외의 임플리먼테이션에 포팅을 하려고 한다면 pthread_t가 정수형인지 확인하고 만약 정수형이 아니라면 예제 코드에서 pthread_t를 출력하는 부분을 모두 제거해야 제대로 작동할 것이다.

pthread_exit는 스레드를 리턴하는 함수로서 현재 스레드를 종료시킨다. 여기서 value_ptr은 스레드 함수가 리턴할 값으로서 이 값은 다른 스레드에서 pthread_join 함수를 호출하면 읽을 수 있는 값이 된다.

주의할 점은 pthread_exit가 리턴하는 주소는 스레드 스택 내에 위치하면 안 된다. 왜냐하면, 스레드 스택은 스레드 함수가 종료되면서 파괴되는 공간이므로 다른 스레드가 pthread_join으로 읽을 수 없기 때문이다.

또한, pthread_detach나 혹은 pthread_create 호출시 분리(detach)하도록 속성을 지정했다면 스레드가 종료되는 즉시 스레드 함수의 리턴 값은 파기되고 다른 스레드에서 pthread_join으로 읽을 수 없게 된다.

```
int pthread_join(pthread_t thread, void **value_ptr);
int pthread_detach(pthread_t thread);
int pthread_self(void);
```

pthread_join은 분리되지 않은 스레드가 종료하기를 기다리는 함수로서 스레드를 병합한다고 표현한다. 첫 번째 인수에는 기다릴 스레드 ID가 지정되고 두 번째 인수에는 스레드가 종료하면서 리턴한 값을 받을 수 있다.

스레드를 병합한다는 것은 fork와 waitpid의 관계를 생각하면 이해가 빠르다. 사용하는 인수도 waitpid의 인수 중 앞의 2개와 용도가 거의 비슷하기 때문에 연관지어서 이해하도록 하자.

그러나 pthread_detach를 실행한 스레드는 분리되는데 이는 병합될 필요가 없는 스레드를 의미한다. 즉 fork의 경우에 waitpid를 하지 않아도 되도록 SIGCHLD를 무시하는 것과 동일하다고 보면 된다.

분리된 스레드는 병합을 기다리지 않고 리턴과 동시에 해제된다. 그러나 분리되었다고 해서 프로세스를 벗어나서 저 멀리 이상한 곳으로 가는 것은 아니고 정상적인 작동을 하지만 리턴값을 전해줄 수 있는 방법만 사라진다고 보면 된다. 항상 스레드의 범위는 프로세스 내부로 한정된다는 점을 명심하자.

스레드 분리는 pthread_create을 실행할 때 attr의 속성을 설정하여 스레드를 분리하는 방법도 있는데 뒤에서 스레드 생성 속성을 다룰 때 따로 설명할 것이다.

pthread_self는 현재 스레드의 스레드 ID, 즉 tid를 리턴한다.

```
int pthread_cancel(pthread_t thread);
```

pthread_cancel은 지정한 TID의 스레드를 취소, 즉 중지시킨다는 뜻이다. 하지만, 중지라는 것이 강제로 중단하는 것이 아니라 중지를 요청한다는 의미이다.

중단을 요청받은 스레드는 바로 중단되는 것이 아니라 스레드 취소 지점(thread cancellation point)을 만날 때마다 취소 요청받은 것이 있는지 확인 후 중지된다. 이를 지연된(deferred) 취소라고 하는데 스레드가 하던 작업을 끝마치고 중지하도록 하여 신뢰성을 높이려는 방법이다.

취소 지점은 pthread_testcancel를 호출한 곳이거나 입출력에 관련된 시스템 호출 함수들로서 이들은 실행되기 전에 스레드 취소 요청이 있는지 검사하는 코드가 포함되어 있다.

자세한 취소 지점 함수 목록은 매우 길고 표준안에 따라서 변경될 가능성이 있기 때문에 지면 낭비를 막기 위해 적어두지 않았다. 하지만, 간단하게 리눅스 맨페이지의 pthreads 항목에서 볼 수 있으니 참고하도록 하자.

그러면 이제 간단한 스레드 예제를 보자. 우선은 그냥 스레드가 생성되고 메시지를 하나 출력하는 간단한 예제이다. 별로 배울 것은 없어 보이지만 스레드의 생성과 종료, 그리고 병합이 어떤 구조로 되어 있는지 알 수 있다.

[코드 8.5] 스레드의 생성과 종료, 병합 예제   (pthread_hello.c)

```
01  #define NUM_THREADS    5
02  struct thread_arg {
03      pthread_t  tid;    /* thread id    */
04      int        idx;    /* thread index */
05  } *t_arg;
06  void *start_thread(void *);        /* thread start function */
07  void clean_thread(struct thread_arg *);
```

```
08   int main() {
09       int    i, ret;
10       t_arg = (struct thread_arg *)calloc(NUM_THREADS, sizeof(struct thread_arg));
11       for(i=0; i<NUM_THREADS; i++) {
12           t_arg[i].idx = i;
13           if ((ret = pthread_create(&t_arg[i].tid, NULL, start_thread, (void *)&t_arg[i]))) {
14               pr_err("pthread_create : %s", strerror(ret));
15               return 0;
16           }
17           pr_out("pthread_create : tid = %lu", t_arg[i].tid);
18       }
19       clean_thread(t_arg);
20       return 0;
21   }
22   void *start_thread(void *arg) {
23       struct thread_arg *t_arg = (struct thread_arg *)arg;
24       sleep(2);
25       printf("\tHello I'm pthread(%d) - TID(%lu)\n", t_arg->idx, t_arg->tid);
26       t_arg->idx += 10;
27       pthread_exit(t_arg); /* return t_arg;로 대체해도 된다. */
28   }
29   void clean_thread(struct thread_arg *t_arg) {
30       int    i;    struct thread_arg *t_arg_ret;
31       for (i=0; i<NUM_THREADS; i++, t_arg++) {
32           pthread_join(t_arg->tid, (void **)&t_arg_ret);
33           pr_out("pthread_join : %d - %lu", t_arg->idx, t_arg->tid);
34       }
35   }
```

13행에서 pthread_create로 스레드를 생성하고 있는데 3번째 인수인 start_thread 가 스레드 시작 함수이고 4번째 인수인 (void *)&t_arg[i]가 start_thread가 사용하는 인수이다. 즉 스레드가 실행하는 함수는 start_thread((void *)&t_arg[i])로 실행되는 것이다.

start_thread 스레드 시작 함수는 void *형을 인수로 받기 때문에 23행처럼 캐스팅을 하여 사용하는 경우가 많다. start_thread의 기능은 2초를 쉬고 나서 자신의 정보를 출력하고 인수로 받은 구조체의 idx 멤버에 10을 더한 뒤에 종료한다.

그리고 main 스레드는 파생되는 스레드를 모두 생성한 뒤에 clean_thread를 호출하는데 이 함수는 파생된 스레드들을 병합하는 것이 목적인데 블록킹하면서 기다리게 된다. 그렇다면 clean_thread가 없다면 어떻게 될까? 이는 main 스레드가 곧바로 종료하기 때문에 파생된 스레드들이 일을 마치기도 전에 강제로 종료될 것이다. 즉 파생된 스레드들의 출력인 25행은 실행되지도 않을 수도 있다.

확인을 위해 19행의 clean_thread를 주석 처리한 뒤에 실행하여 그 차이를 보기 바란다. [그림 8.14]는 [코드 8.5]의 예제를 실행시킨 그림인데 여러분이 실행시킨 경우와 출력 순서가 조금 다를 수 있다. 이는 스레드가 비동기적으로 실행되므로 출력 결과도 비순차적인 것이다.

```
$ ./pthread_hello
[REP] [pthread_hello.c/main:036] pthread_create : tid = 140706728982272
[REP] [pthread_hello.c/main:036] pthread_create : tid = 140706720589568
[REP] [pthread_hello.c/main:036] pthread_create : tid = 140706712196864
[REP] [pthread_hello.c/main:036] pthread_create : tid = 140706703804160
[REP] [pthread_hello.c/main:036] pthread_create : tid = 140706695411456
        Hello I'm pthread(0) - TID(140706728982272)
        Hello I'm pthread(2) - TID(140706712196864)
        Hello I'm pthread(1) - TID(140706720589568)
[REP] [pthread_hello.c/clean_thread:068] pthread_join : 10 - 140706728982272
[REP] [pthread_hello.c/clean_thread:068] pthread_join : 11 - 140706720589568
        Hello I'm pthread(3) - TID(140706703804160)
[REP] [pthread_hello.c/clean_thread:068] pthread_join : 12 - 140706712196864
[REP] [pthread_hello.c/clean_thread:068] pthread_join : 13 - 140706703804160
        Hello I'm pthread(4) - TID(140706695411456)
[REP] [pthread_hello.c/clean_thread:068] pthread_join : 14 - 140706695411456
```

[그림 8.14] 스레드 생성 및 종료 후 병합 예제

5.3 pthread 뮤텍스

뮤텍스(mutex)는 Mutual Exclusion의 약자로서 락(lock) 메커니즘의 하나이다. 이미 세마포어에서 락 메커니즘에 대한 기초적인 부분을 설명을 해두었기 때문에 여기서는 바로 프로그래밍에 관련된 부분을 설명하도록 할 것이다.

여기서 설명하는 뮤텍스는 pthread 구현의 뮤텍스이다. 이후에 뮤텍스라고 말하면 pthread 구현의 뮤텍스에 대해서 이야기하는 경우가 대부분이지만 간혹 속성을 설명할 때는 이론적인 뮤텍스 기능을 지칭하는 경우도 있으니 문맥에 따라 판단하여야 할 것이다.

뮤텍스를 잠금(lock)한다는 것은 뮤텍스의 소유 권한을 획득한다는 의미와 동일하다. 따라서 뮤텍스를 잠금했다는 표현과 뮤텍스를 획득, 혹은 소유했다는 표현은 같은 의미로 사용된다.

소유권을 획득한 스레드는 뮤텍스가 보호하고 있는 코드로 진입할 수 있으며 소유권을 획득하지 못한 스레드들은 뮤텍스가 보호하는 코드 앞에서 블록킹되거나 넌블록킹 모드라면 실패로 리턴된다.

뮤텍스를 소유했던 스레드가 뮤텍스 잠금을 풀면 뮤텍스를 획득하기 위해서 대기하던 스레드들 중 하나가 소유권을 획득하게 된다. 그리고 뮤텍스에서 대기한다는 의미

는 블록킹 모드로 뮤텍스를 획득하려고 했으나 다른 스레드가 사용 중이라서 기다리는 것을 말한다.

pthread의 뮤텍스 변수는 pthread_mutex_t 구조체형을 사용하는데 필히 초기화를 거친 뒤에 사용해야만 한다. 이것은 세마포어를 초기화하고 사용하는 것과 순서는 같다.

pthread_mutex_t 구조체를 초기화를 위해 매크로로 초기화 하는 방법과 초기화 함수를 사용하는 방법을 제공한다.

표 8.4 pthread 뮤텍스 관련 함수 및 매크로

pthread_mutex_init	뮤텍스 변수를 초기화한다.
pthread_mutex_lock	뮤텍스 잠금을 시도한다. 잠금할 수 있을 때까지 블록된다.
pthread_mutex_trylock	뮤텍스 잠금을 시도한다. 잠금할 수 없다면 에러로 리턴한다.(넌블록킹)
pthread_mutex_timedlock	뮤텍스 잠금을 시도한다. 지정된 타임아웃 시간만 블록된다.
pthread_mutex_unlock	뮤텍스 잠금을 해제한다.
pthread_mutex_destroy	뮤텍스를 파괴한다.
PTHREAD_MUTEX_INITIALIZER	pthread_mutex_t 뮤텍스 변수 선언 초기화 매크로

뮤텍스에 직접적인 작업을 하는 함수는 [표 8.4]처럼 초기화, 잠금, 해제, 파괴 정도의 기능으로 나누어져 있다. 이외에 뮤텍스의 속성을 설정하는 함수는 훨씬 많지만, 나중에 각각의 뮤텍스 기능과 속성을 다루면서 살펴볼 것이다.

● pthread 뮤텍스의 초기화

뮤텍스 변수의 초기화는 PTHREAD_MUTEX_INITIALIZER 매크로와 pthread_mutex_init 함수를 이용하는 2가지 방법이 제공된다. 둘 중에 아무 방법이나 사용해도 되지만 차이는 있다.

먼저 매크로를 이용하는 방법은 pthread_mutex_t 구조체를 선언할 때 구조체의 초기값을 지정하는 방식이다. C 언어 문법에서 구조체에 직접 값을 대입하려면 선언할 때만 허용되므로 PTHREAD_MUTEX_INITIALIZER 매크로는 변수를 선언하면서 초기화할 때만 사용되는 극히 제한적인 방법이다.

그러므로 뮤텍스 변수를 포인터형으로 선언한 뒤에 힙을 할당받는 경우라면 매크로를 사용할 수는 없고 pthread_mutex_init 함수로 초기화해야 한다.

[코드 8.6] 뮤텍스 초기화 방법

```
01  pthread_mutex_t    mutex1 = PTHREAD_MUTEX_INITIALIZER; /* 정적 초기화 */
02  pthread_mutex_t    mutex2;
03  pthread_mutex_init(&mutex2, NULL); /* 기본값으로 초기화 */
04  pthread_mutex_t    *mutex3;
05  mutex3 = (pthread_mutex_t *) malloc(sizeof(pthread_mutex_t));
06  pthread_mutex_init(mutex3, NULL);  /* 기본값으로 초기화 */
```

[코드 8.6]의 01행은 매크로를 이용한 정적 초기화 방법이다. 그리고 02~06행은 함수를 이용한 초기화 방법이다. 둘 중 어떤 방법을 사용해도 상관은 없지만, 대부분 경우에는 함수를 사용하고 있다.

함수를 사용할 때 pthread_mutex_init의 2번째 인수는 뮤텍스 속성을 지정하는 경우에만 사용하며 지정하지 않아서 NULL을 넣으면 기본값으로 초기화된다. 속성은 다양한 기능을 지정할 때 사용하므로 각각의 뮤텍스 기능을 사용할 때 살펴볼 것이다.

[코드 8.6]처럼 초기화가 끝난 뮤텍스에는 잠금과 해제를 할 수 있고 더 이상 필요 없는 뮤텍스는 파괴하기 위해 pthread_mutex_destroy를 호출한다. 그러나 파괴를 하지 않는 경우도 많은데 그것은 프로세스가 종료될 때까지 사용되던 뮤텍스는 프로세스의 종료 후 시스템이 자원을 회수하기 때문에 따로 파괴할 필요가 없기 때문이다.

하지만, 공유 메모리 영역에 존재하는 프로세스 간의 공유 뮤텍스일 경우라면 시스템이 자동으로 회수하지 않기 때문에 필요 없을 때는 제거해야만 한다. 물론 공유 뮤텍스가 위치한 공유 메모리도 더 이상 사용하지 않는다면 같이 제거하도록 해야 한다.

```
int pthread_mutex_init(pthread_mutex_t *restrict mutex,
    const pthread_mutexattr_t *restrict attr);
int pthread_mutex_destroy(pthread_mutex_t *mutex);
```

그러면 pthread_mutex_init와 pthread_mutex_destroy에 대해 좀 더 살펴보자.

먼저 초기화를 행하는 pthread_mutex_init는 2개의 인수를 받는데 첫째 인수인 mutex는 초기화할 뮤텍스, 둘째 인수인 attr은 초기화할 뮤텍스의 속성을 의미한다. 지정 가능한 속성은 SUSv4-2008 기준으로 할 때 뮤텍스 타입, 뮤텍스 분리 여부, 프로세스 간 공유 여부, robust 뮤텍스 속성, 우선순위 등 다양한 부분을 지정할 수 있다.

이를 위해서 뮤텍스 속성인 pthread_mutexattr_t 타입을 조작하는 함수가 제공된다. 그러나 pthread_mutex_init에서 따로 속성을 지정할 필요가 없다면 attr에 NULL을 넣어 기본값 속성을 사용하도록 하면 된다. 기본값 속성은 각각의 속성을 하나하나 다루면서 설명하도록 할 것이다. 그렇다면 이제 뮤텍스 속성을 지정하는 방법을 알아야 할 것이다.

뮤텍스 속성도 뮤텍스처럼 초기화를 거쳐 사용해야 한다. 사실 모든 pthread에서 사용되는 객체는 초기화를 거쳐야 함을 기억해두도록 하자.

● 뮤텍스 속성 및 타입 설정

```
int pthread_mutexattr_init(pthread_mutexattr_t *attr);
int pthread_mutexattr_destroy(pthread_mutexattr_t *attr);
```

뮤텍스 속성 변수를 초기화하는 함수는 pthread_mutexattr_init이다. 사용이 끝난 다음에는 속성 변수를 파괴하기 위해 pthread_mutexattr_destroy를 사용할 수 있다.

초기화가 끝난 뒤에 속성을 설정하는 함수들을 이용해서 조작할 수 있는데 우선은 뮤텍스 타입을 설정하는 것부터 살펴보자.

```
int pthread_mutexattr_settype(pthread_mutexattr_t *attr, int type);
int pthread_mutexattr_gettype(const pthread_mutexattr_t *restrict attr,
     int *restrict type);
```

뮤텍스 타입을 설정하는 함수는 pthread_mutexattr_settype이 제공된다. type에는 UNIX98부터 4가지의 뮤텍스 타입이 제공되는데 몇몇 유닉스 벤더들은 복수의 CPU에서 더 효율적으로 작동하는 적응성을 가지는 뮤텍스(adaptive mutex)를 따로 지원하는 경우도 있다.

표준에서 제공되는 4가지 타입(PTHREAD_MUTEX_NORMAL, PTHREAD_MUTEX_ERRORCHECK, PTHREAD_MUTEX_RECURSIVE, PTHREAD_MUTEX_DEFAULT)의 특징은 [표 8.5]와 같다. 표에는 간결하게 보기 위해 매크로의 접두어인 PTHREAD_MUTEX_ 부분은 떼고 적었다.

표 8.5 뮤텍스 초기화 타입별 특징

	NORMAL 타입	ERRORCHECK 타입	RECURSIVE 타입
중복된 잠금	데드락	에러(EDEADLK) 리턴	재귀 잠금 허용 (재귀 잠금 횟수만큼 해제 필요)
소유권이 없는 잠금 해제 시도	정의되지 않음 (undefined behavior)	에러(EPERM) 리턴	에러(EPERM) 리턴
풀린 뮤텍스에 잠금 해제 시도	정의되지 않음 (undefined behavior)	에러(EPERM) 리턴	에러(EPERM) 리턴
성능	빠르다.	약간 느리다.	약간 느리다.

NORMAL 뮤텍스는 일반적으로 사용되는 뮤텍스로서 가볍다는 장점이 있지만 데드락이나 다른 모든 에러 상황에 대해 감지하지 않으므로 불완전하거나 신뢰할 수 없는 논리적 모순이 있을 때는 데드락에 빠질 수 있다.

ERRORCHECK 뮤텍스는 에러를 체크하는 기능이 탑재된 뮤텍스로서 데드락이나 다른 에러 상황에 대해 블록되지 않고 에러로 리턴해 준다. 다만, 에러를 검사하기 위한 기능이 들어가 있기 때문에 오버헤드가 존재한다.

RECURSIVE 뮤텍스는 재귀적 잠금이 가능한 뮤텍스이다. 이는 뮤텍스를 소유한 스레드가 뮤텍스 잠금을 한 뒤에 다시 소유권을 가진 스레드가 중복하여 뮤텍스를 잠글 필요가 있는 경우에 사용된다. 일반적으로 재귀적인 잠금은 재귀 호출 함수인 경우에 사용되는데 좋은 설계는 아니므로 재귀 호출 구조를 쓰지 않을 수 있다면 되도록 쓰지 않는 방향으로 설계하는 편이 좋다.

마지막으로 표에는 비교해두지 않았던 PTHREAD_MUTEX_DEFAULT는 중복된 잠금, 소유권이 없는 잠금 해제 시도, 풀린 뮤텍스에 잠금 해제 시도에 대해 어떤 것도 정의해두지 않았다. 그러나 표준안에서는 임플리먼테이션에 따라 [표 8.5]의 세 가지 타입 중 하나가 설정될 수 있다고 하였다.

실제로 리눅스를 포함한 대부분 유닉스에서는 NORMAL을 기본 뮤텍스로 사용하도록 되어 있다. 그러면 에러 체크가 가능한 PTHREAD_MUTEX_ERRORCHECK 타입으로 뮤텍스를 선언하는 예제를 살펴보자.

[코드 8.7] PTHREAD_MUTEX_ERRORCHECK 뮤텍스로 초기화 예제

```
01  pthread_mutex_t        mutex;
02  pthread_mutexattr_t mutexattr;
03  pthread_mutexattr_init(&mutexattr);     /* 뮤텍스 속성 객체 초기화 */
04  pthread_mutexattr_settype(&mutexattr, PTHREAD_MUTEX_ERRORCHECK); /* 속성 지정 */
05  pthread_mutex_init(&mutex, &mutexattr); /* 속성을 지정하여 뮤텍스 초기화 */
```

뮤텍스 속성에는 타입 외에 프로세스 공유, robust 뮤텍스, 뮤텍스 프로토콜 등 다양한 속성을 다룰 수 있다. 이들 속성 중에 중요한 것들은 천천히 뒤에서 다루도록 하겠다.

● 뮤텍스의 사용 (잠금, 해제)

```
int pthread_mutex_lock(pthread_mutex_t *mutex);
int pthread_mutex_trylock(pthread_mutex_t *mutex);
int pthread_mutex_timedlock(pthread_mutex_t *restrict mutex,
        const struct timespec *restrict abs_timeout);
int pthread_mutex_unlock(pthread_mutex_t *mutex);
struct timespec {
    time_t     tv_sec;       /* Seconds. */
    long int   tv_nsec;      /* Nanoseconds. */
};
```

초기화가 끝났으면 뮤텍스를 사용할 수 있다. 뮤텍스를 잠그는 함수는 3가지가 제공되고 해제는 1개의 함수만 제공된다.

잠그는 함수부터 살펴보면 pthread_mutex_lock은 다른 스레드가 뮤텍스를 잠그고 있다면 블록되는 가장 기본적인 잠금 함수이다.

pthread_mutex_trylock은 pthread_mutex_lock과 기능은 같은데 다른 스레드에 의해 잠겨 있는 상황이라면 블록킹되지 않고 EBUSY로 즉시 리턴하는 넌블록킹 버전이다.

pthread_mutex_timedlock은 pthread_mutex_lock에 타임아웃 기능이 추가된 버전이다. 타임아웃은 struct timespec 구조체를 사용하는데 절대시간으로 지정한다. 즉 UNIX 타임스탬프(1970년 1월 1일 0시 0분 0초를 0으로 하여 지금까지의 초수)를 사용하는 방식이다.

예를 들어 30초 뒤에 타임아웃을 하겠다고 그냥 30초를 지정하는 것이 아니라 현재 시간을 구한 뒤에 30초를 더해서 넣어줘야 한다.

[코드 8.8] pthread_mutex_timedlock의 절대시간 타임아웃 설정

```
01   struct timespect ts_timeout;
02   ts_timeout.tv_sec = time(NULL) + 30;  /* 현재 시간을 구한 뒤 +30을 한다. */
03   ts_timeout.tv_nsec = 0;
04   ... 생략 ...
05   pthread_mutex_timedlock(&mutex_data, &ts_timeout);
```

절대시간을 사용하는 경우는 일반적으로 2가지 기능 때문이다. 첫째로 스레드는 언제든지 선점될 수 있기 때문에 예상했던 타임아웃 시간보다 더 오랫동안 블록될 가능성이 존재한다.

더군다나 과도한 시스템 부하가 있는 경우라면 더욱 그렇다. 이를 피하기 위해 절대
시간을 사용하여 타임아웃 시간이 지나버렸다면 즉시 반환시킬 수 있다. 둘째로 절대
적으로 특정 인터벌 시간마다 타임아웃을 걸어야 하는 경우에 유용하다.

예를 들어 정확하게 매분 0, 15, 30, 45초마다 타임아웃을 걸어야 하는 경우라면 상대
시간을 사용하면 이벤트가 발생 후 다시 타이머를 세팅할 때 시간 계산이 힘들어진다.

참고로 앞으로 struct timespec을 사용하는 함수들이 종종 나올 텐데 매개 변수의 이
름에 abs 접두어가 있다면 절대(absolute)를 의미한다. 특별히 절대 접두어가 없다면
상대시간을 사용하는 경우가 많다.

[코드 8.9] 뮤텍스 잠금, 해제 예시 (에러 체크 뮤텍스를 사용하는 경우)

```
01  if ((ret = pthread_mutex_lock(&p_mutex))) {
02      if (ret == EDEADLK)
03          printf("\t EDEADLK detected\n"); /* ERRORCHECK 뮤텍스의 에러 체크 기능 감지 */
04      else
05          printf("\t errno : %d\n", ret);
06  }
07  /* 이 부분이 뮤텍스에 의해서 보호되는 코드 영역 */
08  if ((ret = pthread_mutex_unlock(&p_mutex))) {
09      printf("Error code: %d\n", ret);
10  }
```

[코드 8.9]에서 뮤텍스 잠금과 해제 사이에 있는 07행은 보호되는 영역이다. 즉 동기
화되는 영역인 것이다. 이런 기본적인 기능을 더해서 앞서 작성했던 스레드 예제에
뮤텍스를 더해서 작성해보도록 할 것이다.

● **뮤텍스 예제**

앞서 4가지 뮤텍스 타입을 설명했으므로 예제도 뮤텍스 타입에 따라 차이를 살펴볼
수 있도록 작성할 것이다. 이를 위해 비정상적으로 뮤텍스 잠금을 2번 시도하는 부분
을 넣어 둘 것이다. 그리고 잠금을 해제하는 코드는 1번만 넣어서 데드락을 유도할 것
이다.

예제는 잘못된 잠금, 즉 데드락을 유도하는 예제이므로 이렇게 작성하면 안 된다는 것
을 보여주는 것이다. 실제로 작성할 때는 꼭 잠금과 해제가 짝이 맞도록 해야만 한다.

[코드 8.10] 뮤텍스 타입별 작동 예제 (mutex_type.c)

```
01  #define NUM_THREADS    4
02  struct thread_arg {
03      pthread_t   tid;    /* 스레드 id    */
04      int         idx;    /* 스레드 번호 (별 의미 없음) */
05  } *t_arg;
06  pthread_mutex_t     mutex;
07  pthread_mutexattr_t mutexattr;
08  void *start_thread(void *);          /* 스레드 시작 함수 */
09  void clean_thread(struct thread_arg *);
10  int main() {
11      int    i, ret;
12      t_arg = (struct thread_arg *)calloc(NUM_THREADS, sizeof(struct thread_arg));
13      pthread_mutexattr_init(&mutexattr); /* 뮤텍스 속성 객체 초기화 */
14  #if defined(NORMAL_MUTEX)
15      pthread_mutexattr_settype(&mutexattr, PTHREAD_MUTEX_NORMAL);
16  #elif defined(RECURSIVE_MUTEX)
17      pthread_mutexattr_settype(&mutexattr, PTHREAD_MUTEX_RECURSIVE);
18  #elif defined(ERRORCHECK_MUTEX)
19      pthread_mutexattr_settype(&mutexattr, PTHREAD_MUTEX_ERRORCHECK);
20  #endif
21      pthread_mutex_init(&mutex, &mutexattr);
22      for(i=0; i<NUM_THREADS; i++) {
23          t_arg[i].idx = i;
24          if ((ret = pthread_create(&t_arg[i].tid, NULL, start_thread, (void *)&t_arg[i]))) {
25              pr_err("pthread_create : %s", strerror(ret));
26              return 0;
27          }
28          pr_out("pthread_create : tid = %lu", t_arg[i].tid);
29      }
30      clean_thread(t_arg); /* 종료된 스레드를 병합하는 루틴 */
31      return 0;
32  }
33  void *start_thread(void *arg) {
34      struct thread_arg *t_arg = (struct thread_arg *)arg;
35      int    ret;
36      if ((ret = pthread_mutex_lock(&mutex))) {
37          if (ret == EDEADLK) {
38              pr_err("\t lock : EDEADLK detected");
39          } else {
40              pr_err("\t lock (errno = %s)", strerror(ret));
41          }
42      }
43      pr_out("[thread] idx(%d) tid(%ld)", t_arg->idx, pthread_self());
44      sleep(t_arg->idx * 2);    /* 출력이 섞이지 않도록 지연을 준 것 뿐이다. */
45      if (t_arg->idx > 1) {     /* 3번째 스레드부터 데드락에 빠진다. */
```

```
46          if ((ret = pthread_mutex_lock(&mutex))) {
47              if (ret == EDEADLK) {
48                  pr_err("\t lock : EDEADLK detected");
49              } else {
50                  pr_err("\t lock (errno = %s)", strerror(ret));
51              }
52          }
53      }
54      if ((ret = pthread_mutex_unlock(&mutex))) {
55          pr_err("\t unlock: (errno = %s)", strerror(ret));
56      }
57      return t_arg; /* an alternative func, pthread_exit(t_arg) */
58  }
```

예제에는 clean_thread 함수 부분이 생략되어 있다. 이는 앞서 [코드 8.5]의 pthread_hello.c 예제에서 등장한 부분과 동일하기 때문에 지면을 아끼기 위해 생략한 것이다. 여러분이 실제로 [코드 8.10]을 타이핑할 때는 [코드 8.5]의 clean_thread 부분을 추가해야 할 것이다.

예제는 매크로에 따라 선택적으로 컴파일되도록 코딩되어 있다. 14~20행을 보면 매크로에 따라서 선택적으로 뮤텍스 타입을 지정할 수 있도록 되어 있는데 만일 매크로가 지정되지 않으면 기본값 뮤텍스 속성을 사용하게 될 것이다.

물론 배포되는 예제에는 편의를 위해 기본 뮤텍스, 노멀 뮤텍스, 에러 체크 뮤텍스, 리커시브 뮤텍스가 따로 컴파일되도록 Makefile에 작성해 두었다.

```
$ make
… 생략 …
gcc -c -Wall -g -I../../include mutex_type.c -o mutex_default.o
gcc    mutex_default.o -L../../lib -lpthread -lrt  -o mutex_default
gcc -c -DNORMAL_MUTEX -Wall -g -I../../include mutex_type.c -o mutex_normal.o
gcc    mutex_normal.o -L../../lib -lpthread -lrt  -o mutex_normal
gcc -c -DRECURSIVE_MUTEX -Wall -g -I../../include mutex_type.c -o mutex_recursive.o
gcc    mutex_recursive.o -L../../lib -lpthread -lrt  -o mutex_recursive
gcc -c -DERRORCHECK_MUTEX -Wall -g -I../../include mutex_type.c -o mutex_errchk.o
gcc    mutex_errchk.o -L../../lib -lpthread -lrt  -o mutex_errchk
```

[그림 8.15] 뮤텍스 타입에 따른 선택적 컴파일

[그림 8.15]처럼 [코드 8.10]에서는 총 4개의 서로 다른 오브젝트가 생성되는데 각각의 특징을 확인하기 위해 하나하나 실행해보면 기본값 뮤텍스와 노멀 뮤텍스, 리커시브 뮤텍스는 데드락에 빠질 것이다.

그러나 에러 체크 뮤텍스는 데드락 대신에 에러 메시지가 나오게 된다. 책에서는 지면상 에러 체크 뮤텍스의 실행 화면만 살펴보도록 하자. 다른 뮤텍스는 직접 해보고

예제를 이리저리 고쳐보면서 각종 상황에 따른 결과를 살펴보기 바란다.

```
$ ./mutex_errchk
[REP] [mutex_type.c/main:049] pthread_create : tid = 139954679682816
[REP] [mutex_type.c/start_thread:073] [thread] idx(0) tid(139954679682816)
[REP] [mutex_type.c/main:049] pthread_create : tid = 139954671290112
[REP] [mutex_type.c/start_thread:073] [thread] idx(1) tid(139954671290112)
[REP] [mutex_type.c/main:049] pthread_create : tid = 139954662897408
[REP] [mutex_type.c/main:049] pthread_create : tid = 139954654504704
[REP] [mutex_type.c/clean_thread:105] pthread_join : 0 - 139954679682816
[REP] [mutex_type.c/clean_thread:105] pthread_join : 1 - 139954671290112
[REP] [mutex_type.c/start_thread:073] [thread] idx(2) tid(139954662897408)
[ERR] [mutex_type.c/start_thread:079]        lock : EDEADLK detected
[REP] [mutex_type.c/start_thread:073] [thread] idx(3) tid(139954654504704)
[REP] [mutex_type.c/clean_thread:105] pthread_join : 2 - 139954662897408
[ERR] [mutex_type.c/start_thread:079]        lock : EDEADLK detected
[REP] [mutex_type.c/clean_thread:105] pthread_join : 3 - 139954654504704
```

[그림 8.16] 에러 체크 뮤텍스 예제의 실행

[그림 8.16]에 보면 에러 체크 뮤텍스는 데드락 상황에서 EDEADLK 에러로 리턴하는 것을 볼 수 있다. 에러 체크가 가능한 뮤텍스는 중복된 잠금 외에도 뮤텍스 소유권을 가지지 않은 스레드가 뮤텍스를 풀려고 시도한다든지 해도 에러를 발생시키므로 여러모로 신뢰성이 높다. 하지만, 중복된 뮤텍스 잠금이나 소유권을 검사하는 기능이 추가되므로 어느 정도 성능의 하락이 있을 수 있다. 물론 체감적으로 엄청나게 떨어지는 것을 말하는 것은 아니다.

에러 체크 뮤텍스는 주로 초기 개발 단계나 테스트할 때 문제를 파악하기 위해서 사용되고, 실제 구동되는 환경에서는 성능을 위해 노멀 뮤텍스가 사용되는 경우가 많다. 물론 알 수 없는 데드락으로 인해 신뢰성이 확보되지 않는다면 꼭 에러 체크 뮤텍스를 사용하는 편이 좋다. 프로그램의 생명은 성능보다 신뢰성이 중요하기 때문이다.

> **TIP** 뮤텍스로 보호되는 영역의 크기
>
> 뮤텍스에 의해 동기화되는 코드 영역은 최소화하는 것이 좋다. 왜냐하면, 뮤텍스로 보호되는 영역이 크거나 자주 발생한다면 직렬 실행 구간이 길어져서 지연시간이 늘어날 수 있으며, 이는 스레드들이 대기하는데 많은 시간을 소모한다는 의미가 되기 때문이다.
>
> 성능 향상을 목표로 스레드를 도입했지만, 동기화 영역이 많아진다면 그 의미가 퇴색되기 때문에 되도록 뮤텍스로 보호하는 영역을 최소화할 수 있도록 설계하는 것이 좋다.

5.4 조건 변수

조건 변수(condition variable)는 스레드가 어떤 조건을 만족할 때까지 대기시켰다가 깨우는 신호 체계다. 예를 들어 수공업 제품을 만들어 납품하는 전문점이 있다고 가정하자.

주문이 들어오면 작업자가 제품을 제작하기 시작한다. 제품이 완성되면 작업자가 포장해서 트럭에 실어둔다. 그리고 배달원은 제품이 모두 실린 것을 확인 후 배송을 출발하게 된다. 자 그렇다면 배달원은 어떻게 제품이 모두 실린 것을 알 수 있을까?

만일 배달원이 1초마다 제품이 실려 있는지 확인한다면 너무 자주 확인하는 오버헤드가 생긴다. 그렇다고 1시간마다 확인한다면 지연시간이 너무 길 것이다. 결국, 배달원이 주기적으로 확인하는 것은 간격이 짧거나 길거나 모두 문제가 있다.

따라서 가장 좋은 방법은 작업자들이 제품을 만들어 싣고 나면 배달원에게 신호를 보내는 것이다. 즉 여기서 신호(시그널)를 보내고 받고 하는 체계가 바로 조건 변수의 하는 일이다.

조건 변수는 어떤 조건을 테스트한 뒤에 원하는 조건이 충족되지 않는다면 스레드를 재우는 기능과 외부에서 조건 변수에 시그널을 보내면 자고 있는 스레드를 깨우는 2가지의 기능이 있다. 따라서 함수도 스레드를 재우는 함수와 시그널을 보내서 깨우는 함수로 나누어진다.

그런데 중요한 점은 조건 변수는 항상 뮤텍스와 같이 다닌다는 사실이다. 그 이유는 무엇일까? 예를 들어 두 개의 스레드 A, B가 있는데 스레드 A는 아이템을 큐에 쌓는 작업을 하고 스레드 B는 큐에 아이템이 있는지 확인하여 있다면 꺼내서 처리하고 없다면 쉰다고 하자.

스레드 A가 아이템을 큐에 쌓는 와중에 스레드 B가 아이템이 큐에 있는지 확인하였다면 어떻게 될까? 미묘한 시간차에 의해 스레드 A가 쌓고 난 뒤에 B가 확인할 수도 있고 스레드 A가 쌓기 전에 B가 확인할 수도 있다.

여기서 문제가 되는 상황은 바로 후자이다. 즉 스레드 B가 큐에 아이템이 쌓이기 전에 확인을 마치고 "어이쿠, 꺼낼 아이템이 없네"하면서 대기상태로 빠져버리면 문제가 된다는 것이다.

그러므로 이런 상황을 방지하기 위해 조건 변수는 뮤텍스와 같이 사용된다. 위와 같은 경우라면 큐에 아이템이 쌓거나 꺼내는 행위를 뮤텍스로 보호하여 동기화한다.

이렇게 되면 큐에 접근하는 행위는 배타적으로 행해지므로 스레드 A가 큐에 쌓을 때는 스레드 B는 대기하게 되고 반대로 스레드 B가 큐에서 꺼낼 때는 스레드 A가 대기하게 된다. 직관적으로 이해할 수 있도록 간단한 흐름을 그림으로 그려보도록 하자.

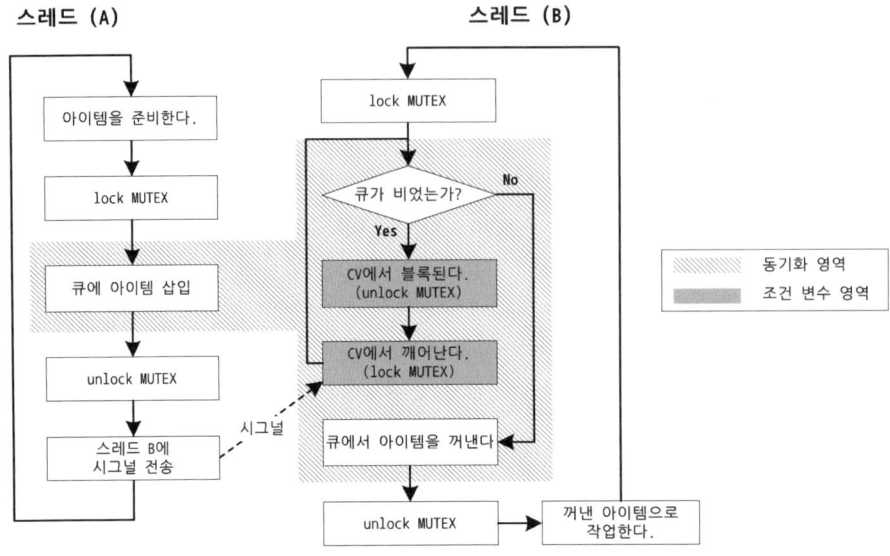

[그림 8.17] 조건 변수와 뮤텍스의 사용 예

[그림 8.17]의 스레드 A, B의 관계는 파이프라이닝 모델로 볼 수 있는데 단순화를 위해 단 2개의 스레드가 있는 것으로 그려두었다. 하지만, 실무에서는 여러 단계로 세분화하거나 특정 단계를 복수의 실행 유닛을 배치하여 설계할 가능성이 크다.

CPU 구조의 슈퍼 파이프라이닝이나 슈퍼 스칼라를 생각하면 이해가 빠를 것이다. 하지만, 그렇게 하면 설명이 복잡해지기 때문에 예시로 보이는 [그림 8.17]은 최소한의 설계라는 것을 염두에 두고 살펴보자.

그림에서 스레드 A, B가 서로 접근하는 큐는 동기화 영역에 있으므로 뮤텍스로 보호된다. 스레드 A가 큐에 넣을 아이템을 받아서 큐에 삽입할 때는 뮤텍스를 잠근 뒤에 작업하므로 삽입 후에는 뮤텍스를 해제하도록 되어 있다.

그리고 큐에 아이템을 삽입했으면 이를 알리기 위해 스레드 B의 조건 변수에 시그널을 전송하고 다시 아이템을 준비하는 단계로 돌아간다.

스레드는 B 입장에서는 큐에서 데이터를 꺼내야만 작업을 진행할 수 있는데 공유 자원이므로 뮤텍스 잠금을 걸고 진입한다. 따라서 스레드 A가 큐에 접근하고 있는 상태라면 대기상태가 된다.

뮤텍스를 획득한 뒤에 큐가 비어 있지 않다면, 즉 아이템이 들어 있다면 아이템을 꺼내고 뮤텍스를 해제한 뒤에 작업하게 된다. 그러나 큐가 비어 있는 상태라면 할 일이 없는 것이므로 조건 변수에서 대기하도록 한다.

이때 조건 변수에서 대기하도록 하는 함수(pthread_cond_wait)를 호출하면 스레드 B

는 대기상태로 전환되면서 잠겨 있던 뮤텍스는 내부에서 풀리게 되어 있다. 이는 조건 변수에서 대기하는 스레드로 인해 데드락이 걸리는 것을 피하기 위함이다.

만일 조건 변수에서 스레드 B가 슬립 상태로 가면서 뮤텍스 잠금을 그대로 두면 스레드 A는 계속 대기상태, 즉 데드락에 빠지게 된다.

다시 스레드 A 입장으로 돌아가 보면 아이템이 준비되는 대로 풀린 뮤텍스를 다시 획득하고 큐에 아이템을 넣고 나오면서 잠들어 있는 스레드 B가 깨어나도록 시그널을 보낸다.

시그널을 받은 스레드 B는 대기하는 함수(pthread_cond_wait)가 리턴되면서 깨어나는데 뮤텍스는 다시 잠금 상태로 리턴된다. 이는 조건 변수에서 깨어나면서 다른 스레드가 조건을 변경시키지 못하도록 막기 위함이다.

또한, 대기상태로 가기 전에 뮤텍스가 잠금 상태였으니 복구시킨다는 의미로 이해해도 될 것이다. 깨어난 스레드 B는 다시 큐가 비어 있는지 조건을 테스트한 뒤에 아이템이 있다면 꺼내어 가공하게 된다.

이렇게 조건 변수에서 깨어나면 즉시 조건을 다시 테스트하도록 설계해야 오류가 생기지 않는다. 왜냐하면, 정확하게 이벤트 1개당 스레드 1개를 깨우는 경우를 제외하고는 대부분 더 많은 스레드를 깨우거나 혹은 브로드캐스트 시그널로 모든 스레드를 깨울 때에 복수의 스레드가 경쟁적으로 아이템을 가지려고 하기 때문이다. 이런 가짜 기상(spurious wakeup)에 대처하려면 꼭 조건 변수에서 깨어나면 다시 조건을 테스트해야만 한다.

표 8.6 pthread 조건 변수 관련 함수 및 매크로

pthread_cond_init	조건 변수 구조체를 초기화한다.
pthread_cond_wait	조건 변수에서 대기(블록킹)한다. 시그널을 받을 때까지 대기한다.
pthread_cond_timedwait	조건 변수에서 대기한다. 지정된 타임아웃 시간이 되면 깨어난다.
pthread_cond_signal	조건 변수에서 대기하는 스레드 1개에 시그널을 전송하여 깨운다.
pthread_cond_signal	조건 변수에서 대기하는 모든 스레드에 시그널을 전송하여 깨운다.
pthread_cond_destroy	조건 변수를 파괴한다.
PTHREAD_COND_INITIALIZER	pthread_cond_t 조건 변수를 초기화하는 매크로

참고로 여기서 말하는 조건 변수의 시그널은 유닉스의 시그널을 말하는 것은 아니다. 이것은 스레드 내부의 신호 체계를 의미하는 것이지 SIGINT, SIGTERM과 같은 전통적인 시스템 시그널을 말하는 것은 아니다.

또한, 스레드 B가 깨어 있는 도중에 스레드 A의 조건 변수 시그널을 받으면 어떻게 될까 고민하는 경우도 있는데 조건 변수에서 대기하고 있지 않은 경우에 시그널을 받으면 그냥 무시되므로 아무런 효과도 없다.

즉 조건 변수에 시그널을 보내는 행위는 잠들어 있는 스레드를 깨우는 용도지만 아무도 잠들어 있지 않다면 그냥 무시되는 것이다.

정리하자면 조건 변수란 [그림 8.17]처럼 큐에 아이템이 있는지 조건을 테스트하는 것은 프로그래머의 몫이며 조건을 테스트한 뒤에 스레드를 대기시킬 것인지 아닌지 판단하는 것도 프로그래머의 몫이다.

다만, 조건 변수가 제공하는 것은 스레드 대기 함수를 호출했을 때 스레드를 재우는 것과 시그널을 받았을 때 깨어나도록 하는 메커니즘만 제공할 뿐이다. 조건 변수가 자동으로 스레드가 할 일이 없으면 재우고 깨우는 것이 아님을 명심하자.

● 조건 변수의 초기화

pthread의 조건 변수는 pthread_cond_t 타입을 사용하며 뮤텍스처럼 초기화 매크로와 함수가 제공된다.

초기화 매크로(PTHREAD_COND_INITIALIZER)는 C 언어 문법상 정적으로 변수를 선언하면서 초기값을 지정하는 경우에만 사용할 수 있다. 그러므로 일반적인 경우라면 함수인 pthread_cond_init가 더 많이 사용되는 편이다.

더 이상 사용되지 않는 조건 변수는 pthread_cond_destroy로 제거할 수 있지만 뮤텍스의 경우와 마찬가지로 프로세스가 종료되면 일부러 제거하지 않아도 시스템이 제거한다. 다만, 공유 영역에 생성한 경우라면 프로세스가 종료되어도 남아 있으므로 필요 없다면 제거해야만 한다.

```
int pthread_cond_init(pthread_cond_t *restrict cond,
      const pthread_condattr_t *restrict attr);
pthread_cond_t cond = PTHREAD_COND_INITIALIZER;
int pthread_cond_destroy(pthread_cond_t *cond);
```

그런데 초기화 함수를 보면 pthread_condattr_t 타입의 속성 인수가 있는 것을 볼 수 있다. 앞서 뮤텍스처럼 조건 변수도 속성을 사용할 수 있는데 사용하는 방식은 비숫하다. 조건 변수의 속성에는 타임아웃을 작동시킬 시계의 종류나 프로세스 사이에 공유 가능 여부를 지정하는데 고급 설정을 다룰 때 다루도록 할 것이다.

● 조건 변수의 사용

```
int pthread_cond_wait(pthread_cond_t *restrict cond,
    pthread_mutex_t *restrict mutex);
int pthread_cond_timedwait(pthread_cond_t *restrict cond,
    pthread_mutex_t *restrict mutex,
    const struct timespec *restrict abstime);
int pthread_cond_signal(pthread_cond_t *cond);
int pthread_cond_broadcast(pthread_cond_t *cond);
```

pthread_cond_wait 함수는 시그널을 받기 전까지 계속 대기하며 pthread_cond_timedwait는 정해진 타임아웃 시간이 지나도록 시그널이 도착하지 않으면, 대기상태에서 깨어나면서 ETIMEOUT으로 리턴된다. 그런데 이 함수들의 인수 리스트를 보면 알겠지만, 항상 뮤텍스와 같이 쓰이도록 되어 있다.

즉 조건 변수에서 대기하는 함수는 잠금 상태의 뮤텍스와 같이 쓰여야 한다. 이유는 앞서 설명했듯이 조건 변수에서 대기하기 전에 스레드가 대기상태로 가야되는 조건이 다른 스레드에 의해서 변경되지 않도록 하기 위해서이다.

그러나 조건 변수에서 대기하게 되면 잠긴 뮤텍스는 pthread_cond_wait 내부에서 해제됨을 꼭 기억해두자.

조건 변수에서 대기하는 스레드에 시그널을 보내어 깨우는 함수들을 알아보자. 시그널을 보내는 함수는 pthread_cond_signal과 pthread_cond_broadcast의 2가지가 제공된다. 둘의 차이는 조건 변수에서 대기하는 스레드 중에 한 개에게만 시그널을 보낼 것인지 아니면 대기하던 모든 스레드에게 시그널을 보낼 것인지의 차이가 있다.

pthread_cond_signal를 호출하면 인수로 주어진 조건 변수에서 대기하는 스레드 중에 1개가 시그널을 받게 되는데 대기 중인 스레드가 복수일 경우에 어떤 스레드가 시그널을 받을지는 지정할 수 없다.

원래 조건 변수에서 대기하는 스레드들은 모두 동일한 작업을 하는 스레드로 설계되어야 하므로 어떤 스레드가 받아도 문제가 없을 것이다. 만일 서로 다른 작업과 조건을 검사해야 한다면 어찌어찌 구현은 가능하겠지만 복잡한 분기를 필요로 하므로 버그가 생기거나 비효율적인 작동을 할 수 있다. 즉 스레드가 해야 하는 작업의 성질과 검사할 조건이 다르다면 서로 다른 조건 변수를 사용하도록 분리하는 편이 효율적이다.

pthread_cond_broadcast는 조건 변수에서 대기하던 모든 스레드에 시그널을 보내는 브로드캐스트 함수이다. 따라서 이 함수를 사용하는 구조는 모든 스레드를 깨우기 때문에 스레드 사이에 경합이 발생할 가능성이 있다.

만일 큐에 넣어둔 작업이 1개이고 브로드캐스트 시그널을 보내서 대기하던 스레드 모두를 깨웠다고 치자. 깨어난 스레드가 10개라고 가정하면 그중 1개의 스레드만 실제로 큐에서 꺼내는 데 성공할 것이다.

성공하지 못한 나머지 9개의 스레드는 큐가 비었는지 조건을 테스트한 다음에 다시 대기상태로 되돌아갈 것이다.

이 과정에서 쓸데없이 오버헤드가 생긴다. 따라서 어떤 경우에 브로드캐스트 시그널을 사용할 것인지는 신뢰성과 성능의 조건을 잘 판단해서 결정해야 한다. 그러면 앞서 [그림 8.17]에 실제 사용되는 함수를 대입해서 어떤 구조가 되는지 살펴보자.

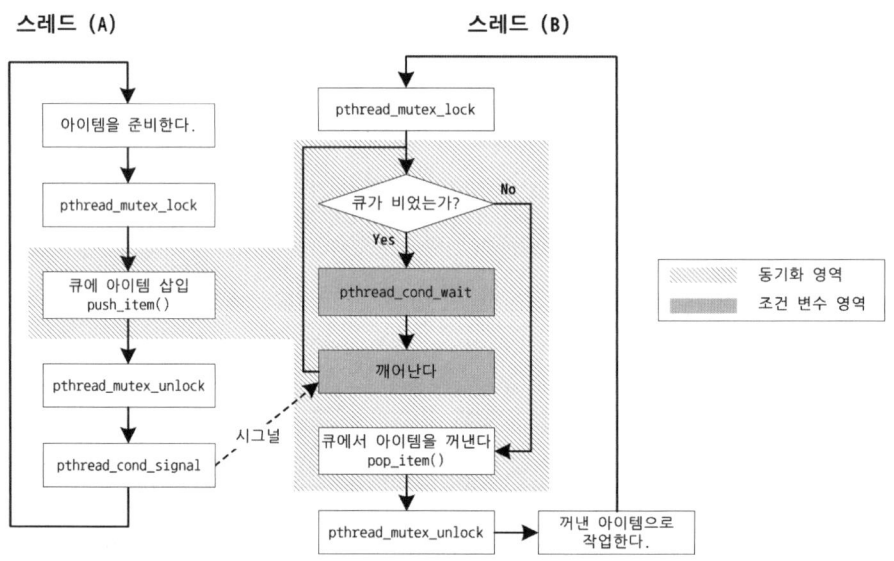

[그림 8.18] 조건 변수와 뮤텍스 함수의 사용 예

[그림 8.18]은 좀 더 구체적으로 조건 변수와 뮤텍스 함수들을 사용하는 구조를 다시 그려본 것이다. 조건 변수에서 대기 중인 스레드 B를 깨우기 위해서 스레드 A가 시그널을 보냈을 때 대기 중인 스레드는 깨어나면서 뮤텍스를 다시 잠금 상태로 바꾸게 된다.

이는 거꾸로 말하면 시그널을 보내는 스레드 A가 뮤텍스를 잠근 채 시그널을 보내면 뮤텍스를 풀기 전까지는 스레드 B는 깨어났더라도 뮤텍스 잠금을 위해 블록된다. 그렇다면 항상 뮤텍스를 풀고 시그널을 보내야 할지 아니면 시그널을 먼저 보내고 뮤텍스를 풀어야 할지 혼동될 수 있다.

이에 대한 답은 시그널을 보내는 기능을 가진 스레드가 여러 개라면 뮤텍스를 잠근 채 시그널을 보낸 뒤 뮤텍스를 풀어주는 것이 좋고, 시그널을 보내는 기능을 가진 스레드가 1개라면 뮤텍스를 풀고 시그널을 보내든 아니면 잠근 채 보내고 풀든 상관이 없을 것이다. 결국 조건 변수에서 대기하는 뮤텍스의 상태 변화에 따라서 스레드가 경쟁하는 관계인지 아닌지 주의해야 한다.

참고로 [그림 8.18]에서 push_item, pop_item은 조금 뒤에 예제에서 구현할 함수의 이름이다. 이는 그림과 예제의 구현을 연관 있게 살펴보도록 하기 위해서였다.

● 조건 변수 예제

앞서 뮤텍스와 조건 변수의 기본적인 기능을 다뤘으니 간단한 예제를 작성할 수 있을 것이다. 예제는 [그림 8.18]을 뮤텍스와 조건 변수를 이용해서 구현할 것이다.

먼저 스레드 A와 스레드 B가 주고받을 아이템의 종류를 char형 1개라고 가정하자. 스레드 A는 FIFO로부터 char를 읽어서 큐로 쓰이는 배열에 넣고 스레드 B에 시그널을 보내는 구조이다. 스레드 B는 큐에 들어 있는 char를 꺼낸 뒤에 잠깐 몇 초 동안 sleep을 호출하여 시간을 보내는 구조로 작성할 것이다. 예제 코드는 가독성을 높이기 위해 자잘한 에러 처리를 하지 않았으나 실제 코딩할 때는 에러 처리를 하는 것이 좋다.

[코드 8.11] 조건 변수 예제 : main함수 부분 (cond_var.c)

```
01  #define NUM_THREADS 5
02  #define MAX_ITEMS   64
03  #define PATH_FIFO   "/tmp/my_fifo"
04  struct workqueue {          /* 큐 구조체 */
05      int       item[MAX_ITEMS];
06      int       idx;          /* last index   */
07      int       cnt;          /* item counter */
08      pthread_mutex_t mutex;
09      pthread_cond_t  cv;
10  } *wq;
11  void *tfunc_a(void *);          /* thread (A)의 시작 함수 */
12  void *tfunc_b(void *);          /* thread (B)의 시작 함수 */
13  struct thread_arg {     /* 스레드 인수로 사용될 구조체 */
14      pthread_t  tid;    /* thread id    */
15      int        idx;
16      void *(* func)();
17  } t_arg[] = {
18      {0, 0, tfunc_a},
19      {0, 0, tfunc_b},
20      {0, 0, NULL}
21  };
```

```
22   int push_item(struct workqueue *wq, const char *item, int cnt);
23   int pop_item(struct workqueue *wq, int *item);
24   int process_job(int *);  /* 스레드 B의 작업 */
25   void clean_thread(struct thread_arg *);
26   int main() {
27       int    i;
28       if ((wq = calloc(1, sizeof(struct workqueue))) == NULL) { /* 큐 구조체에 메모리 할당 */
29           pr_err("calloc(%s)", strerror(errno));
30           exit(EXIT_FAILURE);
31       };
32       pthread_mutex_init(&wq->mutex, NULL); /* 큐 구조체의 뮤텍스 초기화 */
33       pthread_cond_init(&wq->cv, NULL);     /* 큐 구조체의 조건 변수 초기화 */
34       for(i=0; i<NUM_THREADS && t_arg[i].func != NULL; i++) {
35           t_arg[i].idx = i;
36           if (pthread_create(&t_arg[i].tid, NULL, t_arg[i].func, (void *)&t_arg[i])) {
37               return EXIT_FAILURE;
38           }
39           pr_out("pthread_create : tid = %lu", t_arg[i].tid);
40       }
41       clean_thread(t_arg);
42       return EXIT_SUCCESS;
43   } /* func : main */
```

01~25행의 선언 부분을 보면 전체적인 구조를 파악하는 데 도움이 된다. 참고로 clean_thread 함수는 매번 똑같은 코드로 사용되므로 생략하였다. 따라서 실제로 여러분이 코딩할 때는 추가해주도록 하자.

표 8.7 조건 변수 예제의 매크로, 전역 변수, 함수 설명

NUM_THREADS	최대 스레드 개수 제한 (별다른 의미는 없다.)
MAX_ITEMS	아이템이 저장되는 큐의 최대 길이
PATH_FIFO	스레드 A가 읽어올 FIFO 경로
struct workqueue *wq	큐 구조체. 뮤텍스와 조건 변수가 결합되어있다.
struct thread_arg t_arg[]	스레드 인수로 사용될 구조체. tid나 스레드 시작 함수의 정보를 가진다.
void *tfunc_a(void *)	스레드 A의 시작 함수
void *tfunc_b(void *)	스레드 B의 시작 함수
push_item	큐에 아이템을 넣는 함수 (뮤텍스로 보호해야 한다.)
pop_item	큐로부터 아이템을 빼내는 함수 (뮤텍스로 보호해야 한다.)
process_job	스레드 B가 아이템을 배낸 후 작업하는 함수 (일정 시간 슬립하는 기능)
clean_thread	스레드를 병합하는 함수

04~10행에 선언된 workqueue 구조체의 item 멤버는 아이템을 저장하는 간단한 환형 큐로 사용될 배열이다. idx는 현재 큐의 처음 시작 데이터 위치를 나타내는 인덱스이고 cnt는 큐에 저장된 아이템의 개수를 나타낸다. 그리고 뮤텍스 변수인 mutex와 조건 변수인 cv가 있다.

tfunc_a와 tfunc_b는 스레드의 시작 함수인데 직접 pthread_create에서 참조하는 것이 아니라 18, 19행에서 볼 수 있듯이 thread_arg 구조체에 함수의 주소를 지정하도록 하였다. 따라서 스레드 정보를 간직하는 구조체인 thread_arg에는 스레드 ID인 tid나 인덱스, 시작 함수의 주소가 저장되어 있다는 점을 기억해두자. 여러분이 이런 방법이 아닌 다른 방법을 써도 되지만 예제는 최대한 코드가 간결한 편이 좋기 때문에 구조체로 관리할 수 있도록 해두었다.

push_item과 pop_item은 각각 큐에 아이템을 넣거나 빼는 작업을 한다. 스레드 안전한 코드를 만들기 위해 큐에 접근하는 기능은 뮤텍스로 보호되어 있다. pop_item에는 조건 변수도 같이 쓰인다.

[코드 8.11] 조건 변수 예제 : 스레드 A함수 부분 (cond_var.c)

```
44  void *tfunc_a(void *arg) {
45      int    fd, ret_read = 0;
46      char   buf[MAX_ITEMS/2];
47      pr_out(" >> Thread (A) started!");
48      if (mkfifo(PATH_FIFO, 0644) == -1) { /* fifo를 만든다 */
49          if (errno != EEXIST) {
50              pr_err("[A] FAIL: mkfifo : %s", strerror(errno));
51              exit(EXIT_FAILURE);
52          }
53      }
54      if ((fd = open(PATH_FIFO, O_RDONLY, 0644)) == -1) { /* 읽기 전용으로 오픈 */
55          pr_err("[A] FAIL: open : %s", strerror(errno));
56          exit(EXIT_FAILURE);
57      }
58      while (1) {
59          if ((ret_read = read(fd, buf, sizeof(buf))) == -1) {
60              pr_err("[A] FAIL: read : %s", strerror(errno));
61              exit(EXIT_FAILURE);
62          }
63          if (ret_read == 0) { /* closed by peer */
64              pr_err("[A] broken pipe: %s", strerror(errno));
65              exit(EXIT_FAILURE);
66          }
67          push_item(wq, buf, ret_read);   /* 아이템을 큐에 넣는다. 내부에서 뮤텍스 잠금을 한다. */
68          pr_out("[A] cond_signal");
69          pthread_cond_signal(&wq->cv);
```

```
70        } /* loop: while */
71        return NULL;
72    }
```

48~57행에서 스레드 A는 시작하면서 mkfifo 함수를 이용해서 FIFO를 만든다. 물론 이미 존재한다면 함수는 실패할 테고 errno는 EEXIST로 지정되므로 문제는 없다.

54행에서는 FIFO를 읽기용으로 오픈하는데 FIFO의 반대쪽이 쓰기용으로 열려야 제대로 작동될 테니 프로그램은 쓰기용 FIFO 프로그램이 실행되어야만 57행 이후가 실행될 수 있다. 쓰기용 FIFO 프로그램은 6장의 I/O 인터페이스를 다루면서 작성했던 예제인 fifo_write.c를 이용하면 된다.

58~70행은 무한 루프로서 FIFO로부터 데이터를 읽어서 큐에 넣는 push_item 함수를 호출하도록 되어 있다. 아이템을 넣고 나면 69행에서 볼 수 있듯이 조건 변수에 시그널을 보낸 뒤에 다시 루프를 돌게 되어 있다. push_item 함수는 공유 자원인 큐에 접근하기 때문에 뮤텍스 잠금을 하도록 되어 있다.

[코드 8.11] 조건 변수 예제 : 스레드 B 함수 부분   (cond_var.c)

```
73    void *tfunc_b(void *arg) {
74        int     item;
75        pr_out(" >> Thread (B) started!");
76        while (1) {
77            pop_item(wq, &item); /* 큐에서 아이템을 꺼낸다. 뮤텍스가 적용되어있다. */
78            process_job(&item);
79        }
80        return NULL;
81    }
```

스레드 B의 기능은 무한 루프를 돌면서 pop_item, process_job을 순서대로 호출하는 것밖에 없다. 여기서 pop_item 함수는 내부에 뮤텍스와 조건 변수를 적용하여 동기화 시켰다.

[코드 8.11] 조건 변수 예제 : 큐에 아이템을 넣는 함수   (cond_var.c)

```
82    int push_item(struct workqueue *wq, const char *item, int cnt) {
83        int i, j;    /* i = counter, j = idx+개수 */
84        pthread_mutex_lock(&wq->mutex); /* lock */
85        for (i=0, j= (wq->idx + wq->cnt)%MAX_ITEMS; i<cnt; i++, j++, wq->cnt++) {
86            if (wq->cnt == MAX_ITEMS) { /* overflow. 처리 못한 것들은 버리자. */
87                pr_err("[Q:%d,%d] queue full : wq(idx,cnt=%d,%d)",
88                    i, j, wq->idx, wq->cnt);
89                break;
```

```
90            }
91            if (j == MAX_ITEMS) j=0;    /* circular queue로 구현하기 위해... */
92            wq->item[j] = (int) item[i];
93            pr_out("[Q:%d,%d] push (idx,cnt=%d,%d) : item=(%c)", i, j, wq->idx, wq->cnt, item[i]);
94        }
95        pthread_mutex_unlock(&wq->mutex); /* unlock */
96        return i;
97    }
```

push_item은 큐에 아이템을 넣는 함수로서 공유 자원인 큐에 접근하기 때문에 뮤텍스로 보호되고 있다. 먼저 wq 큐의 멤버 중에 idx와 cnt, item에 대해서 간단하게 알아보자.

먼저 idx는 큐에서 현재 꺼내야 하는 아이템의 위치 인덱스이다. cnt는 현재 큐에 저장된 아이템의 개수이다. 그리고 실제 아이템이 들어 있는 곳이 item 배열이다.

따라서 idx가 10이고 cnt가 5라면 item[10]~item[14]까지 데이터가 들어 있는 셈이다. 그리고 item 배열은 환형 큐(circular queue)처럼 저장되므로 MAX_ITEMS 개수까지 저장되면 다시 idx가 0으로 초기화된다. 하지만, 오버플로우 되는 경우에는 세밀한 처리를 하기엔 예제가 복잡해지므로 그냥 버리도록 해두었다.

push_item의 인수를 다시 보면 wq 큐에 item 배열을 cnt 개수만큼 넣는 작업을 하는 것이다. 따라서 코드를 보면 for 루프문을 돌면서 item 인수에 있는 배열 하나하나를 wq->item에 넣는다. wq->item은 환형 큐(circular queue)로 사용한다고 했으니 91행에서 마지막 인덱스가 되면 다시 0번으로 돌아가도록 해두었다. 루프문의 j는 마지막으로 넣어야 하는 위치로서 앞서와 같이 idx가 10이고 cnt가 5라면 item[15]부터 아이템을 넣어야 하기 때문에 그 값을 계산한 것이다.

만일 idx와 cnt를 더한 값이 MAX_ITEMS보다 크다면 환형 큐 특성상 한 바퀴를 돈 것이므로 모듈 연산으로 나머지를 구하도록 한 것이다.

[코드 8.11] 조건 변수 예제 : 큐에서 아이템을 빼는 함수 (cond_var.c)

```
98    int pop_item(struct workqueue *wq, int *item) {
99        pthread_mutex_lock(&wq->mutex); /* lock */
100       while (1) {
101           if (wq->cnt > 0) { /* 조건 검사. 카운터가 0보다 커야 빼낼 아이템이 있는 것이다. */
102               if (wq->idx == MAX_ITEMS) wq->idx = 0;
103               *item = wq->item[wq->idx];
104               wq->idx++;    /* 큐에서 빼냈으니 인덱스는 1 증가 */
105               wq->cnt--;    /* 큐에서 빼냈으니 카운터는 1 감소 */
106               pr_out("[B] pop(%d,%d) item(%c) (tid=%ld)",
```

```
107                wq->idx, wq->cnt (char)*item, pthread_self());
108            break;
109        } else { /* 조건 검사. 카운터가 양수가 아니라면 조건 변수에서 대기해야 한다. */
110            pr_out("[B] cond_wait (tid=%ld)", pthread_self());
111            pthread_cond_wait(&wq->cv, &wq->mutex); /* wait */
112            pr_out("[B] Wake up (tid=%ld)", pthread_self());
113        }
114    }
115    pthread_mutex_unlock(&wq->mutex); /* unlock */
116    return 0;
117 }
118 int process_job(int *item) {
119    pr_out("[A] item=%d", *item);
120    sleep(*item % 5 + 1);   /* 그냥 잠깐 쉬자 */
121    return 0;
122 }
```

큐에서 아이템을 빼내는 pop_item 함수는 스레드 B가 사용하는 함수로서 뮤텍스와 조건 변수를 사용하도록 되어 있다. 공유 자원인 큐에 접근하기 때문에 99행에서 우선적으로 뮤텍스를 잠그고 진입하게 되어 있다.

그리고 100~114행은 무한 루프를 돌면서 조건 변수의 테스트 조건인 wq->cnt가 양수인지 아닌지를 검사한다. 이렇게 루프를 돌면서 조건을 테스트하는 이유는 가짜 기상에 대응하는 것이라고 앞에서 설명했었다.

조건을 테스트한 결과 양수라면 큐에 아이템이 있으므로 빼내고 wq->idx는 1을 증가시키고, wq->cnt는 1을 감소시킨 뒤에 루프를 빠져나온다. 루프 밖에는 뮤텍스를 해제하는 코드가 있다.

만일 조건을 테스트한 결과가 양수가 아닌 경우, 즉 0인 경우라면 큐가 비어 있다는 뜻이므로 스레드를 대기상태로 만들기 위해서 pthread_cond_wait를 호출한다. pthread_cond_wait 함수는 내부에서 뮤텍스 잠금을 해제하므로 스레드 A가 작업할 수 있게 된다.

process_job 함수는 원래 아이템을 가지고 일감을 처리하는 함수로서 예제의 구현상 쓸데없이 시간을 죽이는 기능을 하도록 되어 있다. 물론 실무에서는 이 부분이 비즈니스 로직을 구현한다든지 혹은 서비스를 처리하는 디스패처나 콜백 함수로 구현되어 있을 것이다.

process_job을 뮤텍스 바깥 영역에 배치한 이유는 앞서 밝혔듯이 뮤텍스로 보호된 구간은 동기화되어 병렬적으로 처리하지 못하므로 성능을 높이기 위해서는 굳이 보호할 필요가 없다면 뮤텍스로 보호된 구간의 바깥에서 처리하는 것이 좋다.

더군다나 스레드 B의 개수를 여러 개가 되었다면 process_job은 필히 뮤텍스로 보호하는 영역 밖에 있어야만 한다.

그러면 예제 프로그램의 작동하는 방식을 살펴보기 위해 예제 프로그램 cond_var와 6장의 FIFO 출력 프로그램인 fifo_write 프로그램을 실행시켜보자. 그런 뒤에 fifo_write에 몇 글자를 입력해보면 어떤 결과가 나오는지 확인해보자.

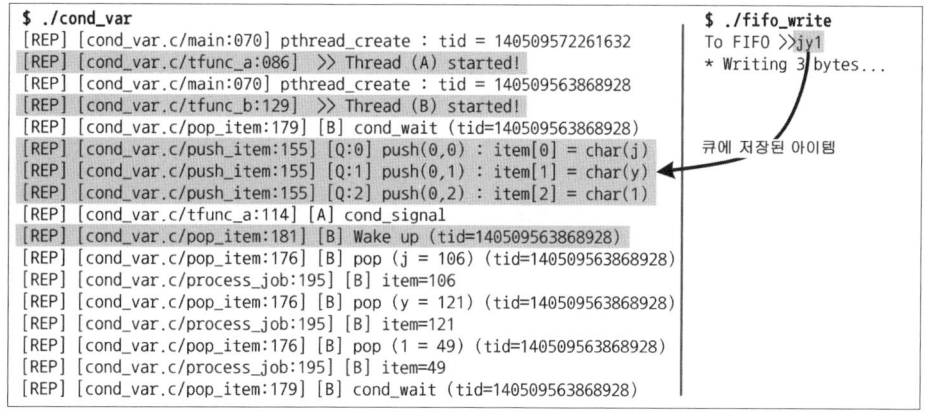

[그림 8.19] cond_var(좌)와 fifo_write(우) 예제의 실행

[그림 8.19]는 각각 실행한 뒤에 fifo_write에서 jy1이라고 타이핑한 것이다. 이렇게 타이핑된 문자열은 cond_var의 스레드 A가 읽어서 큐에 넣게 된다. 그림을 보면 큐에 순서대로 넣는 것을 볼 수 있다. 그런 뒤에 pthread_cond_signal을 호출하여 스레드 B를 깨우고 깨어난 스레드 B는 하나하나 아이템을 꺼내어 작업하는 것을 볼 수 있다.

그런데 예제에는 스레드 B가 1개이므로 병렬처리가 되지 않고 있다. 따라서 성능 향상을 위해 스레드 B를 3개로 늘려 보도록 할 것이다. 스레드 B를 3개로 늘리기 위해서는 몇 가지만 살짝 바꾸면 되기 때문에 간단한 작업으로 가능해진다.

[코드 8.12] 조건 변수 예제 : 스레드 B를 3개로 변경   (cond_var.c)

```
01  #define NUM_THREADS 10
02  #define MAX_ITEMS   64
03  #define PATH_FIFO  "/tmp/my_fifo"
04  struct workqueue {        /* 큐 구조체 */
05    int       item[MAX_ITEMS];
06    int       idx;       /* last index  */
07    int       cnt;       /* item counter */
08    pthread_mutex_t mutex;
```

```
09        pthread_cond_t  cv;
10  } *wq;
11  void *tfunc_a(void *);          /* thread (A)의 시작 함수 */
12  void *tfunc_b(void *);          /* thread (B)의 시작 함수 */
13  struct thread_arg {     /* 스레드 인수로 사용될 구조체 */
14      pthread_t   tid;   /* thread id    */
15      int       idx;
16      void *(* func)();
17  } t_arg[] = {
18      {0, 0, tfunc_a},
19      {0, 0, tfunc_b},
20      {0, 0, tfunc_b},    /* 추가된 스레드 B */
21      {0, 0, tfunc_b},    /* 추가된 스레드 B */
22      {0, 0, NULL}
23  };
    ... 생략 ...
44  void *tfunc_a(void *arg) {
    ... 생략 ...
69        pthread_cond_broadcast(&wq->cv);
70      } /* loop: while */
71      return NULL;
72  }
```

[코드 8.12]를 보면 스레드 구조체인 t_arg에 스레드 B에 해당하는 부분을 2개 더 추가하였다. 그리고 스레드 A의 함수에서 69행의 pthread_cond_signal 함수는 한 개의 스레드에게만 시그널을 보내기 때문에 모든 스레드를 깨우는 pthread_cond_broadcast 함수로 변경되어야만 한다.

이렇게 수정하면 조건 변수에서 대기하던 스레드 B는 여러 개가 되고 동시에 깨어나서 작업하게 된다. 앞서 예제를 실행한 것과 동일하게 실행해보면 3개의 스레드 B가 병렬처리 하는 것을 볼 수 있을 것이다.

여러분들은 꼭 수정해서 테스트를 해보기 바란다. 혹은 스레드 B를 10개로 늘려서 작동하도록 해보는 것도 좋을 것이다.

위 예제는 간단하게 병렬처리 구조를 보여주는 것으로서 I/O 인터페이스 부분을 FIFO가 아닌 소켓을 사용한다면 네트워크 프로그램이 될 수도 있다. 물론 그렇게 하려면 정교한 시그널 처리, 로그 기능, 과다한 처리량의 폭주 시 데드락에 빠지지 않도록 안전장치와 여러 기능이 필요할 것이다.

이런 것들은 앞서 배웠던 예제들과 뒤에서 배울 예제를 통해 익힐 수 있을 것이다. 그리고 단순하게 실행해보고 끝나는 것이 아니라 여러 예제를 섞어서 이런저런 부분에 적용해보는 것은 매우 좋은 습관이다. 다시 말해두지만, 프로그래밍은 풍부한 코딩 연습 없이 절대로 실력이 늘지 않는다.

5.5 뮤텍스와 조건 변수의 프로세스 공유

MPMT(Multi Processes and Multi Threads) 환경에서는 뮤텍스, 조건 변수가 서로 다른 프로세스에서도 작동할 수 있게 해줘야 한다. 물론 SysV 세마포어를 사용하면 간단하게 서로 다른 프로세스에서 사용할 수 있지만, 스레드 환경에서 뮤텍스와 조건 변수를 사용해야 하는 환경이라면 세마포어로는 처리할 수 없다.

뮤텍스와 조건 변수를 다른 프로세스에서도 사용할 수 있도록 확장하려면 2가지 작업을 해주어야 한다. 첫째로 뮤텍스와 조건 변수를 공유메모리(shared memory)와 같은 공유영역에 두어야 하며 둘째로 초기화 함수 호출 시에 프로세스 공유 속성을 지정해서 호출해야 한다.

표 8.8 뮤텍스와 조건 변수의 공유 속성 설정 함수

pthread_mutexattr_setpshared	뮤텍스 속성에 프로세스 공유 기능을 설정한다.
pthread_mutexattr_getpshared	뮤텍스 속성의 프로세스 공유 설정을 읽어온다.
pthread_condattr_setpshared	조건 변수 속성에 프로세스 공유 기능을 설정한다.
pthread_condattr_getpshared	조건 변수 속성의 프로세스 공유 설정을 읽어온다.

뮤텍스 속성 객체를 초기화하는 함수인 pthread_mutexattr_init는 뮤텍스 타입을 설정할 때 봐두었으니 여기서는 조건 변수 속성을 초기화하는 함수들과 [표 8.8]에 나온 함수들의 원형만 살펴보도록 하자.

```
int pthread_mutexattr_getpshared(const pthread_mutexattr_t *restrict attr,
        int *restrict pshared);
int pthread_mutexattr_setpshared(pthread_mutexattr_t *attr, int pshared);
int pthread_condattr_init(pthread_condattr_t *attr);
int pthread_condattr_destroy(pthread_condattr_t *attr);
int pthread_condattr_getpshared(const pthread_condattr_t *restrict attr,
        int *restrict pshared);
int pthread_condattr_setpshared(pthread_condattr_t *attr, int pshared);
```

공유를 설정하는 *_setpshared 함수들의 공유 속성인 pshared 인수에는 두 가지 값이 사용된다. 프로세스 공유 가능(PTHREAD_PROCESS_SHARED)과 프로세스 사설(PTHREAD_PROCESS_PRIVATE)을 사용할 수 있다. 공유 속성을 지정하지 않았을 때 기본값은 PTHREAD_PROCESS_PRIVATE이다.

표 8.9 뮤텍스, 조건 변수의 공유 설정인 pshared 값

PTHREAD_PROCESS_SHARED	프로세스들 사이에 공유 가능
PTHREAD_PROCESS_PRIVATE	프로세스 내에서만 가능

빠른 이해를 돕기 위해 예제를 작성해보자. 전체적인 구조는 앞에서 뮤텍스 타입을 살펴보았던 예제를 약간 수정해서 사용하도록 한다. 다만, 공유 메모리에 뮤텍스 변수를 위치시키는 부분과 초기화할 때 공유 속성인 PTHREAD_PROCESS_SHARED를 지정하는 부분이 추가될 것이다. 그리고 매번 사용되는 스레드 병합 함수인 clean_thread는 역시 생략했다.

[코드 8.13] 프로세스 공유 뮤텍스 예제 : main 함수 부분　　　　　(mutex_pshared.c)

```c
01  #define NUM_THREADS    6
02  #define SHM_SEGMENT    4096
03  struct thread_arg {
04      pthread_t  tid;     /* thread id */
05      int        idx;     /* thread index */
06  } *t_arg;
07  const char *shm_path = "/alsp_mutex"; /* POSIX 공유 메모리 경로 */
08  int    shm_fd;              /* POSIX 공유 메모리의 파일기술자 */
09  struct shr_data {          /* 공유 메모리에 생성할 뮤텍스 포함하는 구조체 */
10      pid_t      prev_pid;  /* 이전 스레드가 소속된 프로세스의 pid */
11      int        prev_idx;  /* 이전 스레드의 인덱스 */
12      time_t     prev_time;
13      pthread_mutex_t    mutex;
14  } *shr_data;
15  void *start_thread(void *);          /* thread start function */
16  void clean_thread(struct thread_arg *); /* 이전 코드와 같으므로 생략되었다. */
17  int main(int argc, char *argv[]) {
18      int    i, ret;
19      t_arg = (struct thread_arg *)calloc(NUM_THREADS, sizeof(struct thread_arg));
20      if ( (shm_fd = shm_open(shm_path, O_CREAT|O_RDWR|O_EXCL, 0660)) == -1) {
21          if (errno == EEXIST) {
22              shm_fd = shm_open(shm_path, O_RDWR, 0660); /* 이미 생성된 경우라면 바로 오픈 */
23          } else {          /* error */
24              exit(EXIT_FAILURE);
25          }
26          ftruncate(shm_fd, SHM_SEGMENT); /* 생성된 공유 메모리 객체 크기를 키운다. */
27      }
28      shr_data = (struct shr_data *) mmap((void *)0, SHM_SEGMENT, /* 공유 메모리를 맵핑 */
29          PROT_READ|PROT_WRITE, MAP_SHARED, shm_fd, 0);
30      if (shr_data == MAP_FAILED) { /* error */
31          exit(EXIT_FAILURE);
32      }
33      if (argc > 1 && argv[1][0] == 'c') { /* 뮤텍스를 생성하는 경우 */
```

```
34        pr_out("init mutex");
35        pthread_mutexattr_t mutexattr;
36        memset(shr_data, 0, sizeof(struct shr_data));
37        pthread_mutexattr_init(&mutexattr); /* 초기화 */
38        pthread_mutexattr_settype(&mutexattr, PTHREAD_MUTEX_ERRORCHECK);
39        pthread_mutexattr_setpshared(&mutexattr, PTHREAD_PROCESS_SHARED);
40        pthread_mutex_init(&shr_data->mutex, &mutexattr);
41     }
42     for(i=0; i<NUM_THREADS; i++) {
43        t_arg[i].idx = i;
44        if ((ret = pthread_create(&t_arg[i].tid, NULL, start_thread, (void *)&t_arg[i]))) {
45            pr_err("pthread_create : %s", strerror(ret));
46            return 0;
47        }
48     }
49     clean_thread(t_arg);
50     return 0;
51  }
```

07~14행에는 공유 메모리 관련 정보로서 경로와 파일기술자 그리고 구조체가 정의되어 있다. 공유 메모리 구조체인 shr_data에는 뮤텍스와 뮤텍스를 획득했었던 PID, TID를 저장해두는 멤버인 prev_pid, prev_tid가 있다. 이들은 프로세스 사이에 공유가 되는지 확인하기 위한 용도로 사용된다.

20~41행에는 공유 뮤텍스를 만들기 위해서 먼저 공유 메모리를 얻어야만 한다. 공유 메모리는 SysV이던 POSIX이던 상관없지만 여기서는 POSIX 공유 메모리를 사용했다. 33행을 보면 예제 프로그램을 시작할 때 c를 명령행에 추가해서 실행하면 뮤텍스를 초기화하도록 해두었다. 초기화는 한 번만 하면 되므로 처음 생성할 때 한 번만 해주면 된다. 뮤텍스 속성으로는 에러 체크 뮤텍스 타입과 프로세스 공유 속성의 2가지를 지정하고 있다.

[코드 8.13] 프로세스 공유 뮤텍스 예제 : 스레드 함수 부분   (mutex_pshared.c)

```
52  void *start_thread(void *arg) {
53     struct thread_arg *t_arg = (struct thread_arg *)arg;
54     sleep(t_arg->idx); /* 다른 프로세스가 뮤텍스를 획득할 수 있도록 지연 시킴 */
55     pthread_mutex_lock(&shr_data->mutex);
56     pr_out("[%d,%d] => [%d,%d]",
57            shr_data->prev_pid, shr_data->prev_idx,
58            getpid(), t_arg->idx);
59     sleep(t_arg->idx + 1);    /* 별 의미없는 지연 */
60     shr_data->prev_pid = getpid();   /* 현재 프로세스의 pid로 업데이트 */
61     shr_data->prev_idx = t_arg->idx; /* 현재 스레드의 인덱스로 업데이트 */
62     pthread_mutex_unlock(&shr_data->mutex);
63     pthread_exit(t_arg);
64  }
```

스레드 함수의 54행은 잠시 쉬는데 예제를 여러 개 실행시키면 서로 다른 프로세스들이 뮤텍스를 획득할 수 있도록 지연시키는 목적이다. 만일 지연시키는 부분이 없다면 실행시키는 즉시 특정 프로세스의 스레드가 모두 진입할 가능성이 있다.

그러면 예제를 컴파일하고 최소 2개 이상을 실행시켜야만 하는 데 처음 실행시킬 때는 초기화를 해야 하므로 명령행에 c를 더해서 실행시켜야만 한다.

```
$ ./mutex_pshared c                                          $ ./mutex_pshared
[REP] [mutex_pshared.c/main:060] init mutex                  [REP] [mutex_pshared.c/start_thread:098] [2793,1] => [2800,0]
[REP] [mutex_pshared.c/start_thread:098] [0,0] => [2793,0]   [REP] [mutex_pshared.c/start_thread:098] [2800,0] => [2800,1]
[REP] [mutex_pshared.c/start_thread:098] [2793,0] => [2793,1] [REP] [mutex_pshared.c/clean_thread:120] pthread_join : 0
[REP] [mutex_pshared.c/clean_thread:120] pthread_join : 0    [REP] [mutex_pshared.c/clean_thread:120] pthread_join : 1
[REP] [mutex_pshared.c/clean_thread:120] pthread_join : 1    [REP] [mutex_pshared.c/start_thread:098] [2793,2] => [2800,2]
[REP] [mutex_pshared.c/start_thread:098] [2800,1] => [2793,2] [REP] [mutex_pshared.c/clean_thread:120] pthread_join : 2
[REP] [mutex_pshared.c/clean_thread:120] pthread_join : 2    [REP] [mutex_pshared.c/start_thread:098] [2793,3] => [2800,3]
[REP] [mutex_pshared.c/start_thread:098] [2800,2] => [2793,3] [REP] [mutex_pshared.c/clean_thread:120] pthread_join : 3
[REP] [mutex_pshared.c/clean_thread:120] pthread_join : 3    [REP] [mutex_pshared.c/start_thread:098] [2793,4] => [2800,4]
```

[그림 8.20] 프로세스 공유 뮤텍스 예제의 실행

[그림 8.20]을 보면 좌측에서는 초기화를 하면서 실행시키고 우측에서는 그냥 실행시킨 결과이다. 좌측의 실행 프로세스의 pid는 2793이고 우측의 실행 프로세스는 2800인데 서로 번갈아가면서 뮤텍스를 획득하는 것을 볼 수 있다.

5.6 배리어

앞서 다뤘던 조건 변수는 정교한 시그널 체계를 갖추고 있기 때문에 이를 이용하면 배리어(barrier)를 구현할 수 있다. 하지만, 구현이 싫다면 미리 pthread에 정의된 배리어를 사용할 수 있다. 그러나 정교한 카운팅이나 조건을 결합한 배리어가 필요하다면 어쩔 수 없이 조건 변수로 구현하는 방법이 좋다.

pthread 배리어는 POSIX.1003.1-2001에서 추가된 기능으로서 _XOPEN_SOURCE 매크로가 600 이상인 경우에 문법 검사가 문제없이 진행된다. 물론 최근의 컴파일러들은 똑똑해져서 알아서 문법 검사를 해주기도 하지만 혹시 에러가 발생한다면 "#define _XOPEN_SOURCE 600"이나 "#define _XOPEN_SOURCE 700"을 추가해주도록 하자.

pthread 배리어는 pthread_barrier_t 변수를 사용하며 앞서 뮤텍스나 조건 변수처럼 초기화를 한 뒤에 사용한다. 속성을 지정하여 프로세스 공유 배리어로 사용할 수도 있다. 프로세스 공유 기능은 뮤텍스와 조건 변수의 공유와 방법이 같으니 자세한 설명은 생략하고 함수 원형만 다루겠다.

```
int pthread_barrier_init(pthread_barrier_t *restrict barrier,
    const pthread_barrierattr_t *restrict attr, unsigned count);
int pthread_barrier_destroy(pthread_barrier_t *barrier);
int pthread_barrierattr_init(pthread_barrierattr_t *attr);
int pthread_barrierattr_destroy(pthread_barrierattr_t *attr);
int pthread_barrierattr_getpshared(const pthread_barrierattr_t
    *restrict attr, int *restrict pshared);
int pthread_barrierattr_setpshared(pthread_barrierattr_t *attr,  int pshared);
int pthread_barrier_wait(pthread_barrier_t *barrier);
```

pthread_barrier_init는 배리어 초기화 함수로서 첫째 인수인 barrier는 초기화할 배리어 변수이다. 둘째 인수인 attr은 배리어의 속성으로 기본값을 사용한다면 NULL을 지정한다. 지정 가능한 배리어 속성은 프로세스 공유 여부이다.

앞서 다루었던 뮤텍스 공유처럼 프로세스 공유 배리어로 만들려면 공유 메모리에 배리어 변수가 위치해야 한다. 셋째 인수인 count는 배리어가 대기시킬 스레드 카운트, 즉 스레드 대기열 개수이다. 이 개수에 도달하면 배리어에서 대기하던 스레드들은 모두 깨어난다.

pthread_barrier_wait는 배리어 지점을 설치하는 함수로서 스레드는 이 함수를 만나면 대기하게 된다. pthread_barrier_wait가 호출되어 대기하는 스레드가 늘어나다가 pthread_barrier_init 초기화시 지정한 count에 도달하면 모든 스레드는 깨어난다.

이때 pthread_barrier_wait의 리턴값은 오직 하나의 스레드만 PTHREAD_BARRIER_SERIAL_THREAD를 받고 나머지는 0을 리턴하게 된다. 따라서 깨어나면서 한 번만 실행되어야 하는 재초기화 작업이 있다면 PTHREAD_BARRIER_SERIAL_THREAD를 리턴받은 스레드가 실행하도록 하면 된다. 한 번 사용된 배리어는 pthread_barrier_destroy로 파괴한 뒤에 다시 초기화를 하여 사용할 수 있다.

이해를 돕기 위해 간단한 예제를 작성해 보도록 하자. 예제는 단순한 구조로 스레드 5개와 카운터가 5인 배리어를 만든다. 생성된 스레드들은 도착하면 배리어에서 대기하다가 5개가 채워지면 대기하던 모든 스레드가 동시에 깨어나게 될 것이다.

[코드 8.14] 스레드 배리어 예제 (barrier.c)

```
01  pthread_barrier_t  pt_barrier; /* posix barrier */
02  struct thread_arg {
03      pthread_t  tid;    /* thread id    */
04      int        idx;    /* thread index */
05  } t_arg[NUM_THREADS];
06  void *start_thread(void *);        /* thread start function */
```

```
07   void clean_thread(struct thread_arg *);
08   #define GET_TIME0(a)    get_time0(a, sizeof(a))
09   char * get_time0(char *buf, size_t sz_buf); /* 현재 시간 출력 함수 */
10   int main() {
11       int    i;
12       pthread_barrier_init(&pt_barrier, NULL, NUM_THREADS);
13       for(i=0; i<NUM_THREADS; i++) {
14           t_arg[i].idx = i;
15           if (pthread_create(&t_arg[i].tid, NULL, start_thread, (void *)&t_arg[i])) {
16               return EXIT_FAILURE;
17           }
18       }
19       clean_thread(t_arg);
20       pthread_barrier_destroy(&pt_barrier);
21       return 0;
22   }
23   void *start_thread(void *arg) {
24       struct thread_arg *t_arg = (struct thread_arg *)arg;
25       char    ts_now[20];
26       int     ret;
27       pr_out("[Thread:%d] [%s] sleep(%d)",
28               t_arg->idx, GET_TIME0(ts_now), t_arg->idx + 2); /* 배리어 전의 시간 출력 */
29       sleep(t_arg->idx + 2);
30       ret = pthread_barrier_wait(&pt_barrier);
31       if (ret == PTHREAD_BARRIER_SERIAL_THREAD) {
32           pr_out("[Thread:%d] PTHREAD_BARRIER_SERIAL_THREAD", t_arg->idx);
33       }
34       pr_out("\t[Thread:%d] [%s] wake up", t_arg->idx, GET_TIME0(ts_now)); /* 깨어난 시간 출력*/
35       pthread_exit(t_arg);
36   }
37   char * get_time0(char *buf, size_t sz_buf) {
38   #define STR_TIME_FORMAT     "%H:%M:%S"
39       time_t  t0;
40       struct tm   tm_now;
41       if (buf == NULL)    return NULL;
42       if (time(&t0) == ((time_t)-1))    return NULL;
43       localtime_r(&t0, &tm_now);
44       if (strftime(buf, sz_buf, STR_TIME_FORMAT, &tm_now) == 0)    return NULL;
45       return buf;
46   }
```

01행을 보면 사용할 배리어 변수로 pt_barrier를 선언하고 있다. 만일 배리어를 프로세스 공유하려면 공유 메모리에 변수를 지정해야 하고 pthread_barrierattr_setpshared로 속성을 설정해야 한다. 이 과정은 앞서 뮤텍스 공유에서 살펴본 내용과 유사하다.

12행에서 배리어를 초기화한다. 배리어를 초기화할 때 NUM_THREADS 개수인 5로 초기화시켰기 때문에 5번째 스레드가 배리어에 도착하면 이전에 대기하던 스레드들은 모두 깨어난다. 따라서 대기하는 코드인 30행에서는 5개의 스레드가 도착할 때까지 1~4개의 스레드는 대기하게 된다. 그러면 예제를 실행해서 5번째 스레드 이후에 모두 깨어나는지 확인해보자.

```
$ ./barrier
[REP] [barrier.c/start_thread:057] [Thread:0] [19:25:39] sleep(2)
[REP] [barrier.c/start_thread:057] [Thread:2] [19:25:39] sleep(4)
[REP] [barrier.c/start_thread:057] [Thread:3] [19:25:39] sleep(5)
[REP] [barrier.c/start_thread:057] [Thread:1] [19:25:39] sleep(3)
[REP] [barrier.c/start_thread:057] [Thread:4] [19:25:39] sleep(6)
[REP] [barrier.c/start_thread:060]            [Thread:4] [19:25:45] wake up
[REP] [barrier.c/start_thread:060]            [Thread:1] [19:25:45] wake up
[REP] [barrier.c/start_thread:060]            [Thread:2] [19:25:45] wake up
[REP] [barrier.c/start_thread:060]            [Thread:0] [19:25:45] wake up
[REP] [barrier.c/start_thread:060]            [Thread:3] [19:25:45] wake up
[REP] [barrier.c/clean_thread:076] pthread_join : 0 - 140363908556544
[REP] [barrier.c/clean_thread:076] pthread_join : 1 - 140363900163840
[REP] [barrier.c/clean_thread:076] pthread_join : 2 - 140363891771136
[REP] [barrier.c/clean_thread:076] pthread_join : 3 - 140363883378432
[REP] [barrier.c/clean_thread:076] pthread_join : 4 - 140363874985728
```

[그림 8.21] 배리어 예제의 실행

배리어 예제를 실행한 결과를 보면 처음 스레드 5개가 슬립하는 시간이 서로 다른 것을 볼 수 있다. 하지만, 마지막 스레드인 Thread4가 39초에서 6초를 슬립한 뒤에 도착한 시점에 나머지 스레드들이 깨어날 테니 45초에 모두 깨어나는 것을 볼 수 있다.

배리어 예제를 실행하면 5개의 스레드는 각각 sleep에서 대기하는 시간이 다르기 때문에 배리어에 도착하는 시간도 다르다. 그러나 가장 긴 잠을 자는 스레드인 Thread4가 6초를 기다리므로 다른 스레드는 배리어에 일찍 도착해도 어차피 가장 마지막에 도착하는 스레드를 대기해야 한다.

그래서 마지막 스레드인 Thread4가 39초에서 6초를 슬립한 뒤에 도착한 시점인 45초에 나머지 스레드들이 깨어나는 것을 볼 수 있다. 하지만, 깨어나는 스레드들은 서로 경쟁적으로 작동하기 때문에 어느 스레드가 가장 빨리 깨어날지는 모른다. 그러므로 [그림 8.21]의 스레드들이 깨어나는 순서에 대해서는 깊이 생각할 필요는 없다.

배리어 함수의 사용법은 앞서 살펴본 것처럼 매우 간단하다. 허나 그 쓰임새는 매우 유용하게 사용된다. 주로 어떤 작업을 하는 스레드들이 중간 중간에 동기화해야 하는 경우에 사용된다.

예를 들어 네트워크 서버, 구체적으로 여러 명이 접속해서 게임을 즐기는 서버가 있다고 가정하자. 각 스레드들이 각각의 클라이언트, 즉 플레이어들과 연결되어 있는 상황이다.

따라서 서버 측에서는 각 플레이어의 움직임이나 각종 정보를 취합해서 계산 후에 다시 각 플레이어에게 전송해준다. 그런데 몇몇 플레이어의 PC의 성능이 부족하거나 혹은 프로그램의 지연으로 인해서 서버로부터 수신된 패킷 처리가 늦어지는 상황이 발생했다.

이렇게 되면 특정 플레이어만 지연된 정보를 최신 정보로 착각하게 되고 다른 플레이어들도 올바른 정보인지 확신할 수 없는 상황이 생긴다. 따라서 이를 막기 위해 특정 시간마다 동기화를 하려고 한다. 이때 손쉽게 사용할 수 있는 것이 바로 배리어이다. 예를 들어 서버에서 송신한 패킷의 응답이 10개 이상 지연된다면 배리어를 설치하여 다른 모든 스레드가 기다리도록 할 수 있다.

단 pthread 배리어에는 주의할 점이 있는데 바로 초기화되지 않은 배리어 변수를 사용하거나 배리어의 카운터가 채워져서 모두 깨어났는데 다른 스레드가 배리어 대기 함수를 호출한다든지 하면 알 수 없는 행동을 할 가능성이 있다.

심지어 데드락에 빠지는 경우도 있기 때문에 정교한 배리어가 필요한 경우라면 조건 변수와 뮤텍스를 이용해서 직접 구현하는 편이 좋을 수도 있다. 이에 대한 대책으로 배리어에 대한 기능이 추가 요구가 있지만 2011년 기준으로 표준안에서 어떠한 변경도 반영된 것이 없음을 밝혀둔다.

5.7 스핀 락

pthread에는 뮤텍스 외에 스핀 락(spin lock)도 제공한다. 뮤텍스와 스핀 락의 차이를 알아두는 편이 사용 목적을 이해하는 데 필요하기 때문에 간단한 설명을 하겠다.

pthread의 뮤텍스는 슬립 락의 형태로서 잠금을 획득하려는 스레드는 자신이 잠금을 획득할 수 있는지 테스트하고 가능하다면 잠금을 획득하고 그렇지 않다면 슬립 상태로 가게 된다. 슬립 상태가 된 스레드는 선점되어 다른 스레드에게 CPU 사용권이 넘어갈 수 있다. 따라서 곧바로 락을 사용할 수 있게 되어도 깨어나는 데 있어서 지연이나 오버 헤드가 발생할 수 있다.

예를 들어 여러 스레드가 공유하는 int형 변수 1개가 있고 뮤텍스를 사용하여 배타적인 접근을 할 수 있도록 보호한다고 가정하자. 어떤 스레드 해당 공유 변수에 접근하기 위해 뮤텍스 락을 획득하려고 했으나 이미 다른 스레드가 소유하고 있어서 블록되는 상황이 발생했다.

그런데 마침 블록된 후 아주 짧은 시간 뒤에 이전에 뮤텍스를 획득했던 스레드가 잠금을 해제해줬다면 어떻게 될까? 방금 블록된 스레드가 즉시 깨어나서 뮤텍스를 획득할 수 있을까? 질문에 대한 답을 알아보기 전에 운영체제의 시점에서 해당 스레드를 어떻게 관리하는지 살펴보자.

현대적인 운영체제는 프로세스나 스레드가 CPU를 독점적으로 사용하지 못하게 하므로 시분할에 의해서 여러 프로세스나 스레드에게 CPU 사용 시간을 나눠주게 된다. 이 짧은 시분할 간격 때문에 실제로는 물리적 CPU 개수보다 더 많은 프로세스가 동시에 작동하는 것처럼 보이는 것임을 독자들은 대부분 알고 있을 것이다.

그런데 위와 같이 스레드가 뮤텍스 획득을 위해 블록된 경우라면 운영체제는 더 이상 해당 스레드에게 CPU 사용 시간을 할당할 필요가 없다. 그래서 다른 프로세스나 스레드에게 CPU 사용 시간을 할당해주기 위해 스케줄링을 하게 되고 그 결과 컨텍스트 스위칭이 발생하게 된다.

또한 방금 예처럼 블록된 바로 직후에 뮤텍스를 획득할 수 있게 되어도 스케줄링에 의해 다시 CPU 사용 시간을 할당 받기 전에는 뮤텍스를 잠글 수 없기 때문에 약간의 지연과 오버헤드가 발생한다. 이런 비효율적인 구조를 피하려면 짧은 시간동안 락을 필요로 하는 구간에는 할당된 CPU를 계속 사용할 수 있도록 하는 특별한 락이 필요한 것이고 그것이 바로 스핀 락이다.

다시 말해 스핀 락은 짧은 시간에 락이 해제될 것을 염두에 두었기 때문에 컨텍스트 스위칭과 스케줄링의 오버헤드를 피할 수 있도록 운영체제에 CPU를 자발적으로 반납하지 않고 유지할 수 있도록 하는 기능이 포함된다.

스핀 락은 바로 이런 개념에서 나온 것이다. 짧은 시간 동안 락을 사용한다면 응답성도 좋고 컨텍스트 스위칭과 스케줄링의 오버헤드를 피할 수 있도록 계속해서 락을 획득하기 위한 재시도를 하도록 되어 있다. 이는 마치 이름에서 연상할 수 있듯이 스핀(spin), 즉 빙글빙글 돌면서 재시도하는 것이다.

앞서 슬립 락은 잠금을 획득하지 못한 경우에는 블록되지만 스핀 락은 계속 빙글빙글 돌면서 재시도하기 때문에 할당받은 CPU 사용 시간 동안은 재시도를 하면서 자발적으로 컨텍스트 스위칭을 유발하지는 않는다. 하지만, 스핀 락을 획득한 스레드가 긴 시간 동안 해제하지 않으면 CPU의 소모 시간도 늘어나기 때문에 슬립 락보다 더 비효율적인 구조가 될 수도 있다.

예를 들어 스핀 락을 사용하면서 파일이나 네트워크에 I/O 요청을 한다든지 하는 작업을 한다면 매우 비효율적으로 작동할 수 있다. 또한, 1개의 CPU만 탑재한 경우에는 스핀 락을 사용할 수 없는데 그 이유는 계속 재시도를 하면서 CPU 1개의 할당된 시간을 지속적으로 소모하기 때문에 다른 스레드가 작업하면서 스핀 락을 해제시켜 줄 수 없기 때문이다.

pthread 스핀 락은 pthread 뮤텍스와 사용법에서는 큰 차이가 없다. 오히려 더 간단해서 속성을 지정할 필요도 없다. 다만, 초기화 시에 프로세스 공유로 만들고자 한다면 공유 메모리에 pthread 스핀 락 변수를 두고 초기화할 때 pshared 인수에 PTHREAD_PROCESS_SHARED를 지정하면 된다. 공유 설정 인수값에 대해서는 뮤텍스와 조건 변수의 공유에서 다뤘으니 해당 부분을 참고하기 바란다.

```
int pthread_spin_init(pthread_spinlock_t *lock, int pshared);
int pthread_spin_destroy(pthread_spinlock_t *lock);
int pthread_spin_lock(pthread_spinlock_t *lock);
int pthread_spin_trylock(pthread_spinlock_t *lock);
int pthread_spin_unlock(pthread_spinlock_t *lock);
```

pthread_spin_lock은 기본적인 잠금 함수이다. 기본 뮤텍스 잠금 함수처럼 데드락을 감지하지 못하므로 조심해서 사용해야 한다. pthread_spin_trylock은 넌블럭킹 버전으로 다른 함수가 잠근 경우에는 바로 리턴하고 자신이 또 잠그는 경우에도 EBUSY로 빠져나오도록 되어 있다.

스핀 락의 예제는 뮤텍스 예제와 구조는 비슷하고 오히려 더 단순하기 때문에 굳이 지면에는 포함시키지 않았다. 그러나 배포되는 예제 소스 코드에는 작성해두었으니 참고하기 바란다.

5.8 판독자-기록자 락

판독자-기록자 락(reader-writer locks, 이하 rwlocks)은 공유 자원에 접근할 때 읽기용 락과 쓰기용 락이 배타적으로 제공되는 특별한 락이다. 읽기용 락(reader lock, 이하 rdlock)은 복수의 접근을 허용시키고 쓰기용 락(writer lock, 이하 wrlock)은 독점적인 접근을 허용하게 된다.

읽기 작업만을 하는 경우는 데이터 오염(data corruption)이 생기지 않는다는 점에 착안하여 만들어진 잠금 형태이며 공유 자원의 읽기 작업이 빈번한 경우에 병렬성이 높아지는 장점이 있다.

일반적으로 조건 변수가 필요 없는 경우라면 뮤텍스 대신에 rwlocks를 사용하는 편이 좋은 성능을 내주는 경우가 많으니 실무에서도 도입하여 성능 테스트를 해보는 편을 권장한다.

rwlocks은 rdlock을 건 경우에는 복수의 스레드가 임계 구간에 진입하는 것을 허용한다. 하지만, wrlock을 걸면 독점적으로 사용하므로 이미 진입한 rdlock이 있다면 모두 빠져나갈 때까지 블록된다. 그리고 마침내 wrlock을 걸고 독점적으로 임계 구간에 진입하게 되면 다른 스레드들의 락은 wrlock이 해제될 때까지 블록된다. 이 책은 이론서가 아니므로 여기까지 설명하고 곧바로 API를 살펴보자.

```
int pthread_rwlock_init(pthread_rwlock_t *restrict rwlock,
    const pthread_rwlockattr_t *restrict attr);
pthread_rwlock_t rwlock = PTHREAD_RWLOCK_INITIALIZER;
int pthread_rwlock_destroy(pthread_rwlock_t *rwlock);
int pthread_rwlock_rdlock(pthread_rwlock_t *rwlock);
int pthread_rwlock_tryrdlock(pthread_rwlock_t *rwlock);
int pthread_rwlock_timedrdlock(pthread_rwlock_t *restrict rwlock,
    const struct timespec *restrict abstime);
int pthread_rwlock_wrlock(pthread_rwlock_t *rwlock);
int pthread_rwlock_trywrlock(pthread_rwlock_t *rwlock);
int pthread_rwlock_timedwrlock(pthread_rwlock_t *restrict rwlock,
    const struct timespec *restrict abstime);
int pthread_rwlock_unlock(pthread_rwlock_t *rwlock);
```

rwlocks은 pthread_rwlock_t 타입을 사용하며 초기화 방식에는 뮤텍스처럼 매크로를 이용하는 정적 초기화와 함수를 이용하는 동적 초기화 방법이 제공된다. 뮤텍스 초기화에서 이미 살펴보았기 때문에 동일한 설명은 생략하도록 하겠다.

초기화 함수에서 속성을 지정하지 않고 NULL을 주면 기본값을 사용한다. 속성은 SUSv4-2010 기준으로 프로세스 공유 속성이 있으며 앞서 뮤텍스의 프로세스 공유 설정과 방법이 같으므로 자세한 설명은 생략하도록 하고 함수 원형만 적어두겠다.

```
int pthread_rwlockattr_init(pthread_rwlockattr_t *attr);
int pthread_rwlockattr_destroy(pthread_rwlockattr_t *attr);
int pthread_rwlockattr_getpshared(const pthread_rwlockattr_t  *restrict attr,
    int *restrict pshared);
int pthread_rwlockattr_setpshared(pthread_rwlockattr_t *attr,    int pshared);
```

다시 판독자-기록자 락으로 돌아가서 초기화가 끝난 경우에는 읽기용 락이나 쓰기용 락을 호출할 수 있다. 뮤텍스의 경우처럼 블록되는 함수와 넌블록킹 함수 그리고 타임아웃을 지정하는 함수들이 있다.

표 8.10 판독자-기록자 락의 잠금 함수들

pthread_rwlock_rdlock	읽기용 락으로 잠근다.
pthread_rwlock_tryrdlock	pthread_rwlock_rdlock의 넌블록킹 버전
pthread_rwlock_timedrdlock	pthread_rwlock_rdlock의 타임아웃 버전
pthread_rwlock_wrlock	쓰기용 락으로 잠근다.
pthread_rwlock_trywrlock	pthread_rwlock_wrlock의 넌블록킹 버전
pthread_rwlock_timedwrlock	pthread_rwlock_wrlock의 타임아웃 버전

[표 8.10]처럼 잠금을 하는 함수들은 여러 종류가 제공된다. 하지만, 해제하는 함수는 1개뿐이며 공통으로 사용한다. 그리고 pthread_rwlock_timedrdlock, pthread_rwlock_timedwrlock의 타임아웃은 절대시간을 사용하기 때문에 주의하기 바란다. 절대시간을 사용하는 것은 뮤텍스 잠금을 설명할 때 다루었으니 참고하도록 한다.

5.9 스레드 로컬 저장소(TLS)

스레드 로컬 저장소(Thread Local Storage, 이하 TLS)란 전역 변수를 스레드별로 다른 장소로 대체하는 기능을 말한다. 이 기능은 과거에 전역 변수나 정적 공간을 사용하던 함수들을 스레드 안전한 코드로 변경할 때 도움을 준다.

예를 들어 앞서 스레드 안전하지 않은 [코드 8.2]의 sum_strnum 함수를 보였는데 이를 스레드 안전한 코드로 만들기 위해 재진입 가능한 형태로 변경했었다. 하지만, 재진입 가능한 형태로 변경하면 함수의 원형이 바뀌기 때문에 기존에 sum_strnum 함수를 사용하던 모든 프로그램을 수정해야만 한다.

그렇다면 스레드를 도입하기 위해서 기존에 개발된 라이브러리를 모두 바꿔야 할까? 물론 바꿔야 할 것은 해야겠지만 이왕이면 기존 레거시 시스템과 최대한 무리 없이 작동할 수 있도록 함수 원형 정도는 유지하는 것이 좋다. 이에 대한 답이 바로 TLS이다.

TLS를 이용하면 각 함수는 전역 변수나 정적 공간을 호출해도 스레드별로 다른 공간을 보게 되므로 기존의 함수들의 원형은 그대로 유지하면서도 스레드 안전한 구조를 만들 수 있다.

하지만, 그 구현 방식은 여러 가지가 있으므로 플랫폼이나 언어별로 다르다. 예를 들어 pthread의 TLS 구현은 스레드 한정 데이터(thread specific data)라고 부르며 POSIX 체계에서 두루 쓰인다.

GCC에서는 또 다른 편리한 방법으로 __thread 예약어를 제공하기도 한다. 여기서는 이 두 가지를 모두 설명하겠지만, 호환성이 중요한 경우라면 pthread 방식을 사용하기를 바란다.

그러면 먼저 pthread 스레드 한정 데이터부터 살펴보자. 스레드 한정 데이터는 키를 통해서 접근하는 방식으로 여기서 쓰이는 키는 SysV 공유 메모리의 IPC 키와 비슷한 역할이라고 생각하면 된다. 그러나 다른 점은 공유 메모리의 키는 어디서 호출하든 같은 공간을 보여주는 데 반해 스레드 한정 데이터의 키는 같은 키를 가지고 호출해도 스레드마다 다른 공간과 연결된다는 점이다.

```
int pthread_key_create(pthread_key_t *key, void (*destructor)(void*));
int pthread_key_delete(pthread_key_t key);
int pthread_setspecific(pthread_key_t key, const void *value);
void *pthread_getspecific(pthread_key_t key);
```

키는 pthread_key_create로 생성하는데 destructor는 스레드가 해제될 때 호출할 파괴자 역할을 한다. 따라서 destructor에는 TLS에 힙이 쓰였다면 메모리를 해제하는 코드가 들어간다. 만일 힙이 아닌 공간을 할당받아서 사용하는 경우라서 파괴자가 필요 없다면 NULL을 지정하면 된다.

키가 생성되었다면 pthread_setspecific 함수를 호출하여 TLS로 사용할 공간을 등록시켜야 한다. 이 과정은 스레드마다 한 번만 해두면 된다.

등록된 이후에는 스레드에서 호출하는 함수에서 pthread_getspecific을 호출하면 이전에 저장해 둔 공간의 주소를 리턴 받을 수 있다.

설명이 짧고 무슨 소린지 감이 오지 않는 분을 위해 백문이불여일견! 예제를 보도록 하자. 예제는 아주 간단하게 앞서 스레드 안전을 설명하면서 사용했던 [코드 8.2]를 수정하도록 할 것이다. 그전에 [코드 8.2]에 뮤텍스를 적용했지만 잘못된 형태의 코드를 살펴보자.

[코드 8.15] sum_strnum에 뮤텍스를 잘못 적용한 예   (sum_strnum_mutex.c)

```
01  #define NUM_THREADS    3
02  #define LEN_SUM_STR    16
03  struct thread_arg {
04      pthread_t   tid;    /* thread ID */
05      int         idx;
06      char        *x, *y;
07  } t_arg[NUM_THREADS];
08  void *start_func(void *);
09  void clean_thread(struct thread_arg *);  /* 생략했음 */
10  char *sum_strnum(const char *, const char *);
11  pthread_mutex_t  mutex = PTHREAD_MUTEX_INITIALIZER;
12  int main() {
13      t_arg[0].idx = 0;   t_arg[0].x = "1";   t_arg[0].y = "3";
14      if (pthread_create(&t_arg[0].tid, NULL, start_func, &t_arg[0]) != 0) {
15          exit(1);
16      }
17      t_arg[1].idx = 1;   t_arg[1].x = "4";   t_arg[1].y = "4";
18      if (pthread_create(&t_arg[1].tid, NULL, start_func, &t_arg[1]) != 0) {
19          exit(1);
20      }
21      t_arg[2].idx = 2;   t_arg[2].x = "1";   t_arg[2].y = "5";
```

```
22      if (pthread_create(&t_arg[2].tid, NULL, start_func, &t_arg[2]) != 0) {
23          exit(1);
24      }
25      clean_thread(t_arg);
26      return EXIT_SUCCESS;
27  }
28  void *start_func(void *arg) {    /* 스레드 함수 */
29      struct thread_arg   *t_arg = (struct thread_arg *)arg;
30      char    *ret_str = sum_strnum(t_arg->x, t_arg->y);
31      if (t_arg->idx == 0) usleep(500000); /* 0번 스레드에 0.5초 지연 */
32      printf("%s + %s = %s (%p)\n", t_arg->x, t_arg->y, ret_str, ret_str);
33      pthread_exit(t_arg);
34  }
35  char *sum_strnum(const char *s1, const char *s2) {
36      static char buf_sum[LEN_SUM_STR];    /* BSS 공간 사용 */
37      pthread_mutex_lock(&mutex);
38      snprintf(buf_sum, sizeof(buf_sum), "%d", atoi(s1) + atoi(s2));
39      pthread_mutex_unlock(&mutex);
40      return buf_sum;
41  }
```

[코드 8.15]는 3개의 스레드가 생성되는데 각각 13, 17, 21행에서 보듯이 각각 1+3, 4+4, 1+5의 결과를 출력하는 스레드를 생성하도록 되어 있다.

스레드 함수는 28행에 있는 start_func로서 인수로 넘겨받은 곳에서 문자열 숫자 2개를 덧셈하고 출력하도록 되어 있다. 소스 코드는 매우 간단하니 자세한 설명은 필요 없을 것이라고 생각된다.

그런데 37, 39행을 보면 뮤텍스를 사용하여 static 변수인 buf_sum에 쓰기가 시도하는 부분을 보호하고 있다. 이렇게 뮤텍스를 사용하여 스레드 안전을 획득했다고 생각할 수도 있지만 buf_sum의 값을 읽는 32행과는 뮤텍스를 보호한 행위는 전혀 동기화가 이뤄지지 않기 때문에 위의 코드는 스레드 안전하지 않은 코드이다.

그 결과 [코드 8.15]는 실행할 때마다 결과 값을 예측할 수 없게 된다. 왜냐하면, 3개의 스레드가 32행을 실행하여 출력하는 시점에서 buf_sum에 어떤 값이 들어 있을지 알 수 없기 때문이다. 실제로 반복적으로 실행해서 결과를 살펴보자.

```
$ ./sum_strnum_mutex
4 + 4 = 8 (0x6012a0)
1 + 5 = 6 (0x6012a0)
1 + 3 = 6 (0x6012a0)
      …생략…
$ ./sum_strnum_mutex
1 + 5 = 8 (0x6012a0)
4 + 4 = 8 (0x6012a0)
1 + 3 = 8 (0x6012a0)
      …생략…
$ ./sum_strnum_mutex
1 + 5 =   (0x6012a0)
4 + 4 = 8 (0x6012a0)
1 + 3 = 8 (0x6012a0)
```

매번 실행마다 결과가 달라진다.
왜냐하면 쓰레드 안전하지 않기 때문이다.

[그림 8.22] 뮤텍스를 잘못 사용한 예

[그림 8.22]에서 보듯이 결과는 멋대로 출력되고 심지어 출력되지 않는 경우도 생긴다. 사실 이렇게 데이터를 쓰는 시점과 읽는 시점이 확연하게 다른 sum_strnum과 같은 구조는 뮤텍스로 보호할 것이 아니라 TLS나 재진입 가능한 형태로 사용하는 방법밖에 없다.

하지만, 앞서 언급한 대로 재진입 가능한 형태로 바꾸면 함수의 원형이 바뀌기 때문에 기존 레거시 시스템과의 문제가 발생할 수 있다. 결국, 가장 괜찮은 방법은 TLS가 된다.

그러면 이번에는 sum_strnum 예제를 pthread 스레드 한정 데이터를 사용하는 방법으로 수정한 예제 코드를 살펴보자.

[코드 8.16] sum_strnum에 pthread TLS를 적용한 예 (sum_strnum_tls.c)

```
01  #define NUM_THREADS    3
02  #define LEN_SUM_STR    16
03  struct thread_arg {
04      pthread_t   tid;   /* thread ID */
05      int         idx;
06      char        *x, *y;
07  } t_arg[NUM_THREADS];
08  void *start_func(void *);
09  void clean_thread(struct thread_arg *);  /* 생략했음 */
10  char *sum_strnum(const char *, const char *);
11  pthread_once_t    once_tls_key = PTHREAD_ONCE_INIT;
12  pthread_key_t    tls_key;
13  void init_tls_key(void);    /* pthread 한정 데이터 키 초기화 함수 */
14  void destroy_tls(void *);   /* pthread 한정 데이터 파괴자(destructor) */
15  int main() {
16      t_arg[0].idx = 0;    t_arg[0].x = "1";    t_arg[0].y = "3";
17      if (pthread_create(&t_arg[0].tid, NULL, start_func, &t_arg[0]) != 0) {
18          exit(1);
```

```
19        }
20        t_arg[1].idx = 1;    t_arg[1].x = "4";    t_arg[1].y = "4";
21        if (pthread_create(&t_arg[1].tid, NULL, start_func, &t_arg[1]) != 0) {
22            exit(1);
23        }
24        t_arg[2].idx = 2;    t_arg[2].x = "1";    t_arg[2].y = "5";
25        if (pthread_create(&t_arg[2].tid, NULL, start_func, &t_arg[2]) != 0) {
26            exit(1);
27        }
28        clean_thread(t_arg);
29        return EXIT_SUCCESS;
30    }
31    void *start_func(void *arg) {
32        struct thread_arg    *t_arg = (struct thread_arg *)arg;
33        char    *ret_str = sum_strnum(t_arg->x, t_arg->y);
34        if (t_arg->idx == 0) usleep(500000); /* 0번 스레드에 0.5초 지연 */
35        flockfile(stdout);
36        printf("%s + %s = %s (%p)\n", t_arg->x, t_arg->y, ret_str, ret_str);
37        funlockfile(stdout);
38        pthread_exit(t_arg);
39    }
40    char *sum_strnum(const char *s1, const char *s2) {
41        char *tls_str;
42        pthread_once(&once_tls_key, init_tls_key);  /* 키 생성은 1번만 실행되도록 한다. */
43        if ((tls_str = pthread_getspecific(tls_key)) == NULL) {
44            /* TLS 공간이 없는 경우 */
45            tls_str = malloc(LEN_SUM_STR); /* TLS로 사용할 힙을 새로 할당 받는다. */
46            pthread_setspecific(tls_key, tls_str); /* 스레드 한정 데이터로 등록한다. */
47        }
48        snprintf(tls_str, LEN_SUM_STR, "%d", atoi(s1) + atoi(s2));
49        return tls_str;
50    }
51    void init_tls_key(void) {
52        pthread_key_create(&tls_key, destroy_tls); /* 키 생성 */
53    }
54    void destroy_tls(void *tls) {    /* 스레드 파괴시 TLS 파괴용(destructor) */
55        printf("destructor: TID(%ld) TLS(%p)\n", pthread_self(), tls);
56        free(tls);
57    }
```

[코드 8.16]의 예제에서는 init_tls_key와 destroy_tls의 2개의 함수가 더 추가되었다. 각각은 초기화 함수와 파괴자 역할을 하는 함수이다.

그런데 처음 보는 함수인 pthread_once도 나왔다. 이 함수는 스레드가 병렬 실행하는 구간에서 딱 한 번만 실행되는 코드를 등록할 때 사용되며 42행에서 쓰인 것은 딱

한 번 TLS 키를 초기화하는 코드를 부르기 위함이다. 따라서 sum_strnum은 프로세스에서 처음 쓰일 때만 42행이 실행되고 그다음부터는 건너뛰게 된다.

pthread_once에 등록된 함수인 init_tls_key를 보면 pthread_key_create로 TLS 키를 생성하는데 tls_key는 전역 변수로 사용할 킷값이고, 두 번째 destroy_tls는 스레드가 종료할 때 TLS를 파괴하기 위해 자동으로 호출될 파괴자 함수다. 예제에서는 destroy_tls가 호출되는 것을 확인하기 위해 printf 문을 넣어두었다.

TLS가 적용되어 수정된 sum_strnum를 좀 더 살펴보자. 43행에서 pthread_getspecific은 키에 등록된 TLS 공간의 주소를 리턴하는 함수인데 등록된 TLS가 없다면 NULL을 리턴하므로 새로 등록해주면 된다.

여기서는 힙을 사용했기 때문에 malloc으로 할당받고 그 주소를 pthread_setspecific으로 등록하고 있다. 참고로 이는 예제이므로 malloc의 자잘한 에러 처리는 일부러 생략했다. 그러면 예제를 실행해서 정상적으로 TLS가 적용되어 스레드 안전한 코드로 작동되는지 확인해보자.

```
$ ./sum_strnum_tls
4 + 4 = 8 (0x7f75940008c0)
1 + 5 = 6 (0x7f759c0008c0)
destructor: TID(140143335704320) TLS(0x7f75940008c0)
destructor: TID(140143327311616) TLS(0x7f759c0008c0)
1 + 3 = 4 (0x7f75a40008c0)
destructor: TID(140143344097024) TLS(0x7f75a40008c0)
    …생략…
```

[그림 8.23] pthread TLS를 적용한 예

[그림 8.23]을 보면 각각의 스레드의 덧셈 결과가 올바르게 출력되는 것을 볼 수 있고 연산 결과의 뒤에 나오는 괄호 부분의 주소 번지는 서로 다른 TLS 주소임을 보여주고 있다. 또한, 스레드들이 종료되면서 TLS 파괴자가 제대로 작동하여 destructor… 메시지가 출력되는 것도 알 수 있다.

이번에는 GCC의 TLS를 살펴보도록 할 것이다. 이는 설명할 것도 없이 매우 간단하다. 그냥 전역 변수 앞에 __thread 지시어를 붙여주기만 하면 된다. 이 방식은 pthread 방식보다 훨씬 간단하기 때문에 예제를 보면 직관적으로 이해가 될 것이다.

[코드 8.17] sum_strnum에 GCC TLS를 적용한 예 (sum_strnum_tls_gcc.c)

```
01  #define NUM_THREADS    3
02  #define LEN_SUM_STR    16
03  struct thread_arg {
04      pthread_t  tid;   /* thread ID */
05      int        idx;
06      char       *x, *y;
```

```
07    } t_arg[NUM_THREADS];
08    void *start_func(void *);
09    void clean_thread(struct thread_arg *);   /* 생략했음 */
10    char *sum_strnum(const char *, const char *);
11    int main() {
12        t_arg[0].idx = 0;    t_arg[0].x = "1";    t_arg[0].y = "3";
13        if (pthread_create(&t_arg[0].tid, NULL, start_func, &t_arg[0]) != 0) {
14            exit(1);
15        }
16        t_arg[1].idx = 1;    t_arg[1].x = "4";    t_arg[1].y = "4";
17        if (pthread_create(&t_arg[1].tid, NULL, start_func, &t_arg[1]) != 0) {
18            exit(1);
19        }
20        t_arg[2].idx = 2;    t_arg[2].x = "1";    t_arg[2].y = "5";
21        if (pthread_create(&t_arg[2].tid, NULL, start_func, &t_arg[2]) != 0) {
22            exit(1);
23        }
24        clean_thread(t_arg);
25        return EXIT_SUCCESS;
26    }
27    void *start_func(void *arg) {
28        struct thread_arg   *t_arg = (struct thread_arg *)arg;
29        char    *ret_str = sum_strnum(t_arg->x, t_arg->y);
30        if (t_arg->idx == 0) usleep(500000); /* 0번 스레드에 0.5초 지연 */
31        flockfile(stdout);
32        printf("%s + %s = %s (%p)\n", t_arg->x, t_arg->y, ret_str, ret_str);
33        funlockfile(stdout);
34        pthread_exit(t_arg);
35    }
36    __thread char tls_str[LEN_SUM_STR];    /* GCC TLS 지시어 사용 */
37    char *sum_strnum(const char *s1, const char *s2)
38    {
39        snprintf(tls_str, LEN_SUM_STR, "%d", atoi(s1) + atoi(s2));
40        return tls_str;
41    }
```

[코드 8.17]의 36행에 취한 행동이 GCC TLS의 전부이다. 이렇게 TLS에 대한 것을 다뤘는데 실제로 기존 레거시 시스템을 새로운 병렬 처리 가능한 형태로 전환할 때 많이 사용되는 기능이므로 확실하게 이해해두고 넘어가도록 하자.

참고로 TLS는 스레드를 생성하지 않는 경우에도 제대로 작동한다. 왜냐하면, main 함수 자체가 하나의 스레드로 간주하기 때문에 전혀 문제가 없다.

5.10 robust 뮤텍스

SUSv4-2008 표준에서는 robust 뮤텍스 속성을 추가했다. 이 기능은 스레드가 뮤텍스를 잠근 채 종료했을 때 데드락 상황을 방지하기 위한 기능으로 SysV 세마포어의 SEM_UNDO와 비슷한 기능이라고 이해하면 되겠다.

예를 들어 스레드 A, B, C가 있다고 가정하자. 스레드 A가 뮤텍스를 잠근 상태이고 스레드 B, C는 pthread_mutex_lock을 호출하여 뮤텍스가 풀리기를 대기하면서 블록된 상태라고 하자.

이때 스레드 A가 pthread_mutex_unlock으로 뮤텍스 락을 해제하지 않은 채 종료해 버리면 스레드 B, C는 데드락에 빠진다.

사실 이런 상황은 논리적인 버그라서 프로그래밍을 제대로 한다면 얼마든지 예방할 수 있다고 생각하였고 뒤에서 다룰 스레드 클린업 핸들러(pthread_cleanup_push)를 이용하면 얼마든지 대처할 수 있었다. 하지만, 좀 더 직관적이고 가벼운 뮤텍스 기능이 필요해졌기 때문에 robust 뮤텍스가 도입되었다.

여기서 robust 뮤텍스의 필요성을 이해하기 위해 pthread_cancel로 스레드 취소를 요청하는 경우를 생각해보자. 뮤텍스를 잠근 채 어떤 작업을 하는 경우에 외부에서 다른 스레드가 작업을 중지시키기 위해 pthread_cancel로 취소를 요청해왔다고 가정하자.

마침 뮤텍스를 획득했던 스레드가 스레드 취소 지점(thread cancellation point)에 해당하는 함수를 호출하는 상황이었다면 뮤텍스를 잠근 채 중지될 가능성이 생긴다. 평소 같으면 이런 경우에는 데드락이 걸리겠지만, robust 뮤텍스가 설정되면 자동으로 그다음 스레드 중 하나가 뮤텍스를 넘겨받게 된다.

```
int pthread_mutexattr_setrobust(pthread_mutexattr_t *attr, int robust);
int pthread_mutexattr_getrobust(const pthread_mutexattr_t *restrict
    attr, int *restrict robust);
int pthread_mutex_consistent(pthread_mutex_t *mutex);
```

pthread_mutexattr_setrobust는 뮤텍스 속성 객체인 attr에 robust 속성을 설정한다. robust에 지정 가능한 값은 PTHREAD_MUTEX_STALLED, PTHREAD_MUTEX_ROBUST로 전자는 기본값이며 데드락이 발생하는 뮤텍스를 의미하고 후자는 데드락을 피할 수 있는 robust 뮤텍스를 의미한다.

표 8.11 robust 뮤텍스 속성 인수

PTHREAD_MUTEX_STALLED	기본값 뮤텍스 뮤텍스를 잠근 스레드가 종료되면 데드락 상황에 빠진다.
PTHREAD_MUTEX_ROBUST	robust 뮤텍스 뮤텍스를 잠근 스레드가 종료되면 다른 스레드가 뮤텍스를 획득하게 된다.

PTHREAD_MUTEX_ROBUST 속성이 지정되면 스레드가 뮤텍스를 잠근 채 종료되면 다른 스레드가 뮤텍스를 획득하게 된다. 그런데 다음 스레드가 호출한 pthread_mutex_lock 함수는 뮤텍스 획득에 성공하면서 리턴값은 EOWNERDEAD라는 에러로 리턴하게 된다.

이는 이전에 뮤텍스를 소유했던 스레드가 종료해서 뮤텍스를 넘겨받은 경우를 의미하며 잠금이 실패한 에러는 아니므로 리턴값이 0이 아니라고 무조건 에러라고 생각하면 안 된다.

그런데 EOWNERDEAD를 감지하면 중요한 처리를 해줘야만 한다. 그것은 바로 이전 스레드가 뮤텍스를 획득하면서 변경해둔 소유권(ownership)이나 각종 정보를 문제가 없는 일관된 상태(consistent state)로 변경하여 수리하는 작업이다.

이 작업은 pthread_mutex_consistent 함수를 호출하면 된다. 만일 뮤텍스 상태를 수리하지 않으면 다음번 스레드가 뮤텍스를 잠그려 할 때 ENOTRECOVERABLE 에러를 발생시킨다.

[코드 8.18] robust 뮤텍스 속성을 적용한 예 (mutex_robust.c)

```
01   #define NUM_THREADS    7
02   struct thread_arg {
03      pthread_t   tid;    /* thread id    */
04      int         idx;    /* thread index */
05   } *t_arg;
06   pthread_mutex_t     mutex;          /* 뮤텍스 객체 */
07   pthread_mutexattr_t mutexattr;      /* 뮤텍스 속성 객체 */
08   void *start_thread(void *);         /* thread start function */
09   void clean_thread(struct thread_arg *); /* 생략 */
10   int main() {
11      int    i, ret;
12      t_arg = (struct thread_arg *)calloc(NUM_THREADS, sizeof(struct thread_arg));
13      pthread_mutexattr_init(&mutexattr);    /* init mutex attribute var */
14      pthread_mutexattr_setrobust(&mutexattr, PTHREAD_MUTEX_ROBUST);
15      pthread_mutex_init(&mutex, &mutexattr);
16      for(i=0; i<NUM_THREADS; i++) {
17         t_arg[i].idx = i;
```

```
18          if ((ret = pthread_create(&t_arg[i].tid, NULL,
19                      start_thread, (void *)&t_arg[i]))) {
20              pr_err("pthread_create : %s", strerror(ret));
21              return 0;
22          }
23      }
24      clean_thread(t_arg);
25      return 0;
26  }
27  void *start_thread(void *arg) {
28      struct thread_arg *t_arg = (struct thread_arg *)arg;
29      int    ret;
30      sleep(t_arg->idx); /* 순서대로 스레드가 실행되도록 지연을 주었다 */
31      if ((ret = pthread_mutex_lock(&mutex))) {
32          if (ret == EOWNERDEAD) { /* 이전 스레드의 종료 및 취소 감지 */
33              printf("\tThread:%d : EOWNERDEAD detected\n", t_arg->idx);
34              pthread_mutex_consistent(&mutex); /* recover mutex statement */
35          } else {
36              printf("\tThread:%d : Error : %s\n", t_arg->idx, strerror(ret));
37          }
38      }
39      pr_out("[Thread:%d] holding mutex", t_arg->idx);
40      sleep(1);     /* 스레드 취소 지점을 위한 함수 */
41      sleep(1);     /* 스레드 취소 지점을 위한 함수 */
42      sleep(1);     /* 스레드 취소 지점을 위한 함수 */
43      sleep(1);     /* 스레드 취소 지점을 위한 함수 */
44      pthread_mutex_unlock(&mutex);
45      if (t_arg->idx == 1) {
46          pr_out("[Thread:%d] pthread_cancel(Thread:2)", t_arg->idx);
47          sleep(1);
48          pthread_cancel( (t_arg+1)->tid ); /* 2번 스레드에게 취소 요청을 보냄 */
49      }
50      return t_arg;
51  }
```

14행에 보면 뮤텍스 속성 객체에 PTHREAD_MUTEX_ROBUST을 설정하고 있다. 스레드는 넉넉하게 7개가 실행되도록 해두었다.

48행에 보면 첫 번째 스레드는 뮤텍스를 해제한 상태에서, 두 번째 스레드에 pthread_cancel을 요청하는데 이 타이밍에 두 번째 스레드는 분명히 뮤텍스를 잠근 상태에서 40~43행의 sleep을 호출하고 있을 것이다.

그런데 sleep을 몇 회에 나눠서 호출하는 이유는 sleep 함수가 스레드 취소 지점[46]에 속하는 함수이지만 sleep을 한 번만 호출하면 이미 sleep에 진입한 뒤에는 취소 지점

---

46) 스레드 취소 지점(thread cancelation point)에 해당하는 함수는 리눅스의 pthreads 매뉴얼 페이지에 소개되고 있다.

이 동작하지 않기 때문이다. 따라서 안전하게 스레드 취소 요청을 검사할 수 있도록 여러 번에 나눠서 sleep을 호출하도록 하였다.

취소 요청을 받은 두 번째 스레드는 분명히 40~43행의 sleep 중 하나를 호출하다가 중지될 것이다. 그리고 뮤텍스 잠금은 자동적으로 세 번째 스레드에게 넘어가게 된다.

그런데 뮤텍스를 넘겨받은 세 번째 스레드는 이전 스레드가 조작해둔 뮤텍스를 수리해서 사용해야 하기 때문에 34행에서 볼 수 있듯이 pthread_mutex_consistent를 호출해야만 한다. 만일 34행이 없으면 ENOTRECOVERABLE 에러가 발생하는데 [그림 8.24]는 34행을 주석 처리한 뒤에 실행하여 에러 메시지를 확인한 결과이다.

```
$ ./mutex_robust
[REP] [mutex_robust.c/start_thread:070] [Thread:0] holding mutex
[REP] [mutex_robust.c/start_thread:070] [Thread:1] holding mutex
[REP] [mutex_robust.c/clean_thread:099] pthread_join : 0 - 140581889394432
[REP] [mutex_robust.c/start_thread:079] [Thread:1] pthread_cancel(Thread:2)
[REP] [mutex_robust.c/start_thread:070] [Thread:2] holding mutex
[REP] [mutex_robust.c/clean_thread:099] pthread_join : 1 - 140581881001728
          Thread:3 : EOWNERDEAD detected
[REP] [mutex_robust.c/start_thread:070] [Thread:3] holding mutex
[REP] [mutex_robust.c/clean_thread:099] pthread_join : 2 - 140581872609024
[REP] [mutex_robust.c/clean_thread:099] pthread_join : 3 - 140581864216320
          Thread:4 : Error : State not recoverable
[REP] [mutex_robust.c/start_thread:070] [Thread:4] holding mutex
          Thread:6 : Error : State not recoverable
[REP] [mutex_robust.c/start_thread:070] [Thread:6] holding mutex
          Thread:5 : Error : State not recoverable
[REP] [mutex_robust.c/start_thread:070] [Thread:5] holding mutex
[REP] [mutex_robust.c/clean_thread:099] pthread_join : 4 - 140581855823616
[REP] [mutex_robust.c/clean_thread:099] pthread_join : 5 - 140581847430912
[REP] [mutex_robust.c/clean_thread:099] pthread_join : 6 - 140581839038208
```

[그림 8.24] robust 뮤텍스에 일관된 상태 조작을 하지 않은 경우

[그림 8.24]를 보면 "State not recoverable"이 바로 ENOTRECOVERABLE 에러가 발생한 경우에 해당한다. 이런 에러를 발생시키지 않으려면 robust 뮤텍스 사용시 pthread_mutex_consistent 처리를 빼먹지 않도록 주의해야 한다. 그런데 robust 뮤텍스가 없다고 하더라도 스레드 클린업 기능을 이용하면 얼마든지 비슷한 기능을 만들 수 있다.

5.11 이벤트 핸들러

스레드는 비동기적 실행 요소를 가지고 있기 때문에 특정 스레드가 갑자기 종료하거나 fork를 호출하는 예외적인 이벤트가 발생할 수 있다.

만일 스레드가 뮤텍스를 잠근 채 종료하거나 fork를 호출하는 경우를 생각해보자. 데드락이 될 수도 있고 혹은 새로 fork 된 프로세스와 기존 스레드들의 관계도 아리송

해질 수 있다. 따라서 스레드가 종료하거나 fork되는 상황에 실행할 핸들러 함수들이 필요하게 된 것이다.

특정한 이벤트에 실행될 핸들러 함수로는 스레드 종료시 실행되는 클린업 기능과 fork시 실행되어야 할 함수를 지정하는 기능이 제공된다.

스레드 종료시 제공되는 클린업 기능은 스레드가 뮤텍스를 잠근 채 종료되었을 때를 방지하거나 메모리 누수(memory leak)를 막기 위한 용도로 사용된다.

fork시 실행되는 핸들러는 fork하면서 복제되는 각종 자원의 일관성을 유지하기 위해서 fork 이전에 모든 비동기적인 작업을 정지시키거나 제거한 뒤에 진행되도록 하는 용도로 사용된다. 이를 위해 fork 이전에 해야 할 작업과 fork 이후에 해야 하는 작업을 등록하게 된다.

● 스레드 클린업 핸들러

스레드 클린업 핸들러는 스레드가 종료될 때 실행해야 하는 핸들러 함수를 등록하는 기능이다. 프로세스 종료 시 호출되는 핸들러인 atexit 함수의 스레드 버전이라고 생각하면 편리할 것이다.

클린업 기능은 신뢰성 있는 스레드 프로그래밍에는 꼭 사용되어야만 하는 기능이므로 숙지해두어야 할 것이다.

멀티 스레드 프로그래밍에서 다른 스레드가 pthread_cancel로 취소 요청을 보낼 수 있는 구조라면 스레드가 취소될 때 스레드가 사용했던 힙 메모리나 IPC, 뮤텍스, 조건 변수, 각종 락 들을 해제하지 못한 채 종료될 수 있다.

물론 뮤텍스의 경우에는 클린업 대신에 앞서 robust 뮤텍스를 사용하면 데드락을 피할 수 있을 것이다. 하지만, 스레드에서 사용했던 힙 메모리나 IPC가 정상적으로 해제되지 못하는 문제는 robust 뮤텍스로는 해결할 수 없다.

이런 예외적인 상황을 방지하기 위해 스레드가 종료될 때 자동으로 실행되는 핸들러에 자원을 해제시키도록 하면 신뢰성 있는 멀티 스레디드 프로그램을 만들 수 있게 된다.

또한, robust 뮤텍스를 쓰지 않아도 클린업 핸들러에 뮤텍스를 해제하는 코드를 넣어두면 데드락을 피할 수 있다. 실제로 과거에는 robust 뮤텍스 대신에 클린업 핸들러를 사용하여 스레드 취소에 따른 데드락 문제를 해결했었다.

```
void pthread_cleanup_push(void (*routine)(void*), void *arg);
void pthread_cleanup_pop(int execute);
```

pthread_cleanup_push는 핸들러를 등록하는 것으로서 routine은 클린업 함수, arg
는 routine 함수가 사용할 인수 주소가 된다. pthread_cleanup_pop은 등록했던 핸
들러를 제거하는 함수로서 스택 구조처럼 가장 최근에 등록된 순으로 제거된다. 제거
될 때 execute 인수가 0이 아닌 값을 넣어주면 등록된 함수를 실행한 뒤에 제거한다.
클린업 핸들러는 항상 push, pop의 짝이 맞아야 하므로 주의해야 한다.

이해를 돕기 위해 클린업 핸들러를 사용하는 간단한 예제를 하나 작성해보자. 예제는
[코드 8.18]의 robust 뮤텍스 예제를 클린업 함수로 대체하여 구현하도록 할 것이다.

[코드 8.19] 뮤텍스 해제에 스레드 클린업 함수를 적용한 예   (cleanup_mutex.c)

```
01  #define NUM_THREADS     7
02  struct thread_arg {
03      pthread_t   tid;    /* thread id    */
04      int         idx;    /* thread index */
05  } *t_arg;
06  pthread_mutex_t     mutex;
07  void *start_thread(void *);       /* thread start function */
08  void clean_thread(struct thread_arg *); /* 생략 */
09  void cleanup_mutex(void *);       /* 클린업 핸들러 */
10  int main() {
11      int   i, ret;
12      t_arg = (struct thread_arg *)calloc(NUM_THREADS, sizeof(struct thread_arg));
13      pthread_mutex_init(&mutex, NULL);    /* 기본값 뮤텍스로 초기화 */
14      for(i=0; i<NUM_THREADS; i++) {
15          t_arg[i].idx = i;
16          if ((ret = pthread_create(&t_arg[i].tid, NULL,
17                        start_thread, (void *)&t_arg[i]))) {
18              pr_err("pthread_create : %s", strerror(ret));
19              return 0;
20          }
21      }
22      clean_thread(t_arg);
23      return 0;
24  }
25  void *start_thread(void *arg) {
26      struct thread_arg *t_arg = (struct thread_arg *)arg;
27      int    ret;
28      sleep(t_arg->idx);
29      if ((ret = pthread_mutex_lock(&mutex))) {
30          printf("\tThread:%d : Error : %s\n", t_arg->idx, strerror(ret));
31      }
```

```
32      pthread_cleanup_push(cleanup_mutex, (void *)&mutex); /* 클린업 핸들러 등록 */
33      pr_out("[Thread:%d] holding mutex", t_arg->idx);
34      sleep(1);
35      sleep(1);
36      sleep(1);
37      sleep(1);
38      pthread_cleanup_pop(0);     /* 클린업 핸들러 제거 */
39      pthread_mutex_unlock(&mutex);
40      if (t_arg->idx == 1) {
41          pr_out("[Thread:%d] pthread_cancel(Thread:2)", t_arg->idx);
42          sleep(1);
43          pthread_cancel( (t_arg+1)->tid ); /* 2번 스레드에게 취소 요청을 보냄 */
44      }
45      return t_arg; /* an alternative func, pthread_exit(t_arg) */
46  }
47  void cleanup_mutex(void *arg) {
48      pthread_mutex_t *lock = (pthread_mutex_t *)arg;
49      pr_out("cleanup : mutex lock");
50      pthread_mutex_unlock(lock); /* 클린업 : 잠겨진 뮤텍스의 해제 */
51  }
```

앞서 robust 뮤텍스와 달리 13행을 보면 기본 뮤텍스로 초기화하고 있다. 32행을 보면 뮤텍스를 걸고 들어오면 즉시 클린업 핸들러로 cleanup_mutex 함수를 등록하고 있는데 실제 코드는 47~51행에 있다.

이 예제는 앞서 robust 뮤텍스 예제와 마찬가지로 1번 스레드가 2번 스레드에게 취소 요청을 보내게 되어 있으므로 2번 스레드는 34~37행 중간에 어딘가에서 취소된다. 따라서 뮤텍스를 잠근 채 종료하게 되어 있는데 클린업 핸들러를 등록해두었으므로 정상적으로 뮤텍스는 풀리게 되어 있다.

그런데 뮤텍스를 해제할 때는 클린업 핸들러를 제거해야 짝이 맞으므로 38행에서 보듯이 클린업 핸들러를 제거한 뒤 뮤텍스를 해제하고 있다. 그런데 뮤텍스 해제 기능을 가진 클린업 핸들러를 실행시키면서 제거해도 되므로 38~39행을 pthread_cleanup_pop(1);으로 대체해도 결과는 같다.

그런데 몇몇 독자들은 다른 스레드가 pthread_cancel을 하지 않도록 설계하면 굳이 클린업 핸들러를 사용하지 않아도 될 것이라고 생각할 수도 있다.[47] 하지만 사용자가 개입하여 작업을 중단시키거나 데이터 스트림을 인코딩, 디코딩하는 작업들은 외부에서 취소하는 구조가 꼭 필요하다.

---

47) pthread_cancelstate 함수로 PTHREAD_CANCEL_DISABLE 상태로 전환되면 스레드는 취소 요청을 무시하도록 만들 수 있다. 이 기능으로 몇몇 중요한 작업을 하는 구간에서는 스레드 취소 요청을 받지 않도록 설계하기도 한다.

예를 들어 동영상을 인코딩하는데 멈추는 기능이 없다면 상당히 곤혹스럽지 않을까? 이처럼 사용하던 자원을 해제하거나 종료하는 구조라면 클린업 핸들러가 필요한지 꼭 검토해봐야 한다. 그리고 대부분의 데드락 상황은 클린업 핸들러로 해결할 수 있기 때문에 신뢰성이 중요한 작업에는 필수 조건이라고 생각된다.

다만, 클린업 핸들러를 등록하고 해제하는 오버헤드가 있기 때문에 스핀 락처럼 성능을 중시하는 경우에는 되도록 쓰지 않는 방향으로 설계하여야 한다.

● 스레드 fork 핸들러

스레드 fork 핸들러는 스레드가 fork를 호출할 때 실행할 핸들러 함수를 등록하는 기능이다. 하지만, 이 기능은 되도록 사용하지 않는 편이 좋다. 왜냐하면, 멀티 스레드 환경에서는 fork는 지양하는 편이 신뢰성이 높기 때문이다.

일반적으로 스레드를 사용하지 않는 환경에서 fork는 프로세스 전체를 복제하게 된다. 이를 스레드 모델로 바꿔서 이야기하면 main 스레드를 복제한다고 봐도 무방하다.

하지만, 멀티 스레드 환경에서는 fork는 프로세스 내의 공통으로 사용되는 각종 자원을 모두 복제하지만 유독 스레드는 fork를 호출한 스레드만 복제된다. 그 결과 복제된 자식 프로세스의 main 함수는 바로 이전에 부모 프로세스에서 fork를 호출했던 스레드 함수가 된다. 즉 자식 프로세스의 스레드 함수가 return되거나 종료되면 자식 프로세스는 종료된다. 이 과정은 기존 POSIX 스타일과는 달리 매우 비직관적이라서 스레드와 fork 사이를 어지럽게 할 수 있다.

예를 들어 뮤텍스와 조건 변수를 사용하는 멀티 스레드 프로그램에서 fork를 호출한다면 어떻게 될까? 뮤텍스와 조건 변수는 모두 복제되겠지만 뮤텍스나 조건 변수에서 대기하던 스레드는 복제되지 않는다.

따라서 새롭게 복제된 자식 프로세스의 스레드는 혼자서 뮤텍스와 조건 변수를 사용하는 상황이 발생한다. 결국, 새로 복제된 자식 프로세스가 부모 프로세스와 같은 작업을 하려면 스레드를 생성해서 작업해야만 한다. 하지만, 이렇게 복잡한 구조로 프로그래밍 할 바엔 차라리 프로세스를 2개 실행하도록 작성하는 편이 훨씬 낫다.

그래도 함수에 대해 간단한 설명은 해야 하니 원형을 살펴보도록 하자.

```
int pthread_atfork(void (*prepare)(void), void (*parent)(void),
    void (*child)(void));
```

pthread_atfork는 3개의 핸들러 함수를 인수로 받는다. 첫 번째 인수인 prepare에는 fork를 실제로 행하기 이전에 할 코드, 두 번째 인수인 parent에는 fork가 완료된 후에 부모 프로세스에서 실행할 코드, 세 번째 인수인 child에는 fork가 완료된 후에 자식 프로세스에서 실행할 코드이다. 이 기능은 앞서 언급했듯이 지양해야 할 기능이 므로 굳이 예제로 자세한 설명을 곁들이지는 않겠다.

5.12 기타 스레드 함수

앞서 다룬 기능 외에도 pthread에서는 다양한 기능을 제공한다. 스레드 취소 설정이 나 스레드 시그널 마스크, 우선순위, 프로토콜 등등 다양한 기능이 있으나 사용 빈도 가 낮거나 조심스럽게 접근해야 하는 것들은 다루지 않았다.

아무래도 스레드만을 다루는 전문 서적이 아니기 때문에 실무에서 주로 쓰이는 것들 로만 설명하기 위해서였다. 그러나 함수명이라도 알아두면 나중에 혹시 도움이 될 수 도 있으니 한 번 읽어보도록 하자.

먼저 예제에서는 pthread_create시 항상 속성을 NULL로 사용했지만, 속성을 지정 할 경우에는 어떤 것들이 가능한지 관련 함수들을 살펴보자.

표 8.12 스레드 생성 관련 함수

pthread_attr_init	스레드 속성 객체의 초기화
pthread_attr_destroy	스레드 속성 객체의 파괴
pthread_attr_getdetachstate pthread_attr_setdetachstate	스레드 분리 속성(detach) 관련 함수
pthread_attr_getguardsize pthread_attr_setguardsize	스레드 스택 가드 크기 속성 관련 함수
pthread_attr_getstack pthread_attr_setstack	스레드 스택 지정 속성 관련 함수
pthread_attr_getstacksize pthread_attr_setstacksize	스레드 스택 크기 속성 관련 함수
pthread_attr_getschedpolicy pthread_attr_setschedpolicy	스레드 스케줄링 정책 속성 관련 함수
pthread_attr_getschedparam pthread_attr_setschedparam	스레드 스케줄링 파라미터 속성 관련 함수
pthread_attr_getscope pthread_attr_setscope	스레드의 경쟁 범위 속성 관련 함수
pthread_atfork	fork 함수 호출시 작동할 후위 핸들러

앞서 스레드를 생성 후 스레드 함수에서 pthread_detach를 실행하면 분리된다고 했 었다. 그러나 [표 8.12]의 pthread_attr_setdetachstate로 분리 속성을 지정하여 스

레드를 생성하면 처음부터 분리되어서 실행되도록 할 수도 있다. 분리된 스레드는 pthread_join하지 못하기 때문에 스레드 종료 후 스레드의 자원은 즉시 해제된다.

pthread_attr_setstack, pthread_attr_setstacksize는 스레드가 사용할 스택이나 크기를 직접 지정하는 것으로서 작은 스택을 사용하여 스레드 생성 비용을 줄일 때 사용한다. 스택은 PTHREAD_STACK_MIN 이상의 크기를 지정해야 하는데 임플리 먼테이션마다 다르지만 리눅스는 16KiB이다.

표 8.13 기타 스레드 함수

pthread_testcancel	스레드 취소 요청이 있었는지 검사
pthread_setcancelstate	스레드 취소 가능 상태(활성, 비활성)를 선택. 활성이 기본값
pthread_setcanceltype	스레드 취소 타입(지연, 비동기)를 선택. 지연 타입이 기본값
pthread_sigmask	스레드 시그널 마스크 설정 (9장 참고)
pthread_kill	스레드에 시그널을 송신. (9장 참고)

스레드 함수들은 꼭 스레드를 사용하는 경우에만 사용하는 것은 아니다. 특히 단순하게 멀티 프로세스 구조에서 락이 필요한 경우 XSI 세마포어 대신에 가벼운 pthread mutex나 pthread rwlock을 사용하는 경우도 있다. 이렇듯 몇몇 기능은 멀티 스레드가 아닌 용도로도 pthread 함수가 사용되기도 한다.

06 OpenMP 프로그래밍

OpenMP는 간단한 지시어를 사용하여 멀티 스레딩을 적용할 수 있는 기법으로서 이식성이 높고 빠르게 습득할 수 있는 장점이 있다.

물론 OpenMP는 스레드 사이에 긴밀한 협조와 제어가 필요한 네트워크 프로그래밍이나 각종 데몬 프로세스에 적용하려면 OpenMP는 제약이 많아서 적용하기 어려울 수도 있다. 하지만, 수치 계산이나 알고리즘 테스트 같은 분야에서는 기존의 직렬 구조에 약간의 노력만으로도 병렬 처리를 할 수 있어서 크게 주목받고 있다.

예를 들어 물리학이나 수학, 화학 분야와 같은 곳에서 C, C++, Fortran을 이용한 수치 계산을 한다고 가정하자. 대규모 계산을 빠르게 하려고 멀티 프로세싱이나 멀티 스레드를 도입한다고 했을 때 pthread나 고급 시스템 프로그래밍을 배워서 적용한다면 얼마나 걸릴까?

컴퓨터 관련 전공자라면 빠르게 습득하겠지만, 비전공자라면 적게 잡아도 몇 개월에서 높은 수준까지 가려면 1년 이상 걸릴 수도 있다. 그러나 이는 원래 목적인 수치계산보다 부수적인 프로그래밍 기법을 배우는데 더 오랜 시간이 걸리게 한다.

결국, 배보다 배꼽이 큰 상황이 생기게 되는 것이다. 이런 문제를 해결하기 위해 기존의 코드 수정을 최소화하고 빠르게 멀티 스레딩을 적용할 수 있도록 도입된 것이 바로 OpenMP이다.

OpenMP의 도입은 1996년도에 시작되었으나 실제로 주목받기 시작한 것은 2.0 버전이 나온 2002년 이후부터였다. 그 후에 2.5 버전을 거쳐서 3.0(2008년 5월), 3.1(2011년 7월), 4.0(2013년 7월), 4.5(2015년 11월)가 발표되었다.

OpenMP의 가장 큰 장점은 C 언어 외에 C++, Fortran 등을 다양하게 지원한다는 점이다. pthread가 C 언어만 지원하는 것에 비하면 엄청난 장점이라고 할 수 있다. 그리고 함수를 직접 호출하는 방식이 아니라 지시어(directive)를 사용하는 방식이므로 쉽게 습득할 수 있다.

그러나 OpenMP는 비교적 최근에 확립된 표준이기 때문에 컴파일러 버전에 따라서 지원하지 않는 경우도 있다. 예를 들어 최근의 OpenMP 3.1은 GCC 4.7부터 지원하고 있는데 2015년도 3월에 릴리즈 된 CentOS 7.1조차도 GCC 4.8을 탑재하고 있을 정도이다.

이 책은 기본적인 OpenMP를 설명하기 때문에 OpenMP 3.0을 기준으로 설명하고 있으며 이 책의 OpenMP 예제 중 일부가 컴파일 오류를 발생시킨다면 컴파일러 버전을 확인하기 바란다.

그리고 이 책은 시스템 프로그래밍에 대부분 적용 가능한 스레딩 기법인 pthread의 경우에는 많이 다루려고 했다. 하지만, OpenMP는 시스템 프로그래밍과 약간 거리가 있는 기법이므로 간단하게 시스템 프로그래밍에 적용 가능한 만큼을 소개하려고만 했다.

그래서 문법 위주의 레퍼런스 형식 설명보다는 예제를 통해 주요 기능만을 설명하였다. 만일 OpenMP에 대해 포괄적인 사전식 학습이 필요하다면 OpenMP만을 다룬 전문 서적과 공식 웹 사이트(http://www.openmp.org)를 참고하도록 하자.

6.1 OpenMP의 시작

```
#pragma omp parallel [clause[ [, ]clause] ...] new-line
    structured-block
```

OpenMP는 소스 코드에 "#pragma omp ..." 지시어를 삽입하는 방식을 사용한다. 병렬 처리 구간을 선언하는 지시어는 parallel로 바로 다음에 나오는 코드 블록을 병렬화한다.

예를 들어 Hello world를 출력하는 코드 블록을 병렬화하고자 한다면 [코드 8.20]처럼 02행에 지시어를 삽입하는 것으로 가능해진다.

[코드 8.20] 간단한 OpenMP 코드 (omp_hello.c)

```
01   int main() {
02   #pragma omp parallel
03     {
04         printf("Hello OpenMP\n");
05     }
06     return 0;
07   }
```

#pragma omp parallel 다음에 나오는 코드 블록은 병렬 처리된다. 즉 03~05행에 해당하는 코드 블록은 스레드가 생성되어 처리된다. 간단하게 한 행에 적용하는 경우에는 예제의 03행과 05행에 해당하는 중괄호를 생략하기도 한다.

하지만, 중괄호를 생략하는 경우에 문제가 생기는 문법도 있으니 항상 중괄호로 코드 블록을 묶는 습관을 갖는 편이 좋다. 참고로 이 책의 예제에서는 간혹 지면을 아끼기 위해서 생략한 경우도 있으나 여러분들이 실제 예제를 타이핑할 때는 꼭 중괄호를 추가하도록 하자.

그리고 OpenMP 지시어를 사용하면 컴파일러에게 이를 처리할 수 있도록 옵션을 추가해야 한다. 옵션은 컴파일러별로 조금씩 다른데 gcc의 경우에는 −fopenmp이고 인텔 icc 컴파일러의 경우에는 −openmp를 사용한다. 컴파일러별로 사용되는 옵션은 OpenMP 사이트를 참고하도록 하자.[8]

[코드 8.20]에서 gcc의 경우에는 gcc −o omp_hello −fopenmp omp_hello.c라고 명령내리면 된다. make를 사용한다면 CFLAGS에 −fopenmp 옵션을 추가해놓으면 되는데 Makefile을 수정하지 않고 명령행에서 옵션을 추가하고 싶다면 make "CFLAGS += −fopenmp" omp_hello라고 명령하여 쉽게 컴파일할 수 있다.

```
$ make "CFLAGS += -fopenmp" omp_hello
gcc -fopenmp    omp_hello.c   -o omp_hello
$ ./omp_hello
Hello OpenMP
Hello OpenMP
Hello OpenMP
Hello OpenMP
```

[그림 8.25] Hello OpenMP 예제 컴파일과 실행

예제가 실행된 화면을 보면 Hello OpenMP가 4번 출력된 것을 볼 수 있다. 이는 병렬 처리된 코드 블록을 처리하는 스레드가 4개인 것을 의미하는 것이다.

기본값으로 생성되는 스레드의 개수는 자동으로 시스템의 CPU 개수에 맞춰진다. [그림 8.25]를 실행한 플랫폼은 4개의 CPU가 있는 시스템인 것을 의미한다. 만일 여러분의 시스템에 CPU가 개수가 다르다면 [그림 8.25]와 다르게 출력될 수 있다.

OpenMP는 병렬 구간에서 fork-join하는 방식을 사용하는데 이는 [그림 8.25]의 경우라면 3개의 스레드가 생성(fork)되고 병렬 구간이 끝나면서 병합(join)되는 것을 의미한다. 즉 main 함수가 3개의 스레드를 생성했으니 자신을 포함하여 4개의 스레드가 되는 것이다. 이때 병렬 구간에서의 스레드들을 팀 스레드(team threads)라고 하며 그중에서도 main 함수에서 시작된 원래 스레드를 마스터 스레드라고 특별하게 구별한다. 물론 마스터 스레드도 팀 스레드 중 하나이기도 하다. 이 과정을 도식화해보면 [그림 8.26]처럼 된다.

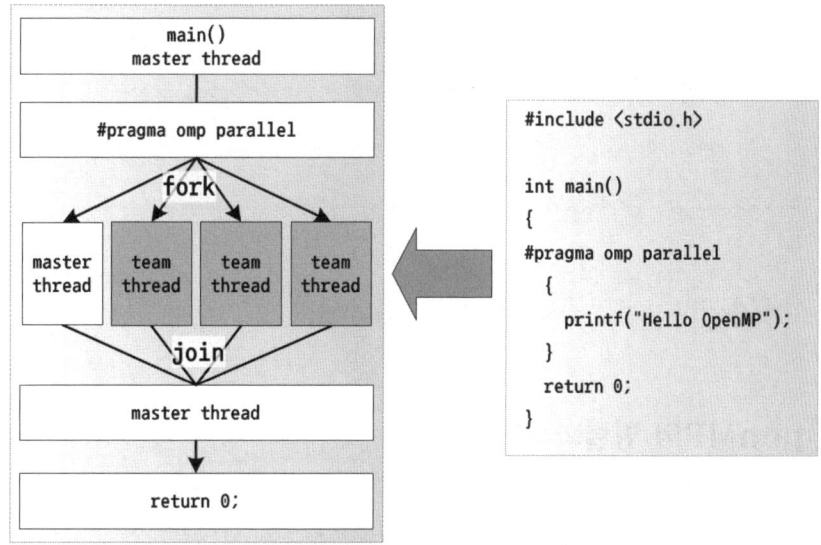

[그림 8.26] OpenMP의 fork-join 병렬화

또한, 병렬 구간이 중첩되는(nested) 경우에는 원 스레드를 부모 스레드(parent thread), 새로운 병렬 구간에서 생성되는 스레드를 자식 스레드(child thread)라고 부른다.

만일 프로그래머가 스레드 개수를 수동으로 조정할 필요성이 있을 때를 위해 3가지 방법이 제공된다.

첫 번째 방법은 num_thread(#) 지시어를 추가하는 방법으로 #pragma omp parallel num_threads(2)처럼 지시하면 2개의 스레드를 생성하게 된다.

두 번째 방법은 omp_set_num_threads() 함수를 이용하는 방법으로 omp_set_num_threads(2)로 호출하면 2개의 스레드를 생성하게 된다. 주의할 점은 OpenMP 함수인 omp_set_num_threads를 사용하려면 omp.h 헤더를 포함해야 한다는 점이다.

세 번째 방법은 OMP_NUM_THREADS 환경 변수를 지정하는 방법으로 bash 셸이라면 "export OMP_NUM_THREADS=2"의 형식으로 명령하면 되겠다.

최근 OpenMP 3.1부터는 중첩된 경우에 스레드의 개수를 별도로 줄 수 있도록 확장된 OMP_NUM_THREADS 환경 변수를 사용할 수 있다. 예를 들어 "export OMP_NUM_THREADS=4,3,2"의 형식으로 주면 중첩되면 단계적으로 4, 3, 2개로 스레드 개수가 제한된다.

[코드 8.21] omp_set_num_threads로 스레드 개수 지정 (omp_hello.c)

```
01  #include <omp.h>
02  int main() {
03      omp_set_num_threads(2);    /* 스레드 개수 지정 */
04  #pragma omp parallel
05      {
06          printf("Hello OpenMP\n");
07      }
08      return 0;
09  }
```

참고로 OpenMP를 사용하게 되면 _OPENMP 매크로가 정의되므로 #ifdef _OPENMP같이 조건부 컴파일문을 사용할 수 있다.

6.2 OpenMP의 병렬화 모델

병렬 처리의 목적은 스레드를 사용하여 작업을 분할하여 실행하는 것이다. 스레드를 만들고 구성하는 데는 여러 가지 형태가 있지만 OpenMP는 지역적 병렬화를 위해서 코드 블록을 병렬화하므로 대부분 작은 구간을 병렬화한다.

이때 스레드를 생성하는 구조나 패턴을 편리하게 적용하도록 OpenMP에서는 패턴화 시킨 몇 가지 구성 모델을 제공한다. 이 구성 모델을 통해서 특정한 형태에 적합한 병렬화를 빠르게 도입할 수 있다.

표 8.14 OpenMP의 병렬화 구성 모델

워크 쉐어링 구조	loop 모델	루프 작업을 분할하여 병렬 처리한다.
	sections 모델	직렬 코드 블록들을 몇 개의 구간으로 분할하여 병렬 처리한다.
	single 모델	병렬 처리되는 구간에서 1회성 실행 구간을 설정한다.
태스크 구조	task 모델	태스크 단위 작업을 처리하는 스레드를 생성한다.

loop 모델은 for 루프 문을 분할 처리하도록 구성하는 기법을 말한다. 예를 들어 1,000번의 루프를 도는 코드 블록이 있다면 스레드가 2개 생성되는 경우라면 500번 씩 나눠서 한다든지 하는 방식이다. 루프를 분할하는 스케줄링 방식은 여러 가지가 제공되므로 꼭 500번씩 나뉘는 것은 아니다.

sections 모델은 직렬 실행되는 코드 블록을 몇 개의 세분화된 블록으로 묶은 뒤에 분 할된 블록들을 병렬 처리한다. 분할된 각 섹션은 서로 독립적으로 작동할 수 있는 구 조이어야만 한다.

single 모델은 병렬 구간에서 1회성 실행을 필요로 하는 코드 블록을 만드는 것으로서 주로 초기화가 필요한 코드 블록을 지정할 때 사용한다. task 구성은 3.0에서 추가된 기능으로 작업 단위를 한가한 스레드에게 할당하여 병렬 처리하도록 하는 기법이다.

그리고 구성 가능한 모델 외에 병렬 작업을 돕기 위한 기능으로서 크리티컬 섹션을 보호하기 위한 각종 락(lock)이나 원자적 실행(atomic operation), 배리어, 분할 계산 결과의 환원(reduction) 등 다양한 기능을 제공하고 있다. 각 세부적인 기능들은 천천 히 구성 모델을 다루면서 하나하나 살펴보겠다.

참고로 본문의 예제들은 최대한 단순하게 표현하기 위해 병렬화 구간을 1개만 적용 했다. 하지만, 실제 업무에서는 병렬화 구간은 얼마든지 여러 개로 만들 수 있다. 심 지어 병렬화 구간은 중첩되어 만들 수도 있다.

6.3 loop 모델

loop 모델은 for 루프문을 분할하여 병렬 처리하는데 중요한 점은 for 루프문의 횟 수가 상수적으로 결정되는 조건이어야만 가능하다는 점이다. 만일 for(s=ptr; s!=NULL; s->next) 처럼 호출되는 구조라면 루프문의 횟수를 알 수 없기 때문에 분 할 처리할 수 없다.

그렇다면 비결정적인 루프 횟수에는 OpenMP를 적용하지 못하는가? 그에 대한 답은 적용할 수 있으나 단지 loop 모델을 쓸 수 없다는 점이다. 비결정적인 루프에는 각각을 태스크 단위로 볼 수 있으므로 task 병렬화 모델을 사용해야 한다. 그러면 이해를 돕기 위해 간단한 예제를 하나 살펴보자.

[코드 8.22] loop 모델 코드   (omp_loop1.c)

```
01   int main() {
02       int i;
03   #pragma omp parallel
04   #pragma omp for
05       for (i=0; i<8; i++) {
06           printf("[%d] Hello OpenMP\n", i);
07       }
08       /* implicit barrier */
09       return 0;
10   }
```

03행의 #pragma omp parallel 병렬 처리 지시어부터 스레드가 생성된다. 그리고 04~07행의 루프문을 생성된 스레드들이 분할 처리하게 된다. 이때 각 스레드는 운영체제의 스케줄링이나 연산 작업에 영향을 받기 때문에 작업을 종료하는 시간이 다를 수 있다.

하지만, 08행의 루프 병렬 처리가 끝나는 곳에는 묵시적 배리어(implicit barrier)가 존재하기 때문에 모든 스레드가 도착할 때까지 전체 실행 코드는 대기하게 된다.

마침내 모든 스레드가 분할된 루프문을 처리 완료하여 08행에 도착하면 생성된 스레드들은 해제되고 09행부터는 main 스레드로 병합되어 작동하게 된다.

예를 들어 [코드 8.22]를 2개의 CPU가 존재하는 시스템에서 구동한다면 [그림 8.27] 처럼 표현할 수 있다.

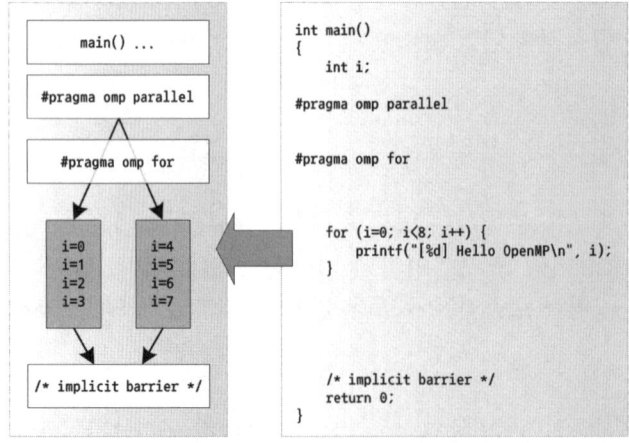

[그림 8.27] OpenMP의 loop 모델

참고로 [코드 8.22]처럼 간단하게 병렬 구간과 for 루프 병렬화가 붙어 있다면 결합할 수도 있다. 따라서 [코드 8.22]의 03~04행은 #pragma omp parallel for라고 합쳐서 선언해도 결과는 같다.

그리고 [코드 8.22]의 실행 결과를 보면 싱글 스레드와 별다른 차이가 눈에 보이지 않으므로 확실하게 차이를 알기 위해 스레드 번호를 출력해볼 수 있다. 스레드 번호는 omp_get_thread_num 함수로 알아낼 수 있다.

따라서 [코드 8.22]의 06행을 printf("[%d] Hello OpenMP (%d)₩n", i, omp_get_thread_num());으로 수정하면 뒤에 스레드 번호도 같이 출력될 것이다. 또한, [그림 8.27]에서는 정확하게 스레드 개수로 나눈 숫자만큼 분할되는데 이 분할 규칙은 스케줄링 지시어인 schedule로 변경할 수 있는데 뒤에서 살펴보도록 할 것이다.

● 변수의 공유와 환원

OpenMP의 병렬 구간 밖에서 선언된 변수는 각 스레드가 서로 공유할 것인지 아닌지는 결정해주어야 한다. 또한, 각 스레드가 분할하여 계산한 결과를 마지막에 합산할 필요가 있다면 환원(reduction) 기능을 이용해서 병렬 구간 밖에 있는 변수에 합쳐야 한다.

이 과정은 예제를 통해서 학습하는 것이 빠르기 때문에 간단한 예를 보도록 하겠다.

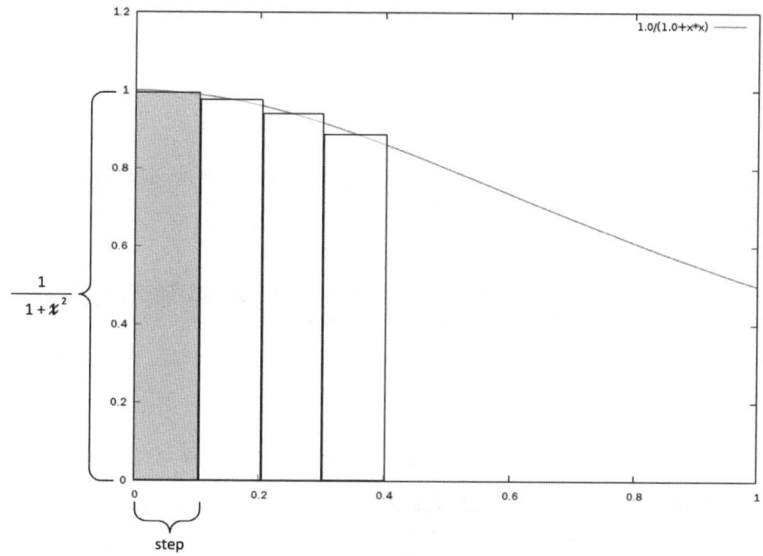

[**그림 8.28**] 아크탄젠트의 도함수에서 파이값 계산

예를 들어 원주율 파이(π)값을 계산하는 작업을 살펴보자. $\arctan(1)$은 $\pi/4$이므로 $\arctan(1)$에 4를 곱하면 된다. 간단하게 atan 함수를 사용하면 되지만 반복되는 수치

계산이 목적이므로 정적분 계산으로 구할 것이다.

따라서 arctan(x)의 도함수인 $1/(1+x^2)$을 이용하여 0~1까지의 정적분 값에 4를 곱할 것이다. [그림 8.28]을 보면 정적분을 구하기 위한 직사각형의 넓이는 x축을 분할한 크기인 step에 높이를 곱하여 구하고 이 값을 계속 더하면 된다. 그러면 이를 구현한 코드를 살펴보자.

[코드 8.23] 파이값을 구하는 코드   (pi_num_integration.c)

```
01  int num_steps = 400000000;  /* 반복 횟수: 4억번 (오래 걸린다면 횟수를 줄이자.) */
02  int main() {
03      int i;
04      double x, step, sum = 0.0;  /* x(임시변수) step(반복 횟수의 역수) sum(합산) */
05      step = 1.0/(double) num_steps;
06      for (i=0; i<num_steps; i++) {
07          x = (i+0.5) * step;
08          sum += 4.0/(1.0 + x*x);
09      }
10      printf("pi = %.8f (sum = %.8f)\n", step*sum, sum);
11      return EXIT_SUCCESS;
12  }
```

[코드 8.23]에서 x는 x 좌표를 계산할 때 사용한 변수로 mid−point rule로 계산하였고 step은 반복 횟수의 역수, sum은 합산된 정적분 값이다. 그런데 08행을 보면 직사각형의 넓이는 (1.0 + x×x)×step이 되어야 하는데 step이 작아질수록 계산에 무리가 생기므로 step은 나중에 곱하기 위해서 수식의 바깥으로 뺐다.

따라서 step은 1로 치환되어 (1.0+x×x)가 되었고 10행의 sum 값에 step을 곱하여 파이를 구했다. 이제 [코드 8.23]에서 06~09행 부분을 병렬 처리하기 위해 OpenMP를 적용해보자.

[코드 8.24] 파이값을 구하는 코드에 OpenMP 적용   (omp_pi_num_integration.c)

```
01  int num_steps = 400000000; /* 반복 횟수: 4억번 (너무 오래 걸린다면 횟수를 줄이자.) */
02  int main() {
03      int i;
04      double x, step, sum = 0.0; /* x(임시변수) step(반복 횟수의 역수) sum(합산) */
05      step = 1.0/(double) num_steps;
06  #pragma omp parallel
07  #pragma omp for private(x) reduction(+:sum)
08      for (i=0; i<num_steps; i++) {
09          x = (i+0.5) * step;
10          sum += 4.0/(1.0 + x*x);
11      }
```

```
12        printf("pi = %.8f (sum = %.8f)\n", step*sum, sum);
13        return EXIT_SUCCESS;
14    }
```

새롭게 추가된 06~07행은 하나로 합칠 수 있으나 보기 편하도록 나누어두었다. 07행에 새로운 지시어인 private(x) reduction(+:sum)이 추가되었으니 자세히 살펴보자.

우선 private(list) 형식은 list에 해당하는 변수는 각 스레드가 TLS 공간을 만들어서 사용하도록 하는 지시어다. 이는 앞서 TLS 기능을 설명할 때 사용한 GCC의 스레드 로컬 저장소 기능인 __thread 지시어와 같은 역할을 한다.

따라서 private로 선언된 변수는 이름은 같아도 병렬 구간에서는 서로 다른 공간이 되어 오염될 염려가 없다. 단 주의할 점은 private 선언된 변수는 병렬 구간에서 새로운 공간에 지정되므로 초기화가 되지 않는다.

초기화가 필요하다면 firstprivate을 사용한다. 그리고 병렬 구간을 벗어날 때 private 변수는 파괴되므로 main 스레드의 변수의 값에는 전혀 영향을 주지 않는다. 만일 마지막 private 변수의 상태를 main 스레드의 변수에 병합시키려면 lastprivate을 사용해야 한다.

private, shared를 지정하지 않은 변수는 기본값으로 shared로 지정되는데 기본값을 바꾸고 싶다면 default(none)으로 해주면 묵시적으로 판단하지 않고 모든 변수에 대해 공유 속성을 지정해야만 컴파일이 성공된다.

표 8.15 OpenMP 병렬 구간에서 변수의 공유 설정

사설 속성	private(list)	list에 지정된 변수를 스레드별 독립된 공간에 만든다.
	firstprivate(list)	private와 같으나 main 스레드의 해당 변수의 초기값을 복사해온다.
	lastprivate(list)	private와 같으나 마지막 스레드의 해당 변수값을 복사해온다.
공유 속성	shared(list)	명시적으로 모든 스레드가 공유하는 변수로 선언한다.
기본 설정	default(value)	value: shared, none 변수의 공유 설정 기본값. parallel 병렬 구간이 시작할 때 설정한다.

예를 들어 [코드 8.24]의 04행에서 x에 1.0을 넣었다고 가정하자. 07행에서 private로 선언된 x는 기존 x 값인 1.0과 아무런 관계없이 각 스레드에서 만들어지므로 쓰레기 값이 들어가 있게 된다.

그러나 firstprivate로 선언되면 07행에서 모든 스레드는 x의 값을 1.0으로 가지고 시작한다. 만일 lastprivate로 선언하면 마지막 실행된 스레드의 x값이 11행의 병렬

구간이 끝날 때 main 스레드의 x에 복사된다.

reduction(operand:var) 형식은 var 변수에 해당 블록 구간이 끝나는 시점에서
operand에 지정된 연산을 하라는 뜻이다. 위의 reduction(+:sum)은 각 스레드가 따
로 계산한 sum을 병렬 블록이 끝나면 원래 sum에 더하는 작업을 하라는 뜻이다.

참고로 reduction에 쓰인 변수는 자동으로 private 선언을 내포하고 있으며 덧셈
reduction에서는 0으로 초기화해 준다. reduction이 private을 내포하고 있는 것을
명시적으로 해주겠다고 생각해서 임의로 private(var)으로 선언하면 안 된다.

내부에서만 private으로 처리되고 마지막에는 합산해야 하므로 공유 영역에 있어
야 하기 때문이다. 따라서 default(none)으로 선언한 경우에는 reduction 변수는
shared(…)로 선언해줘야만 한다.

그렇다면 반대로 private(x) reduction(+:sum)가 없다면 어떻게 될까? 각 스레드는
x, sum값을 공유하기 때문에 서로 덮어쓰게 되어 계산 결과는 엉망이 될 것이다. 정
말 엉망이 되는지는 한 번 실험해보기 바란다.

[코드 8.24]의 reduction은 덧셈에 대한 환원만 소개했지만 다른 연산 작업도 가능하
다. 예를 들면 곱셈이나 OR 같은 연산도 가능하다. [표 8.16]에 reduction에 쓰이는
연산자와 환원에 쓰이는 변수의 초기값을 정리해두었다.

표 8.16 OpenMP의 reduction 연산

연산자	초기값	연산자	초기값
+	0	&	~0
*	1	¦	0
−	0	&&	1
^	0	¦¦	0
max	변수 타입이 표현 가능한 최소값	min	변수 타입이 표현 가능한 최대값

이제 [코드 8.23]과 OpenMP를 적용한 [코드 8.24]를 각각 실행하여 병렬 처리의 효
과를 살펴보도록 하자. 필자의 시스템은 쿼드 코어이므로 OpenMP를 사용한 [코드
8.24]를 실행하면 기본적으로 4개의 CPU가 작동하게 된다.

```
$ time ./pi_num_integration
pi = 3.14159265 (sum = 1256637061.43582082)

real    0m6.421s
user    0m6.417s
sys     0m0.001s

$ time ./omp_pi_num_integration
pi = 3.14159265 (sum = 1256637061.43601632)

real    0m1.780s
user    0m6.987s
sys     0m0.010s
```

[그림 8.29] 파이값 계산 - 넌 스레드 버전(위) OpenMP버전(아래)

[그림 8.29]를 보면 넌 스레드 버전, 즉 싱글 스레드 버전은 실제 수행시간(real 항목)과 CPU 시간(user + sys 항목)이 거의 일치한다. 즉 실제로 6.4초가 걸린 것이다. 하지만, OpenMP를 적용한 멀티 스레드 버전은 실제 수행시간은 약 1.78초, CPU 시간은 6.99초 정도가 소모되었음을 알 수 있다.

즉 4개의 CPU가 일감을 나눠서 작업했기에 합산된 CPU 작동 시간은 실제 수행시간보다 길다. 참고로 두 프로그램의 결과에서 sum값에 약간의 차이를 보이는 것은 부동소수점 오차 때문이다.

예제는 CPU를 혹사하는 것이 목적이고 정밀한 결과를 도출하는 것이 목적이 아니므로 불만족스럽더라도 넘어가자. pthread도 배웠으니 [코드 8.24]의 OpenMP 버전을 pthread 버전으로 바꾸는 것도 해보면 좋은 연습이 될 테니 꼭 해보도록 하자.

● 스케줄링

앞서 for 루프를 분할할 때 정확하게 1/n (n은 스레드 개수)로 나뉘는 것을 보았을 것이다. 스레드별로 분할되는 것은 omp_get_thread_num 함수를 사용하여 스레드 번호를 출력하여 확인했을 텐데 혹시 확인하지 않았다면 꼭 확인해서 기억해두자.

for 루프를 균등 분할하는 이유는 대부분의 계산 작업은 각각의 반복 실행의 수행 시간이 비슷하기 때문에 균등하게 할당하는 편이 유리하기 때문이다. 하지만, for 루프에서 반복 실행하는 작업이 비슷한 실행시간을 가지지 않는다면 특정 스레드가 더 빨리 끝내고 나머지 스레드들이 더 오랫동안 작업하는 언밸런스한 상황이 발생한다.

이런 경우에는 스케줄링을 통해서 일찍 끝내고 노는 스레드에게 일감을 더 나눠줄 수 있다면 더 좋을 것이다. 이에 스케줄링 기법이 필요한 것이다.

스케줄링 지시어는 #pragma omp for의 뒤에 붙여서 사용하며 schedule(스케줄링 방법 [,값])의 형식을 사용한다. OpenMP 3.1 기준으로 스케줄링방법은 5가지가 제공되며 [표 8.17]에 정리해두었다.

표 8.17 기타 스레드 함수

schedule(static [, n])	라운드 로빈 방식으로 순서대로 n개씩 할당한다. n 생략시 1로 간주한다.
schedule(dynamic [, n])	한가한 스레드에게 n개씩을 할당한다. n 생략시 1이 기본값이다.
schedule(guided [, n])	dynamic과 동일하게 한가한 스레드에게 할당하지만 청크의 크기가 다르다. 할당되는 청크 크기는 큰 수에서 n까지 줄여나간다. n 생략시 1이 기본값이다.
schedule(auto)	임플리먼테이션이 자동으로 판단하도록 한다.
schedule(runtime)	실행시 ICV 환경 변수에 의해서 결정한다.

static 스케줄링은 모든 스레드에게 순서대로 n 개씩 할당하는 방식이다. 할당되는 청크(chunk) 크기인 n을 생략하면 1로 간주하게 된다. static 스케줄링은 개별 작업의 수행 시간이 균일한 경우에 유리하다. 반대로 개별 작업의 수행 시간이 균일하지 못하면 노는 스레드가 발생할 수 있다.

dynamic은 순서에 상관없이 한가한 스레드 중에서 임의 선택하여 n개씩 할당한다. 청크 크기인 n이 생략되면 1로 간주하게 된다. 이 스케줄링 방식은 개별 작업의 수행 시간이 균일하지 못할 때 좀 더 빨리 작업을 끝낸 스레드에게 새로운 청크를 할당하므로 사용률을 높일 수 있는 장점이 있다.

static이나 dynamic 스케줄링은 청크 크기가 너무 작은 경우에는 잦은 스케줄링으로 인해 오버헤드가 발생할 수 있다.

guided는 dynamic과 비슷하여 한가한 스레드에게 먼저 할당한다. 다른 점은 dynamic은 할당되는 청크의 크기가 고정인데 반해 guided는 청크 크기를 큰 수에서 점점 작은 수로 줄여나간다는 점이다. 하지만, 감소되는 청크 크기는 n 이하로는 감소하지 않는다. 단 n이 생략되면 1로 간주한다. 줄어드는 청크의 크기는 [그림 8.30]의 공식을 따른다. guided는 처음에 큰 청크를 할당하므로 전체적으로 스케줄링 횟수가 줄어드는 장점이 있다.

$$N = \text{total iteration}$$
$$C = \text{user defined chunk size}$$
$$chunk_0 = N/C \quad \text{(initial chunk size)}$$

$$chunk_n = \min\left(\frac{chunk_0}{(\text{\# of threads})^n} , C \right)$$

[그림 8.30] guided 스케줄링의 청크 크기 계산식

runtime은 실행할 때 ICV(Internal Control Variable)에 의해 스케줄링을 결정한다. ICV는 OpenMP가 작동하는 환경을 설정하는 변수인데 환경 변수나 함수에 의해서

설정할 수 있다.

앞서 OpenMP의 스레드 번호를 가져오는 omp_get_thread_num() 함수, 스레드 개수를 지정하는 omp_set_num_threads()나 환경 변수 OMP_NUM_THREADS이 대표적인 ICV 기능이다. 이들은 뒤에서 따로 정리하고 여기서는 runtime이 ICV를 이용한다는 점만 기억해두도록 하자.

● 순서 정렬

각 스레드가 병렬 처리하는 루프 구간에서 직렬화해야 하는 작업이 필요할 때 순서 정렬(ordered) 기능을 사용한다. 예를 들어 행렬을 계산하면서 그 결과를 파일에 기록하는 경우를 생각해보자.

행렬은 행과 열의 좌표가 맞아야 하는데 다수의 스레드가 분할 처리하게 되면 운영체제나 CPU의 스케줄링에 따라 불특정 스레드가 더 빠를 수도 있다. 이 경우에 행렬의 좌표가 순서대로 출력되도록 하려면 어떻게 해야 할까?

첫 번째 방법은 가장 무식한 방법으로 계산을 모두 끝낸 다음에 행렬을 저장한 메모리를 읽어서 순서대로 출력하는 방법이다. 그리고 두 번째 방법은 ordered 지시어를 사용하는 방법이다.

```
#pragma omp for ordered
{
    ...코드...
#pragma omp ordered
        structured-block
}
```

순서 정렬을 사용하려면 먼저 for 루프 구성에 ordered를 사용하겠다고 선언해두어야 한다. 그리고 나서 순서를 정렬할 필요가 있는 코드 블록에 #pragma omp ordered 지시어를 선언해두면 된다.

앞서 예제 [코드 8.22]는 "Hello OpenMP"의 앞에 인덱스 번호가 순서대로 나오지 않는데 각 스레드가 순서대로 실행한다는 보장이 없기 때문이다. 하지만, 여기에 ordered를 적용해보면 순서대로 출력되는 것을 볼 수 있다.

간혹 ordered 지시어를 쓰지 않고 그냥 동기화 기법인 락을 이용하면 되지 않을까 생각하는 경우도 있을 것이다. 하지만, 락을 이용하면 코드 분량이 늘어나고 가장 큰 문제는 동기화된 코드 영역이 직렬화 되기 때문에 성능이 하락한다.

이에 비해 ordered는 병렬 처리하면서 ordered 처리가 필요한 구간만 순서를 맞춰서 실행시키므로 다른 병렬 구간의 성능은 떨어뜨리지 않는다.

[코드 8.25] ordered를 적용한 loop 모델 코드   (omp_loop_ordered.c)

```
01   int main() {
02       int i;
03   #pragma omp parallel
04   #pragma omp for ordered
05       for (i=0; i<8; i++) {
06           printf("[%d] Hello OpenMP\n", i);
07   #pragma omp ordered
08       {
09               printf("\t[%d] Hello OpenMP : ordered block.\n", i);
10       }
11       }
12       return 0;
13   }
```

[코드 8.25]의 04행에 보면 ordered를 사용하겠다고 표시해두었다. 그리고 07~10 행에 ordered 코드 블록을 지정했다. 따라서 06행 부분은 순서가 무작위로 출력되겠지만 09행은 순서대로 출력될 것이다. 예제를 반복해서 실행해보면 그 차이를 확실하게 알 수 있을 것이다.

```
$ ./omp_loop_ordered
[6] Hello OpenMP
[2] Hello OpenMP
[4] Hello OpenMP
[0] Hello OpenMP
        [0] Hello OpenMP : ordered block.
[1] Hello OpenMP
        [1] Hello OpenMP : ordered block.
        [2] Hello OpenMP : ordered block.
[3] Hello OpenMP
        [3] Hello OpenMP : ordered block.
        [4] Hello OpenMP : ordered block.
[5] Hello OpenMP
        [5] Hello OpenMP : ordered block.
        [6] Hello OpenMP : ordered block.
[7] Hello OpenMP
        [7] Hello OpenMP : ordered block.
```

[그림 8.31] ordered를 적용한 loop 모델 예제의 실행

6.4 sections 모델

sections 모델은 코드의 특정 구간을 다수의 섹션으로 분할하여 병렬 처리하는 태스크 방식이다. 주의할 점은 섹션으로 분할되는 구간은 서로 의존성이 없어야 한다. 만일 서로 의존성이 있다면 크리티컬 섹션이나 락을 이용해서 동기화를 해야 한다.

sections의 끝에는 for 구성처럼 묵시적 배리어가 존재하므로 먼저 끝난 스레드는 대기하게 된다. sections는 코드 구간을 분할하므로 각 섹션은 일회성으로 작업하게 된다. 그러나 태스크가 반복적으로 등장하는 구조라면 task 구성을 사용하는 편이 낫다.

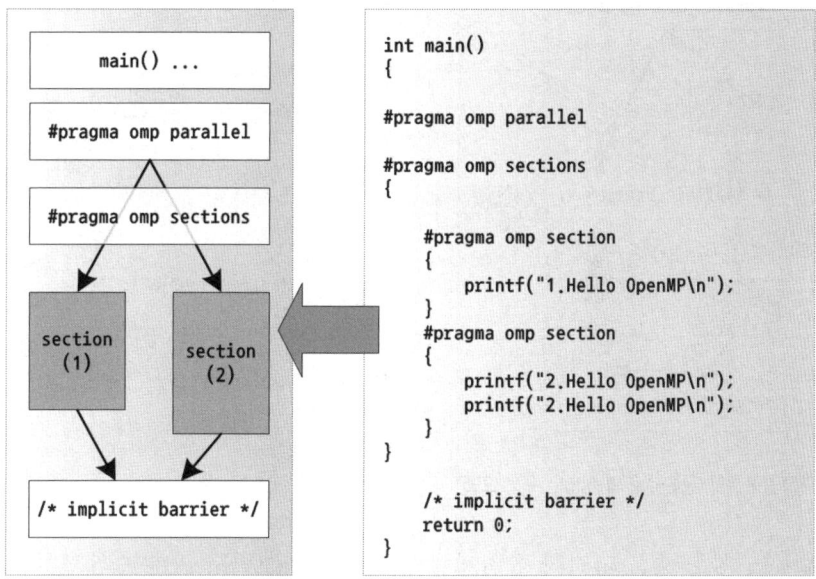

[그림 8.32] OpenMP의 sections 구성 모델

[그림 8.32]는 sections 구성 모델이 어떻게 작동하는지 쉽게 이해할 수 있다. 그림처럼 병렬 구간 내에 sections 구성만 존재하는 경우라면 #pragma omp parallel sections처럼 합칠 수 있다.

주의할 점은 섹션의 실행 순서는 순서대로 실행되는 것이 아니라는 점이다. 예를 들어 섹션이 10개가 있고 팀 스레드가 4개가 있다면 0번 스레드가 첫 번째 섹션, 1번 스레드가 두 번째 섹션, 2번 스레드가 세 번째 섹션을 실행하는 것이 아니라는 것이다. 각 섹션을 몇 번째 스레드가 실행할지는 임플리먼테이션에 따라 달렸으며 대부분 불특정 스레드가 랜덤하게 실행한다.

sections에도 앞서 loop 구성처럼 private, firstprivate, lastprivate, reduction 등을 사용할 수 있다. 예를 들어 #pragma omp sections private(x) reduction(+:sum)처럼 선언할 수 있다.

6.5 single 모델

single 구성으로 지시된 블록은 단 한 번만 실행된다. 해당 블록을 실행하는 스레드는 여러 스레드 중에 제일 먼저 진입하는 임의의 스레드이다. 나머지 스레드들은 single 구성을 실행하는 스레드가 작업을 마칠 때까지 대기한다. 즉 single 구성 끝에 묵시적 배리어가 존재하는 것이다.

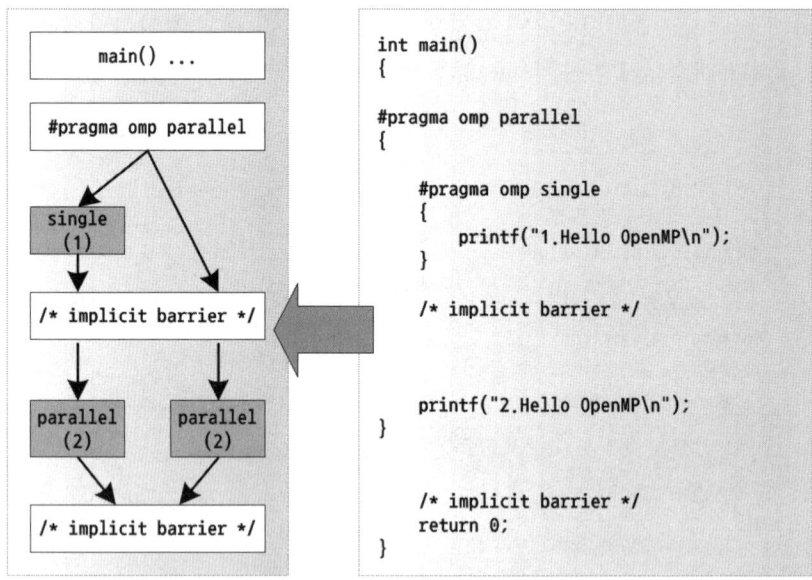

[그림 8.33] OpenMP의 single 구성 모델

single 구성은 주로 초기화 작업처럼 일회성 작업이면서 다른 스레드들이 작동하기 전에 해야 할 작업에 유용하게 쓰인다.

single 구성도 private, firstprivate, lastprivate 등을 사용할 수 있다. 이는 초기화에 필요한 각종 변수값을 복사해오거나 main 스레드에 업데이트하거나 하는 등의 용도로 사용된다.

6.6 task 모델

task 구성은 OpenMP 3.0(2008년 5월)에서 추가된 기능 중에 가장 핵심적인 부분으로서 특정 작업 단위로 분할된 구간을 스레드에게 할당하는 구조이다. OpenMP 4.0에 와서 더 확장되어 기능이 추가되었다. OpenMP 4.0은 gcc 4.9.1 이후에 지원하므로 여기서는 3.0의 기능만 설명하도록 한다.

OpenMP 태스크는 비동기적으로 작동하므로 비순차적으로 실행될 수 있다. 앞서 병렬 처리 패턴에서 태스크 분해 방식을 생각하면 이해가 빠를 것이다.

OpenMP의 task 모델은 트리 구조, 파이프라이닝, 파면(wavefront) 모델의 경우에 적용하기 좋다.

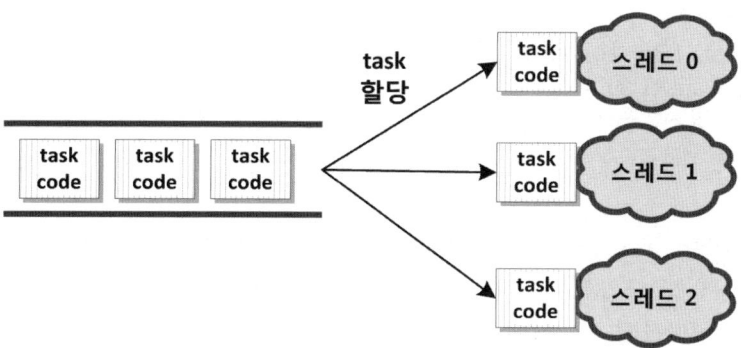

[그림 8.34] OpenMP의 task 모델

task 구성은 기존의 워크 쉐어링 구성 모델(loop, sections, single)로 해결하기 어려운 비동기적 작업들을 멀티 스레드화 할 수 있다. 워크 쉐어링 구성 모델은 정적(static)인 루프의 개수나 섹션으로 분할된 코드 블록을 분할하는 방법이므로 예측 가능한 분배 작업에 사용된다.

즉 루프의 개수를 알 수 없다거나 중첩(nested)되거나 재귀(recursive)되어 분할하기 곤란한 작업 모델을 가졌다면 적용할 수 없다는 뜻이다. 물론 워크 쉐어링 구성 모델도 억지로 이리저리 찢고 붙인다면 루프의 개수를 알기 어려운 경우나 중첩, 재귀 모델을 변형시켜서 적용할 수는 있을 것이다.

하지만, 일반적인 상황에 모두 적용할 수 없기 때문에 직관적인 코드를 만들기는 어려워진다. 그리고 복잡하게 수정하는 것은 OpenMP의 적용 취지에도 어긋나므로 그다지 추천할 바가 못 된다.

따라서 병렬 구간(parallel region)의 어디서든지 상관없이 작업 단위의 병렬화를 선언할 수 있도록 작업별 비동기화 기능이 필요하게 되었고 이에 task 구성이 제안되었다. 2009년 이후에 나온 대부분 컴파일러는 OpenMP 3.0을 지원하며 GCC의 경우는 4.3.1부터 지원하고 있다.

참고로 페도라 리눅스는 Fedora 10부터 GCC 4.3.2를 탑재하고 있고 우분투 리눅스는 9.04부터 GCC 4.3.3을 지원하고 있다.

```
#pragma omp task [clause[ [, ]clause] ...] new-line
    structured-block
clause: if(scalar-expression)
        untied
        default(shared ¦ none)
        private(list)
        firstprivate(list)
        shared(list)
```

task는 태스크 코드 블록을 떼어내어 스레드에게 할당하여 실행하도록 하는 기능이다. task는 다른 구성과 비교해 볼 때 기능이 많은 편이다. 이 중에서 private 관련 기능은 이미 살펴봤던 것이므로 직관적으로 쓰임새를 알 수 있을 것이다. 그러면 task 예제를 통해 사용법을 보도록 하자.

예제는 for 루프에서 링크드 리스트를 따라가는 것으로서 상수적으로 루프의 개수를 알 수 없기 때문에 task 구성으로 가능한 기능이다.

예제는 기능을 설명하기 위해 억지로 만들었기 때문에 최소한의 기능으로만 구현하였다.

[코드 8.26] 링크드 리스트에 task 병렬화 적용   (omp_task_linkedlist.c)

```
01  #define LIST_ITERATION  20
02  typedef struct lnklist LNKLIST;
03  struct lnklist {
04      int    num;
05      LNKLIST *next;
06  } *ll_head, *ll_tail;
07  void make_lnklist();
08  LNKLIST *append_lnklist(LNKLIST *l);
09  void walk_lnklist();
10  int main() {
11      make_lnklist();    /* 링크드 리스트를 구성한다 */
12  #pragma omp parallel
13  #pragma omp single
14      walk_lnklist();    /* 링크드 리스트를 횡단한다. */
15      return 0;
16  }
17  void walk_lnklist() {
18      int    i;
19      LNKLIST *list;
20      for(i=0,list=ll_head; list != NULL; i++,list = list->next) {
21  #pragma omp task firstprivate(i, list)
22          {
```

```
23              printf("[%02d : %d] (%p -> %p)\n", i, omp_get_thread_num(), list, list->next);
24              sleep(1);
25          }
26      }
27  }
28  void make_lnklist() {
29      int i;
30      LNKLIST *list;
31      ll_tail = ll_head = calloc(1, sizeof(LNKLIST));
32      ll_head->next = ll_tail;
33      for (i=0; i<LIST_ITERATION; i++) {
34          list = calloc(1, sizeof(LNKLIST));
35          list->num = i;
36          append_lnklist(list);
37      }
38  }
39  LNKLIST *append_lnklist(LNKLIST *list) {
40      ll_tail->next = list; /* tail에 새로운 리스트 추가 */
41      ll_tail = list;       /* 리스트의 tail 업데이트 */
42      list->next = NULL;
43      return list;
44  }
```

11행의 make_lnklist는 LIST_ITERATION 개수만큼의 링크드 리스트를 만든다. 12행과 13행에서는 OpenMP의 parallel 구간을 생성한 뒤에 바로 single 구성으로 walk_lnklist를 호출하게 된다.

따라서 오직 1개의 스레드만 walk_lnklist를 실행하게 되는 것이다. 이렇게 되면 병렬 처리가 되지 않는 것이라고 생각할 수도 있으나 task의 특성 때문에 이렇게 하는 것이다.

task는 현재 스레드가 다른 스레드에게 코드 블록을 떼어내어 실행시키는 형태이다. 따라서 현재 스레드가 디스패처(dispatcher) 역할을 하고 코드 블록이 다른 스레드에게 할당되는 코드 블록이다.

물론 스케줄링에 따라서 현재 스레드가 해당 task를 실행할 수도 있다. 그러나 single을 쓰지 않고 복수 개의 스레드가 디스패처 역할을 하게 되면 같은 작업을 여러 번 할 수 있고, 이 과정에서 충돌이 생길 수 있다. 그래서 task 작업을 할당하는 스레드는 single이나 master 블록에서 하는 경우가 많다. 물론 몇몇 특별한 구조에서는 single을 쓰지 않고 구성하는 경우도 있다.

```
$ ./omp_task_linkedlist
[00 : 3] (0x1f54010 -> 0x1f54030)
[01 : 0] (0x1f54030 -> 0x1f54050)
[03 : 1] (0x1f54070 -> 0x1f54090)
[02 : 2] (0x1f54050 -> 0x1f54070)
[04 : 3] (0x1f54090 -> 0x1f540b0)
[05 : 2] (0x1f540b0 -> 0x1f540d0)
[07 : 0] (0x1f540f0 -> 0x1f54110)
         … 생략 …
```

[그림 8.35] OpenMP task 예제의 실행

[그림 8.35]에서 앞에 두 개의 숫자는 첫 번째는 for 루프에서 반복 순번이고 두 번째는 스레드 번호이다. 순번과 스레드 번호를 대조해보면 스레드가 무작위로 비순차 할당되는 것을 볼 수 있다. 즉 한가한 스레드가 스케줄링 되어 task를 할당받는 것이다. 예제를 반복 실행해보면 이 차이를 좀 더 확실하게 알 수 있다.

그러면 여기서 조건을 추가해보자. 예를 들어 21행에서 i의 값이 5 이상인 경우만 task로 할당하기 위해 #pragma omp task firstprivate(i, list) if(i>5)이라고 수정하자.

이는 if(i>5) 조건을 만족하는 경우에만 task를 스레드에 할당하고 조건을 만족하지 않는 경우에는 single 블록을 실행하던 스레드가 직접 직렬로 처리하게 된다. 따라서 if 조건을 추가하도록 수정된 프로그램을 실행한 [그림 8.36]을 보면 0~5번까지는 1번 스레드가 처리하고 6번부터 병렬 처리되는 것을 볼 수 있다.

[그림 8.36]에서 single 블록에 처음 진입한 스레드는 1번이었지만 얼마든지 다른 스레드가 될 수도 있다. 반복 실행해보면서 single 블록에 진입하는 스레드가 달라지는지 확인해보자.

```
$ ./omp_task_linkedlist
[00 : 1] (0x1647010 -> 0x1647030)
[01 : 1] (0x1647030 -> 0x1647050)
[02 : 1] (0x1647050 -> 0x1647070)
[03 : 1] (0x1647070 -> 0x1647090)
[04 : 1] (0x1647090 -> 0x16470b0)
[05 : 1] (0x16470b0 -> 0x16470d0)
[06 : 3] (0x16470d0 -> 0x16470f0)
[08 : 2] (0x1647110 -> 0x1647130)
[07 : 1] (0x16470f0 -> 0x1647110)
[09 : 0] (0x1647130 -> 0x1647150)
         … 생략 …
```

[그림 8.36] OpenMP task 예제의 if 조건 추가

untied 조건은 task를 처리하던 스레드가 스케줄링에 의해서 정지(suspend)되었다가 재시작할 때 불특정 스레드에 의해서 재시작 될 수 있도록 하는 기능이다.

반대로 기본값인 tied 상태는 정지되기 이전의 task를 처리하던 같은 스레드가 이어서 처리하도록 하는 기능이고 untied는 이전에 어떤 스레드가 작업했는지 여부와 상

관없이 아무 스레드나 재시작 작업을 이어받을 수 있도록 하는 것이다.

untied의 장점은 task가 하위 task를 계속해서 생성하는 재귀적인 경우나 트리 구조인 경우에 좀 더 유연한 스케줄링을 가능하게 한다.

task는 언제든지 임플리먼테이션의 스케줄링에 의해서 정지될 수 있다. 하지만, 반대로 프로그래머가 스케줄링을 요구할 수도 있다. 바로 taskyield 지시어로서 이를 사용하면 스레드가 다른 task를 우선 처리할 수 있도록 스케줄링 된다. 물론 우선 처리할 다른 task가 없다면 다시 스케줄링 될 수도 있다.

6.7 동기화 기능

OpenMP는 동기화를 위해서 배리어, 크리티컬 섹션, 원자적 실행, 뮤텍스 락 등의 다양한 메커니즘을 제공하고 있다. 각 기능은 약간씩 기능의 차이가 있지만, 기본적인 목적은 동기화라는 점에서 동일한 기능을 가지고 있다.

OpenMP의 배리어는 배리어 지시어가 선언된 곳에 먼저 도착한 스레드를 대기시킨다. 그리고 생성된 모든 스레드가 배리어에 도착하면 재시작된다. 기능적인 면에서 pthread에서 설명한 것처럼 다른 것이 없으나 OpenMP의 배리어는 쓰임새에 따라서 범용 배리어와 task에서 사용되는 배리어가 따로 제공된다.

OpenMP의 크리티컬 섹션은 락(lock)을 좀 더 편리하게 사용할 수 있도록 만든 것으로서 크리티컬 섹션으로 선언된 블록은 스레드가 동시 접근하지 못하도록 보호해준다. 크리티컬 섹션은 다수의 코드 블록을 지정할 수도 있다.

크리티컬 섹션은 프로그램 전역에서 접근 가능하다. 참고로 크리티컬 섹션 기능이 제공되는 Win32에서는 크리티컬 섹션의 오버헤드가 뮤텍스나 세마포어보다 가볍기 때문에 OpenMP에서도 가벼운 락 개념으로 추측하는 경우가 있으나 OpenMP 표준안은 크리티컬 섹션에 대해 성능 규약을 정해두지 않았으므로 Win32와는 다르다.

원래 크리티컬 섹션은 코딩의 편리함을 위해서 제공되던 동기화 개념이기 때문에 임플리먼테이션에 따라 성능 차이가 발생할 뿐 크리티컬 섹션의 고유 기능에 성능 기준이 포함되는 것은 아니다.

OpenMP의 락은 좀 더 섬세한 제어를 가능하게 한다. 블록킹과 넌블록킹 기능을 사용할 수 있으며 필요에 따라서 복수의 락을 배치하거나 중첩된 락을 사용할 수도 있다. 앞서 언급했던 크리티컬 섹션도 락을 이용해서 얼마든지 구현이 가능하다.

OpenMP의 원자적 실행은 변수 한 개의 값을 다루는 작업에 사용되는 일반적인 락보다 가벼운 동기화 기능이다. 스핀 락과 같다고 생각하면 된다.

● 배리어

parallel, for, sections, single의 블록 끝에는 묵시적 배리어가 존재한다. 하지만, 코드 내부에서 명시적으로 배리어를 사용하고 싶은 경우를 대비해서 명시적 배리어인 barrier 지시어가 제공된다. 그리고 task에서 사용되는 특별한 배리어로 taskwait 지시어도 제공된다.

```
#pragma omp barrier new-line
#pragma omp taskwait new-line
```

OpenMP의 barrier가 선언되면 병렬 처리를 위해 생성된 스레드들이 배리어가 선언된 코드 위치에 도착할 때까지 동기화시킨다. 그러나 task는 태스크 단위로 만들어진 코드 블록을 복수의 스레드가 가져다가 처리하는 개념이므로 스레드는 단지 일꾼에 불과하다.

따라서 task에서는 작업할 태스크 코드의 동기화에 초점을 맞춰야지 어떤 일꾼을 동기화할 것인지에 초점을 맞추면 핀트가 어긋나 버린다. 예를 들어 트리 구조를 횡단(traverse)하는 경우를 생각해보자.

이런 경우에 재귀적으로 함수를 호출하는 경우가 많은데 스레드 단위의 배리어를 선언하면 잘못하다가는 모든 스레드가 정지되어버릴 수 있다. 왜냐하면, 태스크를 처리하던 스레드들은 스케줄링에 의해서 현재 태스크를 정지(suspend)시키고 다른 태스크를 처리할 수도 있는데 갑자기 배리어가 선언된 태스크 코드가 실행되는 시점에서 다른 태스크를 이미 끝낸 스레드가 parallel 구간의 끝까지 도착해버렸다면 배리어 태스크는 영영 반환되지 못한다. 따라서 현재 태스크와 하위 태스크만을 동기화하는 taskwait가 필요하게 된 것이다.

taskwait는 일꾼에 불과한 스레드를 동기화하지 않고 현재 태스크와 파생된 하위 태스크들을 동기화하는 용도로 사용된다. 따라서 taskwait가 선언되면 어떤 스레드가 처리하든지 상관없이 현재 태스크에서 파생된 태스크들이 모두 끝날 때까지만 대기하게 된다.

한 가지 주의할 점은 barrier나 taskwait를 if, while, do, switch, label 등과 같이 쓰일 때는 꼭 중괄호로 감싼 코드 블록 형태에서 선언해야 한다는 점이다.

예를 들어 [그림 8.37]을 보면 좌측은 잘못된 표현이고 우측이 올바른 표현이다. 참고로 조건문과 결합하여 배리어를 쓸 때는 꼭 모든 스레드가 배리어에 도착할 수 있는 조건을 설정해야 하는 점에 주의해야 한다.

```
if (flag == …)
#pragma omp barrier

if (flag == …)
#pragma omp taskwait
```

→

```
if (flag == …) {
#pragma omp barrier
}
if (flag == …) {
#pragma omp taskwait
}
```

[그림 8.37] barrier와 taskwait의 코드 블록

반대로 묵시적 배리어조차 없애는 명령어로 nowait가 제공된다. nowait가 선언되면 먼저 도착한 스레드는 즉시 다음 구간을 실행할 수 있다. nowait는 묵시적 배리어가 존재하는 loop, sections, single 모델 구성에 사용할 수 있다.

```
#pragma omp for nowait
#pragma omp sections nowait
#pragma omp single nowait
```

● 크리티컬 섹션

```
#pragma omp critical [(name)] new-line
    structured-block
```

크리티컬 섹션은 여러 개가 선언되더라도 진입한 스레드는 1개로 제한하는 동기화 개념이다. 하지만, 크리티컬 섹션 변수를 구별하여 여러 종류의 크리티컬 섹션을 만들려고 할 때는 name에 이름을 지정해야만 한다.

예를 들어 공유 큐에 접근하는 크리티컬 섹션과 공유 파일에 기록하는 크리티컬 섹션이 있다면 #pragma omp critical (sh_queue) 와 #pragma omp critical (sh_file)으로 구별해서 사용할 수 있다. 만일 name을 생략하면 이름 없는 크리티컬 섹션끼리 모두 공유된다.

● 원자적 실행

원자적 실행(atomic operation)은 변수 1개의 값에 어떤 조작을 하는 용도로 사용된다. atomic은 락보다는 가볍고 더 빠르지만 복잡한 작업에는 쓸 수 없다. 어떤 함수를 호출하거나 다양한 변수의 값을 조작한다면 크리티컬 섹션이나 락을 사용해야 한다.

OpenMP의 원자적 실행은 OpenMP 3.0까지는 간단하게 atomic 지시어만 사용하였으나 OpenMP 3.1부터는 원자적 실행을 읽기, 쓰기, 업데이트, 캡처로 세분화되었다.

따라서 OpenMP 3.0까지 지원하는 컴파일러와 OpenMP 3.1 이후를 지원하는 컴파일러에 따라 사용되는 지시어가 다르다. 여기서는 3.1의 가장 최근 설명만 하겠지만

3.0 이전은 그냥 #pragma omp atomic으로 쓰면 된다.

```
#pragma omp atomic [read | write | update | capture] new-line
    expression-statement
```

atomic 지시어에 read, write, update, capture의 구체적인 작동을 지정하지 않고 생략하면 update로 작동하게 된다. read는 데이터를 읽어오는 작업을 원자적으로 실행한다. 반대로 write는 데이터를 쓰는 작업을 원자적으로 실행한다. update는 읽고 쓰는 작업을 하는 경우이다. capture는 update와 read가 결합된 경우를 말한다. 이해를 돕기 위해 [표 8.18]을 보도록 하자.

표 8.18 OpenMP의 atomic 형식 분류 (x : atomic 적용 대상)

read	v = x;
write	x = expression;

update	x++;
	x--;
	++x;
	--x;
	x binary_operator = expression;

capture	v = x++;
	v = x--;
	v = ++x;
	v = --x;
	v = x binary_operator = expression;

[표 8.18]에서 보면 read 원자적 실행은 x의 값을 읽어오는 작업을 원자적으로 실행한다. 즉 우변의 값에 대해 원자성을 보장하는 것이다. 그러므로 x의 값을 읽어오는 시점에서 x의 값이 다른 스레드에 의해 변경되는지 염려할 필요가 없어지는 것이다.

주의할 점은 read 원자적 실행은 우변의 값에 대해 원자성을 보장하기 때문에 좌변인 v에 데이터를 저장하는 작업은 원자성을 보장하지 않으므로 v가 공유 변수라면 문제가 생긴다. 따라서 atomic read에서 v는 스레드 로컬 변수이어야 한다.

write 원자적 실행은 read와는 반대로 x에 값을 저장하는 작업을 원자적으로 실행한다. 즉 좌변의 값에 대해 원자성을 보장한다. 여기서 x는 여러 스레드가 동시에 접근 가능한 공유 변수이며 여러 스레드가 동시에 쓰기를 시도하여도 오염되지 않는다.

주의할 점은 write 원자적 실행은 우변의 값이 계산되는 것을 보호하는 것은 아니다. 따라서 우변이 다른 스레드나 공유 변수의 영향을 받는다면 문제가 생긴다.

update 원자적 실행은 x의 값을 읽어와서 변경한 뒤에 저장하는 작업을 원자적으로 실행한다. 대부분 [표 8.18]처럼 단항 연산자인 ++나 −−가 대표적이다. 이외에 x += expression; 같은 형태도 현재 값을 읽어서 조작하여 저장하므로 같다.

capture 원자적 실행은 update에 read가 결합된 형태이다. 따라서 update 원자적 실행 후에 그 값을 읽어서 스레드 로컬에 복사해오는 작업으로 사용된다. 이 기능은 공유 데이터를 변경하고 그 값을 읽어와야 하는 대다수 작업에 적합하기 때문에 중요하게 사용된다.

● OpenMP 락

OpenMP에서는 배리어나 원자적 실행으로 힘든 동기화 작업을 위해 범용으로 사용 가능한 락 변수 타입인 omp_lock_t, omp_nest_lock_t 타입을 제공하고 있다. 이들은 pthread의 뮤텍스와 흡사하여 초기화 후 사용하고 사용이 끝나면 파괴하면 된다.

omp_lock_t는 일반적인 락이고 omp_nest_lock_t는 중첩이 가능한 락으로 재귀 가능한 뮤텍스와 같다고 보면 된다. 따라서 모든 함수는 2가지 버전으로 제공된다.

표 8.19 OpenMP의 락 제어 함수

omp_init_lock	락을 초기화 한다.
omp_destroy_lock	락을 파괴한다.
omp_set_lock	잠금을 시도한다. 잠금을 할 수 없다면 대기하면서 블록킹된다.
omp_unset_lock	잠금을 해제한다.
omp_test_lock	omp_set_lock의 넌블럭킹 버전이다.

[표 8.19]에서 보이는 omp_lock_t 락 관련 함수들의 원형을 살펴보고 간단한 예제를 살펴보도록 하자.

```
void omp_init_lock( omp_lock_t * lock );
void omp_destroy_lock( omp_lock_t *lock );
void omp_set_lock( omp_lock_t *lock );
void omp_unset_lock( omp_lock_t *lock );
int omp_test_lock( omp_lock_t *lock );
```

OpenMP 락 관련 함수의 원형을 보면 리턴은 없고 인수를 1개만 사용하므로 직관적인 인터페이스를 가지고 있다. 따라서 앞서 다뤘던 pthread 뮤텍스를 사용해본 경우라면 쉽게 이해할 수 있으므로 자세한 설명을 생략하도록 하겠다.

다만, omp_test_lock의 경우에는 넌블럭킹 버전의 함수이므로 성공, 실패를 알기 위해 int 값을 리턴하도록 되어 있다. 따라서 omp_test_lock은 잠금을 시도하여 성공하면 참(non-zero)을 리턴하고 잠금에 실패한 경우라면 거짓(zero)을 리턴하도록 되어 있다.

예제는 sections 모델로 구성하였고 4개의 section 블록을 포함하고 있다. 각 section은 1초씩 쉬고 printf로 화면에 출력하는 기능이다. 사실 OpenMP 락이 필요한 코드는 아니지만, 사용법을 설명하기 위해 억지로 만든 프로그램이라고 볼 수 있다.

[코드 8.27] OpenMP 락 예제   (omp_lock.c)

```
01  omp_lock_t  mylock;
02  int main() {
03     omp_init_lock(&mylock);
04  #pragma omp parallel
05     {
06  #pragma omp sections
07        {
08  #pragma omp section
09           {
10              omp_set_lock(&mylock);
11              sleep(1);
12              printf("[%d] 1. Hello world\n", omp_get_thread_num());
13              omp_unset_lock(&mylock);
14           }
15  #pragma omp section
16           {
17              omp_set_lock(&mylock);
18              sleep(1);
19              printf("[%d] 2. Hello world\n", omp_get_thread_num());
20              omp_unset_lock(&mylock);
21           }
22  #pragma omp section
23           {
24              omp_set_lock(&mylock);
25              sleep(1);
26              printf("[%d] 3. Hello world\n", omp_get_thread_num());
27              omp_unset_lock(&mylock);
28           }
29  #pragma omp section
30           {
31              omp_set_lock(&mylock);
32              sleep(1);
33              printf("[%d] 4. Hello world\n", omp_get_thread_num());
34              omp_unset_lock(&mylock);
35           }
```

```
36        } /* sections */
37      } /* parallel */
38      omp_destroy_lock(&mylock);
39      return 0;
40  }
```

소스 코드는 별다른 내용이 없으나 실행시켜보면 sections의 특징인 순서대로 스케줄링 되지 않는 것을 확인할 수 있다. [그림 8.38]을 보면 첫 번째 섹션을 두 번째 스레드가 실행한 것을 볼 수 있다. 예제를 반복 실행해보면 스케줄링이 랜덤하게 바뀌는 것을 볼 수 있을 것이다.

```
$ ./omp_lock
[1] 1. Hello world
[3] 4. Hello world
[2] 3. Hello world
[0] 2. Hello world
```

[그림 8.38] OpenMP의 omp_lock_t 락 예제 실행

재귀적으로 잠금이 가능한 omp_nest_lock_t 타입을 사용하는 함수는 함수 이름만 약간 다르고 모든 구조가 같다. [표 8.20]에 다른 함수의 이름을 정리해두었다.

표 8.20 OpenMP의 중첩 가능한 락 제어 함수

omp_init_nest_lock	락을 초기화한다.
omp_destroy_nest_lock	락을 파괴한다.
omp_set_nest_lock	잠금을 시도한다. 잠금을 할 수 없다면 대기하면서 블록킹된다.
omp_unset_nest_lock	잠금을 해제한다.
omp_test_nest_lock	omp_set_lock의 넌블럭킹 버전이다.

● master 지시어

master 지시어는 마스터 스레드가 작업하는 코드를 지정한다. 마스터 스레드는 1개 뿐이므로 당연히 일회성으로 실행된다. 이는 기능적인 측면에서 single과 매우 비슷해 보이지만 큰 차이가 있다.

첫 번째는 이미 언급했듯이 master 구간은 무조건 마스터 스레드, 즉 main 스레드가 실행한다는 점이다. 두 번째 차이는 묵시적 배리어가 없다는 점이다. 즉 마스터 스레드를 제외한 다른 스레드들은 마스터 스레드가 master 구간을 실행하는 동안에도 계속 진행된다는 점이다.

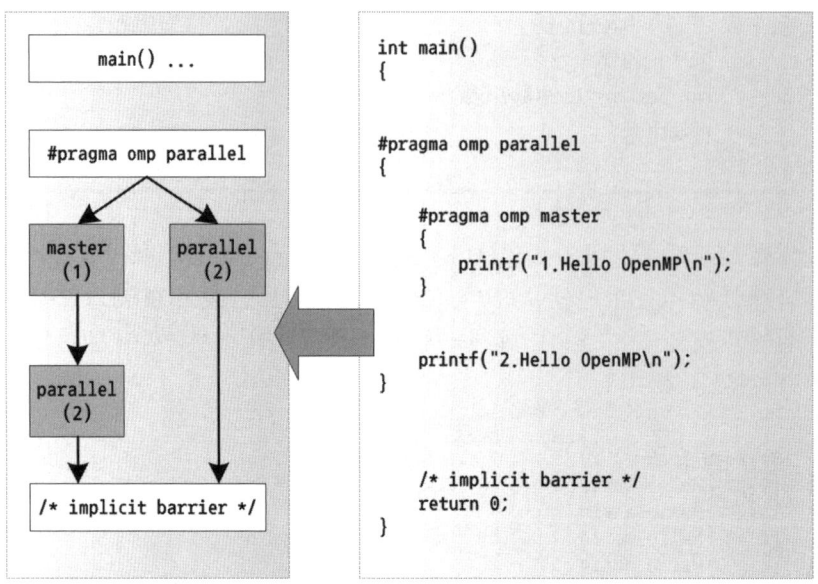

[그림 8.39] OpenMP의 master 구성 모델

참고로 마스터 스레드는 private 관련 기능을 쓰지 못한다. 이는 조금만 생각하면 당연한 일인데 마스터 스레드는 프로세스가 실행됨과 동시에 생성되는 기본 스레드이므로 굳이 TLS로 복제할 필요가 없다.

마스터 스레드가 사용되는 경우에는 터미널에서 입력을 받아야 하는 경우나 다른 팀 스레드를 제어하는 용도로 사용되는 경우가 많다.

6.8 중첩된 루프의 병렬화

행렬과 같은 문제를 다룰 때는 필히 중첩된 루프가 나오게 된다. 예를 들어 행렬 곱을 구하는 작업을 한다고 생각해보자.

2차원 행렬의 곱이라면 2개의 루프가 중첩된다. 이런 경우에는 OpenMP를 어떻게 구성해야 할까? 일단은 루프에서 쓰이는 반복자 역할의 변수에 private 지시어만 제대로 넣어줘도 선방했다고 볼 수 있다.

문제는 그다음에 나타난다. 바로 로드 밸런싱의 문제이다. 왜냐하면, OpenMP가 루프를 스케줄링하는 기준이 가장 바깥쪽에 있는 루프의 횟수이기 때문이다.

[코드 8.28] 중첩된 루프의 예   (omp_nested_loop1.c)

```
01   int main() {
02       int i, j;
03   #pragma omp parallel
```

```
04      {
05 #pragma omp for private(j)
06        for (i=9; i>6; i--) {
07            printf("[%d] (i=%d)\n", omp_get_thread_num(), i);
08            for (j=0; j<5; j++) {
09                printf("[%d] (i,j=%d,%d)\n", omp_get_thread_num(), i, j);
10            }
11        }
12    }
13    return 0;
14 }
```

[코드 8.28]은 실행 자체에는 문제가 없다. 하지만, 실행해보면 로드 밸런싱에 문제점이 있음을 알 수 있게 된다. [그림 8.40]은 쿼드 코어를 가진 시스템에서 실행한 결과인데 어디를 봐도 4번째 스레드는 보이지 않는다.

```
$ ./omp_nested_loop1
[0] (i=9)
[0] (i,j=9,0)
[0] (i,j=9,1)
[0] (i,j=9,2)
[0] (i,j=9,3)
[0] (i,j=9,4)
[2] (i=7)              쿼드 코어 시스템이지만
[2] (i,j=7,0)          4번째 쓰레드(3번쓰레드)는 보이지 않는다.
[2] (i,j=7,1)
[2] (i,j=7,2)
[2] (i,j=7,3)
[2] (i,j=7,4)
[1] (i=8)
[1] (i,j=8,0)
… 생략 …
```

[그림 8.40] OpenMP의 중첩된 루프 예제 실행

앞서 언급한 대로 loop 모델의 스케줄링은 기본적으로 처음 등장하는 for 루프의 횟수로 판단하기 때문에 첫 번째 루프 횟수가 3번밖에 되지 않으니 4번째 스레드는 아예 스케줄링에서 빠져버린 것이다.

더군다나 j를 이용하는 루프에서는 오로지 하나의 스레드가 전담하고 있는 것을 볼 수 있다. 이런 문제를 해결하기 위해 중첩된 루프에 스케줄링하도록 omp_set_nested 함수 설정이 도입되었다. 수정된 코드를 살펴보자.

[코드 8.29] 중첩된 루프에 omp_set_nested 적용한 예   (omp_nested_loop2.c)

```
01    int main() {
02        int i, j;
03        omp_set_nested(1);
04 #pragma omp parallel for
05        for (i=9; i>6; i--) {
```

```
06    #pragma omp parallel for
07        for (j=0; j<5; j++) {
08            printf("[%d] (i,j=%d,%d)\n", omp_get_thread_num(), i, j);
09        }
10    }
11    return 0;
12  }
```

omp_set_nested는 인수로 0을 넣으면 중첩 기능을 끄고 non-zero를 넣으면 중첩 기능을 켜준다. 현재 상태를 읽어오려면 omp_get_nested를 사용한다. 이 기능은 OMP_NESTED 환경 변수로도 제어할 수 있는데 "export OMP_NESTED=true"로 켤 수 있다.

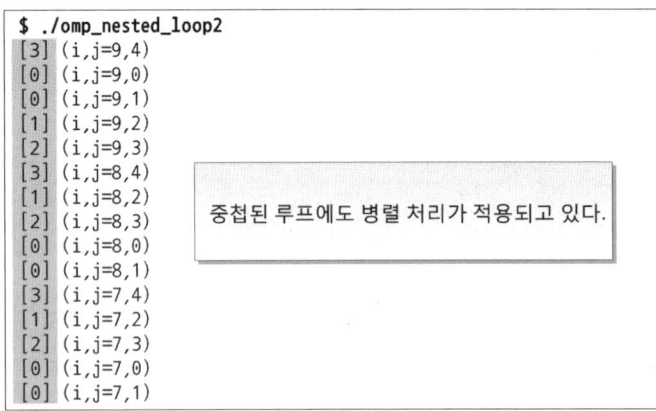

[그림 8.41] OpenMP의 omp_set_nested가 적용된 중첩 루프 예제 실행

[그림 8.41]은 [코드 8.29]를 실행한 것으로 중첩된 루프에도 병렬 처리가 되는 것을 확인할 수 있다. 그런데 중첩된 하위 루프들의 반복 횟수에 따라서 스케줄링 된 청크 크기의 비율이 전체 루프 횟수와 잘 맞지 않는 경우가 발생할 수 있다.

이런 문제를 해결하기 위해 OpenMP 3.0부터는 중첩된 루프를 풀어내서 하나의 루프로 만드는 방법으로 collapse(n) 지시어가 제공된다.

[코드 8.30] 중첩된 루프에 collapse를 적용한 예   (omp_nested_loop3.c)

```
01    int main() {
02        int i, j;
03    #pragma omp parallel
04        {
05    #pragma omp for collapse(2)
06        for (i=9; i>6; i--) {
07            for (j=0; j<5; j++) {
08                printf("[%d] (i,j=%d,%d)\n", omp_get_thread_num(), i, j);
09            }
```

```
10        }
11     }
12     return 0;
13  }
14
```

[코드 8.30]의 05행을 보면 collapse(2)가 추가된 것을 볼 수 있다. 이는 하위에 중첩된 2개의 루프를 풀라는 것이다. 이렇게 되면 i와 j를 사용하는 루프는 하나로 풀려서 15번의 반복을 가지는 하나의 루프가 된다.

collapse를 사용하면 전체 루프의 반복을 가지고 스케줄링을 하기 때문에 좀 더 직관적이고 쉬운 스케줄링 가능해진다.

6.9 OpenMP의 TLS

pthread처럼 OpenMP도 스레드 로컬 저장소(Thread Local Storage)를 지원한다. TLS의 필요성은 pthread의 TLS를 언급하면서 설명했으니 배경에 관련된 설명은 생략하도록 하고 지시어부터 살펴보도록 하자.

```
/* 변수 list의 선언 */
#pragma omp threadprivate(list)
```

TLS 변수로 선언할 변수는 전역 변수나 static으로 선언된 변수를 사용한다. 따라서 threadprivate는 병렬 코드에 속하는 것이 아니다. TLS로 사용할 변수를 선언한 뒤에 바로 뒤에 선언하는 경우가 많기 때문에 main 함수 바깥에 선언된 경우가 많다.

이해를 돕기 위해 앞서 스레드 안전, TLS를 설명하면서 사용했던 sum_strnum 함수를 OpenMP의 TLS 버전으로 바꾸는 예제를 살펴보자. 이미 pthread TLS를 적용한 [코드 8.16](sum_strnum_tls.c)이나 GCC TLS를 적용한 [코드 8.17](sum_strnum_tls_gcc.c)을 OpenMP 버전으로 바꾼다고 생각하면 된다.

[코드 8.31] sum_strnum에 OpenMP TLS를 적용한 예　　　　　　(omp_sum_strnum_tls.c)

```
01  #define LEN_SUM_STR    16
02  char *sum_strnum(const char *, const char *);
03  int main() {
04  #pragma omp parallel sections
05     {
06  #pragma omp section
07        {
08           char *x = "1", *y = "3";
```

```
09              char *ret_str = sum_strnum(x, y);
10              pr_out("[T:%d] %s + %s = %s (%p)",
11                      omp_get_thread_num(), x, y, ret_str, ret_str);
12          }
13  #pragma omp section
14          {
15              char *x = "4", *y = "4";
16              char *ret_str = sum_strnum(x, y);
17              pr_out("[T:%d] %s + %s = %s (%p)",
18                      omp_get_thread_num(), x, y, ret_str, ret_str);
19          }
20  #pragma omp section
21          {
22              char *x = "1", *y = "5";
23              char *ret_str = sum_strnum(x, y);
24              pr_out("[T:%d] %s + %s = %s (%p)",
25                      omp_get_thread_num(), x, y, ret_str, ret_str);
26          }
27      } /* omp parallel sections */
28      return EXIT_SUCCESS;
29  }
30  char *sum_strnum(const char *s1, const char *s2) {
31      static char tls_str[LEN_SUM_STR];
32  #pragma omp threadprivate(tls_str)
33      snprintf(tls_str, LEN_SUM_STR, "%d", atoi(s1) + atoi(s2));
34      return tls_str;
35  }
```

[코드 8.31]의 32행을 보면 threadprivate를 선언해둔 것을 볼 수 있다. 이렇게 해두면 앞에 선언된 tls_str은 각 스레드에서 고유 영역으로 대체되므로 실제 주소값도 달라진다. 정말로 TLS 영역이 다른지 빌드한 뒤에 실행해서 확인해보자.

```
$ ./omp_sum_strnum_tls
[REP] [omp_sum_strnum_tls.c/main:028] [T:1] 1 + 3 = 4 (0x7f42799436f0)
[REP] [omp_sum_strnum_tls.c/main:035] [T:3] 4 + 4 = 8 (0x7f42789416f0)
[REP] [omp_sum_strnum_tls.c/main:042] [T:0] 1 + 5 = 6 (0x7f4279944790)
```

[그림 8.42] OpenMP의 TLS 예제 실행

[그림 8.42]를 보면 스레드마다 TLS를 가지고 실행하여 서로 다른 주소를 가리키고 있는 것을 볼 수 있다.

● TLS 복제 (copyin, copyprivate)

TLS는 각각의 스레드에 할당된 개별 공간이지만 시기에 따라서 TLS의 값을 복제하는 방법이 필요한 경우가 있다. 이 과정을 TLS의 브로드캐스팅이라고 하는데 병렬 구간이 시작할 때 복제하거나 중간에 복제하여 TLS를 교체하는 두 가지 방법이 제공된다.

```
#pragma omp parallel copyin(list)
#pragma omp single copyprivate(list)
```

TLS 초기화는 copyin을 사용하며 병렬 구간을 시작할 때 사용하므로 #pragma omp parallel 뒤에 붙는다. 당연히 복제할 원본은 마스터 스레드, 즉 main 함수의 TLS이고 복제할 대상은 마스터 스레드를 제외한 나머지 스레드 팀이다.

병렬 구간의 도중에 TLS를 복제할 때는 특정 스레드가 홀로 수행해야 하므로 #pragma omp single 뒤에 붙는다. copyprivate는 single 코드 블록이 끝나는 시점에 복제가 이뤄진다. 이 때 복제할 원본은 single을 수행하는 스레드의 TLS이고 복제할 대상은 single을 수행하는 스레드를 제외한 나머지 스레드 팀이다.

TLS로 선언된 변수가 여러 개라면 그중에서 복제할 TLS 변수를 선택적으로 고를 수도 있다. 예를 들어 #pragma omp threadprivate(x, y, z) 일 때 #pragma omp single copyprivate(x, y)처럼 TLS 변수의 일부분만 복제할 수도 있다.

주의할 점은 선택적으로 TLS 변수의 일부분만 복제했다면 복제되지 않은 TLS는 스레드별로 다른 값을 가질 수 있으며 마스터 스레드의 TLS는 병렬 구간이 종료된 뒤에도 보존된다는 점을 기억해야 한다.

따라서 마스터 스레드의 TLS 값을 다룰 때는 복제된 값인지 아닌지 주의 깊게 살펴야만 한다. 그러면 예제를 통해 사용법을 알아보자.

[코드 8.32] OpenMP TLS를 복제하는 예제   (omp_tls_copy.c)

```
01  struct tls_data {
02      int     cnt;
03      char    data[32];
04  } tls;
05  #pragma omp threadprivate(tls)
06  int main() {
07      tls.cnt = 5;
08      strcpy(tls.data, "12345");
09      printf("[Master] tls(%.*s)\n", tls.cnt, tls.data);
10      omp_set_num_threads(4);
11  #pragma omp parallel copyin(tls)
12      {
13  #pragma omp sections
14          {
15  #pragma omp section
16              {
17                  printf("[T:%d] 1:tls(%.*s)\n",
18                      omp_get_thread_num(), tls.cnt, tls.data);
```

```
19                  sleep(1);
20              }
21    #pragma omp section
22          {
23                  printf("[T:%d] 1:tls(%.*s)\n",
24                          omp_get_thread_num(), tls.cnt, tls.data);
25                  sleep(1);
26              }
27          } /* end: sections */
28    #pragma omp single copyprivate(tls)
29          {
30              tls.cnt = 3;
31              strcpy(tls.data, "xyz");
32              printf("[T:%d] single copyprivate(%.*s)\n",
33                      omp_get_thread_num(), tls.cnt, tls.data);
34          } /* end: single */
35    #pragma omp sections
36          {
37    #pragma omp section
38          {
39                  printf("[T:%d] 2:tls(%.*s)\n",
40                          omp_get_thread_num(), tls.cnt, tls.data);
41                  sleep(1);
42              }
43    #pragma omp section
44          {
45                  printf("[T:%d] 2:tls(%.*s)\n",
46                          omp_get_thread_num(), tls.cnt, tls.data);
47                  sleep(1);
48              }
49          } /* end: sections */
50      } /* end: parallel */
51      printf("[Master] tls(%.*s)\n", tls.cnt, tls.data);
52      return 0;
53  }
```

11행을 보면 copyin을 통해서 TLS를 복제하는 것을 볼 수 있다. 간혹 copyin 대신에 비슷한 기능을 가진 firstprivate를 사용하도 되지 않냐고 생각하는 경우가 있는데 TLS에는 firstprivate를 쓸 수 없다. 따라서 copyin이 필요한 것이다.

13~27행은 copyin으로 복제된 TLS를 가지고 작동하는데 코드 자체는 별 의미가 없다. 그냥 TLS가 복제된다는 것을 보여주기 위해서 출력을 할 뿐이다.

28~34행에서는 기존의 TLS를 새로운 값으로 복제하기 위해 copyprivate를 사용한다. single 지시어가 끝날 때 복제되므로 30~31행에서 수정된 TLS의 값은 34행의

single 지시어가 끝날 때 일괄적으로 다른 스레드에 복제된다.

35~49행에서는 출력될 TLS의 값이 바뀌는 것을 볼 수 있다. 정말 예제가 의도한 대로 작동하는지 실행해서 확인해보자.

```
$ ./omp_tls_copy
[Master] tls(12345)
[T:0] 1:tls(12345)
[T:2] 1:tls(12345)
[T:2] single copyprivate(xyz)
[T:0] 2:tls(xyz)
[T:1] 2:tls(xyz)
[Master] tls(xyz)
```

[그림 8.43] TLS를 복제하는 예제 실행

[그림 8.43]을 보면 copyin을 했던 시점에서는 TLS에 12345가 있었지만 copyprivate를 실행한 뒤에는 xyz로 변경된 것을 볼 수 있다.

그리고 병렬 구간이 끝난 뒤에도 당연히 마스터 스레드의 TLS 내용은 일반 전역 변수와 같으므로 내용이 남아 있게 된다. 하지만, 마스터 스레드가 어떤 작업을 하면서 TLS를 교체했다면 이 값은 달라져 있을 것이다.

6.10 ICV와 환경 변수

ICV(Internal Control Variable)는 OpenMP의 환경을 제어하기 위한 내부 변수를 의미한다. ICV를 제어하는 방법은 환경 변수와 API 함수를 호출하는 2가지 방법이 제공된다. 어떤 방법을 사용해도 결과는 같다. 하지만, ICV 관련 환경 변수가 설정된 경우라고 하더라도 소스 코드에서 선언하는 API 함수가 ICV의 값을 변경하면 마지막에 설정된 ICV의 값이 사용된다.

ICV에 대해서는 이미 몇 가지를 살펴보았는데 생성되는 스레드 개수를 지정하는 OMP_NUM_THREADS 환경 변수와 omp_set_num_threads가 있었다. 이외에도 중첩 루프를 사용하는 omp_set_nested도 있었다.

이외에 주로 사용되는 몇 가지 ICV만 정리해보도록 하겠다. 여기에서 다루지 않은 나머지 ICV들도 있으니 관심이 많은 독자는 OpenMP 표준안을 살펴보면 좋을 것이다. 그러면 먼저 스레드 개수나 제한에 관련된 ICV부터 살펴보자.

● 스레드 개수 제어

표 8.21 OpenMP의 스레드 개수 관련 ICV

환경 변수	export OMP_NUM_THREADS=n[,...]	n은 생성할 스레드 개수. 중첩된 경우에 스레드 개수를 설정하려면 콤마로 구분한다.
함수	void omp_set_num_threads(int n)	n은 생성할 스레드 개수
	int omp_get_num_threads(void)	현재 스레드 개수 제한을 리턴
	int omp_get_max_threads(void)	현재 최대 스레드 개수 제한을 리턴
	int omp_get_team_size(int level)	level: 중첩된 레벨

스레드 관련 ICV는 이미 다뤘던 내용도 있다. OMP_NUM_THREADS 환경 변수와 omp_set_num_threads는 처음 OpenMP를 설명하면서 다뤘었다. 스레드 개수는 #pragma omp parallel num_threads(#)의 지시어로도 설정 가능하다.

omp_get_team_size는 팀 스레드의 개수를 알려주는데 인수로 사용되는 중첩 레벨은 omp_get_level로 알 수 있다.

● 중첩 제어

표 8.22 OpenMP의 중첩 관련 ICV

환경 변수	export OMP_NESTED="value"	value : true, false
함수	void omp_set_nested(int value)	value : 참(non-zero), 거짓(zero)
	int omp_get_nested(void)	리턴값은 참(non-zero), 거짓(zero) 중 하나이다.
	int omp_get_level(void)	현재 병렬화 중첩 레벨을 리턴한다.

중첩 레벨은 앞에서 중첩 루프의 병렬화에서 살펴본 바로 그 기능이다. 이 기능은 루프의 병렬화나 중첩된 parallel 지시어 구간에 대해 중첩 병렬화의 허용 여부, 중첩 레벨을 알려주는 기능을 가지고 있다.

특히 omp_get_level은 현재 중첩 레벨을 알려주는데 첫 번째 병렬 구간은 1을 리턴하고 중첩될 때마다 1씩 증가한 값을 리턴한다. 예를 들어 앞서 중첩된 루프 예제 [코드 8.29]의 08행에서 omp_get_level을 실행한다면 2를 리턴할 것이다.

● 스케줄링 제어

표 8.23 OpenMP의 스케줄링 관련 ICV

환경 변수	export OMP_SCHEDULE="type[,chunk]"	type : static, dynamic, guided, auto
함수	void omp_set_schedule(omp_sched_t kind, int modifier)	kind : 스케줄 방법 modifier : 청크 개수
	int omp_get_schedule(void)	현재 스케줄링 방법

loop 모델을 설명할 때 스케줄링 지시어인 schedule(…)를 설명하면서 [표 8.17]에 스케줄링 방법을 정리했는데 runtime이 있었던 것을 기억할 것이다. runtime 스케줄로 지정하면 런타임시에 ICV에 설정된 값으로 스케줄링을 동적으로 설정하게 된다.

예를 들어 소스 코드에는 #pragma omp for schedule(runtime)이라고 코딩해두고 실행하기 전에 터미널에서 export OMP_SCHEDULE="dynamic,4"라고 환경 변수를 설정했다고 하자.

이제 프로그램을 실행하면 환경 변수 ICV를 읽어서 dynamic 스케줄링에 청크 개수는 4로 실행된다. 함수로 설정하고자 하는 경우에는 omp_sched_t 타입을 사용하는데 enum으로 선언되어 있다.

```c
typedef enum omp_sched_t {
    omp_sched_static = 1,
    omp_sched_dynamic = 2,
    omp_sched_guided = 3,
    omp_sched_auto = 4
} omp_sched_t;
```

omp_sched_auto가 선택된 경우에는 임플리먼테이션이 임의로 스케줄링하기 때문에 청크 개수를 의미하는 modifier 인수는 무시된다. 그러면 간단한 예제를 통해서 스케줄링 ICV를 사용하는 경우를 살펴보도록 하자.

[코드 8.33] runtime 스케줄링과 ICV 예제   (omp_loop_sched_icv.c)

```c
01   int main(int argc, char *argv[]) {
02       int i;
03       struct timespec tspec;
04       omp_sched_t    schedtype;    /* 스케줄링 타입 */
05       if (argc != 3) {
06           printf("Usage: %s <static|dynamic|guided> <chunk size>\n", argv[0]);
07           return 0;
08       }
09       if (!strcmp(argv[1], "static")) {
```

```
10          schedtype = omp_sched_static;   /* static 스케줄링 */
11      } else if (!strcmp(argv[1], "dynamic")) {
12          schedtype = omp_sched_dynamic;  /* dynamic 스케줄링 */
13      } else if (!strcmp(argv[1], "guided")) {
14          schedtype = omp_sched_guided;   /* guided 스케줄링 */
15      } else {
16          printf("Unknown scheduling: %s\n", argv[1]);
17          return 0;
18      }
19      int chunk_size = atoi(argv[2]);   /* 청크 크기 */
20      printf("schedule(%d) modifier(%d)\n", schedtype, chunk_size);
21      omp_set_schedule(schedtype, chunk_size);
22  #pragma omp parallel for schedule(runtime) private(tspec)
23      for (i=0; i<40; i++) {
24          clock_gettime(CLOCK_REALTIME, &tspec);
25          tspec.tv_sec = tspec.tv_nsec % 3; /* 2초 이내 추가 */
26          tspec.tv_nsec += (tspec.tv_nsec % 500000000);   /* .5 sec 이내 추가 */
27          if (tspec.tv_nsec > 999999999) {  /* 자릿수를 초과했으면 초과된 부분은 버린다 */
28              tspec.tv_nsec = (tspec.tv_nsec % 999999999);
29          }
30          printf("[%02d] [thread:%d] sleep(%ld.%09ld)\n", i, omp_get_thread_num(),
31                  tspec.tv_sec, tspec.tv_nsec);
32          nanosleep(&tspec, NULL);
33      } /* end: for */
34      return 0;
35  }
```

[코드 8.33]은 실행할 때 argv[1]에 스케줄링 방법을 넣고 argv[2]에 청크 개수를 입력받아서 실행하도록 되어 있다.

24행의 clock_gettime은 시간을 구하는 POSIX 표준 함수로서 뒤에 10장 타이머에서 다룰 예정이므로 생소할 것이다.

자세한 기능은 뒤에서 살펴보고 여기서는 그냥 나노초 단위의 시간을 읽어온다고만 알아두자. 따라서 나노초 단위의 현재시간을 읽어온 뒤에 25~29행에서 2.5초 이내의 시간을 추가한 뒤에 nanosleep을 이용해서 쉬도록 하고 있다. 2.5초 이내에서 랜덤하게 끝나는 작업을 표현하기 위해서 잠재운 것이니 큰 의미는 없다. 참고로 clock_gettime과 nanosleep은 SUS 표준에서 제정한 스레드 안전한 함수이다.

예제 [코드 8.33]을 실행할 때 "omp_loop_sched_icv static 5"로 실행하면 5개씩 정적 스케줄링을 한다. 화면의 출력이 지저분하다면 sort 명령어와 연결하여 "omp_loop_sched_icv static 5 | sort"라고 하면 순서대로 정렬시켜서 볼 수 있다.

각각의 스케줄링에 따라서 어떻게 변하는지 스케줄링이나 청크 개수를 변경하면서 차이점을 살펴보는 것도 좋은 연습이 될 테니 꼭 해보자.

● 스레드의 동적 조정 제어

표 8.24 OpenMP의 스레드의 동적 조정 관련 ICV

환경 변수	export OMP_DYNAMIC="value"	value : true, false
함수	void omp_set_dynamic(int dyn_value)	value : 참(non-zero), 거짓(zero)
	int omp_get_dynamic(void)	

스레드의 동적 조정은 임플리먼테이션이 스레드의 개수를 동적으로 변경할 수 있도록 허락하는 것이다. 참을 설정하면 임플리먼테이션은 구동 환경이나 프로그램에 따라 스레드의 개수를 자동 조정할 수 있다.

역으로 이 기능은 고정된 스레드 개수로만 작동해야 하는 경우에도 사용될 수 있다. 예를 들어 omp_set_dynamic(0); omp_set_num_threads(16);을 실행하면 해당 프로그램은 시스템이나 환경 변수를 무시하고 무조건 16개의 스레드로만 작업하게 된다.

● 기타 기능

표 8.25 OpenMP의 기타 ICV

double omp_get_wtime()	과거 특정 시점에서부터 흐른 시간.
double omp_get_wtick()	omp_get_wtime의 정밀도(단위)를 반환한다.

omp_get_wtime은 특정 시점에서부터 흐른 시간이므로 현재 시각을 말해주는 것은 아니다. 물론 임플리먼테이션에 따라 유닉스 시간(1970년 1월 1일 0시를 기준으로 흐른 시간)을 리턴하는 경우도 있지만 부팅한 이후로부터 흐른 시간을 기록한 단조 시계(monotonic timer)를 사용하는 경우도 있다. 이런 다양한 시간에 대한 것은 10장의 타이머에서 좀 더 다루기 때문에 여기서는 기능적인 측면만 알아두도록 하자.

결국 OpenMP의 omp_get_wtime은 주로 수행 시간을 계산하는 용도로만 사용하여야 한다. 예를 들어 2번을 측정하여 뒤의 시간에서 앞의 시간을 빼면 수행 시간(elapsed time)을 구하는 용도로 쓸 수 있다.

```
double t1 = omp_get_wtime();
...생략...;
double t2 = omp_get_wtime();
printf("elapsed time : %lf\n", t2 - t1);
printf("resolution(%e)\n", omp_get_wtick());
```

omp_get_wtick은 omp_get_wtime의 최소 단위 시간, 즉 시계의 정밀도를 반환하는데 대부분의 임플리먼테이션은 나노초 단위를 사용한다.

6.11 기타 및 정리

앞서 다뤘던 OpenMP의 각 지시어들이 어떤 구간에서 사용될 수 있는지 정리해두면 좋기 때문에 구간과 지시어들의 관계를 표로 정리했다. 예를 들어 [표 8.26]을 보면 reduction은 parallel, for, sections, task에서는 사용할 수 있지만, single에서는 쓰지 못한다. 그러면 표를 이용해서 마지막으로 정리를 해두고 끝내도록 하자.

표 8.26 OpenMP의 지시어 정리

	parallel	for	sections	single	task
private	●	●	●	●	●
firstprivate	●	●	●	●	●
lastprivate		●	●		
shared	●				●
default	●				●
reduction	●	●	●		●
copyin	●				
copyprivate				●	
schedule		●			
ordered		●			
nowait		●	●	●	
untied					●
if	●				
collapse		●			
num_threads	●				

07   성능을 고려한 프로그래밍

앞서 프로그래밍이나 여러 가지 기법들을 설명했었다. 하지만, 스레드를 실제 도입하면 여러 문제가 발생할 수 있다. 기존의 싱글 스레드 방식에서는 발생하지 않았던 문제들도 발생하는데 대표적으로 가짜 공유(false sharing) 같은 경우가 있다.

가짜 공유는 캐시 라인의 크기를 고려하지 않고 프로그래밍했을 때 발생하는 것으로서 간단한 예를 통해 살펴보도록 하겠다.

[코드 8.34] 가짜 공유를 유발하는 예제   (omp_false_sharing.c)

```
01  #define NUM_THREADS    4
02  #define ITER_LOOP      400000000
03  int cnt_sheep[NUM_THREADS];
04  int count_sheep(int);
05  int main() {
06      int i;
07  #ifdef _OPENMP
08      omp_set_num_threads(NUM_THREADS);
09  #endif
10  #pragma omp parallel for
11      for (i=0; i<NUM_THREADS; i++) {
12          count_sheep(i);
13      }
14      return 0;
15  }
16  int count_sheep(int idx) {
17      int i;
18      for (i=idx; i<ITER_LOOP; i++) {
19          cnt_sheep[idx] += (i % 2); /* 부하를 주기 위한 계산 */
20      }
21      printf("[idx:%d] sum(%d)\n", idx, cnt_sheep[idx]);
22      return 0;
23  }
```

[코드 8.34]에서 cnt_sheep 전역 변수는 배열로서 int형 4개를 가지므로 총 크기는 16바이트가 될 것이다. 그리고 08행에서 스레드 개수를 4개로 설정했는데 각 스레드는 count_sheep 함수를 실행하도록 되어 있다.

이 함수는 cnt_sheep 전역 변수 배열 요소 중에 1개씩을 가지고 덧셈 작업을 하는 데 사용한다. 스레드마다 배열을 따로 사용하므로 코드 상으로 보면 공유하고 있는 변수는 없어 보인다. 하지만, 실상은 캐시 레벨에서 가짜 공유(false sharing)가 일어난다.

가짜 공유에 대해 더 이야기하기 전에 count_sheep 함수의 남은 부분을 마저 살펴보자. 19행을 보면 나머지를 계산하여 덧셈하는데 이는 약간의 부하를 주기 위한 코드일 뿐이고 계산 자체에는 별다른 의미는 없다.

이제 가짜 공유가 일어나는 이유를 설명하고 실행 결과를 보도록 하겠다. 캐시는 라인 단위로 관리되는데 라인의 크기는 CPU마다 다르지만 최근 CPU들은 32 혹은 64 바이트 단위를 사용한다. 예를 들어 인텔 코어2의 경우는 64바이트 캐시 라인을 사용한다. 64바이트 캐시 라인을 사용하는 경우라면 한 번에 64바이트 단위씩 읽어오기 때문에 예제의 cnt_sheep[0]는 4바이트지만 읽어올 때는 캐시 라인 단위로 가져오므로 배열 전체가 한꺼번에 캐시로 올라오게 된다.

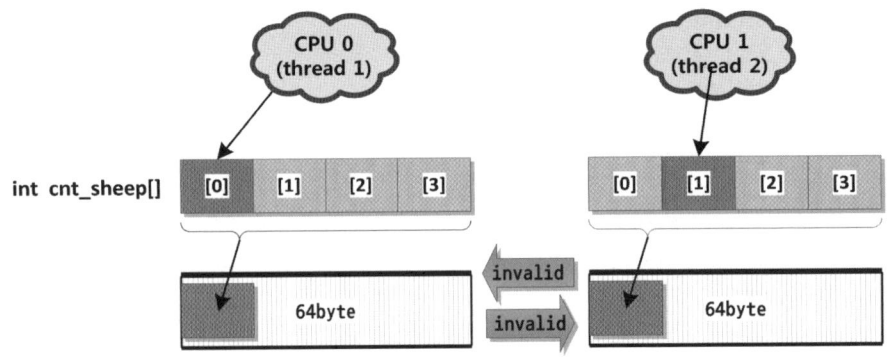

[그림 8.44] 멀티 CPU와 가짜 공유를 일으키는 데이터 구조

좀 더 직관적으로 보기 위해 그림을 그려보자. [그림 8.44]는 2개의 CPU가 [코드 8.34]를 실행하는 경우를 그린 것이다. 여기서 CPU0을 사용하는 첫 번째 스레드가 cnt_sheep[0]을 읽어오고 CPU1을 사용하는 두 번째 스레드가 cnt_sheep[1]을 읽어오고 있다. 그림은 2개의 CPU만 나오지만 3개나 4개인 경우도 그림의 개수만 늘어날 뿐 상황은 같다.

어쨌든 캐시 라인 단위로 읽어오기 때문에 CPU0과 CPU1은 각자의 캐시에 cnt_sheep 배열 전체의 내용을 동일하게 복사하게 된다.

이런 상황에서 CPU0이 cnter_sheep[0]를 수정하게 되면 CPU1이 가진 캐시의 내용은 일관성(coherency)을 유지하기 위해 CPU0은 CPU1에게 캐시를 업데이트 할 것을 통보하게 된다.

MESI 캐시 프로토콜을 사용하는 경우라면 CPU0과 CPU1은 각자가 가진 배열을 수정할 때마다 상대 CPU의 캐시를 무효화(invalid)시키게 된다는 뜻이다. 다시 말해

CPU0과 CPU1이 빈번하게 배열을 수정하면 할수록 캐시 미스가 증가하게 되고 전체적인 성능이 하락한다는 뜻이다.

이렇게 코드의 논리적인 부분에서는 공유되지 않고 있지만, 캐시 레벨에서는 공유되는 것과 같은 효과를 일으키는 것을 가짜 공유라고 한다.

그렇다면 가짜 공유로 인해 얼마나 성능이 하락하는지 [코드 8.34]를 두 가지 버전으로 컴파일하여 실행한 뒤 비교해보자.

첫 번째는 멀티 스레드 버전으로서 [코드 8.34]를 OpenMP를 사용하여 컴파일하면 된다. 두 번째는 싱글 스레드 버전으로 10행의 병렬화 지시어인 #pragma omp parallel for 행을 주석 처리한 뒤에 컴파일하면 된다.

```
$ time ./omp_false_sharing
[idx:0] sum(200000000)
[idx:1] sum(200000000)
[idx:3] sum(199999999)
[idx:2] sum(199999999)
real    0m7.203s
user    0m28.371s
sys     0m0.014s
$ time ./non_omp_false_sharing
[idx:0] sum(200000000)
[idx:1] sum(200000000)
[idx:2] sum(199999999)
[idx:3] sum(199999999)
real    0m4.412s
user    0m4.410s
sys     0m0.000s
```

[그림 8.45] 가짜 공유를 유발하는 예제 실행

[그림 8.45]의 omp_false_sharing은 멀티 스레드 버전, non_omp_false_sharing은 싱글 스레드 버전이다. 흥미로운 점은 멀티 스레드 버전이 오히려 느리다는 점이다. 멀티 스레드 버전은 실제 수행 시간은 7.2초에 CPU 시간은 약 28초를 사용했다.

이에 비해 싱글 스레드 버전은 4.4초만에 끝났다. 즉 멀티 스레드 버전에서 가짜 공유로 인해 오버헤드가 심해졌다는 뜻이다.

● 가짜 공유를 피하는 방법

그러면 가짜 공유를 피하려면 어떻게 해야 할까? 방법은 여러 가지가 있다. 첫 번째 방법은 컴파일러의 기능을 이용하는 방법이다. 대부분 컴파일러들은 전역 변수나 BSS 영역을 최적화하는 기법이 포함되어 있다. gcc의 경우도 −Os, −O1, −O2 ... 등의 최적화 옵션을 이용하면 이런 기능들을 자동으로 설정해준다.

[그림 8.45]는 최적화 옵션을 사용하지 않은 상태이므로 성능 차이가 심하게 나지만

최적화 옵션을 사용한 뒤에 측정해보면 거의 차이를 보이지 않게 된다. 그러나 최적화 옵션은 모든 컴파일러에서 동일한 기능이 제공되는 것이 아니며 gcc의 경우도 플랫폼이나 버전에 따라 조금씩 다른 결과를 가져올 수 있다는 단점이 있다.

그래서 두 번째 방법으로 소스 코드 레벨에서 캐시 라인을 고려하여 코딩을 해주는 방법이 있다. 이는 해당 변수를 캐시 라인 단위로 정렬시켜주는 것으로서 구조체를 사용하게 된다.

구조체를 정렬하는 방법은 2가지가 있는데 첫 번째 방법은 구조체에 수동으로 패딩 바이트를 추가하는 방법이고 두 번째는 컴파일러가 지원하는 정렬 지시어를 사용하는 방법이다. 먼저 수동으로 추가하는 예를 보자.

[코드 8.35] 구조체에 패딩을 추가하여 캐시 라인 단위 정렬   (omp_avoid_false_sharing1.c)

```
01   #define NUM_THREADS      4
02   #define ITER_LOOP        400000000
03   struct sheep {
04       int  cnt;
05       char padding[60];
06   }; /* 64바이트 캐시 라인에 정렬한 구조체 선언 */
07   struct sheep cnt_sheep[NUM_THREADS];
08   ... 생략 ...
```

[코드 8.35]는 기존의 전역 변수를 구조체로 만든 것으로서 캐시 라인의 크기인 64바이트에 맞춘 것이다. 따라서 구조체에는 int 변수 1개와 60바이트의 char를 넣어서 64바이트로 크기로 만들었다. 이렇게 하면 첫 번째 배열과 두 번째 배열의 간격이 벌어져서 캐시 레벨에서 가짜 공유를 피할 수 있게 된다.

하지만, 이 방법은 구조체 패딩을 섬세하게 계산해야 하는 단점이 있다. 예제의 경우는 구조체의 구조가 극히 간단하므로 직관적으로 계산할 수 있지만, 구조체의 요소들이 많아진다면 계산도 복잡해진다.

두 번째 방법은 컴파일러의 정렬 지시어를 사용하는 방법인데 비표준이므로 컴파일러마다 지시어가 다르다. 이 책은 리눅스 시스템 프로그래밍을 다루기 때문에 gcc의 방법만을 보이도록 하겠다.

[코드 8.36] gcc 속성 지시어로 캐시 라인 단위 정렬   (omp_avoid_false_sharing2.c)

```
01   #define NUM_THREADS      4
02   #define ITER_LOOP        400000000
03   struct sheep {
04       int  cnt;
```

```
05  } __attribute__((aligned(64)));  /* 64바이트 캐시 라인에 정렬한 구조체 선언 */
06  struct sheep cnt_sheep[NUM_THREADS];
07  ... 생략 ...
```

[코드 8.36]에 보이는 __attribute__((aligned(64)))는 64바이트 단위로 정렬하게 한다. 이 기능은 컴파일러가 묵시적인 패딩을 넣어서 64바이트의 배수로 크기를 맞춰주기 때문에 여러모로 편리하다. 그러면 이제 [코드 8.35]와 [코드 8.36]에서 성능이 얼마나 향상되었는지 살펴보자.

```
$ time ./omp_avoid_false_sharing1
[idx:1] sum(200000000) (0x600d20)
[idx:0] sum(200000000) (0x600ce0)
[idx:2] sum(199999999) (0x600d60)
[idx:3] sum(199999999) (0x600da0)
real    0m1.206s
user    0m4.470s
sys     0m0.004s
$ time ./omp_avoid_false_sharing2
[idx:2] sum(199999999) (0x600d80)
[idx:0] sum(200000000) (0x600d00)
[idx:1] sum(200000000) (0x600d40)
[idx:3] sum(199999999) (0x600dc0)
real    0m1.201s
user    0m4.534s
sys     0m0.003s
```

[그림 8.46] 가짜 공유를 피하도록 설계한 예제 실행

[그림 8.46]은 각각 [코드 8.35]과 [코드 8.36]를 실행한 것으로서 둘 다 1.2초가 걸렸다. 가짜 공유가 발생하던 [코드 8.34]의 7.2초에 비해 거의 600%나 상승한 속도이다. 물론 최적화 옵션을 주지 않았기 때문에 이렇게 큰 차이를 보인 것이고 최적화 옵션을 주었다면 [코드 8.34]도 컴파일러에서 자동으로 정렬하기 때문에 뚜렷한 차이가 나타나지 않는다.

그렇지만 예제의 간단한 코드는 컴파일러가 쉽게 최적화를 할 수 있지만, 실무에서 쓰이는 복잡한 소스 파일에서 서로 참조되는 경우라면 자동으로 최적화를 하지 못하는 경우가 발생할 수도 있다. 따라서 모든 것을 컴파일러에 의존하는 것보다 될 수 있으면 코딩할 때 정렬을 신경 써주는 것이 좋다.

그리고 스레드 프로그래밍을 할 때는 되도록 전역 변수나 힙, 공유 메모리 등은 지양하는 방향으로 설계해야 한다. 물론 아주 쓰지 말라는 소리는 아니고 빈번하게 접근하는 설계를 지양하자는 뜻이다.

예를 들면 전역 변수나 힙 메모리를 TLS에 사본을 만들거나 청크 단위를 조절하는 방향으로 설계하는 것이 있을 수 있다. 또한, 파이프라인 모델에서는 청크 단위를 너무 작게 쪼개는(fine-grained) 것도 가짜 공유, 잦은 락의 잠금과 해제로 오버헤드를 줄

수 있으니 이런 경우에는 실행 중에도 언제든지 청크 단위를 변경할 수 있도록 설계 해두어야만 한다.[10]

실제로 멀티 스레드 프로그래밍은 논리적으로 잘 작동하게 만드는 것도 어렵지만 여 기에 성능 효율도 높여야 하기 때문에 꽤 힘든 작업이 된다.

성능 효율을 높이려면 캐시 미스, I/O 레이턴시, 메모리 복사, CPI 등을 최소화하기 위해 노력해야만 한다. 이를 위해 이론적인 부분도 알아야 하지만 다양하게 코딩과 프로파일러를 사용하여 에러나 성능 문제에 대처할 수 있어야만 한다. 실제로 처음에 연습할 때는 멀티 스레드 프로그램은 의도한 대로 작동되지 않는 경우가 많아서 애를 먹는 경우가 많다. 이는 비순차, 비동기적인 실행에 익숙하지 않아서 일 뿐이니 계속 해서 버그를 잡고 연습을 한다면 어느 순간 익숙해지는 때가 올 것이라고 장담한다.

마지막으로 본문에서는 멀티 스레딩에서 성능에 위협을 가하는 가짜 공유에 대해서 만 살펴보았지만, 그 외에 다른 성능 문제들도 많이 존재한다.

앞서 6장에서도 살펴보았지만 넌블록킹 모드에서 재시도를 무한 루프로 처리하여 잠 정적인 무한 루프에 빠지게 하거나 뒤에서 다룰 시그널 처리를 제대로 하지 않아서 잦은 시그널에 의한 실패 등도 하나의 원인이 될 수 있다.

이렇듯 성능 효율이라는 개념은 워낙 광범위하기 때문에 어느 한 부분에서 콕 집어내 기가 어려운 면이 있다. 하지만, 각종 프로파일러나 튜닝 툴들을 적절하게 이용하면 캐시 미스나 CPI, 함수 콜 그래프 등을 통해서 성능 개선에 정량적인 방법을 사용할 수 있으니 적극적으로 사용해보길 바란다.

* 참고 문헌 자료

[1] Moore's law, http://www.intel.com/technology/mooreslaw/

[2] Silicon Technology from Intel, http://www.intel.com/technology/architecture-silicon/silicon.htm?iid=tech_as_lhn+silicon

[3] David Patterson. (2006). Future of computer architecture. RAMP

[4] 김민장. (2010). 프로그래머가 몰랐던 멀티코어 CPU 이야기. 서울, 한빛미디어.

[5] Mattson, T. G., Beverly A. S. & Berna L. M. (2005). Patterns for Parallel Programming. Addison-Wesley.

[6] Akhter, S. & Roberts, J. (2006). Multi-Core Programming. Intel Press.

[7] Native POSIX Thread Library, http://en.wikipedia.org/wiki/Native_POSIX_Thread_Library

[8] NPTL whitepaper, http://www.akkadia.org/drepper/nptl-design.pdf

[9] OpenMP Compilers, http://openmp.org/wp/openmp-compilers/

[10] MacDonald, S., D. Szafron, and J.Schaeffer (2004). Rethinking the Pipeline as Object-Oriented States with Transformations.

[11] The Intel Guide for Developing Multithreaded Applications, http://software.intel.com/en-us/articles/intel-guide-for-developing-multithreaded-applications/

[12] Why POSIX Threads Are Unsuitable for C++, http://www.opengroup.org/platform/single_unix_specification/doc.tpl?CALLER=documents.tpl&dcat=&gdid=10087

[13] Oracle Solaris Studio 12.3: OpenMP API User's Guide

CHAPTER **09** 시그널

---

01   시그널 처리

시그널 처리(signal handling)란 외부 신호를 받아들이는 인터페이스 조작을 말한다. 시그널은 여러 용도로 사용되지만, 일반적으로는 예외 처리, 외부 개입, 이벤트 통지에 사용된다.

예외 처리란 프로세스에 치명적인 오류나 자원의 제한 수치 초과 같은 경우를 말한다. 외부 개입이란 사용자가 프로세스에 개입하여 취소나 중단을 위해 시그널을 발생시키는 것으로 대표적으로 Ctrl+C 키를 누르는 방법이 있다. 심지어 프로세스를 죽일 때 주로 사용하는 kill 명령어도 시그널을 전송하는 명령어로 되어 있다. 이벤트 통지란 몇몇 I/O의 송수신이 완료되었을 때 시그널을 발생시키는 기능이다.

이렇게 발생된 시그널에 대한 처리는 핸들러를 설치하여 특정 코드를 수행하도록 하는 방법과 시그널을 무시하는 방법이 있다. 그리고 시그널 마스크를 설정하여 시그널 핸들러의 작동을 일정시간 지연시키는 방법도 있다. 이런 여러 가지 방법은 필요에 따라서 복합적으로 사용된다.

시그널은 예측할 수 없는 시간에 발생하고 비동기적 요소이며 우선순위도 높다. 그래서 일반적으로 시그널이 발생하면 실행 중인 코드는 시그널에 의해 선점(preemption)되어 해당 시그널과 연결된 핸들러 코드가 우선적으로 실행된다. 그런데 문제는 선점된 시점에 실행되던 이전 함수 코드는 시그널 핸들러가 종료된 뒤에 어떻게 되느냐이다.

정답은 특별한 처리를 하지 않는 한 시그널 핸들러가 실행되면 당시에 실행되던 함수는 에러로 반환되고 errno는 EINTR로 설정된다. 그러나 몇몇 함수는 자동으로 재시작된다. 문제는 에러로 반환되는 함수를 다시 재실행하기 위해서는 시그널의 특징과 작동 방식에 대한 이해가 필요하다.

예를 들어 7장에서 다뤘던 poll 함수를 호출하였다고 가정하자. poll에 일정 시간의 타임아웃을 줘서 블록되고 있는 상황에서 시그널이 도착했고 시그널 핸들러가 실행되었다면 시그널 핸들러가 종료된 뒤에 poll은 즉시 취소되고 EINTR 에러로 리턴하게 된다.

이런 구조는 비단 poll뿐만 아니라 accept나 recv 같은 다른 I/O 함수들도 동일하다. 다만, accept, recv 같은 함수는 타이머 설정이 된 경우만 EINTR 에러로 리턴한다는 점이 다를 뿐이다. 따라서 프로그래머는 같은 함수라고 하더라도 타이머 설정이 있는 경우와 아닌 경우가 시그널에 대한 대응이 다르기 때문에 EINTR 발생 요건에 대해 이해할 필요가 있다.

그런데 중요한 처리를 해야 하는 동안에는 시그널이 개입하지 못하도록 막을 필요가 있는 경우도 있다. 이를 지연된 시그널 처리라고 한다. 이를 위해 시그널 블록 마스크를 조작하고 일정 시간이 지난 뒤에 지연된 시그널을 처리하도록 프로그래밍하는 방법도 있다.

이렇듯 시그널 처리는 좁게 보면 시그널 핸들러를 작성하는 것이지만 넓게 보면 시그널에 의해서 발생할 수 있는 다른 함수들의 에러 처리, 시그널을 고의로 지연시키는 행위, 시그널을 다른 프로세스에 전파하거나 송신하는 행위 등 다양한 범주를 가지고 있다.

02 UNIX 표준 시그널 목록

전통적으로 사용하는 시그널을 UNIX 표준 시그널이라고 부른다. UNIX 표준 시그널은 기본적으로 프로세스를 제어하거나 예외 상황 용도로 사용된다.

UNIX 표준 시그널은 약 30여 개 정도가 있다. 그리고 확장된 리얼타임 시그널(RT Signal)이라고 불리는 것까지 합하면 두 배 정도로 늘어난다. 두 가지 시그널은 사용 용도에서 큰 차이가 있는데 UNIX 표준 시그널은 주로 예외 상황, 개입을 위해 사용되고, 리얼타임 시그널은 통신용으로 사용된다는 점이다. 리얼타임 시그널은 UNIX 표준 시그널과 용도가 다르기 때문에 10장에서 따로 다루도록 할 것이다.

먼저 시그널 목록을 간단히 살펴보면서 시그널 이름과 기능에 대한 부분을 알아두어야만 한다. 이 책에 나오는 시그널 목록들은 7번 맨페이지의 signal에서도 볼 수 있다. 간단하게 목록만 확인하려면 명령어(kill –l)로도 확인할 수 있다.

표 9.1 시그널 기본 행동 및 속성

Term	해당 시그널은 프로세스를 종료시킨다.
Ign	해당 시그널은 무시된다. (아무런 작동을 하지 않는다.)
Core	해당 시그널은 프로세스를 종료시키면서 코어를 덤프한다.
Stop	해당 시그널은 프로세스를 정지시킨다.
NoCatch	해당 시그널은 시그널 핸들러를 설치할 수 없다.(기본 행동으로만 작동된다.)
NoIgn	해당 시그널은 무시할 수 없다. (블록킹이 불가능하므로 즉시 처리된다)

시그널 목록을 살펴보기 전에 매뉴얼 페이지에 등장하는 시그널의 기본 행동과 속성을 [표 9.1]에 정리해두었다.

여기서 Term, Ign …의 속성은 뒤에서 나오는 [표 9.2]~[표 9.4]를 편리하게 표현하기 위해서 사용되는 단어이므로 그 자체가 어떤 특별한 함수나 매크로를 의미하는 것은 아니다. 만일 기본 속성 자체가 없거나 의미가 없는 경우는 그냥 '–'로 표기해두었다.

시그널 기본 행동 중에 Term, Core는 프로세스 종료시키면서 _exit를 호출한다. 이는 프로세스를 즉각 강제 종료시키므로 exit와는 다르게 작동한다.

보통 정상적으로 프로세스를 종료시킬 때는 main 함수를 return시키거나 exit를 호출하는데 이는 표준 입출력 버퍼를 비우고 atexit로 등록된 함수를 실행시키는 등의 순서를 밟아서 종료시킨다.

하지만, _exit는 버퍼를 비우거나 atexit에 등록된 함수의 처리를 무시하고 즉각 종료하게 된다. 어떻게 종료되든 간에 시스템 입장에서는 프로세스의 자원을 모두 회수하는 데 문제는 없다. 다만, 프로그래머 입장에서 정상적인 종료인지 시그널에 의한 종료인지에 따라 처리가 다를 뿐이다.

그러면 이제 시그널 목록을 살펴보자. 시그널은 매크로로 선언되어 있고 시스템 내부에서는 숫자로 처리되지만, 실제 숫자는 플랫폼에 따라 일부 시그널은 다르다. 예를 들어 SIGUSR1 시그널의 경우에는 유닉스별로 다를 수 있어서 [표 9.2]에 30, 10, 16으로 적어두었다.

이렇게 3개의 번호를 적는 경우 첫 번째는 alpha, sparc 기종을, 두 번째는 i386, ppc와 sh이며, 세 번째는 mips 기종의 값이다. 하지만, 프로그래밍에서는 매크로 이름을 사용하니 시그널의 값은 몰라도 크게 상관은 없다. 또한, 앞서 언급한 대로 kill −1로 시그널 번호를 확인할 수 있으니 외울 필요는 없다.

표 9.2 UNIX 표준 시그널 : POSIX.1 기준

시그널	값	행동(속성)	설명
SIGHUP	1	Term	Hangup, 프로세스 재설정 요청
SIGINT	2	Term	interrupt, 키보드로부터 프로세스 중단요청, Ctrl+C 키로 발생
SIGQUIT	3	Core	quit, 키보드로부터 종료 요청, Ctrl+\ 키로 발생
SIGILL	4	Core	illegal, 잘못된 명령
SIGABRT	6	Core	abort, 강제로 코어 덤프를 함 (스택 추적시 사용)
SIGFPE	8	Core	float processing error, 부동 소수점 계산 에러
SIGKILL	9	Term NoCatch NoIgn	kill, 강제로 종료함
SIGUSR1	30,10,16	Term	user defined 1, 사용자 정의 시그널 1번
SIGUSR2	31,12,17	Term	user defined 2, 사용자 정의 시그널 2번
SIGSEGV	11	Core	segment violation, 메모리 세그먼트 침범
SIGPIPE	13	Term	pipe error, 파이프 단절 (연결이 끊어짐)
SIGALRM	14	Term	alarm, 알람 설정
SIGTERM	15	Term	termination, 프로세스의 종료요청
SIGCHLD	20,17,18	Ign	child, 자식 프로세스의 중단 혹은 종료
SIGCONT	19,18,25	−	continue, 중단된(STOP) 프로세스의 재개
SIGSTOP	17,19,23	Stop NoCatch NoIgn	stop, 프로세스의 중단(STOP) 요청
SIGTSTP	18,20,24	Stop	terminal stop, 터미널에서 잠시 중단요청, Ctrl+Z 키로 발생
SIGTTIN	21,21,26	Stop	백그라운드에서 제어 터미널 읽기
SIGTTOU	22,22,27	Stop	백그라운드에서 제어 터미널 쓰기

[표 9.2]에서 SIGKILL과 SIGSTOP의 속성에 NoCatch, NoIgn이 있는 것을 볼 수 있다. 두 시그널은 응용 프로그램 내에서 가로채거나 무시할 수 없는 시그널이다. 즉 시그널 핸들러를 프로그래머가 임의로 바꿀 수 없다는 것이다.

이 두 시그널만 이런 속성이 있는 이유는 이들은 시스템이 프로세스를 강제로 제어하기 위해 만들어진 시그널이기 때문이다. 따라서 이들 시그널에 대해 핸들러를 설치하려고 한다든지 하는 것은 무모한 짓이다.

SIGHUP는 프로세스 종료 및 재설정 용도로 사용한다. 원래는 세션이 닫힐 때 세션에서 파생된 모든 프로세스를 죽이는 용도로 사용한다. 예를 들어 ssh 접속 후 여러 자식 프로세스를 백그라운드에서 작동시키는 경우 접속이 끊어지면 자식 프로세스들은 어떻게 될까? 정상적인 경우라면 모두 종료하는 것이 맞다. 이때 사용하는 것이 바로 SIGHUP이다. 세션을 열 때 사용한 프로세스는 종료하면서 자식 프로세스들에게 연쇄적으로 SIGHUP를 전파하여 모두 종료시키게 된다.

유닉스 명령어 중에 nohup가 바로 SIGHUP 시그널을 블록해서 세션이 닫혀도 종료되지 않고 계속 작동할 수 있도록 하는 기능이다.

그러나 데몬 프로세스처럼 제어 터미널이 없이 작동하는 경우에는 특별히 자신이나 자식 프로세스를 재설정(종료없이 재시작 요청) 할 때도 사용된다. 물론 이 경우에는 프로그래머가 SIGHUP 시그널 핸들러를 직접 작성해야 한다. 보통은 설정 파일을 다시 읽거나 간단하게 exec 계열 함수로 현재 프로세스의 이미지 파일을 다시 로딩하는 방식으로 구현하는 경우가 많다.

데몬의 경우에는 그냥 재시작하면 되지 굳이 SIGHUP를 왜 쓰느냐고 묻는다면 데몬 프로세스나 네트워크 서버의 경우 재시작을 하면 기존 연결이 모두 끊어지지만 SIGHUP를 이용하여 처리하면 파일기술자를 유지할 수 있기 때문이다. 물론 이런 경우에 세션이나 각종 메모리 구조는 새로 구성할 수 있도록 만들어야 한다.

SIGHUP를 이해하려면 제어 터미널과 세션 개념에 대해서 알아야 하는데 이는 뒤에서 세션, 프로세스 그룹을 설명하는 곳에서 다루게 될 것이다.

SIGINT, SIGQUIT, SIGTERM, SIGKILL은 모두 종료 시그널이지만 약간씩 차이가 있다. 프로그램을 종료시키기 위해 보편적으로 사용하는 시그널은 SIGTERM으로 kill 명령어를 옵션 없이 실행했을 때 사용되는 시그널이다.

SIGINT는 사용자의 개입에 의해서 중단(interruption)시키며 키보드 입력으로 발생하는 신호이다. 키보드 입력은 Ctrl+C를 사용한다.

SIGTERM과 SIGINT는 둘 다 기본적인 시그널로 인한 즉각 종료를 의미하지만, 키보드 입력(사용자의 개입)에 의한 시그널인지 아닌지를 구분하는 용도로 사용된다.

SIGQUIT는 종료하면서 코어를 덤프해주므로 코어를 통해 스택 상황을 분석할 수 있으므로 주로 디버깅 목적으로 사용된다. SIGQUIT는 Ctrl+\ 키보드 입력에 의해 발생한다.

SIGINT, SIGQUIT는 기본적으로 키보드 입력으로 발생시키지만 시그널 발생 함수인 kill로 보내도 결과는 동일하다. SIGKILL은 시스템이 해당 프로세스를 강제로 죽이는 행동을 요청하는 용도로서 비정상적인 상황이거나 다른 종료 시그널들이 응답하지 않을 때 최후에 사용되는 방법이다.

그러나 SIGKILL 시그널마저도 응답하지 않는다면 해당 프로세스는 시스템 내부에서 어떤 심각한 문제를 일으킨 경우이므로 시스템 자체를 디버깅해야 한다. 물론 이런 경우는 흔치 않다.

SIGABRT는 현재 프로세스를 즉각 중단시키고 코어를 덤프한다. 따라서 정상적으로 프로그램이 실행되더라도 중간에 디버깅할 목적으로 코어를 덤프시키고자 할 때 사용된다.

SIGUSR1, SIGUSR2는 사용자가 임의의 핸들러를 설치하여 사용할 수 있도록 비워둔 사용자 정의 시그널이다. 예를 들어 외부에서 로그 파일의 상세한 기록 레벨을 실시간으로 바꾼다든지, 프로세스의 상태나 성능을 체크한다든지 하는 기능을 on, off 하는 용도로 사용된다.

SIGSEGV는 세그먼트를 침범한 경우로서 잘못된 메모리 접근이 발생했을 때 발생한다. 주로 할당된 메모리를 초과하거나 애초에 할당되지 않은 메모리나 널 포인터를 참조하는 경우에 발생한다. 이 시그널을 받으면 프로세스는 종료되면서 "Segmentation fault" 메시지를 뱉어내는데 대부분 학생 때 지겹도록 봤을 것이다.

SIGPIPE는 6장의 I/O 인터페이스를 다루면서 설명했던 시그널이다. 이 시그널은 반대편 종단지점, 즉 수신지점이 끊어진 곳에 쓰기를 시도하면 발생한다. 그러나 send에 MSG_NOSIGNAL 플래그를 같이 사용하면 SIGPIPE는 발생하지 않는다.

SIGALRM은 알람 시그널로서 alarm 함수를 통해서 생성시킨다. alarm 함수는 정해진 시간이 되면 해당 시그널을 발생시키는데 프로그램에서 간단한 예약 작업을 만들 때 사용한다. 최근에는 리얼타임 확장에서 제공하는 타이머 때문에 사용 빈도가 줄었다. 만일 알람 기능이 필요하면 타이머의 사용을 권장한다. 참고로 타이머는 10장에서 다룬다.

SIGTSTP는 터미널에서 Ctrl+Z 키보드 입력으로 정지시키는 시그널이다. 잠시 중단된 프로세스는 재시작 시그널인 SIGCONT으로 재실행시킬 수 있다. SIGCONT 시그널은 다른 터미널에서 보낼 수는 없다.

[그림 9.1]을 보면 fifo_write 프로그램을 실행시킨 뒤에 Ctrl+Z를 눌러서 SIGTSTP 시그널을 보냈다. 그 결과 fifo_write가 1번 작업(job)으로 등록된 것을 볼 수 있다. 확실하게 확인을 위해 jobs 명령을 내려보면 1번 작업이 Stopped되어 있다고 나타난다.

그리고 1번 작업에 수동으로 SIGCONT 시그널을 보내고 다시 jobs로 확인해보면 백그라운드에서 실행되어 "Running"이라고 표시되는 것을 볼 수 있다. 그런데 여기서 SIGCONT 시그널을 보낸 작업은 bg 셸 명령어와 같은 의미를 가진다.

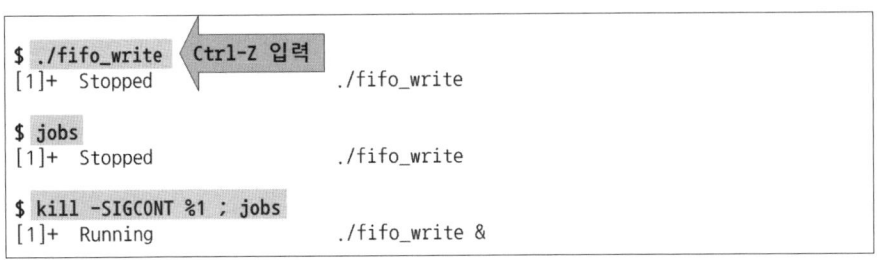

[그림 9.1] SIGTSTP와 SIGCONT 시그널 작동 예

SIGCHLD는 자식 프로세스가 종료 혹은 정지되었을 때 부모 프로세스에게 전달되는 시그널이다. 이는 자식 프로세스가 정상적으로 종료했거나 시그널에 의해서 정지되었든 종료되었든지 상관없이 발생하기 때문에 부모 프로세스는 SIGCHLD를 받으면 wait나 waitpid 함수를 이용해서 자식 프로세스가 어떻게 종료했는지 알 수 있다.

만일 부모 프로세스 측에서 wait, waitpid를 호출하여 자식 프로세스의 종료 상태를 읽지 않으면 자식 프로세스는 좀비 프로세스가 되어버린다.

좀비가 된 상태는 죽은(defunct) 프로세스이지만 아직 일부 자원이 남아 있는 상태로서 ps 명령어의 출력 결과에서는 〈defunc〉로 표시된다. 좀비 프로세스의 처리는 뒤에 SIGCHLD를 처리하는 곳에서 좀 더 자세하게 다루겠다.

SIGFPE는 부동 소수점 에러 발생을 알려주는 시그널이다. 일반적으로 잘못된 연산이나 0으로 나눈 경우에 발생한다.

> **TIP** 0번 시그널이란?
>
> 시그널 이름도 없고 숫자도 존재하지 않지만 0번 시그널이라고 부르는 시그널이 있다. 이는 실제로 어떤 시그널을 지칭하는 것이 아니다. 단지 시그널을 전송하는 kill 함수에 보면 시그널 번호에 0을 지정하면 해당 PID에 프로세스가 살아 있는지를 알려주는 용도로 사용된다.
>
> 이를 두고 0번 시그널이라고 부르는 경우가 있는데 엄밀하게 따지면 시그널이 아니라 kill의 특별한 기능을 호출하는 인수값에 해당된다.

이상이 POSIX.1에 규정된 기본 시그널들이다. 그런데 매뉴얼 페이지나 kill -l 목록에는 기본 시그널 외에 더 많은 시그널이 등장한다. 그래서 SUSv2, SUSv3 표준을 거치면서 추가된 시그널을 살펴보도록 하자. 어차피 리눅스도 SUS 표준을 지원하기 때문에 [표 9.3]에 등장하는 시그널들을 지원한다.

표 9.3 추가된 UNIX 표준 시그널 : SUSv3 (POSIX 1003.1-2001) 기준

시그널	값	행동(속성)	설명
SIGBUS	10,7,10	Term	bus error, 버스 에러 (잘못된 메모리 접근)
SIGPOLL	23,29,22	Term	Pollable event, 폴링 이벤트 발생(SysV), SIGIO와 동일
SIGPROF	27,27,29	Core	프로파일링 타이머가 만료됨
SIGSYS	12,31,12	Core	잘못된 인수가 루틴에 전달됨 (SVID)
SIGTRAP	5	Core	trace/breakpoint 트랩
SIGURG	16,23,21	Ign	소켓에 긴급 데이터가 전송됨(4.2 BSD)
SIGVTALRM	26,26,28	Term	가상 알람 클럭 (4.2 BSD)
SIGXCPU	24,24,30	Core	CPU 시간 제한 초과 (4.2 BSD)
SIGXFSZ	25,25,31	Core	파일 크기 제한 초과 (4.2 BSD)

SIGBUS는 잘못된 메모리 접근으로 발생하는데 SIGSEGV와의 차이가 있다. SIGSEGV는 할당되지 않았거나 오버플로우 같은 경우에 발생하지만 SIGBUS는 정렬되지 않은 메모리 경계에 접근한다든지 할 때 오류를 발생시킨다.

메모리 정렬(alignment)에 대해서는 2장의 XDR에서 설명한 대로 아키텍처에 따라서 SIGBUS를 발생시킬 수도 아닐 수도 있다. 인텔 호환 i386 계열은 특별하게 정렬 기능을 켜지 않는 한 이 에러는 발생하지 않는다.

SIGSYS는 잘못된 시스템 콜을 의미하지만 애매한 표현 때문에 사용하지 않는 시그널이다. 따라서 SIGUNUSED의 의미로 대체되어 사용되며 사용되지 않는 시그널을 표현하는데 사용될 가능성이 크다.

SIGURG는 TCP OOB 데이터를 수신했을 때처럼 긴급 처리 데이터가 수신된 경우에 발생하는 시그널이다. 그러나 TCP OOB 데이터는 select, poll, epoll 같은 poller를 이용해서 처리하므로 SIGURG 시그널로 처리하는 경우는 드물다.

여기까지 표준에서 제정한 공통 표준 시그널 목록이다. 물론 이외에 표준화 스펙에 정리되지 않은 시그널들로서 많이 사용되지 않는 시그널들을 정리해두겠다. 사실 이들 비표준 시그널은 알아두지 않아도 큰 문제가 없고 장래에 어떻게 표준화되면서 바뀔지도 모르기 때문에 심심풀이로 훑어보는 정도만 해두자.

표 9.4 기타 비표준 시그널

시그널	값	행동(속성)	설명
SIGIOT	6	Core	IOT 트랩. SIGABRT와 같음
SIGEMT	7,−,7	Term	
SIGSTKFLT	−,16,−	Term	coprocessor에서의 스택 오류 (사용되지 않음)
SIGIO	23,29,22	Term	I/O 가 현재 사용가능함 (4.2 BSD)
SIGCLD	−,−,18	Ign	SIGCHLD와 같음
SIGPWR	29,30,19	Term	파워 실패 (SysV)
SIGINFO	29,−,−	−	SIGPWR와 같음
SIGLOST	−,−,−	Term	파일 락(lock) 손실
SIGWINCH	28,28,20	Ign	윈도우 크기 변경 시그널 (4.3 BSD, Sun)
SIGUNUSED	−,31,−	Term	사용되지 않는 시그널 (SYSSIG 로 대체될 것임)

[표 9.4]에 시그널 목록을 정리했지만, 전체 시그널 목록을 기계적으로 외우려고 하지는 말자. 물론 중요한 몇몇 시그널은 확실하게 알아둘 필요가 있다.

예를 들면 SIGINT, SIGTERM, SIGQUIT, SIGTSTP, SIGABRT, SIGSEGV, SIGUSR1, SIGUSR2 정도는 기계적으로 외워둘 필요가 있다. 그 외의 것들은 본문에서 다루면서 혹은 실무에서 프로그래밍하면서 알게 되므로 코드 작성을 게을리 하지만 않는다면 서서히 알게 된다.

그러면 이제 시그널을 잡아내어 처리하는 처리기, 즉 시그널 핸들러를 작성하는 방법에 대해서 살펴보도록 하자.

03 시그널과 시그널 핸들러

프로세스에 시그널을 전달하는 함수는 kill 함수이다. 함수명과 동일한 명령어도 있으므로 직관적으로 감을 잡을 수 있다. 시그널 전달 함수로 raise도 있지만, 프로세스 내에서만 사용할 수 있으므로 자기 자신에게 시그널을 보내도록 kill(0, ...)으로 호출한 것과 동일한 결과를 가져온다. 그리고 이렇게 전달된 시그널을 받을 때 실행되는 기능이 바로 시그널 핸들러(signal handler)이다.

앞으로 시그널 관련 작업을 할 때 sigset_t 타입이 등장한다. 이를 시그널 세트라고 부르며 말 그대로 시그널 번호 개수만큼 공간이 있는 구조체이다.

POSIX는 구현 방식은 강제하지 않으므로 각 유닉스 벤더는 각자 알아서 구현하지만 대부분 시그널 세트 구조체의 내부는 비트 단위 연산을 하도록 되어 있다. 따라서 sigset_t에 시그널 번호를 모두 채운다면 구조체 내부의 모든 비트를 1로 바꾼 것으로 생각하면 된다. 이런 표현 방식은 select 함수에서 사용하는 fd_set 구조체와 흡사하다.

표 9.5 시그널 관련 함수

sigaction	시그널 핸들러를 설치한다. 기존 시그널 핸들러의 백업도 가능하다.
sigemptyset	시그널 세트(sigset_t)를 모두 비운다.
sigfillset	시그널 세트를 모두 채운다.
sigaddset	시그널 세트에 특정 시그널 번호를 추가한다.
sigdelset	시그널 세트에서 특정 시그널 번호를 제거한다.
sigismember	시그널 세트에 해당 시그널 번호가 채워져 있는지 확인한다.
sigpending	지연된 시그널이 있는지 확인한다.
sigprocmask	시그널 블록 마스크를 조작한다.(시그널 블록 마스크의 읽기 및 저장)
sigsuspend	임시로 시그널 마스크를 대체하고 시그널 수신을 기다린다.
strsignal psignal psiginfo	시그널 번호 및 siginfo_t 구조체로부터 시그널 정보를 알려준다.

sigaction은 시그널 핸들러를 설치하는 함수이다. 과거에 sigaction 대신에 signal이라는 함수를 사용하기도 했지만, 이제는 호환성에 문제가 있는 구식 함수라서 사용하지 않기를 권고하고 있다. 만일 예전 코드가 signal 함수를 사용했다면 sigaction으로 수정하는 편이 좋다.

signal 함수의 문제는 리눅스를 포함한 SVR4 시스템과 BSD 시스템이 다른 작동 의미(semantic)를 가진다는 점이다. 예를 들어 리눅스와 SVR4 계열에서는 signal로 설치한 시그널 핸들러는 1번 호출된 뒤에는 기본 작동으로 되돌아간다. 따라서 SVR4 계열에서는 시그널 핸들러 끝에 자신의 시그널 핸들러를 재설치해야만 했다.

이것은 초기 유닉스 방식으로서 당시에는 시그널의 중첩이나 여러 문제를 해소하기 위해 그렇게 설계했다고 한다. 하지만, BSD 유닉스에서는 초기 유닉스의 불완전한 시그널 기능을 보완해서 일회성이 아닌 영구적인 시그널 핸들러로 작동하도록 수정하였다.

그러므로 플랫폼에 따라 다른 작동을 보이는 signal 함수는 호환성 측면에서나 이식성을 위해 쓰지 않는 편이 좋다. 간혹 문제가 있는 signal 함수를 왜 표준에서 삭제하지 않았는지 궁금해하는 경우도 있는데 이는 표준 이전에 개발된 코드를 위해 남겨둔 것일 뿐이고 과거 코드도 수정할 수 있다면 sigaction으로 변경하는 것이 좋다.

3.1 sigaction 함수

```
int  sigaction(int  sig,
        const struct sigaction  *restrict act,
        struct sigaction  *restrict oact);
struct  sigaction {
   void  (*sa_handler)(int);
   void  (*sa_sigaction)(int, siginfo_t *, void *);
   sigset_t  sa_mask;
   int  sa_flags;
}
```

sigaction 함수의 원형을 보면 3개의 인수를 받는데 첫 번째 sig에는 잡고자 하는 핸들러 대상으로서 시그널 번호이다. 다만, SIGKILL과 SIGSTOP은 잡을 수 없는 시그널이므로 sig에 지정할 수 없다.

두 번째 인수인 act는 설치할 시그널 핸들러로서 구체적인 작동과 속성이 설정된 sigaction 구조체를 사용한다. 세 번째는 두 번째 인수였던 새로운 핸들러가 설치되기 이전의 시그널 핸들러 정보를 백업해준다.

백업 정보가 필요없다면 NULL을 넣어주면 된다. 반대로 두 번째 인수인 act에 NULL을 넣고 세 번째 인수에 oact에 구조체를 지정하면 새로운 시그널 핸들러를 설치하지 않고 현재 시그널 핸들러 정보만 백업할 수도 있다. 그러면 2, 3번째 인수에 사용되는 sigaction 구조체를 살펴보도록 하자.

표 9.6 sigaction 구조체 멤버

void (*sa_handler)(int)	시그널 핸들러가 호출할 함수나 기본 행동 명시 (동작: 기본 작동=SIG_DFL, 무시=SIG_IGN)
void (*sa_sigaction)(int, siginfo_t *, void *)	확장된 시그널 핸들러 사용시 호출할 함수
sigset_t sa_mask	시그널 블록킹 마스크가 저장되는 시그널 세트
int sa_flags	시그널 핸들러의 옵션 플래그

sigaction 구조체의 sa_handler는 해당 시그널이 발생했을 때 실행할 함수 포인터나 혹은 시그널의 작동 매크로를 지정한다. 함수 포인터가 아닌 매크로를 지정할 때는 SIG_DFL, SIG_IGN 중에 선택할 수 있다.

SIG_DFL은 해당 시그널에 정해진 기본 행동을 하는데 앞서 [표 9.2]~[표 9.4]에서 각 시그널별로 기본 행동에 대해 적어두었다. SIG_IGN은 해당 시그널을 무시하여 아무 행동도 하지 않도록 하는 것이다.

sa_mask는 시그널 핸들러가 작동하는 동안에 블록할 시그널 블록킹 마스크이다. 따라서 시그널 핸들러가 실행되는 동안 프로세스 전역으로 선언된 시그널 블록 마스크가 있다고 하더라도 핸들러 실행 동안 잠시 대체된다.

참고로 마스크란 의미는 사전적으로 가면이란 뜻처럼 어떤 정보를 가리거나 어떤 작동을 가리는 행동을 말한다. 시그널 마스크에 사용되는 sigset_t 시그널 세트 구조체는 sigfillset, sigemptyset, sigaddset, sigdelset 함수로 조작할 수 있다.

예를 들어 sa_mask의 모든 비트가 1로 채워져 있다면 무시할 수 없는 SIGKILL, SIGSTOP 시그널을 제외하고는 모두 블록킹하게 된다. 다시 말해 해당 시그널 핸들러가 실행되는 동안에 도착한 시그널들은 핸들러가 실행되는 동안에 보류된다는 의미이다.

반대로 sa_mask가 비어있는 경우, 즉 모든 비트가 0인 경우에는 시그널 핸들러가 실행되는 동안에 다른 시그널이 도착하면 현재 실행되고 있는 시그널 핸들러가 잠시 정지되고 새로운 시그널 핸들러가 작동된다.

```
int sigemptyset(sigset_t *set);
int sigfillset(sigset_t *set);
int sigaddset(sigset_t *set, int signum);
int sigdelset(sigset_t *set, int signum);
int sigismember(const sigset_t *set, int signo)
```

시그널 세트를 조작하는 함수 중에 sigemptyset은 모두 비우는 함수로서 비트를 전부 0으로 만든다고 생각하면 된다. 이와 반대로 sigfillset은 모두 채우는 함수로서 비트를 전부 1로 만든다고 생각하면 된다.

sigaddset은 시그널 세트에 특정 시그널 번호에 1개에 해당하는 비트를 채우는 함수이며 sigdelset은 반대로 비우는 작업을 한다.

보통 채울 시그널이 많다면 sigfillset으로 모두 채운 다음에 sigdelset으로 채우지 않을 시그널을 빼고, 반대로 채울 시그널이 적은 경우라면 sigemptyset으로 모두 비운 다음에 sigaddset으로 채울 시그널을 지정하는 방법을 사용한다.

sigismember는 시그널 세트에 signo 시그널 번호에 해당하는 비트가 켜져 있는지 확인하는 함수이다. 그러면 이제 sa_flags에 지정할 수 있는 플래그도 살펴보자.

표 9.7 sa_flags에 가능한 옵션 플래그들

SA_RESTART	시스템 콜 함수들이 시그널 핸들러로 인해 중단된 경우 EINTR로 에러 처리하지 않고 자동으로 재시작한다. 단 타임아웃이 존재하는 시스템 콜 함수는 여전히 EINTR을 발생시킨다.
SA_NOCLDSTOP	SIGCHLD 시그널 핸들러 자식 프로세스의 정지(STOP)에 대해 핸들러를 작동시키지 않는다.
SA_RESETHAND	시그널 핸들러를 일회용으로 설정한다. SA_ONESHOT도 같은 값이다.
SA_NODEFER	시그널 핸들러가 같은 시그널의 중복 수신을 허용한다. SA_NOMASK 도 같은 값이다.
SA_SIGINFO	시그널 핸들러가 추가적인 시그널 정보를 저장하도록 지시한다. (주로 리얼타임 확장에서 사용함. 리얼타임 확장 부분 참조)
SA_ONSTACK	시그널 핸들러가 실행될 때 sigaltstack으로 대체된 스택 공간을 사용하도록 한다.

대부분의 시스템 콜 함수들은 블록 중이거나 실행되는 도중에 시그널이 발생하면 EINTR 에러로 리턴하도록 설계되어 있다. 따라서 프로그래머는 시스템 콜 함수를 사용할 때 EINTR 에러가 정의된 시스템 콜인지 확인 후 재시작이나 에러 처리 코드를 작성해야만 한다.

하지만, SA_RESTART가 설정되면 해당 시그널 핸들러는 EINTR로 중단될 수 있는 함수를 중단시키지 않고 시그널 핸들러가 종료된 뒤에 자동으로 재시작 해준다.

따라서 SA_RESTART를 사용하면 EINTR이 발생하지 않고 프로그래머도 EINTR 처리를 할 필요가 없기 때문에 매우 간편해진다. 그러나 poll 같이 타임아웃 기능이 있는 경우는 여전히 EINTR을 발생시키므로 주의해야 한다. SA_RESTART와 EINRT의 관계는 매우 중요하므로 뒤에서 다시 한 번 자세히 설명하겠다.

SA_NOCLDSTOP은 SIGCHLD 시그널 핸들러를 자식 프로세스가 종료되었을 때만 작동시키고자 할 때 사용된다. 원래 SIGCHLD는 자식 프로세스가 종료 및 정지되면 부모 프로세스에게 전달되는 시그널이다.

하지만, 자식 프로세스의 종료 여부에만 관심이 있는 경우에는 정지된 상황은 무시해야만 한다. 예를 들어 fork를 이용해서 자식 프로세스에게 분업시키는 경우에는 자식

프로세스 종료 후 리턴 상황을 보고받고 좀비 프로세스 제거가 목적이므로 종료시에만 SIGCHLD를 보고받는 경우가 많다. 따라서 이런 경우 SA_NOCLDSTOP 옵션을 사용하게 된다. 이 기능은 긴 설명이 필요하므로 뒤에 자세히 다루도록 하겠다.

SA_ONESHOT, SA_RESETHAND는 동일한 플래그이다. 이 플래그는 시그널 핸들러를 일회용으로 만들어 준다. 따라서 설치된 시그널 핸들러는 한 번 실행된 후에 기본 행동으로 되돌아가게 된다.

SA_NOMASK, SA_NODEFER도 동일한 플래그이다. 이 플래그는 시그널 핸들러가 작동 중일 때 같은 시그널 핸들러의 중복을 허용하는 기능이다. sa_mask를 설명할 때 시그널 블록 마스크를 비우면 시그널 핸들러가 새로 도착한 시그널에 의해 인터럽트 될 수 있다고 했다.

하지만, 비워진 시그널 블록 마스크를 가지고 있더라도 이미 실행되고 있는 시그널 핸들러와 동일한 시그널이 중복으로 전달되는 것은 자동으로 막혀 있다.

즉 같은 시그널이 연속으로 도착한다고 해도 인터럽트 되지 않는다는 점이다. 하지만, SA_NODEFER가 지정되면 같은 시그널이 중복되어 전달되어도 바로 인터럽트 되는 것을 허용하게 된다.

이 기능은 일반적으로는 잘 쓰이지 않는데 왜냐하면 잘못하여 시그널의 중복된 발생이 무한으로 발생한다면 스택 오버플로우를 일으키기 때문이다. 따라서 특별한 이유가 있는 경우가 아니라면 SA_NODEFER는 사용하지 않는 편이 좋다.

SA_SIGINFO 플래그가 지정되면 확장된 형태의 시그널 핸들러 함수 형태를 사용할 수 있다. 과거부터 사용된 시그널 핸들러는 sa_handler에 지정하는 void (*)(int)형 함수를 사용했는데 핸들러 함수의 인수는 int형 1개로서 시그널 번호만 전달해주었다.

그런데 리얼타임 확장(POSIX.1b)에서 추가 정보를 제공할 수 있도록 하면서 2개의 인수를 더 받을 수 있도록 하였다. 따라서 sa_handler 대신에 sa_sigaction 항목에 핸들러 함수를 사용하도록 하였고 이 함수는 3개의 인수를 사용하여 void (*)(int, siginfo_t *, void *)으로 선언된다.

첫 번째 인수인 int에는 기존 sa_handler와 마찬가지로 시그널 번호가 전달되며, 두 번째 siginfo_t에는 추가 정보로서 시그널을 발생시킨 PID, 시간, 이벤트 등 다양한 정보가 전달된다. 세 번째 void *은 시그널에 의해 인터럽트된 컨텍스트 정보가 담겨 있다. void *으로 둔 것은 플랫폼마다 구현 방법이나 정보가 다르기 때문이다. 참고로 리눅스에서는 ucontext_t 타입으로 캐스팅해서 사용한다.

확장된 시그널 핸들러는 일반적인 시그널 처리에는 쓰이지 않고 10장에서 다룰 RTS(Realtime Signal)를 주로 사용한다. 따라서 10장에서 다룰 때 살펴볼 것이다.

다만, 여기서 주의할 점은 시그널 핸들러는 sa_handler와 sa_sigaction을 같이 지정하면 안 된다. 왜냐하면, 간혹 몇몇 임플리먼테이션에서 이 두 가지를 공용체로 선언한 경우가 있기 때문이다.

SA_ONSTACK은 시그널 핸들러가 실행할 때 별도의 대체 스택(alternate stack) 공간을 사용하도록 한다. 이때 시그널 핸들러가 사용할 대체 스택 공간은 sigaltstack으로 미리 지정해주어야만 한다. 이 기능은 주로 디버깅 목적으로 사용된다.

예를 들어 스택 오버플로우로 인해 SIGSEGV 시그널이 발생하여 종료되는 경우를 생각해보자. 이미 스택이 오버플로우 되었기 때문에 SIGSEGV 핸들러가 실행될 스택 공간도 부족해진 상황이다.

따라서 SIGSEGV 시그널 핸들러 작동을 기대할 수 없게 된다. 이는 SIGSEGV 핸들러에 프로그래머가 디버깅에 필요한 어떤 추가 정보를 남기려고 해도 할 수 없게 된다. 물론 디버거와 코어 파일 분석으로도 어느 정도 해결이 가능하겠지만 힙 영역에서 있는 디버깅에 필요한 정보를 남기려면 대체 스택을 사용하는 기법이 꽤 유용하다.

이 기능에 대해서는 나중에 뒤에서 따로 예제를 통해 살펴볼 것이다.

> **TIP** 　**구식 시그널 처리 함수들에 대해**
>
> 앞서 언급했던 signal 함수 외에 구식 함수는 몇 개 더 존재한다. 바로 sighold, sigignore, sigpause, sigrelse, sigset이며 이들 구식 함수는 장래에 표준안에서 제거될 가능성이 있으므로 가능하다면 새로운 sigaction과 앞서 설명했던 함수들로 대체해야 한다.
>
> 아직도 일부 오래된 서적이나 매뉴얼에서는 구식 시그널 처리 함수들을 사용하도록 설명하고 있지만 엄밀하게 말하면 이제는 틀린 내용이다.

시그널 핸들러는 fork를 할 때는 자식 프로세스에게 상속된다. 따라서 자식 프로세스까지 필요한 시그널 핸들러는 부모 프로세스에서 설치한 뒤에 fork하도록 프로그래밍하는 편이다.

만일 fork 후에 자식 프로세스가 시그널 핸들러를 설치한다면 미묘한 시간 차이에 의해서 시그널 핸들러가 설치되기 전에 시그널이 발생하는 경우에 원치 않는 결과가 발생할 수 있기 때문이다.

예를 들어 자식 프로세스가 미묘한 시간 차이로 인해 시그널 핸들러를 설치하기 전에 전달된 시그널의 기본 작동이 Term인 경우에는 자식 프로세스가 죽어버리는 참혹한 결과가 생길 수도 있으니 조심해야 한다.

하지만, 시그널 핸들러와 시그널 마스크는 상속되지만 이미 전달되어 블록킹된 시그널이 있다면 이는 자식 프로세스에게 상속되지 않는다. 왜 그런지는 생각해보면 당연히 이해가 갈 것이다. 원래 fork란 정적 영역을 복제하는 것일 뿐 특정 대상에게 전달된 것은 복제하지 않는 기능이기 때문이다.

3.2 시그널 핸들러 예제

그러면 시그널 핸들러가 어떻게 설치되는지 살펴보기 위해 가장 기본적인 기능으로 구성한 예제를 하나 보도록 하겠다. 살펴볼 기능은 시그널 핸들러를 설치하는 방법과 시그널 블록킹 마스크이다. 그리고 핸들러를 설치할 대상 시그널은 사용자 정의로 예약된 SIGUSR1, SIGUSR2로 할 것이다.

[코드 9.1] 기본적인 시그널 핸들러 예제 (sig_basic.c)

```c
01  void sa_handler_usr(int signum); /* 시그널 핸들러용 함수 */
02  int  main() {
03      struct sigaction sa_usr1;
04      struct sigaction sa_usr2;
05      memset(&sa_usr1, 0, sizeof(struct sigaction));
06      sa_usr1.sa_handler = sa_handler_usr;/* 시그널 핸들러 함수 설정 */
07      sigfillset(&sa_usr1.sa_mask);       /* 시그널 블록 마스크를 모두 채운다. */
08      memset(&sa_usr2, 0, sizeof(struct sigaction));
09      sa_usr2.sa_handler = sa_handler_usr;/* 시그널 핸들러 함수 설정 */
10      sigemptyset(&sa_usr2.sa_mask);      /* 시그널 블록 마스크를 모두 비운다. */
11      sigaction(SIGUSR1, &sa_usr1, NULL); /* SIGUSR1 시그널에 대해 핸들러를 설치한다. */
12      sigaction(SIGUSR2, &sa_usr2, NULL); /* SIGUSR2 시그널에 대해 핸들러를 설치한다. */
13      printf("[MAIN] SIGNAL-Handler installed, pid(%d)\n", getpid());
14      for(;;) {
15          pause(); /* 시그널을 받을 때까지 블록된다. */
16          printf("[MAIN] Recv SIGNAL...\n");
17      }
18      return EXIT_SUCCESS;
19  }
20  void sa_handler_usr(int signum) {
21      int i;
22      for (i=0; i<10; i++) {
23          printf("\tSignal(%s):%d sec.\n", signum == SIGUSR1 ? "USR1":"USR2", i);
24          sleep(1);
25      }
26  }
```

01행에 선언된 sa_handler_usr 함수는 SIGUSR1, SIGUSR2에 공통으로 사용할 시그널 핸들러 함수이다. 실제 코드는 20~26행에 있는데 그냥 10초 동안 숫자를 순서대로 출력하는 기능을 갖고 있다.

여기서는 예제가 작동하는 것을 보여주기 위해 시그널 핸들러에 printf와 sleep을 사용하고 있지만, 실제 시그널 핸들러에서는 이와 같은 형태의 지연되는 코드는 지양해야 한다.

sleep의 경우는 시그널에 대해 안전한 async-signal-safe 함수이므로 오류가 생기지는 않는다. 오히려 printf가 시그널에 대해 안전한 함수가 아니어서 데이터 출력의 순서나 정확성을 보장하기는 어렵다. 따라서 실무에서 printf와 같은 출력이 필요하다면 write를 이용해야 한다. 단지 예제는 간단하므로 출력에 문제가 생길 가능성이 적어 printf를 사용했으니 양해를 바란다.

06, 09행에서 SIGUSR1, SIGUSR2에 사용할 각각의 sigaction 구조체의 sa_handler에 시그널 핸들러 함수인 sa_handler_usr을 지정하는 것을 볼 수 있다.

두 시그널이 호출하는 시그널 핸들러는 같지만, 차이를 두기 위해 SIGUSR1을 처리하는 sa_usr1.sa_mask 시그널 세트, 즉 시그널 블록 마스크로 사용되는 시그널 세트를 모두 채워 넣었고 SIGUSR2를 처리하는 sa_usr2.sa_mask는 모두 비워두었다.

07행에서는 시그널 세트를 모두 채우기 위해 sa_usr1.sa_mask에 sigfillset을 호출하였고 10행에서는 시그널 세트를 모두 비우기 위해 sa_usr2.sa_mask에 sigemptyset을 호출하였다.

따라서 SIGUSR1 핸들러가 실행 중일 때는 시그널이 도착해도 블록킹되어 핸들러가 종료된 다음에 전달된다. 물론 SIGKILL, SIGSTOP과 같이 무시할 수 없는 시그널은 블록 마스크와 상관없이 전달된다.

반대로 SIGUSR2 핸들러가 실행 중일 때는 시그널이 도착하는 즉시 전달되어 처리된다. 이렇게 중간에 끼어든 시그널이 처리된 뒤에는 SIGUSR2가 중단된 위치부터 재시작하게 된다.

예제는 간단하지만 시그널이 처리되는 것과 시그널 블록 마스크의 작동에 대해 보여줄수 있다. 이를 위해 2개의 터미널을 띄우고 하나는 예제를 실행시키고 다른 하나에서는 USR1, USR2 시그널을 번갈아가면서 보내보면 SIGUSR1은 블록킹되어 중단되지 않고 실행되고 SIGUSR2는 중간에 도착한 시그널이 우선 처리되는 것을 볼 수 있다.

하지만, SIGUSR2를 중복해서 보내면 같은 시그널에 대해서는 중단되지 않는 것을 볼 수 있다. 이 차이에 대해서 꼭 실습을 통해 이해해 두도록 하자.

예제의 SIGUSR2는 sa_mask를 비워두었기 때문에 다른 시그널에 의해서 인터럽트 될 수 있지만 같은 시그널에 의해서는 인터럽트되지 않았다. 하지만, 여기에 SA_NODEFER 플래그를 더하면 이야기는 달라진다.

예를 들어 sa_usr2.sa_flags에 [코드 9.2]처럼 플래그를 더한 뒤에 빌드하여 실행해 보자. 그리고 SIGUSR2를 중복해서 전달해보면 같은 시그널에 의해서도 인터럽트되는 것을 볼 수 있다.

```
[코드 9.2] SA_NODEFER 플래그를 적용한 시그널 핸들러                         (sig_basic.c)
01   void sa_handler_usr(int signum); /* 시그널 핸들러용 함수 */
02   int  main() {
03       struct sigaction sa_usr1;
04       struct sigaction sa_usr2;
05       memset(&sa_usr1, 0, sizeof(struct sigaction));
06       sa_usr1.sa_handler = sa_handler_usr;
07       sigfillset(&sa_usr1.sa_mask);
08       memset(&sa_usr2, 0, sizeof(struct sigaction));
09       sa_usr2.sa_handler = sa_handler_usr;
10       sigemptyset(&sa_usr2.sa_mask); /* 시그널 블록 마스크를 모두 비운다. */
11       sa_usr2.sa_flags = SA_NODEFER;  /* SIGUSR2 시그널에 SA_NODEFER 플래그 적용 */
12       sigaction(SIGUSR1, &sa_usr1, NULL);
13       sigaction(SIGUSR2, &sa_usr2, NULL); /* SIGUSR2 시그널에 대해 핸들러를 설치한다. */
14       printf("[MAIN] SIGNAL-Handler installed, pid(%d)\n", getpid());
15   /* ... 이하 생략 ... */
```

[코드 9.2]의 11행에 보면 SIGUSR2에 SA_NODEFER 플래그를 적용한 것을 볼 수 있다. 이제 예제를 컴파일하고 실행한 뒤에 SIGUSR2를 연속해서 보내면 중복되어 인터럽트 되는 것을 볼 수 있다.

앞서 언급한 대로 SA_NODEFER는 부주의하게 사용하면 시그널의 과도한 발생에 대해 스택 오버플로우를 발생시키므로 부득이한 경우가 아니라면 쓰지 않는 것이 좋다.

스택 오버플로우가 발생하는지 확인하려면 [코드 9.2]의 sa_handler_usr 함수에 "char buf[2000000]" 정도의 변수를 선언해두기만 하고 연속해서 SIGUSR2를 보내 보면 된다. 대부분의 리눅스 배포판은 기본값으로 10MiB의 스택 제한이 걸려 있으므로 5번 정도 보내면 스택 오버플로우로 SIGSEGV가 발생할 것이다.

이번에는 확장된 시그널 핸들러를 사용하는 SA_SIGINFO 플래그에 대해서 살펴 보자. 확장된 시그널 핸들러는 siginfo_t로 전달되는 인수에 다양한 정보를 전달해준다. 여기서는 siginfo_t에 대해서 간단하게 맛만 보고 세부적인 기능은 리얼타임 시그널을 다루는 10장에서 보도록 할 것이다. 예제에서는 함수가 선언되는 형태와 siginfo_t에서 시그널을 보낸 UID와 PID를 출력하는 부분만 살펴보자.

[코드 9.3] SA_SIGINFO 플래그를 적용한 확장 시그널 핸들러　　　　　　　　　　(sig_siginfo.c)

```
01  void sa_sigaction_usr(int signum, siginfo_t *si, void *sv);
02  int main() {
03      struct sigaction sa_usr1;
04      struct sigaction sa_usr2;
05      memset(&sa_usr1, 0, sizeof(struct sigaction));
06      sa_usr1.sa_sigaction = sa_sigaction_usr;
07      sigfillset(&sa_usr1.sa_mask);   /* blocking signal. */
08      sa_usr1.sa_flags = SA_SIGINFO;  /* 확장된 시그널 핸들러를 사용하도록 한다. */
09      memset(&sa_usr2, 0, sizeof(struct sigaction));
10      sa_usr2.sa_sigaction = sa_sigaction_usr;
11      sigemptyset(&sa_usr2.sa_mask);  /* nonblocking. */
12      sa_usr2.sa_flags = SA_SIGINFO; /* 확장된 시그널 핸들러를 사용하도록 한다. */
13      sigaction(SIGUSR1, &sa_usr1, NULL);
14      sigaction(SIGUSR2, &sa_usr2, NULL);
15      printf("[MAIN] SIGNAL-Handler installed, pid(%d)\n", getpid());
16      for(;;) {
17          pause();
18          printf("[MAIN] Recv SIGNAL...\n");
19      }
20      return EXIT_SUCCESS;
21  }
22  void sa_sigaction_usr(int signum, siginfo_t *si, void *sv) {
23      int i;
24      printf("\t (signo:%d) (UID:%d) (PID:%d)\n", si->si_signo, si->si_uid, si->si_pid);
25      for (i=0; i<10; i++) {
26          printf("\tSignal(%s):%d sec.\n", signum == SIGUSR1 ? "USR1":"USR2", i);
27          sleep(1);
28      }
29  }
```

[코드 9.3]을 보면 01행의 시그널 핸들러부터 형태가 바뀐 것을 볼 수 있다. 확장된 형태이므로 인수가 3개로 늘어났다. 06, 10행에서도 핸들러 함수를 지정하는 필드가 sa_handler를 쓰지 않고 sa_sigaction으로 바뀌었고 08, 12행에서는 이를 위해 SA_SIGINFO 플래그를 지정한 것을 볼 수 있다.

24행에 보면 시그널 핸들러 안에서 siginfo_t 구조체의 si_uid는 시그널을 보낸 UID, si_pid는 시그널을 보낸 프로세스의 PID이다. 이외에도 다양한 정보가 있으나 10장에서 다루는 리얼타임 시그널에서 사용하므로 여기서는 눈에 익숙하게 만들어두기만 하자.

3.3 시그널과 EINTR 에러 처리

```
ERRORS
       EAGAIN The file descriptor fd refers to a file other than a socket and has
              been marked nonblocking (O_NONBLOCK), and the write would block.

       EBADF  fd is not a valid file descriptor or is not open for writing.

       EINTR  The call was interrupted by a signal before any data  was  written;
              see signal(7).
```

> man 페이지의 EINTR 에러에 대한 설명이 있는 경우에는 이에 대한 처리가 필요하다.

[그림 9.2] man 페이지에 EINTR 설명이 있는 경우

리눅스 man 페이지나 POSIX 매뉴얼 페이지를 보다 보면 [그림 9.2]처럼 errno 에러 코드 설명 부분에 EINTR이 보이는 경우가 있다. 여기서 EINTR이란 시그널 핸들러를 처리하기 위해 인터럽트 된 경우를 말한다.

이런 경우 프로그래머는 신뢰성 있는 작동을 위해서 EINTR 에러를 처리하는 코드를 작성해야만 한다. 본문의 예제들은 간략한 설명과 가독성을 높이기 위해 대부분의 에러 처리를 생략하는 경우가 많았는데 그렇다고 EINTR 에러 처리를 생략해도 된다는 뜻은 아니다.

또한, EINTR 에러에 대해서만 자세히 설명했다고 해서 EINTR 외의 다른 에러는 중요하지 않다는 뜻도 아니다. 다만, EINTR 에러는 시그널과의 관계를 이해해야 하므로 따로 설명한 것이다.

먼저 EINTR이 발생하는 조건에 대해 알아보자. 시그널이 발생하면 모든 시스템 호출이 EINTR 에러로 리턴되는 것은 아니다. [그림 9.2]처럼 매뉴얼 페이지에 EINTR이 설명되어 있는 경우만 발생한다.

이들은 대부분 느린 I/O를 처리하거나 블록킹 모드에서 작동하는 함수들로서 대표적으로 write, send, poll과 같은 함수들이다. 반대로 socket, malloc, sigaction 같은 함수는 EINTR이 발생하지 않는 대표적인 함수들이다.

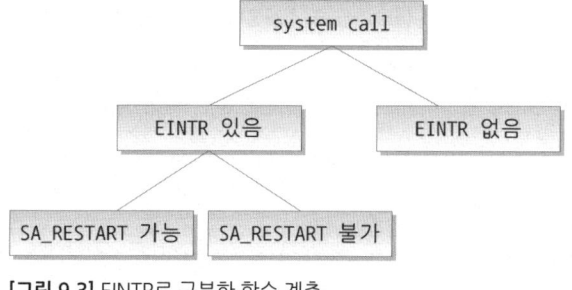

[그림 9.3] EINTR로 구분한 함수 계층

그런데 주의할 점은 write, read 같은 입출력 함수는 소켓이나 파이프와 같이 상대편의 사정에 의해 블록킹될 수 있는 경우에는 EINTR을 발생시키지만, 디스크처럼 블록킹을 유발하지 않고 즉시 요청된 입출력을 수행하는 경우에는 EINTR을 발생시키지 않는다.

이와 같은 예로 open으로 파이프를 열 때는 EINTR을 유발하지만, 파일을 열 때는 EINTR을 발생시키지 않는다.

[그림 9.3]을 보면 시스템 콜을 EINTR이 존재하는 경우와 존재하지 않는 경우로 나눴다. 그런데 EINTR이 존재하는 경우에는 다시 SA_RESTART의 영향을 받는지에 따라서 나눌 수 있다.

앞서 시그널 핸들러의 sigaction을 설명할 때 SA_RESTART 옵션을 주면 해당 시그널 핸들러는 선점당한 시스템 콜을 EINTR로 에러 리턴시키지 않고 시그널 핸들러가 종료한 뒤에 자동으로 재시작시켜 준다고 했다.

하지만, 모든 함수가 SA_RESTART에 의해서 자동으로 재시작되는 것은 아니다. 시그널과 EINTR에 영향을 받는 함수는 리눅스 7번 man 페이지 signal 항목에 나와 있지만 보기 편하기 [표 9.8]에 정리해두었다. 정리한 문서는 리눅스 커널 3.1, gcc 4.6.2를 참고하여 작성했으나 시간이 많이 흐르면 추가되는 경우도 있으니 man 페이지를 먼저 참고하여야 한다.

표 9.8 SA_RESTART의 영향에 따른 분류

SA_RESTART 설정시 자동 재시작 함수	I/O 관련	read, readv, write, writev, ioctl open(pipe를 열기 위해 블록된 경우만)
	프로세스	wait, waitpid, waitid
	소켓	accept, connect, recv, recvfrom, recvmsg, send, sendto, sendmsg
	파일 락	flock, fcntl(F_SETLKW 사용시)
	세마포어	sem_wait, sem_timedwait
SA_RESTART 설정을 무시하고 EINTR로 리턴하는 함수	소켓	accept, connect, recv, recvfrom, recvmsg, send, sendto, sendmsg (setsockopt로 소켓 타임아웃을 설정한 경우만 해당)
	시그널	pause, sigsuspend, sigtimedwait, sigwaitinfo
	멀티플렉싱	epoll_wait, epoll_pwait, poll, ppoll, select, pselect
	슬립	clock_nanosleep, nanosleep, usleep sleep (시그널을 받을 경우 무조건 성공으로 리턴된다. EINTR이 아님)

자동 재시작하는 경우와 아닌 경우를 보면 쉽게 구분할 수 있다. 타임아웃을 설정하는 기능이 있거나 소켓에 타임아웃이 설정된 경우만 항상 EINTR로 리턴한다. 간혹 setsockopt로 소켓 타임아웃을 지정하는 경우가 있는데 EINTR 에러 처리를 하지 않으면 매우 낮은 빈도로 EINTR로 인한 에러로 인해 accept, send, recv가 제대로 작동하지 않을 수 있다. 실제로 어떤 회사에서는 매우 낮은 빈도로 이런 문제가 발생해서 데이터가 간혹 전송되지 않는 문제가 있었다.

그러면 EINTR의 발생 조건과 SA_RESTART에 영향을 받는 함수들에 대해서 보았으니 이제는 EINTR 에러 처리 코드를 어떻게 해야 하는지 살펴보자.

일반적으로 EINTR이 발생하면 중단되었던 코드를 재시작 하도록 작성해야 한다. 그런데 I/O 처리 함수에 EINTR 에러일 때 재시작할 수 있도록 순환 루프나 goto 문을 넣으면 심각하게 복잡해지는 경향이 있다.

예를 들어 [코드 9.4]는 for 루프를 사용하여 EINTR 에러일 때 재시작할 수 있게 작성한 예제이다. 하지만, 매번 입출력할 때마다 이런 코드를 넣으면 상당히 비효율적이므로 [코드 9.4]에 해당하는 부분을 랩핑 함수로 만들어서 가독성을 높인다.

실무 쪽 코드를 보다 보면 xxrecv, itrecv, retry_recv 등등 다양한 이름으로 만들어진 입출력 관련 랩핑 함수를 볼 수 있을 것이다. 그런데 주의할 점은 재호출 횟수를 무한 루프를 돌면서 시도하도록 하면 안 된다는 점이다.

어떤 이유든지 함수를 무한으로 재시도하는 구조는 작성하면 안 된다. 무한 재시도는 잠정적 무한 루프 문제로 인해 골치 아픈 문제를 만들기도 한다. 따라서 큐 처리를 하는 방법이 가장 좋지만 그게 안 된다면 루프에 일정 횟수만 시도하도록 해야 한다.

[코드 9.4] EINTR 처리를 위한 예시 코드 (좋지 못한 예)

```
01  for (; ; ) { /* 무한 루프에 문제가 있다. */
02    if ((ret_recv = recv(fd, buf, SZ_BUF_RECV, 0)) == -1) {
03      switch(errno) {      /* error */
04        case EINTR:
05        case EAGAIN:
06          continue;   /* 재시도 */
07        default:
08          /* 그 외의 에러 처리 */
09          break;
10      }
11    } else {
12      break; /* 성공: for 루프를 빠져나간다. */
13    }
14  } /* loop: for */
```

참고로 [표 9.8]에는 리눅스 전용 시스템 호출인 inotify나 io_getevents는 설명하지 않았는데 EINTR을 발생시키지 않는 함수이므로 참고하기 바란다.

04   SIGCHLD 시그널과 자식 프로세스

앞서 SIGCHLD와 SA_NOCLDSTOP 플래그에 대해서 언급하면서 좀비 프로세스에 대해서 이야기를 했었다. 그리고 이 두 가지를 이해하기 위해서는 먼저 좀비 프로세스가 무엇인지부터 알아두어야만 할 것이다.

좀비(zombie)란 영화에서는 죽은 시체가 움직이면서 사람을 죽이는 괴물로 나오는데 프로세스에서는 다른 프로세스를 잡아먹는다든지 마구 돌아다니는 그런 의미는 아니다.

좀비 프로세스란 종료되었지만, 뒤처리가 안 되어서 점유한 자원이 풀어지지 않은 상태가 된 프로세스를 말한다. 따라서 영화하고 비슷한 부분은 죽기는 했는데 그 시체(자원)가 아직 해제되지 않아서 일부 자원이 남아 있는 상태라고 할 수 있다.

좀비 프로세스를 이해하기 위해서는 프로세스가 가진 2가지 정보를 알아야 한다. 시스템에 있는 모든 자원은 데이터와 메타 데이터로 이루어져 있다. 프로세스란 실행 파일 이미지가 메모리에 로딩된 결과이므로 먼저 파일부터 예를 들어 보자. 파일에는 파일 내용에 해당하는 데이터 부분과 메타 데이터가 있다. 메타 데이터는 파일을 수식하는 정보로서 파일 경로, 크기, 권한, 생성 시간 등등이 있다. 파일을 다른 경로로 옮기거나 권한을 변경하면 메타 데이터가 변경되는 것이지 파일 내용이 변경되는 것은 아니다.

프로세스의 경우도 프로세스의 이미지 부분과 프로세스의 PID, 실행 권한, 생성 시간 등은 메타 데이터는 분리되어 있다. 여기서 프로세스가 종료되면 프로세스가 가진 이미지와 메타 데이터 모두를 해제해야 하는데 이미지가 먼저 해제되고 그다음에 관리하는 메타 데이터가 해제된다.

문제는 프로세스가 종료되어 이미지가 해제되었는데 메타 데이터 부분인 PCB(Process Control Block)의 몇몇 부분이 해제되는데 오랜 시간이 걸리거나 아니면 해제가 안 되는 경우이다.

그러면 왜 PCB의 일부를 유지시킬까? 이는 시스템 차원에서 프로세스의 성공, 실패 여부를 계층적으로 보고(report, notification)하게 하기 위함이다.

일반적으로 자식 프로세스를 만드는 것은 작업의 일부를 떼어내어 자식 프로세스에게 시키는 것이다. 따라서 자식 프로세스는 부모 프로세스에게 작업의 성공 여부를 보고하기 위해 main 함수의 리턴값을 부모 프로세스에게 전달할 수 있다. 이는 프로세스가 하는 것이 아니라 운영체제가 제공하는 기능이다. 즉 운영체제는 부모 프로세스는 자식 프로세스가 종료 보고를 받을 수 있도록 조치해준다.

이를 위해 프로세스는 종료값을 PCB의 일정 영역에 기록해두는데 정상 종료인 경우라면 main 함수의 리턴값을 기록하고 비정상 종료라면 시그널 번호를 기록해 둔다. 그리고 이 값은 부모 프로세스가 읽어갈 때까지 PCB에 남겨서 유지시킨다. 이렇게 프로세스의 실행에 관련된 몸통은 모두 해제되고 PCB의 몇몇 메타 데이터만 남아 있는 불완전한 상황이 바로 좀비 프로세스이다.

즉 모든 프로세스는 아주 잠깐 좀비가 될 수 있다. 왜냐하면, 정상적이라고 할지라도 자식 프로세스 종료 후 부모 프로세스가 자식 프로세스의 종료값을 읽어가는 잠깐의 시간 동안은 좀비 상태이기 때문이다. 이 시간이 아주 짧아서 문제가 되지 않는 것뿐인데 프로그래머의 실수로 오랜 시간 동안 부모 프로세스가 자식 프로세스의 종료값을 확인하지 않으면 운영체제에서는 자식 프로세스의 메타 데이터인 PCB의 일부를 해제하지 않고 대기시키게 된다.(시스템의 메모리 같은 자원들은 해제된다.) 이런 자식 프로세스의 상태가 비로소 보이기 시작하면 바로 좀비 프로세스가 나타났다고 하는 것이다. 좀비 프로세스의 확인은 간단하게 ps 명령어로도 가능하며 ps의 결과에서 defunct 상태로 나타난다.

● 좀비 프로세스의 해결책

좀비 프로세스의 해결책은 아주 간단하다. 바로 자식 프로세스의 종료 상태를 읽으면 된다. 이 때 부모 프로세스가 사용해야 하는 시스템 호출이 바로 wait, waitpid, waitid이다. 이 함수들로 자식 프로세스의 종료 상태를 확인하고 나면 운영체제는 좀비 프로세스를 해제하게 된다. 만일 좀비 프로세스가 처리되지 않고 계속 시스템에 잔류하게 되면 그 만큼 프로세스 정보와 관련된 자원이 부족한 상태가 될 수 있다.

만일 부모 프로세스가 자식 프로세스의 종료 상태를 읽을 필요가 없는 경우에도 의무적으로 wait나 waitpid를 호출해야 하는 것일까? 만일 자식 프로세스의 상태를 읽을 필요가 없는 경우라면 자식 프로세스가 종료했을 때 발생하는 SIGCHLD 시그널을 무시하도록 시그널 핸들러를 설치해주면 된다.

즉 sigaction의 sa_handler에 SIG_IGN으로 설정한 뒤에 시그널 핸들러를 설치해주면 자식 프로세스가 죽게 되면 그냥 해제된다.

그런데 SIGCHLD 시그널은 자식 프로세스가 정지(STOP)되거나 종료된 경우에 모두 발생한다. 하지만, 자식 프로세스를 fork하여 서비스를 제공하는 데몬(daemon) 프로세스에서는 자식 프로세스가 종료된 경우만 관심이 있다면 SIGCHLD 시그널 핸들러에 SA_NOCLDSTOP (no child stop)플래그를 지정하여 종료된 경우만 시그널 핸들러가 작동하도록 할 수 있다.

즉 SA_NOCLDSTOP이 설정되면 SIGSTOP, SIGTSTP, SIGTTIN, SIGTTOU처럼 정지 시그널로 자식 프로세스가 정지된 경우는 SIGCHLD 시그널 핸들러가 작동되지 않는다.

이번에는 거꾸로 부모 프로세스가 먼저 죽어버리는 경우를 생각해보자. 이런 경우에는 자식 프로세스는 고아 프로세스(orphan process)가 된다. 그리고 최상위 프로세스인 init 프로세스가 고아 프로세스의 계 부모 프로세스(step parent process)가 되어 부모 역할을 대신한다.

따라서 부모 프로세스를 죽이면 자식 프로세스는 좀비가 되는 게 아니라 init 프로세스가 해제시켜 주게 된다. 부모 프로세스가 죽으면 자식 프로세스가 죽는 것처럼 인식되는 경우가 있는 데 전혀 그렇지 않다.

4.1 SIGCHLD 시그널 예제

SIGCHLD 시그널 핸들러를 이용해서 자식 프로세스가 종료했을 때 확인하는 예제를 작성해보자. SIGCHLD 시그널 핸들러에는 SA_NOCLDSTOP 플래그를 적용해서 자식 프로세스가 종료했을 때만 작동하도록 할 것이다.

[코드 9.5] SA_NOCLDSTOP 플래그의 사용   (sig_nocldstop.c)

```
01   void sa_handler_chld(int signum);
02   int main() {
03       int    ret;
04       struct sigaction sa_chld;
05       memset(&sa_chld, 0, sizeof(struct sigaction));
06       sa_chld.sa_handler = sa_handler_chld;
07       sigfillset(&sa_chld.sa_mask);   /* 시그널 블록 마스크를 모두 채운다. */
08       sa_chld.sa_flags = SA_NOCLDSTOP; /* 자식 프로세스가 STOP인 경우는 작동하지 않는다. */
09       sigaction(SIGCHLD, &sa_chld, NULL);
10       printf("[MAIN] SIGNAL Handler installed\n");
11       switch((ret = fork())) {
12          case 0: /* child process */
13              pause();
14              exit(EXIT_SUCCESS);
15          case -1: /* error */
```

```
16              break;
17          default:
18              printf("- Child pid = %d\n", ret);
19              break;
20      }
21      while (1) {
22          pause();
23          printf("[MAIN] Recv SIGNAL...\n");
24      }
25      return EXIT_SUCCESS;
26  }
27  void sa_handler_chld(int signum) {
28      pid_t   pid_child;
29      int     status;
30      printf("[SIGNAL] RECV SIGCHLD signal\n");
31      while (1) {
32          if ((pid_child = waitpid(-1, &status, WNOHANG)) > 0) {
33              printf("\t- Exit child PID(%d) \n", pid_child);
34          } else {
35              break; /* 좀비 프로세스가 더이상 존재하지 않는다. */
36          }
37      } /* loop: while */
38  }
```

예제는 매우 간단한 구조로서 fork를 하고 부모 프로세스는 계속 시그널을 대기하는 21행의 무한 루프로 내려오고 자식 프로세스는 13행의 pause에서 대기하다가 시그 널을 받으면 곧바로 종료하게 된다.

그리고 SIGCHLD 시그널 핸들러로 27행의 sa_handler_chld 함수가 설정되어 있으 므로 자식 프로세스가 종료되면 이 함수에서 좀비 프로세스를 처리하게 된다.

sa_handler_chld 시그널 핸들러 함수를 보면 31~37행의 waitpid를 호출하는 부분 이 루프로 되어있는데 이는 동시에 복수의 자식 프로세스가 죽으면 SIGCHLD가 겹 쳐져서 사라지는 경우가 있기 때문에 루프를 돌면서 미처 시그널로 통보받지 못한 자 식 프로세스를 처리해주기 위함이다. 만일 루프로 처리하지 않으면 좀비가 발생할 가 능성이 커진다.

그리고 예제 08행에 있는 sa_flags 멤버에 SA_NOCLDSTOP이 있으므로 자식 프로 세스의 종료 상황에서만 시그널 핸들러가 작동하게 된다. 만일 SA_NOCLDSTOP 플 래그가 없다면 어떤 일이 발생하는지 비교하기 위해 08행을 주석 처리한 뒤에 빌드한 버전을 추가적으로 만들어서 실행해보자.

먼저 원래 프로그램(SA_NOCLDSTOP 이 있는 경우)을 실행한 화면을 보자.

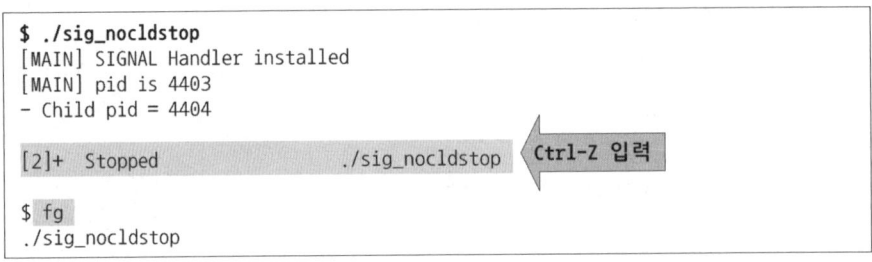

[그림 9.4] SA_CHLDSTOP을 적용한 예제의 실행

[그림 9.4]는 SA_CHLDSTOP이 적용된 원래 예제의 실행 화면이다. 여기서 실행 후 ⓒtrl+ⓩ를 눌러 SIGTSTP 시그널을 보내면 부모 프로세스와 자식 프로세스 모두 정지 상태가 된다.

정지 상태에서는 시그널이 도착해도 핸들러가 작동하지 않으니 fg 명령어로 프로세스를 재개시켜야 시그널 작동 여부를 알 수 있다. 그러나 [그림 9.4]에서 fg 명령 후에 아무런 메시지도 출력되지 않는 것을 볼 수 있다.

즉 SA_NOCLDSTOP 플래그로 인해서 정지된 경우에는 시그널 핸들러가 작동하지 않았다는 것이다. 그러면 SA_NOCLDSTOP를 빼고 다시 빌드한 경우를 살펴보자. 빌드할 때 혼동을 주지 않기 위해서 실행 파일명을 sig_cldstop으로 이름을 바꾸었다.

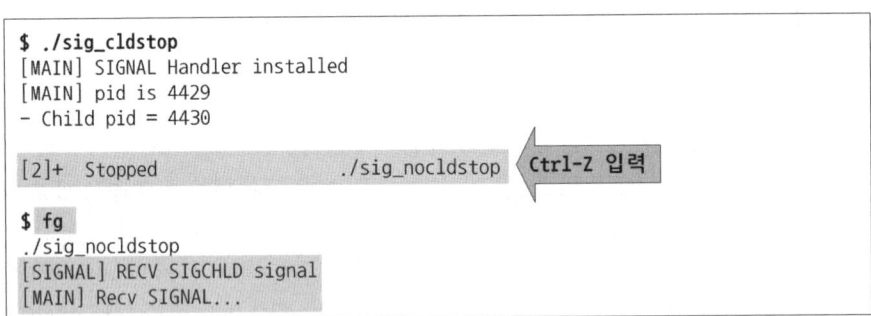

[그림 9.5] SA_CHLDSTOP을 제외한 예제의 실행

[그림 9.5]를 보면 fg를 실행했을 때 SIGCHLD 시그널 핸들러가 작동하여 메시지가 출력되는 것을 볼 수 있다. [그림 9.4]와 [그림 9.5]를 보면 SA_NOCLDSTOP의 기능의 차이를 확실하게 알 수 있을 것이다.

4.2 wait, waitpid 함수

예제 [코드 9.5]의 시그널 핸들러에서 사용한 wait, waitpid는 좀비 프로세스를 해방시키는 기능이 주된 기능은 아니다. 이들 함수는 자식 프로세스의 종료 상태를 읽어들이는 것이 목적이므로 종료 상태를 어떻게 읽어 들이는지 알아야 한다.

```
pid_t waitpid(pid_t pid, int *status, int options);
pid_t wait(int *status);
```

wait는 waitpid의 간략화된 형태이므로 waitpid만 제대로 알아두면 된다. waitpid는 3개의 인수를 받는데 pid에는 종료 상태를 읽어올 대상 프로세스의 PID나 프로세스 그룹을 지정할 수 있다.

표 9.9 **waitpid의 첫 번째 인수에 가능한 값**

-1	자식 프로세스 중에 아무나 종료를 기다린다. WAIT_ANY 매크로와 동일하다.
양수	종료를 기다릴 자식 프로세스의 pid를 지정하는 경우이다.
0	현재 프로세스와 동일한 프로세스 그룹 ID 내에 속한 자식 프로세스를 기다린다. WAIT_MYPGRP 매크로와 동일하다.
-1 미만의 음수	프로세스 그룹 ID가 지정된 음수의 절대값과 같은 pid의 자식 프로세스를 기다린다. (음수로 표현되는 pid는 프로세스 그룹 ID를 의미하지만 사용될 때는 절대값으로 사용된다.)

waitpid의 pid에는 -1을 지정하는 경우가 많은데 이는 자식 프로세스 중에 아무나 종료를 기다리게 된다. 만일 양수를 지정하면 특정 pid를 지정해서 기다리는 경우이다. 여기까지는 특정 프로세스에 대해서 종료를 기다리는 것이다.

0과 음수를 지정하는 경우는 프로세스 그룹에 관련이 있는 기능이다. 0을 지정하면 현재 프로세스와 같은 프로세스 그룹에 속한 자식 프로세스를 기다린다. 0은 WAIT_MYPGRP 매크로와 같은 값이므로 코드에 따라서 WAIT_MYPGRP으로 적혀 있기도 한다.

참고로 프로세스 그룹 ID(PGID)와 프로세스 ID(PID)가 같은 경우를 프로세스 그룹 리더라고 하는데 waitpid의 pid에 0을 지정하는 경우는 프로세스 그룹 리더가 그룹 내 자식 프로세스의 종료를 기다리는 의미가 된다.

pid에 -1 미만의 음수를 지정하면 프로세스 그룹 ID(PGID)를 직접 지정할 수 있다. 즉 자신과 동일한 프로세스 그룹이 아니라 다른 그룹을 지정할 때 주로 사용된다. 일반적으로 fork-exec 형태로 실행될 때 주로 사용된다.

> **TIP**　　Ctrl + C 와 프로세스 그룹(process group)에 대해
>
> 일반적으로 시그널은 대상 프로세스에게만 전달하지만, 터미널에서 Ctrl + C 로 SIGINT를 생성시키면 실제로는 프로세스 그룹에 전파시켜서 그룹 내에 속한 자식 프로세스까지 한 번에 종료시키기도 한다.
>
> 이런 기능은 프로세스 그룹의 시그널 전파 속성을 이용한 것인데 프로세스를 그룹화하여 관리하는데 편리한 기능을 제공할 수 있다. 자세한 내용은 뒤의 세션과 프로세스 그룹에 대해서 설명할 때 다루도록 하겠다.

waitpid의 두 번째 인수보다 세 번째 인수인 options를 먼저 보도록 하자. options에 설정 가능한 옵션은 WNOHANG과 WUNTRACED의 2가지 기능이 존재한다.

WNOHANG은 waitpid를 호출한 시점에 종료되어 상태를 보고할 자식 프로세스가 없다면 기다리지 않고 그냥 빠져나오게 하는 넌블럭킹 모드로 작동하게 한다. 만일 WNOHANG 옵션이 없다면 자식 프로세스가 준비될 때까지 함수 안에서 블럭킹된다.

WUNTRACED가 쓰이면 자식 프로세스가 종료된 경우 외에 정지된 경우도 포함한다. 만일 종료된 자식 프로세스가 1개 이상이라면 그중에 하나가 임의로 선택되어 waitpid에 의해 반환된다.

표 9.10 waitpid의 세 번째 인수에 가능한 값

WNOHANG	준비된 자식 프로세스가 없다면 기다리지 않고 즉시 반환함(넌블럭킹)
WUNTRACED	종료되거나 정지된 자식 프로세스에 대해서 모두 보고한다.

waitpid의 첫 번째 인수에 −1, 세 번째 인수에 0을 지정하면 wait와 동일하게 작동한다. 그런데 실제로는 wait와 같은 기능은 블럭킹 되기 때문에 순서대로 일을 처리하는 경우를 제외하고는 많이 쓰이는 방식은 아니다. 대부분의 경우에는 waitpid에 WNOHANG을 사용하여 조건에 맞는 경우가 없다면 블럭킹을 하지 않고 바로 빠져나오도록 하는 경우가 많다.

마지막으로 waitpid의 두 번째 인수인 status에 대해 살펴보자. status 인수는 자식 프로세스의 상태값을 저장해주는 변수로서 바로 확인할 수 있는 것이 아니라 검사 매크로를 이용해서 읽어와야 한다. 만일 상태를 읽을 필요가 없는 경우라면 status에 NULL을 넣어주면 된다.

표 9.11 waitpid의 두 번째 인수를 검사하는 매크로

정상 종료인 경우	WIFEXITED(status)	자식 프로세스가 종료한 경우라면 non-zero를 리턴
	WEXITSTATUS(status)	WIFEXITED에서 non-zero가 리턴된 경우에만 사용한다. 자식 프로세스의 종료값을 리턴한다.
시그널로 종료된 경우	WIFSIGNALED(status)	자식 프로세스가 시그널로 종료되었다면 non-zero 임
	WTERMSIG(status)	WIFSIGNALED에서 non-zero가 리턴된 경우에만 사용한다. 자식 프로세스가 수신한 종료 시그널 번호를 반환한다.
정지된 경우	WIFSTOPPED(status)	자식 프로세스가 정지되었다면 non-zero 임 따라서 이 매크로는 waitpid(2)에 WUNTRACED 옵션을 사용한 경우임
	WSTOPSIG(status)	WIFSTOPPED에서가 non-zero가 리턴된 경우에만 사용한다. 자식 프로세스가 수신한 정지 시그널 번호를 반환한다.

waitpid의 status를 검사하는 매크로는 3가지 상황에 대해 각각 2개씩 총 6개가 제공된다. 매크로들은 각각 waitpid 호출이 반환된 이유를 나타내는 매크로와 그 값을 가져오는 매크로로 짝지어 있다. 3가지 상황은 자식 프로세스가 정상 종료된 경우, 시그널로 인해서 종료된 경우, 정지된 경우가 있다.

먼저 WIFEXITED 매크로로 검사하여 0이 아닌 값이 반환되면 자식 프로세스가 정상 종료된 경우이므로 WEXITSTATUS 매크로를 이용해서 자식 프로세스의 종료값을 확인할 수 있다. 자식 프로세스의 종료값이란 자식 프로세스의 main 함수의 리턴값을 말한다. main 함수의 리턴값은 하위 8비트만 사용하므로 WEXITSTATUS의 리턴값은 0~255 사이가 된다.

만일 WIFEXITED가 0이 나왔다면 정상 종료가 아니므로 그다음에는 WIFSIGNALED 매크로로 검사해보면 된다. WIFSIGNALED 매크로로 검사하여 0이 아닌 값이 반환되면 자식 프로세스는 시그널을 받고 종료한 것이므로 WTERMSIG 매크로를 이용해서 자식 프로세스가 받았던 시그널 번호를 확인할 수 있다.

WIFSTOPPED 매크로는 앞의 waitpid의 options에 WUNTRACED를 추가한 경우에 사용된다. 만일 옵션에 WUNTRACED를 사용하지 않은 경우라면 무조건 0이 반환된다. WIFSTOPPED로 매크로를 검사하여 정지 시그널이 들어온 경우에는 0이 아닌 값이 반환되는데 이때 WSTOPSIG 매크로를 이용해서 어떤 정지 시그널이 들어왔는지 확인할 수 있다.

마지막으로 당부하고 싶은 것은 waitpid를 사용할 때 루프를 도는 구조로 만들어야 한다는 점이다. 앞서 [코드 9.5] 예제에서도 살펴보았지만, 루프를 돌면서 좀비 프로

세스를 처리하도록 해야 빠뜨리는 좀비 프로세스가 없어진다. 물론 이런 경우는 루프에서 빠져나오기 위해 waitpid가 넌블록킹으로 작동하도록 WNOHANG 옵션을 같이 사용해야 한다.

4.3 waitid 함수

waitid는 확장된 시그널 처리를 위한 siginfo_t형 구조체를 사용하는 방식이다. 기존의 wait나 waitpid에 비해 몇 가지 세밀한 작업이 가능하다.

```
int waitid(idtype_t idtype, id_t id, siginfo_t   *infop, int options);
```

waitid는 성공시 0을 리턴하고, 실패시 −1을 리턴한다. 실패시에는 errno에 에러 코드가 설정된다. idtype은 waitpid의 첫 번째 인수와 역할이 비슷하다. idtype에는 3가지 값이 가능하며 P_PID, P_PGID를 설정하는 경우 두 번째 인수인 id를 사용하지만, P_ALL을 설정하는 경우에는 두 번째 인수를 사용하지 않는다.

표 9.12 waitid의 첫 번째 인수(idtype)에 가능한 값

P_PID	두 번째 인수인 id에 지정한 PID를 가지는 자식 프로세스의 종료를 기다린다.
P_PGID	두 번째 인수인 id에 지정한 프로세스 그룹에 속한 자식 프로세스의 종료를 기다린다.
P_ALL	자식 프로세스 중에 아무나 종료를 기다린다. 두 번째 인수인 id는 무시된다.

세 번째 인수인 infop는 siginfo_t 구조체로서 리턴될 때 이 구조체에 자식 프로세스의 종료 정보를 기록해준다. 기록하는 정보는 다음 표를 보자. siginfo_t 구조체는 10장의 리얼타임 시그널(RTS)에서 자세히 다루기 때문에 여기서는 waitid에서 사용하는 일부만 살펴보도록 한다.

표 9.13 waitid 호출 성공시 infop(siginfo_t 구조체)에 설정되는 값

si_pid	자식 프로세스의 PID
si_uid	자식 프로세스의 RUID
si_signo	항상 SIGCHLD로 리턴된다.
si_code	다음 코드 중의 하나로 설정된다. CLD_EXITED (정상 종료), CLD_KILLED(시그널에 의한 종료), CLD_DUMPED(시그널에 의한 종료로 코어가 덤프됨), CLD_TRAPPED(트랩됨), CLD_STOPPED(정지됨), CLD_CONTINUED(재개됨)
si_status	si_code에 부가 정보 상태값. (예를 들어 si_code가 CLD_EXITED이면 이 값은 자식 프로세스의 종료값)

[표 9.13]에 보면 si_code로 판별 가능한 자식 프로세스의 종료 코드가 6개로 늘었다. 그리고 si_code와 si_status 정보를 조합하면 자식 프로세스의 종료값을 읽을 수 있다. 예를 들어 si_code가 CLD_EXITED이면 si_status는 자식 프로세스의 종료값을 의미하고, si_code가 CLD_KILLED이면 si_status는 자식 프로세스가 종료될 때 수신한 시그널 번호를 의미한다.

표 9.14 waitid의 네 번째 인수(options)에 가능한 값

WNOHANG	준비된 자식 프로세스가 없다면 기다리지 않고 즉시 반환함(넌블럭킹)
WNOWAIT	자식 프로세스의 종료 상태를 읽고 남겨두어 다시 읽을 수 있게 한다.
WSTOPPED	정지된 자식 프로세스에 대해서 보고한다.
WCONTINUED	재개된 자식 프로세스에 대해서 보고한다.
WEXITED	정상 종료된 자식 프로세스에 대해 보고한다.

options 인수에는 [표 9.14]와 같은 기능이 있다. 각 옵션은 OR 연산으로 결합 가능하다. WNOHANG은 기존의 waitpid와 같은 기능을 한다. 자식 프로세스의 모든 상태에 대해 보고받기를 원한다면 WEXITED | WSTOPPED | WCONTINUED와 같이 OR 연산으로 결합하면 된다.

WNOWAIT는 자식 프로세스의 상태만 읽고 대기 상태로 남겨두게 된다. 따라서 waitid로 자식 상태만 파악하고 실제 처리는 후행하는 다음 번 WNOWAIT를 사용하지 않는 waitid에서 처리하도록 할 때 사용한다. 이 기능은 복수의 자식 프로세스 중에 원하는 조건만 먼저 찾아내고 그다음에 실제로 처리를 하거나 모니터링을 위한 기능으로 주로 사용한다.

이제 예제를 통해 사용법을 살펴보자. 예제는 앞서 waitpid를 다루던 예제를 기본으로 하여 함수만 waitid로 변경했다. 이렇게 하면 기존의 waitpid를 어떻게 수정해야 하는지 쉽게 이해할 수 있을 것이다.

[코드 9.6] waitid 함수의 사용   (sig_waitid.c)

```
01    void sa_handler_chld(int signum);
02    int main()
03    {
04        int     ret;
05      struct   sigaction sa_chld;
06        memset(&sa_chld, 0, sizeof(struct sigaction));
07        sa_chld.sa_handler = sa_handler_chld;
08        sigfillset(&sa_chld.sa_mask);          /* 시그널 블록 마스크 채움 */
09        sigaction(SIGCHLD, &sa_chld, NULL);    /* 시그널 핸들러 설치 */
10        printf("[MAIN] SIGNAL Handler installed, pid(%d)\n",  getpid());
11        switch((ret = fork())) {
```

```
12          case 0:
13              pause();
14              exit(EXIT_SUCCESS);
15          case -1:
16              break;
17          default:
18              printf("- Child pid = %d\n", ret);
19              break;
20      }
21      while   (1) {
22          pause();
23          printf("[MAIN] Recv SIGNAL...\n");
24      }
25      return   EXIT_SUCCESS;
26 } /* main function */
27 void sa_handler_chld(int signum)
28 {
29      printf("[SIGNAL] RECV SIGCHLD signal\n");
30      int    optflags =   WNOHANG|WEXITED|WSTOPPED|WCONTINUED;
31      siginfo_t wsiginfo = {.si_pid = 0};
32      char   *str_status;
33      while   (1) {
34          if  (waitid(P_ALL, 0, &wsiginfo, optflags) == 0 && wsiginfo.si_pid !=   0) {
35              switch (wsiginfo.si_code) { /* si_code에 따라서   분기 */
36                  case CLD_EXITED:   /* 정상 종료된 경우 */
37                      str_status =   "Exited";
38                      break;
39                  case CLD_KILLED:   /* 시그널에 의해 종료된 경우 */
40                      str_status =   "Killed";
41                      break;
42                  case CLD_DUMPED: /* 시그널에 의해 종료되면서 코어 덤프한 경우 */
43                      str_status =   "Dumped";
44                      break;
45                  case CLD_STOPPED: /* 정지된 경우 */
46                      str_status =   "Stopped";
47                      break;
48                  case CLD_CONTINUED: /* 재개된 경우 */
49                      str_status =   "Continued";
50                      break;
51                  default:
52                      str_status =   "si_code";
53                      break;
54              }
55              printf("child pid(%d) %s(%d)\n",
56                      wsiginfo.si_pid,   str_status, wsiginfo.si_status);
57          } else {
58              break;
```

```
59        }
60     }
61  }
```

30행을 보면 waitid에서 사용할 옵션 플래그를 지정하고 있다. 4개의 옵션을 OR 연산으로 결합하고 있으며 정상 종료, 정지, 재개, 넌블록킹으로 작동하도록 설정하였다.

34행에서 waitid를 호출하면서 P_ALL로 설정했으니 어떤 자식 프로세스든지 종료를 기다리게 된다. 두 번째 인수는 무시되기 때문에 그냥 0을 넣었다. waitid는 성공 시 0을 리턴하지만, WNOHANG 옵션이 지정된 경우에는 조건에 맞는 자식 프로세스가 없을 때 0을 리턴할 수도 있다. 그래서 리턴값이 0인 경우에 성공과 실패의 2가지 상태가 생길 수 있다. 이를 구별하기 위해서는 siginfo_t 구조체의 si_pid 값을 살펴봐야 한다. 성공인 경우는 si_pid에 양수가 채워지며 자식 프로세스의 PID 값을 의미하지만, 실패인 경우는 0으로 채워진다. 따라서 34행에서는 if 문에서 2가지를 AND 연산으로 비교했다.

36~50행은 각 상태에 따라서 분기하는 부분이다. 이제 빌드를 해서 실행을 시켜보도록 하자. 터미널을 2개를 열어 하나는 예제를 실행하고 다른 하나에서는 시그널을 보내도록 하자.

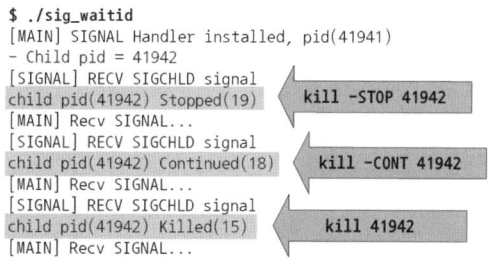

[그림 9.6] waitid 예제의 실행

[그림 9.6]에서 sig_waitid 예제의 실행 화면을 보면 자식 프로세스가 PID 41942로 출력되고 있다. 이제 다른 터미널 창에서 kill -STOP 41942로 SIGSTOP 시그널을 보내니 waitid에서 자식 프로세스가 정지된 것을 감지하고 있다. 그리고 kill -CONT 41942로 SIGCONT로 재개 시그널을 보낸 것도 감지되고 있다. 마지막으로 kill 41942는 15번 시그널인 SIGTERM이 감지되고 있다.

예제의 30행에 WNOWAIT 옵션을 추가해서 실행하면 어떻게 될까? 아마 34~60행을 무한 루프로 돌게 될 것이다. 무한 루프를 방지하려면 WNOWAIT로 waitid를 먼저 호출하고 WNOWAIT를 제거한 다음에 waitid를 다시 호출하도록 수정하면 된다. 한 번 수정해서 연습해보길 바란다.

05 시그널과 세션, 프로세스 그룹

SIGCHLD 시그널을 설명하면서 waitpid에서 프로세스 그룹과의 관계에 대해 언급했었는데 자세한 설명을 생략했었다. 이제 시그널과 세션, 프로세스 그룹이 어떤 관련이 있고 제어 터미널은 무엇인지 알아보도록 하자.

프로세스 그룹이란 fork를 통해서 생성되는 자식 프로세스들을 관리할 수 있도록 만들어진 그룹이다. 프롬프트에서 명령을 내리는 경우에 프로세스는 자신의 PID와 동일한 PGID(Process Group ID)를 가지는 프로세스 그룹을 생성한다.

PID와 PGID가 같은 경우에 이 프로세스를 프로세스 그룹 리더라고 부른다. 프로세스 그룹 리더는 특수한 의미가 있는 것은 아니라 시그널을 같은 그룹 내의 다른 프로세스에게 전파할 수 있는 기능을 가진다. 프로세스 그룹 리더에게서 발생하는(fork) 자식 프로세스들은 모두 같은 프로세스 그룹에 속하게 된다.

프로세스는 새롭게 프로세스 그룹을 생성하여 자신이 새로운 프로세스 그룹의 리더가 될 수도 있다. 즉 자식 프로세스 중에서는 독립해서 새로운 프로세스 그룹을 만들 수도 있다는 뜻이다. 이는 setpgid를 호출하면 가능하다.

그런데 setpgid에는 다른 프로세스 그룹으로 들어갈 수도 있는 반대의 기능도 가지고 있다. 즉 새로운 프로세스 그룹을 만들고 난 뒤에도 다시 setpgid를 호출하여 예전 프로세스 그룹이나 다른 프로세스 그룹으로 옮길 수도 있다는 것이다.

그러나 프로세스 그룹을 옮기기 위해서는 옮길 대상이 되는 프로세스 그룹과 세션이 같아야만 하는 조건이 있다. 그렇다면 다시 세션이 무엇인지 알아야만 한다.

현대적인 유닉스 시스템에서 세션은 SID(Session ID)라는 번호로 구분한다. 보통 세션이란 통신이 시작하는 순간부터 통신이 끝나는 논리적인 구간을 표현하는데 유닉스에서도 비슷한 의미로 사용된다.

단 유닉스 시스템에서 SID는 로그인이나 각종 터미널을 통해 통신이 시작되면 사용자와 연결되는 창구 역할을 하는 프로세스가 현재 PID와 동일한 번호로 부여받는다. 이때 SID를 부여받아서 SID=PID인 프로세스를 세션 리더라고 한다.

그러므로 SID를 부여받은 프로세스로부터 파생된(fork) 프로세스는 모두 부모 프로세스, 즉 SID를 가진 프로세스의 SID를 물려받는다. 이를 통해서 SID를 추적해보면 자식 프로세스들이 어디서부터 기원하는지를 추적할 수 있게 된다.

그런데 앞서 사용자와 통신을 할 수 있는 매개체라는 말이 나왔다. 여기서 사용자와 통신을 할 수 있다는 것은 키보드 입력 같은 것을 받을 수 있다는 의미가 된다.

즉 SID를 부여받은 프로세스는 터미널 입력을 받을 수 있도록 되어 있다는 뜻이다. 이때 터미널 입력은 프로세스를 제어하는 용도로 사용되므로 제어 터미널(controlling terminal)이라고 부른다.

이 제어 터미널은 같은 세션 내에 있는 모든 프로세스가 돌려가면서 사용할 수 있게 된다. 예를 들어 터미널 프롬프트에서 멀티 태스킹을 할 때 fg, bg 명령어를 이용해서 여러 프로세스를 포그라운드, 백그라운드로 돌려가며 터미널 입력을 사용하는 것이 바로 좋은 예가 된다. 참고로 이때 터미널 창의 셸 프로그램이 바로 세션 리더가 된다.

제어 터미널의 구현 방식은 플랫폼 표준에 따라 다르지만, 대부분의 현대적 유닉스와 리눅스가 사용하는 UNIX98 Pseudo Terminals(PTS) 규격이라면 제어 터미널을 pty/3, pty/4 형식으로 표현한다. 이들 제어 터미널 목록은 ps −ef 명령을 내려보면 TTY 필드에서 볼 수 있다.

각 터미널은 /dev/pts 가상 파일 시스템에 장치가 연결되어 하드웨어인 키보드 인터페이스와 통신하게 된다. 참고로 BSD 계열에서는 ttyp## 의 형식을 사용한다. 그리고 pty는 pseudo terminal typewriter의 약자이다.

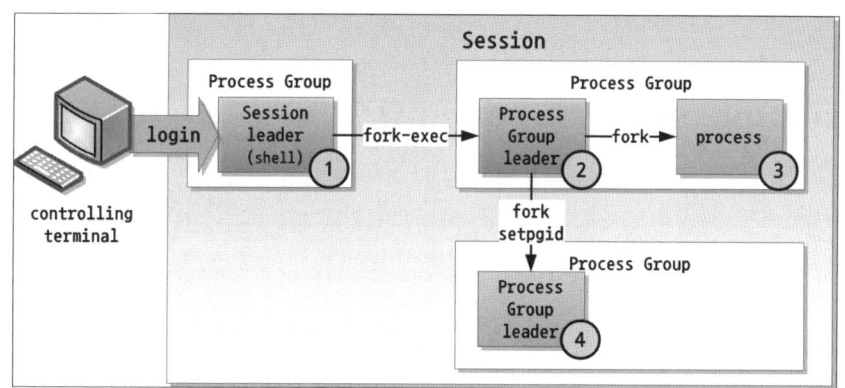

[그림 9.7] 세션, 프로세스 그룹, 프로세스의 관계

그러면 다시 세션 이야기로 돌아가서 시스템의 관점에서 세션의 정의부터 다시 내려보자. 시스템에서 바라본 세션은 사용자와 통신할 수 있는 일련의 프로세스들이 활동하는 논리적으로 구별되는 시스템 내의 가상공간이라고 할 수 있다.

정의는 복잡하지만 앞서 설명을 제대로 이해했다면 어떤 의미인지 알 수 있을 것이다. 이런 세션의 특징 때문에 세션 안에는 최소한 1개 이상의 프로세스 그룹이 존재하고 1개의 제어 터미널을 가질 수 있는 것이다.

물론 백그라운드에서만 작동하는 프로세스라면 제어 터미널을 가지지 않을 수도 있다. 이렇게 프로그래머가 아닌 사용자 관점에서만 바라보면 터미널과 연결되는 공간을 세션이라고 하기도 한다.

그리고 사용자 관점에서 세션을 열게 된다는 것은 로그인 행위나 새로운 터미널을 여는 행위를 말하기도 한다. 예로 몇몇 ssh 터미널 프로그램이나 telnet 접속 명령어를 보면 New Session…이라고 적혀 있는 것도 사용자 관점의 유닉스 세션에서 유래한다.

세션이 열린 뒤에는 프롬프트에서 파생되거나 명령어를 실행하는 프로세스는 fork, fork-exec로 생성되는 과정을 의미하므로 당연히 동일 세션에서 파생된 것이다. 포그라운드, 백그라운드 프로세스들이 여러 개 있다면 세션 안에 여러 프로세스 그룹이 생성되어 있다는 의미인 것이다.

이렇게 되면 세션은 로그인으로만 만들어지는 것으로 착각할 수 있는데 꼭 그렇지는 않다. 세션도 프로세스 그룹을 새로 만드는 것처럼 setsid를 호출하면 새로운 세션을 만들어진다. 이때 새로운 세션을 만든 프로세스는 세션 리더이면서 자연스럽게 새로운 프로세스 그룹 리더가 되기도 한다.

[그림 9.7]을 보면 중간 프로세스 그룹 리더인 2번 프로세스로부터 fork된 자식 4번 프로세스가 setpgid를 호출하여 새로운 프로세스 그룹 리더가 되는 것을 볼 수 있다. 그런데 만일 setpgid 대신에 setsid를 호출했다면 아예 새로운 세션으로 독립하게 된다.

5.1 setpgid, setpgrp, setsid 함수

본격적으로 프로세스 그룹과 세션을 관리하는 함수들을 살펴보도록 하자. 함수명에서 set으로 시작하면 설정을 변경하는 함수이고 get으로 시작하면 현재 값을 읽어오는 함수임을 직관적으로 알 수 있을 것이다.

```
int    setpgid(pid_t pid, pid_t pgid);
pid_t getpgid(pid_t pid);
int    setpgrp(void);
pid_t getpgrp(void);
pid_t getsid(pid_t pid);
pid_t setsid(void);
```

setpgid는 프로세스 그룹을 변경하는 기능으로서 pid는 프로세스 그룹을 변경할 프로세스 ID이며 0일 경우에는 현재 프로세스의 PID를 의미한다. pgid 인수는 소속하게 될 프로세스 그룹으로서 0을 지정하면 현재 프로세스의 PID를 의미한다.

따라서 setpgid(0, 0)는 setpgid(getpid(), getpid())와 같은 의미다. 여기서 현재 프로세스의 PID와 PGID를 같게 만든다는 뜻은 프로세스 그룹 리더가 된다는 뜻이므로 자신이 새로운 프로세스 그룹을 만드는 것을 의미한다. 즉 [그림 9.7]의 4번 프로세스가 여기에 해당한다.

getpgid는 pid에 해당하는 프로세스의 PGID를 반환하는데 pid가 0이면 현재 프로세스의 PID를 의미하므로 getpgid(0)는 getpgid(getpid())와 같은 의미가 된다.

참고로 setpgid(0, 0)의 호출은 setpgrp()와 같은 기능을 하는데 setpgrp는 BSD에서 유래한 구형 함수이므로 장래에 삭제될 함수로 사용을 지양하는 편이 좋다. getpgrp도 BSD에서 유래한 함수이고 getpgid로 커버되므로 장래에 같은 운명이 될지 모르니 지양하는 편이 좋을 수도 있다.

setsid는 새로운 세션을 열 때 사용한다. 프로세스가 세션을 새로 열어서 세션 리더가 되면 프로세스 그룹은 덤으로 새로 생성된다. 이 계층 구조를 정확하게 이해했다면 당연하다고 할 것이다. 만일 왜 세션 리더는 새로운 프로세스 그룹 리더가 되는지 아리송하다면 앞의 본문을 다시 읽고 확실하게 이해한 뒤에 다음을 읽도록 하자.

getsid는 pid에 해당하는 프로세스의 SID를 반환한다. 역시 pid가 0이면 현재 프로세스의 PID를 의미하므로 getsid(0)은 getsid(getpid())와 같은 의미가 된다. 그러면 이제 여기서 다룬 함수들로 예제를 짜서 PID, PGID, SID에 대한 관계를 보도록 하자.

[코드 9.7] PID, PGID, SID의 관계를 보여주는 예제 (sig_pgid.c)

```
01  void sa_handler_usr(int signum);
02  int  main() {
03      int     i;
04      struct sigaction sa_usr1, sa_usr2;
05      memset(&sa_usr1, 0, sizeof(struct sigaction));
06      sa_usr1.sa_handler = sa_handler_usr;
07      sigfillset(&sa_usr1.sa_mask);
08      memset(&sa_usr2, 0, sizeof(struct sigaction));
09      sa_usr2.sa_handler = sa_handler_usr;
10      sigfillset(&sa_usr2.sa_mask);
11      sigaction(SIGUSR1, &sa_usr1, NULL); /* 시그널 핸들러 설치 */
12      sigaction(SIGUSR2, &sa_usr2, NULL); /* 시그널 핸들러 설치 */
13      printf("++ PID(%d) PGID(%d) SID(%d)\n", getpid(), getpgid(0), getsid(0));
14      for(i=0; i<3; i++) {
15          if (fork() == 0) break;
16      }
17      for(;;) {
18          pause();
19          printf("PID(%d) Recv SIGNAL...\n", getpid());
```

```
20        }
21        return EXIT_SUCCESS;
22   }
23   void  sa_handler_usr(int signum) {
24        switch(signum) {
25          case SIGUSR1:
26              printf("-- PID(%d) PGID(%d) SID(%d)\n", getpid(), getpgid(0), getsid(0));
27              break;
28          case SIGUSR2:
29              if (getpid() != getpgid(0)) {
30                  setpgid(0, 0); /* 새로운 프로세스 그룹 생성 */
31              } else {
32                  setpgid(0, getppid()); /* 부모 프로세스 그룹으로 변경(돌아온 탕자 프로세스) */
33              }
34              printf("-- PID(%d) to PGID(%d)\n", getpid(), getpgid(0));
35              break;
36        }
37   }
```

이 예제는 프로세스가 시작하면서 3개의 자식 프로세스를 생성한다. 당연히 자식 프로세스들은 부모 프로세스의 PGID를 물려받을 것이고 처음 실행된 부모 프로세스는 프로세스 그룹의 리더일 것이다. 그리고 SID는 로그인한 터미널이나 혹은 X 윈도우라면 터미널의 세션을 상속받게 된다.

그런데 예제에서는 시그널 핸들러를 통해 SIGUSR1에는 자신의 PID, PGID, SID를 출력하도록 하고 SIGUSR2에는 자신이 프로세스 그룹 리더가 아닌 경우에는 새로운 프로세스 그룹을 생성하여 리더가 되도록 하였다.

만일 이미 프로세스 그룹의 리더라면 부모 프로세스 그룹으로 다시 편입할 수 있도록 해두었다. 이 프로그램은 탕자가 새로운 프로세스 그룹 리더로 나갔다가 다시 부모의 프로세스 그룹 일원으로 되돌아가는 모티브의 프로그램이라고 할 수 있다. 이 예제의 작동을 확인하려면 2개의 터미널을 열고 한쪽에서는 예제를 실행시키고 다른 한쪽에서는 시그널을 보내면서 확인해보면 된다.

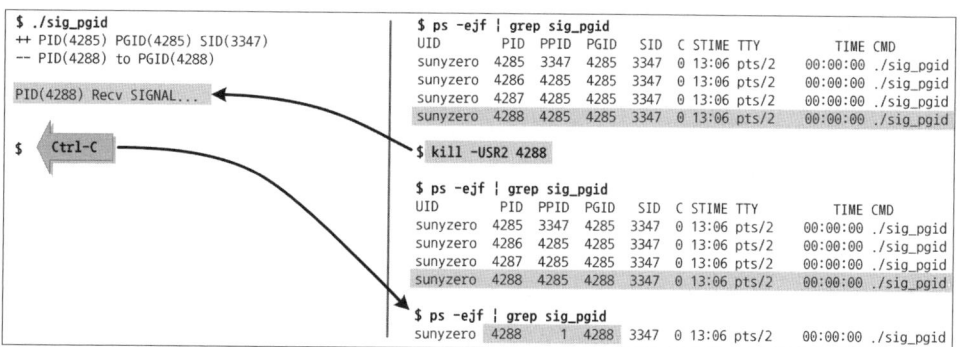

```
$ ./sig_pgid                                 $ ps -ejf | grep sig_pgid
++ PID(4285) PGID(4285) SID(3347)            UID      PID  PPID  PGID   SID C STIME TTY          TIME CMD
-- PID(4288) to PGID(4288)                   sunyzero 4285  3347  4285  3347 0 13:06 pts/2    00:00:00 ./sig_pgid
                                             sunyzero 4286  4285  4285  3347 0 13:06 pts/2    00:00:00 ./sig_pgid
 PID(4288) Recv SIGNAL...                     sunyzero 4287  4285  4285  3347 0 13:06 pts/2    00:00:00 ./sig_pgid
                                             sunyzero 4288  4285  4285  3347 0 13:06 pts/2    00:00:00 ./sig_pgid
$     Ctrl-C                                 $ kill -USR2 4288

                                             $ ps -ejf | grep sig_pgid
                                             UID      PID  PPID  PGID   SID C STIME TTY          TIME CMD
                                             sunyzero 4285  3347  4285  3347 0 13:06 pts/2    00:00:00 ./sig_pgid
                                             sunyzero 4286  4285  4285  3347 0 13:06 pts/2    00:00:00 ./sig_pgid
                                             sunyzero 4287  4285  4285  3347 0 13:06 pts/2    00:00:00 ./sig_pgid
                                             sunyzero 4288  4285  4288  3347 0 13:06 pts/2    00:00:00 ./sig_pgid

                                             $ ps -ejf | grep sig_pgid
                                             sunyzero 4288     1  4288  3347 0 13:06 pts/2    00:00:00 ./sig_pgid
```

[그림 9.8] PGID를 변경하는 예제 실행 화면

[그림 9.8]을 보면 좌측은 예제를 실행한 터미널이고 우측은 시그널을 보고 확인하기 위한 터미널이다. 먼저 좌측에서 sig_pgid를 실행하고 우측에서 ps -ejf | grep sig_pgid로 확인해보면 프로세스 그룹 4285의 리더인 부모 프로세스와 자식 프로세스 3개가 보인다.

자식 프로세스들은 각각 PID가 4286, 4287, 4288이며 PGID는 모두 4285가 된다. 여기서 자식 프로세스 4288에 SIGUSR2 시그널을 보내기 위해 kill -USR2 4288 명령을 실행하면 4288 프로세스는 새로운 프로세스 그룹을 생성하게 된다. 그리고 다시 확인해보면 프로세스 그룹 4288번 프로세스는 PGID가 4288로 바뀌면서 프로세스 그룹 리더가 된 것을 볼 수 있다.

이제 좌측의 sig_pgid를 Ctrl+C로 종료하면 부모 프로세스의 프로세스 그룹에 SIGINT 시그널을 전파하므로 4285, 4286, 4287은 종료된다. 하지만, 따로 프로세스 그룹을 빠져나온 4288만은 시그널 전파에서 예외이므로 종료되지 않게 된다. 하지만, 부모 프로세스가 종료되었으므로 고아 프로세스가 되어 양부모로 1번 init 프로세스가 부모가 된 것을 볼 수 있다.

그런데 프로세스 그룹에서 빠져나간 자식 프로세스는 부모 프로세스가 waitpid하지 않아도 되는지 고민하는 경우가 있는데 프로세스 그룹을 만들어서 빠져나갔다고 하더라도 부모, 자식 관계가 사라지는 것은 아니다.

예를 들어 자식이 부모의 회사에서 빠져나가 새로운 회사를 창업했다고 해서 부모, 자식 관계가 없어지는 것은 아니지 않은가? 따라서 프로세스 그룹을 생성한 자식 프로세스도 종료하게 되면 부모 프로세스가 waitpid로 처리해주는 것이 원칙이다.

5.2 프로세스 그룹과 시그널 전파

앞에서도 얘기했지만, 프로세스 그룹은 시그널을 전파할 수 있는 기능이 있다. 예를 들어 [그림 9.8]에서 kill -TERM -4285로 명령하면 4285 프로세스 그룹 내에 모든 프로세스에 SIGTERM이 전달된다.

이렇듯 Kill 명령의 PID 부분에 음수를 지정하면 PGID를 의미하게 된다. 물론 실제의 PGID는 절대값인 양수의 형태를 사용하지만, 유닉스 체계에서는 PID와 구분하기 위해 음수를 취했을 뿐이니 PGID가 음수라는 망발은 하지 말도록 하자.

그런데 음수의 PID가 PGID를 의미하는 것은 kill 명령뿐만 아니라 kill 함수도 동일하게 작동한다. 따라서 kill(-4285, SIGTERM)으로 실행하면 앞서 kill -TERM -4285 명령과 동일한 기능을 수행하게 된다.

kill 함수의 프로세스 그룹 전파 기능만을 가진 함수로서 killpg도 있는데 killpg의 경우에는 양수값의 PGID 그대로 사용한다. 따라서 killpg(4285, SIGTERM)이라고 명령하면 동일한 기능을 수행한다.

프로세스 그룹에 대해 시그널을 전파하는 기능은 간단하지만 강력하다. 먼저 전통적인 데몬 프로그램에서는 다수의 자식 프로세스를 생성하고 시그널 전파로 재시작, 종료, 정지 등의 다양한 제어를 시그널 전파로 실행되고 있다.

더군다나 하나의 부모 프로세스에서 다양한 프로세스들을 fork 혹은 fork-exec, posix_spawn을 이용해서 만들어낼 때 특정 그룹별로 시그널을 통해 제어할 수 있도록 만들 수 있다. 만일 시그널을 이용하지 않고 IPC를 이용해서 자식 프로세스들을 관리하면 좀 더 세밀한 작업이 가능하겠지만, 통신에 대한 오버헤드와 코드의 양이 최소한 열 배 이상 증가할 것이다. 따라서 간단한 제어 메커니즘이 필요한 경우라면 오히려 시그널 전파가 좋은 해법이 된다.

간단한 예로 부모 프로세스는 SIGTERM에 대해 시그널 블록 마스크를 설치하고 자식 프로세스는 블록되지 않도록 했다고 가정하자. 부모 프로세스가 자신의 프로세스 그룹에 SIGTERM을 전파시키면 자식 프로세스를 한꺼번에 몰살시킬 수 있다.

이외에 네트워크 데몬 프로세스에서 SIGUSR1을 받으면 오래된 연결을 청소하도록 한다든지 특정 데이터를 푸쉬한다든지 하는 기능을 넣었다면 프로세스 그룹을 나눠서 특정 프로세스들만 해당 기능을 하도록 할 수도 있다.

이런 기능은 관리자용 모니터링 작업을 구현할 때 많이 사용하는데 특정 데몬 프로세스들을 서로 다른 프로세스 그룹으로 나누어서 시그널 전파를 통해 개별 관리할 수 있도록 할 수 있다.

5.3 데몬 프로세스와 세션

세션은 로그인 접속에서 파생된 자식 프로세스들을 모두 죽이는데도 유용하게 사용된다. 예를 들어 ssh로 접속하면 세션 리더는 로그인 셸이 된다. 그리고 로그아웃을 하면 해당 셸에서 파생된 모든 프로세스, 즉 세션 리더와 같은 SID를 가진 프로세스들은 SIGHUP를 전달받아서 모두 종료된다.

그러나 웹서버 같은 데몬 프로세스 같은 경우는 프로세스를 실행했던 로그인 셸을 종료해도 살아남는데 그 이유는 독립 세션을 따로 만들기 때문이다. 그러면 어떤 과정을 거쳐서 데몬 프로세스가 생성되는지 살펴보면 세션과 제어 터미널의 관계에 대해서 좀 더 깊은 이해를 가질 수 있으니 한 번 살펴보도록 하자.

원래 데몬 프로세스의 생성 방법을 보면 총 4단계를 거치는데 먼저 setsid로 세션을 새로 연다. 그다음에는 고아 프로세스(orphan process)로 만들고 제어 터미널은 가지지 않는다. 그 후에 chroot로 작업 디렉터리를 "/"로 변경하여 프로세스가 다른 장치의 디렉터리를 점유하는 것을 예방한다. 마지막으로 stdin, stdout, stderr을 닫는데 이는 혹시나 백그라운드에서 작동하면서 발생할 입출력으로 SIGTTIN, SIGTTOU으로 데몬 프로세스가 STOP 상태에 빠지는 것을 막기 위해서이다.

```
int daemon(int nochdir, int noclose);
```

각 과정을 직접 코딩해도 되지만 BSD 유닉스는 이를 간략화하기 위해 daemon 함수를 제공한다. 이는 리눅스에도 포팅되어 있다. 사용법은 매우 간단하다.

nochdir은 chdir 과정을 할 것인지 여부로서 0이면 chroot로 "/"로 작업 디렉터리를 변경하고 non-zero라면 변경 과정을 거치지 않는다.

noclose는 0이면 stdin, stdout, stderr을 /dev/null로 리다이렉트하는 데, 이는 닫는 것과 동일한 효과를 가진다. 0이 아니면 그대로 둔다.

nochdir이나 noclose를 non-zero로 하는 경우는 매우 특별한 경우이고 대부분은 daemon(0,0)으로 호출하여 사용한다. 데몬 프로세스를 만드는 법을 제대로 숙지했다면 수동으로 setsid, fork, exit, chdir, close를 호출하는 방법도 연습해보기 바란다.

06   시그널 블록 마스크

앞서 sigaction으로 시그널 핸들러를 설치할 때 시그널 블록 마스크인 sa_mask 멤버에 대해 살펴보았다. 그런데 sigaction의 sa_mask는 시그널 핸들러가 실행되는 동안에 임시적으로 블록할 시그널 리스트를 설정하는 기능인데 이번에는 임시가 아닌 시스템 전역에서 영구적으로 사용 가능한 시그널 블록 마스크를 설정하고 해제하는 방법을 살펴보도록 할 것이다.

먼저 전역 시그널 블록 마스크를 설치하는 목적은 특정 코드 구간에서 도착된 시그널을 지연시켜서 비동기적 요소가 개입하지 못하도록 막는 용도이다. 달리 말하면 시그널로부터 보호되어야 하는 크리티컬 코드 구간에 적용하기 위한 목적이다.

예를 들어 상대적으로 느린 I/O인 네트워킹이나 몇몇 외부 저장 장치에 데이터 전송할 때 EINTR을 막기 위한 용도로 사용할 수 있다. 또한, 몇몇 타임아웃을 지정한 작업에서 타이머가 만료될 때까지 시그널 개입을 차단하기 위해서 사용할 수도 있다.

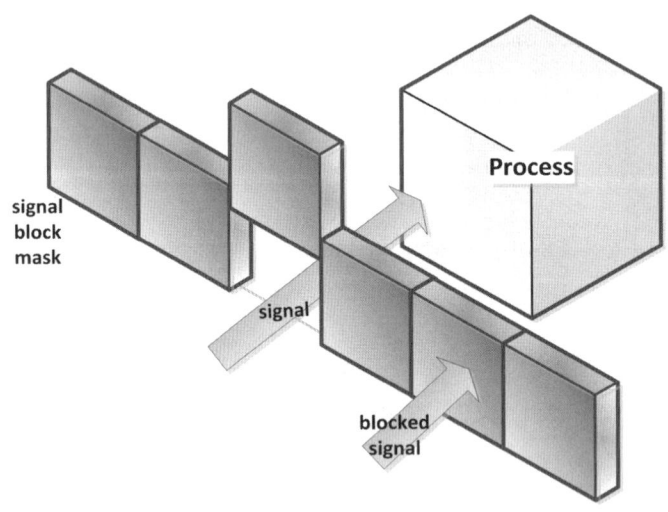

[그림 9.9] 시그널 블록 마스크

[그림 9.9]처럼 시그널 블록 마스크가 설치되면 블록 마스크에서 막지 않은 시그널은 곧바로 프로세스에 전달되지만 막힌 시그널들은 프로세스에 전달되지 못하고 블록 마스크에서 머무르게 된다.

이때 막힌 시그널을 프로그래머가 원하는 특정 시점에 처리하는 것을 지연된(pending) 시그널 처리라고 한다. 물론 프로그래머는 지연된 시그널을 처리하지 않고 그냥 무시할 수도 있다.

그런데 지연된 시그널을 처리할 때는 같은 시그널이 중복해서 전달되었다고 하더라도 무시되고 오로지 1개만 보존된다. 이는 전통적인 유닉스 시그널(traditional UNIX signal) 시스템에 큐가 존재하지 않기 때문이다.

초기 유닉스 설계자들은 시그널을 도입할 때 프로세스의 종료나 중지의 경우에만 생각했기 때문에 시그널은 일회성으로만 처리되면 된다고 생각했다고 한다. 따라서 프로세스에 지연되어 전달되는 시그널이란 고려할 필요가 없던 것이다. 나중에 시그널이 다양한 용도로 발전했지만 이미 시그널 체계를 바꾸기엔 너무 늦어버렸다. 그래서 1993년도에 기존 전통적인 시그널 외에 리얼타임 확장의 RT 시그널이 도입되었는데 이는 입출력과 이벤트 처리 등 다양한 용도로 사용되므로 10장에서 따로 다루도록 하겠다.

일반적으로 유닉스 시그널이라고 하면 전통적인 유닉스 시그널을 이야기 하는 것이고 RT 시그널은 따로 리얼타임 시그널이라고 부르니 혼동하지 않기 바란다. 아무튼 유닉스 시그널은 이런 구조적 특징으로 인해 [그림 9.9]의 블록된 시그널은 같은 시그널이 중복해서 도착해도 그냥 블록된 시그널이 있다는 여부만 알 수 있게 된다.

이해를 돕기 위해 예를 하나 들어보자. 일단 SIGUSR1 시그널 핸들러에 SA_NOMASK 플래그가 설정되지 않은 경우라고 가정하자. USR1 시그널 핸들러가 작동하고 있고 완료되기 전에 3~4개의 USR1 시그널이 추가로 도착했다고 하자.

이 상황에서 USR1 시그널 핸들러는 몇 번이 실행될 것 같은가? 정답은 현재 실행되고 있는 시그널 핸들러를 포함하여 2번이다.

왜냐하면, 처음 실행중인 USR1 시그널 핸들러가 동작할 때 추가로 도착한 USR1 시그널들은 10번이든, 100번이든, 1000번이든, 10000번이든 같은 시그널의 추가 도착은 "대기중인 USR1 시그널이 있다."라고만 인식되기 때문이다.

6.1 sigprocmask 함수

```
int sigprocmask(int how, const sigset_t *restrict set, sigset_t *restrict oset);
```

sigprocmask는 프로세스의 전역 시그널 마스크를 조정한다. how에는 시그널 블록 마스크를 어떻게 할 것인지의 행동을 설정한다. 가능한 행동은 모두 3가지로 SIG_BLOCK, SIG_UNBLOCK, SIG_SETMASK가 있다.

표 9.15 sigprocmask의 how 행동 인수 값

SIG_BLOCK	지정된 시그널 마스크를 현재 시그널 블록 마스크에 추가한다.
SIG_UNBLOCK	지정된 시그널 마스크를 현재 시그널 블록 마스크에서 제거한다.
SIG_SETMASK	지정된 시그널 마스크로 시그널 블록 마스크를 교체한다.

두 번째 인수인 set은 how의 행동으로 지정할 시그널 블록 마스크이며, 세 번째 인수인 oldset에는 변경하기 전의 옛날 시그널 마스크 값을 백업해준다. oldset은 대부분 시그널 블록 마스크를 설치 후 크리티컬 작업을 완료하면 다시 백업 받았던 시그널 마스크로 되돌릴 때 사용한다.

그러나 oldset에 NULL을 지정하면 이전 시그널 마스크 값을 백업하지 않는다.

시그널 마스크를 설치하지 않고 백업만 하는 경우라면 두 번째 인수인 set에 NULL을 지정하고 세 번째 인수인 oldset만 지정하면 된다. 이렇게 백업만 하는 경우는 how에 어떤 값이 지정되든지 상관없다.

시그널 블록 마스크로 인해 블록된 시그널은 지연되어 처리되지 않고 있다가 시그널 블록 마스크가 변경되거나 해제되어 블록되지 않도록 조정되면 즉시 프로세스에 전달되도록 되어 있다.

예를 들어 SIGUSR1 시그널 핸들러가 설치되었다고 가정하자. sigprocmask로 SIGUSR1 시그널을 블록하도록 마스크를 설치했는데 나중에 다시 SIGUSR1을 언블록했다면, 즉시 SIGUSR1 시그널 핸들러가 실행된다.

하지만, 시그널 핸들러가 자동으로 실행하도록 하지 않고 프로그래머가 임의로 시그널의 도착을 감지하여 처리하는 지연된 시그널 처리 방법도 있다.

마지막으로 주의할 점은 sigprocmask는 스레드 안전한 함수가 아니라는 점이다. 만일 스레드에서 시그널 마스크를 설치하려면 pthread_sigmask라는 함수를 사용해야 한다. 스레드의 시그널 처리에 대해서는 뒤에서 따로 다루도록 하겠다.

6.2 지연된 시그널 처리(sigpending, sigsuspend)

```
int sigpending(sigset_t *set);
int sigsuspend(const sigset_t *mask);
```

sigprocmask로 시그널 블록 마스크를 설치하고 시그널에 의해 인터럽트 되면 안 되는 크리티컬한 작업을 하게 되면 시그널이 도착해도 계속 블록된 상태로 남게 된다.

이 경우 시그널을 블록하고 있는 구간에서 블록되어 지연된 시그널의 목록을 읽어오는 방법이 바로 sigpending이다. 이를 이용하면 지연된 시그널을 수동으로 처리할 수 있다.

sigpending을 호출하면 시그널 마스크로 인해 블록된 시그널이 있다면 set 인수에 비트를 설정하여 반환해준다. 따라서 sigpending이 성공적으로 반환되면 sigismember로 어떤 시그널 번호의 비트가 켜져 있는지 확인할 수 있다.

sigpending은 블록된 시그널을 확인하는 기능만 있을 뿐 어떤 변경도 하지 않는다. 그러므로 sigpending으로 확인한 뒤에 시그널 핸들러가 아닌 수동으로 어떤 작업을 처리하려면 해당 시그널 핸들러를 SIG_IGN으로 변경해두어야만 복수로 작동하지 않는다. 이에 대해서는 조금 뒤 예제에서 살펴볼 것이다.

sigsuspend는 pause와 비슷하다. 차이점은 pause는 아무 시그널이나 도착할 때까지 블록킹 상태에 있지만 sigsuspend는 사용자가 지정한 특정 시그널에 대해서만 블록킹 상태로 둘 수 있다.

좀 더 자세하게 말하면 sigsuspend는 임시로 주어진 인수인 mask 시그널 세트를 전역 시그널 블록 마스크로 대체한 뒤 대기하는 함수인 것이다.

그리고 깨어날 때는 다시 원래 시그널 마스크로 복원한다. 그러므로 sigsuspend는 주어진 mask에 채워진 시그널 번호는 블록킹되며 채워지지 않은 시그널이 도착하면 즉시 깨어나게 되는 것이다. 참고로 sigsuspend는 항상 -1에 EINTR을 리턴하므로 에러로 착각하지 않도록 하자.

[코드 9.8] sigsuspend의 사용 예

```
01  sigset_t    suspend_mask;
02  sigfillset(&suspend_mask); /* 모든 비트를 채운다. */
03  sigdelset(&suspend_mask, SIGUSR1);
04  sigdelset(&suspend_mask, SIGUSR2);
05  sigsuspend(&suspend_mask); /* 블록킹. 하지만 SIGUSR1, SIGUSR2가 도착하면 깨어난다. */
```

[코드 9.8]은 sigsuspend가 사용한 시그널 마스크에 SIGUSR1, SIGUSR2만 삭제되어 비어있으므로 이들이 도착한 경우에만 블록킹 상태에서 깨어나게 된다. 그런데 [코드 9.8]에서 SIGTERM, SIGUSR1을 순서대로 받았다고 가정하자.

SIGTERM은 블록되므로 아무런 반응이 없을 것이다. 따라서 SIGUSR1에 의해 sigsuspend에서 깨어나게 되는데 그 다음에 SIGUSR1이나 SIGTERM이 프로세스에 도착하게 될 것이다. 만일 SIGUSR1이 먼저 처리된다면 시그널 핸들러가 있는 경우라면 핸들러가 실행 될 것이고 없다면 SIGUSR1의 기본 행동인 프로세스 종료가 될 것이다.

SIGUSR1으로 프로세스가 죽지 않았다면 그 다음에는 블록되었던 SIGTERM도 처리가 되는데 역시 마찬가지로 시그널 핸들러가 있다면 핸들러가 실행되고 없다면 종료하게 된다. 여기서는 SIGUSR1, SIGTERM 순으로 처리되는 것을 가정했지만 실제로 블록된 시그널이 처리될 때의 순서는 알 수 없다.

참고로 [코드 9.8]의 sigsuspend(&suspend_mask);로 호출하는 경우는 sigprocmask(SIG_SETMASK, &suspend_mask, &oldmask); pause(); sigprocmask(SIG_SETMASK, &oldmask, NULL); 로 호출한 것과 같은 기능을 한다.

6.3 시그널 블록 마스크, 지연된 시그널 처리 예제

앞서 다뤘던 시그널 블록 마스크의 설치와 지연된 시그널을 처리하는 과정은 하나의 예제로 살펴보도록 하자. 특히 예제에서 sigprocmask와 sigpending을 사용하는 부분을 잘 살펴보자.

[코드 9.9] 시그널 블록 마스크와 지연된 시그널 조작 (sig_pending.c)

```
01   void sa_handler_usr(int signum);  /* SIGUSR1을 위한 시그널 핸들러 함수 */
02   int main() {
03       int    i;
04       struct sigaction   sa_usr1, sa_usr2;
05       sigset_t        sigset_mask, sigset_oldmask, sigset_pend;
06       memset(&sa_usr1, 0, sizeof(struct sigaction));
07       sa_usr1.sa_handler = sa_handler_usr;
08       sigfillset(&sa_usr1.sa_mask);
09       sigaction(SIGUSR1, &sa_usr1, NULL);
10       sa_usr2.sa_handler = SIG_IGN;     /* 수동으로 처리하기 위해 USR2 핸들러는 무시로 변경한다. */
11       sigaction(SIGUSR2, &sa_usr2, NULL);
12       sigfillset(&sigset_mask);          /* 모든 시그널 마스크를 채움 */
13       sigdelset(&sigset_mask, SIGINT); /* 시그널 마스크에서 SIGINT 삭제 */
14       printf("PID(%d)\n", getpid());
15       for(;;) {
16           printf("Install signal block mask (allow only SIGINT)\n");
17           sigprocmask(SIG_SETMASK, &sigset_mask, &sigset_oldmask); /* 시그널 블록 마스크 설치 */
18           sleep(10);
19           sigpending(&sigset_pend); /* check blocked signal */
20           for (i=1; i<SIGRTMIN; i++) {
21               if (sigismember(&sigset_pend, i)) {
22                   printf("\tPending signal = %d\n", i);
23                   switch(i) {
```

```
24                    case SIGUSR2:
25                        sa_handler_usr(SIGUSR2);   /* 지연된 시그널을 수동으로 처리 */
26                        break;
27                    default:
28                        break;
29                } /* end: switch */
30            } /* end: if */
31        } /* loop: for(i) */
32        printf("Restore the previous signal block mask.\n");
33        sigprocmask(SIG_SETMASK, &sigset_oldmask, NULL); /* 시그널 블록 마스크 원상복구 */
34    } /* loop: for */
35    return 0;
36 }
37 void  sa_handler_usr(int signum) {
38    int i;
39    for (i=0; i<3; i++) {
40        printf("\tSignal(%s):%d sec.\n",  signum == SIGUSR1 ? "USR1":"USR2", i);
41        sleep(1);
42    }
43 }
```

07~11행은 SIGUSR1, SIGUSR2의 시그널 핸들러를 설치하는 부분으로 SIGUSR1
은 sa_handler_usr 함수를 실행시키도록 하고 SIGUSR2는 무시(SIG_IGN)하도록
하였다. SIGUSR2을 무시하도록 한 것은 뒤에서 지연된 시그널을 sigpending을 이
용하여 수동으로 처리하기 위해서이다.

12~13행을 보면 전역 시그널 블록 마스크로 사용될 시그널 세트인 sigset_mask를
만드는 부분이다. sigfillset으로 모든 시그널 마스크를 채운 다음에 sigdelset으로
SIGINT만 제거하였다.

이렇게 만들어진 시그널 세트를 sigprocmask으로 시그널 블록 마스크로 설정하면
SIGINT를 제외한 나머지 시그널을 블록된다. 물론 SIGSTOP, SIGKILL같이 잡을 수
없는 시그널은 블록킹이 안된다.

17행에서 sigprocmask로 시그널 블록 마스크를 설치하고 이전 마스크는 sigset_
oldmask에 백업받았다. 백업받은 sigset_oldmask는 시그널 블록 구간이 끝나고 복
원하는 25행에서 사용된다. 이제 18~32행까지는 SIGINT를 제외한 나머지 시그널
은 모두 블록되는 코드 구간이 된다.

이 예제를 테스트하려면 2개의 터미널을 열어서 하나는 예제를 실행시키고 다른 하
나에서는 시그널을 보내야 한다. 이를 위해 18행의 10초를 쉬는 작업은 다른 터미널
에서 kill 명령어로 시그널을 보낼 수 있도록 타이핑 칠 시간을 버는 목적이다. 10초

라면 충분할 것이라고 생각했지만 너무 짧아서 kill 명령을 치기도 전에 19행으로 넘어가게 된다면 개인적인 견해로는 이 책을 공부하는 것보다 영문 타이핑 연습을 더 해야 할 듯싶다.

19행에서는 sigpending으로 시그널 블록 마스크에 의해 블록된 시그널이 존재하는지 확인한다. 그리고 20행에서는 루프를 돌면서 1번 시그널부터 전통적인 유닉스 시그널 번호의 최대값(SIGRTMIN−1)까지 sigismember로 확인해본다.

그런데 24행에 보면 블록된 시그널이 SIGUSR2라면 sa_handler_usr 함수를 수동으로 실행시켜서 시그널 핸들러에 의해 실행된 것처럼 처리하고 있다. 하지만 블록된 시그널이 SIGUSR1이라면 33행에서 시그널 블록 마스크가 복원되는 시점에서 시그널 핸들러가 자동으로 실행될 것이다.

즉 예제는 지연된 시그널을 시그널 핸들러에 의해 자동으로 처리할 것인지 아니면 수동으로 처리할 것인지의 차이를 보여주기 위해 SIGUSR1과 SIGUSR2를 다르게 실행하도록 하였다.

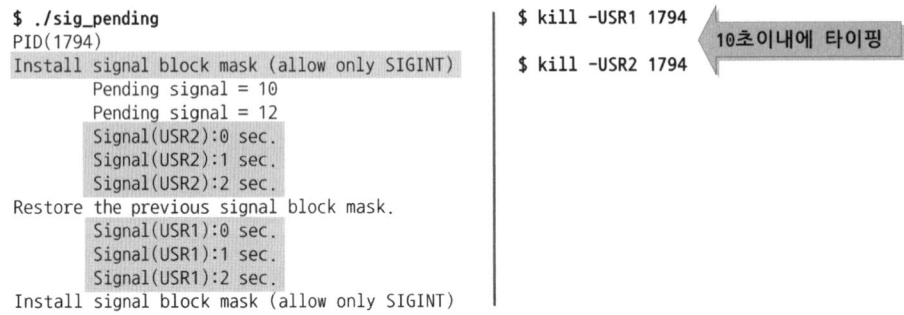

[그림 9.10] 시그널 블록 마스크와 지연된 시그널 처리 예제의 실행

[그림 9.10]의 좌측은 예제 프로그램을 실행시킨 터미널 화면이고 우측은 시그널을 보낸 터미널의 화면이다.

먼저 좌측에서 sig_pending 프로그램을 실행시키고 10초 이내에 우측 터미널에서 보이는 것처럼 해당 PID에 USR1, USR2 시그널을 보내고 있다. 10초가 지난 뒤에 sigpending으로 조사하여 USR2는 수동으로 실행되는 것을 볼 수 있다. 그러나 USR1은 시그널 마스크가 복원된 후에 실행되는 것을 볼 수 있다.

07 시그널 안전과 원자적 실행

시그널도 원자적 실행(atomic opertioan)에 영향을 받는다. 따라서 시그널 핸들러가 전역 변수를 다루게 되면 에일리어싱되거나 혹은 캐쉬된 경우나 최적화 과정에도 영향을 받기 때문에 조심해야 한다.

그래서 시그널에서 전역 변수를 사용하면 2가지 필요 조건이 요구된다. 첫째는 volatile로 선언해야 하는 것이고 둘째는 sig_atomic_t 타입으로 선언하는 점이다.

```
volatile sig_atomic_t  gi_counter;
```

위와 같이 volatile sig_atomic_t로 선언하였는데 SUSv2부터 sig_atomic_t에 volatile을 포함하기 때문에 실제로는 sig_atomic_t gi_counter; 처럼 선언해도 된다. 하지만 과거 코드들이 명시적으로 volatile을 선언해왔기 때문에 아직도 두 가지를 같이 쓰는 경우가 많다.

물론 volatile을 두 번 썼다고 해서 문제가 되지는 않기 때문에 옛날처럼 선언해도 무방하다. 참고로 sig_atomic_t는 8장의 스레드에서도 다뤘지만 기억이 나지 않는 분들을 위해 잠깐 설명하겠다.

sig_atomic_t는 SUS 표준에서는 SIG_ATOMIC_MIN ~ SIG_ATOMIC_MAX 크기를 가지도록 지정하는 정수로서 stdint.h에서 그 범위를 자세히 확인할 수 있다. 리눅스를 포함한 대부분의 임플리먼테이션은 sig_atomic_t는 32비트의 범위를 커버한다.

하지만 간혹 ++와 같이 읽고 쓰는 작업이 결합된 경우에는 원자적으로 이뤄지지 않을 수도 있다는 것을 명심해야 한다. sig_atomic_t는 단지 읽거나 쓰는 작업이 한 번에 이뤄질 수 있는 정수형 메모리의 크기일 뿐이다.

그렇다면 sig_atomic_t보다 큰 값을 읽거나 꺼낼 때는 어떻게 해야 하는지 고민하는 경우가 있을 것이다.

이때는 큰 용량의 전역 변수와 그 상태를 나타내는 동기화 플래그로 구성하는 경우가 많으며 이 때 플래그를 sig_atomic_t형으로 만들어 두어 전역 변수가 읽어도 안전한지 시그널 핸들러에 의해서 변경되는 중인지 나타낼 수 있다. 그리고 코드에서 해당 값을 읽을 때는 스핀락처럼 시도해야 한다.

또한 시그널 핸들러가 전역 변수를 참조하고 해당 전역 변수를 멀티 스레드가 참조하는 경우가 있는데 이럴 경우에는 sig_atomic_t를 사용하여 원자적 실행이 가능하고 논리적인 버그가 없다고 해도 좋은 설계는 아니다.

왜냐하면 결과는 정확하게 나오겠지만 시그널 핸들러와 멀티 스레드가 하나의 전역 변수를 공유하는 구조는 성능적인 면에서 불이익이 가져올 단초가 되기 때문이다. 더군다나 뮤텍스 락이나 각종 락 메커니즘은 비동기 시그널 안전 함수가 아니므로 시그널 핸들러에서 라이브러리 함수에 포함된 뮤텍스 락을 사용하는 잘못을 범할 가능성도 있기 때문이다.

그러므로 되도록이면 시그널 핸들러와 스레드가 동시에 참조하는 전역 변수를 사용하지 않도록 설계해야만 한다. 그래도 굳이 꼭 전역 변수의 공유가 필요하다면 TLS로 전역 변수의 내용을 복제하거나 이중화 할 수 있는 구조로 만드는 편이 안전하다.

08 멀티 스레드 환경에서의 시그널 처리

시그널은 프로세스 단위로 전달되기 때문에 멀티 스레드 환경에서의 시그널 처리는 어떤 스레드에 전달될 것인지에 대한 혼란을 야기할 수 있다.

즉 프로세스에 전달된 시그널은 1개인데 다수의 스레드가 있다면 어떤 스레드가 수신할 것인지 예측할 수 없다는 것이다. 다시 말해 동일한 시그널이 짧은 시간에 여러 번 발생했다면 서로 다른 스레드에 도착하여 각각 시그널 핸들러를 중복 실행시킬 수도 있다는 뜻이다. 이렇게 중복된 시그널 핸들러의 실행은 다수의 스레드를 인터럽트하여 때에 따라서는 프로세스의 비정상 종료를 유발하거나 논리적인 버그를 생산할 가능성이 높아진다.

그래서 멀티 스레드 환경에서의 시그널 처리는 특별한 방법을 사용한다. 첫째는 전통적인 시그널 핸들러인 sigaction과 세밀한 시그널 마스크를 설치하는 방법이다. 둘째는 대부분의 시그널을 블록하도록 마스크를 설치하고 지연된 시그널 처리를 전담하는 스레드를 두는 방식이다. 일반적으로 후자의 방식이 더 편리하기 때문에 많이 사용된다.

먼저 첫 번째 전통적인 sigaction을 쓰는 방법은 스레드별로 시그널 블록 마스크를 조정하는 방법이다. 예를 들어 여러 스레드가 있지만 오직 한 개의 스레드에게만

SIGUSR1 시그널을 통과 할 수 있도록 시그널 블록 마스크를 설치해둔다.

시그널 블록 마스크의 설치는 pthread_sigmask를 이용한다. 기존에 사용하던 sigprocmask는 스레드 안전하지 않으므로 멀티 스레드 환경에서 사용을 금해야 한다.

이렇게 하면 프로세스로 SIGUSR1 시그널이 전달되면 다른 스레드는 모두 블록되어 반응하지 않고 오직 1개의 스레드만 반응하게 된다. 그런데 이 방법은 주로 프로세스를 종료시키기 위한 시그널이나 디버깅 등의 목적에서만 사용되는 편이다.

왜냐하면 종료나 디버깅이 아닌 경우라면 시그널로 프로세스의 전역 변수와 같은 데이터를 조작하는 경우인데, 비동기적으로 개입해야 하는 데이터 조작은 스레드의 락이나 조건 변수와 결합되어 있을 때 버그를 발생시킬 가능성이 높다.

따라서 스레드에 어떤 외부적인 조작을 가해야 하는 것은 IPC와 조건 변수를 통해서 개입하는 편이 훨씬 견고한 구조를 만들 수 있다.

두 번째 방법은 시그널 블록 마스크를 설치하고 시그널 처리를 전담하는 특정 스레드가 sigwait 함수를 이용해서 지연된 시그널이 있는지 확인하고 처리하는 방법이다. 이 방법은 시그널을 전담하는 스레드가 동기적으로 처리하므로 뮤텍스나 조건 변수들과 결합해서 사용하는 경우에도 안전하게 수행할 수 있다는 장점이 있다. 따라서 이 책에서도 두 번째 방법에 대해서 설명할 것이다.

사실 첫 번째 방법은 두 번째 방법에서 sigaction 코드만 약간 넣으면 되므로 두 번째 방법만 알면 첫 번째 방법도 무리없이 코딩할 수 있을 것이다.

마지막으로 스레드에서 시그널의 처리의 목적은 비동기적인 시그널 작업이 아니라는 것을 기억해야 한다. 즉 멀티 스레드 환경에서는 최소한의 종료 관련 시그널을 제외한 나머지의 개입을 막아서 스레드 작동이 방해받지 않도록 하는 것이 목적이라는 뜻이다.

실제로 시그널의 비동기적인 특성을 이용하여 뭔가 작업을 해야 한다면 대부분 스레드로도 대체할 수 있으므로 설계 방향을 스레드를 활용하는 쪽으로 고민해야 한다.

8.1 pthread_sigmask, pthread_kill, sigwait 함수

```
int pthread_sigmask(int how, const sigset_t *restrict newmask, sigset_t *restrict oldmask);
int pthread_kill(pthread_t thread, int signo);
int sigwait(const sigset_t *restrict set, int *restrict sig);
```

pthread_sigmask는 sigprocmask의 스레드 버전이다. 따라서 sigprocmaks와 사용하는 인수와 값들이 전부 같다. 단지 차이는 시그널 마스크를 설치하는 범위가 스레드에 국한된다는 점만 다를 뿐이다.

주의할 점은 pthread는 부모, 자식의 계층 구조는 없지만서도 스레드는 생성될 때 호출한 스레드의 시그널 마스크를 상속받는다는 점이 sigprocmask과 비슷하다. 따라서 main 함수에서 이미 pthread_sigmask를 호출하여 사용할 시그널들을 블록하도록 작성하는 편이다.

그러고 나서 이후에 pthread_create를 호출하여 스레드가 생성되면 시그널 마스크를 상속받게 된다. 그리고 상황에 따라서 각각의 스레드들은 다시 pthread_sigmask 따로 호출하여 세밀한 조작을 하면 된다.

pthread_kill은 kill의 스레드 버전인데 특별한 점은 시그널을 수신할 스레드의 TID를 지정할 수 있다는 점이다. 즉 프로세스 내에서 특정 스레드에 시그널을 전송하는 기능인 것이다. TID는 프로세스 안에서만 의미가 있으므로 pthread_kill은 다른 프로세스의 스레드에는 쓸 수 없다.

마지막으로 sigwait는 주어진 시그널 세트인 set 인수에 마스킹 된 시그널이 전달될 때까지 대기한다. 그러다가 마스킹 된 시그널 중 하나가 전달되면 sig 인수에 시그널 번호를 저장하여 반환한다. 따라서 sigwait가 리턴되면 sig 인수의 값을 읽어서 지연된 시그널 처리를 해주면 된다. 이 코드는 앞서 지연된 시그널 처리의 sigpending 이후의 코드와 거의 흡사하다.

다만 sigwait는 sigpending과 큰 차이점이 하나 있는데 바로 sigwait는 시그널 번호를 리턴하면서 블록된 시그널을 제거한다는 점이다.

sigpending은 아무리 여러 번을 호출해도 상관없이 그냥 블록된 시그널을 확인만 하는 점에서 큰 차이를 보인다. sigwait는 함수명에 "pthread_" 접두어가 붙지 않았지만 pthread의 다른 함수들과 마찬가지로 성공시 0, 실패시 에러 코드에 해당하는 양수를 리턴하도록 되어 있다.

8.2 멀티 스레드 시그널 처리 예제

예제는 sigwait를 이용하여 시그널 전담 스레드를 두는 방식을 보일 것이다. 우선 전역적으로 쓰일 시그널 마스크에는 SIGINT는 막지 않도록 했다. 따라서 언제든 Ctrl +C로 프로세스를 중단할 수 있도록 했다.

그리고 나서 시그널 전담 스레드에는 SIGUSR1, SIGUSR2, SIGTERM 3개의 시그널을 감지하도록 하였는데 SIGUSR1, SIGUSR2 시그널을 받으면 메시지를 출력하고 SIGTERM은 메시지를 출력하고 난 후 프로세스를 중단시키도록 하였다.

[코드 9.10] 스레드 환경에서의 시그널 처리   (pthread_sigwait.c)

```
01   #define NUM_THREADS 5
02   void *start_sigthread(void *);      /* signal thread */
03   void *start_thread(void *);         /* thread start function */
04   struct thread_arg {
05       pthread_t   pt_id;
06       void *(*func)();
07   } thr_arg[NUM_THREADS] = {
08       {0, start_sigthread},    /* 시그널 전담 스레드 */
09       {0, start_thread},       /* 일반 스레드 1 */
10       {0, start_thread},       /* 일반 스레드 2 */
11       {0, NULL}
12   };
13   void clean_thread(struct thread_arg *t_arg);  /* 스레드 병합 함수 */
14   void sa_handler_usr(int signum);   /* SIGUSR1, SIGUSR2 수신시 실행시킬 핸들러 대용 함수 */
15   int main() {
16       int    i;
17       sigset_t    sigset_mask;
18       sigfillset(&sigset_mask);
19       sigdelset(&sigset_mask, SIGINT);  /* SIGINT만 제외한다. */
20       pthread_sigmask(SIG_SETMASK, &sigset_mask, NULL); /* 기본 시그널 블록 마스크 설치 */
21       printf("* Process PID = %d\n", getpid());
22       for(i=0; i<NUM_THREADS && thr_arg[i].func != NULL; i++) {
23           if (pthread_create(&thr_arg[i].pt_id, NULL, thr_arg[i].func, (void *)&thr_arg[i])) {
24               fprintf(stdout, "[MAIN] FAIL: pthread_create()\n");
25               return 0;
26           }
27           printf(" Create thread : tid = %lu\n", thr_arg[i].pt_id);
28       }
29       clean_thread(thr_arg);
30       return 0;
31   }
32   void *start_sigthread(void *arg) {
33       struct thread_arg *t_arg = (struct thread_arg *)arg;
34       sigset_t    sigset_mask;
35       int     signum, ret_errno;
36       printf("* Start signal thread (tid = %lu)\n", (long)pthread_self());
37       sigemptyset(&sigset_mask);
38       sigaddset(&sigset_mask, SIGUSR1);  /* SIGUSR1 추가 */
39       sigaddset(&sigset_mask, SIGUSR2);  /* SIGUSR2 추가 */
40       sigaddset(&sigset_mask, SIGTERM);  /* SIGTERM 추가 */
41       while (1) {
42           if ((ret_errno = sigwait(&sigset_mask, &signum))) { /* 블록된 시그널이 있는지 감시 */
```

```
43              printf("FAIL:sigwait(%s)\n", strerror(ret_errno));
44          }
45          switch(signum) {
46              case SIGUSR1:
47              case SIGUSR2:
48                  sa_handler_usr(signum);  /* 지연된 시그널 핸들러 처리와 같은 방식으로 함수 호출 */
49                  break;
50              case SIGTERM:
51                  printf("[SIGNAL] SIGTERM\n");
52                  exit(EXIT_SUCCESS);
53              default:
54                  break;
55          }
56      }
57      return t_arg;
58  }
59  void *start_thread(void *arg) {
60      struct thread_arg *t_arg = (struct thread_arg *)arg;
61      int    i;
62      for(i=0;;i++)    sleep(1);    /* 그냥 아무 일도 하지 않는다. */
63      return t_arg;
64  }
65  void sa_handler_usr(int signum) {  /* SIGUSR1, SIGUSR2 시그널 수신시 실행할 함수 */
66      int i;
67      for (i=0; i<5; i++) {
68          printf("\t[%ld] Signal(%s):%d sec.\n",   pthread_self(),
69                  signum == SIGUSR1 ? "USR1":"USR2", i);
70          sleep(1);
71      }
72  }
73  void clean_thread(struct thread_arg *t_arg) {
74      int        i;
75      struct thread_arg *t_arg_ret;
76      for (i=0; i<NUM_THREADS && t_arg->func != NULL; i++, t_arg++) {
77          pthread_join(t_arg->pt_id, (void **)&t_arg_ret);
78          printf("+ Thread id(%lu)\n", t_arg->pt_id);
79      }
80  }
```

18~20행을 보면 main 함수에서 다른 스레드를 생성하기 전에 전역으로 사용할 스레드 시그널 블록 마스크를 설치한다. sigfillset으로 모든 시그널 비트를 마스킹한 뒤에 sigdelset으로 SIGINT만 제거했다.

이는 프로세스를 키보드 인터럽트 입력인 Ctrl+C로 멈출 수 있게 해준다. 만일 모든 시그널을 블록하면 키보드로 멈추는 것은 불가능하며 심지어 SIGTSTP도 블록된 상태이므로 Ctrl+Z도 불가능하다. 따라서 모든 시그널을 막게 되면 다른 터미널에서 kill −KILL … 식으로 SIGKILL 시그널로 종료시켜야 하므로 불편해지므로 SIGINT 를 막지 않았다.

22~28행을 보면 04~12행의 thread_arg 구조체에 정의된 대로 시그널 전담 스레드 와 일반 스레드를 생성한다. 생성되는 스레드는 main 스레드의 스레드 시그널 마스 크를 상속받아서 SIGINT를 제외한 모든 시그널을 블록하게 된다. 생성된 스레드 중 에 일반 스레드는 아무런 의미없이 그냥 1초씩 쉬면서 무한 루프를 돌게끔 되어있다. 사실 중요하게 봐둘 것은 시그널 전담 스레드이므로 그 부분을 자세히 살펴보자.

37~40행을 보면 sigwait에서 사용할 시그널 마스크를 만든다. 여기서 비트가 켜진 시그널 마스크가 도착했을 때 sigwait는 리턴하도록 되어 있다. 주의할 점은 sigwait 는 블록된 시그널을 검사하는 것이므로 pthread_sigmask로 블록하도록 지정된 시 그널이 아니라면 잡을 수 없다.

45행을 보면 sigwait가 리턴한 뒤 시그널 번호를 검사하여 SIGUSR1, SIGUSR2의 경우에는 핸들러 대용으로 만들어둔 sa_handler_usr 함수를 실행하고 SIGTERM일 경우에는 그냥 종료하고 있다. 이 방식은 앞서 sigprocmask, sigpending을 사용한 [예제 9.9]과 구조적으로 비슷하므로 쉽게 이해할 수 있을 것이다.

09 대체 시그널 스택

sigaction 함수의 sa_flags를 설명할 때 SA_ONSTACK 플래그에 대해서 언급했었 다. 원래 이 기능은 디버깅에 유리하도록 만들어진 기능으로서 스택 오버플로우로 인 해 종료한 경우에 시그널 핸들러가 작동할 수 있도록 스택 공간을 미리 확보해두는 것이다. 기능에 대한 설명은 앞에서 했기 때문에 여기서는 사용되는 함수와 예제를 살펴보도록 하자.

```
int sigaltstack(const stack_t *restrict ss, stack_t *restrict oss);
typedef struct sigaltstack {
    void    *ss_sp;     /* stack base or pointer. */
    size_t  ss_size;    /* stack size. */
    int     ss_flags;   /* flags */
} stack_t;
```

대체 시그널 스택을 사용하려면 먼저 sigaltstack으로 대체 스택으로 사용할 메모리 공간을 잡아줘야 한다. sigaltstack은 과거 4.2BSD의 sigstack기능이 POSIX 표준화를 통해 새롭게 만들어진 함수이다. 따라서 과거에 sigstack으로 개발하던 기능은 좀 더 이식성이 높은 POSIX 표준으로 변경하는 것이 좋다.

sigaltstack의 원형을 보면 ss 인수에는 새로이 할당할 시그널 스택의 정보를 담은 구조체를 지정하고 oss에는 이전 시그널 스택의 설정을 백업해준다. 설정 백업이 필요 없다면 oss에 NULL을 넣어주면 된다.

인수로 사용되는 stack_t 구조체에는 3개의 필드가 있는데 ss_sp는 대체 스택으로 지정할 공간의 주소를 넣어주고 ss_size에는 크기를 지정한다. 스택 크기가 얼마나 커야 하는지에 대해서는 시그널 핸들러에서 호출하는 함수나 변수 크기에 의해 좌우되지만, 최소 제한 값인 MINSIGSTKSZ 이상을 만족해야 한다.

이 값은 시스템에 따라 다르지만, 일반적으로 2~8KB 사이의 값이다. 그리고 대체 시그널 스택의 권장 크기가 시스템에 지정되어 있는데 SIGSTKSZ 값으로 정의되어 있는데 일반적으로 8~32KB의 값이다.

ss_flags에는 [표 9.16]의 플래그가 사용되는데 사용자가 지정 가능한 플래그는 SS_DISABLE 뿐이다. SS_ONSTACK은 이전 시그널 스택의 값을 읽어오는 oss 인수에만 지정된다.

표 9.16 sigaltstack의 ss_flags인수 값

SS_ONSTACK	대체 시그널 스택이 사용중임을 알려준다. 사용중인 시그널 스택은 변경할 수 없다. 이 플래그는 사용자가 사용할 수 없고 이전 시그널 스택을 백업하는 경우에만 시스템이 보고하는 용도로 설정한다.
SS_DISABLE	현재 대체 시그널 스택을 비활성화 시킨다. 이 플래그를 설정하여 성공하면 시그널 스택은 유저 스택을 사용하는 방식으로 되돌아 간다.

sigaltstack이 성공하면 그다음부터는 sigaction의 sa_flags의 SA_ONSTACK이 설정된 경우에 대체 시그널 스택을 사용하게 된다. 만일 sigaction의 sa_flags에 SA_ONSTACK을 설정하지 않았다면 해당 시그널 핸들러는 유저 스택을 사용하여 작동한다.

9.1 대체 시그널 스택 예제

예제는 실행할 때 인수에 따라 SIGSEGV 시그널 핸들러에 대체 스택을 사용할지를

결정할 수 있다. 대체 시그널 스택을 사용하지 않는 경우에는 그냥 힙 영역에 기록하는데 코어 파일 덤프에 남겨지지 않는 정보이다.

이는 명백하게 잘못된 코드인데 일부러 이렇게 하면 안 된다는 것을 보여주기 위해서 잘못 작성한 예이다. 그러나 대체 스택으로 지정하면 지정된 힙 영역은 스택 영역으로 전환되기 때문에 코어 파일을 덤프했을 때 정보가 남게 된다.

[코드 9.11] 대체 시그널 스택 예제   (segv_sigaltstack.c)

```
01  int exhaust_stack(int count);
02  void inst_sighandler();
03  void sa_handler_segv(int signum);
04  int flag_altstack;    /* 0:off, nonzero:on(execute sigaltstack) */
05  #define     SZ_SIGHANDLER_STACK    16384
06  stack_t    g_ss;        /* signal stack structure */
07  int  main(int argc, char *argv[]) {
08     if (argc == 2 && argv[1][0] == '1') {
09        printf("[enabled] alternate signal stack.\n");
10        flag_altstack = 1;
11     } else {
12        printf("[disabled] alternate signal stack.\n");
13     }
14     printf("SIGSTKSZ(%d) MINSIGSTKSZ(%d)\n", SIGSTKSZ, MINSIGSTKSZ);
15     inst_sighandler();
16     exhaust_stack(100);  /* 재귀 호출로 스택 오버 플로우를 재현하는 함수 */
17     return 0;
18  }
19  int exhaust_stack(int count) {
20     char buffer[SZ_BUFFER]; /* 1 MiB stack */
21     if (count <= 0) {
22        printf(">> stopping recursive func.\n");
23        return 0;
24     }
25     printf("[%d] Current stack addr(%p)\n", count, buffer);
26     exhaust_stack(count-1);
27     return 0;
28  }
29  void sa_handler_segv(int signum) {
30     time_t  t_now = time(0);
31     struct tm   *tm_now = localtime(&t_now);
32     snprintf(g_ss.ss_sp, g_ss.ss_size,
33          "SEGV: Time(%02d:%02d:%02d)",
34          tm_now->tm_hour, tm_now->tm_min, tm_now->tm_sec); /* 대체 스택에 기록할 정보 */
35     printf("%s\n", (char *)g_ss.ss_sp);
36     fflush(stdout);
37     abort();  /* SIGABRT로 코어 파일을 생성. SA_RESETHAND 플래그 설정 후 삭제할 것! */
```

```
38   }
39   void inst_sighandler() {
40       struct sigaction sa_segv;
41       memset(&sa_segv, 0, sizeof(struct sigaction));
42       if (( g_ss.ss_sp = malloc(SZ_SIGHANDLER_STACK)) == NULL) {
43           exit(EXIT_FAILURE);
44       }
45       g_ss.ss_size = SZ_SIGHANDLER_STACK;
46       g_ss.ss_flags = 0;
47       if (flag_altstack) {
48           if (sigaltstack(&g_ss, NULL) == -1) { /* 대체 스택을 설정한다. */
49               exit(EXIT_FAILURE);
50           }
51           sa_segv.sa_flags = SA_ONSTACK; /* 대체 스택을 사용한다. */
52       } else {
53           sa_segv.sa_flags = 0;
54       }
55       sa_segv.sa_handler = sa_handler_segv;
56       sigaction(SIGSEGV, &sa_segv, 0); /* SIGSEGV 시그널 핸들러 설치 */
57   }
```

예제의 main 함수에서는 실행 인수인 argv[1][0]의 값에 따라 flag_altstack 전역 변수를 설정해둔다.

이 전역 변수는 대체 스택을 사용할 것인지 아닌지를 표시해 두는 용도로서 0이면 유저 스택을 사용하고, 0이 아니면 대체 시그널 스택을 사용할 것이다. 초기값은 당연히 BSS에 포함되는 영역이므로 0으로 초기화된다.

그리고 나서 15행에서 inst_sighandler 함수를 호출하는데 이 함수는 flag_altstack 전역 변수의 값에 따라서 대체 스택의 사용 여부와 시그널 핸들러를 설치를 결정하게 된다. 47행에서 flag_altstack가 0이 아니면 sigaltstack을 호출하여 대체 스택을 설정하고 sa_segv.sa_flags에도 SA_ONSTACK 플래그를 설정해둔다. 하지만, flag_altstack이 0이면 플래그에 아무것도 지정하지 않는다. 55~56행을 보면 sa_handler_segv 함수를 SIGSEGV 시그널 핸들러로 설치하고 있다.

29행을 보면 SIGSEGV 시그널 핸들러 함수인 sa_handler_segv를 볼 수 있는데 현재시간을 기록하고 있다. 실무였다면 프로세스의 중요한 정보 중에 디버깅에 필요한 것들을 남기거나 기록해야 하지만 예제이니까 그냥 시간만 기록해두었다.

그리고 38행에서 프로세스를 죽이기 위해 abort를 호출하고 있다. 만일 abort를 호출하지 않는다면 프로세스는 종료되지 않고 계속해서 SIGSEGV를 수신하기 때문에 시그널 핸들러가 무한으로 실행될 것이다.

그런데 이렇게 abort 함수를 쓰는 것이 문제가 되는 경우도 있다. 예를 들어 데몬으로 작동하는 부모 프로세스가 fork-exec나 posix_spawn으로 자식 프로세스를 실행시키고 재시작이나 코어 파일 감시, 종료 시그널 등을 감시하는 체계라면 자식 프로세스들의 main 함수 종료 값이나 종료 시그널은 부모 프로세스에 정확하게 보고되어야 한다.

하지만, 예제처럼 SIGSEGV 핸들러에서 abort로 종료시키면 부모 프로세스의 모니터링 기능이 자동화되어 있는 경우라면 SIGSEGV가 아닌 SIGABRT로 종료된 것으로 허위 보고될 수 있다.

따라서 정확한 보고 체계가 필요하다면 SIGSEGV 핸들러에서 abort 함수를 호출하지 않도록 하고 그 대신에 51행에 SA_RESETHAND 플래그를 줘서 시그널 핸들러를 일회성으로 실행시키도록 하면 된다. 일반적으로는 SA_RESETHAND를 사용하는 것을 권장하므로 꼭 예제를 수정해서 실행시켜보길 바란다.

```
$ ./segv_sigaltstack 1
[enabled] alternate signal stack.
SIGSTKSZ(8192) MINSIGSTKSZ(2048)
[100] Current stack addr(0x7fff1d7c2110)
[99] Current stack addr(0x7fff1d6c20f0)
[98] Current stack addr(0x7fff1d5c20d0)
[97] Current stack addr(0x7fff1d4c20b0)
[96] Current stack addr(0x7fff1d3c2090)
[95] Current stack addr(0x7fff1d2c2070)
[94] Current stack addr(0x7fff1d1c2050)
SEGV: SigNo(11) Time(17:19:38)
중지됨 (core dumped)
```

```
$ ./segv_sigaltstack 0
[disabled] alternate signal stack.
SIGSTKSZ(8192) MINSIGSTKSZ(2048)
[100] Current stack addr(0x7fffe5de4f00)
[99] Current stack addr(0x7fffe5ce4ee0)
[98] Current stack addr(0x7fffe5be4ec0)
[97] Current stack addr(0x7fffe5ae4ea0)
[96] Current stack addr(0x7fffe59e4e80)
[95] Current stack addr(0x7fffe58e4e60)
[94] Current stack addr(0x7fffe57e4e40)
세그멘테이션 오류 (core dumped)
```

[그림 9.11] 대체 시그널 스택 예제 - 대체 스택 사용(좌) 유저 스택 사용(우)

[그림 9.11]의 좌측의 실행 화면에서는 대체 스택을 사용하여 SIGSEGV 시그널 핸들러가 실행된 것을 보여주고 있다. 따라서 시그널 핸들러에서 출력한 시간이 제대로 보이고 있다. 그러나 우측의 실행 화면은 스택 오버플로우로 인해 시그널 핸들러가 실행되지 못하고 그냥 세그먼테이션 오류 메시지만 보이고 있다.

CHAPTER **리얼타임 확장**

---

01   POSIX 리얼타임 확장

1993년 IEEE에서는 IEEE std 1003.1b-1993 리얼타임 확장(Realtime extensions)을 제정했다. 이 표준안에는 실시간에 처리해야 할 작업들에 필요한 기법들을 추가하였는데 주로 시그널, 스케줄링, 타이머 기능을 추가하였다.

시그널은 기존에 있는 구식 기능을 일부 보완 및 추가하였고 타이머는 아예 구식 기능을 대체하여 새로운 기법이 추가되었다. 또한, 1995년에 POSIX 스레드가 발표되면서 비동기적인 기법과 같이 사용할 때 실시간 처리를 쉽게 할 수 있는 길을 제시하였다. 1999년에는 IEEE std 1003.1d-1999에서 리얼타임 확장의 기능을 몇 가지 더 추가하고 SUSv3에 통합시켰다. 이듬해인 2000년에는 IEEE std 1003.1j-2000에 Advanced Realtime을 제정하면서 실시간 이벤트나 I/O 기능까지 추가, 통합되었다.

이 책의 앞부분에서는 이미 리얼타임 확장의 기능 중 일부를 사용해왔다. 예를 들어 동기 I/O, mmap, 메모리 잠금의 mlock 같은 기법이 대표적인 예이다. 이들은 POSIX1.b의 기능들로서 앞서 다룬 기능들과 연관성이 깊어 미리 다루었던 것들이다.

이번 장에서는 앞에서 다루지 않았던 POSIX1.b의 리얼타임 시그널, 리얼타임 이벤트, 비동적 I/O(AIO) 등을 살펴보도록 할 것이다. 그리고 리얼타임 확장을 이해하는 데 필요한 배경지식에 대해서도 정리하도록 할 것이다.

1.1 리얼타임 확장과 비동기적 I/O

리얼타임 확장에서 추가된 기능들은 기존의 작업들을 비동기적(asynchronous) 실행으로 변경하거나 돕는 기능들이 주를 이룬다. 그렇다면 이들을 이해하기 위해서는 비동기적 실행 혹은 비동기식이라고 부르는 것이 어떤 차이를 갖는지 확실하게 알고 넘어가야 한다. 이에 대한 정의는 6장의 넌블록킹에서 기본적인 부분을 설명했다. 여기서는 동기적, 비동기적에 초점을 맞춰서 자세히 살펴보도록 하겠다.

동기적, 비동기적을 나누는 기준은 순서(order)라고 했다. 작업의 실행 및 결과 확인이 순차적으로 수행된다면 동기적, 비순차적으로 수행된다면 비동기이다. 그러면 먼저 동기적(synchronous) 실행 방식의 예부터 알아보자.

예를 들어 3개의 독립된 디스크에 데이터를 복제하는 작업이 있다고 가정하자. 일반적인 경우에는 루프를 돌면서 첫 번째 디스크부터 세 번째 디스크까지 write 함수를 호출하여 기록하면 될 것이다. 이 경우에 각각의 디스크가 따로 대역폭을 가지고 있어서 동시에 실행할 수 있는 환경일지라도 두 번째, 세 번째 디스크는 첫 번째 디스크의 write 함수가 끝날 때까지 대기해야만 한다. 심지어 세 번째 디스크는 첫 번째 디스크의 write 함수 종료 후에 두 번째 디스크의 write 함수를 처리하는 동안에도 대기해야 한다.

즉 동기적 실행에는 필연적으로 레이턴시가 증가하는 문제와 실행과 완료된 리턴값을 체크해야 하는 시점을 분리할 수 없다. 위의 예에서 write 함수를 호출했다면 리턴될 때까지 대기해야 한다는 것이다. 어차피 write 명령을 내린 뒤에 디스크나 캐시에 기록하는 작업은 커널 영역에서 이뤄지므로 굳이 기다리지 않아도 되는 경우에도 꼭 리턴을 기다려야만 한다.

쉬운 설명을 위해 실생활의 예를 들어보자. 여러분에게 휴일에 해야 하는 3가지 작업이 주어졌다고 가정해 보자.

첫째는 세탁으로 2시간이 걸린다. 둘째는 청소를 하는 작업으로 약 1시간이 걸린다. 셋째는 설거지로서 1시간이 걸린다. 그러면 단순하게 합산하여 총 4시간이 걸릴까? 아마도 2~3시간 사이에 끝날 가능성이 크다. 왜냐하면, 세탁기에 세탁물을 넣고 돌리면 굳이 세탁기 앞에 죽치고 있지 않아도 되기 때문이다. 그다음에 설거지도 식기세척기에 넣고 버튼만 눌러주면 된다. 따라서 세탁과 설거지는 버튼을 누른 다음에는 기계가 알아서 할 테고 그동안에 여러분은 청소를 하면 된다. 그리고 청소를 하다가 중간에 완료되었다는 알림음을 듣게 되면 가서 세탁물이나 그릇을 확인하고 정리하면 된다. 이렇게 실생활에서는 세 가지 작업이 병렬적으로 실행되고 각각의 실행과 완료가 순차적이지 않을 것이다. 이것이 바로 비동기적 실행이다.

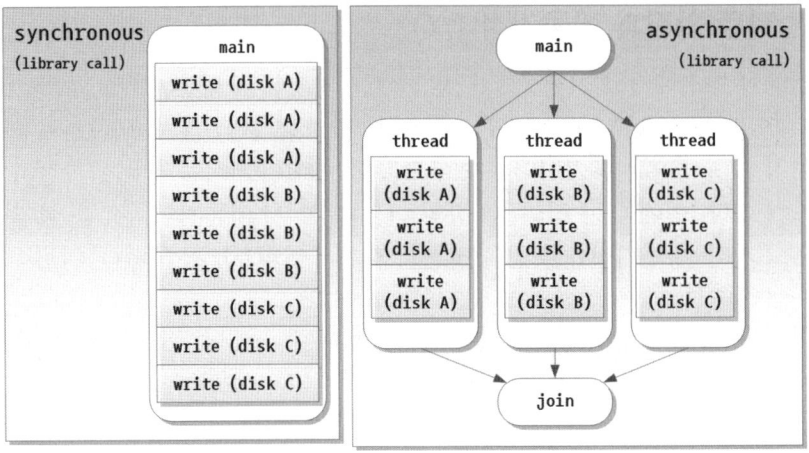

[그림 10.1] 라이브러리 호출 단위의 동기적(좌), 비동기적 실행(우)

비동기적 작업을 생성하기 위해 8장에서 다뤘던 스레드를 사용할 수도 있다. 앞서 3개의 독립된 디스크에 데이터를 복제하는 문제도 3개의 스레드를 생성하여 각각의 디스크에 쓰도록 하면 동시에 쓰기를 진행하면서 전체적으로는 비동기적 작업으로 처리된다.

이를 그림으로 나타낸 것이 [그림 10.1]이다. 그림을 보면 3개의 디스크 A, B, C에 동기적으로 출력하는 경우와 스레드를 이용해서 비동기적으로 출력하는 것을 보여주고 있다. 단 주의할 점이 있는데 그림에서 스레드 단위의 비동기는 라이브러리 콜 함수 단위에서 비동기적 실행이라는 점이다. 즉 개별적인 write 함수는 동기적으로 실행되는 것이다. 다만, 3개씩 분해된 write 함수를 하나의 작업으로 볼 때 라이브러리 콜 레벨에서 비동기적이라는 것이다. 즉 [그림 10.1]은 라이브러리 콜 단위에서 비동기적으로 실행한 경우라고 부른다.

I/O 대역폭이 분리되어 있거나 여유가 있는 경우에 비동기적 실행을 하면 전체적으로 레이턴시를 줄여줄 수 있고 시스템의 유틸라이제이션(utilization)을 높일 수 있기에 효율적이다. 왜 유틸라이제이션이 높아지는지는 8장의 레이턴시 하이딩에서 설명했고 [그림 10.1]만 봐도 직관적으로 알 수 있을 것이다.

하지만, 각 스레드 안에서 write 함수를 호출하는 부분은 여전히 동기적으로 작동하게 된다. 이는 프로세스나 스레드 입장에서는 write를 호출한 뒤에 리턴을 받기까지는 어떤 작업도 중간에 끼어들 수 없다는 것이다.

만일 시스템 레벨에서 다른 작업을 하느라 응답을 늦게 준다면 레이턴시가 증가하는 것을 막을 수 없게 된다. 그렇다면 좀 더 작은 실행 단위인 시스템 호출 실행 단위까지 비동기적으로 작동시켜야 응답성을 높이고 레이턴시를 줄일 수 있을 것이다.

이때 사용 가능한 것이 리얼타임 확장 기법의 AIO(Asynchronous I/O)이다. AIO에서는 쓰기 작업을 비동기적으로 실행할 수 있도록 aio_write, aio_return으로 분리되어 있다. 물론 읽기 기능도 가능하지만 여기서는 일단 쓰기에 초점을 맞춰보도록 하겠다.

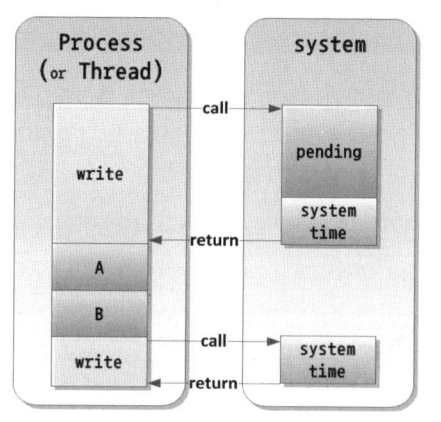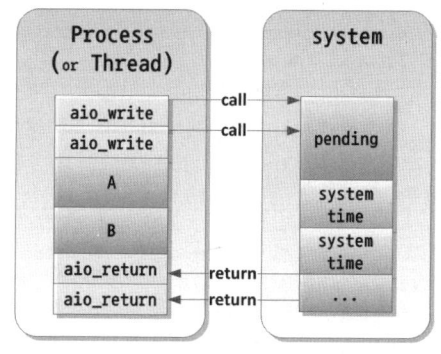

[그림 10.2] 시스템 호출 단위의 동기적, 비동기적 실행

[그림 10.2]를 보면 좌측은 시스템 호출 단위의 동기적 방식으로 실행되는 것이고 우측은 비동기적 방식으로 실행되는 그림이다. 그리고 그림의 A와 B는 write 작업과 관련이 없는 코드이다.

write와 같은 동기적 시스템 호출은 시스템 내부의 상황으로 인해 지연되거나 하면 유저 레벨로 복귀되지 못하고 대기해야만 한다.

이에 비해 비동기적 방식으로 실행되는 aio_write의 경우는 호출함과 동시에 유저 레벨로 복귀하여 다른 작업을 할 수 있게 된다. 그리고 원하는 시점에 aio_return으로 작업의 결과를 확인하면 된다. 이렇게 write 조차도 AIO로 처리하면 레이턴시를 더 줄일 수 있으므로 빈번한 write 호출시에는 AIO로 처리하는 것이 매우 효율적이다. 실제로 대다수 데이터베이스의 내부 코드는 AIO를 이용해서 레이턴시를 줄이고 있다.

그러면 정리를 해보자. 우선 비동기적이라는 것은 실행 레벨을 정의하지 않으면 모호한 의미가 된다. 왜냐하면, 프로세스도 운영체제 전체의 관점에서는 비동기적으로 작동한다고 말할 수 있기 때문이다.

그래서 프로세스 내부의 비동기적 실행을 이야기할 때는 멀티 스레딩과 같은 라이브러리 함수 단위인지 아니면 시스템 호출 단위인지에 따라서 적용하는 기법이나 기술이 달라질 수 있다. 시스템 호출에서 비동기적 실행을 다루는 것이 바로 리얼타임 확장 기법들이므로 이를 염두에 두고 뒤에 나오는 기능을 살펴보면 어디에 적용해야 하는지 쉽게 감을 잡을 수 있을 것이다.

> **TIP** 동기적(synchronous) 혹은 동기화(synchronization)?
>
> 동기적, 동기식, 동기화 등등의 비슷한 이름이 많은데 이들 용어의 차이를 알아야만 한다. 먼저 동기적과 동기식은 같은 의미로 synchronous를 번역한 경우가 대부분이다. 하지만, 뒤에 ~ation이 붙은 동기화는 다루는 대상의 개념이 다르다.
>
> 동기란 시간이든 공간이든 일치시키는 것을 의미하는데 동기적, 동기식은 실행 단위마다 시간이나 공간을 일치시키는 작업을 하는 것을 말한다.
>
> 시스템 호출 단위의 동기적 실행이라면 시스템 호출 단위의 실행 순서와 완료가 프로세스 내에서 코딩된 순서와 시스템에서 처리 후 리턴해주는 것이 일치하는 경우다. write를 여러 번 호출했다고 해서 수행 순서가 섞여서 처리되지 않는 것과 같다.
>
> 여기서 일치시키는 실행 작업, 즉 동기를 완료시키는 것을 동기화라고 한다. 따라서 동기적, 비동기적은 동기화가 언제 실행되느냐의 차이를 가지는 것이다.
>
> 앞서 멀티 스레딩에서도 스레드 단위는 생성한 순서가 완료 및 병합(join) 순서와 달라지기 때문에 스레드 단위가 비동기적이라고 보는 것이다. 하지만, 스레드 내부에서 호출되는 write 등과 같은 시스템 호출 함수들은 커널을 통해서 실행되는 순서가 프로세스에서는 일치되므로 동기적이라고 보는 것이다.
>
> 그러나 개별적인 write는 호출한 프로세스의 우선순위나 하드웨어의 스케줄링 방법에 따라 커널 레벨에서 비동기적으로 처리된다. 따라서 write도 커널 레벨에서는 동기적이라고 이야기하지는 않는다.
>
> 위 개념은 매우 중요하므로 꼭 숙지하고 이해한 뒤에 넘어가도록 하자.

1.2 비동기적 시그널 이벤트 통지

비동기적 시그널 이벤트 통지 기능은 어떤 함수의 시작이나 완료 혹은 어떤 이벤트가 발생했을 때 추가적으로 콜백을 발생시키는 메커니즘이다.

콜백 이벤트로 발생시킬 수 있는 동작에는 시그널과 스레드가 있다. 예를 들어 mq_notify라는 함수가 대표적이다. 이 함수의 원형을 보면 sigevent 구조체를 등록할 수 있는데 이 구조체를 보면 작업이 완료되었을 때 발생시킬 시그널 번호를 지정하거나 생성할 스레드 함수를 선택할 수 있도록 되어 있다.

따라서 이 기능을 이용하면 POSIX 메시지 큐에 데이터가 수신되었을 때 자동으로 sigevent에 등록된 시그널이나 스레드를 생성하여 후처리를 하도록 할 수 있다.

[그림 10.2]에서 보인 AIO 기능인 aio_write에도 시그널 이벤트 통지를 적용할 수 있게 되어 있는데 이를 이용해서 쓰기 작업이 끝난 뒤에 곧바로 통지하도록 하거나 완료 메시지를 시그널로 받아볼 수 있게 된다.

그러나 아직은 시그널 이벤트 통지 기능을 추가한 POSIX 리얼타임 API는 몇 가지가 안 된다. 왜냐하면, 실시간 처리가 요구되는 비동기 I/O 작업은 소수이기 때문이다. 더군다나 네트워크 I/O의 경우는 7장에서 다룬 I/O 멀티플렉싱 기법과 멀티 스레딩의 조합이 있기 때문에 굳이 시그널 이벤트 통지가 만들어질 필요가 없었기 때문이기도 했다. 하지만, 디스크나 메시지 큐와 같은 경우에는 AIO나 mq_notify의 시그널 이벤트 통지 기능을 한 번쯤 고려해보는 것을 추천한다.

차차 뒤에서 다루겠지만, 현재 시그널 이벤트 통지 기능이 제공되는 함수의 리스트를 정리해보도록 하자.

표 10.1 시그널 이벤트 통지 기능을 가진 함수

aio_read	AIO 파일 읽기 함수
aio_write	AIO 파일 쓰기 함수
aio_fsync	AIO 파일 동기화 함수
lio_listio	AIO의 복수의 파일 작업 처리 함수(벡터 처리)
mq_notify	POSIX 메시지 큐 수신 통지
timer_create	POSIX 리얼타임 타이머

1.3 리얼타임 시그널

리얼타임 시그널(Realtime signal)은 전통적인 UNIX 시그널 메커니즘을 확장한 시그널이다. 보통 RTS, RT 시그널이라고 부르며 크게 2가지의 개선된 차이점이 존재한다.

첫째로 POSIX의 새로운 몇몇 리얼타임 확장 I/O 관련 함수를 사용할 때 RTS로 보고받을 수 있다는 점이다. 이는 앞서 이야기한 시그널 이벤트 통지를 말한다.

둘째로 시그널 큐를 가진다는 점이다. 9장에서도 설명했지만, 기존의 전통적인 UNIX 시그널 메커니즘은 큐를 가지고 있지 못하기 때문에 중복해서 도착한 시그널의 개수를 알 수 없다.

이런 문제 때문에 I/O 이벤트의 발생 횟수나 비동기적 처리에는 적합하지 않았다. 그러나 리얼타임 확장에서는 중복된 시그널 이벤트를 명확하게 통지하도록 시그널 큐가 도입되었다.

RTS의 큐 길이는 시스템에 따라서 다르지만 대개 32개 이상을 큐잉할 수 있다. 참고로 시그널 이벤트 통지에 기존의 전통적인 UNIX 시그널을 사용할 수도 있지만 빠른 시간에 도착하는 중복 시그널에 대해 시스템 오류를 발생시킬 수 있으므로 주의해야 한다.

그러면 RTS는 주로 어떤 경우에 사용할까? 이벤트 통지 기능을 이용하여 I/O 멀티플렉싱을 구성하는 poller인 select, poll 혹은 epoll 등을 대체할 수 있다. I/O 멀티플렉

싱의 경우에는 실제로 I/O 이벤트가 발생했다고 하더라도 사용자가 확인하는 함수인 select, poll, epoll_wait 등을 호출하기 전까지는 지연이 발생한다.

물론 멀티 스레딩을 도입해서 비동기적으로 빠르게 확인하는 경우에는 거의 지연이 없을 수도 있지만 그래도 리얼타임이라고 말하기에는 겸연쩍은 부분이 있다. 그러나 RTS를 이용하여 I/O 이벤트가 발생했을 때 콜백이 작동하도록 하면 즉시 통보되므로 좀 더 명확한 동시성을 확보할 수 있다. 더군다나 RTS는 시그널로 통지되므로 일반적인 I/O 관련 stateful 함수들보다 커널 공간과 유저 공간 사이의 메모리 복사가 적어 성능 효율이 높은 경우가 많다.

그러나 RTS에도 단점이 있다. 시그널 처리 방식을 사용하므로 기존의 동기적 프로그래밍 방식과는 다르게 설계되어야 한다. 이에 기존의 레거시 시스템의 라이브러리들과 잘 맞지 않을 수도 있다.

또한, RTS 시그널 큐의 길이도 제한적이므로 무작정 큰 스케일을 가지는 프로그램에는 적용하기 어렵다. 물론 pre-fork를 이용해서 적절하게 I/O를 분산시키는 방법을 사용할 수 있지만 세밀한 로드 밸런싱이 필요해진다.

또한, 소켓에 RTS를 적용하는 경우에는 비표준이므로 리눅스에서만 가능하다는 단점도 있다.

02 리얼타임 시그널 이벤트(sigevent)

sigevent는 비동기적 시그널 이벤트 통지의 핵심으로서 이벤트를 처리하는 방법을 정의하는 구조체이다. 이 기능을 사용하는 대표적인 함수들은 [표 10.1]에서 살펴보았는데 예시를 들어 설명하기 위해 POSIX 메시지 큐의 mq_notify를 살펴보자.

```
int mq_notify(mqd_t mqdes, const struct sigevent *notification);
```

mq_notify의 마지막 인수를 보면 sigevent 구조체를 사용하는데 이 구조체가 리얼타임 이벤트의 핵심이다. 이를 사용하여 시그널 이벤트를 통지할 수 있다.

[코드 10.1] sigevent 구조체, sigval_t 공용체

```
01  typedef struct sigevent {
02      int   sigev_notify;                  /* SIGEV_SIGNAL, SIGEV_NONE, SIGEV_THREAD */
03      int   sigev_signo;                   /* signal number */
04      union sigval   sigev_value;          /* signal value */
05      void  (*sigev_notify_function)(union sigval);   /* 통지 스레드 함수 */
06      pthread_attr_t *sigev_notify_attributes;        /* 통지 스레드 속성 */
07  };
08  typedef union sigval {
09      int   sival_int;    /* int 값을 전달하는 경우의 공용체 멤버 */
10      void  *sival_ptr;   /* 포인터를 전달하는 경우의 공용체 멤버 */
11  } sigval_t;
```

sigevent의 sigev_notify는 어떤 방식으로 이벤트를 통지할 것인지를 결정하는데 SIGEV_NONE, SIGEV_SIGNAL, SIGEV_THREAD 중 하나를 지정할 수 있다.

표 10.2 sigev_notify의 가능한 통지 모드

SIGEV_NONE	이벤트 통지를 사용하지 않는다.
SIGEV_SIGNAL	이벤트의 통지로 시그널을 발생시킨다.
SIGEV_THREAD	이벤트의 통지로 스레드를 생성하여 처리한다.

● SIGEV_SIGNAL 통지 모드

sigev_notify를 SIGEV_SIGNAL 통지 모드로 설정하고 sigev_signo에는 이벤트가 감지되었을 때 발생시킬 시그널 번호를 지정한다. 리얼타임 확장의 RTS 시그널로 통지를 할 때는 확장된 시그널 정보를 주고받는 siginfo_t 구조체를 사용하게 된다.

이때 siginfo_t의 si_value에 sigevent의 sigev_value 공용체에 지정된 값이 전달된다. 이를 이용하여 이벤트를 통지하면서 추가적인 정보를 전달할 수 있다. 예를 들어 sigev_value에 I/O 처리한 바이트 수를 넣어서 보고한다든지 수신된 데이터가 들어 있는 버퍼의 주소를 보내는 방법이 있다. 자세한 것은 예제에서 다루도록 하겠다.

● SIGEV_THREAD 통지 모드

sigev_notify를 SIGEV_THREAD 통지 모드로 설정하고 sigev_notify_function 에는 생성할 스레드의 시작 함수를 지정한다. 그리고 sigev_notify_attributes에는 생성할 스레드의 속성을 지정하고, 스레드 함수가 사용할 인수의 주소값은 sigev_value.sival_ptr에 지정해준다.

```
int pthread_create(pthread_t *thread, const pthread_attr_t *attr,
                   void *(*start_routine) (void *), void *arg);
```

따라서 pthread_create 함수로 치면 속성 인수 부분인 attr에 sigev_notify_attributes, 시작 함수 인수인 start_routine 부분이 sigev_notify_function, void 포인터 인수인 arg 부분에 sigev_value.sival_ptr가 설정되어 스레드가 생성된다고 생각하면 된다.

주의할 점은 SIGEV_SIGNAL 통지 모드에서는 sigev_value가 siginfo_t에 전달되는 값으로 쓰였지만 SIGEV_THREAD에서는 스레드 함수의 인수로 쓰인다는 점이 다르니 유의해야 한다.

sigevent 구조체의 멤버들을 다루었으니 사용하는 방법을 배워야 하는데 이미 5장의 POSIX 메시지 큐의 mq_notify를 이용하여 리얼타임 시그널 이벤트 통지 예제가 있으니 그 부분을 참고하기 바란다. 물론 여기에서도 AIO와 리얼타임 타이머를 다룰 때 sigevent를 사용하는 또 다른 예제를 살펴볼 것이다.

O3   리얼타임 시그널(RTS)

RTS는 SIGRTMIN ~ SIGRTMAX 사이의 값이며 kill −l 명령을 해보면 리눅스에서는 전통적인 유닉스 시그널 뒤의 번호를 부여받고 있는 것을 볼 수 있다. RTS 시그널은 특별하게 시그널에 의미가 부여된 것이 아니므로 따로 이름을 두지 않고 SIGRTMIN, SIGRTMIN+1, SIGRTMAX−1의 방식으로 숫자를 붙여나가는 것을 볼 수 있다.

```
$ kill -l
 1) SIGHUP       2) SIGINT       3) SIGQUIT      4) SIGILL       5) SIGTRAP
 6) SIGABRT      7) SIGBUS       8) SIGFPE       9) SIGKILL     10) SIGUSR1
11) SIGSEGV     12) SIGUSR2     13) SIGPIPE     14) SIGALRM     15) SIGTERM
16) SIGSTKFLT   17) SIGCHLD     18) SIGCONT     19) SIGSTOP     20) SIGTSTP
21) SIGTTIN     22) SIGTTOU     23) SIGURG      24) SIGXCPU     25) SIGXFSZ
26) SIGVTALRM   27) SIGPROF     28) SIGWINCH    29) SIGIO       30) SIGPWR
31) SIGSYS      34) SIGRTMIN    35) SIGRTMIN+1  36) SIGRTMIN+2  37) SIGRTMIN+3
38) SIGRTMIN+4  39) SIGRTMIN+5  40) SIGRTMIN+6  41) SIGRTMIN+7  42) SIGRTMIN+8
43) SIGRTMIN+9  44) SIGRTMIN+10 45) SIGRTMIN+11 46) SIGRTMIN+12 47) SIGRTMIN+13
48) SIGRTMIN+14 49) SIGRTMIN+15 50) SIGRTMAX-14 51) SIGRTMAX-13 52) SIGRTMAX-12
53) SIGRTMAX-11 54) SIGRTMAX-10 55) SIGRTMAX-9  56) SIGRTMAX-8  57) SIGRTMAX-7
58) SIGRTMAX-6  59) SIGRTMAX-5  60) SIGRTMAX-4  61) SIGRTMAX-3  62) SIGRTMAX-2
63) SIGRTMAX-1  64) SIGRTMAX
```

[그림 10.3] kill 명령어로 살펴본 RTS 시그널 번호

3.1 siginfo_t 구조체

RTS를 다루는 시그널 송수신 함수와 시그널 핸들러에서는 siginfo_t 구조체를 사용하므로 구조체의 멤버들이 어떤 정보를 의미하는지 좀 더 알아볼 필요가 있다. 여기서 보이는 구조체는 표준안에 근거하여 작성되었기 때문에 실제 구현된 코드는 패딩 처리 및 공용체로 처리하여 복잡하게 구현되어 있다. 따라서 공부할 때는 실제 signal.h 헤더를 참고하여 비교하면서 보기 바란다.[48]

[코드 10.2] siginfo_t 구조체, sigval_t 공용체

```
01   siginfo_t {
02       int      si_signo;  /* 발생된 시그널 번호 */
03       int      si_errno;  /* 에러 코드값: 용도에 따라서 다르게 사용됨 */
04       int      si_code;   /* 시그널의 발생 이유 */
05       pid_t    si_pid;    /* 시그널을 보낸 프로세스의 PID */
06       uid_t   si_uid;    /* 시그널을 보낸 실제 유저 ID (시그널을 보낸 프로세스의 effict user id) */
07       int      si_status; /* Exit 값이나 시그널 */
08       clock_t si_utime;  /* 소요된 User time */
09       clock_t si_stime;  /* 소요된 System time */
10       sigval_t si_value;  /* Signal value: 시그널 발생시 전달할 값이 있을 경우 사용 (공용체) */
11       int      si_int;    /* POSIX.1b signal */
12       void *  si_ptr;    /* POSIX.1b signal */
13       void *  si_addr;   /* Memory location which caused fault */
14       int      si_band;   /* Band event */
15       int      si_fd;     /* File descriptor */
16   }
17   typedef union sigval {
18       int      sival_int;  /* int 값을 전달하는 경우의 공용체 멤버 */
19       void    *sival_ptr;  /* 포인터를 전달하는 경우의 공용체 멤버 */
20   } sigval_t;
```

siginfo_t 구조체는 어떤 I/O 접점에서 언제 어떤 이벤트가 발생하였는지 추적할 수 있도록 다양한 정보를 가지고 있다. 우선 si_signo, si_pid, si_uid 등은 [코드 10.2]의 주석문에도 설명해두었으니 여기서는 중요하게 다뤄야 할 몇몇 구조체 멤버들을 중점적으로 설명하도록 할 것이다.

si_code는 시그널 발생의 원인이나 특성을 분별하는데 사용된다. si_code <= 0이면 프로세스에 의해 발생한 이벤트를 통지하는 용도로 시그널이 사용되었음을 의미한다. 따라서 이 경우에는 I/O 작업(파일 입출력 혹은 POSIX 메시지 큐)의 완료를 알리거나 상태 변화, 타이머 만료, kill로 전달된 상황을 의미한다.

si_code > 0인 경우이면 커널에 의해 시그널이 생성되었음을 의미한다. 이 경우에는

---

48) 리눅스에서 siginfo_t 구조체는 signal.h를 거쳐 bits/siginfo.h에 선언되어 있다.

커널에 의해서 중단되거나 강제 종료된 경우가 대부분이다. 그러면 각각의 si_code를 좀 더 세분화해서 살펴보자.

표 10.3 프로세스로부터 전달된 경우의 si_code (음수 혹은 0인 경우)

SI_SIGIO	대기된 SIGIO에 의해 발생한 시그널
SI_ASYNCIO	AIO의 완료에 의해 발생한 시그널
SI_MESGQ	실시간 메시지큐(POSIX MQ)의 상태가 변화되어 발생한 시그널
SI_TIMER	타이머가 만료되어 발생한 시그널
SI_QUEUE	sigqueue 함수에 의해 전달된 시그널
SI_USER	kill, raise와 같은 함수에 의해 전달되어진 시그널 (보통 0으로 지정됨)

si_code가 양수인 경우에는 커널에 의해 생성된 경우지만 시그널 번호에 따라 다른 의미를 가진다. 예를 들어 SIGSEGV(segment violation)이 발생했을 때 si_code는 SEGV_MAPERR나 SEGV_ACCERR의 둘 중 하나로 지정된다.

SEGV_MAPERR은 SIGSEGV가 맵핑되지 않은 주소에 접근한 경우를 말해주고 SEGV_ACCERR은 접근하려는 세그먼트에 권한이 충족되지 않아서 발생한다.

그러나 SIGCHLD이 발생했을 때는 si_code의 값이 CLD_EXITED, CLD_KILLED, CLD_DUMPED, CLD_TRAPPED, CLD_STOPPED, CLD_CONTINUED 등이 지정되는데 자식 프로세스가 정상적으로 종료되었는지 외부로부터 죽임을 당했는지 비정상적인 종료인지 다양한 상태를 설명해준다.

이렇게 시그널 번호에 따라 si_code의 값이 달라지기 때문에 자세한 si_code 분류는 API 표준안이나 임플리먼테이션의 문서를 참조하여 프로그래밍해야 한다. 리눅스의 경우에는 헤더 파일에도 자세한 주석문이 있으므로 si_code의 매크로를 헤더에서 찾아서 보는 편이 편리할 것이다.

그리고 또 중요한 멤버로서는 si_fd와 si_band가 있다. si_fd는 이벤트가 발생한 파일기술자 번호이며 si_band는 si_fd에 발생한 이벤트의 종류를 설명해준다. 이벤트는 poll에서 사용하는 이벤트 매크로를 그대로 사용한다. 예로 일반적인 데이터 입력이 발생하는 것을 잡으려면 POLLIN과 AND(&) 연산을 해보면 된다.

3.2 sigwaitinfo, sigqueue 함수

그러면 RTS에서 시그널을 송수신하는 용도의 함수들을 살펴보자. 이 함수들은 RTS 메커니즘을 통해서 시그널이라는 매개체로 특정 작업을 실행하게 하는 용도로 사용된다.

사용되는 목적은 스레드의 조건 변수와 비슷하므로 시그널을 보내는 기능을 가진 sigqueue, 시그널을 수신하는 함수인 sigwaitinfo, sigtimedwait가 있다.

```
int  sigwaitinfo(const sigset_t *restrict set, siginfo_t *restrict info);
int  sigtimedwait(const sigset_t *restrict set, siginfo_t *restrict info,
        const struct timespec *restrict timeout);
int  sigqueue(pid_t pid, int sig, const union sigval value);
union  sigval {
    int    sival_int;    /* int 값을 전달하는 경우의 공용체 멤버 */
    void   *sival_ptr;   /* 포인터를 전달하는 경우의 공용체 멤버 */
}
```

sigwaitinfo와 sigtimedwait는 시그널을 수신하기 위해 블록하는 함수로서 sigwait와 하는 일은 같다. 다만, 가장 큰 차이점은 추가적인 정보를 받을 수 있도록 siginfo_t를 사용한다는 점이다.

이들 함수는 첫 번째 인수인 set 시그널 마스크에 정의된 시그널 중 하나가 도착하면 시그널에 대한 추가적인 정보를 siginfo_t형인 info를 리턴한다. sigtimedwait는 sigwaitinfo에 타이머를 붙여서 타임아웃이 지나면 블록에서 깨어나도록 한 점이 다르다.

그런데 sigwaitinfo와 sigtimewait, sigwait는 비슷하지만 리턴값에 있어서 중요한 차이점이 있다. sigwait는 pthread 스레딩 관련 기능으로서 실패시 에러 코드에 해당하는 양수를 리턴하는데 비해 sigwaitinfo, sigtimedwait는 −1을 리턴하고 errno에 에러 코드를 설정한다는 점이다.

기능은 비슷하지만 리턴값에서 차이를 보이기 때문에 매뉴얼을 꼼꼼하지 보지 않는 프로그래머는 간혹 sigwait와 착각할 수 있으니 주의해야 한다.

sigqueue는 시그널을 큐를 통해 전송할 수 있게 한다. 큐를 이용하므로 중복된 시그널의 경우에도 잃어버리지 않고 개수를 정확하게 맞추어 전달할 수 있다. 시그널을 전송하면서 추가할 데이터는 sigval 공용체를 사용하는데 시그널을 수신하는 측에서는 siginfo_t의 si_value에 이 값을 받아볼 수 있다. 그러나 sigval에 가상 메모리의 주소값을 보내는 방법은 같은 프로세스에서만 유의미하므로 스레드끼리 통신할 때만 주로 사용된다.

3.3 리얼타임 시그널 예제

예제는 8장에서 pthread의 조건 변수를 배울 때 사용했던 예제인 cond_var.c를 수정하여 RTS를 적용해보도록 할 것이다. 원래 예제는 작업하는 worker 스레드는 작업이 끝나고 나도 보고하는 것이 없었는데 시그널 큐를 이용해서 RTS로 보고하는 체계를 추가하도록 할 것이다.

cond_var.c 예제에서는 작업 스레드가 하는 작업이란 그냥 몇 초 쉬는 것이었다. 여기서는 쉬는 작업을 한 뒤에 시그널 큐에 RTS를 전송하는 부분을 추가할 것이다. 그리고 전송할 때 추가할 데이터인 sigval 공용체에는 작업한 스레드의 인수 주소를 전달할 텐데 별다른 의미는 없고 sigval을 어떻게 사용하는지를 보기 위함이다.

그리고 지면을 아끼기 위해 cond_var.c와 토씨하나 틀리지 않고 중복되는 부분인 tfunc_a, push_item, pop_item, process_job, clean_thread의 함수 코드는 생략했다.

[코드 10.3] 시그널 큐를 통한 RTS 시그널 전송   (cond_var_rts.c)

```
01  #define  NUM_THREADS   10
02  #define  MAX_ITEMS     64
03  #define  PATH_FIFO     "/tmp/my_fifo"
04  struct  workqueue {
05      int        item[MAX_ITEMS];
06      int        idx;        /* last index  */
07      int        cnt;        /* item counter */
08      pthread_mutex_t  mutex;
09      pthread_cond_t   cv;
10  } *wq;
11  void *tfunc_a(void *);          /* thread  (A) */
12  void *tfunc_b(void *);          /* thread  (B) */
13  void *start_sigthread(void *);  /* 시그널 전담 스레드 */
14  struct thread_arg {
15      pthread_t   tid;    /* thread id    */
16      int         idx;
17      void *(*func)();
18  } t_arg[NUM_THREADS] = {
19      {0, 0, tfunc_a},
20      {0, 0, tfunc_b},
21      {0, 0, tfunc_b},
22      {0, 0, tfunc_b},
23      {0, 0, start_sigthread},
24      {0, 0, NULL}
25  };
26  int push_item(struct workqueue *wq, const char *item, int cnt);  /* 실제 코드는 생략됨 */
27  int pop_item(struct workqueue *wq, int *item);                   /* 실제 코드는 생략됨 */
```

```
28    int process_job(int *);                              /* 실제 코드는 생략됨 */
29    void clean_thread(struct thread_arg *);              /* 실제 코드는 생략됨 */
30    int  main() {
31       int    i;
32       if ((wq = calloc(1, sizeof(struct workqueue))) == NULL) {
33          exit(EXIT_FAILURE);
34       };
35       sigset_t    sigset_mask;
36       sigfillset(&sigset_mask);
37       sigdelset(&sigset_mask, SIGINT);
38       pthread_sigmask(SIG_SETMASK, &sigset_mask, NULL);  /* 시그널 마스크 설치 */
39       pthread_mutex_init(&wq->mutex, NULL);
40       pthread_cond_init(&wq->cv, NULL);
41       for(i=0; i<NUM_THREADS && t_arg[i].func != NULL; i++) {
42          t_arg[i].idx = i;
43          if (pthread_create(&t_arg[i].tid, NULL,
44                      t_arg[i].func, (void *)&t_arg[i])) {
45             return EXIT_FAILURE;
46          }
47          pr_out("pthread_create : tid = %lu", t_arg[i].tid);
48       }
49       clean_thread(t_arg);
50       return EXIT_SUCCESS;
51    }
52    void  *tfunc_a(void *arg) {
53       /* cond_var.c와 완전히 같으므로 생략하였다. */
54    }
55    void  *tfunc_b(void *arg) {
56       int    item;
57       union sigval    si_val;
58       pr_out(" >> Thread (B) started!");
59       while (1) {
60          pop_item(wq, &item);
61          process_job(&item);
62          si_val.sival_ptr = arg;   /* RTS 시그널을 전송할 때 같이 보낼 데이터(스레드 인수) */
63          if (sigqueue(getpid(), SIGRTMIN, si_val)) {
64             exit(EXIT_FAILURE);
65          }
66       } /* loop: while */
67       return NULL;
68    }
69    void *start_sigthread(void *arg) {
70       struct thread_arg *thr;
71       sigset_t    sigset_mask; /* sigwaitinfo에서 사용할 시그널 세트 */
72       siginfo_t   info;
73       int    ret_signo;
```

```
74    printf("* Start signal thread (tid = %lu)\n", (long)pthread_self());
75    sigemptyset(&sigset_mask);
76    sigaddset(&sigset_mask, SIGRTMIN);
77    while (1) {
78        if ((ret_signo = sigwaitinfo(&sigset_mask, &info)) == -1) {
79            pr_err("FAIL:sigwaitinfo(%s)\n", strerror(errno));
80        }
81        if (ret_signo == SIGRTMIN) { /* 수신받은 시그널이 SIGRTMIN인 경우 */
82            thr = (struct thread_arg *)info.si_value.sival_ptr;
83            printf("\t[RTS] notification from (%lu).\n", thr->tid);
84        } else {
85            printf("\t[RTS] others.\n");
86        }
87    } /* loop: while */
88    return t_arg;
89 }
```

이전 예제인 cond_var.c에서 크게 달라진 부분은 음영 처리해서 눈에 잘 띄도록 했다. 먼저 13행을 보면 시그널 전담 스레드인 start_sigthread 함수를 선언해두었고 실제 코드는 69~89행에 있다.

그리고 시그널 전담 스레드에 시그널이 전달될 수 있도록 35~38행에서 시그널 블록 마스크를 설치하고 있다. 예제에서는 Ctrl+C로 종료할 수 있도록 시그널 블록 마스크에 SIGINT만 허용했다.

62행을 보면 tfunc_b 스레드 함수에서 작업을 처리한 뒤에 sigqueue를 호출하여 프로세스 자신에게 시그널을 전달하고 있다. 여기서 si_val에 스레드 함수가 사용하는 인수의 메모리 주소값을 넣어서 전송하고 있다.

만일 si_value 공용체에 주소가 아닌 int 값으로 item의 값을 전달할 수도 있다. 이것은 코딩하는 사람 마음이니까 [코드 10.4]처럼 수정하면 공용체로 전달되는 것은 메모리 주소가 아닌 정수형 데이터가 될 것이다.

[코드 10.4] si_value.sival_int 사용하는 경우

```
62    si_val.sival_int = item;    /* si_value 공용체에 int 값을 지정 */
82    printf("\t[RTS] Work complete: item (%d)\n",
83           info.si_value.sival_int);
```

69행에 보이는 시그널 전담 스레드는 9장에서 다룬 스레드의 시그널 처리와 별반 다르지 않다. 다만, 9장에서는 sigwait를 사용했고 여기서는 sigwaitinfo를 사용한 점이 다르다.

3.4 RTS I/O 멀티플렉싱

RTS로 poller 대신에 I/O 멀티플렉싱을 구현할 수 있다. 그러나 여기서 언급하는 내용은 리눅스 확장이므로 유닉스에 포팅할 목적으로는 사용할 수 없다. 장래에는 이런 기능들이 SUS에 포함될 수도 있겠지만 적어도 2011년 기준으로는 포함되지 않았다.

RTS로 I/O 멀티플렉싱을 사용하는 기본 구조는 지연된 시그널 처리와 비슷하다. 특정 파일기술자에 입출력이 생기면 시그널을 발생시키도록 하는 것이다. 이를 가능하게 하려면 fcntl을 이용해서 세 가지 작업을 해줘야 한다.

첫째로 파일기술자를 넌블록킹 모드와 비동기 입출력이 가능한 상태로 변경해야 한다. 둘째로 파일기술자에 어떤 이벤트가 발생했을 때 통지할 시그널 번호를 지정해야 한다. 셋째로 파일기술자에 입출력이 발생했을 때 시그널을 받을 프로세스의 PID를 지정해야 한다.

시그널을 받을 프로세스를 지정하는 이유는 fork를 통해서 자식 프로세스가 파일기술자를 공유하면 이벤트가 발생했을 때 어떤 프로세스에 전달되어야 하는지 명확하지 않기 때문이다. 그러나 PID에 음수를 지정하면 프로세스 그룹이 지정되어 시그널을 전파할 수도 있다.

여기서 파일기술자를 넌블록킹으로 만드는 이유는 시그널이 발생했을 때 얼마만큼의 데이터가 전달되는지 모르기 때문에 I/O 작업을 하는 함수가 블록킹되지 않도록 하기 위함이다. 그러면 이 세 가지 작업을 하는 예시 코드를 살펴보자.

[코드 10.5] RTS에 사용가능한 파일기술자 속성 설정

```
01  if ((flags = fcntl(fd, F_GETFL)) == -1) {
02      /* 에러 발생 */
03  }
04  if (fcntl(fd, F_SETFL, flags | O_NONBLOCK | O_ASYNC) == -1) { /* 넌블록킹, 비동기 설정 */
05      /* 에러 발생 */
06  }
07  if (fcntl(fd, F_SETSIG, i_sig) == -1) { /* 시그널 번호 지정 (i_sig는 RTS 시그널 번호) */
08      /* 에러 발생 */
09  }
10  if (fcntl(fd, F_SETOWN, getpid()) == -1) { /* 시그널이 전달될 프로세스 지정 */
11      /* 에러 발생 */
12  }
```

파일기술자의 속성 변경이 성공적으로 끝났다면 시그널 블록 마스크를 조작하여야 한다. 멀티 스레드를 사용하지 않는다면 sigprocmask를 사용해도 되지만 멀티 스레딩을 사용한다면 스레드 안전 함수인 pthread_sigmask를 사용해야 한다.

블록된 시그널을 잡아내기 위해서는 앞서 리얼타임 시그널 예제처럼 sigwaitinfo, sigtimedwait를 이용하면 된다. sigwait를 사용하면 추가 전달되는 siginfo_t의 정보를 알아낼 수 없으므로 스레드를 사용하더라도 sigwaitinfo와 같은 함수를 사용해야 한다.

sigwaitinfo에서 siginfo_t 구조체를 리턴받으면 si_band와 si_fd 값을 조사해보면 발생한 I/O 이벤트와 파일기술자 번호를 알 수 있다. 그러면 RTS를 이용한 I/O 멀티플렉싱 예제를 살펴보자.

다시 말하지만, 이 기능은 리눅스의 GNU 확장 기능이므로 아직은 유닉스에서 사용할 수 없는 기능이다. 그리고 리눅스의 GNU 확장이므로 _GNU_SOURCE 매크로를 정의해야 헤더 파일의 표준안 검사시 F_SETSIG를 찾지 못하는 에러가 발생하지 않는다.

[코드 10.6] RTS 를 통한 I/O 멀티플렉싱   (io_rts.c, 1/2 번째)

```
01  #define SZ_RECV_BUF     16384
02  #define SIGRT_LISTEN_IO     SIGRTMIN
03  #define SIGRT_NORM_IO       SIGRTMIN + 1
04  int add_rts_socket(int  fd, int i_sig);
05  int start_sigrt(int fd_listener);
06  int make_listener(int family, char *port_no);   /* make listen socket */
07  int  main(int argc, char *argv[]) {
08      char    *port;
09      sigset_t    sigset_mask;
10      int     fd_listener;
11      if (argc > 2) {
12          printf("%s [port number]\n", argv[0]);   exit(EXIT_FAILURE);
13      }
14      if (argc == 2) {
15          port = strdup(argv[1]);
16      } else {
17          port = strdup("0"); /* random port */
18      }
19      sigemptyset(&sigset_mask);
20      sigaddset(&sigset_mask, SIGRT_LISTEN_IO);
21      sigaddset(&sigset_mask, SIGRT_NORM_IO);
22      if (sigprocmask(SIG_BLOCK, &sigset_mask, NULL) == -1) { /* 시그널 블록 마스크 설치 */
23          exit(EXIT_FAILURE);
24      }
25      if ((fd_listener = make_listener(AF_INET, port)) == -1) {  /* 리스너를 만든다. */
26          exit(EXIT_FAILURE);
27      }
28      if (start_sigrt(fd_listener) == -1) { /* 무한 루프를 돌면서 통신을 한다. */
29          exit(EXIT_FAILURE);
```

```
30          }
31      return 0;
32  }
33  int start_sigrt(int fd_listener) {
34      int     fd_client, ret_recv, i_sig;
35      char    rbuf[SZ_RECV_BUF];
36      sigset_t    sigset_mask;
37      siginfo_t   si_rt;
38      add_rts_socket(fd_listener, SIGRT_LISTEN_IO);  /* 파일기술자에 RTS 시그널 속성을 붙인다. */
39      sigemptyset(&sigset_mask);
40      sigaddset(&sigset_mask, SIGRT_LISTEN_IO);
41      sigaddset(&sigset_mask, SIGRT_NORM_IO);
42      while (1) {
43          i_sig = sigwaitinfo(&sigset_mask, &si_rt);
44          if (i_sig == SIGRT_LISTEN_IO) {  /* 리스너 소켓에 이벤트가 발생한 경우 */
45              struct sockaddr_storage  saddr_c;
46              socklen_t len_saddr = sizeof(saddr_c);
47              fd_client = accept(fd_listener, (struct sockaddr *)&saddr_c, &len_saddr);
48              if (fd_client == -1) {
49                  /* 에러 처리가 필요하다. */
50                  break;
51              }
52              pr_out("[SIGRT] Add socket (%d)", fd_client);
53              add_rts_socket(fd_client, SIGRT_NORM_IO);
54          } else if (i_sig == SIGRT_NORM_IO) {  /* 일반 소켓에 이벤트가 감지되었다. */
55              if (si_rt.si_band & POLLIN) {
56                  if ((ret_recv = recv(si_rt.si_fd, rbuf, sizeof(rbuf), 0)) == -1) {
57                      pr_err("fd(%d) recv(%s)", si_rt.si_fd, strerror(errno));  /* 에러 상황 */
58                  } else {
59                      if (ret_recv == 0) {
60                          pr_out("close fd(%d)", si_rt.si_fd);
61                          close(si_rt.si_fd);
62                      } else {
63                          pr_out("recv(fd=%d,n=%d) = %.*s",
64                                  si_rt.si_fd, ret_recv, ret_recv, rbuf);
65                      }
66                  }
67              } else if (si_rt.si_band & POLLERR) {
68                  pr_err("POLLERR");
69              } else if (si_rt.si_band & POLLHUP) {
70                  pr_err("POLLHUP");
71              } else {
72                  pr_err("Unknown band(%ld)", si_rt.si_band);
73              }
74          } else {
75              pr_out("Unknown signal : %d", i_sig);
76          }
```

```
77        } /* loop: while */
78        return 0;
79   }
```

19~24행은 RTS의 sigwaitinfo 함수로 따로 수신할 시그널들을 블록 해두도록 한다. 스레드를 사용하지 않으므로 sigprocmask를 사용하였다.

25행의 make_listener는 뒤에서 살펴볼 것인데 주어진 IP 주소 패밀리와 포트 번호를 지정하여 호출하면 서버용 주소에 socket, bind, listen까지 완료하여 리스너 소켓을 리턴해주는 함수이다. 이들은 6장에서 다룬 내용이므로 여기서는 가독성을 높이기 위해 뒤에 함수로 빼두었다.

28행에서 호출하는 start_sigrt는 무한 루프를 돌면서 RTS 시그널을 수신하여 I/O 멀티플렉싱을 구현한 함수이다. 실제 코드가 바로 아래 있으니 곧바로 살펴보도록 하자.

먼저 38행에서 add_rts_socket를 호출하는데 이 함수는 [코드 10.5]에 보이는 것처럼 fcntl로 파일기술자에 I/O 관련 이벤트 발생시 시그널을 전달받을 수 있도록 속성을 변경하는 작업을 한다. 실제 코드는 조금 뒤에 따로 살펴보도록 할 것이다.

38행은 리스너 소켓에 이벤트가 발생하면 SIGRT_LISTEN_IO 시그널을 발생시키도록 하는 것이며, 02행을 보면 SIGRTMIN으로 정의해 두었다.

43행의 sigwaitinfo가 리턴되면 시그널 번호를 확인하여 SIGRT_LISTEN_IO이면 리스너 소켓의 이벤트이므로 accept를 호출하여 새로운 접속을 받아들이고 곧바로 add_rts_socket을 호출하여 파일기술자에 시그널을 전달받을 수 있도록 속성을 변경해둔다.

여기서 시그널 속성을 리스너 소켓과 달리하여 SIGRT_NORM_IO로 해두었다. 이는 03행을 보면 SIGRTMIN+1로 정의해두었다. 사실 시그널을 1개로 해도 상관은 없다. 단지 예제에서는 시그널을 분리해서 사용할 수도 있음을 보여준 것이다.

예제를 모두 타이핑해서 실행한 뒤에 하나의 시그널로 통합해보는 것도 해보면 좋을 듯하다. 참고로 RTS 시그널 큐에서 오버플로우가 발생하는 경우에는 여러 시그널로 분리해서 사용하면 문제가 해결되기도 한다.

일반 소켓에 이벤트가 발생한 경우에는 si_band를 검사하여 POLLIN이 들어오면 일반 데이터가 수신된 상태이므로 recv를 호출하면 된다. 이후의 방식은 poll, epoll에서 사용했던 코드와 거의 동일하므로 7장의 예제를 복습한다고 생각하고 작성하면 된다.

이제 리스너 소켓을 만드는 make_listener 함수와 fcntl로 파일기술자에 시그널 속성을 부착하는 add_rts_socket 함수를 살펴보자. 여기서 make_listener는 6장의 IPv6에서 다루었던 코드 그대로라서 IPv6에 대한 부분도 들어 있으나 여기서 사용되지는 않는다.

다만, 혹시 IPv6로 바꿔서 테스트할 경우를 감안하여 넣어두었다. IPv6로 지정하는 경우에는 25행의 AF_INET을 AF_INET6로 변경하면 된다.

[코드 10.7] RTS를 통한 I/O 멀티플렉싱 (io_rts.c, 2/2 번째)

```
80   int make_listener(int family, char *port_no) {
81       struct addrinfo ai, *ai_ret;
82       int     rc_gai, fd;
83       memset(&ai, 0, sizeof(struct addrinfo));
84       ai.ai_family = family;
85       ai.ai_socktype = SOCK_STREAM;
86       ai.ai_flags = AI_ADDRCONFIG | AI_PASSIVE;
87       if ((rc_gai = getaddrinfo(NULL, port_no, &ai, &ai_ret)) != 0) {   /* 서버 주소를 가져온다. */
88           pr_err("Fail: getaddrinfo():%s", gai_strerror(rc_gai));
89           exit(EXIT_FAILURE);
90       }
91       if ((fd = socket( ai_ret->ai_family,  ai_ret->ai_socktype,
92                      ai_ret->ai_protocol)) == -1) {     /* 주어진 정보로 소켓 생성 */
93           return -1;
94       }
95       if (bind(fd, ai_ret->ai_addr, ai_ret->ai_addrlen) == -1) {
96           close(fd);
97           return -1;
98       }
99       if (!strncmp(port_no, "0", strlen(port_no))) {   /* 랜덤 할당된 port 번호를 알아낸다. */
100          struct sockaddr_storage    saddr_s;
101          socklen_t   len_saddr = sizeof(saddr_s);
102          getsockname(fd, (struct sockaddr *)&saddr_s, &len_saddr);
103          if (saddr_s.ss_family == AF_INET) {    /* IPv4 주소인 경우 */
104              pr_out("bind : IPv4 Port : #%d",
105                    ntohs(((struct sockaddr_in *)&saddr_s)->sin_port));
106          } else  if (saddr_s.ss_family == AF_INET6) {    /* IPv6 주소인 경우 */
107              pr_out("bind : IPv6 Port : #%d",
108                    ntohs(((struct sockaddr_in6 *)&saddr_s)->sin6_port));
109          } else {
110              pr_out("getsockname : ss_family=%d", saddr_s.ss_family);
111          }
112      } else {
113          pr_out("bind : %s", port_no);
114      }
115      listen(fd, 256);
```

```
116     return fd;    /* 리스너 소켓 파일기술자 리턴 */
117 }
118 int add_rts_socket(int  fd, int i_sig) {
119     int flags;
120     if ((flags = fcntl(fd, F_GETFL)) == -1) {
121         return -1;
122     }
123     if (fcntl(fd, F_SETFL, flags | O_NONBLOCK | O_ASYNC) == -1) {
124         return -1;
125     }
126     if (fcntl(fd, F_SETSIG, i_sig) == -1) {
127         return -1;
128     }
129     if (fcntl(fd, F_SETOWN, getpid()) == -1) {
130         return -1;
131     }
132     return 0;
133 }
```

add_rts_socket() 함수는 fcntl를 이용하여 넌블록킹, 비동기입출력이 가능하도록 수정한다. 그리고 F_SETSIG 옵션으로 이벤트 발생시 전달할 RT 시그널 번호를 지정한 뒤에, F_SETOWN으로 사용할 프로세스의 PID 값을 지정한다.

여기까지 RTS를 이용한 소켓 I/O 처리를 살펴보았다. 이런 기능이 있다는 것을 알아두는 공부 용도로는 괜찮지만, 실제 소켓처리라면 epoll을 사용하는 방식을 추천한다.

3.5 디렉터리 이벤트 감시

RT 시그널과 GNU 리눅스 확장에서는 디렉터리에 어떤 변화가 있는지 실시간 감시할 수 있다. 이는 fcntl에 F_NOTIFY 옵션을 이용하는데 파일의 읽기, 쓰기, 생성 등 다양한 변화를 감시할 수 있다. 참고로 이 기능은 구식 기능이며 inotify로 변경되었다. 새로운 어플리케이션은 inotify를 사용하길 권장한다. 물론 구식 기능이어도 여전히 작동된다.

사용하는 함수들은 이미 나왔던 것들에 인수만 조금 달라지므로 간단한 예제를 보면서 살펴보자.

[코드 10.8] RT 시그널을 이용한 디렉터리 감시   (dir_rt.c)

```
01  void  chk_rt(int sig, siginfo_t *siginfo_rt, void *data) {
02      printf("[SIGRT] si->si_band (%lx)\n", siginfo_rt->si_band);
03  }
04  int  main(int argc, char **argv) {
```

```
05      int fd_dir;
06      struct sigaction sa_rt;
07      if (argc != 2) {
08          printf("Usage : %s <dir>\n", argv[0]);   return 0;
09      }
10      sa_rt.sa_sigaction = chk_rt;
11      sigemptyset(&sa_rt.sa_mask);
12      sa_rt.sa_flags = SA_SIGINFO;
13      sigaction(SIGRTMIN, &sa_rt, NULL);
14      fd_dir = open(argv[1], O_RDONLY);
15      fcntl(fd_dir, F_SETSIG, SIGRTMIN);
16      fcntl(fd_dir, F_NOTIFY, DN_ACCESS | DN_MODIFY | DN_MULTISHOT);
17      while (1) {
18          pause();
19      }
20      return 0;
21  }
```

예제의 15행을 보면 이벤트가 발생했을 때 받을 시그널을 정해주기 위해 fcntl의 F_SETSIG를 사용하는 것을 볼 수 있다. 지정하지 않으면 기본 값으로 SIGIO 시그널을 사용한다.

그리고 나서 16행에서 fcntl의 F_NOTIFY 명령에 3개의 속성을 지정하는데 파일 읽기(DN_ACCESS), 변경(DN_MODIFY), 그리고 1회성이 아닌 계속해서 이벤트를 받도록 하기 위한 속성(DN_MULTISHOT)을 지정했다. DN_MULTISHOT을 지정하지 않으면 일회성으로 사용하여 이벤트가 한 번 발생 된 뒤에는 통지 기능이 제거된다.

표 10.4 fcntl의 **F_NOTIFY**에 사용 가능한 옵션

DN_ACCESS	감시하는 디렉터리에 존재하는 파일이 읽혀짐
DN_MODIFY	감시하는 디렉터리에 존재하는 파일이 변경됨
DN_CREATE	감시하는 디렉터리에 파일이 생성됨
DN_DELETE	감시하는 디렉터리에 파일이 삭제됨(링크가 끊어짐)
DN_RENAME	감시하는 디렉터리에 파일이름이 변경됨
DN_ATTRIB	감시하는 디렉터리에 파일의 속성이 변경됨 (권한)
DN_MULTISHOT	통지 기능을 1회 사용하고 제거하지 않음

[코드 10.8]을 실행할 때 감시할 디렉터리를 지정한 뒤에 다른 터미널에서 파일을 읽어보자. 그러면 즉각 시그널 통지가 발생하여 si_band에는 POLLIN, POLLRDNORM, POLLMSG가 발생하는 것을 볼 수 있다.

04   리얼타임 시계

POSIX 리얼타임 확장에서는 기존의 시계보다 더 많은 기능을 가지는 시계를 정의했다. 이들을 기존의 전통적인 시계와 구별하여 리얼타임 시계(realtime clock, 혹은 RT 시계)라고 부르며 애초부터 재진입성 함수(reentrant function)로 만들어져서 멀티 스레드에서 사용해도 문제없이 동작한다.

기존의 전통적인 유닉스 시계와 타이머는 BSD와 초기 SysV에서 유래했는데 이들은 알람 시그널과 전역 변수를 이용해서 구현하는 경우가 많았다. 따라서 시그널 개입이 빈번한 구조나 멀티 스레드에서 사용하면 타이머 변수를 덮어쓴다든지 하는 문제가 있었다.

그래서 심지어 몇몇 구형 유닉스 환경에서 멀티 스레드를 사용하면서 구형 타이머를 사용하면 제대로 동작하지 않는 경우도 있었다. 나중에 SUS 표준안에서 전통적인 유닉스 시계, 타이머에 대해 스레드 안전을 지키도록 하였으나 이는 기초적인 락 메커니즘으로 보호되는 수준일 뿐 진정한 스레드 안전을 포함한다고 보기는 어려웠다.

그래도 과거의 코드들이나 아직도 넌 스레드에서 사용되고 있으므로 기존의 유닉스 시계, 타이머 함수에 대해 목록 정도는 살펴보도록 하자.

표 10.5 전통적인 UNIX 시계, 타이머 함수들

sleep usleep	초, 마이크로초의 단위로 프로세스를 재울 수 있다. 시간이 만료되거나 시그널이 도착하면 깨어난다.
alarm	알람 시그널을 지정된 시간 이후에 발생시킨다.
getitimer setitimer	구간 타이머(interval timer)로서 정해진 시간마다 알람을 발생한다. 이들 함수는 앞으로 제거될 구형 함수이다.

[표 10.5]에 기존에 사용되는 함수들을 적어봤는데 대부분 알고 있는 것들일 것이다. sleep같은 함수는 이미 모르는 사람이 없을 정도로 유명한 함수이다. 하지만, getitimer, setitimer에 대해서는 잘 모르는 경우도 있을 텐데 그렇다고 해서 굳이 배울 필요는 없다.

왜냐하면, SUS에서는 리얼타임 시계를 도입하면서 이들을 제거하기로 마음먹었고 SUSv4에서는 다음 버전에서 제거하기로 결정했다. 따라서 앞으로는 getitimer, setitimer는 리얼타임 타이머로 대체하게 된다.

그리고 usleep의 경우는 원래 BSD에서 유래한 함수로서 애초부터 표준안에 포함되지 않은 기능이다. 따라서 POSIX에서 제공하는 표준함수인 nanosleep으로 대체하는 편이 좋다. 그러면 이제 표준에서 제공하는 리얼타임 시계 관련 함수들을 살펴보도록 하자.

표 10.6 리얼타임 시계 관련 함수들

timer_create	리얼타임 타이머를 생성한다. 타이머 만료시 작동할 리얼타임 시그널 이벤트를 설정할 수 있다.
timer_delete	리얼타임 타이머를 제거한다.
timer_settime	타이머의 시간 속성(만료시간, 주기적 만료시간)을 설정하여 작동시킨다.
timer_gettime	타이머의 시간 속성을 읽어온다.
timer_getoverrun	오버런(만료되어 전달된)된 타이머의 카운트 개수를 리턴한다.
clock_getres	시계의 정밀도(resolution, precision)를 가져온다.
clock_gettime	특정 시계의 시간을 가져온다.
clock_settime	특정 시계의 시간을 저장한다. CLOCK_REALTIME 만 가능하며 수퍼유저의 권한이 필요하다
clock_getcpuclockid	CPU 사용시간을 측정하는 시계를 가져온다. (임플리먼테이션에 _POSIX_CPUTIME 매크로가 정의된 경우에 지원한다.)
nanosleep clock_nanosleep	나노 초 단위로 프로세스를 재울 수 있다. 시간이 만료되거나 시그널이 도착하면 깨어난다.

리얼타임 시계는 기능적인 측면에서도 몇 가지 변화가 있었다. 먼저 시간을 다루는 구조체의 단위가 나노 초까지 세분화된 timespec 구조체를 사용하게 되었다.[49]

물론 대부분 임플리먼테이션에 따라 나노 초보다 큰 단위를 사용하는 편이지만 고정밀(high resolution) 시스템까지 커버할 수 있도록 나노 초까지 지원할 수 있는 구조로 되어 있다.

구조적인 부분에서 큰 변화는 시계의 종류를 변경할 수 있는 것이다. 과거에는 실제 환경의 시계를 사용했는데 이는 윤초(leap second)나 중력에 의한 시간 보정이 발생할 때 문제가 생길 수 있는 요소가 많아서 불안한 면이 많았다. 그래서 새로운 리얼타임 확장의 시계는 실시간과 단조 시계, CPU 시계 등 다양한 시계를 설정할 수 있는 기능이 추가되었다. 자세한 것은 사용법에서 다루도록 할 것이다.

그리고 리얼타임 확장 표준답게 타이머에 리얼타임 시그널 이벤트인 sigevent를 지정하여 만료(expiration)시에 RT 시그널을 생성하거나 스레드를 생성하도록 지시할

---

49) 과거에 사용되던 전통적인 유닉스 시스템 프로그래밍의 time, gettimeofday는 각각 초 단위 시간, 마이크로 초 단위까지 가져올 수 있었다.

수 있다. 그리고 기존의 타이머들이 극히 제한된 개수만 사용할 수 있던 것에 비해 리얼타임 타이머는 훨씬 많은 개수를 사용할 수 있다.

4.1 시계와 정밀도

```
int clock_getres(clockid_t clk_id, struct timespec *res);
int clock_gettime(clockid_t clk_id, struct timespec *tp);
int clock_settime(clockid_t clk_id, const struct timespec *tp);
```

clock_getres는 임플리먼테이션의 리얼타임 시계의 정밀도를 알려준다. timespec 구조체의 최소 단위가 나노 초이지만 임플리먼테이션이 지원하는 실제 정밀도는 이보다 클 수 있다.

인수로 사용되는 clockid_t는 시계의 종류로서 시스템 전역의 실시간 시계인 CLOCK_REALTIME과 임플리먼테이션의 구현에 따라서 추가로 여러 시계가 제공된다.

표 10.7 리얼타임 시계 clockid_t의 가능한 타입

CLOCK_REALTIME	시스템 전역의 실제 시계를 사용 (The UNIX Epoch 시간)
CLOCK_MONOTONIC	단조 시계로서 어떤 시각을 기준으로 흐른 시간을 측정한다.
CLOCK_MONOTONIC_RAW	하드웨어에 기반한 단조시계 (리눅스 고유의 기능이다.)
CLOCK_PROCESS_CPUTIME_ID	프로세스 단위 CPU 사용 시간 측정 시계 (임플리먼테이션에 _POSIX_CPUTIME 매크로가 정의된 경우에 지원한다.)
CLOCK_THREAD_CPUTIME_ID	스레드 단위 CPU 사용 시간 측정 시계 (임플리먼테이션에 _POSIX_THREAD_CPUTIME 매크로가 정의된 경우에 지원한다.)

CLOCK_REALTIME은 시스템 전역에서 사용되는 실제 시계로서 표준안에 의해 모든 임플리먼테이션이 필수로 지원하는 시계이다. 이는 일반적으로 사용하는 2005년 몇 월 며칠 몇 시 몇 분 몇 초와 같은 시간을 표시하는 용도로 사용되며 실제 값은 유닉스 기준시(The UNIX Epoch, 1970년 1월 1일 0시 0분 0초로부터의 흐른 초)로부터의 흐른 시간을 가지고 있다.

CLOCK_MONOTONIC은 단조 시계(monotonic clock)이다. 단조 시계는 무조건 증가만 하는 기능이 있을 뿐이다. 이 기능은 흐른 시간, 즉 경과 시간(elapsed time)을 측정할 때 매우 유용하다.

예를 들어 t라고 불리는 특정 시점에 시간을 측정하고, 일정 시간이 흐른 뒤 t + Δ 를 측정하면 두 시점의 차를 계산하여 양수인 Δ (delta)를 얻을 수 있다. 이를 통해 어떤 작업에 걸린 경과 시간을 측정한다. 그런데 문제는 측정하는 중간에 윤초가 발생하거나 NTP에 의해 시간이 보정되는 경우 Δ (delta) 시간이 마이너스가 되는 경우가 생길 수 있다. 매우 드문 경우지만 이런 오류는 심각한 결과를 초래할 수도 있다.

그래서 몇몇 시스템에서 항상 증가만 하는 단조 증가 시계를 필요로 했던 것이다. 실제로 정밀도를 요구하는 군사목적에서는 단조 시계를 이용하는 시스템을 요구하는 경우가 많다.

여기서 단조 시계란 말 그대로 임의의 기준으로부터 단조 증가하는 시간(monotonic time)의 값을 나타낸다. 단조 시계가 기준으로 삼는 시각은 임플리먼테이션에 따라 다를 수 있지만, 대부분은 부팅한 시각을 기준으로 하여 단조 증가한다. 리눅스의 경우도 부팅한 시각을 기준으로 한다. 예를 들어 리눅스에서 단조 시계의 시각이 135.347 라면 부팅한 후로부터 135.347초가 흘렀다는 뜻이다. 단조 시계는 측정 기준보다는 단조 증가한다는 점이 중점이므로 기준이 어디가 되는지는 상관없다.

그러나 표준안에 의하면 임플리먼테이션은 단조 시계를 지원할 수도 있고 아닐 수도 있다. 따라서 책의 서문에서 이야기했던 POSIX 표준안 테스트 매크로 단조 시계가 제공되는지 테스트를 하고 사용해야 한다. (대부분의 리눅스는 단조 시계를 제공한다.)

CLOCK_MONOTONIC_RAW도 단조 시계인데 하드웨어에 기반하여 보정을 거치지 않은 값이다. 이는 시간 자체의 의미보다 랜덤이나 간격을 계산하는 용도로 더 많이 사용된다.

CLOCK_PROCESS_CPUTIME_ID, CLOCK_THREAD_CPUTIME_ID는 각각 프로세스와 스레드의 CPU 시간을 측정하여 얼마만큼 CPU를 사용했는지를 측정하는 용도로 사용된다.

이들 기능은 필수로 제공되는 기능이 아니므로 임플리먼테이션이 제공하는지 매크로를 통해 검사하고 사용해야 한다. 이외에 각 임플리먼테이션마다 비표준 확장으로 더 많은 시계 종류를 지원할 수도 있으니 맨페이지를 확인하여야 한다.

$ ./clock_getres	$ ./clock_getres	$ ./clock_getres
clock precision = 0.000000001	clock precision = 0.000999848	clock precision = 0.004000250

[그림 10.4] 세 개의 서로 다른 임플리먼테이션의 시계 정밀도

[그림 10.4]는 세 개의 서로 다른 버전과 하드웨어를 가진 리눅스 시스템에서 시계의 정밀도를 알아본 것으로 각각 다르게 출력되고 있다. 이렇듯 여러분의 시스템도 조금

씩 다를 수 있으니 확인해보는 것도 좋을 것이다. 예제는 너무 간단해서 지면에 싣지는 않았다.

clock_gettime은 리얼타임 시계로부터 현재 시각을 읽는데 시계 종류에 따라서 다르게 나타날 것이다. clock_settime은 시간을 저장하는 기능으로 CLOCK_REALTIME만 가능하며 수퍼유저의 권한이 필요하다. 단조 시계는 증가하기만 하기 때문에 중간에 기준 시각을 고칠 수 없다.

[코드 10.9] 정밀도 및 각각의 일반 시계, 단조 시계의 시각 출력

```
01  clock_getres(CLOCK_REALTIME, &tspec);
02  printf("clock precision = %ld.%09ld\n", tspec.tv_sec, tspec.tv_nsec);
03  clock_gettime(CLOCK_REALTIME, &tspec);
04  printf("REALTIME Clock = %ld.%09ld\n", tspec.tv_sec, tspec.tv_nsec);
05  clock_gettime(CLOCK_MONOTONIC, &tspec);
06  printf("MONOTONIC Clock = %ld.%09ld\n", tspec.tv_sec, tspec.tv_nsec);
```

4.2 리얼타임 타이머

리얼타임 타이머는 timer_create, timer_settime을 순서대로 호출하여 사용한다. 제거할 때는 timer_delete를 사용한다. 먼저 각 함수의 원형을 눈에 익혀두자.

```
int  timer_create(clockid_t clockid, struct sigevent *restrict evp,
        timer_t *restrict timerid);
int  timer_delete(timer_t timerid);
int  timer_gettime(timer_t timerid, struct itimerspec *value);
int  timer_settime(timer_t timerid, int flags,
        const struct itimerspec *restrict value, struct itimerspec *restrict ovalue);
int  timer_getoverrun(timer_t timerid);
```

timer_create의 첫째 인수인 clockid에는 어떤 시계 종류를 사용할 것인지를 설정한다. 앞서 시계를 설명할 때 다룬 CLOCK_REALTIME, CLOCK_MONOTONIC와 같은 시계를 사용하면 된다. 리얼타임 타이머는 프로세스에 귀속되는 타이머이므로 fork를 통해서 자식 프로세스에 상속되지 않는다. 물론 exec를 호출한 경우도 마찬가지다.

timer_create의 둘째 인수인 evp에는 앞서 다룬 리얼타임 시그널 이벤트를 지정하면 된다. 이를 이용하여 타이머 만료시 스레드를 생성하거나 시그널을 보낼 수 있다. 셋째 인수인 timerid는 타이머 생성이 성공했을 때 리턴되는 타이머의 ID값이 저장된다.

성공적으로 타이머를 생성했다면 타이머에 만료시간이나 주기적으로 작동시키는 인

터벌을 설정하기 위해 timer_settime을 호출해야 한다. timer_settime의 timerid에는 timer_create로 생성된 타이머 ID를 넣고 flags에는 속성 플래그를 지정한다. 사용 가능한 플래그는 TIMER_ABSTIME로서 절대시간을 사용하도록 하는 것이다. 속성을 지정하지 않는다면 0을 넣는다. 만일 실시간성이 중요한 타이머라면 절대시간을 사용하는 것을 권고한다.

TIMER_ABSTIME 플래그를 설정하여 절대시간을 사용하면 3초 후에 타이머를 만료하기 위해서 3초를 지정하는 것이 아니라 "현재 시각+3초"로 지정해야 한다. 따라서 절대시간을 사용하면 현재 시각을 먼저 구하고 거기에 더하는 방법을 사용해야 한다.

예를 들어 유닉스 기준시로 현재 시각이 1128008971초라면 3초 뒤에 타이머를 만료하기 위해서는 1128008974초가 입력되어야 한다.

만일 착각하여 3을 입력하면 이미 지난 시각이므로 타이머는 즉시 만료되고 timer_create에 설정한 이벤트가 있다면, 즉시 발생시킨다. 절대시간을 지정하는 방법은 8장의 타임아웃을 지정하는 뮤텍스 함수인 pthread_mutex_timedlock이나 pthread_rwlock_timedwrlock에서 살펴본 바가 있으니 참고하도록 하자.

timer_settime는 시간에 관한 설정을 하는 부분으로 value에는 새로 설정할 값이 들어가고 ovalue에는 이전 설정을 백업해준다. 백업할 필요가 없다면 ovalue에 NULL을 지정하면 된다. 그러면 value에 지정하는 itimerspec 구조체에 대해 살펴보자.

[코드 10.10] itimerspec와 timespec 구조체

```
01  struct itimerspec {
02      struct timespec it_interval;  /* 인터벌 타이머를 위한 시간 간격 */
03      struct timespec it_value;     /* 초기 타이머 만료시간 */
04  };
05  struct timespec {
06      time_t tv_sec;  /* 초 */
07      long tv_nsec;   /* 나노초 */
08  };
```

itimerspec 구조체는 두 개의 timespec 구조체를 가진다. it_value에는 초기 타이머 만료시간을 넣어주고 it_interval에는 주기적으로 작동하는 인터벌 타이머의 시간 간격을 설정한다. 타이머의 시간을 0.0초로 지정하면 타이머를 해제할 수도 있다. 그리고 타이머는 시간이므로 음수는 사용할 수 없다.

표 10.8 itimerspec 의 설정 (소수점이하는 tv_nsec 멤버의 나노초를 의미)

it_value	> 0.0	초기 타이머 만료 시간을 설정한다.
	0.0	이미 설정된 타이머가 있다면 해제한다.
it_interval	> 0.0	해당 시간마다 타이머 만료가 호출한다.
	0.0	인터벌 타이머를 무효화한다. 타이머는 일회성으로 작동한다.

예를 들어 0.01초마다 이벤트를 발생시키도록 인터벌 타이머를 구성하려면 초기 타이머 만료시간인 it_value 구조체에 tv_sec=0, tv_nsec=100000000을 설정하고 인터벌 타이머 만료 시간인 it_interval 구조체에도 tv_sec=0, tv_nsec=100000000으로 설정해주면 된다. 그러면 타이머를 설정하는 예를 보자.

[코드 10.11] 인터벌 타이머 구성 예

```
01  if (timer_create(CLOCK_REALTIME, &sigev, &rt_timer) == -1) {
02      /* 에러 */
03  }
04  rt_itspec.it_value.tv_sec = 2; /* 2 초 */
05  rt_itspec.it_value.tv_nsec = 500000000; /* 500,000,000 나노초 = 0.5초 */
06  rt_itspec.it_interval.tv_sec = 4; /* 주기적으로 4 초마다 만료됩니다 */
07  rt_itspec.it_interval.tv_nsec = 0;
08  if (timer_settime(rt_timer, 0, &rt_itspec, NULL) == -1) { /* 타이머의 설정 */
09      /* 에러 */
10  }
```

[코드 10.11]을 보면 it_value를 2.5초로 설정했으므로 timer_settime이 호출된 후 2.5초 뒤에 최초 타이머 만료가 된다. 그 후에는 it_interval 설정에 의해서 주기적으로 4초마다 만료가 되는 타이머가 작동된다. 만일 한 번만 작동하는 타이머를 쓰고 싶다면 it_interval에는 0.0초를 입력해두면 된다.

그런데 [코드 10.11]은 상대 시간을 사용했지만, timer_settime에 TIMER_ABSTIME 플래그를 사용하면 절대시간을 사용해야 한다.

그러면 이번에는 [코드 10.11]을 약간 변형해서 절대시간을 사용하는 방향으로 바꿔보도록 하겠다. 곁다리로 큰 상관은 없지만 시계도 CLOCK_MONOTONIC으로 바꿔보도록 하겠다.

[코드 10.12] 절대시간을 이용한 인터벌 타이머 구성 예

```
01   if (timer_create(CLOCK_MONOTONIC, &sigev, &rt_timer) == -1) {
02       /* 에러 */
03   }
04   clock_gettime(CLOCK_MONOTONIC, &tspec);  /* 단조시계로부터 현재 시간을 읽어온다 */
05   tspec.tv_sec += 2;  /* 현재 시간에 2초를 더한다. */
06   tspec.tv_nsec += 500000000;
07   if (tspec.tv_nsec > 999999999) {  /* 나노초 부분의 오버플로우 처리 */
08       tspec.tv_sec += 1;
09       tspec.tv_nsec -= 1000000000;
10   }
11   rt_itspec.it_value = tspec; /* 타이머는 2.5 초 뒤에 만료됩니다 */
12   rt_itspec.it_interval.tv_sec = 4; /* 주기적으로 4 초마다 만료됩니다 */
13   rt_itspec.it_interval.tv_nsec = 0;
14   if (timer_settime(rt_timer, TIMER_ABSTIME, &rt_itspec, NULL) == -1) { /* 타이머의 설정 */
15       /* 에러 */
16   }
```

사실 절대시간을 사용하는 경우는 [코드 10.12]처럼 작동하는 경우보다 특정 시간에 만료시키는 경우에 사용된다. 예를 들어 매분 0초, 20초, 40초에만 작동시키고자 하는 경우에 유용한 편이다.

timer_getoverrun은 타이머가 만료되었지만 지연된(pending) 경우가 발생하였을 때 그 횟수를 리턴한다.

timer_create시에 타이머 만료 이벤트인 evp를 지정하면 만료될 때 이벤트가 작동해야 정상이지만 과부하든 하드웨어 오류든 이벤트가 지연되었다면 그 횟수를 알아서 수동으로 처리하는 경우가 있다.

왜냐하면, 이벤트로 일반 시그널을 전달받도록 하였을 때 시그널 블록 마스크를 설치했다면 지연된 시그널이 사라질 수도 있기 때문이다. 물론 리얼타임 시그널을 사용하면 큰 문제가 없기는 하지만 시그널 큐가 오버플로우 될 경우가 있기 때문에 여전히 오버런된 횟수를 알아야 하는 경우가 있다.

4.3 리얼타임 타이머 예제

리얼타임 타이머 예제에서는 만료시 SIGRTMIN 시그널을 발생시키도록 sigevent를 지정할 것이다. 그리고 초기 타이머 만료는 2.5초, 그 뒤로 주기적으로 발생하는 인터벌 타이머는 4초 간격으로 설정할 것이다.

[코드 10.13] 리얼타임 타이머 예제 (rt_timer.c)

```c
01  #define GET_TIME0(a)   get_time0(a, sizeof(a)) == NULL ? "error" : a
02  char *get_time0(char *buf, size_t sz_buf);
03  int inst_timer(void);
04  void sa_sigaction_rtmin(int signum, siginfo_t *si, void *sv);
05  int main() {
06     if (inst_timer() == -1) {
07        return EXIT_FAILURE;
08     }
09     while (1) {
10        pause();
11     }
12     return EXIT_SUCCESS;
13  }
14  int inst_timer(void) {
15     struct sigaction  sa_rt1;
16     struct sigevent   sigev;   /* signal event */
17     timer_t   rt_timer;        /* timer id */
18     struct itimerspec  rt_itspec;
19     char   ts_now[20];
20     memset(&sa_rt1, 0, sizeof(sa_rt1));
21     sigemptyset(&sa_rt1.sa_mask);
22     sa_rt1.sa_sigaction = sa_sigaction_rtmin;  /* rt_timer handler */
23     sa_rt1.sa_flags = SA_SIGINFO;
24     if (sigaction(SIGRTMIN, &sa_rt1, NULL) == -1) {
25        perror("FAIL: sigaction()");
26        return -1;
27     }
28     sigev.sigev_notify = SIGEV_SIGNAL; /* notification with signal */
29     sigev.sigev_signo = SIGRTMIN;
30     if (timer_create(CLOCK_REALTIME, &sigev, &rt_timer) == -1) {
31        perror("FAIL: timer_create()");
32        return -1;
33     }
34     rt_itspec.it_value.tv_sec = 2;
35     rt_itspec.it_value.tv_nsec = 500000000; /* 0.5 sec */
36     rt_itspec.it_interval.tv_sec = 4; /* periodic timer with 4 sec. */
37     rt_itspec.it_interval.tv_nsec = 0;
38     printf("Enable timer at %s.\n", GET_TIME0(ts_now));
39     if (timer_settime(rt_timer, 0, &rt_itspec, NULL) == -1) {
40        perror("FAIL: timer_settime()");
41        return -1;
42     }
43     return 0;
44  }
45  void sa_sigaction_rtmin(int signum, siginfo_t *si, void *sv) {
```

```
46        char    ts_now[20];
47        printf("-> RT timer expiration at %s\n", GET_TIME0(ts_now));
48    }
49    #define STR_TIME_FORMAT    "%H:%M:%S"
50    char * get_time0(char *buf, size_t sz_buf) {
51        struct timespec tspec;
52        struct tm   tm_now;
53        if (buf == NULL) return NULL;
54        if (clock_gettime(CLOCK_REALTIME, &tspec) == -1) { /* 실시간 시계로부터 시간을 가져옴 */
55            return NULL;
56        }
57        localtime_r((time_t *)&tspec.tv_sec, &tm_now);
58        if (strftime(buf, sz_buf, STR_TIME_FORMAT, &tm_now) == 0) { /* 문자열로 시간 변환 */
59            return NULL;
60        }
61        return buf;
62    }
```

05~13행의 main 함수는 inst_timer를 호출하고 뒤에서 시그널 수신을 대기하기 위해 pause를 호출하게 된다. inst_timer에서는 리얼타임 시그널 핸들러의 설치와 리얼타임 타이머를 설치하는 작업을 하게 된다.

20~27행은 SIGRTMIN 시그널 핸들러를 설치하는 과정으로 sa_sigaction_rtmin 함수를 핸들러로 지정했다.

28~29행은 타이머 만료시에 발생시킬 sigevent 구조체를 지정하고 있다. 만료시 통지 모드를 SIGEV_SIGNAL로 하고 전달될 시그널을 SIGRTMIN로 설정했으니 sa_sigaction_rtmin이 실행될 것이다.

34~37행에서 타이머 시간 구조체의 it_value에 2.5초, it_interval에는 4초를 입력하였다. 따라서 타이머는 2.5초 뒤에 처음으로 만료되고, 그다음에는 4초마다 작동하는 인터벌 타이머로 작동한다.

39행에서 timer_settime을 호출하면 이제 타이머는 앞의 설정대로 작동하게 된다.

45행의 시그널 핸들러 함수는 현재 시각을 출력하는 함수로서 타이머가 제대로 작동하는지 확인하기 위함이다.

```
$ ./rt_timer
Enable timer at 17:46:41.
-> RT timer expiration at 17:46:44
-> RT timer expiration at 17:46:48
-> RT timer expiration at 17:46:52
```

[그림 10.5] 리얼타임 타이머 예제 실행

[그림 10.5]를 보면 초기 만료는 2.5초인데 소숫점 이하를 표현하지 않아서 위에서는 3초 차이가 나는 것처럼 보이고 있다. 그러나 17:46:44초 다음에는 4초 단위로 인터벌 타이머가 작동하는 것을 확인할 수 있다.

예제를 확실히 이해했다면 이번에는 절대시간을 이용하여 매분 0, 15, 30, 45초에 실행하는 타이머로 바꿔보면 좋은 연습이 될 것이다. 그리고 단조 시계로 변경하여 작성하는 것도 연습해보기 바란다.

4.4 CPU 시계

CPU 시계는 IEEE std 1003.1d-1999 Advanced Realtime extensions에서 추가된 것으로서 프로세스나 스레드가 사용한 CPU 시간을 알 수 있게 해준다.

```
int  clock_getcpuclockid(pid_t pid, clockid_t *clock_id);
int  pthread_getcpuclockid(pthread_t thread_id, clockid_t *clock_id);
```

clock_getcpuclockid에서 pid는 시그널을 다뤘을 때와 마찬가지로 0이 지정되면 자신의 PID가 지정된다. 다른 프로세스의 PID를 지정하려면 유저의 권한이 허용되어야만 한다.

함수 호출이 성공하면 clock_id에 CPU 시간을 측정하는 시계의 ID가 저장되어 리턴된다. pthread_getcpuclockid는 clock_getcpuclockid의 스레드 버전이다.

자기 자신을 측정할 때는 clock_getcpuclockid, pthread_getcpuclockid를 호출하지 않고 clockid_t에 CLOCK_PROCESS_CPUTIME_ID, CLOCK_THREAD_CPUTIME_ID를 사용해도 된다.

[코드 10.14] 프로세스의 CPU 시간을 측정하는 예   (cputime_process.c)

```
01   int num_steps=200000000;  /* integration 횟수: 2억번 (너무 많으면 줄이자.) */
02   struct timespec diff_timespec(struct timespec t1, struct timespec t2); /* 차이를 구하는 함수 */
03   int main() {
04       int  i, ret;
05       struct timespec    ts1, ts2, ts_diff;
06   #ifdef _POSIX_CPUTIME
07       clockid_t   clock_cpu;
08       if ((ret = clock_getcpuclockid(0, &clock_cpu)) != 0) {
09           /* 에러; ret에는 에러코드가 저장된다. */
10       }
11       clock_gettime(clock_cpu, &ts1);  /* 현재 CPU 시간을 가져온다. */
12   #endif
```

```
13      double x, step, sum = 0.0;
14      step = 1.0/(double) num_steps;
15      for (i=0; i<num_steps; i++) {
16          x = (i+0.5) * step;
17          sum += 4.0/(1.0 + x*x);
18      }
19      printf("pi = %.8f (sum = %.8f)\n", step*sum, sum);
20      sleep(1);   /* CPU 시간이 제대로 측정되는지 확인하기 위해 일부러 지연시킨 코드 */
21  #ifdef _POSIX_CPUTIME
22      clock_gettime(CLOCK_PROCESS_CPUTIME_ID, &ts2);   /* 현재 CPU 시간을 가져온다. */
23      ts_diff = diff_timespec(ts1, ts2);
24      printf("elapsed cpu time = %ld.%09ld\n", ts_diff.tv_sec, ts_diff.tv_nsec);
25  #endif
26      return EXIT_SUCCESS;
27  }
28  struct timespec diff_timespec(struct timespec t1, struct timespec t2) {
29      struct timespec t;
30      t.tv_sec = t2.tv_sec - t1.tv_sec;
31      t.tv_nsec = t2.tv_nsec - t1.tv_nsec;
32      if (t.tv_nsec < 0) {
33          t.tv_sec--;
34          t.tv_nsec += 1000000000;
35      }
36      return t;
37  }
```

예제는 8장에서 사용했던 파이값을 구하는 부분으로 CPU를 약간 혹사시키는 코드에 CPU 시간을 측정하는 부분을 추가한 것이다.

08행에서 CPU 시계를 구하여 clock_cpu 변수에 저장하고 있다. 그러고 나서 11행과 22행에서 CPU 시간을 구하는데 11행은 08행에서 구한 clock_cpu를 사용하고 있고, 22행은 CLOCK_PROCESS_CPUTIME_ID를 사용하고 있다.

이렇게 서로 다른 시계를 구했지만, 실제 작동은 같다. 만일 07~10행을 삭제하고 11행도 CLOCK_PROCESS_CPUTIME_ID을 사용하도록 해도 결과는 같아진다.

```
$ time ./cputime_process
pi = 3.14159265 (sum = 628318530.71809554)
elapsed cpu time = 3.235577332

real    0m4.239s
user    0m3.235s
sys     0m0.001s
```

[그림 10.6] CPU 시간을 측정하는 예제 실행

[그림 10.6]은 예제를 time 명령어로 실행하여 CPU 시간이 제대로 계산되는지 확인해 본 것이다. 예제에서 clock_gettime으로 직접 측정한 시간은 3.235577332초가 나왔고 time 명령어는 3.236초가 나왔다. 거의 비슷하므로 제대로 측정되는 것을 볼 수 있다.

이런 방법으로 스레드 CPU 시계도 스레드 안에서 자신의 CPU 시계를 호출할 때는 위와 같은 방법으로 clock_gettime(CLOCK_THREAD_CPUTIME_ID, …)로 호출해도 된다. 하지만, 다른 스레드의 CPU 시간을 측정하면 pthread_getcpuclockid에 스레드 ID를 꼭 지정해서 호출하여 clockid_t 타입의 ID를 얻어와야 한다.

CPU 시계는 각 프로세스나 스레드가 소모한 실제 CPU 시간을 측정하는 용도이므로 로드 밸런싱을 구성하거나 프로파일링을 할 때 매우 유용하다. 예를 들어 스레드 풀을 구성하는 경우 스레드 별로 일정 시간별로 CPU 시간을 측정하고 특정 스레드가 CPU 시간을 거의 사용하지 않는다면 유휴(idle) 스레드로 판단하여 풀의 개수를 하향 조정할 수 있다.

주의할 점은 반대로 CPU 시간이 높다고 해서 해당 스레드나 프로세스가 효율적으로 작동한다는 의미로 받아들여서는 안 된다는 점이다. 단지 CPU 시간이 높다는 것으로 멀티 프로세스나 멀티 스레드의 정도를 높이면 스레싱(thrashing) 상태에 빠질 수도 있다. 즉 풀(pool)의 크기를 조정하거나 프로파일링을 할 때는 CPU 시간과 함께 TPS(Transaction Per Second), 레이턴시 등의 수치도 같이 고려해야 한다.

또한, 너무 잦은 측정은 관찰자 효과로 인해 오히려 왜곡된 성능 지표를 얻을 수 있으니 주의해야 한다. 그래서 대부분의 상업용 프로그램은 피크 타임 때는 CPU 시간이나 레이턴시의 측정을 줄이거나 잠시 끌 수 있는 기능을 가지는 경우도 있다.

05 비동기적 I/O(AIO)

비동기적(asynchronous) I/O는 AIO라고 부르며 기존의 I/O 처리보다 향상된 기능과 리얼타임 시그널 이벤트 기능이 추가되어 있다.

특징으로는 read, write는 소켓이나 파이프에도 모두 사용할 수 있지만 AIO는 디스크 및 블록 장치로의 입출력에만 사용 가능한 기법이다. 따라서 네트워킹에서는 사용할 수 없다.

6장의 넌블록킹 부분과 10장의 처음 부분에서 동기적, 비동기적 실행의 의미에 대해 다루었는데 넌블록킹과 용어의 의미를 혼동하는 경우가 있으므로 정리하고 넘어가도록 하겠다.

먼저 read, write 함수들의 블록킹, 넌블록킹 모드는 모두 동기적 실행 방식에 속한다. 프로그래밍에서 동기적 실행이란 함수 호출이 리턴되는 시점에서 수행 결과를 알 수 있다는 뜻이다. 따라서 read, write 계열의 함수들은 블록킹이든 넌블록킹이든 함수의 리턴 값으로 성공인지 실패인지 알 수 있으며 함수의 수행과 작업이 끝났음을 의미한다.

하지만, 비동기적 실행 방식은 앞서 설명했던 것처럼 작업을 명령하는 함수와 결과를 확인하는 함수가 서로 분리되어 있다. 따라서 작업을 명령하는 함수의 수행이 작업이 끝났음을 의미하지는 않는다. 왜냐하면, 작업을 명령하는 함수는 항상 즉시 리턴하고, 작업을 시작하도록 하는 트리거 역할만 하기 때문이다. 간혹 이를 넌블록킹으로 오해하는 경우가 있는데 전혀 다르기 때문에 오해하지 말자.

즉 비동기적 실행에서는 작업을 명령하는 함수의 리턴은 I/O 처리의 성공 혹은 실패했는지 알려주는 것이 아니므로 넌블록킹이라고 말할 수는 없는 것이다.

결론적으로 함수가 리턴하는 순간에 결과를 알 수 있느냐의 차이는 다른 말로 함수의 리턴된 다음에도 계속 I/O 작업이 진행 중이냐 아니냐로도 따질 수 있다. 대표적인 동기적 방식인 write 함수가 100을 리턴했다면 100바이트가 쓰였다는 것이고 −1을 리턴하면 실패했다는 의미인 것이다.

하지만, 비동기적 방식인 aio_write가 0을 리턴하면 성공했다는 의미인데 리턴 후에도 커널 레벨의 백그라운드에서 쓰기 작업이 진행된다. aio_write도 −1을 리턴하면 실패이지만 쓰기 작업의 실패를 의미하는 것이 아니라 대부분 인수를 잘못 지정했거나 시스템 오류인 경우만 실패하도록 되어 있다. 결국, 넌블록킹과 비동기적은 서로 비교할 수 있는 대치되는 개념이 아니라는 것이다.

참고로 동기적 실행을 하는 write도 운영체제 내부에서는 캐시에 의한 write-back이나 여러 가지 기법을 통해 어느 정도 비동기적으로 작동한다. 하지만, 시스템 프로그래밍에서 동기적, 비동기적의 구분은 시스템 호출 함수를 기준으로 하므로 커널 내부의 작동 방식에 대해서 이야기하지는 않는다.

그러면 이번에는 AIO의 장점을 생각해보자. 첫째로 I/O 작업을 명령하는 시점과 완료하는 시점 사이에 다른 작업을 할 수 있다.

보통 동기적 입출력 함수들인 write, read, sync 들은 넌블록킹으로 작동한다고 하더라도 함수가 호출되어 작업이 가능하다면 완료될 때까지 리턴할 수 없다. 이 과정에서 CPU는 상당 부분 유휴상태(idle)가 된다. write, read가 입출력하는 디스크의 속도가 느리다면 CPU는 꽤 오랜 시간 동안 유휴상태가 되어 해당 프로세스나 스레드는 레이턴시가 높아지게 된다. 이를 해결하기 위해 8장에서 레이턴시 하이딩으로 인해 성능 향상을 노릴 수 있다고 한 것을 기억해보자.

프로세스나 스레드 입장에서 동기적 I/O 처리는 레이턴시를 증가시켜 뒤따르는 함수 처리를 더욱 지연시키게 된다. 하지만, AIO의 쓰기 함수인 aio_write는 호출 즉시 리턴하고 실제 I/O 처리는 백그라운드로 작동되므로 I/O를 사용하지 않는 다른 작업을 계속해서 진행할 수 있다. 결국 CPU 유틸라이제이션이 증가한다.

주의할 점은 aio_write를 호출하고 백그라운드에서 I/O를 수행하는 와중에는 I/O 바운드된 작업 외에 다른 작업을 해야만 효과가 좋아진다는 점이다. 당연히 백그라운드에서 I/O를 수행하는 도중이므로 또 다른 I/O 작업을 해봐야 지연이 생기기 때문이다. 물론 물리적으로 버스가 분리된 디스크에 I/O 작업을 한다면 상관은 없다.

AIO 작업 큐는 매번 시스템 호출을 하는 방식이 아니라 작업 큐에 등록된 작업을 AIO 시스템을 관리하는 곳에서 가져다가 처리하는 방식이므로 잦은 입출력이 발생하게 되면 시스템 호출 횟수를 줄여주는 장점도 있다.

더군다나 최근에는 하드웨어 기술의 발달로 근접한 I/O를 먼저 처리할 수 있도록 AIO에서 유도하는 경우도 있다. 따라서 최근의 시스템에서는 과거보다 AIO의 응답성이 훨씬 좋아지는 경우가 있다.

표 10.9 AIO 함수들

입출력	aio_read	비동기화된 입력을 요청한다.
	aio_write	비동기화된 출력을 요청한다.
	lio_listio	비동기 I/O 리스트를 처리한다.
확인	aio_error	비동기 입출력의 에러 및 상황을 확인한다.
	aio_return	비동기 입출력 요청의 완료 결과를 가져온다.
집행	aio_fsync	비동기적 입출력 작업을 동기화한다.
	aio_suspend	비동기 입출력의 처리를 기다린다.(타임아웃 지정 가능)
	aio_cancel	미처리된 비동기 입출력 요청을 취소한다.

주의할 점은 리눅스에서 AIO를 사용하면 리얼타임 라이브러리인 librt와 링킹해주어야만 한다. 그리고 모든 시스템이 AIO를 지원하지는 않는다는 점도 염두해두어야 한다. 리눅스의 경우는 커널 2.4버전부터 지원하기 시작했고 솔라리스의 경우에는 2.6부터 지원했다.

리얼타임 확장이 도입된지 거의 20여 년이 다 되어가고 있으니 대부분 운영체제에서 지원하고 있지만, 간혹 구형 운영체제를 사용한다면 체크해보아야 한다.

AIO의 배경 지식을 설명했으니 이제는 프로그래밍에 필요한 AIO 관리 구조체와 예제를 살펴볼 차례다.

5.1 aiocb 구조체

AIO는 비동기적으로 입출력을 수행하기 때문에 파일기술자와 버퍼 외에 오프셋이나 우선순위 리얼타임 시그널 이벤트 등 다양한 정보를 사용한다.

이들을 모두 인수로 만들려면 함수가 매우 복잡해지기 때문에 POSIX 표준안 설계자들은 어쩔 수 없이 이들을 묶어서 관리하도록 aiocb 구조체를 도입하였다. 따라서 여러분은 AIO를 사용하려면 aiocb 구조체에 대해 숙지하여야만 한다.

[코드 10.15] aiocb 구조체 (AIO 제어 블록 구조체)

```
struct aiocb {
    int            aio_fildes;      /* 파일기술자 */
    off_t          aio_offset;      /* I/O 를 처리할 파일 오프셋 */
    volatile void  *aio_buf;        /* 버퍼 위치 */
    size_t         aio_nbytes;      /* 버퍼 길이 */
    int            aio_reqprio;     /* 요청된 우선순위 */
    struct sigevent aio_sigevent;   /* 발생시킬 시그널 구조체 */
    int            aio_lio_opcode;  /* listio 작동 코드 */
    int            aio_flags;       /* flags */
};
```

aio_fildes에는 작업 할 파일기술자를 넣는다. 그리고 aio_offset에는 입출력을 시작할 파일 오프셋 위치를 넣는다. 오프셋을 쓰는 이유는 비동기적으로 처리되므로 기존의 파일 커서 위치를 사용하면 독립적인 비동기적 실행을 보장할 수 없기 때문이다.

동기적 입출력 기법에서도 스레드와 같은 비동기적 실행 기법을 사용하면 pread, pwrite를 사용하는 것을 생각하면 된다. 오프셋을 이용하여 파일 입출력을 하므로 기존의 파일 커서 위치를 변경하지는 않는다.

aio_buf는 쓰거나 읽는 용도로 사용할 버퍼의 주소이다.

aio_nbytes는 aio_buf의 길이인데 쓰기를 하는 경우에는 실제 쓰고자 하는 데이터의 실제 길이이고 읽는 경우에는 버퍼 메모리의 크기가 된다.

그런데 여기서 aio_buf에 형 한정자(type qualifier)에 volatile이 붙은 것을 볼 수 있다. 이는 AIO가 우선순위나 커널 설정, 하드웨어와의 협력으로 인해 비순차적으로 처리될 수 있기 때문에 캐시를 금하는 것이다.

aio_reqprio는 비동기 입출력 요청의 우선순위를 지정하며 0~sysconf(_SC_AIO_PRIO_DELTA_MAX) 사이의 값을 가진다.

aio_sigevent는 요청된 작업이 완료되었을 때의 리얼타임 시그널 이벤트를 지정하여 리얼타임 시그널이나 스레드를 생성시킬 수 있다.

aio_lio_opcode는 한 번에 여러 개의 AIO 작업을 처리하는 lio_listio 함수를 사용할 때 사용된다. lio_listio는 readv, writev처럼 벡터를 사용하는 방식으로 이해하면 된다.

그러나 readv, writev는 읽기면 읽기, 쓰기면 쓰기만 연속으로 처리하는 데 비해 AIO는 구조체의 aio_lio_opcode의 값에 따라서 읽기(LIO_READ), 쓰기(LIO_WRITE), 아무 작업도 안함(LIO_NOP)를 지정하여 쓰기나 읽기를 복합적으로 한꺼번에 처리할 수 있다.

5.2 AIO 입출력 함수

```
int  aio_read(struct aiocb *aiocbp);
int  aio_write(struct aiocb *aiocbp);
int  aio_error(const struct aiocb *aiocbp);
ssize_t  aio_return(struct aiocb *aiocbp);
int  aio_fsync(int op, struct aiocb *aiocbp);
int  aio_cancel(int fd, struct aiocb *aiocbp);
int  aio_suspend(const struct aiocb * const cblist[], int n, const struct timespec *timeout);
```

aio_read, aio_write가 성공적으로 호출되면 I/O 작업은 큐에 들어가게 되어 백그라운드에서 작동하게 된다. 그 뒤에 다른 작업을 하다가 확인을 위해 aio_error와 aio_return으로 작업 결과를 알아볼 수 있다.

aio_error는 aio_read, aio_write가 실행하면서 오류가 발생했는지 아니면 완료되었는지 확인하기 위해 사용한다. aio_error의 리턴값이 0이면 작업이 성공적으로 완료된 것이므로 aio_return으로 완료된 I/O 작업의 결과를 확인하면 AIO 작업은 큐에서 제거되어 끝나게 된다.

함수 호출 순서를 보면 먼저 aio_read나 aio_write를 호출하여 I/O 작업을 큐에 넣고 그다음에 aio_error를 호출하면서 완료되었는지 확인하다가 완료되었다고 보고되면

aio_return으로 끝내면 되는 것이다.

표 10.10 aio_error의 리턴값

EINPROGRESS	I/O 작업이 아직 진행중이다.
ECANCELED	취소된 I/O 작업이다.
EINVAL	잘못된 인수가 전달되었다.
0	I/O 작업이 성공적으로 완료되었다.

따라서 비동기적 I/O가 시작한 다음에 aio_error를 호출하여 반환값이 EINPROGRESS인 경우는 다른 작업을 하다가 다시 확인하면 된다. 그런데 aio_error는 여러 번 확인해도 되지만 aio_return은 I/O 작업을 반환시키고 AIO 작업 큐에서 제거하므로 한 번만 수행되어야 한다.

한 번만 리턴한다는 것에는 aio_read 혹은 aio_write, aio_return을 하나의 함수가 수행되는 것이라고 생각하면 당연히 aio_return이 return 구문하고 똑같은 것이므로 2번 호출할 수 없다는 것이다. 임플리먼테이션에서도 aio_return이 호출되면 시스템에 저장된 I/O 작업 결과를 큐에서 삭제하기 때문에 다시 리턴값을 받을 수는 없다.

aio_return의 리턴값은 일반적인 read, write, fsync와 같다. 따라서 aio_write로 실행했다면 write의 리턴값과 같으므로 양수를 리턴하면 쓰기 성공한 바이트 수가 된다.

aio_fsync는 fsync, fdatasync의 aio 버전으로서 파일의 캐시된 내용을 디스크에 기록하여 동기화 시킨다. aio_fsync의 op인수가 O_SYNC일 때는 fsync와 같은 기능을 하여 파일의 메타 정보와 데이터를 모두 동기화하고 O_DSYNC일 때는 fdatasync와 같은 기능을 하여 파일의 데이터만 동기화한다.

파일의 메타 정보, 데이터의 동기화는 2장에서 설명했었으니 기억이 안 난다면 다시 앞으로 돌아가서 살펴보자. 그런데 fsync, fdatasync는 동기화가 끝날 때까지 리턴하지 않지만 aio_fsync는 AIO 기능이므로 동기화 작업을 AIO 큐에 등록시켜두기만 한다.

따라서 aio_fsync가 리턴된 시점에서 동기화가 요청되었을 뿐, 완료 여부는 알 수 없다. 그러므로 앞서와 마찬가지로 aio_error, aio_return으로 확인하여야 한다. 하지만, 실제로는 리얼타임 시그널 이벤트인 sigevent 구조체에 스레드를 등록하여 동기화 처리를 통지받도록 하는 경우가 더 편리하다.

AIO의 aio_read, aio_write, aio_fsync와 같은 작업을 큐에 넣는 최대값은 _POSIX_AIO_MAX에 정해져 있다. 이 값을 넘어서서 AIO 작업을 등록하게 되면 EAGAIN 에러가 발생하므로 이런 경우에는 aio_suspend를 이용해서 잠시 몇몇의 AIO 작업을 완료하도록 기다린 다음에 재시도해야 한다.

5.3 AIO 예제

예제는 간단하게 파일에 짧은 메시지를 기록하도록 할 것이다. 먼저 동기적 I/O로 기록하고 그 위에 AIO로 덮어쓰는 것을 볼 것이다. 소스 코드는 짧고 간단하니 바로 살펴보도록 하자.

[코드 10.16] AIO의 쓰기 예제   (aio_basic.c)

```
01  #define FILENAME    "fd_test.log"
02  #define TEST_MSG    "[Test message:1234567890]\n"
03  int main() {
04      int     fd, ret;
05      struct aiocb aio_wb;
06      if ((fd = open(FILENAME, O_CREAT|O_RDWR, 0644)) == -1) {
07          exit(EXIT_FAILURE);
08      }
09      write(fd, TEST_MSG, sizeof(TEST_MSG));  /* 동기적 I/O로 기록 */
10      memset(&aio_wb, 0, sizeof(struct aiocb));
11      aio_wb.aio_fildes = fd;         /* AIO로 처리할 파일기술자 */
12      aio_wb.aio_buf = TEST_MSG;      /* 버퍼 주소 */
13      aio_wb.aio_nbytes = sizeof(TEST_MSG);   /* 버퍼 길이 */
14      aio_wb.aio_offset = 5;      /* 오프셋 주소 */
15      aio_write(&aio_wb);         /* AIO 작업 큐에 등록*/
16      while ((ret = aio_error(&aio_wb)) != 0) {
17          if (ret == EINPROGRESS) {
18              printf("aio_write has not been completed. sleep(1)\n");
19              sleep(1); /* AIO 작업이 완료되지 않았으므로 다른 작업을 해야하지만 그냥 슬립. */
20          } else {
21              printf("Error: aio_error = %d\n", ret);
22              break;
23          }
24      }
25      if ((ret = aio_return(&aio_wb)) == -1) {
26          fprintf(stderr, "Error: aio_write: %s\n", strerror(errno));
27      }
28      printf("> write complete: %d B\n", ret);
29      fsync(fd);
30      close(fd);
31      return EXIT_SUCCESS;
32  }
```

09행에서는 write 함수로 기록했기 때문에 동기적 실행을 하게 된다. 그리고 15행에서 AIO의 aio_write를 호출해서 AIO 작업 큐에 등록하게 된다.

그런데 AIO의 경우에는 기존의 파일 위치 정보를 건드리지 않기 때문에 aio_wb.aio_offset 오프셋을 기준으로 기록하게 된다.

16행에서는 aio_error를 호출하여 앞서 호출된 aio_write 작업의 상태를 확인한다. 만일 작업이 계속 진행 중(EINPROGRESS)이면 원래 다른 작업을 해야 하지만 예제는 특별하게 할 일이 없기때문에 그냥 1초를 쉬고 다시 aio_error를 부르도록 해두었다.

진행 중이 아닌 에러인 경우에는 그냥 빠져나오게 된다. aio_error에서 빠져나오면 AIO 작업 큐에서 결과를 가져오기 위해 aio_return을 호출하게 된다. 만일 성공했다면 쓰인 데이터 크기가 리턴되고 실패했다면 errno를 통해 에러를 알 수 있을 것이다.

그런데 예제에서는 main 함수 내에서 aio_error, aio_return을 모두 호출하지만 리얼타임 시그널 이벤트 통지를 이용하면 스레드를 생성하여 aio_error, aio_return을 호출하고 뒤이어 읽기나 쓰기 후에 해야 할 작업을 실행하도록 할 수 있다.

스레드를 생성하는 것은 바로 뒤에서 다룰 리스트 AIO 입출력에서 살펴볼 것이다. 물론 스레드 대신에 리얼타임 시그널 핸들러를 사용해도 된다. 하지만, 시그널 핸들러는 조금 더 가벼운 용도로 사용하기 때문에 콜백 개념으로 실행할 때는 스레드를 이용한 통지를 더 많이 사용한다.

5.4 리스트 AIO 입출력과 완료 통지

```
int  lio_listio(int mode,
        struct aiocb *restrict const list[restrict],  int nent,
        struct sigevent *restrict sig);
```

리스트 AIO 입출력은 복수의 작업을 한 번에 해치우는 것이다. mode 인수에 LIO_WAIT, LIO_NOWAIT를 지정할 수 있는데 이는 작업 완료를 기다릴 것인지 아닌지를 지정하는 것이다.

LIO_WAIT는 lio_listio에 입력된 모든 AIO 처리 요청을 완료 했을 때 리턴하는 것을 의미하고 LIO_NOWAIT는 바로 리턴하고 백그라운드에서 비동기적으로 처리하는 것을 의미한다.

그런데 두 가지 방법의 차이 때문에 완료 여부 확인에 대한 고민이 생긴다. LIO_

WAIT는 함수가 리턴할 때 I/O 처리가 완료된 것을 의미하지만, LIO_NOWAIT는 어떻게 완료 여부를 알아내야 할까? 개개의 aiocb 블럭을 aio_error, aio_return으로 검사해야 할까? 그러면 너무 복잡해진다. 따라서 마지막 인수인 리얼타임 시그널 이벤트 sig가 있다. 그런데 sig는 LIO_NOWAIT인 경우만 작동하고 LIO_WAIT이면 경우는 sig를 지정해도 무시된다.

두 번째 인수인 aiocb 배열을 보면 restrict const가 붙어 있으므로 처음 선언하면서 지정한 aiocb 블록은 변경할 수 없게 된다. 이렇게 하는 이유는 비동기 처리하는 과정에서 다른 곳에서 에일리어싱하여 변경하면 곤란하기 때문이다.

배열 요소에서 만일 NULL이 발견되면 무시되고 다음 배열을 진행한다. aiocb 배열의 각각의 aiocb 구조체의 aio_lio_opcode에 따라서 작동 방법이 결정된다. LIO_READ인 경우는 aio_read를 호출하여 처리하고 LIO_WRITE이면 aio_write로 처리하게 된다. 그리고 LIO_NOP이면 아무 일도 하지 않는다.

세 번째 인수인 nent는 aiocb 배열의 개수를 의미한다. 그런데 한꺼번에 처리할 수 있는 nent는 _POSIX_AIO_LISTIO_MAX를 넘을 수 없다.

이제 간단한 예제를 살펴보자. 사실 li_listio는 앞의 aio_* 함수들과 크게 다르지는 않다. 그러므로 예제를 보면 빠르게 익힐 수 있을 것이다. 예제는 파일을 복사하는 프로그램으로 원본 파일의 뒤에 ".copy"라는 확장자를 붙여서 복사하는 구조로 만들었다.

그런데 파일을 읽을 때는 동기적 방식인 read를 사용하고 복사할 때만 AIO의 aio_listio로 처리하도록 하였다. 파일을 읽는 부분까지 비동기적으로 하면 오히려 복잡해질 것 같아서 그렇게 했다.

참고로 순차적으로 큰 파일을 읽을 때는 파일 사용 패턴 조언 기능인 posix_fadvise를 사용하면 프리페칭할 수 있도록 시스템이 도와준다. 이런 기능을 추가하여 예제를 바꿔보는 것도 좋은 연습이 되겠지만, 독자의 숙제로 남겨두겠다. 귀찮아서 여러분에게 숙제로 맡긴 것은 절대로 아니다.

[코드 10.17] AIO 리스트 작업 처리　　　　　　　　　　　　　　　　　(aio_listio.c)

```
01  #define NUM_AIOCB_ARRAY   5
02  #ifdef ASYNCHRONIZED_IO
03  #include <pthread.h>
04  void  start_sigev_aio(sigval_t  arg);  /* 리얼타임 시그널 이벤트, 스레드 함수 */
05  pthread_attr_t  pt_attr;
06  #endif
07  int main(int argc, char *argv[]) {
08      int    fd_rd, fd_wr;  /* 읽기용 파일기술자, 쓰기용 파일기술자 */
```

```
09      int     i =0, tot_len = 0, ret;
10      char    ofname[0xff], rbuf[NUM_AIOCB_ARRAY][1024 * 256];
11      struct aiocb aio_blk[NUM_AIOCB_ARRAY];
12      struct aiocb *aiolist[] = {
13          &aio_blk[0], &aio_blk[1],
14          &aio_blk[2], &aio_blk[3], &aio_blk[4]  };  /* lio_listio에서 사용할 구조체 */
15  #ifdef ASYNCHRONIZED_IO
16      struct sigevent sigev = { .sigev_notify=SIGEV_THREAD };/* I/O 완료시 스레드 생성 */
17  #endif
18      if (argc != 2) {
19          printf("Usage : %s <source file>\n", argv[0]);
20          return EXIT_SUCCESS;
21      }
22      sprintf(ofname, "%s.copy", argv[1]);
23      printf("file copy : %s =>>> %s\n", argv[1], ofname);
24      if ((fd_rd = open(argv[1], O_RDONLY, 0)) == -1) {
25          exit(EXIT_FAILURE);
26      }
27      if ((fd_wr = open(ofname, O_CREAT|O_WRONLY, 0644)) == -1) {
28          exit(EXIT_FAILURE);
29      }
30      memset(aio_blk, 0, sizeof(struct aiocb) * NUM_AIOCB_ARRAY);
31      while(1) {
32          ret = read(fd_rd, rbuf[i], sizeof(rbuf[i]));
33          if (ret == -1) { /* error */ exit(1); }
34          aio_blk[i].aio_fildes = fd_wr;  /* file descriptor */
35          aio_blk[i].aio_buf = rbuf[i];   /* buffer to write */
36          aio_blk[i].aio_nbytes = ret;    /* number of bytes */
37          aio_blk[i].aio_offset = tot_len;/* start offset    */
38          aio_blk[i].aio_lio_opcode = LIO_WRITE; /* operation mode */
39          tot_len += ret;  /* tot_len = 총 처리된 길이 */
40          i++;
41          if (i==NUM_AIOCB_ARRAY || ret == 0) { /* 블록 5개가 모아지거나 EOF이라면 기록함 */
42  #ifdef ASYNCHRONIZED_LIO
43              pthread_barrier_init(&pt_barrier, NULL, 2); /* 스레드 배리어 초기화 */
44              sigev.sigev_notify = SIGEV_THREAD; /* 통지 모델을 스레드로 설정 */
45              sigev.sigev_value.sival_int = tot_len; /* 통지 스레드에게 넘길 인수 */
46              pthread_attr_init(&pt_attr); /* 스레드 속성 인수 초기화 */
47              pthread_attr_setdetachstate(&pt_attr, PTHREAD_CREATE_DETACHED); /* detached 속성 추가 */
48              sigev.sigev_notify_attributes = &pt_attr;  /* 통지 스레드에 속성 설정 */
49              sigev.sigev_notify_function = start_sigev_aio; /* 통지 스레드가 실행할 함수 */
50              lio_listio(LIO_NOWAIT, aiolist, ret == 0 ? i-1:i, &sigev); /* NOWAIT 모드로 LIO 수행 */
51              pthread_barrier_wait(&pt_barrier);     /* 스레드 배리어에서 대기 */
52              pthread_barrier_destroy(&pt_barrier); /* 사용된 스레드 배리어 파괴 (재사용을 위해) */
53  #else
54              lio_listio(LIO_WAIT, aiolist, ret == 0 ? i-1:i, NULL); /* WAIT 모드로 LIO 수행 */
```

```
55    #endif
56            memset(aio_blk, 0, sizeof(struct aiocb) * NUM_AIOCB_ARRAY);
57            i=0; /* reset index */
58        }
59        if (ret == 0) break; /* EOF이면 루프에서 탈출 */
60    } /* loop: while */
61    printf("> write complete\n");
62    close(fd_rd);
63    fsync(fd_wr);
64    close(fd_wr);
65    return (EXIT_SUCCESS);
66  }
67  #ifdef ASYNCHRONIZED_LIO
68  void start_sigev_aio(sigval_t arg)
69  {
70      printf("[SIGEV] thread(%ld) by lio_listio (len:%d).\n", (long)pthread_self(), arg.sival_int);
71      pthread_barrier_wait(&pt_barrier);    /* barrier (2014-08-16) */
72  }
73  #endif
```

위의 예제는 선택에 의해 LIO_WAIT 모드와 LIO_NOWAIT 모드로 컴파일되도록 작성해두었다. 따라서 ASYNCHRONIZED_LIO 매크로를 지정하면 LIO_NOWAIT를 사용하여 lio_listio를 호출하도록 되어 있고 만일 매크로를 지정하지 않으면 LIO_WAIT를 사용하여 lio_listio를 호출하게 되어 있다.

그리고 LIO_NOWAIT를 사용하게 되면 I/O 처리가 완료되면 리얼타임 시그널 이벤트를 이용해서 스레드를 생성하여 start_sigev_aio 함수를 실행하도록 되어 있다. 리얼타임 시그널로 이벤트를 받는 것은 앞서 mq_notify를 이용해서 사용해봤으니 앞서 살펴보았다면 이번에는 조금 더 익숙할 것이다.

16행을 보면 LIO_NOWAIT 모드로 lio_listio를 호출하면 완료시 리얼타임 시그널 이벤트로 통지받도록 하였다. 그리고 그 방법은 스레드를 생성하도록 SIGEV_THREAD로 지정하였다.

31~60행은 루프를 돌면서 read로 파일을 읽어서 lio_listio로 기록하는 부분이다. 41행은 처리할 AIO 블록이 5개가 되거나 EOF를 만나면 AIO를 실행하도록 하는 부분이다.

43~52행은 LIO를 LIO_NOWAIT로 작동하는 경우의 코드이다. 위에서 스레드로 통지를 받도록 해두었기 때문에 생성할 스레드의 인수와 속성, 스레드 함수를 설정하고 있다. 백그라운드에서 작동하는 LIO가 완전히 수행 완료되어 콜백 스레드 함수가 종료될 때까지 AIOCB 구조체인 aio_blk의 내용은 수정하면 안 된다.

따라서 43행에서 스레드 배리어를 사용했고, 50행에서 lio_listio가 수행되는 동안에 51행에서 스레드가 도착하기를 기다리게 된다. 71행을 보면 스레드 함수에서도 스레드 배리어에 대기하는 것을 볼 수 있다. 이로써 52행 이하가 수행되려면 배리어에 2개의 스레드가 모두 도착해야 하므로 동기화를 보장할 수 있게 된다.

동기화나 스레드 배리어가 이해가 되지 않는다면 8장을 제대로 이해한 것이 아니므로 8장의 스레드 부분을 다시 복습하기 바란다.

참고로 스레드 생성시 사용할 속성에 PTHREAD_CREATE_DETACHED를 지정했기 때문에 pthread_join은 필요 없다. 예제에서 사용할 리얼타임 시그널 이벤트 통지 스레드 함수인 start_sigev_aio는 화면에 간단한 출력만 하기 때문에 굳이 main thread에 join해야 할 이유가 없다. 따라서 애초에 속성에 detach를 설정하여 분리시켰고 해당 스레드는 리턴과 동시에 메모리에서 해제될 것이다.

54행의 LIO_WAIT로 lio_listio를 호출하는 부분은 통지받을 것이 없으니 간단하다. 모든 LIO가 수행될 때까지 함수는 리턴되지 않기 때문에 배리어를 사용할 이유도 없다.

AIO 작업들은 모두 비동기, 비순차적으로 진행될 수 있으므로 파일을 닫거나 프로세스를 종료하기 전에 동기화 작업을 해주는 것이 안전하다는 것을 명심해야 한다. 따라서 aio_suspend나 fsync 같은 명령으로 동기화를 명시적으로 해주는 것이 좋다.

68~72행의 start_sigev_aio는 I/O가 완료될 때 통지로 실행되는 스레드 함수의 코드 부분이다. 리얼타임 시그널 이벤트이므로 sigevent 구조체의 sigev_value 항목의 값이 스레드 함수의 인수로 전달된다.

sigev_value는 sigval_t 타입인데 int와 void *형을 가지는 공용체이며 여기서는 int형으로 사용하여 총 복사된 데이터 바이트 수를 전달하도록 하였다. 인수로 전달된 바이트 수는 화면에 출력할 뿐 큰 의미는 없다.

예제에서는 스레드 통지만 설명했지만 배포되는 소스 코드 파일에는 시그널 통지를 사용하는 예제도 만들어 두었으니 참고하기 바란다.

```
$ time cp ~/debian-506-i386-DVD-1.iso .
real    1m39.689s
user    0m0.123s
sys     0m27.509s
```

```
$ time ./aio_listio ~/debian-506-i386-DVD-1.iso
file copy : /home/sunyzero/debian-506-i386-DVD-1.iso -> ..생략..copy
> write complete

real    1m22.598s
user    0m0.258s
sys     0m20.911s
```

```
$ time ./aio_listio ~/debian-506-i386-DVD-1.iso
file copy : /home/sunyzero/debian-506-i386-DVD-1.iso -> ..생략..copy
> write complete

real    1m14.488s
user    0m0.269s
sys     0m20.394s
```

[그림 10.7] cp 복사 명령과 AIO, AIO(posix_fadvise)의 비교

이제 예제를 실행해보면서 LIO_WAIT를 사용한 경우와 LIO_NOWAIT를 사용한 경우를 비교해보면 약간 다르게 작동하는 것을 볼 수 있다. LIO_NOWAIT는 통지 이벤트가 발생하기 때문에 중간 중간마다 출력되는 메시지를 볼 수 있을 것이다. 그러면 이번에는 예제를 수정하여 재미있는 실험을 하나 해보도록 하자.

실험은 약 4GiB 정도 되는 파일을 cp 명령과 [코드 10.16]으로 복사하여 수행 시간을 비교한 것이다. 공정을 기하기 위해 매번 파일을 복사한 뒤에 재부팅하여 캐시 효과를 없애면서 실험했다. 따라서 [그림 10.7]의 3가지 방법은 매번 재부팅을 한 다음에 수행한 결과이다. 처리하는 데이터 파일이 크기 때문에 32비트 플랫폼이라면 LFS로 64비트 파일 처리를 사용하도록 코드를 약간 수정하여 처리해야만 한다.

실험을 여러 번 했어야 좀 더 정확할 테지만 매번 재부팅을 했기 때문에 어느 정도 유의미한 결과일 수도 있다. [그림 10.7]의 맨 위는 유닉스 명령인 cp이고 중간은 lio_listio를 사용한 것이다.

그리고 가장 아래의 실행 결과는 lio_listio를 사용하는 것은 동일하지만, 26행 아래에 posix_fadvise(fd_rd, 0, 0, POSIX_FADV_SEQUENTIAL)를 추가하여 순차 읽기 조언을 준 경우이다.

먼저 cp 명령의 CPU 타임을 보면 약 27.5초를 소비했다. 그리고 중간에 보이는 AIO 처리는 약 20.9초의 sys 타임을 소모했다. 즉 AIO의 경우는 컨텍스트 스위칭이 적어서 약간 더 가벼웠다고 볼 수 있다.

그리고 가장 아래에 있는 AIO에 posix_fadvise를 추가 사용한 경우는 CPU 시간은 2

번째 결과와 다르지 않지만, read에서 레이턴시가 줄어들기 때문에 실제 수행 시간이 1분 14.4초로 약 8초 정도 줄어들었다. 즉 AIO와 파일 사용 패턴 조언을 같이 쓰면 좋은 결과가 나오는 것을 볼 수 있었다. 독자들도 꼭 실험해서 확인을 해보면 좋을 듯 하다.

06 스케줄링

```
int sched_setscheduler(pid_t pid, int policy,  const struct sched_param *param);
int sched_getscheduler(pid_t pid);
int sched_get_priority_max(int policy);
int sched_get_priority_min(int policy);
int sched_setparam(pid_t pid, const struct sched_param *param);
int sched_getparam(pid_t pid, struct sched_param *param);
int sched_yield(void);
```

리얼타임 확장에서는 스케줄링 정책(policy)과 우선순위(priority)를 지정할 수 있도록 하였는데 1장에서 다룬 posix_spawn과 8장의 pthread의 스케줄링 정책에서도 같은 의미로 사용되므로 한 번만 익혀두면 1석 3조의 효율이 있다.

그러나 스케줄링해야 하는 이유나 목표가 명확하지 않은 상태에서 스케줄링 정책을 변경하면 오히려 기본값 설정보다 낮은 성능을 얻을 수도 있다.

스케줄링 정책과 우선순위는 시스템의 기본 설정과 권한에 접근하는 행동이기 때문에 슈퍼 유저의 권한이 필요하다는 점을 명심해야 한다.

스케줄링 관련 함수 중에 get이 들어간 함수들은 값을 읽어오고 set이 들어간 함수들은 설정하는 기능을 가진다. 이 중에서 sched_setscheduler는 정책과 우선순위를 설정할 수 있고 sched_setparam은 우선순위만 조정할 때 사용된다.

sched_setscheduler에서 policy 인수에는 [표 10.11]의 스케줄링 정책을 사용할 수 있는데 리얼타임 확장 표준에서 공식적으로 지원하는 항목은 SCHED_FIFO, SCHED_RR, SCHED_OTHER뿐이다.

SCHED_OTHER는 표준안에 명시되어 있기는 하지만 임플리먼테이션에서 지원하는 고유의 방식을 표준안에서 수용한 것으로 엄밀하게 말하면 비표준을 가리키는 값이다.

표 10.11 스케줄러 정책

SCHED_FIFO	선입선출 방식의 실시간 스케줄링 정책
SCHED_RR	라운드 로빈 방식의 실시간 스케줄링 정책
SCHED_OTHER	임플리먼테이션 고유 스케줄링. 리눅스에서는 라운드 로빈 비실시간 스케줄링을 지칭한다.
SCHED_BATCH	비표준이며 리눅스 기능. 배치 스타일의 비실시간 스케줄링
SCHED_IDEL	비표준이며 리눅스 기능. 낮은 우선순위로 비실시간 백그라운드 작업.

6.1 SCHED_FIFO, SCHED_RR 정책

실시간 스케줄링 정책인 SCHED_FIFO와 SCHED_RR은 기본적으로 높은 우선순위를 지닌 경우가 먼저 실행되고 동일한 우선순위를 가진 경우에는 순서대로 처리된다는 공통점이 있다.

SCHED_FIFO 정책은 선입선출(first-in-first-out) 규칙에 따라 스케줄러의 실행 큐에 등록된 순서대로 실행된다.

실행 중인 태스크, 즉 CPU를 차지한 태스크는 sched_yield를 호출하여 자발적으로 양보하거나 I/O 요청처럼 블록되기 전까지 CPU를 사용할 수 있다. 블록되거나 자발적으로 양보하면 다음 태스크가 실행되고 현재 태스크는 큐의 맨 끝에 등록된다.

SCHED_RR는 라운드 로빈 방식으로서 기본적으로 SCHED_FIFO와 같다. 하지만, 제한된 실행 시간을 사용하여 각각의 태스크들이 번갈아가면서 CPU를 점유할 수 있게 한다.

실행 중인 태스크는 자발적으로 양보하거나 I/O 요청으로 블록되지 않았다고 하더라도 제한된 실행 시간을 모두 사용했다면 CPU를 빼앗기고 다음 태스크가 실행된다. 여기서 CPU를 빼앗긴 현재 태스크는 SCHED_FIFO처럼 스케줄러의 맨 뒤에 다시 등록된다.

SCHED_RR은 SCHED_FIFO보다 좀 더 빠른 응답이 필요한 경우에 사용될 수 있다.

SCHED_OTHER는 임플리먼테이션의 임의의 정책을 사용하는 것으로 SCHED_FIFO나 SCHED_RR 중에 하나를 사용하거나 혹은 약간 수정된 정책이 사용된다.

참고로 리눅스를 포함한 대부분의 임플리먼테이션은 SCHED_OTHER 정책을 기본값으로 채택한 경우가 많다. 그리고 리눅스의 SCHED_OTHER는 비실시간 방식의 라운드 로빈 스케줄링으로 빠른 응답과 I/O 처리에 특화되어 있다.

CHAPTER **리눅스 비표준 기능**

---

01 리눅스 비표준 기능

어느 운영체제든지 비표준 기능을 제공한다. 원래 표준이란 서로 다른 벤더의 운영체제가 호환을 위해 제공하는 최소한의 기능이기 때문에 성능보다는 호환성에 중점을 둔다. 하지만, 비즈니스 세계에서는 성능이 중요한 관건이 되기 때문에 각각의 벤더들은 운영체제의 성능을 위해 개량된 비표준 기능을 제공하는 것이다.

그렇지만 비표준 기능을 사용한다는 것은 호환성을 포기한다는 의미이기 때문에 신중하게 접근해야 한다. 물론 최근에는 코딩 기술의 발달 때문에 많은 라이브러리가 자동으로 운영체제를 인식하여 비표준 기능을 사용할 수 있는 환경인지 테스트하고 사용하도록 하는 기능을 제공하기도 한다. 따라서 이 장의 내용은 성능을 위해 비표준 기능이 필요한 경우에 사용 가능한 대안을 소개하는 것이 목적이다.

리눅스에서 제공하는 비표준은 다양하다. 그중에서 epoll, Huge TLB, RTS 확장, eventfd, signalfd, timerfd 정도가 많이 쓰인다. 이 장에서는 이미 설명한 것들은 제외하고 eventfd, signalfd, timerfd에 대해 설명하도록 하겠다.

설명하려는 세 가지 기능들의 접미어인 fd(file descriptor)가 의미하듯이 저수준 파일 입출력 체계를 가지고 있다. 따라서 저수준 파일 입출력에서 사용하는 read, write 기능을 사용할 수 있으며 네트워크 프로그래밍에서 사용하는 I/O 멀티플렉싱 기법인 select, poll, epoll로 이벤트를 감지할 수도 있다. 이렇듯 입출력 방식은 같지만 읽거나 쓰는 목적이 다를 뿐이다.

eventfd는 이벤트를 전달하기 위한 경량 파이프이다. 이 기능은 wait/notify의 목적으로 사용된다. 따라서 read, write 모두 가능하며 write하는 측에서 notify 역할을 맡고 read하는 측이 wait 역할을 맡는다. 이런 구조는 세마포어(semaphore)로도 가능하지만 eventfd를 사용하면 좀 더 쉽게 작성할 수 있다.

signalfd는 시그널 발생시 시그널 핸들러 대신에 read 함수로 시그널 통지 정보를 읽을 수 있게 해준다. 이 구조는 지연된 시그널 처리 기법과 흡사하다. 따라서 I/O 멀티플렉싱을 사용하는 경우 시그널에 의한 EINTR 상황을 방지할 수 있다. 이외에도 다양한 기법이 가능한데 예를 들어 fork를 이용하여 멀티 프로세스 구조를 작성한 경우에는 자식 프로세스의 상태 변화를 보고하는 SIGCHLD 시그널을 read 함수로 읽어들일 수도 있다.

timerfd는 타이머 만료시 발생하는 통지를 연결된 파일기술자로 보내준다. 앞서 10장에서 다룬 리얼타임 확장의 타이머 기법은 SIGEV를 통해 스레드 생성이나 시그널 통지를 할 수 있었는데 timerfd는 이를 read 함수로 읽어 들일 수 있도록 해준다.

이들 세 가지 기법은 공통으로 멀티 프로세스나 네트워크 프로그래밍에 응용하기 위한 목적으로 주로 사용된다. 물론 다른 목적으로 사용할 수도 있지만, 일반적으로는 멀티 프로세스, 멀티 스레드 구조에서 I/O 멀티플렉싱을 사용할 때 이벤트, 시그널, 타이머 등의 비동기적 요소의 위험성을 제거하고 동기적 처리로 구조화할 때 유용하게 쓰인다. 자세한 내용은 각각 기법의 기초 예제와 응용 예제를 통해서 살펴보도록 하겠다.

02   timerfd 기법

```
int timerfd_create(int clockid, int flags);
int timerfd_settime(int fd, int flags,
                    const struct itimerspec *new_value,
                    struct itimerspec *old_value);
int timerfd_gettime(int fd, struct itimerspec *curr_value);
```

timerfd는 10장에서 다룬 timer_create, timer_settime, timer_gettime과 기능면에서 거의 동일하다. 다만, 파일기술자를 사용하는 부분만 다를 뿐이다. 이 특수한 timerfd 파일기술자는 타이머 만료시 64비트 부호 없는 정수값으로 1을 보내주는데 해당 숫자는 만료된 횟수를 의미한다. 만일 만료된 타이머 숫자를 읽지 않은 상태에서 타이머 만료 통지가 중첩되어 수신되면 숫자는 합산된다. 예를 들어 숫자가 5라면 5번 중첩된 타이머 만료를 의미한다.

timerfd_create는 성공시 양수의 파일기술자를 리턴하며, 실패시에는 −1을 리턴하고 errno에 에러 코드가 설정된다.

timerfd_create 함수는 timer_create와 구조적으로 비슷하다. clockid 인수에 사용할 시계 종류는 timer_create에서 사용했던 시계 중 CLOCK_REALTIME과 CLOCK_MONOTONIC 중 한 가지를 선택한다.

표 11.1 timerfd_create의 clockid 시계 종류

CLOCK_REALTIME	시스템 전역의 실제 시계를 사용 (The UNIX Epoch 시간)
CLOCK_MONOTONIC	단조 시계로서 어떤 시각을 기준으로 흐른 시간을 측정한다.

단조 시계는 10장에서 설명했으니 여기서는 특별히 설명하지는 않겠다. 10장의 리얼타임 시계는 다양한 시계 종류를 사용할 수 있었지만 timerfd은 [표 11.1]에 보이는 것처럼 2가지 종류의 시계만 지원한다. 10장에서 연습했던 CPU 시간을 측정하는 시계는 timerfd에는 사용할 수 없다.

표 11.2 timerfd_create의 flags 종류

TFD_NONBLOCK	넌블록킹으로 설정한다.
TFD_CLOEXEC	close-on-exec를 설정한다.

flags 인수 중 TFD_NONBLOCK은 timerfd를 넌블록킹으로 생성한다. TFD_NONBLOCK 플래그를 사용하지 않는 경우 블록킹 모드로 설정되는데 나중에 fcntl의 O_NONBLOCK을 설정하여 넌블록킹으로 변경할 수 있다.

TFD_CLOEXEC는 exec 계열 함수로 이미지 교체가 발생할 때 자동으로 파일기술자를 닫는 기능이다. 이는 2장 저수준 파일 입출력의 close-on-exec에서 설명을 해두었다. 이 플래그를 사용하지 않고 timerfd를 생성했더라도 후에 fcntl의 FD_CLOEXEC를 설정하면 같은 기능으로 작동한다.

timerfd_settime은 타이머에 설정하여 작동시키는 함수이다. 기능적으로 timer_settime과 같다. flags에는 TFD_TIMER_ABSTIME를 설정할 수 있으며 이는 절대시간을 사용하는 기능이다. 절대시간을 사용하는 방법은 10장의 리얼타임 시계의 방법과 같다. timerfd_gettime은 timerfd에 세팅된 시계 설정을 읽을 때 사용한다.

그러면 이제 timerfd_create의 man 페이지에 있는 예제로 확인을 해보도록 하자.

2.1 timerfd 예제

```c
01  #define handle_error(msg) \
02      do { perror(msg); exit(EXIT_FAILURE); } while (0)
03  static void print_elapsed_time(void) {
04      static struct timespec start;
05      struct timespec curr;
06      static int first_call = 1;
07      int secs, nsecs;
08      if (first_call) {
09          first_call = 0;
10          if (clock_gettime(CLOCK_MONOTONIC, &start) == -1)
11              handle_error("clock_gettime");
12      }
13      if (clock_gettime(CLOCK_MONOTONIC, &curr) == -1)
14          handle_error("clock_gettime");
15      secs = curr.tv_sec - start.tv_sec;
16      nsecs = curr.tv_nsec - start.tv_nsec;
17      if (nsecs < 0) {
18          secs--;
19          nsecs += 1000000000;
20      }
21      printf("%d.%03d: ", secs, (nsecs + 500000) / 1000000); /* 밀리초 단위까지 출력 */
22  }
23  int main(int argc, char *argv[])
24  {
25      struct itimerspec new_value;
26      int max_exp, fd;
27      struct timespec now;
28      uint64_t exp, tot_exp;
29      ssize_t s;
30      if ((argc != 2) && (argc != 4)) {
31          fprintf(stderr, "%s init-secs [interval-secs max-exp]\n", argv[0]);
32          exit(EXIT_FAILURE);
33      }
34      if (clock_gettime(CLOCK_REALTIME, &now) == -1) /* 현재 시각 구하기 */
35          handle_error("clock_gettime");
36      new_value.it_value.tv_sec = now.tv_sec + atoi(argv[1]); /* 초기 만료 시간 지정 */
37      new_value.it_value.tv_nsec = now.tv_nsec;
38      if (argc == 2) {
39          new_value.it_interval.tv_sec = 0;
40          max_exp = 1;
41      } else {
42          new_value.it_interval.tv_sec = atoi(argv[2]);
43          max_exp = atoi(argv[3]);
```

```
44        }
45        new_value.it_interval.tv_nsec = 0;
46        fd = timerfd_create(CLOCK_REALTIME, 0);  /* timerfd 생성 */
47        if (fd == -1)
48            handle_error("timerfd_create");
49        if (timerfd_settime(fd, TFD_TIMER_ABSTIME, &new_value, NULL) == -1) /* 절대시간 사용 */
50            handle_error("timerfd_settime");
51        print_elapsed_time();
52        printf("timer started\n");
53        for (tot_exp = 0; tot_exp < max_exp;) {
54            s = read(fd, &exp, sizeof(uint64_t)); /* timerfd 통지를 읽는다 */
55            if (s != sizeof(uint64_t))
56                handle_error("read");
57            tot_exp += exp;
58            print_elapsed_time();
59            printf("read: %llu; total=%llu\n",
60                    (unsigned long long) exp, (unsigned long long) tot_exp);
61        }
62        exit(EXIT_SUCCESS);
63    }
```

01~02행은 에러를 출력하기 위한 매크로 함수이다. 03~22행은 print_elapsed_time으로 현재 시간을 출력하는 함수이다. 08행을 보면 처음 실행시에 start 변수에 시각을 기록해두고, 두 번째 이후부터는 start를 기준으로 흐른 시간을 출력하게 되어 있다.

실행시 인수가 없다면 에러로 처리하여 31행에서 예제의 실행 방법을 출력한다. 예제는 1개 혹은 3개의 실행 인수를 필요로 하는데 순서대로 초기 타이머 만료 시간, 인터벌 타이머 만료 시간, 타이머 만료의 최대 횟수이다. 초기 타이머만 사용하면 인터벌 기능은 사용하지 않게 되어 있다.

34행에서 현재 시각을 구하여 now 변수에 넣고 이후 타이머 만료에 사용될 new_value에 복사한다. 그리고 36행에서 new_value에 초기 타이머 만료 시간을 더한다. 이렇게 하는 이유는 뒤에서 절대시간을 사용하도록 코딩되었기 때문에 현재 시각 + 타이머 만료로 계산한 것이다.

46행에서 CLOCK_REALTIME 시계의 timerfd를 생성한다. 플래그는 지정하지 않았으므로 블록킹 모드의 기본값으로 생성된다. 그리고 49행에서 타이머를 설정하여 실행시킨다.

timerfd_settime 실행시 TFD_TIMER_ABSTIME 플래그를 설정했으므로 절대시간을 사용하여 작동된다.

53~61행은 루프를 돌면서 인터벌 타이머 만료를 읽는 부분이다. 만료된 타이머 값은 64비트 부호 없는 정수이므로 54행의 read는 uint64_t 타입을 버퍼로 사용해서 읽는다. 구조는 어느 정도 이해가 되었으니 이번에는 실행해서 작동 방식을 이해하도록 하자.

먼저 초기 타이머는 5초, 인터벌 타이머는 3초마다 만료하고, 총 4회 작동으로 실행시켜보겠다. 이런 경우 실행시 인수를 5 3 4로 3개를 주면 된다.

```
$ ./io_timerfd 5 3 4
0.000: timer started
5.000: read: 1; total=1
8.001: read: 1; total=2
11.001: read: 1; total=3
14.001: read: 1; total=4
```

[그림 11.1] timerfd 예제 실행

[그림 11.1]을 보면 각각 5, 8, 11, 14초로 4번 만료가 되는 것을 볼 수 있다. 그리고 read에서 읽어 들인 숫자를 보면 1씩 읽어 들였다. 그러면 [코드 11.1]의 54행에서 read하기 전에 20초를 슬립하도록 다음과 같이 수정해보자.

[코드 11.2] timerfd 예제 수정   (io_timerfd.c)

```
51      print_elapsed_time();
52      printf("timer started\n");
        struct timespec ts_sleep = { .tv_sec = 20 };
        nanosleep(&ts_sleep, NULL);
53      for (tot_exp = 0; tot_exp < max_exp;) {
54          s = read(fd, &exp, sizeof(uint64_t)); /* timerfd 통지를 읽는다 */
55          if (s != sizeof(uint64_t))
56              handle_error("read");
```

[코드 11.2]의 52~53행 중간에 음영 처리된 부분이 새로 추가된 nanosleep 부분이다. 수정한 예제를 빌드하여 다시 실행시켜보면 timerfd의 통지된 값이 중첩되면서 증가하게 된다.

```
$ ./io_timerfd 1 3 10
0.000: timer started
20.001: read: 7; total=7
22.001: read: 1; total=8
25.001: read: 1; total=9
28.001: read: 1; total=10
```

[그림 11.2] timerfd 예제 실행(슬립을 추가한 버전)

[그림 11.2]를 보면 초기 만료를 1초, 인터벌 만료를 3초 간격에 10회로 해두었다. 그러나 timerfd로부터 read하기 전에 20초를 슬립하기 때문에 1, 4, 7, 10, 13, 16, 19초의 7개의 타이머 만료가 중첩되게 된다. 그 결과 슬립에서 깨어나는 20초 시점에 read를 하면 19초까지 중첩되어 있던 7개의 만료된 타이머 값이 읽혀서 값이 7이 된다. 이후로는 19+3초인 22초가 다음 만료 시각이 된다.

timerfd에 대한 응용은 I/O 멀티플렉싱 기법과 같이 사용할 때도 유용하지만 여기서 응용을 다루면 복잡해지므로 signalfd, eventfd까지 모두 다룬 뒤에 응용은 따로 다루도록 한다.

03 eventfd 기법

eventfd는 64bit의 데이터만을 보낼 수 있는 특수한 파이프이다. 즉 5장에서 다룬 anonymous pipe의 특수한 형태라고 생각하면 된다. 기존의 pipe가 있는데도 굳이 eventfd가 도입된 이유는 리얼타임 처리를 위해 가볍고 빠르게 작동하는 기능이 필요했기 때문이다.

가볍고 빠르게 작동하기 위해 eventfd는 64bit의 고정된 크기로 통신하도록 작성되었다. 그리고 수신된 정수를 읽지 않고 중첩되어 수신되는 경우 정수 값은 합산된다. 이 기능은 마치 timerfd와 같다. 예를 들어 처음에 7이 수신되고 읽지 않은 상태에서 4가 수신되고 read 호출하여 값을 읽어 들이면 11이 된다. 그리고 파이프와는 달리 파일기술자도 1개만 사용한다.

```
int eventfd(unsigned int initval, int flags);
```

eventfd 호출이 성공하면 양수의 파일기술자가 리턴된다. 실패시 −1이 리턴되고 errno에 에러 코드가 설정된다. initval은 초기값을 의미한다. 보통 0을 지정한다. 양수 초기값을 설정한 경우에는 eventfd에 값이 수신된 것과 같으므로 read하는 경우 초기값이 읽히게 된다.

flags는 EFD_CLOEXEC, EFD_NONBLOCK, EFD_SEMAPHORE의 세 가지를 사용할 수 있으며 close-on-exec, 넌블록킹, 세마포어 동작의 기능을 가진다. 앞의 2개는 앞서 timerfd에서와 동작이 같으므로 생략하고 세마포어 동작만 설명하도록 한다.

앞서 예로 든 7과 4가 수신되어 중첩된 경우 11이 읽히고 eventfd는 0으로 리셋되는 것을 이미 설명했다. 그러나 세마포어 동작을 하도록 플래그를 설정하면 read할 때마다 1씩 줄어든다. 이는 마치 카운팅 세마포어에서 P 오퍼레이션과 같은 동작이다. 그리고 eventfd의 값이 0이 되면 더 이상 세마포어 값을 줄일 수 없으므로 read는 블록된다. 이 기능은 익명 세마포어를 대신할 수 있다.

3.1 eventfd 예제

eventfd 예제는 man 페이지에 있는 예제이다. 예제는 fork를 이용해서 부모, 자식 프로세스가 eventfd를 공유하고 자식 프로세스는 write를 하고 부모 프로세스가 read하는 방식이다. 자식 프로세스가 write할 숫자는 실행시 인수로 넣는 argv 리스트이다.

[코드 11.3] eventfd 예제   (io_eventfd.c)

```
01  #define handle_error(msg) \
02      do { perror(msg); exit(EXIT_FAILURE); } while (0)
03  int main(int argc, char *argv[])
04  {
05      int efd, j;
06      uint64_t u;
07      ssize_t s;
08      if (argc < 2) {
09          fprintf(stderr, "Usage: %s <num>...\n", argv[0]);
10          exit(EXIT_FAILURE);
11      }
12      efd = eventfd(0, 0); /* eventfd 생성 */
13      if (efd == -1)
14          handle_error("eventfd");
15      switch (fork()) { /* fork 분기 */
16          case 0:  /* 자식 프로세스 */
17              for (j = 1; j < argc; j++) {
18                  sleep(1);
19                  printf("\tChild writing %s to efd\n", argv[j]);
20                  u = strtoull(argv[j], NULL, 0);
21                  s = write(efd, &u, sizeof(uint64_t)); /* eventfd에 쓰기 시도 */
22                  if (s != sizeof(uint64_t))
23                      handle_error("write");
24              }
25              printf("Child completed write loop\n");
26              exit(EXIT_SUCCESS);
27          default:  /* 부모 프로세스 */
28              while (1) {
29                  s = read(efd, &u, sizeof(uint64_t)); /* eventfd로부터 읽기 시도 */
```

```
30                    if (s != sizeof(uint64_t))
31                        handle_error("read");
32                    printf("Parent read %llu (0x%llx) from efd\n",
33                            (unsigned long long) u, (unsigned long long) u);
34                }
35                exit(EXIT_SUCCESS);
36            case -1:
37                handle_error("fork");
38        } /* end : switch */
39        return 0;
40    }
```

12행에서 eventfd를 생성하고 15행에서 fork를 통해 자식 프로세스를 복제하고 있다. 이후 자식 프로세스는 1초마다 write를 하고 부모 프로세스는 read에서 블록하고 있다. 그러면 예제를 빌드하여 실행시켜 보자.

```
$ ./io_eventfd 2 5 1 2
        Child writing 2 to efd
Parent read 2 (0x2) from efd
        Child writing 5 to efd
Parent read 5 (0x5) from efd
        Child writing 1 to efd
Parent read 1 (0x1) from efd
        Child writing 2 to efd
Child completed write loop
Parent read 2 (0x2) from efd
```

[그림 11.3] eventfd 예제 실행

[그림 11.3]을 보면 실행시 "2 5 1 2"의 인수를 주었기 때문에 자식 프로세스가 순서대로 2, 5, 1, 2를 eventfd에 쓰는 것을 볼 수 있다. 그리고 부모 프로세스가 해당 값을 읽어 들여서 화면에 출력하고 있다.

만일 예제에 세마포어 동작 플래그를 설정하면 어떻게 될까? 12행에서 플래그에 EFD_SEMAPHORE를 설정하고 똑같이 실행해보면 [그림 11.4]처럼 read할 때마다 1씩 줄어드는 것을 볼 수 있다.

```
$ ./io_eventfd 2 5 1 2
            Child writing 2 to efd
Parent read 1 (0x1) from efd
Parent read 1 (0x1) from efd
            Child writing 5 to efd
Parent read 1 (0x1) from efd
Parent read 1 (0x1) from efd
Parent read 1 (0x1) from efd
Parent read 1 (0x1) from efd
Parent read 1 (0x1) from efd
            Child writing 1 to efd
Parent read 1 (0x1) from efd
            Child writing 2 to efd
Child completed write loop
Parent read 1 (0x1) from efd
Parent read 1 (0x1) from efd
```

[그림 11.4] eventfd 예제 실행 (EFD_SEMAPHORE 플래그 설정)

세마포어 동작을 이용하면 큐 데이터 처리를 구현할 때도 상당히 쉽게 구현할 수 있다. 예를 들어 큐 삽입 후 개수를 eventfd로 통지하면 꺼내는 측에서는 eventfd의 read에서 블록하고 있다가 데이터를 꺼내면 된다. eventfd에서 대기하는 스레드나 프로세스가 복수인 경우에도 안전하게 구현할 수 있다.

이외에 간단한 정수형 메시지를 전송하는 데도 eventfd를 사용한다. 정수형 메시지 하나를 다른 프로세스에 전달하기 위해 IPC 기법이나 파이프, 소켓을 쓰면 상대적으로 무겁기 때문에 eventfd로 빠르게 처리하는 경우가 있다. 그렇다고 해서 IPC나 소켓이 매우 무거운 매커니즘이라는 것은 아니다. 일반적인 경우라면 IPC, 소켓을 사용해도 큰 문제는 없다. 다만, 성능을 고려해야 하는 고성능 서버 프로그래밍이나 임베디드 시스템에서는 최대한 가벼운 통신 방식이 유리하므로 eventfd를 고려해보는 것을 권고하고 있다.

04 signalfd 기법

signalfd는 시그널 통지를 파일기술자로 받으며 데이터 형식은 siginfo_t 구조체와 흡사한 형식의 signalfd_siginfo 구조체로 통지받는다. 앞서 timerfd, eventfd은 정수형 데이터를 받았지만 signalfd는 구조체로 통지받으므로 해당 구조체에 대해 알고 있어야만 한다.

siginfo_t 구조체와 처리 방법은 앞서 10장 리얼타임 시그널의 [코드 10.2]에서 다루었다. 중복을 피하고자 여기서는 siginfo_t 구조체에 대한 설명은 생략하므로 10장을 참고하기 바란다.

```
int signalfd(int fd, const sigset_t *mask, int flags);
```

fd에 −1을 지정하면 새로운 signalfd 파일기술자를 생성하고, 기존에 생성된 signalfd 파일기술자(양수값)를 넣으면 이미 설정된 시그널 마스크 값(2번째 인수)을 수정할 때 사용한다.

mask는 signalfd로 통지받을 시그널 목록 마스크이다. 시그널 마스크의 조작은 9장에서 다룬 대로 sigemptyset, sigfillset, sigaddset, sigdelset 등을 이용해서 조작한다.

flags에는 SFD_NONBLOCK, SFD_CLOEXEC를 사용할 수 있다. 이 기능은 timerfd와 마찬가지로 넌블록킹, close−on−exec 기능의 설정이다. 이 기능들은 timerfd에서 설명했으므로 생략한다.

```
struct signalfd_siginfo {
    uint32_t ssi_signo;    /* Signal number */
    int32_t  ssi_errno;    /* Error number (unused) */
    int32_t  ssi_code;     /* Signal code */
    uint32_t ssi_pid;      /* PID of sender */
    uint32_t ssi_uid;      /* Real UID of sender */
    int32_t  ssi_fd;       /* File descriptor (SIGIO) */
    uint32_t ssi_tid;      /* Kernel timer ID (POSIX timers) */
    uint32_t ssi_band;     /* Band event (SIGIO) */
    uint32_t ssi_overrun;  /* POSIX timer overrun count */
    uint32_t ssi_trapno;   /* Trap number that caused signal */
    int32_t  ssi_status;   /* Exit status or signal (SIGCHLD) */
    int32_t  ssi_int;      /* Integer sent by sigqueue(3) */
    uint64_t ssi_ptr;      /* Pointer sent by sigqueue(3) */
    uint64_t ssi_utime;    /* User CPU time consumed (SIGCHLD) */
    uint64_t ssi_stime;    /* System CPU time consumed (SIGCHLD) */
    uint64_t ssi_addr;     /* Address that generated signal
                              (for hardware-generated signals) */
    uint8_t  pad[X];       /* Pad size to 128 bytes (allow for
                              additional fields in the future) */
};
```

read를 통해 signalfd로부터 시그널 통지를 읽어 들이면 signalfd_siginfo 구조체를 사용하는데 구조는 위와 같다.

이들은 siginfo_t 구조체와 상당 부분 겹친다. 예를 들어 ssi_signo는 통지받은 시그널 번호이다. ssi_code는 시그널 코드로 시그널이 발생한 이유를 알려준다. 만일 ssi_ code가 양수이면 커널에 의해 생성된 시그널이고 0이거나 음수이면 프로세스나 유저에 의해 발생한 시그널이다. ssi_code는 10장의 [표 10.3]에 설명했으니 참고하자.

해당 구조체는 10장에서 다룬 것이 대부분이므로 예제로 살펴보는 것이 훨씬 직관적일 것이다. 따라서 조금 뒤에 예제를 약간 응용해서 구조체의 내용을 살펴보도록 하겠다.

4.1 signalfd 예제

signalfd도 man 페이지에 예제가 나와 있으니 해당 예제를 먼저 살펴보도록 하자. 기본 예제는 키보드 입력인 Ctrl+C와 Ctrl+\에 해당하는 SIGINT, SIGQUIT를 블록마스킹하여 signalfd로 통지받는 예를 설명한다.

[코드 11.4] signalfd 예제 　　　　　　　　　　　　　　　　　(io_signalfd.c)

```
01  #define handle_error(msg) \
02      do { perror(msg); exit(EXIT_FAILURE); } while (0)
03  int main(int argc, char *argv[])
04  {
05      sigset_t mask;
06      int sfd;
07      struct signalfd_siginfo fdsi;
08      ssize_t s;
09      sigemptyset(&mask);
10      sigaddset(&mask, SIGINT);
11      sigaddset(&mask, SIGQUIT);
12      if (sigprocmask(SIG_BLOCK, &mask, NULL) == -1)
13          handle_error("sigprocmask");
14      sfd = signalfd(-1, &mask, 0);
15      if (sfd == -1)
16          handle_error("signalfd");
17      for (;;) {
18          s = read(sfd, &fdsi, sizeof(struct signalfd_siginfo));
19          if (s != sizeof(struct signalfd_siginfo))
20              handle_error("read");
21          if (fdsi.ssi_signo == SIGINT) {
22              printf("Got SIGINT : %d/%d\n", fdsi.ssi_code, fdsi.ssi_pid);
23          } else if (fdsi.ssi_signo == SIGQUIT) {
24              printf("Got SIGQUIT\n");
25              exit(EXIT_SUCCESS);
26          } else {
27              printf("Read unexpected signal\n");
28          }
29      }
30  }
```

09~13행까지는 SIGINT, SIGQUIT를 블록 마스킹하는 작업이다. signalfd로 통지받기 때문에 시그널 블록 마스크를 설치해둬야만 한다. 예제에서는 sigprocmask를 사용했지만, 스레드 환경이라면 pthread_sigmask를 사용해야 한다.

14행에서는 앞서 설정한 SIGINT, SIGQUIT를 통지받을 signalfd를 생성한다. 그리고 17행부터 무한 루프를 돌면서 signalfd로부터 read를 한다. 예제는 아주 약간 수정을 했다. 22행을 보면 SIGINT를 받는 경우 ssi_code, ssi_pid를 출력하도록 수정했다.

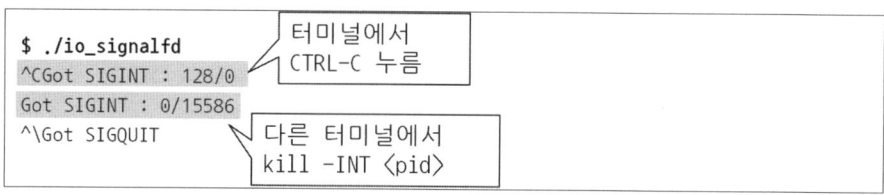

[그림 11.5] signalfd 예제 실행

빌드해서 실행한 뒤에 Ctrl+C를 눌러보면 22행이 실행되어 [그림 11.5]처럼 출력될 것이다. 그런데 ssi_code와 ssi_pid가 128과 0이 출력되었다. 이는 키보드 인터럽트로 인식되어 커널에서 보냈기 때문에 PID가 무시되어 0으로 출력된 것이다.

그림의 두 번째 음영 부분은 다른 터미널 창에서 해당 프로세스로 kill -INT 〈io_signalfd의 pid〉을 실행하여 외부에서 SIGINT 시그널을 보낸 것이다. 출력된 메시지에 보면 ssi_code는 0, ssi_pid는 15586이 출력되었다. ssi_code가 0인 경우는 SI_USER 매크로로서 유저가 발생시킨 시그널을 의미하며 ssi_pid의 15586은 필자가 kill 명령을 수행했던 터미널의 셸의 PID이다.

그리고 마지막 행에서는 Ctrl+\로 SIGQUIT를 발생시켜 프로세스를 종료했다. 이제 어느 정도 감을 잡았으니 이번에는 SIGCHLD를 signalfd로 통지받도록 예제를 작성해보겠다.

[코드 11.5] signalfd와 SIGCHLD 예제   (io_signalfd_chld.c, 1/2 번째)

```
01  #define MAX_POOL    3
02  #define handle_error(msg) \
03      do { perror(msg); exit(EXIT_FAILURE); } while (0)
04  int start_child(int sfd, sigset_t sigset);
05  int main()
06  {
07      int sfd_child, sfd_parent;    /* signalfd : 자식 프로세스용, 부모 프로세스용 */
08      struct signalfd_siginfo fdsi;
09      sigset_t sigmask_child, sigmask_parent; /* 시그널 마스크 : 자식 프로세스용, 부모 프로세스용 */
10      ssize_t ret_read;
```

```
11      printf("Parent: pid = %d\n", (int)getpid());
12      sigemptyset(&sigmask_child);
13      sigaddset(&sigmask_child, SIGUSR1); /* 자식 프로세스는 USR1, TERM 시그널 감지 */
14      sigaddset(&sigmask_child, SIGTERM);
15      sigemptyset(&sigmask_parent);
16      sigaddset(&sigmask_parent, SIGCHLD);/* 부모 프로세스는 SIGCHLD 감지 */
17      if (sigprocmask(SIG_BLOCK, &sigmask_child, NULL) == -1) /* 시그널 블록 마스크 설치 */
18          handle_error("sigprocmask");
19      if (sigprocmask(SIG_BLOCK, &sigmask_parent, NULL) == -1) /* 시그널 블록 마스크 추가 */
20          handle_error("sigprocmask");
21      if ((sfd_child = signalfd(-1, &sigmask_child, 0)) == -1) /* 자식 프로세스용 */
22          handle_error("signalfd");
23      if ((sfd_parent = signalfd(-1, &sigmask_parent, 0)) == -1)
24          handle_error("signalfd");
25      for(int i; i<MAX_POOL; i++)
26          start_child(sfd_child, sigmask_child);
27      while (1) {
28          ret_read = read(sfd_parent, &fdsi, sizeof(struct signalfd_siginfo));
29          if (ret_read != sizeof(struct signalfd_siginfo))
30              handle_error("read");
31          if (fdsi.ssi_signo == SIGCHLD) { /* 자식 프로세스의 상태 변화 감지 시그널 */
32              int     is_refork = 0; /* 자식 프로세스를 생성해야 하는지 여부 */
33              int     optflags = WNOHANG|WEXITED|WSTOPPED|WCONTINUED;
34              siginfo_t wsiginfo = {.si_pid = 0};
35              char    *str_status;
36              while (1) {
37                  if (waitid(P_ALL, 0, &wsiginfo, optflags) == 0 && wsiginfo.si_pid != 0) {
38                      switch (wsiginfo.si_code) { /* si_code에 따른 분기 */
39                          case CLD_EXITED:
40                              str_status = "Exited"; is_refork = 1;
41                              break;
42                          case CLD_KILLED:
43                              str_status = "Killed"; is_refork = 1;
44                              break;
45                          case CLD_DUMPED:
46                              str_status = "Dumped"; is_refork = 1;
47                              break;
48                          case CLD_STOPPED:
49                              str_status = "Stopped";
50                              break;
51                          case CLD_CONTINUED:
52                              str_status = "Continued";
53                              break;
54                          default:
55                              str_status = "si_code";
56                              break;
57                      }
```

```
58              printf("Parent: child pid(%d) %s(%d:%d)\n",
59                      wsiginfo.si_pid, str_status, wsiginfo.si_status, fdsi.ssi_status);
60              if (is_refork != 0) { /* 자식 프로세스의 refork 필요 */
61                  printf("Parent: re-fork child\n");
62                  start_child(sfd_child, sigmask_child);
63              }
64          } else {
65              break;
66          }
67      } /* end : while */
68  } /* end : if */
69  printf("Parent: recv signal\n");
70  } /* end : while */
71  return 0;
72  } /* end : main */
```

[코드 11.5]의 예제는 자식 프로세스를 감시하다가 죽는 경우 다시 fork하여 생성하는 기능을 signalfd로 구현한 것이다. signalfd를 복수로 가져갈 수 있는 것을 보여주기 위해 자식 프로세스는 SIGUSR1, SIGTERM을 수신하도록 마스킹하고 부모 프로세스는 SIGCHLD만 수신하도록 하였다.

그러나 부모 프로세스가 자식 프로세스를 fork하기 전에 시그널 블록 마스크가 설치되어야 안전하기 때문에 부모 프로세스에서 SIGUSR1, SIGTERM, SIGCHLD 모두를 블록킹했다. 따라서 12~20행을 보면 자식 프로세스를 fork하기 전에 시그널 블록 마스크를 설치하는 것을 볼 수 있다.

21행에서는 자식 프로세스용 signalfd를 생성하고 있는데 sigmask_child 마스크는 SIGUSR1, SIGTERM을 감지하도록 설정되어 있다. 23행에서는 부모 프로세스용 signalfd로서 SIGCHLD만 감지하도록 되어 있다.

25~26행에서는 총 3개의 자식 프로세스를 생성하기 위해 루프를 돌면서 start_child 함수를 호출한다. 이 함수는 내부에서 fork를 하게 되어 있는데 조금 뒤에 살펴보도록 하자.

27행부터 루프를 돌면서 부모 프로세스는 SIGCHLD를 감지하기 위해 sfd_parent에 read를 호출하여 블록한다. 만일 자식 프로세스의 상태 변화(종료, 정지, 재개 등등)가 감지되면 즉시 리턴하게 될 것이다.

그리고 36~67행을 돌면서 자식 프로세스의 상태 변화를 읽게 된다. waitid에서 리턴된 si_code값이 CLD_EXITED, CLD_KILLED, CLD_DUMPED인 경우라면 자식 프로세스가 종료된 경우이므로 다시 fork로 생성하도록 is_refork를 1로 변경한다. 그리고 60~63행에서 is_refork의 값을 확인하는 과정을 거친다. 그러면 이제 나머지 부분의 코드를 살펴보도록 하자.

[코드 11.5] signalfd와 SIGCHLD 예제   (io_signalfd_chld.c , 2/2 번째)

```
73   int start_child(int sfd, sigset_t sigset)
74   {
75      ssize_t ret_read;
76      struct signalfd_siginfo fdsi;
77      switch (fork()) {
78         case 0: /* child */
79            printf("\tChild: pid = %d\n", (int) getpid());
80            while (1) {
81               ret_read = read(sfd, &fdsi, sizeof(struct signalfd_siginfo));
82               if (ret_read != sizeof(struct signalfd_siginfo))
83                  handle_error("read");
84               if (fdsi.ssi_signo == SIGUSR1) {
85                  printf("\tChild: SIGUSR1 (pid:%d)\n", (int)getpid());
86               } else if (fdsi.ssi_signo == SIGTERM) {
87                  printf("\tChild: SIGTERM : call exit(0)\n");
88                  exit(EXIT_SUCCESS);
89               } else {
90                  printf("\tChild: Read unexpected signal (%d)\n", fdsi.ssi_signo);
91                  break;
92               }
93            } /* end : while */
94            exit(EXIT_FAILURE);
95         default: /* parent */
96            return 0;
97         case -1:
98            handle_error("fork");
99            return errno;
100     } /* end : switch */
101     return 0;
102  }
```

77행을 보면 자식 프로세스를 생성하기 위해 fork를 하고 있다. 그리고 자식 프로세스인 경우는 80~93행의 무한 루프를 돌면서 signalfd에 read를 하고 있다. 여기서 SIGUSR1, SIGTERM을 처리하고 있다. 그러면 예제를 빌드해서 실행시키고 테스트를 해보자.

[그림 11.6]의 좌측은 예제를 실행한 터미널 창이고 우측은 시그널을 전송하는 터미널 창이다. 필자의 시스템에서 실행시킨 그림이므로 독자 여러분과는 메시지가 다를 수 있다.

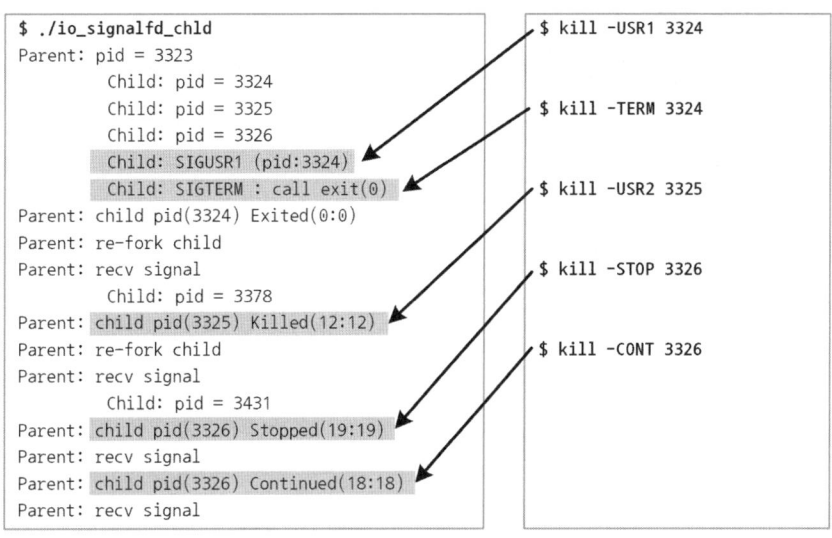

[그림 11.6] signalfd와 SIGCHLD 예제 실행(좌) 시그널 전송(우)

그림의 좌측을 보면 부모 프로세스의 PID가 3323, 자식 프로세스들이 3324, 3325, 3326의 3개가 생성되어 있다. 우선 자식 프로세스인 PID 3324에 SIGUSR1을 보내면 [코드 11.5]의 85행이 실행되어 출력되는 것을 볼 수 있다.

그다음에 3324에 SIGTERM을 보내면 [코드 11.5]의 87, 88행이 실행되어 exit(0)가 실행되면서 프로세스가 종료된다. 그리하여 부모 프로세스는 정상 종료인 것으로 인식되어 그림에는 Exited(0:0)으로 출력된 것이다. SIGTERM 시그널을 수신했지만 마치 정상 종료된 것처럼 코딩된 것이다. 원래대로라면 이렇게 종료 요청 시그널을 받은 뒤에 exit(0)로 정상 종료하는 경우는 흔치 않은 방법이겠지만 여기서는 예제의 기능을 보이기 위해서 비상식적인 코딩을 해봤다.

그 후 3325에 USR2를 전송했는데 SIGUSR2는 블록 마스크에 설정되지 않은 시그널이므로 기본 작동으로 동작하게 된다. SIGUSR2의 기본 작동은 종료이므로 3325는 시그널로 인한 종료(si_code = CLD_KILLED)로 처리된다. 그래서 [그림 11.6]에는 Killed로 출력되고 SIGUSR2의 시그널 번호인 12가 출력되었다.

그 후에 kill −STOP 3326으로 정지를 시켜보고 그 후에 kill −CONT 3326을 보내 재개시키는 것도 잘 작동하는 것을 볼 수 있다.

05   timerfd와 I/O 멀티플렉싱 기법의 응용

timerfd, eventfd, signalfd는 파일기술자이기 때문에 I/O 멀티플렉싱 기법인 epoll, select, poll에 등록해서 통지를 감지할 수 있다고 하였다. 마침 I/O 멀티플렉싱 기법을 7장에서 다뤘기에 여기서는 두 기법을 같이 사용하여 응용해보자.

예제는 epoll을 이용해서 timerfd의 만료와 소켓 입출력을 같이 처리하는 것이다. 즉 epoll에서 이벤트를 감지하면 timerfd인 경우에는 타이머 만료에 대한 작업을 처리하고 소켓 이벤트이면 소켓 버퍼를 읽어 들이도록 하는 기능을 작성하도록 할 것이다. timerfd나 epoll의 함수 사용법은 이미 다뤘으므로 바로 예제 코드를 보자.

[코드 11.6] timerfd와 epoll의 응용   (epoll_timerfd.c , 1/5번째)

```
01   #define LISTEN_BACKLOG  256
02   #define FDSESSION_DEFAULT_TIMEOUT 30
03   #define ADD_EV(a, b, c) if (add_ev(a, b, c) == -1) { pr_err("Fail: add_ev"); exit(EXIT_FAILURE); }
04   #define DEL_EV(a, b)    if (del_ev(a, b) == -1) { pr_err("Fail: del_ev"); exit(EXIT_FAILURE); }
05   typedef struct fdsession {
06       int     socketfd, timerfd, timeout;
07   } FDSESSION;
08   typedef struct fds_list {
09       int     n_allocated, n_used;
10       FDSESSION  *list;
11   } FDSESSIONLIST;
12   FDSESSIONLIST fds_list;    /* fd session list */
13   const int   max_ep_events  = 32;
14   int epollfd;        /* epoll fd */
15   #define GET_TIME0(a)    get_time0(a, sizeof(a)) == NULL ? "error" : a
16   char * get_time0(char *buf, size_t sz_buf);
17   int fcntl_setnb(int fd);        /* set non-blocking mode */
18   int setsockopt_linger(int fd);
19   int add_ev(int efd, int fd, int timeout);
20   int del_ev(int efd, int fd);
21   int get_epollevent(int fd_listener, struct epoll_event *ep_events, int ret_poll);
22   int fds_new_timerfd(FDSESSION **fds_, int socketfd, int timeout);
23   int fds_set_timerfd(FDSESSION *fds_);
24   int fds_deletebytimerfd(int timerfd);
25   int fds_findbysocketfd(FDSESSION **ret_fds, int fd);
26   int fds_findbytimerfd(FDSESSION **ret_fds, int fd);
```

예제 [코드 11.6]은 소켓 연결이 마지막으로 수신한 시각에서 FDSESSION_
DEFAULT_TIMEOUT(30초)가 지나도록 아무런 입력이 없으면 타임아웃으로 간주
하여 서버측에서 강제로 접속을 끊는 기능을 timerfd로 구현한 것이다. 이를 위해
timerfd와 소켓 파일기술자를 관리하는 구조체를 만들고 배열 리스트로 관리했다.

코드의 01~26행은 선언 부분이다. 기본적인 뼈대는 7장의 epoll 예제인 [코드 7-8]
을 사용하였다. 05~12행은 timerfd와 소켓의 파일기술자를 하나의 세션으로 관리하
기 위한 세션 구조체 선언이다.

세션 구조체인 FDSESSION은 1개의 세션의 정보이며 소켓 fd, timerfd, 타임아웃
시간을 묶어서 저장한다. FDSESSIONLIST는 세션 구조체 FDSESSION 리스트를
저장하는 구조체로 n_allocated는 힙 메모리로 할당된 FDSESSION 구조체의 개수
를 저장하고 n_used는 실제 사용된 구조체의 개수를 의미한다.

선언된 함수들은 실제 코드에서 설명하니 바로 main 함수부터 살펴보자.

[코드 11.6] timerfd와 epoll의 응용   (epoll_timerfd.c , 2/5번째)

```
27   int main(int argc, char *argv[])
28   {
29       int    ret, ret_poll, fd_listener;
30       char   *port;
31       struct epoll_event  *ep_events;
32       if (argc > 2) {
33           printf("%s [port number]\n", argv[0]);
34           exit(EXIT_FAILURE);
35       }
36       if (argc == 2) {
37           port = strdup(argv[1]);
38       } else {
39           port = strdup("0"); /* random port */
40       }
41       struct addrinfo ai, *ai_ret;
42       int    rc_gai;
43       memset(&ai, 0, sizeof(ai));
44       ai.ai_family = AF_INET;
45       ai.ai_socktype = SOCK_STREAM;
46       ai.ai_flags = AI_ADDRCONFIG | AI_PASSIVE;
47       if ((rc_gai = getaddrinfo(NULL, port, &ai, &ai_ret)) != 0) {
48           pr_err("getaddrinfo():%s", gai_strerror(rc_gai));
49           exit(EXIT_FAILURE);
50       }
51       if ((fd_listener = socket( ai_ret->ai_family,
52                   ai_ret->ai_socktype, ai_ret->ai_protocol)) == -1) {
```

```
53          pr_err("socket()");
54          exit(EXIT_FAILURE);
55      }
56      fcntl_setnb(fd_listener); /* 리스너 소켓을 넌블록킹 모드로 변경 */
57      if (bind(fd_listener, ai_ret->ai_addr, ai_ret->ai_addrlen) == -1) {
58          pr_err("bind()");
59          exit(EXIT_FAILURE);
60      }
61      pr_out("bind : %s", port);
62      listen(fd_listener, LISTEN_BACKLOG);
63      if ((epollfd = epoll_create(1)) == -1) {  /* 에러 처리 */
64          exit(EXIT_FAILURE);
65      }
66      if ((ep_events = calloc(max_ep_events, sizeof(struct epoll_event))) == NULL) { /* 에러 처리 */
67          exit(EXIT_FAILURE);
68      }
69      ADD_EV(epollfd, fd_listener, 0); /* 리스너 소켓을 epoll에 등록 */
70      char buf_time[32];
71      while (1) {
72          pr_out("[%s] epoll waiting ...", GET_TIME0(buf_time));
73          if ((ret_poll = epoll_wait(epollfd, ep_events, max_ep_events, -1)) == -1) {
74              /* 에러 처리 필요 */
75          }
76          pr_out("epoll_wait = %d", ret_poll);
77          ret = get_epollevent(fd_listener, ep_events, ret_poll); /* 접속 및 소켓 수신 처리 */
78          if (ret != 0) {
79              pr_err("get_epollevent()");
80          }
81      } /* end : while */
82      return 0;
83  } /* end : main */
```

main 함수의 29~70행까지는 7장의 epoll 예제와 같다. 특히 네트워크 주소를 해석하고 리스너 소켓을 만든 다음에 바인드하는 과정은 똑같은 코드다. 다만, 69행의 ADD_EV 부분이 조금 변경되었다.

원래 7장에서는 ADD_EV의 인수가 2개로서 epoll 파일기술자와 등록할 파일기술자였다. 변경된 ADD_EV에는 3번째 인수가 있는데 여기에 양수를 넣으면 timerfd를 생성하고 타이머 만료 시간으로 지정한다. 그러나 0을 넣으면 타이머를 사용하지 않게 된다.

타이머 만료시 작동할 기능은 close 함수를 호출하여 해당 파일기술자를 닫도록 하였다. 그러나 리스너 소켓은 타임아웃이 필요 없으므로 69행의 3번째 인수는 0을 넣었다.

71~81행은 서비스 루프로서 접속을 받거나 소켓 메시지 수신을 처리하는 부분이다. epoll_wait 함수를 호출하여 처리하는 부분도 7장의 예제와 구조적으로는 같다. 그러나 7장에서는 흐름을 보기 위해 모든 코드를 루프 안에 직접 넣었지만 여기서는 77행의 get_epollevent 함수로 분리했다.

[코드 11.6] timerfd와 epoll의 응용　　　　　　　　　　　　　(epoll_timerfd.c , 3/5번째)

```
84    int get_epollevent(int fd_listener, struct epoll_event *ep_events, int ret_poll)
85    {
86        int    i, ret, ret_recv, fd;
87        char   buf[1024], buf_time[32];
88        for (i=0; i<ret_poll; i++) {
89            if (ep_events[i].events & EPOLLIN) {
90                if (ep_events[i].data.fd == fd_listener) { /* 새로운 접속인가? */
91                    while(1) {
92                        if ((fd = accept(fd_listener, NULL, NULL)) == -1) {
93                            if (errno == EAGAIN) { /* 리스너 소켓의 백로그에 더 이상 처리할 접속이 없음 */
94                                break;
95                            }
96                            pr_err("accept()");
97                            break;
98                        }
99                        fcntl_setnb(fd); /* 넌블록킹 설정 */
100                       ADD_EV(epollfd, fd, FDSESSION_DEFAULT_TIMEOUT); /* 타이머를 세팅하여 추가 */
101                       pr_out("accept : add socket = %d", fd);
102                   } /* end : while */
103               } else {   /* connection in fdsession? */
104                   FDSESSION *ret_fds;
105                   if (fds_findbytimerfd(&ret_fds, ep_events[i].data.fd) == 0) { /* timerfd 인가? */
106                       pr_out("timeout[%s] expired/closed (sfd/tfd=%d/%d)", GET_TIME0(buf_time),
107                           ret_fds->socketfd, ret_fds->timerfd);
108                       setsockopt_linger(ret_fds->socketfd);
109                       DEL_EV(epollfd, ret_fds->socketfd);
110                   } else {   /* 소켓 파일기술자인 경우 */
111                       if ((ret_recv = recv(ep_events[i].data.fd, buf, sizeof(buf), 0)) == -1) {
112                           pr_err("recv()");
113                       } else {
114                           if (ret_recv == 0) {    /* closed by foreign host */
115                               pr_out("closed by foreign host (sfd=%d)", ep_events[i].data.fd);
116                               DEL_EV(epollfd, ep_events[i].data.fd);
117                           } else {
118                               /* 일반 메시지를 수신한 경우 */
119                               pr_out("recv[%s] (fd=%d,n=%d)=%.*s", GET_TIME0(buf_time),
120                                   ep_events[i].data.fd, ret_recv, ret_recv, buf);
121                               /* 소켓 파일기술자로 세션을 찾아 타이머 만료 시간을 갱신 */
122                               if ((ret = fds_findbysocketfd(&ret_fds, ep_events[i].data.fd)) != 0) {
```

```
123                         return ret;
124                     }
125                     if ((ret = fds_set_timerfd(ret_fds)) != 0) {
126                         return ret;
127                     }
128                 }
129             } /* end : recv() */
130         } /* end : if-else (timerfd?) */
131     } /* end : if-else (fd_listener?) */
132     } else if (ep_events[i].events & EPOLLERR) {
133         /* error */
134     } else {
135         pr_out("fd(%d) epoll event(%d) err(%s)",
136                 ep_events[i].data.fd, ep_events[i].events, strerror(errno));
137     }
138     } /* end : for(i) */
139     return 0;
140 }
```

get_epollevent는 epoll_wait에서 리턴된 epoll_event 구조체를 처리하는 함수다. epoll_event 구조체에서 이벤트가 발생한 파일기술자가 리스너 소켓이면 새로운 연결을 받아들이고 아니라면 timerfd인지 일반 소켓인지 구분하여 처리한다.

먼저 90행에서 epoll이 이벤트를 감지한 파일기술자가 리스너 소켓이면 새로운 연결이 백로그에 존재한다는 뜻이므로 91~102행을 돌면서 accept를 호출하여 연결을 받아들인다.

새로운 연결을 받아들이는 데 성공하면 이를 epoll에 추가한다. 새로운 연결을 epoll에 등록하기 위해 100행에서 ADD_EV를 호출하는데, 3번째 인수에 FDSESSION_DEFAULT_TIMEOUT(30초)를 설정하는 것을 볼 수 있다.

예제는 모든 세션에 30초의 고정된 타임아웃을 사용하지만, 세션별로 다른 타임아웃을 적용할 수 있는 구조로 수정해보는 것도 좋은 공부가 될 것이다.

103행부터는 timerfd인지 일반 소켓인지 구별하는 코드이다. 105행의 fds_findbytimerfd는 파일기술자가 timerfd인지를 판별하는 함수로서 0이면 timerfd가 맞다는 것이고, ret_fds에 해당 세션 구조체의 주소를 리턴해준다. 함수의 코드는 조금 뒤에 보도록 할 것이다.

timerfd에 이벤트가 발생했다는 것은 타이머 만료가 발생했다는 것이고 이 경우에는 접속을 끊는 작업을 할 것이다. 서버측에서 타임아웃으로 인해 접속을 끊는 경우는 강제로 끊는 작업이므로 소켓에 linger 옵션으로 aborty shutdown으로 끊도록 할 것이다.[50] 이는 비정상 상황에서 접속을 끊을 때 서버측에 TIME_WAIT 상태를 만들지 않기 위해서이다. 이 기능이 바로 108행의 setsockopt_linger 함수다.

109행은 세션을 제거하는 DEL_EV를 호출하는 것이다. DEL_EV에서는 소켓 파일 기술자만 닫는 것이 아니라 timerfd도 함께 닫는 작업을 한다.

111~129행은 일반 소켓 파일기술자에 이벤트가 발생한 경우이므로 recv를 호출해서 수신 작업을 한다. 정상적으로 일반 메시지를 수신하면 타임아웃 시각을 갱신해야 한다. 그러기 위해 세션 구조체 정보에서 timerfd를 알아야 한다. 따라서 122행의 fds_findbysocketfd를 호출하여 소켓 파일기술자로 검색하여 세션 구조체의 주소를 ret_fds로 받는다.

세션 구조체 정보를 알아냈으면 ret_fds를 fds_set_timerfd에 넘겨서 해당 세션의 타이머 만료 시각을 수정한다. fds_set_timerfd는 세션 구조체(FDSESSION)에 저장된 타임아웃 시간을 갱신하는 함수이다. 현재는 30초 고정된 타임아웃이므로 fds_set_timerfd는 30초 뒤로 타이머 만료를 조정하는 작업을 하게 된다.

그러면 이번에는 소켓을 추가, 삭제하는 add_ev, del_ev 함수 코드를 살펴보도록 하자.

[코드 11.6] timerfd와 epoll의 응용   (epoll_timerfd.c , 4/5번째)

```
141  int add_ev(int efd, int fd, int timeout)
142  {
143      struct epoll_event ev;
144      ev.events = EPOLLIN ;
145      ev.data.fd = fd;
146      if (epoll_ctl(efd, EPOLL_CTL_ADD, fd, &ev) == -1) {
147          pr_err("fd(%d) EPOLL_CTL_ADD  Error(%d:%s)", fd, errno, strerror(errno));
148          return -1;
149      }
150      if (timeout > 0) { /* 타임아웃이 존재하는 경우 : timerfd를 생성하자 */
151          int    ret;
152          FDSESSION *ret_fds;
153          if ((ret = fds_new_timerfd(&ret_fds, fd, timeout)) != 0) {
154              return ret;
155          }
156          if ((ret = fds_set_timerfd(ret_fds)) != 0) {
157              return ret;
158          }
159          ev.events = EPOLLIN;
160          ev.data.fd = ret_fds->timerfd;
```

---

50) linger 옵션은 6장의 소켓 옵션을 참고하라.

```
161          if (epoll_ctl(efd, EPOLL_CTL_ADD, ret_fds->timerfd, &ev) == -1) {
162              pr_err("fd(%d) EPOLL_CTL_ADD  Error(%d:%s)", fd, errno, strerror(errno));
163              return -1;
164          }
165      return 0;
166  }
167  int del_ev(int efd, int fd)
168  {
169      if (epoll_ctl(efd, EPOLL_CTL_DEL, fd, NULL) == -1) {
170          pr_err("fd(%d) EPOLL_CTL_DEL Error(%d:%s)", fd, errno, strerror(errno));
171          return errno;
172      }
173      close(fd);
174      int     ret;
175      FDSESSION   *ret_fds;
176      if ((ret = fds_findbysocketfd(&ret_fds, fd)) != 0) { /* 에러 처리 필요 */
177          return ret;
178      }
179      if (epoll_ctl(efd, EPOLL_CTL_DEL, ret_fds->timerfd, NULL) == -1) {
180          pr_err("fd(%d) EPOLL_CTL_DEL Error(%d:%s)", ret_fds->timerfd, errno, strerror(errno));
181          return errno;
182      }
183      close(ret_fds->timerfd);
184      if ((ret = fds_deletebytimerfd(ret_fds->timerfd)) != 0) {   /* 에러 처리 필요 */
185          return ret;
186      }
187      return 0;
188  }
```

141행의 add_ev는 ADD_EV 매크로가 부르는 함수의 실체다. 따라서 143~149행 에서 소켓 파일기술자를 epoll에 등록하기 위해 epoll_ctl을 사용하고 있다.

add_ev 호출시 3번째 인수가 양수가 들어오면 타임아웃이 존재하는 것으로 판단 하여 150~164행을 실행한다. 여기서 fds_new_timerfd를 호출하는데 이 함수는 timerfd와 관리용 세션 구조체를 만드는 함수이다. 이 함수가 성공하면 ret_fds에는 새롭게 생성된 세션 구조체의 주소가 리턴된다.

156행의 fds_set_timerfd는 세션의 타이머 만료를 갱신하는 함수이다. 타이머 만료 시각을 갱신한 뒤에 epoll로 이벤트를 수신해야 하므로 161행에서 timerfd를 epoll_ ctl로 등록한다.

167행의 del_ev는 DEL_EV 매크로가 부르는 함수의 실체다. 이 함수는 add_ev 와 반대의 작업을 한다. 169행에서 소켓 파일기술자를 epoll로부터 제거한다.

176행에서는 소켓 파일기술자를 통해 세션 구조체를 찾아낸 다음에 179행에서 timerfd를 epoll로부터 제거한다. 그리고 183행에서 timerfd를 닫고 곧이어 fds_deletebytimerfd로 해당하는 FDSESSION 구조체 세션 정보도 제거한다.

이제 FDSESSION 구조체를 관리하는 함수들과 파일기술자, 소켓 옵션 관련 함수들을 살펴보자.

[코드 11.6] timerfd와 epoll의 응용 　　　　　　　　(epoll_timerfd.c , 5/5번째)

```
189  int fds_new_timerfd(FDSESSION **fds, int socketfd, int timeout)
190  {
191      if (fds_list.n_allocated == fds_list.n_used) { /* 세션 리스트의 빈공간이 없다면 재할당을 한다 */
192          int n_allocated = fds_list.n_allocated + 16; /* 16개씩 추가 할당한다 */
193          FDSESSION *p_fds = realloc(fds_list.list, n_allocated * sizeof(FDSESSION));
194          if (p_fds == NULL) {
195              return errno;
196          }
197          fds_list.list = p_fds;    /* reallocated address */
198          fds_list.n_allocated = n_allocated;    /* number of allocated elements */
199      }
200      int fd = timerfd_create(CLOCK_REALTIME, TFD_NONBLOCK|TFD_CLOEXEC);
201      if (fd == -1) {
202          perror("timerfd_create");        /* 에러 처리 */
203          return errno;
204      }
205      fds_list.list[fds_list.n_used].socketfd = socketfd; /* 소켓 파일기술자 */
206      fds_list.list[fds_list.n_used].timerfd = fd;        /* timerfd 파일기술자 */
207      fds_list.list[fds_list.n_used].timeout = timeout;  /* 타임아웃 (타이머 만료 초수) */
208      *fds = &fds_list.list[fds_list.n_used];
209      ++fds_list.n_used;
210      return 0;
211  }
212  int fds_set_timerfd(FDSESSION *fds)
213  {
214      struct itimerspec rt_tspec = { .it_value.tv_sec = fds->timeout };
215      if (timerfd_settime(fds->timerfd, 0, &rt_tspec, NULL) == -1) {
216          pr_err("timerfd_settime");        /* 에러 처리 */
217          return errno;
218      }
219      char buf_time[32];
220      pr_out("timeout[%s] start (sfd/tfd=%d/%d, timeout=%d)", GET_TIME0(buf_time),
221              fds->socketfd, fds->timerfd, fds->timeout);
222      return 0;
223  }
224  int fds_deletebytimerfd(int timerfd)
225  {
```

```
226    int  i, flag = 0; /*  1:found, 0:not found */
227    FDSESSION *iter_fds;
228    for (i=0; i<fds_list.n_used; i++) {
229        iter_fds = &fds_list.list[i];
230        if (iter_fds->timerfd == timerfd) {
231            if (i != (fds_list.n_used-1)) { /* 마지막 리스트 제거시 마지막 요소로 덮어쓰기 */
232                fds_list.list[i] = fds_list.list[fds_list.n_used-1];
233            }
234            fds_list.list[fds_list.n_used-1].socketfd = -1;
235            fds_list.list[fds_list.n_used-1].timerfd = -1;
236            flag = 1;
237            break;
238        }
239    } /*  loop: for(i) */
240    if (flag == 0) {
241        return ENOENT;
242    }
243    --fds_list.n_used;
244    return 0;
245 }
246 int fds_findbysocketfd(FDSESSION **ret_fds, int fd)
247 {
248    int i, flag = 0;
249    FDSESSION *iter_fds;
250    for (i=0; i<fds_list.n_used; i++) {
251        iter_fds = &fds_list.list[i];
252        if (iter_fds->socketfd == fd) {
253            *ret_fds = iter_fds;
254            flag = 1;
255            break;
256        }
257    } /*  loop: for(i) */
258    if (flag == 0) {
259        return -1;
260    }
261    return 0;
262 }
263 int fds_findbytimerfd(FDSESSION **ret_fds, int fd)
264 {
265    int i, flag = 0;
266    FDSESSION *iter_fds;
267    for (i=0; i<fds_list.n_used; i++) {
268        iter_fds = &fds_list.list[i];
269        if (iter_fds->timerfd == fd) {
270            *ret_fds = iter_fds;
271            flag = 1;
272            break;
```

```
273            }
274        } /* loop: for(i) */
275        if (flag == 0) {
276            return -1;
277        }
278        return 0;
279  }
280  int fcntl_setnb(int fd)
281  {
282        if (fcntl(fd, F_SETFL, O_NONBLOCK | fcntl(fd, F_GETFL)) == -1) {
283            return errno;
284        }
285        return 0;
286  }
287  int setsockopt_linger(int fd)
288  {
289        struct linger so_linger = { .l_onoff=1, .l_linger=0 };
290        if (setsockopt(fd, SOL_SOCKET, SO_LINGER, &so_linger, sizeof(so_linger)) == -1) {
291            return errno;
292        }
293        return 0;
294  }
295  char * get_time0(char *buf, size_t sz_buf)
296  {
297  #define STR_TIME_FORMAT     "%H:%M:%S"
298        struct timespec tspec;
299        struct tm   tm_now;
300        size_t  sz_ret;
301        if (buf == NULL || sz_buf < 20) return NULL;
302        if (clock_gettime(CLOCK_MONOTONIC, &tspec) == -1) {
303            return NULL;
304        }
305        localtime_r((time_t *)&tspec.tv_sec, &tm_now);
306        if ((sz_ret = strftime(buf, sz_buf, STR_TIME_FORMAT, &tm_now)) == 0) {
307            return NULL;
308        }
309        return buf;
310  }
```

fds_new_timerfd 함수는 타이머 관리를 위한 세션 구조체를 할당하는 함수이다. 191행을 보면 fds_list.n_allocated는 현재 할당된 세션 구조체 리스트의 개수이고 fds_list.n_used는 사용된 개수이다. 이 둘이 같은 경우라면, 즉 n_allocated == n_used의 경우 사용 가능한 빈 공간이 없으므로 realloc으로 기존 값보다 16개를 추가하여 재할당하면서 공간을 늘린다.

200행에서는 timerfd_create로 timerfd를 생성하고 있다. 시계의 종류는 CLOCK_REALTIME이고 플래그는 넌블록킹(TFD_NONBLOCK), close-on-exec(TFD_CLOEXEC)를 적용했다. 205~209행에서는 fds_list에 새로운 세션 구조체에 값을 채워 넣고 fds_list.n_used를 하나 증가시킨다.

fds_set_timerfd 함수는 타이머 만료를 설정하는 함수로서 실질적으로 타이머를 구동시키는 함수이다. 타이머 구동이 제대로 되는지 확인하려면 타이머 작동 시간을 출력해봐야 하므로 220행에서 GET_TIME0 매크로 함수로 시간을 출력하고 있다. 뒤에서 예제를 실행하여 타이머 만료가 제대로 되는지 출력 결과로 확인해 볼 것이다.

fds_deletebytimerfd 함수는 timerfd 파일기술자로 세션 구조체를 검색해서 삭제하는 함수이다. 구조적인 부분은 del_ev와 같고 7장에서 내내 보던 것이므로 설명은 생략하겠다.

fds_findbysocketfd 함수는 소켓 파일기술자 번호로 세션 구조체를 검색하는 함수이다. 리턴값은 성공, 실패만 나타내고 검색 성공시 세션 구조체는 1번째 인수인 ret_fds로 주소를 리턴한다.

fds_findbytimerfd 함수는 위 fds_findbysocketfd와 기능은 같으나 timerfd로 세션 구조체를 검색하는 점만 다르다.

fcntl_setnb는 파일기술자를 넌블록킹으로 설정하는 함수이며 setsockopt_linger는 linger 옵션을 이용해서 aborty shutdown을 설정하는 구조이다. aborty shutdown이 설정되면 active close시에 RST(reset)으로 TCP 연결을 취소시키기 때문에 TIME_WAIT 상태가 생기지 않는다.

이제 예제에 대한 설명이 끝났으니 실행을 시켜서 작동되는 것을 살펴보도록 하자.

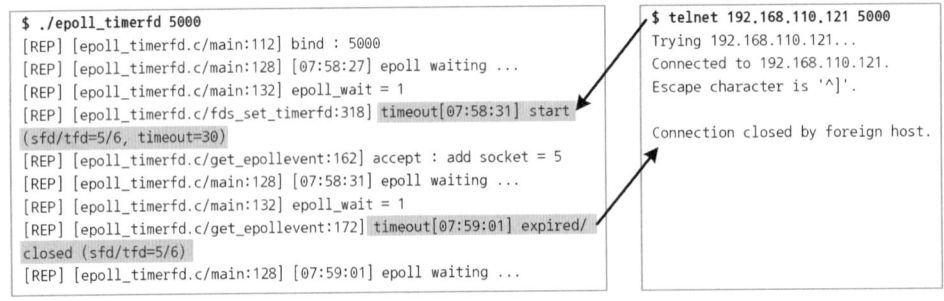

[그림 11.7] epoll_timerfd 예제 실행(좌) telnet 접속 (우)

[그림 11.7]의 왼쪽은 예제 서버를 실행시킨 모습이고 오른쪽은 telnet으로 접속한 모습이다. 192.168.110.121은 필자의 예제 서버의 IP 주소이다.

그림의 첫 번째 음영 부분을 보면 2줄로 보이는데 사실은 길어서 개행된 것처럼 보이는 것이므로 감안하면서 살펴보자. 이 부분은 예제 [코드 11.6]의 220행의 출력 부분이다. 그림의 시간을 보면 07:58:31로 출력된다. telnet 클라이언트에서 아무것도 입력하지 않고 기다리다 보면 서버측에서 강제로 접속을 끊는 것을 볼 수 있다. 그러면 몇 초 뒤에 접속이 끊겼을까?

그림의 두 번째 음영 부분을 보면 07:59:01에 타이머 만료가 되었고 접속을 해제한다고 메시지를 출력하는 것을 볼 수 있다. 앞서 타이머 시작 시간에서 30초 되는 시점에 강제로 접속을 끊은 것이다. 그러면 telnet에서 30초 이전에 타이핑을 하면 타이머는 다시 갱신되므로 강제로 끊기지 않을 것이다.

여러분들은 타이머가 갱신이 되는지 확인하기 위해 telnet 접속 후 아무 글자나 타이핑하다가 잠깐씩 쉬면서 30초 뒤에 끊기는 것을 확인해보기 바란다. 여러 개의 접속을 하면 각각 따로 30초 타이머가 작동하는 것도 확인해보기 바란다.

또한, 접속 후 숫자를 입력하면 그것을 타임아웃으로 사용하도록 하는 기능을 넣는다든지 하는 것도 좋은 연습이 될 테니 예제를 수정하면서 연습해보자.

Index

Advanced!
리눅스
시스템 네트워크
프로그래밍

인쇄 일자 : 2016년 5월 6일 3판 1쇄
발행 일자 : 2016년 5월 10일 3판 1쇄

펴낸곳 : 가메출판사(http://www.kame.co.kr)
발행인 : 성만경
지은이 : 김선영

주소 : 서울시 마포구 서교동 394-25 동양한강트레벨 504호
전화 : 031)923-8317
팩스 : 031)923-8327

ISBN : 978-89-8078-281-9
등록번호 : 제313-2009-264호

정가 : 28,000원
